Typenschlüssel: Algen und Pilze

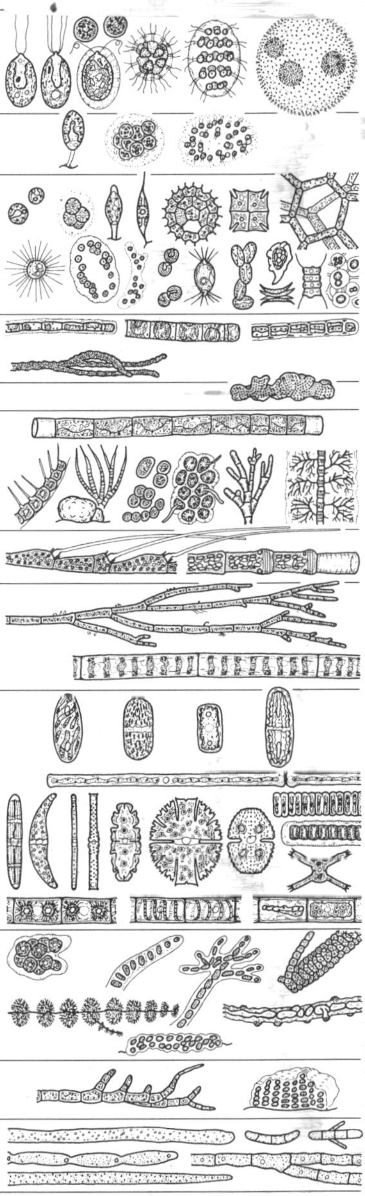

Das Leben im Wassertropfen

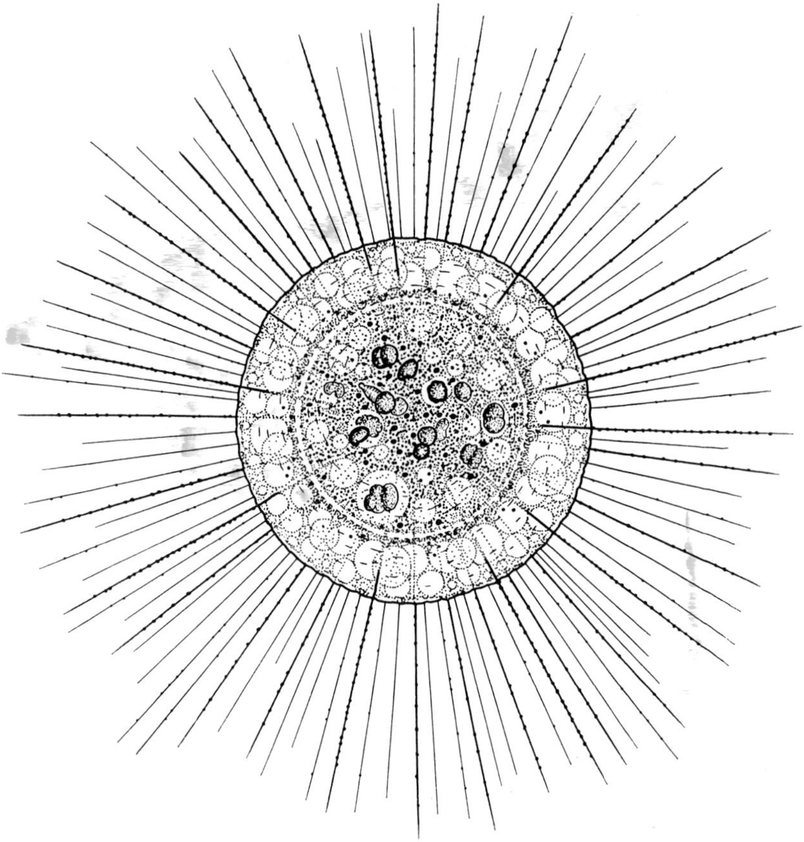

Heinz Streble
Dieter Krauter

Das Leben im Wassertropfen

Mikroflora und Mikrofauna des Süßwassers

Ein Bestimmungsbuch

KOSMOS

Inhalt

Die zweite, dritte und vierte Seitenzahl weisen auf den Bestimmungsteil hin.

Was find' ich unter dem Mikroskop?

Wer ein Mikroskop besitzt – sei es ein einfaches Kursmikroskop oder ein großes Forschungsinstrument – wird unter anderem auch die Kleinlebewelt im Wasser untersuchen. Beeindruckt von der Schönheit und Vielfalt der mikroskopisch kleinen Pflanzen und Tiere fragt sich der Mikroskopiker nach Namen, Lebensweise und Verwandtschaft – und findet keine Antwort. Warum nicht? Weil die mikroskopisch kleinen Lebewesen nur eines gemein haben: ihre geringe Größe. Ein Wasserfloh und ein Süßwasserpolyp, eine Zieralge und ein Augenflagellat gehören ganz verschiedenen Stämmen des Tier- und Pflanzenreiches an. Über all diese Gruppen gibt es zwar zahlreiche Fachliteratur, aber bisher kein Bestimmungsbuch, das die so verschiedenen Kleinorganismen zusammenfasst. Wir haben diesen Mangel oft empfunden: der eine von uns bei Mikroskopierkursen für Amateure, der andere in Praktika für Biologiestudenten. Statt ihn weiter zu beklagen, haben wir das vorliegende Buch geschrieben. Für die meisten Arten gibt es keine eingebürgerten deutschen Bezeichnungen. Wir haben daher deutsche Namen nach auffallenden Merkmalen, typischen Lebensweisen oder in freier Übersetzung der wissenschaftlichen Art- und Gattungsnamen gebildet. Um Missverständnisse zu vermeiden: Maßgebend sind allein die wissenschaftlichen (lateinischen oder griechischen) Namen; nur sie können der wissenschaftlichen Verständigung dienen. Die deutschen Bezeichnungen mögen als Hilfsmittel dienen, als „Eselsbrücken" beim Kennenlernen der Arten. Der Benützer dieses Kosmos-Naturführers wird, so hoffen wir, in Zukunft auf die Frage „Was find' ich unter dem Mikroskop?" Antworten finden.

Frühjahr 1973

Heinz Streble
Dieter Krauter

Zur 9. Auflage

Von Auflage zu Auflage waren Änderungen und Erweiterungen nötig und sinnvoll: ein neuer Typenschlüssel; Textänderungen und Detailskizzen; Fortschreibung von Namensänderungen, Farbfotos; Güteklassifizierung von Gewässern, Biologische Gewässeruntersuchungen und Gewässerbeurteilungen; Literaturhinweise. In dieser Auflage sind auf zwölf zusätzlichen Seiten seither vernachlässigte, auffällige und häufige Formen sowie Neozoen beschrieben und dargestellt; weitere Farbfotos, zum Teil als Bilderserien kommen hinzu; aktualisiert wurden die Literaturhinweise. Und das Register ist wieder am Ende des Buches zu finden.

Herbst 2001

Heinz Streble
Dieter Krauter

Zur 10. Auflage

Zur Systematik, Taxonomie der Mikroflora und Mikrofauna des Süßwassers
Beim Typenschlüssel im Vorsatz und Nachsatz des Buches, bei der Vorstellung der Gruppen der Kleinlebewesen, im Bestimmungsteil und im Teil Biologische Gewässeranalyse wird eine Reihenfolge der systematischen Einheiten beibehalten, wie sie beim Erscheinen von „Das Leben im Wassertropfen" 1973 üblich und praktisch war. Aus grafischen Gegebenheiten und Zwängen sowie Kostengründen bleiben so Anachronismen bestehen. Die derzeitige Systematik und Taxonomie der Kleinlebewesen – auch sie noch im Fluss – wird auf den Seiten 40–41 zusammengefasst dargestellt:
Bakterien, Pilze und Algen nach STRASBURGER, Lehrbuch der Botanik, 2002, Spektrum Akademischer Verlag.
Einzeller und Vielzellige Tiere nach STORCH, V. & U. WELSCH, Kükenthal Zoologisches Praktikum, 2002, Spektrum Akademischer Verlag. Bei WESTHEIDE, W. & R. RIEGER (Hrsg), Spezielle Zoologie, Teil 1: Einzeller und Wirbellose Tiere, 2004, Spektrum Akademischer Verlag werden die Begriffe Stämme, Unterstämme, Klassen, Ordnungen, Überfamilien, Familien nicht mehr verwendet; Taxa, Gruppen von Organismen, sind nurmehr durch Nummerierungen getrennt und gegliedert – mit zum Teil neuen Bezeichnungen. Einzeller werden nach Besitz von Mitochondrien oder nicht, Art der Begeißelung, Plastiden und Membransystemen, mitochondrialer DNA, rRNA-Sequenzierungen und Details von Ergebnissen der Elektronenmikroskopie völlig neu in ihren Verwandtschaftsbeziehungen gesehen (HAUSMANN, RADEK, HÜLSMANN in WESTHEIDE s. o. und bei HAUSMANN, K., N. HÜLSMANN & R. RADEK: Protistology, 3. Auflage 2003, Schweizerbart'sche Verlagsbuchhandlung). Das neue System der „Einzelligen Eukaryonta" ist umlernungs- und gewöhnungsbedürftig, wenn z. B. Dinoflagellaten, Apicomplexa und Wimpertiere als „Alveolata" Vettern und Basen sind – ihrer jeweiligen Säckchen unter der Pellikula und molekularbiologischer Erkenntnisse wegen.

Zeichnungen zu den Wasserorganismen
Die innere Organisation der verschiedenen und so unterschiedlichen kleinen Wasserlebewesen illustrieren bei den Algen, Einzellern und Tieren beschriftete Zeichnungen – ohne weitere Kommentare. Die Zeichnungen entstanden nach Beobachtungen an den Organismen, Aufnahmen mit dem Elektronenmikroskop und Vorlagen in der Literatur.
Die Organisationsschemata können dazu einladen, still liegende Formen ab und an länger zu betrachten und Vergleiche anzustellen; der Allgemeinplatz „was man weiß das sieht man" gilt dann: durch die Beschriftungen. Der zur Verfügung stehende Raum erlaubt keine weitergehenden, ausführlicheren Erläuterungen. Hier müssen wir auf die Texte zu den Gruppen der Kleinlebewesen sowie auf die Fachliteratur in Bibliotheken oder im Internet verweisen.

Neue Arten
Neu dazugekommen sind auf sechs Doppelseiten weitere, zum Teil sehr häufige und auffallende Kieselalgen, Zieralgen, Schalenamöben, Goldalgen, Euglenen, Wimpertiere und wichtige Wasserflöhe sowie in Wasserproben vorkommende, sonst nicht erwähnte kleine Objekte. Die Neulinge finden Sie auf den Tafeln Kieselalgen 7, Zieralgen 8 und 9, Wurzelfüßer (Schalenamöben) 4, Neu aufgenommene Arten 7 sowie In Wasserproben vorkommende, sonst nicht erwähnte kleine Objekte 1.

Bestimmungsteil
Im Bestimmungsteil werden alle älteren Synonyme nicht mehr erwähnt und nur noch die derzeitigen wissenschaftlichen Namen der Arten aufgeführt. Da die Arten auf den

einzelnen Seiten ihre Plätze gegenüber früheren Auflagen nicht verändert haben, sind Vergleiche sicher möglich. Vier- oder fünfstellige Zahlen in eckigen Klammern hinter den Artbeschreibungen sind DV-Nummern zur einheitlichen Schreibweise und Auswertung in Datenbanken. Grundlage der DV-Nr. ist die „Taxaliste der Gewässerorganismen Deutschlands zur Kodierung biologischer Befunde". Bayerisches Landesamt für Wasserwirtschaft. 388 Seiten. Heft 01/03, München 2003. Die Taxaliste ist nicht mehr gedruckt lieferbar. Sie wird aber ständig erweitert und ist aus dem Internet herunterzuladen unter www.bayern.de/lfw (–Service–Download-Center).
Arten hier im Buch ohne DV-Nr. sind noch nicht in die Taxaliste aufgenommen.
Bei wissenschaftlichen Arbeiten können Namen für Arten endgültig erst nach Rückkopplung mit Spezialisten und der Bestimmungsliteratur, nicht allein nach den Bildern und Texten hier vergeben werden.

Herbst 2006

Heinz Streble
Dieter Krauter

Erklärung der Abkürzungen

G	Größe
L	Lebensraum, Vorkommen
A	Ähnliche Arten
B	Biologische Besonderheiten
µm	Mikrometer (tausendstel Millimeter)
[0000]	DV-Nr. der Taxaliste der Gewässerorganismen Deutschlands
▸	Hinweis auf nahe verwandte Arten
Häufig	Kommt in der Regel an den Fundplätzen in großer Individuenzahl vor.
Verbreitet	Das Verbreitungsgebiet weist regionale Lücken auf.
Kosmopolit	Lebt global.
Ubiquist	Überlebt in allen Wasserverhältnissen.

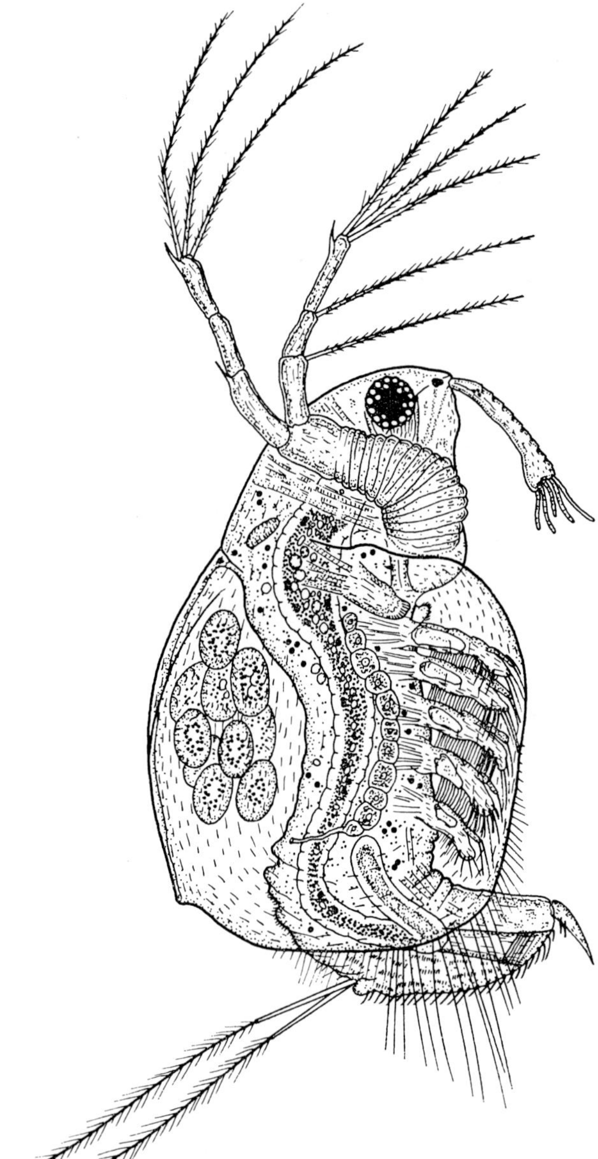

Leben im Wassertropfen

In jeder Regenpfütze, die länger als drei Tage steht, in jedem Jauchegraben, in Brunnenbecken und Feuerlöschteichen finden wir mikroskopisch kleine Lebewesen. Überwältigend sind Zahl und Formenfülle der mit dem bloßen Auge nicht sichtbaren Organismen in verkrauteten Tümpeln, flachen Seen, Altwässern von Flüssen.
Wenig Jagdglück wird der Mikroskopiker erleben, der mit einem alten Marmeladeglas Wasser von der Oberfläche eines Gewässers schöpft. Zwar leben im freien Wasser die oftmals bizarr gestalteten Schwebeorganismen, das so genannte Plankton, aber kaum einmal sind sie so dicht gedrängt, dass der aus der Schöpfprobe auf den Objektträger überführte Wassertropfen mehr als höchstens ein oder zwei Individuen enthielte. Zum Planktonfang muss man größere Wassermengen durch ein feines Gazenetz filtrieren, die Organismen also anreichern. Ein einfaches Netz, wie es Aquarianer zum Wasserflohfang benützen, tut für größere Organismen seine Dienste; besser ist ein richtiges Planktonnetz.
Die allermeisten Kleinlebewesen halten sich aber gar nicht im freien Wasser auf. Sie leben im Detritus (der krümeligen, bräunlichen, flockigen Masse aus Resten abgestorbener Pflanzen und Tiere), an abgefallenen Pflanzenblättern, faulenden Ästen, in dem schmierigen Belag auf Steinen, zwischen Algenwatten und höheren Wasserpflanzen. Wer reiche Beute machen will, sammelt daher (zusammen mit wenig Wasser) faulende Blätter, Stückchen von Wasserpflanzen, lockeren Mulm von der Oberfläche (!) des Grundes; er kratzt den Belag von Schilfstängeln, von der Unterseite von Seerosenblättern, von Steinen und Pfählen ab. Schlamm und tiefere Mulmschichten sind meist unergiebig (auf dem Schlamm leben oft interessante Wimpertiere!), rasch fließende Bäche beherbergen auf und unter den Steinen ein reiches Leben an größeren Tieren; auf den Steinen lebt eine vielfältige Algen-, besonders Kieselalgenflora.
Die eigene Erfahrung – kein Buch kann sie ersetzen – lehrt den Mikroskopiker rasch, an welchen Stellen es sich lohnt, eine Probe mitzunehmen.
Mit etwas Glück finden wir in einem Tropfen Wasser eine Organismenwelt, die unendlich vielfältiger ist als die mit bloßem Auge sichtbare Pflanzen- und Tierwelt etwa eines großen Waldes. In einem einzigen Tropfen Wasser entdecken wir mikroskopische Pflanzen, die sich stärker voneinander unterscheiden als ein Moos von einer Eiche, und Tiere, die stammesgeschichtlich viel weiter voneinander entfernt sind als ein Fisch von einem Säugetier. Anlass genug, die Kleinlebewelt, den Mikrokosmos, kennenzulernen.
Freilich ist es für den Anfänger zunächst schwierig, sich in der Fülle der Formen zurechtzufinden – viel schwieriger, als etwa eine Blume oder einen Vogel zu bestimmen. Der Naturfreund, der Pflanzen bestimmt und Vögel beobachtet, braucht sich wenigstens nicht zu überlegen, ob er nun eine Pflanze oder ein Tier vor sich habe. Vor diesem Problem aber steht der Mikroskopiker, der ein grünes (weil mit symbiontischen Algen beladenes) Pantoffeltier oder die (aktiv schwimmende) Kugelalge *Volvox* unter dem Objektiv hat. Dabei sind Pantoffeltier und Kugelalge so verschieden wie Eichelhäher und Gänseblümchen!
Das „Leben im Wassertropfen" umfasst also sehr verschiedene Organismen, die ganz verschiedenen Stämmen und Klassen angehören. Was sie gemein haben, ist allein die geringe Größe. Ein Bestimmungsschlüssel herkömmlicher Art, in dem dichotomisch einzelne Merkmale einander gegenübergestellt werden, würde hier wenig nützen. Statt dessen findet der Leser auf Vor- und Nachsatz einen Schlüssel mit Schemazeichnungen typischer Formen aus allen Gruppen der Kleinlebewesen. In den meisten Fällen wird diese Übersicht genügen, die Gruppe herauszufinden, in die der gesuchte Organismus gehört. Die angegebenen Seitenzahlen verweisen auf den Bestimmungsteil. Die Bestimmung von Gattung und Art erfolgt dann in erster Linie nach den Abbildungen; daneben geben die Kurzbeschreibungen Hinweise.

Die Übersicht (über die Gruppen der Kleinlebewesen, S. 42) beschreibt Körperbau und System, soweit sie für die Erkennung und Zuordnung der Arten wichtig sind. Auch wer sich nicht ausschließlich der Wassertropfen-Mikroskopie verschrieben hat, wer nur gelegentlich eine Wasserprobe untersucht, sollte wissen, welche Arten zusammengehören (untereinander verwandt sind), und er sollte die Grundbaupläne der großen Gruppen kennen. Allzuoft kommt es vor, dass Amateure alles, was Wimpern trägt, „Pantoffeltier" nennen – handle es sich um ein Rädertier, einen Strudelwurm oder einen Ciliaten. Auch sie können sich an den schönen Formen freuen – dazu braucht man weder den Namen noch die systematische Zuordnung zu kennen; doch ist es keine Frage, dass mehr Wissen die Freude vermehrt.
Seit es Mikroskope gibt, hat die Kleinlebewelt im Wasser viele Menschen entzückt, Wissenschaftler wie Liebhaber. Gerade Liebhaber (heute sagt man Amateure; das bessere und schönere Wort „Dilettant[1]" wird leider fast immer abschätzig verwendet) haben viel zur Kenntnis der Kleinlebewelt beigetragen. Schon der Uraltmeister der Mikroskopie, der holländische Tuchhändler ANTONY VAN LEEUWENHOEK (1632–1723) beschrieb und zeichnete viele Mikroorganismen erstaunlich genau. Wie er die feinen Strukturen erkannte, die mit den damaligen primitiven Mikroskopen eigentlich kaum aufzulösen waren, ist nicht sicher geklärt. Zweifellos hat ein Faktor mitgespielt, der auch heute selbst bei modernsten Mikroskopen entscheidend ist: die Übung. Der geübte Mikroskopiker, der sein Instrument beherrscht und gewohnt ist, „Zwiesprache mit dem Objekt" zu pflegen, wird mit einem gewöhnlichen Hellfeldmikroskop mehr sehen als der Ungeübte mit kostspieliger Phasenkontrastoptik.
Die Grenzen zwischen „Liebhaber" und „Forscher" sind im Bereich des Mikrokosmos unscharf und fließend. FRIEDRICH HUSTEDT (gest. 1968), der große Erforscher der Kieselalgen, war ursprünglich Lehrer, ebenso ALFRED KAHL (gest. 1956), auf dessen Ciliaten-Monographie fast alle späteren Arbeiten über Wimpertiere fußen. JOSEF DONNER, bedeutender Rädertierspezialist, ist Priester; BRUNO M. KLEIN (gest. 1968), der das Silberliniensystem der Ciliaten entdeckte, war Museumsbeamter.
Umgekehrt können sich auch große Fachgelehrte trotz aller bei wissenschaftlichen Arbeiten gebotenen Sachlichkeit dem Zauber ihrer Objekte nicht ganz entziehen. Wer die Arbeiten etwa des Protozoologen KARL G. GRELL (Tübingen) oder des Ciliatenforschers DIETER MATTHES (Erlangen) liest, spürt die Begeisterung auch in den nüchternen Texten.
Die Kleinorganismen im Wasser leben keineswegs in friedlicher Harmonie. Die „Lebensgemeinschaften" sind in Wahrheit Fressgesellschaften, in denen einer des anderen Beute ist, in denen aber auch jeder vom anderen abhängt: Die Bakterien zerlegen organismische Reste und stellen so den Algen die notwendigen Nährstoffe zur Verfügung. Wimpertiere fressen Bakterien und Algen und dienen Raubinfusorien, Raubrädertieren und Kleinkrebsen als Nahrung. Kot und Leichen fallen wiederum der bakteriellen Zersetzung anheim. Hans Christian Andersen hat dies als Dichter gesehen, und besser als er kann's niemand sagen:

[1] Vom Italienischen dilettare, sich erfreuen.

„Der Wassertropfen“

Von Hans Christian Andersen

Du kennst doch sicher ein Vergrößerungsglas, so ein rundes Brillenglas, das alles hundertmal größer macht, als es ist? Wenn man es nimmt und vor das Auge hält und einen Wassertropfen vom Teich draußen anschaut, dann sieht man über tausend wunderliche Tiere, die man sonst nie im Wasser sieht, aber sie sind da und es ist Wirklichkeit. Es sieht fast so aus, wie ein ganzer Teller voll kleiner Krebse, die durcheinander springen, und sie sind so grimmig, sie reißen einander Arme und Beine, Stücke und Teile ab, und sind doch fröhlich und vergnügt auf ihre Art.

Nun war einmal ein alter Mann, den alle Leute Kribbel-Krabbel nannten, denn so hieß er. Er wollte stets bei einer jeden Sache das Beste herauskriegen, und wenn es gar nicht gelingen wollte, dann nahm er es mit Zauberei.

Nun sitzt er eines Tages und hält das Vergrößerungsglas vor das Auge und schaut einen Wassertropfen an, der draußen von einer Wasserpfütze im Graben genommen war. Nein, wie es da kribbelte und krabbelte! All die tausend Kleintiere hüpften und sprangen, zerrten aneinander und fraßen aneinander.

„Ja, aber das ist ja abscheulich!“ sagte Kribbel-Krabbel, „kann man sie nicht dazu bringen, in Frieden und Ruhe zu leben, und dass jeder sich um das Seine kümmert?“ Und er dachte und dachte, aber es wollte nicht gelingen, und dann musste er zaubern. „Ich muss ihnen Farbe geben, damit sie deutlicher werden können“, sagte er, und dann goss er etwas wie ein Tröpfchen roten Weines in den Wassertropfen, aber es war Hexenblut, die allerfeinste Sorte zu zwei Schilling; und dann wurden alle die wunderlichen Tiere rosenrot über den ganzen Körper, es sah aus wie eine ganze Stadt voll nackter Wilder.

„Was hast du da?“ fragte ein anderer alter Zauberer, der keinen Namen hatte, und das war just das Feine an ihm.

„Ja, kannst du erraten, was es ist“, sagte Kribbel-Krabbel, „dann werde ich es dir schenken; aber es ist nicht leicht herauszufinden, wenn man es nicht weiß.“ Und der Zauberer, der keinen Namen hatte, schaute durch das Vergrößerungsglas. Es sah wirklich aus wie eine ganze Stadt, in der alle Menschen ohne Kleider herumlaufen! Es war scheußlich, aber noch scheußlicher war es zu sehen, wie der eine den andern puffte und stieß, wie sie sich zwickten und zwackten, einander bissen und einander hervorzerrten. Was zuunterst war, wollte zuoberst sein, und was zuoberst war, wollte zuunterst sein. „Schau, schau! Sein Bein ist länger als meins. Paff, weg damit! Da ist einer, der eine kleine Beule hinter dem Ohr hat, eine kleine, unschuldige Beule, aber sie quält ihn, und so soll sie noch mehr quälen!“–Und sie hackten nach ihm, und sie zerrten an ihm, und sie fraßen ihn um der kleinen Beule willen. Da saß einer so still wie eine kleine Jungfrau und wünschte bloß Frieden und Ruhe; aber dann musste die Jungfrau hervor, und sie zerrten an ihr, und sie rissen an ihr, und sie fraßen sie!

„Das ist außerordentlich lustig!“ sagte der Zauberer.

„Ja, aber was glaubst du, dass es ist?“ fragte Kribbel-Krabbel. „Kannst du es herausfinden?“

„Das ist doch leicht zu sehen“, sagte der andere, „das ist ja Kopenhagen oder eine andere große Stadt, sie gleichen ja alle einander. Eine große Stadt ist es.“ „Es ist Grabenwasser!“ sagte Kribbel-Krabbel.

Planktonfischen

Eine kleine Ausrüstung gehört zum Fischen von Boden- und Planktonorganismen: ein Planktonnetz; Plastikbeutel zum Transport nass gewordener Geräte (Planktonnetze!); ein Gummiballon mit Glasrohr; ein Satz sauberer Präparategläser – 20 bis 50 ml Inhalt – mit Schnappdeckeln oder Plastikstopfen; eine dichtschließende kleine Plastikflasche mit 40 %igem Formol; Bleistift; Notizpapier.
Sollen die Fänge an Ort und Stelle mikroskopiert werden, erweitert sich die Utensilienliste: Mikroskop mit Spiegel; Objektträger; Deckgläser (zweckmäßig 24×32 mm); einige Pipetten verschiedener Öffnungsweite; Schachtel für ausgebrauchte Präparate; Putzläppchen; Schere; Pinzette; Taschenmesser; Papiertaschentücher. Das Mikroskop wird in seinem Kasten verstaut, die übrigen Geräte sind am sichersten in einem flachen Plastikeimer aufbewahrt.
Das trichterförmige Fangsieb eines Planktonnetzes besteht aus feinster Gaze, so genannter Müllergaze. Am Ende des Trichters ist ein Fangbecher angebracht, der mittels Bajonettverschluss angesteckt und abgenommen werden kann. Die Maschenweite der Gaze wird in Nummern angegeben – Nr. 12 hat Maschen von 100×100 µm, Nr. 25 ist die Gaze mit den allerfeinsten Maschen. Sehr gebräuchlich ist die Gaze Nr. 18 mit einer Maschenweite von 40–70×40–100 µm[1]. Das Netz soll an einer Leine oder einem Planktonstock so langsam wie möglich durch das Wasser gezogen werden; wird es zu schnell bewegt, bildet sich vor der Netzöffnung ein Stau, die Wirbelbildungen werden erhöht, die Ausbeuten sind minimal. Tiefere Wasserschichten können mit einem ausziehbaren Planktonstock, an den das Netz angeschraubt wird, abgefischt werden; eine Drehung des Stockes um seine Längsachse verschließt das Netz, Tiefenproben lassen sich so zur Oberfläche bringen. In verkrauteten Gewässern wird das Netz ins Wasser geworfen, herausgezogen und nach Abfließen des im Netzbeutel befindlichen Wassers wieder hineingeworfen; dies wird etwa zwanzigmal wiederholt, ehe die Probe aus dem Planktonbecher in ein Präparateglas überführt wird. Wasser aus sehr seichten Gräben und Pfützen wird mit Küvetten oder anderen Gefäßen geschöpft und durch das Netz gegossen. Zwischen 1 und 2 m Tiefe ist in stehenden Gewässern die Planktondichte am größten. Fänge am Tag unterscheiden sich sehr von Fängen bei Nacht: Phyto- und Zooplankter machen täglich Vertikalwanderungen.
Boden- und Aufwuchsorganismen sammelt man am besten mit einem „Schlammheber". Unter Schlammheber verstehen wir hier nichts weiter als eine Riesenpipette, ein 30 bis 60 cm langes Glasrohr von 6 bis 7 mm Außendurchmesser mit einem Gummi- oder Klistierballon aus dem Sanitätsgeschäft. Bruchsicherer als ein Glasrohr ist ein Rohr aus Plexiglas. Anstelle des Rohres benützen „Massensammler" eine Messpipette (Vollpipette von 25 oder 50 ml Inhalt), wobei die Ablauföffnung der Pipette in den Ballon gesteckt wird; angesaugt wird mit der großen Öffnung. Bei Klistierballons wird die größere der beiden Öffnungen mit einem Gummistopfen verschlossen. Der Schlammheber ersetzt weitgehend einen Pfahlkratzer.
Bodenproben aus tieferen Gewässern fördert eine Primitiv-Dredsche, eine leere Konservendose: Am oberen Rand der Dose wird ein Bügel aus Bandeisen oder starkem Eisendraht befestigt. An ihm wird die Leine angebracht. Die Dose wird mit Wasser gefüllt, ausgeworfen, am Grund entlanggeschleppt und rasch wieder hochgezogen.
Organismen, die feste Unterlagen besiedeln, lassen sich leicht rein gewinnen: Mit einer Kunststoffwäscheklammer werden zwei Objektträger Rücken an Rücken zusammen-

---

[1] Z. B. monofiles Polyestergewebe, Siebdruckgaze; erhältlich in Fachgeschäften für Büro-, Zeichen- und Siebdruckbedarf. Die feinste Siebdruck-Gaze hat Maschenweiten von 21×21 µm: zum Fang von Klein-Planktonten unentbehrlich. Eine Bezugsquelle für Gewebe und Planktonnetze: SEFAR inc.; Mesh + Technology, CH-9410 Heiden.

geklammert und an einer Schnur ins Wasser gehängt. Nach etwa einer Woche ist der Bewuchs genügend dicht und kann dann direkt mikroskopiert werden. Rücken an Rücken gestellte Objektträger in Färbeküvetten mit Schlamm-, Detritus-, Blattfall-Grund werden rasch von benthischen Formen besiedelt; die Durchlüftung der Mini-Aquarien besorgen Luftdruckschwankungen.
Übrigens: Gut eingelaufene Aquarienfilter sind oft Fundgruben!
Komplizierte Geräte, die der Abwasserbiologe und der Hydrobiologe brauchen, sind bei Schwoerbel, „Methoden der Hydrobiologie“ (Spektrum, Akademischer Verlag, Heidelberg) zusammengestellt, sowie in „Hydrobios-“ und „Züllig“-Übersichten (www. Hydrobios. de, www. zuellig. de) aufgeführt.
Organismen einer Faulschlammprobe halten sich im Präparateglas höchstens zwei Stunden ungeschädigt und unverändert. Lebewesen aus reineren Gewässern (α-mesosaprob bis oligosaprob) bleiben einen halben bis einen ganzen Tag unverändert.
Alle Organismen untersuchen wir in „ihrem“ Wasser; Leitungswasser ist für Planktonorganismen in vielen Fällen Gift. Sammelgläser werden ganz gefüllt, um mechanische Beschädigungen durch Verwirbeln klein zu halten. Einzeller reagieren sehr empfindlich (meist mit Tod und Auflösung) auf Temperaturstürze sowie starke Erwärmung. Transport daher am besten in Kühltaschen, Thermosflaschen oder Styroporschachteln. Statt Sammelgläsern eignen sich auch Polyäthylenbeutel.

Kulturen

Jeder Mikroskopiker will interessante oder ihm noch unbekannte Arten zur späteren Untersuchung und Beobachtung aufbewahren. Ideal wäre in jedem Fall die unbegrenzte Reinkultur, die nur die gewünschte Art enthält und beliebig lange weitergezüchtet werden kann. Dieses Ideal ist jedoch nur selten ohne großen Aufwand an Zeit und Mühe zu verwirklichen. Reinkulturen sind für viele wissenschaftliche Untersuchungen unerlässlich; im Allgemeinen wird sich der Mikroskopiker mit Rohkulturen begnügen, die außer der gewünschten Art mehrere oder viele andere Arten enthalten und die früher oder später zugrunde gehen.

Fundortwasser-Kulturen

Am einfachsten ist die Haltung in Fundortwasser. Man nimmt vom Fundort eine ausreichende Menge Wasser mit, beschickt damit größere Gläser (je nach Menge des Materials 100 ml bis 1 l), setzt kleinere Mengen des gesammelten Materials zu und deckt die Gläser lose ab (Schutz gegen Verstaubung, Sauerstoff muss jedoch zutreten können). Enthält das Material – was meist der Fall sein wird – assimilierende Organismen (Grünalgen, Blaualgen, autotrophe Flagellaten), stellt man die Gläser am Licht auf; Nord- und Ostfenster sind günstig, direkte Sonneneinstrahlung schadet meist. Wichtig ist, dass nicht zu viel Material eingebracht wird; andernfalls setzen sehr rasch Fäulnisvorgänge ein, die die Kultur verderben.

In solchen Fundortwasser-Kulturen kann man nicht allzu empfindliche Organismen über Tage oder sogar Wochen am Leben halten, in glücklichen Fällen sogar vermehren. Meist wird sich schon nach kurzer Zeit das Artenspektrum verschieben; Arten, die zunächst ganz selten waren, können sich stark vermehren, andere – zuvor vielleicht häufigere – gehen zurück oder verschwinden.

Sehr lange halten sich Fundortwasser-Kulturen in kleinen Aquarien. Man füllt ein Vollglasaquarium von 10 bis 20 Liter Inhalt etwa zur Hälfte mit Fundortwasser und gibt abgefallene Blätter, faulende Holzstückchen, algenbewachsene Steine vom selben Fundort sowie wenig (!) flockigen Detritus vom Grunde des betreffenden Gewässers dazu. Auch hier ist wichtig: Nicht überbesetzen!

Am meisten Erfolg hat man mit Fundortwasser-Kulturen aus α- und β-mesosaproben, stehenden Gewässern. Echte Planktonorganismen sind meist sehr schwer zu züchten; sie halten sich günstigenfalls wenige Tage.

Erd-Wasser-Kulturen

Sehr viele Algen lassen sich in einer Erd-Wasser-Kultur züchten:

Man füllt in ein Becherglas (oder ein leeres Gurkenglas oder ein anderes geeignetes Gefäß) 1 bis 2 cm hoch gute, nicht frischgedüngte Gartenerde, überschichtet die Erde bis zu 3/4 der Höhe des Glases mit Wasser (Leitungswasser oder – wenn man dem nicht traut – vollentsalztes Wasser), erhitzt das Glas eine Stunde lang im siedenden Wasserbad und lässt erkalten. Durch das Erhitzen werden unerwünschte Algen abgetötet, und zugleich löst das heiße Wasser aus der Erde Pflanzennährstoffe. Nach dem Impfen mit der zu züchtenden Algenart wird das Glas mit einer Cellophanhaut („Einmachcellophan“) verschlossen. Das Cellophan ermöglicht noch den Gasaustausch, schützt aber vor Verstaubung, Infektion und übermäßiger Verdunstung. Das Glas wird

am Fenster aufgestellt. Je nach Materialmenge wählt man Gläser von 100 ml bis 1 l Inhalt. Anfänger neigen dazu, zuviel Algen einzusetzen, die dann leicht absterben und faulen. Bei fädigen Formen ganz wenige Fäden!
Die Erde verbleibt in diesen Kulturen als Bodensatz; sie liefert verbrauchte Nährstoffe nach, dient als „Chelator“, der schwerlösliche Nährstoffe (Eisen) bindet und leicht wieder abgibt; sie übt als Ionenaustauscher eine stabilisierende Funktion aus.
Eine entsprechend angesetzte Torf-Wasser-Kultur kann der Zucht von Hochmoorformen (Zieralgen!) dienen.
Mit Hilfe der Erd-Wasser-Kultur kann man leicht zu Reinkulturen gelangen. Voraussetzung ist, dass das Ausgangsmaterial aus nur einer Art besteht. Einzelne Algenfäden kann man mehrfach in sterilem (ausgekochtem) Wasser waschen, ehe man sie in die Kulturlösung überträgt; einzellige Arten und Kolonien fängt man unter dem Mikroskop oder einer Lupe (am besten einem binokularen Präpariermikroskop) mit Hilfe einer Kapillarpipette aus dem Rohmaterial heraus und wäscht sie auf dem (durch Abflammen sterilisierten) Objektträger, indem man sie mit der Kapillarpipette mehrfach in immer frische Tropfen sterilen Wassers überträgt.
Herstellung der Kapillarpipette: Ein Glasrohr (oder eine gewöhnliche Tropfpipette) wird unter drehenden Bewegungen in die entleuchtete Flamme eines Bunsenbrenners gehalten. Ist das Glas weich geworden, nimmt man das Rohr aus der Flamme heraus und zieht beide Enden auseinander. Es entsteht ein sehr dünnes Röhrchen (Kapillare), das man an passender Stelle abbricht. Auf das unverdünnte Ende wird das Gummihütchen einer gewöhnlichen Pipette aufgesetzt. Zur bequemen Handhabung kann man die Kapillare abwinkeln. Man hält dazu das Röhrchen in eine sehr kleine Flamme, bis es sich unter dem eigenen Gewicht rechtwinkelig abbiegt. Steht ein Bunsenbrenner nicht zur Verfügung, kann man auch die Flamme eines Gasherdes oder eines Campingbrenners verwenden. Nach einiger Übung bereitet das Ausziehen solcher Pipetten keinerlei Schwierigkeiten. Unebene, zackige oder zu scharfe Ränder der Pipettenöffnung kann man in kleiner Flamme rund schmelzen.
In Erd-Wasser-Kulturen entwickeln sich stets auch einige Bakterien. Meist stören sie nicht, ja, sie können sogar als Vitaminlieferanten nützlich sein, da viele Algen „wuchsstoffheterotroph“ sind und zum Beispiel B-Vitamine nicht selbst synthetisieren können. Diese Wirkstoffe liefern die Bakterien.
Um absolute (auch bakterienfreie) Reinkulturen zu erzielen, müsste die Erd-Wasser-Lösung viel gründlicher sterilisiert werden (fraktioniert, Autoklav).
Zur Kultur von Algen, die faulendes Wasser bevorzugen, gibt man zu der Erde noch ein zerquetschtes Weizenkorn.

Anorganische Nährlösungen, Erdabkochung

Für bestimmte wissenschaftliche Zwecke (zum Beispiel Stoffwechseluntersuchungen) braucht man Reinkulturen in definierten Medien, das heißt in Nährlösungen genau bekannter Zusammensetzung. Für Algen hat sich das Medium nach PROVASOLI bewährt:

EDTA (Äthylendiamintetraessigsäure)	50 mg	$MnCl_2 \times 4\ H_2O$	7,2 mg
$NaNO_3$	20 mg	$(NH_4)_6Mo_7O_{24} \times 4\ H_2O$	0,13 mg
KH_2PO_4	14 mg	$Co(NO_3)_2 \times 6\ H_2O$	0,13 mg
$MgSO_4 \times 7\ H_2O$	20 mg	$CuSO_4 \times 5\ H_2O$	0,15 mg
$CaCl_2 \times 2\ H_2O$	48 mg	Na-Glutamat	100 mg
KCl	10 mg	Na-Acetat	40 mg
$FeCl_3 \times 6\ H_2O$	3,4 mg	H_2O	1 l
$ZnCl_2$	20,8 mg	pH 5,5	

Futteralgen, meist einzellige Arten vom *Chlorella*- oder *Chlorogonium*-Typ, kann man in den Lösungen züchten, die für erdelose Pflanzenkultur (Hydrokultur) verwendet werden. Man verdünnt sie 5- bis 10-mal stärker als für die Hydrokultur gebräuchlich. Oder man züchtet in Erdabkochung: Gleiche Teile Gartenerde und Wasser werden eine Stunde miteinander gekocht. Nach ein bis drei Tagen hebert man die überstehende, trübe Lösung ab, filtriert, sterilisiert[1] und bewahrt im Kühlschrank auf (mehrere Monate haltbar). Zum Gebrauch setzt man 2 (bis 5) ml dieser Lösung zu 100 ml Wasser. Erdabkochung ist auch ein gutes Medium zur Kultur mancher Protozoen (Amöben), die aber außerdem mit Futterorganismen versorgt werden müssen.

Aufgüsse

Bakterienfressende Protozoen züchtet man am einfachsten in einer Lösung, die zugleich den als Futterorganismen dienenden Bakterien eine Ernährungsgrundlage bietet. Bekanntestes Beispiel ist der Heuaufguss, in dem sich vorwiegend *Bacillus subtilis* entwickelt, der dann den Wimpertieren als Nahrung dient. Heuaufgüsse und Aufgüsse aus anderem Pflanzenmaterial setzt der Anfänger meist mit viel zu viel Material an. Die Folgen sind Fäulnis und hohe Sauerstoffzehrung. Außerdem ist es ein Aberglaube, in solchen Aufgüssen stellten sich Pantoffeltiere und andere größere Ciliaten stets von selbst ein. Man muss den Aufguss mit Tümpel- oder Aquarienwasser impfen oder ihn von vornherein mit solchem Wasser ansetzen!

Will man in Heuaufgüssen (besser ist oft ein Aufguss aus Salatblättern) nur eine bestimmte Art züchten (zum Beispiel Pantoffeltiere), so muss man den Aufguss zunächst durch Aufkochen sterilisieren (die Bakteriensporen, aus denen die Futterbakterien keimen, überstehen das einmalige Erhitzen). Impft man mit nur wenigen (etwa mit der Kapillarpipette herausgefangenen) Organismen, so darf auch die Menge des Zuchtmediums nur gering sein (Blockschälchen oder Uhrgläser). Erst wenn man eine individuenreiche Kultur hat, kann man auch zu größeren Gefäßen übergehen.

Jede Kultur geht zugrunde, wenn man nicht rechtzeitig in neues Medium überimpft. Die Intervalle, in denen überimpft werden muss, sind sehr verschieden: Bei vielen Organismen kann man sie verlängern, wenn man – etwa während des Urlaubes – die Kulturen vorübergehend im Kühlschrank unterbringt.

Je mehr Individuen überimpft werden, umso größer ist die Chance, dass der Ansatz „angeht", umso rascher muss man aber auch einen neuen Ansatz vorbereiten.

Zur Massenkultur von Pantoffeltierchen eignet sich am besten ein Aufguss mit Kohlrübenschnitzeln. Man beschafft sich eine Kohlrübe (*keine* Runkelrübe oder Zuckerrübe; Gattung *Brassica*, nicht *Beta*), zerschneidet sie in Würfel von ca. 1 cm Kantenlänge und trocknet die Würfel auf Papier an der Sonne oder über der Heizung (nicht mehr als 50° C). Die trockenen Schnitzel bewahrt man in einer gut schließenden Dose auf; sie sind 2–3 Jahre verwendbar.

Zum Ansatz einer „Verdrängungskultur" setzt man zu 200–250 ml Tümpel- oder Aquarienwasser 1 oder 2 Kohlrübenschnitzel. Es entwickeln sich Bakterien, nach etwa 2 Tagen massenhaft kleine Ciliaten, und nach etwa 8–14 Tagen tauchen Paramecien in größeren Mengen auf – sofern im Ausgangswasser einige wenige Exemplare enthalten waren. Durch Nachfütterung mit einem Kohlrübenschnitzel erzielt man dann binnen weniger Tage eine ungeheure Vermehrung der Paramecien, die als dichte, weiß-

---

[1] Durch wiederholtes Aufkochen im Abstand von einem Tag oder im Autoklaven. Günstige Gefäße zum Aufbewahren solcher Lösungen sind Erlenmeyer-Kolben oder Babyflaschen mit engem Hals. Sie werden mit einer dicht zusammengerollten „Wurst" aus Zellstoffwatte verschlossen. Statt des Autoklaven kann man einen Haushaltsdampftopf, in dem das Wasser erst bei Überdruck siedet, verwenden.

liche Wolken schon mit bloßem Auge erkennbar sind. Rechtzeitiges Überimpfen in neue Ansätze mit Kohlrübenschnitzeln (dafür genügt dann Leitungswasser) sichert die Erhaltung der Kultur. Wie viele Schnitzel man für eine bestimmte Wassermenge braucht, lehrt die Erfahrung sehr rasch. Ein Zuviel bedeutet auch hier übermäßige Sauerstoffzehrung; die Paramecien ersticken dann.
Auch andere Bakterienfresser lassen sich im Kohlrübenaufguss züchten (meist mit sehr viel weniger Kohlrübe, als für *Paramecium* zweckmäßig ist!).

Milchkulturen

Bakterienfressende Wimpertiere aus α- und β-mesosaprobem Milieu lassen sich oft in Milchkultur züchten. Man setzt zu 100 bis 250 ml Wasser einen Tropfen Milch, schüttelt um und gibt nach einigen Tagen den nächsten Tropfen zu (erst dann, wenn die Lösung wieder klar geworden ist). Damit kann man mühelos Massenkulturen von *Paramecium caudatum* und dem Blauen Trompetentier, *Stentor coeruleus,* beliebig lange erhalten, sofern man nicht längere Zeit das Füttern oder das Umsetzen in neues Medium vergisst. Wimpertiere aus Milchkulturen sind aber meist sehr undurchsichtig. Vor der Untersuchung überführt man sie daher für einige Tage in reines Wasser, oder man lässt sie hungern, oder man setzt eine Zweigkultur in einem Salat- oder Heuaufguss an. Zum Überimpfen solcher Massenkulturen nimmt man jeweils 5 bis 20 ml der alten Kulturlösung.
Es ist hier nicht der Ort, ausführliche Kulturanweisungen zu vermitteln. Wer sich für Kulturen interessiert, sei auf Max Mayer: Kultur und Präparation der Protozoen, Kosmos-Verlag, Stuttgart, hingewiesen. Für die Anlage von Reinkulturen muss man die Technik des Sterilisierens und der Sterilhaltung beherrschen. Man übt sie am besten mit Bakterienkulturen (Anleitung bei Dittrich, Bakterien, Hefen, Schimmelpilze; Kosmos-Verlag, Stuttgart).

Das Objektträger-Aquarium

Der längeren Beobachtung von Lebensgemeinschaften dient das Objektträger-Aquarium nach William von Bremen (Mikrokosmos **60**, 85–89, 1971).
Bei Objektträger-Kulturen – die den Vorzug haben, dass sie direkt unter dem Mikroskop beobachtet werden können – ergeben sich gewöhnlich einige Schwierigkeiten: Der Tropfen mit dem Kulturmedium fließt leicht aus, er trocknet oft aus, und es ist schwierig, das Kulturwasser zu wechseln, ohne die zu beobachtenden Organismen mit abzuziehen. W. von Bremen umgeht all diese Probleme mit einer genial-einfachen Methode: Ein etwa 20 cm langes Fadenstück (Nähgarn Nr. 10 bis 12 oder Baumwoll-Stopfgarn) wird gründlich in heißem Wasser ausgewaschen und noch nass kreisförmig im Durchmesser von etwa 1 bis 1,5 cm in mehreren Windungen auf den Objektträger gelegt. So entsteht eine runde kleine Kammer, in die das zu untersuchende Material übertragen wird. Zum Wasserwechsel wird am äußersten Rand der Fadenwand mit einer Kapillarpipette vorsichtig Wasser abgezogen, wobei der Faden als Filter dient, der verhindert, dass die zu untersuchenden Tiere in die Pipette eingesogen werden. Das Frischwasser wird gleichfalls von der Außenwand her zugeführt. Bei Verwendung eines Hohlschliffobjektträgers wird das „Objektträger-Aquarium" etwas tiefer, und für „große" Mikroaquarien verwendet man Uhrgläser, die etwa zur Hälfte gefüllt und gleichfalls mit einer Fadenwand abgesichert werden.
Die Objektträger-Aquarien werden ohne Deckglas mit schwachen bis höchstens mittleren Objektiven untersucht. Zur Aufbewahrung verbringt man die Objektträger-Aqua-

rien in eine feuchte Kammer, das ist ein gut verschließbares Gefäß, auf dessen Boden sich eine dünne Wasserschicht befindet. In einer solchen feuchten Kammer entsteht eine wasserdampfgesättigte Atmosphäre, die ein Verdunsten des Untersuchungstropfens verhindert.
Bei länger dauernden Untersuchungen müssen die Tiere im Objektträger-Aquarium gefüttert werden. Dafür kann man je nach der Tierart Bakterien aus der Kahmhaut eines Heuaufgusses verwenden, eigens gezüchtete Kleinalgen, Detritus aus Tümpeln oder Aquarien. Grundsatz: Eher zuwenig als zuviel füttern. Einige Zeit nach der Fütterung mus das Kulturmedium durch frisches Medium ersetzt werden, damit keine Fäulnisvorgänge eintreten. W. von Bremen empfiehlt außerdem als vielseitig verwendbares Futter abgestorbene, sich im Wasser zersetzende Pflanzenteile – auch bei ihnen muss darauf geachtet werden, dass nicht durch ein Zuviel Fäulnisvorgänge eintreten, die die Kultur verderben.

Unempfindliche Dauerkulturen

Für viele Zwecke ist es günstig, Kleinorganismen aus ganz verschiedenen Gruppen stets vorrätig zu haben. Der Lehrer braucht sie für den Unterricht, der Mikroskopiker braucht Lebendmaterial zum „Vorzeigen“, wenn Freunde und Bekannte „mal durchs Mikroskop gucken“ wollen, man braucht lebende Organismen, die man genauer kennt, um Fixierungs- und Färbemethoden zu erproben, man braucht Futterorganismen für andere Kulturen. Zum Glück gibt es einige sehr interessante Kleinlebewesen, die sich mühelos kultivieren lassen, die nur in großen Zeitabständen umgesetzt werden müssen, die sehr widerstandsfähig auch gegen ungünstige Veränderungen der Umweltbedingungen sind, und die zum Teil aus noch unbekannten Gründen auch bei völlig unsterilem Arbeiten nicht von anderen Arten überwuchert werden. Hier einige Beispiele für Organismen, die man in „Dauerkultur“ halten kann:
Augentier Euglena gracilis. So schwierig die meisten *Euglena*-Arten zu züchten sind, so einfach ist die Kultur von *Euglena gracilis*.
Nährlösung: In einen Erlenmeyer-Kolben von 100 bis 200 ml Inhalt gibt man 1 bis 2 cm hoch Gartenerde und fügt ein erbsen- bis höchstens kleinfingernagelgroßes Stück Hartkäse hinzu (es muss Hartkäse oder die Rinde von Hartkäse sein; mit Schmelz- oder Weichkäse gelingt die Kultur nicht gut). Der Kolben wird zur Hälfte mit Leitungswasser gefüllt, mit einem zusammengerollten Streifen Zellstoffwatte lose verschlossen und eine halbe bis eine Stunde im siedenden Wasserbad erhitzt. Nach Erkalten impft man mit 5 bis 10 ml einer alten *Euglena*-Kultur. Die Kultur stellt man ans Fenster. Die Euglenen entwickeln sich sehr rasch. Meist ist schon nach einer Woche das Wasser grün gefärbt, und nach zwei bis drei Wochen schweben undurchsichtige grüne Wolken aus lauter *Euglena*-Zellen in der Lösung. Eine solche Kultur pflegt mehrere Wochen „in Blüte“ zu stehen; danach geht die Zahl der Zellen zurück, doch findet man auch nach Monaten noch reichlich Zellen (neben sogenannten Palmella-Stadien, das sind unbewegliche, aber noch vermehrungsfähige Formen, aus denen auch wieder bewegliche Zellen hervorgehen können). Es genügt, im Abstand von einigen Monaten neue Kulturen anzusetzen; braucht man zu einem bestimmten Zeitpunkt eine Massenkultur, wird man zwei bis drei Wochen vorher eine Zweigkultur anlegen. Sofern eine solche Kultur von *Euglena gracilis* nicht völlig austrocknet, kann man mit einem aufgeschüttelten Rest des Kulturmediums immer noch eine neue, blühende Zucht ansetzen. Es ist kaum möglich, eine Kultur von *Euglena gracilis* durch Unachtsamkeit aussterben zu lassen. Auch bei völlig unsterilem Arbeiten entwickeln sich in der Kultur außer der *Euglena höchstens* noch einige kleine Rädertiere, Ciliaten und winzige, farblose Flagellaten – abgesehen natürlich von zahlreichen Bakterien.

Da *Euglena gracilis* als Testorganismus für Vitaminprüfungen dient (sie kann Vitamin B12 nicht selbst synthetisieren), kann man Zuchtansätze von verschiedenen mikrobiologischen Instituten erhalten.

Wimpertier Euplotes. Ähnlich zäh sind Kulturen einer in Meerwasser lebenden Art des Wimpertieres *Euplotes*. Es handelt sich um einen extrem unempfindlichen Stamm (wahrscheinlich *Euplotes vannus),* der ursprünglich von einem genetischen Institut isoliert worden ist und von dem Zweigkulturen heute an Zoologischen Instituten, aber auch an Zoologischen Gärten und von Seewasseraquarianern (als Futterorganismen) gehalten werden. Das Tier ist sehr ähnlich wie die Süßwasserformen der Gattung *Euplotes* (siehe Seite 270).

Kulturlösung ist künstliches Seewasser, das man aus einer in Zoohandlungen erhältlichen Salzmischung ansetzt (35 g Seesalz auf 1 l Leitungswasser; zweckmäßig mit heißem Wasser ansetzen; im Dunkeln und gut verschlossen jahrelang haltbar). Man füllt in einen Erlenmeyer-Kolben 2 bis 4 cm hoch Seewasser, gibt eine Pinzettenspitze voll *Tubifex* oder einige Krümel rohes Hackfleisch zu, impft mit einigen ml einer *Euplotes*-Kultur und verschließt die Öffnung mit einem Wattebausch *(Tubifex, s.* S. 312; wird in Zoohandlungen als Fischfutter verkauft; eignet sich besser als Hackfleisch). Die *Tubifex*- und Fleischreste verursachen eine reiche Bakterienentwicklung und liefern damit die Ernährungsgrundlage für die Wimpertiere. Nach wenigen Tagen kann man in dem Glas ganze Wolken von *Euplotes* erkennen; soll diese Massenentwicklung anhalten, muss man mit *Tubifex* bzw. Hackfleisch nachfüttern. Füttert man nicht, so geht die Individuenzahl rasch zurück, doch bleiben immer noch so viele Individuen erhalten, dass man durch Zufüttern sehr rasch wieder massenhaft Tiere erzielt. Bei häufigem Nachfüttern sollte die Kultur alle paar Wochen umgesetzt werden, füttert man selten, genügt es, wenn man im Abstand von einigen Monaten neue Kulturen ansetzt. Auch aus einer Kultur, die ein halbes Jahr oder länger unbeachtet stehen geblieben war, kann man noch ohne weiteres neue, lebenskräftige Zweigkulturen ansetzen. Die Untersuchung der Tiere erfolgt in Seewasser; in Süßwasser würden sie platzen. Eine „nützliche“ Eigenschaft des Seewasser-*Euplotes*: In stärker konzentriertem Salzwasser werden die Tiere unbeweglich, ohne jedoch zu sterben. Zur gründlichen Untersuchung lässt man daher einen Tropfen Salzwasser mit *Euplotes* langsam eindunsten, bis sich die Tiere nicht mehr bewegen und legt dann ein Deckglas auf. Bei Verdünnung des Salzwassers schwimmen die *Euplotes* sofort wieder weg. Vorsicht! Salzwasser korrodiert alle Metallteile (Objektivfassungen!).

Wassernetz Hydrodictyon. Das Wassernetz *Hydrodictyon* ist in der S. 16 beschriebenen Erd-Wasser-Kultur sehr leicht über beliebig viele Generationen zu züchten. Es ist eine kokkale Alge, eine riesige, bis 30 cm lange, schlauchförmige Kolonie, deren Zellen ein Maschenwerk bilden und die entfernt an einen sehr grobmaschigen Strumpf erinnert. Bei der Vermehrung teilt sich der Protoplast einer jeden Zelle in Hunderte von Tochterzellen, die sich abrunden und zwei Geißeln ausbilden (Zoosporen; Flagellatenstadium!). Noch innerhalb der Membran der Mutterzelle ordnen sich diese Zoosporen unter zitternden Bewegungen zu einem neuen Netz an. Die Membran der Mutterzelle verschleimt dann, und das Tochternetz – zunächst noch winzig klein – wird frei.

Zur Kultur des Wassernetzes zerschneidet man die Maschen eines ausgewachsenen Netzes in kleinere Stücke (die aber noch mehrere vollständig erhaltene, unverletzte Zellen enthalten müssen) und gibt diese Stücke in ein vorbereitetes Becherglas mit Erd-Wasser-Lösung. Verschluss mit Cellophan, Aufstellung an einem hellen Fenster; sogar gelegentliche direkte Sonneneinstrahlung schadet nicht.

Nach unterschiedlicher Zeit (ein bis drei Wochen) haben sich Tochternetze entwickelt, die als kleine, zart gelbgrüne, längliche Flöckchen zu erkennen sind. Die Tochternetze wachsen bei guter Beleuchtung und höheren Temperaturen sehr rasch heran. Sie stocken aber im Wachstum, wenn das Glas überfüllt ist. Man wird daher zweckmäßig je zwei bis drei Tochternetze herausfischen und in neue Kulturen überführen. Dort wachsen sie zu vollständigen, großen Netzen heran. Häufig bilden diese Netze ohne

weiteres Zutun ihrerseits Tochternetze; zuweilen muss man die Vermehrung durch Zerschneiden der Netze und Überführen in frische Kulturlösung anregen.
Schlecht betreute Wassernetzkulturen stagnieren zwar im Wachstum, doch kann man aus ihnen stets wieder neue Tochternetze gewinnen, wenn man Teile der alten Netze in neue Kulturlösung überführt. Selbst Zellen aus fast eingetrockneten Kulturen bilden noch Tochternetze!
Das Wassernetz findet man zuweilen–und dann oft in großen Mengen–in β-mesosaproben Gewässern, zum Beispiel Bodensee-Untersee, Ufer des Zürichsees, Oberrhein.

Blaues Trompetentier. Sehr ausdauernd ist das Blaue Trompetentier *Stentor coeruleus* in Milchkultur (siehe S. 19). Ebenfalls in Milchkultur lässt sich das Pantoffeltier *Paramecium caudatum* züchten, doch müssen Pantoffeltierkulturen gut überwacht und häufiger umgesetzt werden. In älteren, gut gefütterten Milchkulturen von Pantoffeltieren tritt fast regelmäßig ein Rädertier aus der Gattung *Philodina auf*. Bei zu starker Fütterung verschwinden die Pantoffeltiere ganz, und die Philodinen entfalten sich dann massenhaft. Sie hängen in Mengen zwischen den sich dann entwickelnden *Zoogloea*- und *Sphaerotilus*-Flocken. Dieses offenbar polysaprobe Rädertier lässt sich bei guter Milchfütterung beliebig lange halten, ja, es ist sogar schwierig, es aus Paramecien- und Stentorkulturen, die sauber gehalten werden sollen, wieder zu entfernen.

Älchen Anguillula silusiae. Ein sehr leicht zu züchtendes Fadenwürmchen ist das Älchen *Anguillula silusiae*, ein Verwandter des Essigälchens. *Anguillula silusiae* wird von Aquarianern als „Mikro" gezüchtet; es dient als Aufzuchtfutter für Jungfische. Ein Zuchtansatz kann von Aquarianern besorgt werden. Die Adressen von Firmen, die Zuchtansätze verkaufen, kann man in Zoohandlungen erfragen.
Anguillula silusiae eignet sich sehr gut zur Demonstration der Nematodenanatomie, da es vollkommen durchsichtig ist. Im Uterus der reifen Weibchen finden sich alle Entwicklungsstadien von der befruchteten Eizelle bis zur fertigen Larve nebeneinander, sodass unter Umständen an einem einzigen Würmchen die ganze Embryonalentwicklung studiert werden kann.
Man züchtet die Würmchen in einem halbsteifen Brei aus Milch und Haferflocken (rohe Haferflocken in Milch einrühren). Der Brei wird in verschließbare Gläser zwei bis drei Zentimeter hoch eingefüllt; darauf gibt man etwa einen Kaffeelöffel voll Material aus einer alten Kultur. Der Brei beginnt bald zu stinken, doch stört dies nicht, da man die Kulturen bedenkenlos verschließen kann; die Würmchen leben offenbar anaerob.
Nach fünf bis zehn Tagen haben sich in dem Brei massenhaft Würmchen entwickelt. Die erwachsenen Weibchen kriechen an den trockenen Glaswänden empor und können dort mit einem Aquarellpinsel leicht abgestreift und zur Untersuchung in einen Tropfen Wasser überführt werden, Es empfiehlt sich, mindestens monatlich eine neue Kultur anzusetzen.

Narkose, Fixierung, Färbung

Wenn irgend möglich, werden die Organismen lebend untersucht. Fixierung und Färbung sind Notbehelfe, die man anwendet, wenn das Material längere Zeit aufbewahrt werden soll, bzw. wenn Strukturen darzustellen sind, die im lebenden Objekt nicht deutlich zu erkennen sind (Zellkerne!).

Die meisten Wasserbakterien, Blaualgen, Flagellaten, Grünalgen, Protozoen, Strudelwürmer, Rädertiere und Bärtierchen lassen sich nur im lebenden Zustand sicher bestimmen. Fixiert bestimmbar sind unter anderem Diatomeen, Zieralgen, Faden-Jochalgen, Würmer, Krebse, Wassermilben, Insektenlarven. Sehr viele Wasserlebewesen ziehen sich beim Fixieren und Abtöten zusammen, ihr Plasma wird durch die Fällung der Eiweißkörper trübe und undurchsichtig.

Ein **Betäubungsmittel** für wasserlebende Tiere ist MS 222, ein weißes Pulver, das sich in Wasser leicht löst und in Verdünnungen von 1:1000 (*Tubifex*, Ruderfußkrebse) bis 1:10 000 (Fische) angewandt wird. MS 222 eignet sich ausschließlich für Wassertiere, liefert bei ihnen aber zum Teil hervorragende Ergebnisse. Man kann die Tiere längere Zeit (manche sogar tagelang) betäuben, ohne ihnen im Geringsten zu schaden; in frisches Wasser umgesetzt, erwachen sie nach einiger Zeit und lassen nicht die geringste Schädigung erkennen. Für die Untersuchung von Kleinlebewesen hat MS 222 den unschätzbaren Vorteil, dass die Organismen – im Gegensatz zu fixierten – vollkommen durchsichtig bleiben. MS 222 wirkt bei Krebstieren, Ringelwürmern, vielen Insektenlarven, nicht oder ungenügend dagegen bei Wimpertieren und Flagellaten. Steht eine empfindliche Waage nicht zur Verfügung, gibt man MS 222 in ganz winzigen Portionen der Probe zu und wartet nach jeder Zugabe einige Minuten, bis die zu untersuchenden Tiere betäubt sind. MS 222 ist z. B. zu beziehen von Boehringer Ingelheim Bioproducts (MS 222; Nr. 12396; 3-Aminobenzoic-acid-ethyl-ester; Tricain). Zur Untersuchung der sehr lebhaften, nur schwer narkotisierbaren Wimpertiere s. S. 76.

Vitalfärbungen. Bei Wassertieren wird zur Lebendfärbung Neutralrot, ein schwarzgrünes Pulver, in einer Konzentration von etwa 1:10 000 dem Wasser zugesetzt. Es färben sich zum Beispiel saure Nahrungsvakuolen von Ciliaten rot, alkalische gelb bis gelbbraun.

Ist eine **Fixierung** nicht zu umgehen, so ist Formol das geeignetste Fixierungs- und zugleich Konservierungsmittel für Wasserproben. Zu etwa vier Volumenteilen einer Probe gibt man einen Volumenteil der handelsüblichen, 35–40 %igen Formalinlösung und schüttelt kurz um. In dieser Lösung können die Objekte beliebig lange aufbewahrt werden.

Empfindliche Organismen werden aus den frischen Proben herauspipettiert, auf einen Objektträger in einen kleinen (!) Tropfen Wasser gebracht und mit Formoldämpfen behandelt: Der Objektträger wird rasch umgedreht, sodass das Tröpfchen nach unten hängt, und über ein offenes Gefäß mit unverdünntem Formol gelegt. Rundum die befriedigendste Fixiermethode ist die mit Lugolscher Lösung: Zu 100 ml Probenwasser werden 2–3 Tropfen konzentrierter wässriger Lösung zugesetzt, bis die Färbung an Kognak erinnert. Zum einen werden Cilien, Geißeln, Eiweiße sehr gut fixiert, dann bringt Iod etwas Farbe und die durch Iod schwerer werdenden Organismen sedimentieren – für Konzentrate und zum Zählen von Plankton im Umkehrmikroskop die Vorteile. Fixierte Proben halten jahrelang, höchstens werden sie etwas heller. Lugolsche Lösung: 10 g KI (Kaliumiodid) werden in 20 ml dest. Wasser gelöst; dazu werden 5 g doppelt sublimiertes Iod gegeben. Nach vollständiger Lösung kommen 50 ml Wasser und 5 g Natriumacetat oder 5 ml 10 %iger Eisessig hinzu. Ohne Zugabe von Natriumacetat oder Eisessig fällt die Fixierung auffällig bescheidener aus. Aufbewahrung in Fläschchen mit Schliff.

Sollen zugleich mit der „Dampffixierung“ die Zellkerne angefärbt werden, so setzt man dem Tropfen nach der Fixierung ein wenig Methylgrünlösung zu (0,1 g Methylgrün in 100 ml 1 %iger Essigsäure). Auf den Tropfen kommt dann ein Deckglas, das mit vier Vaselinefüßchen – eines an jeder Ecke – vom Objektträger „distanziert“ wird. Solche Präparate halten in einer feuchten Kammer oder bei Umrandung mit Nagellack einige Tage bis Wochen.

Ungefärbte Dauerpräparate. Fixiertes, ungefärbtes Material kann in das wasser- und alkohollösliche Einschlussmittel Hydro-Matrix von Micro-Tech-Lab, Hans-Friz-Weg 24, A-8010 Graz; Fax ++43-[0]31638620; eMail: office@lmscope.com, eingeschlossen werden. Das formolfixierte Material wird kurz in 70 %igem Alkohol ausgewaschen und direkt in das Einschlussmittel verbracht. Das Mittel wird nach kurzer Zeit gummiartig fest. Bei dickeren Präparaten ergeben sich häufig „Einzüge“, seitlich offene Blasen an den Deckglasrändern. Man muss an diesen Stellen frisches Einschlussmittel nachfüllen. Präparate etwa zwei Wochen bei Zimmertemperatur trocknen lassen, dann mit Lackring versehen (mit Pinsel aufgetragener, Objektträger und Deckglasrand umgreifender Ring aus Deckglaslack oder Nagellack).

Färbung. Aus der unübersehbaren Vielzahl von Färbemethoden seien hier nur zwei sehr bewährte und haltbare Färbungen herausgegriffen, eine für botanische, eine für zoologische Objekte.

Alizarinviridin-Chromalaun für pflanzliche Objekte. Farblösung: 1,2 g Alizarinviridin werden in 100 ml 5 %iger wässriger Chromalaunlösung fünf Minuten gekocht. Nach Abkühlen wird mehrfach filtriert. Färbung: Formolmaterial mit Wasser auswaschen. 12 Stunden in der Farblösung belassen (Lösung mit 5 Teilen Wasser verdünnen und filtrieren). Überfärbungen sind nicht zu befürchten. Überschüssige Farbe mit destilliertem Wasser auswaschen; Material in eine Mischung von Glyzerin und Wasser im Verhältnis 1:10 bringen; diese Lösung in flachem Gefäß staubgeschützt allmählich eindunsten lassen, bis die Objekte in konzentriertem, dickflüssigem Glyzerin liegen. Objekte anschließend in Glyzeringelatine eindecken (Glyzeringelatine auf dem Objektträger schmelzen, nicht kochen lassen); Präparat nach einiger Zeit mit Lackring umranden.

Alaunkarmin für Protozoen und Totalpräparate „höherer“ Tiere. Farblösung: 5 g Kalialaun in 100 ml destilliertem Wasser lösen. 2 g Karmin zusetzen, 20 Minuten kochen, nach Abkühlen filtrieren. (Lösung kann auch fertig bezogen werden: Alaunkarmin wässrig nach GRENACHER.) Färbung: Formolmaterial mit Wasser auswaschen. 12 bis 24 Stunden in verdünnter Lösung färben (1 Teil Farblösung mit 4 Teilen destilliertem Wasser verdünnen, filtrieren). Überfärbungen sind nicht zu befürchten. Überschüssige Farbe mit destilliertem Wasser auswaschen. Objekte über 70 %igen, 90 %igen, 96 %igen Alkohol in 100 %igen Isopropylalkohol überführen. Hieraus in Euparal einschließen. Euparal, Farbstoffe und Chemikalien liefert die CHROMA GmbH, PF 410180, 48065 Münster. Tel.: 01802-247662. Steht genügend Material zur Verfügung, kann man es in Spitzgläsern behandeln, in denen es sich immer wieder am Grunde absetzt. Die überstehende Lösung wird dann abgegossen. Dieses Verfahren ist mit ziemlichem Materialverlust verbunden. Schneller arbeitet man mit einer Handzentrifuge (geringe Umdrehungszahl, damit das Material nicht mechanisch beschädigt wird). Steht nur wenig Material zur Verfügung oder hat man gar nur Einzelobjekte, so überträgt man die Objekte mit Pipetten von Stufe zu Stufe; noch besser – jedenfalls sicherer! –: Man belässt solches „Sparmaterial“ im Formol.

Mikroskop, analoge Mikrofotografie, Mikrofotografie mit Digitalkameras, Messen

Unser Bestimmungsbuch kann kein Lehrbuch der Mikroskopie sein. Der Anfänger findet eine Anleitung zur Benützung des Mikroskops sowie eine Einführung in die grundlegenden Präparationsmethoden z. B. bei KREMER, BRUNO P.: Das große Kosmos-Buch der Mikroskopie, Kosmos-Verlag, Stuttgart 2002 und STREBLE, H.: Frisch- und Dauerpräparate zum Mikroskopieren, Präparationstechniken, in Praxis der Naturwissenschaften, Biologie in der Schule 8/53, Aulis-Verlag Deubner, Köln 2004. Über die optischen Grundlagen des Mikroskops, über Objektivtypen, Beleuchtungsverfahren usw. informiert die Broschüre von F. K. MÖLLRING: Mikroskopieren von Anfang an (zu beziehen durch Carl Zeiss, Service Mikroskopie, Tel. 0180-3336334). Eine Einführung in die Mikrofotografie anhand konkreter Beispiele bietet das empfehlenswerte Büchlein von GANDER: Rezepte zur Mikrophotographie für Mediziner und Biologen, Urban & Schwarzenberg, München (nur noch antiquarisch erhältlich).
Hier nur einige Hinweise zum Thema Mikroskop und Mikrofotografie.

Mindestausstattung des Mikroskops

Damit wir von der Kleinlebewelt im Wasser wirklich etwas sehen, muss das Mikroskop mit Grob-und Feintrieb, mit einem in der Höhe verstellbaren Kondensor mit Kondensorblende, mit dreifachem (besser vierfachem) Objektivrevolver, zwei achromatischen Objektiven 10fach und 40fach, mit zwei Okularen (zum Beispiel 6fach und 10fach) sowie mit einem Spiegel ausgerüstet sein. Das Mikroskop sollte mit Normoptik ausgestattet und „ausbaufähig“ sein, das heißt, es sollte die spätere zusätzliche Ausrüstung mit besserer Optik gestatten.
Kurs- oder Schülermikroskope besitzen zum Teil einen monokularen Schrägtubus, der nicht abnehmbar und nicht gegen einen geraden Fototubus auswechselbar ist. Solche Mikroskope sind für die analoge Mikrofotografie ungünstig. Nicht ausbaufähige Kleinmikroskope aus dem Kaufhaus sind sehr billig; mehr soll über sie nicht gesagt sein.

Empfehlenswerte Ergänzungen und Ausbaustufen

Sehr nützlich ist oft ein Lupenobjektiv 2,5- bis 3,5fach. Für die Mikrofotografie sind Objektive 20fach und 63fach zweckmäßig. Ölimmersionen 90fach und 100fach werden seltener gebraucht als man zunächst vermuten möchte. Unbedingt zu empfehlen ist eine Ansteckleuchte, die eine besondere Mikroskopierleuchte überflüssig macht und beim Einstellen der Beleuchtung viel Zeit spart.
Zur Einstellung des so genannten Köhlerschen Beleuchtungsprinzips[1] – der besten, für die Mikrofotografie fast unentbehrlichen Beleuchtungsmethode – braucht man eine

[1] Verwirklichung des Köhlerschen Beleuchtungsprinzips: Ein Bild des Leuchtfeldes wird in die Objektebene gelegt. Vereinfacht könnte man sagen: Die Objektebene selbst wird zur stellvertretenden Lichtquelle. Man könnte mit Hilfe des Kondensors ein Bild der Lichtquelle direkt in die Objektebene legen (sog. kritische Beleuchtung), aber das hätte den Nachteil der ungleichmäßigen Ausleuchtung, da kaum eine Lichtquelle zur Verfügung steht, die gleichmäßig über ihre ganze Fläche strahlt. Man hilft sich, indem man vor einer Niedervoltleuchte eine Kollektorlinse

Niedervoltmikroskopierleuchte mit Kollektorlinse und Leuchtfeldblende. Moderne Mikroskope mit eingebauter Niedervoltleuchte gestatten die Einstellung der Köhlerschen Beleuchtung mit wenigen Handgriffen und in kürzester Zeit. Weiteres Zubehör wie binokularer Tubus, Kreuztisch, Großfeldokulare ermöglichen ein bequemes Arbeiten, verbessern aber das mikroskopische Bild–Auflösung!–nicht. Vor allem Anfänger glauben, man könne mit einem binokularen Tubus mehr sehen, weil man ja mit beiden Augen ins Mikroskop blickt. Das ist ein Irrtum; binokulare Schrägtuben sind bei längerem Arbeiten angenehm, weil man nicht so rasch ermüdet; man erkennt aber keineswegs mehr als mit einfachem monokularem Einblick. Um Verwechslungen zu vermeiden: Dies gilt nicht für binokulare Präpariermikroskope, Stereomikroskope, die nicht nur mit zwei Okularen, sondern auch mit zwei Objektiven ausgerüstet sind und daher ein echtes plastisches Sehen ermöglichen; wer sich ein Stereomikroskop leisten kann, wird in ihm ein hervorragendes Hilfsmittel für Präparationsarbeiten sowie für die Untersuchung größerer Organismen–über 1 mm–finden.

Viele Hersteller empfehlen in ihren Druckschriften vor allem besser korrigierte Objektive (Planachromate, Fluoritsysteme, Apochromate) und erwähnen die billigeren, jedoch gleichfalls gut korrigierten Achromate eher am Rande. Die hervorragend korrigierten Objektive liefern tatsächlich ein besseres mikroskopisches Bild, was sich aber nur bei der Farbmikrofotografie bemerkbar macht. Die bessere Leistung gegenüber den preiswerten Achromaten steht für die allermeisten Zwecke in keinem Verhältnis zu den enormen Preisen.

Sehr zu empfehlen ist Phasenkontrastoptik. Das Phasenkontrastverfahren verdeutlicht Zellorganellen mit geringem Kontrast und macht manche Struktureinzelheiten überhaupt erst sichtbar. Die zu untersuchenden Objekte müssen möglichst dünn sein.

Dem Phasenkontrast nicht ganz ebenbürtig ist die schiefe Beleuchtung, die man mittels eines Kondensors mit dezentrier- und drehbarer Kondensorblende herstellt (sogenannter großer Abbescher Beleuchtungsapparat). Einfacher, praktischer und billiger

---

mit Irisblende (Leuchtfeldblende) anbringt und deren Bild mit Hilfe des Kondensors in die Objektebene projiziert.

Voraussetzung für das Köhlersche Beleuchtungsverfahren sind eine Niedervoltlampe (hohe Leuchtdichte bei gedrängter Lichtwendel) mit Kollektor und Leuchtfeldblende und ein Kondensor mit Aperturblende (Kondensorblende).

Die Einstellung erfolgt in zwei Abbildungsvorgängen: 1. Abbildung der Lichtquelle (Lampenwendel!) mittels der Kollektorlinse auf die zugezogene Kondensorblende. 2. Abbildung der Kollektorblende in der Präparatebene durch Verschieben des Kondensors.

a) Mikroskopierleuchte so aufstellen, dass der von der Mitte des Planspiegels auf die Kondensorblende geworfene Lichtfleck einen Durchmesser von etwa 8 mm aufweist.

b) Präparat scharf einstellen.

c) Durch Verstellen des Kollektors Glühwendel der Lampe auf der Kondensorblende abbilden.

d) Kollektorblende schließen, Kondensorblende öffnen.

e) Durch Höhenverstellung des Kondensors Kollektorblende im Gesichtsfeld abbilden. Durch Zentrieren des Kondensors oder Spiegelverstellung Blendenbild in die Mitte des Gesichtsfeldes bringen.

f) Kollektorblende so weit öffnen, dass ihre Ränder im Gesichtsfeld gerade nicht mehr zu sehen sind. Staub auf Filtern vor der Kollektorblende (Leuchtfeldblende) oder Mattscheibenstrukturen werden dann nicht mehr im Präparat mit abgebildet, wenn man den Kondensor um 1/2 mm–meist bis zum oberen Anschlag–höherstellt oder senkt.

g) Blendenkorrektur. Kondensorblende soll höchstens ein Drittel der Hinterlinse des Objektivs abdecken (Okular herausnehmen, durch den Tubus schauen). Die ungewöhnlich helle Beleuchtung, die man mit diesem Verfahren erzielt, stört beim subjektiven Betrachten und vor allem beim Einstellen. Mindestens beim Einstellen der Beleuchtung darf man keine Mattscheibe zur Lichtschwächung in den Strahlengang bringen. Dichte, aber nicht mattierte Lichtfilter, ein weißes Papierstück oder–besser–Neutralgraufilter schaffen Abhilfe. Moderne Mikroskope mit eingebauter Niedervoltleuchte gestatten die Einstellung der Köhler-Beleuchtung mit wenigen Handgriffen und in kürzester Zeit.

ist schiefe Beleuchtung, die man mittels eines Kartonstücks mit zentralem Loch (Durchmesser um 1 cm) herstellt; der Karton, direkt unter der Kondensorblende hin und her geschoben, liefert bei offener Kondensorblende Schieflicht bis Dunkelfeld. Über Differential-Interferenz-Kontrastverfahren (DIK) informieren Druckschriften der Lieferfirmen.

Analoge Mikrofotografie

Zur Aufnahme lebender Mikroorganismen kommt nur die Blitzlichtfotografie in Frage. Aber auch bei fixierten Organismen im Flüssigkeitspräparat ist das Blitzlicht wegen der Brownschen Bewegung zu empfehlen. Am einfachsten und am besten ist es, eine Blitzeinrichtung für Mikrofotografie zu kaufen. Bei diesen Geräten sind Blitzröhre und Pilotlicht in einer Mikroskopierleuchte so angeordnet, dass sich das Köhlersche Beleuchtungsprinzip leicht einstellen lässt. Ratschläge für andere Lösungen kann J. Stahlschmidt, Haferkamp 60, 58093 Hagen, geben.
Das Blitzlicht hat immer die gleiche Intensität. Bei normalen Fotografien reguliert man die auf den Film gelangende Lichtmenge mittels der Blende. Das ist bei der Mikrofotografie nicht möglich, bzw. wäre – etwa wenn man versuchte, die Lichtmenge mittels der Kondensorblende zu regeln – für die Bildqualität, die Auflösung äußerst schädlich. Das Blitzlicht muss daher mit farbneutralen Graufiltern abgestuft geschwächt werden: Man blitzt mit jedem Objektiv ein beliebiges Präparat bei eingeschaltetem Pilotlicht mit allen Kombinationen von vier Graufiltern (hell, hell, mittel, dunkel) durch; ein Blaufilter und ein Sky-Light-Filter liegen bei jeder Aufnahme auf der Leuchtfeldblende; als Film z. B. Kodak Elite Chrome für Farbdiapositive ISO 100/21°. Die jeweiligen Filtersätze werden für jede Aufnahme notiert. Die für die besten Dias gefundenen Graufilter-Kombinationen aus zwei, drei, höchstens vier Filtern werden bei allen zukünftigen Aufnahmen jeweils wiederholt.
Zur Wahl der Kamera: Für den Amateur ist eine analoge Spiegelreflexkamera mit auswechselbarer Optik meist am günstigsten. Zur Mikrofotografie wird die Kameraoptik entfernt und die Kamera mit einem vom Herstellerwerk gelieferten Ansatzstück am Tubus befestigt.
Das Blitzen lebender Wassertiere ist eine aufregende Sache: Objekt verfolgen, Film weiterdrehen, Kondensorblende richtig einstellen, Anzeige messen, Filter korrigieren, Objekt wiederfinden, vorteilhafte Pose abwarten, mehrmals scharfstellen, auslösen. Nur eine ständig einsatzbereite Einrichtung ermöglicht „Glücksaufnahmen". Protozoen unterbrechen weder einen Teilungsvorgang noch halten sie im Fressen inne, bis wir einen Film eingelegt haben!

Mikrofotografie mit Digitalkameras

Die Digitalisierung bestimmt bereits weite Bereiche der Fotografie, die meisten modernen mikroskopischen Dokumentationen nutzen diese Technik. Der ambitionierte Amateur kann mit vertretbaren finanziellen Mitteln die digitale Fototechnik am Mikroskop nutzen. Was sind die Anreize, von der analogen auf die digitale Fotografie am Mikroskop umzusteigen? Da ist erstens das schnell überprüfbare Ergebnis, einen PC und dessen Beherrschung vorausgesetzt. Die automatische Belichtungssteuerung der Kamera ist für den Einsatz am Mikroskop einfach kalibrierbar und man kann bei beweglichen Objekten eine große Anzahl Bilder herstellen, um nachher die besten herauszusuchen. Zweitens sind die heutigen CCDs so lichtempfindlich, dass man zumindest im Hellfeld mit einer leistungsfähigen Beleuchtung leicht auf 1/1000s Belich-

tungszeit kommt. Die Bilder können platzsparend und schnell wieder auffindbar auf dem PC abgelegt werden, die Montage in Publikationen ist einfach. Eine leistungsfähige und kostengünstige Konstruktion einer Mikroblitzeinrichtung ist von GERD GÜNTHER im Mikroskopieforum skizziert worden:
- http://f25.parsimony.net/forum62175/messages/10150.htm
- http://f25.parsimony.net/forum62175/messages/10142.htm
Beim Einsatz des Elektronenblitzes muss die Kamera über keine TTL-Blitzbelichtungsmessung verfügen. Bei der von GÜNTHER vorgestellten Konstruktion wird die Blitzstärke (Leuchtzeit) stufenlos über ein Potentiometer geregelt. Da sich in der Mikroskopie die Helligkeit innerhalb einer Aufnahmenserie nicht entscheidend ändert, kann man durch Überprüfung am Kameradisplay sehr schnell zur korrekten Belichtung kommen.
Technisch ist zu unterscheiden zwischen leistungsfähigen Kompaktkameras mit fest eingebautem Objektiv und Zentralverschluss und digitalen Spiegelreflexkameras mit Wechselobjektiven und Schlitzverschluss (DSLR). Die Adaption der DSLR erfolgt so wie die der analogen SLR, es gibt keine Beschränkungen bei der Modellauswahl. Kompaktkameras sind nicht alle gleichermaßen am Mikroskop nutzbar. Liegt die Eintrittspupille des Kameraobjektivs ungünstig, entstehen Vignettierungen. Das passende Modell ist nur durch Tests zu ermitteln. Ferner sollte eine digitale Kompaktkamera folgenden Bedingungen genügen:
- Gewindeanschluss für Objektivvorsätze
- Chip mit mindestens 3,3 Megapixeln
- Standard-Blitzkontakt (der externe Blitz kann jedoch auch über ein Synchroblitz-Modul (z. B. Hama Synchromat) gezündet werden)

Siehe außerdem: Kompatibilitätsliste von GUY MARSON im Mikroskopieforum (passende Objektivkonstuktion, keine Ringartefakte):
http://f25.parsimony.net/forum62175/messa,ees/11061.htm
Das Okular sollte ein Weitfeld-Brillenträgerokular sein, weil dessen hochliegende Austrittspupille die Adaption an die Kameraoptik erleichtert. Für die Adaption an die unterschiedlichen Fototuben gibt es Lösungen aus der Industrie und instruktive Anleitungen zum Selbstbau wie beispielsweise
- Adapter von E. HILLENKAMP: http://www.mikroskopieren.de und MIKROKOSMOS **90**, 239–242, 2001
- Adapter von G. GÜNTHER: MIKROKOSMOS **91**, 231–239, 2002

Die Adaption ist besonders einfach, wenn das Mikroskopokular ein Gewinde hat und man mit Filteradaptern aus dem Fotofachhandel (z. B. Soligor) die Verbindung zwischen Kamera und Mikroskopokular herstellen kann. Ansonsten können Institutswerkstätten gewöhnlich preiswert die fehlenden Teile fertigen. Den korrekten Abstand von Okular und Kameraobjektiv erkennt man daran, dass das Bild beim Abblenden nicht vignettiert wird. Auf jeden Fall sollte man die Vignettierung minimieren und immer mit offener Blende arbeiten.
Manchmal wird argumentiert, aus optischen Gründen sei es besser, ohne Kameraobjektiv zu arbeiten, was in Konsequenz zum Ausschluss der Kompaktkameras führen müsste. In der Praxis wirkt sich die zusätzliche Optik aber nicht sichtbar negativ auf das Bildergebnis aus. Hingegen ist bei DSLRs die Erschütterung durch den Schlitzverschluss (und den Spiegel, falls man ihn nicht arretieren kann) ein Problem. Daher muss der Nutzer von Spiegelreflexkameras am Mikroskop blitzen! Bei einer Kompaktkamera mit erschütterungsarmem Zentralverschluss kann man blitzen, wenn man es für nötig hält.
Bei Glühlampen-Beleuchtung ist die Verwendung eines wirkungsvollen IR-Sperrfilters (z. B. Linos Calflex3000) vorteilhaft, da die CCDs IR-empfindlich sind und die infrarote Strahlung den Kontrast verschlechtert.
Hilfreich ist eine Fernauslösemöglichkeit (Kabel oder Infrarot). Bei beweglichen Objekten muss man, mit einer Hand am Tischtrieb und der anderen am Feintrieb, gleichzeitig den Fernauslöser betätigen können. Wenn die Kamera die Möglichkeit zum

manuellen Weißabgleich hat, sollte man diese nutzen. Die Korrektur in der gegebenenfalls anschließend erfolgenden digitalen Bildbearbeitung ist mühsamer.
Bei mittenbetonter Intergralmessung sollte man stark lichtdurchlässige Objekte im Hellfeld (wie es Protisten üblicherweise sind) etwas länger belichten (+ 1/3 bis + 2/3 BS). Bei Kontrastverfahren wie Phako oder DIK, die dunklen Hintergrund liefern, ist es dagegen günstiger, knapp zu belichten (–1/3 bis–2/3 BS).
Bei normalen Fotoobjekten mit hohen Helligkeitskontrasten hat die Digitalkamera mit dem Nachteil zu kämpfen, dass der CCD einen geringeren Kontrastumfang verkraftet als die hochauflösenden Filmemulsionen. Da die Mikrofotografie aber eher an Kontrastarmut leidet, gereicht dieser Nachteil des CCD dem Mikrofotografen zum Vorteil: Auf Digitalfotos von Planktonorganismen im Hellfeld sind gewisse Details oft leichter erkennbar als bei direkter Sicht durchs Okular.
Der volle Wert der digitalen Fotografie erschließt sich jedoch nur bei solidem Grundverständnis für den PC. Die aufgenommene Bilddatei kann selbstverständlich auch von einem Labor auf Papier gebracht werden. Dann beraubt man sich aber des Vorteils, das Bild selbst zu bearbeiten. Man hat am PC folgende Möglichkeiten:
- Korrektur von Helligkeit, Kontrast, Intensität, Weißabgleich, Bildausschnitte, Drehen, in gewissen Grenzen Verbesserung der Kantenschärfe mittels Adobe Photoshop Elements, Corel Photopaint, GIMP o. a.
- Bebilderung von Texten, Erstellen von Präsentationen
- Systematische Ordnung im Dateibaum z. B. nach Verwandtschaftskriterien und/oder Fundorten. Mehrere Ordnungen parallel zu bedienen ist über sog. Dateilinks realisierbar mit entsprechender Software zu Bild- und Dateibaumanzeige (z. B. Freeware XNVIEW)
- Stacking: Erzeugen von größerer Schärfentiefe mittels einer Serie von Schichtaufnahmen, die derart zu einem Bild montiert werden, dass jeweils von allen Schichten nur die scharfen Partien berücksichtigt werden. Als Programme seien stellvertretend genannt: CombineZ5, Helicon focus, MicroPicS.

Allgemein ist das Diskussionsforum in http://www.mikroskopie.de empfehlenswert. Hier findet man viele Lösungsansätze zur digitalen Mikrofotografie und kann eigene Fragen stellen.

Messen mit dem Mikroskop

Die Einheit, in der der Mikroskopiker gewöhnlich misst, ist das Mikrometer (µm; früher µ = Mikron). 1 µm ist ein tausendstel Millimeter. Um mikroskopische Objekte zu messen, benützt man ein Okularmikrometer, ein Glasplättchen mit einer Strichskala (Abstände zwischen den Strichen 1/10 mm). Das Okularmikrometer wird–nach Abschrauben der Augenlinse–auf den Blendenring im Okular eingelegt. Bei scharf eingestelltem Objekt sieht man dann die Skala des Okularmikrometers und das Objekt zugleich und kann das Objekt mit der Strichskala des Okularmikrometers vergleichen. Der scheinbare Abstand der Striche des Okularmikrometers ändert sich mit jedem Okular. Die Skala des Okularmikrometers muss für jede verwendete Objektiv-Okular-Kombination geeicht werden. Dazu braucht man ein Objektmikrometer, das ist ein Objektträger, der gleichfalls eine Strichskala trägt, bei der jedoch die Abstände zwischen den einzelnen Strichen viel geringer sind, nämlich 1/100 mm. Wir entnehmen das folgende Beispiel für die Eichung (die Ermittlung des Mikrometerwerts) aus Bittner, Blaualgen (Kosmos-Verlag):
Man wählt ein bestimmtes Okular, z. B. ein 10-mal vergrößerndes, legt ein käufliches Okularmikrometer auf den Blendenring, prüft die Schärfe und korrigiert gegebenenfalls, indem man die Augenlinse des Okulars etwas herausschraubt. Dann spannt man ein Objektmikrometer an Stelle eines Präparates am Tisch ein und stellt beide Skalen so

ein, dass sie aneinanderliegen und die 0-Punkte sich decken. Angenommen, die beiden weitesten Teilstriche, die sich decken, entsprächen beim Objektmikrometer 10 Teilstrichen = 10/100 mm, beim Okularmikrometer 8 Teilstrichen. Wir wandeln zunächst die 10/100 mm in µm (Mikrometer = tausendstel Millimeter) um. Es entsprechen also

10/100 mm = 8 Teilstrichen des Okularmikrometers

oder 100 µm (10/100 mm) = 8 Teilstrichen des Okularmikrometers.

Den Mikrometerwert erhalten wir durch folgende Rechnung:
100 (Objektmikrometer-Abstand): 8 (Okularmikrometer-Abstand) = 12,5 (Mikrometerwert) In Worten: Anzahl der Objektmikrometerabstände × 10, geteilt durch die Anzahl der überdeckenden Okularmikrometerabstände, ergibt den Mikrometerwert.
Ist dieser Wert nun für die einzelnen Kombinationen bekannt, so kann man die wirkliche Größe eines Objektes erfahren, indem man die abgelesenen Teilstriche am Okularmikrometer mit dem Mikrometerwert multipliziert, z. B.
20 Teilstriche Okularmikrometer × 12,5 = 250 µm.
Wir sehen: Das Okularmikrometer braucht man immer, das Objektmikrometer dagegen nur einmal. Da das Objektmikrometer sehr viel teurer ist als das Okularmikrometer, kann es zweckmäßig sein, sich ein Objektmikrometer bei einem Bekannten für wenige Tage auszuleihen und nur das Okularmikrometer zu kaufen.
Hat man kein Objektmikrometer, kann man sich mit einem Stückchen Konstantandraht billig und zuverlässig behelfen. Konstantandraht wird für physikalische Versuche zum Ohmschen Gesetz benötigt und ist daher bei Lehrmittelhandlungen erhältlich. Wir brauchen die 0,1 mm dicke Ausführung (oft ist nur der 0,2 mm dicke Draht vorrätig).
Ein Stückchen Konstantandraht wird zwischen Objektträger und Deckglas in einen Tropfen Wasser eingebettet. Mit ihm können wir das Okularmikrometer eichen; wir brauchen nur zu prüfen, wie viele Striche des Okularmikrometers die scharf sichtbaren Grenzen des Drahtstückes genau überdecken.
Wer ein Stückchen Konstantandraht als Dauerpräparat in Kunstharz einschließt, hat für alle Zeiten ein billiges und zuverlässiges Objektmikrometer.
Lineal, Digitalkamera und Monitor oder Videobeamer erübrigen ein Okularmikrometer. 100 µm Konstantandraht oder Objektmikrometerskala machen mit einem 40fachen Objektiv z. B. am Bildschirm eines Monitors 9 cm aus; 9 mm entsprechen dann 10 µm bzw. dem Maßstab 900/1 am Bildschirm. Oder bei einem 10fachen Objektiv: 500 µm machen 11,3 cm aus; 22,6 mm entsprechen 100 µm bzw. Maßstab 226/1.
Nebenbei: Bärlappsporen (S. 348) aus der Apotheke sind recht zuverlässig 33 µm groß. Gemessen wird mit trockenen Sporen unter Deckglas.

Was „bringen“ uns die Kleinlebewesen der Gewässer?

In allen Wasseransammlungen, die nicht vergiftet sind, leben kleine Organismen. Sogar in Pfützen, Trittspuren von Rindern, falsch deponierten Konservendosen, Vogeltränken, Blattachseln entwickelt sich eine den jeweiligen Bedingungen angepasste Gemeinschaft von Bakterien, Algen und Kleintieren[1]. Der Zauber dieser Lebewelt im „Wassertropfen“ liegt wohl in der Durchsichtigkeit der Organismen; und keine einfachere und billigere Möglichkeit als die „Wassertropfenmikroskopie“ gibt es, etwas vom lebendigen Getriebe von Individuen und Gemeinschaften zu erfahren. So vielfältig die Formen und Lebensweisen dieser Welt des Kleinen sind, so mannigfaltig sind die Aspekte, sich mit ihr auseinander zu setzen. Man kann zum Beispiel mit dem Mikroskop als Hilfsmittel...

... sich über die Formenfülle wundern und freuen
... die Merkmale der Gruppen studieren und vergleichen
... die Formen klassifizieren, ansprechen, bestimmen
... sich auf eine Gruppe spezialisieren
... alle Gewässer der Umgebung untersuchen; oder – besser – von wenigen Gewässern des Öfteren Proben einbringen
... die Jahreszyklen in einem Gewässer beobachten
... die Jahreszyklen einzelner Formen zusammenstellen
... versuchen, Wasserblüten vorauszusagen und ihr Abklingen zu verfolgen
... Bestandsaufnahmen von Gewässern machen und Änderungen im Lauf der Jahre registrieren
... die Güte von Gewässern und Gewässerzonen anhand der Leitorganismen beurteilen – siehe Saprobiensystem S. 34 und Biologische Gewässeruntersuchung S. 384.
... die Selbstreinigung und Verschmutzung eines Flusses verfolgen
... seltenere Formen sammeln und ihre Lebensäußerungen beschreiben
... den Wirkungsgrad von Kläranlagen abschätzen
... Giftwirkungen von Chemikalien beobachten
... Dias blitzen, schöne und interessante Bilder machen, Filme und Videos aufnehmen
... das reizvolle und lückenhaft bekannte Problem der Gemeinschaften in Angriff nehmen und den Beziehungen der Individuen zueinander in einem zunächst enger umgrenzten Raum nachgehen. Welche Ansprüche stellen die Arten einer Gemeinschaft (Licht, Raum, Unterlage)? Wer assimiliert? Wer frisst Bakterien? Wer frisst was als Räuber, Vegetarier, Strudler, Wegelagerer?

Vieles kann man selbst sehen; vieles wird man in Fachzeitschriften, Handbüchern, Lehrbüchern, Einführungen, Bestimmungswerken nachschlagen wollen. Einige Literaturhinweise finden sich am Schluss dieses Buches.

---

[1] Die höheren Pflanzen und größeren Tiere der Gewässer beschreibt z. B. der KOSMOS-Naturführer von Wolfgang Engelhardt: Was lebt in Tümpel, Bach und Weiher?

Lebendmaterial, Filme

Algenstämme können von verschiedenen Stellen bezogen werden:
Sammlung von Algenkulturen des Pflanzenphysiologischen Instituts der Universität Göttingen (SAG): Nikolausberger Weg 18, 37073 Göttingen. http://www.gwdg.de/~epsag/phykologia/epsag.html. „List of Strains“ erbitten.
Sammlung von Conjugaten-Kulturen (SVCK): http://www.biologie.uni-hamburg.de/b-online/d44_1/44_1.htm
Culture Collection of Algae at the University of Cologne (CCAC): http://www.ccac.uni-koeln.de/

Kulturansätze für verschiedene Algen und „Kleintiere“ liefert zum Beispiel Dr. Werner Hölters, Lebendmaterial für Schule und Forschung: Am Grünen Weg 24, 50259 Pulheim; Telefon 02234/986200, Telefax 02234/986201

Für Freunde der Meeresorganismen: Marine Algen und Tiere, lebend und fixiert, verschickt die Biologische Anstalt Helgoland (Materialversorgung), Kurpromenade 201, 27498 Helgoland; Telefon 04725/819212, Fax 04725/819283. Preisverzeichnis für Materialversorgung festländischer Forschungs- und Lehreinrichtungen dort anfordern.

Wissenschaftliche Filme verleiht und verkauft das Institut für den Wissenschaftlichen Film (IWF): Nonnenstieg 72, 37075 Göttingen; Telefon 0551/50240, Fax 0551/5024-400. Medienkataloge „Botanik“ und „Zoologie“ erbitten.

Tricks und Kniffe

- Als Arbeitstische bei Freilanduntersuchungen eignen sich Baumstümpfe, Mikroskopkästen, Sitzbänke, umgedrehte Obstkisten, Autohecks und Kühlerhauben; kleine Campingtische, durch ein Mikroskop beschwert, fallen schneller als vermutet um. Im Freien kann der Wind sehr stören. Oft erscheint auch das mikroskopische Bild viel schlechter als im Arbeitszimmer zu Hause. Der Grund dafür: Das Auge adaptiert, das heißt Pupille und Netzhaut passen sich der Helligkeit der Umgebung an; das mikroskopische Bild erscheint dann sehr dunkel und „flau". Daher nach Möglichkeit zugfreien und schattigen Platz aufsuchen.
- Die Augenwimpern trüben langsam, aber sicher die Augenlinsen der Okulare (Fettschicht); sehr wirkungsvoll hilft beim Putzen der eigene Speichel.
- Frontlinsen der Objektive ab und zu prüfen; Fingerabdrücke und angetrocknete Probenreste verschlechtern das mikroskopische Bild.
- Kondensorblende nur so weit wie unbedingt nötig zuziehen; bei offener Kondensorblende ist die Auflösung besser.
- Helligkeit des mikroskopischen Bildes mittels Lampenspannung (im Freien Spiegelstellung) oder Graufiltern regeln, nie mit der Kondensorblende!
- Salzwasser korrodiert die Metallteile der Objektive; Salzwassertropfen daher sofort abwischen und Objektiv mit Süßwasser reinigen.
- Ansichtssache ist die Wahl der Okulare. Schwache Okulare (5-mal, 6-mal, 8-mal) liefern lichtstärkere, scheinbar konturenschärfere Bilder; mit stärkeren Okularen (10-mal, 12-mal) erscheinen die Organismen eindrucksvoller.
- Ob man viel oder wenig Material und Wasser unter das Deckglas bringt, hängt von der Dicke der Objekte ab. Ein Zuviel an Wasser kann man seitlich am Deckglasrand absaugen (Zellstoffwatte, Papiertaschentücher, Filtrierpapier). Zu dichte Präparate, ganze Algenwatten und Detritussümpfe, bringen meist wenig; zum Fotografieren von Einzellern sind sie ungeeignet.
- Ausgediente Präparate im Freien in alte Objektträgerschachteln packen; als Wiesendünger oder im See versenkt nützen sie nichts!
- In der Sonne getrocknete Planktonnetze werden mit der Zeit brüchig. Unausgewaschene Planktonnetze verkrusten. Feucht in Plastikbeutel eingewickelte und vergessene Netze schimmeln; zumindest faulen die Schnüre durch.
- Zum Befestigen des Planktonnetzes, zum Auswerfen und Wiedereinziehen, sind Perlonschnüre gebräuchlich. Besser ist Paketschnur, die jedoch mit der Zeit brüchig wird und des Öfteren gewechselt werden muss. Vor der Ära der Perlonschnüre gab es gewachste Schnüre, die sehr viel zweckmäßiger, aber auch teurer waren.

Wassergüteklassen, Saprobiensysteme, Trophiestufen

So wie der Geologe Leitfossilien kennt, typische Versteinerungen, nach denen vor Jahrmillionen abgelagerte Schichten erkannt und bestimmt werden können, gibt es im Wasser typische Leitorganismen, die dem Biologen bestimmte Verschmutzungsgrade anzeigen. Die biologische Wasseruntersuchung, die auf der empirischen Kenntnis dieser Leitorganismen fußt, führt rasch zu einem Ergebnis, ist sehr zuverlässig und erfasst eine Vielzahl von Faktoren, die der chemischen Analyse unter Umständen nur durch viele und zeitraubende Arbeitsgänge zugänglich sind.
Saprobien sind Tiere und Pflanzen, die eng an Zonen stärkerer oder geringerer Verunreinigung oder an spezielle Umweltverhältnisse gebunden sind; sie eignen sich als Anzeiger, als Indikatoren, das heißt als Leitorganismen. Bei den Saprobien spielen viele Faktoren für die Bindung an einen bestimmten Verschmutzungsgrad eine Rolle; nur wenig tolerante Organismen eignen sich als Zeigerorganismen, als Bioindikatoren:
Die Nahrung: Bakterienfresser bevorzugen bakterienreiche, also stark verschmutzte Lebensräume.
Der Sauerstoff: Das Sauerstoffbedürfnis der verschiedenen Arten ist sehr unterschiedlich. Anaerobiern, die keinen Sauerstoff brauchen, stehen extrem sauerstoffbedürftige Arten gegenüber; dazwischen gibt es alle nur denkbaren Übergänge.
Fäulnisstoffe und Gifte: Viele Lebewesen sind gegen die bei starker Fäulnis auftretenden Gifte wie Schwefelwasserstoff und Ammoniak äußerst empfindlich. Eiweißabbauprodukte wirken auf manche Lebewesen fördernd, auf andere hemmend.
So wie es zwischen extrem verschmutztem und reinstem Wasser alle Übergänge gibt, gibt es auch keine scharfe Grenze zwischen den Lebensgemeinschaften.
Die Tabelle auf Seite 384 fasst unterschiedliche Einteilungen der Saprobien zusammen: Bis vor vier Jahrzehnten waren 4 Bereiche üblich (KOLKWITZ und MARSSON, LIEBMANN). Die damalige Aufteilung in die Wassergüteklassen IV polysaprobe Zone, III α-mesosaprobe Zone, II β-mesosaprobe Zone und I oligosaprobe Zone ist an den römischen Zahlen I–IV hinter den Artnamen ab Seite 396 noch nachvollziehbar.
Genauere Aussagen und Benennungen von Bioindikatoren erlaubt das siebenstufige System – in der Tabelle Seite 384 die Spalten D–L. Zu fünf Stufen der Gewässergliederung im Folgenden Kurzzusammenfassungen – in der Tabelle Seite 384 die Spalten M–R. Zu ökologischen Gesamtbewertungen bei den EU-Wasserrahmenrichtlinien siehe Seite 386. Hier eines vorneweg: Einteilungen laufen auf 5 Stufen der Module Saprobien, Versauerungsgrade, Versalzungen, allgemeine Degenerationen bei fließenden und stehenden Gewässern hinaus. Die Saprobien bekommen die Klassen 1 bis 5; oder Zeugnisse sehr gut (1), gut (2), mäßig (3), unbefriedigend (4), schlecht (5); oder Zustände wie very good, good, critical, bad, very bad; oder Güten high, good, moderate, poor, bad. O.K., try for, sue for sind eine andere, hier ungebräuchliche Möglichkeit, Gewässerverunreinigungen anzugehen.

Güteklassen, Stufen der Saprobien

Wassergüteklasse IV, polysaprobe Zone

Diese Zone ist am stärksten verschmutzt. Das Wasser ist sauerstofffrei oder äußerst sauerstoffarm, übelriechend, setzt Faulschlamm ab. Es finden sich massenhaft Bakterien, aber nur relativ wenige Arten anderer Lebewesen. Diese wenigen, unempfindlichen oder besonders angepassten Arten können allerdings in riesiger Individuenzahl auftreten. Kennzeichnend sind bestimmte Bakterien wie *Sphaerotilus natans,* weiße

und rote Schwefelbakterien, wenige Blaualgenarten, einige Geißeltierchen, viele, zum Teil bizarr gestaltete Wimpertierchen (Bakterienfresser!). Von den vielzelligen Tieren ist besonders der Schlammröhrenwurm *Tubifex tubifex* charakteristisch.
Polysaprob sind ungeklärte Abwässer, Flüsse und Seen an den Stellen, an denen ungeklärte Abwässer eingeleitet werden, faulendes Wasser in Blumenvasen, Aufgüsse aus Heu oder anderem Pflanzenmaterial, Jauchepfützen, die obere Zone von Tropfkörpern. Polysaprobe Zonen können aber auch „natürlich" entstehen: Tierleichen in Stillwasserbuchten lassen um sich herum ein polysaprobes Milieu entstehen, in Verlandungszonen kann es durch tierische und pflanzliche Überreste zu polysaproben Verhältnissen kommen.

Wassergüteklasse III, α-mesosaprobe Zone

Die Selbstreinigung ist in dieser Zone schon so weit fortgeschritten, dass die Oxidationsprozesse überwiegen. Das Wasser enthält reichlich Sauerstoff, doch ist durch die Tätigkeit der noch immer zahlreichen Bakterien auch die Sauerstoffzehrung sehr groß. Höhere Tiere und Pflanzen sind noch selten, aber viele Kieselalgen, Grünalgen, Geißel- und Wimpertierchen beleben das Wasser. α-mesosaprobe Tümpel und Teiche sind Fundgruben für den Mikroskopiker. α-mesosaprobe Gewässer sind zum Baden ungeeignet; Trinkwasser kann ihnen allenfalls bei sorgfältiger Aufbereitung entnommen werden.

Wassergüteklasse III-II, α-/β-mesosaprobe Zone

Der ganz leicht über dem Wasser schwebende Geruch „in Richtung Klärwerk" charakterisiert äußerlich die Aktionsbereiche der Selbstreinigung gegen die Belastungen. In weiter ungestörten Flüssen geht bei einem Sauerstoffgehalt von mindestens 4 Milligramm pro Liter Wasser die Mineralisation in Richtung Reiner weiter. Viele stehende Gewässer dagegen können in benthischen Schichten bereits im Frühsommer, Ende Mai, die stark eutrophe Stufe erreichen – s. auch S. 391. Bioindikatoren der Wassergüteklasse III-II: Wasserpest, Kleine Wasserlinse, Krauses Laichkraut, Wasserstern, Gelbe Teichrose, Blaues Trompetentier, *Brachionus angularis* und *B. calyciflorus*, Springborsten-Rädertiere, Teleskop-Rädertiere, Teichschlange, Gemeiner Wasserfloh, Kugelmuscheln und Wassertreter. Noch fehlen Eintags- und Steinfliegenlarven, Köcherfliegenlarven und die meisten Käfer.

Wassergüteklasse II, β-mesosaprobe Zone

Die Bakterien sind in dieser Zone sehr zurückgegangen, das Wasser ist sauerstoffreich, klar (falls nicht durch Wasserblüten getrübt), in Seen ist das Plankton sehr artenreich (planktische Kieselalgen, Dinoflagellaten, Rädertiere, Kleinkrebschen, Grünalgen), die Ufer sind oft stark verkrautet. Die Leitorganismen dieser Zone sind empfindlich gegen Fäulnisstoffe, zu geringen Sauerstoffgehalt, aber auch gegen Schwankungen des pH-Wertes.
β-mesosaprobe Gewässer eignen sich zum Beispiel als Badeseen, sofern keine ungeklärten Abwässer einfließen. Trinkwasser kann bei entsprechender Aufbereitung (Filtrierung) entnommen werden. Viele Weiher, mittlere und größere Seen sowie viele Flüsse sind β-mesosaprob. Der oft reiche Pflanzenwuchs, starke Algenbildung, Massenentfaltung von Mikroalgen können bei stehenden β-mesosaproben Gewässern zur Wasserverschlechterung führen, wenn im Herbst die Pflanzen absterben und faulen (Übergang zur α-mesosaproben, ja zur polysaproben Stufe).
β-mesosaprobe Gewässer haben eine vielfältigere Tier- und Pflanzenwelt als alle anderen Saprobiestufen. Mit dieser Güteklasse, die bei Flusssanierungen angestrebt wird, hört der Selbstreinigungsprozess auf.

Wassergüteklasse I, oligosaprobe Zone

Das Wasser ist weitgehend rein, sauerstoffreich, fast frei von organischer Substanz. Dementsprechend arm an Arten und Individuen ist das Wasser, das ja nicht nur rein, sondern auch nährstoffarm ist.
Die Güteklasse I kommt Bächen nach dem Quellaustritt, Gebirgsbächen, manchen Alpen- und Voralpenseen zu. Ursprünglich sind alle tiefen Seen oligosaprob (zum Beispiel der Bodensee); die zunehmende Düngung dieser Seen teils durch häusliche Abwässer (auch durch biologisch gereinigte Abwässer!) sowie durch einsickernde und eingeschwemmte Mineraldünger aus der Landwirtschaft führt zu einer Massenvermehrung des Pflanzenplanktons, die diese Seen immer mehr in den β-mesosaproben, in Ufernähe sogar α-mesosaproben Bereich bringt.
Zur Dichte von Bakterien: Im Winter leben im Tiefenwasser noch 1 Million Bakterien in 1 ml Wasser; im Belebtschlamm sind es 10- bis höchstens 100-mal mehr.

Saprobiestufen, Trophiestufen

Das Saprobiensystem ist ursprünglich ein Hilfsmittel der Abwasserbiologen. Da es jedoch kaum ein Gewässer gibt, das völlig frei von organischer Substanz („Verunreinigung") ist, kann es für biologische Gewässeranalysen auf alle Gewässertypen angewandt werden, sogar auf Aquarien, Regentonnen, Tropfkörper in Kläranlagen. Voraussetzung ist jedoch genaue Kenntnis der Organismen und Lebensgemeinschaften. Die Gefahr von Fehlbeurteilungen aufgrund mangelnder Erfahrung ist groß. So kann eine bestimmte Art ein charakteristischer Leitorganismus sein, eine ihr sehr ähnliche aus derselben Gattung aber ein „Ubiquist", der in ganz verschiedenen Zonen günstige Lebensbedingungen findet.
Eine einzelne Leitart, die zudem noch in geringer Zahl gefunden wird, sagt wenig oder nichts über die Saprobiestufe aus. Die zuverlässige Analyse setzt das Vorkommen mehrerer oder vieler typischer Leitarten voraus sowie das Auftreten der für die betreffende Zone typischen Lebensgemeinschaften. Einzelne Formen können an die Untersuchungsstelle angeschwemmt sein!
Im Saprobiensystem der Fließgewässer spielen größere Tiere wie Muscheln, Insektenlarven, Egel und Höhere Pflanzen, die in diesem Buch ab S. 403 erwähnt sind, eine große Rolle. Am wichtigsten in stehenden Gewässern sind oft die Kleinorganismen und unter ihnen Wimpertiere, Kieselalgen und Rädertiere.
Um Missverständnisse zu vermeiden, sei vorweg betont, dass die Pflanzen und Tiere der verschiedenen Saprobiestufen mit der Selbstreinigung nichts zu tun haben, jedenfalls nicht direkt. Die Selbstreinigung wird fast ausschließlich von Bakterien besorgt. Wimpertiere können eine unterstützende Rolle als Kolloidverzehrer und Flockenbildner im polysaproben und α-mesosaproben Bereich spielen, doch ist diese Frage noch nicht hinreichend geklärt.
Der Nährstoffgehalt eines Gewässers wird durch seine Trophiestufe gekennzeichnet. Nährstoffreiche Gewässer nennt man eutroph, nährstoffarme oligotroph. Ein oligotrophes Gewässer enthält relativ wenig anorganische Nährstoffe für grüne Pflanzen (bzw. es ist ein lebensnotwendiger Nährstoff wie zum Beispiel Phosphat nur in geringer Menge vorhanden). Das begrenzt die Entfaltung des Pflanzenplanktons (Urnahrung) und damit der ganzen übrigen Organismenwelt.
Umgekehrt entwickelt sich in eutrophen Gewässern viel Pflanzenplankton, daher auch reiches tierisches Leben. Fischteiche werden durch Düngung oft künstlich eutrophiert, um den Pflanzenwuchs und damit die Urnahrung für die Fische zu fördern (Tabelle S. 384, Spalte A, Trophiestufen S. 37).
Oligotroph sind viele große und tiefe Seen, Quelltümpel, Bergseen.

Eutroph sind flache Seen, Tümpel, Teiche, Weiher, verlandende Gewässer, alle Kleingewässer mit Wasservögeln (organische Düngung!). Die zunehmende Überdüngung durch häusliche Abwässer u. a. führt zur Eutrophierung auch ehedem oligotropher Gewässer. Vor allem Phosphat spielt dabei eine verhängnisvolle Rolle, da es in Binnengewässern der begrenzende Faktor für das Algenwachstum ist.
Die Saprobiestufe „oligosaprob“ entspricht weitgehend der Trophiestufe „oligotroph“, dagegen kann ein eutrophes Gewässer α- oder β-mesosaprob sein. Polysaprobe Faulgewässer haben die Trophiestufe „polytroph“. Um Verwechslungen zu vermeiden, sei betont, dass die Saprobie- und Trophiestufen verschiedene Gewässereigenschaften kennzeichnen und sich nicht unbedingt decken.

Tabelle: Saprobie- und Trophiestufen

Güteklasse/Saprobiestufe	**Trophiestufe**
I; oligosaprob Sauerstoffreiches Reinwasser. Relativ wenige Arten, Individuenzahl gering	**oligotroph** Wasser klar, nährstoffarm; auch in der Tiefe immer mit über 70 % O_2 gesättigt
I/II; oligo-/β-mesosaprob Sauerstoffzehrung nicht nennenswert. Artenvielfalt groß	**mesotroph** Nährstoffangebot und Planktonproduktion mäßig. In der Tiefe 100–30 % O_2
II; β-mesosaprob Wenig verschmutzt, sauerstoffreich. Sehr viele Tier- und Pflanzenarten	**eutroph** Nährstoffreiches, „produktives“ Wasser: starke Entwicklung von Kleinalgen und von Zooplankton. Sichttiefen meist unter 2 Meter. Oberflächenwasser zeitweise mit Sauerstoff übersättigt, Tiefenwasser periodisch sauerstoffarm
II/III; β-meso-/α-mesosaprob „Kritisch“ verschmutzt. Artenvielfalt der größeren Formen geht zurück	
III; α-mesosaprob Organisch verschmutzt. O_2-Gehalt niedrig. Viele Wimpertiere und Bakterien	
III/IV; α-meso-/polysaprob Sauerstoffzehrung hoch. Lebensmöglichkeiten nurmehr für Spezialisten	**polytroph** Nährstoffangebot sehr hoch und immer verfügbar. Faulgewässer aller Art. Tiefenwasser periodisch sauerstofffrei, zeitweise Schwefelwasserstoffentwicklung
IV; polysaprob Sauerstoff fehlt über längere Zeit ganz. Massenhaft Bakterien	

Jedes stehende und langsam fließende Gewässer unterliegt auch ohne Zutun des Menschen einer zunehmenden Eutrophierung: Es wird durch Zuflüsse, Auslaugung des Bodengrundes, Verdunstung reicher an Mineralstoffen, die Nährstoffe für pflanzliche Organismen sind. Das bedingt eine Zunahme der Organismen, die, wenn sie absterben, zur Verschmutzung und Sauerstoffzehrung führen. Dieser Prozess hält sich normalerweise (das heißt ohne zusätzliche Verunreinigung durch den Menschen) in erträglichen Grenzen, und er wird durch die Selbstreinigung teilweise wieder aufgehoben. Aber es wäre eine Illusion, anzunehmen, es hätten sich vor dem Erscheinen des Menschen etwa die großen Ströme in reinstem, oligosaprobem Zustand ins Meer ergossen. Auch die biologische Selbstreinigung kann eben die Mineralstoffe (Pflanzennährstoffe!) nicht beseitigen.

Die Selbstreinigung

Jedes durch organische Stoffe verunreinigte Gewässer wird nach einiger Zeit wieder sauber, wenn ihm nicht weitere Schmutzstoffe zugeführt werden. Man nennt diesen Prozess Selbstreinigung. Bewirkt wird er fast ausschließlich durch Bakterien, die die organischen Stoffe aufspalten und sie in H_2O, CO_2 und mineralische Bestandteile zerlegen. Ist die Selbstreinigung abgeschlossen, so sind (theoretisch) alle organischen Stoffe verschwunden, das Wasser ist wieder klar, sauerstoffreich, geruchsfrei. Die anorganischen Verbindungen jedoch sind noch vorhanden (sie sind gewissermaßen die „Asche" dieses biologischen Verbrennungsvorganges); sie dienen grünen Pflanzen (Algen und höheren Pflanzen) als Nährstoffe und können eine Düngung des Wassers bewirken, die sich dann in Massenentfaltungen von Algen (Wasserblüten) oder übermäßiger Verkrautung äußert.
Die Selbstreinigung verläuft gesetzmäßig in bestimmten Phasen ab: Die zugeführte organische Substanz bewirkt zunächst eine Massenentwicklung von Bakterien und damit eine sehr starke Sauerstoffzehrung. Die tieferen Schichten des Wassers sind bald sauerstofffrei und bieten nur den Anaerobiern Lebensmöglichkeiten. Die Zersetzungsprozesse verlaufen weitgehend als Gärungen (s. S. 34 und 43), Reduktionen überwiegen, Oxidationen sind kaum möglich. Am Boden setzt sich Faulschlamm ab, Methan wird gebildet (Sumpfgas); aus der Eiweißzersetzung entstehen außerdem Schwefelwasserstoff und Ammoniak. Schwefelbakterien bilden weißliche oder rötliche Überzüge am Boden.
Ist die Hauptmenge an organischer Substanz abgebaut, so wird der aus der Luft aufgenommene Sauerstoff nicht mehr sofort verbraucht; es können sich aerobe Bakterien ansiedeln, die die restlichen Schmutzstoffe oxidativ abbauen. Je geringer der Anteil an organischer Substanz wird, umso mehr nimmt auch die Zahl der Bakterien ab (die auf organisch vorgeformte Nahrung angewiesen sind).
Es gibt keinen organischen Naturstoff, den nicht bestimmte Bakterienarten zersetzen könnten. Die Vielzahl spezialisierter Bakterienarten garantiert, dass jede natürlich vorkommende organische Verbindung zerlegt wird, wobei die entstehenden Spaltprodukte oft von anderen Bakterien verwendet werden; es entsteht so eine ganze Kette von Abbauprozessen, an der immer wieder andere Bakterienarten beteiligt sind und an deren Ende die völlige Mineralisierung der organischen Stoffe steht.
Diese Vorgänge sind, ebenso wie die sie bewirkenden Bakterien, uralt. Längst bevor Menschen lebten und die Wasserläufe massiv verschmutzten, gab es Faulzonen in den Gewässern, beseitigten Bakterien tierische und pflanzliche Überreste. Die Selbstreinigung kann daher nur dort einsetzen, wo die Verschmutzung aus Stoffen besteht, die von dafür angepassten Bakterien angegriffen werden können (zum Beispiel häusliche Abwässer, Abwässer aus Zucker und Zellstofffabriken). Gegen manche vom Menschen künstlich erzeugte organische Verbindungen sind die Bakterien machtlos; sie konnten in der kurzen Zeit keine Anpassung an diese Stoffe entwickeln. Im Übrigen ist die chemische Leistungsfähigkeit der Bakterien erstaunlich: Sie greifen auch viele Stoffe an, die es in der Natur nicht gibt, und allgemein ist ihr Stoffumsatz gewaltig.
Die Geschwindigkeit der Selbstreinigung hängt von vielen Faktoren ab: Bewegtes Wasser nimmt mehr Sauerstoff auf als stehendes; rasch strömende, seichte Flüsse mit Stromschnellen sind daher schon wenige Kilometer hinter der Verschmutzungsquelle wieder sauber. In flachem Wasser dringt der an der Oberfläche gelöste Sauerstoff rascher bis zum Grunde als in tieferem; das erleichtert die oxidativen Abbauvorgänge. An rauen, vom Wasser überrieselten Unterlagen können sich die Bakterien in ganzen Rasen ansiedeln – und allein schon durch ihre riesige Masse die Reinigung beschleunigen.
Biologische Kläranlagen beruhen auf der Selbstreinigung. Auch hier sind es Bakterien, die das Wasser reinigen. Der ganze Ablauf ist jedoch in der Kläranlage durch technische Hilfsmittel (Vorklärung, Denitrifikation, Belebtschlammbecken, Tropfkörper, Nach-

klärbecken) räumlich so zusammengedrängt, dass ein paar hundert Quadratmeter eine kilometerlange Flussstrecke ersetzen.
Ein einfacher Modellversuch demonstriert die Selbstreinigung: In ein Glas mit 1/4 bis 1/8 l Wasser geben wir einen Tropfen Milch und schütteln um. Das Wasser ist schwach getrübt. Die Trübung bleibt zwei bis drei Tage bestehen und verschwindet dann allmählich. Sowie das Wasser wieder ganz klar ist, setzen wir einen weiteren Tropfen Milch zu und warten, bis die Trübung verschwunden ist; danach wird wieder ein Tropfen Milch eingerührt usw.
Wir werden bemerken, dass die Zeit, die das Wasser braucht, um wieder klar zu werden, immer kürzer wird; nach ein bis zwei Wochen klärt sich das Wasser schon innerhalb eines halben Tages. Zugleich aber bildet sich an der Wand des Gefäßes ein schmieriger Belag, im Wasser schweben weißlich-graue, fädige Flocken: Bakterien. Sie leben von den organischen Stoffen in der Milch (Eiweiß, Zucker, Fett) und zerlegen sie in Kohlendioxid, Wasser und Mineralsalze. Je mehr Bakterien, umso schneller wird das milchgetrübte Wasser wieder klar.
Sind wir aber unvorsichtig und geben statt nur eines Tropfens drei oder noch mehr zu, so entwickeln sich rasch „polysaprobe“ Verhältnisse: Das Wasser stinkt, es bildet sich Schwefelwasserstoff, am Grunde setzt sich übelriechender Schlamm ab.

Moderne Systeme

-bionta: Unterreich; -phyta: Abteilung, Stamm;
-phyceae: Klasse; -ales: Ordnung.
Eukaryoten: Zellen mit echtem Zellkern und Zellorganellen

System, Taxonomie von Bakterien, Pilzen und Algen

Archaea	Archaeen
Bacteria	Bakterien
Cyanobacteria	Blaualgen
Eucarya	Eukaryonten
Myxobionta	Schleimpilze
Heterokontobionta	Zellulosepilze
Mycobionta	Chitinpilze
Glaucobionta	Cyanellenalgen
Rhodobionta	Altalgen
Rhodophyta	Rotalgen
Cryptophyta	Kryptomonaden
Dinophyta	Dinoflagellaten
Haptophyta	Lassoalgen
Chrysophyta	Gelbalgen
Chloromonadophyceae	Grünmonaden
Xanthophyceae	Gelbgrünalgen
Chrysophyceae	Goldalgen
Bacillariophyceae	Kieselalgen
Phaeophyceae	Braunalgen, Tange
Chlorobionta, Viridiplantae	Chlorophyllalgen
Chlorophyta	Grüne Algen I
Prasinophyceae	Lauchgrünalgen
Ulvophyceae	Salatgrünalgen
Trebouxiophyceae	Zweiggrünalgen
Cladophorophyceae	Astgrünalgen
Trentepohliophyceae	Luftgrünalgen
Chlorophyceae	Grünalgen
Volvocales	Volvocale Grünalgen
Tetrasporales	Viersporengrünalgen
Chlorococcales	Kokkale Grünalgen
Chaetophorales	Borstengrünalgen
Oedogoniales	Kappenringgrünalgen
Euglenophyta	Augenflagellaten
Streptophyta	Grüne Algen II
Zygnematophyceae	Joch-, Zieralgen
Klebsormidiophyceae	Fädchengrünalgen

Die Gattungen der fädigen Grünalgen (Seiten 190–196) gehören nun zu folgenden Klassen und Ordnungen:

- Klebsormidiophyceae, Fädchengrünalgen: *Coleochaete*, *Klebsormidium* (*Chlorhormidium*), *Stichococcus*
- Ulvophyceae, Salatgrünalgen: *Binuclearia*, *Elakatothrix*, *Enteromorpha*, *Geminella*, *Gloeotila*, *Ulothrix*

- Prasinophyceae, Lauchgrünalgen: *Prasiola*
- Chaetophorales, Borstengrünalgen: *Aphanochaete*, *Chaetophora*, *Chaetosphaeridium*, *Chlorotylium*, *Draparnaldia*, *Ectochaete*, *Gongrosira*, *Microspora*, *Stigeoclonium*
- Trebouxiophyceae, Zweiggrünalgen: *Microthamnion, Trebouxia.*
- Trentepohliophyceae, Luftgrünalgen: *Trentepohlia*, *Pleurococcus*
- Oedogoniales, Kappenringgrünalgen: *Bulbochaete*, *Oedogonium*
- Cladophorophyceae, Astgrünalgen: *Cladophora*, *Pithophora*, *Rhizoclonium*, *Spaeroplea*

System, Taxonomie von Einzellern und Vielzelligen Tieren

1. Unterreich: Protozoa, Einzeller

Stamm Flagellata	Zooflagellaten
Ordnung Choanoflagellata	Kragengeißelflagellaten
Ordnung Bicosoecidea	Chitinhausflagellaten
Ordnung Diplomonadida	Pärchenflagellaten
Ordnung Kinetoplastida	Kinetoplastflagellaten
Stamm Rhizopoda	Wurzelfüßler
Unterklasse Amoebina	Nacktamöben
Unterklasse Testacea	Schalenamöben
Klasse Heliozoa	Sonnentiere
Stamm Ciliata	Wimpertiere
Klasse Holotricha	Schlinger, Räuber, Strudler
Klasse Peritricha	Glockentiere
Klasse Spirotricha	Membranellentiere
Ordnung Chonotricha	Trichtertiere
Klasse Suctoria	Sauginfusorien

2. Unterreich: Metazoa, Vielzellige Tiere

Stamm Porifera	Schwämme
Klasse Hydrozoa	Nesseltiere; Polypen und Medusen
Klasse Bryozoa	Moostiere
Klasse Turbellaria	Strudelwürmer
Stamm Nemertini	Schnurwürmer
Klasse Rotatoria	Rädertiere
Klasse Gastrotricha	Bauchhärlinge
Klasse Nematoda	Fadenwürmer
Ordnung Oligochaeta	Wenigborster
Stamm Tardigrada	Bärtierchen
Ordnung Acarina	Milben
Unterklasse Phyllopoda	Blattfußkrebse
Ordnung Cladocera	Wasserflöhe
Unterklasse Ostracoda	Muschelkrebse
Unterklasse Copepoda	Ruderfußkrebse, Copepoden

Gruppen der Kleinlebewesen

Die grundlegende systematische Einheit ist die Art. Von vielen möglichen Definitionen bevorzugen wir die folgende: Eine Art umfasst alle Individuen, die untereinander fruchtbar kreuzen können und deren Nachkommen gleichfalls untereinander fruchtbar kreuzbar sind.
Verwandte Arten fasst man zu Gattungen, verwandte Gattungen zu Familien zusammen. Einander nahestehende Familien bilden eine Ordnung, Ordnungen werden je nach dem Verwandtschaftsgrad zu Klassen, Klassen zu Stämmen zusammengefasst. Die systematische Einteilung oberhalb der Art (Gattung, Familie usw.) ist zwar nicht willkürlich, aber weitgehend abhängig von der subjektiven Auffassung des Bearbeiters.
Viele Arten sind – oft standortabhängig – in Gruppen aufgespalten, die sich zwar in einigen auffälligen erblichen Merkmalen unterscheiden, aber noch fruchtbar kreuzbar sind. Solche Untereinheiten der Art werden als Unterarten, Variationen (Bezeichnung „var."), Rassen oder Formen bezeichnet.
Bei den wissenschaftlichen Namen kennzeichnet der erste Name die Gattung, der zweite die Art. Wird ein dritter Name verwendet, so kennzeichnet er die Unterart.

Bacteria und Archaea (Bakterien und Archaeen)

In jedem Präparat, das wir von einer Gewässerprobe anfertigen, finden sich Bakterien: Sehr viele, wenn das Wasser stark verunreinigt ist, weniger in sauberem Wasser; relativ große in schwefelwasserstoffhaltigen und organisch belasteten Gewässern, meist aber winzige, die unter dem Mikroskop nur dann auffallen, wenn sie in riesiger Anzahl durchs Gesichtsfeld wimmeln und wuseln. Bakterien sind einzellig. Ihre Zellen unterscheiden sich von den Zellen aller anderen Lebewesen (mit Ausnahme der Blaualgen): Sie besitzen keinen echten Zellkern. Zwar enthalten auch Bakterien- und Blaualgenzellen DNS, die Substanz, die die Erbinformation enthält und weitergibt, aber sie ist nicht von einer Kernhülle umschlossen. Bakterien und Blaualgen nennt man daher auch Prokaryonten (im Gegensatz zu den „Eukaryonten", den Organismen mit echtem Zellkern); sie sind uralt – älter als 1000 Millionen Jahre –, wahrscheinlich die letzten Überreste einer vergangenen Organismenwelt.
Die Bestimmung von Bakterien allein nach der Gestalt der Zellen ist nicht möglich, da nur wenige Formtypen auftreten; viele, ganz verschiedene Arten zeigen dieselben oder sehr ähnliche Formen. Man findet kugelförmige Zellen (Kokken), stäbchenförmige, schraubenförmige (Spirillen). Die kugeligen können lose zu kurzen Ketten verklebt (Streptokokken) oder paketförmig angeordnet sein (Sarcinen). Die stäbchenförmigen Bakterien bilden häufig längere oder kürzere Ketten, in denen die Einzelzellen mit den Polen aneinander haften. Solche Ketten sind keinesfalls als mehrzellige Organismen anzusehen. Sie zerfallen sehr leicht (etwa durch Schütteln) in die Einzelzellen, die völlig selbstständig leben und sich vermehren können. Viele Bakterien sind beweglich. Sie schwimmen mit Hilfe zarter Plasmageißeln, die jedoch lichtmikroskopisch nur mit Hilfe spezieller Färbeverfahren zu erkennen sind. Die Art der Begeißelung ist ein wichtiges systematisches Unterscheidungsmerkmal; sie kann monotrich sein (eine endständige Einzelgeißel), lophotrich (endständige Büschel von Geißeln) oder peritrich (allseitig begeißelt). Manche Bakterien können sehr lange, unter Umständen verzweigte Fäden bilden (die mit Pilzhyphen verwechselt werden können); bei anderen fädigen Bakterien liegen zahlreiche Einzelzellen hintereinander in einer Reihe in einer röhrenförmigen Scheide.

Bakterien vermehren sich durch Zweiteilung, bei stäbchenförmigen Zellen erfolgt die Durchschnürung quer zur Längsachse. Unter günstigen Bedingungen vermehren sich Bakterien außerordentlich rasch; die Teilungen können in Abständen von 20 bis 30 Minuten aufeinander folgen. Das ergibt in kurzer Zeit ungeheure, völlig unvorstellbare Zahlen.

Bei ungünstigen Ernährungsbedingungen und schlechten Umweltverhältnissen können manche Bakterien (Gattungen *Bacillus* und *Clostridium*) Sporen bilden: Dauerformen, aus denen wieder normale, „vegetative" Bakterien auskeimen können. Diese Sporen sind ungemein widerstandsfähig. Sie überstehen völlige Austrocknung, die Hitze siedenden Wassers, den Angriff ätzender und giftiger Chemikalien.

Schematischer Längsschnitt durch eine Bakterienzelle

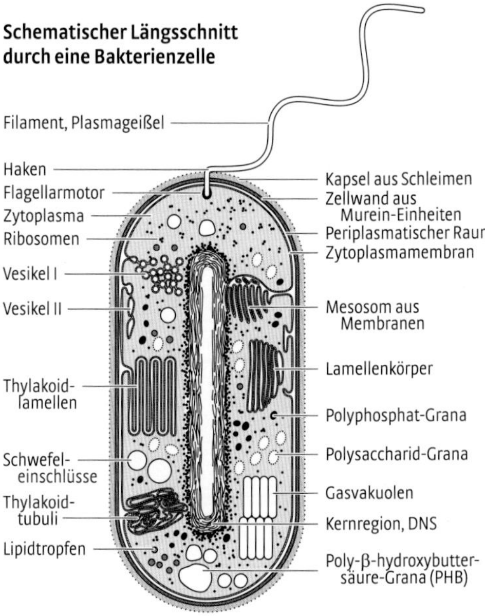

Bakterien sind Wasserbewohner! Auch die scheinbar landbewohnenden – die Bodenbakterien – leben in dem hauchdünnen Wasserfilm, der sich auf und zwischen den Bodenkrümeln bildet.

Die meisten Bakterienarten sind „Saprophyten": Sie leben von toter organischer Substanz, die sie mit Hilfe von Enzymen zerlegen. Darauf beruht ihre unersetzliche Funktion im Haushalt der Natur. Sie zersetzen tote Pflanzen und Tiere sowie deren Ausscheidungsprodukte, zerlegen sie bis zu den mineralischen Grundbestandteilen, die dann von grünen Pflanzen wieder aufgenommen und in organische Verbindungen eingebaut werden können. Die Selbstreinigung der Gewässer, die biologische Reinigung von Abwässern in Kläranlagen sind fast ausschließlich das Werk von Bakterien.

Bakterien sind Stoffwechselkünstler. Manche Arten können chemische Umsetzungen bewirken, die dem Chemiker Schwierigkeiten bereiten, und werden daher von der chemischen Industrie großtechnisch verwertet. Es gibt kaum eine organische Substanz, die nicht von der einen oder anderen Bakterienart angegriffen werden könnte. Vor allem aber setzen Bakterien die Stoffe sehr rasch um: Da sie sehr klein sind, ist ihre Oberfläche im Verhältnis zur Körpermasse sehr groß; dies ermöglicht eine außerordentlich hohe Stoffwechselintensität.

Viele Bakterienarten können ohne Sauerstoff leben (anaerob), für manche ist Sauerstoff sogar giftig. Auch sie atmen (das heißt sie gewinnen chemische Energie durch Umwandlung energiereicher Verbindungen in energieärmere), aber sie können den Energieinhalt der veratmeten organischen Substanz nicht voll nützen; so entstehen als Endprodukte dieser „Gärungen" Verbindungen wie Buttersäure, Alkohol, Methan (neben Kohlendioxid). Die sauerstoffbedürftigen (aeroben) Bakterien veratmen organische Verbindungen wie die höheren Organismen zu Wasser und Kohlendioxid.

Nur sehr wenige Bakterien sind autotroph, das heißt sie können organische Substanz aus anorganischen Verbindungen herstellen. Dazu gehören die Purpurbakterien, die Assimilationspigmente enthalten (Bakteriochlorophyll, Karotinoide) und die ähnlich

wie die grünen Pflanzen das Licht als Energiequelle für die Erzeugung organischer Substanz verwenden (Photosynthese). Im Gegensatz zu den grünen Pflanzen wird bei der Photosynthese der (anaeroben!) Purpurbakterien jedoch kein Sauerstoff frei. Anstelle von Sauerstoff (der bei der Photosynthese der grünen Pflanzen aus dem Wasser stammt) bilden Purpurbakterien Schwefel (aus Schwefelwasserstoff, der seinerseits der Eiweißzersetzung entstammt).
Mit diesen Purpurschwefelbakterien dürfen die farblosen Schwefelbakterien nicht verwechselt werden. Auch sie erzeugen Schwefel aus Schwefelwasserstoff, doch dient bei ihnen dieser Prozeß unmittelbar dem Gewinn von Energie, die dann zum Aufbau organischer Stoffe aus Kohlendioxid und Wasser verwendet wird. Diese Bakterien betreiben „Chemosynthese“ (im Gegensatz zur Photosynthese), sie sind autotroph, ohne vom Licht abhängig zu sein.

Cyanobacteria (Blaualgen)

Blaualgen besitzen – wie die Bakterien – keinen echten Zellkern. Die Blaualgenzelle besteht aus einem inneren, farblosen (oder wenig gefärbten) Teil, dem Zentroplasma, und einem äußeren, gefärbten, das Zentroplasma rindenartig umschließenden Teil, dem Chromatoplasma. Das Zentroplasma enthält die DNS, die jedoch nicht in einem durch eine Membran abgegrenzten Zellkern lokalisiert ist. Im Chromatoplasma liegen die Assimilationsfarbstoffe. Zentroplasma und Chromatoplasma gehen ohne scharfe Grenze ineinander über.
Die Assimilationsfarbstoffe des Chromatoplasmas liegen zwar in ähnlichen Strukturen wie bei höheren Algen und höheren Pflanzen (Thylakoiden; nur elektronenmikroskopisch zu erkennen), doch fehlen die für grüne Pflanzen charakteristischen Farbkörper (Chloroplasten).
Blaualgen sind einzellig oder fädig. Die einzelligen Arten bilden meist Kolonien: Nach der Zellteilung bleiben die Tochterzellen in einer gemeinsamen Gallerte beisammen. Die Zellen sind oft sehr klein (bis hinunter zur Bakteriengröße), bei manchen Arten auch relativ groß. Ein charakteristisches Merkmal sind die Farben der Blaualgen; sie sind zwar von Art zu Art verschieden und schwer zu beschreiben; bei einiger Erfahrung kann man jedoch allein aufgrund der Färbung die Diagnose: „Blaualge“ treffen. Der häufigste Farbton ist ein blaustichiges Grün oder ein grünstichiges Blau. Daneben kommen spangrüne, stahlblaue, schwarz-grüne, gelb-braune Färbungen vor.
Diese Färbungen sind durch spezifische Farbstoffe bzw. deren Mengenverhältnisse bestimmt. Außer Chlorophyll a enthalten alle Blaualgen einen charakteristischen blauen Farbstoff, das Phykocyan. Ein roter Farbstoff (Phykoerythrin) kommt nur bei manchen Arten vor. Daneben enthalten die Blaualgen Karotine und Xanthophylle.
Blaualgen sind stets unbegeißelt. Die einzelligen und koloniebildenden Arten sind unbeweglich, viele fädige Formen können kriechende und schwingende Bewegungen ausführen.
Bei fast allen Arten sind die Zellen von Gallerthüllen umgeben, die durch Verschleimung der Zellmembranen entstehen können (chroococcale Blaualgen), oder die von der Zelle selbst ausgeschieden werden (manche fädige Formen). Die Kolonien chroococcaler Blaualgen können bei manchen Arten sehr groß werden; sie sind dann schon mit bloßem Auge erkennbar.
Die fädigen Formen scheiden Gallerthüllen in Form von Röhren (Scheiden) aus. Bei ihnen sind die einzelnen Zellen untereinander durch Plasmabrücken (Plasmodesmen) verbunden. (Die Gallertscheiden sind manchmal mikroskopisch schwer zu erkennen, vor allem wenn sie farblos sind. Man setzt dann dem Präparat etwas Tusche zu, die in die Gallerte nicht eindringen kann und daher die Scheiden hell auf dunklem Grund darstellt.) Die Zellreihe eines Fadens nennt man Trichom, Trichom samt Gallertscheide Filament.

Blaualgen vermehren sich nur ungeschlechtlich, und zwar durch Teilung der Zellen. Bei allen Formen teilt sich nur die innerste Wandschicht. Die äußeren Schichten bleiben ungeteilt, vergrößern sich noch etwas und bilden dann häufig konzentrische Lager um Zellen und Kolonien.
Sporenbildung: Nanocyten sind winzige Zellen, die aus rasch aufeinander folgenden Teilungen einer Mutterzelle hervorgehen. Sie wachsen allmählich bis zur normalen Zellgröße heran. Endosporen entstehen durch mehrfache Teilung einer zuvor vergrößerten Mutterzelle. Exosporen bilden sich an einem Zellende, das sich vergrößert und dann von außen nach innen kleinere Zellen – die Exosporen – abschnürt.

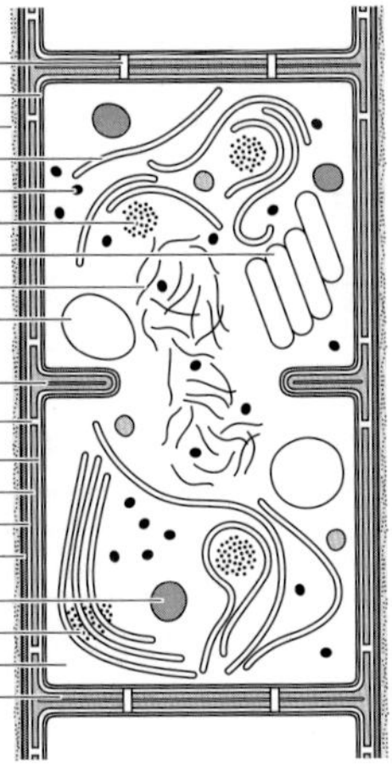

Schema einer Blaualgen-Zelle

Fadenförmige Blaualgen bilden zur Vermehrung Hormogonien. Das sind kurze Fäden, die sich vom Hauptfaden abtrennen. Trennen sich einzelne Zellen als Vermehrungskörper ab, spricht man von Planokokken.
Heterocysten sind farblose oder gelbliche Zellen ohne Assimilationsfarbstoffe, meist mit verdickter Zellwand. Sie treten bei fädigen Formen zwischen den vegetativen Zellen oder auch endständig auf.
Blaualgen sind wohl die ältesten heute noch lebenden photoautotrophen Pflanzen. Sie sind überaus weit verbreitet und besiedeln auch Räume, die anderen Pflanzen keine Lebensmöglichkeiten bieten, zum Beispiel Thermalquellen, Gletschereis, Fels- und Hauswände.
Die meisten Blaualgen leben im Süßwasser, viele im Plankton. Manche Arten können dichte Wasserblüten bilden, die jeden Tropfen Wasser gelb oder gelbgrün erscheinen lassen. Solche Wasserblüten sind, sofern sie von Reinwasser-Arten erzeugt werden, keinesfalls ein Zeichen für verschmutztes Wasser. Da Blaualgen wichtige Produzenten organischer Stoffe sind, werden in der Teichwirtschaft solche Wasserblüten sogar durch Düngung gefördert. Für die Trinkwassergewinnung können Wasserblüten jedoch sehr unangenehm sein.

Ordnungen der Blaualgen:

Chroococcales. Z. B. *Aphanocapsa*, *Microcystis*, *Merismopedia*
Zellen einzeln oder in Kolonien. Vermehrung meist durch einfache Zellteilung, seltener durch Nanosporen.

Oscillatoriales. Z. B. *Phormidium*, *Lyngbya*, *Oscillatoria*
Noch keine Zelldifferenzierungen innerhalb der Fäden

Nostocales. Z. B. *Anabaena*, *Aphanizomenon*, *Nostoc*
Fäden mit Heterocysten

Stigonematales. Z. B. *Stigonema, Haplosiphon*
Fadenförmig, verzweigt oder unverzweigt. Vermehrung durch Hormogonien. Einige Gattungen mit Heterocysten.

Höhere Algen

Die Algen sind photoautotrophe Pflanzen – sie können mit Hilfe der Lichtenergie aus anorganischen Stoffen organische Verbindungen synthetisieren. Die DNS der Algen ist in Chromosomen lokalisiert, die ihrerseits in Zellkernen liegen, die von einer Kernmembran umschlossen sind.
Die Algen sind einfach organisierte Pflanzen, die Einzeller, koloniebildende Arten, aber auch viele vielzellige Formen umfassen. Alle besitzen Plastiden, das sind teilungsfähige Körperchen innerhalb der Zellen, die die Assimilationspigmente enthalten. Je nach Algenart können diese farbstoffführenden Plastiden in Form vieler kleiner Plättchen in der Zelle vorliegen, es kann aber eine Zelle auch nur ein einziges (sehr großes) Plastid enthalten, oder die Plastiden sind bandförmig wie bei der Schraubenalge *Spirogyra*, einer der schönsten und häufigsten Algenformen. Da die farbstoffenthaltenden Plastiden der Algen genau dieselben Aufgaben und denselben Feinbau haben wie die Blattgrünkörner (Chloroplasten) der höheren Pflanzen, verwenden wir hier konsequent den Ausdruck „Chloroplasten" und vermeiden die allgemeinere, häufig zu lesende Bezeichnung „Chromatophoren" („Farbstoffträger").
Die Einteilung der Algen in Unterreiche, Stämme und Klassen erfolgt u. a. nach der Zusammensetzung der Chloroplastenfarbstoffe. Alle Algen enthalten Chlorophyll (Blattgrün), aber es sind nicht alle Chlorophyllarten (a, b, c, d, e) bei den verschiedenen Klassen vertreten. Hinzu kommen weitere Farbstoffe, die den Grundton der Chloroplasten verändern können: Karotine, Xanthophylle, (selten) Phycobiline.
Innerhalb des Systems teilte man die Algen nach ihrer „Organisationshöhe" ein:
Die einfachste Organisationsstufe ist der Flagellat, die Geißelzelle: Eine mit Hilfe von einer oder mehreren (meist zwei) Geißeln schwimmende Zelle, die oft einen roten Augenfleck besitzt. Viele Flagellaten leben als Einzelzellen, andere bilden Kolonien. Auch bei höheren, vielzelligen Arten kommt sehr häufig das Flagellatenstadium noch vor: Ihre Fortpflanzungszellen (Sporen = ungeschlechtliche Vermehrungszellen; Gameten = sexuelle Keimzellen) sind oft typische Flagellaten.
Früher fasste man alle Flagellaten zu einer systematischen Gruppe zusammen. Alle Algen (und auf Umwegen alle höheren Pflanzen und Tiere) haben sich wahrscheinlich aus Flagellaten entwickelt. Die Flagellatenordnungen der Algenklassen stehen daher den Vorfahren der jeweils höheren Ordnungen zumindest sehr nahe.
Den Flagellatentyp nennt man auch monadoide Organisationsstufe. Auf sie sollte die rhizopodiale Stufe, das Amöbenstadium folgen: nackte, mit Scheinfüßchen (Pseudopodien) bewegliche Zellen (Verlust der Geißeln).
Auf der nächstfolgenden Organisationsstufe, der kapsalen, liegen nackte, unbewegliche Zellen in einem Gallertlager.
Die dann anschließende kokkale Organisationsstufe umfasst Arten, deren Zellen eine Zellwand ausbilden, aber einzellig bleiben (höchstens Koloniebildung) und unbeweglich sind.
Es folgt die trichale (fadenförmige) Organisationsstufe, bei der die Zellen nach der Teilung im festen Verband bleiben; da die Teilungen in einer Richtung des Raumes erfolgen, ergeben sich Zellfäden.
Erfolgen die Teilungen in mehreren Richtungen des Raumes, bilden sich Thalli (Lager): thallöse Organisationsstufe.
Wächst eine Zelle sehr stark ohne Querwandbildung, aber mit vielfacher Kernteilung, ergibt sich die siphonale Organisationsstufe, bei der große, oft riesige Zellen mit vielen – bis zu Hunderten – Zellkernen vorliegen.

Stamm Chrysophyta (Gelbalgen)

Die Chrysophyten bilden als Assimilationsprodukte keine Stärke, sondern Öle und eine stärkeähnliche Verbindung, das Chrysolaminarin. Sie enthalten kein Chlorophyll b; Chlorophyll a (meist auch c und e) ist vorhanden, wird aber durch andere Farbstoffe (Xanthophylle) überdeckt; der Farbton der Chloroplasten ist daher bei den meisten Arten braun, goldgelb, grüngelb, gelb, aber auch rein grün.

Klasse Chrysophyceae (Goldalgen)

Die meisten Arten sind sehr klein. Eine feste Zellwand fehlt häufig; die Zellen sind dann formveränderlich. Manche Arten bauen Gehäuse aus Zellulose und Pektin, in die zusätzlich Kieselplättchen eingelagert sein können. Zellen meist mit einem oder zwei goldbraunen Chloroplasten. Arten der monadoiden Organisationsstufe (Flagellaten) meist mit zwei ungleich langen Geißeln am Vorderpol, oft mit kleinem Augenfleck. Das Zytoplasma ist auffallend klar, mit pulsierenden Vakuolen (bläschenförmigen, zusammenziehbaren Organellen, die eingedrungenes Wasser und Exkrete aus der Zelle hinauspumpen).
Bei ungünstigen Umweltverhältnissen bilden viele Arten Zysten–Dauerformen, die unter besseren Bedingungen wieder zu vegetativen Zellen auskeimen können. Diese Zysten haben derbe, oft verkieselte Wände und eine mit einem „Stöpsel" versehene Öffnung. Bei der Keimung wird der „Stöpsel" gelöst. Bei manchen Arten hat sich der Zysteninhalt vor der Keimung in „Zoosporen" geteilt, das sind bewegliche, flagellatenartige Zellen, die der Verbreitung der Art dienen.
Bei der Vermehrung gehäusebildender Arten teilt sich nur der Protoplast. Eine oder beide Tochterzellen schwärmen dann als Zoosporen aus und bilden neue Gehäuse.

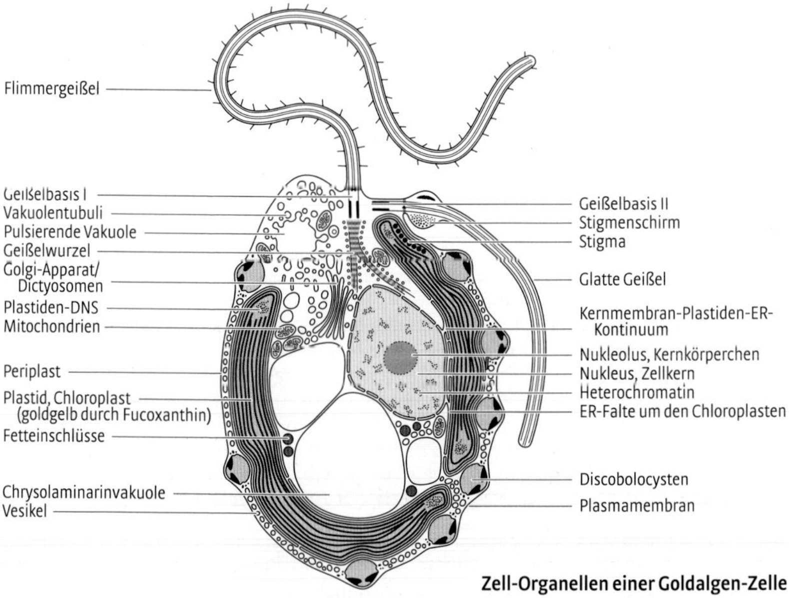

Zell-Organellen einer Goldalgen-Zelle

Bei der im Plankton unserer Seen verbreiteten kolonie- und gehäusebildenden Gattung *Dinobryon* setzt sich jeweils die eine der beiden Tochterzellen am Innenrand des Muttergehäuses fest und bildet ein neues Gehäuse; die andere Tochterzelle verbleibt im Muttergehäuse.
Viele Arten können – obwohl Pflanzen und zur Photosynthese befähigt – Pseudopodien (Scheinfüßchen) ausbilden und feste Nahrung (z. B. Bakterien) aufnehmen. Die Flagellatenformen können die Geißeln abwerfen, Schleimhüllen ausbilden und sich in dieser unbeweglichen „Palmella-Phase" auch durch Teilung vermehren; so können große, schleimige Zelllager entstehen.
Im Meer lebende Chrysophyceen sind als Nano-(Zwerg-)Plankter ökologisch sehr wichtig. Außerdem gehören die marinen Kalk- und Kieselflagellaten in diese Klasse.

Hier behandelte Ordnungen:

Chrysomonadales. Z. B. *Uroglena*, *Synura*, *Dinobryon*, *Mallomonas*

Chrysocapsales. Unbewegliche Zellen in Gallerten, z. B. *Hydrurus*

Klasse Bacillariophyceae (Kieselalgen, Diatomeen)

Typisch für die Klasse sind Silikatschalen, Skelette, innerhalb der äußeren Plasmaschicht. Opalähnliche Kieselsäure macht die Skelettschalen glasartig hart und widerstandsfähig.
Diatomeen sind stets einzellig; manche Arten bilden Kolonien. Der Bau der Kieselalgenschalen ist im ganzen Pflanzenreich einmalig:
Die Schalen liegen im Protoplasten wie eine zweiteilige Schachtel, wobei – ähnlich einer Käse- oder Pralinenschachtel – die Seitenränder des Deckels die des Bodens übergreifen. Der „Deckel" ist also stets größer als der „Boden". Man nennt die beiden Hälften Theken; die größere, übergreifende, heißt Epitheka, die kleinere Hypotheka. An jeder Theka unterscheidet man die Schale oder Valva (die Fläche) und das Gürtelband oder Pleura (den seitlichen Rand). Schale und Gürtelband der Epitheka heißen Epivalva bzw. Epipleura, die der Hypotheka Hypovalva und Hypopleura. Zwischen Schale und Gürtelband können noch Zwischenbänder (Copulae) eingeschaltet sein. (Außerdem können – vor allem bei den zentrischen Diatomeen – die Schalenflächen über die Zellkante herabgebogen sein und als „Mantel" die Zelle vergrößern. Der Mantel übernimmt dann die Rolle der Zwischenbänder.) Gemäß dem eigentümlichen Bau der Wand hat jede Diatomeenzelle zwei ganz verschiedene „Gesichter": die Schalenansicht und die Gürtelbandansicht. Die Gürtelbänder sind meist strukturlos, die Schalen jedoch unglaublich mannigfaltig skulpturiert: Sie tragen Linien-, Sieb-, Löcher-, Rippen-, Gruben- oder Warzenmuster. Nicht wenige Liebhabermikroskopiker widmen sich dem Studium der Diatomeen allein aus ästhetischen Gründen.
Viele pennate Diatomeen (längliche, schiffchenförmige Arten) können auf einer Unterlage kriechen. Diese Arten besitzen eine Raphe, einen schmalen Spalt entlang der Längsachse der Schale. An beiden Schalenenden endet die Raphe in verdickten „Endknoten", in der Mitte ist sie durch den „Zentralknoten" unterbrochen. Die Raphe durchbricht die Schale, aus dem Raphenspalt tritt Zytoplasma aus. Tatsächlich erklärte man früher die langsamen, gleitenden Bewegungen pennater Diatomeen mit einer Art Raupenschlepperprinzip: Am Ende der Raphe sollte Zytoplasma austreten, der Raphe entlanggleiten und am Zentralknoten wieder in die Zelle eintreten. Neue, vor allem elektronenmikroskopische Befunde haben diese Vorstellung ergänzt: Unter jedem Raphenspalt liegt ein bandförmiges, aus Fibrillen aufgebautes Organell, das sich rhythmisch kontrahieren kann. Dieses Organell veranlasst die Ausscheidung einer

klebrigen Substanz aus den Endporen, die sich längs des Raphenspalts bewegt. Eine Sonderform der Raphe, offenbar für besonders rasche Bewegungen geeignet, ist die Kanalraphe: eine durchlöcherte Kieselsäureröhre am Grund einer seichten Rinne der Schale, die über Poren oder Kanäle mit dem Zellinneren zusammenhängt.

Bei manchen Arten der Pennales wird auf einer oder beiden Schalen zwar in der Längsachse ein Raum von den Wandskulpturen freigelassen, der äußerlich einer Raphe ähnelt, aber nicht zum Protoplasten hin durchbrochen ist. Man spricht von einer Pseudoraphe. Durch Hin- und Hergleiten suchen Diatomeen das lokal günstigste Licht; dann halten sie inne.

Je nach Ausbildung der Raphe unterscheidet man bei den pennaten Diatomeen: Biraphide Arten mit Raphen auf beiden Schalen; monoraphide mit nur einer Raphe auf einer Schale (und einer Pseudoraphe auf der anderen); raphidioide Arten mit rudimentären Raphenresten an den Zellenden; araphide (raphenlose) Arten, die auf beiden Theken nur Pseudoraphen tragen. Die im Plankton lebenden Kieselalgen besitzen meistens keine Raphe.

Schalenbauteile werden in flachen Golgi-Vesikeln unterhalb der Plasmamembran gebildet. Der Zellkern liegt zentral, die Chloroplasten sind meist wandständig (ein oder zwei Chloroplasten bei Arten mit Raphe, zahlreiche scheibenförmige bei raphenlosen und den meisten zentrischen Diatomeen). Zu beiden Seiten einer zentralen Plasmabrücke liegen Vakuolen, entweder zwei große oder mehrere kleine. Assimilationsprodukte sind Öle, die als Öltropfen gespeichert werden und den planktischen Diatomeen das Schweben im Wasser trotz des Kieselpanzers ermöglichen. Durch Ab- oder Aufbau der Öltropfen können die Planktondiatomeen überdies bestimmte Wasserschichten „aufsuchen“. Größere Mengen schwebender Diatomeen können in stehenden Gewässern schillernde Ölfilme vortäuschen.

Kieselalgen vermehren sich durch Zweiteilung. Der Protoplast teilt sich innerhalb der „Schachtel“ der Länge nach parallel zu den Schalenflächen. Die Zellwandhälften weichen etwas auseinander, die Tochterzellen bilden die ihnen jeweils fehlende „Schachtel“-Hälfte neu. Dabei wird die neue Theka stets als (kleinere) Hypotheka ausgebildet, die alte Hypotheka wird also zur neuen Epitheka. Diese Teilungsart bedingt, dass stets eine der Tochterzellen kleiner ist als die andere, dass von Teilung zu Teilung immer noch kleinere Zellen auftreten, bis eine Grenze erreicht ist, unterhalb derer die kleinsten Zellen nicht mehr lebensfähig sind. Dann tritt in der Regel ein Sexualvorgang ein, die Auxosporenbildung:

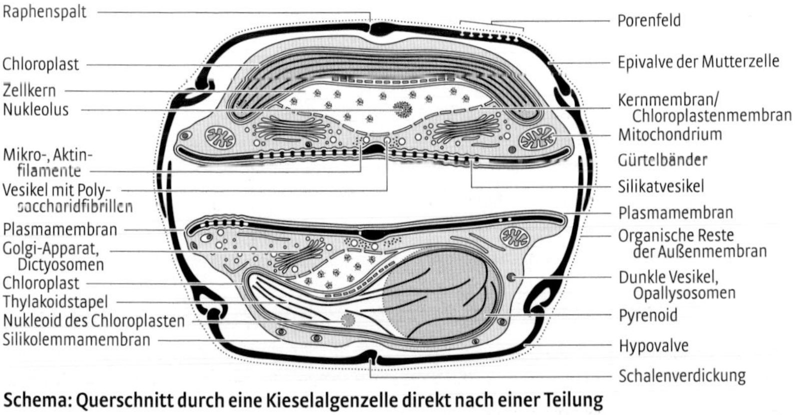

Schema: Querschnitt durch eine Kieselalgenzelle direkt nach einer Teilung

Zwei Mutterzellen legen sich zusammen. Jede bildet – nach Reduktionsteilung – zwei Gameten (sexuelle Keimzellen) aus. Die Schalen klappen auf, die Gameten kriechen heraus und kopulieren wechselseitig. Die Zygoten (befruchtete Keimzellen) wachsen und vergrößern sich sehr stark und bilden schließlich neue Theken, die nun wieder die Maximalgröße der Art haben.
Manche Arten haben andere Verfahren entwickelt, um der Verzwergung zu entgehen oder sie hinauszuschieben. So kann die jeweils kleinere von zwei Tochterzellen die jeweils nächste Teilung überspringen; es teilt sich dann nur die größere Tochterzelle. Oder die Elastizität der Gürtelbänder vermindert weitgehend die Größenunterschiede zwischen Epitheka und Hypotheka.
Diatomeen sind seit Beginn der Kreidezeit bekannt (etwa 135 Millionen Jahre). Fossile Ablagerungen von Diatomeenschalen werden als „Kieselgur" abgebaut und als Füllmaterial, Isoliermaterial, Filtermasse usw. verwendet. Heute spielen Diatomeen ökologisch eine große Rolle. Sie sind – vor allem im Meer – ein wesentlicher Bestandteil der Urnahrung in der biologischen Nahrungskette. Manche Arten sind wichtige Indikatoren der Wasserqualität.
Diatomeen leben nicht nur im Wasser; viele Arten besiedeln auch den Erdboden und sind dort ein wichtiges Glied der Bodenmikroflora.
Die Klasse Bacillariophyceae wird in zwei Ordnungen unterteilt, die Centrales und die Pennales:

Ordnung **Centrales**. *Melosira bis Attheya.* Zellen in Schalenansicht kreisrund, unbeweglich. Zellen können lange Ketten und Fäden bilden.

Ordnung **Pennales**. *Tabellaria* bis *Surirella.* Zellen langgestreckt. Vier Unterordnungen:

Araphidinae (hier: *Tabellaria* bis *Asterionella).* Schalen mit Scheinraphe, Zellen unbeweglich, zahlreiche scheibenförmige Chloroplasten.
Raphidioidineae (hier: *Eunotia).* An den Zellenden rudimentäre Raphen.
Monoraphidineae (hier: *Achnanthes* bis *Rhoicosphenia).* Auf der einen Schale echte Raphe, auf der anderen Pseudoraphe.
Biraphidineae. Beide Schalen mit echter Raphe. Diese wichtige Unterordnung umfasst vier Familien:

Naviculaceae *(Diploneis* bis *Denticula).* Raphe mitten in der Schale.
Epithemiaceae *(Epithemia* und *Rhopalodia).* Schalen ohne Kiel, mit Kanalraphe.
Nitzschiaceae *(Hantzschia* und *Nitzschia).* Kanalraphe auf der Schale oder gegen den Schalenrand verschoben.
Surirellaceae *(Cymatopleura* bis *Campylodiscus).* Kanalraphe verläuft rings um die Schale.

Die Kieselalgen sind nicht nur sehr artenreich, die Arten können auch ganz beträchtlich variieren. Eine zuverlässige Bestimmung ist daher bei vielen Arten sehr schwierig und erst nach Ausglühen der Schalen denkbar.

Klasse Xanthophyceae (Gelbgrünalgen)

Die Xanthophyceen oder Heterokonten („Verschiedengeißlige") sind in Färbung und Formen sehr leicht mit Grünalgen zu verwechseln. Der wissenschaftliche Name der Klasse (xanthos = gelb, blond, bräunlich) ist irreführend, die Chloroplasten erscheinen meist grün. Im Gegensatz zu den Grünalgen haben jedoch die beweglichen Stadien (Flagellatenstufe und Zoosporen) zwei ungleich lange Geißeln. Die längere der beiden

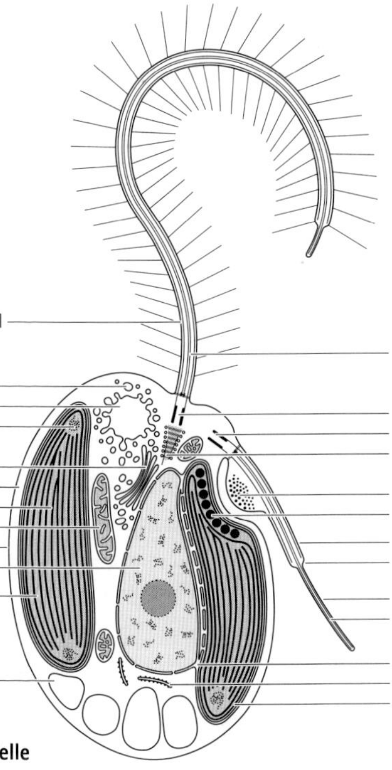

Zell-Organellen einer Gelbgrünalgen-Zelle

Geißeln ist dicht mit „Nebenfäden“ besetzt, die jedoch nur elektronenmikroskopisch zu erkennen sind. Außerdem treten als Assimilationsprodukt Öle auf, niemals aber Stärke wie bei den Grünalgen. Die Chloroplasten sind linsenförmige Scheibchen, die zu mehreren wandständig in den Zellen liegen. Das Zytoplasma ist glasartig durchsichtig.

Die Zellwände sind bei einigen Arten „verkieselt“: Cellulose-Mikrofibrillen werden mit Kieselsäure imprägniert. Vor allem bei den fädigen Arten sind die Zellwände oft aus zwei Hälften zusammengesetzt. Eigenartigerweise hängen dabei die zwei Hälften benachbarter Zellen fester zusammen als die Zellwandhälften der eigenen Zelle. Bei zerstörten Fäden bleiben daher H-förmige Wandstücke übrig, an denen u. U. die Zugehörigkeit zu den Xanthophyceen zu erkennen ist. Im Allgemeinen werden jedoch die beiden Zellwandhälften und ihr geschichteter Aufbau erst nach Quellung in 5–10 %iger Kalilauge deutlich.

Die ungeschlechtliche Vermehrung erfolgt durch zweigeißelige Zoosporen, die durch mehrfache Teilung einer Mutterzelle gebildet werden und zunächst nackt sind. Die Zoosporen schwärmen aus und umgeben sich dann mit einer Membran. Außerdem können unbewegliche Sporen (Aplanosporen) gebildet werden. (Nehmen die unbeweglichen Sporen schon innerhalb der Mutterzelle die Gestalt der erwachsenen Zellen an, nennt man sie Autosporen.)

Geschlechtliche Fortpflanzung ist nur bei der (früher zu den Grünalgen gezählten) Gattung *Vaucheria* bekannt. Bei ihr liegt ausgeprägte Eibefruchtung (Oogamie) vor.

Xanthophyceen sind weit verbreitet und zahlreich. Dennoch ist über ihre Lebensansprüche, ihre Verbreitung, ihre Ökologie wenig bekannt (mit Ausnahme einiger Gattun-

gen wie *Vaucheria*, *Tribonema* und *Botrydium*). Viele Arten sind sehr klein und so hinfällig, dass sie weder Transport noch Fixierung gut überstehen. Viele Arten sind auch offenkundig selten und wurden nur wenige Male oder gar nur einmal beobachtet.
Die Klasse der Xanthophyceen enthält alle Organisationsstufen von der monadoiden (Flagellatenstufe) bis zur siphonalen (s. S. 46). Die Formen der Flagellaten- und der Amöbenstufe sind jedoch winzig klein und offenbar selten. Sie werden hier nicht berücksichtigt.

Hier beschriebene Ordnungen:

Heterogloeales. *Chlorosaccus*. Zellen ohne feste Zellwand, in Gallertkolonien. Kapsale Organisationsstufe dieser Algenreihe.

Mischococcales. *Botrydiopsis* bis *Sciadium*. Einzellig. Zellen leben einzeln oder in Kolonien. Feste Zellwand, bei manchen Arten verkieselt und zweiteilig, glatt oder skulpturiert. Kokkale Organisationsstufe mit vielen Parallelformen zu den kokkalen Grünalgen.

Tribonematales. *Tribonema* bis *Heterothrix*. Fadenbildend. Zellen einkernig (trichale Organisationsstufe).

Heterosiphonales. *Botrydium* und *Vaucheria*. Siphonale Organisationsstufe. Der ganze schlauch- oder blasenförmige Algenkörper besteht nur aus einer riesigen Zelle mit zahlreichen Zellkernen (polyenergide Zelle).

Stamm Euglenophyta (Augenflagellaten)

Die Augenflagellaten (Augen-„Tierchen") sind einzellige, mit Geißeln schwimmende, meist langgestreckte, mehr oder weniger schraubig verdrehte Organismen. Die Körperhülle ist eine Pellikula (Periplast), ein verhärteter Teil des Protoplasten, keine eigentliche Zellwand (die ein Ausscheidungsprodukt des Protoplasten wäre). Ineinander verschiente und verfalzte Profile der Pellikula, die an den Zellpolen zusammenlaufen, erscheinen als Streifenmuster. Dieser Bau der Pellikula erlaubt oft sehr starke Gestaltsveränderungen der Zellen.
Die Chloroplasten enthalten Chlorophyll a und b, β-Karotin und Xanthophylle; sie besitzen eine Hülle aus meist drei Membranen. Die Färbung der Augenflagellaten ist meist rein grün.
Charakteristisch gebaut ist der vordere Zellpol. Hier mündet die Ampulle („Geißelsäckchen"), eine flaschenförmige Einstülpung, in die die pulsierenden Vakuolen ihren Inhalt ergießen. Die Ampulle ist kein Zellmund! Am Boden der Ampulle entspringen die beiden Geißeln, von denen die eine meist so kurz ist, dass sie noch innerhalb der Ampulle endet (bei manchen Arten sind die Geißeln aber auch in eine nach vorne gestreckte Schwimmgeißel und eine Schleppgeißel differenziert). Oft ist auch die lange Geißel so zart, dass man sie nur bei genauer Beobachtung und nur bei Zellen, die gerade still liegen, erkennt. An der rückwärtigen Seite der Ampulle liegt der rote Augenfleck. Er enthält in einer besonderen Plasmapartie Lipidkörnchen, die durch Karotinoide rot gefärbt sind. Der Augenfleck kann sich bei der Zellteilung selbstständig teilen. Die kurze Geißel legt sich innerhalb der Ampulle mit ihrer Spitze der langen Geißel an; an dieser Stelle verbreitern sich die Geißelscheiden zu einer Art „Linse" (Paraflagellarkörper). Linse und Augenfleck zusammen fungieren als lichtaufnehmendes Organell; im Paraflagellarkörper liegt der Photorezeptor. Augenflagellaten vermehren sich durch Längsteilung. Sobald Kern, Geißelapparat und Augenfleck verdoppelt sind,

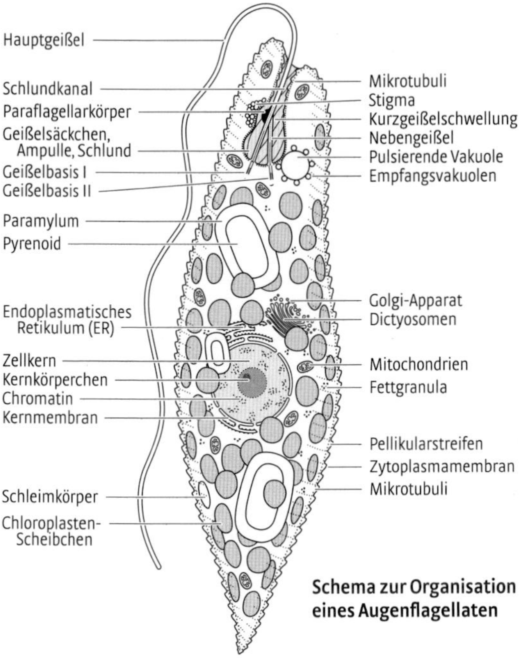

Schema zur Organisation eines Augenflagellaten

erfolgt eine Einschnürung am Vorderpol, die dann als Teilungsspalte den Schrauben der Pellikulaprofile folgt. Die Teilung dauert zwei bis vier Stunden und erfolgt bei den grünen Arten nur im Dunkeln.

Die Zellen teilen sich im Flagellatenzustand oder im so genannten Palmella-Stadium. Beim Übergang in das Palmella-Stadium werfen die Zellen die Geißeln ab, nehmen Kugelform an und scheiden Gallerte aus. So können ausgedehnte Lager mit unbeweglichen, in Gallerte eingebetteten Zellen entstehen.

Die „Palmellen" können jederzeit wieder in das Flagellaten-Stadium übergehen.

Reservesubstanzen der Augenflagellaten sind Paramylum, Fette und Öle. Paramylum ist eine stärkeähnliche Substanz, die jedoch mit Iod keine Blaufärbung ergibt. Die Paramylumkörner (Euglenenstärke) sind in der Mitte durchlöchert. Sie werden im Zellplasma (nicht in den Chloroplasten) aufgebaut und gespeichert.

Verschiedene Arten besitzen keine Assimilationspigmente (und keine Augenflecke) mehr. Sie ernähren sich heterotroph, von vorgebildeter organischer Nahrung, die sie in gelöster Form durch die Zelloberfläche aufnehmen. Einige Arten können auch geformte Nahrungspartikel aufnehmen (sie leben „phagotroph"); sie besitzen am Vorderende eine trichterförmige Einstülpung, den Schlundapparat, mit dem sie Algen, Bakterien, Flagellaten usw. fressen.

Auch die grünen, zur Photosynthese befähigten Arten sind nicht voll autotroph. Sie können bestimmte Vitamine (meist B_{12}) nicht selbst synthetisieren und sind darauf angewiesen, dass diese Vitamine im umgebenden Medium vorhanden sind (zum Beispiel aus der Tätigkeit von Bakterien). Außerdem benötigen sie als Stickstoffquelle Ammoniumsalze.

Mit einer Massenkultur von *Euglena gracilis* (S. 20) kann man leicht die Phototaxis demonstrieren: Die Zellen sammeln sich an der hellsten Stelle an, etwa an einem auf die Wand des Kulturgefäßes projizierten Lichtfleck. Mittels einer Schablone aus schwarzem Papier kann man mit *Euglena* sogar „schreiben".

Stamm Dinophyta (Dinoflagellaten)

Ordnung Peridiniales (Dinoflagellaten, Wirbelflagellaten)

Charakteristisch für die Dinoflagellaten sind eine Quer- und eine Längsfurche, in denen je eine Geißel liegt. Die beiden Geißeln entspringen an der Stelle, an der sich die beiden Furchen treffen oder überschneiden. Die Quergeißel zieht um den Körper herum und endet kurz vor ihrer Basis; sie ist bandartig abgeflacht, wellig und trägt an ihrer Außenkante einen Saum elektronenmikroskopisch feiner Flimmern (Mastigonemata). Die Längsgeißel ragt über die Zelle hinaus und liefert durch schwingende Bewegungen den Vorschub. Die Zusammenarbeit beider Geißeln ergibt die charakteristischen, taumelnden Kreiselbewegungen der Dinoflagellaten. Den Abschluss der Zelle nach außen bildet bei primitiven Formen eine Pellikula (Außenzone des Protoplasten) unterschiedlicher Dicke (Gattungen *Gymnodinium, Hemidinium, Gyrodinium).* Als nackt gelten Arten mit sehr zarter, schmiegsamer Pellikula; höhere Dinoflagellaten bilden Zellwände mit Zelluloseeinlagerungen, entweder als lederartige Hüllen oder als regelrechte Panzer *(Glenodinium, Peridinium, Ceratium).* Die Panzer sind aus polygonalen Cellulose-Matten zusammengebaut. Die Schuppen der Panzer werden–wie bei Schalen der Kieselalgen–in flachen Säckchen innerhalb der Plasmamembran angelegt; die Plasmamembran bleibt außerhalb des Panzers erhalten. Bei der Teilung teilen sich die nackten Typen schräg zur Längsachse; gepanzerte Formen schieben die beiden Panzerhälften–Trennlinie ist der Gürtel der Querfurche–auseinander, die Tochterproto-

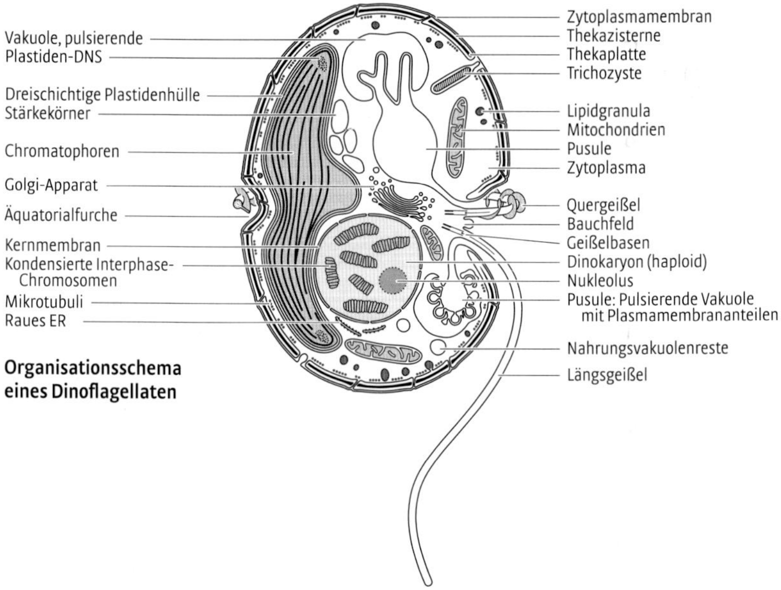

Organisationsschema eines Dinoflagellaten

plasten bauen dann die fehlende Panzerhälfte neu *(Ceratium),* oder beide Tochterprotoplasten scheiden einen völlig neuen Panzer ab *(Peridinium).* Viele Formen bilden Ruhezysten aus, gepanzerte Arten innerhalb ihrer „Rüstung". (Zysten von *Ceratium* bleiben über sechs Jahre lang am Leben.)
Vom Stamm der Dinoflagellaten werden hier nur Arten aus der Ordnung Peridiniales behandelt. Die meisten Arten des Stammes sind Meeresbewohner; einige gehören zu den Hauptbestandteilen des marinen Planktons. Die Dinoflagellaten umfassen die monadoide (Flagellaten-)Organisationsstufe, die kokkale und auch die trichale (fadenförmige). Allgemeine Kennzeichen des Stammes: Die Chloroplasten (dünne Plättchen oder Stäbchen) enthalten Chlorophyll a und c sowie einige spezifische Xanthophylle. Verschiedene Kombinationen der Assimilationsfarbstoffe ergeben die Tönungen der Chloroplasten: gelb, gelbbraun, braun, grün, blau. Die Pyrenoide liegen nicht in, sondern neben den Chloroplasten; Assimilationsprodukte sind Stärke und Fette. Stärke wird in Körnchen außerhalb der Chloroplasten gespeichert.
Bei den Dinoflagellaten sind alle bekannten Ernährungstypen verwirklicht: Manche Arten ernähren sich voll autotroph, andere fangen und verzehren ausschließlich andere Organismen, dritte leben mixotroph: Sie können zwar assimilieren, aber auch vorgeformte organische Nahrung mit Hilfe ausgestreckter Pseudopodien aufnehmen (sogar gepanzerte Formen mit Chloroplasten!). Manche Arten können auch gelöste organische Stoffe aufnehmen; sie leben „saprozoisch".
In den Zellkernen der Dinophyta liegen die Chromosomen in einem ungewöhnlich hochgeordneten Zustand vor. Sie bilden keine eigentliche Interphase aus, sind also nie völlig entspiralisiert. Man kann daher die Chromosomen auch im „Ruhekern" (= Arbeitskern) erkennen, nicht nur während der Kernteilung.
Viele Dinoflagellaten verfügen über Trichozysten: Zur Verteidigung schleudern sie auf Reize hin Schleimfäden aus. Gymnodinien bilden leicht weite Gallerten.

Stamm Cryptophyta (Kryptomonaden)

In diesem Stamm treten nur Flagellatenformen auf, und zwar sind die Zellen typisch asymmetrisch, abgeflacht, nackt (ohne Hüllen). Eine zweischichtige, zarte und feste Pellikula bildet die äußerste Schicht und bedingt die Konstanz der Körperform. Zwei geringfügig ungleich lange Geißeln mit unterschiedlichen Schlagformen verursachen die etwas zitternden Zellbewegungen. Schief über die Bauchseite des Körpers verläuft eine seichte Längsfurche, in der der Schlund mündet, der tief in das Zellinnere reicht. Der Umfang des Schlundes wird bei den meisten Arten durch stark lichtbrechende Trichozysten-Körnchen markiert. Die Bedeutung des Schlundorganells ist offen, die Ernährung erfolgt keinesfalls durch Verschlingen fester Nahrung. Mengenverhältnisse der Chlorophylle, Karotinoide und Xanthophylle in den Chloroplasten variieren stark; entsprechend verschieden gefärbt sind die Flagellaten: gelbbraun, braun, rotbraun, rötlich, olivgrün, blaugrün, blau. Einige Arten sind farblos. Reservestoff ist Stärke. Vermehrung durch Längsteilung der beweglichen Zellen (Organisationsschema s. S. 56).

Stamm Chlorophyta (Grüne Algen)

Die Grünalgen umfassen alle Organisationsstufen vom Flagellatentyp über kokkale und trichale Formen bis zu thallös gebauten Arten. Physiologisch haben die Grünalgen mit den höheren Pflanzen (Moosen, Farnen, Blütenpflanzen) so viel gemein, dass man Formen aus der Gruppe Chaetophorales (Borstengrünalgen S. 61) als Ausgang für die Entwicklungslinie zu den höheren Pflanzen ansieht. Färbung und Assimilationspig-

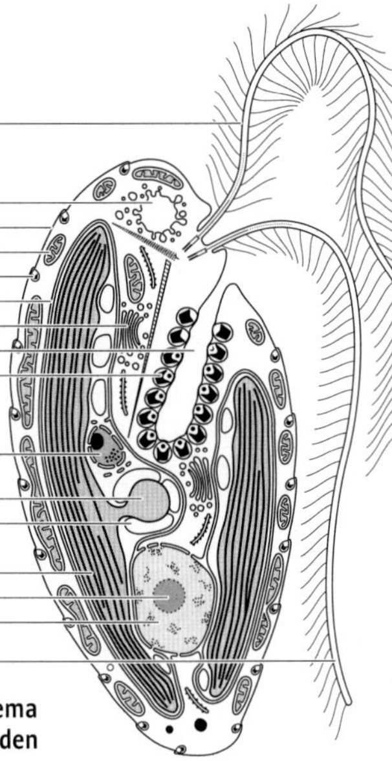

Organisationsschema eines Kryptomonaden

mente der Chloroplasten, Stärke als Produkt der Photosynthese, Zellwände aus Zellulose und Pektin, Zellsaftvakuolen und biochemische Fakten sprechen für den Zusammenhang. Etwa 8000 Grünalgenarten sind bekannt, von denen die meisten kosmopolitisch im Süßwasser leben; nur 10 % der Arten leben im Meer. Die meisten Grünalgen bevorzugen mesosaprobe Gewässer.
Bei primitiveren Vertretern füllt das Zellplasma mit einem Chloroplasten die ganze Zelle aus. Vollkommenere Typen besitzen große Zentralvakuolen; die Chloroplasten sind dann wandständig. Für alle fadenförmigen Grünalgen sind wandständige Chloroplasten typisch – als offene Ringe bei den Ulvophyceae und Chaetophorales oder als netzartig durchbrochene Gebilde bei den Oedogoniales und Cladophorales. Bei den einzelligen Arten hat der Chloroplast die Form eines Bechers mit dickem Boden. Viel seltener sind sternförmige oder axiale Chloroplasten.
Sehr viele Grünalgen sind nicht voll autotroph; sie brauchen mindestens einige organische Wirkstoffe, die sie nicht selbst synthetisieren können und die sie dem umgebenden Medium entnehmen müssen. Diesen Formen muss man daher auch in Kultur organische Nährstoffe bieten.
Abweichend von der Chloroplastenstruktur der höheren Pflanzen finden sich in Chloroplasten der Grünalgen Pyrenoide, Gebilde, die lichtmikroskopisch als kleine Körperchen erscheinen und an deren Oberfläche Stärke in Form kleiner Körnchen entsteht („Stärkeherde“).
Die Flagellatentypen sowie die Zoosporen und Gameten tragen häufig Augenflecke (Stigmen), rötliche oder braune Organelle, die die Lichtintensität und Lichtrichtung wahrnehmen können. Diese Organelle liegen bei den Grünalgen immer innerhalb des Chloroplasten.
Die Zellwand – ein Ausscheidungsprodukt des Zellplasmas – ist bei den Grünalgen zweischichtig; sie besteht aus einer äußeren Pektin- und einer inneren Zelluloseschicht. Bei *Cladophora* und *Oedogonium* kommt eine dünne Chitinlage hinzu; diese

Algen sind ideale Standorte von Aufwuchsalgen (Epiphyten), wogegen gallertige Außenschichten zum Beispiel bei den Jochalgen derartige Ansiedlungen verhindern. Zu Gallerte verquellende äußere Wandschichten oder als Ganzes verquellende alte Zellwände der Mutterzellen bilden zum Beispiel bei den tetrasporalen Algen umfangreiche Lager. „Nackt", ohne Zellulosewände und nur von peripheren Zytoplasmaschichten umhüllt (Pellikula, Periplast), sind bei Grünalgen nur die meisten Zoosporen, Gameten und einige wenige Flagellatentypen.
Die beiden Geißeln (selten vier) der aktiv beweglichen Grünalgen sind gleich lang.
Vermehrung der Grünalgen: Bei der ungeschlechtlichen Vermehrung zerfallen bei Fadenalgen die Fäden, Einzelzellen und kurze Fadenbruchstücke wachsen zu langen Fäden aus. Dickwandige vegetative Dauerzellen–Akineten–ertragen Frost und Austrocknung. Der Ausbreitung der Art dienen Zoosporen, die in weiter nicht auffallenden vegetativen Zellen entstehen. Das sind begeißelte, bewegliche, meist kleine Zellen, die in den Mutterzellen zu 1, 2, 4, 8, 16, 32, 64 bis zu einigen Tausend entstehen. Außerdem kommen geißellose, kugelige „Aplanosporen" (Autosporen) vor, die sehr früh eine Zellwand abscheiden *(Microspora, Ulothrix* und die meisten kokkalen Grünalgen). Zoo- und Aplanosporen werden durch eine Öffnung in der Zellwand der Mutterzelle frei. Geschlechtliche Fortpflanzung: Bei allen Organisationsstufen der Grünalgen kommen Isogameten vor, das sind äußerlich völlig gleichartige, sexuell aber differenzierte Keimzellen, die miteinander verschmelzen; sie sind zoosporenähnlich. Die nächsthöhere Stufe ist die Anisogamie; die männlichen Gameten sind deutlich kleiner und beweglicher als die größeren weiblichen, doch sind beide Arten von Gameten begeißelt. Schließlich findet sich Oogamie (Eibefruchtung), bei der die männlichen Gameten klein, begeißelt und beweglich sind, die weiblichen dagegen groß und unbeweglich (Eier).
Das Verschmelzungsprodukt zweier Gameten, die befruchtete Zelle oder Zygote, ist sehr oft ein Ruhestadium, das eine dicke Zellwand abscheidet, Reservestoffe wie Stärke, Öle und Karotinoide anhäuft und lange Trockenzeiten sowie Kälte erträgt. Nach einer Ruhephase entstehen in der Zygote in zwei Teilungsschritten (Reifeteilungen) vier haploide (nur einen Chromosomensatz enthaltende) Kerne.

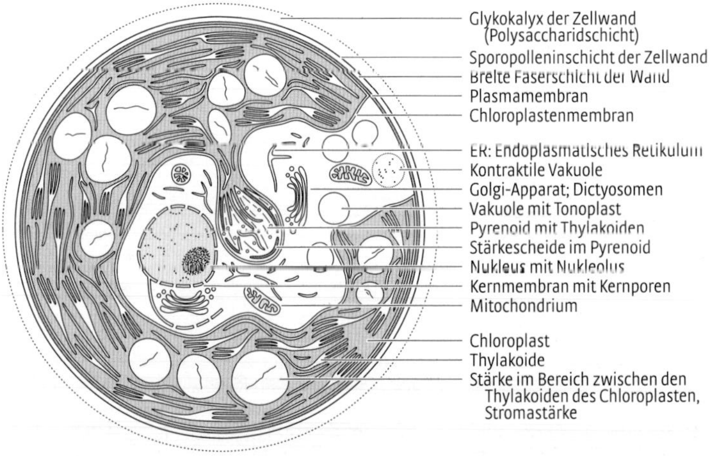

Schematischer Schnitt durch eine kokkale Grünalge der Gattung *Chlorococcum*

Klasse Chlorophyceae (Grünalgen)

Ordnung Volvocales (Volvocale Grünalgen)
In dieser Ordnung sind die Flagellatentypen der Grünalgen zusammengefasst. Sie sind begeißelt und aktiv beweglich, leben einzeln oder als Kolonien. Bei der Gattung *Volvox* ist die Koloniebildung so vollkommen ausgestaltet, dass durch Arbeitsteilung der Zellen sowie durch Polarität in der Verteilung der Fortpflanzungszellen schon fast vielzellige Individuen entstanden sind.
Die beiden Geißeln laufen durch eigenständige Öffnungen in der Zellwand am Vorderpol der Zellen. Ein grüner Becherchloroplast mit Pyrenoid. Zellkern zentral.
Viele Formen bilden geißellose Palmella-Stadien aus, die sich oft durch Speicherung von Haematochrom-Farbstoffen tief dunkelrot färben können. Zellen mit pulsierenden Vakuolen.
Die ungeschlechtliche Vermehrung erfolgt durch Längsteilung in zwei Tochterzellen. Oft schließt sich noch eine Querteilung an, die zu vier Tochterzellen führt, die zunächst einige Zeit in der Muttermembran liegen bleiben. Nachdem die Tochterzellen Zell-

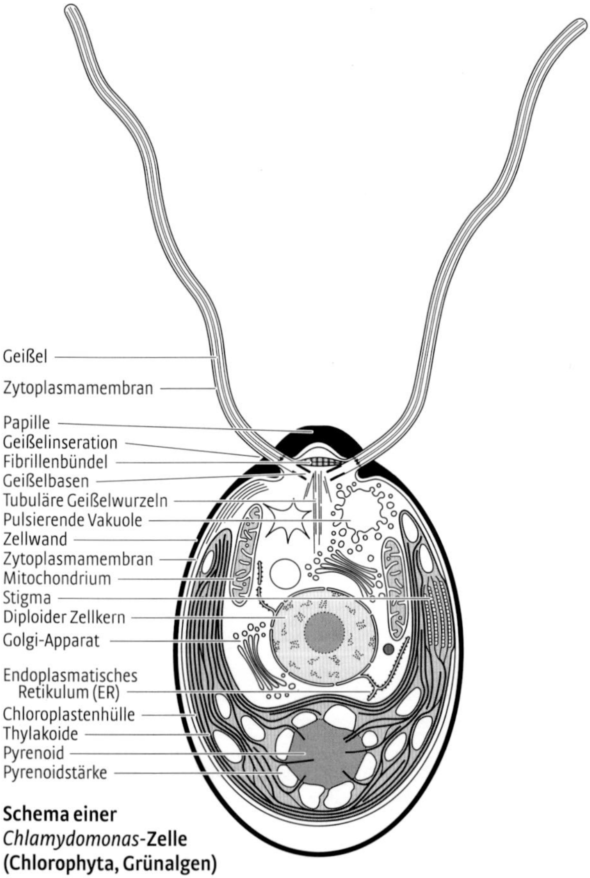

Schema einer *Chlamydomonas*-Zelle (Chlorophyta, Grünalgen)

wände und Geißeln ausgebildet haben, schwärmen sie als Zoosporen aus der verquollenen und zerrissenen Muttermembran aus. Auch aus den Zygoten gehen vier Zoosporen hervor, sofern nicht ihre Zahl durch Degenerationsprozesse auf drei, zwei oder eine vermindert ist.
Hier behandelte Gattungen: *Chlamydomonas* bis *Eudorina* und Volvox.

Ordnung Tetrasporales (Viersporgrünalgen)

Die tetrasporalen Grünalgen nehmen eine Mittelstellung zwischen den grünen Flagellaten der Volvocales und den kokkalen Grünalgen der Chlorococcales ein. Die Zellen sind unbeweglich, weisen echte Zellwände auf, haben Gallertbildungen als Schutzeinrichtungen, sind ähnlich wie Flagellaten gebaut (pulsierende Vakuolen, rote Augenflecke). Ungeschlechtliche Vermehrung meist durch begeißelte Stadien. Charakteristisches Merkmal: die Gallertgeißeln. Gallertgeißeln entspringen wie die Bewegungsgeißeln am vorderen Zellpol als lange Fäden, sind jedoch unbeweglich und erscheinen völlig funktionslos (elektronenmikroskopische Bilder zeigen, dass die Gallertgeißeln vereinfachte Bewegungsgeißeln sind).
Hier behandelte Gattungen: *Nautococcus* bis *Schizochlamys*.

Ordnung Chlorococcales (Kokkale Grünalgen)

Die kokkale Organisationsstufe der Grünalgen umfasst alle unbeweglichen, geißellosen, von einer Zellwand umschlossenen Formen, die als Einzelzellen leben oder Zellkolonien bilden. Zellteilungen erfolgen stets in Schüben, nie als bloße Zweiteilung: In einer Mutterzelle entstehen durch rasch aufeinander folgende Teilungen mehrere bis viele Tochterzellen, die sich jeweils mit eigenen, neuen Zellwänden umgeben; die Mutterzellwände verquellen danach und verschwinden.
Chlorokokkale Grünalgen bilden die Hauptmenge des Planktons kleinerer, eutropher Binnengewässer. Viele Arten sind ein wichtiger Bestandteil der Bodenflora, andere bilden Symbiosen mit Pilzen (Flechten), Sonnentieren, Wimpertieren, Schwämmen, Süßwasserpolypen, Strudelwürmern, Rädertieren.
Laborversuche haben ergeben, dass manche kokkale Grünalgen gewisse organische Stoffe direkt als Kohlenstoff- und Stickstoffquellen nützen können. Sie könnten daher bei der biologischen Selbstreinigung eine Rolle spielen. Massenkulturen kokkaler Grünalgen (*Chlorella*, *Scenedesmus)* könnten in Zukunft als Tierfutter und sogar für die menschliche Ernährung eine Rolle spielen. Das war nur eine Vision; der Anteil an nicht aufschließbaren Nucleotiden ist viel zu hoch, um wirtschaftlich zu sein.
Hier behandelte Gattungen: *Chlorococcum* bis *Coelastrum*.

Familie Chlorococcaceae. Zellen einzeln oder in unregelmäßigen Gruppen, kugelig. Chloroplasten topfförmig, netzartig, sternförmig oder zentral. Vermehrung durch Zoosporen mit pulsierenden Vakuolen oder durch Aplanosporen. Geschlechtliche Fortpflanzung durch Isogameten (Hier: *Chlorococcum* bis *Planktosphaeria*).
Familie Characiaceae: Zellen einzeln, länglich, spindelförmig. Chloroplast manchmal ohne Pyrenoide. Vermehrung fast ausschließlich durch Zoosporen. (Hier: *Characium* bis *Actidesmium*.)
Familie Hydrodictyaceae: Die Zoosporen ordnen sich innerhalb der Mutterzelle oder innerhalb einer Gallertblase, die die Mutterzelle verlässt, zu Kolonien an. Geschlechtliche Fortpflanzung durch Isogameten. (Hier: *Euastropsis* bis *Hydrodictyon*.)
Familie Micractiniaceae: Zellen mit Borsten besetzt oder in dicke Fortsätze ausgezogen. Vermehrung durch Zoosporen und Aplanosporen. Geschlechtliche Fortpflanzung bei *Micractinium* Oogamie. (Hier: *Micractinium* bis *Polyedriopsis*.)
Familie Treubariaceae: Zellen einzeln. Zellwand aus Teilstücken zusammengebaut. Vermehrung durch Zoosporen und Aplanosporen. (Hier: *Treubaria*, *Desmatractum*.)

Familie Gloeocystidaceae: Zellen in Gallertlagern. Chloroplast sehr groß. Vermehrung durch Zoosporen und Aplanosporen. (Hier: *Gloeocystis* bis *Schizochlamydella*.)
Familie Botryococcaceae: Zellen peripher in zähen Gallertlagern. (Hier: *Botryococcus*.)
Familie Dictyosphaeriaceae: Zellen werden durch die verquellenden Reste der Mutterzellmembran zu Kolonien zusammengehalten. (Hier: *Dictyosphaerium* bis *Quadricoccus*.)
Familie Oocystaceae: Zellen einzeln oder in kleineren Kolonien. Zellwände glatt, warzig oder mit langen Borsten. Vermehrung ausschließlich durch Aplanosporen (Autosporen: Die Aplanosporen nehmen bereits innerhalb der Mutterzelle ihre endgültige Gestalt an). Typisches Merkmal der Familie ist die Bildung von Autosporen. (Hier: *Chlorella* bis *Tetraedron*.)
Familie Eremosphaeraceae: Zellen groß, einzeln. Im peripheren Zellbereich sehr viele kleine Chloroplasten. Vermehrung durch Autosporen. Selten Oogamie. (Hier: *Eremosphaera, Excentrosphaera*.)
Familie Ankistrodesmaceae: Zellen gestreckt, einzeln oder in kleinen Kolonien. Vermehrung ausschließlich durch Autosporen. (Hier: *Selenastrum* bis *Ankistrodesmus*.)
Familie Scenedesmaceae: Zellen zu Kolonien verbunden; Kolonien in Längsreihen, Flächen, Sternen, Hohlkugeln. Vermehrung ausschließlich durch Autosporen. (Hier: *Scenedesmus* bis *Coelastrum*.)

Klasse Ulvophyceae (Salatgrünalgen)

Unverzweigte Zellfäden aus lauter gleichgestalteten Zellen; lediglich die Spitzenzelle und die farblose Basalzelle eines Fadens können etwas verschieden gestaltet sein. Zellwände oft dick, aus vielen Schichten, leicht verschleimend.
Die Zellwandschichtungen lassen sich durch die Entstehung der einfachen Fäden erklären: Jede Zelle kann sich ohne Beteiligung eines Phycoplasten teilen, und die beiden Tochterzellen scheiden je ihre eigene Wand ab. Wachsen die Tochterzellen dann zur Größe der ursprünglichen Mutterzelle heran, verlängern und dehnen sie die alte Zellwand und verwenden sie mit zum Aufbau der Tochterwände. Diese Art der Zellteilung zeigt die Ursprünglichkeit der Ulvophyceae sowie ihre enge Beziehung zu den kokkalen Grünalgen: Die Fäden lassen sich zwanglos als Ketten von Autosporen erklären.
Jede Zelle besitzt nur einen wandständigen, plattenförmigen Chloroplasten.
Die ungeschlechtliche Vermehrung erfolgt durch Zoosporen, die von allen Zellen eines Fadens ausgebildet werden können; außerdem natürlich durch Fadenbruchstücke. Geschlechtliche Fortpflanzung durch Isogameten. Bei einigen Arten entstehen aus den Zygoten (Verschmelzungsprodukten der Gameten) keulenförmige, einzellige Gebilde, die später viergeißelige Zoosporen entlassen.
Hier behandelte Gattungen: *Binuclearia*, *Elakatothrix*, *Enteromorpha*, *Geminella*, *Gloeotila*, *Ulothrix*.

Ordnung Prasinophyceae (Lauchgrünalgen)

Nur eine Gattung – *Prasiola* – mit etwa 20 Arten, die an Meeresküsten, in Bächen, auf feuchten Biotopen leben. Einzellreihige Fadengebilde und flächenförmige Lager. Chloroplasten sternförmig mit einem zentralen Pyrenoid. Vermehrung durch Zerfall in Einzelzellen oder Zellkomplexe.
Gattung *Prasiola*.

Ordnung Chaetophorales (Borstengrünalgen)

Die terrestrische Lebensweise verschiedener Arten dieser Ordnung und teilweise hochdifferenzierte Fadensysteme fortschrittlicher Chaetophorales-Arten sprechen dafür, dass sich aus dieser oder einer nahe verwandten Gruppe die Höheren Pflanzen entwickelt haben.
Merkmale der Ordnung: Zellen einkernig, mit je einem Chloroplasten; Lager (Thallus) aus verzweigten Fadensystemen. Der Thallus ist heterotrich: Er wird aus einer Sohle (kriechenden Fäden) und aus aufrechten Fäden aufgebaut. Hier behandelte Gattungen: *Aphanochaete, Chaetophora*, *Chaetosphaeridium*, *Chlorotylium*, *Draparnaldia*, *Ectochaete*, *Gongrosira*, *Microspora*, *Stigeoclonium.*

Klasse Trebouxiophyceae (Zweiggrünalgen)

Der Geißelapparat von Keimzellen hat vier Basalkörper mit viersträngigen mikrotubulären Wurzeln. Die in Aufsicht verschoben kreuzförmige Anordnung dieser Organellen mit 4 Geißeln kommt nur in der Klasse der Zweiggrünalgen vor. In den Mutterzellen entstehen durch schnell aufeinander folgende Zellteilungen Tochterzellen, die von einer jeweils eigenen Wand umschlossen sind. *Chlorella*-ähnliche Einzelzellen zum einen, verzweigte Büsche mit Basalzellen sind die Extremformen der Klasse. (Hier: *Trebouxia*, *Microthamnion*.)

Klasse Trentepohliophyceae (Luftgrünalgen)

Thallus ohne Haare; Zoosporen entstehen in gestielten „Sporangien"-Zellen, die von den vegetativen Zellen stark abweichen; aufrechte Fäden wachsen nur an ihren Spitzenteilen. (Gattungen: *Trentepohlia, Pleurococcus*.)

Ordnung Oedogoniales (Kappenring-Grünalgen)

Die Oedogoniales unterscheiden sich durch zwei ausgeprägte Besonderheiten von allen übrigen Fadengrünalgen: die eigentümliche, umständlich erscheinende Art der Zellteilung und den Bau der beweglichen Fortpflanzungszellen. Bei der Zellteilung wird am oberen Pol einer Zelle ein hohler Zellulosereifen angelegt. Nach der Kernteilung entsteht unterhalb dieses Reifens die neue Querwand. Die Mutterzelle reißt anschließend an der Außenkante des Reifens ringsherum auf, und die neue Querwand verschiebt sich bis an den unteren Rand des Risses; der Reifen streckt sich zu einem zylindrischen Wandstück. Der oberhalb des Risses gelegene Teil der Mutterzelle bleibt erhalten und als „Kappe" an der neu entstandenen Zelle dauernd sichtbar. Wiederholen sich die Teilungen, kommen neue Kappen zur ersten hinzu, da die Reifen stets unter der jeweils letzten Kappe angelegt werden.
Die großen, am Vorderende chloroplastenfreien Zoosporen („Schwärmer") besitzen einen Kranz von Geißeln und werden jeweils aus dem ganzen Inhalt einer Fadenzelle gebildet. In den gleichen Fäden, die Zoosporen bilden, entstehen auch die großen „Oogonien", Zellen, in denen jeweils eine Eizelle heranwächst. Am oberen Ende des Oogoniums liegt eine Öffnung in der Membran, ihr benachbart ein Empfängnisfleck.
Die Spermatozoide (männliche Gameten) sind den Zoosporen ähnlich, jedoch viel kleiner und gelblich gefärbt. Sie entstehen zu je zwei in besonderen Fadenzellen, den „Antheridien", und zwar in denselben Fäden wie die Eizellen (einhäusige Arten) oder in anderen Fäden (zweihäusige Arten).

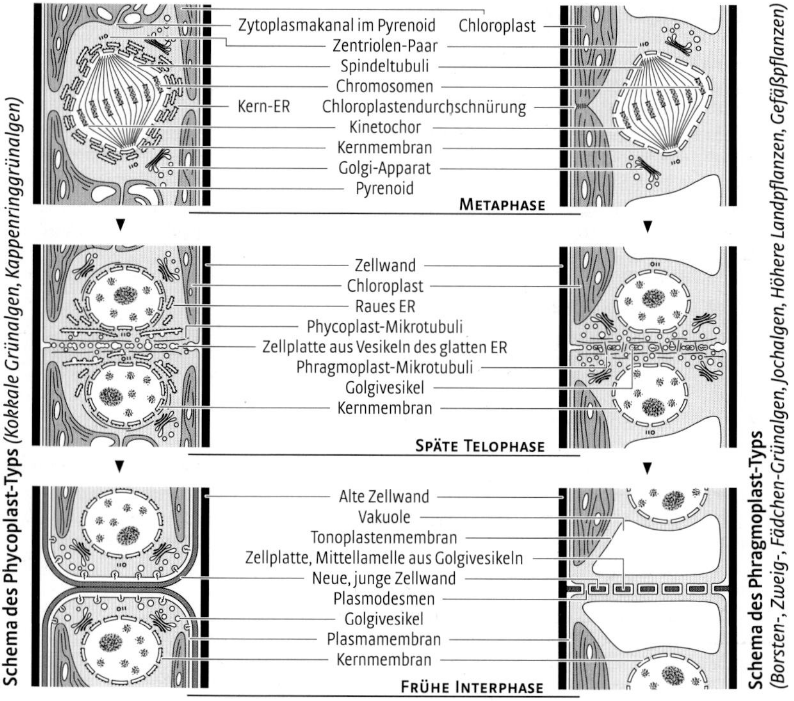

Algen: Teilung/Zellwandbildung

Die Eizellen wandeln sich nach der Besamung durch ein Spermatozoid in derbwandige Dauerzygoten um. Bei der Keimung teilt sich der Inhalt einer Zygote unter Reduktionsteilung in vier (haploide) Schwärmsporen. Diese setzen sich nach einer kurzen Schwärmzeit fest und entwickeln ein Rhizoid („Wurzelfädchen") oder eine verzweigte Haftscheibe.
Manche Arten liefern aus den Antheridien Schwärmsporen, die sich auf den weiblichen Fadenzellen und Oogonien festsetzen und zu wenigzelligen Pflänzchen, den Zwergmännchen, heranwachsen. Erst die obere Zelle der Zwergmännchen erzeugt dann befruchtungsfähige Spermatozoide.
Die vegetativen Zellen sind bei den Oedogoniales viel länger als breit, die Chloroplasten wandständig und netzartig mit mehreren Pyrenoiden in jeder Zelle, einem Kern und einer großen Zellsaftvakuole je Zelle.
Hier beschriebene Gattungen: *Oedogonium* und *Bulbochaete.*

Klasse Cladorophyceae (Astalgen)

Ordnung Cladophorales (Astgrünalgen)

Nur die Ordnung Cladophorales stellt Süßwasserarten; die anderen Ordnungen der Klasse umfassen ausschließlich Meeresalgen, die zum Teil hochdifferenzierte Thalluskörper aufweisen.
Bei den Cladophorales werden die Fäden durch einfaches Hereinwachsen von Ringleisten als Querwände in vielkernige Abschnitte geteilt. Die Zellabschnitte erscheinen fast alle gleichartig; die aus ihnen zusammengesetzten Fadengebilde sind verzweigt oder unverzweigt. Ungeschlechtliche Vermehrung durch zweigeißelige Zoosporen, die in großer Zahl in den oberen Zellen der Fäden entstehen; sie verlassen die Zellen durch seitliche Öffnungen. *Cladophora glomerata* vermehrt sich nur ungeschlechtlich.
Hier beschriebene Gattungen: *Cladophora*, *Rhizoclonium*, *Pithophora*, *Sphaeroplea*.

Klasse Conjugatophyceae, Zygnematophyceae (Jochalgen)

Die Jochalgen sind ohne Zweifel die schönsten Grünalgen; sie leben nur im Süßwasser, nie im Meer. Man unterscheidet vier Ordnungen: Die einzelligen Zieralgen (Ordnungen Mesotaeniales, Gonatozygales, Desmidiales) und die Faden-Jochalgen (Zygnemales), die aus unverzweigten, von vielen hintereinander liegenden Zellen gebildeten Fäden bestehen. Auch die fädigen Formen sind keine echten Vielzeller; sie bestehen aus lauter gleichartigen Zellen und zerfallen leicht.
Der Name (Jochalgen oder Conjugaten) bezieht sich auf die eigentümliche sexuelle Fortpflanzung: Die ganzen Protoplasmakörper gewöhnlicher Zellen werden zu Keimzellen; zwei sexuell verschiedene, äußerlich aber nicht voneinander zu unterscheidende Zellen (oder Zellfäden) legen sich aneinander und verbinden sich mit einem Kopulationskanal. Entweder kriechen nun beide Zellen in den Kopulationskanal, treffen sich dort und verschmelzen miteinander oder der männliche Protoplast wandert zum weiblichen hinüber und verschmilzt mit ihm innerhalb dessen ursprünglicher Zellhülle. Diese Form der sexuellen Fortpflanzung (ohne begeißelte, aktiv schwimmende Keimzellen) nennt man Konjugation.
Die Zellen der Zieralgen sind fast immer aus zwei streng symmetrischen Hälften gebaut: Zwischen beiden Halbzellen ist die Membran oft gekerbt oder tief eingebuchtet, und in jeder Halbzelle liegt je ein Chloroplast. Der Kern liegt genau in der Mitte in der oft schmalen Plasmabrücke (Isthmus) zwischen den beiden Zellhälften. Bei der ungeschlechtlichen Vermehrung durch Zweiteilung müssen die beiden Tochterzellen je eine Zellhälfte ergänzen (das bedeutet: Eine Hälfte jeder Zieralgenzelle stammt von der Mutterzelle, die andere ist neu gebildet, jünger und lange etwas kleiner).
Zur Konjugation legen sich bei den Zieralgen zwei geschlechtsverschiedene Zellen nebeneinander und scheiden eine sie gemeinsam umhüllende Gallerte aus. Sie treiben einen verquellenden Kopulationskanal, die Zellwände werden in der Mitte aufgelöst, und die Protoplasten kriechen durch die Öffnungen aufeinander zu. Das Verschmelzungsprodukt aus beiden Zellen, die Zygote, umgibt sich mit einer derben, oft bestachelten Membran. Nach einer Ruheperiode (Winter!) keimt die Zygote aus, wobei zunächst die Reifeteilungen durchlaufen werden. Die Zieralgen sind also haploide Organismen.
Bei den fädigen Formen (Zygnemales) legen sich zwei geschlechtsverschiedene Fäden nebeneinander, wobei die Zellen Kopulationskanäle aufeinander zutreiben. Dadurch ergibt sich das Bild einer Leiter, deren Holme von den Zellfäden, deren Sprossen von den Kopulationskanälen gebildet werden. Meist wandern dann die männlichen Zellen zu den weiblichen hinüber und vereinigen sich mit ihnen zu derbhäutigen Zygoten. Der männliche Faden ist danach leer, er besteht nur noch aus den Zellwänden. Auch hier sind die

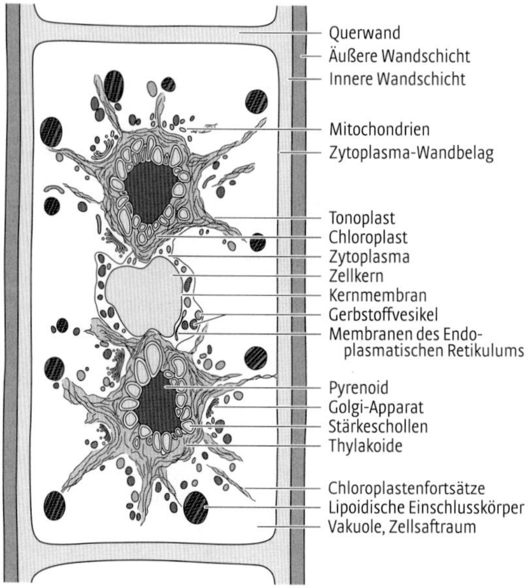

Skizze: Längsschnitt durch eine Sternalgenzelle (*Zygnema* sp.); Nach einer Elektronenmikroskop-Aufnahme

Zygoten zugleich Dauerformen, die später unter Reduktionsteilung keimen. Die Faden-Jochalgen enthalten zum Teil bizarr geformte (schrauben- oder morgensternförmige) Chloroplasten. Faden-Jochalgen und einige Zieralgenarten sind in fast allen Gewässern anzutreffen; das Hauptverbreitungsgebiet der Zieralgen sind saure Hochmoorgewässer. In Torfstichen, Moorgräben und in Polstern des Torfmooses *(Sphagnum)* wird man im Sommer kaum einmal vergebens nach Zieralgen suchen.

Ordnung Mesotaeniales: Einfache Formen ohne Einschnürung; Zellen im Querschnitt kreisrund; Zellwand glatt ohne Poren und Skulpturen. *Spirotaenia* bis *Netrium.*

Ordnung Gonatozygales: Zellen ohne Einschnürung; Zellwände mit Poren, zweischichtig, äußere Schicht stachelig, *Gonatozygon.*

Ordnung Desmidiales: Zellen durch zwei Einschnitte in zwei Halbzellen geteilt. Zellwand erwachsener Zellhälften zwei- oder dreischichtig, aus Zellulose- und Pektinlamellen. Dünne Poren (um 0,2 µm Durchmesser) durchsetzen die Wände. Diese Porenapparate bilden Gallertknöpfchen. Größere Gallertporen scheiden Gallerte und Schleimfäden ab, durch deren Quellung sich die Zellen bewegen und sich aus dem dunklen Substrat schieben können. *Penium* bis *Gymnozyga.*

Ordnung Zygnemales: Fäden aus physiologisch selbstständigen Zellen. Zellwände zweischichtig, porenlos. Watten aus Zygnemales-Fäden sind durch Gallertschichten schleimig und glitschig. *Spirogyra, Zygnema* und *Mougeotia.*

Klasse Klebsormidiophyceae (Fädchengrünalgen)

Zur Klasse der Fädchengrünalgen gehören sehr unterschiedliche Formen: *Klebsormidium*-Arten bilden Fäden, *Coleochaete*-Arten eine Sohle mit verzweigten Fadenteilen und Haaren. Merkmale der Klasse: hoher Entwicklungsgrad mit oogamer Fortpflanzung, bei *Coleochaete* mehrzellige Embryonen, fibrilläre Anordnung der Cellulose in den Zellwänden wie bei Moosen und Farnen, Querwände in Zellketten wie bei Zieralgen durch Phragmoplasten. Gattungen hier: *Coleochaete*, *Klebsormidium* (*Chlorhormidium*), *Stichococcus*.

Stamm Rhodophyta (Rotalgen)

Die meisten Rotalgen sind Meeresbewohner; im Süßwasser leben nur wenige Arten. Die Lager (Thalli) der Rotalgen sind meist kompliziert gebaut; sie setzen sich aus Systemen verzweigter Fäden zusammen. Einzellige und einreihig fadenförmige Arten gelten als abgeleitet und im Lauf der Stammesgeschichte vereinfacht.
Meeresrotalgen erscheinen rosig überhaucht, rot, violett, purpurn oder dunkelbraun; Süßwasserarten dagegen sind meist graugrün gefärbt.
Die Zellen sind einkernig und enthalten fast immer mehrere Chloroplasten sowie eine große Zentralvakuole, die das Zytoplasma an die Zellwand „drückt", sodass – ähnlich den ausgewachsenen Zellen höherer Pflanzen – das Zytoplasma nur als dünner Schlauch vorliegt.
Reservestoff ist die Florideenstärke, die chemisch dem Glykogen (der tierischen Stärke) näher verwandt ist als der gewöhnlichen Stärke. Die kleinen Stärkekörnchen werden im Zytoplasma als Reservestoffe abgelagert; sie entstehen nicht in den Chloroplasten.
Außer Chlorophyll a und verschiedenen Karotinoiden enthalten die Chloroplasten der Rotalgen zwei charakteristische Farbstoffe: Phykoerythrin und Phykocyan. Beide Farbstoffe kommen auch bei den mit den Rotalgen nicht verwandten Blaualgen vor. Phykoerythrin ist karminrot und absorbiert blaues, grünes und gelbes Licht; das indigoblaue Phykocyan absorbiert grünes, gelbes und rotes Licht. Diese Farbstoffe, die bei verschiedenen Arten in unterschiedlicher Mengenverteilung vorliegen, ermöglichen es vielen Rotalgen, im Meer in Wassertiefen vorzudringen, die anderen photoautotrophen Pflanzen keine Lebensmöglichkeiten mehr bieten. Die Rotalgen können auch in diesen Tiefen die noch nicht vom Wasser absorbierten Reste des Lichtes verwerten.
Die Innenschichten der Zellwände bestehen aus Zellulose, die äußeren Lagen aus Pektinstoffen. Aus den äußeren Schichten mancher Arten werden gelartige Substanzen gewonnen (Agar-Agar für mikrobiologische Nährböden; Carrageen zur Stabilisierung von Emulsionen).
Fortpflanzung und Generationswechsel sind sehr kompliziert. Hier sei nur erwähnt, dass die ungeschlechtlichen Zoosporen und die Spermatiden (nackte männliche Gameten) niemals Geißeln ausbilden.
Die Süßwasserformen gehören drei Ordnungen an:

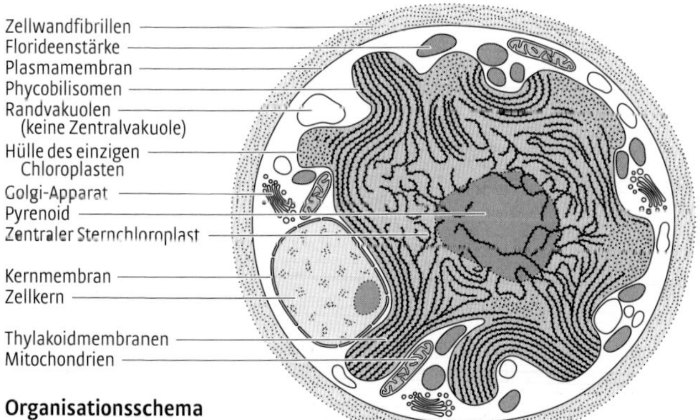

Organisationsschema einer Rotalgenzelle

Ordnung Bangiales: Die Form der Lager (Thalli) geht über die Stufe mehrreihiger Zellfäden nicht hinaus. *Porphyridium* bis *Bangia; Compsopogon.*

Ordnung Nemalionales: Lager nach dem „Zentralfadentyp" oder dem „Springbrunnentyp" gebaut. *Audouinella* bis *Lemanea.*

Ordnung Cryptonemiales: Zu dieser Ordnung gehören die stark mit Kalk und Magnesiumkarbonat inkrustierten „Kalkalgen" des Meeres (Süßwasser-Gattung: *Hildenbrandia*).

Stamm Phaeophyta (Braunalgen)

Auch die Braunalgen leben zum größten Teil im Meer; die größeren Arten bilden hier die „Tange". Im Süßwasser kommen nur wenige Arten vor.
Die einfachsten Formen sind kriechende Fäden. Rhizoide–Wurzelfäden–verankern die Thalli auf den Unterlagen.
Die Zellen sind einkernig, enthalten Vakuolen und wandständige, grünliche, braungrüne, braune oder schwärzliche Chloroplasten. Typischer Chloroplastenfarbstoff ist das braune Fukoxanthin. Photosyntheseprodukte sind Fette, das Kohlenhydrat Mannit und das Polysaccharid Laminarin. Die Zellwände enthalten außer Zellulose Salze der Alginsäure, Alginate, die auch technisch verwendet werden (Gelier-, Emulgier- und Eindickungsmittel).
Die Vermehrungs- und Fortpflanzungsweisen sind ungeheuer vielfältig. Die Thalli können zerfallen, und die Teilstücke können neue Lager bilden; es werden haploide und diploide Zoosporen gebildet; die sexuelle Fortpflanzung kann durch Isogameten (äußerlich gleichförmige Keimzellen) oder durch Oogamie (Eibefruchtung) erfolgen. Charakteristisch ist ein Generationswechsel zwischen haploiden Thalli (so genannten Gametophyten, die Gameten bilden) und diploiden Thalli (so genannten Sporophyten, die ungeschlechtliche, haploide Sporen bilden). Beide Generationen können äußerlich vollkommen gleich aussehen oder grundverschieden sein.
Von den 5 Ordnungen kommt nur eine im Süßwasser vor.

Ordnung Ectocarpales: Thalli einfach; Fäden verzweigt; beide Generationen gleich aussehend; eine Generation kann ausfallen. *Pleurocladia, Lithoderma.*

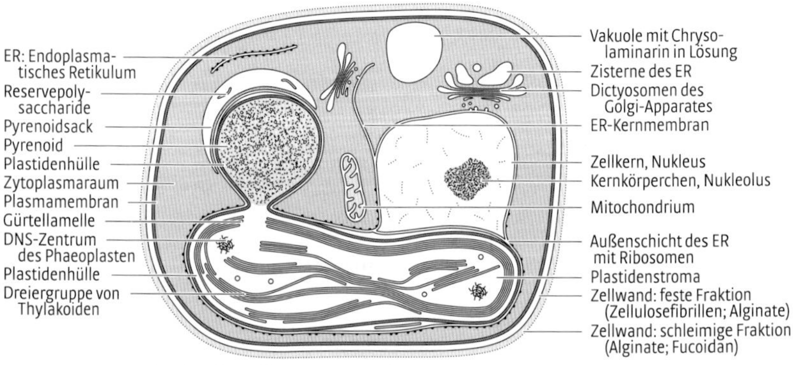

Schema zur Organisation der Zellen von Braunalgen

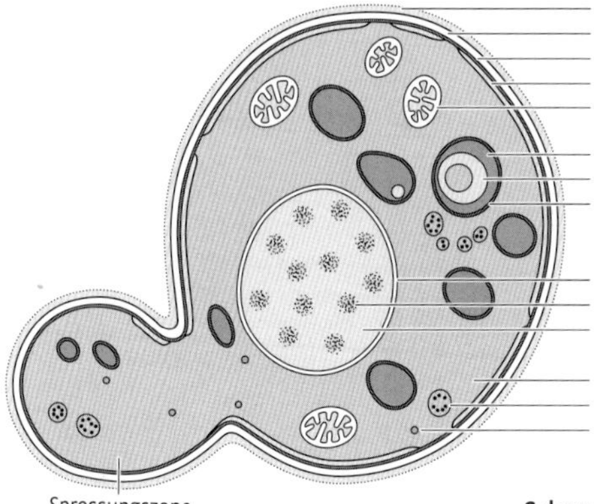

Schema einer Hefezelle

„Fungi" (Pilze)

Pilze ernähren sich – wie Bakterien – rein heterotroph, sind also auf organische Nahrung angewiesen und besitzen keine Chloroplasten. Die meisten Pilze sind Saprophyten, nicht wenige auch Parasiten. Ebenso wie die Bakterien spielen die Pilze in der Natur im Kreislauf der Stoffe eine ungeheure Rolle. Sie bauen tote organische Substanz ab, mineralisieren sie, wobei sie „Hand in Hand" mit den Bakterien arbeiten. Der Abbau der organischen Stoffe im Wasser erfolgt vorwiegend durch Bakterien; im Boden dagegen sind auch die Pilze sehr erheblich daran beteiligt.

Im Süßwasser leben relativ wenige Pilzarten, und im Meer sind Pilze äußerst selten.

Nur die primitivsten Pilze sind zellwandlose, nackte Formen. Bei den meisten ist die typische Wuchsform die Hyphe, ein dünner, meist sehr langer, meist verzweigter Faden, der bei den höheren Formen durch Querwände unterteilt ist (septiert), bei den niederen aber einen unseptierten, durchgehenden Schlauch bildet. Lager aus – oft ineinander verflochtenen – Pilzhyphen nennt man Mycelien.

Die ungeschlechtliche Vermehrung erfolgt bei den Wasserbewohnern durch begeißelte Schwärmer oder durch Konidien, das sind von außen her abgeschnürte, behäutete, unbewegliche Sporen.

Die geschlechtliche Fortpflanzung kann durch Isogamie, Anisogamie und Eibefruchtung erfolgen, ja sogar durch Kopulation ganzer Zellen, die nicht mehr als spezifische Geschlechtszellen differenziert sind. Seiten 220 und 350: Viele Gattungen im Wasser lebender Pilze. Hefen, siehe Schema oben, sind Pilze, die sich durch Knospung vermehren. Sie gehören zu den Mycobionta, Chitinpilzen (S. 40).

Unterreich Protozoa (Urtiere, Einzellige Tiere, Einzeller)

Stamm Flagellata (Tierische Flagellaten, Zooflagellaten)

In diesem Stamm werden alle Flagellaten („Geißeltierchen") zusammengefasst, die keine Chloroplasten, keine Speicherstärke und keine Augenflecke besitzen und daher zu keiner Algengruppe gehören. Der Stamm umfasst Arten von sehr unterschiedlicher Organisationshöhe.

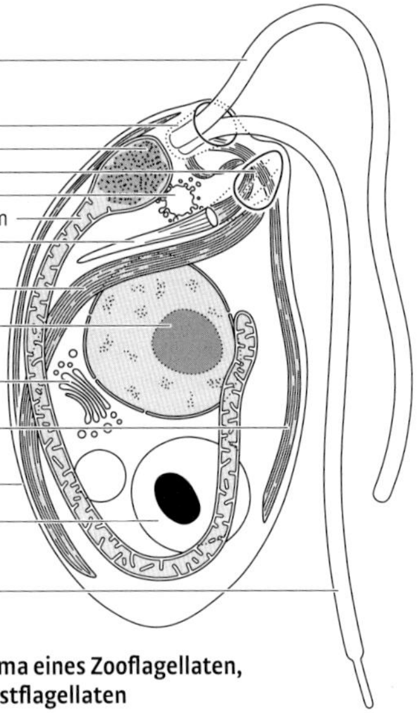

Organisationsschema eines Zooflagellaten, Ordnung Kinetoplastflagellaten

Die meisten freilebenden Zooflagellaten ernähren sich von Bakterien und organischen Stoffen, die beim bakteriellen Abbau entstehen. Vermehrung durch Längsteilung; geschlechtliche Fortpflanzung ist bei Süßwasserflagellaten unbekannt.

Ordnung Choanoflagellata (Kragengeißelflagellaten): Um den unteren Teil der Geißel steht manschettenartig ein zylinder- oder trichterförmiger Kragen. Elektronenmikroskopisch entpuppt sich der Kragen als Reusenapparat aus 30 bis 40 Mikrovilli. Durch die Geißelbewegung wird bei festsitzenden Tieren ein Sog erzeugt, der Wasser von außen her durch die Reusenstäbe zieht. Nahrungsteilchen bleiben an der Außenseite des schleimüberzogenen Kragenapparates hängen, wandern mit dem Schleim zum Kragenansatz und werden hier in die Zelle aufgenommen. Choanoflagellaten schwimmen mit nach hinten gerichteter Geißel. Gattungen hier: *Codosiga*, *Diplosiga*, *Monosiga*, *Phalansterium*, *Protospongia*, *Salpingoeca*, *Sphaeroeca*

Ordnung Amphimonadida (Zweigeißelflagellaten): Zellen mit zwei gleich langen Geißeln. Oft in Kolonien mit gallertartigen Hüllen. Gattungen hier: *Rhipidodendron*, *Spongomonas*.

Ordnung Pseudodendromonadidae (Zipfelflagellaten): Zwei Geißeln; Zellen abgeflacht dreieckig. Gattung: *Pseudodendromonas*.

Ordnung Bicosoecidea (Chitinhausflagellaten): Die gestielten Gehäuse bestehen aus Chitin – im Unterschied zu Kieselsäure-Opal-Gehäusen einiger Choanoflagellaten und Goldalgen. Die nach vorne gerichtete Geißel fängt Bakterien ein; die nach hinten gerichtete feinere Geißel läuft zunächst in einer Körperrinne, dann befestigt sie den Flagellaten im Vasengehäuse. Häufig im marinen Nano-Plankton. Gattung hier: *Bicosoeca*.

Ordnung Kinetoplastida (Kinetoplastflagellaten, „Trypanosomen", „Leishmanien"): Zellen mit einer nach vorne gerichteten Schwimmgeißel und einer nach hinten gestellten Schleppgeißel. Direkt hinter den Basalkörpern der Geißeln liegt ein „Kinetoplast" (Blepharoplast), lichtmikroskopisch als kleines Körperchen erkennbar, in Wahrheit Teil des sehr langen, einzigen Mitochondriums mit großen Mengen eigener DNA im Kinetoplastbereich. Gattungen hier: *Bodo*, *Cercomonas*, *Phyllomitus*.

Ordnung Diplomonadida (Pärchenflagellaten): Lufttolerante Anaerobier ohne Mitochondrien und Dictyosomen. Vergleichbar mit Siamesischen Zwillingen, die am Rücken zusammengewachsen sind: Daher haben die Organismen zwei Zellkerne, zwei Zytostome, acht Geißeln. Parasitische Formen: *Giardia* („Lamblien") in Wirbeltieren; *Octomitus* (*Hexamita*) in Ratten, Mäusen, Truthühnern, Schildkröten, Forellen und Schaben; *Spironucleus* in Diskusfischen. Gattungen hier: *Hexamita*, *Trepomonas*, *Trigonomonas*.

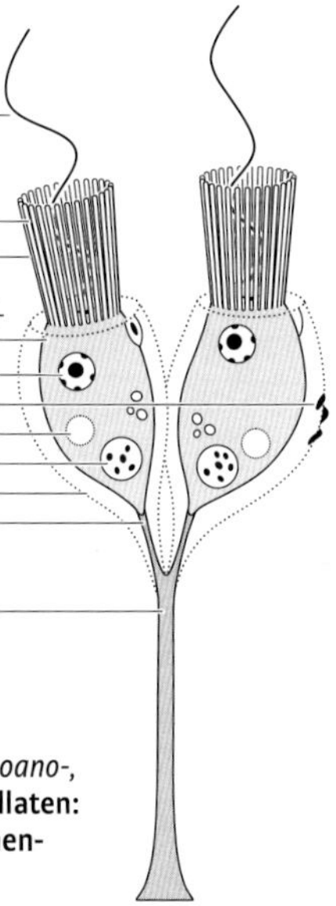

Als Beispiel eines *Choano-*, Kragengeißel-Flagellaten: *Codosiga*, der Stielchen-Flagellat

Die Süßwasser-Zooflagellaten sind durchweg sehr klein. Am besten bestimmt man sie, solange sie noch leben. Zum Beobachten der Geißeln ist Phasenkontrast oder schiefe Beleuchtung nützlich bis erforderlich (S. 26).

Stamm Rhizopoda (Wurzelfüßer, „Amöben")

Die Rhizopoden sind einzellig. Ihre charakteristischen – wenngleich unbeständigen – Organellen sind Pseudopodien oder Scheinfüßchen, das sind bewegliche, vorschiebbare und einschmelzbare Fortsätze des Zellkörpers, die Nahrungsobjekte umfließen sowie ein Kriechen und Stelzen gestatten. Amöben (Nacktamöben), Thekamöben (Schalenamöben), Foraminiferen (Lochtierchen; leben nur im Meer), Heliozoen (Sonnentierchen) und Radiolarien (Strahlentierchen) werden als Rhizopoda zusammengefasst. Nicht mehr üblich ist dagegen die Zusammenfassung von Heliozoen und Radiolarien zu Actinopoda.

Unterklasse Amoebina (Nacktamöben)

Gehäuse- und hüllenlose, „nackte" Zellen, die fortwährend ihre Gestalt verändern (Wechseltierchen!). Die Formen der Pseudopodien, ihre Bildungsweisen und Schubrichtungen sind artspezifisch. Die meisten Nacktamöben bilden unter normalen Bedingungen lappenförmige Pseudopodien aus, sogenannte Lobopodien. Ist das Milieu zu sauer, runden sie sich zu glatten Kugeln ab, ist es zu alkalisch, bilden sie Kugeln mit zahlreichen kurzen Pseudopodien.
Lichtmikroskopisch erkennt man bei Nacktamöben sofort eine Differenzierung des Plasmas in eine äußere, meist schmale, durchscheinende Schicht, das Ektoplasma, und in eine mengenmäßig bei weitem überwiegende, gekörnelte, weniger durchschei-

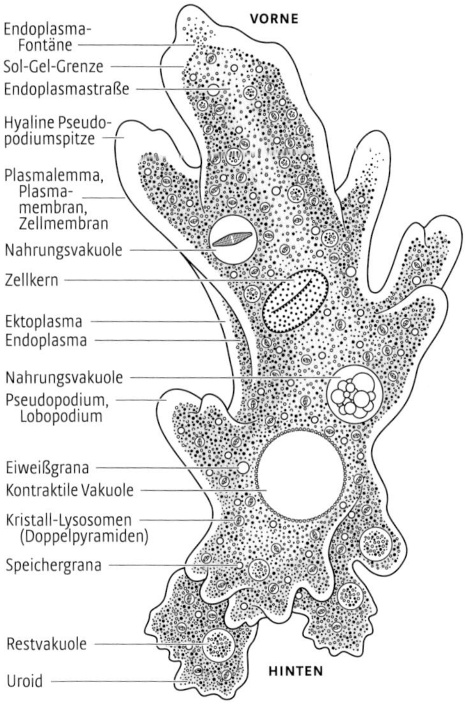

Organellen einer Nacktamöbe; schematisch

nende Schicht, das Endoplasma. Pseudopodien „wachsen" an ihren Spitzen; hier „verflüssigt" sich das Ektoplasma fächerartig und das Endoplasma fließt dann fontänenartig in die Fächer hinein. Die ursprüngliche Ekto-Endoplasma-Grenze wird dabei überspült und jeweils durch eine neue ersetzt.

Die Pseudopodien fließen nicht kontinuierlich, sondern rücken in Schüben vor. Die Pseudopodienbewegung und damit die „amöboide" Bewegung überhaupt beruht auf einem von hinten nach vorne ausgeübten Druck. An der Pseudopodienspitze entfalten sich zuvor gefaltete Kettenmoleküle und lagern sich aneinander; ihre Verbände bedingen die gelartige Konsistenz des Ektoplasmas. Umgekehrt falten sich am runzeligen Hinterende, dem Uroid, die Verbände der Kettenmoleküle, sie ziehen sich zusammen, verringern das Volumen des Uroids und bewirken so den Schub. Zerfallen die Verbände in gefaltete Einzelmoleküle, so wird der solartige Zustand des Endoplasmas erreicht. Die Zytoplasma-Strömung geht immer vom Uroid aus, wie bei jeder sich bewegenden Amöbe unschwer zu sehen ist. Noch nie wurden bis jetzt im Elektronenmikroskop Mikrotubuli als Stütz- oder Bewegungsstrukturen der Pseudopodien beobachtet,.

In der Feinststruktur unterscheiden sich Ekto- und Endoplasma kaum. Die Körnchen im Endoplasma setzen sich aus verschiedenen Anteilen zusammen: 0,25 µm große Körnchen unbekannter Natur; um 1 µm große Mitochondrien; Leucin-Kristalle in Form von Plättchen; Doppelpyramiden-Kristalle aus einem Magnesiumsalz der Aminoessigsäure; bis 15 µm große Speichergranula aus Fetten und Eiweißen; Vakuolen mit fettartigem Inhalt; Fetttröpfchen, Kristalle in kleinen Vakuolen, die aus Nahrungsvakuolen hervorgehen.

Nach außen wird der Amöbenkörper von einer sehr dünnen, nur elektronenmikroskopisch sichtbar zu machenden Membran abgeschlossen (Plasmalemma). Sie ist keineswegs mit der toten, vom Zytoplasma abgeschiedenen Zellwand pflanzlicher Zellen zu vergleichen; sie ist vielmehr ein Bestandteil des lebenden Zytoplasmas und kann in ständiger Wechselwirkung mit dem Zytoplasma lokal leicht eingeschmolzen und wieder neu gebildet werden.

Flüssige Stoffe und Makromoleküle kann die Amöbe durch „Trinken" aufnehmen (Pinocytose). Dabei stülpt sich die Zellmembran an der Spitze eines Pseudopodiums kanalartig ins Innere ein; dieser „Pinocytose-Kanal" verlängert sich und schnürt schließlich an seiner Basis eine Vakuole ab, oder er gliedert sich in viele Einzelbläschen, die dann frei im Zytoplasma schwimmen. Auf diese Weise kann eine Amöbe sich pro Tag

eine Stoffmenge einverleiben, die ihrem eigenen Volumen entspricht. Der Pinocytose-Vorgang ist lichtmikroskopisch ab und zu erkennbar.
Verwickelter ist die Aufnahme größerer Beuteobjekte, die sogenannte Phagocytose. Bewegliche Beutetiere, die zufällig in Kontakt mit einer Amöbe kommen, erscheinen augenblicklich gelähmt. Binnen weniger Sekunden werden sie von zusammenfließenden Pseudopodien überwallt und in einer Höhlung eingekreist. Die noch offene Seite der Höhlung schließt sich dann nach Art einer Irisblende. Gleichzeitig wird die Höhlung in eine der Beute eng anliegende Nahrungsvakuole und eine Resthöhle, die ihren Inhalt nach außen entleert, unterteilt. In der Vakuole erfolgt dann die Verdauung: Das Zytoplasma scheidet Verdauungssäfte in die Vakuole aus und nimmt aus der Vakuole die gelösten Stoffe auf. Unverdauliche Reste werden wieder ausgeschieden.
Die pulsierenden Vakuolen entstehen aus kleinen, zusammenfließenden Bläschen. Bei größeren Amöben sind die Zellkerne polyploid, enthalten also viele (jedenfalls mehr als zwei) Chromosomensätze; *Amoeba proteus* besitzt mindestens 500 Chromosomen. Nacktamöben vermehren sich ausschließlich durch Zweiteilung; eine Teilung dauert 3 Minuten bis 1 Stunde.
Gattungen hier: alle bei Amöben aufgeführten sowie *Mastigamoeba*, *Multicilia*, *Tetramitus*.

Unterklasse Testacea (Schalenamöben)

Schalenamöben leben in einem ungekammerten Gehäuse. Einfache Schalen bestehen aus chitinartigen Gerüsteiweißen, viele Arten verstärken und bedecken die organische Schalensubstanz mit Fremdkörpern oder selbstproduzierten Plättchen aus Kieselsäure.

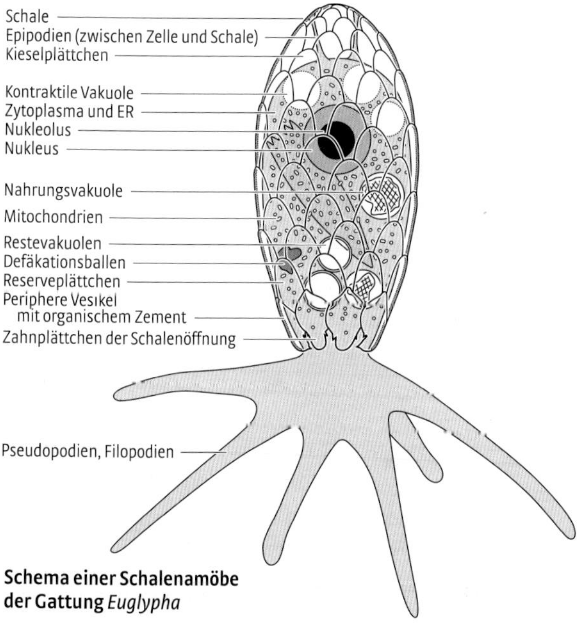

Schema einer Schalenamöbe der Gattung *Euglypha*

Die Pseudopodien sind bei den verschiedenen Arten unterschiedlich gestaltet. Oft entspringen sie auf einem aus der Schalenöffnung herausragenden Pseudopodienkegel. Normale Lobopodien (lappenförmige Scheinfüßchen) besitzen zum Beispiel *Arcella*, *Difflugia* und *Nebela*; ausschließlich aus durchscheinendem Ektoplasma bestehen die Lobopodien von *Cochliopodium*. Die Euglyphiden besitzen Fadenscheinfüßchen, sogenannte Filopodien. Diese Pseudopodienform ist viel schneller in den Bewegungen als andere Pseudopodien; beim Zurückziehen knicken die Fäden in Zickzackmustern zusammen. Retikulopodien sind verzweigte und über Querbrücken vernetzte Pseudopodien, die wie Stellnetze arbeiten.
Das Endoplasma der Schalenamöben ist granuliert oder vakuolisiert; es umschließt die Nahrungsvakuolen, die kontraktilen Vakuolen und den Zellkern. Als Beute dienen Bakterien, Blaualgen, Flagellaten, Diatomeen, Grünalgen, Ciliaten usw.
Dünnschalige Formen teilen sich der Länge nach; bei der Mehrzahl der Arten jedoch tritt ein Teil des Zellkörpers aus der Schalenöffnung heraus und scheidet vor der Trennung der Hälften an seiner Oberfläche ein neues Gehäuse ab. Wenige Schalenamöben leben im Meer, die meisten sind Süßwasserbewohner (selten Planktonten!), Bewohner von Moosen und feuchten Böden. Die sehr dauerhaften leeren Schalen sind fast überall zu finden. Zysten-Bildung in der Schale ist häufig.
Sehr einfach ist es, die Moosformen zu sammeln: Man presst Moosproben über einem Trichter oder Gläschen aus; Daumen der Faust nach unten!

Klasse Heliozoa (Sonnentiere)

Sonnentiere sind ungewöhnlich schöne, durchscheinende Formen des Mikrokosmos. Sie tragen ihren Namen zu Recht: Vom kugeligen Zellkörper aus strahlen und starren nach allen Richtungen lange, feine Scheinfüßchen, die hier als „Axopodien“ bezeichnet werden, da sie durch einen in ihrer Mitte verlaufenden „Achsenfaden“ aus Mikrotubuli verfestigt sind. Die Anordungsmuster der Mikrotubuli auf Querschnitten durch Axopodien sind sonnentierfamilien-spezifisch. Sonnentiere leben überwiegend im Süßwasser.
Das Zytoplasma eines Axopodiums strömt entlang des Achsenfadens auf und ab. Der Achsenfaden kann schnell eingeschmolzen und rasch neu gebildet werden. Die Strömung entlang der Strahlen ist meist gut sichtbar.
Sonnentierchen erbeuten und fressen Flagellaten, Wimpertiere, Rädertiere, Nauplien von Ruderfußkrebsen; einige Arten verzehren auch Zieralgen.
Die Axopodien sind offensichtlich giftig, denn anstoßende kleine Tiere bleiben gelähmt an ihnen hängen. Die Achsenstäbe der betreffenden Axopodien verschwinden dann, und die achsenlosen Strahlen verbreitern und verkürzen sich und umfließen die Beute vollständig. So entsteht eine Nahrungsvakuole, in der Wimpertiere oft erst nach 20 Minuten, Rädertiere sogar erst nach Stunden sterben. Unverdaute Reste werden aus der weit überstehenden, dann platzenden Vakuole entfernt.
Zuweilen verschmelzen mehrere Sonnentierchen-Individuen zu einer Fressgemeinschaft. Solchermaßen vergrößert, können sie sogar Kleinkrebse fangen und verdauen. Danach trennen sich die Partner wieder vollständig.
Sofern das Zytoplasma in zwei Zonen aufgeteilt erscheint, liegen im schaumig erscheinenden Ektoplasma die Nahrungsvakuolen und die pulsierenden Vakuolen, der Kern (oder die Kerne) im Endoplasma.
Einige wenige Formen sind gestielt und festsitzend; die meisten Arten aber schweben frei im Wasser. Sie bevorzugen seichte Gewässer, leben in Algenwatten und in Bodennähe, treiben mit der Strömung und manövrieren rollend auf ihrer jeweiligen Unterlage. Die beiden häufigeren Arten *Actinophrys sol* und *Actinosphaerium eichhorni* sind nackt; alle anderen Formen schützen sich durch Hüllen aus Schleim, in denen zusätz-

lich Sandkörnchen und Diatomeenschalen eingelagert sein können, durch Außenskelette aus Kieselnadeln, durch Hüllen aus chitinösen Nadeln oder durch Gittergehäuse aus Gerüsteiweißen und Kieselsäure. Diese Schutzeinrichtungen erschweren offenkundig den Beutefang. Viele der gepanzerten Formen leben daher in Symbiose mit einzelligen Grünalgen (Zoochlorellen; *Chlorella vulgaris).* Den Überschuss der sich bei Sonneneinstrahlung stark vermehrenden Algenpartner verdauen sie.

Sonnentiere enzystieren sich leicht und häufig: In Schutzzysten überdauern sie ungünstige Umweltverhältnisse; in Verdauungszysten lösen und resorbieren sie die aufgenommene Nahrung; in dickwandigen, gallertigen Mutterzysten laufen die Vorgänge der sexuellen Fortpflanzung ab.

Die ungeschlechtliche Vermehrung erfolgt durch Zweiteilung.

Bei Nahrungsmangel oder sonstigen ungünstigen Bedingungen setzt ein als Autogamie bezeichneter sexueller Fortpflanzungsprozess ein. Die Tiere bilden zunächst Mutterzysten, in denen das Plasma undurchsichtig dunkel wird und die meisten Kerne sich auflösen. Darauf strecken sich Zystenwand und Inhalt, einkernige Tochterkugeln (Gamonten) werden vom Plasmaleib abgeschnürt, und diese Gamonten bilden zarte eigene Hüllen aus. Jeder Gamont teilt sich darauf wiederum in zwei Tochterzellen, und diese Tochterzellen werden durch Reduktionsteilungen zu haploiden Gameten. Die Gameten verschmelzen paarweise zu diploiden, einkernigen Zygoten. Die Zygoten scheiden eine derbe Membran und eine Kieselhülle ab, werden durch mehrfache Kernteilungen vielkernig und keimen nach einer Ruhepause zu einem Sonnentier aus.

Man kann Sonnentiere in einer Mischung aus Leitungs- und Teichwasser (bei pH 7) oder in 5 %iger Erdabkochung (S. 18) halten. Sie werden mit größeren Ciliaten (zum Beispiel aus Aufgüssen) gefüttert. Die Tiere sind wöchentlich in frisches Medium umzusetzen, damit sie sich nicht enzystieren.

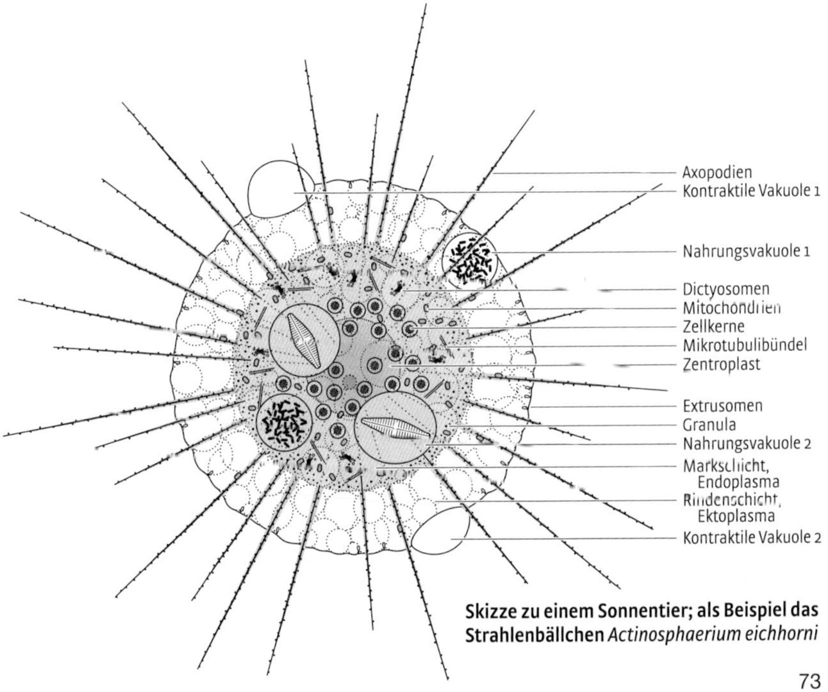

Skizze zu einem Sonnentier; als Beispiel das Strahlenbällchen ***Actinosphaerium eichhorni***

Stamm Ciliata (Wimpertiere)

Im Süßwasser, in Moosrasen und im Meer leben Wimpertiere in großer Zahl und in verwirrender Artenfülle. Dagegen spielen sie als Parasiten und Symbionten nur eine geringe Rolle. Die freilebenden Formen ernähren sich von Bakterien, Flagellaten, Algen, anderen Wimpertieren, Rädertieren, Stärkekörnchen, Fetttropfen. Sie spielen eine gewisse Rolle bei den Mineralisierungsvorgängen im Wasser.
Wimpertiere sind die höchstorganisierten Einzeller. Die Formenmannigfaltigkeit der Ciliaten ist so groß, der Zellbau der Arten so verschieden und kompliziert, Verhaltensweisen und Lebenszyklen sind so unterschiedlich, dass wir hier nur eine ganz grobe Übersicht geben können.
Die Wimpern (Cilien). Die ursprüngliche Wimperausstattung der Ciliaten ist ein vollständiges Wimperkleid um den ganzen Zellkörper. Schwimmgürtel und Tastborsten sind das Ergebnis einer teilweisen Reduktion des Wimperkleides. Werden ganze Wimpergruppen zu Funktionseinheiten umgestaltet, so resultieren die undulierenden Membranen, die Membranellen der adoralen Membranellenzonen und die Zirren (siehe unten).
Die Körpercilien stehen in Längsreihen; jede Längsreihe ist durch Erhebungen der Pellikula in sechs- oder viereckige Einheiten, die Wimperfelder, gegliedert. Eine Wimper oder ein Wimperpaar beginnen je im Zentrum eines Wimperfeldes. Jedes Wimperfeld verdoppelt im Bedarfsfall seine Bauelemente und seine Cilien selbstständig; neue Teile entstehen immer vor den älteren. Elektronenmikroskopische Schnitte zeigen, dass unter jedem Wimperfeld zwei kleine Säckchen liegen, die an der Basis einer Cilie aufeinander stoßen. Die Wände dieser Säckchen, Alveolen, und die darüberliegende Außenmembran bilden zusammen die Pellikula, die feste äußere Plasmaschicht der Ciliaten. Die Wimpern zeigen elektronenmikroskopisch denselben Bau wie alle Geißeln und Wimpern aller Pflanzen und Tiere: Sie bestehen aus zwei zentralen Mikrotubuli-Röhrchen und neun peripher angeordneten Röhrchenpaaren aus je 13+9 Tubulinfilamenten. Die Röhrchen werden insgesamt von Hüllen umschlossen. Die beiden zentralen Röhrchen enden in Höhe der Pellikula, die neun peripheren Paare ziehen weiter durch das Rindenplasma, verschmelzen hier miteinander und bilden die Wand des „Kinetosoms“, eines Körperchens, das auch lichtmikroskopisch als „Basalkorn“ an der Basis jeder Cilie gut erkennbar ist. Die Hülle der Wimpern ist die Fortsetzung der äußeren Pellikulamembran.
Die Wimpern schlagen schnell entgegen der Schwimmrichtung der Zelle und richten sich langsam – in der doppelten bis sechsfachen Zeit – wieder auf. Während des Vor- und Rückschlages führen die Cilien Kreiselbewegungen aus; beim Rückschlag schmiegen sie sich zunächst der Zelloberfläche an. Ein Phänomen, das jedem Mikroskopiker auffällt, ist die Koordination des Wimperschlages, die zum Beispiel einem Pantoffeltierchen ermöglicht, vorwärts, rückwärts, in Bögen und mit unterschiedlichen Geschwindigkeiten zu schwimmen. Dabei laufen Wellenmuster über den Körper hinweg, die mit Phasenverschiebungen der Schlagfolge von Cilie zu Cilie zusammenhängen. Die Richtungen der Wellenfronten sind dabei in weiten Grenzen variabel; sie haben nichts mit den Cilienlängsreihen und den Mustern der Bewimperung zu tun. Isolierte Cilien schlagen autonom.
Schutzorganellen. Zwischen den Wimperfeldern sitzen bei vielen Ciliaten Organellen, die in Bläschen (Vesikeln, Lysosomen) des Zytoplasmas entstehen und an der Pellikula verankert werden. Am bekanntesten sind die Trichocysten: langgestreckte Gebilde mit einem zigarrenförmigen Geschossteil, einer aufgesetzten Spitze und einer Art Schutzkappe über dem spitzen Teil. Auf entsprechende Reize hin quellen die um 3 µm langen Gebilde in Millisekunden zu 30 µm langen Fäden auf. Es entstehen ganze Pelze aus „explodierten“ Trichocysten um ein Tier herum. Dies ist wohl als Schutzeinrichtung zu deuten. Die Trichiten oder „Toxicysten“ der Unterordnung Gymnostomata enthalten in Röhren zum Teil ausstülpbare, zum Teil teleskopartig ausfahrbare Giftfäden. Die „Mucocystensäckchen“ bei *Colpidium* und *Tetrahymena* stoßen einen Schutzschleim aus.

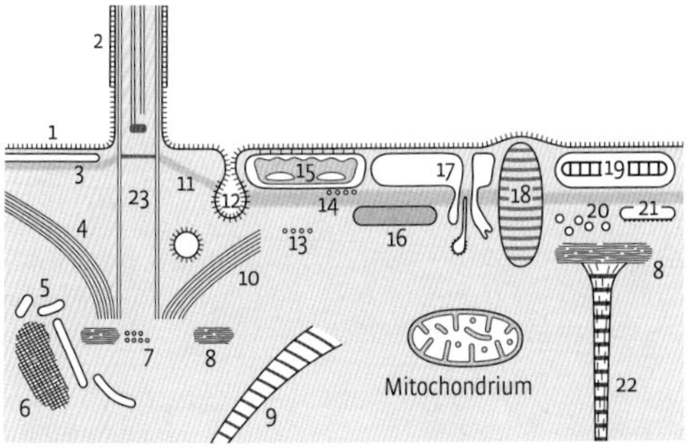

1 Plasmamembran
2 Perilemma
3 Alveolarsäckchen
4 Wimpernwurzel(-Mikrotubuli)
5 ER-Zisternen
6 Myoneme
7 Mikrotubuli unter der Wimper
8 Fasernschicht
9 Kinetodesmata; quergestreifte Fasern
10 Quer-Mikrotubuli
11 Epiplasma; Pellikulateil
12 Endo-, Exocytose-Säckchen
13 Längsziehende Mikrotubuli I
14 Längsziehende Mikrotubuli II
15 Säckchen-Kalkplättchen
16 Polysaccharidplättchen
17 Alveolarzyste
18 Extrusom, Trichocyste
19 Alveolar-Glykoproteinplättchen
20 Vesikel
21 Zisterne des Rauen ER
22 Bündel quergestreifter Fasern
23 Kinetosom

Wimpertiere: Schema der Außenschicht-, Cortex-Strukturen

Teilung. Querteilungen der Tiere ergeben ein vorderes und ein hinteres Tochterindividuum, die sich genau entsprechen und nicht – wie bei den Flagellaten – Spiegelbilder voneinander sind. Das hintere Tochtertier bildet einen eigenen Mundapparat aus, das vordere ebenfalls, oder es übernimmt den Mundapparat des Muttertieres.
Zellkerne. Die meisten Ciliaten haben zwei Zellkerne: einen Großkern (Makronukleus) und einen Kleinkern (Mikronukleus). Der Großkern ist groß, kompakt, schnürt sich bei Teilungen nur durch, teilt sich aber nicht mitotisch. Er steuert die Lebensfunktionen, bestimmt das Erscheinungsbild – den Phänotypus – der Zelle, spielt aber bei sexuellen Prozessen keine Rolle und verschwindet bei der sogenannten Konjugation. Der Kleinkern dagegen ist so klein, dass er am ungefärbten Tier schwer zu entdecken ist. Er teilt sich mitotisch, spielt bei den Sexualvorgängen die entscheidende Rolle, hat aber auf das Leben der vegetativen Zelle keinen oder nur sehr geringen Einfluss.
Konjugation und Autogamie. Die Sexualvorgänge laufen bei Ciliaten meist in Form der sogenannten Konjugation ab. Äußerlich meist gleiche, sexuell aber verschiedene Partner legen sich in ganzer Länge – Mundseite an Mundseite – aneinander und verschmelzen in einem Bezirk nahe des Mundes. Paare des Pantoffeltierchens *Paramecium caudatum* bleiben zum Beispiel 12 bis 15 Stunden vereint. Während dieser Zeit zerfällt in beiden Partnern der Großkern. Die Kleinkerne schwellen von 3 auf etwa 20 µm an und teilen sich in zwei Teilungsschritten unter Reduktion der Chromosomenzahl in vier haploide Kerne. Von diesen vier Kernen degenerieren drei; eine weitere Teilung des vierten Kernes liefert zwei Gametenkerne, von denen einer als stationärer (weiblicher) Kern in der Mutterzelle liegen bleibt, wogegen der andere als Wanderkern (männlicher Kern) über die Konjugationsbrücke ins Plasma des Partners einwandert. So werden über Kreuz die beiden männlichen Kerne ausgetauscht. In beiden Partnern vereinigen sich dann der Wanderkern und der Stationärkern zum diploiden Zygotenkern. Anschließend trennen sich die Partner voneinander.
Aus dem Zygotenkern entstehen nun 8 diploide Kerne, die folgendes Schicksal haben: Drei gehen zugrunde, einer wird zum neuen Kleinkern (Mikronukleus), vier werden zu

Anlagen neuer Großkerne (Makronuklei). In den folgenden beiden Teilungen des Tieres (bei denen insgesamt vier Tochtertiere entstehen) werden diese vier Großkernanlagen auf die vier Tochter- (bzw. Enkel-)Tiere verteilt. Die Großkernanlagen wachsen dann unter Polyploidisierung (Vermehrung der Chromosomensätze) zu neuen Großkernen heran.
30–50 % der aus der Konjugation hervorgehenden Tiere gehen zugrunde; der Rest teilt sich für einige Zeit sehr lebhaft.
Der hier beschriebene Ablauf der Konjugation gilt für *Paramecium caudatum.* Die Vorgänge sind bei verschiedenen Arten mannigfaltig abgewandelt.
Noch wenig bekannt sind die Prozesse der so genannten Autogamie. Bei ungünstigen Bedingungen können in einem Tier auch ohne Partner wie bei der Konjugation zwei haploide Kerne gebildet werden. Diese Kerne vereinigen sich wieder, und der neuentstandene diploide Kern verhält sich nun wie ein Zygotenkern nach der Konjugation.
Nahrung. Die aufgenommenen Nahrungsteilchen werden in Nahrungsvakuolen verdaut. Das sind flüssigkeitserfüllte Bläschen, die im Zytoplasma wandern und in denen die Nahrungsteilchen eingeschlossen sind. Über die Wand der Nahrungsvakuole schleust das Zytoplasma der Wimpertiere in Vesikeln Verdauungssäfte ab, die die Beute zunächst abtöten und sie dann mittels ähnlicher Enzyme zerlegen, wie sie auch im Magen-Darm-Kanal der höheren Tiere und des Menschen vorkommen. Die gelösten Nahrungsbestandteile werden durch die Vakuolenwand resorbiert, Unverdauliches wird dadurch entfernt, dass der Vakuoleninhalt nach Abschluss des Verdauungsprozesses wieder aus dem Zellleib ausgestoßen wird (meist an einer vorgebildeten Stelle, dem Zellafter).
Bei Schlingern und Räubern wird die von dem erweiterungsfähigen Zellmund (Cytostom) aufgenommene Beute sogleich in eine Nahrungsvakuole eingeschlossen (Farbfotos I, 6, 7). Bei den Strudlern bildet sich am Zellmund aus Material der Mundoberfläche zunächst eine Empfangsvakuole. Hat sie einen bestimmten Füllungsgrad erreicht, löst sie sich als Nahrungsvakuole vom Cytostom ab.
Pulsierende Vakuolen. Im Gegensatz zu den Nahrungsvakuolen sind pulsierende Vakuolen konstante Zellorganelle. Sie ziehen sich in regelmäßigen (von Temperatur und Salzgehalt des umgebenden Mediums abhängigen) Abständen zusammen und dehnen sich wieder aus. Diese pulsierenden Vakuolen sind Pumpen, die überschüssiges Wasser – das ständig von außen eindringt, da das Zytoplasma einen höheren osmotischen Wert hat als das umgebende Wasser – sowie die flüssigen Abfallstoffe (Exkrete) aus der Zelle hinauspumpen. Besondere Zuführkanäle zu diesen Vakuolen werden zum Beispiel bei Pantoffeltieren sichtbar, nachdem sich das Bläschen kontrahiert hat.
Hinweise zur Beobachtung der Wimpertiere. Alle freilebenden Wimpertiere sind sehr flink – die mikroskopische Beobachtung wird dadurch sehr erschwert. Vielfach wird als Abhilfe empfohlen, die Tiere in einem sehr zähflüssigen Medium zu beobachten. Die Bewegungen werden dadurch stark verlangsamt, laufen allerdings nicht mehr unbedingt natürlich ab. Als bestes zähflüssiges, schleimiges Medium hat sich wasserlösliche Methylzellulose erwiesen. Methylzellulose wird vielfach als Kleister verwendet; sie ist daher billig in Drogerien und Farbengeschäften zu bekommen. (Beispiel für einen Handelsnamen: Glutolin-Leim.)
Die Bewegungshemmung durch zähflüssige Medien verändert die Bewegungen unter Umständen doch stark. Eleganter ist die folgende Methode:
Aus der klein bemessenen Wasserprobe auf dem Objektträger entfernt man alle gröberen und harten Teilchen. Nach Auflegen eines Deckglases wartet man unter ständiger Kontrolle, bis am Deckglasrand so viel Wasser verdunstet ist, dass die Tiere gerade zwischen Objektträger und Deckglas festgeklemmt werden oder sich am Rand entstehender Luftblasen ansammeln. Mit einiger Übung kann man auch mittels Zellstoffwatte gerade so viel Wasser am Deckglasrand absaugen, dass die Tiere festgelegt werden. Dabei ist aber die Gefahr groß, dass die Tiere zu stark gequetscht werden und platzen. Die natürliche Gestalt und die Art der Bewegungen müssen vorher mit schwachem Objektiv ohne Deckglas beobachtet werden.

Ideal verlangsamt wird der Cilienschlag in stark verdünnter Substral-Lösung (Pflanzennahrung flüssig; Blumenläden, Gärtnereibedarf): Die Magnesium-Ionen des Substrals besetzen Calciumorte und inaktivieren ohne jegliche Schäden den Cilienschlag.
Man kann die Wimpertiere auch in möglichst lebensähnlicher Gestalt fixieren. Dazu gibt man in ein kleines Schälchen (Petrischälchen) Formol. Der Objektträger mit der Probe wird rasch umgedreht, sodass der Tropfen nach unten hängt, und über das Schälchen gelegt. Die Dämpfe fixieren die Tiere. Getötete Tiere sind zwar bequem zu beobachten, da sie sich aber zusammenziehen und da die Cilien nicht mehr schlagen, sind die Organelle schwieriger zu beurteilen. Lebende Tiere sind zur Beobachtung und zum Fotografieren den Leichen bei Weitem vorzuziehen!

Klasse Holotricha (Schlinger, Räuber, Strudler)

Die Wimpern sind meist gleichförmig über den ganzen Körper verteilt; um den Zellmund stehen keine auffälligen Cilien. Gattungen: *Bursellopsis* bis *Pleuronema*.

Zu den Gattungen *Tetrahymena* bis *Pleuronema* (Hymenostomata): Mundhöhle am Bauch. Bewimperung um den Zellmund unterscheidet sich scharf vom Wimperkleid des Körpers. Rechte Seite der Mundhöhle mit einer undulierenden Membran (bei der eine Reihe sehr eng stehender Cilien mehr oder minder dauerhaft zu einem Häutchen verbunden ist). Linke Seite mit drei Membranellen. Membranellen bestehen aus zwei oder drei Cilienreihen, die zusammenarbeiten und wie ein Paddel schlagen (Farbfotos I, 8). Der Zusammenhalt der Cilien in den Paddeln ist ungeklärt.

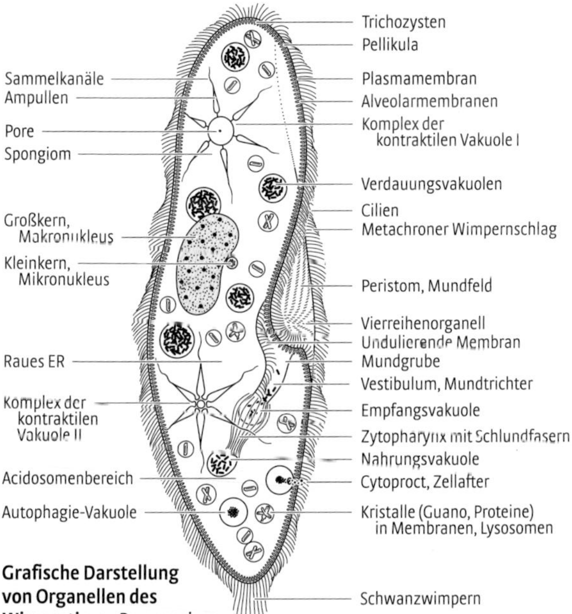

Grafische Darstellung von Organellen des Wimpertieres *Paramecium*

Klasse Peritricha (Glockentiere)

Der für die Nahrungsaufnahme differenzierte Bezirk am Vorderende des Zellkörpers ist zu einem scheibenförmigen Feld, dem Peristom, erweitert. Eine äußere Wimpernreihe umrundet spiralig und linksgewunden das Peristom; sie läuft in den Trichter der Mundbucht hinein, und ihre Wimpern verkleben vor dem Cytostom (Zellmund) zu einer undulierenden Membran. Die innere, „adorale" (zum Munde hinführende) Wimpernspirale führt ebenfalls in den tiefen Mundtrichter und formiert sich vor dem Schlund zu drei Membranellen. Herbeigestrudelte Nahrung sammelt sich, ehe sie in eine Nahrungsvakuole gelangt, am Grunde des Trichters. Teilchen, die nicht in die Nahrungsvakuole aufgenommen werden, schleudert der Cilienschlag aus dem Trichter hinaus. Die Wasserwirbel, die der Cilienschlag eines festsitzenden Glockentiers erzeugt, lassen sich gut beobachten, wenn man dem Präparat eine Spur Tusche zusetzt.
Die Körperbewimperung ist reduziert, meist ganz unterdrückt. Festsitzende Formen lösen sich oft von ihren Stielen ab; zuvor bilden sie einen hinteren Schwimmgürtel aus schief sitzenden Membranellen (S. 260 oben). Solche Schwimmkränze bilden einerseits „wanderlustige" Tiere aus, andererseits je eine der beiden durch Längsteilung entstehenden Tochterzellen. Die Schwimmkränze werden mit der Stielbildung wieder eingeschmolzen. Ein System kontraktiler (zusammenziehbarer) Fäden, sogenannter Myoneme, erlaubt Gestaltveränderungen sowie ein rasches Einziehen des Peristomfeldes.
Der Großkern ist oft lang-wurstartig. Die pulsierende Vakuole mündet in den Mundtrichter. Am Hinterende findet sich die Scopula, ein umfunktioniertes Cilienfeld als Organell ohne Wimpern, das den elastischen, von submikroskopischen Tubuli durchzogenen Stiel abscheidet. Sind die Stiele zusammenziehbar, so enthalten sie als Fortsetzung des Körpers einen „Stielmuskel"; die Scheide des „Muskels" ist eine röhren-

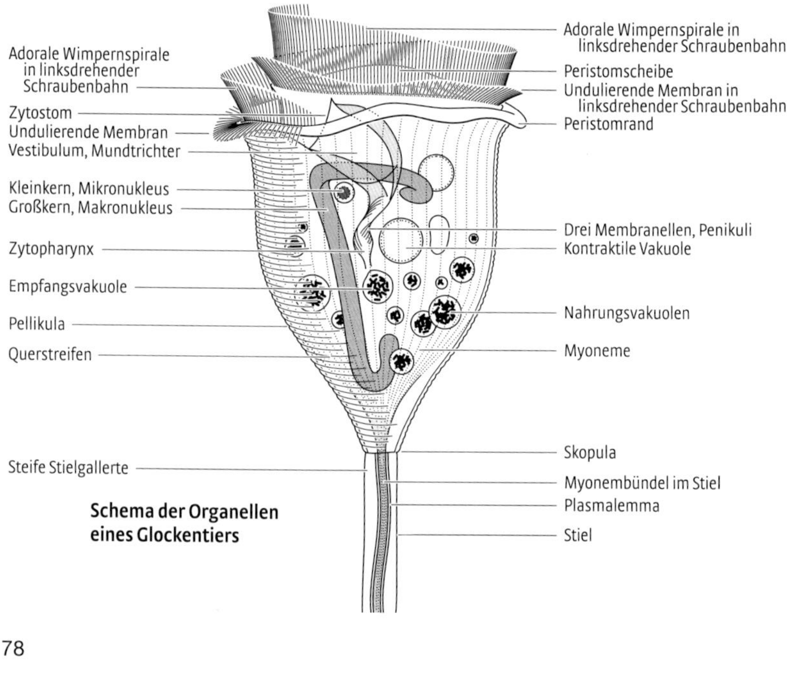

Schema der Organellen eines Glockentiers

förmige Verlängerung der Zellpellikula, in der feine kontraktile Fibrillen als Myoneme von der Anheftungsstelle weit in den Körper hineinziehen.

Ordnung Sessilida: Alle festsitzenden Formen. Bakterienfresser. Gattungen: *Astylozoon* bis *Lagenophrys* (*Astylozoon* und *Hastatella* sind sekundär freischwimmend). Die meisten peritrichen Wimpertiere gehören zu dieser Ordnung.

Ordnung Mobilida: Freischwimmende Aufsitzer und Außenparasiten. Gegenüber dem Peristomfeld ein hochentwickeltes Haft- und Bewegungsorganell. Gattungen: *Urceolaria*, *Trichodina.*

Klasse Spirotricha (Membranellentiere)

Das adorale Membranellenband führt in rechtsdrehenden Windungen zum Zellmund, erzeugt zum Zellmund hin gerichtete Nahrungsströme und spielt eine Rolle bei den Schwimmbewegungen (Farbfotos I, 8).

Ordnung Heterotrichia: Körper gleichförmig und komplett bewimpert, Tiere im Querschnitt rund. Gattungen hier: *Metopus* bis *Folliculina.*

Ordnung Oligotrichia: Kleine Tiere mit relativ mächtigen Membranellen und reduziertem Wimperkleid. Gattungen hier: *Strombidium* bis *Codonella.*

Ordnung Stichotrichia: Zumeist abgeflachte Tiere mit vielen Zirren in Längsreihen. Mundapparat auf der linken Seite des Vorderkörpers. Gattungen hier: *Strongylidium* bis *Stylonychia*.

Ordnung Hypotrichia: Abgeflachte Tiere mit Tastborsten auf dem Rücken und mit „Zirren" auf der Bauchseite. Die Zirren sind Komplexe aus zahlreichen Cilien, die wie die Membranellen gebaut sind und am Ende in eine Spitze auslaufen. Im Querschnitt erscheinen die Zirren rund. Mit den Zirren rennen die Tiere hastig auf Oberflächen umher, schwimmen aber andererseits auch sehr elegant. Das adorale Membranellenband unterstützt die Schwimmbewegungen; es zieht um das Vorderende herum und läuft im Bogen auf dem Bauch zum Zellmund im hinteren Körperteil. Die Koordinierung der Zirrentätigkeit einerseits und die unabhängigen Bewegungen einzelner Zirren andererseits ermöglichen fein abgestufte Lauf-, Such-, Steuer-, Tast- und Fluchtbewegungen. Gattungen hier: *Euplotes*, *Aspidisca.*

Ordnung Odontostomatida: Tiere seitlich stark abgeflacht, dornenbewehrt, asymmetrisch. Ausschließlich im Faulschlamm. Ektoplasmatische Pellikula-Platten bilden einen Panzer. 8 adorale Membranellen schlagen in einer Grube; die langen, dicken Cilien stehen in Gruppen zusammen. Gattungen hier: *Pelodinium* bis Dis*comorpha.*

Ordnung Chonotricha (Trichtertiere): Festsitzende Wimpertiere; Aufsitzer auf den Kiemenplättchen von Bachflohkrebsen. Vorne ein wendeltreppenartiger Kragen mit Cilienreihen im Inneren. Erwachsen ohne Körpercilien. Gattung hier: *Spirochona*.

Saugtentakel eines Suktors; schematisch

1. Suktor (weiß)
2. Beute (grau)
3. Alveolarsäckchen
4. Außenrohr des Tentakels: die Pellikula
5. Innenrohr des Tentakels: aus Mikrotubuli
6. Haptozysten: Vorderteil
7. Haptozysten: Mittelkragen
8. Haptozysten: Hintere Ampulle
9. Köpfchenmembran
10. Nahrungsvakuole
11. Granula für Membranennachschub
12. Membran des Nahrungsschlauches
13. Kontakt Räuber/Beute
14. Dickerwerden des Tentakels

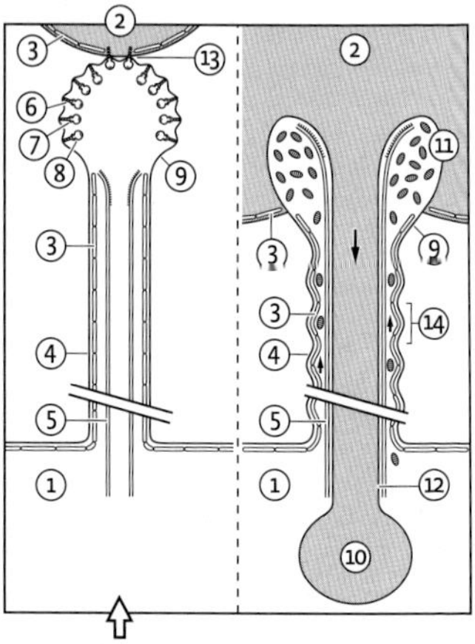

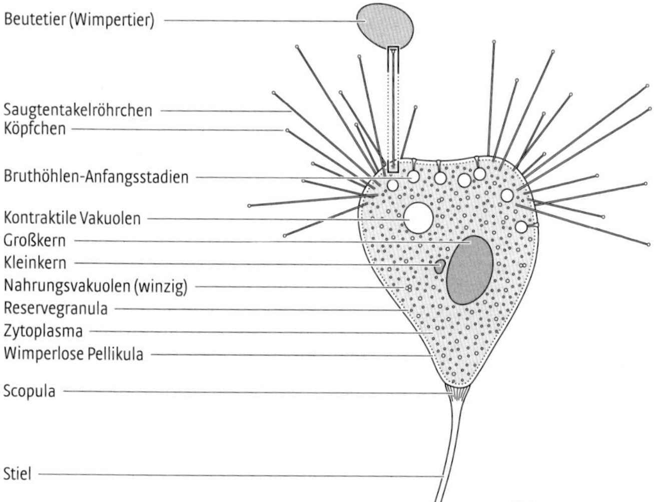

Suktor; schematisch

Klasse Suctoria (Sauginfusorien)

Die Suktorien sind räuberische Wegelagerer, die eine unverwechselbare Gruppe der Einzeller, speziell der Wimpertiere, bilden. Erwachsene Tiere haben keine Wimpern mehr; völlig reduziert und spurlos verschwunden ist auch der Mundapparat. Er wird durch neue, zum Beutefang geeignete Organellen, die Saugtentakel ersetzt. Die Saugtentakel sind entweder in Bündeln gruppiert oder über den ganzen Zellleib verstreut, einfach oder verzweigt. Sie fangen die Beute – meist Wimpertiere – und saugen sie zugleich aus.
Die Tentakel enden in kugeligen Knöpfchen, in denen um 0,4 µm große, raffiniert gebaute „Haptozysten" liegen. Berührt ein Beutetier ein solches Knöpfchen, bleibt es daran hängen, da sich die Haptozysten in seiner Pellikula verankern. Fluchtbewegungen

bringen das Beutetier dann mit weiteren Knöpfchen in Berührung. Über die Kontaktstellen ergießt das Suktor dann saure Sekrete und Stoffe, die den Wimperschlag lähmen, in das Innere des festgehefteten Opfers. Die am Fang beteiligten Tentakel verkürzen sich, werden dicker, und die Hüllpellikula der Tentakeln legt sich in Ringfalten. Beim Aussaugen strömt das gesamte Endoplasma des Opfers samt allen Zellorganellen mit erheblicher Geschwindigkeit tief in den Leib des Sauginfusors hinein. Am Ende dieses Nahrungsstromes schnüren sich Nahrungsvakuolen ab. Spätestens nach einer halben Stunde ist der Saugvorgang abgeschlossen; von der Beute bleibt nur die zerknitterte ektoplasmatische Hülle übrig.
Noch offen ist es, wie die Saugkraft der Suktorien zustande kommt.
Soweit die Suktorien einen Stiel ausbilden, ist er nie zusammenziehbar. Die Larven scheiden die Stiele innerhalb weniger Minuten bis Stunden ab. Viele Suktorien leben in einem Gehäuse.
Die Vermehrung erfolgt durch Knospung. Es entstehen Schwärmlarven, die nicht ganz vollständig bewimpert sind – neben den Kernverhältnissen ein weiterer Hinweis auf die Ciliatennatur der Sauginfusorien (Farbfotos I, 9). Die Larven entstehen einzeln oder zu mehreren entweder innerhalb der Mutterzelle (endogene Knospung) oder sie werden nach außen abgeschnürt (exogene Knospung).
Zur Zucht verwendet man niedrige Schälchen mit Leitungswasser. Gefüttert wird mit Wimpertieren aus Aufgüssen und Glockentierchen aus einer Kläranlage. Als günstiges Substrat lässt man Seidenfäserchen auf der Wasseroberfläche schwimmen. Nach ein bis zwei Wochen haben sich die Larven auf den Fasern angesiedelt und entwickelt.
Bei der Konjugation benachbarter Individuen werden die Wanderkerne ausgetauscht, die Partner trennen sich anschließend.
Außer den hier abgebildeten und beschriebenen Suktorien leben im Süßwasser fast 40 *Discophrya*-Arten, die zum größten Teil an ganz bestimmte Tragtiere – Wasserkäfer und Wasserwanzen vor allem – gebunden sind. An ihnen heften sie sich wiederum an besonderen Körperstellen fest. Gattungen hier: *Acineta* bis *Metacineta*.

Stamm Porifera (Schwämme)

Familie Spongillidae (Süßwasserschwämme)

In unseren Gewässern leben nur sechs Schwammarten – ein kümmerlicher Abglanz der Formen- und Farbenfülle mariner Schwämme mit 5000 Arten.
Die Süßwasserschwämme eignen sich hervorragend dazu, in einem Lebendpräparat die ganze Organisation, die Feinstruktur und die Zelltypen eines Schwammes zu studieren:
Die Süßwasserschwämme bilden im Freien im Herbst, im Aquarium unter verschlechterten Lebensbedingungen, Dauerstadien, sogenannte Gemmulae aus. Diese senfkorngroßen Gebilde können im Kühlschrank beliebig lange aufbewahrt werden. Bei normalen Temperaturen keimen sie aus.
Ein Tropfen Gemmulae-haltiges Wasser wird auf einen Objektträger gebracht und mit dem Deckglas bedeckt. Das Präparat wird in einer feuchten Kammer aufbewahrt. An den Deckglasrand gerollte Gemmulae keimen aus; und da sich die Zellen der Schwammaußenlage, die sogenannten Pinozyten, gerne auf Flächen bewegen, breitet sich ein Teil des entstehenden Jungschwammes als lebendes Flachpräparat unter dem Deckglas aus.
Schwämme besitzen keine eigentlichen Organe; es sind, zum Teil sehr wohlgestaltete, Aggregate aus einigen Zelltypen. Von Skelettnadeln gestützt, bilden die Zellen ein weit verzweigtes und gekammertes Hohlraumsystem, das an der Oberfläche mit Poren beginnt und in weiten Kanälen, den nach außen führenden Oscula, endet. Den

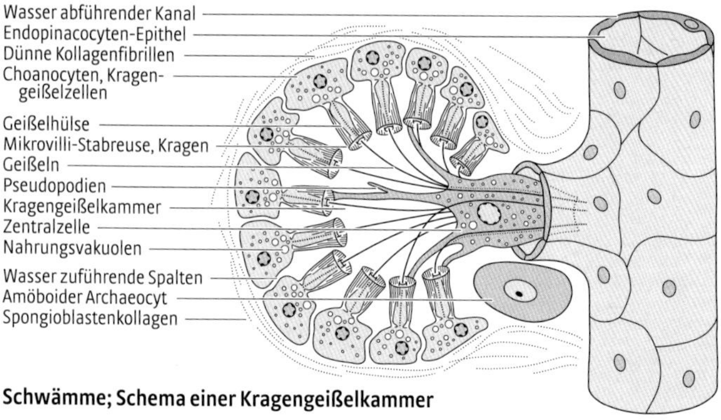

Schwämme; Schema einer Kragengeißelkammer

Abschluss des Schwammes nach außen bildet das Dermallager (Hautschicht), unter ihm breitet sich ein Subdermalraum aus.
Die Zelltypen des Schwammkörpers: „Urzellen“, Stammform aller Schwammzellen, sogenannte Archaeozyten, sind die Ausgangsformen, aus denen sich alle weiteren Zellelemente differenzieren. Sie enthalten Dotterschollen. Abgeflachte Plattenzellen (Pinozyten) bilden regelrechte Innen- und Außen-Epithelien. Myozyten, Collenzyten, „Muskelzellen“, besitzen zusammenziehbare Fasern. Im Dermallager entstehen amöboid bewegliche Eier, die andere Zellen fressen. Bewegliche Amöbozyten transportieren Spermien zu den Eiern. Skelettbildungszellen (Skleroblasten) bilden einzeln oder in Verbänden um eine Achse aus Gerüsteiweißen in ihrem Zellinneren die Stützelemente des Schwammkörpers: Kalknadeln bei den Kalkschwämmen, Kieselsäurenadeln bei der Mehrzahl der Meeresschwämme und bei allen Süßwasserarten, Fasernetze aus elastischem Spongin bei den Netzfaserschwämmen (Spongin ist ein spezifisches Gerüsteiweiß der Schwämme). Die Netzfaserschwämme verkitten ihre Kieselnadeln mit Spongin. Lophozyten bilden dicke, Spongioblasten dünne Kollagenfibrillen.
Wichtiges Schwammelement sind die Choanozyten, die Kragengeißelzellen, die ebenso gebaut sind und ganz genauso arbeiten wie die schon beschriebenen Choanoflagellaten (S. 68, 69).
Besondere Geißelkammern werden von kugeligen Gruppen aus Choanozyten gebildet. Kanäle, die bis in kapillare Systeme aufzweigen, verbinden jede Geißelkammer mit dem Wasser der Außenwelt. Durch winzige Lücken strömt das Wasser – von den Geißeln der Choanozyten getrieben – in die Geißelkammern und von hier in die ausführenden Kanäle, an denen die Kammern sitzen. Der durch den Schwammkörper ziehende Wasserstrom dient der Atmung, entfernt Abfallstoffe, trägt die Geschlechtsprodukte nach außen und bringt als Nahrung Bakterien, Einzeller, schwebende Kleinalgen und gelöste organische Stoffe an die Krägen der Choanozyten heran. Einen Teil der Nahrung verdauen die Choanozyten selbst, Amöbozyten nehmen das Übrige von den Krägen ab und besorgen die Verteilung im ganzen Schwamm. All diese Zelltypen und ihre Tätigkeiten können wir in dem beschriebenen Jungschwamm-Flachpräparat beobachten. Die Gemmulae selbst entstehen in Massen als senfkorngroße Kügelchen vor dem Absterben eines Schwammes. In derben Sponginhüllen beherbergen sie Archaeozyten, die im Freien ab April Nadeln und Geißelkammern ausbilden. Später kriecht der Inhalt, Zelle für Zelle, durch einen Porus aus. Die leeren Hüllen werden von neuem, funktionstüchtigem Zellmaterial überwachsen. Eine ganz untergeordnete Rolle spielt die geschlechtliche Fortpflanzung: Süßwasserschwämme sind getrenntgeschlechtlich. Aus den Eiern entstehen im Frühjahr kurzlebige, dicht begeißelte

Schwimmlarven, die sich festsetzen. Aus ihnen gehen winzige Schwämmchen hervor, die kaum einmal Gemmulae ausbilden.
Gattungen hier: *Spongilla* bis *Heteromeyenia*.

Stamm Cnidaria (Nesseltiere)

Klasse Hydrozoa (Hydropolypen und Hydromedusen)

Die Nesseltiere bestehen aus nur zwei Zellschichten, zwischen die – als Abscheidungsprodukt der Zellen – eine Stützlamelle eingeschoben ist. Die äußere Zellschicht der Tiere nennt man Ektoderm, die innere Entoderm; die gallertige Stützlamelle kann mikroskopisch dünn sein, aber auch mächtig aufquellen. Bei den Quallen zum Beispiel bildet sie als „Mesogloea" die Hauptmasse des Körpers.
Im „typischen" Fall wechseln Polypen- und Medusengenerationen miteinander ab. Die Meduse ist die Geschlechtsgeneration, der Polyp die ungeschlechtliche.

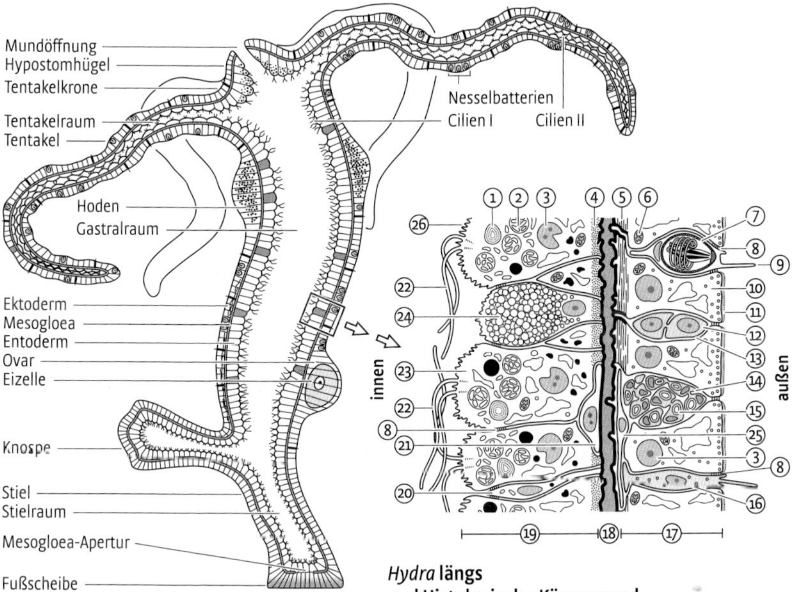

Hydra **längs**
und Histologie der Körperwand

1. Nahrungsvakuolen
2. Lysosomen
3. Zellkerne
4. Myofibrillen quer
5. Myofibrillen längs
6. Mitochondrien
7. Nematozyste, Nesselkapsel, Penetrante, Durchschlagskapsel, Stenotele
8. Desmosomen
9. Cnidocil
10. Epithelmuskelzellen
11. "Kutikula", "Periderm"
12. Interstitielle Zellen
13. Interstitien
14. Nematoblasten, Cnidoblasten
15. Nematozyte
16. Rezeptorzelle
17. Ektoderm
18. Mesogloea, Stützlamelle
19. Entoderm
20. Sinnesnervenzelle
21. Basalzelle
22. Cilien
23. Fresszellen, Nährzellen, phagozytierende Epithelmuskelzellen
24. Drüsenzelle
25. Nervenzelle
26. Mikrovilli

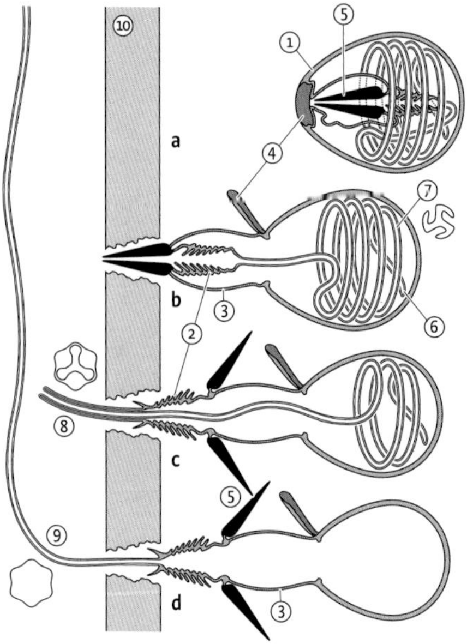

4 Stadien der Entladung einer Penetrante; Perforation der Beute-Kutikula. Dauer des Entladungsvorgangs: 3 Millisekunden (a-d).

(1) Wand der Zyste, des Organells: ein komplexes Lysosom
(2) Lamellen des Schafts
(3) Halsregion des Schafts
(4) Deckel, Operculum
(5) Stilette
(6) Schlauchrohrbasis
(7) Schlauchrohr, im Querschnitt -förmig
(8) Sich umstülpender Schlauch-Faden, im Querschnitt -förmig
(9) Umgestülpter Faden, im Querschnitt -förmig
(10) Kutikula der Beute

Bei unseren Süßwasserhydrozoen fehlt – mit Ausnahme von *Craspedacusta* – die Medusenform. Statt dessen können die Polypen selbst Keimdrüsen ausbilden. Normalerweise vermehren sich die Süßwasserpolypen (Hydren) ungeschlechtlich durch Knospung; geschlechtliche Fortpflanzung setzt meist erst ein, wenn die Umweltbedingungen ungünstig werden.

Der Polyp besteht aus einer Fußscheibe, mit der er sich an festen Unterlagen anklebt, einem Rumpf, der den Magenraum umschließt, einer Mundscheibe, die in der Mitte die Mundöffnung freilässt, und den Tentakeln, runden Fangarmen, die die Mundscheibe umstellen. Ein After ist bei Hydren nicht ständig offen.

So einfach der Körperbau der Polypen ist, so kompliziert sind die für den ganzen Stamm charakteristischen Nesselkapseln. Sie entstehen in besonderen Bildungszellen, den Cnidoblasten. Die Nesselkapseln sind doppelwandige Bläschen (Lysosomen), deren innere Schicht von einer Stelle aus eine schlauchförmige Einstülpung in den Hohlraum hinein bildet. Dieser „Nesselfaden" ist so lang, dass er, um Platz zu finden, aufgerollt ist.

Man unterscheidet bei Süßwasserpolypen drei Formen von Nesselkapseln: Penetranten (Durchschlagskapseln), Volventen (Wickelkapseln) und Glutinanten (Klebekapseln). Die Penetranten besitzen an der Basis des hohlen Nesselfadens mit Widerhaken versehene Stilette; sie enthalten überdies ein lähmendes Gift.

Die Nesselkapseln liegen im Inneren von Nesselzellen, das sind die ursprünglichen Bildungszellen. Jede Nesselzelle besitzt einen freien, spitzen Fortsatz, das Cnidocil, der frei ins Wasser ragt. Wird das Cnidocil abgebogen, etwa durch Berührung eines Krebschens, so explodiert die Nesselkapsel schlagartig. Der nach innen gestülpte Nesselfaden wird – ähnlich einem Gummihandschuh-Finger – ausgestülpt. Dabei kann der Faden einer Penetranten sogar den Panzer eines Wasserflohs durchfermentieren und das Nesselgift ins Gewebe injizieren. Die Fäden der Volventen wickeln sich um Borsten und Haare des Beutetieres und halten es fest.

Die Glutinanten enthalten außer einem langen Faden eine klebrige Substanz. Sie dienen nicht dem Beutefang, sondern heften den Polypen an der Unterlage fest, wenn er sich kriechend fortbewegt.

Nesselkapseln samt ihren Nesselzellen finden sich besonders reichlich in den Tentakeln. Die an anderer Stelle ausgebildeten Nesselzellen wandern zum Teil amöboid in

die Tentakel und dringen dort in Ektodermzellen ein, die bis zu zwei Durchschlagskapseln, drei Klebekapseln und 28 Wickelkapseln enthalten können. Derartige Ektodermzellen in den Tentakeln sind natürlich besonders groß. Man nennt sie Nesselkapselbatterien (s. S. 83).
Beutetiere der Süßwasserpolypen sind in erster Linie Kleinkrebschen. Die von den Tentakeln eingefangenen, gelähmten Tiere werden der Mundöffnung zugeführt. Bei großer Beute, zum Beispiel bei Tubifexwürmern, hat man den Eindruck, als ob sich der Polyp von der Mundöffnung aus regelrecht über das Tier hinwegstülpe. Jedenfalls gelangt das Opfer rasch in den Magenraum, in dem es verdaut wird. Die Drüsenzellen des Entoderms scheiden Verdauungsenzyme ab. Die verdaulichen Teile werden weitgehend aufgelöst und von den Resorptionszellen in Form winziger Tröpfchen aufgenommen (Pinozytose). Die früher behauptete amöboide Aufnahme größerer Partikel durch diese Zellen (Phagozytose) und die intrazelluläre (im Innern der Zelle ablaufende) Verdauung spielen eine ganz untergeordnete Rolle.
Im Süßwasser lebt nur rund ein Dutzend Nesseltiere. 9000 Arten aber besiedeln die Meere als Polypenstöckchen, Medusen, Staatsquallen, Quallen, Seerosen, Steinkorallen, Edelkorallen usw.
Die drei Ordnungen der im Süßwasser lebenden Nesseltiere:

Ordnung Athecatae und Anthomedusen. *Nemopsis, Cordylophora.*

Ordnung Limnohydrina und Limnomedusen. *Craspedacusta, Microhydra, Calposoma.*

Ordnung Hydrina (Süßwasserpolypen). *Protohydra, Hydra.*

Stamm Plathelminthes (Plattwürmer)

Klasse Turbellaria (Strudelwürmer)

Strudelwürmer sind meist kleine, vielzellige Tiere, deren Organe in ein netziges, spaltenreiches Grundgewebe (Mesenchym) eingebettet sind. Sie besitzen Mund und Darm, aber keinen After, ein einfaches Gehirn, rund um den Körper einen der Bewegung dienenden Hautmuskelschlauch, vielfach auch einfache Augen. Die Zellen der Oberhaut sind bewimpert; kleine Strudelwürmer werden daher von Anfängern oft mit Ciliaten verwechselt, zumal sie oft kleiner sind als große Wimpertiere.
Zum Stamm der Plattwürmer gehören außer den Strudelwürmern noch die Saugwürmer und die Bandwürmer-Parasiten, die hier nicht behandelt werden. Die Turbellarien leben fast ohne Ausnahme frei, unter Steinen, im Bodenschlamm, an Wasserpflanzen, in hohlen Stängeln usw. Die meisten wasserbewohnenden Arten bleiben unter fünf Millimeter Länge. Zentimetergroß werden viele Planarien, die nicht mehr zur Mikrofauna gerechnet werden und die daher hier nicht abgebildet sind. Der längste Strudelwurm ist die Landplanarie *Bipalium kewense* (Tricladida) die bei uns zuweilen in Gewächshäuser eingeschleppt wird. Sie wird bis zu 35 Zentimeter lang. Die Tiere sind sehr beweglich, vor allem sehr kontraktionsfähig, in ausgestrecktem Zustand drehrund oder abgeplattet. Sie kriechen schneckenartig, gleiten auf den Bauchwimpern, sehr kleine Arten schwimmen mit ihren Wimpern.
Hautzellen produzieren als Schutz vor Verletzungen und Verpilzungen einen (giftigen) Schleim, der bei Kriechbewegungen eine farblose Kriechspur hinterlässt. Weitere Schutzeinrichtungen sind quellbare Stäbchen, die als (kleinere) Rhabditen und lange Rhamniten in den Hautzellen sowie in Drüsenkomplexen unter der Haut gebildet werden. Sie können bei Bedarf ausgestoßen werden. Die Ausfuhrgänge der vielen Einzelzellen der „Drüsenkomplexe" ziehen als „Stäbchenstraßen" oft an das Vorderende. So geschützt, haben die Süßwasser-Strudelwürmer praktisch keine Feinde. Räuberische

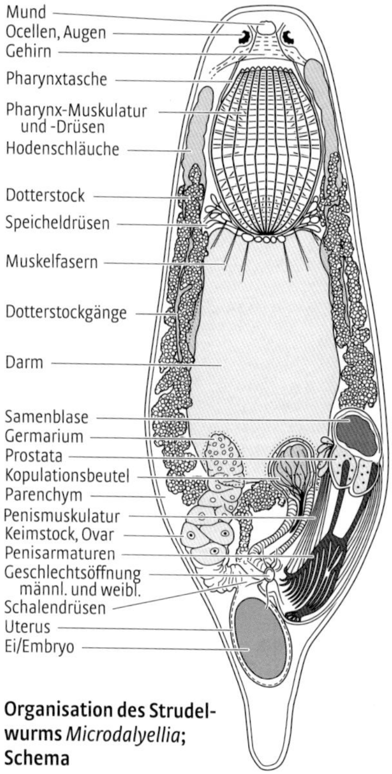

Organisation des Strudelwurms *Microdalyellia*; Schema

Kleinkrebse fliehen vor ihnen, größere Tiere nehmen sie nicht an.

Der Mund der Strudelwürmer liegt immer auf der Bauchseite, und zwar vorne, hinten oder in der mittleren Bauchregion. Verbindet der muskulöse Schlund (Pharynx) Mund und Darm direkt, so existiert nur ein Mund; liegt der Schlund aber in einer mehr oder minder tiefen Schlundtasche, so sind der äußere Mund und die dahinterliegende eigentliche Mundöffnung (Schlundöffnung) nicht identisch. Alles Unverdauliche wird durch den Mund wieder ausgewürgt, danach wird das Darmsystem mit Wasser durchgespült. Ein After fehlt.

Sehr viele Strudelwurmarten sind räuberische Fleischfresser; einzellige Algen werden vom Großteil der Typhloplanoida als Beikost verzehrt. Catenulida als Substratfresser leben von Sand, feinem Detritus, Bakterien. Im Darm spalten Verdauungsenzyme die Nahrung in kleine Teilchen, die dann von den Epithelzellen des Darmes aufgenommen (phagozytiert) und in den Zellen (intrazellulär) weiter abgebaut werden.

Das bei Süßwasserformen ständig von außen in den Körper eindringende Wasser wird zusammen mit löslichen Abfallprodukten des Stoffwechsels durch Nierenorgane, sogenannte Protonephridien, ausgeschieden.

Die Augen bestehen jeweils aus einem Napf pigmentierter Zellen, in den hinein die am Ende pinselähnlich aufgefaserten (Mikrovilli) Sehzellen ragen. Sie ermöglichen ein Richtungssehen.

Turbellarien sind Zwitter. Sie besitzen sowohl einen männlichen als auch einen weiblichen Geschlechtsapparat, die im Bau unglaublich mannigfaltig und oft hochkompliziert sind[1]. In Mitteleuropa leben ca. 30 Planarien- und ca. 250 Mikroturbellarien-Arten.

In Feingeröllen, Sanden, Schlamm, Detritus, zwischen Blättern verborgen lebende Kleinturbellarien (und Oligochäten) lassen sich „hervorlocken“: Probe in Becherglas, Wasserüberstand 2–3 cm; Probe im Verlauf einer halben Stunde oder länger um 10–20 °C von unten her erwärmen (Thermometer!); flüchtende Tiere herauspipettieren oder abgießen.

Zur Untersuchung des Geschlechts- und Begattungsapparates wird das Wasser unter dem (größeren) Deckglas so weit abgesaugt, dass die Tiere gerade stillgelegt sind.

---

[1] Der männliche Geschlechtsapparat besteht aus: Hoden, Samenleiter, Samenblasen, Körnerdrüsen, Penisbulbus, Penisstiletten, Genitalvorhof (Atrium). Die Teile des weiblichen Geschlechtsapparates: Keimstock, Dotterstock, Eileiter, Schalendrüsen, Ootyp (Anfangsteil des Uterus), Uterus, Genitalatrium, Samentasche (Receptaculum seminis), Bursa (muskulöse Ausstülpung des Genitalatriums), Spermagänge.

Wenn irgend möglich, untersucht man mehrere Individuen, da die männlichen Organe zuerst reifen und mit der nachfolgenden Vollentwicklung der weiblichen Organe oft erheblich degenerieren.
Die geschlechtsreifen Tiere kopulieren wechselseitig, Selbstbefruchtung kommt nur bei wenigen Arten vor.

Hier behandelte Ordnungen:

Ordnung Catenulida: Die männliche Geschlechtsöffnung mündet unpaar auf dem Rücken. Keine weibliche Geschlechtsöffnung; die Eier werden durch die Haut abgelegt. Meist vermehren sich die Tiere ungeschlechtlich durch Querteilung, die Glieder der Tierketten werden frei. Gattungen hier: *Catenula*, *Stenostomum*, *Rhynchoscolex*.

Ordnung Macrostomida: Der Penis (mit einem einfachen Kutikularrohr) mündet auf dem Bauch. Eierstöcke mit eigenen Ausfuhrgängen. Gattungen hier: *Macrostomum*, *Microstomum*.

Ordnung Neorhabdocoela: Unterordnung Dalyelloida: Mund weit an das Vorderende gerückt. Keim- und Dotterstock getrennt. Darm ohne Ausbuchtungen. Im Grundgewebe bei einigen Arten grüne Zoochlorellen. Gattungen hier: *Dalyellia, Microdalyellia*, *Gieysztoria*, *Castrella*.

Ordnung Typhloplanoida: Schlund bei allen Arten senkrecht zur Bauchfläche gestellt. Im Durchlicht erscheint der Schlund wegen der vielen radiär einmündenden Pharyngealdrüsen rosettenartig. Ein Keimstock, paarige Hoden. Einzige Geschlechtsöffnung hinter der Körpermitte. Gattungen hier: *Strongylostoma* bis *Opistomum*.

Ordnung Kalyptorhynchia: Am Vorderende in einer Rüsseltasche ein ausfahrbarer, vom Darm völlig unabhängiger Rüssel. Dottersack netzartig, meist einseitig rechts entwickelt. Hoden links gelegen. Gattung hier: *Gyratrix* mit Giftapparat am Hinterende.

Ordnung Perilecithophora: Ei- und Dotterzellen entstehen in engster Nachbarschaft. Männliche und weibliche Geschlechtsöffnungen weit getrennt. Gattungen hier: *Prorhynchus*, *Geocentrophora*.

Ordnung Prolecithophora: Hoden und Dotterstöcke diffus. Gattung: *Plagiostomum*.

Ordnung Seriata: Unterordnung Proseriata: Darm stabförmig. Gattungen hier: *Bothrioplana*, *Otomesostoma*. – Unterordnung Tricladida: Drei Darmäste mit vielen Divertikeln. Ausgestreckt über 10 mm lang. Bach-, See- und Teich-Planarien.

Stamm Nemertini (Schnurwürmer)

Die Schnurwürmer sind vor allem räuberische Meerestiere, die in den Küstenregionen in Sand und Schlamm, unter Steinen und zwischen Algen leben. Die kleinsten werden kaum einen Zentimeter lang, die größten bis zu 25 Meter. Im Süßwasser unserer Breiten nur eine Gattung mit 6 Arten. Im Nordwestatlantik dagegen 77 Arten.
Kleine Schnurwürmer bewegen sich durch Kriechen, größere durch Schlängelbewegungen fort, abgeplattete Formen können schwimmen. Die Haut ist bewimpert. Die Schnurwürmer stehen den Strudelwürmern nahe, sind aber höher organisiert: Die Tiere besitzen stets einen After; Blutgefäße bilden ein geschlossenes System. Über dem Darm und unabhängig von ihm liegt ein aus einer Scheide ausstülpbarer, als Angriffs-, Tötungs- und Verteidigungswaffe verwendbarer Rüssel. Meeresformen sind meist getrenntgeschlechtlich; die Entwicklung zum Wurm verläuft entweder direkt, über eine wurmartige Larve oder über ein typisches Planktonstadium (Pilidiumlarve). Gattung: *Prostoma*.

Stamm Aschelminthes (Schlauchwürmer)

Klasse Rotatoria (Rädertiere)

Rädertiere leben überwiegend im Süßwasser, kaum 3 % der über 2000 Arten kommen im Brackwasser und im Meer vor. Die durchsichtigen Tiere sind zum Teil faszinierend schön.

Die Rädertiere sind kleine, 40 µm bis höchstens 3 mm lange Schlauchwürmer mit Wimperfeldern am Vorderende, mit einem Kaumagen sowie mit Protonephridien als Ausscheidungsorganen. Sie sind in einen Kopf-, Rumpf- und Fußabschnitt gegliedert. Rädertiere sind zellkonstant, das heißt, die aus den Eiern schlüpfenden Jungtiere besitzen bereits die endgültige Zahl von Zellen – bei größeren Arten um 1000 –, keine einzige Körperzelle kommt beim späteren Wachstum der Tiere neu hinzu. Lebensdauer durchschnittlich eine Woche, im Hochsommer anderthalb Tage.

Rädertiere besiedeln als Strudler, Weidegänger, Sauger, Greifer oder Reusenfänger alle erdenklichen Gewässer, die tiefsten Seen und kleinsten Wasserlöcher; sie leben in Moosen und in den wassergefüllten Hohlräumen von Wald-, Wiesen- und Ackerböden.

Körperbedeckung. Die Haut der Rädertiere ist ein so genanntes Syncytium, ein Verband aus vielen Zellen, die nicht durch Membranen voneinander abgegrenzt sind. Die oberflächlichen Bereiche dieses Syncytiums weisen feinfädige Plasmaverdichtungen auf (nur elektronenmikroskopisch erkennbar), die je nach Dicke, Dichte und Vernetzungsgrad die Eigenschaften der „Kutikula" vom festen Panzer bis zur schmiegsamen Hautfalte ergeben. Da die „Kutikula" kein Abscheidungsprodukt der Hautzellen ist, häuten sich Rädertiere nie.

Räderorgan. Die Wimpern des Kopfabschnittes gehen von dicken Epidermispolstern aus; ein Feld von Wimpern, das Bukkalfeld, umgibt den bauchwärts gelegenen Mund. Eine zweite Zone umrundet als „Circumapikalband" das Vorderende. Je nach der Ausdehnung der beiden Zonen und der Gestaltung des Vorderpols kommen ganz unter-

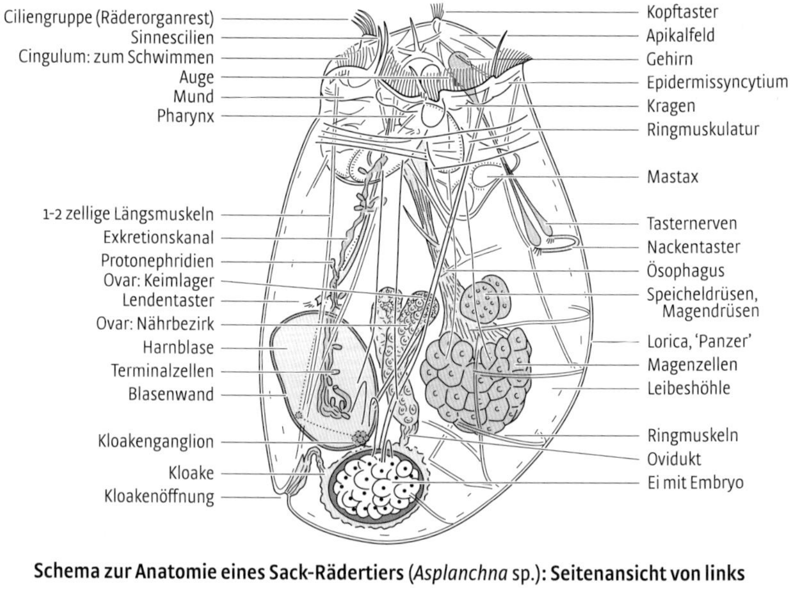

Schema zur Anatomie eines Sack-Rädertiers (*Asplanchna* sp.): Seitenansicht von links

schiedliche Räderorgane zustande. Die Aufgaben dieser Wimperapparate: Erzeugung von Wasserwirbeln zum Mund hin, Gleitschwimmen auf Unterlagen, rotierendes Schwimmen im freien Wasser.

Verdauungsorgane. Es folgen hintereinander: Mundöffnung – bewimperter Pharynx (Schlund) – Mastax (Kaumagen) – Speiseröhre (Oesophagus) – Magen – Darm – Kloake – After (mündet über dem Fuß). Der Kaumagen ist eine vollendete Greif- und Zerkleinerungsmaschine. Durch den oberen Teil des Mastax passiert die Nahrung, der untere Teil umfasst winzige Muskeln und als härtere Wandstrukturen neben einem unpaaren Mittelstück drei Paare seitlicher „Trophi"; Form und Zusammen- bzw. Gegeneinanderarbeit der Trophi-Stücke ermöglichen die vielfältigen Ernährungsweisen der Rotatorien. In den Kaumagen münden kleine Speicheldrüsen. Im Magen erfolgen Verdauung und Resorption; die Magenwände sind dick und bewimpert. An der Eintrittsstelle der Speiseröhre münden Magendrüsen. Der Darm ist dünnwandig und oft gleichfalls bewimpert.

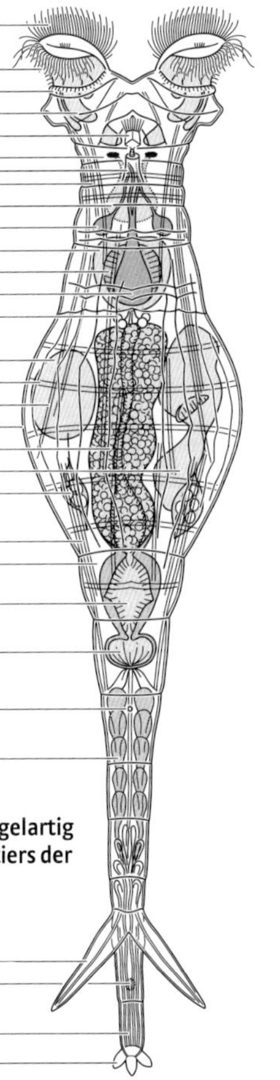

Schema eines bdelloid, egelartig sich bewegenden Rädertiers der Gattung *Rotaria*

Nervensystem. Über Mastax und Oesophagus liegt das „Gehirn", ein sackförmiges Cerebral-Ganglion. Feine paarige Nervenstränge verbinden das Gehirn mit dem Mastax-Ganglion an der Unterseite des Kaumagens und mit dem Fuß-Ganglion. Weitere Stränge ziehen vom Gehirn zu den Nackenaugen auf dem Gehirn, den Frontaugen am Vorderende, den Tastborsten des Räderorgans, zur unpaaren Rückenantenne und den paarigen Seitenantennen, den Tastborsten des Fußes, zum Räderorgan und allen inneren Organen.

Muskeln. Ein vielfältiges System von Muskelfaserzügen durchquert den Körper, verläuft auf den inneren Organen, zieht von den Eingeweiden zur Haut und unter der Haut entlang. 4 bis 15 Ringmuskelsysteme sind direkt unter der Haut verankert. Längsmuskeln ziehen das Räderorgan sowie den Fuß ein. Quergestreifte Muskelfasern treten häufig auf, vor allem wenn lange Dornen und Flossen schnell bewegt werden sollen. Alle Muskelfasern – glatte, schräg- und quergestreifte – sind ein- oder zweizellig.

Leibeshöhle. Unregelmäßige Bindegewebsnetze durchziehen als sehr lockeres Gerüst den mit Flüssigkeit erfüllten Raum zwischen Haut und Eingeweiden. Ein besonderes Blutgefäßsystem fehlt.

Ausscheidungsorgane. Mit der Nahrung eingedrungenes Wasser – die „Kutikula" ist wasserundurchlässig – wird durch besondere Nierenorgane, sogenannte Protonephridien, über eine Sammelblase wieder aus dem Körper entfernt.

Fuß. Soweit die Tiere einen Fuß besitzen, wird er als Steuer- und Haftorgan benützt. Auf den beiden Zehen münden Klebedrüsen und Loslassdrüsenzellen. Die Bdelloidea entwickeln vor den Zehen Sporen.
Geschlechtsorgane. Männchen sind von nur 10 % der Arten bekannt. Sie sind kurzlebig, tauchen im Frühjahr und Herbst auf, besitzen weder Mund noch After, sind winzig klein und schwimmen sehr lebhaft. Zuweilen füllt der Hoden die Tiere fast ganz aus. Diese „Zwergmännchen" entstehen aus haploiden, unbefruchteten Eiern. Bei den Weibchen liegen Keimstock und Dotterstock in einer gemeinsamen Hülle. Der Eileiter mündet in die Kloake.
Generationswechsel. Aus den diploiden Eiern der Weibchen entwickeln sich diploide Töchter. Diese Vermehrungsart (Jungfernzeugung, Parthenogenese) kann viele Generationen lang beibehalten werden. Umweltfaktoren lösen die sexuellen Phasen aus, bei *Asplanchna* zum Beispiel Vitamin E aus gefressenen Grünalgen. Die Weibchen legen dann haploide Eier ab, die nach Reduktionsteilungen entstanden sind. Aus diesen Eiern gehen haploide Männchen hervor. Treten in einer Population Männchen auf, so können andere, nicht abgelegte haploide Eier besamt und befruchtet werden. Diese Eier erhalten dann harte Schalen und überstehen als diploide Dauereier Kälte- und Trockenperioden. „Amiktische Weibchen", die diploide Eier produzieren, unterscheiden sich äußerlich nicht von miktischen Weibchen, die haploide Eier hervorbringen.
Variation, Zyklomorphose. Größe und Panzerformen variieren bei vielen Arten, am ausgeprägtesten bei den Planktongattungen *Keratella* und *Brachionus.* In jedem See lebt ein eigener Formenkreis, dazu kommen zyklische Veränderungen der Proportionen im Verlauf eines Jahres.
Eigenartig ist das Wechselspiel zwischen den beiden, planktischen Rädertiergattungen *Asplanchna* und *Brachionus.* Die Asplanchnen fressen die kleineren Brachionen. Eines ihrer Ausscheidungsprodukte ist ein Eiweiß, das bei den sich entwickelnden *Brachionus*-Embryonen die Bildung langer Hinterdornen auslöst. Diese hohlen, abspreizbaren Dornen machen die *Brachionus*-Tiere „sperrig" und schützen sie sehr wirkungsvoll vor den räuberischen Asplanchnen. Treten also in einem See massenhaft Asplanchnen auf (was sehr häufig vorkommt), so ist mindestens die nächstfolgende *Brachionus*-Generation durch den von den Asplanchnen ausgeschiedenen Wirkstoff geschützt.
Lebensdauer: Planktische Rädertiere leben durchschnittlich nur 1,3 Tage.
Fixierung. Mit dem Planktonnetz gefangene, aus Schlammproben herauspipettierte oder aus angefeuchteten Moosen abgepresste Rädertiere untersucht man am besten lebend. Soll fixiert werden, so kann man gepanzerte Formen direkt in Formol bringen (ein Teil 35–40 %iges Formol, 10 Teile Wasser). Die Tiere kontrahieren sich dabei sehr stark, zeigen aber die Panzerformen noch gut. Ungepanzerte Rädertiere werden zunächst in siedendem Wasser abgetötet–sie bleiben bei dieser rohen Prozedur oft schön gestreckt–und anschließend in Formol fixiert.

Ordnung Bdelloidea (Egelrädertiere): Männchen unbekannt. Eierstöcke und Eileiter paarig, Tiere langgestreckt. Gattungen hier: *Habrotrocha* bis *Dissotrocha.*

Ordnung Monogononta: Eierstock unpaar. Gattungen hier: *Epiphanes* bis *Cupelopagis.*

Klasse Gastrotricha (Bauchhärlinge)

Die kleinen, 70–500 µm, höchstens 1500 µm langen Tiere werden von Anfängern leicht mit Ciliaten verwechselt. Sie unterscheiden sich von ihnen jedoch schon äußerlich durch die beiden stachelartigen Zehenfortsätze am Körperende. Bauchhärlinge sind vielzellige Tiere, die wie die Rädertiere und Fadenwürmer zellkonstant sind, das heißt jede Art hat eine ihr eigentümliche Anzahl von Zellen, die bei keinem Individuum unter- oder überschritten wird. Die Hautzellen bilden einen einheitlichen Epithelverband mit vielen Zellkernen, aber ohne Zellgrenzen (Syncytium); sie scheiden eine dünne Kutikula ab. Schuppen, Schuppen mit Stacheln, Dornen, Schienen und Platten des Hautpanzers sind Gebilde der Kutikula. Trotz der Rüstung bleibt der Körper geschmeidig; die Tiere können sich nach allen Richtungen biegen, drehen, wenden und schlängeln. Die Endokutikula der abgeflachten Bauchseite wird über die ganze Länge von Wimperbändern unterbrochen, mit denen die Tiere gleiten oder – wenn Wimpergruppen zu Bündeln verklebt sind – wie auf „Füßchen" laufen. Die langen Wimperbüschel des Kopfes erlauben kurzfristiges Schwimmen. Sehr dünne Lamellen der Exokutikula umhüllen selbst die Cilien, sensorische wie lokomotorische – eine einzigartige Sonderheit der Bauchhärlinge. Die Tiere häuten sich nicht; die Kutikula wächst mit, wie bei Rädertieren.

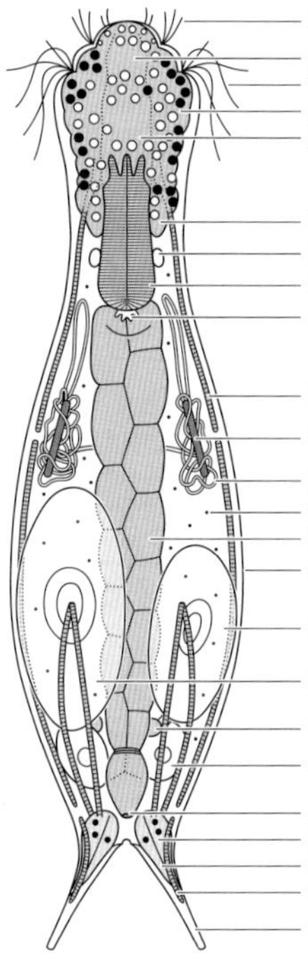

Schema eines Bauchhärlings

Verdauungsorgane. Am Vorderende des Kopfes beginnt ein kutikulares, etwas verschiebbares, gezähneltes Mundrohr. Der anschließende muskulöse Schlund (Pharynx) wirkt als mächtige Saugpumpe. Die Schlundwand besteht aus Drüsenzellen und radiären Muskelfasern. Der Darm läuft gerade bis zum After; die wimperlosen großen Darmzellen sind in vier Zellsäulen zu je sieben oder acht Zellen angeordnet. Als Nahrung werden Bakterien, Detritus, Ciliaten, Diatomeen, Algen und Flagellaten eingesaugt oder gegen die Mundöffnung gestrudelt. Durch aufgenommene Algen kann der Darm grün oder braun gefärbt sein.

Muskulatur. Drei Paar Längsmuskelzüge laufen seitlich und am Bauch vom Kopf zu den Zehen. Zwei oder drei Paare dorsaler Muskelzüge bleiben kürzer. Gegenspieler der Längszüge ist der Druck der Körperflüssigkeit.

Nervensystem. Um den Schlund liegt das große Gehirn. Zwei Nervenstämme laufen seitlich nach hinten.

Ausscheidungsorgane und Fortpflanzung. Zwei Nierenorgane (Protonephridien) mit je einer Endzelle münden über verknäuelte Gänge in der Mitte des Körpers. Die Vermehrung der Süßwasserformen erfolgt ausschließlich durch Parthenogenese (Jungfernzeugung). Reste des männlichen Geschlechtsapparates können bei einigen Arten als Bläschen oder Zellmassen noch auftreten, sind aber stets funktionslos. Die beiden Eierstöcke liegen unter dem Darm, die reifen Eier sammeln sich über dem Darm an. Die Eileiter (sehr schwer sichtbar) münden neben dem After. Die Eier sind erstaunlich groß, dotterreich und oft bestachelt. Sie werden einzeln abgelegt. Die Embryonen entwickeln sich sehr schnell; ein bis zwei Tage nach der Eiablage schlüpfen die Jungtiere, die sich zwar noch ein wenig vergrößern, bei denen jedoch weder Zellvermehrungen noch Häutungen stattfinden.

Da das Grundgewebe stark zurücktritt, entstehen große Lückenräume zwischen den verbleibenden Bindegewebsnetzen und täuschen eine Leibeshöhle vor.
Nahezu alle Arten besitzen Drüsen, die über Kleberöhrchen eine Art Leim absondern, der die Tiere blitzschnell auf einer Unterlage festheftet.
Isolierte Individuen lassen sich in 5 %iger Erdabkochung (siehe S. 18) mit einigen zerdrückten Weizenkörnern züchten. Da Gastrotrichen meist einzeln auftreten, kann eine Zucht, die eine Vielzahl von Tieren zur Verfügung stellt, zum genauen Studium sehr nützlich sein.
Es sind etwa 200 Arten bekannt, von denen die der Ordnung Macrodasyoidea ausschließlich im Meer leben.

Ordnung Chaetonotoidea: Kleberöhrchen auf das Hinterende beschränkt. Meist nur der weibliche Geschlechtsapparat entwickelt.

Familie Chaetonotidae: In Algenwatten, feuchten Moosrasen, auf dem Grund von Gewässern. Gattungen hier: *Chaetonotus* bis *Polymerurus*.

Familie Neogosseidae: Planktonformen. Zehen mit beweglichen Stacheln, aber ohne Klebdrüsen. Gattungen hier: *Neogossea* bis *Stylochaeta*.

Klasse Nematoda (Fadenwürmer)

Die in mikroskopischen Präparaten von Schlamm- und Wasserproben auftretenden Fadenwürmer sind meist klein (wenige Millimeter bis höchstens einen Zentimeter), können aber die Untersuchung der Probe erheblich stören, da sie sehr lebhaft sind und unentwegt mit schlängelnden und peitschenden Bewegungen Detritus, Algen und andere Bestandteile des Präparates durcheinanderwirbeln. Fadenwürmer sind eine überaus artenreiche Klasse; man schätzt etwa 100 000 Arten. Viele leben als Parasiten; fast alle ähneln sich in äußerer Körperform und Körperbau so stark, dass vor allem bei den freilebenden Arten die Bestimmung oft sehr schwierig ist.

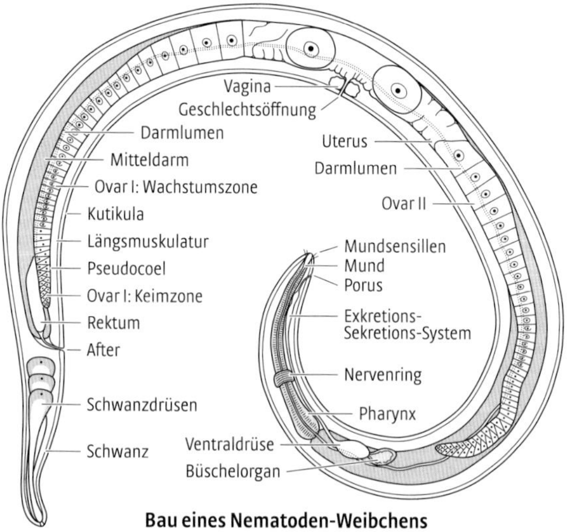

Bau eines Nematoden-Weibchens

Die äußere Form ist, wie der Name sagt, fadenförmig. Die Tiere sind von einer sehr derben, widerstandsfähigen Kutikula umgeben, die meist glatt, seltener geringelt ist. Sie sind – im Gegensatz zu den Ringelwürmern – nicht gegliedert.
Im Präparat pflegen sich Nematoden in Seitenlage – nicht auf der Bauchseite – zu schlängeln; ihr innerer Bau ist daher am Lebendpräparat schwer zu untersuchen. Man kann die Tiere zur Beobachtung und Bestimmung in eine „Wärmestarre“ versetzen (Objektträger vorsichtig auf 40 bis 50 °C erwärmen; beim Abkühlen „erwachen“ die Tiere allmählich wieder), doch sterben bei dieser Methode alle übrigen Organismen des Präparates ab.
Der größte Nematode lebt parasitisch in der Placenta des Pottwals: *Placentonema* wird 8,5 Meter lang. Der Spulwurm *Ascaris* erreicht immerhin 40 Zentimeter, der Medinawurm *Dracunculus* wird einen Meter lang. Dies sind aber Ausnahmen; die meisten Fadenwürmer sind mikroskopisch klein.
Von Ausnahmen bei einigen parasitischen Formen abgesehen, sind alle Fadenwürmer ungefähr drehrund, durchsichtig, hinten in einen Schwanz ausgezogen, getrenntgeschlechtlich, zellkonstant. Sie häuten sich während des Lebens viermal, wobei jeweils die alte Kutikula abgestreift wird. Der Mund liegt an der Körperspitze, der Afterschlitz vor dem Schwanzende. Keine Zelle eines Nematoden ist bewimpert! Als Gegenspieler der (allein vorhandenen) Längsmuskulatur wirken der Flüssigkeitsdruck der „Leibeshöhle“ (0,3 atü!) und die Elastizität der Kutikula. Die Hautzellen (hier Hypodermiszellen genannt) scheiden die mehrschichtige Kutikula ab, die aus Gerüsteiweißen, Keratinen und Kollagenen besteht. Die Hypodermiszellen bilden einen syncytialen Verband; als vier verdickte Kiele ragen sie oben, unten und zu beiden Seiten in die Leibeshöhle hinein. Zwischen diesen vier Wülsten liegen unter der Hypodermis in einer Lage die spindelförmigen Längsmuskelzellen, deren Ausläufer – einmalig im Tierreich! – Kontakt mit dem unteren oder oberen Hauptnervenstrang aufnehmen.
<u>Verdauungsapparat</u>: Drei oder sechs Lippen umgeben den Mund; sie sind als Saug-, Greif-, Raspel-, Fräs- oder Sägewerkzeuge ausgestaltet. Der Schlund wirkt als Pumpe; sein hinterer Abschnitt ist besonders muskulös („Bulbus“) und presst die Nahrung in den geraden Mitteldarm. Die Kutikula kleidet den Vorderdarm bis zum Bulbus aus. Ihre Differenzierungen im Bereich der Mundhöhle – Reibeflächen, Spangen, Zähne, Greifhaken, Stilette, Kanülen – sind so mannigfaltig, dass allein schon der Bau der Mundhöhle verständlich macht, wie die Nematoden ganz unterschiedliche Nahrungsquellen erschließen konnten. Süßwassernematoden zum Beispiel benagen abgestorbenes Pflanzenmaterial und Aas, fressen Detritus, verschlucken Diatomeen und Fadenalgen, schlürfen Bakterien und Schleime, verschlingen Rädertiere, Bärtiere und kleinere Nematoden, stechen lebende Pflanzenzellen an und saugen sie aus.
<u>Nervensystem</u>: Das Gehirn besteht aus 162 Nervenzellen. Es liegt als faserreicher Ring um den Schlund, in enger Verbindung mit vier Nervenknoten. Im unteren und oberen Hypodermiswulst zieht je ein motorischer Nerv zum Körperende; sensorische Längsnerven verlaufen in den seitlichen Wülsten. Asymmetrische Ringnerven verbinden die Längsstämme.
<u>Ausscheidungssystem</u>: Das Ausscheidungssystem besteht aus einer einzigen H-förmigen Riesenzelle, deren hohle Schenkel in den Seitenwülsten liegen (Kern im Querbalken). Der ebenfalls hohle Querbalken mündet am Bauch in der Nähe des Schlundbulbus (Ausscheidungsöffnung, Exkretionsporus).
<u>Geschlechtsorgane</u>: Die Geschlechtsöffnung der Weibchen liegt als querer Schlitz am Bauch in der Mitte des Körpers. Eine kurze Vagina geht in einen oder zwei „Geschlechtsschläuche“ über, die in leicht unterscheidbare Zonen unterteilt sind: Uterus (hier werden die Eier beschalt, bei manchen Arten beginnt hier schon die Embryonalentwicklung), Eileiter (hier werden die Eier von den schwanzlosen Spermien befruchtet), Eiwachstumszone (hier erhalten die Eier etwas Dottermaterial), Keimzone (hier werden die kleinen Eizellen gebildet). Die Männchen besitzen einen einfachen Hoden-

schlauch, der in einen langen Samenleiter übergeht. Zusammen mit Anhangsdrüsen und dem Enddarm mündet der Samenleiter in eine Kloake hinten am Bauch. Zwei vorstoßbare, kutikulare Haken (Spikula) sitzen in Taschen der Kloakenwand und werden bei der Begattung dazu benützt, die weibliche Vagina zum Empfang der Spermien aufzuweiten. An den Spikula sind die Männchen sofort zu erkennen.
Freilebende Nematoden finden sich im Süßwasser (und im Meer) oft massenhaft in allen Tiefen als Bodenformen, sie leben in Erde und Moospolstern, in Mist und faulenden Substanzen. Vor allem die Bodenformen können lange Trockenzeiten überstehen. Zur Fixierung eignet sich Formol (1:10 mit Wasser verdünnt). Formolfixierte Nematoden lassen sich ohne weitere Präparation ausgezeichnet untersuchen. Für länger dauernde Untersuchungen kann man die Formolpräparate einige Zeit aufbewahren, wenn man die Deckgläser mit Vaseline umrandet.
Gattungen hier: *Pelodera* bis *Paractinolaimus*.

Stamm Annelida (Gliederwürmer, Ringelwürmer)

Klasse Clitellata (Gürtelwürmer)

Ordnung Oligochaeta (Wenigborster)

Die bekanntesten Oligochäten sind die Regenwürmer. Viele Würmer aus dieser Ordnung leben im Süßwasser und sind mikroskopisch klein oder wenigstens mikroskopisch „dünn". Sie sind so durchsichtig, dass man an ihnen mikroskopisch Lebensäußerungen und Organfunktionen in nahezu einmaliger Klarheit beobachten kann. Die dabei störenden Bewegungen können mit MS 222 gedämpft werden (S. 23). Isolierung der im Schlamm lebenden Arten S. 86.
Die Oligochäten sind in Segmente gegliedert. Ihr Körper besteht aus einem kleinen Kopflappen, einem kleinen Afterlappen und dazwischen 7 bis 600 fast gleichartigen Segmentabschnitten. Die äußere Ringelung der einschichtigen, drüsenreichen Haut und die innere Segmentierung entsprechen sich exakt. Von der Segmentierung nicht oder nur oberflächlich betroffen sind der Darmkanal, die beiden großen Längsgefäße des Blutkreislaufs (Bauch- und Rückengefäß), die Längsmuskulatur und das bauchwärts gelegene Nervensystem, das Bauchmark. Andere Organe wiederholen sich von Segment zu Segment: die Ringmuskulatur zwischen Haut und Längsmuskulatur, vier Borstensäckchen mit je einer bestimmten Anzahl durch Muskeln bewegbarer Borsten, Ringgefäße des Blutgefäßsystems, die die Längsgefäße verbinden, paarige Leibeshöhlensäckchen, Nervenknoten des Bauchmarks mit Querverbindungen, je ein Paar Nierenorgane (Nephridien).
Um den Darm und die großen Gefäße liegen große Zellen (Chloragogenzellen). die ein gelb-grünliches Gewebe bilden. Dieses Gewebe hat Leberfunktion: Es speichert Glykogen, baut Eiweiß um, bildet Harnstoff und Ammoniak. Zwischen den Segmenten liegen doppelwandige Querscheidewände, die Dissepimente. Der Darm ist unten an zweischichtigen, von Dissepiment zu Dissepiment durchgehenden Bändern, den Mesenterien, befestigt.
In den Segmenten beginnen die beiden Nephridien (Nierenorgane) je mit einem offenen Wimpertrichter am hinteren Dissepiment (durch Amöbozytenpfropfen im Trichter wird der Durchlass von Coelomflüssigkeit reguliert). Die Trichter ragen in die Leibeshöhle hinein, setzen sich im jeweils dahinter liegenden Segment in einen geschlängelten Kanal fort und münden dort nach außen.
Alle Oligochäten sind Zwitter. Ihre Geschlechtsorgane beschränken sich auf wenige Segmente in der Vorderregion. In diesem Bereich sind die Dissepimente durch Hoden, Samensäcke und Eisäcke weitgehend verschoben und die Nephridien in Samentrichter und Samenleiter bzw. Eitrichter und Eileiter umfunktioniert. Stets liegen die Eier-

stöcke hinter den Hoden. Bei geschlechtsreifen Tieren verdickt sich über oder hinter den Ausfuhrgängen der Hoden und Eierstöcke ein hellfarbiger Gürtel aus langen, hohen, einzelligen Hautdrüsen, das Clitellum.
Die bei uns im Süßwasser vorkommenden Formen gehören mehreren Gruppierungen an:

1. Aeolosomatidae (Farbkugel-Würmer): Dissepimente unvollständig; Bewegung durch schlagende Wimpern des großen Kopflappens; strudeln Bakterien, Algen, Feindetritus und Sand ein; Darm einfach; Zentralnervensystem bleibt in Verbindung mit der Haut; Vermehrung vor allem ungeschlechtlich durch Sprossung; bis zu 10 Einzeltiere hängen als Tierkette zusammen; Eier und Spermien werden – wenn überhaupt – in der Leibeshöhle des ganzen Körpers gebildet. Gattung hier: *Aelosoma*. Werden neuerdings zu den Polychaeten gestellt.

2. Naididae (Wasserschlängler): Segmentierung ausgeprägt; Kopflappen nicht bewimpert; Borsten lang (Schwimmer) oder hakenförmig (kriechende Bodenformen); Algen- und Bakterienfresser; 2 Arten Räuber; Röhrenbauer, zum Teil mit bewimperten Blutkiemen am Hinterende; Vermehrung meist ungeschlechtlich durch Zerfallen der Tierketten; Augen sehr einfach, lichtempfindliche Sinneszellen liegen als Grüppchen in der Haut; Hoden im 5., Eierstöcke im 6. Segment, Samentaschen im Hodensegment, Gattungen hier: *Chaetogaster* bis *Nais*.

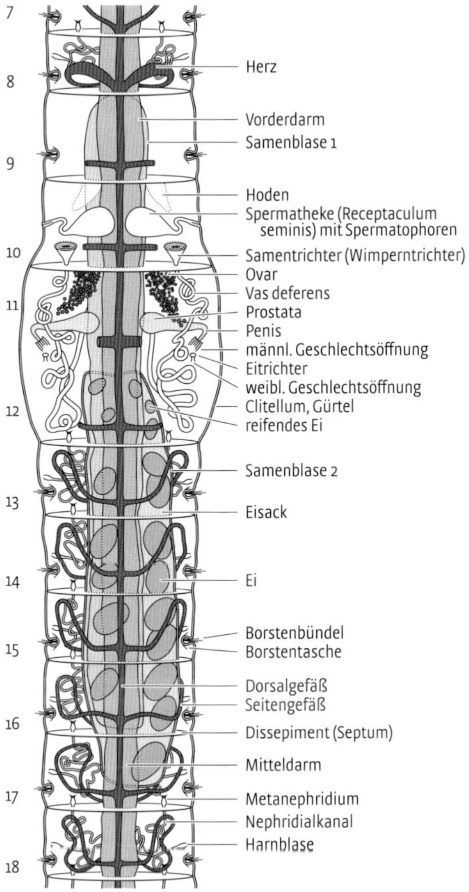

Anatomie der Segmente 7 bis 18 eines Schlammröhrenwurms (*Tubifex tubifex*); schematisch

3. Enchytraeidae (Topfwürmer): Die meisten Arten bewohnen feuchte Erde und Moose, einige leben im Grundschlamm von Binnengewässern; Aas- und Detritusfresser; Mundhöhle mit scharfkantigen Schabeleisten; bleich, ziemlich undurchsichtig, bis 5 Zentimeter lang; bilden nie Tierketten; Samentaschen im 5., Hoden im 11., Eierstöcke im 12. Segment. Gattungen hier: *Lumbricillus, Enchytraeus.*

4. Tubificidae (Schlammröhrenwürmer): Kleine, aber auch bis 20 Zentimeter lange Arten, die hier aufgenommen wurden, da sie sich nur mikroskopisch bestimmen lassen. Sehr schlank; erstaunliches Regenerationsvermögen; keine ungeschlechtliche Vermehrung; Blut durch Hämoglobin meist rötlich gefärbt; leben im Schlamm in senkrech-

ten Röhren aus Schlamm und Hautschleim; Atmung über den Enddarm; Schlamm- und Detritusfresser; Hoden und Samentaschen im 10., Eierstöcke im 11. Segment; vom 10. Segment gehen nach vorne und hinten Samensäcke aus; ableitende männliche Geschlechtswege werden durch riesige Samentrichter, Prostatadrüsen, Vorhöfe und Penisgebilde kompliziert; Clitellum in der Region der Geschlechtssegmente; Gattungen hier: *Tubifex* bis *Limnodrilus.*

5. Lumbriculidae (Regenwürmchen): Substratfresser ohne Muskelmagen; schnellen sich lebhaft durchs Wasser *(Lumbriculus);* Grundbewohner; Keimdrüsen zwischen 7. und 12. Segment. Gattungen hier: *Lumbriculus, Stylodrilus.*

6. Lumbricidae (Regenwürmer): Undurchsichtig und fast ausnahmslos Erd- und Moosbewohner; nur zwei Gattungen im Süßwasser: *Eiseniella, Allolobophora*.

7. Branchiobdellidae (Kiemenegel): Ohne Borsten; Bewegungen spannerartig; Segmentzahl konstant 15; Schlundwand erzeugt harte Kiefer; gestielte Eikokons; in der Jugend Detritusfresser, im Alter Außenschmarotzer und Blutsauger bei Flusskrebsen. Gattung: *Branchiobdella.*

Stamm Arthropoda (Gliederfüßer)

Unterstamm Crustacea (Krebse), Unterklasse Phyllopoda (Blattfußkrebse)

Ordnung Cladocera (Wasserflöhe)

In den mitteleuropäischen Binnengewässern leben etwa 90 Wasserfloharten (dagegen im Meer lediglich drei Gattungen mit jeweils wenigen Arten: *Penilia*, *Podon*, *Evadne*). Sie besiedeln alle Arten von Wasseransammlungen, tiefe Seen ebenso wie Pfützen; nur in schnellfließenden Gewässern können sich die Tiere nicht halten. Die meisten Arten leben in flachen Gewässern, nahe dem Ufer in der Pflanzenzone. Als Nahrungsspezialisten suchen die verschiedenen Wasserfloharten ganz bestimmte und arteigene Lebensräume auf. Dort weiden sie den Aufwuchs von Wasserpflanzen ab, filtrieren Plankton, sieben Detritus aus, durchwühlen den Bodenschlamm oder gleiten an der Unterseite des Wasserspiegels entlang. Nur wenige Arten gehen in das freie Wasser tiefer Seen. Dem Aufenthaltsort entspricht die Färbung: Die Plankter der Seen sind glasartig durchsichtig, die der Kleingewässer sowie viele Bodenformen gelblich. Teichformen erscheinen oft rötlich; bräunliche, grünliche und schwärzlich gefärbte Arten kommen in moorigen Gewässern vor. Viele Arten treten oft massenhaft auf. Sie spielen eine wichtige Rolle als Fischnahrung und machen kleinere Algen und Geschwebe für die Fische nutzbar. Der Kopf ist bei den meisten Arten gegen die Körperlängsachse abgeknickt; er läuft nach unten in einen Schnabel (Rostrum) aus, hinter dem die 1. Antennen beginnen. Diesen so genannten Antennulae sitzen am Ende Tastborsten und Bündel von „Aesthetasken" (Geruchsorgane?) auf. Die 2. Antennen sind groß, muskulös und bestehen aus einem an der Gelenkung geringelten Basalglied sowie zwei gegliederten Ästen (Außen- und Innenast). Sie dienen als Bewegungsorgane; ihre Ruderborsten, deren Zahl artcharakteristisch ist, erhöhen die Wirksamkeit des Ruderschlages und werden bei Bodenformen zum Staken auf Schlamm mitbenutzt. Die ruckartigen Schläge der 2. Antennen und das Abschweben der Tiere mit ausgebreiteten Antennen während der Schlagpausen bedingen die typische, hüpfende Bewegungsweise der Daphnien; Bosminen und Chydoriden haben andere Bewegungsarten entwickelt; ihre kleinen 2. Antennen schlagen so rasch, dass die Tiere regelrecht zu schwirren scheinen. Hinter der großen und schmalen Oberlippe des Kopfes arbeiten, von breiten Muskeln bewegt, die beiden Mandibeln („Kiefer") gegeneinander; sie enden bei räuberischen Formen in scharfen Zähnen, bei den Partikelfressern in gerieften Mahlflächen. Dicht hinter den Mandibeln folgen als kleine, bewegliche Zapfen die stark verkümmerten 1. Maxillen; die 2. Maxillen sind völlig reduziert.

Von der Maxillenregion aus wächst nach hinten, nach den Seiten und über den Kopf hinweg die Schale als Hautfalte vor und bedeckt den unsegmentierten Körper samt den Beinen bei den meisten Arten vollständig. An der Bauchseite bleibt ein Schalenspalt bis zum Schwanzstachel hin offen.

Die feinen, polygonalen Muster der durchsichtigen Schalenkutikula spiegeln die Grenzen der unter der Kutikula liegenden Hypodermiszellen.

Nur die Beine der Räuber *(Polyphemus, Bythotrephes, Leptodora)* haben echte Gelenke; die fünf oder sechs Blattfußpaare aller anderen Wasserflöhe dagegen sind so genannte Turgorextremitäten aus sehr dünnem, unverkalktem Chitin, die nur durch den Druck der Körperflüssigkeit formbeständig und steif gehalten werden. Zusammen mit der Schale bilden die Beine einen Apparat, der vorne durch den Schalenspalt Wasser hereinsaugt, Geschwebe ausfiltert, ausgefilterte Nahrung zu den Mundwerkzeugen schiebt, dem Wasser Sauerstoff entnimmt und das Wasser durch den hinteren Schalenspalt hinauspresst. Form und Bewegungsmöglichkeiten ergeben zwischen Bein 2 und 3, 3 und 4, 4 und 5 links und rechts je drei Saugkammern.

Filtervorgang: Die Stammteile der 10 Beine stehen quer zur Körperachse und schräg nach hinten-unten gerichtet; an den Innenkanten der Stammteile stehen in dichter Folge die Borsten des Nahrungssiebes, die schräg nach hinten-oben zeigen. Die Beine 2, 3 und 4 besitzen solche Siebborsten als Nahrungsrechen. Sie reichen oben bis zur Bauchrinne. Alle Borsten der linken und rechten Seite zusammen bilden eine schmale, hohe Fang- und Filtergasse. An den Außenkanten der Stammteile sitzen Atemorgane in Form abgeflachter Säckchen (Epipoditen), und am Ende der Beine finden sich polsterartige, von Fiederborsten umrahmte Platten (Exopoditen). Die eigentliche Abgrenzung der zwischen den Beinen entstehenden Filterkammern bilden die Innenflächen der Schalenhälften. Bewegungswellen der Beine 2 bis 5 erzeugen in rascher Folge abwechselnd Sog und Überdruck in den Filterkammern. Bewegt sich ein Beinpaar vorwärts, erweitern sich die Kammern zwischen ihm und dem folgenden Beinpaar: Wasser strömt durch die Filtergasse in die Kammern. Beim Rückschlag streckt sich der Exopodit, und das Wasser strömt, durch die Borstengitter vom Geschwebe befreit, nach hinten ab. Basale Borsten der Beine 2, 3 und 4 fegen automatisch bei jedem Schlag die Gitter sauber und schieben die in der Bauchrinne durch Wasserströmung angesammelten Teilchen unter die Oberlippe zu den Mandibeln. Eine Drüse der Oberlippe schleimt die Partikel ein. Neben diesem medianen Filterfluss wird mit jeder Pumpbewegung ein zweiter Strom–hauptsächlich zur Atmung–an der Innenseite der Schalen von vorne nach hinten gelenkt. Die Blattbeine 1 und 2 dirigieren diesen Part. Wasserflöhe mit gleichartigen Beinen haben links und rechts je fünf Filterkammern; die Chydoriden andererseits arbeiten mit einer oder zwei Kammern–sie benützen die Beinpaare 1, 2 und (oft) 3 zum Laufen, Klettern, Harken und Wühlen.

Der ungegliederte Hinterleib (Abdomen) ist in der Schale frei beweglich; der abgewinkelte Teil des Abdomens (Postabdomen) kann aus dem Schalenspalt herausgebogen werden. Hinter dem After endet das Postabdomen in zwei Krallen mit Borstenkämmen, die zusammen mit den Analkrallen zum Reinigen der Beingitter und der Fanggasse sowie zum Abkratzen des Substrates verwendet werden. Auf einem kleinen Höcker des Postabdomenrückens sitzen die beiden gefiederten Fühlborsten (Setae natatores).

Da der Chitinpanzer nicht wachsen kann, müssen die Wasserflöhe sich häuten. Der Kopf sprengt als erster Körperteil die alte Kutikula, die dann mit allen Borsten und Anhängen abgestreift wird. Während der Häutung vergrößern sich die Tiere und ändern–wie alle Tiere mit Chitinkutikula–ihre Proportionen. Bis zur Geschlechtsreife häuten sich Wasserflöhe fünfmal; bei 20 °C Wassertemperatur täglich. Weitere Häutungen werden jeweils 10 bis 20 Minuten vor der Ablage eines neuen Eierschubes in den Brutraum vollendet. Im Winter vergehen Monate zwischen zwei Häutungen. Lebensdauer der Daphnien: 50 bis 85 Tage; reichliches Nahrungsangebot verkürzt die Lebensdauer.

Innere Organe: Die beiden Komplexaugen sind zu einer Kugel vereinigt. Vom Auge ziehen Nervenfasern in ein optisches Ganglion, das über zwei kurze, dicke Nervenstämme mit dem Gehirn verbunden ist (Farbfotos I, 15). Auf einem Vorsprung des Gehirns sitzen vier Pigmentbecherocellen, die zu einem Median- oder Naupliusauge vereinigt sind.

Alle Muskelfasern des Körpers sind quergestreift. Der Vorderdarm ist innen von Chitin ausgekleidet; er fungiert als sehr muskulöses Saugrohr. Der Mitteldarm zieht gerade oder mit einer Schlinge durch den Körper. An seinem Anfang sitzen bei vielen Arten zwei „Leberhörnchen", offensichtlich Drüsenorgane.

Die gefressenen Teilchen und Algen werden von einer „peritrophischen Membran" umschlossen, einem dünnen Sack aus feinsten Fäserchen, der sich erst hinter dem After auflöst. Die Wirkung der Fermente wird durch den Sack nicht behindert; er soll wohl die Zellen des Darmepithels vor Verletzungen schützen. Das tonnenförmige, rückenseitig gelegene Herz treibt das Blut durch den Körper. Die Krebse haben kein geschlossenes Blutgefäßsystem; der Blutstrom wird durch im Körper aufgespannte Membranen durch die Leibeshöhle dirigiert. Die Herzkammer nimmt das Blut aus der Leibeshöhle durch zwei Poren (Ostien) auf; die Pulsfrequenz ist temperaturabhängig: Bei 10 °C 170, bei 28 °C 300 Schläge pro Minute.

Die Eierstöcke liegen als unscharf umgrenzte Organe im Gebiet der Beine um den Darm; sie münden über kurze Eileiter vor dem gezipfelten Rückenfortsatz in den Brutraum. Die Weibchen produzieren drei verschiedene Eitypen: Diploide, sich parthenogenetisch entwickelnde Subitan- oder Jungferneier, aus denen Weibchen hervorgehen; ebenfalls diploide und sich parthenogenetisch entwickelnde Eier, aus denen Männchen hervorgehen; haploide Dauer-, Latenz- oder Wintereier, die zur Weiterentwicklung befruchtet werden müssen.

Unter normalen Bedingungen entstehen nur diploide Subitaneier (zwischen 2 und 70 pro Schub), die sich im Brutraum direkt zu jungen Weibchen entwickeln. Mittels dieser Subitaneier kann eine Population sehr rasch zur Massenentfaltung kommen.

Unter bestimmten – meist ungünstigen – Außenbedingungen werden einige Eier in männliche Richtung umgestimmt (die Geschlechtsbestimmung erfolgt hier phänotypisch; Geschlechtschromosomen spielen keine Rolle). Die aus den Männchen-Eiern entstehenden männlichen Tiere haben relativ große Augen, lange 1. Antennen, körperlange Stacheln an Bein 1 und hufeisenförmig gekrümmte Hakenwülste an den Beinen 1 und 2. Man kann die Männchen leicht aus einer Probe herauspipettieren, wenn man alle Tiere mit MS 222 (S. 23) betäubt.

Dieselben Umweltfaktoren, die die Entstehung von Männchen-Eiern begünstigen, lösen auch die Bildung des 3. Eityps aus: Die großen, sehr dotterreichen, haploiden Wintereier müssen vor ihrem Eintritt in den Brutraum befruchtet werden; andernfalls gehen sie zugrunde. Nach der Ablage der besamten Eier beginnen sie sich zu entwickeln, doch bricht die Entwicklung dann ab und läuft erst nach einer Ruheperiode weiter, die Wochen bis Jahre dauern kann. Die Dauereier sind durch Hüllen besonders geschützt. Eine verdickte Schalenpartie (Ephippium) färbt sich undurchsichtig dunkel, die hohen Außenzellen füllen sich mit Luft; ein oder mehrere Eier (bei *Daphnia* immer zwei) sind in dieser Schutzhülle eingeschlossen. Bei einer Häutung wird das Ephippium dann abgestoßen und steigt zur Oberfläche. Vögel verbreiten die Ephippien von Gewässer zu Gewässer und bringen sie an die merkwürdigsten Stellen. Ein Wasserflohweibchen kann nacheinander eine ganze Reihe von Ephippien bilden. Aus den Dauereiern schlüpfen ausnahmslos wieder Weibchen, die im Frühjahr und nach Trockenperioden durch unbefruchtete Jungferneier wieder neue Generationen von Weibchen erzeugen. Ob solche Sexualperioden überhaupt auftreten (bei den Planktonten in größeren

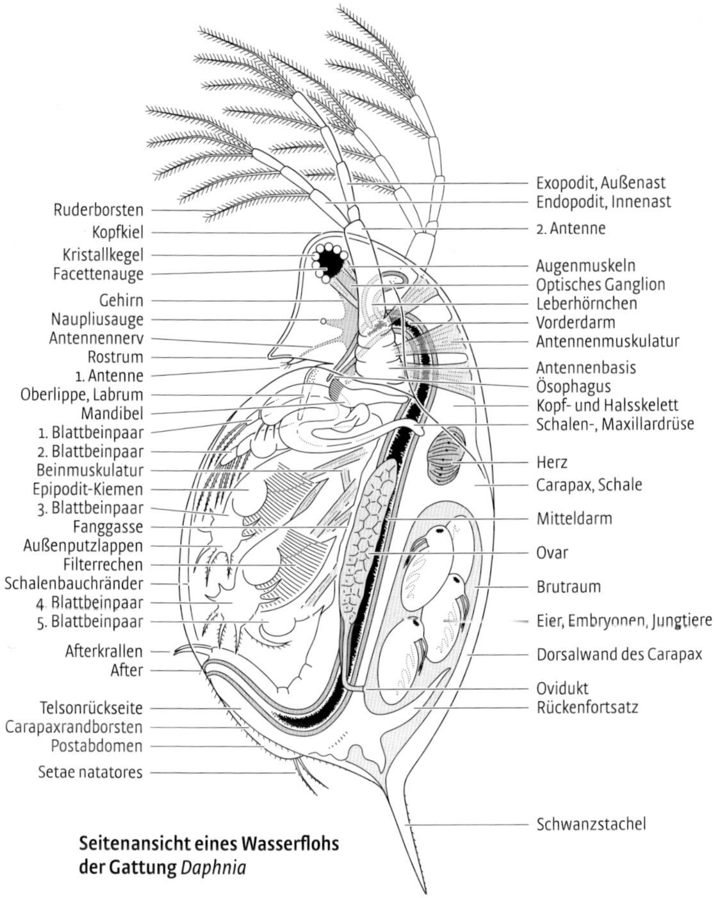

Seitenansicht eines Wasserflohs der Gattung *Daphnia*

Seen), nur im Herbst (Chydoriden und Daphnien), im Frühjahr und Herbst (Daphnien) oder öfters im Jahr *(Moina* in seichten Tümpeln), ist bei den einzelnen Arten erblich unterschiedlich streng festgelegt und durch Milieubedingungen variierbar.
Viele Rassen der planktischen Wasserfloharten ändern im Verlauf eines Jahres von Generation zu Generation und von Häutung zu Häutung ihre Gestalt. Ursache und Bedeutung dieser jahreszeitlichen Abwandlungen (Temporalvariationen, Zyklomorphose) sind noch rätselhaft. Die Änderungen betreffen die Längen der Endstacheln, Kopf- und Helmformen, Buckeligkeit der Schalen, Zahl der Eier im Brutraum. Im Herbst erreichen alle Tiere wieder die Ausgangsformen des Frühjahres.

Gruppe Ctenopoda (Kammfüßer): Sechs im Bau einander sehr ähnliche Blattfußpaare. Gattungen hier: *Sida, Diaphanosoma, Holopedium.* Marin: *Penilia avirostris.*

Gruppe Haplopoda (Einfachfüßer): Sechs Beinpaare, die aber als stabförmige Fangbeine, nicht als Blattfußbeine ausgebildet sind. Großes Komplexauge, Körper segmentiert, Kopf und Körper langgestreckt. Gattung: nur *Leptodora.*

Gruppe Anemopoda (Gros der Wasserflöhe): Gattungen hier: *Daphnia* bis *Monospilus.*

Gruppe Onychopoda (Krallenfüßer): Beine nicht blattfußartig, als mehrgliedrige Raubbeine mit echten Gelenken ausgestattet. Schale reduziert, dient nur als Brutraum; Räuber. Gattungen hier: *Polyphemus*, *Bythotrephes.* Marin: *Podon, Evadne.*

Unterklasse Copepoda (Ruderfußkrebse, Hüpferlinge, Copepoden)

Die Ruderfußkrebse sind vor allem Meerestiere (10000 Arten); im Süßwasser kommen um 125 freilebende Arten vor, häufig sind nur relativ wenige Arten. Die meisten Süßwassercopepoden leben in kleineren, seichten Gewässern. Die prachtvolle Färbung der durchsichtigen *Diaptomus*-Arten wird durch leuchtend rote, orangegelbe und blaue Öltröpfchen im Fettkörper der Tiere hervorgerufen; die Tröpfchen setzen das spezifische Gewicht herab und erhöhen das Schwebevermögen. Zahlreiche marine Arten leben als Außen- oder Innenparasiten. Im Süßwasser parasitiert nur *Ergasilus sieboldi* (1,5 mm) auf den Kiemen von Schleien und Brachsen.
Bei den freilebenden Arten ist der meist langgestreckte Körper in ein Kopf-Bruststück (Cephalothorax), in eine Brust (Thorax) und den Hinterleib (Abdomen) gegliedert. Im Cephalothorax sind die fünf primären Kopfteile und ein oder zwei Brustsegmente zu einer Einheit verschmolzen; der Thorax besteht aus vier oder fünf Segmenten; das Abdomen umfasst fünf gliedmaßenlose Segmente. Das 1. und das 2. Hinterleibssegment sind verwachsen.
Die 1. Antennen – 5- bis 25-gliedrig – sind in erster Linie Sinnesorgane mit sehr vielen Sinnesborsten und Sinneskolben. Bei den Schwimm- und Schwebeformen werden sie vor jedem Sprung schlaff dem Körper angelegt und anschließend als Steuer-, Balancier- und Schwebeorgane wieder versteift. Sie sind keine Fortbewegungsorgane! Die 2. Antennen sind kurz und oft zweiästig. Die Mandibeln („Kiefer") sind bei den Larven noch typische Spaltfüße; im Verlauf der Umwandlung werden ihre basalen Kauteile betont und die Spaltfußäste reduziert. Vor dem Mund und über den Mandibeln steht eine Oberlippe. Die auf die Mandibeln folgenden 1. und 2. Maxillen sind zweiästig. Mit den Mundwerkzeugen (Mandibeln, 1. und 2. Maxillen) arbeiten die einästigen „Maxillipeden" zusammen. Sie sind die Gliedmaßen des in den Cephalothorax eingegangenen Brustsegmentes. Bei den Bodenformen enden die Maxillipeden in starken Greifhaken.
Ausgestaltung und Arbeitsweise der Mundwerkzeuge variieren je nach Fresstyp: Die Strudler erzeugen durch Klappbewegungen der Borstenfächer von 2. Antennen und Maxillipeden sowie der Außenäste von 2. Maxillen und 2. Antennen einen nach hinten gerichteten Strom, der die Tiere langsam durch das Wasser treibt. Das am Bauch entlangziehende Wasser saugt Wasser aus der Umgebung in die Filtergitter an den Innenseiten der 2. Maxillen hinein. Ausgesiebte und in den Gittern hängende Teilchen werden durch Borsten der 1. Maxillen zu den Mandibeln und in Mundnähe gedrückt. Die Räuber packen aufgestöberte Insektenlarven und Würmer mit stark bedornten Maxillen; die bezahnten Mandibeln quetschen die Beute und reißen Stücke ab, der muskulöse Vorderdarm saugt die Bissen auf. Die Vegetarier behandeln kleinere Algen ebenso; große Algenzellen werden von den 1. Maxillen angeschnitten und darauf ausgesaugt.
Die fünf Brustbeinpaare sind Ruderorgane. Jedes Bein besitzt zwei Äste. In Ruhe liegen alle Beinpaare nach vorne geklappt. Das letzte Paar beginnt mit weit gespreizten Ästen und Borstenfächern nach hinten zu schlagen, worauf die anderen Paare mit breiter Ruderfläche blitzschnell nachfolgen. Eng zusammengelegt schlagen alle Beine gleichzeitig nach vorne. Das Ergebnis eines Rück- und Vorschlags ist ein ruckartiger

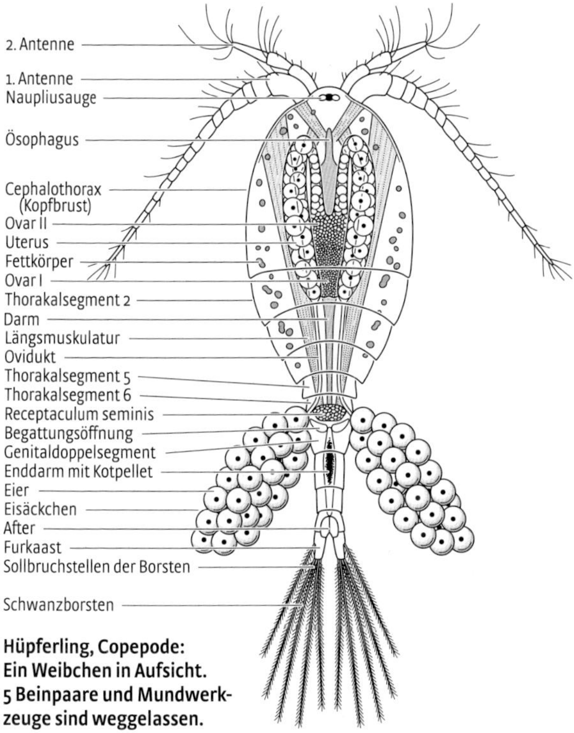

Hüpferling, Copepode: Ein Weibchen in Aufsicht. 5 Beinpaare und Mundwerkzeuge sind weggelassen.

Sprung im Wasser (daher die Bezeichnung „Hüpferlinge"). Das letzte, 5. Beinpaar ist meistens klein, beim Männchen für die Begattung spezialisiert; die genaue Untersuchung des 5. Beines ist für eine exakte Artbestimmung oft unerlässlich.
Hinterleib, Furka (Schwanzgabel) und Schwanzborsten fungieren als Steuer. Der Enddarm mündet auf der Rückenseite des letzten Segmentes.
Aus dem Ei schlüpft eine Nauplius-Larve (Farbfotos II, 27), die sechs durch Häutungen getrennte Stadien durchläuft. Es folgen sechs „Copepodid-Stadien" (mit jedem Stadium erscheinen weitere Segmente, und mehr Ruderbeine übernehmen die Fortbewegung); mit dem letzten Copepodid-Stadium ist das Tier geschlechtsreif und häutet sich nicht mehr. Lebensdauer 6 bis 13 Monate.
Innere Organe. 3 bis 6 Naupliusaugen bilden ein Lichtsinnesorgan, das höchstens die Richtung des einfallenden Lichtes feststellen kann. Komplexaugen fehlen. Der Darm zieht als gestrecktes Rohr durch den Körper; an der Grenze zwischen Speiseröhre und Mitteldarm mündet oft ein Blinddarm, der bis zur Spitze des Kopfes reicht. Peristaltische Bewegungen des Darmes schieben den Darminhalt hin und her und ersetzen gleichzeitig das bei allen *Cyclops*-Arten fehlende Herz.
Die unpaaren Eierstöcke oder Hoden liegen über dem Darm und münden über zwei Eileiter bzw. Samenleiter auf der Bauchseite des 1. Hinterleibssegmentes. Eine Samentasche (Receptaculum seminis) speichert bei den Weibchen einen Vorrat an Spermien.
Die Männchen sind an den ein- oder beidseitig entwickelten Gelenken in den 1. Antennen leicht zu erkennen (s. S. 323 oben rechts). Sie packen die Weibchen mit diesen

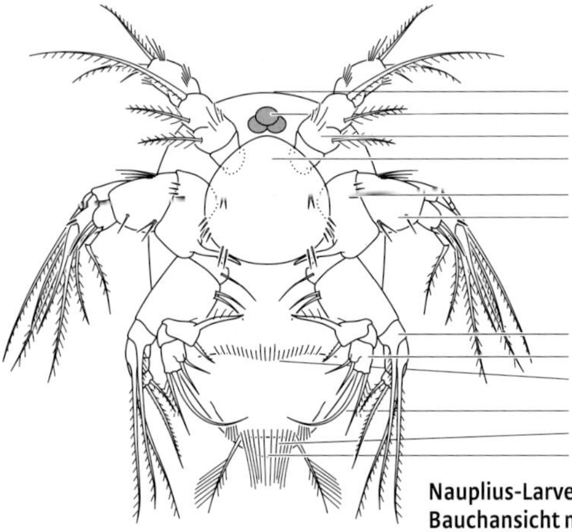

Nauplius-Larve eines Ruderfußkrebses; Bauchansicht mit drei Extremitätenpaaren

Greiforganen und pressen die Geschlechtsöffnungen aufeinander (*Cyclops*-Arten); oder sie befestigen mit Hilfe der zu Pinzetten umgestalteten Hinterbeine ein klebriges Spermienpaket an der Geschlechtsöffnung (*Diaptomus*-Arten).
Parthenogenese ist bei Copepoden äußerst selten. Begattete Weibchen legen innerhalb weniger Minuten ihre zunächst roten Eier ab. Beim Austritt aus den Eileitern in das Wasser kommt ein Sekret hinzu, das erhärtet und die Eier in Eisäckchen zusammenhält. Liegen die Eileitermündungen nahe beieinander, entsteht ein Eiballen; weit getrennte Geburtsöffnungen bilden ein Paar von Eisäckchen. Die Eier werden während der Eiablage von den in der Samentasche auf Vorrat gehaltenen Spermien befruchtet. Die Weibchen bilden mehrmals nacheinander Eisäckchen.
Aus den Eiern schlüpfende Nauplius-Larven (S. 350, Nr. 32, Farbfotos II, 27) rudern ruckartig. Bewegung und Nahrungsaufnahme besorgen sie mit nur drei Gliedmaßenpaaren (1. und 2. Antennen, Mandibeln). Beim Rudern strömen schwebende Partikel, Diatomeen, Grünalgen und Protozoen einmal um die Oberlippe zum Mund, zum anderen sieben Felder von Bauchborsten oder Fieberborsten an den Mandibeln und 2. Antennen Geschwebe aus den Wasserwirbeln ab. Die Weibchen scheinen oft in der Überzahl zu sein, da sie langlebiger sind und durch die Eisäckchen eher auffallen. Tatsächlich ist aber das Verhältnis von Männchen zu Weibchen wenigstens bei der Geburt wie 1:1.

1. Calanoida: 1. Antennen sehr lang, bis 25gliedrig. Rechte 1. Antenne der Männchen mit Greiforgan. Mit Herz. Eier zu großem Eisack vereinigt, der von den Weibchen unter dem Abdomen getragen wird. Schwebende Planktonformen, die sich als Strudler ernähren. Gattungen hier: *Diaptomus* bis *Heterocope*.

2. Cyclopoida: 1. Antennen mit 8 bis 17 Gliedern. Beide 1. Antennen der Männchen mit Greiforganen. Kein Herz. Eier in zwei Eisäckchen. Meist in Kleingewässern. Räuber, Aas- und Algenfresser. Gattungen hier: alle *Cyclops*-Formen.

3. Harpacticoida: 1. Antenne mit höchstens 8 Gliedern. Beide 1. Antennen der Männchen mit Greiforganen. Kein Herz. Körperabschnitte gehen allmählich ineinander über. Ein Eisäckchen. Sehr schlechte Schwimmer; kriechen gewandt und schlängeln sich im Substrat fort. Gattungen hier: *Canthocamptus, Attheyella*, *Bryocamptus*.

Unterklasse Ostracoda (Muschelkrebse)

Die Tiere gleichen äußerlich sehr kleinen Muscheln, da der undeutlich segmentierte Körper von einer zweiklappigen, meist stark verkalkten Schale umschlossen wird. Die beiden Schalenhälften werden längs der Rückenlinie durch Schlossbildungen verzahnt und durch ein elastisches Band zusammengehalten. Das elastische Band lässt die Schalenhälften klaffen, ihm wirkt beim lebenden Tier ein Schließmuskel entgegen, der quer durch den Körper zieht und mit seinen beiden Köpfen etwa im Zentrum der Schalenteile ansetzt.

Die verkalkte Außenwand der Schale trägt Börstchen, Drüsenmündungen, Gruben und Leisten; die Schaleninnenwand dagegen bleibt zart chitinisiert und glatt. Die Schale ist doppelwandig; in ihrem Binnenraum zirkuliert Blut, und Darmdivertikel sowie Keimdrüsen können sich in den Binnenraum hineinschieben.

Der wenig gegliederte Körper wird von den Schalen umschlossen, und zwar einschließlich der beiden Antennenpaare und der übrigen Extremitätenpaare. Der Rumpfabschnitt des Körpers ist so stark verkürzt, dass er den Kopfabschnitt an Länge und Ausdehnung nicht übertrifft. Die sieben Extremitätenpaare in der Reihenfolge von vorne nach hinten: 1. Antennen, 2. Antennen, Mandibeln mit Tastern (Palpen), 1. Maxillen, 2. Maxillen. 1. Gangbeinpaar, 2. Gangbeinpaar. Eines der beiden Maxillenpaare trägt Atemplatten, verbreiterte Beinabschnitte, die als Ventilatoren einen Strom von Wasser durch die Schalen treiben. Das 2. Gangbeinpaar dient teils zum Laufen, teils arbeitet es als Putzbeinpaar und säubert die Schaleninnenseiten sowie die Atemplatten von eingestrudeltem Detritus. Der Körper endet in einer Schwanzgabel (Furka), die nicht zu den sieben Extremitätenpaaren gerechnet wird; sie ist zu geißelförmigen Anhängern reduziert oder trägt beinartige, paarige Anhänge.

Die Muschelkrebse schwimmen, indem beide Antennenpaare gleichzeitig schlagen, und zwar das 1. Paar nach hinten und oben, das 2. Paar nach hinten und unten. Die Tiere schwimmen sehr stetig, nicht ruckweise, wobei die 2. Antennen in erster Linie für Antrieb und Vorschub sorgen. Die Antennen gut schwimmender Arten sind stets mit langen Borsten ausgerüstet.

Männchen treten bei den Süßwasserbewohnern unregelmäßig auf oder sind ganz unbekannt. Die meisten Arten legen ihre Eier ab und befestigen sie einzeln oder in Gelegen an Steinen, Pflanzen und Ästen. Aus den Eiern schlüpfen gut schwimmende, atypische Naupliuslarven mit Kopfschild und drei Paar einästigen Stabbeinen als Gliedmaßen. Das Erwachsenenstadium wird nach drei bis acht Häutungen erreicht. Erwachsene Tiere häuten sich nicht mehr. Bei den Männchen besitzen die 2. Maxillen auffällige Greifzangen, mit denen die Weibchen während der nur kurze Zeit dauernden Paarung festgehalten werden.

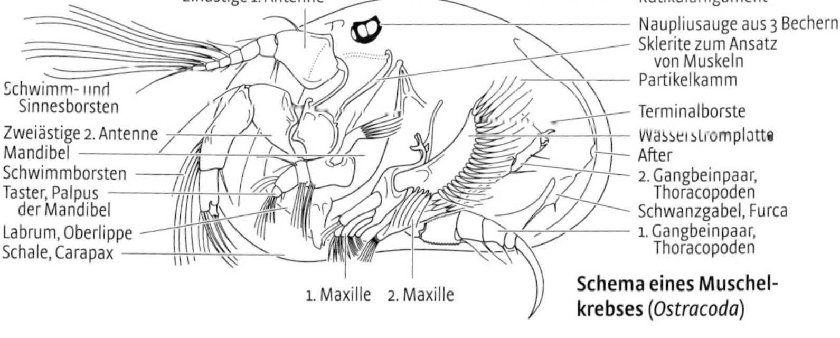

Schema eines Muschelkrebses (*Ostracoda*)

Muschelkrebse leben in fast allen Wasseransammlungen, meist am Grund. Sie graben im Schlamm, laufen auf dem Boden oder klettern an Pflanzenteilen herum. Die 1. Antennen können dabei den Weg abtasten und Hindernisse fortschieben.
Lebensweise und Ausgestaltung der Extremitäten hängen eng zusammen. Wühlende Arten haben verkürzte Antennen- und Laufbeinglieder, Läufer und Kletterer benützen die klauenartigen Borsten der 2. Antenne, die Sichelklauen eines oder beider Laufbeinpaare und die Furka zum Ziehen, Schieben und Abstemmen.
Die Nahrung der Muschelkrebse ist je nach Art sehr verschieden: Tierleichen (*Cypris*-Arten), Blätter *(Candona),* Algen (*Heterocypris*), Detritus und Diatomeen. *Notodromas* filtriert Kahmhäute und seiht mit den Mandibeln Bakterien heraus. Die Art der Nahrung kann am Inhalt des Darmes abgelesen und aus dem Bau der Mundwerkzeuge erschlossen werden; das Fressen selbst ist äußerst schwer zu beobachten.
Schalen von Muschelkrebsen sind seit dem Erdaltertum fossil erhalten. Sie haben paläontologisch und geologisch als Leitfossilien große Bedeutung (fossil ca. 40000 Arten!).
In ausgetrockneten oder eingefrorenen Pfützen und Tümpeln können die meisten Muschelkrebsarten lange ausharren und überleben. Die Ränder der Schalenhälften werden dabei fest zusammengepreßt.
Zur Untersuchung muss der Körper aus der Schale herauspräpariert werden. Am besten bringt man das zu untersuchende Tier auf grobes, mit Glyzerin durchtränktes Filtrierpapier und präpariert mit spitzen und stumpfen Insektennadeln. Körper mit Extremitäten und Schalenhälften werden getrennt in Glyzerin oder Glyzeringelatine eingedeckt – oder in Hydromatrix, S. 24).

Unterstamm Chelicerata; Klasse Arachnida (Spinnentiere)

Ordnung Acarina (Milben)

Familienreihe Hydrachnellae (Süßwassermilben)

Zur Klasse der Spinnentiere gehören Skorpione, Geißelskorpione, Webespinnen, Palpenläufer, Kapuzenspinnen, Gliederspinnen, Bücherskorpione, Walzenspinnen, Weberknechte und Milben.
Die meisten Milben sind Landbewohner; relativ wenige Arten haben sich an das Wasserleben angepasst.
Die Gliederung der Spinnentiere ist bei den Milben ganz aufgegeben, ihr Körper ist zu einem äußerlich einheitlichen, höchstens angedeutet segmentierten „Sack“ geworden. Die Anpassungen der Süßwassermilben an ihren Lebensraum sind, verglichen mit den Landmilben, relativ geringfügig. Die Behaarung des Körpers fällt bei den Süßwassermilben weg, der Rückenteil des Chitinpanzers bleibt meist weich, die Krallen der Beine sind verkleinert, Hautdrüsen treten auf, die Öffnungen des Tracheensystems nach außen (Stigmen) sind durch Häutchen verschlossen, die Beine sind durch Säume von Schwimmhaaren zu Rudern umfunktioniert.
Auf der Erde leben etwa 2500 Arten von Süßwassermilben; sie besiedeln alle Gewässertypen und sind am häufigsten in Teichen und den Vegetationsgürteln von Seen. Pflanzenfreie Brandungsufer meiden sie, ebenso austrocknende Pfützen und stark verschmutzte Gewässerbezirke. Die oft prächtig gefärbten Tiere sind nur wegen ihres Lebensraumes und ähnlicher Lebensweise zu einer Gruppe zusammengefasst, systematisch bilden sie keine Einheit.
In einer Bucht der vorderen Hüftplatten liegt das Gnathosoma, zu dem die beiden Pedipalpen mit ihren Coxen (Hüften) und das Maxillarorgan gehören. Im Maxillarorgan liegen, zum Teil miteinander verwachsen, die stechenden Cheliceren (Kieferklauen). Sie bestehen hier aus einem breiten Grundglied und einer darauf sitzenden, häufig ge-

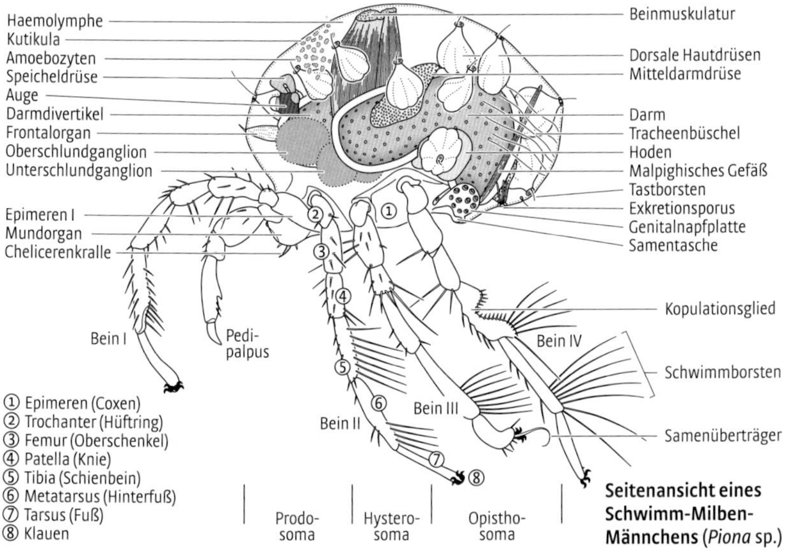

Seitenansicht eines Schwimm-Milben-Männchens (*Piona* sp.)

zähnelten Klaue als Stech- und Zangenwerkzeug. Der mittlere Teil des Maxillarorgans, das Rostrum, Tectum, ist oft schnauzenartig verlängert und nach unten gerichtet; es endet mit der winzigen Mundöffnung. Die beiden 5-gliedrigen Taster (Palpen) sind in Gruben der Oberseite des Maxillarorgans eingelenkt.

Alle Wassermilben sind Räuber. Sie packen Wasserflöhe, Hüpferlinge, Muschelkrebse, kleinere Milben, Schneckenlaich und Insektenlarven mit den Palpen, halten sie fest und stechen sie mit den Cheliceren an. Herausquellende Flüssigkeit wird durch den Mund aufgesaugt, Verdauungsenzyme werden in die Beute ausgeschieden und verflüssigen deren innere Organe, die dann regelrecht ausgeschlürft werden.

Die Beine sind 6gliedrig; erwachsene Tiere und Nymphen haben vier Paare, Larven drei Paare. Sie sind an den Hüftplatten angelenkt, deren Formen und Gruppenbildungen ein wichtiges Bestimmungsmerkmal sind.

Um die spaltförmige Geschlechtsöffnung auf der Bauchseite sind Genitalplatten gruppiert. Auf den Genitalplatten stehen merkwürdig gebaute Saugnäpfchen, die nur den Wassermilben zukommen.

Die Lebenszyklen der Wassermilben sind zum großen Teil noch nicht vollständig bekannt und variieren anscheinend von Gattung zu Gattung. Hier eine summarische Übersicht über die durch Häutungen voneinander getrennten Stadien:

a. Die sechsbeinige Larve schlüpft aus dem Ei. Sie geht als Schmarotzer auf Wasserwanzen, Schwimmkäfer oder wasserlebende Insektenlarven. Bei der Verwandlung von Puppen und Larven der Wirte zu Volltieren können die parasitischen Milbenlarven auf das Volltier (Mücken, Eintagsfliegen, Libellen) übergehen. Die parasitierenden Larven durchbohren das Chitin der Wirte und saugen Körpersäfte.

b. Die Protonymphen sind Dauerstadien; sie erscheinen als bein- und bewegungslose Säcke.

c. Die Deutonymphen entwickeln sich zu achtbeinigen Tieren innerhalb des Protonymphensackes. Sie schlüpfen, leben einige Zeit frei am Grund der Gewässer, klettern auf Pflanzen und wandeln sich in das nächste Stadium um.

d. Die bewegungslosen Tritonymphen bilden ein zweites Dauerstadium.
e. Die fertigen, geschlechtsreifen Milben schlüpfen aus den Häuten der Tritonymphen.
An durchsichtigeren Arten lassen sich alle Organsysteme ganz gut beobachten.
Man kann Wassermilben mit MS 222 (S. 23) betäuben und stilllegen. In Formol und Alkohol werden die Tiere spröde und runzelig; Konservierung daher am besten in einem Gemisch aus drei Teilen Wasser, fünf Teilen Glyzerin und zwei Teilen Essigsäure. In diesem Gemisch bleiben die Beine gestreckt.
Um die Strukturen der Bauchseite genauer zu sehen–für eine exakte Bestimmung ist das nötig–, werden getötete Tiere angestochen, ausgespült und zart ausgequetscht.
In Mitteleuropa leben etwa 450 Süßwassermilben-Arten. Gattungen hier: *Limnochares* bis *Brachypoda.*

Stamm Tardigrada (Bärtierchen)

Bärtierchen sind zwar streng an Wasser gebunden, doch findet man sie in Tümpeln, Teichen und Seen nie häufig. Nur gelegentlich entdeckt man sie auf Algen, Wasserpflanzen, Steinen und im Schlamm. Der typische Lebensraum der Tardigraden sind die Tröpfchen und Wasserfilme in Moospolstern, Flechtenlagern, dem Moos- und Flechtenbewuchs auf alten Dächern, Blattrosetten, Sandstränden, selbst auf Gletschern. Die größten Arten werden bis 1,2 mm lang, die meisten bleiben unter 500 µm, und es gibt selbst Arten, bei denen die erwachsenen Tiere 50 µm nicht überschreiten.
Der dickliche, zylindrische Körper, die vier Paar Stummelfüßchen und die bedächtigen Bewegungen der „Pfoten" haben den winzigen Tierchen die Bezeichnung Bärtierchen oder Wasserbären eingebracht. Kopf und vier undeutliche Segmente gliedern den Körper. Jedes Bein endet mit zwei Doppelklauen, die zum Klettern verwendet werden. Vorne am Kopf liegt der Mund, der After mündet zwischen den Hinterbeinen.
Eine dünne Lage von Hautzellen scheidet eine wasserdurchlässige, dreischichtige Kutikula ab: Epikutikula, Intrakutikula, Prokutikula. Epi- und Intrakutikula bestehen aus Lipiden und gegerbten Proteinen; die innere Prokutikula enthält Chitin. Dicke und Farbe der zum Teil durchscheinenden, zum Teil recht dunklen Kutikula sind verschieden; einige Moosbewohner besitzen regelrechte Panzerplatten.
Die Tiere häuten sich vier- bis sechsmal im Laufe ihres Lebens. Die meisten Individuen sind Weibchen; Männchen tauchen nur gegen Ende des Winters häufiger auf.
Tardigraden stechen mit ihren Stiletten Moosblättchen und Algenzellen an. Der Schlund schlürft den Zellinhalt heraus und pumpt ihn in den Darm. Eine Ausnahme: Das Bärtierchen *Milnesium* fällt Fadenwürmer und Rädertiere an. Trocknet der Lebensraum, der Wasserfilm, ein, so geben die zellkonstanten Tiere Wasser ab und kontrahieren sich. Nach 45 Minuten sind Kopf und Beine eingezogen. Die unbeweglichen, zerknitterten „Tönnchen" enthalten jetzt nur noch 2 % nicht verdunstbares, „gebundenes" Wasser (Quellungs- und Lösungswasser der Eiweiße). Die trockenstarren Tönnchen bleiben 10 Jahre lebensfähig und überdauern im Versuch einen 20 Monate langen Aufenthalt in flüssigem Sauerstoff. Die inneren Organe bleiben in den Tönnchen erhalten, enzymgesteuerte Stoffwechselprozesse jedoch sind nicht mehr möglich (Anhydrobiose, Anabiose). Bringt man die Tönnchen in Wasser, so quellen sie im Verlauf einer halben Stunde auf und verwandeln sich zum normal aktiven Tier.
Die innere Organisation der hübschen und merkwürdigen Tiere zeigen die Zeichnung und die Erklärung der Ziffern. Die Beziehungen der Tardigraden zu anderen Tierstämmen sind ungeklärt.
1 Übereinandergelegte Kutikularringe steifen den Mund aus und bilden beim Saugen eine Art Labyrinthdichtung. **2** Der enge Röhrenteil des Schlundes ist wie die Mundringe sklerotisiert und reicht in den Saugpharynx hinein; 2 Stilettscheiden überwölben in

Ruhelage die scharfen Spitzen der Stilette. **3** Das große Gehirn liegt über dem Pharynx; 2 breite Konnektive ziehen beiderseits des Pharynx zum Unterschlundganglion (**4**); die Augen liegen dem Gehirn an und enthalten je eine einzige Sehzelle. **4** Unterschlundganglion. **5** Kutikula. **6** Epidermiszellen; ihre Zahl ist konstant und artspezifisch. **7** Das erste Ganglienpaar des Bauchstrangs. **8** Die Kutikularstilette verkalken streckenweise; sie sitzen mit ihren gegabelten Basisköpfen auf federnden Querträgern, die als solide Gebilde von der Wand des Pharynx ausgehen. **9** In jedes Bein ziehen von der Rücken- und Bauchseite her einige Muskeln. In einem kleinen Ganglion enden die Verbindungsnerven zum entsprechenden Bauchganglion. Das hinterste Beinpaar wird zur Fortbewegung nicht verwendet. **10** Die Speicheldrüsen münden weit vorne in die Mundhöhle. **11** 7 Paare feiner Muskeln, die alle von den basalen Stilettköpfchen ausgehen, ziehen die Stilette zurück oder stoßen sie weit zum Mund hinaus. **12** Radiärmuskeln erweitern das von einem dünnen Epithel ausgekleidete und in Ruhe Y-förmige Lumen des Saugmagens; auffällig sklerotisierte „Makroplakoide" (die 6 schwarz gezeichneten Stücke im Pharynx) fungieren als Aussteifung und Muskelansatz. **13** 2. Bauchganglienpaar des Bauchstrangs; das 3. und 4. Paar, in der Zeichnung vom Darm verdeckt, liegen in Höhe des reifen Eies und des Eileiters. **14** Aus den Wandungen der vorderen 4 Cölomsackpaare (Cölom = sekundäre Leibeshöhle) gehen während der Embryonalentwicklung neben Muskelfasern die Speicherzellen hervor. **15** Der Eierstock ist ein unpaarer Sack, der vom 5., letzten Cölompaar des Embryos gebildet wird; der Eileiter mündet rechts hinter dem Enddarm in eine Kloake. Der ebenfalls unpaare Hoden der Männchen mündet über 2 Samenleiter. **16** Ringmuskulatur des Körpers. **17** Eier, die frei abgelegt werden, sind vielfältig skulpturiert; glatte Eier werden in die frisch gehäutete Kutikula gebracht; unbefruchtete, dünnschalige Eier entwickeln sich parthenogenetisch. 3 bis 14 Tage nach der Eiablage schlüpfen die Jungtiere. **18** Eine Speiseröhre verbindet den Schlund mit dem geraden Mitteldarm. Ungefähr 40 hohe Zellen bilden das einschichtige Darmepithel. **19** Das 4. Bauchganglienpaar innerviert unter Einschaltung eines Zwischenganglions (**19**) die Hinterbeine. **20** Als Gegenspieler der Körperlängsmuskulatur, der Ringmuskulatur und der Beinmuskulatur fungiert der Flüssigkeitsdruck der Körperflüssigkeit (Turgor). **21** Ein Receptaculum seminis, ein Samenspeichersäckchen, bilden nur Arten der Gattungen *Hypsibius* und *Macrobiotus* im Herbst und Winter aus. **22** 2 Malpighische Schläuche aus je 3 Zellen sind an der Exkretion mitbeteiligt. **23** Die 3zellige „dorsale Ausscheidungsdrüse" enthält wie die Malpighischen Schläuche stark lichtbrechende Exkrete. **24** Muskulatur des Enddarms.

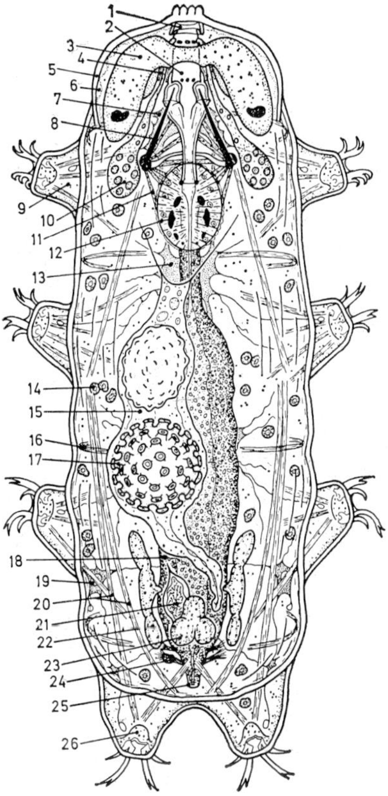

25 Querer Afterspalt. **26** Ähnlich wie die Stilette und das Mundrohr werden die neuen Doppelkrallengarnituren vor jeder Häutung in Hohlräume von dicken Epidermispolstern hinein abgeschieden; weichen die Vakuolenwände auseinander, werden die Kutikulagebilde frei.
Sammeln: Nasse Moose ausquetschen. Trockene Moose und Flechten mit Wasser übergießen, nach einiger Zeit auspressen. Eine exakte Bestimmung anhand der Krallenformen, der Eiformen und der sklerotisierten Einlagerungen (Makroplakoide) im Pharynx ist schwierig. Hier sind die häufigeren Arten der Moosrasen, Wassermoose und der stehenden Gewässer angeführt:

1. *Echiniscus blumi:* Auf der Rückenseite fünf grobkörnige Panzerplatten mit körperlangen seitlichen Fäden; bis 450 µm.
– Die weiteren Arten ohne Panzerplatten! –

2. *Milnesium tardigradum:* Um den Mund sechs vorstehende Papillen; Pharynx ohne Makroplakoide; jedes Bein mit zwei sehr dünnen; langen „Fadenkrallen“ und zwei kleinen robusten „Steighaken“; 500 bis 1200 µm.
– Die weiteren Arten ähnlich wie das schematisch gezeichnete Tier auf der Abbildung.–

3. *Hypsibius oberhaeuseri:* Epidermis graubraun, rotbraun oder violett; um 400 µm.
– Die weiteren Arten durchscheinend und farblos! –

4. *Hypsibius dujardini:* Die beiden Doppelkrallen eines Beines sind im Bau, in der Größe und in der Stellung erheblich verschieden. Um 450 µm.

– Die Doppelkrallen eines Beines sind bei den weiteren Arten in Form und Größe identisch! –

5. *Macrobiotus macronyx:* Krallen groß. Tiere bis 1000 µm. Im Pharynx vier schmale, dünne Makroplakoide.

6. *Macrobiotus hufelandi:* Im Pharynx vier Makroplakoidstäbe, das vordere Paar leicht geknickt und fast doppelt so lang wie das hintere. Eier wie im Schema (17). Um 600 µm.

7. *Macrobiotus echinogenitus:* Im Pharynx vier Makroplakoidstäbe. Eier mit zwiebelförmigen Auswüchsen. Um 500 µm.

8. *Macrobiotus intermedius:* Im Pharynx sechs Makroplakoidkörner. Eier wie im Schema (17). Um 350 µm.

9. *Macrobiotus harmsworthi:* Im Pharynx sechs Makroplakoidstäbe. Eier mit zwiebelförmigen Auswüchsen. Um 650 µm.

Stamm Tentaculata (Tentakelträger)

Klasse Bryozoa (Moostierchen)

Die festsitzenden Moostierchen bilden Kolonien. Die meist winzig kleinen Einzeltiere (Zooide) der Kolonien und Stöckchen bestehen aus einer mehr oder weniger festen Hülle als „Wohnröhre“ (Cystid) und dem zurückziehbaren Weichkörper (Polypid). Cystid und Polypid bilden zusammen eine untrennbare Einheit, nie kann das Polypid seine

Hülle verlassen. Die Hülle wird von Hautzellen als kalkige, hornartige, chitinöse, mit Fremdkörpern beladene oder glasklare, zerfließende Schicht abgeschieden.
Der Hautmuskelschlauch, der unmittelbar unter den Hautzellen liegt, bleibt schwach entwickelt.
Die Leibeshöhle ist von einer dünnen Epithelschicht ausgekleidet. In der Leibeshöhlenflüssigkeit schwimmen Lymphzellen. Der Verdauungsapparat, das eigentliche Polypid, gliedert sich in Tentakelkrone, Speiseröhre, Magen, Magenblindsack, Darm und Enddarm. Der Darmkanal hängt als V-förmige Schleife in die Leibeshöhle hinein. In der Nähe des Mundes, außerhalb der Tentakelkrone, mündet der After nach außen. Die entfalteten und bedächtig hin- und herwiegenden Tentakelkronen der Moostierchen gehören zu den schönsten und faszinierendsten Organen von Süßwassertieren. Die Tentakelkronen sind Strudelapparate, die einzelnen Tentakel sind dicht in drei Reihen mit Wimpern besetzt. Die Tentakel stehen bei den Süßwasserbryozoen, von einer Spange getragen, in zwei U-förmigen Reihen vor der Mundöffnung. Die Tentakel der Süßwassertiere sind an der Basis durch eine Membran verbunden; die des äußeren Kranzes biegen sich nach außen, die des inneren Kranzes einwärts. In der Rinne zwischen beiden Kränzen wird die Nahrung, bevor sie in den Mund gelangt, gesammelt. Unverdauliche oder sonst missliebige Objekte werden von einer Oberlippe über dem Mund ferngehalten.
Planktische Grünalgen, Diatomeen, Zieralgen, Flagellaten, Ciliaten, Rädertiere und Detritus werden aus weiter Entfernung herbeigestrudelt. Gleichzeitig dienen die Tentakel

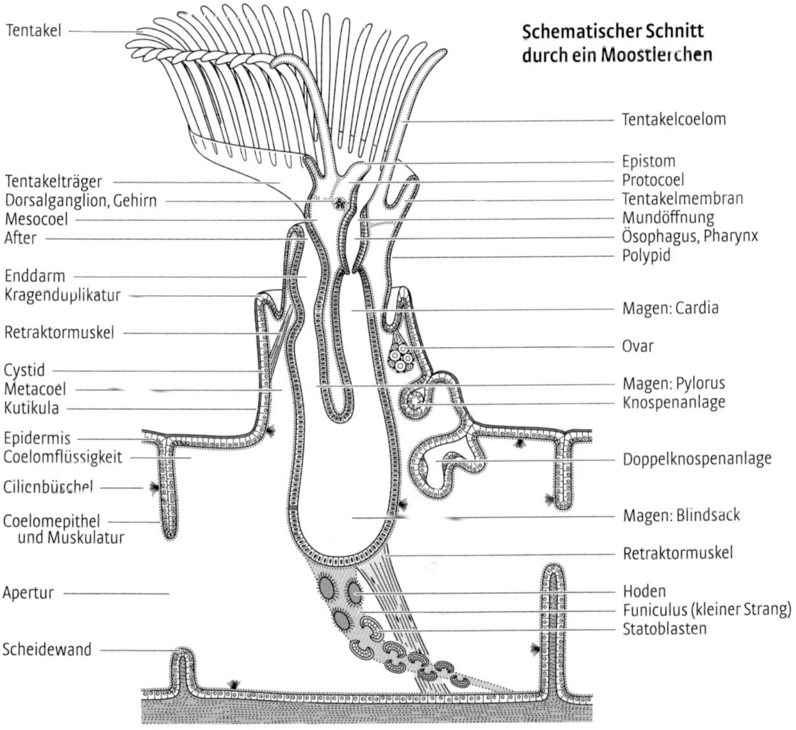

Schematischer Schnitt durch ein Moostierchen

der Atmung, da ständig frisches Wasser herangeschafft wird. In jedem Tentakel verlaufen ein sensorischer und zwei motorische Nerven, die Vielzahl der Nerven geht von einem Hirnbläschen in Höhe der Mundbucht aus. Gereizte Tentakelkronen verschwinden blitzschnell im Cystidteil. Die Kontraktion eines großen Rückziehmuskels, der einerseits am Magenblindsack, andererseits an der Basis des Cystids ansetzt, bringt das Polypid ins Innere. Das eingezogene Polypid schließt sich gegen die Außenwelt mit einem irisblendenartigen Membranhäutchen ab.

Eine Erhöhung des Binnendrucks der flüssigkeitserfüllten Leibeshöhle treibt das Polypid wieder aus.

Besondere Atem-, Ausscheidungs- und Durchblutungsorgane fehlen den Moostierchen; diese Systeme scheinen bei der Kleinheit der Tiere entbehrlich.

Geschlechtliche Fortpflanzung. Moostierchen sind Zwitter. Die Eier entstehen im oberen Teil der Tiere, die Hodenbläschen am „Funiculus", einem bindegewebigen Strang, der locker den Magenblindsack mit der Basis des Cystids verbindet. Bei den Süßwasser-Moostierchen gelangen die befruchteten Eier auf unbekannte Weise in ein Säckchen, das aus einer Abschnürung der seitlichen Cystidwandung als innere Brutkammer entsteht. In der Brutkammer entwickelt sich der massive Keim zu einer doppelwandigen Blase, dann deuten sich zwei Polypidknospen an, und zwei bewimperte Schalenstücke wachsen über die Polypidknospen hinweg. An warmen Sommertagen – leider meist nachts und innerhalb weniger Stunden – werden die vielen Larven einer Kolonie in ganzen Wolken abgestoßen. Die „Larven", Primärzooide genannt, schwärmen höchstens einige Stunden; sie setzen sich fest, schlagen die beiden Schutzklappen zurück und stülpen sehr rasch die vorgebildeten Polypide aus. Ein Stock entsteht durch weitere Knospenbildungen.

Ungeschlechtliche Vermehrung durch Knospenbildung: Beim Wachstum der Stöcke spielt diese Vermehrungsart die Hauptrolle. Je nach Art und Umweltbedingungen sind die Gesetze dieser Knospungsvorgänge sehr verschieden; sie bestimmen die Wuchsformen der Stöcke (Krusten, Polster, Knollen, Ranken, geweihartige Gebilde, Ketten). Durch fortlaufende Knospenbildung und Auswachsen der Knospen zu vollständigen Polypiden vergrößert sich der Moostierchenstock. Die einzelnen Generationen der Knospen bilden bei den Süßwasser-Moostierchen keine vollständigen eigenen Cystidwandungen aus; die Cystide gehen, zumindest in den tieferen Bereichen des Stockes, ohne Zwischenwände ineinander über. Die Leibeshöhlenflüssigkeit übernimmt für alle Polypide eines Stockes gemeinsam die Rolle des Blutes.

Im Süßwasser überleben die Stöcke den Winter nicht. Die Polypide degenerieren im Herbst, Larven der Zuckmücken (Chironomiden) zernagen das Wabenwerk der Cystidkammern. Der Erhaltung der Art über den Winter dienen spezielle Keimknospen, die Statoblasten, die vom Frühsommer an am Funiculus (nicht in der Polypidknospungszone!) entstehen. Die ungeschlechtlich entstehenden Statoblasten überdauern Kälte- und Trockenzeiten. Nach einer Ruhezeit von mehreren Monaten und bei einer Wassertemperatur von mindestens 10 °C bilden sie innerhalb von fünf Tagen eine Polypidknospe. Dieses erste Polypid besteht zunächst aus Zellen des Funiculus und Hüllzellen; für seine weitere und definitive Ausgestaltung werden die dotterhaltigen Zellen, die ursprünglich das Innere des Statoblasten erfüllt haben, verbraucht. Zwischen den am Äquator auseinander weichenden Schalenhälften des Statoblasten streckt sich das Polypid aus und liefert durch anschließende Knospung im Lauf weniger Wochen einen neuen Stock. An der relativ komplizierten Entstehung der Statoblasten beteiligen sich von der Cystidwand in den Funiculus-Strang eingewanderte Ektodermzellen, bindegewebige Funiculuszellen und dotterhaltige Zellen. Fertige Statoblasten werden von einer undurchsichtigen, dunkelbraunen, chitinigen, festen, flach linsenförmigen Schale umhüllt und tragen um den Äquator einen Schwimmgürtel aus lufterfüllten Kammern.

Die Stöcke können im Herbst mit Statoblasten vollgepfropft sein. Wenn die Weichteile des Stockes verfault sind und die Cystidröhren zerstört werden, schwimmen die Statoblasten auf, werden ans Ufer getrieben, von Vögeln im Gefieder verschleppt, aufs Land geworfen, im Eis eingefroren. Nicht alle Statoblasten haben Schwimmringe; die „Sessoblasten“ werden auf der Unterlage festgekittet, sie besitzen keine Schwimmringe. Schwimmring-Statoblasten heißen im Unterschied dazu „Flottoblasten“.

Ordnung Gymnolaemata: Die „Kreiswirbler“ leben im Meer (mit einer Ausnahme), sie bilden zart bis kräftig gefärbte Stöckchen in verwirrender Formenfülle. Ausbreitung durch freischwimmende Larven. Tentakel in einem Kreis um den Mund angeordnet. Eine Süßwasserart: *Paludicella articulata* (lebt auch im Brackwasser).

Ordnung Phylactolaemata (Hufeisenwirbler, Armwirbler): Nur im Süßwasser. Tentakelkrone zweireihig hufeisenförmig. Gattungen hier: *Fredericella* bis *Cristatella*.

Erklärung der Abkürzungen

G	Größe
L	Lebensraum, Vorkommen
A	Ähnliche Arten
B	Biologische Besonderheiten
µm	Mikrometer (tausendstel Millimeter)
[0000]	DV-Nr. der Taxaliste der Gewässerorganismen Deutschlands
▸	Hinweis auf nahe verwandte Arten
Häufig	Kommt in der Regel an den Fundplätzen in großer Individuenzahl vor.
Verbreitet	Das Verbreitungsgebiet weist regionale Lücken auf.
Kosmopolit	Lebt global.
Ubiquist	Überlebt in allen Wasserverhältnissen.

Die Farben der Algen

Blaualgen blaugrün, blau, olivgrün, gelb, rot, violett, gelbgrün, blassgrünlich
Chloroplasten der Goldalgen goldgelb bis braun, farblos
Chloroplasten der Kieselalgen olivgrün bis bräunlich
Chloroplasten der Gelbgrünalgen grün, gelblichgrün
Chloroplasten der Augenflagellaten grün, farblos
Chloroplasten der Dinoflagellaten gelb, braun, dunkelbraun, blaugrün, farblos
Chloroplasten der Kryptomonaden blau, blaugrün, braun, rot, farblos
Chloroplasten der Grünalgen grün, saftiggrün, blassgrün
Chloroplasten der Rotalgen rot, braunrot, blaugrün, graugrün
Chloroplasten der Braunalgen bräunlich

Zum nachfolgenden Bestimmungsteil von S. 112 bis S. 347 siehe die Typenschlüssel Bakterien, Algen und Pilze auf dem Vorsatz sowie Einzeller und Tiere auf dem Nachsatz des Buches.

1 Zoogloea ramigera, Bäumchenbakterium. Schleimbildende Bakterien; wachsen in Bäumchen- oder Geweihform. Einzelbakterien stäbchenförmig, in durchscheinendem, gallertigem Schleim. **G** Einzelbakterien um 1 µm, Gallertbäumchen höchstens 1,5 mm hoch. **L** Typische Abwasserorganismen, in organisch stark verschmutzten Gewässern. **B** Bilden Flocken, an die sich andere Bakterien, Pilze und Protozoen anheften. [8028]

2 Nitrosomonas europaea, Ammoniakbakterium. Ellipsoidisch, eine polare Geißel (im Lichtmikroskop nicht sichtbar), selten kurze Ketten bildend. Oxidiert Ammoniak und Ammoniumsalze zu Nitriten. **G** 1,1–1,8 µm. **L** Im Boden und im Wasser (Abwasser) weit verbreitet. In Belebtschlammflocken; Zellen bilden dichte Aggregate, aber keine Zoogloeen. Sehr wichtig für den Stickstoffabbau im Abwasser.

3 Nitrobacter winogradskyi, Nitritbakterium. Kurze, zum Teil bewegliche Stäbchen. Oxidiert Nitrite zu Nitraten. **G** Um 1,1 µm. **L** Im Boden und in Abwässern, in Belebtschlamm und Tropfkörpern. Wichtig für den Stickstoffabbau in Abwässern.

4 Pseudomonas fluorescens, Fluoreszenzbakterium. Zellen beweglich, zwei polare Geißeln, entweder als Einzelzellen oder in Paaren. Reduziert Nitrate zu Nitriten und Ammoniak. Bildet wasserlöslichen, grün-blau fluoreszierenden Farbstoff. **G** 1,0–1,8 µm. **L** Im Boden, im Wasser und Abwasser. Massenhaft in überbelasteten Belebtschlammbecken. Aerobier mit oxidativem, nicht Gärungs-Stoffwechsel.

5 Spirillum undula, Sumpfspirille. Korkzieherartig gewundene, unbiegsame Stäbchen. Temperaturoptimum um 25° C. An beiden Enden Büschel von 3 bis 9 (mikroskopisch nicht sichtbaren) Geißeln. Enthält Volutinkörnchen. **G** 1 µm dick, Umgänge 3 µm weit (1,5–3 Umgänge). **L** Schweinejauche, Faulschlamm in Tümpeln, stark faulende Abwässer. [Gattung: 8017]

6 Spirillum volutans, Riesenspirille. Größte Spirille; Enden etwas verjüngt. An jedem Pol 10–15 Geißeln. Enthält dunkle, auffallende Granula aus Poly-beta-hydroxybuttersäure (PHB). **G** 1,5 µm dick, Spiralen um 5 µm weit, Wellenlänge um 14 µm. Gesamtlänge bis 100 µm. **L** Stehendes Flachwasser. [8962]

7 Methanosarcina mazeii, Methankokken. Archaebakterium. Zellen kugelig, einzeln oder in „Wolken“, vergärt Essigsäure, wobei Methan entsteht. Anaerobier. **G** 1 µm. **L** Erde, Faulschlamm, Kot.

8 Methylomonas methanica, Methan-Paketkokken. Groß, kugelförmig, in Achterpaketen zusammenhängend. Anaerob. Bildet Methan als Stoffwechselprodukt, verwendet Ammoniak als Stickstoffquelle. **G** 2,5 µm. **L** Faulschlamm, Sumpfwasser

9 Sarcina paludosa, Paketkokken. Kugelförmig, oft sind 8 bis 64 Zellen zu einem Paket zusammengefasst. Fakultativer Anaerobier. Nicht gesicherte Art. **G** 2 µm. **L** Schlamm häuslicher Abwässer. [8038]

10 Streptococcus sp., Kettenbakterium. Um 50 Arten der Gattung sind beschrieben. Zellen kugelig, hängen oft in bis 30 µm langen Ketten aneinander. Fakultativer Anaerobier. **G** 1,5 µm. **L** Schlamm und Abwasser. Überall häufig, wo Zucker oder Blut im Abwasser auftreten. [Gruppe Streptococcaceae: 8900]

11 Peloploca undulata, Bandbakterium. Zellen zu starren, wellenförmigen Fäden aneinandergereiht. Wände schimmern bläulich, Gasvakuolen im Zellinnern rötlich. Mehrere Fäden legen sich zu Bändern oder Kabeln mit aufgefaserten Enden zusammen. **G** Einzelzelle 6–10 µm lang, Verbände bis 150 µm. **L** Am Grund verschlammter Gewässer. [Gattung: 8951]

12 Peloploca taeniata, Glitzerbakterium. Sehr ähnlich wie die vorige Art, aber Einzelzellen kleiner. **G** Einzelzellen 3–4 µm lang, Bänder bis zu 700 µm. **L** Verschlammte Flussbuchten. **B** Bänder glitzern im Durchlicht. Anaerobier.

13 Bacteroides vulgatus, Kotbakterium. Oval, unbeweglich, einzeln oder in Paaren. Anaerob. **G** 1,5–8 µm lang, 0,5–0,8 µm breit. **L** Kot von Mensch (dort die häufigste von 10 weiteren Arten) und Säugetieren. Gelangt mit Abwässern in Gewässer und Faulschlamm.

14 Flavobacterium aquatile, Flavobakterium. Einzeln und in Ketten, sehr beweglich. Geißeln über den ganzen Körper verteilt. Reduziert Nitrate zu Nitrit. **G** 0,5–1,5 µm lang. **L** Boden, Meer- und Süßwasser.

15, 16 Escherichia coli, Kolibakterium. Zellen kokkenartig oder stäbchenförmig, einzeln, in Paaren und kurzen Ketten. Beweglich oder unbeweglich. Lebt normal im Enddarm von Menschen und Wirbeltieren, kann außerhalb des Darmes krankheitserregend sein (Blasenkatarrh, Nierenbeckenentzündung, Gallenblasenentzündung u. ä.). Kolibakterien gelangen nur mit Fäkalien ins Wasser. Die Trinkwasserverordnung schreibt vor, dass in 100 ml Wasser kein Keim von *E. coli* vorkommen darf. **G** 1–5 µm lang, 0,5–1 µm breit. **L** Häusliche Abwässer und Kläranlagen. **B** Als Krankheitserreger gefürchtet sind enteropathogene (EPEC), enterotoxische (ETEC), enteroinvasive (EIEC) und enterohämorrhagische (EHEC) Stämme von *E. coli* mit geänderten Adhäsinen (Glykoproteine, Glykolipide) und Plasmiden (doppelsträngige, extrachromosomale DNA-Moleküle).

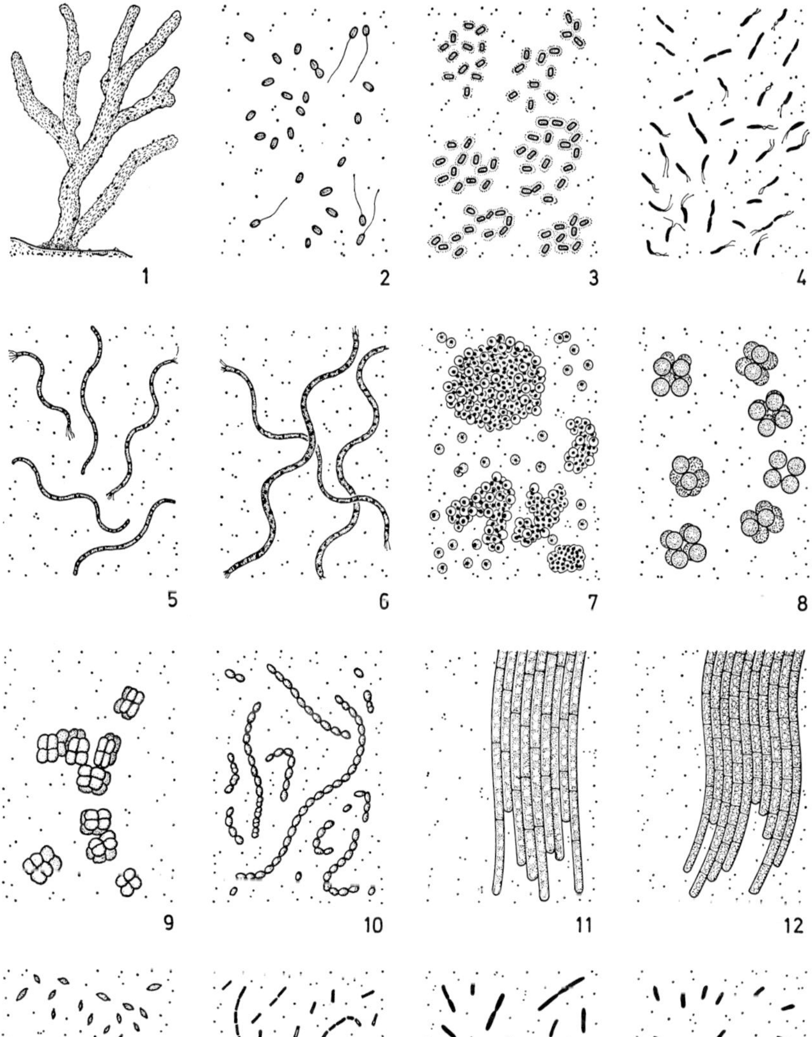
1
2
3
4
5
6
7
8
9
10
11
12
13
14
15
16

Bakterien 2

1, 2 Enterobacter aerogenes, Gasbakterium. Stäbchen, meist einzeln, nie in Ketten. Häufig von Kapsel umschlossen. **G** 1–2 µm lang, 0,5–0,8 µm breit. **L** Darm von Tier und Mensch, auf Pflanzen; Abwässer, Kläranlagen. **B** Wichtiger Zersetzer pflanzlicher Überreste.
3 Proteus vulgaris, Schwarmbakterium. Stäbchen; einzeln, in Paaren, sehr häufig in langen Ketten. Kolonien als Schleimfilm sichtbar. Schwärmkeime aktiv beweglich. Bildet Schwefelwasserstoff. **G** 1–3 µm lang, 0,5–1 µm breit **L** Aufgüsse, faulendes Fleisch, faulende Pflanzen, Abwasser. **B** Oft Ursache von Wundinfektionen.
4 Methanothrix soehngenii, Methanbakterium. Unbewegliche, teilweise leicht gebogene Stäbchen. Bildet keine Sporen. Erzeugt Methan. **G** bis 6 µm lang. **L** Schlamm, Kläranlagen. Im Süßwasser weit verbreitet, strikt anaerob.
5, 6, 8 Methanbakterien. Sie gehören zu den Archaea, Archaeen, und sind alle strikte Anaerobier. Methan wird aus CO_2, H_2, einfachen Carbonsäuren und Alkoholen als Kohlenstoff- und Energiequellen gebildet. Viele sind nur in Gesellschaft anderer Methanbakterien zum Wachstum fähig und daher schwer zu kultivieren. Temperaturoptima für das Wachstum liegen zwischen 30° und 37° C. **G** 1,5–3–(10) µm. **L** Sauerstofffreie Abwässer, Klärschlamm, Ausfaultürme der Kläranlagen, teilweise im Pansen von Wiederkäuern. **B** Um 60 Arten werden aufgrund ihres sehr unterschiedlichen Wandbaues, grampositiver oder gramnegativer Färbung, subtiler Bedürfnisunterschiede in Kulturen, sporenlos oder zur Bildung wenig hitzebeständiger Sporen fähig in folgenden Gattungen geführt: *Methanobacterium*, *Methanobrevibacter*, *Methanococcoides*, *Methanococcus*, *Methanocorpusculum*, *Methanoculleus*, *Methanogenium*, *Methanohalobium*, *Methanophilus*, *Methanolacinia*, *Methanolobus*, *Methanomicrobium*, *Methanoplanus*, *Methanosarcina*, *Methanosphaera*, *Methanospirillum*, *Methanothermus* und *Methanothrix*.
7 Methanobacterium formicicum, Methanbakterium. Ellipsoidisch oder kurze Stäbchen; unbeweglich. Wächst nur zusammen mit anderen Bakterien gut. Bildet Methan. **G** 1,5–3 µm. **L** Tiefere Schlammschichten morastiger Sümpfe und Moorseen, neutrale Abwässer, Klärschlamm. **B** Obligater Anaerobier.
9 Bacillus subtilis, Aufgussbakterium. Stäbchen einzeln oder in sehr kurzen Ketten; beweglich. Sporen ellipsoidisch oder zylindrisch inmitten der Elternzellen. **G** 2–3 µm lang. **L** Im Boden, in Aufgüssen aller Art (Käse, Heu, Salat, Kartoffeln usw.), in Abwässern. **B** An der „sauren Vergärung" und überhaupt am Abbau organischer Substanzen wesentlich beteiligt.
10 Gallionella ferruginea, Gedrehtes Eisenbakterium. Zellen nierenförmig, scheiden an ihrer eingebogenen Längskante kolloidales Eisenhydroxid ab, das bandartige Stiele ergibt. Stiele sehr zart, leicht zerbrechlich, zopfig verdreht. Nach jeder Teilung bilden sich zwei Stielchen, die an der ursprünglichen Spitze des „Mutterstieles" zusammenlaufen. **G** 1,2 µm lang, 0,5 µm dick. **L** Kalte Quellen und Bäche (hellgelbe Watten und Ablagerungen). **B** Anzeiger für gelöstes und reduziertes Eisen. [8051]
11 Thiopedia rosea, Rotes Tafel-Schwefelbakterium. Kokkenähnlich; tafelförmige Aggregate aus wenigen bis zu Tausenden Zellen. Größere Zellmassen schwach rot (Bakterienchlorophyll und Karotinoide). **G** 1–2 µm. **L** Häufig; Massenentwicklungen in stark verschmutzten Gewässern färben das Wasser rot. **B** Bei Anwesenheit von Schwefelwasserstoff zur Photosynthese fähig; dabei gebildeter Schwefel wird in Form schwarzer Kügelchen gespeichert. [8144]
12 Thiocystis violacea, Rotes Gallert-Schwefelbakterium. Kugelig, in kleinen Gallertkolonien, die sich ihrerseits zu 10 bis 20 aneinanderlagern. **G** Durchmesser 2,5–5,5 µm. **L** Häufig auf Schlamm, Algen, verrottenden Blättern. Bei Massenauftreten makroskopisch als violette Tupfen erkennbar. [8895]
13 Lamprocystis roseopersicina, Rotes Glanz-Schwefelbakterium. Kugelige Zellen bilden verschieden große Aggregate innerhalb gemeinsamer Gallerthülle. Jüngere Kolonien Hohlkugeln, zerreißen später zu netzig durchlöcherten Fladen. Freie Einzelzellen beweglich. Zellmassen durch Bakterienchlorophyll und Karotinoide rötlich. Schwefel innerhalb der Zellen als Tröpfchen. **G** Um 2,5 µm. **L** Häufigstes Purpurbakterium; Schlamm, stehende Gewässer. [8123]
14 Thiospirillum jenense, Rotes Spiral-Schwefelbakterium. Langgestreckte, gewundene, bewegliche Zellen; bräunlich bis purpurrot mit gespeichertem Schwefel. **G** 30–40 (–100) µm lang, 2,5–4 µm dick. **L** Schwefelwasserstoffhaltige Gewässer. **B** Anaerobier. Äußerst schnell. [8893]
15 Chromatium okenii, Rotes Fass-Schwefelbakterium. Zylindrisch, gekrümmt oder keulenartig: beweglich. Unter günstigen Bedingungen hellrot, speichert Schwefel. **G** 7,5–15 µm lang. **L** Häufigstes freibewegliches Purpurbakterium. Faulschlamm. **B** Anaerobier. [8049]

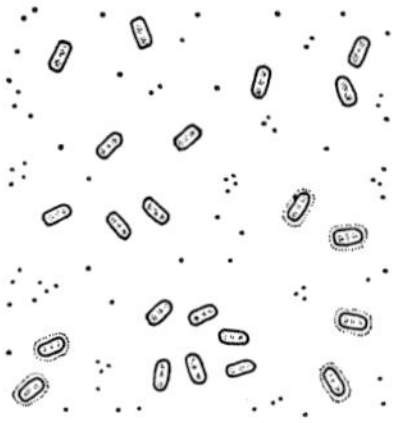
1
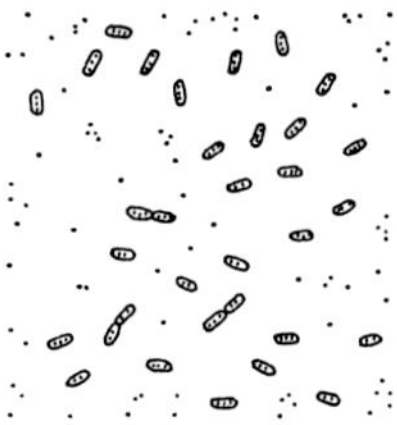
2
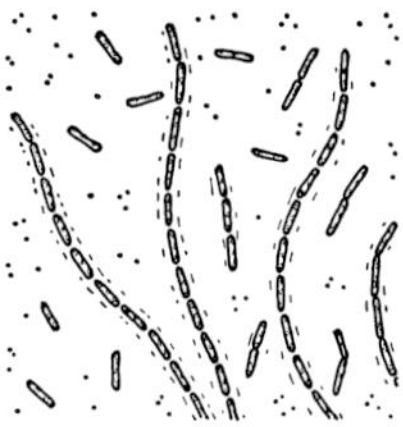
3
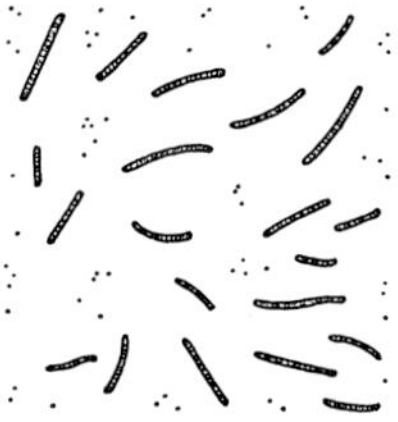
4
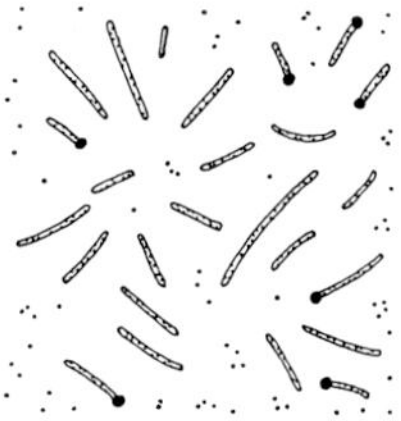
5

6
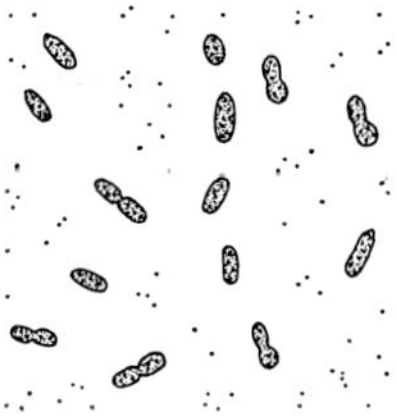
7
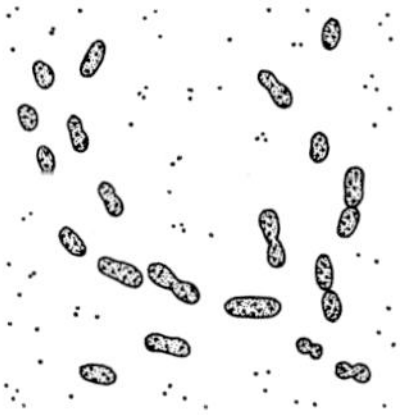
8
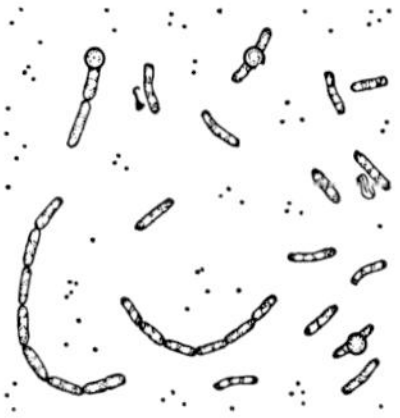
9
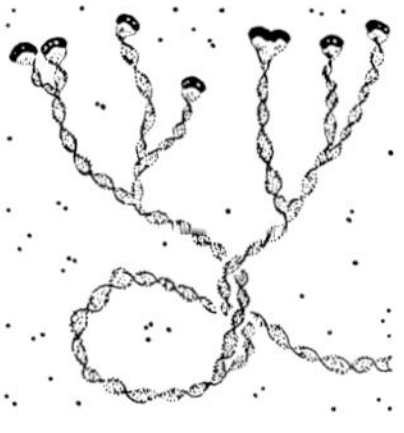
10
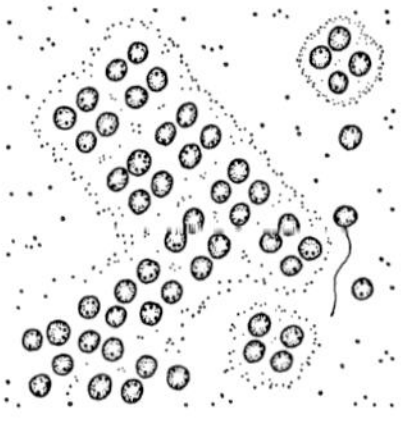
11
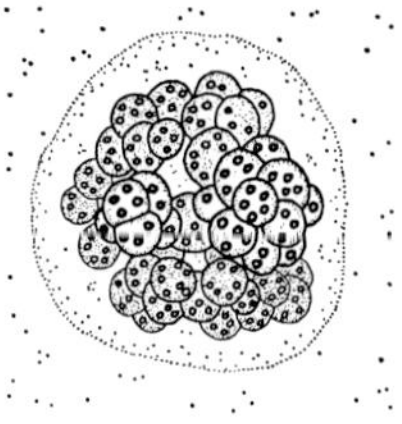
12
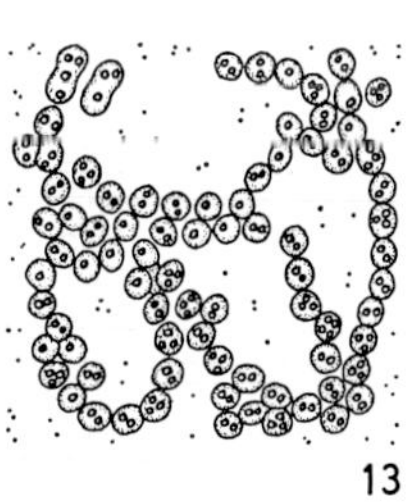
13
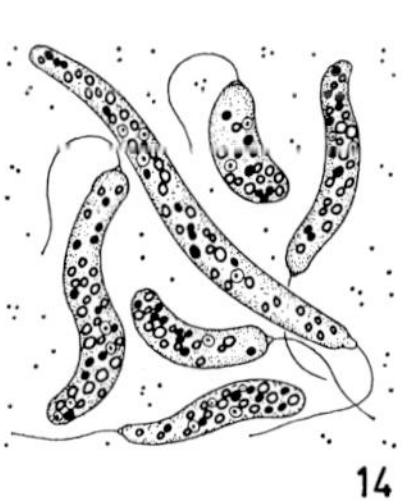
14
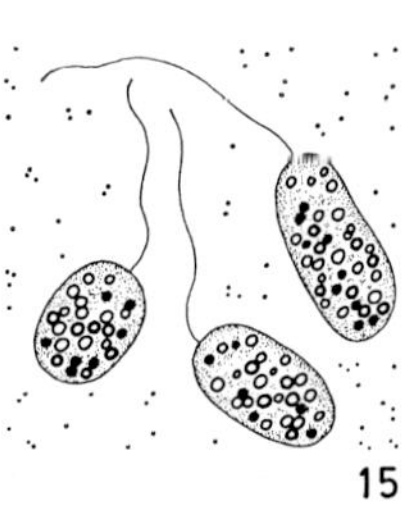
15

Bakterien 3

1 Chlorobium limicola, Grünes Schwefelbakterium. Kugelig bis langgestreckt, meist zu Ketten vereinigt, in sehr lockerer Schleimgallerte. Unbeweglich. Gelbgrün durch „Chlorobium-Chlorophyll". Gebildeter Schwefel wird außerhalb der Zellen deponiert. **G** 1–15 µm. **L** Faulschlamm, faulende Schilfblätter. Stets am Grunde. **B** Obligat anaerob. [8106]

2 Pelodictyon luteolum, Grünes Wolken-Schwefelbakterium. Gelbgrün (Chlorobium-Chlorophyll), oft vakuolisiert, in weicher Gallerte. Zellen in der Gallerte mehr oder weniger dicht gepackt, ohne Ordnung. **G** 2–4 µm. **L** Schlamm mit hohem Schwefelwasserstoffgehalt. **B** Anaerob. [8136]

3 Chlorochromatium aggregatum, Grünes Symbionten-Schwefelbakterium. Kleine, fassartige Gallerte, in der zwei Bakterienarten zusammenleben: Ein zentral gelegenes, farbloses Bakterienstäbchen sorgt für die Fortbewegung, 8 bis 16 gelbgrüne Schwefelbakterien umgeben in Form von 2 bis 4 Ringen das zentrale Stäbchen. **G** Kolonie 7–12 µm, grüne Bakterien 1–2,5 µm lang. **L** Bodengrund schlammiger, stehender Gewässer. **B** Anaerob.

4 Nocardia opaca, Phenol-Strahlenpilz. Zarte reichverzweigte Fäden, die später von ihren Spitzen aus in Stäbchen und Kokken zerfallen. Verwerten Phenol, Naphthalin, Paraffine als Nahrung. **G** Stäbchen 2–16 µm. **L** Erde, Dung, Kompost, Abwässer. **B** Technisch zum Abbau phenolhaltiger Hüttenabwässer verwendet. [8976]

5 Pseudomonas sp., Ölfressendes Bakterium. Kurze, bewegliche Stäbchen, einzeln oder in Paaren. Kann ausschließlich von Öl leben. **G** 0,8–1,5 µm. **L** Öl-Wasser-Emulsionen, ölgetränkte Böden, Ölfilme auf Wasserlachen, Ölabscheider der Kläranlagen. Etliche Arten.

6 Sphaerotilus natans, Abwasserpilz. Kein Pilz, sondern Bakterium. Zellketten bilden lange Fäden in schleimigen Scheiden. Geruch süßlich. Normal an festen Unterlagen angewachsen. **G** 4–6 µm lang, 1,5–3 µm dick; Scheiden 6–10 µm dick. **L** Fließende, stark verschmutzte Gewässer. Massenentwicklung nach Abwassereinleitung, stirbt in stehendem Wasser ab. [8018]

7 Leptothrix ochracea, Ockerbakterium. Bakterienketten mit Scheiden aus kolloidalem Eisenoxidhydrat. **G** Zellen 2–5 µm lang, 1 µm breit. **L** Eisenhaltige Sümpfe und Wiesengräben. **B** Schädlich in Wasserleitungen. [8052] ▸ *Haliscomenobacter* S. 334. [8959]

8 Crenothrix polyspora, Brunnenfaden. Bakterienketten in langen, unverzweigten, gallertigen Scheiden. Länge der Zellen variiert. Scheide mit Eisen inkrustiert, an der Spitze dünn, der Basis zu kontinuierlich zunehmend. Unbewegliche Vermehrungskörper entstehen an den Fadenspitzen. **G** Scheiden 2–9 µm dick, Zellen bis 10 µm lang. **L** Eisenhaltiges Wasser, kohlensäurehaltige Eisenquellen. Bildet dicke. braune Rasen. Schädlich in Wasserleitungen. [8050]

9 Thiothrix nivea, Weißer Schwefelfaden. Gegliederte, unbewegliche, festsitzende Fäden. Gliederung in Einzelzellen normalerweise nicht erkennbar. **G** Einzelzellen 4–15 µm lang, 1,4–3 µm dick. **L** Verschmutzte, flache Fließgewässer, Tümpel. Bildet dichte, weiße Filze und Rasen. [8040]

10 Beggiatoa alba, Weißes Schwefelbakterium. Unverzweigte Fäden aus einzelnen Zellen. Kriechende Bewegung. Querwände nicht immer sichtbar. **G** 2,5–5 µm dick, Einzelzellen 3–9 µm lang. **L** Häufigstes fadenbildendes Schwefelbakterium. Stark verschmutzte Gewässer. Bildet weiße Schleier auf, nie im Faulschlamm. [8009]

11 Beggiatoa leptomitiformis, Dünnes Faden-Schwefelbakterium. Querwände der Zellen erst nach Färbung oder Auflösen der Schwefelkügelchen sichtbar. Sonst wie vorige Art. **G** Einzelzellen 4–8 µm lang, Fäden 1–2,5 µm dick. **L** Wie vorige Art, seltener. [8010]

12 Beggiatoa arachnoidea, Spinnen-Schwefelbakterium. Querwände der Fäden im Leben unsichtbar. Endzellen abgerundet, meist etwas verjüngt. **G** Zellen 5–7 µm lang, Fäden 5–14 µm dick. **L** Abwasser. Bildet weiße Schleier auf schwefelwasserstoffhaltigem Schlamm. [8101]

13 Thioploca schmidlei, Seil-Schwefelbakterium. Seilartig umeinander gewundene Zellketten in weit abstehender, farbloser, geringelter Gallertröhre. Fäden schimmern grünblau. **G** Zellen 5–8 µm lang, 5–9 µm breit; Scheide 50–160 µm dick. **L** Kalk- und schwefelwasserstoffhaltiger Schlamm eutropher Seen. [8145]

14 Achromatium oxaliferum, Farbloses Kalkbakterium. Großzellig, farblos. Bewegung langsam, ruckweise rollend. Zellen enthalten gewöhnlich kleine Schwefelkörnchen und viel größere, stark lichtbrechende, sphärische Kalziumkarbonatkristalle. Kalkkörper verschwinden unter günstigen Bedingungen. **G** 5–100 µm. **L** Schlamm kalkreicher. stark verschmutzter Gewässer. [8048]

15 Thiovolum majus, Rasendes Schwefelei. Etwa kugelig, wirbelt unglaublich lebhaft umher. Mit großer Vakuole. Im Plasma Schwefelkörnchen. **G** 5–20 µm. **L** Stehende Abwässer, Kleingewässer zwischen faulenden Fadenalgen. Schwefelwasserstoffbedürftig. [8054]

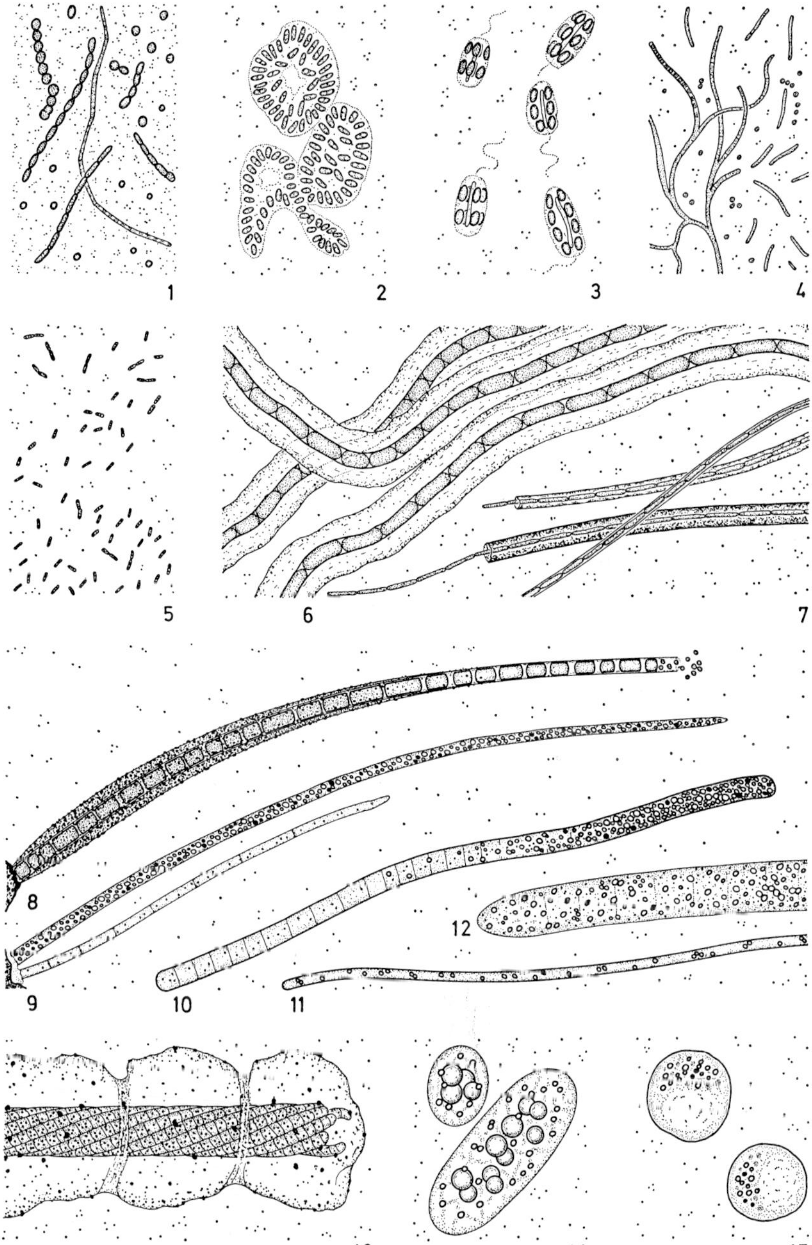
1
2
3
4
5
6
7
8
9
10
11
12
13
14
15

Blaualgen 1

1 Cyanothece aeruginosa, Hochmoor-Blaualge. Zellen einzeln, selten zu zweien, zylindrisch bis ellipsoidisch, blaugrün, keinerlei Scheiden, **G** 10–40 µm breit, 12–50 µm lang. **L** Torfmoore, nasse Heideböden, feuchte Moose, nasse Steine; einzeln oder in blaugrünen Anflügen [8192]. **A** *Synechococcus maior:* 30–50 µm breit, 30–70 µm lang. 15 weitere Arten. **B** Langsame Bewegung durch Quellung ausgeschiedener Gallerte möglich. [Gattung: 8983]
2 Microcystis aeruginosa–Microcystis flos-aquae, Netzblaualge. Zellen kugelig, oft zu Tausenden in undeutlich begrenzter Gallerthülle. **G** 3–6 µm. *M. aeruginosa* und *M. flos-aquae* sind meist gut auseinander zu halten. *M. flos-aquae* bildet rundliche Kolonien, *M. aeruginosa* (Bild 2) netzartig durchbrochene und zerrissene Gallerten (Farbfotos I, 1). **L** Gering verschmutzte Seen und Teiche, planktisch, sehr verbreitet, oft Wasserblüten. **B** Die in der Jugend blaugrünen Zellen werden nach Erschöpfung der Nährstoffe–gegen Ende einer Wasserblüte gelblich. In den Zellen Gasvakuolen (N_2). *M. aeruginosa* [8153], *M. flos-aquae* [8912]
3 Microcystis wesenbergii, Grüne Netzblaualge. Zellen kugelig, koloniebildend. Kolonien aus vielen würfelförmigen Teilkolonien zusammengesetzt. Gallerthüllen deutlich begrenzt. **G** 3–7 µm. **L** Planktisch, stehende Gewässer [8710]. **A** *M. viridis*: Kolonien dreidimensional, Zellen winzig (1–2 µm), im Plankton oder an Steinen festsitzend [8536]. ▸ *Aphanocapsa* S. 334
4 Coelosphaerium kuetzingianum, Blaukugel. Hohlkugelige, freischwimmende, gallertige Kolonie. Zellen kugelig, liegen in einer Schicht lose oder sehr dicht in der Gallerte; lebhaft blaugrün oder blass. **G** Zellen 2–4 µm, Kolonien 20–100 µm. **L** Seen, Teiche, Hochmoore, Sümpfe, Heidetümpel, planktisch. **B** Kugelkolonien schnüren Tochterkolonien ab, die sich meist rasch von der Mutterkolonie lösen. [8115]
5 Snowella lacustris, Teich-Schwebekugel. Hohlkugelige Kolonien; im Gegensatz zur vorigen Art deutliche oder zerfließende Spezialhüllen um jede einzelne Zelle. Zellen kugelig bis ellipsoidisch, blaugrün (auch rosa), sitzen auf Gallertstielchen, die nach der Teilung aus den verschleimenden Membranen der Mutterzellen entstehen. **G** Zellen 1,5–4 µm. **L** Im Plankton stehender Gewässer und zwischen anderen Algen. [8430]
6 Gomphosphaeria aponina, Herzzellen-Schwebekugel. Zellen kegel- oder eiförmig, blaugrün bis dunkeloliv, gegen Ende der Vegetationsperiode gelb. Zellen während der Teilungen oft auffällig herzförmig angeordnet. Deutliche Spezialhüllen um die Zellen, laufen dem Zentrum der Kolonie zu in durchscheinende Gallertstielchen aus. **G** Zellen zwischen 4 und 13 µm. **L** Plankton eutropher Gewässer; auch salzhaltiges Wasser (Salinen, Ostsee). [8119]
7 Woronichinia naegeliana, Gemeine Schwebekugel. Kolonien hohlkugelig. von verschiedenster Gestalt. Zellen eiförmig, mit Gasvakuolen, dunkelblaugrün, liegen peripher in der Koloniegallerte; mit undeutlichen Gallertstielchen. **G** Zellen 3,5–8 µm lang, 1,5–5 µm breit; Kolonien 50–200 µm. **L** Plankton stehender Gewässer. **B** Bildet im Sommer oft Wasserblüten, fehlt in ganz reinem Wasser völlig. [8189]
8 Aphanothece nidulans, Schleimblaualge. Kolonien unregelmäßig ausgebreitet, selten kugelig. Zellen stäbchenförmig, in dichten Nestern unregelmäßig beisammenliegend, vermehren sich durch Querteilung, blaugrün. Gallerte strukturlos. **G** Zellen bis 3,5 µm lang, 1–1,5 µm breit. **L** Plankton von Seen, feuchte Wände von Warmhäusern. **A** *A. saxicola* in stehenden Gewässern und an nassen Felsen. Zellen blass, 1,5–2 µm breit, 3–6 µm lang, in der Gallerte locker angeordnet. [Gattung: 8100]
9 Aphanothece stagnina, Kugelige Schleimblaualge. Gallertlager kugelig, blass-blaugrün. Im Inneren der Lager häufig Kalkkristalle. Zellen an der Oberfläche der Kolonie dicht, dem Zentrum zu lose gelagert. **G** Zellen bis 7 µm lang, 3–5 µm breit; Kolonien bis kastaniengroß. **L** Stehende Gewässer; junge Kolonien sitzen fest, ältere schwimmen frei in den oberen Wasserschichten. [8077]
10 Chroococcus turgidus, Kugelblaualge. Zellen einzeln; nach Zellteilungen bleiben höchstens vier Zellen einige Zeit beisammen, umgeben von geschichteten Hüllen. Zellen kugelig, Tochterzellen in den Hüllen halbkugelig. Kräftig blaugrün oder bräunlich, zuweilen gelblich. **G** Zellen ohne Hüllen 8–32 µm. **L** Hochmoore, Teiche, Meer (!), sogar auf Faulschlamm. [8062] **A** *Chroococcopsis gigantea:* Zellen 54–58 µm, in stehenden Gewässern, selten im Plankton. [8460]
11 Chroococcus limneticus, Teich-Kugelblaualge. Tafelförmige, freischwimmende Gallertlager mit 4 bis 32 lebhaft blaugrünen Zellen. Tochterzellen bleiben nach einer Teilung lange Zeit beisammen. Hüllen um diese „Doppelzellen" sind deutlich oder verfließen mit der gemeinsamen Koloniegallerte. **G** Zellen mit Hüllen 8–14 µm, ohne Hüllen 6–12 µm. **L** Plankton eutropher Seen und Teiche. [8922]

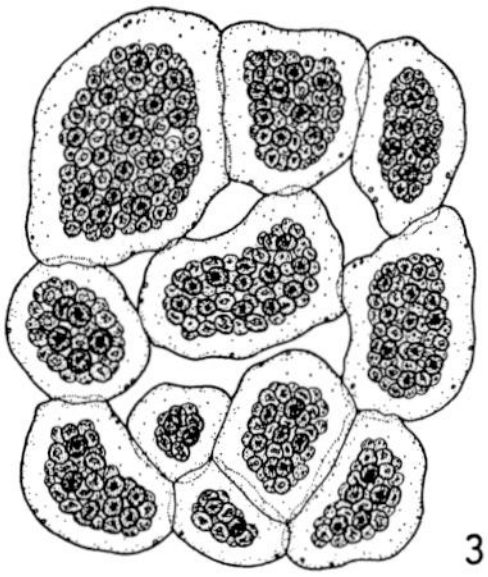

3

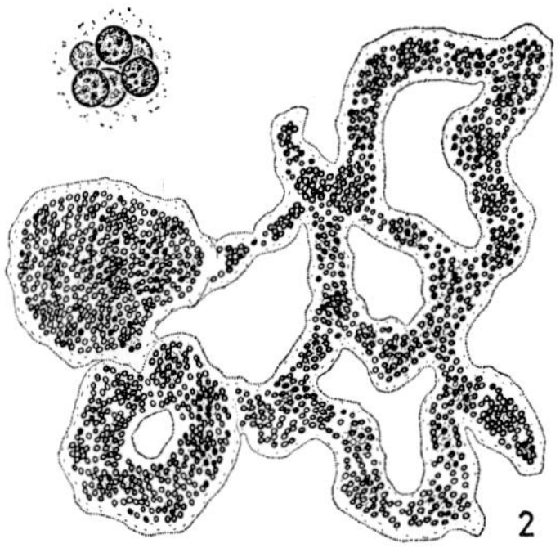

2

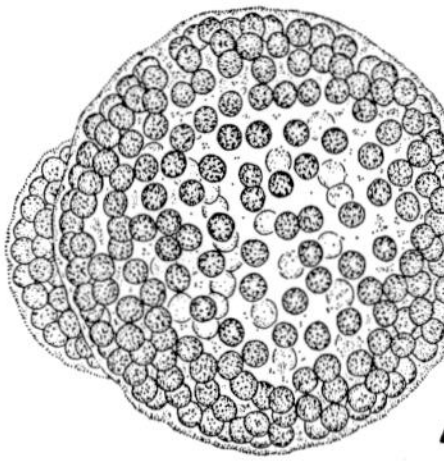

4

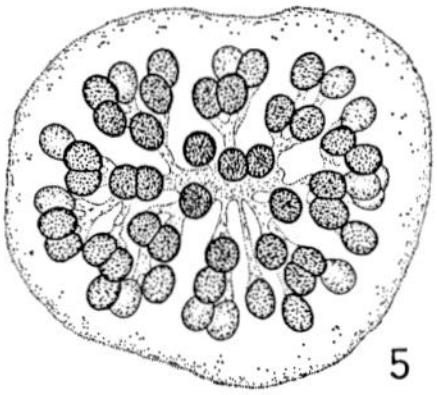

5

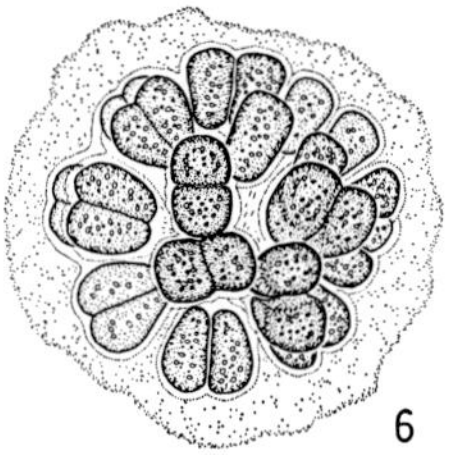

6

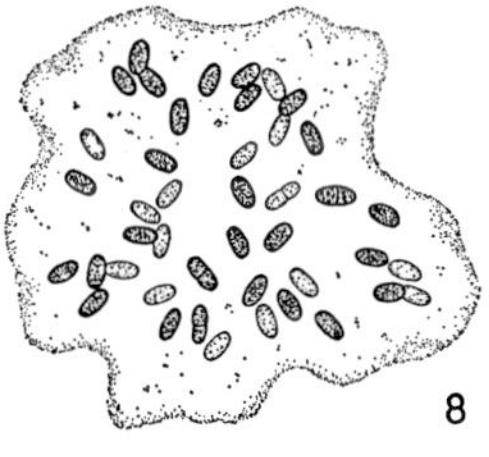

8

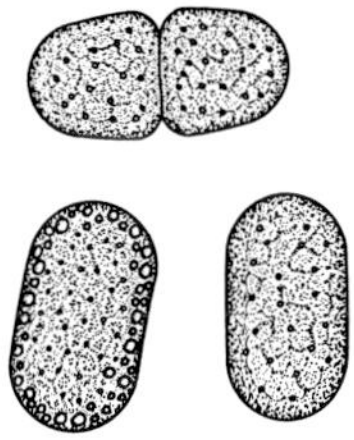

1

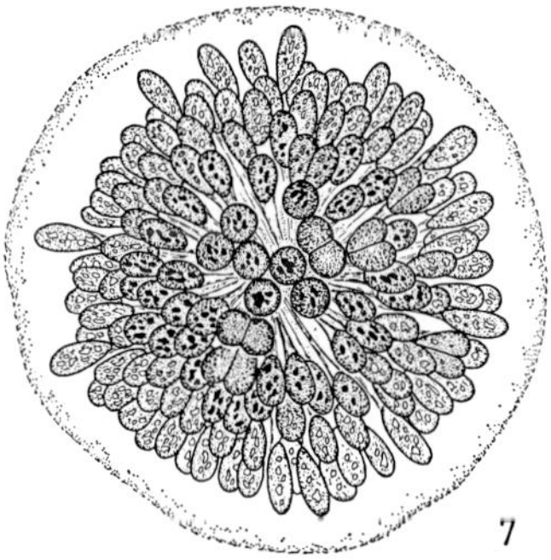

7

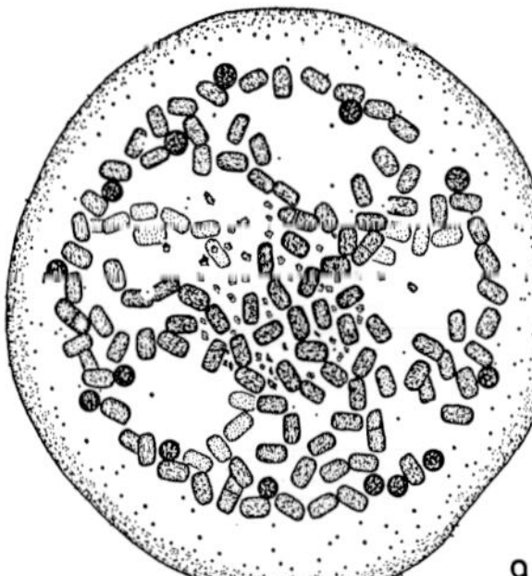

9

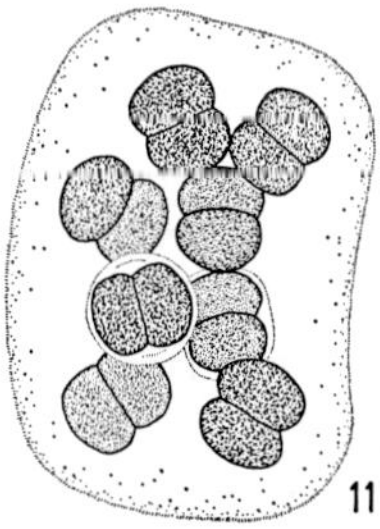

11

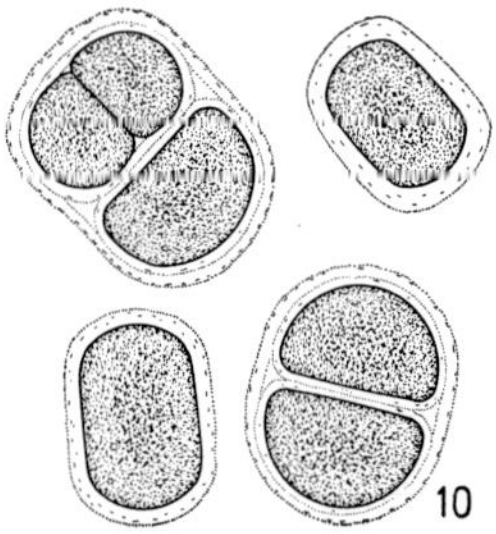

10

Blaualgen 2

1 Gloeocapsa sanguinea, Rote Hüllenblaualge. Gallertige Lager. Zellen kugelig, liegen frei in den blasig aufgetriebenen Zellhüllen. Tochterzellen nach der Teilung in ineinander geschachtelten, blutroten Hüllen. **G** Zellen mit Hülle 7–13 µm. **L** Auf feuchten Felsen, nassem Holz, am Rande von Quellen. Europa und Arktis. **B** Durch üppiges Wachstum vor allem im Gebirge krustenförmige, blaurote bis schwarzbraune Lager, die beim Antrocknen krümelig werden. [Gattung: 8527]
2 Gloeothece linearis, Stäbchenblaualge. Schleimige, schmutzig-olivgrüne bis rosafarbene Lager. Zellen gerade oder S-förmig bis halbkreisförmig, von weiten, farblosen Schleimscheiden umhüllt. **G** Zellen 10–18 µm lang, 1–2,5 µm breit. **L** Torfsümpfe, nasse Felsen, gelegentlich überschwemmte Steine.
3 Merismopedia elegans, Tafelblaualge. Kolonien tafelförmig, aus einer einzigen Zelllage; entstehen durch rhythmische und regelmäßig abwechselnde Zellteilungen in zwei aufeinander senkrecht stehenden Richtungen. Spezialhüllen um die Zellen unterschiedlich stark entwickelt. Zellen lebhaft blaugrün, dicht gedrängt. **G** Zellen 7–9 µm lang, 5–7 µm breit. **L** Tümpel und Teiche [8993]. **A** *M. convoluta:* Kolonien blattartig (nicht rechteckig!), oft gefaltet, 1–4 mm groß.
4 Merismopedia glauca, Blasse Tafelblaualge. Kleine Kolonien mit selten mehr als 16 Zellen. Zellen blass blaugrün, dicht gelagert, schließen fast ohne Zwischenräume aneinander. **G** Zellen 3–6 µm. **L** Stehende Gewässer [8026]. **A_1** *M. tenuissima:* Zellen 1,2–2 µm, zu 16 bis 128 dicht gedrängt, oft mit deutlichen Spezialhüllen [8977]. **A_2** *M. punctata:* Zellen 3–4 µm, lose nebeneinander liegend, Kolonien 16–64-zellig [8074].
5 Rhabdogloea smithii, Fingerblaualge. Zellen lang-spindelförmig, sehr vielgestaltig, blass blaugrün. Leben einzeln oder bis zu vielen Tausenden in einer durchscheinenden Gallerte. **G** 5–28 µm lang, 1–3 µm breit. **L** Stehende Gewässer, Moore, feuchte Mauern, nasse Erde. **B** Zellen teilen sich immer quer in der Mitte. Oft wachsen dann die beiden Tochterzellen aneinander vorbei, so dass sie parallel zueinander liegen und eine Längsteilung vortäuschen. [8182]
6 Dactylococcopsis acicularis, Zugespitzte Fingeralge. Zellen gerade, mit lang zugespitzten Enden, blass; einzeln oder in Massen in einer weiten, kaum erkennbaren Hüllgallerte. **G** 55–80 µm lang, 2,5 µm breit. **L** Plankton stehender Gewässer. Als Grünalge entlarvt: Neuer Name *Monoraphidium griffithii* [7090], S. 184/6.
7 Dactylococcopsis fascicularis, Gebündelte Fingeralge. Zellen spindelförmig, beiderseits lang zugespitzt. Je 2 bis 32 Zellen zu einem vielfach gewundenen, tauförmigen Bündel zusammengedreht und von einer selten sichtbaren Gallerthülle umschlossen. Freischwimmende Kolonien. **G** bis 60 µm lang, 1–4 µm breit. **L** Plankton stehender Gewässer. Zu Grünalgen: Neuer Name *Ankistrodesmus spiralis* [7951], S. 184/11.
8 Tetrapedia crux-melitensis, Malteserkreuz-Blaualge. Zellen flach scheibenförmig, ungefähr quadratisch, an den vier Ecken tiefe, schmale Einschnitte. **G** 8–12 µm breit. **L** Tümpel, Waldteiche. 8 und 9 sind wohl Grünalgen und zur Gattung *Tetraedron* (S. 182) zu stellen.
9 Tetrapedia gothica, Quadrat-Blaualge. Flache Kolonien von 4–6 quadratischen Zeilen. Zellen unvollständig geteilt, daher jeweils an einer Ecke ein gemeinsames Stück Zellwand, das den Zusammenhalt der Kolonie gewährleistet. **G** Kolonie 15–30 µm. **L** Moorige Gewässer, Gräben (zwischen Zieralgen).
10 Pleurocapsa minor, Sohlenblaualge. Dunkelgrüne Lager aus einer kriechenden Sohle und freien, verzweigten Fäden. Aufrechte Fäden parallel nebeneinander, seitlich miteinander verwachsen. Zellen mit festen Membranen, teilweise mit Spezialhüllen. Winzige Endosporen in Sporangienzellen der aufrechten Fäden. **G** Zellen 3–12 µm breit. **L** Stehende Gewässer und Bergbäche auf festen Unterlagen. Verbreitet [8164]. **A** *P. cuprea:* Lager kupferrot, dünne Überzüge auf Steinen in Bergbächen.
11 Chamaesiphon incrustans, Tütchenblaualge. Zellen einzeln, meist in kleinen Nestern; keulenförmig, blaugrün, rot oder violett; festsitzend. Zellen schnüren am freien Ende kugelige Vermehrungskörper (Exosporen) ab. Zellwand öffnet sich am Scheitel und bleibt als Tütchen erhalten. **G** 7–30 µm lang, am Scheitel bis 8 µm, an der Basis 1–3 µm breit. **L** Auf Wasserpflanzen und Algen. [8056]
12 Chamaesiphon fuscus, Schwarze Tütchenblaualge. Lager dunkelbraun bis schwarz, bildet Krusten auf Kalksteinen. Exosporen (siehe vorige Art) keimen zum Teil am Rande der „Tütchen"; viele werden nicht abgetrennt, sondern wachsen gleich zu einer neuen Zelle heran. So entstehen bis zu fünfschichtige Lager. **G** Zellen 5–20 µm lang, 3–6 µm breit. **L** Auf Steinen in Bächen. Kennzeichnet katharobe Zone (reinstes Wasser) [8105]. **A** *Ch. polonicus*: Auffallend rotbraun, „Tütchen" dick, Gebirgsbäche, Felswände, Ufer. Erträgt Austrocknung [8867].

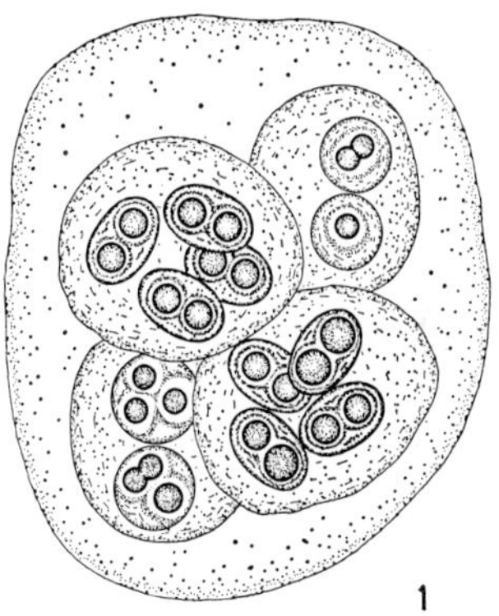

1

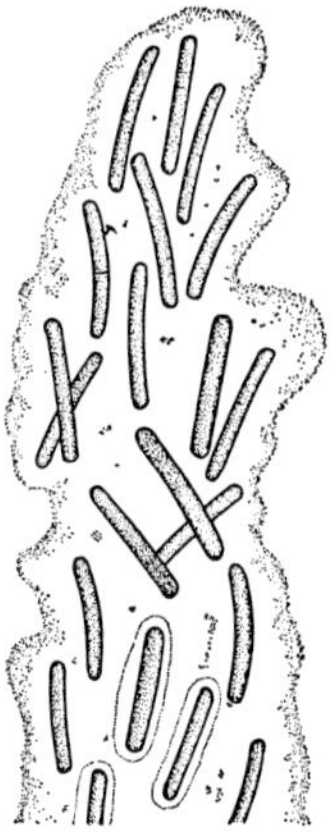

2

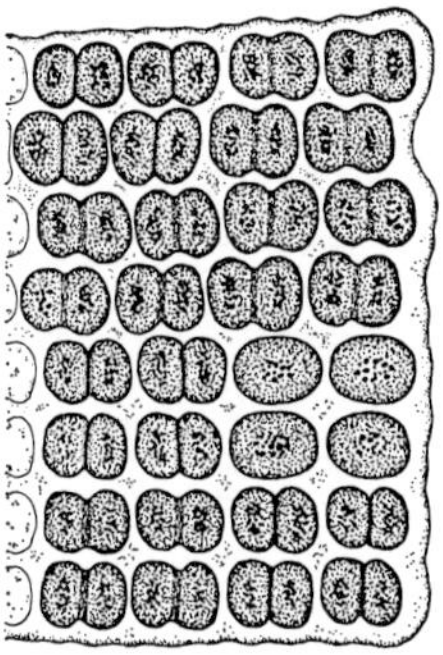

3

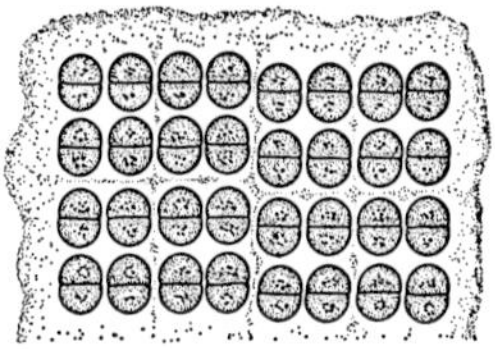

4

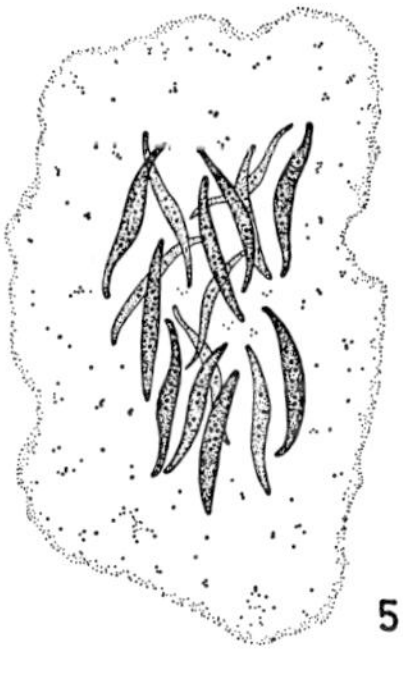

5

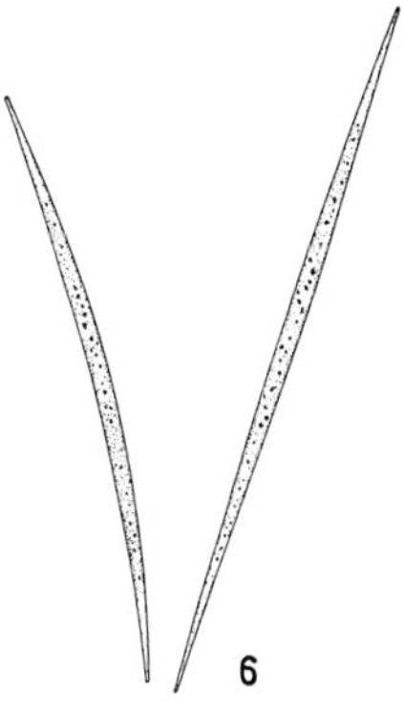

6

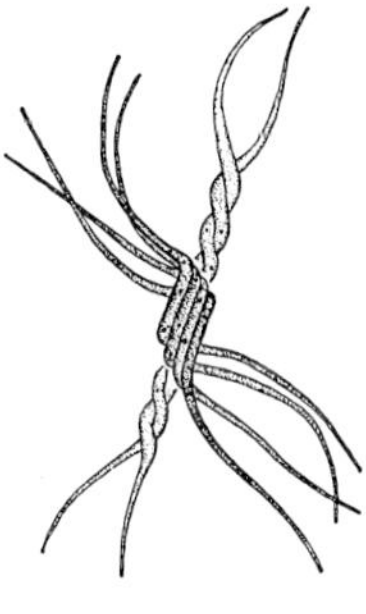

7

8

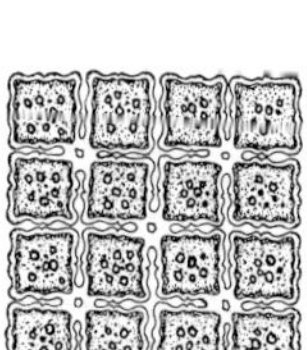

9

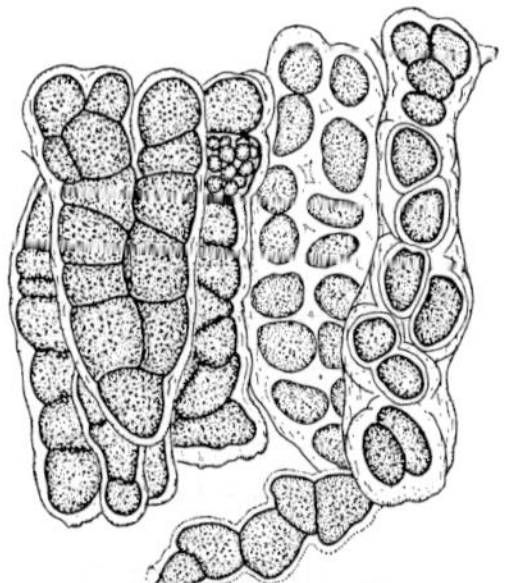

10

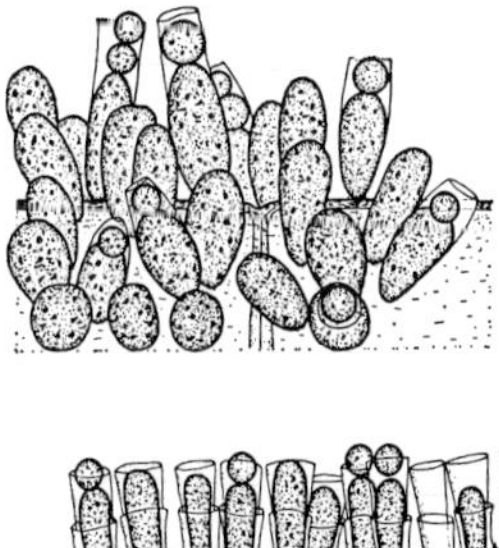

11

12

Blaualgen 3

1 Stigonema ocellatum, Einreihige Lagerblaualge. Verfilztes Polster aus mehr oder minder verzweigten Fäden (Trichomen). Ältere Trichome zumindest stellenweise zweireihig. Aufrechte Seitenzweige bilden ein bis 3 mm dickes Lager. Berührungsflächen der Zellmembranen getüpfelt, Plasmodesmen und breite Plasmabrücken verbinden die Zellen. Scheiden anfangs farblos, färben sich später gelb und braun. **G** Zellen 8–25 µm breit, Scheiden 14–50 µm dick. **L** Hochmoore, feuchte Torf- und Heideböden. [Gattung 8967]
2 Stigonema mamillosum, Lagerblaualge. Bis 12 mm hohe, dunkelbraune Polster aus aufrechten und verflochtenen Fäden. Fäden vielreihig, nur Spitzen der Äste einreihig. Scheiden dick, geschichtet, gelbbraun; umschließen außer Scheitelzellen und Zellreihen seitliche Grenzzellen (Heterocysten). Höchste Differenzierungsstufe der Blaualgen. **G** „Erstlingsfäden" (Hormogonien) 45–50 µm lang, 15 µm breit; ältere Fadenstücke bis 75 µm breit. **L** Nasse Felsen und Steine; selten untergetaucht. **A** *S. informe:* Scheiden sehr dick, schleimig-gallertig, geschichtet. Sümpfe, zwischen Moosen, auf modernden Baumstämmen.
3 Haplosiphon fontinalis, Zweigblaualge. 1–3 mm hohes, flockig-büscheliges, braunes oder blaugrünes Lager aus Hauptfäden und etwas dünneren, aufrechten, verflochtenen Seitenzweigen. Hauptfäden kriechen auf der Unterlage. Zellen quadratisch oder kugelig. Scheiden der Zweige eng, die der Hauptfäden dick, gelbbraun. **G** Hauptfäden 18–24 µm, Seitenfäden 9–12 µm breit. **L** Reine stehende Gewässer, meist an Wasserpflanzen [8999]. **A** *H. hibernicus:* Hauptäste 8–9 µm, Seitenzweige 5 µm breit, Scheiden ungefärbt.
4 Calothrix braunii, Haarzwiebel-Blaualge. Blaugrüne oder braune Lager aus aufrechten Fäden (Trichomen). Trichome meist unverzweigt, mit zwiebelartig vergrößerten Zellen an der Basis, gehen von einer halbkugeligen Grenzzelle (Heterocyste) aus. **G** Fadenzellen 6–7 µm, Scheiden 10 µm breit. **L** Tümpel, Teiche, Seen auf Wasserpflanzen und festen Unterlagen (Steinen, Schneckengehäusen, Muschelschalen). [8958]
5 Calothrix parietina, Haarige Blaualge. Krustenförmige Lager, meist mit Kalkeinlagerungen, braunschwarz. Trichome oft verzweigt, dicht gedrängt, laufen jeweils in ein langes Haar aus. Scheiden dick, meist geschichtet, gelbbraun, brüchig, zerfasert. **G** Zellen 5–30 µm lang, 5–10 µm breit; Scheiden 10–12 µm breit. **L** In oligosaproben Gewässern (Leitorganismus) an Steinen, häufig in der Wellenschlagszone. Feuchte Böden, Felsen, Salinen. [8046]
6 Gloeotrichia pisum, Erbsenblaualge. 1–2 mm, manchmal bis haselnussgroße, harte, kugelige, schwärzliche Lager aus (schein-)verzweigten radialen Fäden, die von basalen Heterocysten ausgehen. Scheiden eng, farblos. Trichome in lange Haarspitzen ausgezogen. **G** Zellen 3–14 µm lang, 4–7 µm breit. Dauerzellen glatt, 60–400 µm lang. **L** Stehende Gewässer, Lager sitzen an untergetauchten Pflanzenteilen (6a). [Gattung: 8035]
7 Gloeotrichia natans, Hohlkugel-Blaualge. Weiches, später ausgehöhltes Gallertlager, bis zu Apfel- oder sogar Kopfgröße. Fäden enden in langen Haarzellen. Scheiden an der Basis der Fäden sackartig, geringelt. **G** Zellen 7–9 µm breit, an der Basis quadratisch, in der Mitte 5 µm lang, Endzellen bis 40 µm lang. Dauerzellen (an der Basis der Trichome) 40–250 µm lang. **L** Stehende Gewässer. Jugendstadien an Wasserpflanzen, ältere Lager lösen sich ab (7 a). Sehr verbreitet, oft Wasserblüten. [8871]
8 Gloeotrichia echinulata, Igelblaualge. Lager kugelig, bis 7 mm groß, freischwimmend. Fäden laufen in sehr lange, nur 1–2 µm dicke Haare aus, ragen weit aus den Scheiden des Lagers hervor. Da die Fadenenden abbrechen, erhalten die Kolonien ihre typische stachelige Gestalt (8 a). Fäden vielfach gekrümmt. **G** Fäden an der Basis 8–10 µm breit. Dauerzellen 45–50 µm lang. **L** Stehende Gewässer; oft Wasserblüten. [8180]
9 Rivularia biasolettiana, Kalkkrusten-Blaualge. Junge Lager halbkugelig, ältere ausgebreitet, 2–8 mm dick, mit eingebetteten Kalkteilchen. Trichome (schein-)verzweigt, mit sehr langen, farblosen, haarartigen, gebogenen oder hakigen Endzellen. Scheiden um die Trichome weit, trichterartig, farblos, zerschlitzt, geschichtet, später oft gelbbraun. **G** Trichome 5–12,5 µm breit. **L** Stehende, seltener fließende Gewässer [8166]. **A** *R. dura:* Lager halbkugelig, hart, schwarzgrün. [Gattung: 8030]
10 Rivularia haematites, Harte Kalkkrusten-Blaualge. Bis 3 cm dicke, durch Kalkeinlagerungen überaus harte Lager. Trichome in jungen Lagern radial, in älteren parallel verlaufend. Scheiden aus ineinander steckenden Trichterstücken. Kalkinkrustierungen gezont. **G** Trichome 4–11 µm breit. **L** Stehende und fließende Gewässer von Kalkgebieten. Bildet steinige braune Krusten.

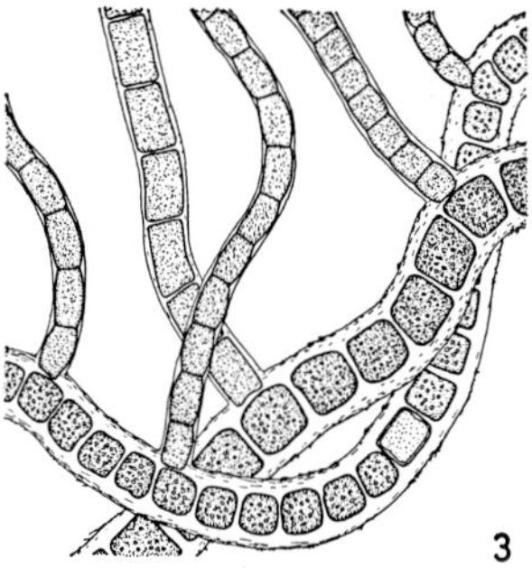

3

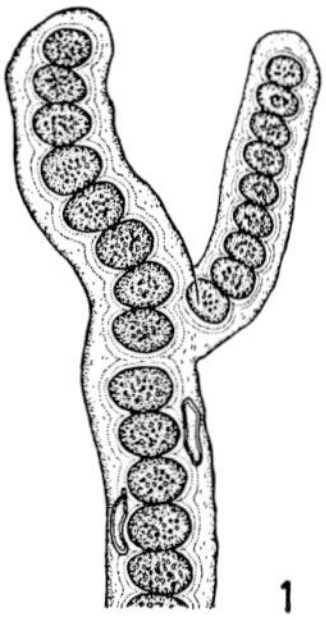

1

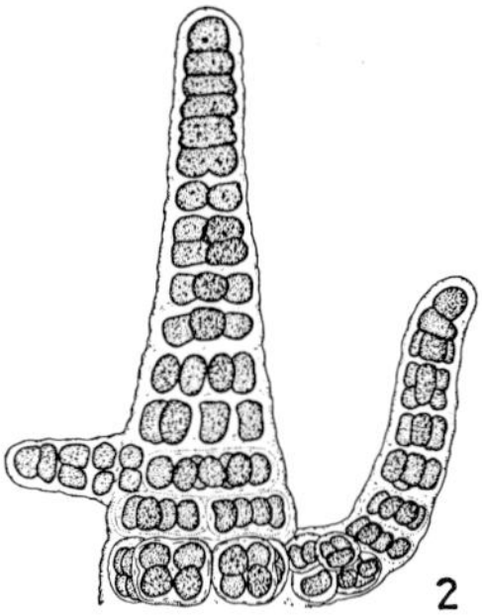

2

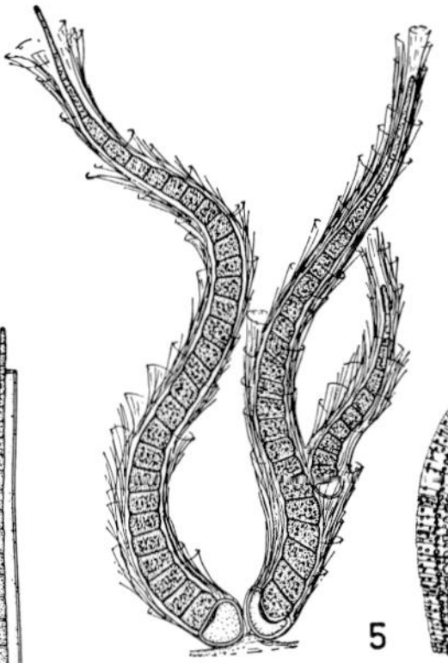

5

9

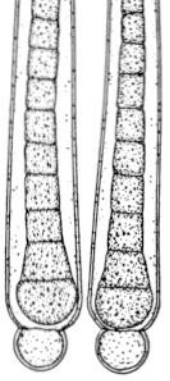

4

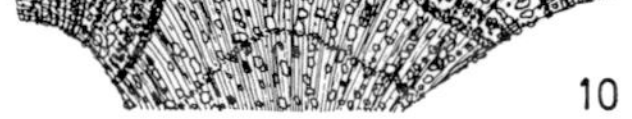

10

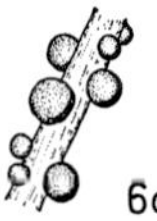

6a

7a

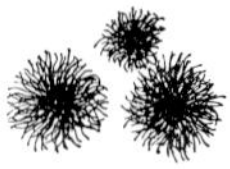

8a

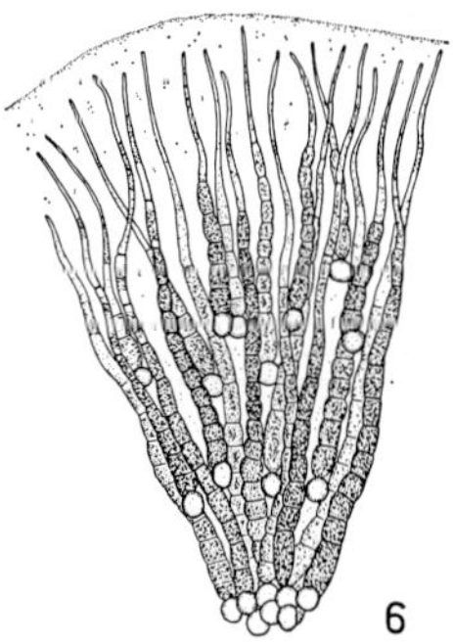

6

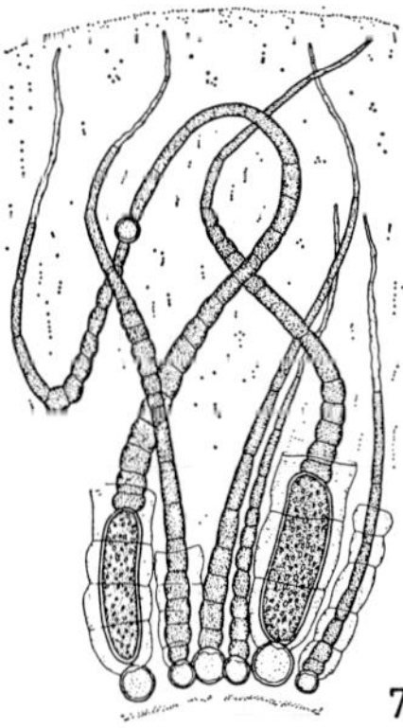

7

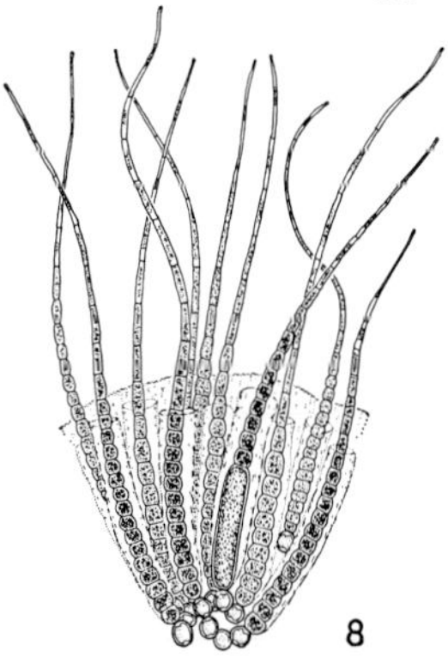

8

Blaualgen 4

1 Plectonema tomasinianum, Wasserzopf. Flockige oder büschelige Lager aus gekrümmten Fäden. Endzellen abgerundet. Zellen blaugrün, an den Querwänden eingeschnürt. Heterocysten fehlen. Scheiden dick, geschichtet, im Alter gelbbraun. Scheinverzweigungen oft paarweise, kreuzartig. **G** 3–9 µm lang, 11–22 µm breit. **L** Bäche, stehende Gewässer; an festen Unterlagen (Steine, Wasserpflanzen, Holzstücke). [8673]
2 Tolypothrix lanata, Wasserwolle. Flockig-büschelige Lager aus bis 2 cm langen Fäden. Die häufigen Scheinverzweigungen gehen meist von Heterocysten aus. Zellen blaugrün, quadratisch. Scheiden dünn. **G** Zellen 10 µm breit. **L** Stehende Gewässer, an Steinen und Wasserpflanzen. **A_1** Zellen 5–8 µm breit: *T. tenuis,* häufig am Ufer von Seen. **A_2** Scheinverzweigungen mit Hauptfäden verwachsen, Lager pinselförmig, Endzellen orange bis rosa: *T. penicillata;* Fließgewässer, Wellenschlagszone von Seen und Teichen [8171]. [Gattung: 8870]
3 Scytonema myochrous, Tintenstrichalge. Braune bis schwarze Lager aus verflochtenen, 2–15 mm langen, 18–36 µm breiten Fäden. Charakteristische Scheinverzweigung: Zwischen zwei Heterocysten tritt ein Fadenstück als seitliche Schlinge nach außen. Scheiden aus tütenartigen Stücken. **G** Zellen 6–12 µm breit, Endzellen der Fäden scheibenförmig. **L** Nasse Erde, feuchte Steine und Mauern. **B** Bildet zusammen mit anderen Blaualgen an Kalk- und Dolomitfelsen schwarze Streifen, „Tintenstriche", die den Weg des herabfließenden Wassers markieren. [Gattung: 8882]. **A** Fäden 24–66 µm breit, Scheiden sehr dick, schräg geschichtet und zusätzlich quergestreift: *Petalonema alatum;* Seen, Bäche, Tümpel, häufig an feuchten Kalkfelsen.
4 Aphanizomenon gracile, Schlanke Wassernadel. Fäden sehr unterschiedlich lang; schweben einzeln im Wasser, selten zu kleinen Bündeln vereinigt. Endzellen sehr stark verlängert, den Spitzen zu verjüngt, farblos. **G** Zellen 2–6 µm lang, 2–3 µm breit; Dauerzellen 22–30 µm groß. **L** Plankton stehender Gewässer; häufig. [8096]
5 Aphanizomenon flos-aquae, Grüne Spanalge. Fäden zu freischwimmenden, fichtennadelgroßen Bündeln vereinigt (5 a). **G** Zellen 5–15 µm lang, 5–6 µm breit; Endzellen bis 150 µm lang; Heterocysten 7–20 µm lang; Dauerzellen 35–80 µm lang, 7 µm dick. **L** Bildet oft mächtige Wasserblüten in eutrophen Gewässern. **B** Wichtiger Produzent organischer Stoffe, daher in der Teichwirtschaft durch Düngung gefördert. [8031]
6 Nostoc carneum, Schleimige Zitteralge. Sulzige, in der Jugend kugelige Lager ohne feste Außenschicht. Fäden locker verschlungen. In der Jugend festsitzend, später an der Wasseroberfläche treibend. Lager blaugrün, violett, rosa und rostbraun. Zellen tonnenförmig. **G** Zellen bis 8 µm lang, 3–4 µm breit; Heterocysten 6 µm breit; Dauerzellen 10 µm lang, mit glatten Außenschichten. **L** Stehende Gewässer; bildet oft Wasserblüten. [Gattung: 8029]
7 Nostoc linckia, Gallertige Zitteralge. Gallertlager ohne feste Außenschicht, anfangs kugelig, später in kleinen, schmutzig-dunklen Fladen an der Wasseroberfläche. Fäden dicht verflochten; Zellen kurz-tonnenförmig. **G** Zellen 4 µm breit; Heterocysten und Dauerzellen kugelig (7–8 µm). **L** Stehende Gewässer; bildet Wasserblüten.
8 Nostoc commune, Sternschneuzer. Luftlebend. Lager mit fester Außenschicht, zunächst kugelig, später hautartige, flache, wellige, faltige Gallerte; bis geldstückgroß, dunkelgrün; bei Trockenheit schwarz, papierartig. Fäden dicht verflochten. Zellen kurz-tonnenförmig bis kugelig. **G** Zellen um 5 µm; Heterocysten kugelig, oft in Ketten hintereinander, 7 µm. **L** Wiesen und Waldwege. **A_1** Lager kugelig: *N. sphaeroides.* **A_2** Auch in den äußeren Lagerbezirken keine Scheiden sichtbar: *N. sphaericum;* zwischen Moosen, an Baumstrünken, in flachen, stehenden Gewässern.
9 Nostoc verrucosum, Warzige Zitterkugel. Lager mit fester Außenschicht, gallertig, jung kugelig, später blasenartig, schwarzgrün, mit höckeriger Oberfläche. Fäden in den äußeren Schichten dicht verflochten, im Inneren lockerer. Scheiden dick, gelbbraun, fehlen im Inneren des Lagers. Zellen kurz-tonnenförmig. **G** Zellen 3–3,5 µm breit; Dauerzellen oval, 7 µm lang. **L** Klare Bäche und Gebirgsflüsse, an Steinen. [8902]
10 Nostoc zetterstedtii, Seegallerte. Lager mit fester, lederartiger Außenschicht, kugelig, oft gelappt, bis haselnussgroß. Fäden im Inneren der Lager radial angeordnet, an der Peripherie verflochten. Scheiden an der Peripherie deutlich, im Zentrum fehlend. Zellen länglich, tonnenförmig und kugelig. **G** Zellen 4 µm breit. Heterocysten kugelig, 8–15 µm. **L** Seen-Plankton Nordeuropas. **A** Heterocysten kaum größer als Fadenzellen (6–7 µm breit): *N. pruniforme,* Lager bis hühnereigroß, stellenweise von feinen Kalkkrusten überzogen; „Wasserpflaumen" genannt.

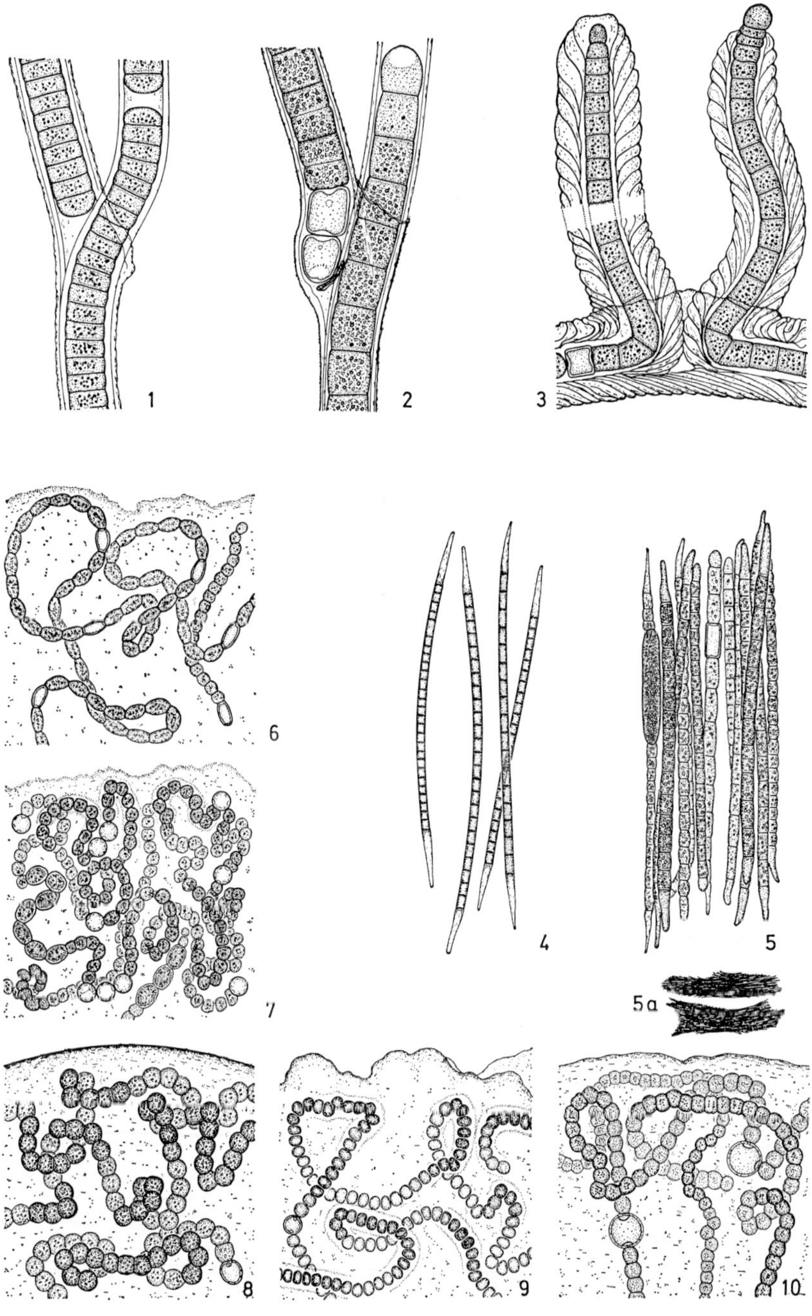
1
2
3
6
4
5
5a
7
8
9
10

Blaualgen 5

1 Komvophoron constrictum, Eingeschnürte Ringelalge. Fäden meist gerade, Zellen abgerundet-zylindrisch, in der Mitte eingeschnürt. Zellinneres (Centroplasma) farblos, gegen das periphere, blaugrüne Chromoplasma scharf abgegrenzt. Heterocysten sehr selten. **G** Zellen 6–10 µm lang, 5–7 µm breit. **L** Auf Faulschlamm. [8423]
2 Anabaena augustumalis, Sumpf-Ringelalge. Fäden gerade oder leicht gebogen, freischwimmend, mit undeutlicher Gallerthülle. Zellen zylindrisch bis tönnchenförmig. Heterocysten und Dauerzellen werden voneinander entfernt ausgebildet. **G** Zellen 4–6 µm lang, 4 µm breit; Heterocysten 6 µm breit; Dauerzellen 25–55 µm lang, 6 µm breit. **L** Charakterart saurer Torfsümpfe und Moorseen. [8909]
3 Trichormus catenulus var. affinis, Vakuolen-Ringelalge. Fäden mehr oder minder gerade, zu blaugrünen Lagern vereinigt, von kaum sichtbarer Gallerthülle zusammengehalten. Zellen fast kugelig, bilden deutliche Pseudovakuolen (Schwebefähigkeit!). **G** Zellen 5–7 µm; Heterocysten kugelig, 8–10 µm; Dauerzellen anfangs kugelig, später lang-ellipsoidisch, 17–26 µm lang, 10–12 µm breit. **L** Plankton stehender Gewässer, bildet ab und zu Wasserblüten. [8185]
4 Trichormus catenulus var. solitaris, Kugelzellen-Ringelalge. Fäden einzeln, gerade, freischwimmend. Zellen kugelig, mit Gasvakuolen. **G** Zellen 8 µm; Heterocysten kugelig, 8–10 µm; Dauerzellen zylindrisch, 28–35 µm lang, 10 µm breit. **L** Plankton eutropher, stehender Gewässer; häufig. [8186]
5 Anabaena circinalis, Gewundene Ringelalge. Fäden einzeln, selten zu mehreren in einem Gallertflöckchen; halbkreisförmig, S-förmig oder brezelartig gewunden. Zellen ellipsoidisch, mit Gasvakuolen. Dauerzellen schwach gekrümmt, braun, glatt. **G** Zellen 4–15 µm lang, 2,5–5 µm breit; Heterocysten 6–8 µm lang, 5 µm breit; Dauerzellen 24–30 µm lang. **L** Plankton stehender Gewässer. Kann in kleineren Teichen für kurze Zeit Wasserblüten erzeugen. [8072]
6 Anabaena flos-aquae, Gewöhnliche Ringelalge. Fäden verschlungen, zu kleinen Gallertflöckchen vereinigt, schweben in den oberen Wasserschichten. Dauerzellen meist in Reihen hintereinander, schwach gebogen. **G** Zellen 6–8 µm lang, um 5,5 µm breit, Heterocysten 6–10 µm lang, 4–9 µm breit; Dauerzellen 30–35 µm lang. **L** Teiche und Seen, bildet Wasserblüten. Vom Wind in Buchten zusammengetriebene Flöckchen bilden schmierige Schleimschicht an der Wasseroberfläche. **B** Auf den Flöckchen sitzende Glockentiere haben den komplexen Namen *Pseudohaplocaulus infravacuolatus.* [8032].
7 Anabaena spiroides, Schraubige Ringelalge. Fäden einzeln, freischwimmend, schraubig gewunden, von dicker, schwer sichtbarer Gallertschicht umhüllt. Zellen fast kugelig. Heterocysten kugelig. Dauerzellen zuerst kugelig, später gekrümmt. **G** Zellen 6,5–8 µm; Windungen der Fäden 45–54 µm weit, Umgänge 40–50 µm voneinander entfernt. **L** Seen und Teiche, häufig. [8095]
8 Anabaena cylindrica, Zylinderzellen-Ringelalge. Wichtiges Merkmal dieser und der nächsten Art: Dauerzellen entstehen zu beiden Seiten der Heterocysten. Fäden gerade, zu vielen parallel gelagert, bilden dünne, blaugrüne Überzüge. Zellen quadratisch bis zylindrisch; Heterocysten von dichter Gallerte umhüllt; Endzellen kegelig, abgerundet. **G** Zellen 3–5 µm lang, 3–4 µm breit; Heterocysten 6–8 µm lang, 5 µm breit; Dauerzellen 3–4 µm breit, 15–30 µm lang. **L** Teiche und Seen, an Wasserpflanzen und am Boden. Bei starker Wasserbewegung schweben die Lager auf. [8094]
9 Anabaena sphaerica, Lager-Ringelalge. Fäden gerade, parallel geordnet, mit undeutlichen Gallerthüllen, zu blaugrünen Lagern vereinigt. Zellen kugelig oder tönnchenförmig. Dauerzellen kugelig, entstehen neben Heterocysten einzeln oder als Ketten, ihre Außenschicht verfärbt sich gelbbraun. **G** Zellen um 6 µm breit; Heterocysten kugelig, um 7 µm; Dauerzellen kugelig, 12–18 µm. **L** Tümpel, Teiche, Moorgewässer, zeitweilig häufig. **A** *Pseudoanabaena catenata*. Fadenbreite 1–2 µm. [8008]
Vereinzelt bilden Rassen der *Anabaena*-Arten ein hoch toxisches Nervengift: Anatoxin, 1-(8-Amino-cyclooct-1-enyl)-ethanon. Anatoxin kann die Ursache von Viehsterben sein.
10 Spirulina abbreviata, Kleine Korkzieheralge. Fäden kurz, an den Enden zugespitzt, S-förmig oder mit 1 bis 3 Windungen gekrümmt. Querwände im Leben unsichtbar. Fäden einzeln oder zu mehreren in formlosen, weichen Lagern. Schraubende, gleichmäßige Bewegung. **G** Fäden 20–60 µm lang, 2,5–5 µm breit. **L** Stehende, auch verschmutzte Gewässer. [Gattung 8140]
11 Arthrospira jenneri, Blaugrüne Korkzieheralge. Fäden satt blaugrün, an den Querwänden nicht eingeschnürt, an den Enden nicht verjüngt. Freischwimmend oder häutige Lager bildend. Zellen quadratisch oder kürzer als breit. **G** Zellen 4–5 µm lang, 5–8 µm breit. Regelmäßig schraubige Windungen der Fäden 9–15 µm breit, Umgänge 20–30 µm voneinander entfernt. **L** Über Faulschlamm, in Mistlachen, verjauchten Dorfteichen, Abwässern. [8442]
12 Spirulina platensis, Große Korkzieheralge. Fäden schraubig gewunden, an den Querwänden leicht eingeschnürt, planktisch oder in Lagern. Zellen quadratisch oder kürzer als breit. **G** Zellen 2–6 µm lang, 6–8 µm breit; Windungen der Fäden 25–40 µm breit, Umgänge 45–60 µm voneinander entfernt. **L** Stehende Gewässer; bildet gewaltige Wasserblüten. [Gattung: 8140]

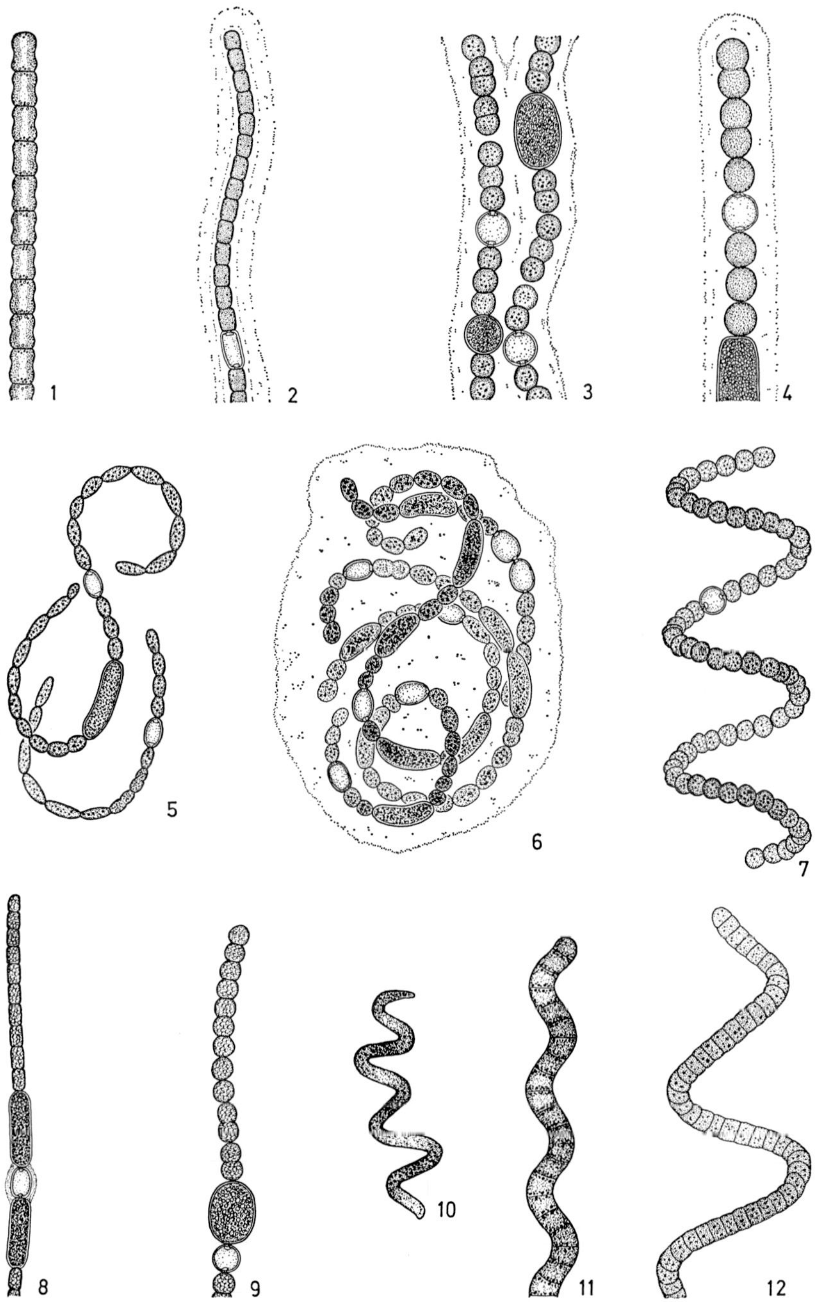
1
2
3
4
5
6
7
8
9
10
11
12

Blaualgen 6

1 Microcoleus subtorulosus, Bündelblaualge. Viele Fäden in gemeinsamer, stark schleimiger Scheide. Fäden teilweise miteinander verklebt. An den Querwänden deutliche Einschnürungen. Enden der Fäden verjüngt. Blaugrüne Lager, die Wasserpflanzen überziehen oder sich auf Schlamm ausbreiten. **G** Zellen 5–10 µm lang, 6–10 µm breit. **L** Fließende und stehende Gewässer. [8456]
2 Schizothrix vaginata, Krustenblaualge. Graubraune bis schwarzgrüne, krustige, warzige, zuweilen mit Kalk inkrustierte Lager. Fäden gerade, zuweilen verflochten, an den Enden verzweigt. Scheiden dick, farblos, an den Enden zugespitzt, enthalten nur wenige Fäden. **G** Zellen 1–3 µm lang, 2–3 µm breit. **L** Stehende und fließende Gewässer, überrieselte Felsen, Gallertlager von *Rivularia*. [Gattung: 8996]
3 Lyngbya limnetica, Kleine Scheidenblaualge. Fäden einzeln, gerade oder schwach gekrümmt, freischwimmend, in dünnen, festen, farblosen Scheiden. Zellen sehr klein, oft mit einem zentralen Körnchen. **G** Zellen 1–3 µm lang, 1–1,5 µm breit. **L** Plankton stehender Gewässer. [8126]
4 Lyngbya contorta, Geringelte Scheidenblaualge. Fäden in zwei bis zwanzig fast kreisförmigen Umgängen regelmäßig und dicht aufgewunden. Freischwimmend. Scheiden eng, farblos. **G** Zellen 3–6 µm lang, 1–2 µm breit. **L** Plankton eutropher Seen und Teiche, häufig.
5 Porphyrosiphon martensianus, Gerade Scheidenblaualge. Fäden lang, gebogen, zu blaugrünen Büscheln vereinigt. Scheiden dick, farblos, verkleben miteinander ohne zu verschleimen. Keine Einschnürungen an den Querwänden. **G** Zellen 2–3 µm lang, 6–10 µm breit. **L** In stehenden und fließenden Gewässern auf festen Unterlagen (Steine, Pflanzen, Hölzer, Muscheln usw.). [8165]
6 Leptolyngbya foveolarum, Kleine Häutchenblaualge. Dünne, schwarzgrüne Lager aus gekrümmten, an den Querwänden eingeschnürten Fäden. Scheiden weich, zerfließend. **G** Zellen 0,8–2 µm lang, 1,5 µm breit. **L** Verschmutzte Teiche und Bäche, schlecht gereinigte Abwässer, feuchte Erde, nasse Kalkfelsen, Schleusenkammern. [8177]
7 Phormidium retzii, Flutende Häutchenblaualge. Lager schwärzlich, stahlblau bis dunkel-blaugrün; bilden entweder dicke und feste Überzüge oder hängen als flutende Pinsel an der Unterlage. Fäden fast gerade, an den Querwänden nicht eingeschnürt. Scheiden fest, dünn. Zellen auffallend dunkelgrün. **G** Zellen 4–9 µm lang, 5–12 µm breit. **L** Fließgewässer. **B** Lager bei Eisenmangel violett, rot und orangefarben. [8974]
8 Phormidium corium, Schwarze Häutchenblaualge. Lager schwärzlich, bilden häutige Überzüge auf Steinen. Fäden fast gerade, den Enden zu verjüngt. Scheiden dünn, verschleimend. Zellen an den Querwänden fein granuliert. **G** Zellen 4–8 µm lang, 3–5 µm breit. **L** Saubere Fließgewässer und Seen, feuchte Felsen. [8896]
9 Phormidium autumnale, Kalkliebende Häutchenblaualge. Lager schwärzlich-grün, mitunter gelblich oder violett. Fäden meist gerade, an den Querwänden nicht eingeschnürt. Enden stark und plötzlich verjüngt. Endzellen mit Haube. **G** Zellen 2–4 µm lang, 4–7 µm breit. **L** Schnell fließende, kalkhaltige Gebirgsbäche, Bodenschlamm von Brunnen, schlecht gereinigte Abwässer, Baumstämme, Mauern. [8037]
10 Phormidium uncinatum, Hakenförmige Häutchenblaualge. Lager braunschwarz bis schwarzgrün, bilden anliegende Überzüge oder flutende, zerteilte Büschel. Gallertscheiden fest oder verschleimend. Fäden kaum gebogen, an den Querwänden nicht eingeschnürt. Enden abgebogen oder schraubig verwunden, verjüngen sich allmählich. Endzellen mit flacher Haube. Vielgestaltige Sammelart. **G** Zellen 3–5 µm lang, 6–9 µm breit. **L** Stehende und fließende Gewässer, Dorfteiche, Tümpel, tote Flussarme. [8058]
11 Phormidium papyraceum, Glänzende Häutchenblaualge. Lager schwarzgrün, häutig, dünn, fest, auffallend glänzend. Fäden schwach gekrümmt, an den Querwänden nicht eingezogen, Enden plötzlich verjüngt. Scheiden dünn. **G** Zellen 2–4 µm lang, 3–5 µm breit. **L** Stehende und fließende Gewässer. Thermen, Höhlen, Spritzwasserzone klarer Bäche.

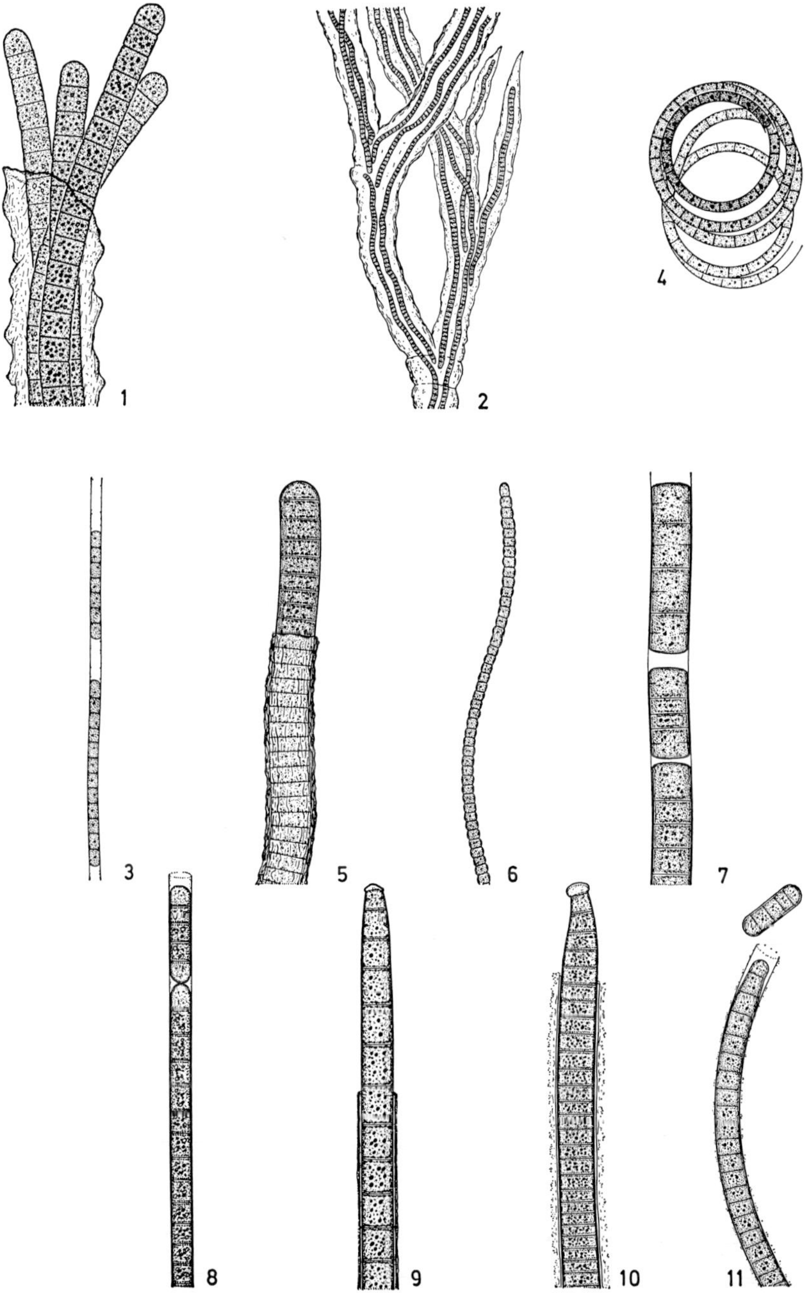
1
2
4
3
5
6
7
8
9
10
11

Blaualgen 7

1 Oscillatoria princeps, Königs-Schwingalge. Schleimige, schwärzliche Lager oder freischwimmend. Fäden breit, gerade, Querwände nicht eingezogen, Endon oft plötzlich verjüngt, blaugrün, bräunlich, schmutzig-violett oder rötlich überhaucht. **G** Zellen 3–7 µm lang; 16–68 µm breit. **L** Verschmutzte fließende und stehende Gewässer. **B** Sammelart. [8132]

2 Oscillatoria limosa, Schlamm-Schwingalge. Lager schwärzlich-grün bis braun, freischwimmend oder festsitzend. Fäden gerade, an den Querwänden nicht eingeschnürt, Querwände erscheinen fein gekörnt. **G** Zellen 2–5 µm lang, 11–22 µm breit. **L** Auf Schlamm, an Blumentöpfen; sehr häufig. [8001]

3 Oscillatoria brevis, Schmale Schwingalge. Lager dunkel-blaugrün, festsitzend oder planktisch. Fäden gerade, an den Querwänden nicht eingezogen, Enden verjüngen sich deutlich. **G** Zellen 1,5–3 µm lang, 4–7 µm breit. **L** Stehende, verschmutzte Gewässer, auf dem Schlamm von Seen und Teichen; häufig. [8012]

4 Oscillatoria chalybea, Stahlblaue Schwingalge. Lager schwarzgrün, bläulich überlaufen, Fäden an den Querwänden leicht eingeschnürt, den Enden zu kaum verschmälert mit schräg abstehenden Endzellen. **G** Zellen 3–6 µm lang, 8–13 µm breit. **L** Verschmutzte Teiche, häufig. Bei Massenentfaltung freischwimmend, sonst an Steinen, Pfählen und auf Schlamm. [8128]

5 Planktothrix rubescens, Burgunderblutalge. Fäden schwach rötlich, gerade, an den Querwänden nicht eingeschnürt, Enden allmählich verjüngt, Endzelle kopfig mit Haube. **G** Zellen 2–4 µm lang, 6–8 µm breit. **L** Planktisch in Kaltwasserseen, Indikator für fortschreitende Eutrophierung, Wasserblüten im Winter (oft unter Eis). [8440]

6 Oscillatoria lacustris, Seen-Schwingalge. Fäden zu freischwimmenden, sägespanähnlichen Bündeln vereinigt, schließen mit zylindrisch-kegelförmigen Endzellen ab. Zellen kurz-tönnchenförmig. **G** Zellen 3–7 µm lang, 5–7 µm breit. **L** Plankton stehender Gewässer, verbreitet. [8075]

7 Oscillatoria tenuis, Zarte Schwingalge. Blaugrüne, dünne, schleimige Lager. Fäden an den Querwänden leicht eingeschnürt, Enden nicht verschmälert. Querwände gekörnelt. **G** Zellen 2,5–5 µm lang, 4–10 µm breit. **L** Verschmutzte stehende Gewässer. [8004]

8 Planktothrix agardhii, Bündel-Schwingalge. Fäden freischwimmend, in blaugrünen Bündeln oder als häutiger Überzug am Grund. Fäden nicht eingeschnürt, an den Querwänden gekörnelt, an den Enden verjüngt; Endzellen nicht kopfig, mit flacher Haube. **G** Zellen 2–4 µm lang, 4–6 µm breit. **L** Seen und Teiche; sehr verbreitet; Wasserblüten (bis zu 10000 Fäden pro ml!). [8438]

9 Phormidium formosum, Schöne Schwingalge. Dunkel-blaugrüne Lager. Fäden an den Querwänden leicht eingeschnürt, Enden verschmälert und abgebogen. Stumpf-kegelige Endzellen nie kopfig, nie von einer Haube bedeckt. **G** Zellen 4–6 µm lang und breit oder etwas länger. **L** Abwässer. In stehenden Gewässern auf Schlamm, an Steinen und Pfählen. Häufigste Blaualge auf Tropfkörpern. [8174]

10 Phormidium splendidum, Schimmernde Schwingalge. Blaugrüne Lager. Fäden fahl-blaugrün, nicht eingeschnürt, den Enden zu verschmälert, Enden abgebogen mit kopfigen Endzellen. **G** Zellen 4–12 µm lang, 2–3 µm breit. **L** Stehende, verschmutzte Gewässer. [8670]

11 Oscillatoria geminata, Perlen-Schwingalge. Lager schmutzig-gelbgrün. Fäden gekrümmt, Querwände tief eingeschnürt, glasig durchsichtig, auffallend dick, Endzellen abgerundet. **G** Zellen 2,5–16 µm lang, 2,5–4,5 µm breit. **L** Torfsümpfe, Moorseen, Thermen, Warmhäuser.

12 Oscillatoria chlorina, Bleiche Schwingalge. Lebhaft bewegliche Fäden, einzeln oder in dünnen, gelbgrünen Lagern, enden in durchscheinenden Kappenzellen. Zellwände oft mit sehr feiner Querstreifung. **G** Zellen 3–8 µm lang, 3,5–5 µm breit. **L** Auf Faulschlamm, im Abwasser. [8129]

13 Oscillatoria lauterbornii, Vakuolen-Schwingalge. Fäden gebogen, bewegen sich langsam in Schraubenlinien. Zellen enthalten je eine eingebuchtete und zerklüftete Pseudovakuole. Zellen gelbgrün, innen mit rötlichem Schimmer. **G** Zellen 6–8 µm lang, 3–4 µm breit. **L** Auf Faulschlamm. [8131]

14 Oscillatoria putrida, Faulschlamm-Schwingalge. Fäden gebogen, gelbgrün, an den Querwänden glänzende Körnchen. **G** Zellen 8–20 µm lang, 2–3 µm breit. **L** Auf Faulschlamm, in faulenden Pflanzenresten. [8014]

15 Limnothrix redeckei, Blasse Schwingalge. Fäden an den Querwänden leicht eingeschnürt. In jeder Zelle an den Querwänden 2 große Gasvakuolen. **G** Zellen 8–14 µm lang, 1,5–2 µm breit. **L** Gräben, Sümpfe, Seen; planktisch; bildet Wasserblüten (bis 200 000 Fäden im ml Wasser!). [8434]

16 Oscillatoria limnetica, Teich-Schwingalge. Fäden blass-blaugrün, gerade oder höchstens leicht geschwungen, an den Querwänden eingeschnürt, an den Berührungsflächen der Zellen Tüpfel mit Plasmaverbindungen. **G** Zellen 4–12 µm lang, 1,5 µm breit. **L** Plankton von Seen und Teichen, auch in Schmutzwasser. [8869]

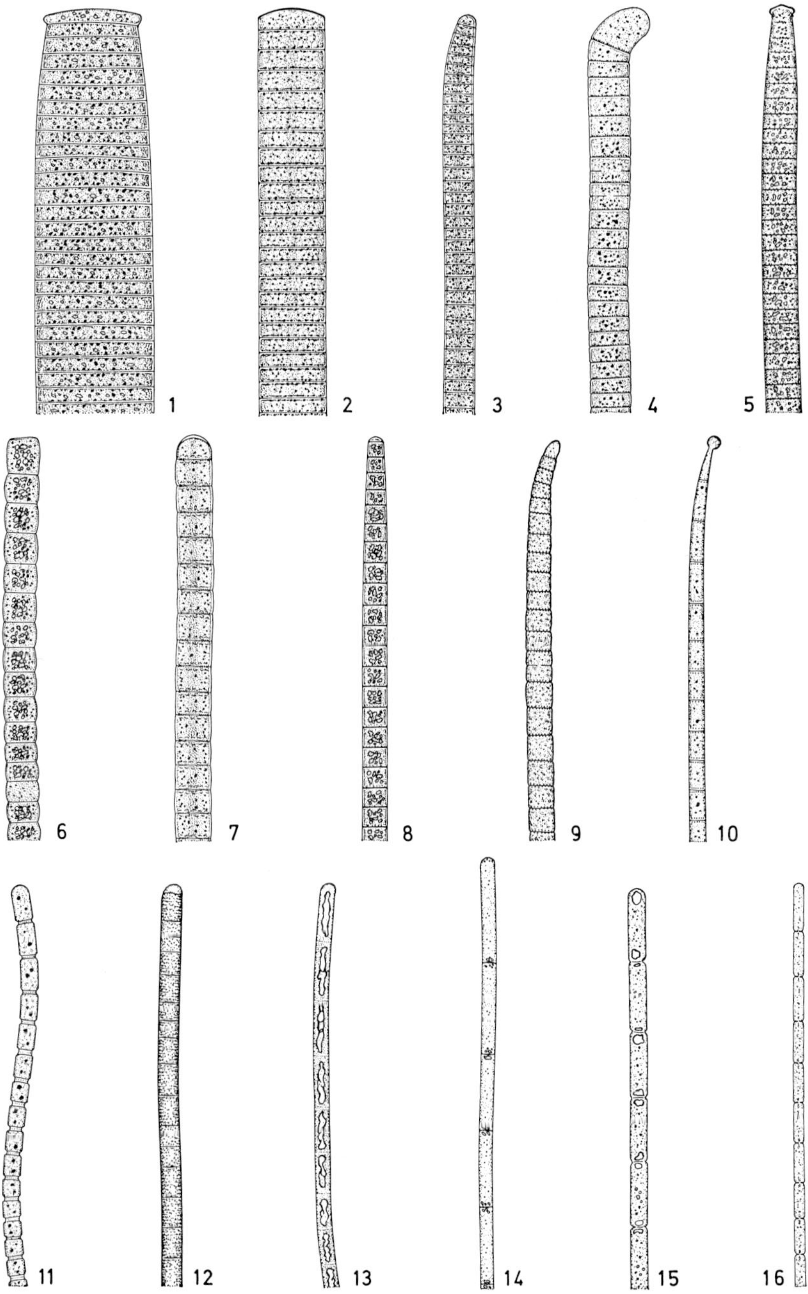
1
2
3
4
5
6
7
8
9
10
11
12
13
14
15
16

Goldalgen 1

1 Chromulina rosanoffii, Gold-Glanzalge. Zellen eiförmig, wenig metabol. Chloroplast goldbraun, muldenförmig. Eine kontraktile Vakuole. Kein Augenfleck. Geißel körperlang. Palmella-Stadien mit Hüllgallerte; Cysten an der Wasseroberfläche, unbenetzbar (Neuston). **G** 9 µm. **L** Häufig in ruhigen, sauberen Gewässern. Bei Massenvermehrung Braunfärbung des Wassers. Staubartige Teppiche der unbenetzbaren Cysten leuchten im Licht golden auf. [Gattung: 7631]
2 Chromulina flavicans, Gelbliche Glanzalge. Zellen sehr metabol, 2 Chloroplasten, 2 kontraktile Vakuolen, Augenfleck. Hautschicht grob gekörnelt. Cysten kugelig, mit spiraligen Wandleisten. Lebt pflanzlich oder frisst Einzeller. **G** 14–19 µm. **L** Stehende, pflanzenreiche Gewässer.
3, 4 Heterochromulina ocellata, Schmutzwasser-Goldalge. Ähnlich *Chromulina*, aber ohne Chloroplasten. Frisst Detritus und Bakterien: Empfangsvakuolen am Grund der Lippe nehmen als „Mund" die Partikel auf. Lippe neben der Geißelbasis. Geißel doppelt körperlang. Eine kontraktile Vakuole seitlich. Freischwimmend kugelig, festsitzend birnförmig. **G** 8–12 µm. **L** Von stehenden Gewässern bis faulende Flüssigkeiten.
5 Chrysococcus rufescens, Braune Goldalge. Kugelig, mit derber Schale, die eine Öffnung für die doppelt körperlange Geißel frei lässt. Augenfleck und kontraktile Vakuolen. Zwei Chloroplasten. **G** 8–11 µm. **L** Ufernähe stehender Gewässer; sehr verbreitet. [7212]
6 Mallomonas acaroides, Borsten-Goldalge. Eiförmig mit starrer Hülle, in die dachziegelartig Kieselschüppchen eingelagert sind. Auf den Schüppchen leicht gebogene Nadeln. 2 Chloroplasten, bis 7 kontraktile Vakuolen. **G** 20–45 µm. **L** Sommers in stehenden, sauberen Gewässern; häufig. **B** Nadeln und Schüppchen an lebenden Zellen kaum erkennbar, wohl aber an eingetrockneten Proben. [7307]
7 Mallomonas caudata, Geschwänzte Goldalge. Verkehrt-eiförmig, Ende oft schwanzartig ausgezogen. 2 große, braungrüne Chloroplasten. Kontraktile Vakuolen und eine vordere, nicht kontraktile Blase. Hohle Kieselnadeln gebogen, gezähnelt, öfters gegabelt. **G** 50–80 µm. **L** Saubere, stehende Gewässer; zuweilen Wasserblüte. [7149] ▸ **A** *Mallomonas akrokomos*: siehe Nr. 6 von S. 334.
8 Chrysosphaerella longispina, Igel-Goldalge. Kugelige Zellkolonien; Koloniegallerte mit Kieselplättchen. Einzelzellen mit 2 Chloroplasten und einer Hülle, die am Vorderende zwei trichterartige Fortsätze trägt, in denen gelenkig hohle Kieselnadeln sitzen. **G** Zellen bis 15 µm, Kolonien bis 250 µm. **L** Stehende Gewässer mit reichem Pflanzenwuchs. [Gattung: 17150]
9 Syncrypta volvox, Wimpergoldkugel. Kugelige Kolonien aus zentral zusammenhängenden Zellen und einer Gallertschicht mit winzigen Stäbchen. Einzelzellen vorne breit abgerundet, mit 2 Chloroplasten, 2 kontraktilen Vakuolen und 2 gleichartigen Geißeln. **G** Zellen 8–14 µm, Kolonien 20–70 µm. **L** Flussbuchten, Teiche, Altwässer, Torfmoore; vereinzelt. [17053]
10 Synura uvella, Rosetten-Goldkugel. Gallertlose Kolonien aus bis zu 80 Einzelzellen. Zellen gelbbraun, mit beborsteter Hülle. 2 Chloroplasten, kein Augenfleck. 2 Geißeln. **G** Zellen 20–40 µm lang, Kolonien 100–400 µm groß. **L** Tümpel, Talsperren; bildet zuweilen braune Wasserblüten. [7094]
11 Ochromonas mutabilis, Rüssel-Goldalge. Zellen sehr metabol, 2 braune Chloroplasten, Augenfleck, 2 kontraktile Vakuolen. Längere Hauptgeißel und kürzere Nebengeißel. Vorderende einseitig ausgezogen oder ausgerandet. Palmella-Stadien. **G** 15–30 µm. **L** Stehende, pflanzenreiche Gewässer. [7646]
12 Monas guttula, Tropfen-Goldalge. Sehr ähnlich der vorigen Art, aber ohne Chloroplasten. Ernährung rein tierisch, frisst Bakterien und Detritus. 1 kontraktile Vakuole. **G** Um 15 µm lang. **L** Stehendes, faulendes Wasser; sehr häufig.
13 Monas elongata, Langgestreckte Goldalge. Zellen lang, Vorderende schräg abgestutzt. Schwimmt rotierend. **G** Um 11 µm. **L** Stehendes Faulwasser, Pfützen um Kothaufen.
14 Monas socialis, Gesellige Goldalge. Zellen kugelig, Hinterende zu einem langen Faden ausgezogen, der der Befestigung auf Unterlagen dient. Stehen in Grüppchen zusammen. Nur tierische Ernährung. Kein Augenfleck. **G** 5–10 µm. **L** Stehende Gewässer mit zerfallenden Pflanzenresten; häufig.

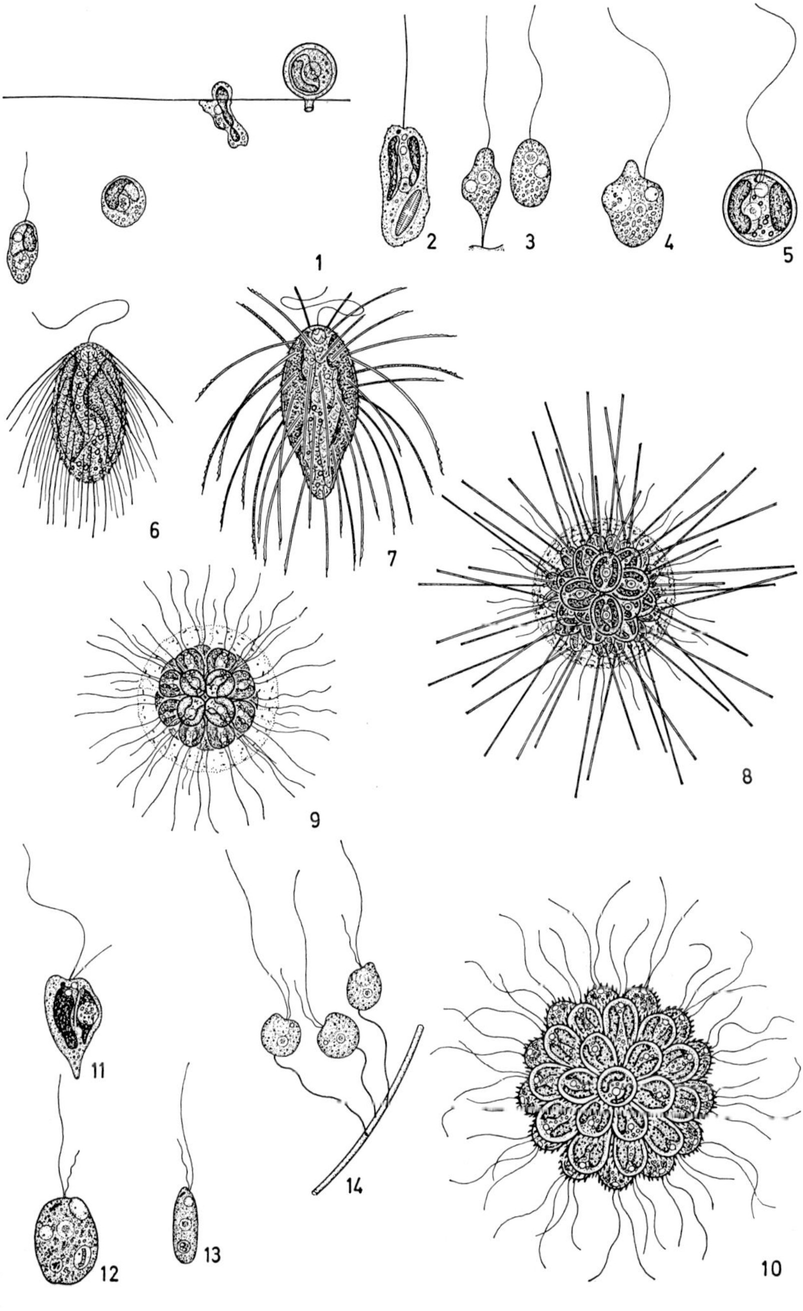
1
2
3
4
5
6
7
8
9
10
11
12
13
14

Goldalgen 2

1 Uroglena volvox, Gelbe Wimperkugel. Kugelige, gallertige Kolonien. Einzelzellen radiär und peripher angeordnet. 1 Chloroplast, Augenfleck. **G** Zellen 12–20 µm, Kolonien 40–400 µm. **L** Stehende Gewässer, Tümpel, Talsperren; bildet braune Wasserblüten. [7067]

2 Uroglena americana, Gelbkugel. Kugelige, gallertige Kolonien. Gegensatz zu *Uroglena volvox:* Hautschicht der Zellen fein granuliert, keine gegabelten Gallertverbindungsstränge zwischen den Zellen, Hinterende der Zellen abgerundet, Zellen kleiner. **G** Zellen 5–8 µm, Hauptgeißeln bis 32 µm, Kolonien bis 300 µm. **L** Plankton stehender Gewässer. **B** Bei Wasserblüten widerwärtiger Geschmack des Wassers. [7601]

3 Epipyxis utriculus, Bechermoos-Alge. Zellen festsitzend, in schmal spindelförmigem Zellulosegehäuse, nicht koloniebildend. **G** Gehäuse 25–50 µm lang. **L** Stehende Gewässer auf Algen, Pflanzen, Tieren; sehr häufig. **B** Ernährt sich tierisch und pflanzlich. [17057]

4 Epipyxis marchica, Kelchalge. Gehäuse kurz spindelförmig, steckt seinerseits in einem Trichterchen, das mit einem Gallertscheibchen auf der Unterlage festsitzt. Nur 1 Chloroplast. **G** Gehäuse um 23 µm lang. **L** Stehende Gewässer, auf Fadenalgen. [17011]

5 Dinobryon suecicum, Gerippte Kelchalge. Einzellebend, freischwimmend. Gehäuse mit schraubigen Verdickungsleisten, kantig, Mündung schräg abgeschnitten, zum Teil mit 12 µm langem Endstachel. **G** Gehäuse um 20 µm lang. **L** Stehende Gewässer, schwebt zwischen Wasserpflanzen. [7593]

6 Dinobryon sertularia, Becherbäumchen. Freischwimmende Kolonien groß und dicht buschig, Konturlinien aufeinanderfolgender „Vasen“ ergeben deutliche Schlangenlinien. Bei dieser und den folgenden *D.*-Arten Saisonvarianten (Unterschiede zwischen Frühjahrs- und Sommerformen) und verschiedene Formenreihen mit allen möglichen Übergängen. **G** Gehäuse 30–44 µm lang. **L** Stehende, nährstoffreiche Gewässer; sehr häufig. [7221]

7 Dinobryon sociale, Becherbäumchen. Einzelgehäuse kegelförmig. **G** Gehäuse 30–70 µm lang. **L** Nährstoffreiche Gewässer; sehr häufig. [7884]

8 Dinobryon sociale var. stipitatum, Becherbäumchen. Gehäusereihen stehen weitgehend parallel. Einzelgehäuse mit langem Basalstiel. **G** Gehäuse 55–100 µm lang. **L** Stehende Gewässer; sehr häufig. [7143]

9 Dinobryon cylindricum, Becherbäumchen. Kolonien nur wenige „Stockwerke“ hoch. Einzelgehäuse zylindrisch, stumpf-kegelförmig verschmälerte Basis endet in einer schiefen Spitze. **G** Einzelgehäuse bis 115 µm lang. **L** Stehende und schwach fließende Gewässer; sehr häufig. [7938]. **A** *Dinobryon bavaricum*: siehe Nr. 2 von S. 346.

10 Dinobryon divergens, Becherbäumchen. Kolonien im Sommer weit auseinander gespreizt. Einzelgehäuse in der Mitte bauchig erweitert, läuft basal in einen schiefen Endkegel aus. **G** Gehäuse 35–50 µm lang. **L** Flüsse, Gräben, nährstoffreiche stehende Gewässer; sehr häufig. [7937]

11 Anthophysa vegetans, Traubenbäumchen. Köpfchenförmige Kolonien aus bis zu 60 Zellen, auf verzweigten Gallertstielen. Einzelzellen mit schnabelförmigem Fortsatz und 2 ungleich langen Geißeln. Bakterienfresser. Festsitzend oder freischwimmend. **G** Zellen 3–10 µm, Kolonien um 30 µm. **L** Verschmutzte Gewässer. [7628] ▸ *Dendromonas* S. 334/7

12 Chrysarachnion insidians, Spinnennetz-Goldalge. Ebener Verband aus 200 oder mehr amöboid beweglichen Zellen, die durch sehr feine Pseudopodien verbunden sind. Zellen mit blassgelbbraunen Chloroplasten. **G** Zellen 3–4 µm. **L** Im Winter unter Eis; Uferzonen stehender Gewässer zwischen Algen und Blättern. **B** Lebt pflanzlich oder fängt kleine Tiere ein.

13 Hydrurus foetidus, Stinkender Wasserschweif. 1–30 cm lange, glitschige, unangenehm riechende, verzweigte Lager. Zellen in der Gallertmasse oval, mit je 1 gelbbraunen Chloroplasten. **G** Zellen um 10 µm. **L** Sauerstoffreiche Seen, klare Gebirgsbäche, in kalten Gewässern das ganze Jahr, in wärmeren Lagen nur im Frühjahr und Herbst. [7045]

14 Epipyxis lauterbornii, Glas-Goldalge. Zellen in äußerst zarten, aus manschettenartigen Zuwachsringen gebauten Gehäusen. Zellen mit langem, kontraktilem Stiel. **G** Gehäuse 25–50 µm, Zellen 8–10 µm. **L** Stehende Gewässer an Blaualgen, Kieselalgen, Fadenalgen, Wassertieren; häufig. [Gattung: 7594]

15 Epipyxis ramosum, Verzweigte Glas-Goldalge. Koloniebildend; Gehäuse ähnlich der vorigen Art, aber lang zylindrisch und mit kürzeren Zuwachsringen. **G** Einzelgehäuse 50–70 µm lang, Zellen bis 30 µm. **L** Stehende Gewässer an Algen und Wasserpflanzen; vereinzelt.

16 Chrysocapsa planctonica, Zwerg-Goldkugel. Kugelige Gallertlager, in denen die Zellen im Palmella-Stadium liegen. Zellen mit 1 braunen Chloroplasten. **G** Zellen 2–4 µm, Lager 20–25 µm. **L** Größere stehende Gewässer; häufig. **B** Nicht mit Blaualgen (*Microcystis*) verwechseln; Zellen besitzen einen Chloroplasten!

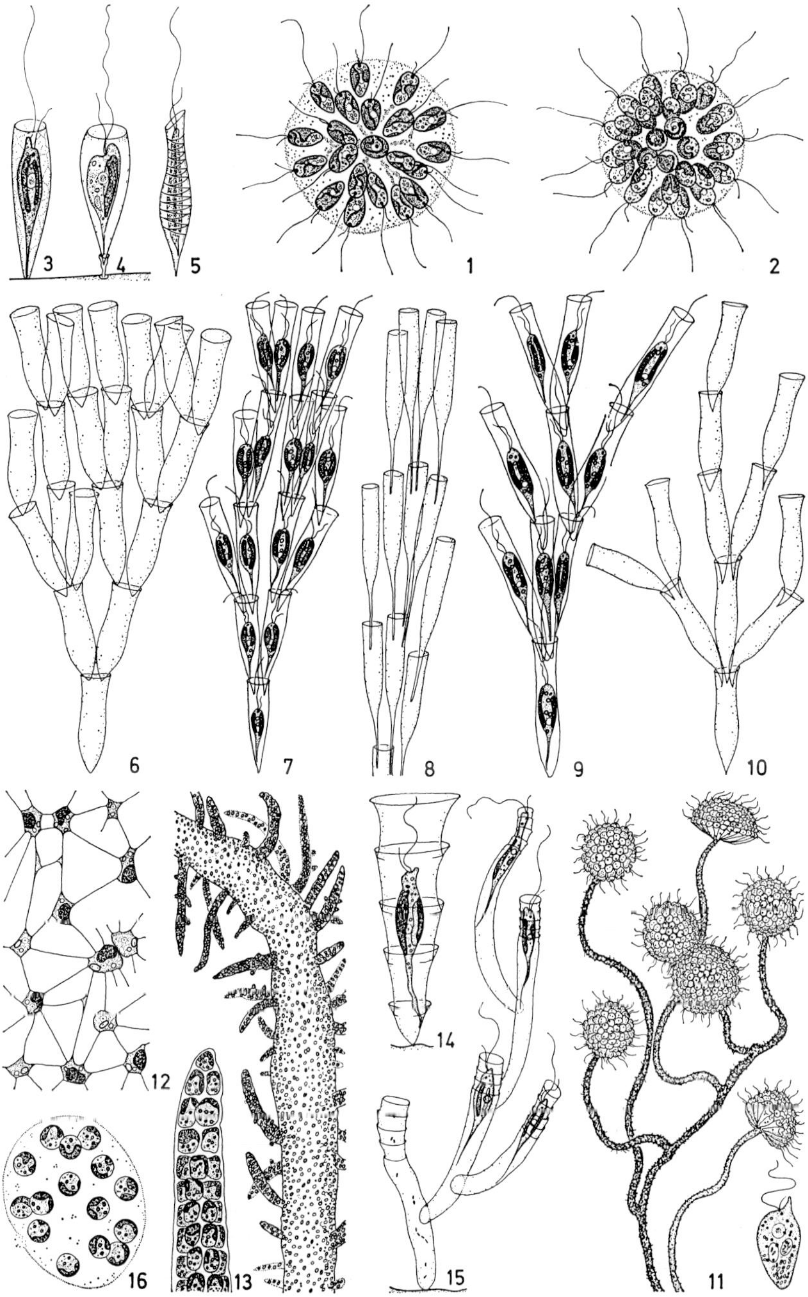
3
4
5
1
2
6
7
8
9
10
12
14
11
15
16
13

Kieselalgen 1

1 Aulacoseira granulata, Gepunktete Faden-Kieselalge. Lange, steife Ketten aus zylindrischen Einzelzellen. Endflächen der Schalen unregelmäßig punktiert, an den Rändern Kränze kurzer Zähnchen. Mantelflächen mit Poren. Endzellen vollständiger Fäden mit langen Dornen. **G** Zellen 10–40 µm lang, 5–21 µm breit. **L** Plankton eutropher Gewässer; oft massenhaft. [6785] **A_1** Ringfurchen nicht als Kerben (V), sondern als Rinnen (U): *A. ambigua.* [6798] **A_2** Zellen sehr flach (wie Schuhcremedosen, Durchmesser 40–140 µm bei 20–30 µm Zellhöhe): *Ellerbeckia arenaria.* Feuchte Felsen, Uferzone von Seen. [6211] ▸ *A. g.* var. *angustissima* S. 334/8

2 Melosira varians, Faden-Kieselalge. Ketten aus trommelförmigen Zellen. Chloroplasten kleine, braune bis gelbliche Plättchen. **G** Zellen 18–25 µm lang, 8–35 µm breit. **L** Uferform stehender und fließender Gewässer; oft massenhaft. **B** Bei Massenentfaltung unangenehmer Geschmack und Geruch des Wassers. [6005] **A** Zellen fässchenähnlich: *Stephanodiscus binderanus.* [6939]

3 Cyclotella meneghiniana, Scheibchen-Kieselalge. Zellen in Aufsicht rund, stets einzeln. Schalenränder wellenartig gebogen (Gürtelbandansicht!). Schalenrandzone radial gestreift, Mittelfeld glatt mit höchstens einigen dunklen Punkten. Chloroplasten als kleine Plättchen unter den Schalenflächen. **G** 10–45 µm. **L** Vor allem Waldseen und Quelltöpfe. [6002] **A** Kettenbildend, planktisch, 4–13 µm: *C. comensis* (*melosiroides*). Alpen- und Voralpenseen (3 a). [6929]

4 Cyclotella comta, Hübsche Scheibchen-Kieselalge. Zellen scheibenförmig oder hochtrommelförmig. Schalenränder nicht wellig gebogen, Schalenflächen konzentrisch gewellt. Radialstreifen kräftig, unter jedem 2. Radialstreifen an der Schaleninnenseite ein dunkler randlicher Höcker. **G** 15–50 µm. **L** Stehende und fließende Gewässer; verbreitet. [6054] **A** Zellen in weiten Gallertschirmen, 20–80 µm: C. *bodanica.* Alpenseen. [6144]

5 Stephanodiscus hantzschii, Zackenscheibchen-Kieselalge. Zellen scheibenartig, flach, einzeln oder in Ketten, ab und zu mit feinen Schwebeborsten. Schalenflächen schwach konzentrisch gewellt, ihre Strukturen äußerst zart (Ölimmersion!). Radialstreifen aus feinen Poren gegen die Peripherie doppelreihig. Kräftige Randdornen alternieren mit Radialstreifen. **G** 8–20 µm. **L** Stark verschmutzte Seen und Fließgewässer. **B** Massenhaftes Auftreten in den Uferregionen bislang sauberer Seen zeigt, dass der betreffende See in negativer Richtung „gekippt" ist. [6009]

6 Stephanodiscus astraea, Großes Zackenscheibchen. Zellen meist einzeln, abgeflacht, Schalenflächen konzentrisch schwach gewellt. Punktreihen deutlich, gegen die Peripherie in 2 bis 4 Reihen aufgefächert. Dornenkranz einreihig. **G** 30–70 µm. **L** Plankton nährstoffreicher Gewässer [6132]. **A** 2 Dornenkränze, grob punktiert: *Thalassiosira lacustris.* Salzliebend, häufig in Flussmündungen im Küstengebiet. [6231]

Cyclotella-, *Stephanodiscus-* und *Thalassiosira*-Arten sind anhand der Zeichnungen unsicher ansprechbar. Unterscheidbar werden sie nur durch ihre Feinstrukturen–im Raster-Elektronenmikroskop (REM, RSM). ▸ *S. parvus*, S. 334/9

7 Rhizosolenia longiseta, Röhrchen-Kieselalge. Schalen in der Aufsicht elliptisch, in Seitenansicht unsymmetrisch, tütenartig, in einen hohen Fortsatz verjüngt; dieser meist länger als die Zelle. Schalenhälften liegen weit auseinander, da sehr viele schuppenartige Zwischenbänder eingeschoben sind. Verkieselung sehr schwach, Zellen daher schwer sichtbar. **G** 70–200 µm lang, 4–10 µm breit. **L** Nährstoffreiche stehende und schwach fließende Gewässer. [6202]

8 Attheya zachariasii, Körnchen-Kieselalge. Schalen schwach elliptisch, jede Hälfte mit zwei langen, feinen Borsten. Wie bei der vorigen Art zahlreiche Zwischenbänder. Sehr schwach verkieselt, lichtoptisch strukturlos. **G** Sehr verschieden (bis 500 µm) lang, 12–40 µm breit. **L** Plankton nährstoffreicher Gewässer.

9 Tabellaria fenestrata, Fenster-Kieselalge. Zellen durch Gallertpolster zu Zickzackbändern oder Sternchen verklebt. In Gürtelbandansicht langgezogen rechteckig, in Schalenansicht an den Polen und in der Mitte etwas aufgetrieben, durch Punktreihen zart gestreift, Pseudoraphe eng. Nahe der Mitte ein Porus (Gallertabscheidung). **G** 30–140 µm lang, 3–9 µm breit. **L** Plankton nährstoffreicher Gewässer, Detritus der Uferregion. Sternförmige Kolonien, die aber auch in zickzackförmige Ketten übergehen können, treten oft massenhaft im Sommer- und Herbstplankton von Seen auf (norddeutsche Seen, Bodensee). Zu Zickzack-Kolonien legen sich die Zellen vorwiegend während der kälteren Jahreszeit zusammen. [6074]

10 Tabellaria flocculosa, Moor-Kieselalge. Zellketten als Zickzackbänder. Zellen von der Gürtelbandseite nahezu quadratisch, mit vielen Zwischenbändern, deren zahlreiche Septen tief in die Zelle eindringen. Schalen in der Mitte stark bauchig aufgetrieben, mit zarter Querstreifung, die eine „Pseudoraphe" freilässt. **G** 12–50 µm lang, 5–16 µm breit. **L** Verbreitet und häufig in sauren und alkalischen Gewässern; Massenentfaltungen in Moorgewässern. [6091]

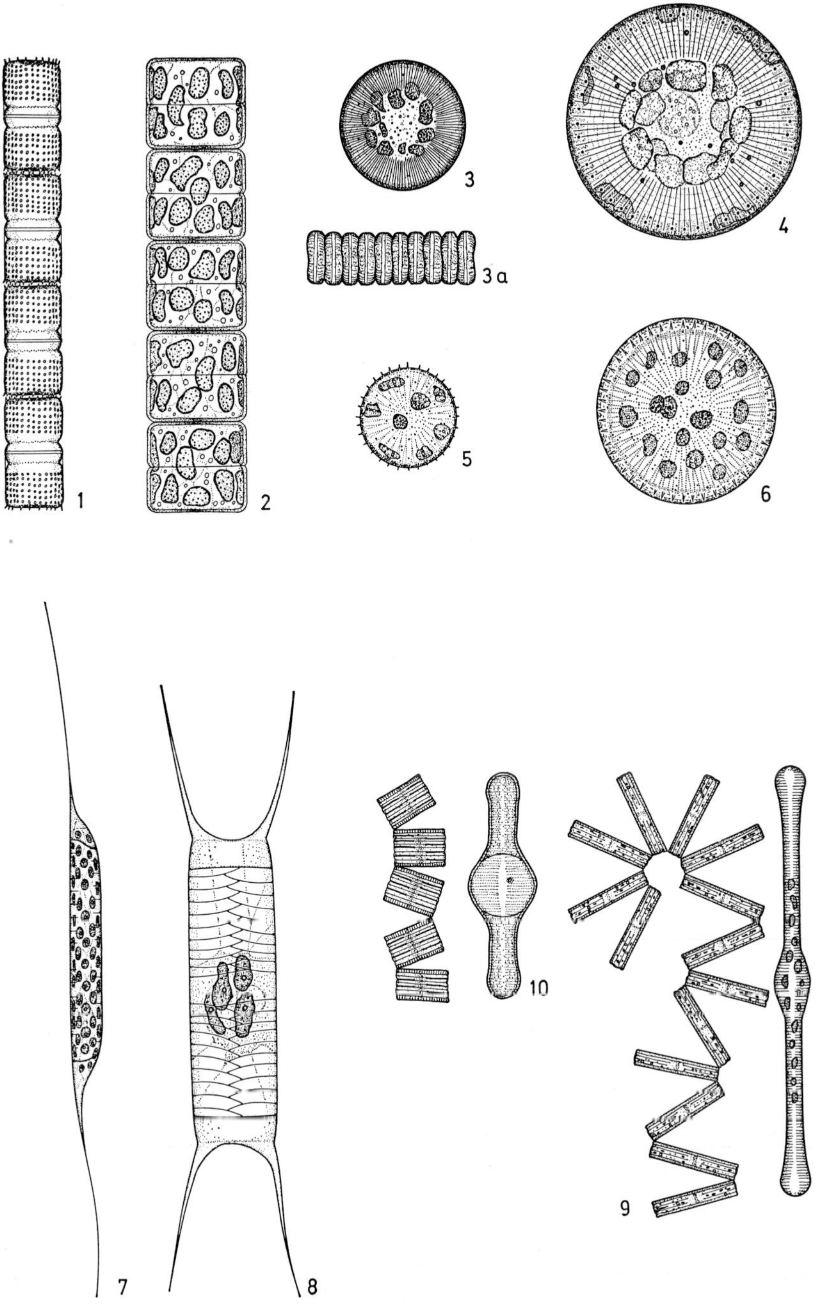
1
2
3
3a
4
5
6
7
8
9
10

Kieselalgen 2

1 Meridion circulare, Sektoren-Kieselalge. Zellen In Schalen- und Gürtelbandansicht keilförmig, zu geschlossenen Ketten verbunden, daher ring- oder halbringförmige Bänder, ja sogar Spiralen bildend. Zellen liegen mit Schalenseiten aneinander. Kopfpol breit gerundet, Fußpol gleichmäßig verjüngt. Zwischen den Rippen der Schalen (3–5 auf 10 µm) verlaufen zarte Punktstreifen (15 auf 10 µm). Innerhalb der Zellen sogenannte Innenschalen, deren Struktur der der Außenschalen gleicht; Chloroplasten in Form zahlreicher kleiner Körnchen. **G** Zellen 12–80 µm lang, 4–8 µm breit. **L** Fließgewässer, häufig. [6026]

2 Diatoma vulgaris, Gemeine Zickzack-Kieselalge. Zellen bilden Zickzackbänder, die durch Gallertpolster an festen Unterlagen haften. Zellen in Gürtelbandansicht rechteckig, meist mit vielen zarten Zwischenbändern. Form der Schalen variiert sehr stark: gewöhnlich langgezogen elliptisch mit stumpf abgerundeten Polen, aber auch breit oval, linear, mit kopfigen Enden und eingeschnürter Mitte. Schalenrippen dünn, Querstreifen kaum sichtbar. Gallertabscheidender Porus in der Nähe eines Poles. **G** 30–60 µm lang, 10–13 µm breit. **L** Bäche, Quellen, Brunnentröge, gering bis mäßig verschmutzte Flüsse; häufig. [6006]

3 Diatoma tenuis (elongata), Gestreckte Zickzack-Kieselalge. Bildet Zickzackbänder wie die vorige Art, daneben aber (Havelgebiet) sternförmige Kolonien. Zellen zart und relativ sehr lang. Zwischenbänder fehlen oder undeutlich ausgebildet. Schalen schmal-linear, mit rundkopfigen Polen. Rippen dünn, Punktstreifen sehr zart, Pseudoraphe eng. Viele körnchenförmige Chloroplasten. **G** 40–120 µm lang, 2–4 µm breit. **L** Plankton stehender Gewässer und langsam fließender Bäche, häufig. Massenform in norddeutschen Seen und dem Bodensee. [6210]

4 a Diatoma hiemalis, Bänder-Kieselalge. Sehr lange, dichtgeschlossene Bänder, die bei *D. mesodon* (4 b) in Zickzack-Ketten aufgelöst sein können. Zwischenbänder mit zart punktierten Begleitlinien. Schalen linear-lanzettlich oder elliptisch *(mesodon)*. Kräftige, unregelmäßige Rippen, deutliche Querstreifen, Pseudoraphe breit, den Polen zu enger. An den Schalenkanten winzige Dörnchen. **G** 30–100 µm lang *(D. mesodon* 12–40), 7–13 µm breit *(D. mesodon* 6–15). **L** Quellen und Tümpel der Mittelgebirge; Reinwasserform. Wesentlich häufiger *D. mesodon,* in allen Fließgewässern der Gebirge; auch in der Ebene. *D. hiemalis* [6167], *D. mesodon.* [6949]

5 Fragilaria crotonensis, Kamm-Kieselalge. Zellen in der Mitte erweitert (Gürtelbandansicht), bilden Bänder, die in sich verdreht und verbogen sind (Farbfotos II, 2). Schalen sehr schmal, in der Mitte etwas erweitert (2–3 µm, den Polen zu nur 1 µm). Querstreifen zart. **G** 40–150 µm lang. **L** Plankton von Seen und Teichen; Massenform nährstoffreicher Gewässer im Hochsommer. [6075]

6 Fragilaria capucina, Bruch-Kieselalge. Zellen in Gürtelbandansicht rechteckig, bilden sehr lange, geschlossene Bänder. Schalen langgestreckt, an den Polen etwas verschmälert. Querstreifen zart, im Zentrum unterbrochen, wodurch ein Zentralfeld entsteht. Pseudoraphe gerade und eng. **G** 25–100 µm lang, 2–5 µm breit. **L** Litoral in allen eutrophen Gewässern, in Seen planktisch [6033]. **A** Kein Zentralfeld: *F. virescens.* Variable Art mit linearen, gewellten oder elliptischen Schalenumrissen. 12–120 µm lang, 5–10 µm breit. Im Frühjahr in Quellen, Gräben, Gebirgsgewässern. [6169]

7 Fragilaria construens, Dickbauchige Bruch-Kieselalge. Zellen klein, in Gürtelbandansicht rechteckig. Schalen in der Mitte plötzlich und stark aufgetrieben, daher erscheinen die langen, dichtgeschlossenen Bänder in ihrer Mittelachse dunkler, von einem auffälligen Mittelstreifen durchzogen (mittlere Skizze). Schalen verwandter Arten mit anderen Umrissen: Schalenränder größerer Formen sind zwei- oder dreiwellig, gedrungene Arten haben elliptische Umrisse. Querstreifen zart, ohne Zentralfeld, Pseudoraphe in der Schalenmitte verbreitert. **G** 7–30 µm lang (dreiwellige Formen bis 50 µm), 5–12 µm breit. **L** In allen Gewässern häufig; Massenform im Detritus flacher Seen, Teiche und Becken. [6034]

8 Fragilaria arcus, Knoten-Kieselalge. Zellen in Gürtelbandansicht rechteckig, in Schalenansicht gekrümmt; Bänder ähneln daher kurzen, flachen Rinnen (8 a). Rückenseite der Schale gleichmäßig gekrümmt, Bauchseite geknickt. Schalenzentrum bauchwärts aufgetrieben und ohne Querstreifen, Zentralfeld daher asymmetrisch. Schalenpole kopfig abgeschnürt. Pseudoraphe gleichmäßig eng. **G** 15–150 µm (!) lang, 4–7 µm breit. **L** Fließgewässer; im Gebirge oft massenhaft. [6077]

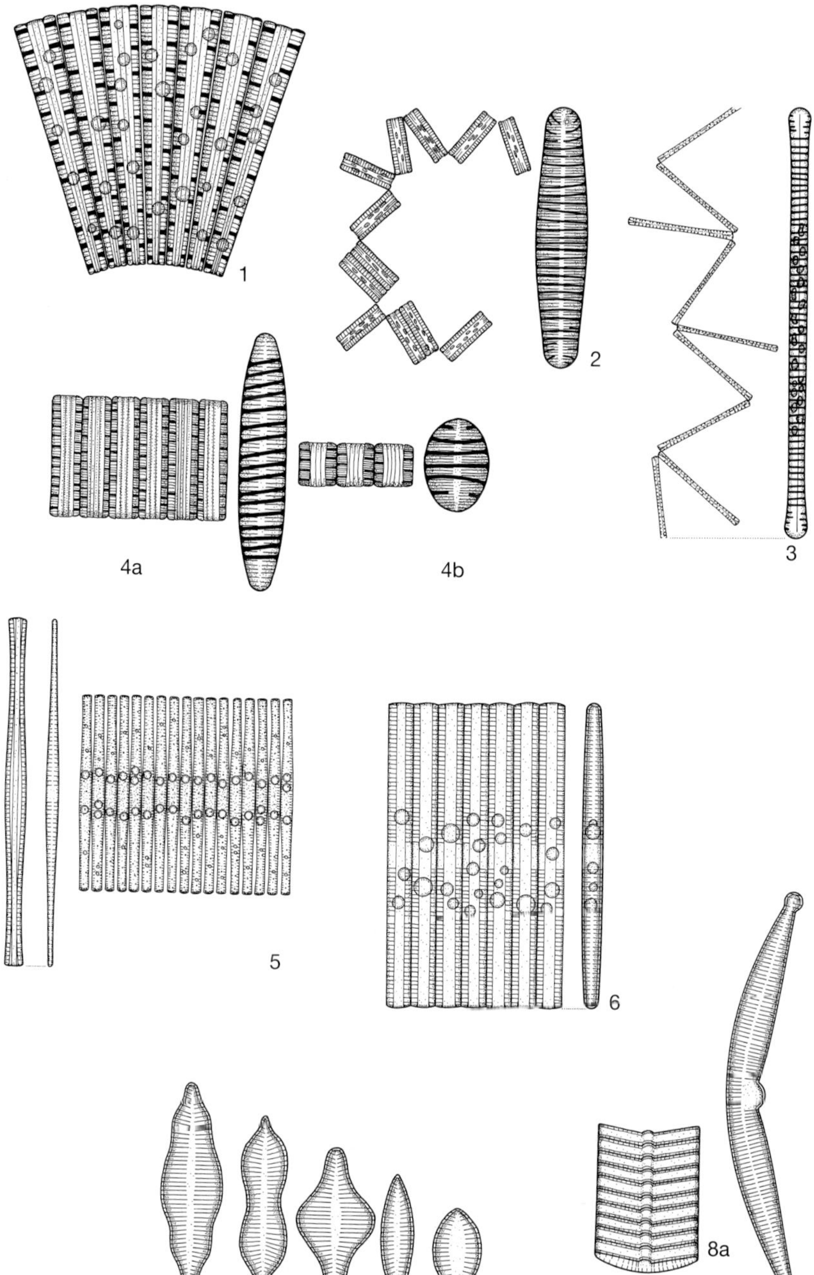
1
2
3
4a
4b
5
6
7
8a
8

Kieselalgen 3

1 Fragilaria capucina var. vaucheriae, Festsitzende Stab-Kieselalge. Einzeln, selten in kurzen Bändern. Gürtelbandseite rechteckig, Schalen lanzettlich, Querstreifen deutlich, Zentralfeld asymmetrisch. **G** 10–40 µm lang, 2–4 µm breit. **L** Epiphytisch auf Algen; sehr häufig. [6186]
2 Fragilaria dilatata, Breitkopfige Stab-Kieselalge. Einzeln, sehr groß, Gürtelbandseite breit linear, Schalen an den Polen pfeilförmig zugespitzt. Querstreifung kräftig. **G** 125–500 µm lang, 7–10 µm breit. **L** Eutrophe Gewässer, vor allem flache Seen, Uferform. [6236]
3 Fragilaria ulna, Stab-Kieselalge. Eine der häufigsten und variabelsten Diatomeen. Keine Zwischenbänder, Schalen linear-lanzettlich, Enden gerundet, Querstreifen kräftig. **G** 50–350 µm lang, 5–9 µm breit. **L** In allen Gewässertypen überaus häufig. [6239] **A** Planktisch in Seen: *F. ulna danica*-Sippen, um 5 µm breit, an den Polen schwach kopfig. [6779]
4 Fragilaria acus, Nadel-Kieselalge. Schalen den Enden zu stark verschmälert, Pole schwach kopfig, Querstreifen relativ zart. **G** 100–300 µm lang, in der Mitte 5–6, an den Enden 1,5 µm breit. **L** Litoral von Gräben und Teichen; häufig. [6077] **A** Plankton von Seen: *F. acus* var. *angustissima;* bis 500 µm lang, kaum 2 µm breit, sehr eng quergestreift. ▸ *F. delicatissima* S. 334/10
5 Asterionella formosa, Schwebesternchen. Gürtelbandseite an den Polen verbreitert, am Fußpol stärker als am Kopfpol. Je etwa 8 Zellen zu sternförmigen Kolonien verbunden. Schalen sehr schmal, beide Pole kopfig gerundet, Pseudoraphe eng. **G** 40–130 µm lang, um 2 µm breit. **L** Plankton von Seen und Teichen; sehr häufig. Massenform. [6050]
6 Eunotia arcus, Bogen-Kieselalge. Bauch- und Rückenwand etwas gewölbt, Enden erscheinen abgeschnürt. Gürtelbandseite rechteckig. Derbe Querstreifung, Gallertporus an einem Pol. **G** 25–70 µm lang, 3–9 µm breit. **L** Sauberes oder mooriges, huminsaures Wasser; häufig. [6886] **A_1** Enden kaum abgeschnürt, 6–25 µm lang: *E. tenella;* Sümpfe, nasse Felsen. [6383] **A_2** Enden auffällig aufwärtsgebogen, 8–40 µm lang: *E. exigua;* Wiesensümpfe, Gräben. [6975]
7 Eunotia bilunaris, Wurm-Kieselalge. Schalen schlank, gekrümmt, Bauch- und Rückenwand laufen einander parallel. **G** 20–150 µm lang, 3–4 µm breit. **L** Gewässer aller Art, massenhaft in Moorgebieten. **B** In huminsauren Biotopen oft anomale Schalenformen. [6213] **A** Gedrungen, 30 µm lang: *E. subarcuatoides;* feuchte Felsen. [6381] ▸ *paludosa* S. 334/11, ▸ *triodon* S. 334/12
8 Achnanthes minutissima, Kleine Aufsitzer-Kieselalge. Zellen einzeln oder in kurzen Bändern auf oft verzweigten Gallertstielen. Eine Schalenhälfte mit Raphe, die andere mit Pseudoraphe: „monoraphide“ Art. Schale sehr eng und zart gestreift. Gürtelbandseite geknickt. **G** 5–40 µm lang, 2–4 µm breit. **L** Epiphytisch auf Algen in allen Gewässern. [6014] **A_1** Breit und gedrungen, Pole keilförmig, 14–40 µm lang: *A. hungarica;* an Wasserlinsen. [6047] **A_2** Schalen fast rund, Streifen kräftig, 8–40 µm lang: *A. lanceolata.* [6030]
9 Achnanthes caledonica, Kopfige Aufsitzer-Kieselalge. Ähnlich der vorigen Art, aber Schalen gegen die Pole verschmälert, Enden abgeschnürt und kopfig gerundet. **G** 8–26 µm lang, 2–3 µm breit. **L** Verschiedenste Gewässer, epiphytisch auf Algen und Wasserpflanzen; oft massenhaft. [16664]
10 Achnanthes clevei, Breite Aufsitzer-Kieselalge. Schalen elliptisch-lanzettlich. Monoraphid. Schalenhälften sehr verschieden: Raphenschale mit dichtgestellten, radialen Punktstreifen, raphenlose Schale mit viel gröberen, senkrecht zur Pseudoraphe stehenden Streifen. **G** 10–30 µm lang, 5–9 µm breit. **L** Nährstoffreiche Seen und Teiche; epiphytisch. [6180]
11 Cocconeis pediculus, Gewölbte Algenlaus. Zellen einzeln als braune Schildchen auf Wasserpflanzen und Algen. Monoraphid; Raphenschale gegen die Unterlage gekehrt. Raphenlose Schale stark emporgewölbt. Chloroplast eine große Platte mit gelappten Rändern. **G** 15–55 µm lang, 10–40 µm breit. **L** Alle Gewässer, auch salzhaltige; sehr häufig. [6020]
12 Cocconeis placentula, Flache Algenlaus. Ähnlich der vorigen Art, aber leicht an der fast ebenen raphenlosen Schale zu unterscheiden. **G** 11–70 µm lang, 8–40 µm breit. **L** Überall verbreitete Aufwuchs-Diatomee [6021]. **A** 7–15 µm lang: *C. neodiminuta;* Seen, Teiche, Flüsse. [6725]
13 Rhoicosphenia abbreviata, Keil-Kieselalge. Zellen auf langen Gallertstielen. Monoraphid. Gürtelbandseite dem Fußpol zu keilartig verjüngt, Schalenseite gleichmäßig verschmälert. **G** 12–75 µm lang, 4–8 µm breit. **L** Süß- und Brackwasser, auf Wasserpflanzen, Algen, Wasserwanzen usw.; häufig. [6224]
14 Diploneis parma, Wall-Kieselalge. Schalen elliptisch; Querrippen radial, kräftig. Areale zwischen den Rippen fein punktiert. Raphen verlaufen in „Wällen“. **G** 20–100 µm lang, 10–35 µm breit. **L** Süß- und Brackwasser, in Quellen häufig. [6348] **A** Deutliche Längsrippen, die die Querstrukturen kreuzen, 20–65 µm lang: *D. elliptica;* Tiefenform in Teichen und Seen. [6807]

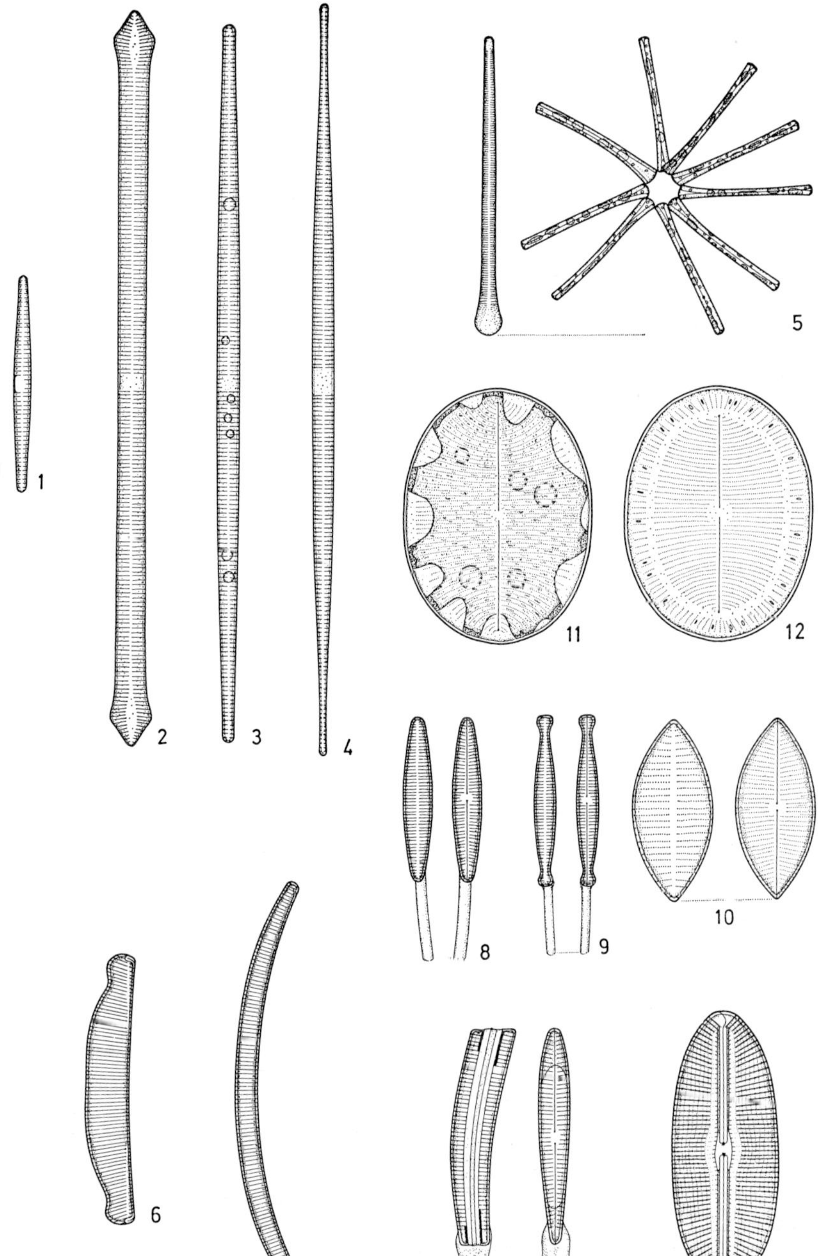
1
2
3
4
5
6
7
8
9
10
11
12
13
14

Kieselalgen 4

Kieselalgen der Ordnung Centrales können über Gallertporen Gallerte zur Verklebung zu Zellketten und als Schwebefortsätze ausscheiden. Pennales (s. S. 50) können über Porenfelder an den Polen Gallerten zum Festheften, für Stiele (Farbfotos II, 3) oder für umfangreiche Gallertschläuche sezernieren. In den Schläuchen gleiten viele Individuen hin und her–bei den Gattungen *Amphipleura*, *Navicula* und *Denticula*. Die Auslöser zur Bildung von Gallertschläuchen sind nicht bekannt.

1 Amphipleura pellucida, Glas-Kieselalge. Gürtelbandseite rechteckig, Schalen spindelförmig. Glasartig durchsichtig, da Querstreifen zwar überaus dicht, aber auch äußerst zart sind. Testobjekt für Ölimmersionen: Punktstreifen müssen aufgelöst werden (stark schiefe Beleuchtung ist dabei hilfreich). **G** 80–140 µm lang, 9 µm breit. **L** Litoral in Seen und Teichen, Bodensatz von Gräben; häufig. [6048]

2 Frustulia saxonica, Torf-Kieselalge. Zellen in Gallertschläuchen oder Gallertklumpen. Schalen eckig-spindelförmig, mit stumpfen Polen, deutlich punktiert, Porenkammern der Querstreifen in regelmäßigen Längsreihen. Chloroplasten als Platten entwickelt. **G** 40–160 µm lang, 12–30 µm breit. **L** Stehende, humussaure Gewässer, nasse Felsen. [6413] **A** *Navicula cuspidata;* Litoralform in allen Gewässern. [6038]

3 Stauroneis anceps, Kreuz-Kieselalge. Schalen lanzettlich, Enden kopfig abgeschnürt. Querstreifen radial, feinpunktiert. Zentralknoten bis an die Schalenränder erweitert (Kreuz-Alge!). **G** 25–130 µm lang, 6–18 µm breit. **L** Litoral in Gewässern aller Art; häufig. [6129] **A** Wesentlich größer, Enden nicht kopfig, 70–320 µm lang: *St. phoenicenteron.* [6130]

4 Anomoeoneis sphaerophora, Leier-Kieselalge. Charakteristisch die Schalenzeichnung: Punkte der (radialen) Querstreifen dem Schalenrand zu dichter als gegen die Raphe. Punktreihen von zwei durchscheinenden Längsstreifen gekreuzt. Zentralfeld asymmetrisch. **G** 40–80 µm lang, 13–20 µm breit. **L** Litoral im Süßwasser. [6049]

5 Navicula cryptocephala, Geschnäbelte Schiffchen-Kieselalge. Schalen lanzettlich, Zentralfeld quer etwas erweitert, Querstreifen zart, radial. **G** 20–40 µm lang, 5–7 µm breit. **L** Eutrophe Gewässer, litoral. [6010] **A** Größer (35–60 µm): *N. rhynchocephala.* Überaus häufig im Grundschlamm. [6022]

6 Navicula tripunctata, Schlanke Schiffchen-Kieselalge. Zellen in Gallertschläuchen. Schalen zigarrenförmig. Querstreifen stehen senkrecht zur Raphe. **G** 35–60 µm lang, bis 10 µm breit. **L** Ufer stehender Gewässer, auf dem Bodensatz oft massenhaft. [6831]

7 Navicula radiosa, Weberschiffchen-Kieselalge. Querstreifen im mittleren Schalenbereich radial, an den Polen umgekehrt radial. **G** 40–120 µm lang, 10–20 µm breit. **L** Alle Gewässer; häufigste Schiffchen-Kieselalge. [6103] **A** Enden stumpf gerundet, viel kleiner (20–40 µm lang): *N. cincta;* häufig im Litoral. [6089]

8 Sellaphora (Navicula) pupula, Augenschiffchen. Schalen langgezogen elliptisch, Querstreifen zart radial. Raphe zwischen stark lichtbrechenden Wandverdickungen. **G** 20–40 µm lang, 7–10 µm breit. **L** Alle Gewässer; sehr häufig. [6101]

9 Pinnularia mesolepta, Gewellte Rippen-Kieselalge. Schalen-Umriss arttypisch. Querrippen kräftig, im Mittelteil radial, an den Polen umgekehrt radial. **G** 30–65 µm lang, um 10 µm breit. **L** Stehende und fließende Gewässer; häufig, selten in Kalkgewässern. [6124]

10 Pinnularia gibba, Gestreckte Rippen-Kieselalge. Schale in der Mitte etwas verbreitert; Zellpole erweitert, schwach keilförmig. Querrippen derb. **G** 50–140 µm lang, 7–13 µm breit. **L** Quellen, Gräben, Tümpel; häufig. [6121]

11 Pinnularia viridiformis, Grüne Rippen-Kieselalge. Raphe wellig verbogen. Querrippen derb, mit je einem breiten Porus. Poren kreuzen als Längsstrukturen die Rippen. **G** 50–170 µm lang, 10–30 µm breit. **L** In allen Gewässern sehr häufig. [6674] **A** 140–180 µm lang, Raphenspalt liegt sehr schief in den Schalen und erscheint daher sehr breit: *P. maior.* [6123]

12 Caloneis silicula, Wellen-Kieselalge. Schalen-Umriss in der Mitte und vor den Polen aufgetrieben. Querstreifen stehen dicht, von feinen Längslinien gekreuzt. **G** 25–120 µm lang, 6–20 µm breit. **L** Quellen, Gräben, Tümpel, Teiche, Seen. [6052] **A** Schalen elliptisch, Pole kopfig vorgezogen, 40–80 µm lang: *C. amphisbaena.* [6043]

13. Neidium iridis, Furchen-Kieselalge. Pole stumpf gerundet. Am Schalenrand kreuzen Längsfurchen die Querreihen, Schalen erscheinen dadurch peripher wellblechartig. **G** 45 bis fast 200 µm lang, 15–30 µm breit. **L** Reine Gewässer. [6109]

14 Gyrosigma attenuatum, Sigma-Kieselalge. Schalen schwach S-förmig gebogen, äußerst zart punktiert. Poren ergeben senkrecht zur Mittellinie Querreihen und parallel zur Achse laufende Längsstreifen; Längsstreifen weiter voneinander entfernt als Querreihen. **G** 150–250 µm lang, um 25 µm breit. **L** Alle Gewässertypen. [6041] **A** Kleiner (100–200 µm lang), Längs- und Querstreifen gleichweit voneinander entfernt: *G. acuminatum;* sehr häufig. [6036]

15 Amphora ovalis, Krug-Kieselalge. Eine Gürtelbandseite sehr schmal, die andere breit und gewölbt; Schalenflächen liegen daher spitzwinklig zueinander. Raphen der Schalenbauchwand genähert. **G** 20–140 µm lang, 20–65 µm breit. **L** Frei im Detritus oder auf fester Unterlage, häufig. [6044] **A** Sehr klein (6–10 µm): *A. pediculus.* [6983]

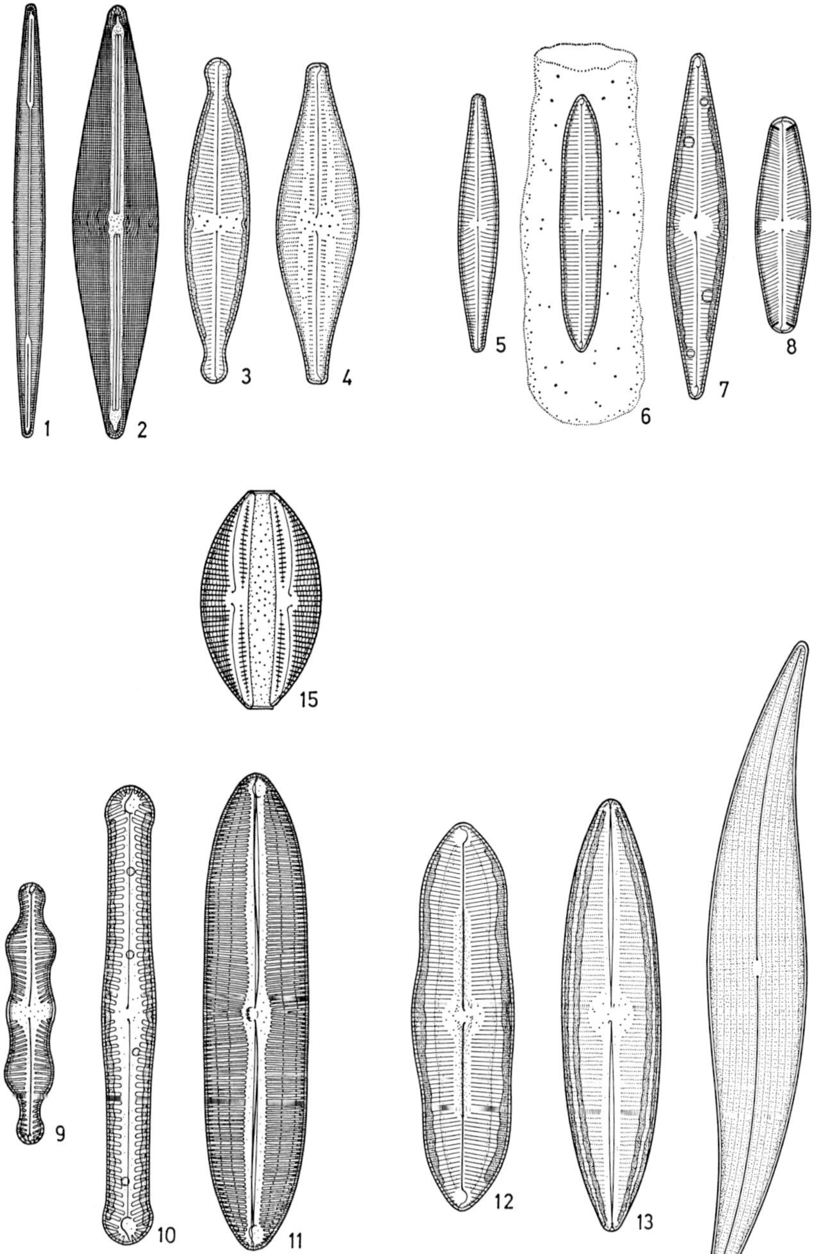
1
2
3
4
5
6
7
8
9
10
11
12
13
14
15

Kieselalgen 5

1 Encyonema caespitosum (*Cymbella prostrata*), Gerippte Kahn-Kieselalge. Zellen auf Gallertstielchen. Unsymmetrisch. Grobe Querrippen. **G** 20–100 µm lang, 10–30 µm breit. **L** Litoral; häufig. [6040] **A** Fast symmetrisch, 50–220 µm lang: *C. ehrenbergii*; häufig. [6061]
2 Encyonema ventricosum, Bauchige Kahn-Kieselalge. Zellen auf Gallertstielchen. Querstreifung radial, zart. **G** 10–40 µm lang, 5–12 µm breit. **L** Alle Gewässertypen; sehr häufig [6004]. **A** Größer (35–180 µm lang): *C. cistula*; überall häufig. [6059]
3 Cymbella lanceolata, Große Kahn-Kieselalge. Punkt-Querreihen zart, senkrecht zur Mittelachse, kurz vor den Polen radial. **G** 70–210 µm lang, 25–35 µm breit. **L** Uferdetritus stehender Gewässer. [6062] **A** Größer (bis 265 µm lang und 50 µm breit): *C. aspera*. [6092]
4 Cymbella helvetica, Kahn-Kieselalge. Querstreifen sehr grob, ihrerseits deutlich quergestreift. **G** 75–160 µm lang, 18–26 µm breit. **L** Litoral stehender Gewässer. [6184] **A** 10–16 µm breit und häufig ist *C. lange-bertalotii*.
5 Gomphonema acuminatum, Spitze Stielchen-Kieselalge. Gürtelbandseite keilförmig, Zellen auf einfachen oder verzweigten Gallertstielchen, der Unterlage angeheftet. Epizoische Individuen kleben direkt ohne Stielchen fest. **G** 20–70 µm lang, 5–11 µm breit. **L** Überall häufig. [6080]
6 Gomphonema truncatum, Eingeschnürte Stielchen-Kieselalge. Zellen auf Gallertstielchen. Kopfpol der Schalen flach gerundet, Fußpol verjüngt. **G** 25–65 µm lang, 8–14 µm breit. **L** Überall häufig [6188]. **A** Kopfpol gleichmäßig breit: *G. dichotomum*; stehende Gewässer. [6423]
7 Gomphonema micropus, Schmale Stielchen-Kieselalge. Zellen auf Gallertstielchen, Schalen schmal-lanzettlich; am Fußpol Wandverdickungen (erscheinen als matte Flecken). **G** 12–45 µm lang, 5–9 µm breit. **L** Überall häufig, massenhaft in Gräben und Bächen. [6428]
8 Gomphonema olivaceum var. olivaceolacuum, Eiförmige Stielchen-Kieselalge. Zellen auf Gallertstielchen, Schalen eiförmig. Wandverdickungen des Fußpols deutlich. **G** 15–40 µm lang, 5–10 µm breit. **L** Saubere, stehende Gewässer; häufig. [6432]
9 Denticula tenuis, Zähnchen-Kieselalge. Zellen oft in Gallerte oder kettenbildend. Raphenspalt auf emporgehobenem Kanal mit groben Poren. **G** 6–60 µm lang, 3–7 µm breit. **L** Überall häufig. [6068]
10 Epithemia sorex var. gracilis, Aufwuchs-Kieselalge. Raphe verläuft großenteils an den Bauchkanten, steigt im mittleren Bereich fast bis zur Rückenkante auf. Querrippen deutlich. **G** 20–65 µm lang, 8–15 µm breit. **L** Aufwuchsform; im Litoral stehender Gewässer oft massenhaft [6887]. **A** Weniger gebogen, Raphe reicht im Zentrum nicht bis zur Schalenmitte, 30–150 µm lang: *E. adnata*; häufig. [6212]
11 Epithemia argus, Wächter-Kieselalge. Querrippen weit voneinander entfernt, dazwischen 6 bis 8 gefelderte Reihen. **G** 30–130 µm lang, 6–15 µm breit. **L** Epiphytisch in Bächen, Quellen, Sümpfen; oft massenhaft [6350]. **A** *Rhopalodia gibba*, 35–300 µm lang. Kanalraphen an die Dorsalränder der beiden Schalenhälften gerückt (11 a). Epiphytisch. [6677]
12 Hantzschia abundans, Knick-Kieselalge. Gürtelbandseite rechteckig. Querstreifen punktiert. Raphe auf einen Kiel entlang der Bauchkante verlagert. **G** 20–200 µm lang, 5–15 µm breit. **L** Überall häufig, auch Kleinstgewässer wie z. B. Blumentopfuntersätze. [16264]
13 Nitzschia angustata, Schmale Kielalge. Ähnlich voriger Art. Sehr zart punktierte Querstreifen. Von Pol zu Pol eine zarte Längsfurche. **G** 25–110 µm lang, 5–10 µm breit. **L** Überall im Litoral. [6991]
14 Nitzschia linearis, Stabförmige Kielalge. Gürtelbandseite mit abgerundeten Ecken, eingezogener Mitte. Raphe auf Kiel entlang der Bauchkante verlagert, Kielrand in der Mitte etwas eingedellt. **G** 70–180 µm lang, 5–6 µm breit. **L** In Stillwasser sehr häufig. [6024]
15 Nitzschia dissipata, Kleine Kielalge. Kiel mit Raphe fast in der Schalenmittelachse, nicht am Rand. Querstreifen äußerst zart. **G** 15–70 µm lang, 4–7 µm breit. **L** Im Litoral aller Gewässer. [6008]
16 Nitzschia amphibia, Punktierte Kielalge. Gürtelbandseite rechteckig. Kiel mit Raphe am Schalenrand, mit großen, dunklen Punkten. Querstreifen kräftig, grob punktiert. **G** 12–50 µm lang, 3–5 µm breit. **L** Alle Gewässertypen, an überrieselten Felsen in Moosrasen. [6039]
17 Nitzschia fonticola, Quellen-Kielalge. Ähnlich der vorigen Art, Querstreifen zart und sehr dicht. **G** 11–30 µm lang, 2–4 µm breit. **L** Wasserbecken, Brunnentröge, Quelltöpfe. [6025]
18 Nitzschia palea, Farblose Kielalge. Querstreifen sehr zart, kaum erkennbar, sonst ähnlich den vorigen Arten. **G** 20–65 µm lang, 2,5–5 µm breit. **L** Vor allem in stärker verunreinigtem Wasser. **B** Partiell heterotroph: ernährt sich in Faulwasser auch von organischen Substanzen. Reste der Chloroplasten bleiben in jeder Zelle enthalten. [6011]

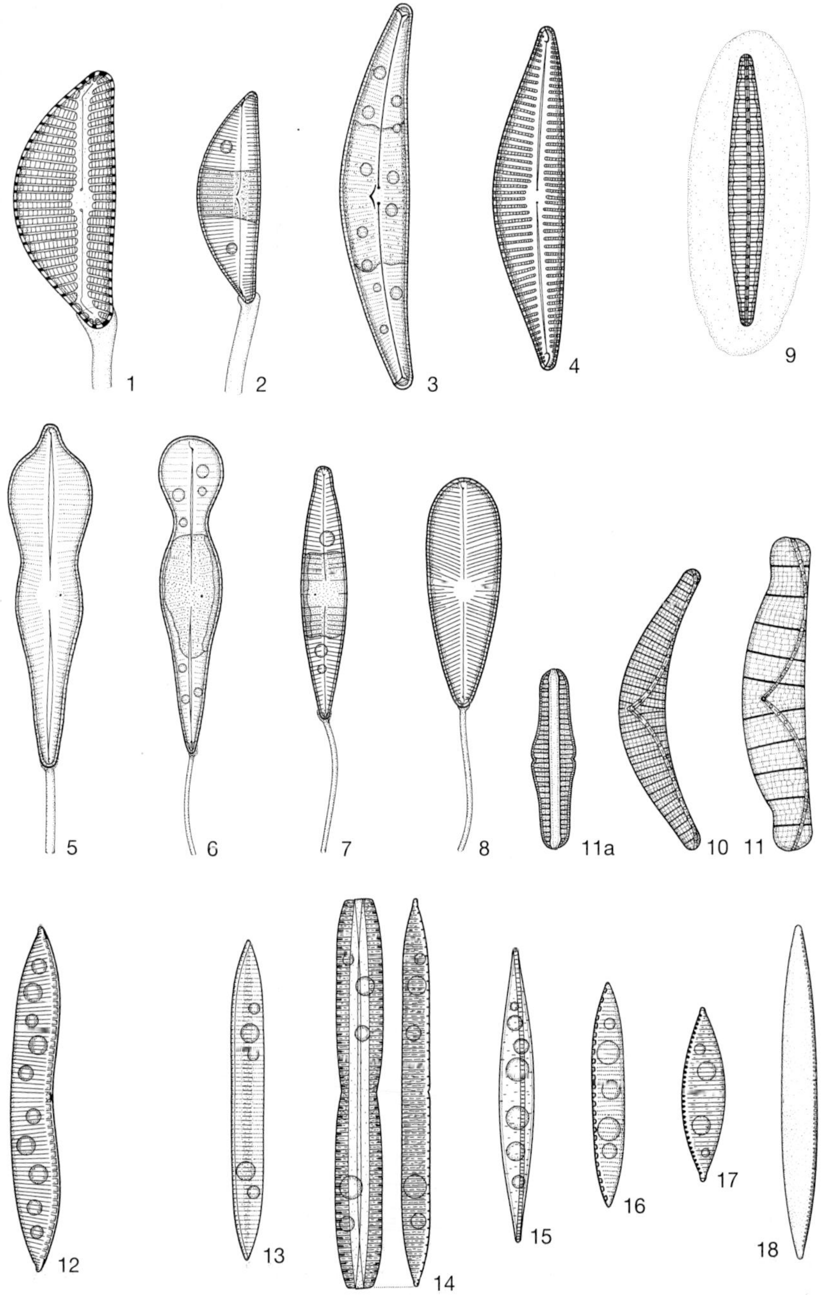
1
2
3
4
9
5
6
7
8
11a
10
11
12
13
14
15
16
17
18

Kieselalgen 6

1 Nitzschia acicularis, Glasartige Kielalge. Zellen spindelförmig mit lang schnabelartigen Polen. Die sehr dünnen Enden sind hohl. Wände nur schwach verkieselt. Zellachse eine Gerade. Raphenspalt auf emporgehobenem Kanal (Kanalraphe); dieser Kanal ist wie bei allen *Nitzschia*-Arten auf einen Kiel verlagert. Raphenkanal mit dem Zellinnern durch Röhrchen verbunden (Kielpunkte). Kiel randlich, Kielpunkte klein, sehr dichtstehend. Querstreifung kaum erkennbar. **G** 50–150 µm lang, 3–4 µm breit. **L** Plankton gering verschmutzter Gewässer aller Art. Im Frühjahr oft massenhaft an der Oberfläche stiller, eutropher Tümpel und Teiche. [6023]
2 Nitzschia sigmoidea, Sigma-Kielalge. Zellen in Gürtelbandansicht S-förmig gebogen. Schalenhälften in Gürtelbandansicht mit parallelen Rändern und stark abgerundeten Ecken. Schalen in Aufsicht nicht gebogen, linear mit zugespitzten Enden. Kiele nicht völlig an den Rand gerückt. Querstreifung sehr dicht und deutlich. **G** 160–500 µm lang, 8–14 µm breit. **L** In Gewässern aller Art häufig. [6027]
3 Cymatopleura solea, Eingeschnürte Sohlen-Kieselalge. In Gürtelbandansicht rechteckig, mit über die Schalenflächen verlaufenden Querwellen. Schalen in Aufsicht breit-linear mit eingezogener Mitte. Raphenkanäle auf gekielten „Flügeln" rund um die Schalenfläche (Raphenzahl wird nicht verdoppelt, nur die Äste sind verlängert). Kielpunkte in „Flügelkanäle" verlängert. Querrippen in Fortsetzung der Kanäle. Zwischen den Rippen sehr zarte Punktierung und Streifung. Chloroplasten liegen als gebuchtete und zerschlitzte Platten in Zweizahl unter den Schalenflächen. **G** 30–300 µm lang, 12–40 µm breit. **L** Eutrophe Gewässer, litoral und im Plankton; häufig. [6031]
4 Cymatopleura elliptica, Sohlen-Kieselalge. Schalen in Aufsicht breit elliptisch; quer über die Schalenflächen hinweg verlaufen 4 bis 6 „Wellenberge" und 5 bis 7 „Wellentäler". Flügelkanäle kurz, setzen sich nicht – wie bei der vorigen Art – als Rippen fort. Schale mit unregelmäßigen Punktstreifen, die in verschiedenen Winkeln gegen die Mittellinie laufen. Zellwände außerdem regellos grob punktiert. **G** 50–220 µm lang, 40–90 µm breit. **L** Uferregion von Seen, Teichen, Bächen, Gräben; häufig. [6057]
5 Surirella biseriata, Flügel-Kieselalge. In Gürtelbandansicht rechteckig. Schalen in Aufsicht elliptisch bis lanzettlich. Flügel (s. *Cymatopleura*) deutlich ausgeprägt. Flügelkanäle so breit wie die Zwischenräume zwischen ihnen, setzen sich als schmale „Wellenberge" in die Schalenfläche fort. Diese „Rippen" sind keine Membranverdickungen, Querstreifung zart. **G** 80–350 µm lang, 30–80 µm breit. **L** Im Detritus und zwischen untergetauchtem Uferbewuchs, ab und zu auch im freien Wasser schwebend; häufig. [6134] **A** Zart, „Rippen" schwach ausgebildet, 20–125 µm lang: *Surirella linearis;* in Seen häufig. [6135]
6 Surirella angusta, Schmale Flügel-Kieselalge. Zellen in Gürtelbandansicht schmal linear, in Aufsicht mit auffallend keilartigen Enden. Flügel sehr schmal, undeutlich. „Rippenwellen" flach und breit. Querstreifung zart, aus feinen Punktporen zusammengesetzt. **G** 18–70 µm lang, 6–15 µm breit. **L** Im Litoral aller sauberen, nährstoffarmen Gewässer. [6133]
7 Surirella splendida, Kräftige Flügel-Kieselalge. Gürtelbandansicht keilförmig, Schalenansicht eiförmig mit einem breitgerundeten und einem schmäleren Pol. Flügel stark entwickelt, an den Seiten weit vorgezogen. Abstände zwischen den Flügelkanälen breit. „Rippenstrukturen" erreichen meist die Mittelachse. Wände mit punktierten Querstreifen. **G** 75–250 µm lang, 40–60 µm breit. **L** Häufige Litoralform. [6695] **A_1** Größer und robuster, 150–400 µm lang, 50–150 µm breit: *S. robusta;* im Grundschlamm größerer Seen. [6137] **A_2** Ebenfalls größer, aber vor den Polen je ein starker Dorn: *S. capronii;* in Tümpeln und Teichen. [6994]
8 Surirella ovalis, Eier-Flügelalge. In Gürtelbandansicht schwach keilförmig; in Schalenansicht mit verschiedenen Polen, fast oval, meist eiförmig. Flügel nicht entwickelt. „Flügelrippen" dringen weit gegen die Mittelachse vor. Schalenfläche wellig oder flach, mit zarten Querlinien aus Punktporen. **G** 15–70 µm lang, 8–25 µm breit. **L** In elektrolytreichen Gewässertypen häufig. [6136] **A_1** Zellen stark um ihre Längsachse verdreht, 50–200 µm lang: S. *spiralis;* Quellen, an Felsen, Gebirgsseen. [6097] **A_2** Schalenflächen kreisförmig, Zellen sattelartig aufgebogen: Gattung *Campylodiscus. C. noricus* 60–150 µm lang, im Grundschlamm von Seen häufig (8 a). [6053]

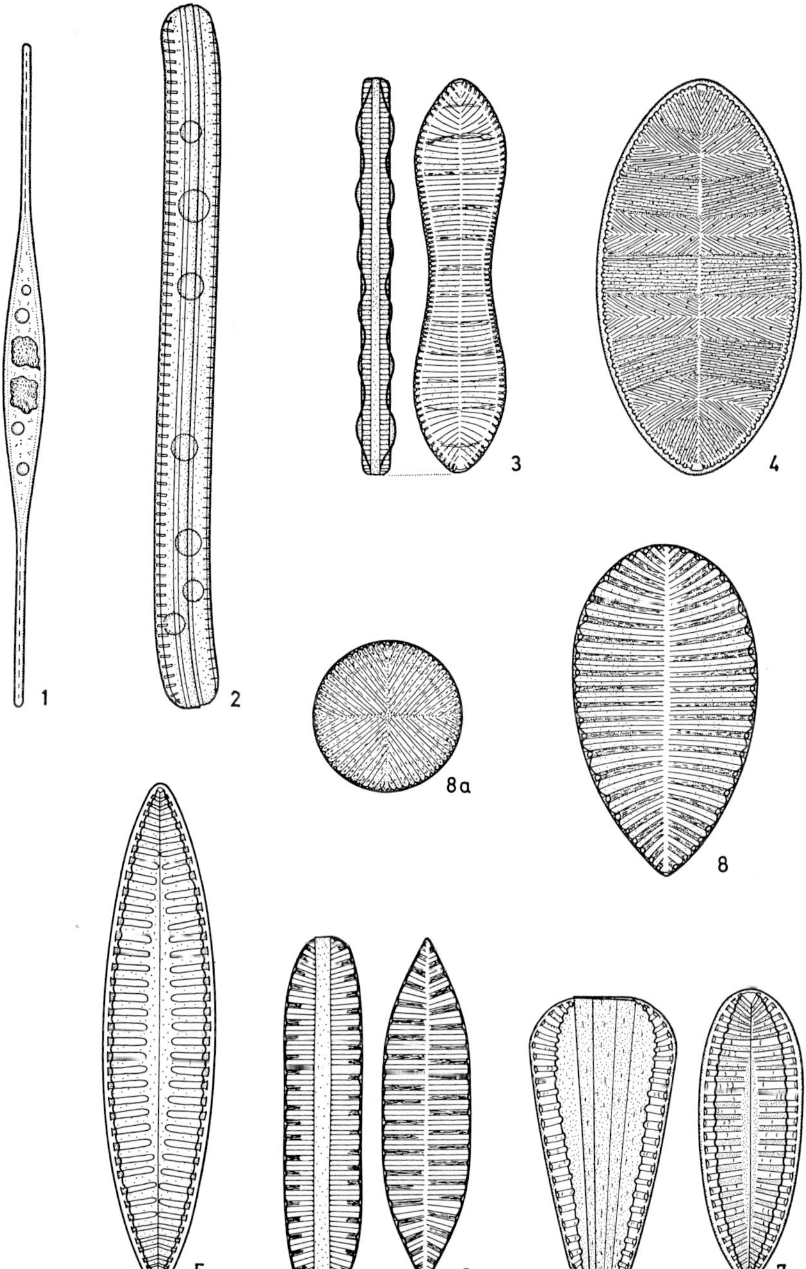
1
2
3
4
8a
8
5
6
7

Kieselalgen 7

1 Achnanthes frequentissima, Aufsitzer-Kieselalge. Schalen recht breit elliptisch; Enden wenig vorgezogen. Ein hufeisenförmiger Fleck auf dem raphenlosen Schalenteil ist keine Delle, sondern ein Gewölbe im Rippensystem. Raphenschale deutlich gestreift. **G** 4–30 µm lang, 4–7 µm breit. **L** Als Epiphyten in Gewässern aller Art; in Quellen und Bächen am verbreitetsten. Kosmopolit. [6260]
2 Brachysira neoexilis (*Anomoeoneis*), Zarte Leier-Kieselalge. Schalen schmal, Enden abgesetzt und vorgezogen. Raphen gerade, sie gehen von Zentralporen aus. Verbindungsstege der Rippen machen lichtoptisch den Eindruck von Längsstreifen aus. **G** 15–40 µm lang, 4–6 µm breit. **L** In sauberen Gewässern der Alpen und Nordeuropas verbreitet bis massenhaft. [6295]
3 Navicula lanceolata, Schiffchen-Kieselalge. Schalen mit runden Enden. Zentralpartie groß und rund. Streifen zunächst stark, den Polen zu schwächer radial. **G** 30–70 µm lang, 9–12 µm breit. **L** Von Quellen bis ins Brackwasser; eine der häufigsten Kieselalgen bei uns. Massenentwicklungen im Winter. Ökologisches Spektrum sehr breit. Lebt auch in Schlauchgallerten. [6864]
4 Navicula veneta, Schiffchen-Kieselalge. Schalen schwach radial und grob gestreift. Zentralpartie sehr klein. Zentralporen der fadenförmigen Raphen groß. **G** 13–30 µm lang, 5–6 µm breit. **L** In Gewässern mit hoher Leitfähigkeit; auch im Brackwasser. In stark eutrophen bis polytrophen Bereichen und in Abwässern oft die häufigste Kieselalgenart. Kosmopolit. [6890]
5 Navicula trivialis, Schiffchen-Kieselalge. Schalen gestreckt, mit vorgezogenen Enden. Zentralbereich groß und rund. Streifen strahlenförmig, radial. Raphen schräg in den Schalen. **G** 25–65 µm lang, 8–12 µm breit. **L** Sehr häufig im Freiwasser bis in stark verschmutzte Zonen. Erträgt Austrocknung. Kosmopolit. [6870]
6 Navicula gregaria, Schiffchen-Kieselalge. Schalen mit mehr oder weniger vorgezogenen Enden, wobei die Pole gerundet oder kopfig sein können. Äußere Raphenspalten zu den Zentralporen abgebogen. Zentralgebiet asymmetrisch. **G** 13–42 µm lang, 5–10 µm breit. **L** Sehr häufig. Als Ubiquist vom Meer bis in saubere Bäche; in verschmutzten Flüssen noch häufig. [6015]
7 Navicula capitata, Schiffchen-Kieselalge. Schalen im Umriss sehr variabel: elliptisch, schiffchenförmig oder mit kopfigen Polen. Raphe fadenförmig; die Zentralporen liegen eng zusammen. Pole als hyaline Kappen. Streifen breit, in ihnen doppelte Punktreihen. **G** 10–30 µm lang, 4–10 µm breit. **L** In unterschiedlichsten Gewässern, auch im Brackwasser. Kosmopolit. [6868]
8 Navicula accomoda, Schiffchen-Kieselalge. Schalen im Umriss elliptisch, mit schnabelartigen Polen. Streifen weitgehend parallel. **G** Meist um 20 µm lang und 5–8 µm breit. **L** Am häufigsten in Abwässern aus Kläranlagen und in polytrophen Zonen. Kosmopolit. [6018]
9 Navicula tuscula, Schiffchen-Kieselalge. Schalen meist mit vorgezogenen Polen. Außenspalten der Raphen in Wellen. Zentralgebiet quer. Streifen in der Schalenmitte grob, an den Rändern feiner und doppelt punktiert. **G** 12–85 µm groß und 7–22 µm breit. **L** Im Detritus und Schlamm oligotropher, mesotropher und schwach eutropher Seen. Kosmopolit. [6989]
10 Pinnularia borealis, Nördliche Rippen-Kieselalge. Schalen mit parallelen Längsseiten und abgerundeten Enden. Streifen sehr auffällig; im Zentrum radial, an den Polen parallel gestellt. Die Spalten (Alveolen) zwischen den Rippen sind durch Areolen nach außen „abgedeckt". **G** 24–110 µm lang, 5–18 µm breit. **L** Häufig in Gewässern aller Art; auch in Moosen, auf Erde. [6148]
11 Neidium dubium, Kopfige Furchen-Kieselalge. Enden keilförmig oder rund und etwas vorgezogen. Endspalten der Raphen gegabelt. Seitenzonen sehr breit. Längskanäle bilden die spezifischen Grenzen zwischen dem zart punktierten Mittelfeld und den durchsichtigen Randstreifen. **G** 30–60 µm lang, 10–16 µm breit. **L** Verbreitete Einzelgänger in sauberen Gewässern. [6108]
12 Encyonema auerswaldii, Breite Kahnkieselalge. Die Art unterscheidet sich von *E. caespitosum* durch zweierlei: Die Raphen liegen fast in der Schalenmitte, und die Raphenendspalten liegen im Mantelrand. **G** 18–60 µm lang, 8–13 µm breit. **L** Häufig und verbreitet in sauberen und eutrophen Gewässern. [6891]
13 Gomphonema parvulum, Stielchen-Kieselalge. Schalen in Seiten-, Gürtel-Ansicht schwach keilförmig; in Aufsicht keulenartig. Porenfelder am Stielchenpol sind die Basis der Gallertstiele. **G** 10–40 µm lang, 4–8 µm breit. **L** In stehenden Gewässern überall sehr häufig; Massenentwicklungen in stark eutrophen und hocheutrophen Bereichen. Kosmopolit. [6158]
14 Nitzschia filiformis, Faden-Kielalge. Schalen langgestreckt, sie werden den runden Polen zu allmählich schmäler. Raphenkiel mit 7–11 Spangen, Fibulae, auf 10 µm. Lebt allermeistens in Gallertschläuchen. **G** 20–100 µm lang, 4–6 µm breit. **L** Küstenform, die auch in Binnengewässern sehr häufig lebt. In stark eutrophen Zonen sind Massenentwicklungen möglich. [6195]
15 Bacillaria paxillifer (*B. paradoxa*), Aggregat-Kieselalge. Viele Zellen liegen aneinander, sie bilden Bänder. Die Zellen bewegen sich mit ihren Raphen aneinander vorbei; ständig ändern sich die Konfigurationen–links. Die Schalen grenzen mit ihren Raphenschlitzen aneinander–mittlere Skizze. Rechts: Der Raphenkiel liegt in der Schalenmitte. **G** 60–150 µm lang, 4–8 µm breit. **L** Kosmopolitisch an Meeresküsten, in Gräben hinter den Deichen, im Tidenbereich von Flüssen, im Neusiedler See, salzige Gewässer im Binnenland. [6143]
16 Stenopterobia delicatissima, Nadel-Flügelalge. Schalen langgestreckt. Die Raphen liegen auf Kielen. **G** 30–100 µm lang, 4–9 µm breit. **L** Im moorigen Wasser von Gebirgsseen. [6690]

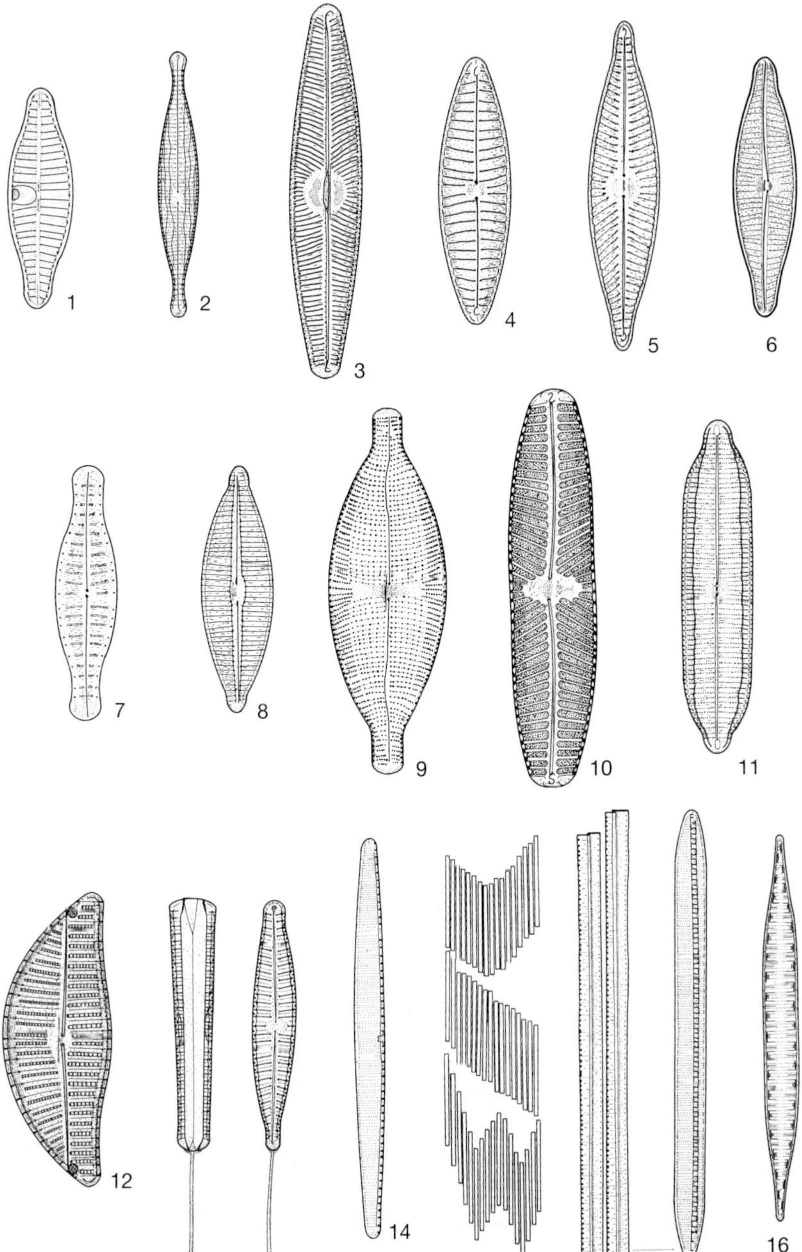
1
2
3
4
5
6
7
8
9
10
11
12
13
14
15
16

Gelbgrünalgen 1

1 Chlorosaccus fluidus, Gallertlager-Gelbgrünalge. Gallertlager mit stumpfen, 1, 2 oder 4 Zellen enthaltenden Höckerchen. Je 2 wandständige Chloroplasten. Zellen wandeln sich direkt in zweigeißelige Schwärmer um. **G** 5–7 µm. **L** Seen und Teiche, auf festen Unterlagen.
2 Botrydiopsis arhiza, Ufer-Gelbgrünalge. Zellen kugelig, einzeln, nicht festsitzend. Membran zweiteilig. Große Vakuole im Zentrum, Kern seitlich, zahlreiche Chloroplasten. Vermehrung durch Schwärmer oder (unbegeißelte) Autosporen. **G** 30–40 µm. **L** Tümpel, Schlamm von Moorgräben, überrieselte Felsen, Ufer von Teichen. [7953]
3 Tetraëdriella regularis, Moor-Tetraeder. Zellen tetraedrisch, Ecken in lange Pektinstacheln auslaufend. 2 bis 4 wandständige Chloroplasten. Wichtig: Glänzende Öl- und Fettkugeln in den Zellen. **G** Stachelenden 35–70 µm voneinander entfernt. **L** Moortümpel, Entwässerungsgräben [7277]. **A** Tetraeder mit gezähnelten Kanten, ohne Stachelfortsätze: *T. acuta*.
4 Tetraplektron tribulus, Stachel-Gelbgrünalge. Zellen tetraedrisch, Ecken in 4 Arme ausgezogen. Chloroplastenlappen dünn, wandständig. **G** Enden der Arme 20–45 µm voneinander entfernt. **L** Moorgewässer, Gräben mit stehendem Wasser. [17405]
5 Tetradinium intermedium, Aufwuchs-Geißelzelle. Dinoflagellat, hier nur der ähnlichen Form wegen aufgeführt. Tetraedrisch mit drei eingezogenen und einer ausgebauchten Membranfläche. Konvexe Unterseite mit Membranstielchen, mit dem die Zelle festgeheftet ist. **G** Mit Membranstacheln 30–50 µm. **L** Moorgewässer, Entwässerungsgräben, an Algen und Pflanzenwurzeln.
6 Goniochloris sculpta, Dreiecks-Gelbgrünalge. Zellen kissenartig; dreieckige und viereckige Individuen. Membran durch Zähnchen skulpturiert. Chloroplasten lappig, wandständig. **G** 20–30 µm. **L** Wassergräben, Tümpel. [7859]
7 Goniochloris torta, Verdrehte Dreiecks-Gelbgrünalge. Zellen dreieckig, seltener viereckig. Membran durch Zähnchen skulpturiert. Ecken verdreht. **G** 20–30 µm. **L** Tümpel, Wassergräben. **A** Zusammen mit der vorigen Art häufigste der 14 *G.*-Arten.
8 Chlorobotrys regularis, Kugel-Gelbgrünalge. Gallertige Kolonien mit 2–14 Individuen. Zellen kugelig, 3 bis 5 gelbgrüne Chloroplasten, Öl- und Fettkugeln, eine davon meist zinnoberrot. **G** 12–30 µm. **L** Moorige Gewässer; häufig. [Gattung: 17058]
9 Chlorobotrys polychloris, Rotauge. Zellen in kleinen Gallerten, durch rote Ölkugel (kein Augenfleck!) charakterisiert. Bis 30 sehr kleine Chloroplasten. **G** 15–30 µm. **L** in sauren Gewässern sehr verbreitet.
10 Botryochloris minima, Zwerg-Gelbgrünalge. *Chlorella*-ähnlich (Seite 178). Zellen durch schleimige Membran zu Lagern und Haufen verkittet. 2 Chloroplasten, 1 rotes Öltröpfchen. Vermehrung durch Schwärmer mit großem Augenfleck. **G** 3–7, meist 5 µm. **L** Pfützen und Wasserlachen. [7974]
11 Mischococcus confervicola, Bäumchen-Gelbgrünalge. Zellen einzeln, zu zweien oder zu vieren an den Enden verzweigter Gallertstiele. 2 Chloroplasten, Öl- und Fetttröpfchen. Vermehrung durch Schwärmer. **G** 7–10 µm. **L** Kalkhaltige Gewässer, auf Fadenalgen. [17050]
12 Characiopsis minuta, Schnabel-Gelbgrünalge. Zellen laufen basal in ein kurzes Stielchen aus, scheitelwärts enden sie in einem kurzen Stachelspitzchen. 1, 4 oder 8 Chloroplasten. **G** um 15 µm. **L** Alle Gewässertypen, auf Fadenalgen oft massenhaft. [17027]
13 Characiopsis subulata, Hockende Schnabel-Gelbgrünalge. Zellen am Scheitel zugespitzt, an der Basis ohne Stielchen mit Haftscheibe. 2–6 wandständige Chloroplasten. **G** 20 µm lang, um 5 µm breit. **L** Epiphytisch auf Fadenalgen; sehr häufig. [Gattung: 7667]
14 Characiopsis ellipsoidea, Elliptische Schnabel-Gelbgrünalge. Stielchen halb-körperlang mit derber Haftscheibe. 2 bis 4 große Chloroplasten. **G** 15–25 µm. **L** Häufig auf Wasserpflanzen, Fadenalgen, Diatomeen, Krebschen. Sammelart.
15 Characiopsis acuta, Spindelige Schnabel-Gelbgrünalge. Vorderende zugespitzt, basal in relativ langen Stiel auslaufend. 2 bis 4 Chloroplasten. **G** 20–30 µm lang. **L** Auf Algen; Frühjahr und Herbst häufig.
16 Characiopsis longipes, Langgestielte Schnabel-Gelbgrünalge. Zellen spindelförmig, in einen 25 bis 50 µm langen, zarten Stiel verlängert. Chloroplasten sehr blass. **G** Zellen um 20 µm, mit Stiel 40–60 µm lang. **L** Auf Algen und Wasserpflanzen; verbreitet.
17 Chlorothecium crassiapex, Urnen-Gelbgrünalge. Ähnlich den vorigen Arten. Membran zart, zweiteilig, Fuge verläuft über dem Zelläquator. Begeißelte Schwärmer verlassen die Mutterzellen, nachdem sich die Membranhälften längs der Fuge getrennt haben. **G** 13–25 µm lang. **L** Epiphytisch auf Fadenalgen; verbreitet.

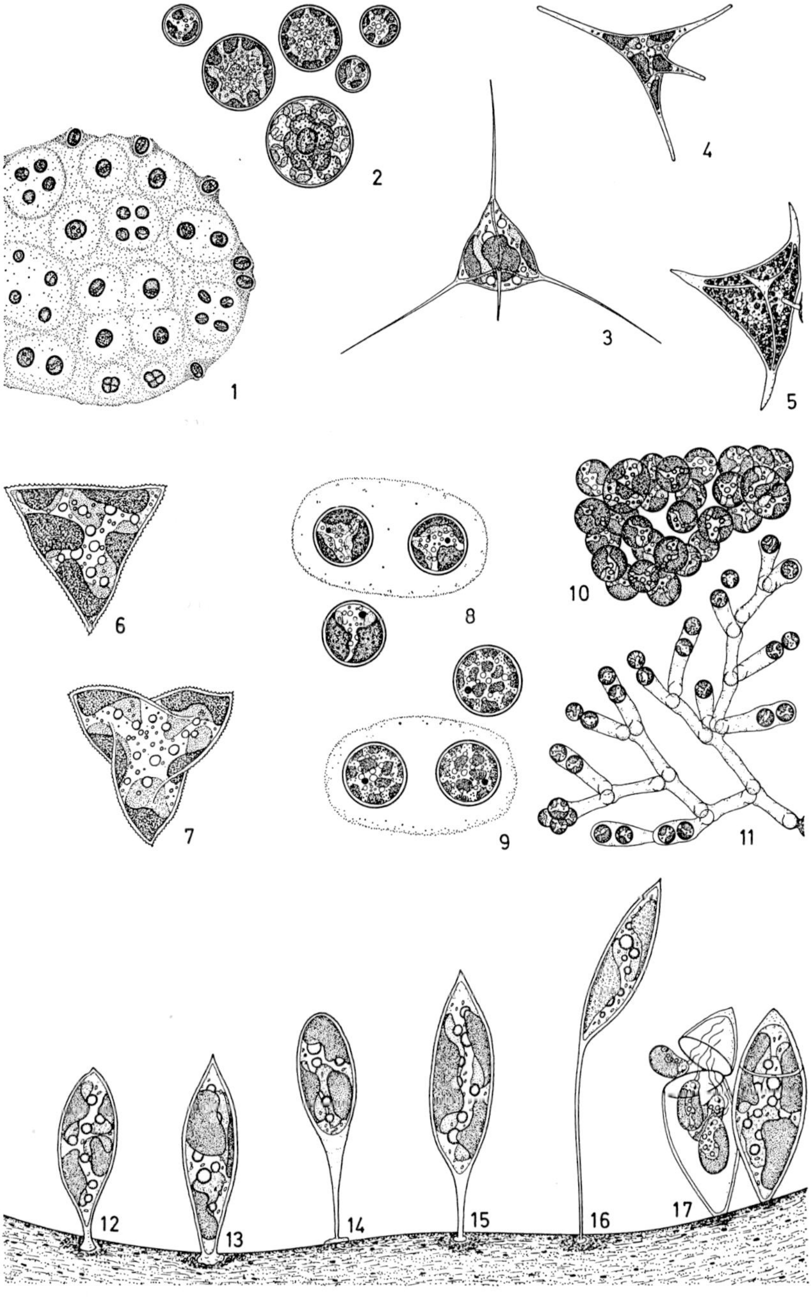
1
2
3
4
5
6
7
8
9
10
11
12
13
14
15
16
17

Gelbgrünalgen 2

1 Ophiocytium maius, Schlangenfaden. Zellen fadenartig gestreckt, freilebend. Basal ein geknöpfter Membranfortsatz. Membran aus einem kleinen, deckelartigen und einem langen, geschichteten Teil. Junge Zellen einkernig, mit wenigen Chloroplasten. Vermehrung durch begeißelte Schwärmer, die sich schon in der Mutterzelle zu vegetativen, arttypisch geformten Zellen umwandeln. **G** 8–25 µm dick, bis 500 µm lang (oder länger). **L** Verschmutzte Gewässer; in eisenhaltigen Gewässern oft massenhaft. [Gattung: 7904]
2 Ophiocytium cochleare, Gewundener Schlangenfaden. Basaler Membranfortsatz ohne Köpfchen. **G** 6–7 µm dick, bis einige Millimeter lang. **L** Eisenhaltige und verschmutzte Gewässer; häufig. **A_1** Mit bis 80 µm langem Stiel: *O. lagerheimii*; Seen, Teiche, Moore, auch planktisch. **A_2** Beide Enden mit Stachel: *O. capitatum*. [7688]
3 Ophiocytium parvulum, Verdrehter Schlangenfaden. Zellen sehr lang, wirr ineinandergedreht, stellenweise schwach knotig, ohne Endstacheln. **G** 3–15, meist um 5 µm breit. **L** Eisenhaltige Kleingewässer; oft massenhaft.
4 Ophiocytium arbuscula, Schlangenbaum. Bäumchenartige Kolonien. Entstehen dadurch, dass sich die Zoosporen jeweils am Rande der Mutterzellmembran festsetzen und sich direkt in vegetative Zellen umwandeln. Sonst ähnlich den vorigen Arten. **G** Zellen 3–7 µm breit, unterste Zelle einer Kolonie bis 100 µm lang. **L** Flache, eutrophe, besonders eisenhaltige Gewässer; sehr häufig. Selbst epiphytisch auf Ruderfußkrebsen und Daphnien.
5 Tribonema monochloron, Zarter Wasserfaden. Unverzweigte Fäden aus hintereinanderliegenden Zellen. Junge Fäden sitzen mit Stielchen und Haftscheibe fest. Zellmembran aus „Doppelbechern“: Besteht aus zwei Stücken, die im Zelläquator mit ihren freien Rändern etwas übereinander greifen. Im optischen Längsschnitt H-förmig. Membranverhältnisse bei dieser Art undeutlich, im Gegensatz zu *T. viride*. 1 Chloroplast, einkernig, in der Nähe des Kerns ein stark lichtbrechendes Körnchen. **G** Zellen 5–10 µm lang, 3 µm breit. **L** Alle Gewässertypen [17415]. **A** 2 kleine Chloroplasten, Fäden bilden stumpfgrüne Watten: *T. elegans*. [17414]
6 Tribonema vulgare, Gemeiner Wasserfaden. Membranen sehr zart, Fäden brüchig, Enden abgebrochener Stücke zweispitzig. Chloroplasten zahlreich, sehr klein. **G** Zellen 15–30 µm lang, 7 µm breit. **L** Alle Gewässertypen. Frühjahr und Herbst häufig. [7288] **A** Zellen tonnenförmig, 2–4 Chloroplasten: *T. minus*. [7883]
7 Tribonema viride, Grüner Wasserfaden. Lebhaft grün, viele Chloroplasten, H-förmige Membranstücke gut zu sehen. **G** Zellen 30–100 µm lang, 10–15 µm breit. **L** Stehende Gewässer, auch Kleinstgewässer, feuchte Erde. [7760]
8 Bumilleria sicula, Manschettenfaden. Fäden auffällig gegliedert: Zwischen je zwei oder vier Zellen sind H-Stücke der Mutterzellmembranen eingefügt. Zerfallen sehr leicht. **G** Zellen 15–20 µm breit. **L** Nasse Erde, Wasserlachen mit Lehmboden; verbreitet. [7853]
9 Xanthonema quadrata, Erdfaden. H-Elemente der Membranen erst bei der Vermehrung sichtbar. Zellen kaum länger als breit. Chloroplasten 5 bis zahlreich, von Zelle zu Zelle auffallend verschieden groß. Zusammen mit verwandten Arten häufigste Erdalge. **G** Zellen 10–14 µm lang und breit. **L** Feuchte Erde, stehende Gewässer, häufig in gedüngten Fischteichen. [17005]
10 Botrydium granulatum, Beerenblase. Birnförmige, grüne, gruppenweise zusammenstehende Blasen. Wachsen über dem Boden, stecken mit verzweigtem Rhizoidsystem in der Erde. Im Inneren große Vakuole. Dünne cytoplasmatische Wandschicht mit vielen Chloroplasten und zahlreichen Kernen. Vermehrung durch Zoosporen bei Überschwemmungen. **G** Blasen 1–2 mm hoch. **L** Nasse Flussufer, Graben- und Teichränder; häufig. **A** Membran geschichtet, Blasen tief schwarzgrün: *B. wallrothi*. [Gattung: 7825]
11 Vaucheria sessilis, Schlauchalge. Fäden siphonal: Ohne Querwände, aber mit zahlreichen Kernen. Lang, wenig verzweigt, im Inneren mit großer Vakuole; cytoplasmatische Wandschicht mit zahlreichen Kernen und kleinen Chloroplasten. Vegetative Vermehrung: An Fadenenden entstehen „Synzoosporen“: 100 µm große, kugelige Gebilde aus vielen begeißelten Zellen. Sexuelle Fortpflanzung: durch Eibefruchtung; männliche und weibliche Geschlechtsorgane entstehen am gleichen Faden benachbart. **G** Zellen 35–135 µm breit. **L** In stehenden Gewässern als Watten, in seichten Fließgewässern als Rasen, in Spritzwasserzonen und auf Blumentöpfen als Polster. [17120]
12 Vaucheria geminata, Schlauchalge. Ähnlich der vorigen Art, Geschlechtsorgane jedoch auf Seitenzweigen; vegetative Vermehrung durch unbewegliche „Aplanosporen“. Zuweilen vom gallenbildenden Rädertier *Proales wernecki* befallen. **G** 30–130 µm breit, viele Zentimeter lang. **L** Stehende Gewässer, nasse Erde. [7562] **A** Zusammen mit der vorigen Art häufigste von 35 *V.*-Arten. [Gattung: 7002]

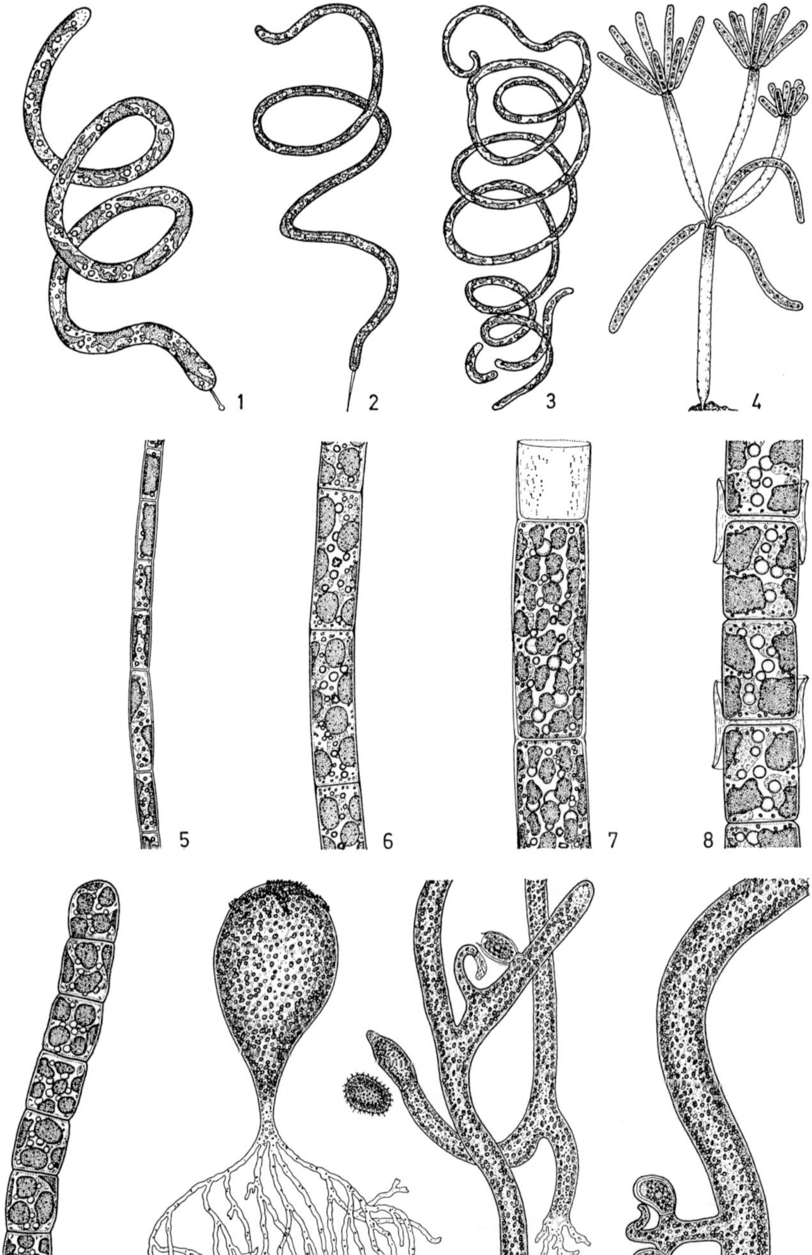
1
2
3
4
5
6
7
8
9
10
11
12

Augenflagellaten 1

1 Euglena pisciformis, Fischförmiges Augentier. Zellen spindelförmig, vorne abgerundet, hinten mit kurzer Endspitze. Membran zart gestreift; Geißel körperlang. 2 Chloroplasten als seitlich gelegene Bänder. Geißeln aller Euglenen mit einem einseitigen Band bis 4 µm langer Härchen. Geißel entspringt in einem Geißelsäckchen, in dem noch eine zweite, kurze Geißel liegt. **G** 25 µm lang. **L** Stehende, nährstoffreiche Gewässer. [7102]
2 Euglena terricola, Bodenlebendes Augentier. Zellen lang-zylindrisch, hinten zugespitzt; sehr lebhaft beweglich und metabol. Membran spiralig zart gestreift. Geißel halb körperlang. Zahlreiche Bänder-Chloroplasten. **G** 65–95 µm lang. **L** Im Bodenschlamm stehender Gewässer.
3 Euglena viridis, Grünes Augentier. Zellen spindelig, Geißel körperlang. Band-Chloroplasten gegen ein zentralgelegenes Pyrenoid gerichtet. Lebt pflanzlich, kann aber auch organische Substanz aufnehmen und verwerten. **G** 40–65 µm lang. **L** Jauchepfützen, Teiche, verschlammte Uferzonen. [7006]
4 Euglena sanguinea, Rotes Augentier. Zellen spindelförmig bis fast zylindrisch, stark metabol. Geißel bis doppelt körperlang. Augenfleck groß. Membran mit spiralig verlaufenden Höckerreihen. Zahlreiche Chloroplasten-Scheibchen. Durch Hämatochromkörnchen rot gefärbt. **G** 55–170 µm lang. **L** Saubere, stehende Gewässer. [7103] **A** Membran glatt, ohne Augenfleck: *E. haematodes*.
5 Euglena variabilis, Veränderliches Augentier. Zellen sehr beweglich, mit kurzer Endspitze. Augenfleck auffallend groß, tief dunkelrot. Geißel zwei- bis dreimal körperlang. Chloroplasten scheibchenförmig. **G** 30–45 µm lang. **L** Pflanzenreiche, eutrophe Gewässer. [7857]
6 Euglena intermedia, Mittleres Augentier. Zellen langgestreckt, zylindrisch mit kurzer Endspitze, sehr metabol. Geißel kurz. Chloroplasten scheibchenförmig. **G** 120–135 µm lang. **L** Wasserlachen, Rinnsteine, Wegfurchen, Mistpfützen. [7039]
7 Euglena ehrenbergii, Ehrenbergs Augentier. Zellen abgeflacht, langgestreckt, lebhaft metabol, oft in sich verdreht. Membran spiralig gestreift. Geißel halb körperlang. Chloroplasten scheibchenförmig. **G** 170–400 µm lang. **L** Stehende, klare, sauerstoffreiche Gewässer. [7854]
8, 9 Euglena acus, Starres Augentier. Zellen lang-spindelförmig, mit farbloser Endspitze. Geißel kurz. Chloroplasten scheibchenförmig. Schwach metabolisch bis völlig starr, Bewegung langsam. **G** 50–180 µm lang. **L** Stehende, nährstoffreiche Gewässer, Torfstiche. [7037]
10 Euglena oxyuris, Wurmförmiges Augentier. Zellen langgestreckt, mit kurzer Endspitze, fast immer der Länge nach verwunden. Membran mit Spiralstreifung. Geißel relativ kurz. Zahlreiche Scheibchen-Chloroplasten. Schwimmt träge. **G** 150–500 µm lang. **L** Litoral eutropher, stehender Gewässer. [7041]
11 Euglena tripteris, Geflügeltes Augentier. Zellen im Querschnitt dreikantig bis dreiflügelig, in sich verdreht. Hinterende fadenartig ausgezogen. Membran längsgestreift. Geißel nicht ganz körperlang. Chloroplasten scheibchenförmig. Wenig metabol. **G** 70–120 µm lang. **L** Stehende Gewässer. [7043]
12 Euglena spirogyra, Schraubiges Augentier. Schwimmt träge. Geißel kurz. Hinterende als schwach gebogenes, pfriemartiges Schwänzchen. Membran gelb bis braun, aus spiralig verlaufenden Höckerleisten. Chloroplasten scheibchenförmig. **G** 80–125 µm lang. **L** Saubere Kleingewässer, Pfützen, Gräben. [7042]
13 Euglena deses, Lebhaftes Augentier. Zellen stark metabol, lang-zylindrisch bis bandförmig, in eine kurze, farblose, stumpfe Spitze auslaufend. Geißel kurz. Chloroplasten scheibchenförmig. **G** 85–155 µm lang. **L** Eutrophe Seen, Teiche, Tümpel, Gräben, Pfützen, Ackerfurchen, Wegspuren. [7007]
14 Euglena gracilis, Schlankes Augentier. Zellen sehr lebhaft und metabol. Membran zart spiralig gestreift. Geißel körperlang. Chloroplasten als vieleckige Scheiben und Blöcke peripher gelagert. In Erdlösung mit etwas Käse sehr leicht zu züchten (s. S. 20). Geht oft in unbewegliches Palmella-Stadium über. **G** 35–55 µm lang. **L** Stehende Gewässer. [7038] ▸ *E. texta* S. 336/1

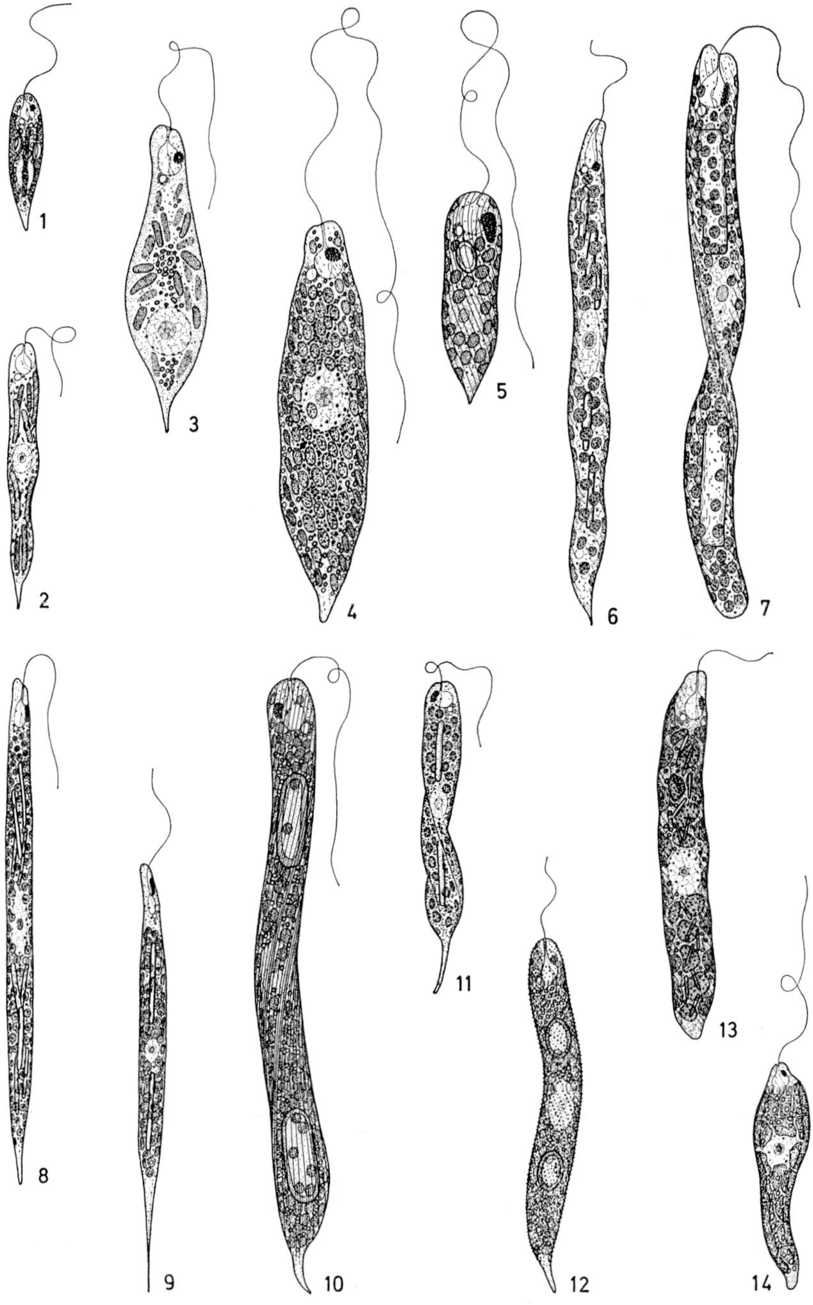
1
2
3
4
5
6
7
8
9
10
11
12
13
14

Augenflagellaten 2

1 Phacus longicauda, Herzflagellat. Zellen plattgedrückt, vollkommen starr. Hinten mit mindestens körperlangem Endstachel. Zellmembran fest, mit erhöhten, glatten Längsleisten, die in 2 Zentren an der Mündung des Geißelsäckchens zusammenlaufen. Geißel wie bei *Euglena* mit schraubigem Band einseitiger Härchen. Augenfleck hellrot, groß. Zahlreiche Chloroplastenscheibchen. Zellen in sich leicht verwunden, schwimmen daher langsam rotierend. **G** 85–115 µm lang. **L** Stehende Gewässer. [7060]
2 Phacus pleuronectes, Platter Herzflagellat. Zellen mit kurzem, schief angesetztem Stachel (Farbfotos II, 1). Eine Körperseite flach, die andere konvex aufgewölbt, einen von vorne bis hinten durchziehenden Grat bildend. Membran längsgestreift. Geißel etwas länger als der Körper. Chloroplasten scheibenförmig. **G** 45–100 µm lang, 30–70 µm breit. **L** Stehende, nicht verschmutzte Gewässer. [7958]
3 Phacus pyrum, Schraubiger Herzflagellat. Zellen verkehrt-eiförmig, hinten in einen langen, geraden Stachel auslaufend. 8 spiralige Leisten laufen an der Mündung des Geißelsäckchens zusammen. Geißel körperlang. Protoplast füllt Membran meist nicht ganz aus. Chloroplasten scheibchenförmig. **G** 30–55 µm lang. **L** Stehende, saubere, gut belichtete Gewässer. [7997]
4 Phacus oscillans, Gewellter Herzflagellat. Zellen verkehrt-eiförmig, Hinterende verjüngt. Membran spiralig gestreift. Seitenränder rollen sich asymmetrisch gegen die konkave Bauchseite ein. Einrollung ist auf einer Seite vorne, auf der anderen hinten stärker ausgeprägt. Geißel körperlang. Chloroplasten scheibenförmig. **G** 15–35 µm lang. **L** Quellen, nährstoffarme Gewässer.
5 Phacus tortus, Verdrehter Herzflagellat. Zellen stark verwunden, mit langem Schwanzstachel und längsgestreifter Membran. Chloroplasten scheibenförmig. Abgesehen von der Verdrehung ähnlich *Ph. longicauda*. **G** 80–100 µm lang. **L** Stehende, saubere Gewässer. [7986]
6 Phacus triqueter, Dreieckiger Herzflagellat. Zellen mit schiefem Endstachel, mit flacher Bauchseite und gewölbter Rückenseite. Hoher Rückenkiel, daher die im Querschnitt dreieckigen Zellen stark gewunden. Membran längsgestreift. Geißel fast körperlang. Chloroplasten scheibenförmig. **G** 45–60 µm lang. **L** Stehende, nicht beschattete, saubere Gewässer. [7985]
7 Trachelomonas volvocina, Kragenflagellat. Zart behäutete, *Euglena*-artig gebaute, lebhaft bewegliche Zellen leben in einem kugeligen, glatten Gehäuse. Gehäuse aller *Trachelomonas*-Arten mit Eisenhydroxid und Manganverbindungen imprägniert; werden im Alter tief dunkelbraun und fast undurchsichtig. Öffnung für die Schwimmgeißel ringförmig verdickt. Chloroplasten scheibchenförmig. **G** Gehäuse 7–25 µm. **L** Stehende Gewässer; bei Massenentwicklung Wasser braun gefärbt. [7084]
8 Trachelomonas oblonga, Ovaler Kragenflagellat. Gehäuse im Umriss oval. Geißelöffnung ringförmig verdickt, ab und zu von niederem Kragen umgeben. Augenfleck deutlich. Chloroplasten scheibenförmig. **G** 13–16 µm lang. **L** Kalte Quellgewässer. [7882]
9 Trachelomonas euchlora, Urnen-Kragenflagellat. Gehäuse zylindrisch, glatt, an den Polen abgerundet. Kragen um die Geißelöffnung niedrig. 6–10 Chloroplasten mit je einem Pyrenoid. **G** 30–35 µm lang. **L** Stehende Gewässer.
10 Trachelomonas hispida, Stachelbeer-Kragenflagellat. Gehäuse im Umriss oval, gleichmäßig mit kurzen, dichtstehenden Stacheln besetzt. Nicht alle Zellen bilden einen Kragen aus. 8 bis 10 Chloroplasten. **G** 20–42 µm lang. **L** Stehende Gewässer, litoral und planktisch [7955]. **A** Formenreiche Art mit mehreren Varietäten: Var. *punctata*: Gehäuse fein punktiert, stachellos. Var. *coronata*: Bestachelt, Kranz dicker Stacheln um die Geißelöffnung. [7663] Var. *crenulatocollis*: Geißelöffnung weit, Kragen gezähnelt. Var. *caudata*: Dicht bestachelt, mit scharf abgesetztem Endstachel. Var. *cylindrica*: Gehäuse dicht bestachelt, mit geraden Seiten, zylindrisch. Var. *subarmata*: Gehäuse bestachelt, an den Polen mit längeren Stacheln. [Gattung: 7065]
11 Trachelomonas armata, Wehrhafter Kragenflagellat. Gehäuse breit-oval, glattwandig, mit einem Kranz langer, derber Stacheln am Hinterende. Kragen meistens gezähnelt. Geißel doppelt körperlang. Chloroplasten scheibchenförmig, zahlreich. **G** 30–65 µm lang. **L** Stehende Gewässer. [7858]
12 Trachelomonas caudata, Geschwänzter Kragenflagellat. Gehäuse verkehrt-eiförmig, dicht bestachelt, mit farbloser Endspitze, mit gezähneltem Trichterkragen. Geißel ungefähr körperlang. Augenfleck groß, Chloroplasten scheibenförmig. **G** 30–55 µm lang. **L** Saubere Quellgewässer. [7393]. ▸ *T. hystrix* S. 336/2

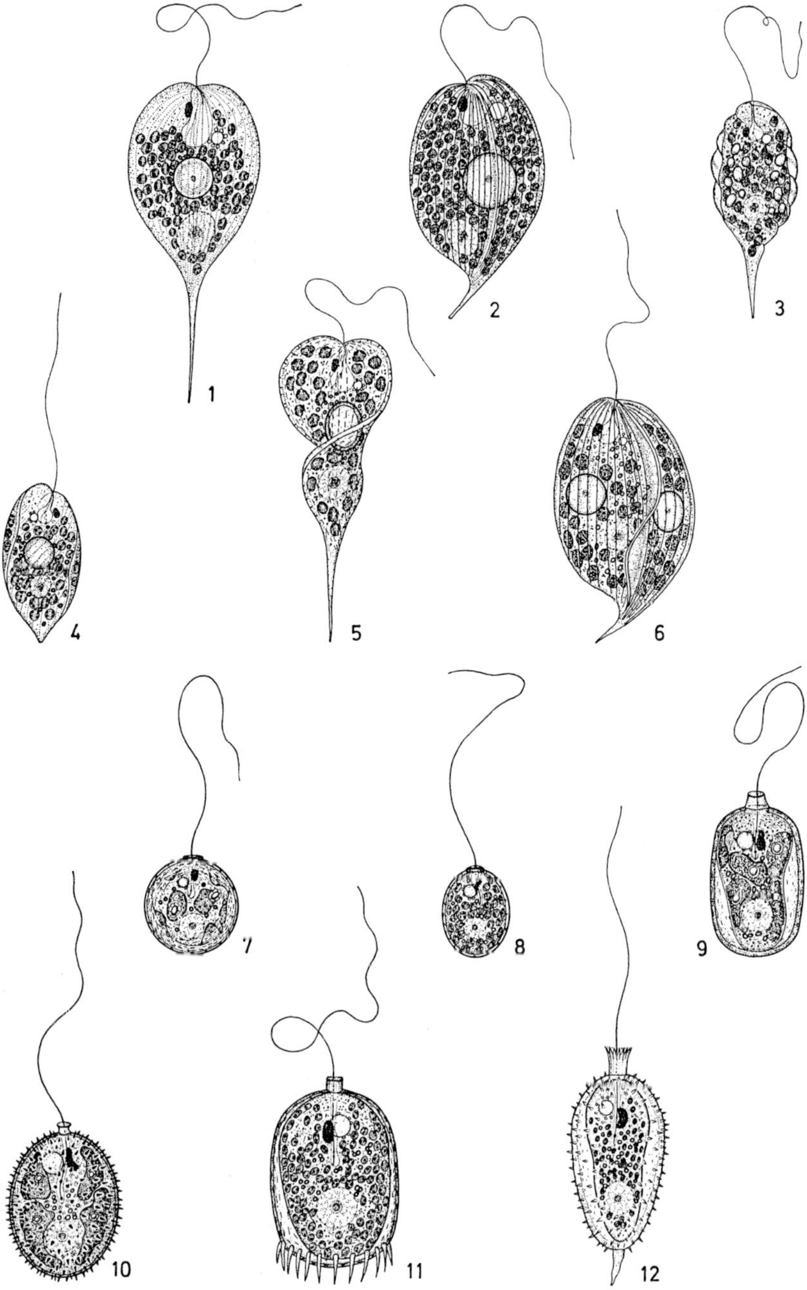
1
2
3
4
5
6
7
8
9
10
11
12

Augenflagellaten 3

1 Colacium calvum, Aufwuchsflagellat. Freibewegliche Stadien *Euglena*-ähnlich, mit Geißel. Setzen sich fest, indem sie die Geißel einschmelzen, sich mit einer dünnen Gallerthülle umgeben und am Vorderpol eine gestreifte Gallerthaube sowie einen Gallertstiel ausbilden. Festsitzende Zellen schwach metabol, mit rotem Augenfleck. Vermehrung durch Längsteilung der festsitzenden Zellen, dadurch Bildung kleiner Kolonien. **G** 45–70 µm lang. **L** Auf Rädertieren und Kleinkrebsen; häufig. **A** Ohne Gallerthaube direkt auf den Transportwirten sitzend: *C. simplex* [7839]. [Gattung: 7121]
2 Colacium arbuscula, Bäumchenförmiger Aufwuchsflagellat. Ähnlich voriger Art, aber Zellen auf langen, gabelig verzweigten Gallertstielen. Protoplasten in ständiger Bewegung. Roter Augenfleck. **G** Zellen 20–30 µm lang. **L** An Kleintieren in sauberen und gering verschmutzten Gewässern.
3 Astasia inflata, Wechselflagellat. Zellen sehr metabol, langgezogen-eiförmig, abgeplattet. Membran durch Spiralleisten gestreift. Geißel körperlang. Chloroplasten fehlen; die Zellen leben saprophytisch und tierisch. *Euglena*-ähnlich, abgesehen vom Fehlen der Assimilationspigmente. **G** 35–50 µm lang. **L** Verschmutzte Gewässer. [7801]
4 Astasia klebsii, Kriechender Wechselflagellat. Spindelförmig mit schwanzartig ausgezogenem Hinterkörper. Farblos. Bakterien-, Algen- und Protozoenfresser. Schwimmt rotierend oder kriecht in auffälliger Weise: Körper kontrahiert sich und bläht sich unterhalb des Vorderendes zu einer Kugel auf, die innerhalb weniger Sekunden schwanzwärts wandert. Geißel fast körperlang. **G** 50–60 µm lang. **L** Stehende, verschmutzte Gewässer. [7954] ▸ *Distigma* S. 346/5
5 Astasia curvata, Gekrümmter Wechselflagellat. Schmal, sichelförmig gekrümmt, abgeflacht, oft verwunden. Ohne Chloroplasten. Membran zart spiralig gestreift. **G** 40–50 µm lang. **L** Verschmutzte Gewässer. [7755]. ▸ *Petalomonas,* S. 336/3, ▸ *Rhabdomonas* S. 336/4
6 Urceolus cyclostomus, Krugflagellat. Membran derb, spiralig gestreift; Zellen dennoch sehr metabol, spindel- bis krugförmig. Vorderende trichterartig erweitert, mit Mundschlitz. Das Geißelsäckchen reicht tunnelartig tief in den Körper. Chloroplasten fehlen. Ernährung rein tierisch. Zellen kriechen auf dem Membrantrichter und recken den Hinterkörper von der Unterlage ab. **G** 20–50 µm lang. **L** Stehende Gewässer. [7289]
7 Urceolus costatus, Gerippter Krugflagellat. Membran mit wenigen, deutlichen Spiralringen. Zellen spindelförmig mit Endstachel und Trichter. Sonst wie vorige Art. **G** 35–40 µm lang. **L** Stehende, pflanzenreiche Gewässer. [7396]
8 Anisonema acinus, Schleppgeißel-Flagellat, Zellen eiförmig, fast starr, etwas abgeplattet. Am Grunde des Geißelsäckchens entspringen 2 Geißeln: Eine körperlange Schwimmgeißel, eine über doppelt so lange Schleppgeißel. Vertiefte Bauchrinne leitet in den Cytopharynx („Zellrachen") über. Lebt tierisch oder saprophytisch. **G** 25–40 µm lang. **L** Verschiedene Gewässertypen. [7101]
9 Anisonema ovale, Ovaler Schleppgeißel-Flagellat. Starr, Umriss oval, Schwimm- und Schleppgeißel je etwas länger als der Körper. Sonst wie vorige Art. **G** Um 12 µm lang. **L** Stehende, saubere Gewässer. [7860]
10 Peranema trichophorum, Starrgeißel-Flagellat. Farblos, lebt rein tierisch. Membran aus beborsteten Spiralleisten. Kriecht mit starr nach vorne gestreckter Geißel, nur Geißelspitze schlängelt hin und her. **G** 40–70 µm lang. **L** Stehende Gewässer; sehr häufig. [7655]
11 Entosiphon sulcatum, Röhrenflagellat. Zellen starr. Schwimm- und Schleppgeißel je ungefähr körperlang, entspringen am Rande des Zellmundes. Lebt tierisch. Cytopharynx eine weit vorstoßbare Röhre. Membran derb mit längs verlaufenden Furchen und Rippen. **G** 20–25 µm lang. **L** Stehende Gewässer; häufig. [7921]
12 Notosolenus apocamptus, Panzerrücken-Flagellat. Zellen starr, Bauchseite konvex gewölbt, Rückenseite mit breiter Längsfurche. Farblos, lebt animalisch oder saprophytisch. Schwimmgeißel lang, Schleppgeißel kurz, schräg vom Körper abstehend. **G** 6–11 µm lang. **L** Stehende Gewässer zwischen Wasserpflanzen. [7728]
13 Heteronema acus, Maulflagellat. Zellen spindelförmig, metabol. Farblos, lebt räuberisch. Schwimmt rotierend; nur die Spitze der starr gehaltenen Schwimmgeißel führt Schlängelbewegungen aus. Schleppgeißel halb so lang wie der Körper. Beide Geißeln entspringen am Rand des erweiterungsfähigen Zellmundes. **G** 40–50 µm lang. **L** Stehende, nährstoffreiche Gewässer. [7821]
14 Lepocinclis ovum, Grünes Streifenei. Verwandt mit *Euglena*. Zellen drehrund, völlig starr, Membran spiralig gestreift, scharf abgesetzte Endspitze. Roter Augenfleck. Zahlreiche grüne, scheibenförmige Chloroplasten. **G** 20–40 µm lang. **L** Nährstoffreiche, stehende Gewässer; litoral und planktisch. [7235]

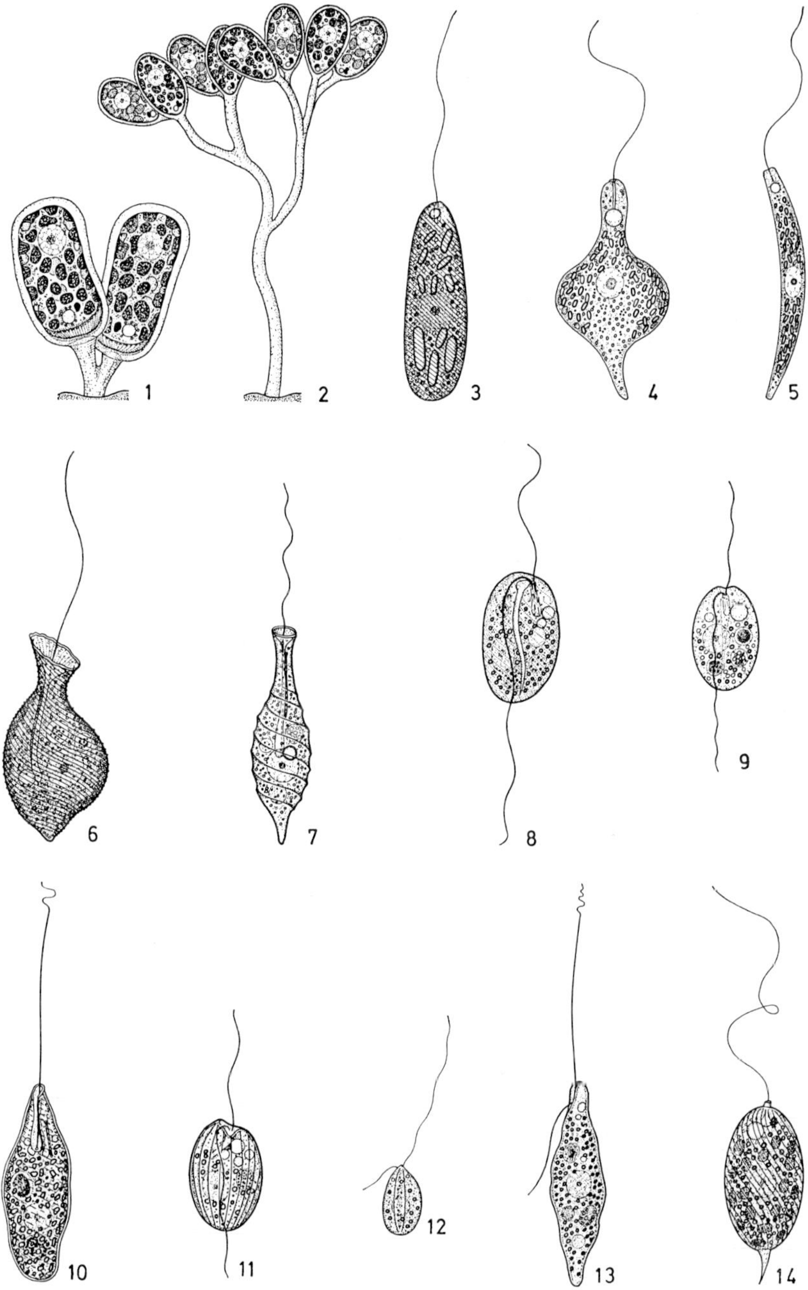
1
2
3
4
5
6
7
8
9
10
11
12
13
14

Dinoflagellaten

1 Cystodinium cornifax, Nackter Hornflagellat. 2 Geißeln: eine querschwingende in einer rund um die Zelle ziehenden Querfurche, eine längsschwingende „Schubgeißel", deren basaler Teil in einer Längsrinne verläuft. Zellen länglich-eiförmig, vordere Körperhälfte breit abgerundet. Zellwand sehr zart, leicht deformierbar. Querfurche schraubig. Membran der Dauerzellen (Cystenmembran) in 2 Hörner ausgezogen. **G** 35–120 µm lang. **L** Sümpfe, krautige Teiche; zahlreich. [7516]
2 Glenodinium pulvisculus, Kleiner Panzerflagellat. Zellen nahezu kugelig, werden durch Querfurche in zwei gleiche Hälften geteilt. Längsfurche als flache Rinne am hinteren Körperpol. Zellwand sehr zart. **G** 23–38 µm lang. **L** Alle Gewässertypen.
3 Peridiniopsis edax, Gefräßiger Panzerflagellat. Zellen fast kugelig, ohne Chloroplasten. Querfurche teilt eine größere Vorderhälfte von einer kleineren Hinterhälfte ab. Längsfurche eine klar begrenzte Rinne. Zellmembran glatt und derb. Lebt räuberisch: Beute wird gelähmt und durch die Längsfurche hindurch ins Plasma gezogen. **G** Um 35 µm. **L** Sauberes Wasser zwischen Wasserpflanzen. [17013]
4 Glenodiniopsis uliginosum, Moor-Panzerflagellat. Vordere Hälfte der Zellen größer als die hintere. Wand derb und dick. Querfurche schwach schraubig; Längsfurche beginnt vorne und zieht als immer tiefer werdende Rinne über die ganze Hinterfläche. **G** 36–48 µm lang. **L** Torfmoore; oft massenhaft. **A** Zinnoberroter Augenfleck unterhalb der Querfurche: *Woloszynskia neglecta;* Torfmoore, saubere Teiche.
5 Sphaerodinium cinctum, Augen-Panzerflagellat. Zellhälften ungefähr gleich groß. Zellwand dünn, schmiegsam, glatt. Unter der Längsfurche rubinrot leuchtender, U-förmiger Augenfleck. **G** Um 40 µm lang. **L** Sümpfe, Teiche; oft massenhaft.
6 Gymnodinium palustre, Sumpf-Panzerflagellat, Zellen „nackt" (Pellikula dünn, kein Zelluloseskelett). Zellen länglich, Vorderteil glockenförmig, Hinterteil breit abgerundet, etwas schief. Längsfurche eine tiefe Rinne. Ruhende Zellen im Sommer mit schleimiger, im Winter mit fester Hülle umgeben. **G** Um 45 µm lang. **L** Sümpfe und Teiche. [7936] **A** Hintere Körperhälfte zwiebelartig in eine Spitze auslaufend, 90–100 µm lang: *G. fuscum* [17191].
7 Gymnodinium paradoxum, Teich-Panzerflagellat. Breit oval, Längs- und Querfurche sehr flach. Chloroplasten dunkelbraun, in dichten Massen um den zentralen Zellkern. **G** 40–75 µm lang. **L** Sümpfe und Teiche zwischen Wasserpflanzen; in Seen planktisch.
8 Gymnodinium aeruginosum, Blaugrüner Panzerflagellat. Zellen länglich, Bauch- und Rückenseite etwas abgeflacht, Querfurche in Körpermitte. Längsrinne buchtet Körperhinterrand ein. Chloroplasten zahlreich, klein, blaugrün, dicht gepackt um den Zellkern. **G** 20–32 µm lang. **L** Pflanzengürtel von Teichen und Seen; oft zahlreich. [7960]. ▸ *lantzschii,* S. 336/6, ▸ *helveticum* S. 336/5
9 Hemidinium nasutum, Nasen-Panzerflagellat. Zellen zartwandig, asymmetrisch (Querfurche verläuft nicht um die ganze Zelle herum). Chloroplasten gelb bis braun, im peripheren Cytoplasma gleichmäßig verteilt. Im Plasma rotbraune Öltropfen. Zellwand fein gekörnelt oder streifig. **G** 24–28 µm lang. **L** Saubere, schattige Gräben, Tümpel, Sümpfe, Teiche; häufig.
10 Gyrodinium hyalinum, Schiefer Panzerflagellat. Im Umriss oval, etwas asymmetrisch, da Querfurche in steiler Schraubenwindung um den Körper läuft. Unter der Längsrinne karminroter, schmaler Augenfleck. Chloroplasten fehlen, die Art lebt räuberisch. Beute: Hauptsächlich *Pandorina* und *Chlamydomonas.* **G** Um 24 µm lang. **L** Sümpfe und Tümpel. [7161]
11 Peridinium willei, Panzertafelflagellat. Kugelig bis eiförmig, im Querschnitt nierenförmig. Zelluloseplatten des Panzers von Leisten eingefasst, scheingefeldert. Querfurche tief und breit, wird von der Längsfurche rechtwinkelig durchsetzt. **G** 40–75 µm lang. **L** Gewässer aller Art zwischen Wasserpflanzen, im Plankton seltener. [7258]
12 Peridinium umbonatum, Buckeliger Panzertafelflagellat. Breit eiförmig, Zellulosetafeln meist glatt. Längsfurche auffallend breit. Kein Augenfleck. Chloroplasten rotbraun. **G** Um 30 µm lang und breit. **L** Plankton von Sümpfen und Teichen. [7463]. ▸ *P. aciculiferum* S. 336/7
13 Peridiniopsis penardii, Kugeliger Panzertafelflagellat. Kugelig, Im Querschnitt nierenförmig. Panzertafeln gefeldert; sehr breite Leisten. Kein Augenfleck. Chloroplasten braun. **G** Um 46 µm. **L** Gewässer aller Art zwischen Wasserpflanzen. [7903]
14 Ceratium cornutum, Hörnchenalge. Im Umriss asymmetrisch. Scheitelhorn nach rechts abgebogen, am Ende offen; die beiden kurzen Basalhörner an den Enden geschlossen. Vorderkörper mit 9, Hinterkörper mit 7 gefelderten, von Poren durchbrochenen Zellulosetafeln. Große, helle Bauchplatte sehr schwach gepanzert. **G** 100–150 µm lang. **L** Kalte Gewässer. [17072]
15 Ceratium hirundinella, Hornalge. Scheitelhorn lang ausgezogen, am Ende offen. 3 (2) Basalhörner. Äußere Form verändert sich saisonabhängig. Chloroplasten in Gruppen an den Hörnerbasen und den Enden des Gürtels. **G** Bis 400 µm, durchschnittlich 200–300 µm lang. **L** Teiche und Seen; bildet Wasserblüten. **B** Ernährt sich pflanzlich und tierisch. Fängt kleine Organismen mit Plasmafäden, die durch die Poren der Panzerplatten und die Öffnung am Scheitel vorn austreten. Ein Pseudopodium zieht große Objekte durch die Längsfurche. [7239]

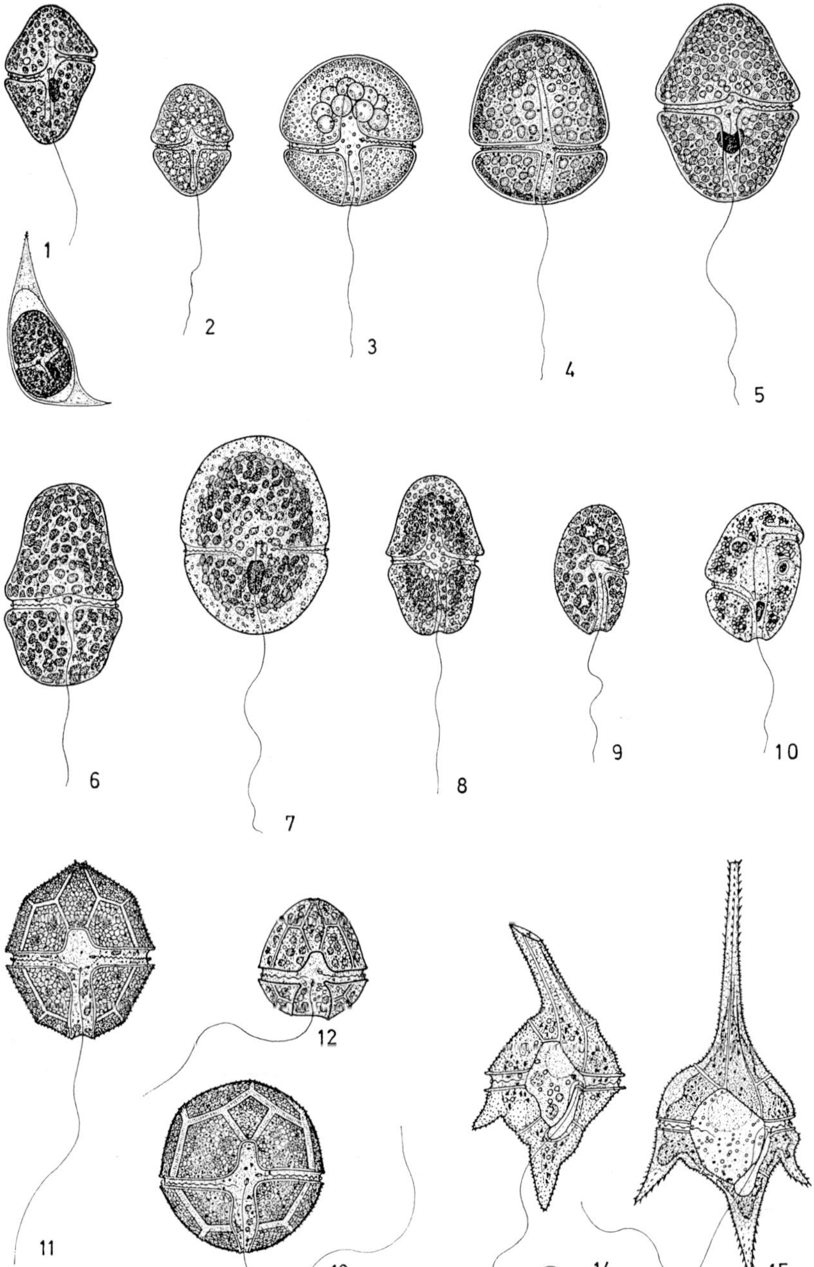
1
2
3
4
5
6
7
8
9
10
11
12
13
14
15

Kryptomonaden, Grünalgen 1

1 Cryptomonas erosa, Schlundflagellat. Zellen vorne ausgerandet, basal verschmälert, Bauchseite flach, Rückenseite hochgewölbt. 2 Chloroplasten. 2 gleichlange Geißeln. **G** 15–32 µm lang. **L** Stehende, verschmutzte Gewässer. **B** Als Assimilate Stärkescheibchen. [7966]

2 Cryptomonas ovata, Ovaler Schlundflagellat. Gebogen-zylindrisch, vordere Ausrandung nur angedeutet; sonst wie vorige Art. **G** 20–80 µm lang. **L** Seen, Teiche, Gräben; verbreitet. [7965]

3 Chilomonas paramecium, Bogengeißelflagellat. Farblos, lebt saprophytisch. Bei ruhenden oder toten Zellen eine der beiden Geißeln im Bogen nach hinten gekrümmt! **G** 20–40 µm lang. **L** Verschmutzte Gewässer; oft massenhaft. **B** Als Assimilate glänzende Stärkekörnchen. [7099]

4 Chilomonas oblonga, Bogengeißelflagellat. Ähnlich voriger Art, jedoch basal nicht verschmälert. **G** 20–50 µm lang. **L** Wie *Ch. paramecium*. [7991]. ▸ *Cyathomonas truncata* S. 336/10

5 Chroomonas nordstedtii, Furchenflagellat. 2 blaue bis blaugrüne Chloroplasten. Schwach ausgeprägte Bauchfurche. **G** 9–16 µm lang. **L** Stehende Gewässer; oft massenhaft [7983]. **A_1** Ein bräunlichroter Chromatophor; als Nanoplankter in allen Seentiefen; Massenentwicklungen im März und April: *Rhodomonas lacustris*, 10–13 µm. [7868] **A_2** Noch kleiner, 8–9 µm: *R. minuta* var. *nannoplanctica.* [7120]

Grünalgen

6 Chlamydomonas pisiformis, Hüllenflagellat. Zellen walzlich, vorne etwas verbreitert, zweimal so lang wie breit, Membran deutlich und am Vorderpol zu einer Papille verdickt. Chloroplast sehr groß, basal stark verdickt, topfförmig. Augenfleck groß, rot, länglich. 2 kontraktile Vakuolen. Zellen schwimmen schaukelnd. **G** 18–24 µm lang. **L** Stehende, eutrophe Gewässer; in Kleingewässern oft Wasserblüten.

7 Chlamydomonas variabilis, Hüllenflagellat. Membran ziemlich dick. Zellen speichern meist massenhaft Stärkekörnchen. Augenfleck klein. **G** Um 20 µm lang. **L** Verschmutzte Gewässer; sehr häufig.

8 Chlamydomonas reinhardii, Hüllenflagellat. Fast kugelig. Membran vorne nicht zu Papille verdickt. Chloroplast mit großem Pyrenoid. Großer Augenfleck. **G** 14–22 µm lang. **L** Vor allem Kleingewässer; weit verbreitet. [7080]

9 Chlamydomonas ehrenbergii, Hüllenflagellat. Unregelmäßig bis eiförmig. Membran zart, kann vom Cytoplasmasaum etwas abgehoben sein. Geißeln gehen von einem Hautwärzchen aus. Augenfleck etwa in Höhe der Zellmitte. **G** 14–26 µm lang. **L** Stehende, auch verschmutzte Gewässer; häufigste *Ch.*-Art, in 1 l Wasser bis 100 Millionen Zellen. [7182]

10 Sphaerellopsis gloeocystiformis, Hüllenflagellat. Membran umgibt die Zelle als weit abgehobener Mantel. Chloroplast mächtig, meist gestreift. Augenfleck hellrot, groß. **G** 15–22 µm lang. **L** Moorige Gewässer; sehr verbreitet. [7751]

11 Chlamydomonas angulosa, Hüllenflagellat. Breit ellipsoidisch. Membran bildet vorne breite Papille. Chloroplast mit vierkantigem Pyrenoid. Augenfleck strichförmig, groß. **G** Um 20 µm lang. **L** Moore; verbreitet.

12 Haematococcus pluvialis, Blutregenalge. Zellkörper durch Gallertschicht von der Zellmembran getrennt. Chloroplast peripher, netzartig durchbrochen. Augenfleck dreieckig, blass. Unter schlechten Lebensbedingungen rot gefärbt (Karotinoide) (Farbfotos I, 2). **G** 8–50 µm lang. **L** Rasch und oft austrocknende Kleingewässer: Gesteinsvertiefungen, Wassertonnen, Weihwasserkessel, Planen. [7807] ▸ *Stephanosphaera* S. 338/1

13 Chlorogonium euchlorum, Spindelflagellat. Plump spindelförmig, vorne in einen durchscheinenden Schnabel ausgezogen. Augenfleck groß. Viele kontraktile Vakuolen. Chloroplast eine stark verdickte Platte. **G** 25–70 µm lang. **L** Alle Gewässertypen. [7928]

14 Chlorogonium elongatum, Schlanker Spindelflagellat. Chloroplast einseitig hantelförmig. 2 kontraktile Vakuolen. **G** 20–45 µm lang. **L** Eutrophe, auch verschmutzte Gewässer. [7208]

15 Hyalogonium klebsii, Glasspindel. Ähnlich *Chlorogonium*, aber farblos. Speichert (wandständig) Stärkekörnchen. Mit Augenfleck und 2 kontraktilen Vakuolen. **G** 30–80 µm lang. **L** Kleine Tümpel, Wiesen, Gräben; sauerstoffbedürftig.

16 Polytoma uvella, Hamsterflagellat. Eiförmig, farblos, Augenfleck nicht immer ausgebildet. Zur Photosynthese nicht befähigt, ist auf organische Nährstoffe angewiesen. Speichert im hinteren Teil der Zelle zahlreiche Stärkekörnchen. **G** 15–30 µm lang. **L** Stehende, verschmutzte Gewässer. [7107]

17 Carteria multifilis, Viergeißelflagellat. Zellen grün, kugelig, vorne mit Plasmafortsatz, von dem vier gleichlange Geißeln ausgehen. Chloroplast muldenförmig. Roter Augenfleck. Ernährt sich tierisch und pflanzlich. Schwimmt rotierend. **G** 9–16 µm lang. **L** Verschmutzte Kleingewässer. [7204]

18 Carteria klebsii, Viergeißelflagellat. Zylindrisch bis ellipsoidisch. Membran derb, oft längsgestreift. Geißelbasis eine dicke Papille. Augenfleck tief schwarzrot. **G** Um 25 µm lang. **L** Stehende Gewässer; verbreitet. [17090]

19 Pyramimonas tetrarhynchus, Pyramidenflagellat. Im Umriss verkehrt eiförmig, 4 wulstartig vorspringende Kanten und 4 dazwischengelegene Rinnen. Chloroplast aus dickem Basalstück und 8 wandständigen Bändern. **G** 20–28 µm lang. **L** Kalte, saubere Gewässer; oft in Schmelzwässern. [Gattung: 7436]

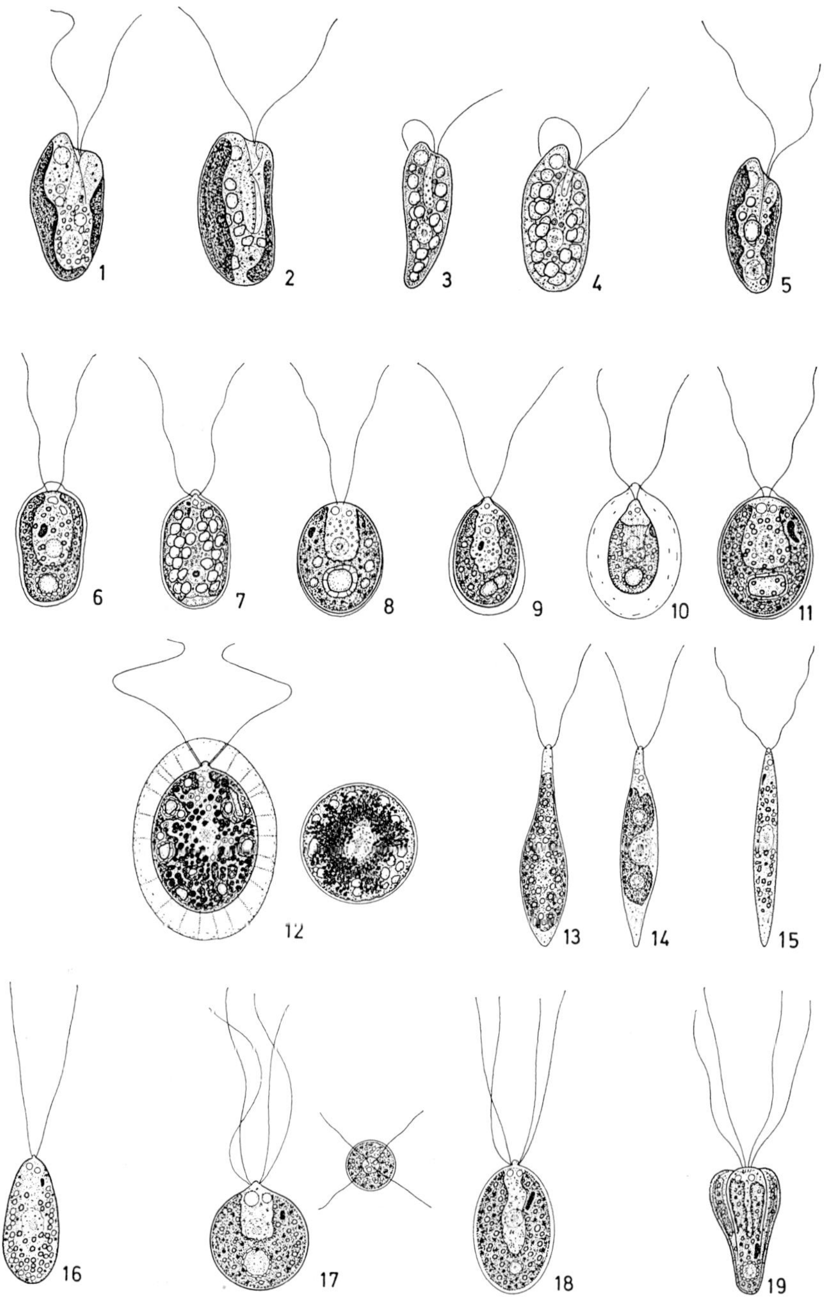
1
2
3
4
5
6
7
8
9
10
11
12
13
14
15
16
17
18
19

Grünalgen 2

1 Phacotus lenticularis, Linsenflagellat. Zelle in zweischaligem, oft tiefbraunem, fast undurchsichtigem Gehäuse. Schalenhälften grubig skulpturiert, mit schmalem Berührungssaum. Schale in Aufsicht kugelig, von der Seite her linsenförmig. Chloroplast topfförmig, mit Augenfleck und Pyrenoid. 2 gleichlange Geißeln ziehen durch eine feine Öffnung des zusammengedrückten Gehäuses. Schalen verkalkt, Braunfärbung durch Eiseneinlagerungen. **G** Schalen 13–20 µm breit. **L** Stehende Gewässer, Litoralform. [7912] ▸ *Ph. lendneri* S. 338/2
2 Pteromonas angulosa, Flügelflagellat. Zelle in zweischaligem Gehäuse, Schalenhälften glatt, durchsichtig, mit breiten, flügelartigen Seitenrändern. Chloroplast topfförmig, mit einem großen Pyrenoid. Augenfleck strichförmig. 2 kontraktile Vakuolen. **G** Zellen 13–17 µm lang. **L** Gewässer mit Faulschlammbildung; sehr verbreitet. [7263]
3 Volvox globator, Große Wimperkugel. Kugelige, gallertige Kolonie, in der die Zellen peripher sitzen. 1500 bis 20000, durchschnittlich 10000 Einzelzellen. Zellen von oben gesehen (a) sternförmig; dicke Plasmabrücken vermitteln den Kontakt der Zellen untereinander. Chloroplasten muldenförmig, reichen in die Plasmabrücken hinein. Jede Zelle mit 1 oder mehreren Pyrenoiden, einem Augenfleck, meist 4 kontraktilen Vakuolen. Zellen von der Seite gesehen kegelförmig (b). Gallertkugel außen von hoher, fester Gallertlamelle begrenzt (b). Unter der Lamelle radiär die sechs- oder fünfseitigen Gallertsäulen der Einzelzellen. Inneres der Kugel sehr weiche Gallerte. Fast alle Zellen Körperzellen, nur in der hinteren Hälfte der Kugel liegen 8 bis 60 Fortpflanzungszellen. Aus ihnen gehen bei der ungeschlechtlichen Vermehrung die Tochterkugeln hervor, bei der geschlechtlichen Fortpflanzung die Geschlechtszellen. Sexuelle Kolonien einhäusig, männliche Geschlechtszellen werden vor den weiblichen gebildet. In tafelförmigen Verbänden wachsen je etwa 100 Spermatozoide heran. Eizellen abgerundet, Zygoten tief braunrot mit warzig verdickten Membranen. Tochterkugeln werden nach dem Tode und dem Zerfall der Mutterkugel frei. **G** Kolonien 350–2000 µm, Einzelzellen um 4 µm. **L** Stehende, eutrophe Gewässer; oft in dichten Wolken. [7907]
4 Volvox aureus, Wimperkugel. Ähnlich voriger Art. Kolonie aus wenigstens 200, maximal 3200 Einzelzellen. Einzelzellen von oben gesehen (a) kreisrund; Zellen untereinander durch sehr feine Plasmafäden oder Fadenbündel verbunden. Chloroplasten groß, muldenförmig, auf das Zentrum der Zellen beschränkt. Nur 2 kontraktile Vakuolen. Zellen von der Seite gesehen eiförmig (b), nicht so dicht gelagert wie bei *V. globator*. Die 2 Geißeln jeder Zelle treten durch feine Öffnungen in der sehr dünnen Grenzgallertlamelle aus. Gallertsäulen der Einzelzellen laufen dicht unter der Grenzlamelle zu einer gemeinsamen Gallertschicht zusammen; wabige Felderung der Oberfläche daher weniger ausgeprägt als bei *V. globator*. 4–10 Vermehrungszellen in der hinteren Kugelhälfte; lassen entweder Tochterkugeln aus sich hervorgehen oder bilden Geschlechtszellen aus. Zweihäusig. Spermatozoidenverbände tafelförmig, verlassen als Ganzes die Kolonie. Eizellen kugelig; Zygoten braunrot mit glatter Membran (Farbfotos II, 5). **G** Kolonien meist um 500 µm, Einzelzellen um 5–8 µm. **L** Stehende eutrophe Gewässer; tagsüber mehr an der Oberfläche, nachts in tieferen Schichten. [7027] **A** Zellen abgeplattet-halbkugelig (c); erwachsene Zellen nicht mehr mit Plasmasträngen: *V. tertius*.
5 Spondylomorum quaternarium, Wirbelnder Tannenzapfen. 16-zellige Kolonien aus 4geißeligen Zellen. Zellen miteinander verklebt, nicht durch Gallertschichten zusammengehalten. Zellen in vierzähligen Kränzen, die untereinander auf Lücke stehen, angeordnet. Zellen verkehrt-eiförmig. Chloroplasten topfförmig ohne Pyrenoide. Zellkerne zentral, Augenflecke in Höhe der Zellkerne oder darunter. Geißeln alle nach außen gerichtet. Innerhalb der Einzelzellen entstehen 16 Tochterzellen. **G** Zellen 10–25 µm, Kolonien bis 50 µm lang. **L** Schmutzwasser. [7299]
6 Gonium pectorale, Mosaik-Grünalge. 16-zellige (selten 8–4-zellige), gewölbt-tafelförmige Kolonien. Zellen nahezu senkrecht in einer schwer sichtbaren „Gallertschüssel". Kolonien rotieren langsam. Lebt vorwiegend saprophytisch. Chloroplasten topfförmig, mit Pyrenoid. Vermehrung: Innerhalb der Mutterzellen entstehen 16-zellige Tochterkolonien, die durch Platzen der Mutterzellmembran frei werden (Farbfotos I, 3). **G** Zellen 5–15 µm, Kolonien bis 90 µm. **L** Stehende Gewässer, auch Kleinstgewässer. [7044]
7 Pandorina morum, Maulbeer-Grünalge. Ungefähr kugelige Kolonie aus 16, selten 8 oder 32 Zellen. Zellen verkehrt-eiförmig, liegen zentral in einer Gallerte, zweigeißelig. Chloroplasten groß, tassenförmig. Augenflecke der vorderen Zellen oft größer als die der hinteren. 2 kontraktile Vakuolen. Vermehrung: Jede Zelle kann innerhalb ihrer Membran 16 Tochterzellen bilden. **G** Zellen 8–17 µm, Kolonien 20–40, sogar bis 250 µm. **L** Stehende und schwach fließende Gewässer; sehr verbreitet in reinen wie in stark verschmutzten Gewässern. [7054]
8 Eudorina elegans, Geißelkugel-Grünalge. Ellipsoidische Kolonie aus meist 32 Zellen. Äußere Gallertschicht der Kolonie konsistent, innere Gallerte sehr wasserhaltig (Kolonien scheinbar hohlkugelig!). Zellen in 5 unregelmäßigen Kränzen (4+8+8+8+4 Zellen). Zellen des vorderen Kranzes oft kleiner als die übrigen. Einzelzellen kugelig bis birnförmig, zweigeißelig, mit topfförmigen Chloroplasten, einem Augenfleck, 2 kontraktilen Vakuolen. Tochterkolonien entstehen in den Mutterzellen (Farbfotos II, 4). **G** Zellen 16–24 µm, Kolonien 60–200 µm lang. **L** Teiche, Seen. [7035]

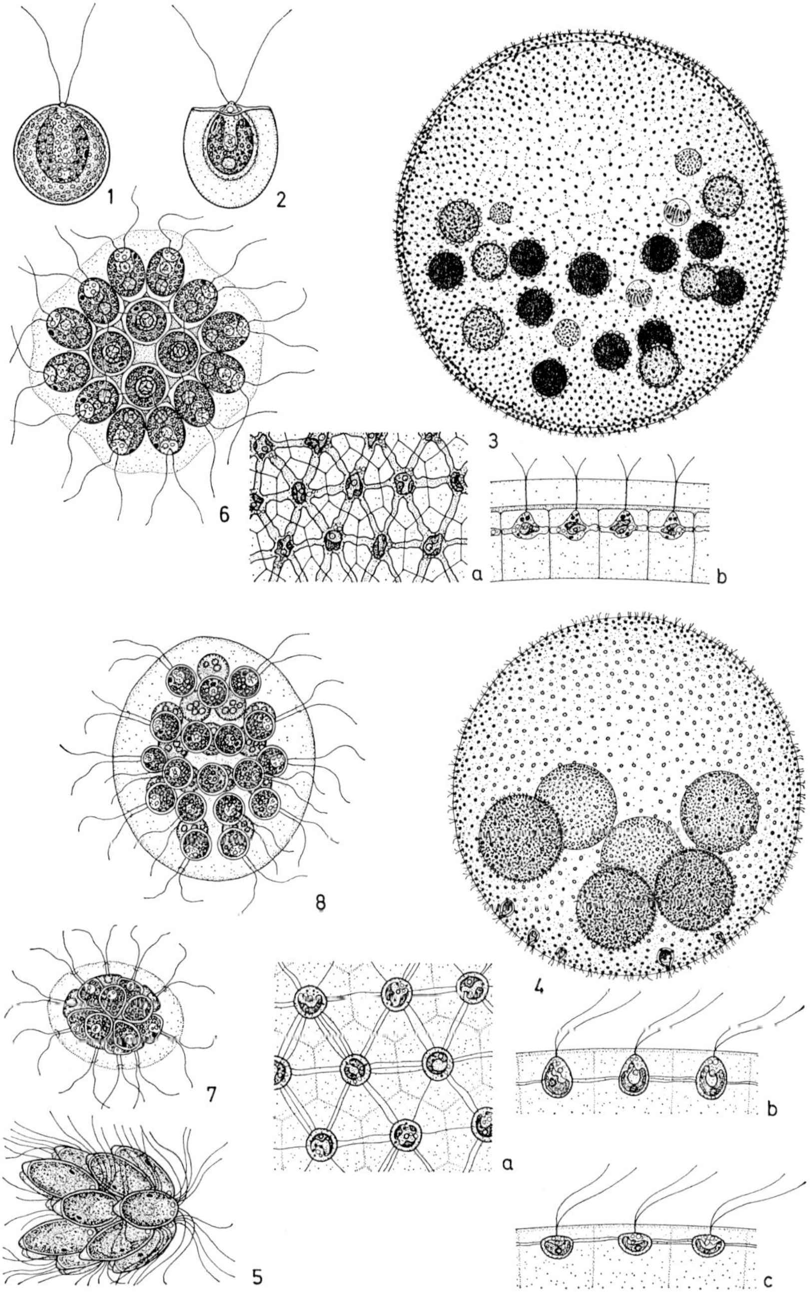
1
2
3
6
a
b
8
4
7
b
a
5
c

Grünalgen 3

1 a, 1 b Nautococcus pyriformis, Schwimmkugel-Alge. Kugelig bis birnförmig, mit massivem, zentral liegendem Chloroplasten. **G** Um 10–15 µm, bis 30 µm. **L** Auf der Oberfläche kleinerer Gewässer. **B** Lebt „neustonisch" auf der Oberflächenhaut des Wassers. Bildet dazu „Schwimmschirmchen" aus Schleim aus.
2 Asterococcus superbus, Sternenkugel. Zellen einzeln oder zu mehreren in einer farblosen Gallerthülle. Zellen mit dicken, konzentrisch geschichteten Hüllmembranen. Chloroplast mit zentralem Mittelstück, von dem aus radiale Streifen zur Peripherie ziehen, wo sie sich zu einem winzigen Plättchen verbreitern. Mit Augenfleck. **G** 25–35 µm. **L** Stehende Gewässer, besonders Torfmoore, auch planktisch. [17131]
3 Chlorangiella pygmaea, Grüne Urnen-Alge. Zellen an der Basis mit 2 kontraktilen Vakuolen. 1 oder 2 bandartige Chloroplasten. Zellen sitzen mit Gallertstrang am Substrat fest. Vermehrung durch Zoosporen, die neue Kolonien bilden oder sich am ursprünglichen Gallertstiel anheften, wodurch charakteristische „Bäumchen" entstehen. **G** Zellen 25–35 µm lang, 12–14 µm breit. **L** Angeheftet an Wasserpflanzen und Planktonkrebschen.
4 a Chlorangiopsis epizootica, Stielchen-Alge. Ähnlich voriger Art, bildet aber keine Kolonien und besitzt einen hoch glockenförmigen Chloroplasten mit Pyrenoid. Zellen auf langen Stielchen. **G** Um 10–20 µm. **L** Auf planktischen Kleinkrebsen.
4 b Chlamydomonadopsis moinae, Eierbecher-Alge. Zellen ohne Stielchen; mit einfachem Gallertklümpchen festgeheftet. Sonst wie vorige Art. **A** Sehr niedriger Gallertstiel, so breit wie die Zelle: *Malleochloris sessilis*, 8–15 µm, auf *Cladophora*.
5 Tetraspora lemmermannii, Teich-Viersporenalge. Mikroskopisch kleine, frei schwimmende Gallertlager ohne feste Außenschicht. Lager farblos, kugelig oder unregelmäßig. In der Gallerte peripher 8 bis zahlreiche kugelige Zellen, deren Gallertgeißein 6- bis 8-mal so lang wie die Zellen werden. Diese Scheingeißeln ragen bei allen *Tetraspora*-Arten nicht aus der Gallerte hervor. Chloroplasten muldenförmig. **G** Zellen 7–8 µm. **L** Plankton von Seen, Teichen, Tümpeln; weit verbreitet. [Gattung: 17079)
6 Tetraspora lubrica, Schlüpfrige Viersporenalge. Lager anfangs hellgrün, sehr flach, bilden sichtbare Überzüge auf festen Unterlagen; später schlauchförmig, gelappt, freischwimmend. Zellen kugelig, nach einer Teilung länglich und paarweise beisammenliegend. Gallertgeißeln kurz und teilweise undeutlich. **G** Zellen 7–12 µm. **L** Stehende Gewässer, Quell-Abflüsse; verbreitet. [7558] **A** Lager stets mit einem Stiel festgewachsen: *T. cylindrica*; 2–18 µm; kühle Gewässer und Bäche.
7 Tetraspora gelatinosa, Gallertige Viersporenalge. Lager zunächst festsitzend, blasenförmig, später abgelöst, frei im Wasser treibend, unregelmäßig ausgebreitet. Zellen einzeln oder zu 2 bis 4 von je einer besonderen Gallerthülle umgeben. Gallertgeißeln lang. **G** Zellen 7–12 µm; Extreme 2–14 µm. **L** Stehende Gewässer, Quellgebiete; häufig. [7557]
8 Pseudosphaerocystis neglecta, Pärchen-Alge. Gallertgeißeln auf 2 reduziert, sehr kurz, mitunter fehlend. Augenfleck. Zellen liegen paarweise oder in Vierergruppen in einer strukturlosen, bis 200 µm großen Gallerte. Kann mit *Sphaerocystis schroeteri* verwechselt werden. **G** Zellen 7–11 µm, Kolonien 20–200 µm. **L** Planktisch in Seen Mittel- und Nordeuropas (Schweden).
9 Apiocystis brauniana, Rettich-Alge. Eiförmiges oder keuliges Gallertlager, das mit Haftscheibe und Stiel festsitzt; durchscheinend, außen mit ziemlich dicker Lamelle. Zellen zahlreich, liegen unregelmäßig an der Peripherie der Gallerte; jede mit 2 Gallertgeißeln, die aus dem Lager weit herausragen. **G** Zellen 6–8 µm, Lager bis 1,5 mm lang. **L** Stehende Gewässer, an Wasserpflanzen und Fadenalgen.
10 Schizochlamys gelatinosa, Spaltschalen-Alge. Unregelmäßige Schleimmasse, die in stehenden und sauren Gewässern untergetauchte Pflanzen überzieht. Zellen angedeutet nierenförmig, an der abgeflachten Stelle mit 4 Poren, durch die je 4 Gallertgeißeln ziehen; diese oft undeutlich. Harte Zellmembran wird bei der Vermehrung in 4 Stücke gesprengt, die in der Gallerte in der Nähe der Zellen erhalten bleiben. **G** Zellen 9–15 µm. **L** Moorige Gewässer.

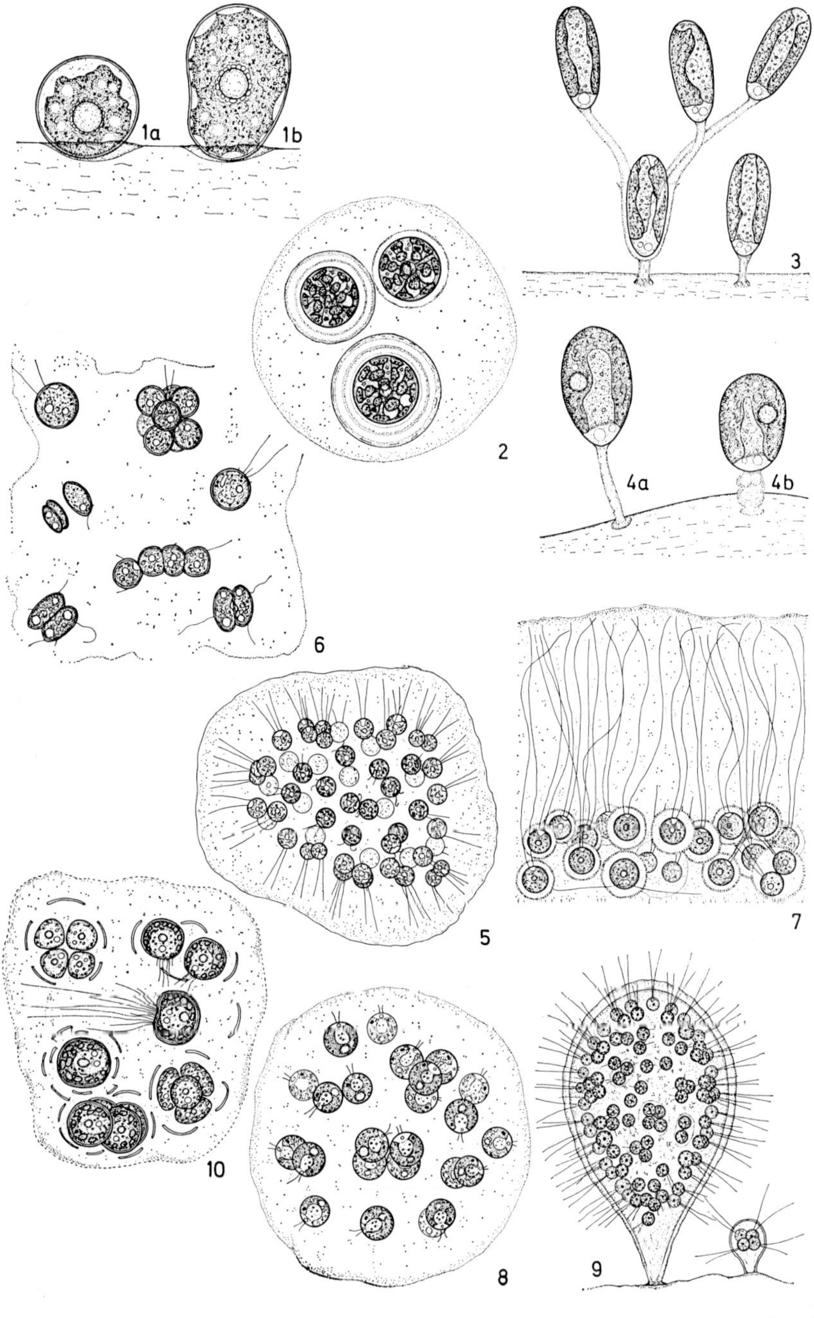
1a
1b
2
3
4a
4b
5
6
7
8
9
10

Grünalgen 4

1 Chlorococcum infusionum, Wasser-Grünalge. Zellen kugelig bis leicht oval, einzeln oder in unregelmäßigen Gruppen. Membran junger Zellen dünn, später dick und mehrfach geschichtet. Chloroplast fast hohlkugelig. **G** Durchmesser 10–15 µm, extrem kleine und extrem große Zellen (bis 100 µm) kommen vor. **L** Freischwimmend und an Wasserpflanzen, in allen Typen stehender Gewässer; auch auf feuchter Erde. [7196]
2 Neospongiococcum multinucleatum, Erd-Grünalge. Zellen können mehrere Kerne enthalten. Chloroplast halbkugelig. Im Gegensatz zur vorigen Art werden keine Fetttröpfchen gebildet. Membran dünn. **G** 3–5 µm, bis 25 µm. **L** Eine der häufigsten Bodenalgen. Grüne, pulverige (nicht schleimige) Überzüge auf Erde, an Scheunen, Baumstämmen, Mauern. **B** Häufig als Flechtensymbiont.
3 Trebouxia humicola, Mauer-Grünalge. Zellen kugelig, einzeln oder in unregelmäßigen Haufen. Chloroplast zentral, massiv, mit gelappter, höckeriger Oberfläche, füllt die Zelle weitgehend aus. Zellkern in einem Ausschnitt des Chloroplasten. **G** Durchmesser zwischen 2 und 25 µm. **L** Baumstämme, Holzwerk, Mauern. Symbiont der Flechte *Xanthoria parietina*. **B** Die meisten Arten der Gattung leben mit Pilzen zusammen als Flechten. *T. humicola* kommt überall verbreitet auch frei vor.
4 Planktosphaeria gelatinosa, Kleine Planktonkugel. Zellen einzeln oder in kleineren Gruppen von zerfließender Gallerthülle umgeben. Zahlreiche Chloroplasten, die je 1 Pyrenoid enthalten. **G** Um 20 µm. **L** Plankton von Seen und Teichen; auch Erdalge. [7898] **A_1** Chloroplasten ohne Pyrenoide: *Bracteococcus*-Arten; hauptsächlich Bodenalgen. **A_2** Ränder der pyrenoidlosen Chloroplasten nach innen eingebogen: *Dictyococcus varians*; bis 16 µm, Wassergräben, Kleingewässer.
5 a Characium ensiforme, Nasen-Aufwuchsalge. Zellen mit deutlicher Spitze, sitzen ohne eigentlichen Stiel mit breiter Basis fest. Chloroplast hoch glockenförmig. **G** Um 100 µm lang. **L** An Fadenalgen, zerstreut. [Gattung: 7240]
5 b Characium ornithocephalum, Vogelkopf-Aufwuchsalge. Form der Zellen schief, obere Seite stark gekrümmt. Junge Zellen sichelförmig, ältere fast halbkugelig. Am Scheitel farbloses Schnäbelchen. Chloroplast hohlkugelig, mit einem Pyrenoid. **G** Ohne Stiel um 30 µm lang. **L** Stehende Gewässer auf Algen; zerstreut. [7193]
6 a Characium strictum, Knoten-Aufwuchsalge. Zellen schmal, Scheitel abgerundet, Stiel sehr kurz mit schwach kugeliger Basis. Chloroplast hohlkugelig. **G** 20–30 µm lang. **L** Teiche und Seen, an Wasserpflanzen.
6 b Characium acuminatum, Spitzchen-Aufwuchsalge. Zellen eiförmig, am Scheitel in eine kleine Spitze auslaufend. Chloroplast pyrenoidlos, in eine große Zahl rundlicher Scheibchen aufgegliedert, die der Zellmembran anliegen. Plasma mit großen Vakuolen. Stiel kurz, gerade oder leicht schräg. **G** Um 35 µm lang. **L** An Algen, Steinen, Wasserpflanzen.
7 a Characium sieboldii, Scheitel-Aufwuchsalge. Zellen gerade, am Scheitel stumpf, sitzen mit kurzem, durchscheinendem Stielchen fest. Chloroplast hoch glockenförmig, zeigt Andeutungen einer Aufteilung. 1 Pyrenoid. **G** 40–70 µm lang, um 30 µm breit. **L** Stehende Gewässer an Algen, Moosen, Wasserpflanzen.
7 b Characium conicum, Aufwuchsalge. Zellen verkehrt-eiförmig, Scheitel breit abgerundet, Stiel kurz. Chloroplast aufgegliedert mit 1 Pyrenoid. Im zentralen Plasma große Vakuolen. **G** 20–45 µm lang. **L** In Teichen an Fadenalgen. **A** Auffälliges, nach innen ragendes, stöpselartiges Zäpfchen am Scheitel: *Ch. obtusum*; Torfgewässer.
8 Hydrianum crassiapex, Krugalge. Ähnlich den vorigen Arten, aber mit umwalltem Scheitel. Bei der Zoosporenbildung reißt die Membran der Mutterzelle unterhalb des Scheitels auf; alle Zoosporen verlassen das Gehäuse bis auf eine, die in der alten Membran der Mutterzelle zu einer neuen Zelle heranwächst. **G** 15–20 µm lang. **L** Moortümpel, auf Fadenalgen (häufigste Art der Gattung).
9 Hydrianum viride, Krummalge. Zellen gestreckt-keulenförmig. Chloroplast ohne Pyrenoide. Sitzen auf Algenfäden, meist quer zur Längsachse. **G** Bis 80 µm lang. **L** Stehende Gewässer, auf Algen.
10 Ankyra ancora, Anker-Grünalge. Ähnlich *Characium*, aber planktisch. Membran aus 2 gleichgroßen Teilstücken zusammengesetzt. Eine Borste am Hinterende einfach, die andere am Vorderende zu einem kleinen Anker umgebildet. Massiver Chloroplast, im Längsschnitt H-förmig; 1 Pyrenoid. 2 Vakuolen. 4 Zoosporen werden nach Sprengung der Muttermembran in die beiden Hälften frei. **G** Zellen 35–150 µm lang, 5–14 µm breit. **L** Seen und Teiche; in Kleinstgewässern zuweilen Massenentfaltung. [7202] **A** 6 weitere, sehr ähnliche Arten.

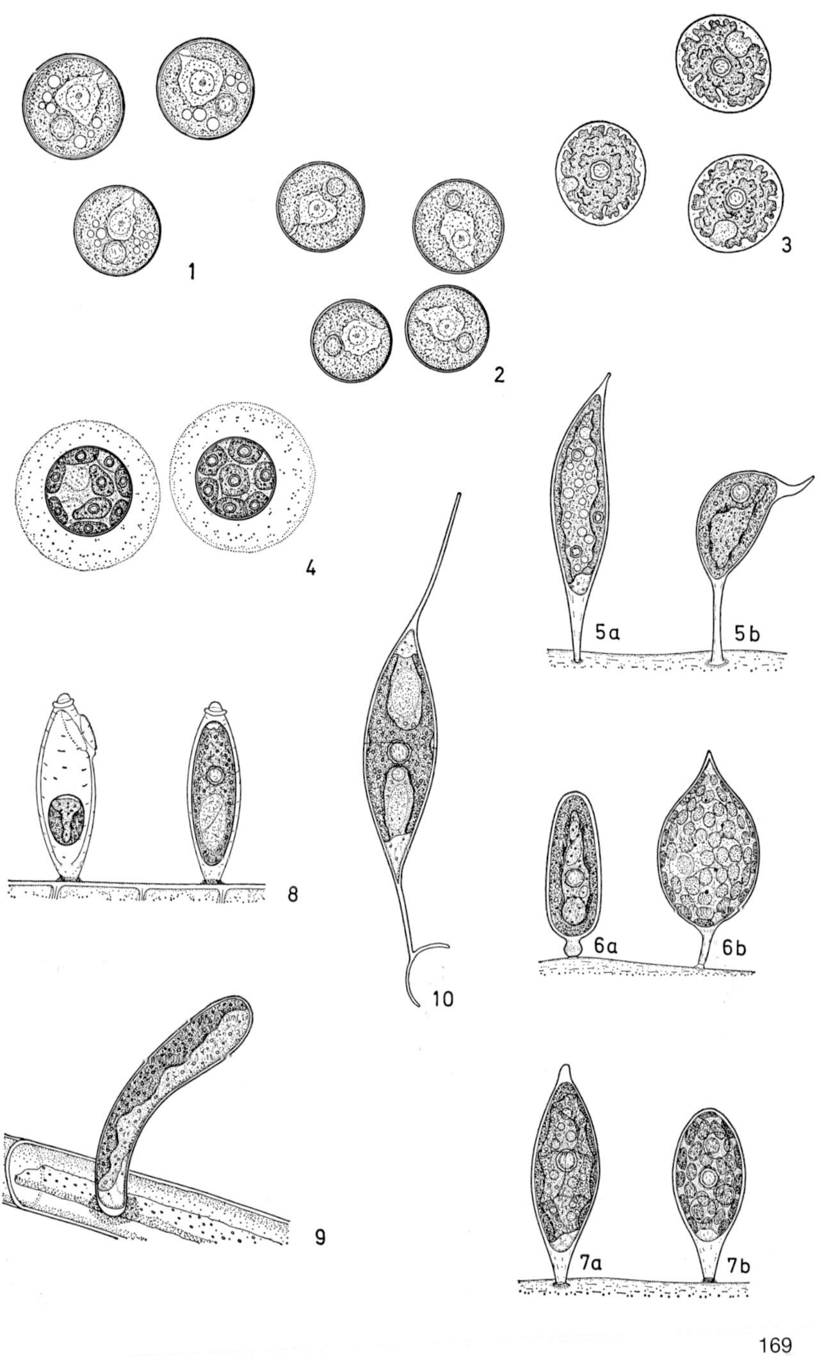
1
2
3
4
5a
5b
6a
6b
7a
7b
8
9
10

Grünalgen 5

1 Schroederia spiralis, Peitschen-Grünalge. Zellen gekrümmt, beiderseits in geschwungene Borsten auslaufend. Vermehrung: Im Zellinneren entstehen 2, dann 8 Zoosporen. **G** 30 µm lang, ohne Borsten 10–20 µm. **L** Planktisch in den Oberflächenschichten von Seen und Teichen. [7269]
2 Schroederia setigera, Borsten-Grünalge. Zellen lang-spindelig mit geraden Borsten. Chloroplast muldenförmig. **G** 60 µm lang, ohne Borsten 10–20 µm. **L** Planktisch im Oberflächenwasser von Flüssen. [7270]
3 Actidesmium hookeri, Strahlen-Grünalge. Koloniebildend: Je 16 Zoosporen aus einer Mutterzelle setzen sich an der Spitze der leeren Membran der Mutterzelle fest. So entstehen Kolonien aus bis zu 256 lebenden und 17 entleerten Zellen. Chloroplasten plattenförmig. **G** Einzelzellen um 50 µm lang. **L** Planktisch in Moorgräben; in Osteuropa verbreitet, in Mitteleuropa zerstreut. [7742]
4 Euastropsis richteri, Zweizellenstern. Zellen trapezförmig, leicht ausgerandet, zu je zwei beisammenliegend. Chloroplast eine wandständige Platte mit 1 Pyrenoid. **G** Kolonien 10–40 µm lang, 6–25 µm breit. **L** Torfstiche; zerstreut. **B** 2–32 Zoosporen gelangen durch Riss in der Mutterzellmembran in eine weite Gallertblase, in der sie sich paarweise zusammenlegen.
5 Pediastrum simplex var. sturmii, Siebendorniges Zackenrädchen. Alle *P.*-Arten bilden runde oder sternförmige, meist einschichtige, ebene Kolonien. Randzellen immer anders gestaltet als Mittelzellen. Chloroplast wandständig, oft gitterförmig durchbrochen. Jede Zelle 1 Pyrenoid. Vermehrung: Zweigeißelige Zoosporen treten in einer Blase aus der Mutterzelle aus und ordnen sich in ihr zu einer neuen Kolonie. *P. simplex var. sturmii*: Mittelzelle vieleckig. 7 Randzellen mit konvexen Außenseiten und einem Fortsatz. **G** Zellen um 30 µm groß. **L** Im Plankton und Aufwuchs; zerstreut. [17024]
6 Pediastrum simplex, Einfaches Zackenrädchen. Randzellen zu einem Dreieck ausgezogen, Kolonien 8- bis 32-zellig. **G** Zellen sehr unterschiedlich groß (6–55 µm). **L** Im Plankton und im Aufwuchs verbreitet, vor allem in kleineren Gewässern. [7254]
7 Pediastrum simplex var. simplex, Gitterstern. Zwischen allen Mittelzellen breite Lücken. Randzellen dreieckig, nur an der Basis verwachsen. Membran meist glatt, aber auch punktiert oder fein bestachelt. **G** Zellen wie bei 6 sehr verschieden groß. **L** Stehende und langsam fließende Gewässer; verbreitet. [7523]
8 Pediastrum integrum, Kurzstacheliges Zackenrädchen. Kolonien 4- bis 32-zellig, geschlossen. Randzellen mit 2 kurzen Stacheln (können fehlen). **G** Zellen 20–30 µm. **L** Nasse Stellen, überrieselte Felsen, stehende Gewässer. [7057]
9 Pediastrum boryanum, Warziges Zackenrädchen. Kolonien bis 128-zellig, lückenlos. Randzellen laufen in spitze Läppchen oder knöpfchenartige Fortsätze aus. Membranen punktiert, gewarzt, aber auch glatt. Randzellen sehr variabel (Farbfotos II, 7). **G** Zellen bis 40 µm. **L** Stehende Gewässer und Flüsse; sehr verbreitet. [7055]
10 Pediastrum angulosum, Eckiges Zackenrädchen. Kolonien aus 8 bis 128 Zellen in sehr variabler Anordnung; geschlossen. Randzellen breit, schwach ausgerandet, Lappen zuweilen mit kurzen Fortsätzen. Membranen mit netzförmigen Leisten und Felderungen. **G** Zellen bis 50 µm, Kolonien, Zönobien, bis 400 µm. **L** Stehende und langsam fließende Gewässer; recht häufig. [7253]

1

2

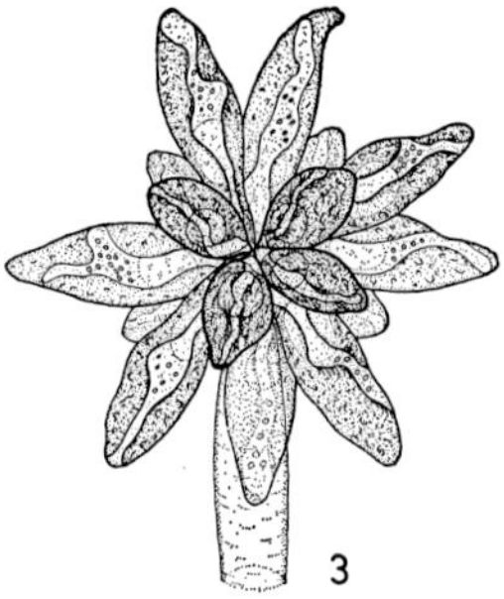
3

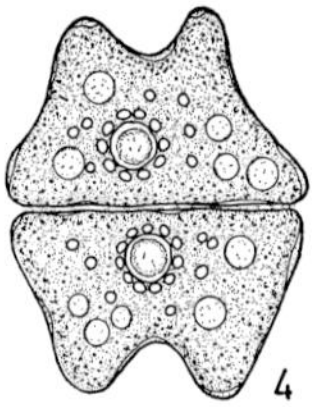
4

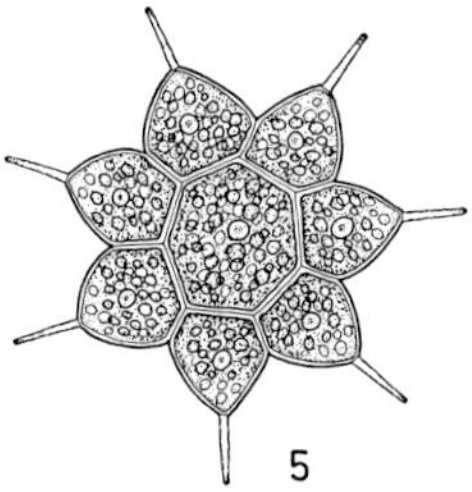
5

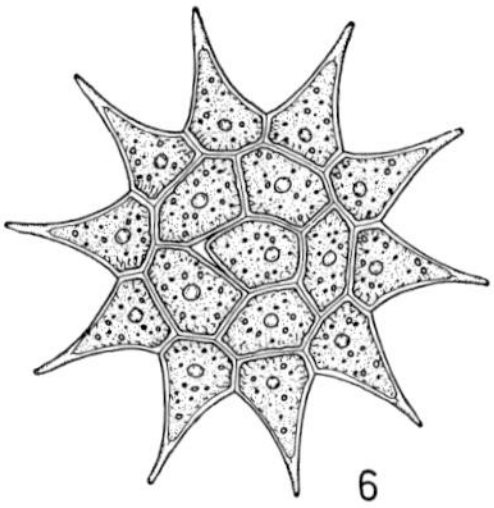
6

7

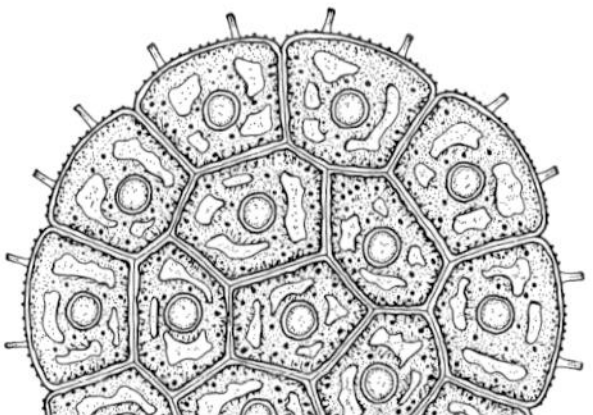
8

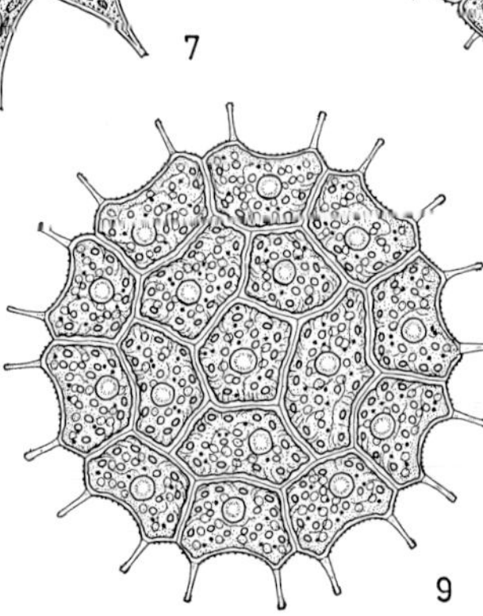
9

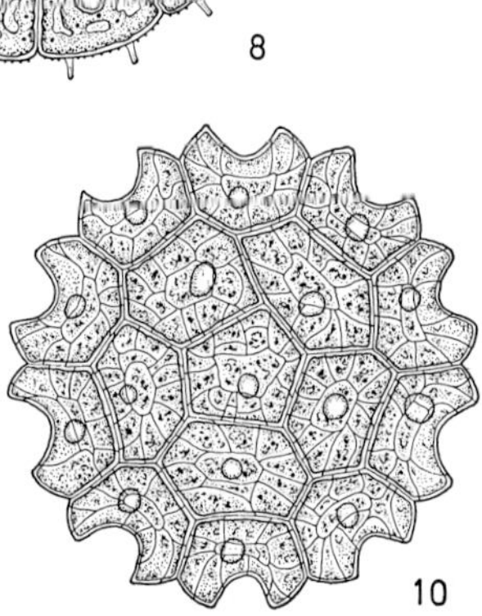
10

1 Pediastrum kawraiskyi, Gekörneltes Zackenrädchen. Kolonien rund, geschlossen. Randzellen mit zwei starken, gerade abgestutzten Fortsätzen, die nicht nebeneinander, sondern übereinander stehen. Zellmembran dick, gekörnelt. **G** Zellen um 15 µm. **L** Plankton sauberer Flüsse und Seen; selten. [7830]
2 Pediastrum tetras, Eingeschnittenes Zackenrädchen. Mittelzellen vieleckig, mit engem Einschnitt. Randzellen seitlich verwachsen, mit schmalem, tiefem Einschnitt. Kolonien 8- und 16-zellig, aber auch 4-zellig. **G** Zellen zwischen 8 und 30 µm. **L** Tümpel, Teiche, Gräben, auch Hochmoore. [7058]
3 Pediastrum duplex, Durchbrochenes Zackenrädchen. Kolonien 8- bis 32-zellig. Zwischen den Mittelzellen große Zwischenräume. Randzellen tief ausgeschnitten, nur an der Basis verwachsen, ihre beiden Lappen in sehr vielgestaltige Fortsätze verlängert. Membran glatt, punktiert oder mit netzförmigen Leisten. **G** Sehr variabel; Zellen 4–80 µm, Kolonien 30–300 µm. **L** Plankton aller Gewässertypen. [7056]
4 Pediastrum duplex var. gracillimum, Langstacheliges Zackenrädchen. Kolonien 8- bis 16-zellig. Alle Zellen so stark ausgerandet, dass sie fast H-förmig erscheinen. Randzellen sehr zart, bogenförmig, in dünne, lange Fortsätze auslaufend. Lücken zwischen den Mittelzellen sehr groß. **G** Durchmesser der Randzellen 12–20 µm, der Kolonien bis 90 µm. **L** Fluss- und Seenplankton. [7332]
5 Pediastrum biradiatum, Strahlenstern-Zackenrädchen. Kolonien 8- bis 32-zellig; Zellen verschieden angeordnet. Mittelzellen tief eingeschnitten, lassen Lücken frei. Beide Lappen jeder Randzelle durch einen seichten Einschnitt unterteilt. 4-zellige Formen kommen vor, mit einer kreisrunden Lücke im Zentrum. **G** Durchmesser der Randzellen 10–20 µm. **L** Kleinere Gewässer; zerstreut. [7831]
6 Pediastrum duplex var. duplex, Mondsichel-Zackenrädchen. Kolonien 8- bis 16-zellig, kreisrund. Randzellen schmal und halbmondförmig. Mittelzellen weit größer, fünfeckig. **G** Kolonien, Zönobien bis 210 µm im Durchmesser. **L** Kleinere Gewässer; zerstreut. [7331]
7 Sorastrum bidentatum, Zweizähniger Haufenstern. Kolonien der *S.*-Arten sind kugelig. Zellen sitzen an Gallertstielchen, die mit einem zentralen Gallertkügelchen verbunden sind. Vermehrung wie bei *Pediastrum*. *S. bidentatum*: Zellen nierenförmig, zu 8 oder 16 in einer Kugel. Jede Zelle mit 2 kurzen, nach außen gekehrten Stachelspitzen. **G** Kolonien 28–32 µm. **L** Plankton stehender Gewässer; weit verbreitet, tritt jedoch immer vereinzelt auf.
8 Sorastrum spinulosum, Stacheliger Haufenstern. Kolonien 8- bis 32-zellig. Einzelzellen breithalbmondförmig, mit je 2 kleinen, farblosen Stacheln an beiden Enden. Stacheln sehr verschieden ausgebildet. Zentrale Gallertkugel klein, Gallertstiele der Zellen verschieden lang. **G** Zellen 12–18 µm lang, Durchmesser der Kolonien 25–60 µm. **L** Stehende Gewässer; überall verbreitet, meist einzeln.
9 Hydrodictyon reticulatum, Wassernetz. Kolonien aus vielen tausend schlauchförmigen Zellen, die insgesamt ein sackförmiges Netz bilden. Meist sind jeweils 3 Zellen mit ihren Enden verbunden (Farbfotos II, 8). Chloroplasten durchlöcherte Hohlzylinder. Jede Zelle mit zahlreichen Zellkernen und Pyrenoiden. Vermehrung: In einer Zelle entstehen bis zu 20 000 Zoosporen, die sich innerhalb der Mutterzelle sogleich zu einem Miniaturnetz anordnen. Durch Verschleimen und Aufreißen der Mutterzellmembran wird das junge Netzchen frei und wächst rasch heran. **G** Zellen bis 1 cm lang, freischwimmende Netze bis 20 cm. **L** Stehende, saubere bis höchstens mäßig verschmutzte Gewässer; zerstreut, kann stellenweise zur Massenentfaltung gelangen. [7108]

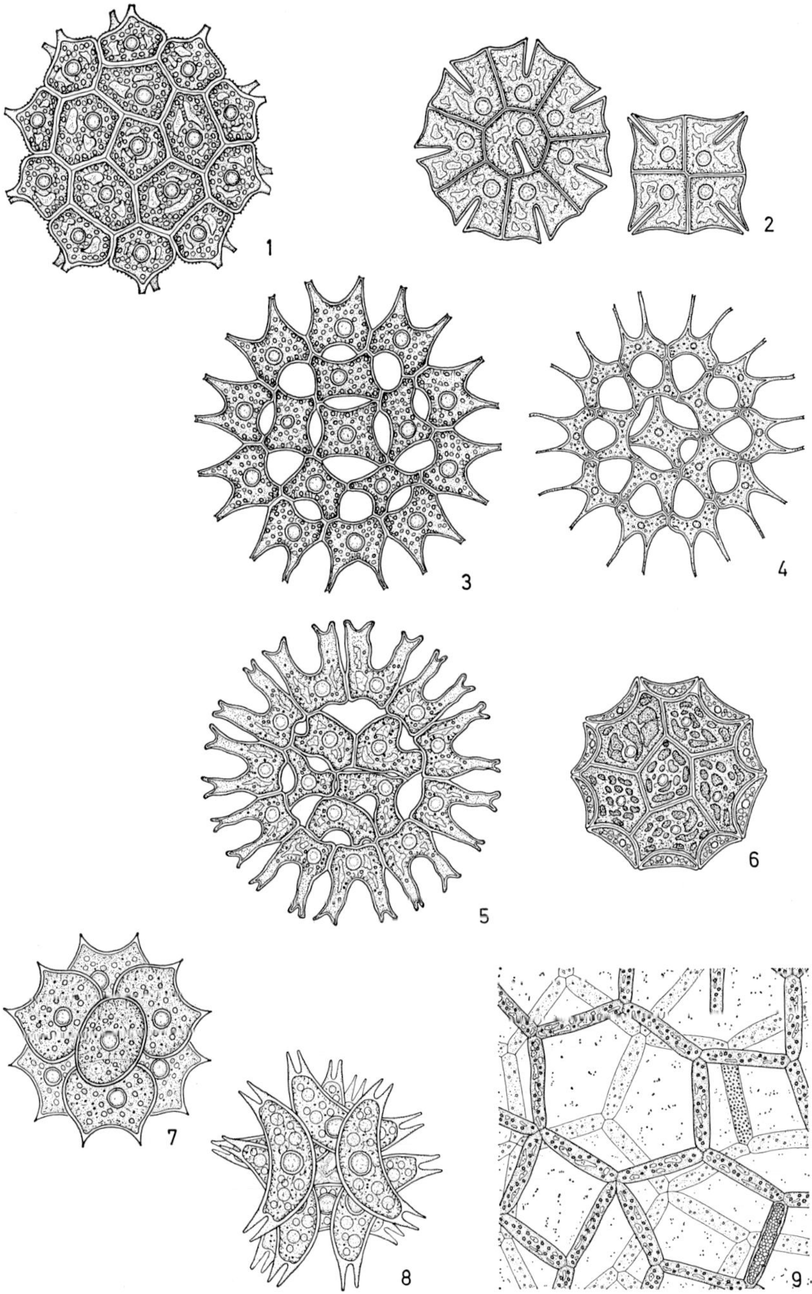
1
2
3
4
5
6
7
8
9

Grünalgen 7

1 Micractinium pusillum, Winzige Strahlen-Grünalge. Zellen kugelig, jeweils 4 bilden eine kleine Kolonie. Bis 16 solcher Kolonien können sich zu einer 64-zelligen Großkolonie zusammenlegen. Jede Zelle mit 2–4 hohlen, an der Basis angeschwollenen Stacheln. 1 topfförmiger Chloroplast. Vermehrung durch Autosporen. Sexuelle Fortpflanzung: Eibefruchtung. Zygoten kurzstachelig (Abb.). **G** Zellen 4–8 µm, Stacheln bis 60 µm lang. **L** Plankton kleiner Seen, Teiche, Altwässer. Bevorzugt sauberes Wasser. Verbreitet. [7242]
2 Golenkinia radiata, Speichen-Grünalge. Kugelige, von einer Gallertscheide umhüllte Zellen, einzeln oder in Viererkolonien (Farbfotos II, 6). Mit zahlreichen durchscheinenden Borsten besetzt. Vermehrung durch geißellose Sporen, die Scheiden und Borsten erst ausbilden, wenn sie frei geworden sind. **G** Zelldurchmesser 10–15 µm, Borsten 25–50 µm lang. **L** Plankton stehender Gewässer; verbreitet. [7223] **A** Wenige kurze Borsten: *G. paucispina*. **B** Kann mit Sonnentierchen verwechselt werden; auf sattgrüne Farbe achten!
3 Acanthosphaera zachariasii, Borstenkugel-Grünalge. Zellen kugelig, stets einzeln, Membran sehr dünn, Gallerthülle schmal. Borsten im unteren Drittel verdickt und stark lichtbrechend, nach außen fadenartig dünn. **G** Zellen 10–15 µm, Stacheln 30–35 µm lang. **L** Planktisch in Teichen. [7743]
4 Treubaria quadrispina, Quadrat-Grünalge. Zellen quadratisch; Ecken tragen je 4 feine Borsten. Vermehrung durch zweigeißelige Zoosporen, im Gegensatz zu äußerlich sehr ähnlichen Formen aus der Gattung *Tetraedron*. **G** Zellen bis 20 µm. **L** Plankton stehender, kleiner Gewässer. [Gattung: 7137]
5 Treubaria triappendiculata, Dreistrahl-Grünalge. Ecken der Zellen zu langen Fortsätzen ausgezogen. Arme durchsichtig, glatt, Enden scharf zugespitzt oder abgerundet, sind vom Mittelkörper der Zelle nicht deutlich abgesetzt. Zellmembran sehr fein punktiert. **G** Mittelkörper 7–10 µm im Durchmesser, Arme um 20 µm lang. **L** Plankton von Teichen; nicht häufig. [7756]
6 Desmatractum bipyramidatum, Blasenmembran-Grünalge. Zellmembran aus 2 Teilen, die im Äquator des Gebildes zusammenschließen. Membran mehrfach gekielt, blasenartig aufgetrieben. Protoplast völlig frei innerhalb der Außenhülle, von einer zweiten, sehr dünnen Innenhülle umschlossen. Stellung dieser merkwürdigen Grünalge im System ist unsicher. **G** Bis 35 µm lang. **L** Tümpel mit saurem Wasser. **A** Außenhülle in lange Fortsätze ausgezogen: *D. indutum*. [Gattung: 17170]
7 Gloeocystis vesiculosa, Gallerthüllen-Grünalge. Zellen kugelig, in weichem Gallertlager. Gallerthülle um die Zellen mit deutlicher Schichtung; Hüllen verschiedener Generationen vielfach ineinandergeschachtelt. Lager meist fest auf der Unterlage. Junge Zellen in regelmäßigen Tetraedern und Kugeln angeordnet. **G** Zellen 5–12 µm. **L** Feuchte Felsen, stehende Gewässer. [17048]
8 Gloeocystis rupestris, Braune Gallerthüllen-Grünalge. Mikroskopisch kleine, recht feste Gallertlager mit kugeligen Zellen. Gallerthüllen dick, grün bis braun. Hüllen um die Zellen geschichtet. **G** Zellen 3–5 µm. **L** Feuchte Felsen, nasse Erde. [Gattung: 7222]
9 Coenocystis ampla, Große Gallerthüllen-Grünalge. Zellen länglich. Gallerthüllen farblos, ineinandergeschachtelt. bilden flache, hautartige Lager. Chloroplast glockenförmig; Membran an einem Pol knöpfchenartig verdickt. **G** Zellen 9–15 µm lang. **L** Uferzone von Tümpeln, unter oder dicht über der Wasseroberfläche.
10 Sphaerocystis schroeteri, Gallertkugel-Grünalge. Kolonien kugelig, freischwimmend; Gallerthülle farblos, scharf begrenzt. 2–32 kugelige Zellen einzeln oder in Vierergruppen peripher in der Gallerte. Chloroplast glockenförmig. Verwechslungsgefahr mit der tetrasporalen Alge *Pseudosphaerocystis neglecta* S. 166/8). **G** Zellen 6–12 µm; Gallerthülle 50–1500 µm. **L** Plankton sauberer Gewässer, besonders in oligosaproben Seen (Schweden, Schweiz). [7271]

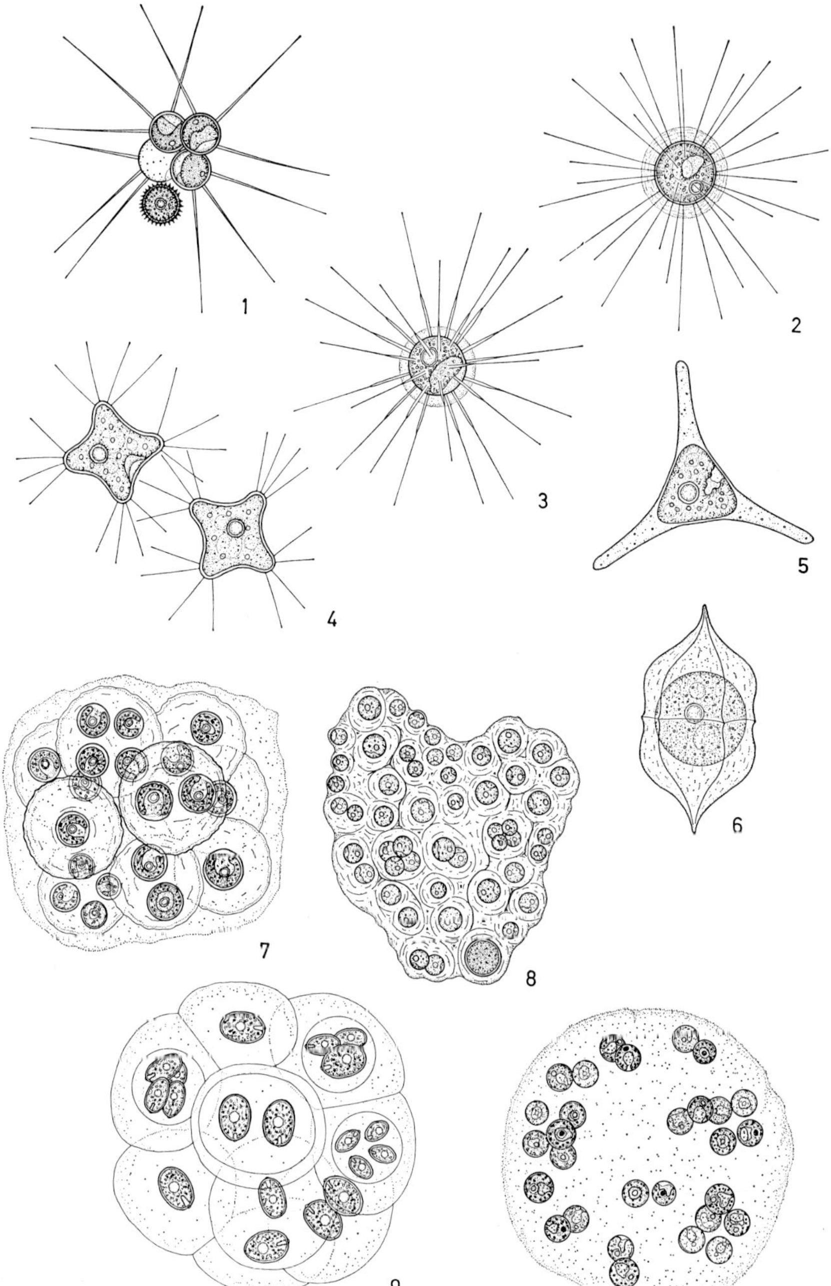
1
2
3
4
5
6
7
8
9
10

1 Palmella miniata, Rote Gallertalge. Zellen kugelig, in formlosen Gallertlagern. Lager weich, weit ausgebreitet, bilden orangefarbene, ziegel- oder karminrote Überzüge (Haematochrom-Farbstoffe in den Zellen). Junge Zellen noch deutlich grün. Chloroplast glockenförmig. Zellen einzeln oder zu 2 bis 8 einander genähert in dicken, geschichteten Gallerthüllen. **G** Zellen 6–10 µm. **L** Liebt sauberes Wasser; Bäche, nasser Boden, feuchte Felsen. **B** Viele Algen können in Palmella-artige Zustände übergehen und sind dann von der Art nicht zu unterscheiden. [Gattung: 7017]
2 Palmodictyon viride, Gallertnetz-Grünalge. Schleimige, grüne, haardicke Lager aus schlauchartigen, oft netzförmig durchbrochenen Gallerten. Zellen einzeln oder in 2- bis 4-zelligen Gruppen, von weiten, oft zerfließenden Gallerthüllen umgeben; mehrere gebogene Chloroplastenscheibchen, keine Pyrenoide. **G** Zellen 4–12 µm, Lager bis 2 mm lang. **L** Stehende Gewässer, zwischen anderen Algen.
3 Radiococcus nimbatus, Gallertstreifen-Grünalge. Kolonien aus 4 oder mehr, in Vierergruppen beisammenliegenden Zellen; mikroskopisch klein. Vierergruppen von weitem Gallertmantel mit strahligen Strukturen umhüllt. Chloroplast dünn, glockenförmig. **G** Zellen 8–15 µm. **L** Stehende Gewässer; zerstreut. [7340]
4 Coenocystis planctonica, Freischwimmende Gallert-Grünalge. Zellen einzeln in einer strukturlosen Gallerte verteilt; elliptisch oder sogar nierenförmig. Chloroplast hohlkugelig. **G** Zellen um 5 µm. **L** Teichplankton. [7569]
5 Thorakochloris planktonica, Schalenpanzer-Grünalge. Kleine, freischwimmende Kolonien, die Vierergruppen ellipsoidischer Zellen enthalten. Leere Membranen der Mutterzellen liegen in Bruchstücken in der strahlig strukturierten Gallerte. **G** Zellen um 5 µm lang, um 3,5 µm breit. **L** Plankton von Teichen. [Gattung: 17409]
6 Schizochlamydella delicatula, Schlüpfrige Schalen-Grünalge. Früher zur Gattung *Schizochlamys* gestellt, doch besitzen die kugeligen Zellen weder Gallertgeißeln noch pulsierende Vakuolen. Längliche oder kugelige Kolonien, freischwimmend. Membranen derb, bleiben nach Bildung der Autosporen leer in der strukturlosen Gallerte liegen. **G** Zellen 5–7 µm; Gallertkugeln 40–300 µm. **L** Torfmoos-Tümpel der Hochmoore, selten in anderen stehenden Gewässern.
7 Botryococcus braunii, Trauben-Grünalge. Kleine Kolonien aus zäher, elastischer Gallerte. Jede Zelle steckt in einem Gallerttrichter aus tütenartig ineinander geschachtelten Schichten. Trichter hängen im Zentrum der Kolonien zusammen. Zellen liegen peripher. **G** Zellen 6–10 µm, Kolonien 100–500 µm groß. **L** Plankton von Seen und Teichen; verbreitet, teils Wasserblüten. **B** Bildet außer Stärke ein rötlich-braunes Öl als Assimilationsprodukt. Ölhaltige Kolonien steigen auf und schweben als gelbglänzender, feiner Staub an der Wasseroberfläche. [7237]
8 Dictyosphaerium pulchellum, Kugelzellige Gallertstrang-Alge. Kugelige Kolonien mit kugeligen Zellen, die durch Gallertstränge zusammengehalten werden. Gallertstränge entstehen aus Membranen der Mutterzellen, die nach einer Teilung in vierlappige Kreuze zerreißen, an deren Enden die neuen Zellen bleiben. Alte Membranen verschleimen danach. Zellen von dicker, feingestreifter Gallerthülle umgeben, Membran sehr dünn. **G** Zellen 5–10 µm, Kolonien bis 60 µm im Durchmesser. **L** Plankton stehender, nur gering verschmutzter Gewässer. [7033]
9 Dictyosphaerium ehrenbergianum, Ovalzellige Gallertstrang-Alge. Scharf begrenzte Gallertmassen mit peripher angeordneten, ovalen Zellen. Zellen durch Gallertstränge verbunden. **G** Zellen 6–10 µm lang, Kolonien bis 80 µm Durchmesser. **L** Plankton stehender, mehr oder minder saurer Gewässer. Bildet Wasserblüten. [7837]
10 Dimorphococcus lunatus, Nierenzellige Gallertstrang-Alge. Zellen nieren- oder sogar fast herzförmig, in freischwimmenden, kleinen Zönobien. Gallerthüllen um die Zellen radial gestreift, kaum gegeneinander abgegrenzt; nicht alle Zönobien bilden Gallerten: siehe nächste Seite Nr. 2! Gallertige Verbindungsfäden zwischen den Zellen deutlich. **G** Zellen 10–25 µm lang, 6–15 µm breit; Kolonien 40–80 µm, selbst bis 150 µm groß. **L** Seen, Teiche, Torfgewässer, langsam fließendes Wasser. Kosmopolitisch verbreitet, zerstreut.

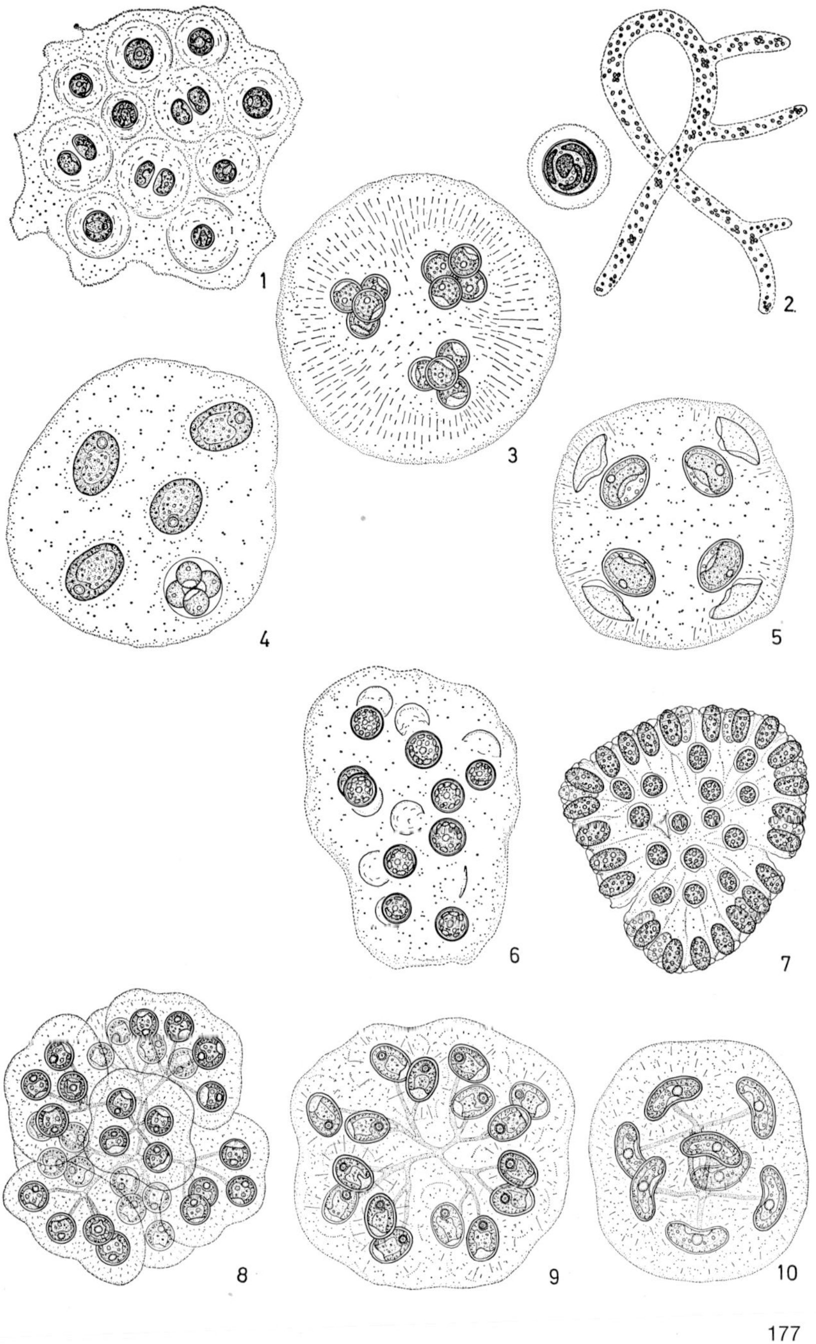
1
2.
3
4
5
6
7
8
9
10

1 Westella botryoides, Schüssel-Grünalge. Kleine, freischwebende, gallertige Kolonien mit bis zu 20 Vierergruppen von Zellen. Die in einer Mutterzelle entstehenden 4 Tochterzellen bleiben jeweils beisammen. Schüsselartige Mutterzellmembran verquillt später zu fadenförmigem Gallertstrang, der die Zellfamilien verbindet. Chloroplast glockenförmig. **G** Zellen 4–10 µm. **L** Hochmoore. [7305]
2 Dimorphococcus lunatus. Siehe vorige Seite Nr. 10. Die beiden Außenzellen jeder Vierergruppe ungefähr nierenförmig, die beiden Mittelzellen oval. Chloroplast lässt beide Zellenden frei. Formen mit Gallerte s. S. 176, Nr. 10.
3 Quadricoccus verrucosus, Vierlings-Warzenalge. Vier aus einer Mutterzelle hervorgegangene Autosporen heften sich an den Rändern der aufgerissenen Mutterzellmembran an und entwickeln sich hier. Membran meist bräunlich, mit aufgelagerten Fremdkörperchen. Chloroplast ein- oder zweilappig. **G** Zellen 6–8 µm lang. **L** Plankton von Kleingewässern; verbreitet. [7264]
4 Chlorella vulgaris, Grüne Kugelalge. Zellen rund, Membran sehr dünn, Chloroplast glockenförmig; große, exzentrische Vakuole. Zellen stets einzeln. Vermehrung durch Autosporen, die zu 4 bis 16 innerhalb der Mutterzelle entstehen. **G** 1,5–10 µm. **L** In allen Süßgewässern verbreitet. [7798] **B** Etwa 10 Arten, die sehr schwer zu unterscheiden sind. Symbionten in *Mayorella viridis*, *Stentor*, *Paramecium bursaria*, *Chlorohydra*, Schwämmen und Strudelwürmern, sowie als Algenpartner in Flechten. **A** *Chlorella minutissima* ist nur 1–2,5 µm groß, in eutrophen Gewässern überall im Plankton und Aufwuchs, färbt Wasser. [7566]
5 Siderocelis ornata, Schmucke Eisenaugenalge. Zellen ellipsoidisch, mit sehr vielen „Eisenaugen“–kleinen, braunen Warzen–bedeckt. Braune Farbe rührt von eingelagerten Eisensalzen her. 1 bis 6 Chloroplasten. **G** 7–13 µm lang. **L** Plankton von Kleingewässern; verbreitet. [7347]
6 Siderocelis elegans, Kleine Eisenaugenalge. Membran mit bräunlichen, eisenimprägnierten Wärzchen (5 am Äquator der Zelle, je 4 an den Polen). Warzen größer als bei *S. ornata*. 1 bis 4 Chloroplasten. Vermehrung durch Autosporen, die zu 4 bis 16 innerhalb der Mutterzelle entstehen. **G** 5–10 µm lang. **L** Plankton von Kleingewässern, oft zusammen mit voriger Art. [Gattung: 7762]
7 Lagerheimia genevensis, Zylindrische Schwebeborstenalge. Zellen zylindrisch mit abgerundeten Enden oder elliptisch. Zellenden mit je 2 Borsten auf knopfförmigen Höckerchen. An den Zellenden Vakuolen. Vermehrung durch 2, 4 oder 8 Autosporen, deren Borsten schon in der Mutterzelle ausgebildet werden. **G** Zellen 4–10 µm, Borsten 7–18 µm lang. **L** Plankton eutropher Teiche, Seen, Flüsse. [7210] **A** Zellen kugelig: *L. chodatii.* [7573]
8 Lagerheimia wratislaviensis, Kreuz-Schwebeborstenalge. Zellen elliptisch mit 2 polaren und 2 äquatorialen, gebogenen, auf Baselwarzen sitzenden Borsten. **G** Zellen 10–12 µm, Borsten 25–30 µm lang. **L** Teichplankton; vereinzelt. [7234]
9 Golenkiniopsis solitaria, Kleine Schwebeborstenalge. Zellen ellipsoidisch, mit 6 Borsten: 2 polar, 4 kreuzweise äquatorial. Mittlere Borsten ausnahmsweise auch 3 oder 5. **G** Zellen 5–8 µm lang, Borsten kürzer. **L** Pfützen, eutrophe Seen, Flüsse; vereinzelt. [Gattung: 17073]
10 Lagerheimia quadriseta, Vierborsten-Stachelbüchse. Zellen elliptisch bis kugelig. 4 Borsten, zu je 2 etwas unterhalb der Zellpole. Vermehrung durch Autosporen, die ihre Borsten erst außerhalb der Mutterzelle entwickeln. Chloroplast oft aus 2 pyrenoidlosen Platten. **G** Zellen 6–12 µm, Borsten 11–23 µm lang. **L** Plankton von Seen, Teichen, Flüssen, auch in Kleingewässern. [7316]
11 Lagerheimia subsalsa, Brackwasser-Stachelbüchse. Zellen ellipsoidisch oder eiförmig, an beiden Polen je 3 (2 oder 4) Borsten. Chloroplast randständig. Zellen einzeln oder zu 2- bis 8-zelligen Familien vereinigt. **G** Zellen 5–12 µm, Borsten 7,5–25 µm lang. **L** Plankton von Teichen, gelegentlich im Brackwasser. [7772]
12 Lagerheimia longiseta, Langborsten-Stachelbüchse. Zellen ellipsoidisch, im Äquator kreisrund, an beiden Polen mit 4 bis 10 sehr langen Borsten. **G** Zellen 9–13 µm lang, 5–8 µm breit, Borsten 40–55 µm lang. **L** Plankton von Teichen und Mooren; verbreitet, aber nie häufig. [17208]

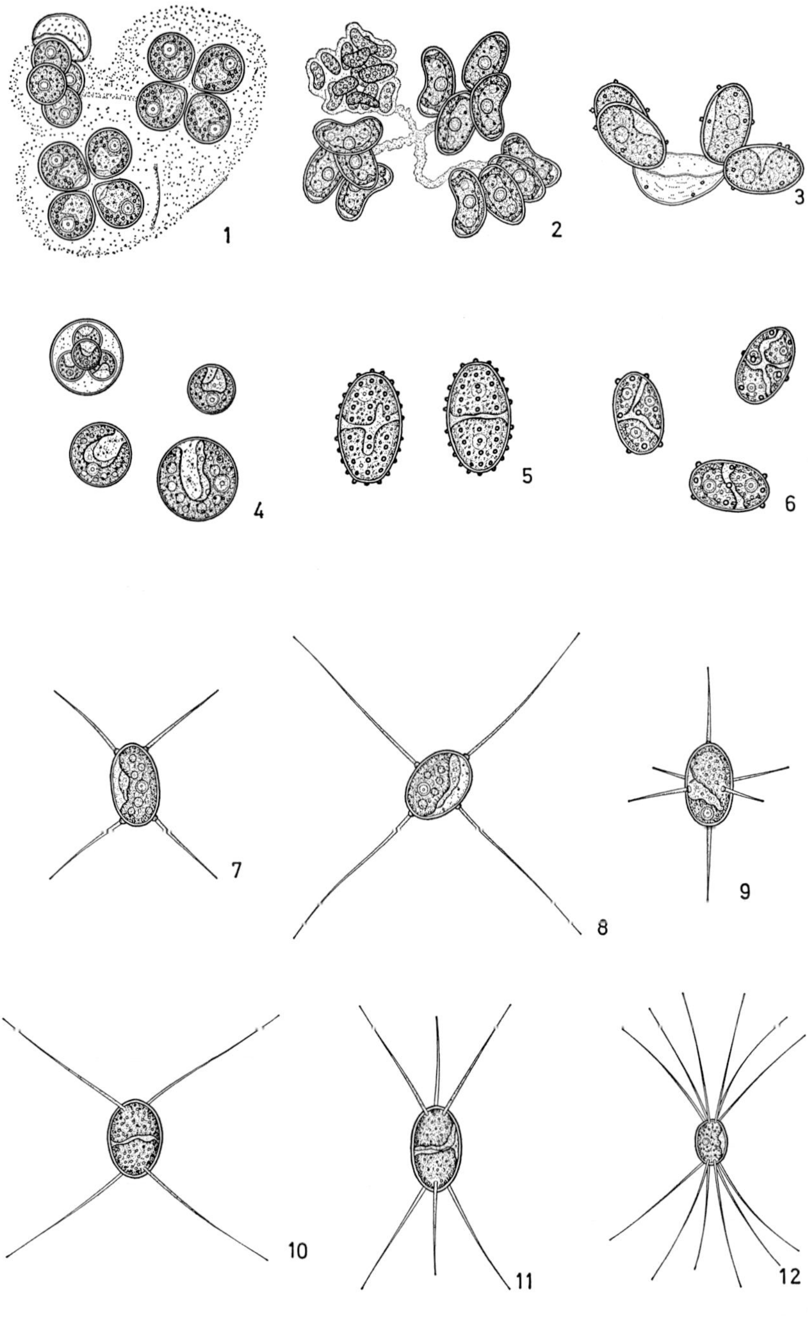
1
2
3
4
5
6
7
8
9
10
11
12

1 Lagerheimia ciliata, Wimpern-Stachelbüchse. Zellen ellipsoidisch. An beiden Zellenden je 3–7 (meist 6) durchscheinende, gerade oder gebogene Borsten. Zellen einzeln oder zu kleinen, bis 8-zelligen Familien vereinigt. **G** Zellen 10–21 µm lang, 6–18 µm breit; Borsten zwischen 12 und 23 µm lang. **L** Planktisch; besonders in Teichen verbreitet, jedoch nie häufig. [7209]
2 Lagerheimia citriformis, Zitronen-Stachelbüchse. Zellpole ausgebuchtet („zitronenförmig"). An beiden Enden je 4–8 durchscheinende, ungefähr körperlange Borsten, die sich der Basis zu verdicken. **G** Zellen 13–26 µm lang, 8–20 µm breit. **L** Planktisch; verbreitet in Seen, Flüssen, Teichen. [7695]
3 Franceia armata, Dornen-Stachelbüchse. Zellen ellipsoidisch, dicht mit zahlreichen kurzen Borsten gespickt. Stets einzeln. **G** Zellen um 10 µm lang, 7 µm breit; Borsten 5–6 µm lang. **L** Plankton eutropher Seen und Teiche; nicht häufig. [7199]
4 Franceia ovalis, Grüne Sonnenalge. Zellen ellipsoidisch, von sehr zahlreichen, langen, an der Basis schmal bleibenden Borsten umgeben; von dicker, durchscheinender Gallerthülle umscheidet. Einzeln oder in losen Familien. 2 oder 3 plattenförmige Chloroplasten. Vermehrung durch Längsteilung. **G** Zellen um 18 µm lang, 10 µm breit; Borsten um 25 µm lang. **L** Plankton stehender Gewässer; zerstreut. [7206] **A** Etwa 6 ähnliche Arten.
5 Oocystis lacustris, Teich-Sargalge. Bei vielen *Oocystis*-Arten bleiben die 2 bis 8 Tochterzellen lange innerhalb der blasenartig geschwollenen Mutterzellmembran eingeschlossen („Sargalgen"). *O. lacustris*: Zellfamilien in gemeinsamer Hülle mit polaren Verdickungen. Enden der Zellen zugespitzt, etwas verdickt. Chloroplast in Form einer oder zweier wandständiger Platten. **G** Zellen 10–15 µm lang. **L** Familien und Einzelzellen im Plankton von Alpenseen und Teichen; verbreitet. [7251]
6 Oocystis solitaria, Moor-Sargalge. Familienhülle und Zellmembranen an beiden Enden auffällig verdickt. Oft als Einzelzellen. Viele runde, scheibchenförmige Chloroplasten. **G** Zellen 15–25 µm lang, 6–18 µm breit. **L** Torfstiche, Moortümpel, Teiche; verbreitet. [7323]
7 Oocystis parva, Kleine Sargalge. Umhüllte Familien selten, meist Einzelzellen. Erweiterte Mutterzellmembran polar verdickt, Einzelzellen an den Polen leicht zugespitzt, aber nicht verdickt. 2 bis 3 wandständige Chloroplasten. **G** Zellen 6–12 µm lang. **L** Seen und Tümpel; häufig. [7252]
8 Oocystis marssonii, Zugespitzte Sargalge. Zellen einzeln oder zu 2–8 in Familien. Familienhüllen ohne polare Verdickungen, Zellen an den Polen zugespitzt und verdickt. 1 bis 2 wandständige Chloroplasten. **G** Zellen 8–13 µm lang, 5–8 µm breit. **L** Plankton von Teichen und Flüssen. [7871]
9 Oocystis solitaria f. crassa, Dicke Sargalge. Zellen in Familien oder einzeln. Gemeinsame Hülle ohne polare Verdickungen. Zellen ellipsoidisch, an den Polen auffällig und warzenartig verdickt. 4 bis 8 Chloroplasten. **G** Zellen 14–26 µm lang, 10–20 µm breit. **L** Seen und Teiche; verbreitet.
10 Oocystis pusilla, Winzige Sargalge. Zellen meist einzeln. Dünne Membran der Mutterzelle reißt leicht, ihre Reste bleiben einige Zeit zwischen den Einzelzellen erhalten. Membran der Einzelzellen gleichmäßig, unverdickt. 1 gelblichgrüner Chloroplast. **G** Zellen 9–12 µm lang, 3–6 µm breit. **L** Feuchte Felsen, Baumstämme; verbreitet, nach Norden zu seltener.
11 Oocystis rupestris, Felsen-Sargalge. Zellen meist einzeln (Membran der Mutterzelle reißt früh auf), ohne polare Verdickungen. 1 Chloroplast. **G** Zellen 13–27 µm lang, 6–12 µm breit. **L** Nasse Felsen; zerstreut. Häufig als grüne Wandüberzüge in Blumenvasen und Wasserflaschen. **A** *O. elliptica*, zerstreut in stehenden Gewässern, 25 µm. *O. borgei*, Flussplankton, 15 µm. *O. naegelii*, stehende Gewässer, 30–40 µm.
12 Nephrocytium lunatum, Nieren-Grünalge. Zellfamilien aus 4 bis 8 halbmondförmigen, an den Enden zugespitzten Einzelzellen. Mutterzellmembran vergrößert, nach innen verquellend. **G** Zellen 15–18 µm lang, 4–6 µm breit; Familien 35–60 µm. **L** Flüsse und Kleingewässer, planktisch. [7249] **A** Zellen lang-spindelförmig, 30–45 µm, zu 2 oder 4 in zarter Gallerthülle: *Quadrigula closterioides*; Moore und Teiche. [7336]
13 Nephrocytium agardhianum, Umhüllte Nieren-Grünalge. Junge Zellen nierenförmig, ältere oft kreisrund. 4 bis 8 Einzelzellen innerhalb verquollener, geschichteter, nach außen scharf abgegrenzter Mutterzellmembran. Meist mehrere Generationen in erweiterter Hülle. Chloroplast eine dicke, wandständige Platte. **G** Ältere Zellen 8–22 µm lang. **L** Plankton von Seen, Teichen, Tümpeln; in sehr flachen Gewässern in der obersten Schicht des Bodensatzes. [7248]
14 Nephrochlamys subsolitaria, Sichelzellen-Grünalge. Zellen mondsichelartig, einzeln oder in Familien aus 2 bis 4 Zellen innerhalb der gedehnten, aber nicht verschleimten Mutterzellmembran. 1 Chloroplast. **G** Zellen um 15 µm lang. **L** Plankton von Teichen, am Grunde flacher Tümpel.

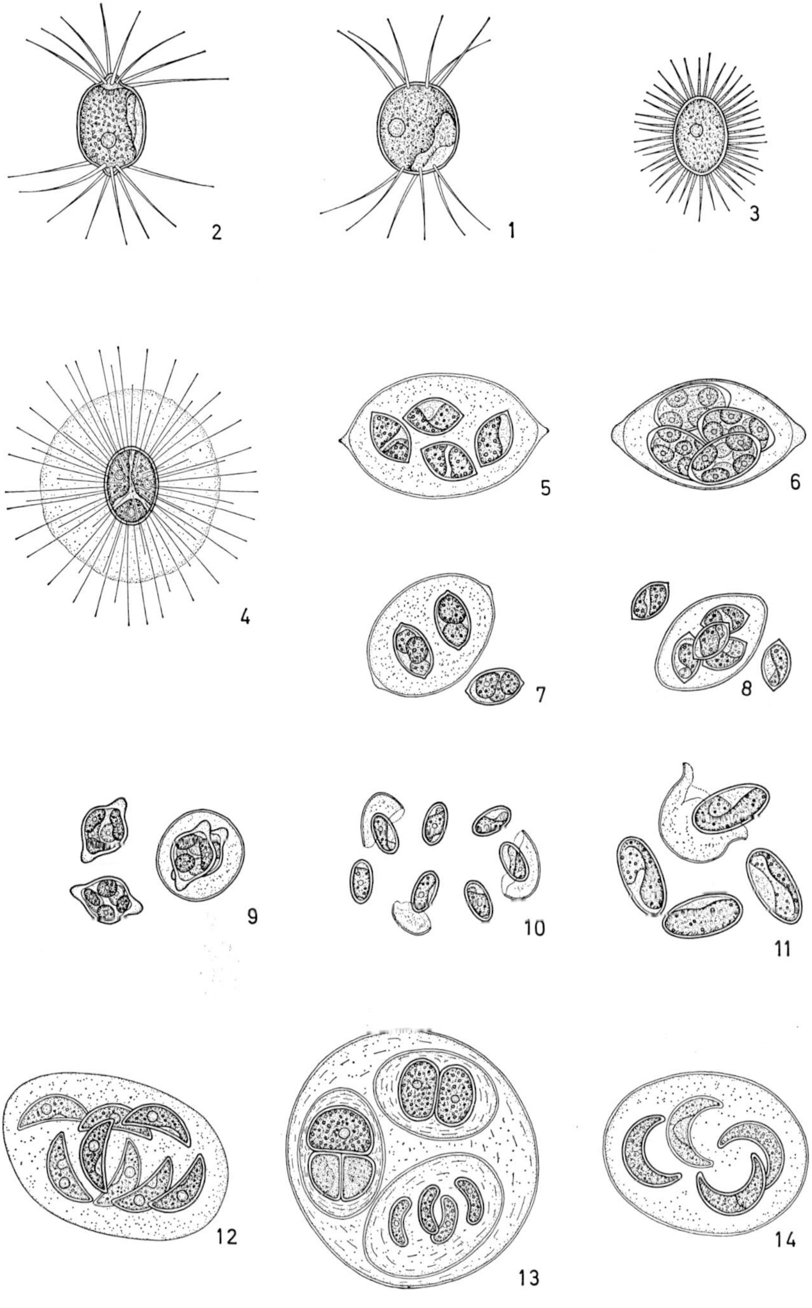
2
1
3
4
5
6
7
8
9
10
11
12
13
14

1 Kirchneriella lunaris, Hörnchenalge. Zellen halbmondförmig, in Kolonien innerhalb unscharf begrenzter Gallerthüllen. Hüllen enthalten verschleimte Membranen der Mutterzellen. Zellen liegen regellos oder zeigen alle mit den Spitzen in dieselbe Richtung. 1 Chloroplast; füllt fast die ganze Zelle aus. **G** 6–10 µm lang, 3–5 µm breit. **L** Kleine Tümpel, Pfützen, Wasserbecken; planktisch und im Bodensatz. [7231]
2 Kirchneriella obesa, Scheibenförmige Hörnchenalge. Zellen fast kreisförmig, tief eingeschnitten, abgestumpfte Enden einander genähert. 4–8 Zellen bilden eine kleine Kolonie; meist mehrere Kolonien zu größeren Einheiten zusammengefasst. Gallerthülle weit, kugelförmig. 1 großer Chloroplast. **G** 6–9 µm lang, 2–4 µm breit. **L** Kleingewässer, planktisch und am Grund; verbreitet. [7232]
3 Kirchneriella contorta, Verdrehte Hörnchenalge. Kleine Kolonien aus jeweils 8 Zellen. Zellen zylindrisch, ihre Enden abgerundet und stumpf, jeweils 1 Ende oft umgebogen, fast rechtwinkelig geknickt. Zellen oft spiralig gedreht. **G** 8–10 µm lang, 0,7 bis 2 µm breit. **L** Torfgewässer und Torfsümpfe, verbreitet. [7832]
4 Kirchneriella gracillima, Zierliche Hörnchenalge. Zellen fadenartig, mit stumpfen Enden, meist spiralig verdreht. Kleine Kolonien aus meist 8 Zellen. Chloroplast mit Stärkekörnchen, aber ohne Pyrenoide. **G** 8–12 µm lang, 0,7–1,3 µm breit. **L** Stehende Kleingewässer; nicht häufig.
5 Glaucocystis nostochinearum, Blau-Grünalge. Zellen deutlich verfärbt, ähneln *Oocystis*. Keine Blaualge, da Zellkern vorhanden und Vermehrung durch 4 Autosporen erfolgt. Im Zytoplasma symbiontische Blaualgen, die die Aufgabe der fehlenden grünen Chloroplasten übernehmen. Symbiontische Blaualgen in jungen Zellen klein und scheibchenförmig, später als Bänder sternförmig um eine Zentralvakuole gruppiert. Einzeln oder in 2- bis 8-zelligen Familien. **G** 20–30 µm lang, 10–18 µm breit. **L** Sümpfe und Moore. **B** In lange stehenden Moorwasser-Proben oft Massenentwicklung. Nun zur Abteilung Glaucophyta, Glaucobionta, s. S. 40. [17067]
6 Tetraedron muticum, Dreiecks-Grünalge. Alle *T.*-Arten speichern Stärke und besitzen 1 Pyrenoid. Die meisten der früher zu *Tetraedron* gestellten Arten gehören zu den Gelbgrünalgen (S. 150). Zellen von *T. muticum* flachgedrückt, Membran glatt, Ecken stachellos. Seitenränder nur wenig nach innen gebogen. 1 Chloroplast, groß, wandständig. **G** 12–30 µm. **L** Am Grunde von Kleingewässern, seltener planktisch in Sümpfen und Teichen.
7 Tetraedron trigonum, Dreistachelige Eckenalge. Zellen 3- oder 4-eckig; Ecken abgerundet, alle in derselben Ebene. Seitenflächen zur Mitte hin schwach eingebuchtet. An den Ecken kurze, gerade oder etwas gebogene Stacheln. 1 dunkelgrüner Chloroplast mit vielen Stärkekörnchen. **G** 10–40 µm. **L** Stehende Gewässer, verbreitet. [7282]
8 Tetraedron minimum, Kleine Eckenalge. Zellen viereckig, von der Seite gesehen elliptisch. Ecken abgerundet, mit je einem winzigen Stachel. Zellmembran glatt, an den Seiten verschieden tief eingebuchtet. Vermehrung durch 4 bis 16 Tochterzellen, die von einer sehr zarten Blase umhüllt werden. **G** 6–12 µm lang, 3–6 µm dick. **L** Uferregion von Teichen und Tümpeln; verbreitet. [7281]
9 Tetraedron incus, Amboss-Eckenalge. Zellen in Tetraederform oder flach. Ecken mit etwa 8 µm langen Fortsätzen. **G** 16–18 µm lang, 14–16 µm breit. **L** Tümpel und Teiche; häufigste *T.*-Art. [7280] **A** Größer (14–35 µm), mit dicker, zweischichtiger Membran, sehr kurzen Eckenstacheln: *T. regulare* (die rechte der drei abgebildeten Zellen). [17403]
10 Tetraedron arthrodesmiforme, Langstachel-Eckenalge. Beide Pole der Zellen gerade, Seitenteile tief eingebuchtet. Eckenstacheln stehen horizontal ab. **G** Zelldurchmesser ohne Stacheln 15–25 µm, mit Fortsätzen um 50 µm. **L** Plankton und Uferzone von Flüssen; sehr häufig. [Gattung: 7886]
11 Treubaria schmidlei, Vierarmige-Eckenalge. Zellen flachgedrückt oder kugelig, mit 3 bis 5 Ecken, die in allmählich schmäler werdende, farblose Fortsätze auslaufen. Arme können, müssen aber nicht in einer Ebene liegen. Chloroplast wandständig. **G** Zelldurchmesser nur 8 µm, Fortsätze 20–30 µm lang. **L** Seen und Teiche; verbreitet. [7353]
12 Tetraedron caudatum, Pfennig-Eckenalge. Zellen dunkelgrün, flach, abgerundet, 5eckig. An jeder Ecke ein kurzer, bis zu 3 µm langer Stachel. Chloroplast älterer Zellen dicht mit Stärke beladen, Zellen daher undurchsichtig. **G** Durchmesser 13–25 µm. **L** Saubere Seen und Teiche, zwischen Fadenalgen der Uferzone; verbreitet. **B** Eine der 5 Seiten kann tief eingeschnitten sein. [7279]

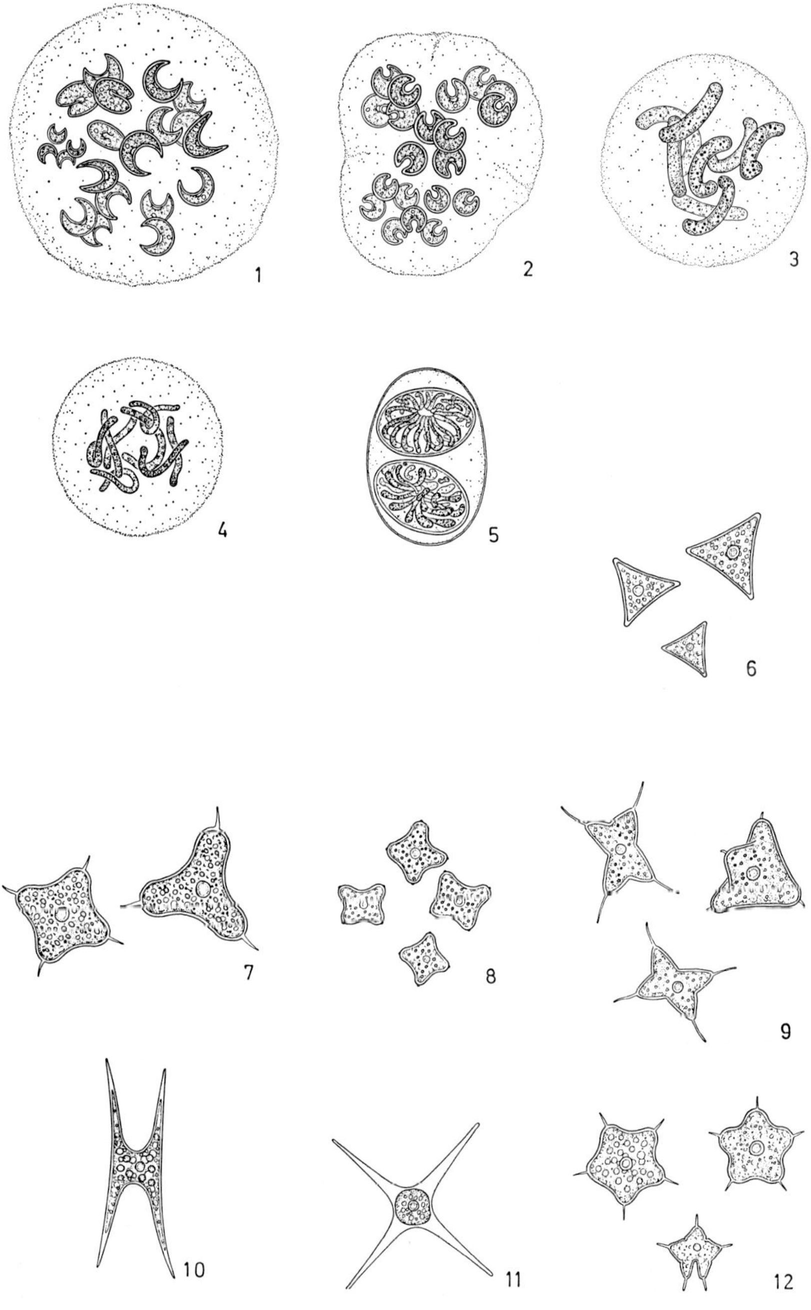

1
2
3
4
5
6
7
8
9
10
11
12

Grünalgen 12

1 Eremosphaera viridis, Grüne Moorkugel. Zellen groß, kugelrund, schwimmen einzeln. Membran dünn, zweischichtig. Zellen können sich häuten: Äußere Membranschicht platzt, die Zelle schlüpft aus und lässt ihr „Hemd“ zurück. Zellkern zentral, im Plasma große Vakuolen. Zahlreiche Chloroplasten im Wandplasma mit je 1 bis 4 Pyrenoiden. Vermehrung durch 2 oder 4 Autosporen. **G** 30–50 µm (kleine Form), 70–150 µm (große Form). **L** Plankton von Moorgewässern; häufig und verbreitet. [7873]
2 Excentrosphaera viridis, Grüne Moorbirne. Zellen lebhaft grün, meist birnförmig, seltener rund. Zellkern zentral, umgeben von großen Vakuolen. Zahlreiche würfelförmige Chloroplasten, einschichtig dicht gepackt an der Zellmembran, jeder mit zahlreichen Pyrenoiden. Vermehrung durch sehr viele Autosporen. **G** 25–55 µm. **L** Moorgewässer. [7741] **A** Zellen unregelmäßig, Wand dick mit halbkugeligen Vorsprüngen und kurzem, hornartigem Auswuchs: *Kentrosphaera facciolae*. Bis 80 µm groß. In Wasserbecken und Dachrinnen. Im Frühjahr zuweilen massenhaft. [7794] ▸ *K. gibberosa* S. 338/4
3 Ankistrodesmus bibraianus, Sichelhaufenalge. *A.*-Kolonien werden, im Gegensatz zu *Kirchneriella*-Arten, nie durch Gallerte zusammengehalten. Zellen halbmondförmig, Membran dünn, in scharf zugespitzte Enden auslaufend. 1 wandständiger Chloroplast ohne Pyrenoide. 4 (8–16) Zellen mit ihren Rückenpartien aneinandergeklebt. **G** Zellen 15–25 µm lang. **L** Seen und Teiche; verbreitet. [7200]
4 Ankistrodesmus gracilis, Zierliche Sichelhaufenalge. Sicheln schmal, die Enden oft einander zugeneigt. Kolonien aus 4 oder 8 Zellen. 1 wandständiger Chloroplast, ohne Pyrenoide. Vermehrung durch Autosporen. **G** 20–30 µm lang, um 5 µm breit. **L** α-mesosaprobe Teiche und Seen; seltener als vorige Art. [7201] **A** Kolonien kugelig, Zellenden in 2 durchscheinende Spitzen geteilt, bis 35 µm lang: *Selenastrum bifidum*.
5, 9 Monoraphidium contortum (*Ankistrodesmus falcatus*), Sichelförmige Pfeilalge. Schmale, langgestreckte Zellen mit massivem Band-Chloroplasten. Bündel von 2 bis 32 spindelförmigen Zellen, deren Enden oft in fadenartige Fortsätze auslaufen (9)! Zellen leicht gebogen, teilweise etwas verdreht. Membran sehr dünn. **G** Bis 100 µm lang, bis 7 µm breit. **L** Wasserbecken, Teiche, Seen; Bewuchs der Uferzonen. Flussplankton. [7245]
6 Monoraphidium griffithii (*Ankistrodesmus acicularis*), Pfeil-Grünalge. Zellen meist einzeln, geradegestreckt, selten schwach gekrümmt. Enden langgezogen fadenförmig, sehr spitz. Wandständiger Chloroplast pyrenoidlos. Membran sehr dünn. **G** 55–80 µm lang. **L** Plankton und Uferbewuchs β-mesosaprober Gewässer. [7090] **A** 190–240 µm lang, zahlreiche Pyrenoide in einer Längsreihe: *Closteriopsis longissima;* planktisch, nicht häufig. [7789]
7 Ankistrodesmus stipitatus, Bündel-Pfeilalge. Zellbündel, die in einer an Wasserpflanzen sitzenden Tüte stecken. „Tüte“ ist der nach Autosporenbildung übrig bleibende Rest der Mutterzellmembran. **G** Um 100 µm lang, um 5 µm breit. **L** Seen und Teiche, an untergetauchten Pflanzenteilen und Fadenalgen. [7824]
8 Quadrigula pfitzeri, Gallert-Pfeilalge. Zellen mehr oder weniger weit voneinander entfernt in Vierergruppen. Zellenden abgerundet. Wandständiger, pyrenoidloser Bandchloroplast liegt schief in der Zelle. 4–16 Zellen scheiden gemeinsame Gallerthülle aus. **G** 10–30 µm lang, 1,5–3 µm breit. **L** Mesosaprobe Gewässer; nicht häufig. [7339] **A** Bis 16 schwach gebogene, um 25 µm lange Zellen regellos in einer Gallerte: *Qu. lacustris*; Plankton der Alpen- und Voralpenseen. [7338]
10 Hyaloraphidium contortum, Spirillen-Pfeilalge. Zellen einzeln, spiralig gewunden, Mit scharf zugespitzten Enden. Chloroplasten dunkelgrün, meist mit Stärkekörnchen besetzt. **G** 20–75 µm lang, 1–5 µm breit. **L** Kleingewässer und Flüsse. [7229]
11 Ankistrodesmus spiralis, Spiralenbündel-Pfeilalge. Zellen lang, spitz endend, spiralig gedreht. Stets zu 2–bis 8-zelligen Bündeln vereinigt. Chloroplast ohne Pyrenoide, mit Stärkeeinschlüssen. Membran kaum sichtbar dünn. **G** 32–60 µm lang, 1–4 µm breit. **L** Uferzonen sauberer Kleingewässer, Flussplankton; zerstreut. [7951]

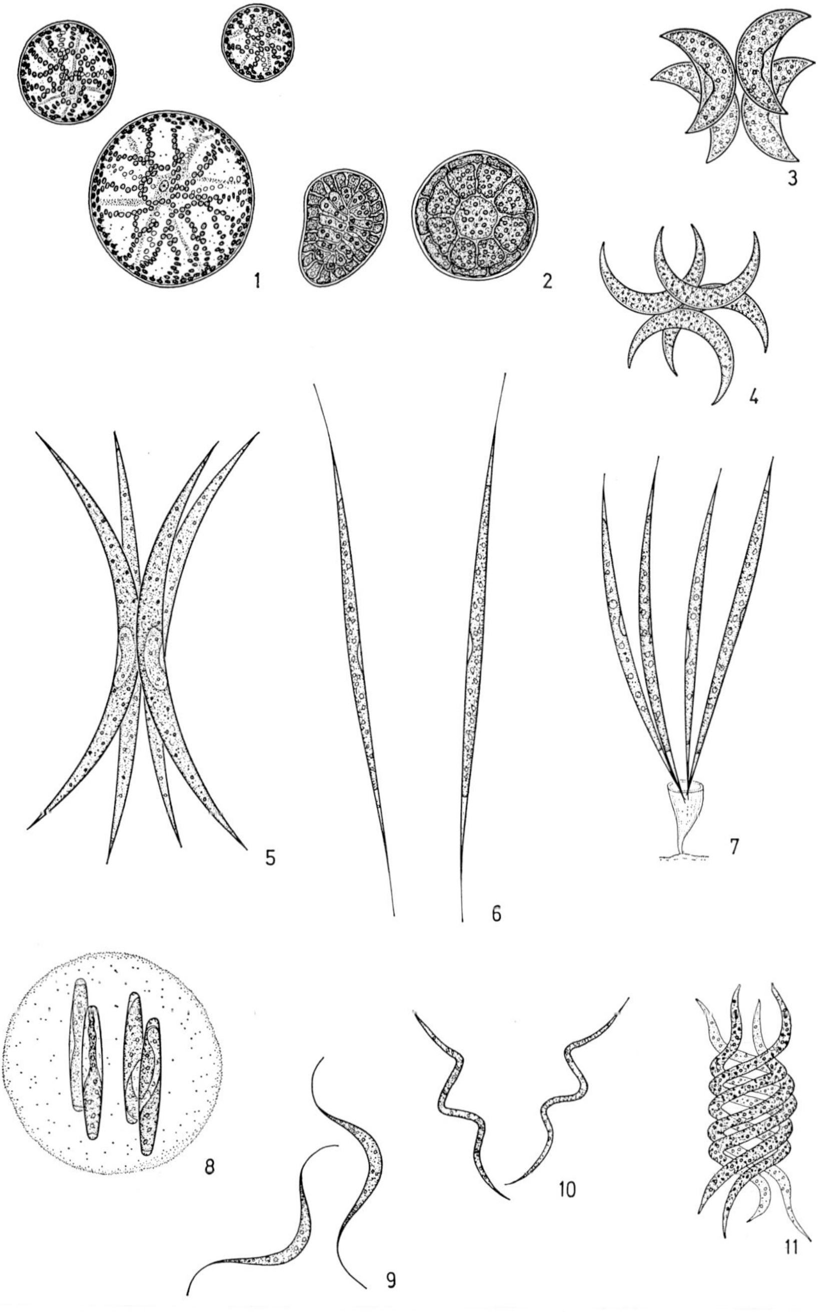
1
2
3
4
5
6
7
8
9
10
11

1, 3 Scenedesmus obliquus, Schiefe Gürtelalge. Mehr als 100 *S.*-Arten sind beschrieben. Da viele von ihnen überaus stark variieren, ist die Artunterscheidung oft schwierig oder unmöglich. Kolonien, Zönobien von *S. obliquus* 4- oder 8-zellig. Mittelzellen spindelförmig, gerade, beide Endzellen halbmondförmig. Zellen meist gegeneinander verschoben. Membran ohne Stacheln und Dörnchen. **G** Zellen um 10 µm lang. **L** β-mesosaprobe Gewässer; verbreitet und häufig, stellenweise massenhaft. [7011]
2 Scenedesmus acutus, Schiffchen-Gürtelalge. Kolonien 4- oder 8-zellig. Zellen in einer Reihe angeordnet, kaum gegeneinander verschoben. Pole laufen in Spitzchen aus. Endzellen wie Mittelzellen. **G** Zellen um 10 µm lang. **L** Plankton von Seen, Teichen, Wasserbecken; häufig, weltweit verbreitet. [7265]
4 Scenedesmus acuminatus, Spitzige Gürtelalge. Kolonien 4- oder 8-zellig; zerfallen leicht in Einzelzellen. Zellen lang zugespitzt; mittlere wenig, äußere stark sichelförmig gekrümmt. Chloroplast wandständig mit einem Pyrenoid (im Gegensatz zu *Ankistrodesmus falcatus*!). Jede Zelle mit 2 größeren Vakuolen. **G** 18–25 µm lang, 3,5–6 µm breit. **L** Plankton von Flüssen und Teichen; weit verbreitet. [7049]
5 Scenedesmus ecornis, Eier-Gürtelalge. Kolonien eben oder gebogen, aus 2 oder 4 Zellen. Mittlere Zellen eiförmig bis zylindrisch, äußere ausgebaucht. Membran ohne Fortsätze. Dünner Gallertmantel. **G** Zellen 6–14 µm hoch. **L** Plankton von Teichen, Seen, Flüssen. [7267]
6 Scenedesmus linearis, Doppel-Gürtelalge. Alle früher als „*bijugatus*" zusammengefassten Arten sind durch 8-zellige, einreihige Kolonien charakterisiert. Zellen elliptisch oder zylindrisch, an den Enden breit abgerundet. Membranen dick. **G** Zellen 7–20 µm lang. **L** β-mesosaprobe Gewässer, Ufer- und Planktonform; weit verbreitet. [7062]
7 Scenedesmus obtusus, Scheiben-Gürtelalge. Kolonien meist zweireihig, völlig eben, aus 4 oder 8 elliptischen Zellen. Dünne Gallertschicht. **G** Zellen 9–13 µm lang, um 6 µm breit. **L** Plankton stehender Gewässer und Flüsse. [7266] **A** Zweireihige Kolonien schüsselförmig gebogen: *S. obtusus f. alternans.* [7344]
8 Scenedesmus denticulatus, Gezackte Gürtelalge. Kolonien 4-zellig. Zellen eiförmig, Membran dick, Zellpole mit 2 (3, 1, 0) spitzen Zähnchen. Zellen gegeneinander verschoben oder kreuzweise angeordnet. **G** 6–15 µm lang. **L** Fast alle Gewässertypen. [7063]
9 Scenedesmus brasiliensis, Krönchen-Gürtelalge. Kolonien aus 4 oder 8 länglichen Zellen in einfacher Reihe. Zellpole enden in 2- bis 3-spitzigen Krönchen. Von Pol zu Pol ziehen Rippen, erhöhte Membranleisten. **G** 11–22 µm lang. **L** Flüsse und Seen, im Aufwuchs und im Plankton; nicht häufig. [7828]
10 Scenedesmus armatus, Waffen-Gürtelalge. Kolonien 4-zellig. Zellen länglich mit spitzen Enden (seltener elliptisch). Kennzeichnend: sehr deutliche Membranrippen, die die Zellmitte meist nicht erreichen. Endzellen mit 2 langen Gallerthörnchen (können fehlen). **G** 7–15 µm lang. **L** β-mesosaprobe Gewässer. [7979]
11 Scenedesmus naegelii, Haken-Gürtelalge. Kolonien 4-zellig. Zellen ei- bis birnförmig, gegeneinander verschoben. Membran glatt oder punktiert, läuft in einen langen, geschweiften oder stark gekrümmten Stachel aus. **G** 10–18 µm lang. **L** Alle mesosaproben Gewässertypen. [7737]
12 Scenedesmus opoliensis, Stumpfe Gürtelalge. Kolonien 4-zellig. Zellen spindelförmig, die beiden äußeren leicht gebogen, mit langen Gallertstacheln. Zellenden quer abgestutzt. **G** 17 bis 28 µm lang. **L** Plankton von Flüssen und Teichen; zerstreut. [7086] **A** Zellen breiter, mit Längsrippen: *S. opoliensis* var. *carinatus*.
13 Scenedesmus tenuispina, Zarte Stachel-Gürtelalge. Kolonien 2- oder 4-zellig. Zellen länglich, Enden abgerundet oder etwas eckig. Endzellen mit 4 langen und 2 kürzeren Gallertdornen, Mittelzellen schwächer bestachelt. **G** Zellen um 12 µm lang. **L** Plankton mesosaprober Gewässer. [7970] **A** Die Art gehört zu der Sammelart *S. subspicatus* [7499], die alle ähnlichen, meist schwächer bestachelten Formen zusammenfasst.
14 Scenedesmus longispina, Langstachelige Gürtelalge. Kolonien 4-zellig. Zellen zylindrisch, Mittelzellen mit kurzen Stacheln, Endzellen scheiden an ihren Polen je einen langen Schwebefortsatz aus. **G** 10–15 µm lang. **L** Wasserbecken, Teiche, Seen, Flüsse. [7819]
15 Scenedesmus quadricauda, Geschwänzte Gürtelalge. Kolonien 4-, 8- oder 12-zellig. Mittelzellen länglich, ohne Fortsätze. Endzellen in der Mitte ausgebaucht, mit 2 nach außen und aufwärts gebogenen Stacheln. **G** Zellen und Stacheln je 11–15 µm lang. **L** Ufer- und Planktonform β-mesosaprober Gewässer. [7010]

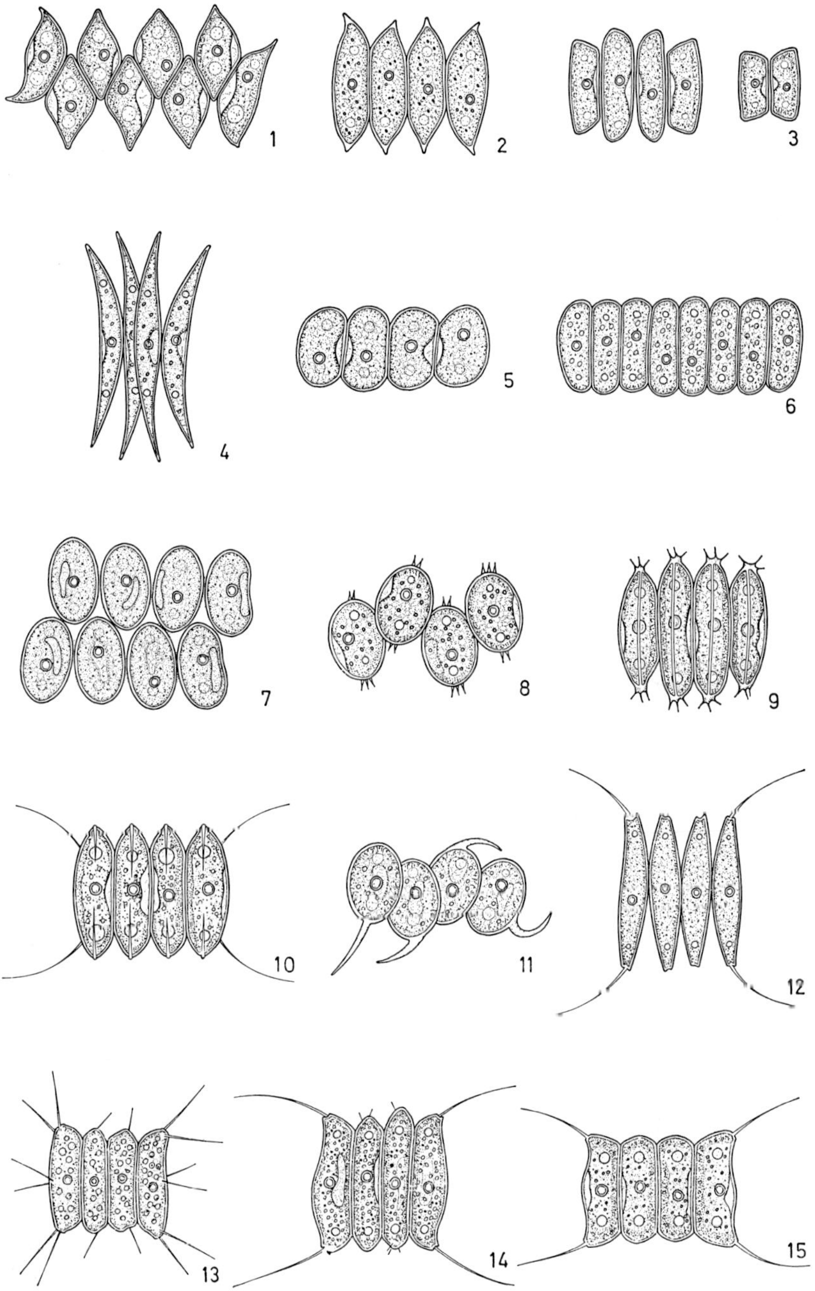
1
2
3
4
5
6
7
8
9
10
11
12
13
14
15

Grünalgen 14

1 Tetrallantos lagerheimii, Würstchen-Grünalge. Zellen länglich, mit abgerundeten Enden, bilden zu je 4 charakteristische Kolonien. **G** Zellen um 10 µm lang. **L** Teichplankton; weltweit. [7424]
2 Coronastrum ellipsoideum, Krönchen-Grünalge. Kolonien aus je 4 Zellen, die durch kurze Gallertstiftchen am Äquator zu einem quadratischen Gebilde verbunden sind. Chloroplast mit 1 Pyrenoid. **G** Zellen höchstens 7 µm lang. **L** Plankton und Bodensatz stehender Gewässer.
3 Willea irregularis, Ovalzellige Vierlings-Grünalge. Viele aus je 4 schief zusammengelagerten Zellen bestehende Kolonien zu großen, tafelförmigen „Synzoenobien" zusammengefügt. **G** Zellen um 5 µm lang. **L** Plankton stehender Gewässer und Flüsse; weit verbreitet. [7291]
4 Crucigenia fenestrata, Gefensterte Vierlings-Grünalge. Meist 16-zellig, aus 4 Teilkolonien zusammengesetzte Kolonien. Umhüllende Gallerte kaum sichtbar. Zellen trapezförmig; je 4 bilden einen quadratischen Rahmen. Chloroplast becherförmig, 1 Pyrenoid. **G** Zellen um 8 µm lang, 3 µm breit. **L** Plankton stehender Gewässer; nicht häufig. [7218]
5 Crucigenia tetrapedia, Dreieckige Vierlings-Grünalge. Zellen dreieckig, je 4 schließen dicht aneinander. Meist 4 Kolonien zu einem Synzoenobium vereinigt. **G** Außenseite der Zellen 10–15 µm lang. **L** Plankton von Flüssen und Teichen; zerstreut. [7031]
6 Crucigenia quadrata, Viereckige Vierlings-Grünalge. Form der Zellen viereckig, je 4 bilden eine Kolonie. Dem Zentrum der Kolonie zugewandte Zellkanten zuweilen abgerundet und mit verdickten Membranen. Chloroplast mit 1 Pyrenoid. **G** Zellen um 4 µm lang und breit. **L** Stehende Gewässer und Flussplankton, nicht häufig. [7219]
7 Crucigeniella apiculata, Gezipfelte Vierlings-Grünalge. Zellen dreieckig, eng zusammenliegend, je 4 bilden eine Kolonie. An den freien Zellpolen je 1 kleines Wärzchen. Gelegentlich 16-zellige Synzoenobien. Gallerthülle meist unsichtbar. **G** Zellen um 7 µm lang. **L** Plankton; selten. [7301]
▸ *Tetrachlorella* S. 338/3
8 Tetrastrum glabrum, Kahles Vierersternchen. Zellen rundlich, an den Berührungsflächen abgeflacht, zu 4-zelligen Kolonien vereint. Chloroplasten schüsselförmig, mit Pyrenoiden und Stärkekörnchen. **G** Zellen meist unter 10 µm. **L** Plankton von Seen und Teichen. [7283]
9 Tetrastrum staurogeniaeforme, Stacheliges Vierersternchen. Je 4 dicht zusammengeschlossene Zellen bilden kleine Kolonien. Außen freiliegende Zellseiten mit je 4 oder 5 Stacheln, die alle in einer Ebene liegen. Stacheln sehr zart, kaum sichtbar. Pyrenoide oft undeutlich. **G** Zellen um 6 µm. **L** Plankton. [7285]
10 Tetrastrum heteracanthum, Verschiedenborstiges Vierersternchen. Zellen herzförmig oder dreieckig, dicht aneinanderschließend, bilden 4-zellige Kolonien. Jede Zelle mit einem langen (um 15 µm) und einem kurzen (um 8 µm), schwach gekrümmten Stachel. Stacheln gallertig. Chloroplast mit 1 Pyrenoid. **G** Zellen 4–8 µm. **L** Plankton sauberer Gewässer. [7350]
11 Crucigenia lauterbornii, Vierlings-Hörnchenalge. Kleine Kolonien aus je 4 rundlich-ovalen Zellen. Je 4 Kolonien bilden meist ein Synzoenobium. Gallerthülle weit, radial gestreift. Außenseite jeder Zelle mit einem Zipfel (Reste der in 4 Teilstücke gesprengten Mutterzellmembran). Chloroplast mit 1 Pyrenoid. **G** Zellen 6–12 µm lang, Synzoenobien bis 50 µm. **L** Plankton. [Gattung: 7942]
12 Actinastrum hantzschii, Spindelsternchen. Zellen länglich-kegelförmig, zylindrisch oder keulenförmig. Kolonien strahlig, aus 4 oder 8 Zellen. Meist ausgedehnte Synzoenobien. Chloroplast wandständig mit 1 Pyrenoid. **G** Zellen 10–25 µm lang, 3–6 µm breit. **L** Oligosaprobe Gewässer. Flussplankton: verbreitet und oft häufig. [7018]
13 Coelastrum microporum, Kugel-Hohlstern. Zellen kugelig, durch schmale Gallertflächen zu 8- bis 128-zelligen Kolonien verbunden. Kolonien hohlkugelig oder (bei Sauerstoffmangel) massiv. Ältere Zellen durch Stärkekörnchen undurchsichtig. **G** Zelldurchmesser 6–30 µm. **L** Stehende Gewässer; sehr verbreitet. Variable Art. [7023]
14 Coelastrum astroideum, Eier-Hohlstern. Zellen eiförmig, gegen das Zentrum der kugeligen Kolonie abgeflacht. Gallerthüllen um die Zellen berühren sich an den unteren Zellpolen. **G** Zellen 10–25 µm breit. **L** Plankton von Teichen, Flüssen, Torfgewässern; verbreitet. [7813]
15 Coelastrum cambricum, Zipfel-Hohlstern. Zellen vom Pol her gesehen rund oder etwas eckig, durch breite Gallertstränge verbunden. Zellen der Kolonien mit „Zipfel" (entweder Zellfortsätze oder Gallertverdickungen). **G** Zelldurchmesser 8–12 µm. **L** Plankton stehender Gewässer und Flüsse, weit verbreitet. [Gattung: 7119]
16 Coelastrum sphaericum, Dreizacken-Hohlstern. Zellen vom Pol gesehen ungefähr sechseckig. Auf der Außenfläche jeder Zelle 3 quer abgestutzte Fortsätze, die zu einfachen Gallertknöpfchen reduziert sein können. Verbindungsgallerte zwischen den Zellen sehr dünn. **G** Zelldurchmesser 10–20 µm. **L** Stehende Gewässer: zerstreut. [7981]
17 Coelastrum reticulatum, Netzchen-Hohlstern. Zellen kugelig, mit deutlicher Gallertschicht, die nach allen Seiten „Arme" ausstreckt. Diese Gallertausstülpungen überspannen als dichtes Netz die Zellzwischenräume. Zellen teilweise bräunlich verfärbt. **G** Zellen 6–25 µm. **L** Bodensatz und Plankton stehender Gewässer. **B** Zu Beginn des Jahrhunderts aus den Tropen eingeschleppt; vermehrt sich vor allem in flachen Wasserbecken oft massenhaft. [7214]

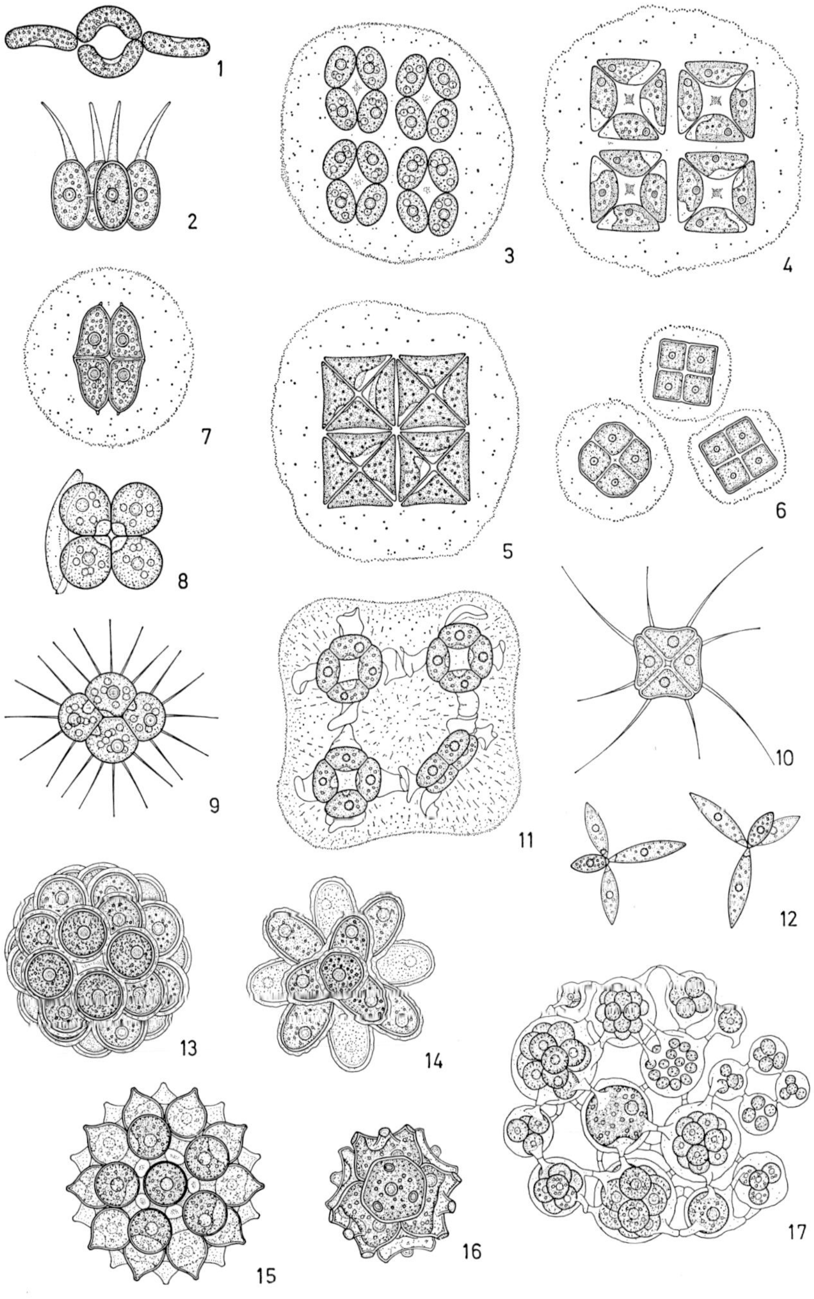
1
2
3
4
7
5
6
8
9
11
10
12
13
14
17
15
16

Grünalgen 15

1 Binuclearia tectorum, Zwillings-Grünalge. Fäden unverzweigt, Zellen zylindrisch, Querwände auffallend stark verdickt. Junge Zellen liegen noch nicht beisammen. Ältere Fäden von Mantel aus Gallertringen umhüllt. Jede Zelle mit 1 wandständigen, gürtelförmigen Chloroplasten ohne Pyrenoide. Vegetative Vermehrung durch Dauerzellen (Akineten). **G** Zellen 6–80 µm lang, 6–10 µm breit; Querwände 1–50 µm; **L** Torfsümpfe; kosmopolitisch. [7721]
2 Geminella interrupta, Schleimhüllen-Grünalge. Fäden unverzweigt, freischwimmend. Zellen voneinander getrennt, meist je 2 einander genähert, von gemeinsamer Gallerthülle zusammengehalten. Je 1 gürtelförmiger Chloroplast mit 1 Pyrenoid. **G** Zellen 5–8 µm, Gallertröhren 15–20 µm breit. **L** Stehende Gewässer, verbreitet. [7355]
3 Geminella minor, Kleine Schleimhüllen-Grünalge. Zellen zylindrisch, an den Enden oft abgerundet, aneinanderstoßend, liegen in Schleimröhre. **G** Zellen 2–10 µm breit, 3–15 µm lang; Hülle 8–18 µm breit. **L** Teichplankton. **A** Zellen 12–20 µm, Hüllen 20–45 µm: *G. mutabilis*. [Gattung: 7354]
4 Gloeotila protogenita, Zwerg-Grünalge. Fäden unverzweigt. Zellen zylindrisch mit sehr zarten Wänden, Querwände leicht eingeschnürt. Chloroplast gürtelförmig, sehr groß, ohne Pyrenoid. **G** Zellen 4–8 µm lang, 4 µm breit. **L** Feuchte Böden, stehende Gewässer; verbreitet. [7919]
5 Klebsormidium pseudostichococcus, Schnur-Grünalge. Sehr leicht zerfallende, zweigähnliche Ausstülpungen bildende Fäden. Chloroplast linsenförmig bis kreisrund, wandständig, mit 1 Pyrenoid. An den Polen jeder Zelle je 1 Vakuole mit kleinen Körperchen. **G** Zellen 4–12 µm lang, um 3 µm breit. **L** Wasser (längere Fäden), feuchte Mauern und Bäume (Einzelzellen oder kurze Fadenstücke). [Gattung: 7507]
6 Klebsormidium flaccidum, Amphibische Schnur-Grünalge. Ähnlich der vorigen Art; Fäden lang. **G** Zellen 5–40 µm lang, 5–14 µm breit. **L** Auf Felsen, feuchter Erde, nassem Holz, in stehenden und fließenden Gewässern; häufig. [7670]
7 Klebsormidium subtile, Zarte Schnur-Grünalge. Fäden stabil, zerfallen nicht leicht. Zellwände zart. **G** Zellen 7–25 µm lang, 5–7 µm breit. **L** Als verflochtene Massen in stehenden Gewässern, als glitschige Büschel im Tropfwasser. [7563]
8 Klebsormidium rivulare, Bach-Schnurgrünalge. Fäden oft geknickt, an den Knickungsstellen vorgewölbte Zellen. Endzellen treiben Rhizoide. Querwände leicht eingeschnürt. Flutende Fäden bilden leuchtendgrüne Büschel. **G** Zellen 4–30 µm lang, 4–12 µm breit. **L** Fließgewässer. [7536]
9 Stichococcus bacillaris, Stäbchen-Grünalge. Kurze, sehr leicht in Einzelzellen zerfallende Fäden; Zellmembran dünn. Chloroplast hellgrün, ohne Pyrenoid. **G** Zellen 3–12 µm lang, 2 bis 4 µm breit. **L** Auf nassem Torf, feuchtem Holz, in flachen stehenden Gewässern. [7276]
10 Klebsormidium subtilissimum, Kraushaaralge. Fäden einreihig, unverzweigt. Chloroplast ringförmig, offen, mit Pyrenoiden. Basalzelle festgeheftet. Ungeschlechtliche Vermehrung: Durch Makro oder Mikrozoosporen (4- oder 2geißelig), die durch Löcher in den sonst unveränderten Zellen frei werden, und durch Fadenzerfall. **G** Zellen 4–25 µm lang, 4–5 µm breit. **L** Stehende und fließende Gewässer, festsitzend und planktisch. [7563]
11 Ulothrix variabilis, Veränderliche Kraushaaralge. Zellwände zart, Chloroplast häufig in einem Winkel der Zelle verklumpt. Bildet bleichgrüne Flocken. **G** Zellen 3–10 µm lang, 5–7 µm breit. **L** Gewässer aller Art. **A** Zellen 5–15 µm lang, 7–10 µm breit: *U. tenerrima*. Kaltwasserform; langgezogene Fadenmassen in Quellen und Gräben [7556].
12 Ulothrix tenuissima, Weiche Kraushaaralge. Zellmembranen dünn. **G** Zellen 7–15 µm lang, 15–22 µm breit. **L** In kalten Bächen als dunkelgrüne Rasen [7113].
13 Ulothrix moniliformis, Perlschnur-Kraushaaralge. Zellen schwach tonnenförmig, mit dicken, oft geschichteten Membranen. Chloroplast oft kugelig deformiert. Fäden gelbgrün. **G** Zellen 8–12 µm lang. 9–14 µm breit. **L** Tümpel, Torfgewässer. [7817]
14 Ulothrix zonata, Gürtel-Kraushaaralge. Gedrehte Fäden, bilden flutende Büschel oder schleimige Watten. Wände älterer Zellen dick. **G** Zellen (15)-30–40–(75) µm breit, 1/3- bis 1 1/2-mal so lang wie breit. **L** Sauerstoffreiche Flüsse und Seen, Frühjahr und Frühsommer. [7069]

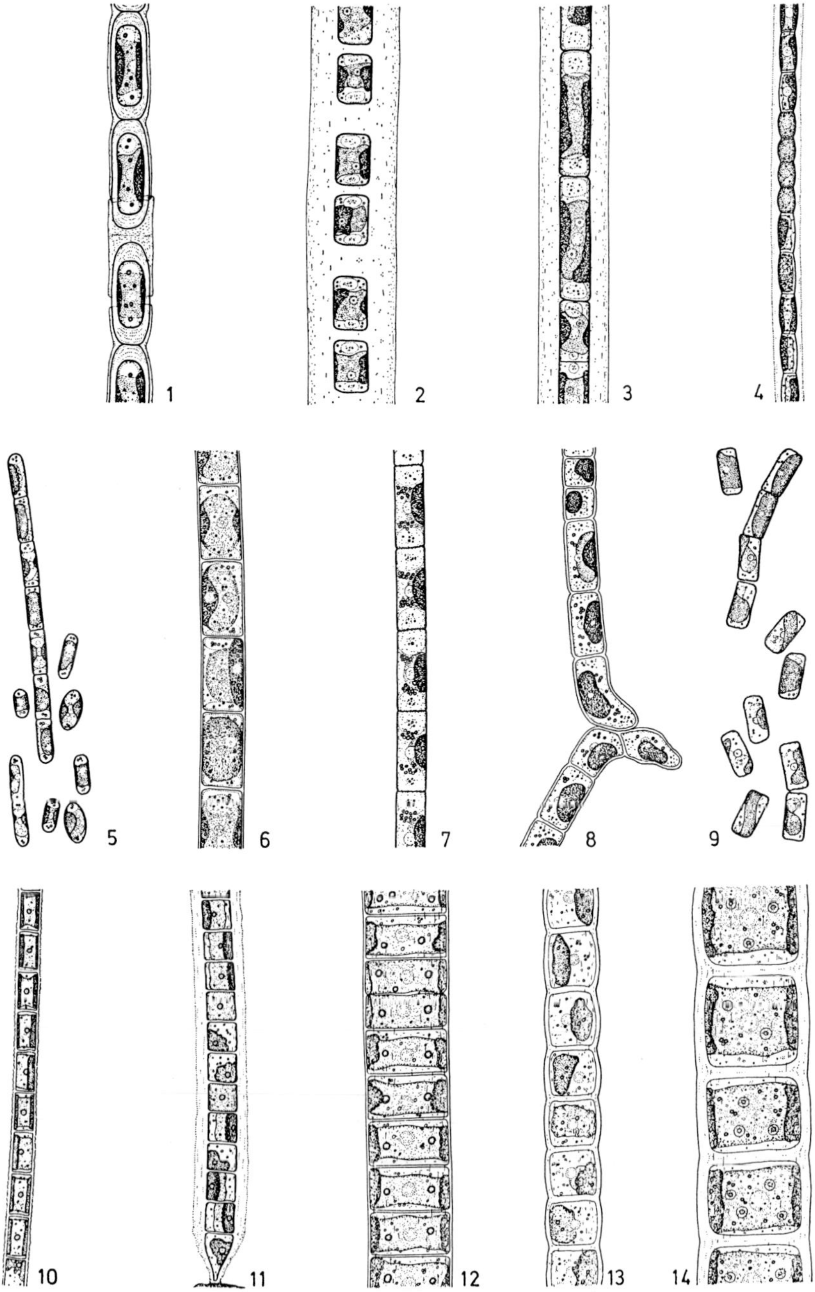
1
2
3
4
5
6
7
8
9
10
11
12
13
14

1 Cylindrocapsa involuta, Schwellkapsel-Grünalge. Zellfäden anfangs einfach, unverzweigt, mit dicker, schleimiger Scheide. Durch Schräg- und Längsteilungen können Zellbänder und Zellflächen entstehen. Zellen kurz-zylindrisch, kugelig oder eiförmig. Chloroplast wandständig, mit 1 Pyrenoid. Eibefruchtung (Gegensatz zu *Ulothrix*). **G** Zellen 23–30 µm breit. **L** Stehende Gewässer; selten.
2 Enteromorpha intestinalis, Darmalge. Thallus aus darmähnlichen Röhren oder aufgetriebenen Blasen, spärlich verzweigt, glatt oder runzelig, 10–200 cm lang, anfangs festgewachsen, später abgelöst und freischwimmend, gelbgrün. Zellen rundlich-länglich, bilden einen einschichtigen Zylinder, der vom Innenraum des Thallus durch dicke Gallertschicht getrennt ist. Chloroplast eine Platte mit 1 Pyrenoid. **G** Zellen 6–30 µm lang. **L** Massenhaft in küstennahen Gewässern. Frühjahr bis Herbst auch in reinem Süßwasser verbreitet; vielfach Wasserblüte an der Oberfläche β-mesosaprober Gewässer. [7034]
3 Prasiola crispa, Lauch-Grünalge. Thallus anfangs fadenförmig, dann bandartig, später eine einschichtige, faltige, krause Zellfläche. Zellen in Feldern zu 4 oder einem Vielfachen von 4. Vegetative Vermehrung: Kugelige Dauerzellen (Akineten) und Thalluszerfall. Chloroplast sternförmig, mit Pyrenoid. **G** Zellen 3–14 µm. **L** Bäche, schattige Mauern, faulendes Holz, feuchte Teichränder, Felsen; stickstoffliebend; kosmopolitisch. [7050]
4 Microspora amoena, Doppelbecher-Grünalge. Fäden nicht verzweigt. Zellwände aus „Doppelbechern" (H-Stücken), erkennbar an Enden abgebrochener Fadenstücke. Verwechslungsgefahr mit *Tribonema*, S. 152. Zellwände 3–8 µm dick, Zellen schwach tonnenförmig. Chloroplast als dicker Wandbelag mit vielen kleinen Durchbrechungen, kein Pyrenoid. **G** Zellen 20 bis 45 µm lang, 20–25 µm breit. **L** Flutende Massen in sauberem, fließendem Wasser; häufig. [7096]
5 Microspora quadrata, Quadratzellige Doppelbecher-Grünalge. Zellwände sehr dünn. Bildet grünliche Flocken und zarte Rasen. **G** Zellen 4–7 µm lang, 6–7 µm breit. **L** Gewässer aller Art. [7112]
6 Microspora stagnorum, Tümpel-Doppelbecher-Grünalge. Chloroplasten locker-körnig, bedecken die Innenflächen der Zellwände nicht ganz. **G** Zellen 6–30 µm lang, 5–10 µm breit. **L** Stehende Gewässer; sehr häufig. [7093]
7 Microspora floccosa, Wollige Doppelbecher-Grünalge. Leuchtend bis gelblich grüne Flocken und Stränge. Zellwände dünn. Chloroplast netzig oder in wellig begrenzte Bänder unterteilt. **G** Zellen 15–40 µm lang, um 16 µm breit. **L** Gewässer aller Art; häufige Frühjahrsform. [7998]
8 Aphanochaete repens, Hellborsten-Grünalge. Kriechende, wenig verzweigte Fäden mit einzelligen, an der Basis angeschwollenen Haarborsten. **G** Zellen 5–18 µm. **L** Epiphytisch auf anderen Algen und auf Wasserpflanzen.
9 Ectochaete endophytum, Schmarotzer-Grünalge. Dünne Fäden zwischen den Hüll- und Zellmembranen von *Cladophora*-Arten. Zellen langgestreckt, in älteren Fäden rundlich; sie bilden dann Polster, durch die die Hüllmembranen aufplatzen. Manche Zellen mit dünnen Borsten, die mechanisch die Hüllmembran durchbohren. Außerhalb der *Cladophora*-Membran wachsende Polster chlorophyllarm und durchscheinend. Befallene Wirtszellen stark deformiert, sterben aber nicht ab. **G** Zellen 6–25 µm.
10 Chaetophora elegans, Borsten-Grünalge. Thalli aller *Ch.*-Arten erwachsen einige Zentimeter groß, hellgrün. Von einer Sohle aus locker verbundenen Einzelzellen oder kurzen Fäden stehen verzweigte „Wasserstämme" ab. Endzellen älterer Zweige laufen oft in ein langes, zellig gegliedertes Haar ohne Chloroplasten aus. Wandständiger Bandchloroplast mit einigen Pyrenoiden. Thalli in kalkhaltigen Gewässern stark inkrustiert. *Ch. elegans*: Thallus glatt, kugelig, halbkugelig oder klumpig, erbsen- bis kirschengroß. Endverzweigungen der Wasserstämme locker. **G** Zellen 6–15 µm breit. **L** β-mesosaprobe Gewässer, an Pflanzen und Steinen oft in größeren Mengen. [7036]
11 Chaetophora pisiformis, Erbsenförmige Borsten-Grünalge. Thallus dunkelgrün, halbkugelig bis kugelig, Gallerte zäh-knorpelig. Endverzweigungen dicht, pinselartig. **G** Zweigzellen 4 bis 8 µm breit. **L** Bäche und Flüsse, stehende Gewässer seltener. [7846]
12 Chaetophora tuberculosa, Knotige Borsten-Grünalge. Thallus höckerig, unter jedem Höcker ein „Pinsel" der dicht gedrängten Endverzweigungen. Zwischen den Pinseln sperrige Zweigbüschel. Thalli oft sehr groß, durch sekundäre Rhizoide befestigt. **L** In stehenden, kalkhaltigen Gewässern; stellenweise massenhaft. [Gattung: 7020]
13 Chaetophora incrassata, Lockere Borsten-Grünalge. Thallusgallerte mannigfach gelappt, ausgezipfelt, in verzweigte Stränge gegliedert. Hauptzweige laufen je in ein langes Haar aus, Endverzweigungen pinselartig gebündelt. **L** Klare Gewässer, auf Pflanzen und Steinen; häufig. [7109]

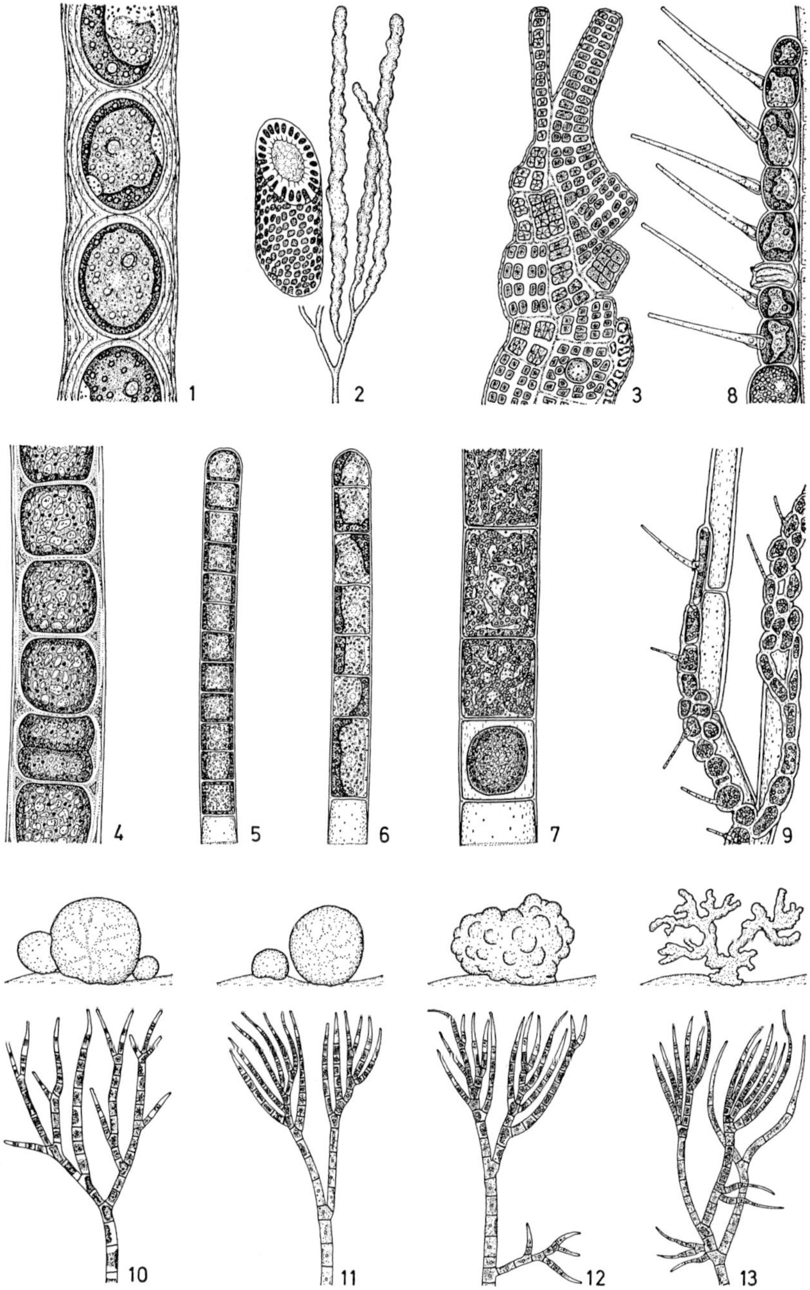
1
2
3
8
4
5
6
7
9
10
11
12
13

1 Gongrosira debaryana, Polster-Grünalge. Von einer Sohle aus rundlichen Zellen stehen kaum verzweigte, wenigzellige „Wasserstämme" ab. Lager schmutzig- bis lebhaft grün, oft mit Kalk inkrustiert. Chloroplast ein zerschlitztes Band mit 1 Pyrenoid. **G** Zellen 15–50 µm groß. **L** An Wasserpflanzen, Holzpfählen, Schnecken- und Muschelschalen usw.; nicht selten. [7935]
2 Chlorotylium cataractarum, Knoten-Grünalge. Kleine, grüne bis graubraune, mit Kalk inkrustierte, schleimige Lager. Fäden einseitig verzweigt; Zweige dicht gedrängt, parallel verlaufend. Kurze, chlorophyllführende Zellen wechseln mit langen, farblosen Zellen ab; Lager erscheint dadurch gebändert. **G** Zellen 6–12 µm breit. **L** Rasch fließende Bäche; an Holz und Steinen als niedere Krusten. [7613]
3 Chaetopeltis orbicularis, Borstenscheibe. Scheibenförmiges, einschichtiges, 0,15–1 mm großes Lager. Äußere Zellen bilden lange Gallertgeißeln. Außenschichten der Zellmembranen gallertig. Chloroplast napfartig, unregelmäßig durchbrochen. **G** Zellen 12–24 µm groß. **L** Epiphytisch an Wasserpflanzen in moorigen Kleingewässern; verbreitet. [7543]
4 Chaetosphaeridium pringsheimii f. conferta, Keulen-Grünalge. Zellen kugelig, mit langen Membranborsten, die einer scheidenartigen Ausstülpung der Zellwand entspringen. Zellen durch sehr kurze, leere Schläuche lose miteinander verbunden. Chloroplast plattenförmig, mit 1 Pyrenoid. **G** Zellen 9–12 µm groß, Borsten bis 300 µm lang. **L** Epiphytisch; sehr häufig.
5 Chaetosphaeridium globosum, Borstenkugel. Ähnlich der vorigen Art. Zellen in einer kugeligen, mächtig entwickelten Schleimhülle eingebettet. Verbindungsschläuche zwischen den Zellen selten erkennbar. **G** Zellen 12–18 µm groß, Schleimhüllen 100–250 µm dick. **L** Torftümpel.
6 Coleochaete pulvinata, Schild-Grünalge. 1–2 mm hohe, halbkugelige Polster aus radial verlaufenden, verzweigten Fäden, die von einer Sohle ausgehen. Manche Zellen mit langen, umscheideten Borsten. Chloroplast groß, wandständig, mit 1–2 Pyrenoiden. Eibefruchtung. **G** Zellen 20–45 µm breit. **L** Epiphytisch auf Wasserpflanzen. **A** Polster unregelmäßig, Wasserstämme strahlen nicht von einem Zentrum aus: *C. divergens*. [Gattung: 7122]
7 Coleochaete soluta, Lockere Schild-Grünalge. Flache, kreisrunde Lager aus verzweigten, kriechenden, voneinander isolierten Fäden. Zentrum aus nur 2 Zellen. **G** Zellen 12–25 µm breit. **L** Epiphytisch auf Wasserpflanzen.
8 Coleochaete scutata, Dichte Schild-Grünalge. Radiale Zellreihen fügen sich lückenlos zu einer Scheibe. **G** Zellen 25–45 µm breit, 1–3-mal so lang. **L** An untergetauchten Ästen, Stängeln, Blättern von Wasserpflanzen, seltener auf Steinen. **A** Zellen 8–12 µm breit, etwa doppelt so lang: *C. orbicularis*.
9 Draparnaldia glomerata, Pinsel-Grünalge. Lager aus einer Sohle und aufrechten Langtrieben, die sich in einen dickeren Hauptfaden und seitliche Büschel von Kurztrieben gliedern. Kurztriebe laufen in sehr lange, durchscheinende, mehrzellige Haare aus. Das oft viele Zentimeter lange Lager ist in weichen, durchsichtigen Schleim gehüllt. Chloroplasten in den Kurztrieben bedecken fast die ganze Zellwand, in den Hauptfäden bilden sie gezackte Ringe mit vielen Pyrenoiden. **G** Hauptfäden 50–90 µm, Zweige 6–9 µm breit. **L** Sauberes Wasser; Frühjahr. [7110]
10 Microthamnion kuetzingianum, Zwergbusch-Grünalge. Steif aufrechte, mit einer Basalzelle festgeheftete, verzweigte Fäden. Höchstens 1 mm hoch. Zweigbildende Zellen wachsen seitlich aus, Scheidewände werden in einigem Abstand von der Basis des Auswuchses angelegt. Zellen lang-zylindrisch, Chloroplasten bandförmig, blass olivgrün. **G** Zellen 3–4 µm breit. **L** Dichte Rasen auf toten Ästen und Stängeln in Gewässern aller Art. [7082] ▸ Eine weitere Abbildung der Art S. 338/5.
11 Desmococcus vulgaris, Rinden-Grünalge. Erwachsene Zellen rundlich, einzeln. Junge Zellen in 2-, 4- und mehrzelligen Gruppen. Nur in Kulturen kurze Fäden bildend. Luftlebende Art, die ihren Wasserbedarf aus der Luftfeuchtigkeit deckt. Zellen können austrocknen. **G** Zellen 6–20 µm. **L** Gewässerränder, Felsen, Mauern, als grüne Anflüge an der Wetterseite von Bäumen; überall häufig.
12 Stigeoclonium tenue, Wurzelnde Grünalge. Lager mit aufrechten, verzweigten Hauptstämmchen. Äste nicht büschelig, einzeln stehend, enden in farblosen, mehrzelligen Haarspitzen. Stämmchen 1–50 mm lang, mit zahlreichen Rhizoiden verankert, Haarspitzen kurz. **G** Zellen 5–15 µm breit. **L** β-mesosaprobe Gewässer; verbreitet. [7066] **A** Haare lang, Lager bis 30 cm, schlüpfrig: *S. lubricum*. Brandungszone größerer Binnengewässer; häufig. [7709]
13 Trentepohlia aurea, Farbige Schuppen-Grünalge. Fäden aufrecht, einfach oder verzweigt. Zellen zylindrisch. Chloroplasten scheibenförmig; ihre grüne Farbe wird meist durch gelb-rote Haematochrome überdeckt, die in Öltröpfchen gelöst sind. An den aufrechten Sprossen werden gestielte Zoosporangien gebildet. **G** Zellen 15–60 µm lang, 10–20 µm breit. **L** Orangerote bis graugrüne, filzige Überzüge an nassen Steinen. [Gattung: 17065]
14 Trentepohlia umbrina, Dunkle Schuppen-Grünalge. Ähnlich voriger Art. Zellen ellipsoidisch, mit dicker, geschichteter Membran. Fäden kurz, verzweigt, zerfallen leicht in Einzelzellen. **G** Zellen 15–50 µm lang, 14–27 µm breit. **L** Rotbraune Lager an der Rinde von Laubbäumen in feuchten Auen. [Gattung: 17065]

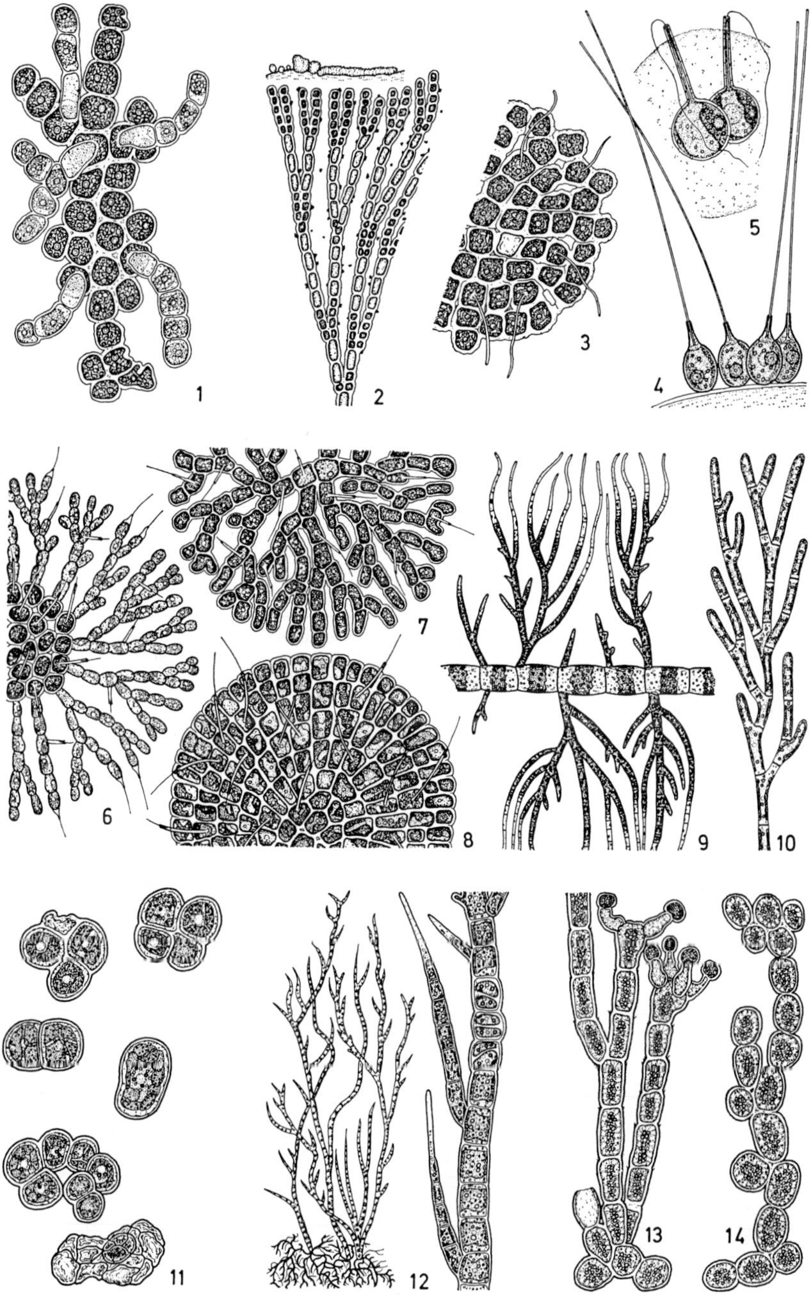
1
2
3
4
5
6
7
8
9
10
11
12
13
14

1 Oedogonium capillare, Kappen-Grünalge. Für alle *O.*-Arten vgl. S. 61. [Gattung: 7052] *O. capillare*: Zweihäusig, Oogonien zylindrisch mit Porus zur Aufnahme der Spermatozoide. **G** Fäden 35–55 μm breit. **L** Gewässer aller Art; verbreitet. [7053]
2 Oedogonium boscii, Gerippte Kappenalge. Zweihäusig; Membran der Eizelle längs gerippt. **G** 13–23 μm dick. **L** Gewässer aller Art; verbreitet. [Gattung: 7052]
3 Oedogonium crispum, Gekräuselte Kappenalge. Einhäusig; Oogonien öffnen sich mit Kreisriss; Eizellen kugelig. **G** 12–16 μm breit. **L** Gewässer aller Art; häufigste *O.*-Art.
4 Oedogonium itzigsohnii, Itzigsohns Kappenalge. Einhäusig; Oogonien mit 7–10 stumpfen Ausstülpungen, öffnen sich mit Kreisriss. Eizellen glatt, kugelig. **G** 8–10 μm breit. **L** in Hochmooren Norddeutschlands sehr häufig.
5 Oedogonium echinospermum, Stachelei-Kappenalge. Bildet „Zwergmännchen". Oogonium öffnet sich mit Porus. Membran der Eizelle bestachelt. **G** 18–30 μm breit. **L** Moorige Gewässer.
6 Oedogonium borisianum, Ovale Kappenalge. Bildet „Zwergmännchen"; Oogonien mit Porus im oberen Teil. **G** 15–23 μm breit. **L** Gewässer aller Art; verbreitet.
7 Oedogonium undulatum, Wellige Kappenalge. Bildet „Zwergmännchen". Oogonien fast kugelig, öffnen sich mit Kreisriss. Membran der vegetativen Zellen wellig eingeschnürt. **G** 15 bis 22 μm breit. **L** Gewässer aller Art.
8 Oedogonium vaucherii, Dicke Kappenalge. Einhäusig; Oogonien mit Porus. **G** Fäden 20 bis 30 μm breit. **L** Gewässer aller Art; stellenweise häufig.
9 Bulbochaete pygmaea, Knollenborstenalge. Merkmale aller *B.*-Arten: Fäden verzweigt. Charakteristische, oft sehr lange, einzellige, an der Basis zwiebelartig angeschwollene Haare. Vegetative Zellen kurz-zylindrisch, nach oben angeschwollen. [Gattung: 7238] *B. pygmaea*: Oogonien ellipsoidisch, Eizellen mit Längsrippen, Zwergmännchen in der Nähe der Oogonien. **G** Zellen 11–15 μm lang und breit. **L** Gewässer aller Art; nicht selten.
10 Bulbochaete elatior, Stattliche Knollenborstenalge. Oogonien niedergedrückt, Eizellen kugelig, mehrzellige Zwergmännchen auf Stützzellen unter den Oogonien. **G** Zellen 13–18 μm breit, 2–31/2-mal so lang. **L** Gewässer aller Art; verbreitet.
11 Bulbochaete intermedia, Mittlere Knollenborstenalge. Oogonien niedergedrückt, Eimembran mit winzigen Grübchen. Mehrzellige Zwergmännchen auf den Oogonien. **G** Zellen 17–20 μm breit, 2–31/2-mal so lang; Oogonien 40–50 μm. **L** Moorige Gewässer; verbreitetste *B.*-Art.
12 Bulbochaete setigera, Behaarte Knollenborstenalge. Membran der Eizelle dick und grubig. Auf den Oogonien meist ein Haar. Zwergmännchen auf oder in der Nähe der Oogonien. **G** Zellen 25–28 μm breit, 21/2–5-mal so lang, Oogonien 70–80 μm. **L** An Pflanzen in stehenden Kleingewässern.
13 Bulbochaete nana, Zwerg-Knollenalge. Einhäusig, ohne Zwergmännchen. Oogonien ellipsoidisch mit Porus. **G** Zellen 10–15 μm lang und breit; Oogonien um 22 μm. **L** Moorige und kalkhaltige Gewässer; sehr verbreitet.
14 Bulbochaete mirabilis, Wunder-Knollenalge. Einhäusig, ohne Zwergmännchen. Oogonien ellipsoidisch, mit Porus. **G** Zellen 15–20 μm breit, 1- bis 2-mal so lang; Oogonien um 30 μm. **L** Gewässer aller Art; verbreitet.
15 Cladophora glomerata, Knäuelige Astalge. Merkmale aller *C.*-Arten: Fäden verzweigt, bilden Büschel. Jede Zelle mit zahlreichen Zellkernen und großer Zentralvakuole. Chloroplast zweiteilig: Bildet nach außen einen wandständigen, netzförmig durchbrochenen Zylinder mit vielen Pyrenoiden; ein inneres Netzwerk bleibt häufig farblos. Ungeschlechtliche Vermehrung durch zweigeißelige Zoosporen. Zellen im Frühjahr saftig grün, im Sommer mit Stärke erfüllt und bleich. *C. glomerata*: Endverzweigungen büschelig; mit Rhizoid festsitzend. **G** 25–130 μm breit. **L** Saubere Flüsse und Seen; stellenweise sehr häufig. [7114]
16 Cladophora rivularis, Gekräuselte Astalge. Endäste über längere Strecken (bis zu 24 Zellen) unverzweigt. Büschel oder lockere Rasen sitzen mit einem Rhizoid fest. **G** 15–60 (bis 100) μm breit. **L** β-mesosaprobe Flüsse und stehende Gewässer; weit verbreitet. [7668]
17 Cladophora fracta, Schwächliche Astalge. Fäden regellos, im Sommer oft sehr spärlich verzweigt. Bleiche bis dunkelgrüne Watten, nur im Frühjahr festsitzend. **G** 12–150 μm breit. **L** Sauerstoffreiche, kühlere und wärmere Gewässer; oft massenhaft. [7549]
18 Rhizoclonium hieroglyphicum, Bündel-Grünalge. Zellen wie bei *Cladophora*. Fäden locker verwoben. Rhizoide fehlen gewöhnlich. Zweige (falls vorhanden) klein, warzenartig, ungegliedert. **G** Zellen 10–35 μm breit, 2–5-mal so lang. **L** Flüsse, Quellen, Thermen, nasse Felsen. [7115]
19 Pithophora oedogonia, Tropen-Grünalge. Ähnlich *Cladophora*, von ihr durch undurchsichtige, schwarzgrüne Akineten unterschieden. **G** Fäden um 60 μm breit, Akineten um 200 μm lang. **L** Eingeschleppt; Massenentwicklungen in Warmwasseraquarien.
20 Sphaeroplea annulina, Ringel-Grünalge. Fäden unverzweigt. Zellen mehrkernig, langgestreckt, mit abwechselnd hellen Partien und grünen, ringförmigen Chloroplasten (bis 70 pro Zelle). Vermehrung durch Fadenzerfall und Eibefruchtung. **G** Zellen 250–1400 μm lang, 27–65 μm breit. **L** Nur im Frühjahr in flachen Tümpeln, Gartenteichen, auf nasser Erde, in Pützen. [7564]

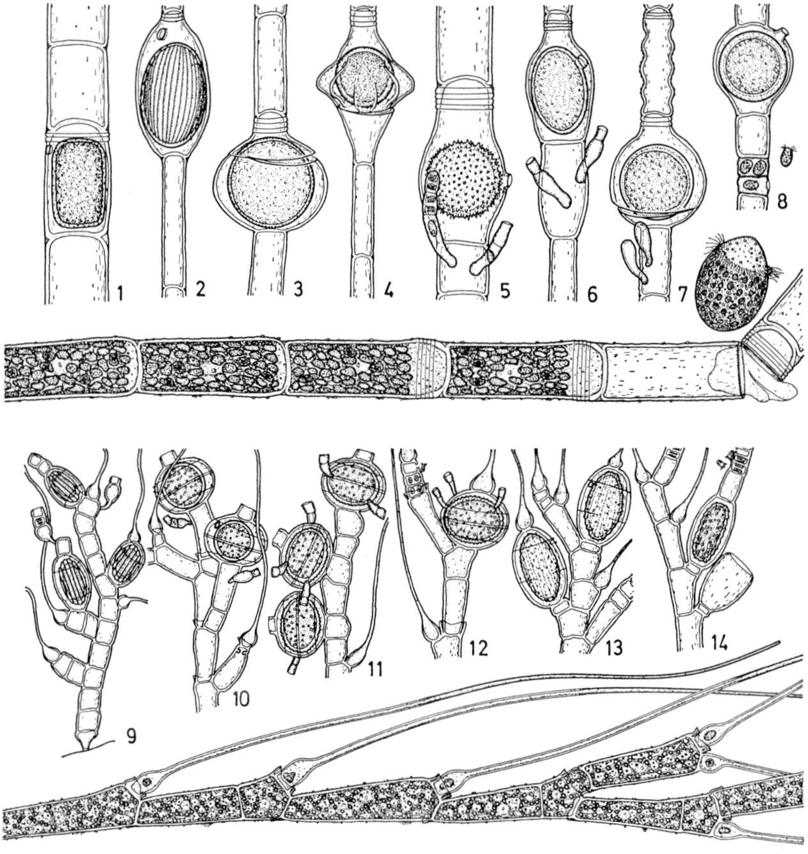
1
2
3
4
5
6
7
8
9
10
11
12
13
14
15
16
17
18
19
20

1 Gonatozygon brebissonii, Knie-Jochalge. Zellen nicht eingeschnürt, zylindrisch, wesentlich länger als der Durchmesser. Innere Schicht der Zellwand durchscheinend, strukturlos, äußere dicht gekörnelt. Zwei Chloroplasten (selten nur einer). **G** 160–280 µm lang, 7–11 µm breit. **L** Plankton von Seen, nie häufig. **B** Bildet sehr lange Fäden, die sehr leicht in voll lebensfähige Einzelzellen zerfallen. Konjugation zwischen freien Zellen. **A** *Gonatozygon monotaenium*. Zellen gegen die Pole nicht verschmälert, 80–280 µm lang. [Gattung: 17186]
2 Spirotaenia obscura, Kleine Spiralbandalge. Zellen verschmälern sich von der Mitte aus den Enden zu; Enden abgerundet. Zellen von Gallerte umgeben. Chloroplast mit 6–8 spiralig gedrehten, am Rande verbreiterten Leisten. **G** 40–230 µm lang, 7–30 µm breit. **L** Bevorzugt größere Torfmoosgewässer, Hochmoore, Torfstiche.
3 Spirotaenia condensata, Große Spiralbandalge. Zellen lang-zylindrisch, selten schwach gekrümmt. Chloroplast ein breites Band, liegt in 7–12 Windungen der zarten Zellwand an, meist nicht unterbrochen. **G** Verhältnis Länge : Breite sehr variabel. 60–330 µm lang, 10–30 µm breit. **L** Größte und häufigste *Spirotaenia*-Art. Saure Torfmoosgewässer (pH 6,5–4), Ufertümpel nährstoffarmer Seen. Kalkmeidend. **B** Zellen in dicker, geschichteter Gallerthülle, die in gebogenen Gallertstiel ausläuft (Bewegungsgallerte!). [17109]
4 Mesotaenium macrococcum, Mittelbandalge. Zellen zylindrisch mit abgestutzten Enden. Chloroplast eine zentrale Platte, oft mit gezähnten Seitenrändern, fast so lang und so breit wie die Zelle. **G** 20–40 µm lang, 11–20 µm breit. **L** Zwischen Torfmoos, selten im freien Wasser. „Atmophytische" Art, die auf feuchter Unterlage an der Luft lebt: Torfboden, feuchter Sand, Baumstämme, nasse Felswände (kein Kalk!). Vor allem im Bergland. **B** Zellen in geschichteter Gallerte, Zellsaft manchmal violett. [17124] **A** *Mesotaenium chlamydosporum*: Saftig-grüne Gallertlager, auch auf nassen Wegen. Chloroplast kleiner, erreicht die Zellwand nicht. Zellen 16–33 µm lang.
5 Cylindrocystis crassa, Walzen-Jochalge. Zellen zylindrisch mit breitgerundeten Ecken. Chloroplast im Querschnitt sternförmig, besteht aus einem Zentralstück und mehreren kurzen, schmalen Platten. Zentrales Pyrenoid jeder Halbzelle oft langgestreckt. **G** 30–80 µm lang, 14–30 µm breit. **L** Eine der häufigsten Zieralgen; über die ganze Erde verbreitet. Massenentwicklung in kleinen Hochmoortümpeln, darüber hinaus in allen sauren Gewässern. **B** Bildet häufig Zygoten.
6 Cylindrocystis brebissonii, Dicke Walzenalge. Zellen elliptisch. Chloroplasten mit zahlreichen, schmalen, radialen Platten. **G** 30–60 µm lang, 17–30 µm breit. **L** Atmophytische Art, lebt auf feuchter Unterlage an der Luft. Hochmoore; Sandsteinfelsen und Waldboden (grüne Lager). **B** Zellen in Gallerte eingeschlossen. Die Art bildet grüne, schleimige Oberzüge. Die Gallerte schützt die Zellen vor dem Austrocknen. [7683]
7 Netrium digitus, Vielfinger-Zieralge. Zellen mehr oder minder spindelförmig, in der Mitte nicht eingebuchtet. Chloroplasten mit je einem stabförmigen Pyrenoid und ca. 6 Längsplatten, deren Ränder vielfach eingekerbt sind; die dadurch entstehenden Lappen zeigen abwechselnd nach rechts und links. **G** 100–400 µm lang, 30–120 µm breit. **L** Weit verbreitete Hochmooralge; lebt in Torfmoosrasen (Massenentwicklung in kleinen Schlenken). **B** *Netrium digitus* hält gegenwärtig einen Weltrekord im Pflanzenreich: Jede Zelle besitzt (haploid!) 592 Chromosomen. Zwei weitere Arten S. 212.
8 Penium spirostriolatum, Riefen-Zieralge. Größte *Penium*-Art mit sehr deutlicher Gürtelbandbildung. Zellmembran bräunlich, mit unregelmäßig spiralig gedrehten Längsskulpturen auf der Oberfläche (4–6 Linien/10 µm). Zellenden mit Punktporen. Meist zwei Chloroplasten in jeder Halbzelle. **G** 80–400 µm lang, 15–30 µm breit. **L** In ganz Europa verbreitet: Torfmoos-Tümpel, zwischen Torfmoosrasen am Rande von Hochmoorseen, selten auch in Wiesenmooren. [7372]
9 Penium silvae nigrae, Schwarzwald-Zieralge. Deutliche Einbuchtung zwischen den Halbzellen (Isthmus). Sehr dicke Zellmembran mit Poren. Vom zentralen Teil jedes Chloroplasten gehen schmale, an den Enden gespaltene Plattenstücke ab. **G** 46–60 µm lang, 20–25 µm breit. **L** Torfmoostümpel (Norddeutschland, Schwarzwald, Wurzacher Ried). **B** Umfangreiche Gallerthülle (Tuschepräparat!) [Gattung: 7885]. **A** *P. margaritaceum*; von *P. silvae nigrae* durch dichter stehende Punktreihen, zartere Zellwand, wenig gegliederte Platten der Chloroplasten zu unterscheiden. [7727]

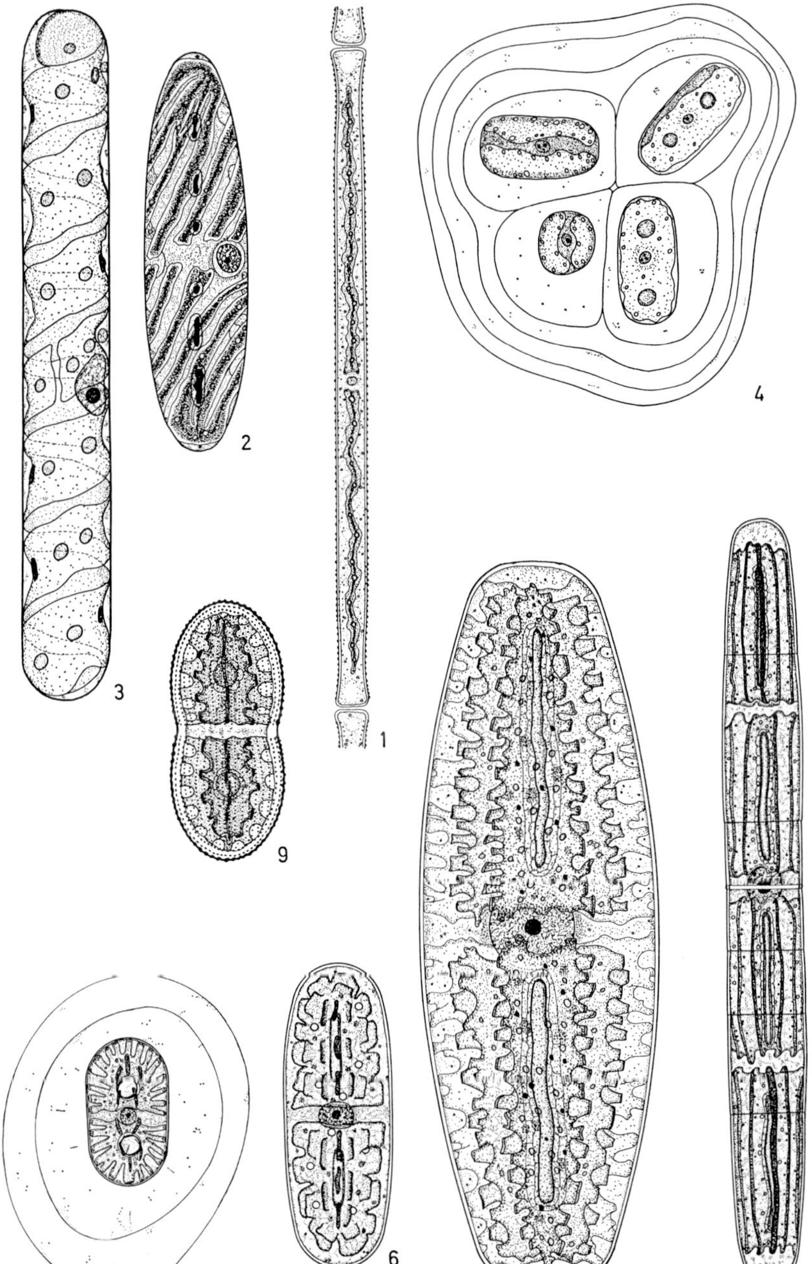
3
2
1
4
9
5
6
7
8

Jochalgen (Zieralgen) 2

1 Closterium pronum, Spindelalge. Zellen schlank, kaum gebogen, Enden etwas nach innen gekrümmt. Membran glatt. Chloroplasten mit 5–10 Pyrenoiden. **G** 220–450 µm lang, 5–12 µm breit. **L** Hochmoore, Flachmoore, Altwässer; in ganz Europa häufig. **B** Eine der wenigen *Closterium*-Arten des Planktons. [7967] **A**$_1$ *Closterium aciculare*: Noch schlanker, 390–800 µm lang, 4–8 µm breit. im Plankton eutropher Gewässer. [7973] **A**$_2$ *C. acutum*: Sehr ähnlich wie *C. pronum*, aber kleiner, 90–155 µm lang. Hochmoorgewässer; auch im Plankton. [7213]
2 Closterium leibleinii, Kleine Mondalge. Zellen verschieden stark gekrümmt, Innenkante in der Mitte etwas angeschwollen. Membran glatt, farblos. Chloroplasten mit je 2–4 Längslamellen und 4–8 kleinen Pyrenoiden. **G** 90–260 µm lang, 14–45 µm breit. **L** Eutrophe Gewässer, sehr häufig. **B** *C. leibleinii* ist verhältnismäßig unempfindlich gegen organische Verschmutzung der Wohngewässer. [7025]
3 Closterium ehrenbergii, Große Mondalge. Membran glatt, farblos, innen in der Mitte angeschwollen. Außenwand stark konvex. In den Endvakuolen längliche Gipskristalle. Chloroplasten: Im Inneren des großen, konischen Zentralstückes Vakuolen; an diesem Mittelkörper 6–10 flache Längsplatten (3–7 sichtbar); viele Pyrenoide an der Peripherie des inneren Teiles. **G** 230–880 µm lang, 44–170 µm breit. **L** Sehr häufig in neutralen Gewässern (Wasserlinsen-Tümpel, Bachbuchten, Brunnenbecken; selten in Mooren). [7005]
4 Closterium moniliferum, Mondsichel. Ähnlich wie *C. ehrenbergii*, aber kleiner. Chloroplasten mit etwa 10 Lamellen und 6–7 Pyrenoiden, die–Gegensatz zu *C. ehrenbergii*–in einer Reihe angeordnet sind (Farbfotos II, 9). **G** 170–450 µm lang, 30–70 µm breit. **L** Fließende und stehende eutrophe Gewässer; sehr häufig. [7026]
5 Closterium lunula, „Möndchen“. Stattliche, wenig gebogene Art mit breit gerundeten Enden. Sehr zarte Streifen und Poren der Membran selten sichtbar. Chloroplasten: Von dem dicken, vakuoligen Mittelkörper gehen etwa 15 niedrige Längsplatten aus. Pyrenoide zahlreich, zerstreut. **G** 250–1000 µm lang, 50–120 µm breit. **L** Torfmoostümpel, Wiesenmoore, sehr häufig. **B** Kommt oft gemeinsam mit *Micrasterias rotata* vor. [17107]
6 Closterium acerosum, Säbelalge. Wenig und gleichmäßig gebogene Art. Beide Chloroplasten mit je 6–16 Pyrenoiden, die hintereinander, aber nicht in einer Reihe stehen. **G** 250 bis 750 µm lang, 25–60 µm breit. **L** Weit verbreitet und sehr häufig: Kleingewässer wie Fischteiche, Wiesengräben, Rieselgräben. **B** Bei 2 % aller Individuen finden sich Gürtelbänder. [7004]
7 Closterium striolatum, Streifen-Spindelalge. Zellen wenig gekrümmt, in der Mitte leicht angeschwollen oder mit parallelen Rändern. Membran gebräunt, an den Enden verdickt, mit gut erkennbaren Streifenstrukturen (5–10 Streifen auf 10 µm). Gürtelbänder sehr deutlich. Chloroplasten mit etwa 12 Längslamellen und je 5–9 Pyrenoiden. **G** 180–540 µm lang, 27–50 µm breit. **L** Häufigste Zieralge saurer Gewässer (pH 4–7). **B** Bei Gebirgsformen ist die Zellwand oft ziemlich farblos. [7781] **A** Sehr ähnlich und im gleichen Biotop vorkommend: *C. intermedium*. Unterschied zu *C. striolatum*: Höchstens 25 µm breit. [7785]
8 Closterium kuetzingii, Bogen-Spindelalge. Zellen sehr schlank, mittlerer Teil spindelförmig. Zellfortsätze lang ausgezogen, dünn, nach innen gebogen, chloroplastenfrei. Chloroplasten mit Längslamellen und je 4–7 Pyrenoiden. Endvakuolen nicht scharf begrenzt. **G** 270–690 µm lang, 14–27 µm breit. **L** Nicht an Torfmoos-Gewässer gebunden, meidet aber kalkreiche Seen. **B** Unempfindlich gegen Temperaturunterschiede (lebt in den Tropen und in Grönland!). [7843] **A** *C. rostratum*: Fortsätze kürzer, Zellen etwas breiter, etwa 350 µm lang, 24 µm breit. In Hoch- und Wiesenmooren höherer Lagen. [7841] ▸ *Cl. rostratum* S. 338/6
9 Pleurotaenium ehrenbergii, Band-Zieralge. Zellen schlank. Basis jeder Halbzelle mit deutlicher Anschwellung, daran anschließend bildet die Membran meist eine Welle. Chloroplasten liegen in Form welliger Bänder der Zellwand an (gewöhnlich 3 Bänder sichtbar). Zahlreiche Pyrenoide. **G** 220–700 µm lang, 15–35 µm breit. **L** Wiesenmoore, Fischteiche, nasse Randzonen von Seen, kalkhaltige Torfstiche; kommt auch in Torfmoos-Tümpeln vor. **B** Im Zellinhalt Gipskristalle. [Gattung: 17078]
10 Pleurotaenium truncatum, Stattliche Band-Zieralge. Enden abgestutzt, mit Warzenkranz. 6–8 Chloroplastenbänder in jeder Halbzelle sichtbar. **G** 230–760 µm lang, 40–85 µm breit. **L** Seggen-Moore, seltener zwischen Torfmoos. **A** *P. trabecula*: Zellenden glatt, 70–95 µm lang. In Kleingewässern, an Seeufern, selten zwischen Torfmoos. [7768]

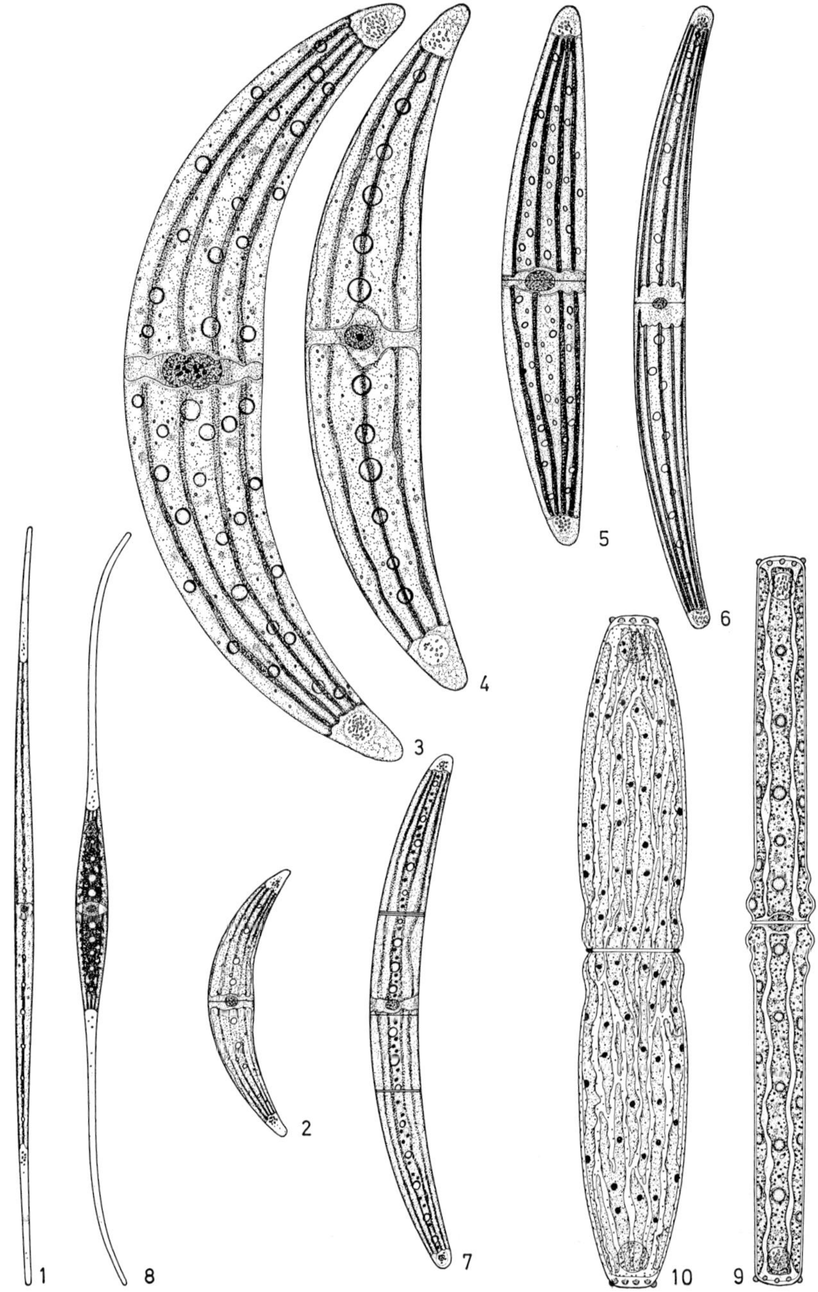
1
2
3
4
5
6
7
8
9
10

Jochalgen (Zieralgen) 3

1 Tetmemorus granulatus, Körnelige Zieralge. Halbzellen verschmälern sich den Enden zu. Enden mit tiefem Einschnitt. Poren der Membran in Schrägzeilen. Beide Chromatophoren mit zahlreichen kurzen, radialen Längsplatten und 3–7 Pyrenoiden. **G** 80–260 µm lang, 20–50 µm breit. **L** Torfmoostümpel, Hochmoorgräben, selten feuchte Felsen. **B** Der Gestalt nach Übergangsform zwischen *Closterium* und *Euastrum*. Kompliziert gebauter Porenapparat, besonders in der Nähe des Apikaleinschnittes. [7758]

2 Euastrum ansatum, Henkelalge. Halbzellen länglich-trapezförmig mit nur einem, breit gerundeten Seitenlappen. Membran mit dichtstehenden, feinen Poren. 5 undeutliche Anschwellungen an jeder Halbzelle; Chloroplasten mit schwach entwickeltem Mittelteil und 4 lappigen Flügeln. **G** 60–100 µm lang, 30–50 µm breit. **L** Saure Gewässer und Flachmoore. In den Alpen bis 2200 m. [Gattung: 7753]

3 Euastrum didelta, Sternalge. Untere Seitenlappen der Halbzellen breit gerundet, obere durch flache Vorwölbungen angedeutet. Membran mit unregelmäßig verteilten Poren. 3 Anschwellungen an der Basis jeder Halbzelle, 2 darüber. In Scheitelansicht elliptisch. Chloroplasten mit schwach ausgebildetem Mittelteil und 4 lappigen, unregelmäßig gerandeten Flügeln. **G** 100–150 µm lang, 50–80 µm breit. **L** Hochmoore, vor allem im Gebirge. **B** Neigt zur Bildung monströser Formen.

4 Euastrum oblongum, Längliche Sternalge. Halbzellen mit je 2 breiten, leicht eingedrückten Seitenlappen, die durch einen Einschnitt voneinander getrennt sind (Farbfotos I, 4). Poren der Membran weit voneinander entfernt. Chloroplasten im Querschnitt vierarmig. **G** 110–205 µm lang, 50–105 µm breit. **L** Hochmoore, Torfstiche, Nähe von Quellen, Randzone von Seen. **B** Am Grund des Gewässers häufig Zygoten: grau-braune, dicht mit Warzen oder Stacheln bedeckte Kugeln (Skizze). [7541]

5 Euastrum binale, Zweizipfel-Sternalge. Seitenlappen der Halbzellen breit gerundet, Endlappen zugespitzt. Beide Chloroplasten mit je einem zentralen Pyrenoid und flachen Randflügeln. **G** 12–30 µm lang, 10–22 µm breit. **L** Zwischen Torfmoos, Hochmoor- und Heidetümpel. **B** Wächst auch außerhalb des Wassers an feuchter Luft (atmophytisch) und kommt auf feuchten Felsen vor.

6 Euastrum denticulatum, Gezackte Sternalge. Im Umriss kantig, Kanten enden in Zähnchen. Mittlere Anschwellungen der Halbzellen mit 3 länglichen Warzen in Form eines Dreiecks. **G** 19–32 µm lang, 14–25 µm breit, 9–15 µm dick. **L** Anpassungsfähige Art: Massenvorkommen oft in Seggenteichen, in kleinen Alpenseen und Flachmoorteichen. Zwischen Torfmoos nur gelegentlich.

7 Euastrum elegans, Hübsche Sternalge. Scheitel hochgewölbt (Gegensatz zu *E. denticulatum*). Polarlappen mit je einem Zähnchen. Auf den Flächen der Mittelanschwellungen der Halbzellen je 3 längliche Warzen. Chloroplasten mit zentralen Pyrenoiden. **G** 23–44 µm lang, 14–29 µm breit. **L** in ganz Europa zwischen Torfmoos und in Torfstichen, im Gebirge auch in Seen ohne Torfmoos.

8 Euastrum bidentatum, Zweizacken-Sternalge. Oberer Seitenlappen vom unteren durch einen flachen, weiten Einschnitt getrennt. Scheitel vorgewölbt, Polarlappen in der Mitte mit einer scharfen, zahnartigen Kante. Zellmembran mit kleinen Warzen. Im Zentrum jeder Halbzelle zwei Mittelporen. Chloroplasten mit 1 oder 2 Pyrenoiden. **G** 45–65 µm lang, 27–41 µm breit, 20–24 µm dick. **L** Häufig in Torfmoosgewässern, Torfgräben, Flachmooren, Heidetümpeln. **B** Sehr konstante Form, nur Ornamente der Oberfläche variabel. **A** Von *E. elegans* vor allem durch die (doppelte) Größe zu unterscheiden. *E. elegans* besitzt keinen oberen Seitenlappen.

9 Euastrum verrucosum, Warzen-Sternalge. Zellen nur wenig länger als breit. Untere Seitenlappen weit ausladend, obere gerundet. Zellmembran mit groben Warzen. Mittelanschwellungen halbkugelig, darauf in Kreisen angeordnete Warzen. Jede Halbzelle enthält 2 Chloroplasten mit je einem großen Pyrenoid. **G** 75–115 µm lang, 65–105 µm breit, 44–55 µm dick. **L** Zwischen Torfmoos, in Flachmoortümpeln, zwischen Schilf der Seeufer. im Gebirge häufiger als im Flachland.

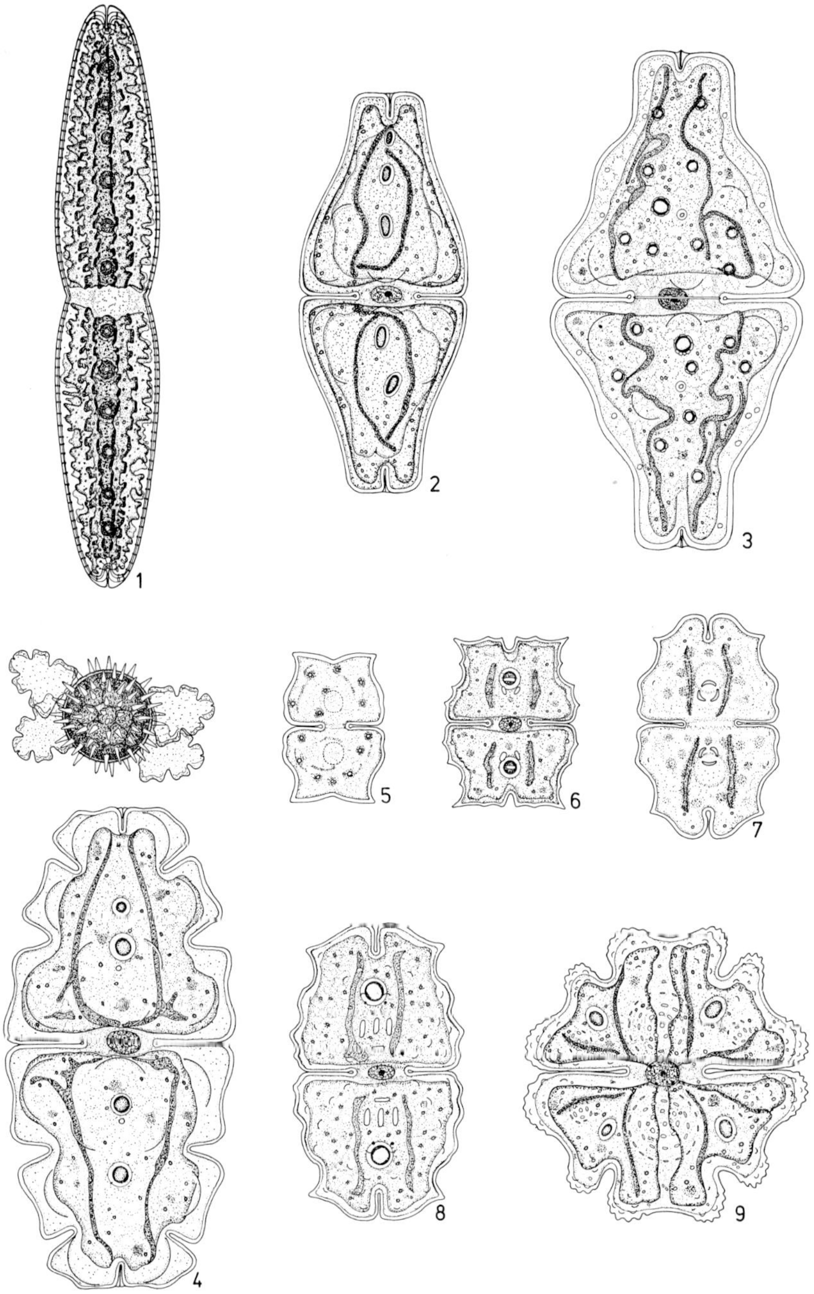
1
2
3
5
6
7
4
8
9

Jochalgen (Zieralgen) 4

1 Micrasterias pinnatifida, Flügelalge. Kleine *Micrasterias*-Art mit waagerecht abstehenden Seiten- und Polarlappen. Alle Lappen zweispitzig. Zellmembran mit feinen Poren. Chloroplasten jeder Zellhälfte flach, mit gebogenen Längsplatten. **G** 40–80 µm lang, 37–84 µm breit, 15–20 µm dick. **L** In Europa und Nordamerika häufig in größeren Torfmoosgewässern und Torfstichen. **B** Gelegentlich Teilungsanomalien und dreistrahlige Formen. [Gattung: 7091]
2 Micrasterias truncata, Gedrungene Sternchenalge. Seitenlappen kurz und breit, jeder nochmals unterteilt. Scheitel sehr breit. Längsleisten der Chloroplasten an den Rändern meist verdoppelt. Wenige Pyrenoide. **G** 75–145 µm lang, 74–135 µm breit, 36–52 µm dick. **L** Im Bergland häufig in Hochmooren, Torfstichen, Heidetümpeln, Torfmoosgräben. **B** Häufig Formanomalien. Ölartige Ausscheidungen auf Zelloberfläche. Erträgt starke Austrocknung. [17105]
3 Micrasterias americana, Amerikanische Sternchenalge. Polarlappen durch tiefe Einschnitte von den unteren Teilen der Halbzellen getrennt. Zwischen den Polarlappen 2 kleinere Lappen, der eine nach vorne, der andere nach hinten verschoben. Seitenlappen ohne Regel bedornt. Chloroplasten mit unregelmäßigen Leisten. **G** 104–160 µm lang, 85–145 µm breit, ca. 45 µm dick. **L** Heidetümpel, Torfmoosgewässer. Nur zerstreut vorkommend, aber kosmospolitisch. [7769]
4 Micrasterias crux melitensis, Malteserkreuz-Alge. Weiter, am Grunde spitzer Einschnitt zwischen Polar- und Seitenlappen. Alle Seitenlappen 2. Ordnung mit 2 Spitzen. Chloroplasten mit wenigen Pyrenoiden. **G** 85–165 µm lang, 80–150 µm breit, 20–35 µm dick. **L** Häufig in Hochmooren, Torfstichen, Schlafmoos-Lachen, am Rande nährstoffarmer Seen. **B** Erträgt schwach kalkhaltiges Wasser. Kosmopolit.
5 Micrasterias furcata, Strahlenstern. Beide Halbzellen normalerweise mit je 4 Seitenlappen 2. Ordnung. Teilung des unteren Seitenlappens jedoch oft unterdrückt. Polarlappen schlank, zweistachelig. Chloroplasten mit unregelmäßigen Längsplatten. **G** 130–250 µm lang, 110–200 µm breit, 30–40 µm dick. **L** In Torfmoosgewässern, Torfstichen, an sumpfigen Seeufern, zerstreut. **B** Kann sich längere Zeit im Plankton halten. Es kommen auch dreistrahlige Formen vor.
6 Micrasterias apiculata, Stachelstern. Seitenlappen bis zur 3. Ordnung entwickelt, Polarlappen am Ende mit 2 Stacheln. Sicherstes Erkennungsmerkmal: Links und rechts vom Scheitel je 2 längere Stacheln. Ganze Zellmembran mit radialen Stachelreihen übersät. **G** 170–300 µm lang, 140–250 µm breit, 50–90 µm dick. **L** In ganz Europa zerstreut, in größeren Mengen manchmal in schwach sauren Torfmoospolstern, in Torfstichen, am Rande kleiner Seen. **B** Oft mit langen Stielen (Bewegungsgallerte!).
7 Micrasterias fimbriata, Fransenstern. Alle Lappen der Zelle mit sehr deutlichen, oft etwas gekrümmten Stacheln besetzt. Scheitel eingesenkt, von 2 besonders kräftigen Stacheln flankiert. Polarlappen zweistachelig. Zellmembran mit zerstreuten Poren. **G** 196–290 µm lang, 180–250 µm breit. **L** Schwach saure bis neutrale Torfmoosgewässer; am Rande kalkarmer Klarwasserseen; zerstreut. **A** Im gleichen Lebensraum *M. papillifera* mit aufrecht stehenden, zweizähnigen Polarlappen. An den Einschnitten Längsreihen von Stacheln.
8 Micrasterias rotata, Radalge. Sehr große *Micrasterias*-Art. Seitenlappen voneinander und von den Polarlappen durch sehr enge Einschnitte getrennt. Polarlappen zweispitzig. Beide Chloroplasten mit zahlreichen Pyrenoiden. Im Scheitelteil häufig Gipskristalle. **G** 200–360 µm lang, 165–305 µm breit, 50 µm dick. **L** Häufig im Torfmoosrand von Hochmoortümpeln, in Torfstichen und Flachmooren; daneben in der nassen Randzone schattiger Waldtümpel. **B** Poren der Membran stehen an den Enden der Mittellappen sehr dicht (Ausbildung der Bewegungsgallerte!).
9 Micrasterias denticulata, Zackenstern. Einschnitte zwischen den Lappen sehr eng. Scheitel winkelig eingesenkt. Polarlappen ohne Stacheln. Seitenlappen bis zur 4. Ordnung. Chloroplasten mit zahlreichen Pyrenoiden. **G** 180–350 µm lang, 165–300 µm breit, ca. 60 µm dick. **L** Zwischen Torfmoos; häufig. **A** *M. thomasiana*. Nicht an Torfmoosgewässer gebunden, erscheint auch im Plankton. Enden der Seitenlappen rechtwinkelig, nicht lang bedornt. Zelloberfläche mit kräftigen Fortsätzen. Scheitel winkelig eingesenkt, jederseits spitz ausgezogen.

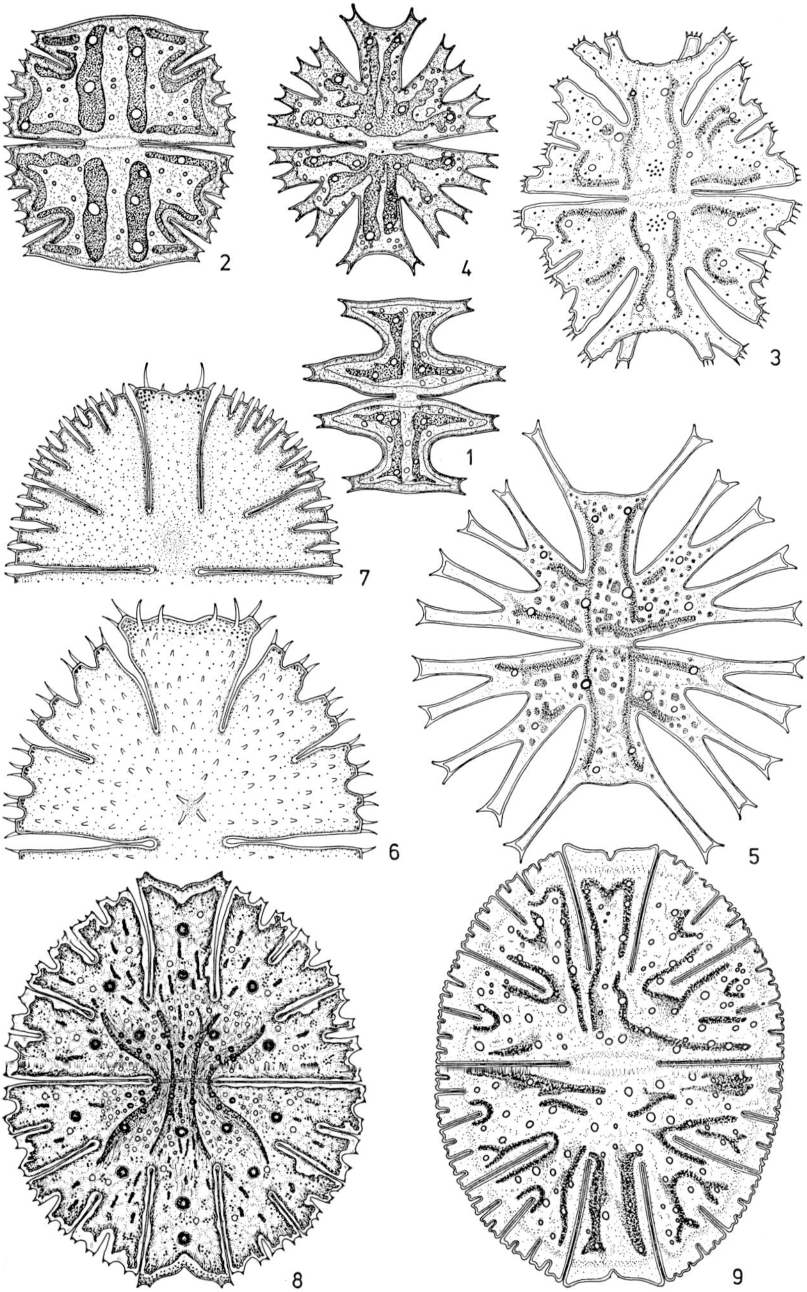
2
4
3
1
7
6
5
8
9

Jochalgen (Zieralgen) 5

1 Cosmarium bioculatum, Doppelaugen-Alge. Winzige, tief eingeschnittene Zellen. Halbzellen elliptisch. Wand zart und farblos. Chloroplasten mit je 1 Pyrenoid. **G** 15–21 µm lang und breit. **L** Moosrasen, Plankton; weltweit verbreitet. [7778]
2 Cosmarium granatum, Zartkörnige Zieralge. Zellen klein, tief eingeschnürt. Seiten gerade oder leicht konvex, selten konkav. Membran sehr fein punktiert. Chloroplasten mit 4 Flügeln und je 1 Pyrenoid. **G** 26–47 µm lang, 19–30 µm breit, 10–17 µm dick. **L** Fast in allen Gewässertypen, auch im Plankton; eine der weitest verbreiteten Zieralgen. [7362]
3 Cosmarium pyramidatum, Pyramiden-Schmuckalge. Zellen groß, mit sehr enger Einschnürung. In Aufsicht elliptisch. Membran mit winzigen Wärzchen bedeckt. Chloroplasten mit je 2 Pyrenoiden; ihre Flügel dicht unter der Zellwand reich gelappt. **G** 60–100 µm lang, 45–62 µm breit, 27–36 µm dick. **L** Torfmoore und Torfstiche; verbreitet.
4 Cosmarium venustum, Anmutige Zieralge. Zellen klein, sehr tief eingeschnürt. Seiten gewellt. In Aufsicht elliptisch. Membran sehr fein punktiert. Chloroplasten mit je 1 Pyrenoid. **G** 32–42 µm lang, 22–32 µm breit. **L** In Hochmoorseen und zwischen Torfmoos. **B** Wellung der Seiten variiert sehr stark, selbst bei Individuen vom selben Fundort. [7128]
5 Cosmarium meneghinii, Achtecks-Zieralge. Zellen klein, ungefähr achteckig. Einschnitt tief und eng. Chloroplasten mit je 1 zentralen Pyrenoid. **G** 13–24 µm lang, 9,5–17 µm breit. **L** Sehr weit verbreitet, kommt auch im Plankton vor. **B** Variiert stark, bis zu Formen, die *C. venustum* oder *C. laeve* sehr ähnlich sind [7217]. **A** Nahe verwandt *C. regnellii* mit vorstehenden seitlichen Ecken und breitem, geradem Scheitel. *C. regnellii* f. *catenata* bildet Ketten (5 a).
6 Cosmarium laeve, Unscheinbare Zieralge. Zellen klein, sehr tief eingeschnitten. Membran mit punktförmigen Wärzchen. Chloroplasten mit je 1 zentralen Pyrenoid. **G** 14–34 µm lang, 11,5–23 µm breit. **L** Kleine Seen, Tümpel, Teiche, nasse Felsen, seltener in Torfmoos-Gewässern; weit verbreitet. [7364]
7 Actinotaenium cucurbita, Kürbis-Zieralge. Zellen klein, fast zylindrisch, doppelt so lang wie hoch, in der Mitte wenig eingeschnürt. Membran mit Poren. In Aufsicht rund. Chloroplasten mit 1 zentralen Pyrenoid und mehreren unregelmäßigen Randlamellen. **G** 30–50 µm lang, 15–24 µm breit. **L** Torfmoostümpel, zwischen Torfmoosrasen.
8 Actinotaenium palangula, Längsstreifen-Zieralge. Zellen klein, zylindrisch, dreimal so lang wie breit. Scheitel gerundet. In Aufsicht rund. Chloroplasten mit 1 zentralen Pyrenoid und Längsflügeln. **G** 32–48 µm lang, 14–17 µm breit. **L** Torfmoostümpel und zwischen Torfmoosrasen.
9 Cosmarium ornatum, Schmuckalge. Zellen klein, Halbzellen ausgebauchten Vasen ähnlich. Seitliche Ränder mit 7–9, Scheitel mit 7 Warzen. Chloroplasten mit je 2 Pyrenoiden. **G** 32–40 µm lang und breit, 23 µm dick. **L** Zwischen Torfmoos und am Rande von Seen. **B** Körnelung der Membran sehr variabel. [7366] **A** Halbzellen mehr pyramidenförmig, 60–80 µm lang: *C. turpinii*. Nicht zwischen Torfmoos, sondern in der nassen Randzone von Seen (9 a). [7797] ▸ *C. subcostatum* S. 338/8
10 Cosmarium reniforme, Nieren-Zieralge. Zellen mittelgroß, tief eingeschnitten, in Aufsicht elliptisch. Halbzellen nierenförmig. Membran mit kleinen Warzen (am Rand jeder Halbzelle 30–33 sichtbar). Chloroplasten mit je 2 Pyrenoiden. **G** 46–57 µm lang, 44–54 µm breit. **L** Seeufer, Ränder von Tümpeln und Teichen (häufig), Moos von Quellen. [7368]
11 Cosmarium tetraophthalmum, Warzen-Zieralge. Zellen groß, dicht mit konischen Warzen übersät. Zwischen den Warzen dichtstehende Poren. Chloroplasten geflügelt, mit je 2 Pyrenoiden. **G** 90–110 µm lang, 70–80 µm breit, 50–60 µm dick. **L** Hochmoore, zwischen untergetauchtem Torfmoos.
12 Cosmarium praemorsum, Dörnchen-Zieralge. Zellen mittelgroß, Membran ungleichmäßig gekörnelt. An den seitlichen Rändern ungefähr 8 spitzige Wärzchen, die scheitelnahen beträchtlich größer als die an den basalen Rundungen. Im Zentrum jeder Halbzelle unregelmäßig angeordnete, größere Papillen in wechselnder Zahl. Chloroplasten mit je 2 Pyrenoiden. **G** 47–55 µm lang, 43–51 µm breit. **L** Nasse Randzone und Ufer größerer Seen und Teiche, zwischen Torfmoos selten. [7823] **A** Papillen durchweg gleich groß, sehr regelmäßig angeordnet: *C. margaritiferum*. In Hochmooren sehr verbreitet.

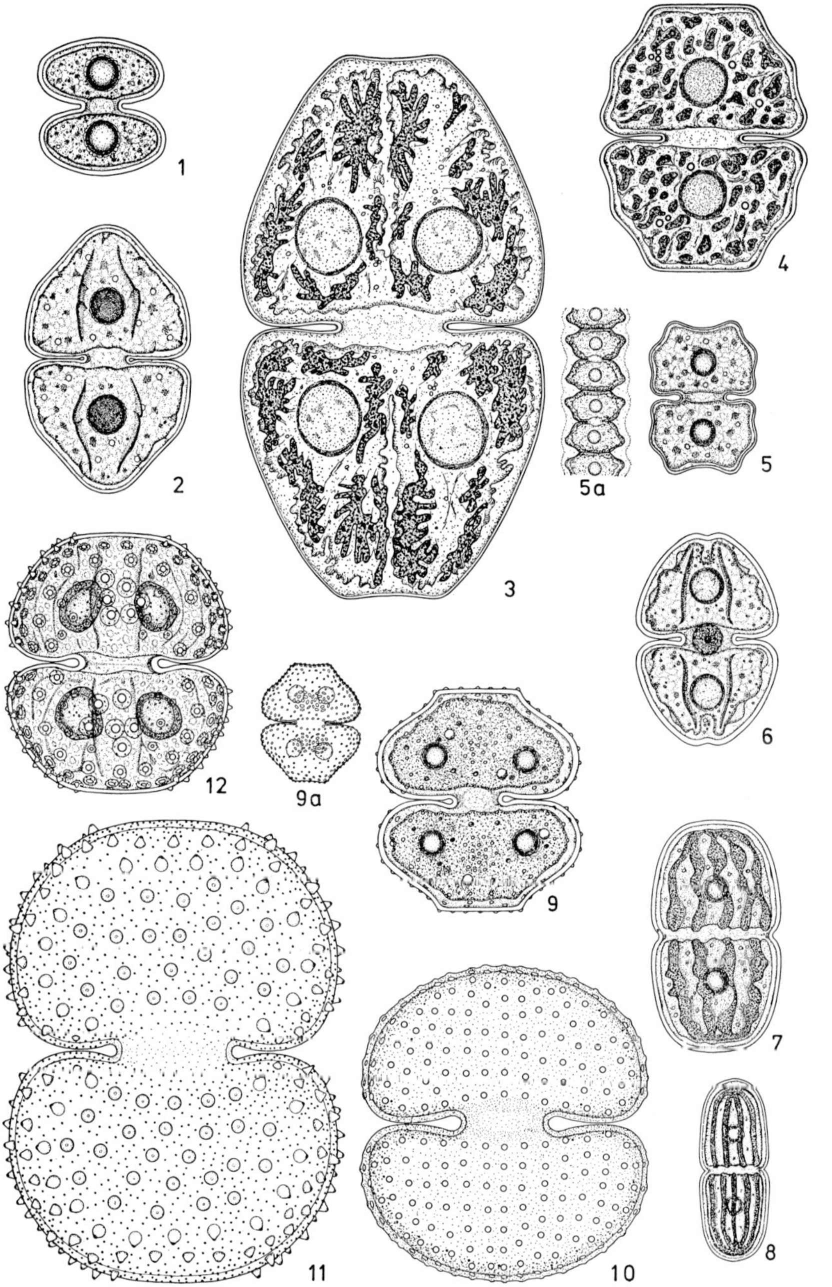
1
2
3
4
5a
5
6
12
9a
9
7
8
11
10

Jochalgen (Zieralgen) 6

1 Cosmarium humile, Kleine Zieralge. Sehr kleine Art. Halbzellen trapezförmig mit breitem, 2–4fach gewelltem Scheitel. Im Zentrum jeder Halbzelle eine große Warze. Chloroplasten mit je 1 Pyrenoid. **G** Um 15 µm lang, um 14 µm breit. **L** Randzone größerer Teiche und Seen, selten in Hochmooren; sehr verbreitet. **B** Die sehr kleinen Zellen können sich lange schwebend halten; daher auch im Plankton anzutreffen. [7216]
2 Cosmarium formosulum, Edel-Zieralge. Einschnitt zwischen den Halbzellen sehr tief. Konvexe Seiten der Halbzellen mit je 6 oder 7 Höckerchen; obere 3 Höcker mit je 2 Wärzchen. Scheitel breit mit etwa 4 Wellen. Im Zentrum jeder Halbzelle eine Anschwellung mit 5–7 vertikalen Reihen von Körnchen. Chloroplasten mit Flügeln und je 2 Pyrenoiden. **G** 40–50 µm lang, 34–40 µm breit, 22–25 µm dick. **L** Moore, morastige Seen, häufig ins Plankton verfrachtet; sehr häufig und weit verbreitet. [7215] ▸ *C. depressum planctonicum* S. 338/7
3 Cosmarium botrytis, Eiförmige Zieralge. Groß, tief eingeschnürt, eiförmig. Membran unregelmäßig mit Wärzchen besetzt. Chloroplasten mit je 2 Pyrenoiden. **G** 65–90 µm lang, 51–68 µm breit, 33–40 µm dick. **L** Randzone von Teichen und Seen, Moore, feuchte Felsen; kosmopolitisch verbreitet. **B** Viele Varietäten. [7029] **A** Ähnlich, aber nur in Mooren: *C. tetraophthalmum*, ohne Wärzchen am Scheitel, 90–120 µm lang (s. vorige Seite).
4 Xanthidium armatum, Waffenalge. Zellen groß, mit 3- oder 4zinkigen Fortsätzen. Halbzellen etwa achteckig, im Zentrum mit großer Warze. 4 Chloroplasten in jeder Halbzelle, mit mehreren Pyrenoiden. **G** 120–180 µm lang, 78–125 µm breit, 63–68 µm dick. **L** Torfmoos-Gewässer (oft massenhaft), zwischen Moosen an Seerändern.
5 Xanthidium antilopaeum, Gazellen-Alge. Zellen mittelgroß, tief eingeschnitten. Ecken der Halbzellen schwach gerundet, Seiten und Scheitel fast gerade. An jeder der 4 Ecken ein Paar einfacher, gerader oder leicht gekrümmter Stacheln. In Aufsicht elliptisch. Wand fein punktiert. 4 Chloroplasten in jeder Halbzelle mit je 1 Pyrenoid. **G** Mit Stacheln 55–115 µm lang, 60–110 µm breit. **L** Zwischen Moosen an sumpfigen Rändern von Seen und Teichen, selten in Torfstichen oder Moorseen. [7796] **A** Seiten und Scheitel abgerundet, die beiden Halbzellen mit je mehr als 12 einfachen Stacheln: *X. cristatum*.
6 Staurodesmus extensus, Langdornige Zieralge. Typisch für *St.*-Arten: In einer medialen Ebene liegende, einfache Dornen. Selten über der Einschnürung etwas eingedellt. Dornen lang und kräftig, meist auseinanderweichend, selten horizontal. Membran unregelmäßig mit Poren besetzt. 1 Chloroplast in jeder Halbzelle. **G** Ohne Stacheln 25–30 µm lang, um 20 µm breit. **L** Zwischen Moosen an sumpfigen und nassen Stellen am Rande von Seen; in Mooren. Häufig. [7736]
7 Staurodesmus convergens, Kurzdornige Zieralge. Mittelgroße, sehr tief eingeschnittene Zellen. Halbzellen ungefähr elliptisch. Seitliche Ecken mit je 1 kurzen, leicht gebogenen Dorn. In jeder Halbzelle 1 Chloroplast mit 1 zentralen Pyrenoid. **G** Ohne Stacheln 33–54 µm lang, 40–65 µm breit, 18–25 µm dick. **L** Randzone von Gewässern, Moore. Im Plankton sind die Stacheln häufig reduziert. **B** Formen, bei denen einer oder beiden Halbzellen die Stacheln fehlen, sind nicht selten. [Gattung: 17029]
8 Staurastrum punctulatum, Gekörnelte Zieralge. Zellen klein, tief eingeschnürt, Halbzellen meist etwas gegeneinander verdreht. In Aufsicht dreieckig. Membran einheitlich mit abgeflachten Körnchen bedeckt. **G** 26–40 µm lang, 23–36 µm breit. L Moore, Sümpfe, Moosgürtel von Teichen; weit verbreitet und häufig. [7275]
9 Staurodesmus dickiei, Kleiner Stachelstern. Zellen klein, mit tiefer, aber weiter Einschnürung. Scheitel leicht gerundet. Typisch die kurzen und leicht gebogenen Stacheln. Jede Halbzelle mit 1 Chloroplast. **G** Ohne Stacheln 35–45 µm lang und breit. **L** Fast alle Gewässertypen, besonders in Hoch- und Wiesenmooren oft massenhaft.

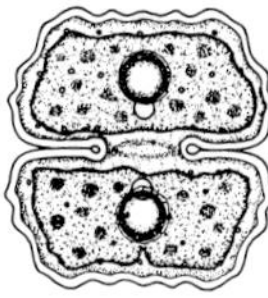

1

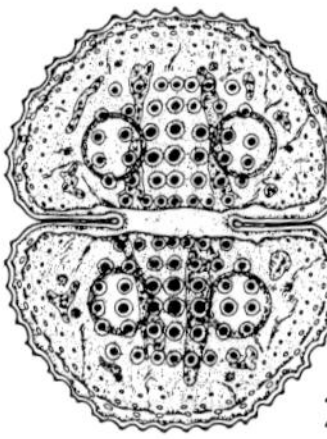

2

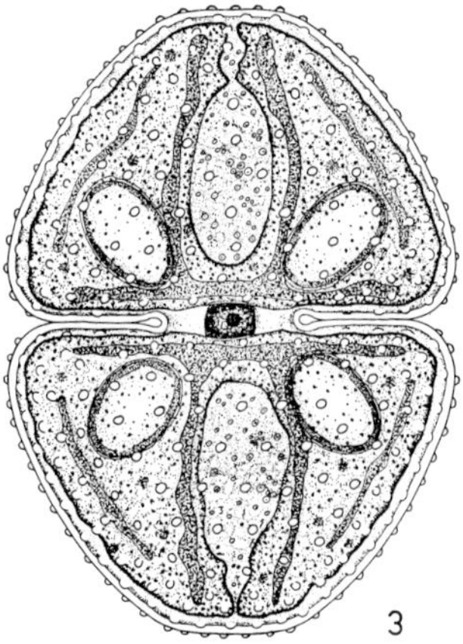

3

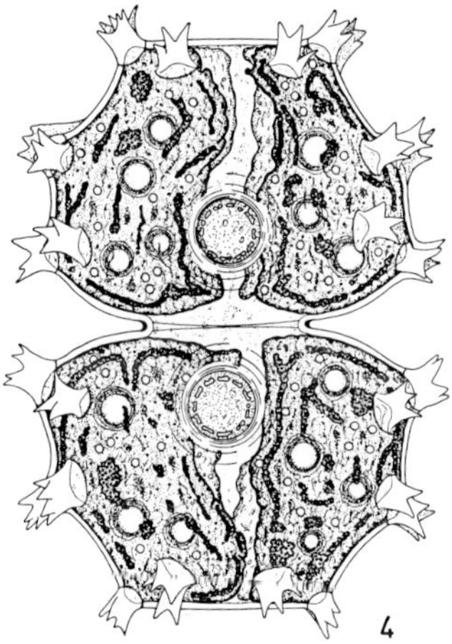

4

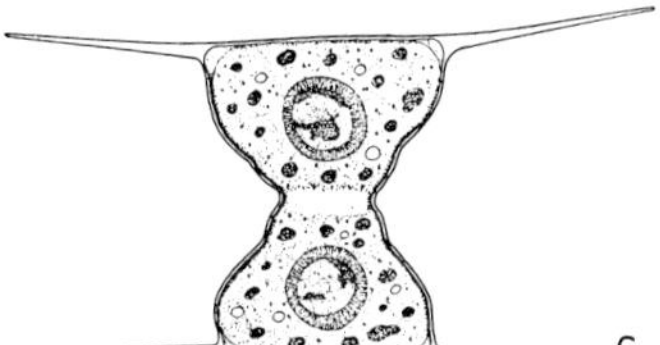

6

7

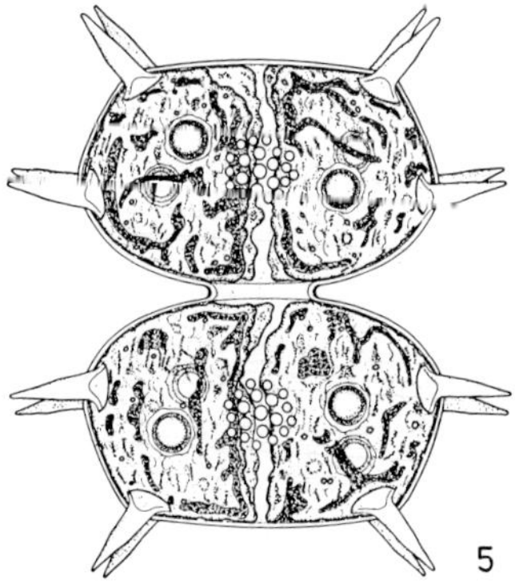

5

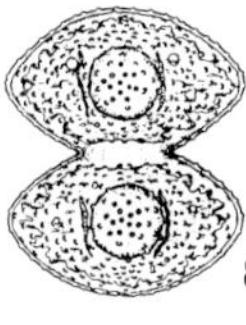

8

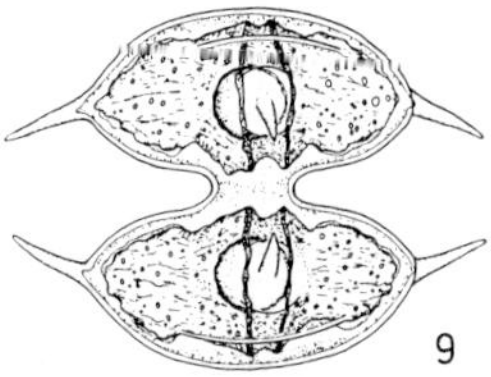

9

1 Staurodesmus dejectus, Sechsstrahliger Stachelstern. Umriss der Halbzellen ungefähr dreieckig, an jeder Ecke ein langer Stachel. Form und Ansatzstellen der Stacheln variieren. Chloroplast mit je 1 zentralen Pyrenoid. **G** Ohne Stacheln 18–27 µm lang und breit. **L** Im Plankton häufig und weit verbreitet.
2 Staurodesmus cuspidatus, Dreizack-Stachelstern. Klein; an dem langen, zylindrischen Isthmus, der die Länge einer Halbzelle erreicht, sofort zu erkennen! Ecken enden in je einem kräftigen Stachel, der waagerecht oder gegen die Mittelebene geneigt verläuft. In Aufsicht dreieckig, selten viereckig. **G** Ohne Stacheln 20–30 µm lang, 18–28 µm breit. Stacheln zwischen 5 und 12 µm lang. **L** Plankton von Seen und Teichen in Ufernähe, am Ufer im Schlamm und Spülsaum; sehr häufig und weit verbreitet. [17062]
3 Staurastrum teliferum, Morgenstern-Zieralge. Zellen tief eingeschnürt, Halbzellen im Umriss elliptisch mit breitgerundeten Ecken. Mit kurzen und kräftigen Stacheln bestückt. Chloroplasten mit je 1 Pyrenoid und 1 Mittelstück, von dem aus in jede Ecke ein Flügelpaar zieht. **G** Ohne Stacheln 32–56 µm lang, 27–37 µm breit. **L** in Mooren sehr häufig, dort auch im Plankton.
4 Staurastrum gracile, Zierlicher Stachelstern. Ecken in kräftige Arme ausgezogen. Jeder Arm von 3 oder 4 winzigen Stacheln gekrönt. Wichtig: Arme stehen horizontal oder konvergieren leicht (Unterschied zu *St. pingue* (*paradoxum*). Auf den Armen winzige Zähnchen. **G** 30–60 µm lang, einschließlich der Arme 50–110 µm breit. **L** Rand und Uferzonen sauberer Seen, von dort ins Plankton verfrachtet. Weit verbreitet. **B** Sehr viele Standortmodifikationen. [7273]
5 Staurastrum pingue, Sechsarmiger Dornenstern. Zellen klein bis mittelgroß mit divergierenden Fortsätzen. Fortsätze mit kleinen Zähnchen besetzt, mit 3 oder 4 Dörnchen endend. In Aufsicht 3- oder 4-strahlig. **G** 20–36 µm lang, mit Fortsätzen 40–70 µm breit. **L** Plankton verschiedener Gewässer; häufig und weltweit verbreitet. [17337]
6 Staurastrum tetracerum, Vierzipfel-Stachelstern. Zellen klein, mit langen, stark divergierenden, gewellten Armen. Charakteristisch: Halbzellen gegeneinander verdreht (6 a). Jede Halbzelle bildet meist 2 Fortsätze; dreiarmige Formen sind jedoch nicht selten. **G** Ohne Arme 7–10 µm, mit Armen 25–30 µm lang. **L** Plankton stark eutropher Uferstellen; weltweit. [7076]
7 Staurastrum polymorphum, Vielgestaltiger Stachelstern. In der Form sehr variabel. Die kurzen und kräftigen Fortsätze sowie der Körper mit winzigen Zähnchen bzw. Wärzchen bedeckt. In Aufsicht drei- bis siebeneckig. **G** 20–30 µm lang, mit Armen 21–43 µm breit. **L** Schlamm und Aufwuchs kleiner Seen. **A** Halbzellen stark gegeneinander verdreht: *St. inflexum.*
8 Staurastrum aculeatum, Igel-Zieralge. Zellen tief eingeschnürt. Ecken der Halbzellen mit 3 oder 4 kräftigen Stacheln. Weitere Stacheln auf den Scheiteln und auf einer Querlinie. In Seitenansicht drei- oder viereckig. **G** 33–50 µm lang, 50–60 µm breit. **L** Moorige Gewässer, auch planktisch. [7792]
9 Hyalotheka dissilens, Glashüllen-Alge. Zellen kaum eingeschnürt, an den breiten Scheiteln zu langen, fädigen Kolonien vereinigt. Kolonien in breiter Gallerthülle. **G** Einzelzellen 10–33 µm lang, 10–40 µm breit. **L** Moore und Entwässerungsgräben; sehr häufig, oft massenhaft. [7707] **A** Mitteleinschnürung fehlt: *H. mucosa.* ▸ *Spondylosium* S. 338/9
10 Desmidium swartzii, Ketten-Zieralge. Einzelzellen in Aufsicht dreieckig, etwas gegeneinander verdreht. Jede Ecke mit einer flachen Emporwölbung, die den Kontakt zur Nachbarzelle vermittelt. Hüllgallerte undeutlich. **G** 12–20 µm lang, 35–50 µm breit. **L** Moore und Entwässerungsgräben; häufig, oft massenhaft. [Gattung: 7879]
11 Desmidium grevillii, Rundzellige Ketten-Zieralge. Zellen in Aufsicht elliptisch mit gerundeter Vorbuchtung an beiden Polen. Seitenränder der Halbzellen mit 2 flachen Wellen. **G** Einzelzellen 25 µm lang, bis 56 µm breit. **L** Moore; häufig und weit verbreitet, nie massenhaft.
12 Desmidium coarctatum, Gewellte Ketten-Zieralge. Zellen höher und schmaler, Scheitel weniger breit als bei *D. grevillii.* **G** 25–35 µm lang, um 35 µm breit. **L** Saure Moorgewässer.
13 Bambusina brebissonii, Halsbandalge. Mediane Einschnürung fehlt fast völlig, im Gegensatz zu *Desmidium.* Zellen hängen am breiten Scheitel zusammen, sie sind in Aufsicht kreisrund. **G** Einzelzellen 25–30 µm lang, 18–23 µm breit. **L** Moorseen und Torfstiche, planktisch.

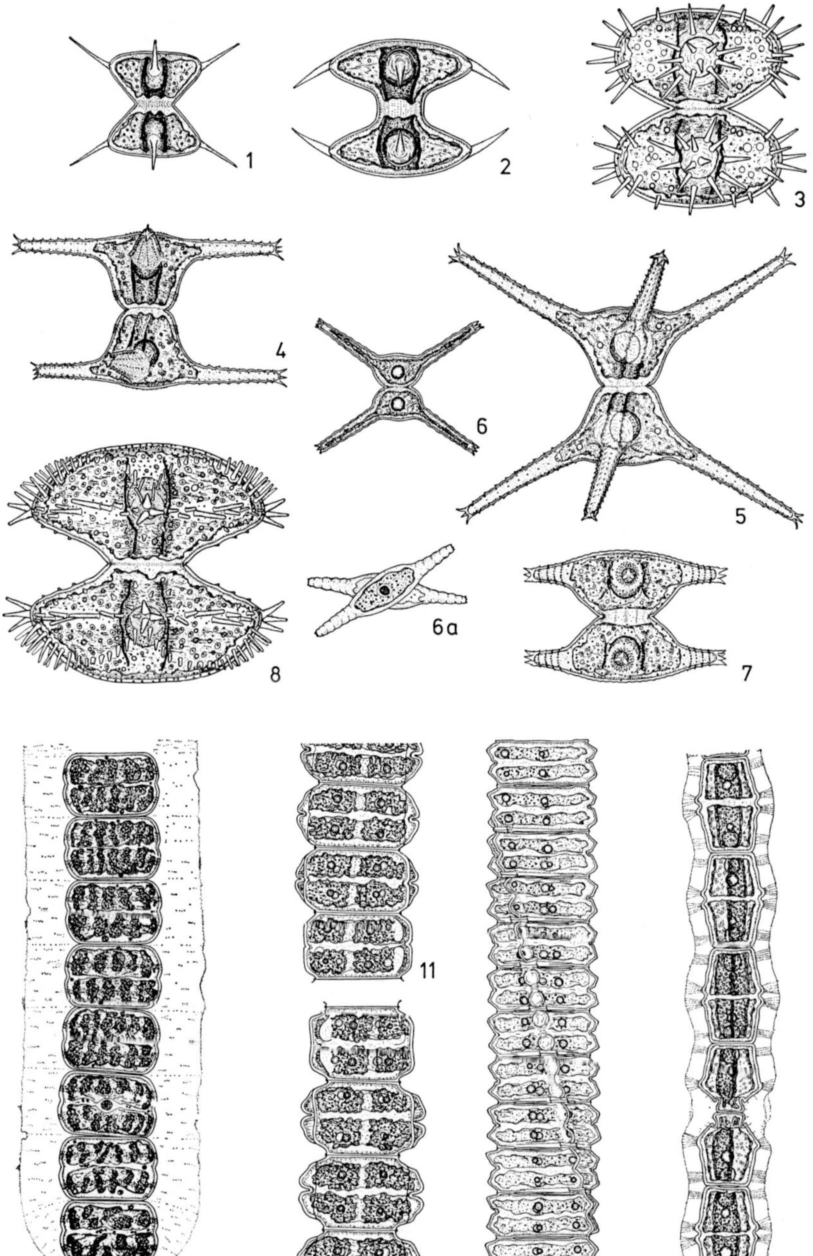
1
2
3
4
5
6
6a
7
8
9
10
11
12
13

Jochalgen (Zieralgen) 8

1 Netrium oblongum, Finger-Zieralge. Zellen um 4-mal so lang wie breit; Enden breit abgerundet und kaum schmäler als der „Leib". 1–3 Pyrenoide liegen in den Chromatophoren jeder Zellhälfte. Pyrenoide rundlich. Chromatophoren im Unterschied zu *Netrium digitus* (Seite 198/7) mit weniger Flügellappen. **G** 100–150 µm lang, 30–35 µm breit und dick. **L** In Verlandungszonen von Moorseen, in Schlenken und in Torfmoosen weit verbreitet.
2 Netrium interruptum, Streifen-Zieralge. Zellen 4–5 mal so lang wie breit; Enden abgestutzt. Chromatophoren mit glatten Flügelrändern und–sehr charakteristisch–in vier Segmente je Zelle unterteilt. In jedem Segment liegt ein rundes Pyrenoid. Zellkern zentral. **G** 100–350 µm groß bei 25–70 µm Breite. **L** Verbreitet in wenig saurem Wasser von Nieder- und Zwischenmooren.
3 Closterium limneticum, See-Spindelalge. Spitze Enden unauffällig, ohne Endporen. Zellen sehr schlank, 20–70 mal länger als breit. Zellwand glatt und farblos, ohne Gürtelbänder. In den Endvakuolen wenige Kristalle. Chloroplasten mit 3 Längsleisten und mehreren Pyrenoiden in der Längsachse. **G** 140–250 µm lang, 5–7 µm breit. **L** Im Plankton von Seen und Teichen. [7068]
4 Pleurotaenium nodosum, Knoten-Bandzieralge. Zellen gerade, im Querschnitt kreisrund, mit einer seichten Mitteleinschnürung. Zellhälften mit vier Wülsten aus Höckerchen; Enden mit Stachelchen. In den bandförmigen Chloroplasten wenige Pyrenoide. **G** Zellen 300–450 µm lang und 45–65 µm im Durchmesser. **L** In Uferzonen von Moorgewässer und Hangwasser.
5 Euastrum intermedium, Zwischenglied-Sternalge. Zellhälften 3-lappig; Seitenlappen breit und rund. Zellen 1,7–2 mal länger als breit; Zellhälften mit 2 sehr flachen, gekörnelten Höckerchen. Mittelteil mit Taille. **G** 60–80 µm hoch, 32–45 µm breit, 20–25 µm dick. **L** In *Sphagnum*-Gewässern alpiner Hochmoore. [7753]
6 Euastrum insigne, Höcker-Sternalge. Zellhälften 3-lappig; Seitenlappen mit großen Fortsätzen an der Basis. Enden ambossartig. Sinus, Mitteleinschnürung tief; die Lappen der Basen berühren sich über den Mitteleinschnitt hinweg. Zellwand mit Wärzchen und Poren. **G** 100–130 µm lang, 50–65 µm breit, 25–40 µm dick. **L** In Hochmoor- und Moor-Gewässern häufig, manchmal massenhaft; allgemein weit verbreitet.
7 Euastrum crassum, Dicker Schönstern. Basal- und Seitenlappen der Art sind einfach und durch eine weite, flache Eindellung getrennt. Zellen groß und massig, 2-mal höher als breit. Lappen und breite Aufwölbungen an der Basis der Zellhälften variieren stark. Zellwand mit groben Poren und an den Lappenenden verdickt. **G** 140–200 µm lang, 75–90 µm breit, 45–70 µm dick. **L** Als Charakterart saurer Moorgewässer weit verbreitet; lokal massenhaft. Bislang in den Alpen nicht gefunden.
8 Euastrum humerosum, Knoten-Sternalge. Scheitellappen, Seitenlappen und zweiwellige Basallappen sind durch flache Eindellungen getrennt. Sinus tief. An der Basis der Zellhälften drei Anschwellungen, darüber zwei Höckerchen. **G** 120–140 µm lang, 65–75 µm breit, 30–50 µm dick. **L** Weit verbreitet und häufig in Zwischen- und Niedermooren. **B** Reduzierte Formen ähneln *E. didelta* Seite 202/3.
9 Euastrum germanicum, Germanischer Schönstern, Basal- und Seitenlappen gleichgroß und zusammengerückt; daher die *Euastrum*-untypische Kreuzform. Wärzchenreihen und Warzenhöcker rauen die Zelloberfläche auf–als Adhäsionsschutz. **G** Die relativ kleine Art wird 50–60 µm lang, 42–54 µm breit, 20–27 µm dick. **L** In schwach eutrophen Seen und Teichen, in Altwässern, Wald- und Wiesensümpfen.
10 Micrasterias jenneri. Zellen mit glatten Rändern; Einschnitte seicht und geschlossen; Sinus sehr tief. Zellen 1,5-mal länger als breit; Zellhälften 5-lappig. Zellen mit Poren und Punktornamenten. Scheitel mit einer flachen Eindellung. **G** 150–180 µm hoch, 100–130 µm breit, 30–40 µm dick. **L** Säureliebende Art; im bayerischen Alpenvorland häufiger; in Nordtirol nur lokal. [Gattung 7091]
11 Micrastrias thomasiana var. notata. Zelloberfläche meist ohne Stacheln oder Wärzchen. Zwischen den spitzen Zähnchen der Ränder sind Lappen 4. Ordnung angedeutet. Die mittleren Scheitellappen stehen nicht vor. **G** 200–250 µm lang, 170–220 µm breit, 35–40 µm dick. **L** Weit verbreitet und häufig in Hoch-, Zwischen- und Niedermooren, in Wiesentümpeln und Feuchtwiesen. [17108]
12 Micrasterias pappilifera, Zähnchen-Stern. Zellen der fast kreisrunden Art so lang wie breit. Einschnitte zwischen den Lappen vielfach breit und offen. Randzähnchen oft rund und stumpf. Beide Scheitel mit je 2 Zähnen auf Höckern und 4 Randzähnen. Merkmal: Entlang den Lappeneinschnitten und dem Sinus stehen Zähnchen, Papillen, in Reihen. **G** 100–150 µm groß, 20–35 µm dick. **L** Häufig und weit verbreitet in Mooren aller Art, in nassen Hängen und in Almtümpeln.

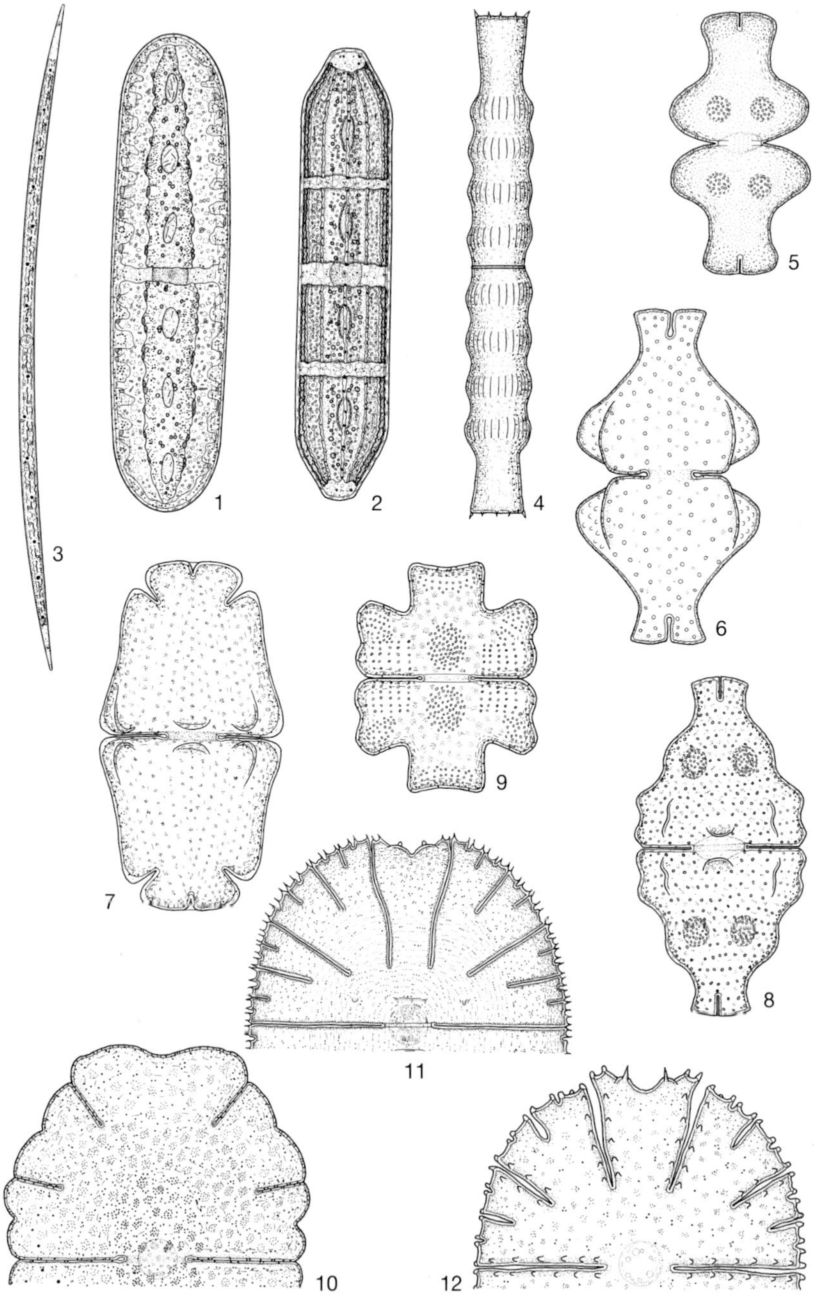
1
2
3
4
5
6
7
8
9
10
11
12

Jochalgen (Zieralgen) 9

1 Cosmarium connatum, Zwillings-Zieralge. Die Zellen aller Cosmarien sind in Scheitelansicht von oben oder unten elliptisch, „biradiat". Zellhälften der Art breit oval; Mitteleinschnitt seicht. Zellwände mit Kanälen sowie groben und feinen Poren. Pro Zellhälfte 2 Pyrenoide in den verzweigten Chromatophoren. **G** 65–105 µm lang, 45–85 µm breit. **L** Verbreitet in Sphagnen, Mooren, nassen Hängen, Verlandungszonen. [Gattung 7028]
2 Cosmarium contractum, Kontrakt-Zieralge. Zellhälften in Seitenansicht fast kreisrund; Mitteleinschnitt tief. Isthmus sehr schmal. Feine Punktporen über die gesamte Zellwand. Chromatophoren sternförmig, mit je einem Pyrenoid in den beiden Zellhälften. **G** 30–50 µm lang, 20–30 µm breit, 15–20 µm dick. **L** In Mooren, Uferzonen von Seen und Teichen, im Plankton sauberer Gewässer; verbreitet und lokal massenhaft.
3 Cosmarium ralfsii. Zellen kaum länger als breit. Zellscheitel flach abgerundet; Mitteleinschnitt gerade und geschlossen. Zellwand sehr zart punktiert (Poren). In den Chromatophoren mehrere Pyrenoide. **G** 90–120 µm lang, 80–110 µm breit, 50–55 µm dick. **L** In Hochmooren verbreitet bis massenhaft.
4 Cosmarium turpinii. Ihrer Form wegen eine unter den vielen *Cosmarium*-Arten ganz zweifelsfrei ansprechbare Art. Zellhälften trapezartig mit breitem Basalrund. Seitenränder und Scheitel eingezogen; mit Warzenstreifen. Runde Warzenkuppen zieren die Zellmitten. Je Zellhälfte 2 Pyrenoide in den Chromatophoren. **G** 70–85 µm lang, 60–70 µm breit, 30–40 µm dick. **L** Verbreitungsspektrum breit: Moore, Teiche, Seeufer, Altwässer; auch im Plankton. [7797)
5 Staurodesmus glaber, Kahler Stachelstern. Zellen in Aufsicht stets dreistrahlig, triradiat. Seitenansicht: An den trapezförmigen Zellhälften stehen je drei spitze, lange und sich gegen die Zellmitte neigende Stacheln. **G** Kleine Art: Abmessungen 18–25 µm. **L** Verbreitet in Hochmoorschlenken sowie in Nieder- und Zwischenmooren; häufig bis massenhaft. [Gattung 17029]
6 Staurastrum scabrum, Kleiner Kratzstern. Im Unterschied zu den zweistrahligen *Cosmarium*-Arten sind alle *Staurastrum*-Arten vom Scheitel her gesehen dreistrahlig oder selten vierstrahlig. Bei *St. scabrum* sind beide Zellhälften in Seitenansicht oval, die Scheitel breit abgerundet. Mit Ringen kleiner Stacheln, die im Scheitelbereich in zweispitzige Wärzchen übergehen. **G** 25–30 µm hoch und breit. **L** Charakterart für saure *Sphagnum*- und Hochmoorschlenken; weit verbreitet, ab und an massenhaft. **A** Zellhälften etwas abgeflachter, trapezförmiger: *St. subscabrum*. [Gattung 7064]
7 Staurastrum erasum, Großer Kratzstern. Zellen so lang wie breit. Scheitel flach gewölbt und kahl. Zellhälften in Seitenansicht elliptisch. Kurze Stacheln stehen in Reihen dicht beisammen. Scheitelansicht dreistrahlig mit eingezogenen, bestachelten Seiten und runden Enden. **G** 33–40 µm. **L** In Niedermooren und Schwingrasenbereichen von Moorseen.
8 Staurastrum spongiosum, Schwamm-Zieralge. Zellen im Umriss oval, Zellhälften etwa halbkreisförmig. Zellwände mit 1–2-spitzigen Warzen in den oberen Partien dicht besetzt. Auffällige Art. **G** 45–52 µm groß. **L** Verbreitet in Regenwassertümpeln, Gräben, Feuchtwiesen, Niedermooren.
9 Staurastrum furcigerum, Gabel-Zieralge. Seiten- und Scheitelfortsätze lang und an den Enden gegabelt. An den Basen der Fortsätze stumpfe Knöpfchen. In Scheitelansicht meist dreistrahlig, ab und zu vierradiat. **G** 50–70 µm groß. **L** Im Plankton sauberer Gewässer, in Kleingewässern von Zwischen- und Niedermooren; Litoralform in Seen, Teichen, Tümpeln. [7877]
10 Staurastrum sebaldi. Zellen mit Armen meist breiter als lang. Einwärts abstehende Arme mit mehrgipfeligen Warzen und spitzen Endstacheln. **G** 70–80 µm hoch und 75–90 µm breit. **L** Am Rande von Bergseen, in Niedermoortümpeln, im Plankton oligotropher Seen verbreitet.
11 Staurastrum cingulum, Taillierter Dornenstern. Zellhälften variabel: ungefähr doppelt so breit wie hoch. Arme mit vier Endstacheln und vier Ringen aus winzigen Höckerchen. Scheitelflächen kahl; Taille mit zwei Kränzen von Wärzchen. **G** 50–70 µm hoch, 50–85 µm breit. **L** Planktonform; konstant im Phytoplankton der Alpenseen. [17333]

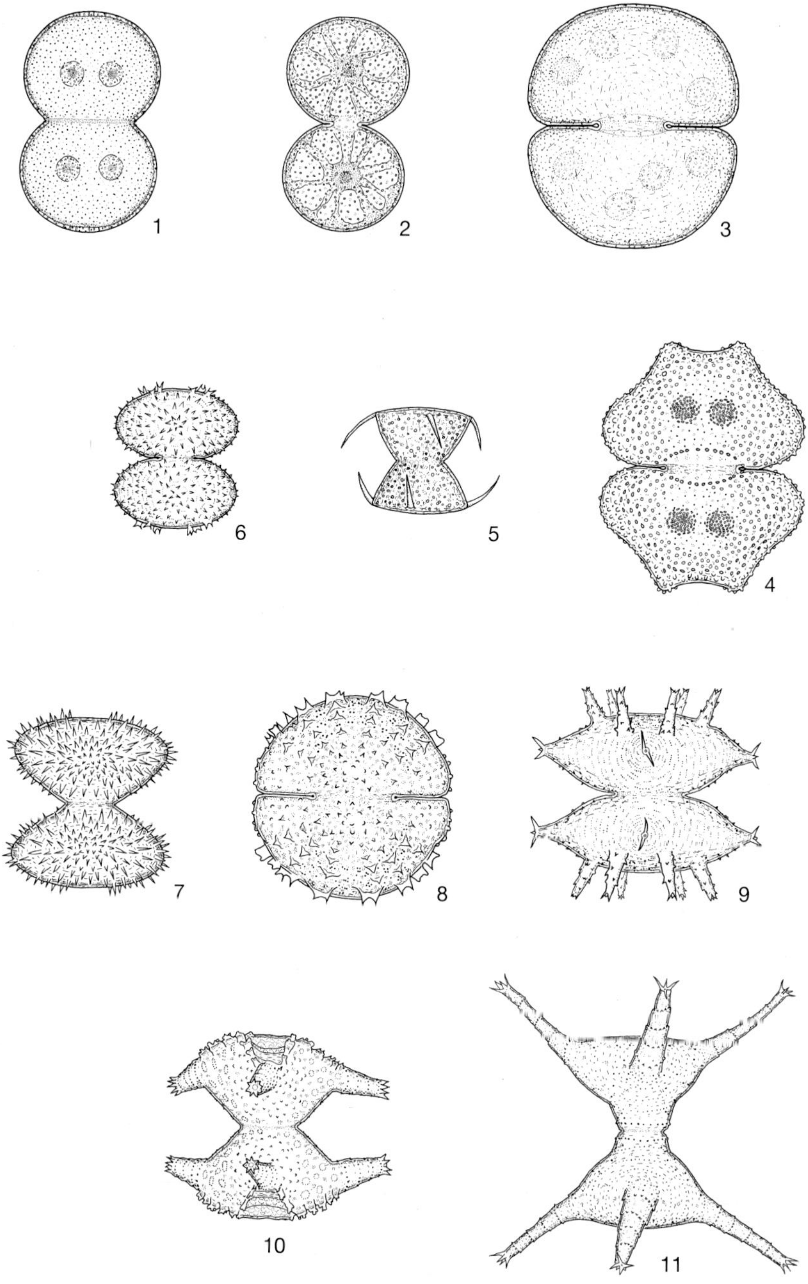
1
2
3
6
5
4
7
8
9
10
11

Jochalgen (Faden-Jochalgen)

Gattung Spirogyra, Schraubenalgen. Schleimige, freischwimmende Watten aus grünen, unverzweigten Fäden. Zellen zylindrisch. Membranen zweischichtig. Chloroplasten durchgehend, im Querschnitt y-förmig; bilden linksgewundene Wendel; viele Pyrenoide (B). Sexuelle Fortpflanzung durch leiterförmige Kopulation zweier Fäden, Verschmelzung der Protoplasten in einem Faden und Zygotenbildung (A). Reife Zygoten mit dreischichtiger Membran: Exospor, Mesospor, Endospor. Nicht kopulierende Arten unbestimmbar. In Mitteleuropa mindestens 120 Arten. [Gattung: 7013]

1 Spirogyra mirabilis. Querwände eben. 1 Chloroplastenband. Zygoten kugelig-breitoval. Fortpflanzung meist durch ungeschlechtliche Parthenosporen, die den Zygoten ähnlich, aber nur halb so groß sind. **G** 24–26 µm breit; Zygoten 37–50 µm lang. **L** Teiche, Wiesentümpel; häufig.

2 Spirogyra setiformis. Querwände eben. 6–10 Chloroplastenbänder. Zygoten lang-ellipsoidisch. Exospor dünn, Mesospor dick, glatt, dunkelbraun. **G** 92–106 µm breit; Zygoten 95–120 µm lang.

3 Spirogyra varians, Querwände eben. 1 Chloroplastenband. Zygoten langgestreckt. Exospor dünn, Mesospor dick, glatt, gelbbraun. **G** 28–32 oder 38–40 µm breit; Zygoten 38–56 µm lang. **L** Stehende Gewässer, Altwässer; häufig.

4 Spirogyra fluviatilis. Querwände eben. 3–5 Chloroplastenbänder. Fäden festgewachsen. Zygoten ellipsoidisch; Exospor dünn, Mesospor dick, schwarzbraun. **G** 26–30 oder 36–40 µm breit; Zygoten 80–100 µm lang. **L** Seen und Flüsse; verbreitet, häufig.

5 Spirogyra majuscula. 6–8 Chloroplastenbänder. Zygoten linsenförmig. Exospor dick; Mesospor dick, mit netzigem System winziger Leisten. **G** 65–73 oder 92–100 µm breit, Zygoten 62–65 µm lang. **L** Altwässer, stehende Gewässer; sehr häufig. [7703]

6 Spirogyra juergensii. Querwände eben. 1 Chloroplastenband. Zygoten langgestreckt, ellipsoidisch; Exospor dünn, Mesospor glatt, gelb. **G** 26–30 µm breit; Zygoten 55–70 µm lang. **L** Moorgewässer, Gräben, Tümpel; weit verbreitet, häufig.

7 Spirogyra calospora. Querwände mit Ringfalten. Meist 1 Chloroplastenband, seltener 2 oder 3. Zygoten ellipsoidisch; Exospor dick, mit kreisförmigen Grübchen, Mesospor dünn, glatt, gelb. **G** 20–25 oder 35–40 µm breit; Zygoten 65–70 µm lang. **L** Tümpel, Teiche; häufig.

8 Spirogyra weberi. Querwände mit Ringfalten. 1, seltener 2 Chloroplastenbänder. Zygoten eliipsoidisch; Exospor dünn, farblos; Mesospor dick, glatt, bräunlich. **G** 24–30 µm breit; Zygoten 54–70 µm lang. **L** Wiesentümpel; häufig.

Gattung Zygnema, Sternalgen. Fäden unverzweigt, Zellen zylindrisch, Querwände eben. Jede Zelle mit 2 morgensternartigen Chloroplasten (Farbfotos II, 10) mit je 1 Pyrenoid (C). Kopulation und Zygotenbildung wie bei *Spirogyra*. Nur kopulierende Arten bestimmbar. In Mitteleuropa 50 Arten. [Gattung: 7293]

9 Zygnema stellinum. Zygoten ellipsoidisch; Exospor dünn, farblos; Mesospor braun, dick, mit kleinen Grübchen. **G** 27–30 µm breit; Zygoten um 50 µm lang. **L** Gräben, Wiesentümpel, Teiche, Seen; häufig.

10 Zygnema commune. Zygoten kugelig oder leicht ellipsoidisch; Exospor dünn, farblos; Mesospor blau, dick, mit kreisrunden Vertiefungen. **G** 30–32 µm breit; Zygoten um 50 µm lang. **L** Stehende Gewässer, Altwässer; häufig.

11 Zygnema leiospermum. Zygoten kugelig; Exospor dünn; Mesospor dick, glatt, bräunlich. Zygoteninhalt gut zu erkennen. **G** 20–22 µm breit; Zygoten 23–30 µm. **L** Kleingewässer; häufig.

12 Zygnema pectinatum. Zygoten kugelig, werden im Kopulationskanal gebildet. Exospor dünn; Mesospor braun, dick, mit Grübchen. **G** 32–35 µm breit; Zygoten um 55 µm. **L** Stehende Gewässer, Sümpfe; verbreitet, häufig.

13 Zygnema sterile. Zygotenbildung unbekannt; statt ihrer Dauerzellen mit dicker, hellbrauner, geschichteter Membran. Mesospor der Dauerzellen mit feinen Höckerchen. **G** 45–55 µm breit; Dauerzellen 55–70 µm lang. **L** Tümpel, Teiche, Seen; häufig.

14 Zygnema ericetorum. Kopulation und Zygoten nicht sicher bekannt. Fäden oft verzweigt. **G** 16–28 µm breit. **L** Auf feuchten Moorböden als grauviolette, filzige Überzüge; häufig.

Gattung Mougeotia, Plattenalgen. Fäden unverzweigt, Zellen zylindrisch, Querwände eben. In jeder Zelle 1 platten- oder trogförmiger Chloroplast, der seine Breitseite stets dem einfallenden Licht zuwendet. Zygoten meist im Kopulationskanal gebildet. In Mitteleuropa um 45 Arten; Bestimmung nur bei kopulierenden Fäden möglich. [Gattung: 7089]

15 Mougeotia scalaris. Chloroplastenplatten reichen nur bei intensiver Zellvermehrung durch die ganzen Zellen (E). Zygoten kugelig. Mesospor glatt, gelblichbraun. **G** 20–35 µm breit; Zygoten um 40 µm. **L** Gräben, Tümpel, moorige Gewässer; häufig, weit verbreitet.

16 Mougeotia laetevirens. Zygoten kurz-zylindrisch; Deckel und Boden der Zylinder springen bei Keimung ab; Mesospor glatt, gelbbraun. Kopulierende Zellen gegeneinander gebogen. **G** 36–39 µm breit; Zygoten 45–75 µm lang. **L** Stehende Gewässer; weit verbreitet, häufig. **A** 25–27 µm breit, Zygoten berühren mit Deckel und Boden Außenwände der stark eingezogenen Partnerzellen: *M. varians*.

17 Mougeotia calospora. Zellen kaum länger als breit. Chloroplastenplatten pyrenoidlos, quadratisch, mit umgeschlagenen Längsrändern (D). Zygoten ellipsoidisch. Mesospor graubraun, dick, an der Außenseite Grübchen. **G** 11–16 µm breit; Zygoten 33–40 µm lang. **L** Stehende Gewässer.

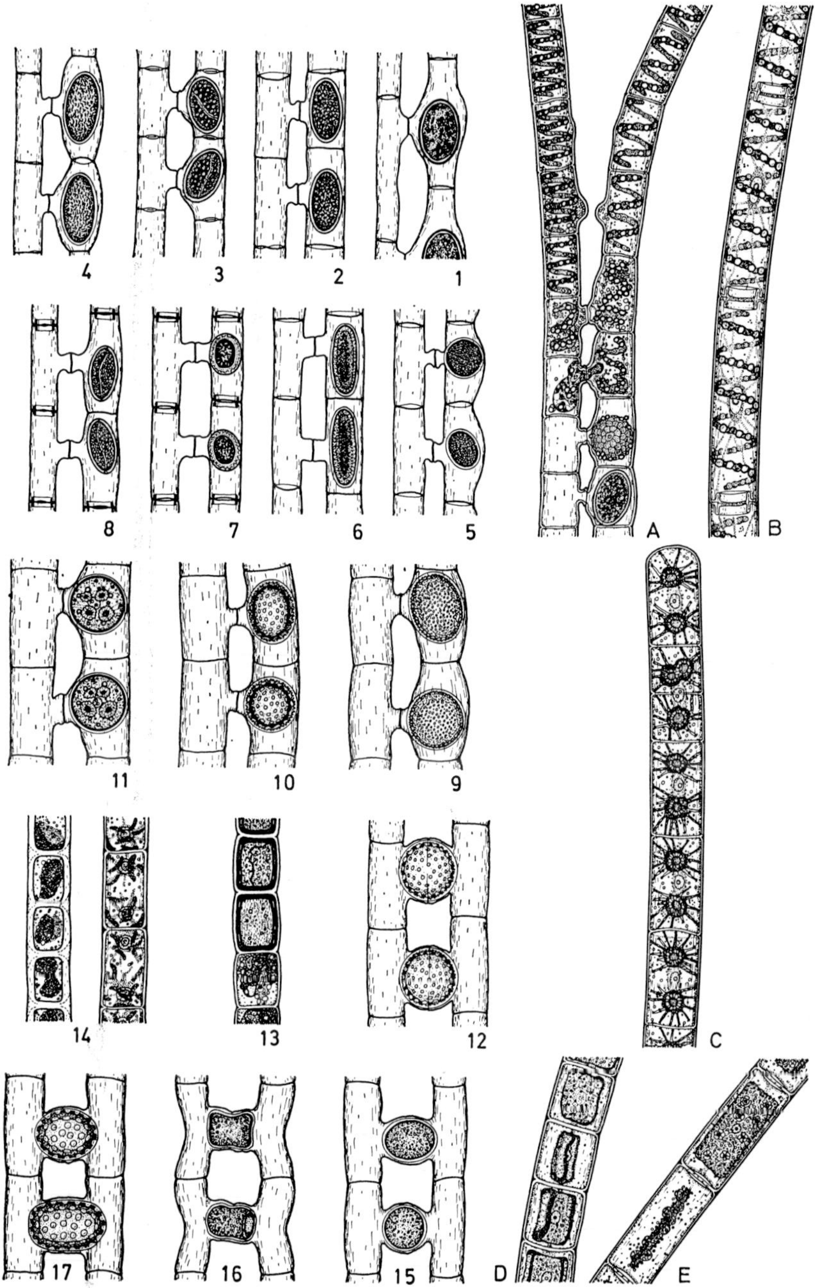
4
3
2
1
A
B
8
7
6
5
11
10
9
C
14
13
12
17
16
15
D
E

1 Porphyridium cruentum, Purpur-Rotalge. Häutig-schleimige, schwarzrote bis karminrote, bis tellergroße Gallertlager. Einzelzellen braunrot bis rot, kugelig bis polygonal, mit seitlich neben dem zentralen Pyrenoid gelegenen Zellkern. Chloroplast mit morgensternartigen Strahlen, die sich an der Zellwand verbreitern. Assimilate sind Kohlenhydrate (Florideenstärke). Rote Farbe des Chloroplasten durch Karotinoide und einen spezifischen Farbstoff der Rotalgen, das Phykoerythrin, bedingt. **G** Zellen 7–12 µm groß. **L** Feuchte, schattige Stellen in Gewässernähe, Ecken von Mauern, am Fuß alter Bäume; häufig. Ganzjährig.
2 Asterocystis smaragdina, Smaragd-Rotalge. Fäden wenig verzweigt. Zellen wie bei der vorigen Art. Sternförmige Chloroplasten spangrün, blaugrün oder olivgrün gefärbt durch einen zusätzlichen Rotalgen-Farbstoff, das blaue Phykocyan. Membranen farblos, verschieden dick, manchmal geschichtet. **G** Fäden höchstens 2 mm lang, Zellen 9–15 µm lang, 6–12 µm breit. **L** Tümpel, Teiche, Sümpfe; am Grund, auf Steinen, zwischen Algenwatten.
3 Bangia atropurpurea, Mühlrad-Rotalge. Lager aus unverzweigten, schlaffen, bis 10 cm langen, roten oder rotvioletten, aufrechten und drehrunden Fäden. Anfangs einreihig, später gewebsähnlich (parenchymatisch). Chloroplasten sternförmig. Ungeschlechtliche Vermehrung durch Monosporen, die am Fadenende durch aufgebrochene Zellmembranen in großer Zahl entleert werden. Geschlechtliche Fortpflanzung durch Eibefruchtung. **G** Zellen 12–60 µm. **L** An Mühlrädern und in der Spritzwasserzone verschmutzter Flüsse; stellenweise massenhaft. Dicke Außenmembran der Lager schützt vor völligem Austrocknen. [7850]
4 Audouinella hermannii, Rasen-Rotalge. Aus kriechenden Fäden, die mit Rhizoiden versehene Scheiben bilden können, erheben sich aufrechte, fadenförmige und büschelartige Gebilde. Endzellen der verzweigten Fäden enden stumpf. Vermehrung hauptsächlich durch „Monosporen" (siehe vorige Art). **G** Zellen 15–35 µm lang, 9 µm breit. **L** Violettgefärbte Rasen oder rundliche Polster in Bächen, Wasserfällen, Mühlgräben, an Steinen und Moosen; sehr sauerstoffbedürftig. [7950]
5 Batrachospermum gelatinosum, Froschlaich-Alge. Lager gallertig, schlüpfrig, basal festsitzend. Zentrale, die ganze Alge durchziehende Achse aus einer Reihe langzylindrischer Zellen. An den oberen Enden der Achsenzellen reich verzweigte Astbüschel. Die quirlartig stehenden, dicht gedrängten Astbüschel bilden dichte Wirtel, die der Alge das perlschnurartige Aussehen verleihen. Kurzsprosse der Wirtel aus eiförmigen Zellen mit Bandchloroplasten. Lager grau. Eibefruchtung; komplizierter Entwicklungsgang. **G** Lager 2–10 cm hoch, Zellen der Wirtel 5–15 µm breit. **L** Von Mai bis September in Quellbächen, schnell fließenden Bächen, unterhalb von Wehren, in sauberen Seen als flottierende, sulzige Massen. Häufigste der etwa 50 Süßwasser-Arten [7531]. **A** Lager grünlich, in beschatteten, stehenden (!) Gewässern: *B. turfosum.* [7532]
6 Lemanea fluviatilis, Borsten-Rotalge. Lager aus wenig verzweigten, 500 µm dicken Fäden, die in dichtgedrängten, schwarzvioletten Büscheln stehen. Fädige Lager durch Antheridien tragende, tiefschwarze Höcker knotig gegliedert. Der „Hohlthallus" besteht aus einem Zentralfaden und einer dreischichtigen Rinde, deren Außenzellen die Hauptmenge der Chloroplasten enthalten. Zwischen je zwei „Knoten" ziehen von den Zellen des Zentralfadens 4 kreuzweise gestellte Basalzellen zur Rinde. Von den peripheren Enden der Basalzellen ziehen zellig gegliederte Langfäden zu den Knoten. Fortpflanzung durch Eibefruchtung. **G** Fäden 5–15 cm lang, Rindenzellen zum Teil nur 5 µm groß. **L** An Steinen und Holz der Forellenregion. [7117]
7 Hildenbrandia rivularis, Krusten-Rotalge. Lager flach, karminrot, aus Zellreihen bestehend, die am Rande wenigzellig sind und gegen das Zentrum höher werden. Zellfäden an der Spitze keulig verdickt. Zellen scheinen, von oben gesehen, ein parenchymatisches Gewebe zu bilden. Ungeschlechtliche Vermehrung durch kleine Warzen und zerbrechende Zellfäden. **G** Lager winzig bis weit ausgedehnt. Zellen um 6 µm groß. **L** Gebirgsbäche, in Seen als Tiefenform. [7073]
8 Pleurocladia lacustrls, Polster-Braunalge. Eine der wenigen Süßwasser-Braunalgen. Braune, samtartige, nur 1,5 mm hohe Pölsterchen und Überzüge. Aufrechte Fadensysteme gehen von kriechenden, stark verzweigten Fäden aus. Enden der Fäden in lange Haare ausgezogen. Zellen mit je 1 wandständigen Chloroplastenband, einem kleinen Zellkern, den Polysacchariden Mannit und Laminarin sowie Fetten als Reservestoffen. Zwischen den Fäden starre Massen von Kalk. Vermehrung durch zweigeißelige Schwärmer. **G** Fäden 12–15 µm breit. **L** Seen Norddeutschlands auf Wasserpflanzen, Steinen, Schneckenschalen; häufig. [7560] **A** Ausschließlich kriechende Fäden; in den großen Alpen- und Voralpenseen: *Bodanella.*
9 Heribaudiella fluviatilis, Krusten-Braunalge. Das Lager bildet eine braune Scheibe. Gewebemasse parenchymartig, aus dicht zusammenstehenden, senkrechten Zellfäden. Fäden selten verzweigt, ragen zum Teil über die Krustenoberfläche hinaus, bilden zum Teil endständige, große Zoosporangien. Benachbarte Krusten fließen oft zusammen. **G** Lager fünf- bis siebenschichtig, Zellen 5–10 µm breit. **L** Tiefere Wasserschichten von Flüssen und Bächen, auf Steinen und Muscheln angewachsen [7559]. **A** Oft massenhaft in kalten Fließgewässern schwarzbraune Krusten der Goldalge (Chrysophycee) *Phaeodermatium rivulare.* [7611]

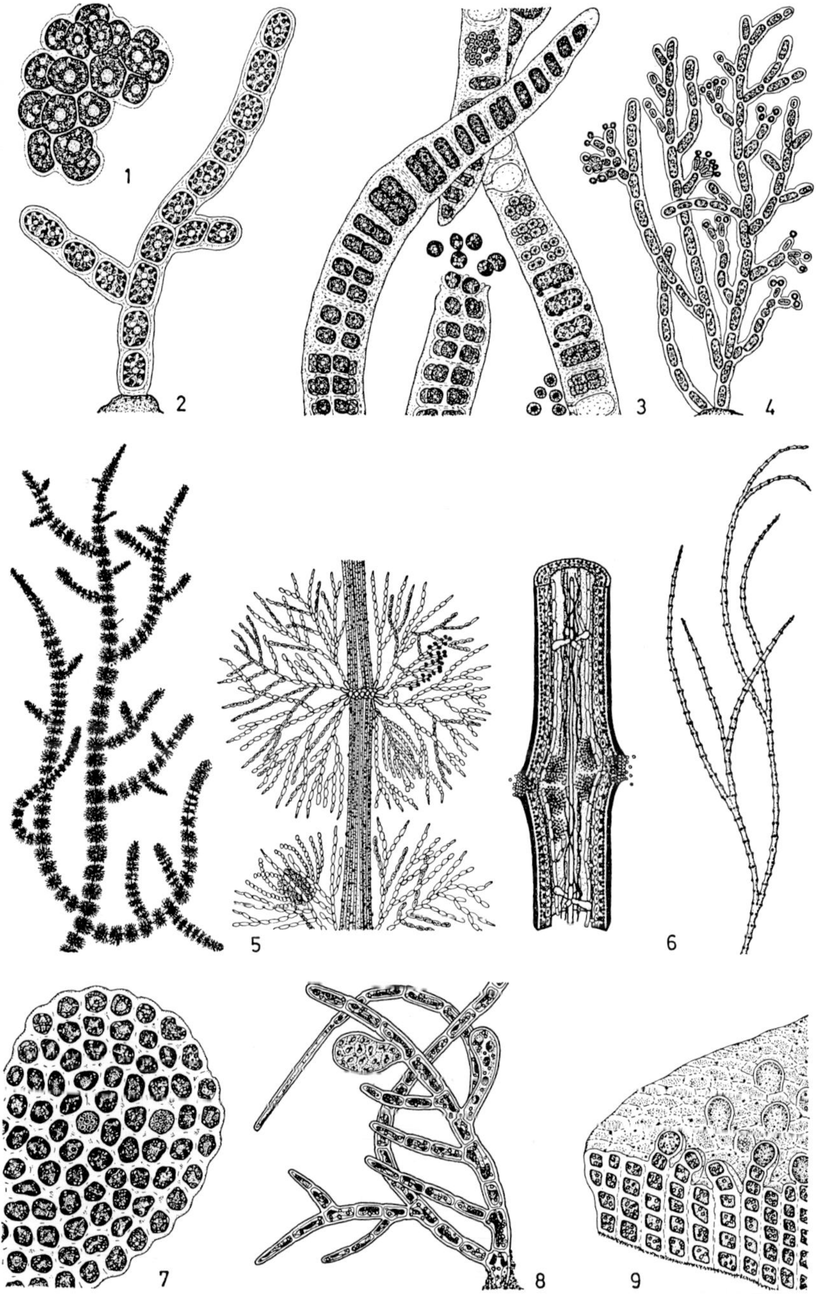
1
2
3
4
5
6
7
8
9

Pilze

1 Mucor racemosus, Traubiger Kopfschimmel. Fäden (Hyphen) sehr stark verzweigt, querwandlos, in Hauptstämmchen mit Haftwurzeln und viele Seitenäste gegliedert. An den Hyphenspitzen gliedern sich kugelige „Oidien“ ab, in den Hyphen treten zylindrische, dickwandige „Chlamydosporen“ auf, in nährstoffreichen Gewässern können die Hyphen in „Gemmen“, die später hefeartig aussprossen, zerfallen. „Oidien“, „Chlamydosporen“ und „Gemmen“ sichern die Vermehrung; Sporangien und Sporen werden im Wasser nicht ausgebildet. **G** Hyphen 10–50 µm breit. **L** Faulende Früchte, Pferdemist, in Erde. Massenentwicklung in Brauereiabwässern, in denen der Pilz fell- und büschelartige Besätze an Steinen und Holz bildet.

2 Monoblepharis sphaerica, Gitterpilz. Mycel aus dünnen, geraden, nur in der Fortpflanzungsregion stärker verzweigten Hyphen, die mit feinen Rhizoiden verankert sind. Zytoplasma charakteristisch: Gitter- und leiterförmig angeordnete Plasmalamellen umgrenzen gleichgroße, polyedrische Vakuolen. Sporangien zylindrisch, kaum dicker als die Fäden. Bewegliche Zoosporen mit einer Geißel. Sexuelle Fortpflanzung durch Eibefruchtung; reife Oosporen warzig, mit gelben Fettkügelchen. **G** Fäden um 10 µm breit. **L** in sauerstoffreichem Wasser auf untergetauchten Holzstücken; auf faulenden tierischen Substraten; bildet rädchenförmige, weißliche, kleine Rasen auf ins Wasser gefallenen Baumästen. [8915]

3 Saprolegnia thureti, Wasserschimmel, Fischschimmel. Hyphen schlauchförmig, steif vom Substrat abstehend, außerhalb des Substrats wenig oder nicht verästelt. Enden der ins Wasser hineinwachsenden Hyphen breit abgerundet. Rasen dicht. Sporangien fast immer dicker als ihr Tragfaden. Oogonien endständig, getüpfelt, 40–100 µm groß. Am Schluß der Vegetation zerfallen die Fäden in Gemmen. **G** Hyphen bis zu 75 µm breit. **L** Auf toten Insekten im Wasser, auf toten Fischen als flutende, schmutzig-weiße Watten. Befällt Fischeier. An lebenden Fischen als Schwächeparasit. Häufigste *S.*-Art. Die Watten fallen außerhalb des Wassers zusammen–Gegensatz zu *Achlya*! [8154]

4 Achlya racemosa, Nebelpilz. Hyphen sehr kräftig, stehen steif vom Substrat ab, wachsen meist ohne Verzweigung. Enden der in das Wasser hineinwachsenden Fäden verjüngt, fast spitzig auslaufend. Primäre Sporangien endständig, folgende werden durch seitliche Sprossung gebildet. Schwärmer quellen als kompakte Massen aus den Sporangien, ordnen sich zu einer Hohlkugel, häuten sich und schwimmen weg. Oogonien auf kurzen Stielen, Antheridien auf Nebenästen, beide an denselben Fäden. **G** Hyphen bis 100 µm breit. **L** In jedem Gewässer verbreitet. Auf abgestorbenen Zweigen und toten Tieren als Rasen.

5 Leptomitus lacteus, Echter Abwasserpilz. Hyphen durch Einschnürungen in 100 bis 400 µm lange Segmente gegliedert. Keine Querwände an den periodischen Einschnürungen. Stark verzweigt. In Sporangien werden zweigeißelige Schwärmer gebildet. **G** Hyphen an der Basis des Mycels bis 50 µm breit. **L** Bildet in fließenden, α-mesosaproben Gewässern flutende und treibende Büschel (auf Abbau organischer Stickstoffverbindungen spezialisiert!). Überzieht als fellartige Masse alle Gegenstände in verunreinigten Flüssen. **B** Massenentwicklung oft im Winter. [8055]

6 Blastocladia pringsheimii, Wassersprosspilz. Hauptachse des Mycels sehr kräftig, endet in einer großen, derbwandigen Blase oder verzweigt sich in mehrere „Köpfe“. Membran unregelmäßig dick, durchschnittlich 8 µm. Zytoplasma mit großen Fettkugeln. Verästelte Rhizoide. An den Enden der Achse dicht gedrängt stehende, bis 200 µm lange Sporangien. Eiförmige, um 60 µm große Dauersporen bei hohen Kohlensäurekonzentrationen. **G** Achse 30–130 µm dick, sterile Nebenfäden bis 500 µm lang. **L** Boden von Wassergräben, Tümpeln, Teichen auf faulenden Zweigen. Fast anaerob. Häufig, leicht zu übersehen.

7 Fusarium aquaeductum, Sichelsporenpilz. Hyphen durch Querwände septiert, weiß bis ziegelrot. Konidiosporen als zwei- oder vierzellige, helle, sichelförmige Gebilde. Konidienform der Moschus-Nektrie, eines Schlauchpilzes in Schleimflüssen von Bäumen. **G** Sporen 30 µm lang, Hyphen 10–20 µm breit. **L** Als büschelartige Besätze an Steinen, Wehren, Mühlrädern bei guter Sauerstoffversorgung. Massenentwicklung in Abwasser aus Zucker- und Zellstofffabriken. Typisch für α-mesosaprobe, sauerstoffreiche Gewässer. [8118]

8 Olpidium luxurians, Pollenkornpilz. Lebt in Pollenkörnern, die ins Wasser gefallen sind, als zunächst nackte Plasmamasse, aus der sich dann entweder eine Dauerspore oder ein hakig geschnäbeltes Sporangium entwickelt. Aus dem Entleerungshals des Sporangiums schwärmen 2 µm große Zoosporen aus. **G** Sporangien 8–40 µm groß. **L** In ins Wasser gefallenen Pollenkörnern von Kiefern, Eiben, Lilien, Rohrkolben, Weiden, Erlen, Birken.

9 Rhizophidium halophilum, Schlangenwurzel-Pilz. Lebt als kugeliges, von einer Chitinmembran umgebenes Gebilde auf Kiefernpollen, die ins Wasser gefallen sind. Verzweigtes, sehr zartfädiges Ernährungsmycel nimmt Nahrung aus dem Polleninneren auf. Vermehrung durch begeißelte Schwärmer. Dauersporen mit dicker, farbloser Membran und Fetttropfen im Inneren. **G** Sporangien 8–36 µm, Dauersporen 9–20 µm groß. **L** Auf Kiefernpollen, die ins Wasser gefallen sind; häufig.

10 a-x Pilzflora zerfallender Blätter. Siehe S. 350.

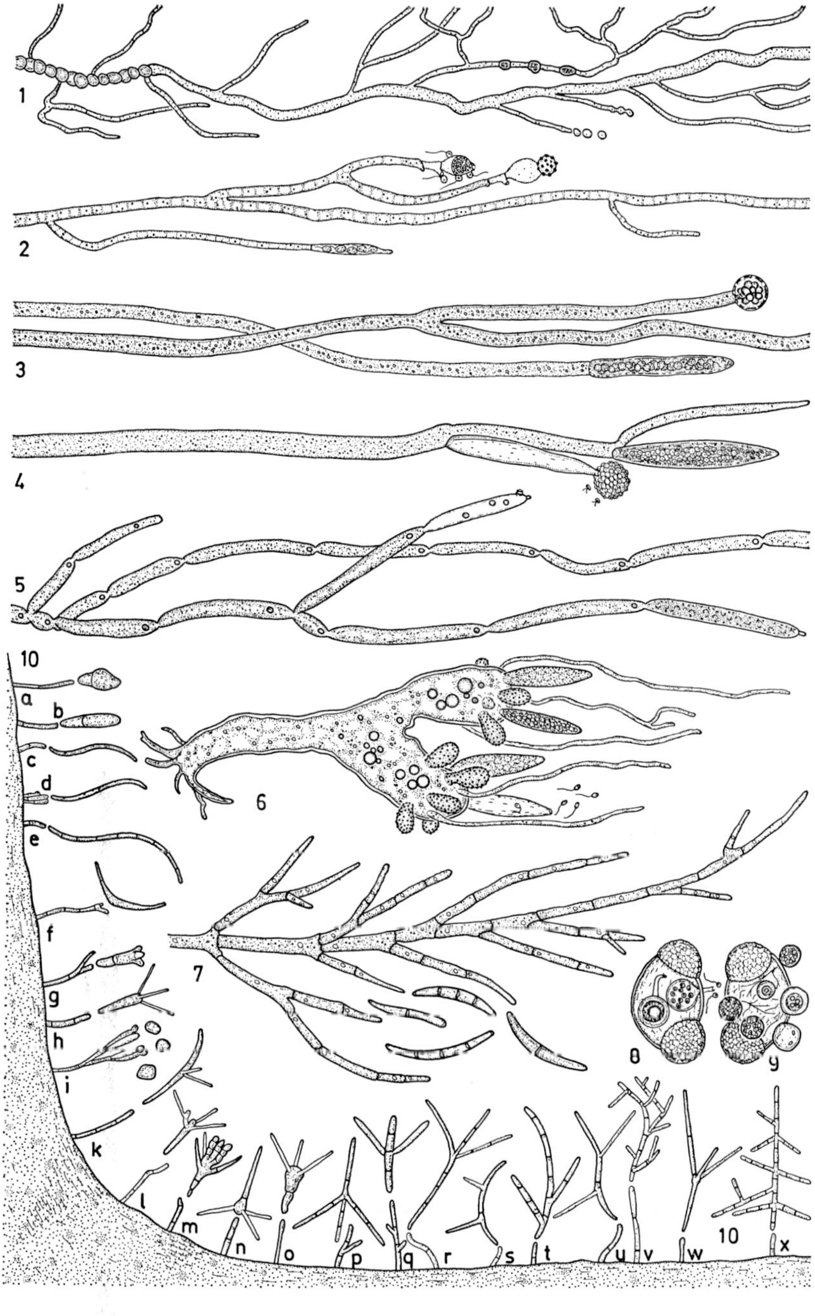
1
2
3
4
5
10
a
b
c
d
e
f
g
h
i
k
6
7
8
9
l
m
n
o
p
q
r
s
t
u
v
w
10
x

Zooflagellaten 1

1 Multicilia lacustris, Vielgeißelige Teichamöbe. Nackt, kugelig, 40–50 Geißeln, schwimmt rotierend. Aufnahme geformter Nahrung unter Pseudopodienbildung. Meist mehrkernig. Viele Nahrungsvakuolen und pulsierende Vakuolen **G** 30–40 µm. **L** Stehende Gewässer. **B** Wird nun als Nacktamöbe betrachtet. [4910]
2 Mastigamoeba trichophora, Borstige Geißelamöbe. Pseudopodien nur am Hinterende. 1 kaum körperlange Geißel. Allesfresser. Ektoplasmasaum deutlich, mit grünen Einschlüssen. Pellikula mit zahlreichen längeren Borsten. Mastigamöben sind, wie *Pelomyxa*, Altamöben ohne Mitochondrien, Dictyosomen und ausgedehntem Rauem ER. **G** Um 100 µm. **L** Typische Faulschlammform; braucht Schwefelbakterien als Symbionten. [Gattung: 4075]
3 Mastigamoeba invertens, Glatte Geißelamöbe. Langgestreckt-eiförmig. Wenige kurze Pseudopodien nur am Hinterende. Pellikula glatt. Geißel doppelt körperlang, bei schwimmenden Tieren nach vorne, bei kriechenden nach hinten gerichtet. **G** 8–12 µm lang. **L** Zwischen Detritusflocken im Schlamm stehender, sehr sauberer Gewässer. [4116]
4 Mastigamoeba aspera, Klebrige Geißelamöbe. Zahlreiche fingerförmige Pseudopodien an allen Körperstellen. Langgestreckt-eiförmig. Vorderende während der Bewegung verjüngt. Pellikula mit „Klebkörnchen". Breiter Ektoplasmasaum. 2 kontraktile Vakuolen am Hinterende. **G** Um 100 µm lang. **L** Zwischen Detritus in sauberen, stehenden Gewässern.
5 Phalansterium digitatum, Wasserfinger. Finger- bis baumförmig verzweigte, aufrechte, körnige Gallertsäulen. In Höhlungen an den Enden je 1–4 Flagellaten, deren Geißeln weit über die Gallerte hinausragen. Zellen mit 1 Geißel, deutlicher Pellikula, engem, schnabelförmigem Kragen. **G** Zellen um 17 µm, Geißeln um 35 µm lang. **L** Zwischen nassen Moosen, in kleinen, stehenden Gewässern. **A** Kolonien scheibenförmig, Zellen 10 µm: *Ph. consociatum.* ▸ *Pseudodendromonas* S. 340/1
6 Codosiga botrytis, Stielchen-Flagellat. Zellen oval, mit zartem Kragen um die Geißel. Zellen einzeln oder in Gruppen an der Spitze eines 2- bis 10-mal körperlangen Stieles. Ernährung animalisch. **G** Zellen 8–30 µm. **L** Stehende Gewässer an Wasserpflanzen, Planktonorganismen, an den Stielen von Glockentieren; häufig. [7453]
7 Monosiga ovata, Eiförmiger Kragenflagellat. Zellen kugelig bis eiförmig, sitzen direkt oder mit kurzem Stielchen auf der Unterlage. Gelegentlich Ausbildung kurzer Pseudopodien. Zellen stets einzeln, mit Plasmakragen. 1–2 pulsierende Vakuolen, oft zahlreiche Nahrungsvakuolen. **G** Zellen 5–16 µm, Geißeln um 20 µm lang. **L** Stehende Gewässer an Detritus, Wasserpflanzen, auf Planktonten. [7643]
8 Monosiga fusiformis, Spindelflagellat. Zellen spindelförmig, mit zugespitztem Hinterende an Unterlage befestigt. Plasmakragen relativ groß. 2 kontraktile Vakuolen. **G** Um 10 µm lang. **A** Keulenförmig bis zylindrisch, vorne breit abgerundet, hinten zugespitzt, 10 µm: *M. angustata.* **L** Beide Arten in sauberen, stehenden Gewässern; oft auf Planktonten. [Gattung: 7627]
9 Protospongia haeckeli, Urschwamm-Flagellat. Freischwimmende, gallertige Kolonien, unregelmäßig geformt. Jede Kolonie mit 4 bis 60 Einzelzellen. Kragenreusen der ovalen oder eiförmigen, ungestielten Zellen ragen als Fangsiebe für Bakterien über die Gallerte hinaus. Geißeln 3–4-mal körperlang. Zellhinterende mit 1 pulsierenden Vakuole. **G** Zellen 8 µm. **L** Stehende Gewässer.
10 Sphaeroeca volvox, Volvox-Tierchen. Kugelige, zunächst festsitzende, später freischwimmende Gallertkolonien umschließen je einige 100 gestielte Zellen. Zellen verkehrt-eiförmig, Stiele doppelt körperlang. **G** Zellen 8–12 µm, Geißeln um 60 µm lang, Kolonien 80–200 µm Durchmesser [4122]. **A** Stiele sehr kurz (2 µm), Kolonien mit 10–20000 Einzeltieren: *Sp. pedicellata.* **L** Beide Arten planktisch in stehenden Gewässern.
11 Diplosiga socialis, Doppelkragen-Flagellat. Zellen mit doppelter Kragenbildung. Sitzen der Unterlage mit breitgerundetem Hinterende auf. Oft bleiben 4 Zellen zusammen, dann wird 15 µm langer Stiel ausgebildet. **G** Zellen 8–12 µm. **L** Stehende Gewässer an Pflanzen, Bodenteilchen, Planktonten *(Asterionella!)*. Herbst und Frühling verbreitet. [7642]
12 Salpingoeca frequentissima, Gehäuseflagellat. Zellen in vasenförmigem Gehäuse, das basal in ein hohles Stielchen mit feinen Rhizoiden verlängert ist. Zellen eiförmig, füllen mittleren Teil des Gehäuses fast aus, Kragen schmal-zylindrisch, reicht über die Mündung des sehr zarten, durchscheinenden Gehäuses hinaus. Geißeln 2–3-mal körperlang. **G** Gehäuse um 10 µm lang, an der Mündung um 5 µm breit. **L** Stehende Gewässer an Pflanzen und Planktern *(Asterionella!)*. [7458]
▸ *S. fusiformis* S. 334/4
13 Salpingoeca vaginicola, Langer Gehäuseflagellat. Gehäuse langgestreckt-vasenförmig, an der Mündung erweitert, an der Basis kurz zugespitzt. Zellen füllen Gehäuse nur zur Hälfte aus. Ihre Kragen ragen weit über Gehäusemündung hinaus. Geißeln 1,5-mal körperlang. **G** Gehäuse 25–30 µm lang. **L** Faulgewässer an Fäden von Schwefelbakterien u. ä. [Gattung: 7457]
14 Bicosoeca socialis, Gehäuse-Sternchen. Gehäuse fast zylindrisch, nach hinten etwas erweitert und abgerundet; meist mehrere zu sternförmigen, freischwimmenden Gruppen vereinigt. Kragen der Zellen auf lippenartigen, dünnen Plasmawulst reduziert. Nimmt geformte Nahrung auf. 1 nach vorne ragende Hauptgeißel, 1 kontrahierbare Schleppgeißel, die die Tiere am Grund der Gehäuse befestigt. **G** Gehäuse 23 µm, Zellen 10 µm. **L** Plankton stehender Gewässer. [7445]

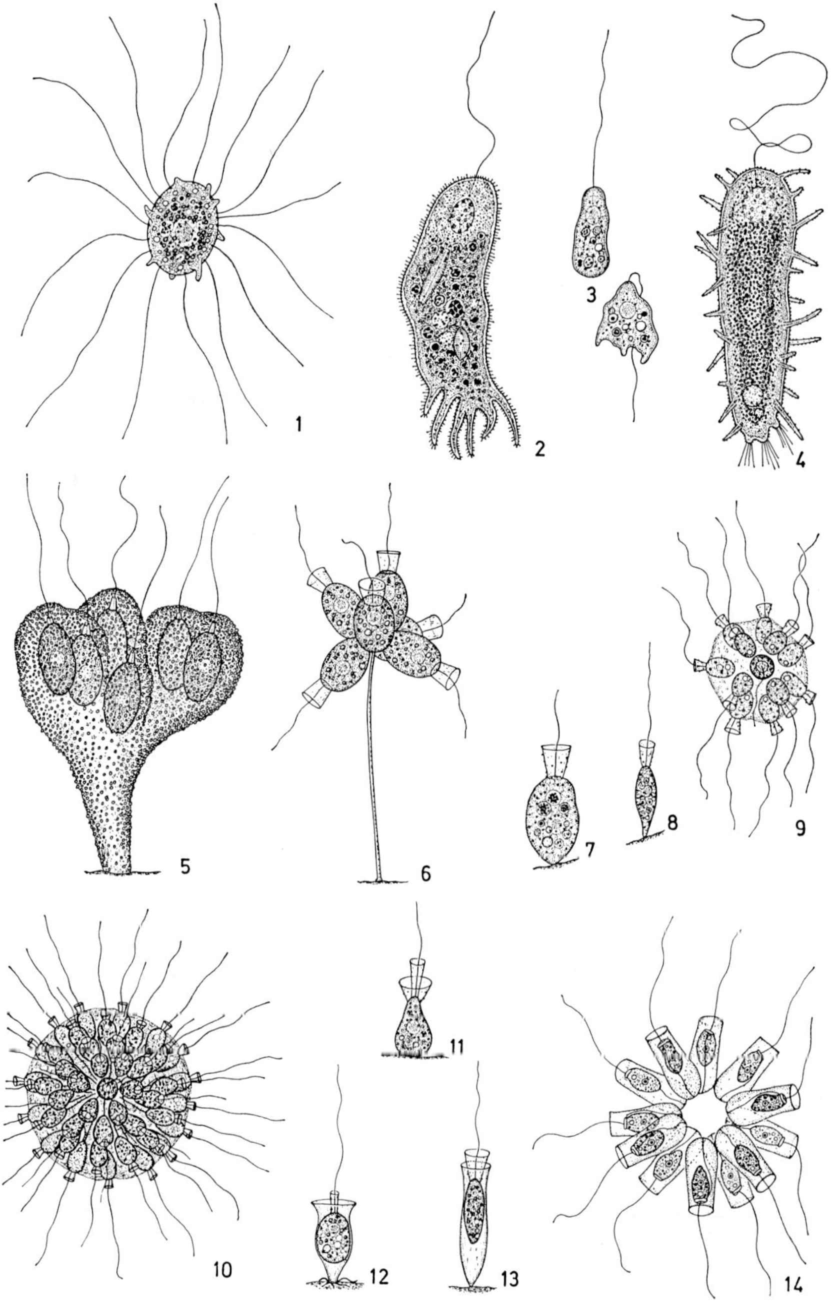
1
2
3
4
5
6
7
8
9
10
11
12
13
14

Zooflagellaten 2

1 Spongomonas intestinum, Wasserdarm. Zellen klein, nackt, kugelig, mit 2 gleich langen, nach vorne gerichteten Geißeln; sitzen in körniger, kompakter Gallerte. Kolonien bräunlich, wurmförmig, 100–200 µm breit, bis 3 cm lang. **G** Zellen 8 µm, Geißeln 16–24 µm lang. **L** Stehende, oligosaprobe und mesosaprobe Gewässer. **B** Heute zu den Haptophyta gestellt. [7648] ▸ *Chrysochromulina* S. 334/5

2 Spongomonas uvella, Wassertraube. Kolonien zunächst polsterförmig, später aufgerichtet und in viele Endlappen gegliedert. Endstücke mit je 1 ovalen, 2geißeligen Zelle. Geißeln 2- bis 3-mal körperlang. **G** 8–12 µm, Kolonien um 50 µm. **L** Stehende, sehr saubere Gewässer. [7650]

3 Bodo putrinus, Zweigeißeliger Faulschlamm-Flagellat. Zellen mit körperlanger freier Schwimmgeißel und 3-mal körperlanger freier Schleppgeißel. Verkehrt eiförmig, gekrümmt, etwas formveränderlich. Nimmt Bakterien und gelöste Stoffe an der Spitze des Vorderendes auf. Schwimmt rotierend in Zickzackbahnen. **G** 5–8 µm. **L** Gewässer mit faulendem organischem Material, direkt über dem Faulschlamm. [4039]

4 Bodo saltans, Zweigeißeliger Fluss-Flagellat. Kaum abgeplattet, eiförmig, vorne etwas zugespitzt. Schwimmgeißel körperlang, Schleppgeißel 2–3-mal körperlang. Pulsierende Vakuole im Vorderkörper. Frisst Bakterien. Schwimmt langsam, heftet sich oft mit Schleppgeißel fest. **G** 17–21 µm lang. **L** Zwischen faulenden Pflanzenteilen sehr häufig. [4040]

5 Bodo caudatus, Zweigeißeliger Faulwasser-Flagellat. Zellen stark abgeplattet. Schwimmgeißel ungefähr körperlang, Schleppgeißel etwas länger. Dauerzellen kugelig, ohne feste Hülle. **G** 11–22 µm lang, 5–10 µm breit. **L** Verschmutztes Wasser, Kot [4929]. Ungefähr 20 *Bodo-Arten.* [Gattung: 4034]

6 Cercomonas longicauda, Zweigeißeliger Langschwanz-Flagellat. *C.*-Arten durch starke Metabolie der Hinterenden von *Bodo-Arten* zu unterscheiden. Schwimm- und Schleppgeißel gleich lang. Hinterende schwanzartig ausgezogen. Nahrung Bakterien und gelöste Stoffe. Amoeboide Stadien kriechen, freischwimmende rotieren mäßig schnell. **G** 3–36 µm, Cysten 7 µm. **L** Kot, über Faulschlamm. [4149]

7 Cercomonas crassicauda, Zweigeißeliger Dickschwanz-Flagellat. Schwimmgeißel etwas kürzer als Schleppgeißel. Kernmembran bis zur Körperoberfläche schnabelartig aufgestülpt. **G** 12–16 µm lang, 7–10 µm breit. **L** Verschmutzte Gewässer. [4148]

8 Phyllomitus undulans, Zweigeißeliger Blattflagellat. Zellen nackt, sehr metabolisch. Schlundartige Eindellung am Vorderende der lang-eiförmigen Zellen dient als Mund, durch den kleine Protozoen und Bakterien aufgenommen werden. Schleppgeißel viel länger als Schwimmgeißel. Im Entoplasma Stärkekörnchen. **G** 20–28 µm. **L** Stehende, verschmutzte Gewässer.

9 Tetramitus pyriformis, Viergeißel-Flagellat. Farblose, sehr formveränderliche Bakterienfresser. Scharf vorspringende Ränder der langen Mundspalte vom Vorder- bis zum Hinterende. 1 lange Schleppgeißel, 2 kurze und eine etwas längere Schwimmgeißel. Zellen rotieren schnell. **G** 11–20 µm. **L** Stark verschmutztes Wasser. [4050]

10 Tetramitus descissus, Tropfenförmiger Viergeißel-Flagellat. Zellen spindelig, am Vorderende mit breit-ovaler, eingemuldeter Mundöffnung; wenig metabolisch; schwimmen rotierend. 4 Geißeln entspringen am Vorderpol. **G** 13–28 µm lang. **L** Verschmutztes Wasser. [4049]

11 Trigonomonas compressa, Sechsgeißel-Flagellat. Zellen vorne breiter als hinten, abgeplattet, metabolisch. An beiden Körperseiten in je einer schraubig verlaufenden Mulde Mundstellen. 6 Geißeln in Dreierbündeln entspringen je am oberen Ende der Mundfurchen. Schwimmt rotierend. Im Plasma einzelne Öltropfen. **G** 24–35 µm lang. **L** Abwässer. [4052]

12 Hexamita crassa, Dicker Achtgeißel-Flagellat. Zellen eiförmig, die beiden Mundfurchen des abgeplatteten Körpers erreichen Hinterende nicht. 2 Zytostome in den beiden Furchen. Schleppgeißeln verlaufen in besonderen Rinnen an entgegengesetzten Flächen des Körpers. 6 Schwimmgeißeln in 2 Dreiergruppen. 2 Zellkerne am Vorderende. **G** 24–35 µm lang. **L** Stark verschmutzte Gewässer; häufig. [Gattung: 4069]

13 Hexamita fissa, Spitziger Achtgeißel-Flagellat. Zellen eiförmig, hinten in breiten Endstachel ausgezogen. Weitklaffende Spalten auf beiden Körperseiten: Mundspalten und zugleich Schleppgeißel-Furchen, bis zur Basis der Endspitze reichend. Am Vorderpol 2 Zellkerne. **G** 20–26 µm lang. **L** Stark verschmutzte und nährstoffreiche Gewässer im Bodensatz und darüber. [4070]

14 Hexamita inflata, Geblähter Achtgeißel-Flagellat. Abgeplattet, hinten quer abgestutzt, metabolisch. Bakterienfresser und Saprophyt. 2 Schleppgeißeln verlaufen zunächst in den beiden schmalen Körperspalten, werden erst am Hinterende frei. 2 längliche, vorne gelegene Zellkerne. Tiere stelzen mit den Geißeln oder schwimmen rotierend. **G** 13–25 µm. **L** Fast alle Faulwasserzonen der Gewässer; in jedem Aufguß; Sumpfwasser. [4044]

15 Trepomonas rotans, Achtgeißeliger Kreiselflagellat. Breit-oval, hintere Hälfte stark abgeplattet, hier im Querschnitt S-förmig. Hinterende ausgerandet. Beide Seitenränder leicht eingebogen, bilden je 1 flache Mundtasche. Jederseits 2 kurze Mundgeißeln und 2 längere, nach vorne und hinten schlagende Bewegungsgeißeln. **G** 10–13 µm. **L** Über Faulschlamm. [4089]

16 Trepomonas agilis, Achtgeißeliger Flügelflagellat. Stark abgeplattet. Vorderende schmal, Hinterende in zwei flügelförmige Fortsätze ausgezogen. Vor den Fortsätzen die beiden Zytostome. Bakterien- und Protozoenfresser. **G** 7–25 µm lang. **L** Faulgewässer; verbreitet. [4051]

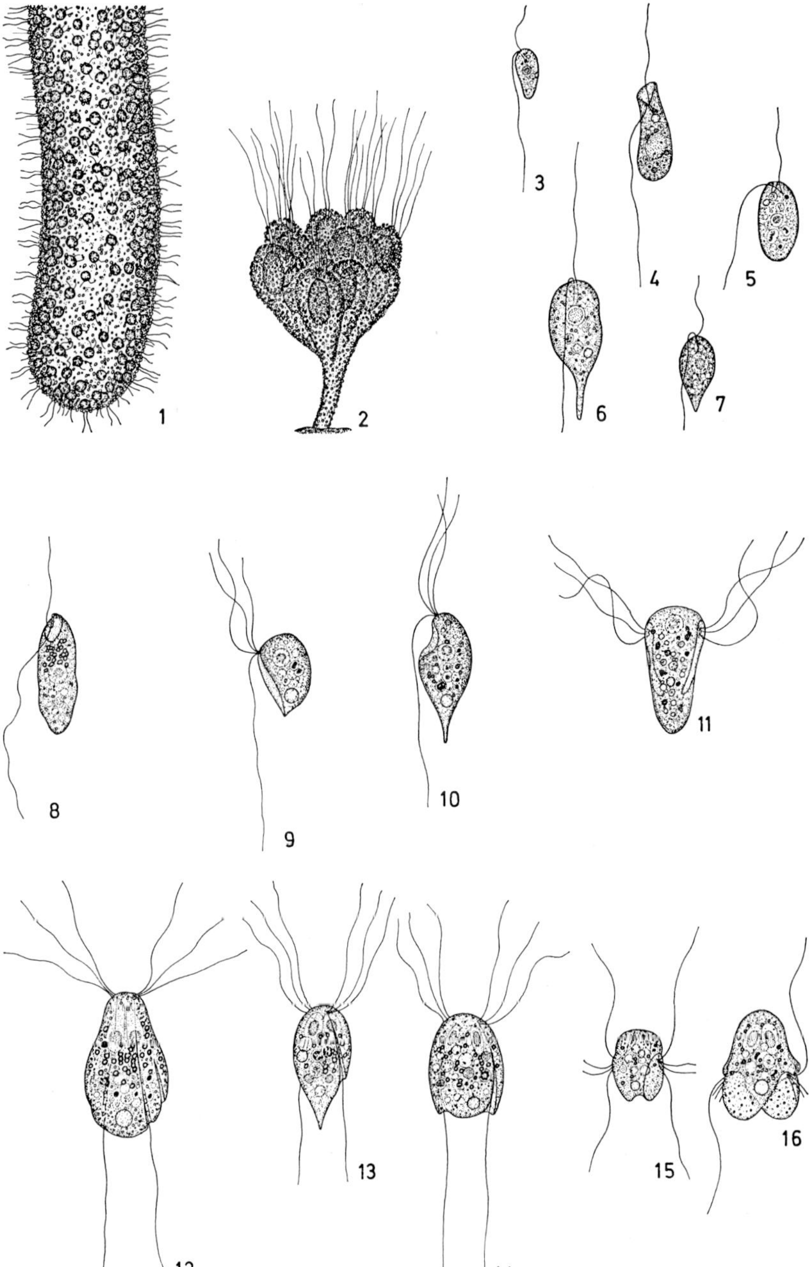
1
2
3
4
5
6
7
8
9
10
11
12
13
14
15
16

Wurzelfüßer (Amöben) 1

1 Vampyrella lateritia, Ziegelrote Vampiramöbe. Kugelig. Vom Ektoplasma strahlen zahlreiche fadenförmige Pseudopodien aus, dadurch sonnentierähnlich, ist aber im Gegensatz zu Sonnentieren durch lappige Pseudopodien amöboid beweglich. Endoplasma vakuolisiert, mit zahlreichen Kernen, vielen pulsierenden Vakuolen, durch Karotine orangerot gefärbten Körnchen. Bohrt Löcher in Zellmembranen von Algenfäden und saugt Inhalt aus (Farbfotos I, 5). **G** 30–40 µm. **L** Alle Gewässer mit Fadenalgen. [4907]

2 Vahlkampfia limax, Große Fließamöbe. Bei normaler Bewegung vorderer Körperteil breiter als der hintere. Fließt gleichmäßig mit einem breiten Pseudopodium am Vorderende. Körperseiten wellig. Hinterende meist mit sehr feinen Ektoplasmafäden. Frisst Bakterien und Detritus. **G** Um 100 µm lang, 50 µm breit. **L** Schlamm von Teichen und Mooren. **A** Bis 15 µm lange Kristalle im Endoplasma: *V. lucens*. [4964]

3 Vahlkampfia vahlkampfi, Winzige Fließamöbe. Sehr klein. Ekto- und Endoplasma nur während der Bewegung am Vorderende deutlich unterschieden. Kriecht bandartig. In Ruhe kugelig. Bei Beunruhigung Pseudopodien nach allen Richtungen. **G** 4 bis höchstens 8 µm. **L** In Teichen, auf Holzstückchen. **A** Um 20 µm, Ekto- und Endoplasma scharf getrennt, Endoplasma ohne Einschlüsse, sehr lebhaft, in Flüssen: V. *debilis*. [4921]

4 Vahlkampfia guttula, Tropfenförmige Fließamöbe. Eiförmig, kriecht lebhaft mit eingebuchtetem Vorderende. Endoplasma am Hinterende dichter, ektoplasmatischer Saum am Vorderende breit. Frisst Bakterien. **G** 30–35 µm. **L** Schlamm, zwischen Wasserpflanzen. **A** 50–100 µm, bräunlich, sehr lebhaft, am Vorderende stoßartig Plasmavorstülpungen, in Kahmhäuten: *V. fluida*.

5 Vahlkampfia tachypodia, Schnelle Fließamöbe. Ähnlich *V. guttula*, kriecht jedoch sehr lebhaft mit flachen, die Richtung ständig wechselnden Pseudopodienlappen. Ektoplasma sehr durchsichtig, Endoplasma mit vielen, stark lichtbrechenden Körnchen. Frisst Bakterien und Blaualgen. **G** Ausgestreckt 30–40 µm lang, abgekugelt um 15 µm. **L** Teiche. [Gattung: 4003]

6 Vahlkampfia mira, Schlamm-Fließamöbe. In Bewegung langgestreckt, ähnlich *V. limax*. Am Vorderpol ein breites Pseudopodium. im Gegensatz zu *V. limax* weitere Pseudopodien an beliebigen Körperstellen, daher sehr formveränderlich. Neue Pseudopodien zunächst ausschließlich aus Ektoplasma, danach strömt–wichtiges Merkmal!–ruckweise Endoplasma in die Pseudopodien ein. **G** Um 20 µm. **L** Schlamm von Teichen und Seen.

7 Naegleria aquatilis, Schwimmamöbe. Bildet nach allen Seiten lappige und breite Pseudopodien aus oder kriecht fließbandartig. Lebt in Kahmhäuten stark fauliger Gewässer. Beim Übergang in freies Wasser bilden *N.*-Arten ein zweigeißeliges Flagellatenstadium als Schwimmform aus. Frisst Bakterien. **G** Bis 25 µm. **L** Stehendes Wasser, auf Kot. **A** Kriechform bis 45 µm lang: *N. gruberi*. Nicht pathogen. **B** Amöben aus der Gattung *Naegleria* können (beim Baden, auch in Hallenbädern!) über die Nase in Hirnhäute und Gehirn eindringen und eine äußerst gefährliche Meningoencephalitis erzeugen. Befallen werden vor allem Personen unter 30 Jahren. In Mitteleuropa scheint die Krankheit selten zu sein. [Gattung: 4076]

8 Trichamoeba pilosa, Behaarte Quastenamöbe. Keulen- oder knochenförmig. Am kolbig verdickten Hinterende viele stumpfe Plasmavorstülpungen. Bewegt sich durch flache Ektoplasmalappen, die vorne und seitlich rasch vorgestoßen werden. Ektoplasma mit hellen, spitzen Plasmadornen besetzt. **G** 180 µm lang, um 50 µm breit. **L** Zwischen Schwimmpflanzen in Sümpfen. [Gattung: 4090]

9 Trichamoeba villosa, Zottige Quastenamöbe. Körper lappig gebuchtet, Form daher unregelmäßig. Bewegung durch langsam entstehende Plasmavorbrüche im Vorderende. Am Hinterende eine „Quaste" aus langen, feinen Plasmastrahlen. Äußere Schicht des Endoplasmas mit vielen Vakuolen. **G** 200 µm lang oder länger. **L** Seen und Sümpfe. [4942]

10 Trichamoeba caerulea, Himmelblaue Quastenamöbe. In Bewegung keulenförmig, Vorderkörper breit. Fortbewegung durch breite Plasmavorbrüche am Vorderende. Hinterende mit deutlicher Quaste. Im Endoplasma viele winzige, staubartige Körnchen, die dem Tier eine blass-hellblaue Farbe verleihen. Ungefähr 16 Kerne, viele pulsierende Vakuolen. **G** Um 150 µm lang. **L** Sümpfe. **A_1** Etwa 300 µm, Endoplasma mit zahlreichen Flüssigkeitsvakuolen: *T. prima*. **A_2** Ektoplasmasaum dünn, nur 1 Kern, um 100 µm: *T. clava*.

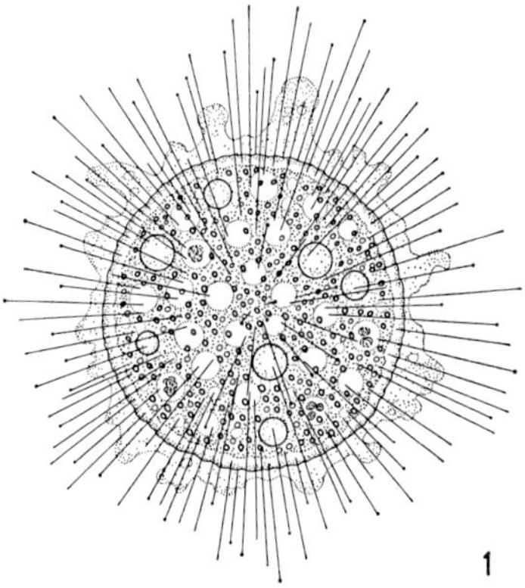

1

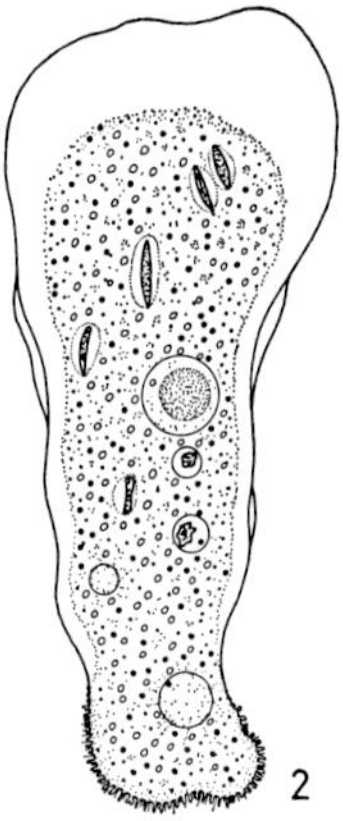

2

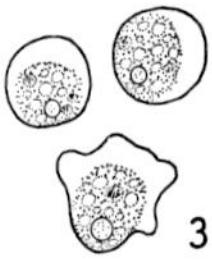

3

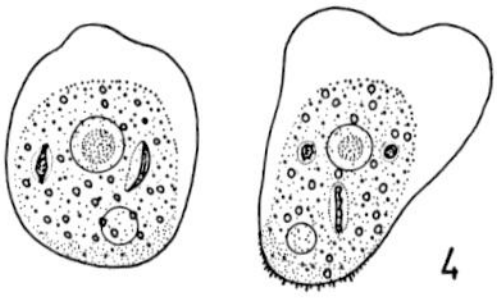

4

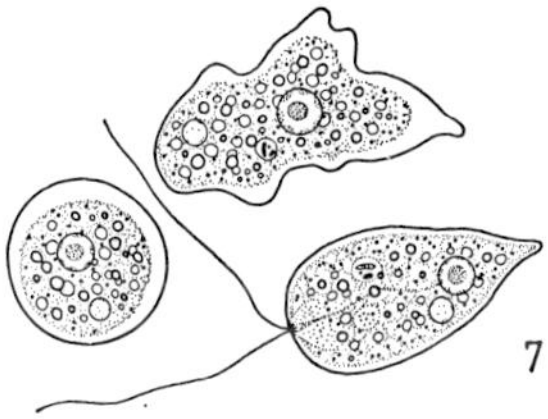

7

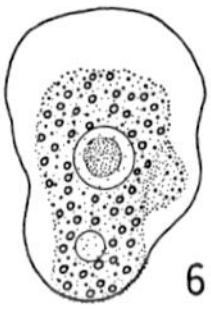

6

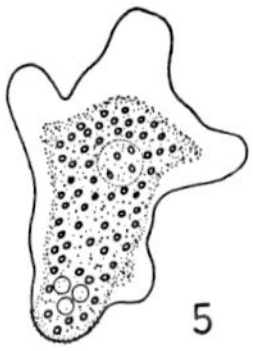

5

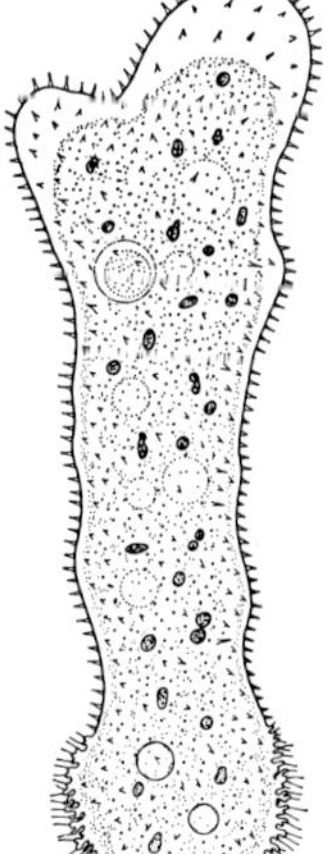

8

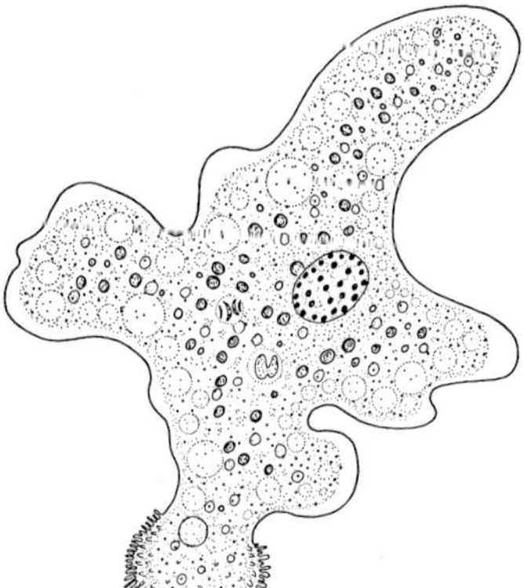

9

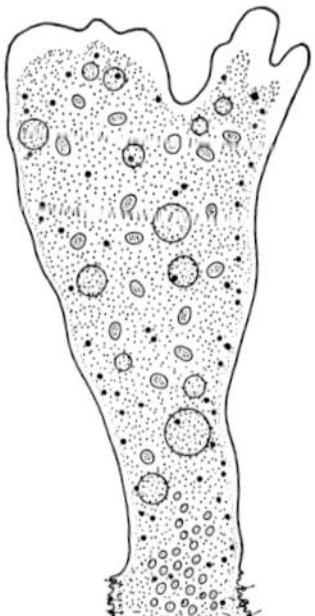

10

Wurzelfüßer (Amöben) 2

1 Polychaos fasciculata, Wurzelamöbe. Vorderende bildet lange, stumpfe Kriechpseudopodien aus, Hinterende mit Quaste aus sparrigen, kleinen Plasmafortsätzen. Gestalt erinnert an „ausgerissene Pflanze“. Oberfläche des Ektoplasmas ohne Furchen. Frisst Diatomeen, Detritus, Grünalgen. Kern gut sichtbar, Binnenkörper aus zwei Schalen, die sich an den Kanten berühren. 1 pulsierende Vakuole. **G** Um 140 µm. **L** Sümpfe. **A**$_1$ Wenige schmale „Quastenfortsätze“, 60–120 µm: *P. clavarioides*. **A**$_2$ 400–600 µm: *P. dubia*. [Gattung: 4111]
2 Metachaos laureata, Urschleimamöbe. Groß, geweihförmig oder ähnlich *Vahlkampfia limax*. Sind vorne mehrere Scheinfüßchen ausgebildet, hat stets 1 Pseudopodium die Führung. Auf den Pseudopodien keine Falten. Am Hinterende rasch vergängliche Läppchen und Fäden. Endoplasma mit zahlreichen Körnchen und vielen, schwer erkennbaren Kernen. Frisst Grünalgen, Diatomeen, Rädertiere. **G** 500–800 µm, selbst 1400 µm. **L** Seen, Teiche, Sümpfe.
3 Metachaos gratum, Blumenkohlamöbe. Form unregelmäßig. Obwohl nach allen Richtungen zahlreiche kurze und stumpfe Pseudopodien ausgehen, bestimmt nur eines, das breiteste, die Bewegungsrichtung. Endoplasma reicht bis in die Spitzen der Pseudopodien. Hinterende mit Quaste aus stumpfen, ektodermalen Warzen. Im Endoplasma verbackene Kristalle und sehr viele kleine Körnchen. Farbe graubraun. **G** 200 µm. **L** Sümpfe und Teiche.
4 Chaos diffluens, *Die* Amöbe, *Das* Wechseltierchen. Form sehr variabel. Zahlreiche Pseudopodien nach allen Seiten. Bewegungspseudopodien können sich ungeheuer verlängern. Pseudopodien, die eingeschmolzen werden, runzelig. Vom Ektoplasma reichen Leisten in das Endoplasma, das dadurch in parallele Ströme geteilt erscheint. Ektoplasma mit Längsfurchen und Gruben. Im Endoplasma Eiweißkriställchen, Fetttröpfchen, Nahrungsvakuolen, Stärkekörnchen, quadratische Kristallplättchen aus Leucin. Ein scheibenförmiger Kern. Mehrere kontraktile Vakuolen (Farbfotos II, 11). Bewegung: „Schreiten“ mit Hilfe einiger Pseudopodien oder Kriechen durch Vorstrecken der Pseudopodien–Ektoplasma strömt dann fontänenartig in die Spitze eines Pseudopodiums. Allesfresser (Bakterien, Pantoffeltiere usw.). **G** 300–600 µm lang. **L** Etwas faulige, bakterienreiche Tümpel und Teiche, häufiger in Aquarienfiltern. [4037] **A** Bis 3 mm groß, mehrere 1000 Kerne: *Amoeba proteus*; im Schlamm. [4054]
5 Amoeba hylobates, Vielgestaltige Amöbe. Form wechselt ständig. In Ruhe nicht kugelig, sondern buschförmig. Besteht fast nur aus langen, gleichmäßig schmalen, am Ende gerundeten Pseudopodien. Endoplasma geht bis in die Spitzen der Pseudopodien. Kern mit schalenförmigem Binnenkörper. 1 kontraktile Vakuole. **G** 200–250 µm. **L** Sümpfe; häufig. [Gattung: 4041]
6 Amoeba gorgonia, Schlangenamöbe. Form wechselt ständig. Pseudopodien in Bewegung stark verlängert, nach allen Seiten ausstrahlend. In Ruhe fast kugelig. Bei sehr rascher Bewegung Übergang in keulenförmige Limax-Form (vgl. *Vahlkampfia limax*, S. 226/2). Kern mit großem Binnenkörper. 1 pulsierende Vakuole. **G** Ausgestreckt bis 100 µm. **L** Seen und Sümpfe auf Wasserpflanzen; häufig.
7 Pelomyxa palustris, Schweinchenamöbe. Größte Süßwasseramöbe. Umriss einfach, das ganze Tier praktisch ein Riesenpseudopodium. Träge Bewegung durch bruchsackartige Vorbuchtungen des Ektoplasmas. Bräunlich bis schwärzlich, meist undurchsichtig, da Endoplasma große Mengen Glanzkörper, Stärke, Nahrungsvakuolen, Pflanzenreste, Schlamm- und Sandpartikel sowie mehrere 100 Zellkerne enthält. Nimmt obere Schichten des überrollten Schlamms in den Körper auf, verdaut die brauchbaren Bestandteile. Frisst in Kulturen Watte und Filtrierpapier! **G** 1–2, selbst bis 5 mm. **L** in stehenden, stark fauligen Wasserstellen auf schlammigem Grund, besonders in kühlen Waldteichen im Frühjahr. Unter Steinen. Oft als „Dreck“ übersehen. **B** Im Endoplasma symbiontische Bakterien. [4912] **A** Um 400 µm, frisst pflanzlichen Detritus, enthält keine Sandkörner: *P. belevskii*. Braun und gelb getigert, fast bewegungslos. [Gattung: 4082]

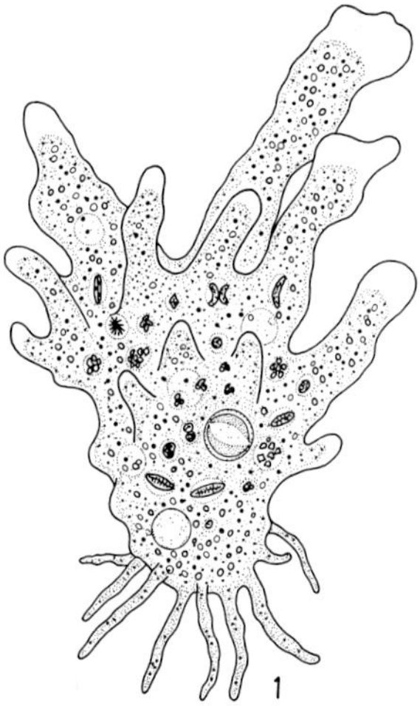

1

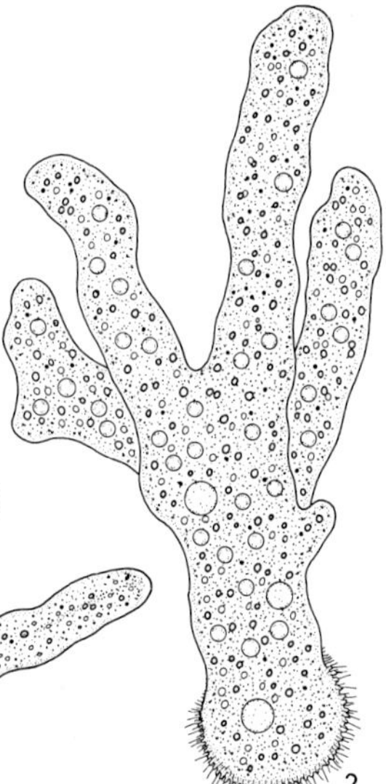

2

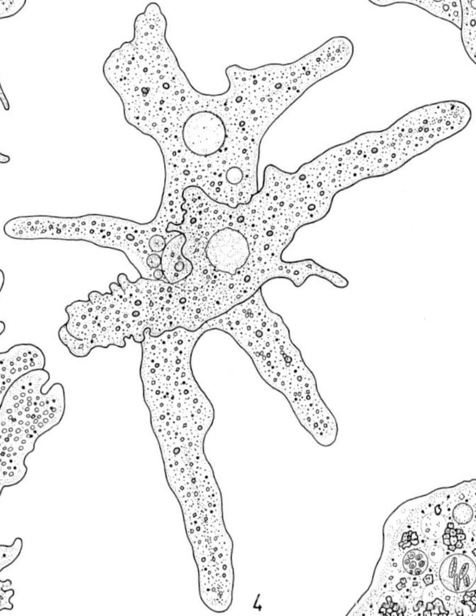

4

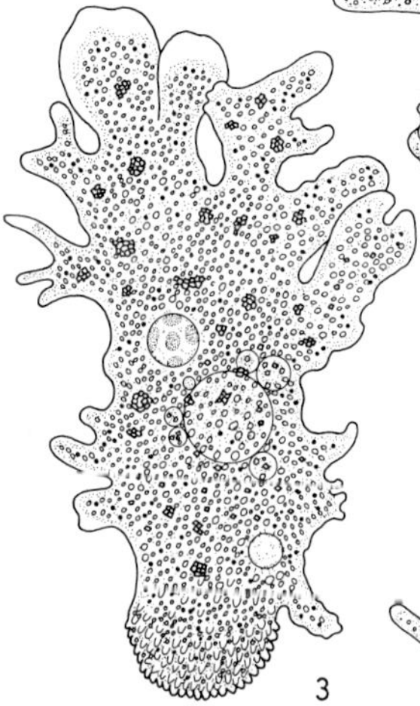

3

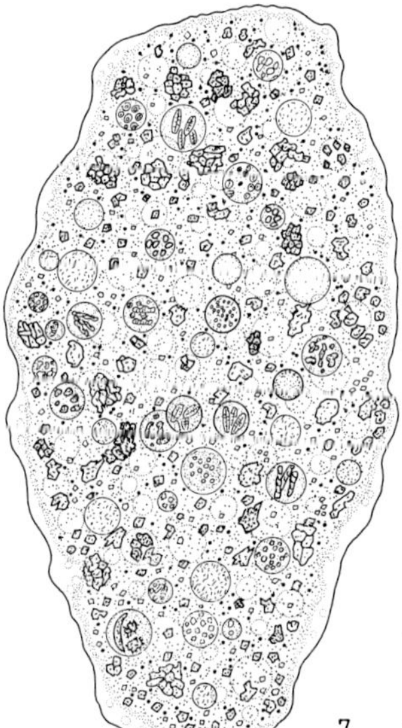

7

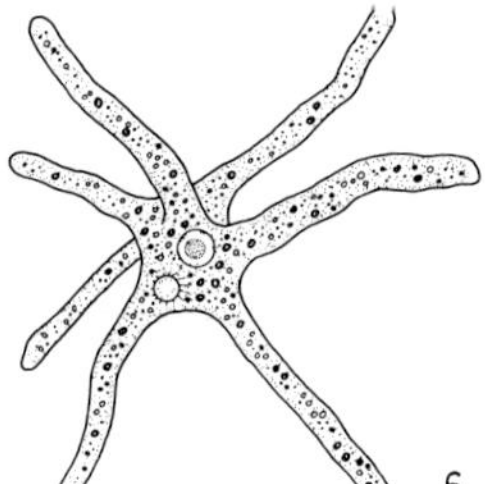

6

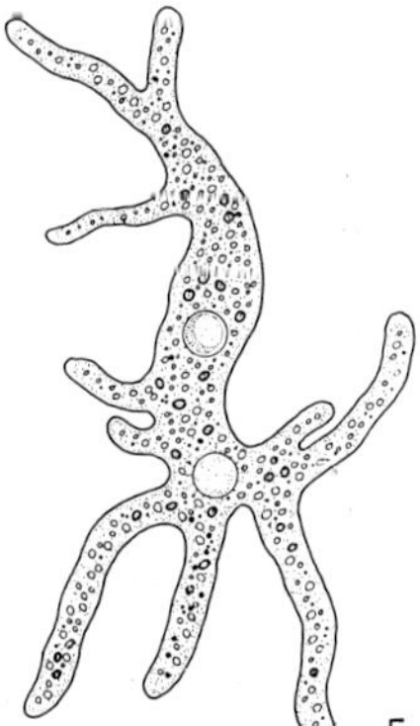

5

1 Pelomyxa tertia, Faden-Schlammamöbe. In Ruhe ungefähr eiförmig. Bewegung träge, dabei am Vorderpol wellenförmige Plasmavorbrüche. Hinterende fein gezähnelt, während der Fortbewegung mit sehr langen, dünnen, leicht übersehbaren Ektoplasmafäden. Endoplasma klar, gelblich bis bräunlich. Frisst Detritus pflanzlicher Herkunft. **G** Bis 190 µm lang. **L** Schlamm stehender Gewässer. **B** Symbiontische Bakterien im Entoplasma (schwer erkennbar).
2 Pelomyxa schiedti, Kleine Schlammamöbe. Form und Bewegung wie *P. tertia.* Endoplasma mit sehr vielen olivgrünen, unregelmäßigen Stärkekörnchen, zahlreichen Ketten symbiontischer Bakterien, 2 Kernen mit hohlkugeligen Binnenkörpern. Frisst Detritus. **G** Um 75 µm lang. **L** Schlamm flacher, stehender Gewässer.
3 Mayorella vespertilio, Fledermausamöbe. Eine der häufigsten Süßwasseramöben. Gestalt unglaublich variabel, oft grotesk, da Pseudopodien unaufhörlich vorgestreckt und zurückgezogen werden. Pseudopodienformen: dreieckig, ausgezipfelt, säbelförmig, spitz, geknickt, lang, kurz, stumpf, scharf zugespitzt usw. Frisst Bakterien, Diatomeen, Rädertiere, Wasserflöhe. Endoplasma farblos, mit vielen Körnchen und Nahrungsteilchen. **G** 60–100 µm lang. **L** Algen- und diatomeenreiche Gewässer. **A** Im Endoplasma Zoochlorellen: *M. viridis;* 150 µm, in Mooren. [Gattung: 4001]
4 Mayorella bigemma, Kristallamöbe. Form ändert sich nur langsam. Zahlreiche Pseudopodien. Endoplasma mit Exkretionskugeln, an denen kleine Doppelkristalle angelagert sind. **G** Zwischen 100 und 300 µm. **L** Seen und Teiche zwischen pflanzlichem Detritus.
5 Dactylosphaerium vitraeum, Glasartige Fingeramöbe. Scheibenförmig mit fingerförmigen, nach allen Seiten ausstrahlenden Pseudopodien. Endoplasma mit vielen Einschlüssen, grünlich bis gelblich. Frisst Pflanzendetritus und einzellige Grünalgen. **G** 60–80 µm. **L** Teiche und Sümpfe; häufig. [4024]
6 Astramoeba radiosa, Sternchenamöbe. Zentralkörper kugelig. Im Wasser schwebende Tiere mit 8 bis 20 langen, langsam hin- und herpendelnden Pseudopodien. Pseudopodien in breiteren Basisstumpf und schmäleren Spitzenteil geteilt. Kriechende Tiere mit dickeren, zweigeteilten Pseudopodien. Frisst Wimpertiere, Rädertiere usw.; Endoplasma oft mit riesigen Nahrungsbrocken. **G** Gestreckt bis 140 µm, abgekugelt 30 µm. **L** Seen, Teiche; meist planktisch.
7 Dinamoeba mirabilis, Zackenamöbe. Oval bis keulenförmig, schwebend kugelig. Zahlreiche, oft verzweigte Pseudopodien, die sehr rasch verändert werden können und dicht mit Plasmahaaren besetzt sind. Meist von dicker Schleimlage umhüllt. Kriecht durch wellenförmige Plasmavorbrüche am Vorderpol. Endoplasma mit Nahrungskörpern, Öl- und Eiweißkugeln. **G** Gestreckt 150–350 µm, abgekugelt 60–160 µm. **L** Teiche und Torfmoossümpfe; meist schwebend, seltener auf Wasserpflanzen. [4933]
8 Thecamoeba verrucosa, Warzige Erdamöbe. Keine beschalte Amöbe! Name (theca = Kapsel) deutet an, dass Ektoplasma membranartig dick und zäh ist. Keine Pseudopodien im üblichen Sinne; träge Bewegung durch bucklige, langsam über die Oberfläche wachsende Plasmavorwölbungen. Ektoplasma unregelmäßig faltig, streifig, warzig. Endoplasma gelb bis bräunlich. Frisst Algenfäden, die im Endoplasma vielfach aufgerollt werden, und Arcellen. **G** Bis 350 µm. **L** Feuchter Sand, Erde, Moosrasen, Moosbewuchs alter Dächer, algenreiche Gewässer. [4033] **A** Farblos, 150 µm: *Th. sphaeronucleolus.*
9 Thecamoeba striata, Gefurchte Erdamöbe. Elliptisch, bei kriechenden Tieren Vorderende breiter als Hinterende. Kriechen sehr rasch, fast ohne Pseudopodienbildung. Ektoplasma mit bis zu 4 Längsfurchen. Deutliche Pellikula. Endoplasma mit vielen winzigen Körnchen. **G** 30 bis 60 µm lang. **L** Zwischen Moosen, Schlamm flacher Gewässer. [4078] **A** Endoplasma mit vielen Vakuolen, sehr durchsichtig, äußerst langsam, an Wasserpest: *Th. humilis.* [Gattung: 4004]
10 Hyalodiscus rubicundus, Rote Schwimmhäutchen-Amöbe. Scheibenförmig, in Bewegung elliptisch, mit breitem Ring aus hellem Ektoplasma. Endoplasma auch in Bewegung ohne gerichtete Strömung. Ruhende Tiere sternförmig, zwischen den Pseudopodienstrahlen flache Häutchen aus Ektoplasma. Fortbewegung sehr rasch. Endoplasma auffällig rot gefärbt. **G** Zwischen 20 und 70 µm. **L** Auf Wasserpflanzen und Algenfäden. [4072] **A** 50–70 µm, Bewegung durch sehr breites, durchscheinendes Pseudopodium: *H. simplex.*

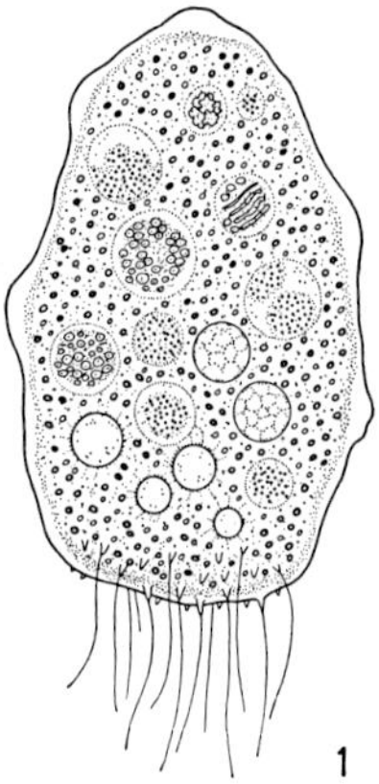
1

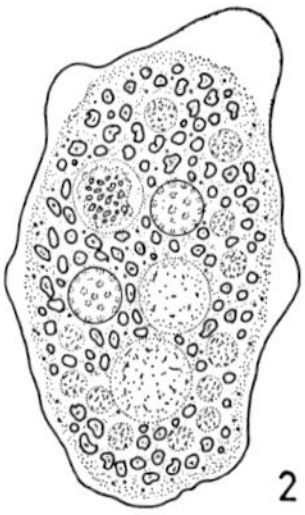
2

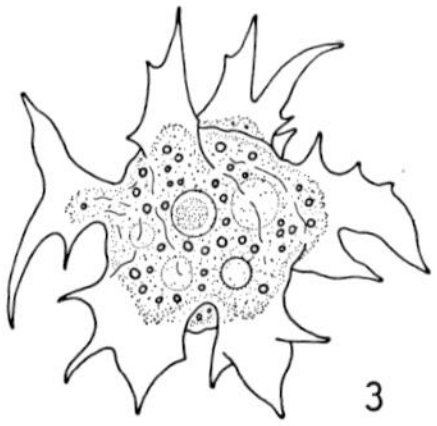
3

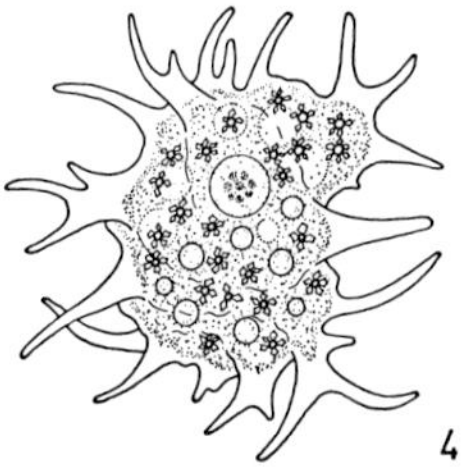
4

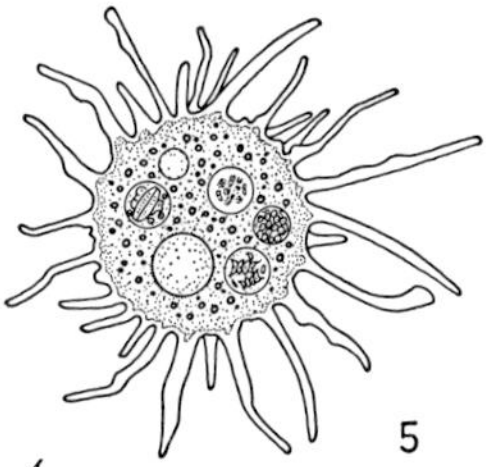
5

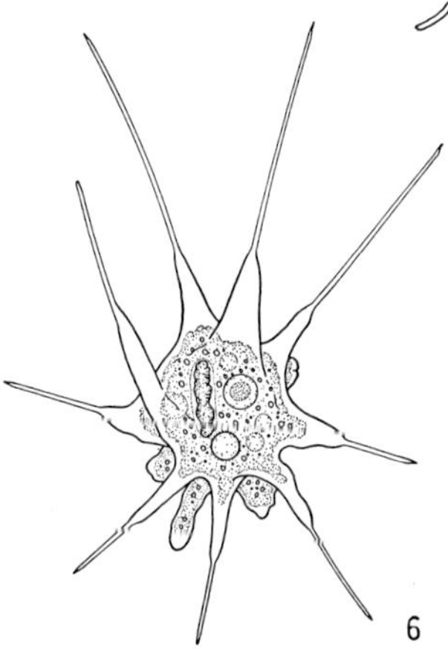
6

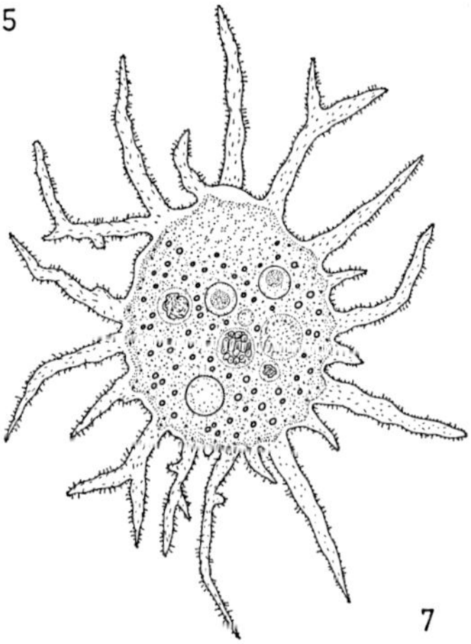
7

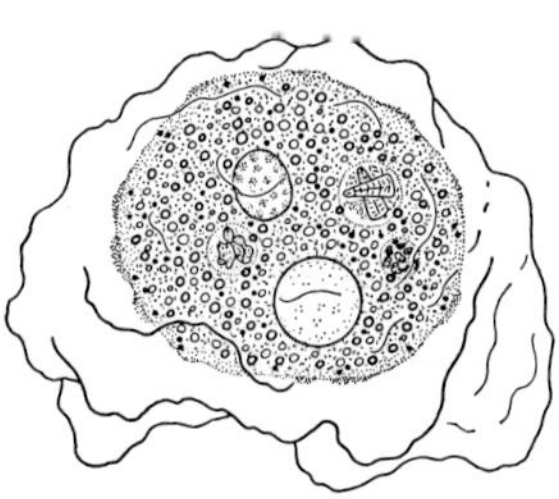
8

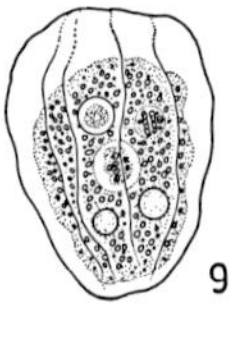
9

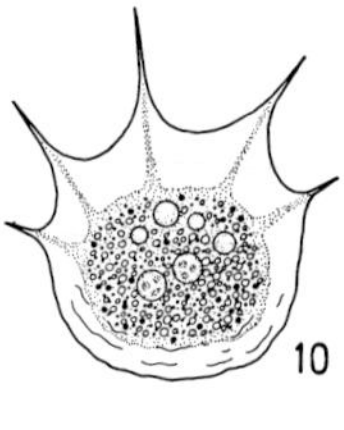
10

Wurzelfüßer (Schalenamöben) 1

1 Cochliopodium bilimbosum, Schneckenamöbe. Übergang von unbeschalten zu beschalten Amöben. Hülle kräftig, aber sehr biegsam, folgt jeder Veränderung des sie fast ausfüllenden Plasmaleibes, besteht aus heller, ziemlich beständiger Ektoplasmaschicht, die am Rand in einen mit feinsten Skulpturen bedeckten Saum ausläuft. Pseudopodien kurz, zugespitzt, unter dem Randsaum hervortretend. **G** 25–100 µm. **L** Teiche; zwischen Wasserpflanzen, im Schlamm, nicht in Moosen. [4060]
2 Cochliopodium granulatum, Gekörnelte Schneckenamöbe. Hülle wie bei voriger Art mit Linienmustern aus Pünktchenreihen. Auf der plastischen Ektoplasmakalotte verstreut kleine Sandpartikel oder glänzende Körnchen. **G** Um 50 µm. **L** Seen und flache Gewässer. **B** Mehrere weitere Arten ohne Fremdkörper auf der Schale, doch zum Teil mit ektoplasmatischen Stacheln. [4020] **A** Schale mit Fremdpartikeln dicht besetzt: Gattung *Gocevia.* [4219]
3 Microchlamys patella, Muschelamöbe. Schale zweiteilig: Rückenseitig eine flache Kalotte, bei jüngeren Tieren biegsam und hell, bei älteren steif und dunkelbraun; bauchseitig ein Häutchen mit zentraler Öffnung. Oberschale dicht punktiert, mit radialen Streifen, Unterhäutchen zart, transparent. 1 einzelnes Pseudopodium, bei jungen Tieren lebhaft beweglich. **G** 30–45 µm. **L** Seen, Tümpel, Teiche, Gräben. [4957]
4 Pseudochlamys arcelloides, Weichschalige Gehäuseamöbe. Schale kaum gefärbt, sack- oder blasenförmig, leicht deformierbar, bauchseitig eingeschlagen, mit schwer sichtbarer Mundöffnung. Oberfläche mit feinen Punkten. Plasma als Kugel im Zentrum der Schale, davon ausgehend Plasmabänder zur Schaleninnenfläche. **G** Um 60 µm. **L** Sümpfe. ▸ *Cryptodifflugia* S. 340/2
5 Arcella gibbosa, Buckeliges Uhrglastier. Schale unregelmäßig halbkugelig, mit regelmäßiger und grober Sechseckfelderung. Artmerkmal: eigenartige Eindellungen der gesamten oberen Kalotte. Schalenmündung rund, mit Mundrohr (Farbfotos II, 12). **G** 70–125 µm Durchmesser, um 60 µm hoch. **L** Torfstiche, Torfmoosgewässer. [4005]
6 Arcella vulgaris, Gemeines Uhrglastier. Schale in Aufsicht rund mit zentraler Mündung, in Seitenansicht helmförmig; hell- bis tiefbraun. Felderungen oft sehr groß und regelmäßig. Wenige stumpfe, fingerförmige Pseudopodien. Frisst Diatomeen, Fadenalgen, einzellige Grünalgen, Flagellaten, Wimpertiere. **G** 100–145 µm im Durchmesser, 50–75 µm hoch. **L** Auf Wasserpflanzen eutropher Seen und Teiche; leere Schalen im Bodensatz. [4168]
7 Arcella hemisphaerica, Halbkugeliges Uhrglastier. Schale in Aufsicht rund, Seitenansicht halbkugelig, sehr fein gefeldert. Nur 1 bis 2 Pseudopodien werden durch die Mundöffnung gestreckt. Lebhaft beweglich. **G** Durchmesser um 50 µm, Höhe um 40 µm. **L** Bodensatz von Seen, selten im flachen Wasser. [4133] **A** Schale fast kugelig, 100–150 µm: *A. mitrata;* an untergetauchten Torfmoosen, nicht häufig.
8 Arcella conica, Pyramiden-Uhrglastier. Schale in Aufsicht 4- bis 8kantig. Auf diesem Stumpf sitzt eine unregelmäßig verschobene drei- bis fünfflächige Pyramide. Felderung gut sichtbar. **G** Durchmesser um 80 µm, Höhe um 40 µm. **L** Saure und neutrale Gewässer. [4161] **A** Pyramidenstumpf 5- bis 8flächig, ohne Scheitelpyramide: *A. costata.* [4048]
9 Arcella dentata, Gezähntes Uhrglastier. Schale am Rande mit 8–17 aufgekrümmten Zähnchen besetzt. Felderung sehr fein. Scheitel gewölbt oder eben abgestutzt (var. *trapezica).* Um die Mundöffnung sehr feine Poren. **G** Durchmesser um 150 µm, Höhe 40 µm. **L** Moore, Torfstiche. [4986]
10 Arcella artocrea, Teller-Uhrglastier. Schale eine vielfach gewellte Kalotte, die auf einem flachen Teller aufsitzt. Rand kielförmig. Gehäuse und Mundöffnung in der Aufsicht oft nicht kreisrund, sondern schwach oval. Zuweilen mit Zoochlorellen. **G** Durchmesser 185–215 µm, Höhe um 55 µm. **L** Torfmoosgewässer. **A** Um 80 µm, rund, mit glatter Kalotte auf vorgezogenem Untersatz: *A. arenaria;* zwischen Falllaub und nassen Moosen. [Gattung: 4015]
11 Arcella discoides, Scheiben-Uhrglastier. Schale in Seitenansicht sehr flach, obere Kalotte nur schwach bogenförmig. Gelbbraun oder rötlich. Felderung deutlich. **G** Durchmesser um 125 µm, Höhe um 30 µm. **L** Weit verbreitete Wasserform; auch zwischen abgefallenen, nassen Blättern. [4162]
12 Arcella megastoma, Großmäuliges Uhrglastier. Schale flach, im Gegensatz zu *A. discoides* Mundöffnung jedoch groß, manchmal leicht oval. 35–65, selbst bis 200 Kerne. **G** Durchmesser 180–270 µm, Höhe 36–55 µm. **L** Verschiedenste Gewässertypen; weit verbreitet. [4166]

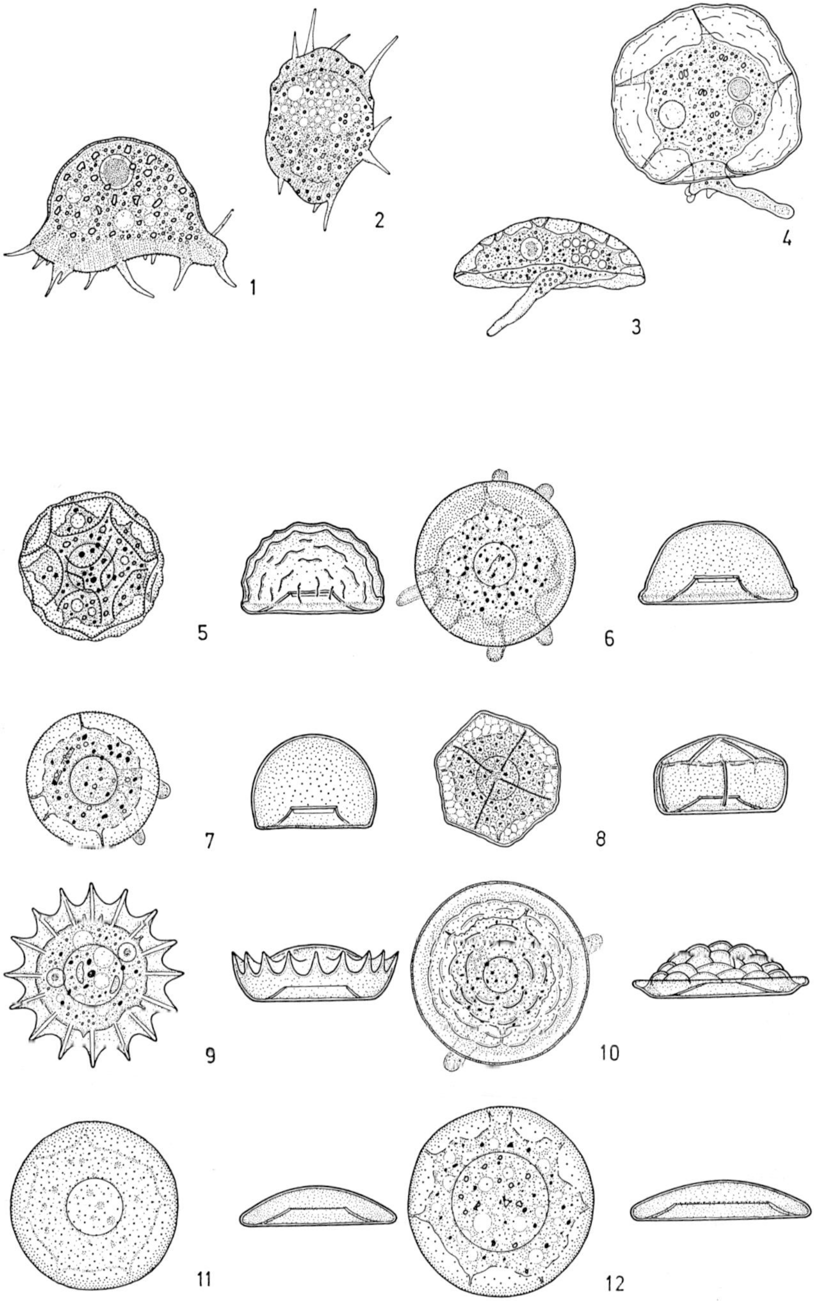
1
2
3
4
5
6
7
8
9
10
11
12

Wurzelfüßer (Schalenamöben) 2

1 Pyxidicula operculata, Käppchen-Schalenamöbe. Schale starr, gelblich oder bräunlich, fein punktiert. Bauchseite ganz offen oder als nur schmaler Rand umgeschlagen. **G** 17–21 µm. **L** Auf Wasserpflanzen, im Schlamm. [4924]

2 Centropyxis aculeata, Stachel-Schalenamöbe. Schale undeutlich punktiert, locker mit Steinchen, Detritus oder Diatomeen bedeckt. Hinterende mit 2 bis 8 Dornen, vorne oft weitere Dornen. Mündung exzentrisch. **G** 120–180 µm lang. **L** Teiche, Moose; häufig, weit verbreitet. [4057] **A_1** 200–400 µm, Mündung fast zentral, 1–7 Dornen: *C. discoides.* [4176] **A_2** 80 µm, Mündung elliptisch und exzentrisch, Dornen regellos: *C. hirsuta.* Teiche und Torfmoose.

3 Centropyxis marsupiformis, Beutel-Schalenamöbe. Schale mit dichter Steinchenschicht überzogen. Hinterende mit 1 bis 3 kurzen, spitzen Dornen. In Aufsicht lang-oval. Mündung weit zum Vorderende hin verschoben. **G** 170–250 µm lang. **L** Sümpfe, Teiche; häufig. **A_1** Um 70 µm Mund halbkreisförmig: *C. cassis* (3 a). **A_2** Um 80 µm, halbkugelig, Mund zentral: *C. kahli* (3 b).

4 Bullinularia indica, Schlitzmund-Schalenamöbe. Schale unregelmäßig ellipsoidisch, mit Detritus und Pollenkörnern bedeckt. Gehäuse bauchseits abgeplattet, hier schmaler Mundspalt. **G** Um 200 µm. **L** Torfmoose, trockene Randgebiete der Moore.

5 a Difflugia fragosa, Bizarres Schmelztierchen. 1 bis 8 unregelmäßige Aussackungen am Schalenende; Schale mit winzigen Sandkörnchen. **G** Um 230 µm lang. **L** Seen, Flüsse.

5b Difflugia elegans, Anmutiges Schmelztierchen. Birnförmig, 1 Endzipfel verschiedener Länge, zweizipfelige Formen häufig. Von eckigen Quarzkörnchen bedeckt. **G** Um 90 µm. **L** In Torfmoosen und Freiwasser. [4125]

5 c Difflugia corona, Kronentragendes Schmelztierchen. Auf dem Hinterende ein Kranz von 6 bis 9 kurzen, spitzen Dornen. Mundrand gekräuselt. Gleichmäßig mit Quarzkörnchen bedeckt. **G** Um 200 µm. **L** Kleine Gewässer. [4919]

5d Difflugia varians, Zartes Schmelztierchen. Mit Steinchen und Diatomeen meist unvollständig bedeckt. Hinterende mit 1 bis 3 Dörnchen. **G** Um 100 µm. **L** Seen, Teiche.

5e Difflugia urceolata, Krug-Schmelztierchen. Kugelig mit schmalem Hals und breitem Kragen; mit Schuppen, Diatomeen, Quarzsteinchen bedeckt. Zahlreiche Kerne. **G** 250–350 µm, oft nur 150 µm. **L** Kleinere Gewässer.

5f Difflugia bacillifera, Diatomeen-Schmelztierchen. Flaschenförmig mit langem Hals; dicht mit Diatomeen bepflastert. **G** 120–180 µm. **L** Charakteristische Torfmoosform, auch Freiwasser.

5 g Difflugia oblonga, Birnen-Schmelztierchen. Bauchig, mit Steinchen besetzt. Kann durch Zoochlorellen grünlich gefärbt sein. **G** 90–420 µm. **L** Moose, Tümpel, Teiche; häufig. [4157]

5 h Difflugia lobostoma, Mundlappen-Schmelztierchen. Breitbauchig, ähnlich voriger Art; Schalenmündung auffällig in 3 oder 4 Lappen ausgezogen. Zahlreiche Zoochlorellen. **G** 140–170 µm. **L** Alle Gewässertypen außer Mooren; sehr häufig.

6 Difflugia acuminata, Spitzen-Schmelztierchen. Hinterende mit kurzem, kräftigem Dornzipfel. Schale mit Quarztrümmern und Detritusteilchen dicht bedeckt. **G** 150–400 µm lang. **L** Kleinere Gewässer: weit verbreitet. [4032]

7 Lesquereusia spiralis, Spiralhaus-Schalenamöbe. Hinterer Teil kugelig, vorderer abgeknickt-zylindrisch. Querwand äußerlich durch Furche markiert. Schale mit winzigen Kiesel-Stäbchen und -Plättchen, die im Tier vorgebildet werden. **G** 100–190 µm lang. **L** Torfmoos, Schlamm.

8 Quadrulella symmetrica, Kieselplättchen-Schalenamöbe. An der Mündung stark zusammengedrückt. Von quadratischen, durchsichtigen, in Schrägreihen angeordneten Kieselplättchen bedeckt. **G** 65–120 µm. **L** Sehr nasse Moose, Torfmoose. [4914]

9 Paraquadrula irregularis, Kalkplättchen-Schalenamöbe. Schale mit aufgelagerten, kleinen, quadratischen, in 8 Längsreihen dicht gefügten Kalkplättchen. **G** 35–45 µm hoch. **L** Kalkhaltige Gewässer.

10 Nebela griseola, Graue Schüppchen-Schalenamöbe. Schalenstruktur durch grauen, vollständigen Steinchenbelag verdeckt. Mundrand gewulstet. **G** 70–100 µm hoch. **L** Torfmoose. [Gattung: 4077]

11 Nebela collaris, Halsring-Schalenamöbe. Stark zusammengedrückt, mit Schuppen und Diatomeenresten bedeckt, gelblich. Kieselschüppchen stammen von gefressenen *Euglypha*-Arten. **G** 95–180 µm. **L** Moosrasen, vor allem Torfmoose; häufig.

12 Nebela lageniformis, Flaschen-Schalenamöbe. Schale flaschenförmig, farblos, durchscheinend, mit großen rundlichen und dazwischen gelagerten kleineren Schüppchen. **G** 120–130 µm. **L** Nasse Moose und Torfmoose; sehr häufig.

13 Heleopera petricola, Sack-Schalenamöbe. Breit sackförmig, farblos. Mundöffnung ein breiter Spalt, der die ganze Vorderfront einnimmt. Schale unregelmäßig und undeutlich gefeldert, am Hinterende einige größere Steinchen. **G** Um 100 µm. **L** In Torfmoosen und anderen Moosen. [4220] **A_1** Schalen rosa-violett, Lippen gelb: *H. rosea.* [4221] **A_2** Schalen gelb: *H. sphagni.*

14 Awerintzewia cyclostoma, Rundmaul-Schalenamöbe. Mundöffnung elliptisch, Gehäuse oval, dunkelviolett, mit Quarztrümmern dicht gepflastert. **G** 135–180 µm lang. **L** Torfmoosrasen, in Teichen auf Wasserpflanzen. [4170]

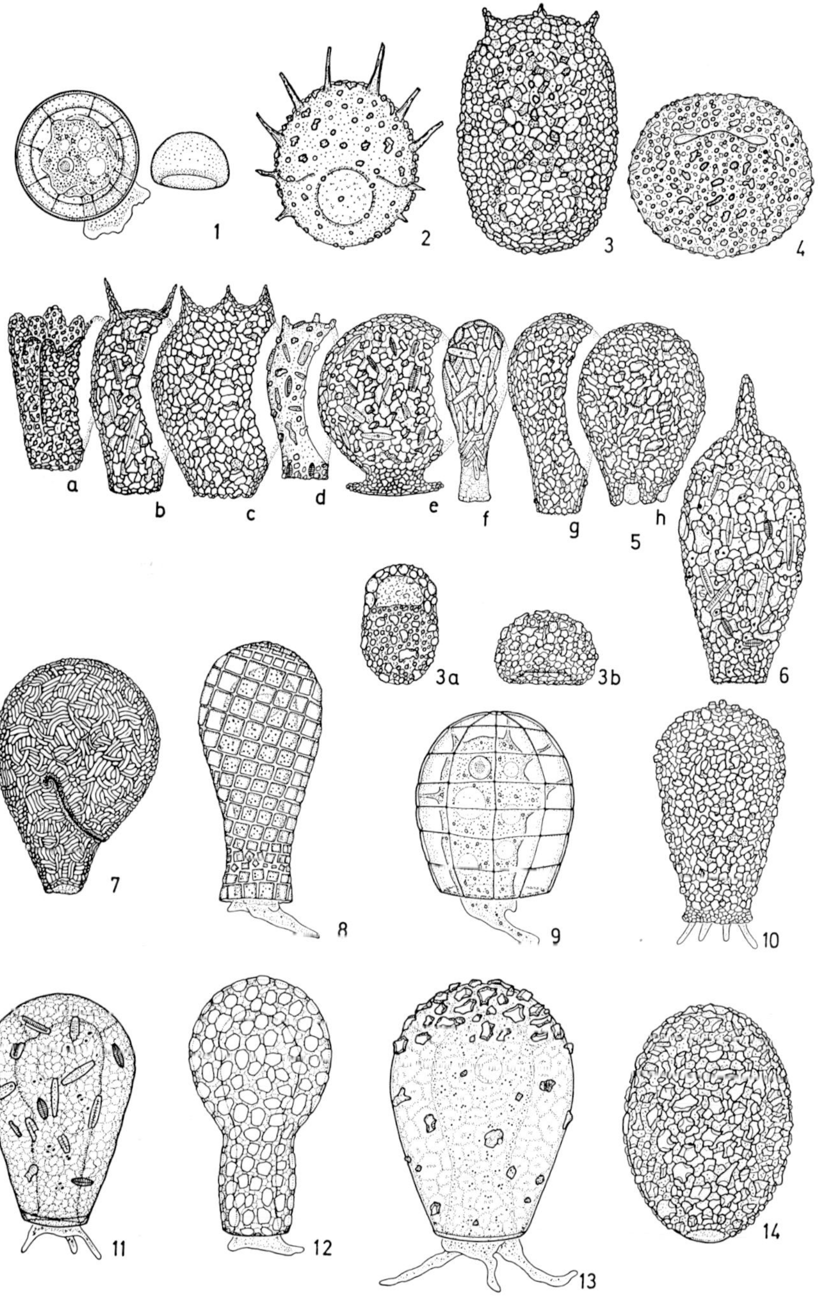
1
2
3
4
a
b
c
d
e
f
g
h
5
3a
3b
6
7
8
9
10
11
12
13
14

Wurzelfüßer (Schalenamöben) 3

1 Hyalosphenia elegans, Faltige Glaskeil-Schalenamöbe. Schale beutelförmig mit großen, flachen, unregelmäßigen Falten; durchsichtig, gelblich bis bräunlich; Hals glatt. **G** 90–110 µm. **L** In den unteren, abgestorbenen Teilen von Torfmoosrasen. [4222]
2 Hyalosphenia papilio, Glaskeil-Schalenamöbe. Mundöffnung spaltförmig. Schale durchsichtig, meist gelblich, mit Poren an den Ecken und der Mündung. Zytoplasma mit Zoochlorellen. **G** 110–140 µm. **L** Obere Teile von Torfmoosrasen. **A** 60–70 µm, Schale farblos, Mündung stark verengt: *H. cuneata.* Klare Gewässer. [4996]
3 Euglypha laevis, Kleine Zeichen-Schalenamöbe. Schale sehr gleichmäßig mit zarten und durchscheinenden Kieselschüppchen belegt, die meist nur am Rand erkennbar sind. Zähnchen um Gehäusemündung nicht gesägt. **G** 30–60 µm. **L** Torfmoose (häufig), Brunnen, Pfützen, Bäche, Flüsse. [4216]
4 Euglypha acanthophora, Zeichen-Schalenamöbe. Kieselschüppchen rund oder oval, überdecken sich mit ihren Rändern. Um die runde Schalenmündung eine Reihe gezähnter Schuppen. Schale selten mit Stacheln. **G** 60–100 µm lang. **L** Nasse Moose, Torfmoose, Teiche, Quellen, Sümpfe. [4212]
5 Euglypha ciliata, Bewimperte Zeichen-Schalenamöbe. Kieselschuppen überdecken sich deutlich. Schale mit kurzen Stacheln. Um die Mündung 6–14 Zähnchen mit je einem aufgesetzten Buckel. **G** 60–100 µm. **L** Torfmoose, nasse Moose, auf Wasserpflanzen in Waldteichen; häufig. [4100]
6 Assulina seminulum, Splitter-Schalenamöbe. Schale stark zusammengedrückt, dicht und regelmäßig mit länglichen Schuppen besetzt; jung hell und durchsichtig, später braun. Mündung oval, von dünner, gezähnelter, chitinartiger Membran gebildet. **G** 60–150 µm lang, 50–75 µm breit. **L** Nasse Moose, Torfmoose; häufig.
7 Assulina muscorum, Braune Splitter-Schalenamöbe. Schalen meist rötlichbraun, durchsichtig. Schüppchen decken sich dachziegelartig, enden vor der Mündung, die nur aus chitinartiger Schalengrundsubstanz besteht. **G** Um 40 µm. **L** Charakterart feuchter Moose, häufig in Torfmoosen. [4169]
8 Trinema enchelys, Plattbauch-Schalenamöbe. Schale mit flacher Bauch- und gewölbter Rückenseite. Gehäusemündung auf die Unterseite verschoben, leicht eingebuchtet. Große rundliche, sehr durchsichtige, immer farblose Schuppen; Fugen zwischen den Schuppen von sehr kleinen Plättchen ausgefüllt. Gehäuseform sehr veränderlich. **G** 45–125 µm lang. **L** Braune Schichten von Moosen und Torfmoosen, im Boden, zwischen Falllaub. [4946]
9 Cyphoderia ampulla, Retorten-Schalenamöbe. Schale retortenförmig mit bauchwärts gekrümmtem Hals. Mündung schräg abgestutzt. Gelblich bis bräunlich. Dicht bedeckt mit winzigen, rundlichen oder quadratischen Schüppchen, deren Zentrum eingedellt ist. Eindellungen lassen Schale punktiert erscheinen. **G** In tieferem Wasser bis 220 µm, in Ufernähe 100–120 µm lang. **L** Seen, Moose, Torfmoose. [4155]
10 Paulinella chromatophora, Blaualgenkäfig. Breit-eiförmig, nicht abgeplattet, von breiten, etwas gebogenen Kieselplättchen in 5 Längsreihen zu je 11 bis 12 Plättchen bedeckt. Im Zytoplasma leben symbiontisch 2 wurstförmige Blaualgen der Gattung *Cyanothece.* Keine Nahrungsvakuolen, Nahrungsaufnahme nie beobachtet! **G** Um 20–35 µm. **L** Auf Wasserpflanzen. [4081]
11 Nadinella tenella, Kragen-Schalenamöbe. Schale dünn, chitinartig, graugelb, etwas undurchsichtig, mit kleinen Kieselteilchen bepflastert, die die Halspartie freilassen. Mundöffnung abgeplattet mit hellem und zartem Kragen. **G** 50–55 µm lang. **L** Seen. [4225]
12 Gromia fluvialis, Fluss-Schalenamöbe. Breit-eiförmig, nicht ganz starr, deutlich zweischichtig. innere Hülle durchscheinend, äußere (dickere) von sehr vielen radiär verlaufenden Kanälchen durchzogen. Schalenmündung mit quellbarer „Dichtung“ als Verschlussmechanismus. **G** Bis 100 µm. **L** Seen, Teiche, Flüsse. [4904]
13 Lieberkuehnia wagneri, Wurzel-Schalenamöbe. Schale im Vorderteil mit 1 Septum; „Pseudopodienstiel“ daher asymmetrisch austretend. Hülle nicht starr. Pseudopodien lang, fein, Pseudopodienfäden anastomosieren vielfach. Mehrere Kerne. **G** 80–120 µm. **L** Seen und Teiche. [4969]
14 Allelogromia brunneri, Mantel-Schalenamöbe. Schale ei- oder birnförmig, symmetrisch, starr, dünn, durchsichtig, gelb bis braun, mit dichter Lage winzig kleiner Kieselteilchen bedeckt. Pseudopodienstiel tritt asymmetrisch aus der Schale aus. Zytoplasma kann außen entlang der Hülle fließen und sie als „Mantelplasma“ weitgehend einhüllen. **G** 60–250 µm. **L** Seen.
15 Amphitrema flavum, Gelbes Moortönnchen. Gelblich bis braun, nie mit Fremdteilchen besetzt. 2 Öffnungen an den entgegengesetzten Polen. Im Plasma zahlreiche Zoochlorellen. Kern groß, zentral mit dunklem Binnenkörper. **G** 30–75 µm. **L** Ausschließlich in der oberen Torfmoosschicht von Hochmooren. Dort massenhaft. **A** *A. stenostoma:* Schale mit Kieselteilchen besetzt, sonst sehr ähnlich, 45–95 µm.
16 Amphitrema wrightianum, Moortönnchen. Schale abgeplattet oval. 2 Mündungen an den Polen mit je einem deutlichen, zylindrischen Hals. Auf der Schale Diatomeen und Quarzteilchen. Im Zytoplasma Zoochlorellen. **G** 50–95 µm lang. **L** Auf alte Hochmoore beschränkt, dort massenhaft.

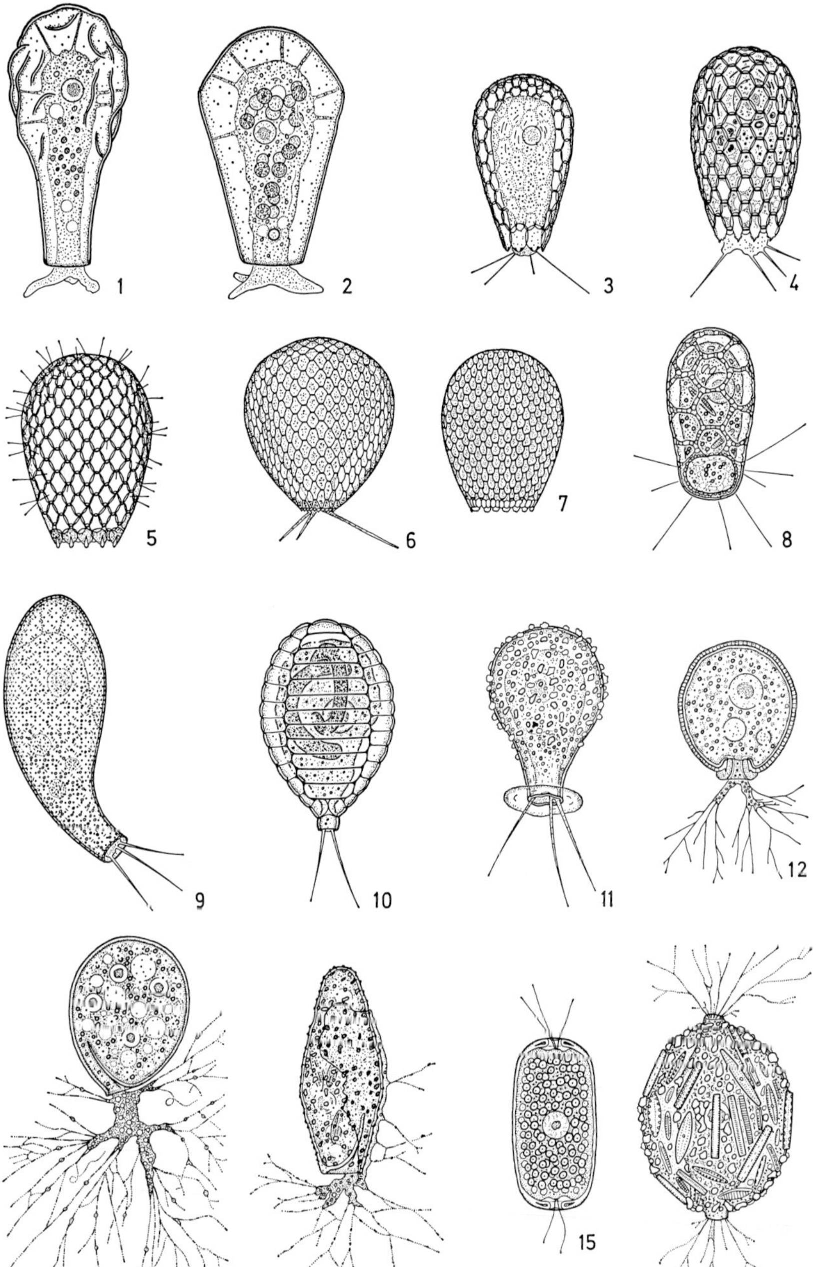
1
2
3
4
5
6
7
8
9
10
11
12
13
14
15
16

Wurzelfüßer (Schalenamöben) 4

1 Arcella catinus, Kiel-Uhrglastier. Das tiefbraune Gehäuse mit sehr feiner Felderung besteht aus organischem Material und ist meist drehrund. Um den Kragen der Gehäuseöffnung 35–50 winzige Poren. Schale in Seitenansicht mit schwach gekieltem Untersatz und aufgesetzter Runzelkalotte. Zysten vor dem Mund abgeplattet. **G** Durchmesser 75–114 µm. L In nassen Moosen [4159]. ▸ **A** *Arcella arenaria* hat nur 18–25 Poren um den Mund, besitzt einen kantigen Randwulst, und ist violett oder gelblich gefärbt.
2 Difflugia bacillifera, Kieselalgen-Schmelztierchen. Gehäuse hyalin, braun und langgestreckt. Kleine Quarzpartikel umranden die runde Öffnung. Die Schale ist vorwiegend mit toten Kieselalgen z. B. der Gattungen *Eunotia*, *Navicula*, *Pinnularia*, *Cymbella*, *Tabellaria* umhüllt. Zwischen den Diatomeen winzige Mineralpartikel von Mehlsanden, Schluffen. Kosmopolitische Art, die leicht Zysten bildet. Auf Seite 234 als 5f bereits skizziert; als charakteristische und häufige Torfmoosform ist die Art hier nochmals abgebildet. **G** 130–190 µm lang und 60–90 µm breit. **L** In Sphagnen.
3 Nebela militaris, Zarte Schalenamöbe. Gehäuse abgeplattet, durchsichtig und mit sehr zarten, winzigen Schüppchen bedeckt. Die Schüppchen sind ein Mix aus runden, ovalen und rechteckigen Plättchen. Die Mundöffnung bildet einen schmalen Schlitz mit konkaver Unter- und Oberlippe. Die beiden seitlichen Poren werden bei eingetrockneten Proben deutlicher. **G** Kleine, 60–70 µm hohe Art. **L** Kosmopolitisch in feuchten bis nassen Moosen und Sphagnen. [Gattung 4077]
4 Nebela tincta (*N. bursella*), Täschchen-Schalenamöbe. Gehäuse recht platt und sehr durchsichtig, mit gelblichem Farbton. Alle Schüppchen rund. Die ovale Schalenöffnung erscheint wie abgeschnitten gerade. Die zarten Seitenporen wirken in der Zeichnung übertrieben deutlich. **G** 75–95 µm groß. **L** Kosmopolit in nassen Moosen bis trockenen Torfmoosen.
5 Nebela carinata, Kiel-Schalenamöbe. Schale, Gehäuse farblos und flach; auffällig ist ein 10 µm breiter Grat fast ganz um die Schale. Mundöffnung oval und mit einem Kragen aus organischem Kitt. Die rundlichen Plättchen der Hülle werden zum Teil durch Kittperlchen miteinander verbunden. Die Kieselplättchen der *Nebela*-Arten stammen wohl immer von verzehrten *Euglypha*-Arten. **G** 160–200 µm hoch. **L** In nassen Torfmoosen weit verbreitet.
6 Phryganella acropodia, Mützchenamöbe. Gehäuse dicht mit Quarzkörnchen, Detritusteilchen und Kieselalgenbruch bedeckt. Die Amöben nehmen die Partikel gezielt aus der Umgebung auf und machen damit Tochterschalen, die mit den Mutterzellen in Größe und Form identisch sind. Einzelne gröbere Partikel machen den Umriss unregelmäßig. Pseudopodien mit breiter Basis und feinen, spitzen Enden. **G** 30–60 µm. **L** Benthische Form im Süßwasser. [4228]
7 Sphenoderia lenta, Keilamöbe. Gehäuse rundlich und aus etwa 60 ovalen, völlig gleichartigen Plättchen zusammengesetzt. Mundteil abgesetzt, mit sehr kleinen Plättchen besetzt; eine der beiden Lippen ist nach innen eingebogen. **G** Eine kleine Schalenamöbe: 30–55 µm. **L** Kosmopolitisch in Sphagnen und Moosen. [4240]
8 Trinema lineare, Zarte Plattbauch-Schalenamöbe. Gehäuse aus größeren und winzigen Plättchen. Wie bei *Trinema enchelys* (Seite 236/8) sitzen am inneren Mundrand 20–30 Zahnplättchen. Insgesamt ist die Beschuppung bei lebenden Tieren kaum erkennbar; sichtbar wird sie bei leeren Gehäusen im Phasenkontrast. **G** Nur 25–35 µm groß. **L** Lebt zusammen mit der größeren Art *T. enchelys* in Moosen, nassem Falllaub und in feuchter Erde. [4244]
9 Corythion dubium, Hai-Amöbe. Um dreißig spitze Zähnchenplättchen umranden den queren, halbkreisförmigen Gehäuseeingang. An leeren Schalen sind die etwa vierhundert Schuppentäfelchen gut sichtbar. Wie bei *Trinema* ist das Gehäuse abgeflacht. Pseudopodien fadenförmig. **G** 35–55 µm. **L** Häufig in Wald- und Torf-Moosen.

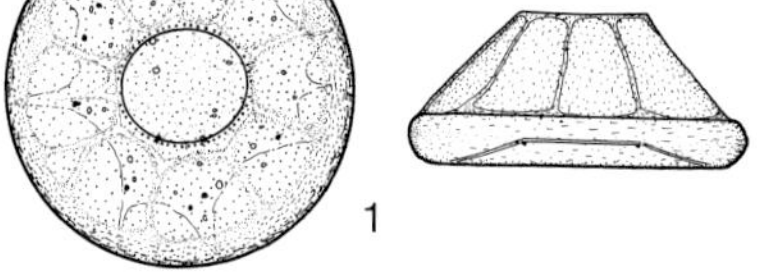
1

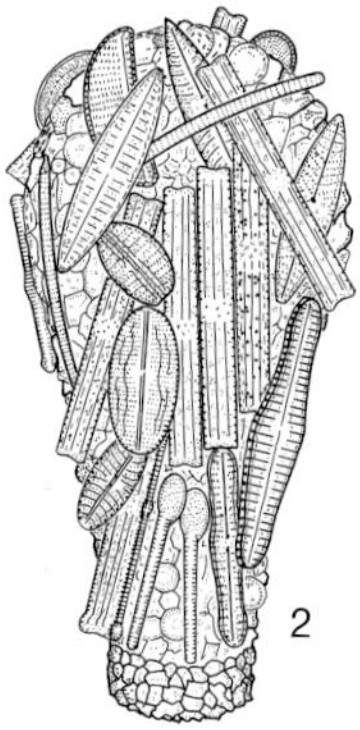
2

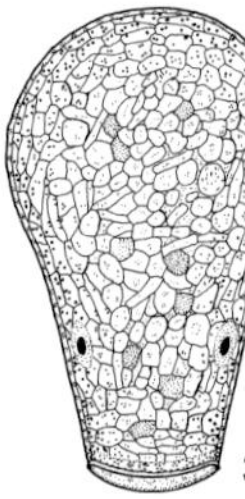
3

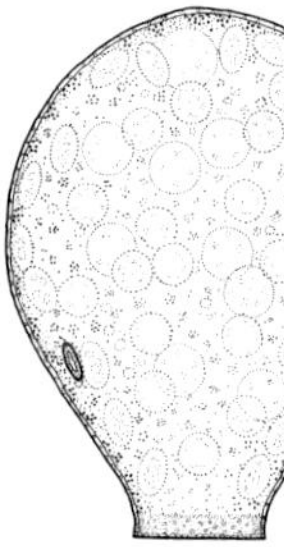
4

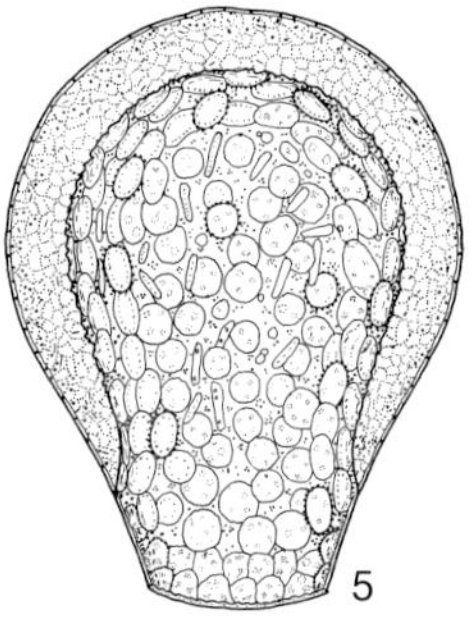
5

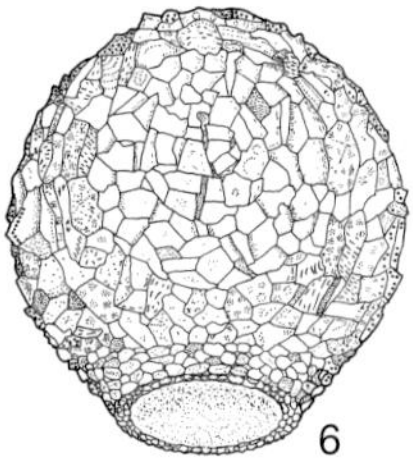
6

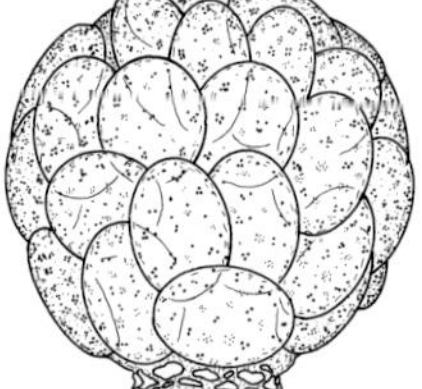
7

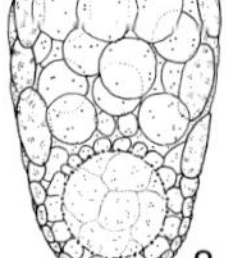
8

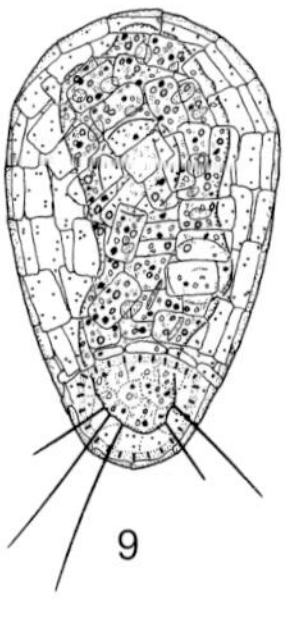
9

1 Diplophrys archeri, Ölkugel-Schalenamöbe. Schale kugelig, mit 2 einander gegenüberliegenden Mundöffnungen ohne Hälse. Zytoplasma füllt die zarte und durchsichtige Schale vollkommen aus. Im Zytoplasma 1 (seltener 2 bis 3) große, orangefarbene Ölkugeln. 1 Zellkern, mehrere kontraktile Vakuolen. **B** Nach der Zellteilung können 2 oder 4 Tochterindividuen als Fressgemeinschaft in einer Art Kolonie zusammenbleiben. **G** 8–20 µm. **L** Tümpel, Teiche; auf Pflanzen. [4035]
2 Gymnophrys cometa, Torfgespenst. Körper amöbenartig beweglich, ohne erkennbare Schale. Rasche, flache Plasmawellen laufen über den Körper, bewirken aber keine Ortsveränderungen. Filopodien (fadenförmige Pseudopodien) können sich an beliebigen Körperstellen bilden und werden oft unglaublich lang (400 µm). Pseudopodien mit starker Plasmaströmung, Verzweigungen und Anastomosen. Frisst Bakterien. **G** 15–50 µm. **L** Torfstiche, Moorgräben. Oft in Torfmullaufgüssen. **A** Entoplasma grün, Filopodien ohne Körnchen, abgerundet 90–100 µm: *Penardia mutabilis.* ▸ *Biomyxa* S. 340/3. **B** *Diplophrys*, *Gymnophrys* und *Penardia* gehören zu den Schalenamöben.

Sonnentiere
3 Actinophrys sol, *Das* Sonnentier. Ungefähr kugelig. Ektoplasma mit großen Vakuolen, Entoplasma mit zahlreichen kleinen Vakuolen und glänzenden Körnchen. Pulsierende Vakuolen ragen über die Oberfläche der Rindenschicht hinaus. Frisst Flagellaten, Wimpertiere, Zieralgen, Hefen. Junge Tiere oft zu Fressgemeinschaften zusammengelagert. An den Axopodien festgeklebte Beuteobjekte werden von durchscheinenden Pseudopodien umhüllt und in den Körper hineingezogen. **G** Ausgewachsen um 40–50 µm. **L** Kleinere Gewässer an Algen und Pflanzen; weitverbreitet und häufig. [4010] ▸ *A. vesiculata* S. 340/4
4 Actinosphaerium eichhorni, Strahlenbällchen. Tiere groß, ohne Hüllskelett. Zahlreiche Pseudopodien, die bei der geringsten Berührung sich rasch zurückziehen. Rindenschicht (Ektoplasma) mit großen, runden, regelmäßig verteilten, optisch leeren „Turgorvakuolen". Entoplasma vom Ektoplasma scharf abgesetzt; an seiner Peripherie zahlreiche Kerne. Im Entoplasma Turgor- und Nahrungsvakuolen. Axopodien vergiften oder lähmen vorüberschwimmende Rädertiere und Wimpertiere. Am Fang beteiligen sich mehrere Axopodien, die dann unter Verkürzung die Beute ins Körperinnere ziehen. **G** 200–300 µm, Varietät *majus* 600 µm bis 1 mm. **L** Flache Gewässerstellen, an Pflanzen oder auf dem Bodensatz, besonders im Frühjahr. Erträgt ziemlich verschmutztes Wasser. **B** Unterart *viride* mit symbiontischen Grünalgen (Farbfotos II, 13). [4011]
5 Astrodisculus (Nuclearia) radians, Schleimhüllen-Sonnentier. Kugelig, wenig formveränderlich, von dicker, klar durchsichtiger Schleimhülle umgeben. An der Oberfläche der Hülle kleben meist Fremdkörperchen und Bakterien. Pseudopodien sehr zart, ohne Körnchen. Ekto- und Entoplasma nicht deutlich getrennt. Zytoplasma oft mit grünen, gelben oder braunen Körnchen dicht beladen. **G** Mit Hüllschleim 25–30 µm Durchmesser. **L** Gräben, Pfützen, Teiche; im Frühjahr und Herbst zwischen Diatomeen. [4138] **A** Schleimhülle zweischichtig, um 42 µm: *A. zonatus.* In Seen und Kleingewässern. ▸ *A. laciniatus* S. 340/5
6 Elaeorhanis cincta, Festungs-Sonnentier. Schleimhülle kugelig, weit vom Körper abgehoben. In und auf der durchsichtigen Schleimmasse Sandkörnchen und Diatomeen. Pseudopodien steif und starr, anscheinend jedoch ohne Achsenfäden. Im Zentrum der Schleimmasse der kugelige Plasmaleib. Auffällig ein großer, gelber oder brauner Öltropfen im sonst farblosen Zytoplasma. **B** Junge Tiere mit noch kaum gepanzerter Hülle bilden hübsche, vielzellige, weiträumige Kolonien, die durch die Ölkugeln sofort auffallen. **G** Körper 25–30 µm, Schale um 55 µm. **L** Seen und Teiche, zwischen Algen und Wasserpflanzen. [4922] **A** Körper der Schale völlig anliegend, Plasma rötlich, ohne Ölkugeln, um 40 µm, in Seen: *Lithocolla globosa.*
7 Heterophrys myriopoda, Grasgrünes Sonnentier. Kugelig, mit dicker Schleimhülle. In der Schleimschicht zahlreiche chitinige, haarfeine, radiär gestellte Stäbchen, von denen die meisten beträchtlich über die Oberfläche der Hülle hinausragen. Axopodien sehr lang und kräftig. Plasma dicht mit kugeligen Grünalgen beladen, wahrscheinlich Symbionten. **G** 50–80 µm Durchmesser. **L** Sumpfgewässer, kleine Teiche, Uferzone von Seen. [4961]

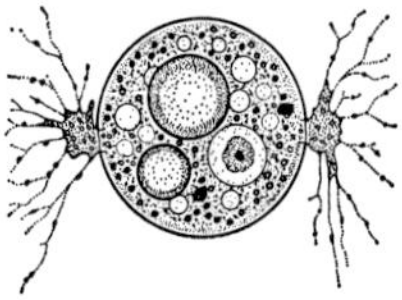

1

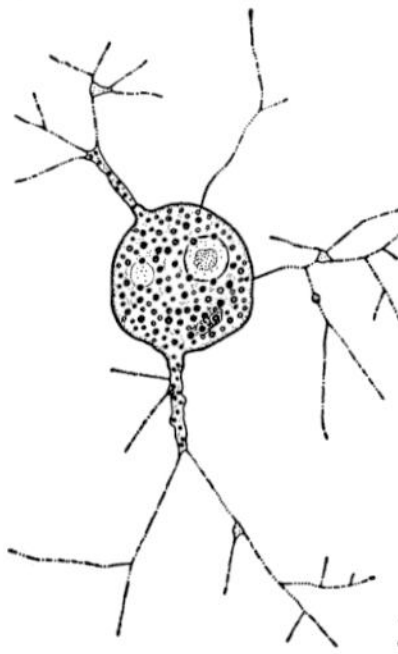

2

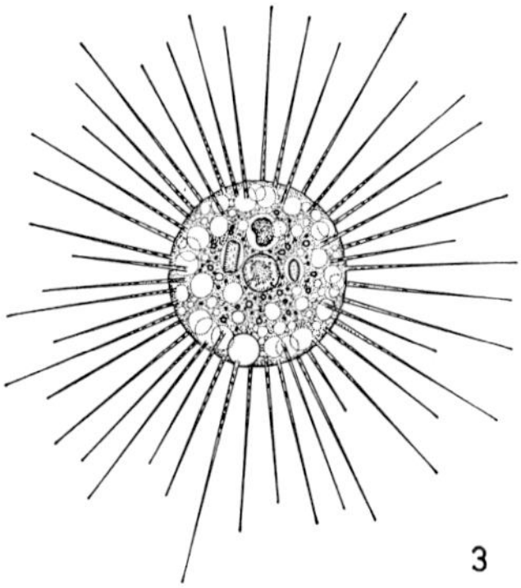

3

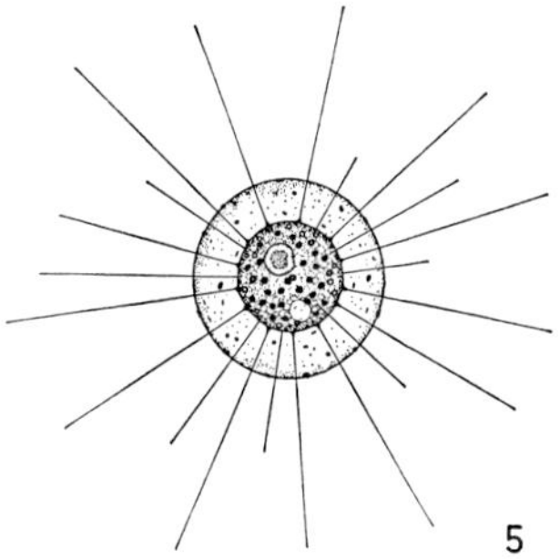

5

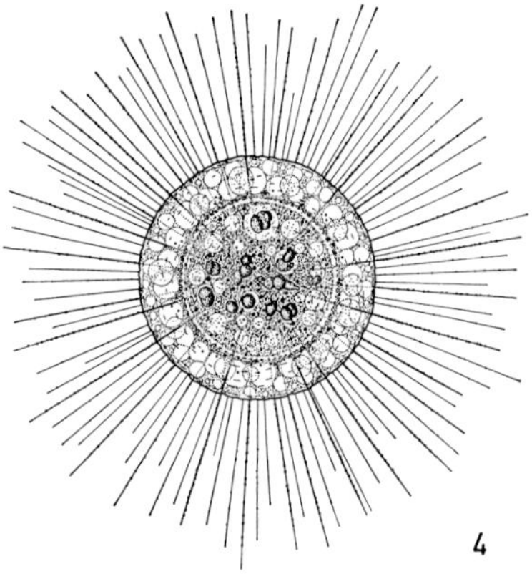

4

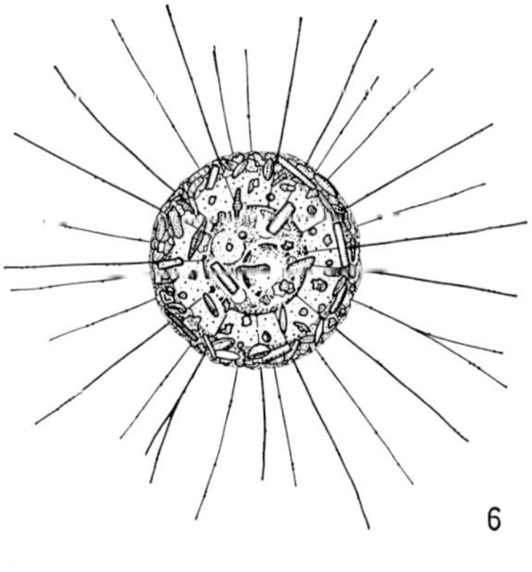

6

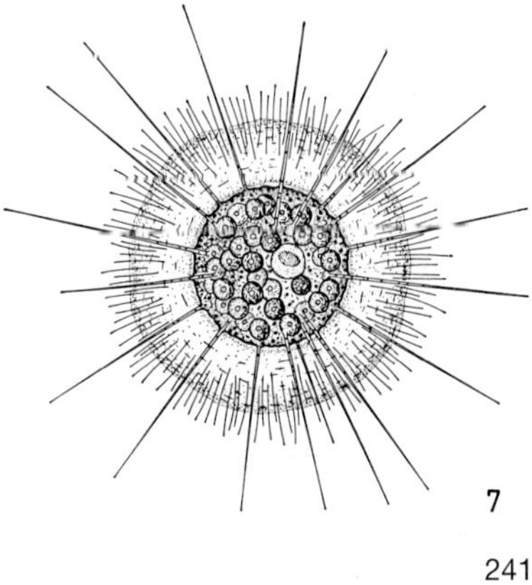

7

Sonnentiere 2

1 Acanthocystis mimetica, Grünes Nadel-Sonnentier. Skelett der ungefähr 13 bekannten *A.*-Arten aus tangentialen Kieselschuppen und radiären Kieselnadeln gebildet. Radiäre Nadeln von *A. mimetica* am lebenden Tier nicht erkennbar, treten erst hervor, wenn Tiere unter dem Deckglas eintrocknen. Hülle aus dicht aneinandergereihten tangentialen Kieselschuppen auch am lebenden Tier sehr deutlich zu erkennen. Axopodien sehr lang und fein, mit wenigen Körnchen. Zytoplasma mit einigen grünen Zoochlorellen. **G** Mit Hülle aus ovalen Schüppchen 12–20 µm. **L** Kleine Seen, Teiche, Gräben; im Frühjahr in aufschwimmenden Algenwatten. [4053]
2 Acanthocystis aculeata, Nagel-Sonnentier. Tangentiale Kieselschüppchen dick, spitz, umhüllen in mehreren Lagen den Körper. Kieselnadeln kurz, gekrümmt, stachelartig zugespitzt; sitzen mit platter, breiter Basis („Nägel") in der nicht schleimigen Hülle. Pseudopodien dünn und lang. Zytoplasma mit exzentrischem Kern und nur einer kontraktilen Vakuole. **G** Kieselnadeln um 12 µm lang, Körper 35–40 µm im Durchmesser. **L** Seen, Tümpel, Teiche. [4951]
3 Acanthocystis radiosa, Nadel-Sonnentier. Körper von einer Schicht durchsichtigen Zytoplasmas umhüllt. An der Peripherie dieser Hülle liegen die tangentialen Kieselschüppchen als dünne und ovale Plättchen. Radiäre Kieselnadeln beginnen mit breiter Basalplatte, enden gegabelt. Zarte Pseudopodien mit sehr lebhafter Körnchenströmung. Im Zytoplasma weiße, rundliche Körner sowie kugelige, symbiontische Grünalgen. **B** Breites Lappen-Pseudopodium durchbricht Hülle zur Nahrungsaufnahme und Defäkation. **G** Durchmesser 15 µm. **L** Alle Gewässertypen; meist häufig.
4 Acanthocystis turfacea, Schönes Nadel-Sonnentier. Schuppen der Außenhülle sehr zart. Radiäre Kieselnadeln in zwei Formen: lange Nadeln mit winziger Endgabel und kurze, die am Ende in eine breite Gabel auslaufen. Beide Typen basal zu Schuppen verbreitert. Axopodien lang und kräftig. Zytoplasma grünlich, meist ohne pulsierende Vakuole. **G** Mit Hülle 50–60 µm. **L** Sümpfe, Gräben, Pfützen. [4030] **A** Radiäre Nadeln ohne Endgabeln: *A. spinifera.* Seen, Sümpfe, Torfmoose. [4980]
5 Pompholyxophrys punicea, Perlen-Sonne. Tiere kugelig mit 5–10 µm dicker Hüllschicht aus Bläschen, „hohlen Perlen", die in drei Schichten nicht sehr regelmäßig angeordnet sind. Durchmesser der „Perlen" 2–4 µm. Fadenfüßchen sehr fein, fast ohne Körnchen. Körper farblos oder rötlich, mit gefärbten Körnchen und grünen oder braunen Nahrungsteilchen. **G** Ohne Hülle 25–35 µm. **L** Teiche und Sümpfe. **A_1** „Perlen" winzig (0,6 µm), in 5 bis 8 Schichten: *P. exigua.* Seeufer, Sümpfe. **A_2** Perlen eiförmig, um 3 µm: *P. ovuligera;* Sümpfe. **B** Die Gattung gehört zu den Schalenamöben: Die Scheinfüßchen sind Filopodien, keine Axopodien mit Achsenstrukturen aus Mikrotubuli.
6 Raphidiophrys pallida, Blasses Spindel-Sonnentier. Schleimhülle reicht weit an den Axopodien hinauf. In ihr liegen ziemlich große, bis 20 µm lange, sichelförmige Kieselnadeln (in Wirklichkeit elliptische, etwas schüsselförmig gebogene Schüppchen). Pseudopodien lang, mit Körnchen. Kern groß, liegt exzentrisch (Farbfotos II, 14). **G** Durchmesser um 55 µm. **L** Ruhige Gewässer, auf Algen und Wasserpflanzen. [4028] **A_1** In der Schleimhülle kurze und lange Nadeln: *R. symmetrica.* [4915] **A_2** Drei Typen verschieden langer Nadeln: *R. ambigua.* Beide Arten in Seen und Teichen.
7 Raphidiophrys viridis, Grünes Spindel-Sonnentier. Jeweils mehrere Tiere leben in zäher Schleimhülle als Kolonie und sind durch kurze Plasmabrücken verbunden. Hülle mit Kieselsäurenadeln reicht mehr oder minder weit die Axopodien hinauf. Axopodien kräftig, sehr lang, von den Einzelindividuen nicht allseitig ausgebildet. Zytoplasma mit symbiontischen Grünalgen. **G** Kolonien bis 200 µm, Einzeltiere um 30 µm. **L** Seichte Kleingewässer. [4029] **A** Kolonien sehr locker, Plasmabrücken langgezogen, ohne grüne Symbionten: *R. elegans.* [Gattung: 4112]

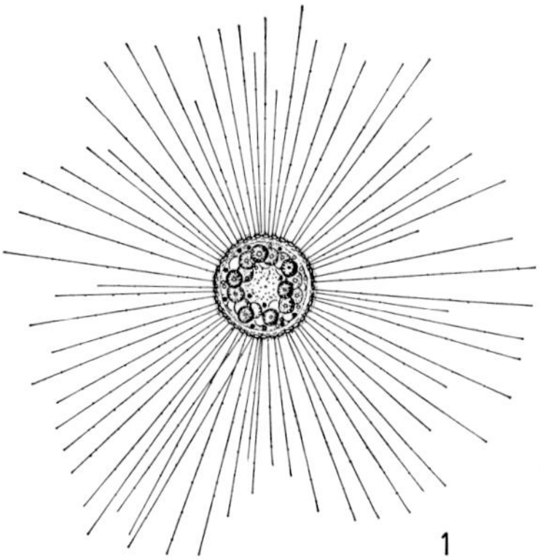

1

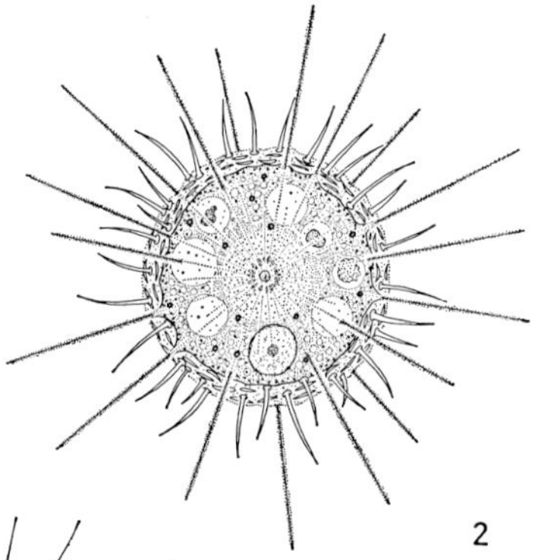

2

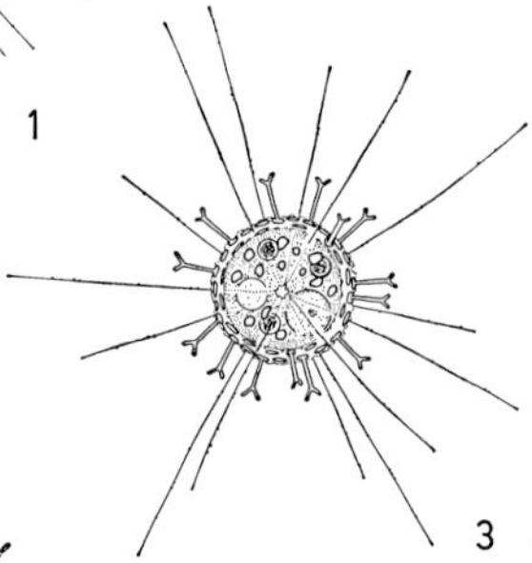

3

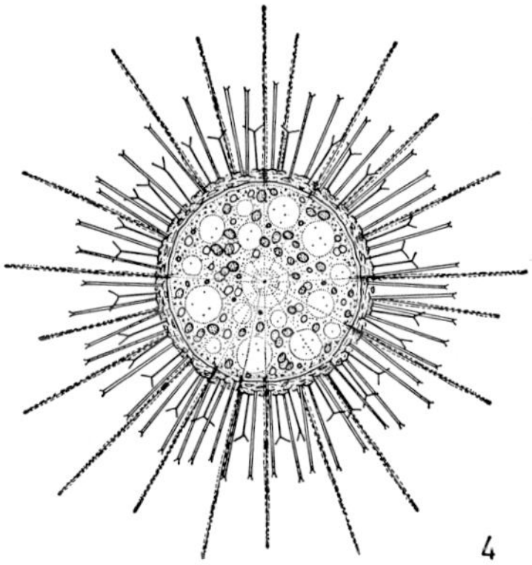

4

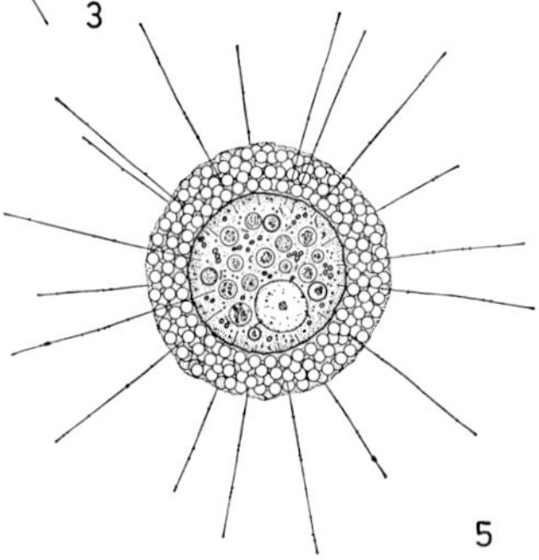

5

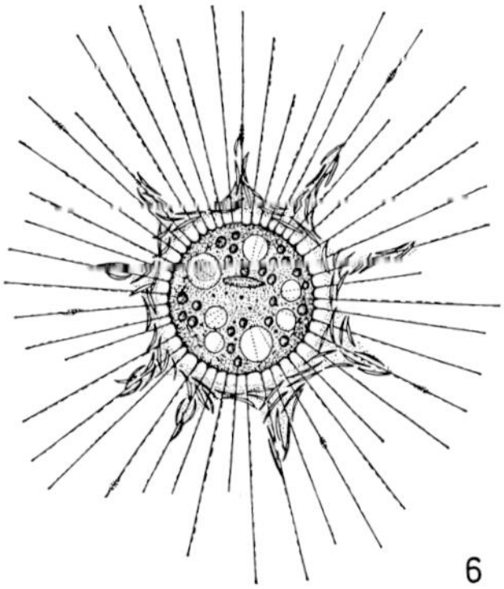

6

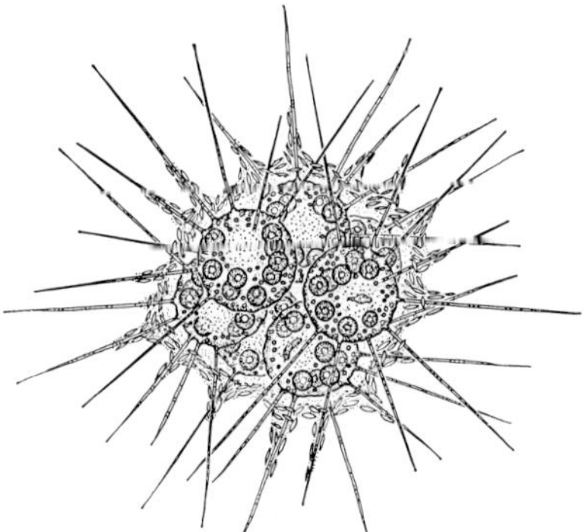

7

Sonnentiere 3

1 Raphidocystis infestans, Buckel-Sonnentier. Tiere von dünner, farbloser Plasmahülle umgeben. In der Hülle tangentiale Kieselstäbchen, die nur am eintrocknenden Tier sichtbar werden. Außenschicht buckelig. Axopodien dünn, sehr lang. Entoplasmatisches „Mark" und Zellkern liegen exzentrisch. Leben von größeren Wimpertieren, auf denen sie sich ektoparasitisch ansiedeln und tellerförmig ausbreiten; Wirte sterben langsam ab. **G** 20–40 µm. **L** Bodensatz sauberer Gewässer. [Gattung: 4098]
2 Raphidocystis tubifera, Posaunen-Sonnentier. In dicht anliegender Hüllschicht tangential gelagerte, elliptische Kieselschüppchen, die etwas aufgebogen sind und daher am Rande des Tieres sichelförmig erscheinen. Über die Hüllschicht hinaus ragen zierliche „Kieselposaunen". Axopodien sehr blass, kaum erkennbar. In der ektoplasmatischen Rindenschicht mehrere große pulsierende Vakuolen. **G** Durchmesser um 20 µm. **L** Sümpfe, Teiche. [4920]
3 Pinaciophora fluviatilis, Fluss-Sonnentier. Hülle aus runden Kieselplättchen, deren jedes von 19 winzigen Poren durchbrochen wird. Schuppen der Hülle überdecken sich etwas. Axopodien sehr zart, ohne Körnchen. Zur Nahrungsaufnahme durchbrechen „Hilfspseudopodien" die Hülle. Plasma rötlich, Mark- und Rindenschicht kaum unterschieden. **G** Durchmesser 45–50 µm. **L** Teiche, als einzige Sonnentier-Art auch Fließgewässer (zum Beispiel Rhein). [4991]
4 Myriophrys paradoxa, Wimper-Sonnentier. Körper in zytoplasmatischer Hüllschicht, die winzige Schüppchen enthält. Tiere sehr auffällig durch dichte Hülle lebhaft schlagender, ziemlich langer Wimpern. Axopodien nicht sehr lang, einziehbar. Markschicht exzentrisch gelegen, stark vakuolisiert. **G** Durchmesser um 40 µm. **L** Sumpfige Stellen der Gewässer.
5 Clathrulina elegans, Kugelkäfig-Sonnentier. Schale eine farblose oder schwach bräunliche, dünnwandige Kieselsäurekugel, die von zahlreichen ziemlich großen, runden oder vieleckigen Öffnungen durchbrochen wird. Plasmaleib im Inneren der Kugel; von ihm aus ziehen die an der Basis breiten, dann rasch verschmälerten, achsenfadenlosen Pseudopodien durch die Öffnungen. Tiere sitzen mit 100–350 µm langen, 3–4 µm dicken Stielen (speziellen Axopodien) an der Unterlage fest. **B** Fortpflanzung durch Teilung innerhalb der Schale. Ein Tochtertier schlüpft als zweigeißeliger Schwärmer aus der Hülle, das zweite verbleibt an seinem Platz. **G** Schale 60–90 µm. **L** An Wasserlinsen oder auf dem Bodensatz in Teichen, Gräben usw. **A** Schale um 30 µm, Stiel sehr lang und dünn: *Cl. cienkowskii.*
6 Hedriocystis pellucida, Durchsichtiges Kapsel-Sonnentier. Kapsel aus Gerüsteiweißen, mehr oder minder vieleckig, dünn, farblos. Ecken der Hülle abgerundet, von je einem sehr kleinen Loch durchbohrt, durch das ein Pseudopodium austritt. Plasmakörper rundlich, füllt die Schale nicht aus. Pseudopodien blass, wenig gekörnelt, ständig hin- und herbewegt. Plasma farblos mit pulsierenden Vakuolen, Kern zentral. Auf Detritusteilchen mit kurzem Stiel befestigt. **G** 20–25 µm. **L** Sümpfe, Moorgewässer.
7 Hedriocystls reticulata, Kapsel-Sonnentier. Kapsel aus Gerüsteiweiß, zart, farblos oder blassgelb, rundlich, nicht biegsam. Regelmäßige Felderung der Kapsel durch verdickte Leisten. Poren, durch die die blassen Pseudopodien ziehen, im Zentrum der Felder. Plasmaleib kugelig, füllt Kapsel weitgehend aus. Stiel 70 µm lang, 1,5 µm dick. Eine sehr lebhaft arbeitende pulsierende Vakuole. **G** Schale um 25 µm, Körper um 15–20 µm. **L** Sümpfe, Hoch- und Flachmoore. In der Kapsel encystierte Tiere häufig in Torfmullaufgüssen.

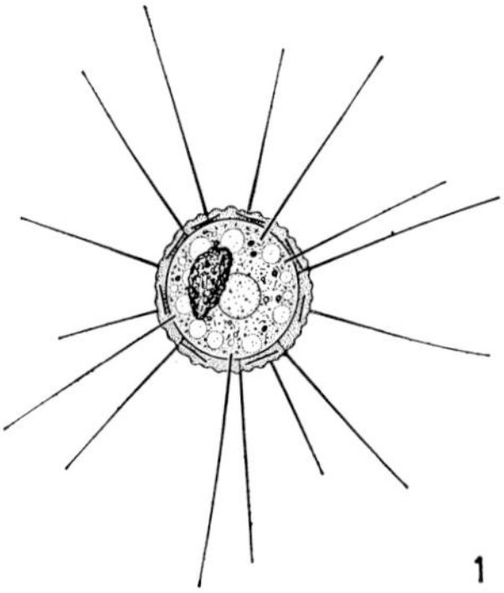

1

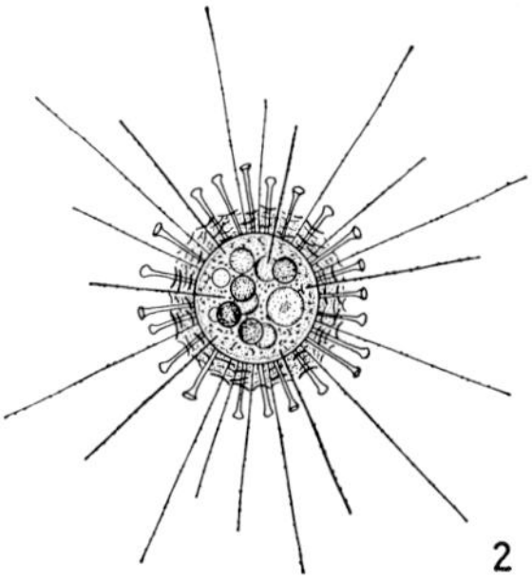

2

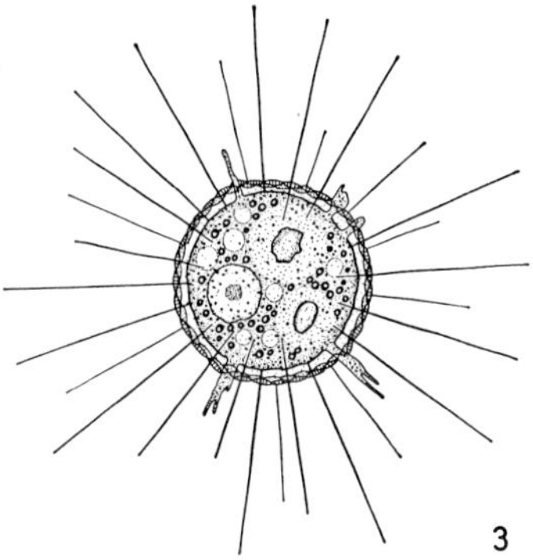

3

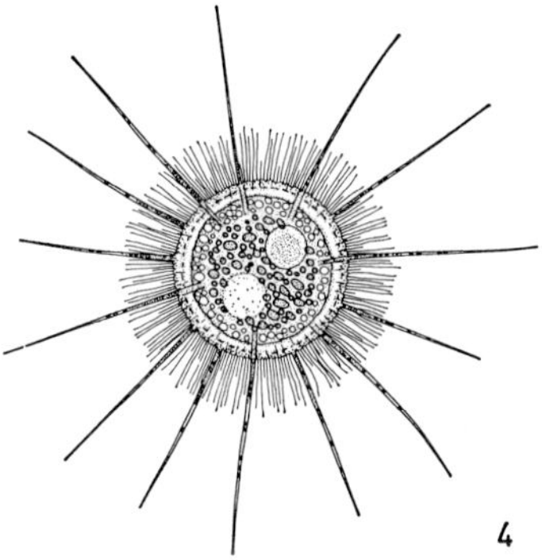

4

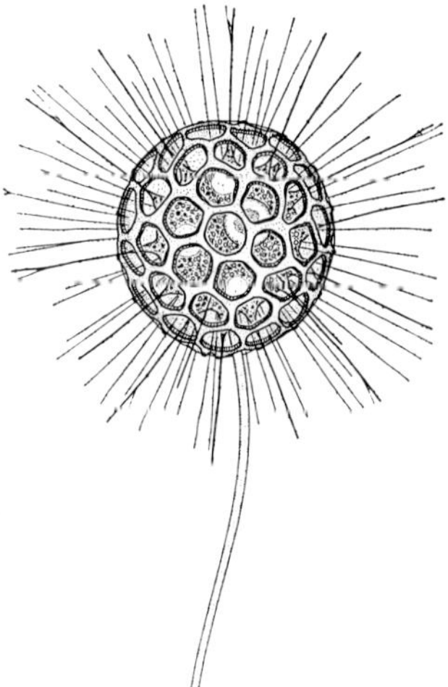

5

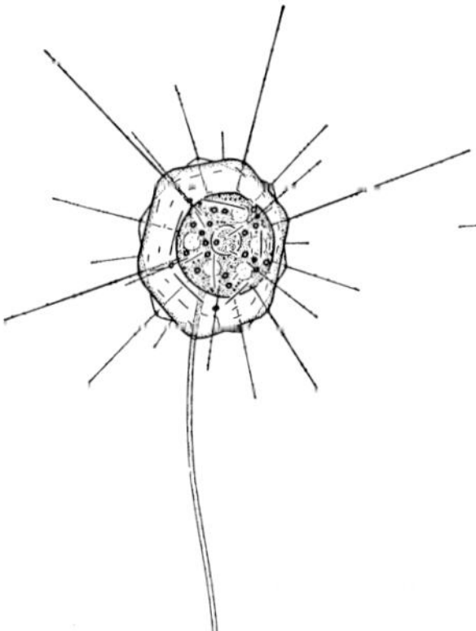

6

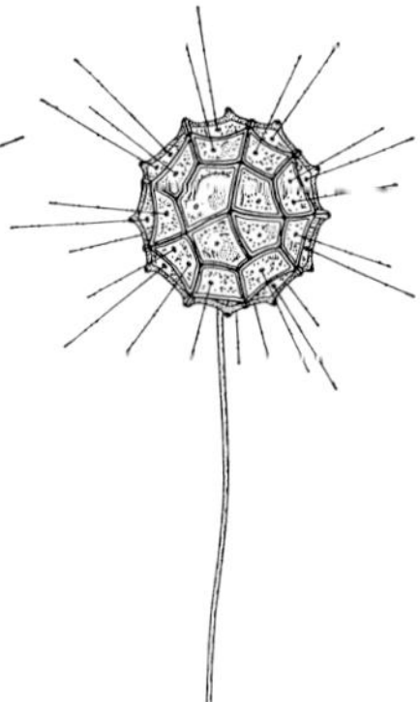

7

Wimpertiere 1

1, 2 Bursellopsis nigricans, Ur-Ciliat, „Stachelbeere“. Tiere vollständig bewimpert. Vorderende grubenartig eingebuchtet; Mundöffnung weit; Schlund mit zarten Fangkorbfäden (Mikrotubuli) ausgesteift. Breit eiförmig bis fast kugelig. Pellikula gefeldert; in jedem Feld steht eine Wimper. Im grobwabigen Ektoplasma 4–7 µm lange Extrusome, Schleuderorganellen. Großkern groß und zentral; 1 oder 2 Kleinkerne. Kontraktile Vakuole am hinteren Pol. Frisst Flagellaten, Goldalgen, Dinoflagellaten. **G** 80–200 µm groß. **L** Planktisch in Teichen und Seen; während der kalten Jahreszeit oft in größeren Mengen. [3534]
3 Urotricha farcta, Schnelltierchen. Mund warzenartig vorgestülpt, mit einem Stiftchenkranz. Am hinteren Pol eine körperlange Schwanzwimper. Bewegung: kreisend, rotierend, schnell schwimmend, sprunghaft zur Seite schnellend. **G** 20–30 µm. **L** Stehende Gewässer mit faulenden Pflanzen, stark verunreinigte Flussstaue. [3210]
4 Urotricha saprophila, Faulwasser-Schnelltierchen. Vorderende steht schräg zur Längsachse. Hinterende mit 5 Schwanzwimpern. Stiftchen um den Mund sehr niedrig. Bewegung: In auffälligen Zickzacklinien schnell rotierend. **G** Um 45 µm. **L** Durch Jauche verunreinigte Teiche. [3410]
5 Longiphragma obliqua, Rautenförmiges Schnelltierchen. Durch Körperumriss leicht erkennbar. Deutliche Stiftchen um den Mund. Um den Mund lange Wimpern, übrige Wimpern kurz, 6 Schwanzborsten auf dem sonst wimperfreien Hinterende. **G** 60–90 µm. **L** Gewässer mit Faulschlamm; verbreitet, aber nie häufig. ▸ *Urotricha furcata* S. 340/6
6 Plagiocampa rouxi, Klappentierchen. Mund liegt am Vorderpol und zieht mit kleinem Spalt zur Bauchseite. Rechter Mundrand lippenartig ausgezogen; hier 8 flache Wimpergebilde. Diese Klappeneinrichtung drückt kleine Algen in den seichten Schlund. 1 Schwanzwimper. **G** 50–70 µm. **L** Gräben mit Süß- und Brackwasser. [3457]
7 Prorodon niveus, Spalten-Wimpertier. Sehr groß, seitlich abgeflacht, Eingangsschlitz des Mundes gegen Bauchseite geneigt. Seitliche Schlundbegrenzungen plattenartig mit langen Trichocysten (können beim Angriff auf Beutetiere ausgeschleudert werden). Links vom rückenseitigen Ende des Mundes beginnen 3 Reihen stärkerer Cilien, die bis zum Hinterende ziehen (Dorsalbürste). Frisst Wimpertiere und Kleinkrebse. Großkern lang, gekrümmt. Ektoplasma erscheint spaltig. **G** 250–400 µm. **L** Stehende und langsam fließende Gewässer zwischen Wasserpflanzen. [3459]
8 Pseudoprorodon sulcatus, Furchenciliat. Dorsalbürste (s. Nr. 7) beginnt links des Mundes, zieht in tief ausgeprägter Furche schräg bis über die Mitte der Rückenseite hinaus. Schlundplatte klein, oval, mit kurzen derben Trichocysten. Großkern langgezogen. Räuberisch. **G** 80–90 µm. **L** Saubere Gewässer zwischen Wasserpflanzen; zeitweise häufig.
9 Holophrya ovum, Grüne Zahnwalze. Mundöffnung mit flachem Mundfeld, darin versenkt Stäbchen, die eine Reuse bilden. Ektoplasma glänzt, Endoplasma mit Zoochlorellen. Am Hinterende ein Büschel zarter, langer Steuerwimpern. Großkern kurz eiförmig. Frisst Schwefelbakterien und Kleinalgen. **G** 120–160 µm. **L** Gewässerzonen mit Faulschlamm; vor allem im Winter zahlreich. [3442]
10 Holophrya teres, Längliche Zahnwalze. Schwimmt in weiten Kreisen unter rascher Drehung um die Längsachse. Wimpern weitgehend einheitlich. Dicke Schlundwandung von ungefähr 50 Doppelstäbchen gestützt. Pellikula eng gestreift. Großkern elliptisch. Frisst Bakterien, Stärkekörner, Papierfasern, Fetttröpfchen (in Schlachthofabwässern), Grünalgen, kleine Fadenwürmer. **G** 80–200 µm. **L** Stehende Gewässer, Pfützen, in Salinen und Brackwasser bis 2,5 % Salzgehalt; verbreitet und oft zahlreich. [3443]
11 Placus luciae, Furcheninfusor. Kleines, mit borstenartigen Organellen besetztes Grübchen an einer Einbuchtung der Bauchlinie. Von hier eine Membran aus lose verklebten Wimpern zum polaren, trichocystenumstellten Mund. Pellikula starr, glänzend, durch schwach spiralige Furchen gegliedert. Am Grund der 16–18 Furchen Trichocysten, Wimpern entspringen an den Rändern. Frisst Flagellaten und Wimpertiere. **G** 35–70, meist um 50 µm. **L** Nährstoffreiche Gewässer; sehr verbreitet in Süß- und Brackwasser. [3190]
12 Lagynophrya rostrata, Spitzmaultierchen. Rückenpartie gewölbt, Bauchseite gestreckt. Schlund endet oben in einem trichocystenbewehrten Zapfen. Körper gestreift. Wimpern kurz, dichtstehend. Tiere zucken ständig vor und zurück. **G** 70–90 µm. **L** Tümpel mit faulendem Wasser. [3396]

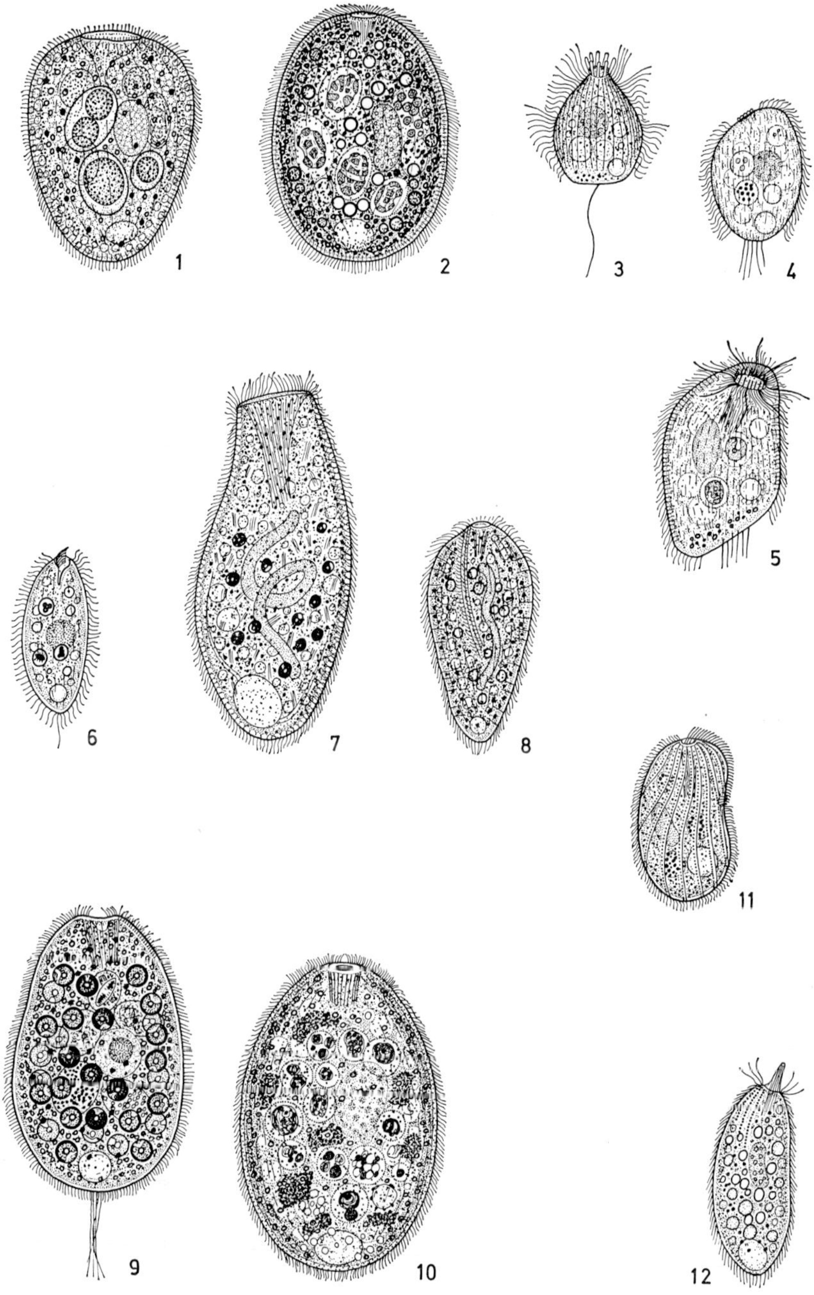
1
2
3
4
5
6
7
8
9
10
11
12

Wimpertiere 2

1 Lacrymaria olor, Tränentierchen, Schwanenhalstierchen. In Kopf, sehr dehnbaren, beweglichen Hals und Rumpf gegliedert. Schwimmt rasch mit eingezogenem Halsteil (Hauptbewegungsorganell ist der Kopf); festliegende Tiere tasten mit gestrecktem Hals nach Beute. Frisst Infusorien. **G** Gestreckt bis 1200 µm lang, kontrahiert kaum 100 µm. **L** Nährstoffreiche Gewässer. [3144]
2 Lagynus elegans, Anmutiges Tränentierchen. Halsteil quergeringelt, Köpfchen ein weit dehnbarer Kegelstumpf. Mundapparat mit 2 Ringen aus Reusenstäbchen. Frisst Blaualgen und Bakterien, die gegen den ausgebreiteten Mundkegel gedrückt und rasch hinabgewürgt werden. **G** 70–200 µm. **L** Faulschlamm von Stauseen, toten Flussarmen, Flussstauen. Beschränkt auf Schwefelwasserstoff enthaltende Gewässer. [3486]
3 Enchelyomorpha vermicularis, Aaltierchen. Meist hinten weit, vorne eng geringelt. Lange, biegsame Wimpern stehen in den Ringfurchen. Auf der vorderen Körperhälfte kurze, schwach geknöpfte Tentakelchen. Kriecht langsam, schwimmt holperig. Hinterkörper dunkel gefärbt. Frisst Bakterien und Flagellaten. **G** 25–45 µm. **L** Frischer Abwasserschlamm, verschlammte Abwasserkanäle, verjauchtes Wasser. [3483]
4 Hexotricha caudata, Kreuzschnabel-Tierchen. Zugespitztes, dicht bewimpertes Vorderende nach der Seite abgebogen. Hinterende mit Schwanzwimper. Entoplasma dicht mit grünlich leuchtenden Körnchen erfüllt. Kriecht langsam zwischen Schlammflocken. **G** 25–30 µm. **L** Schlamm polysaprober Gewässer, selten im freien Wasser. [3440]
5 Pithothorax processus, Glanzinfusor. Pellikula glänzend, starr, mit scharfkantigen Rippen, die am Hinterende in einen Kragen auslaufen, in dem die Schwanzwimper sitzt. Strudelnde Wimpern am scharf abgesetzten Vorderende. Frisst Kleinalgen und Schwefelbakterien. **G** 30 µm. **L** Mäßig und stark verschmutzte Gewässer; verbreitet.
6 Trachelophyllum sigmoides, Schlieftierchen. Im Umriss asymmetrisch, von dicker, trüber Gallerthülle umschlossen. Schlundrohr ragt schief in den Halsteil hinein. Frisst kleinere Wimpertiere und Flagellaten. Tiere schleichen langsam und unbeholfen im Schlamm umher (deutscher Name!). **G** 250–400 µm. **L** Organisch verschmutzte Tümpel. [3868] ▸ *Enchelyodon* S. 340/7
7 Pelagovasicola cinctum, Nasentierchen. Oval, 8 Wimperkränze, Hinterende bewimpert. Schlund von kurzen Trichocysten ausgesteift. Im Entoplasma Zoochlorellen. Lebt räuberisch, frisst Ciliaten. **G** Um 100 µm. **L** Planktisch nahe der Oberfläche klarer Teiche und Seen; häufig. [3564]
8 Monodinium balbianii, Balbianis Nasentierchen. Ein einziger Wimperkranz. Kurzer und breiter „Schnabel". Entoplasma farblos. Großkern wurstförmig, gebogen. Schlinger (frisst Ciliaten). **G** 60–100 µm. **L** Kleingewässer. In nährstoffreichen Gewässern Massenentfaltungen. [3549]
9 Didinium nasutum, Nasentierchen. Paramecien-Fresser. 2 Wimperkränze. Konischer Rüssel mit unglaublich erweiterungsfähiger Mundöffnung. Großkern plump wurstartig. Bevorzugte Nahrung Pantoffeltiere. Beute wird durch ausgeschleuderte Schlundtrichocysten gelähmt und als Ganzes verschlungen oder mit „Schnabel" ausgesaugt. **G** 80–150 µm. **L** Planktisch in β-mesosaproben Teichen und Seen, Kahmhaut von Pfützen. [3216]
10 Askenasia volvox, Kreiselblitz. Um den Mund ein vorderer Wimpernkranz, unmittelbar dahinter ein 2. Kranz aus 15 µm langen, starren, leicht schräg nach hinten gehaltenen Zirren. Zwischen den Zirren 40 µm lange, abgespreizte Tastborsten. Tiere schießen blitzartig zur Seite oder nach vorne. **G** Etwa 50 µm. **L** Nährstoffreiche, flache Gewässer zwischen Wasserpflanzen. [3226]
11 Actinobolina radians, „Straßenräuber". Lange Wimpern auf niedrigen Spiralrippen, dazwischen Fangtentakel von 100–200 µm. An der Spitze jedes Tentakels eine Trichocyste. Beutetiere, die gegen die Tentakel stoßen, werden gelähmt und festgehalten, an die Mundöffnung herangezogen und verschlungen. Frisst meist Wimpertiere. **G** 65–90 µm. **L** Gewässer, in denen auch Wasserschlauch (*Utricularia*) gedeiht. [3158]
12 Vasicola ciliata, Glashaustierchen. Lebt in flaschenförmigem, geringeltem Gehäuse. 4 zarte Schwanzwimpern. Außenrand des Mundfeldes mit 4 Gürteln langer Wimpern, die gegen den Gehäusehals gespreizt werden. Diese Reuse siebt violette Schwefelbakterien aus der von einem Kranz mundwärts gekrümmter Wimpern erzeugten Wasserströmung. **G** Um 100 µm. **L** Stark verschmutzte Gewässer; weit verbreitet. [3412; Gattung: 3411]
13 Vasicola lutea, Gelbes Glashaustierchen. Gehäuse ähnlich Nr. 12. Tiere leben oft außerhalb ihrer Gehäuse, schwimmen dann gewandt. 1 Schwanzwimper. Körperwimpern entspringen am Grunde deutlicher Querfurchen. Viele Nahrungsvakuolen mit gelblichem Inhalt. Bakterienfresser. **G** Um 60 µm. **L** Mäßig verschmutzte Kleingewässer; verbreitet. ▸ *Metacystis* S. 340/8
14 Coleps nolandi, Tonnentierchen. In 4 Gürtel gegliederter Panzer, dessen Hauptplatten von nierenförmigen Fenstern durchbrochen sind. Panzer endet in 3 Hinterdornen. Mund etwas schiefgestellt. Aasfresser. **G** 50–65 µm. **L** Bodensatz der Gewässer; verbreitet. [3271]
15 Coleps hirtus, Tonnentierchen. Ähnlich Nr. 14. Am rechten Rand jeder Panzerplatte eine feingezähnelte Hauptleiste; am linken, welligen Plattenrand zwischen den Doppelbögen der Fenster Zähne. Hinterende mit 3 Dornen. Tönnchen rotieren rasch, ändern häufig die Schwimmrichtung. Ciliatenräuber. **G** 55–65 µm. **L** Gewässer mit organischem Detritus; verbreitet. **B** Verkalkte Polysaccharidplatten sind die Elemente des Panzers. [3049]

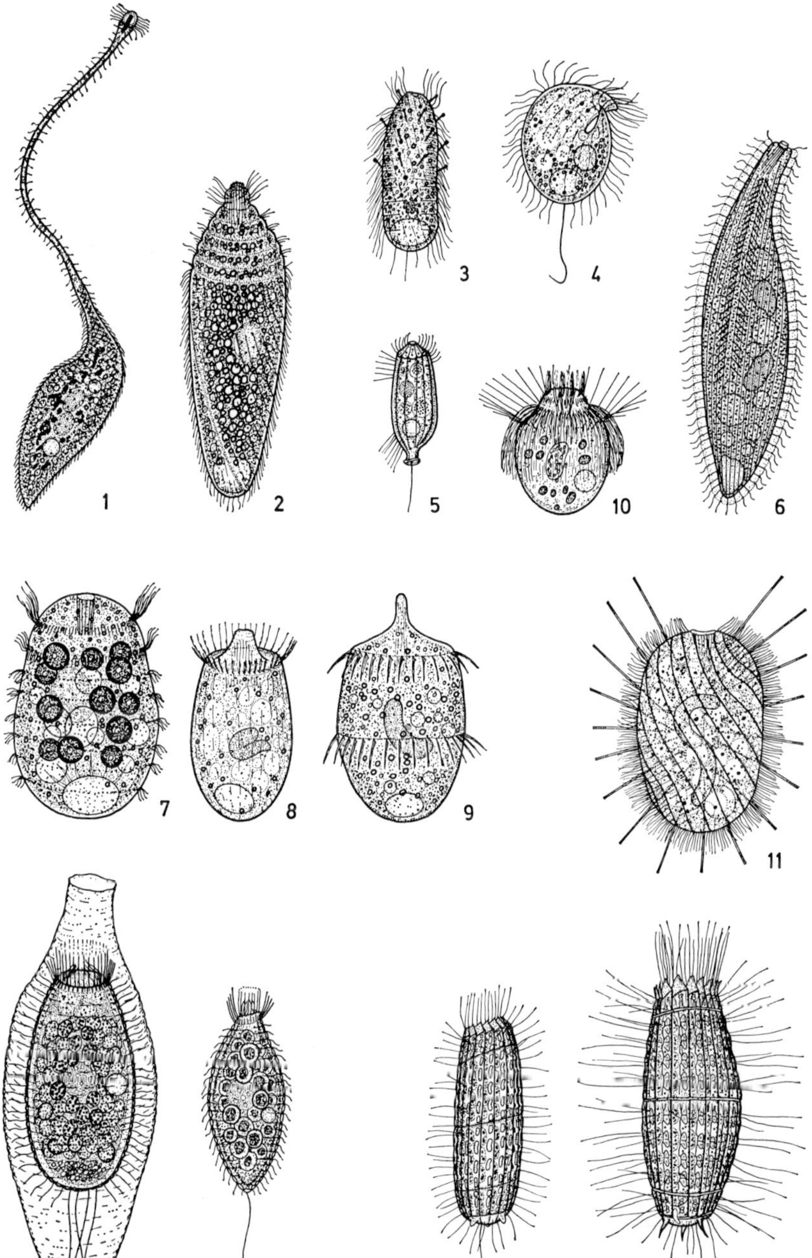

1
2
3
4
5
6
7
8
9
10
11
12
13
14
15

Wimpertiere 3

1 Spathidium stammeri, Schwerttierchen. Seitlich abgeflacht, Vorderpol abgestutzt, mit spaltförmigem Mund. Mundwulst mit vielen Nesselkapsel-Trichocysten. Ciliaten-Räuber. **G** 40–300 µm. **L** Teiche, zwischen Wasserlinsen. [Gattung: 3099]

2 Spathidium pectinatum, Schwerttierchen. Rückenlinie überragt vorne buckelartig den Anfang des Mundwulstes. Wimpern der hohen, rückenseitig verlaufenden „Dorsalbürste" enden in kleinen Knöpfchen. **G** 70–110 µm. **L** Zwischen faulenden Pflanzenteilen organisch verschmutzter Gewässer; verbreitet.

3 Spathidium spathula, Schwerttierchen. Schlank, vorne auffällig erweitert, seitlich kaum abgeflacht. Mundwulst mit langen Trichocysten. Dorsalbürste dreireihig, 3 µm hoch. **G** 180–300 µm. **L** Faulschlamm polysaprober Gewässer; verbreitet und häufig. [3341]

4 Spathidium faurei, Grünes Schwerttierchen. Grünfärbung durch Zoochlorellen. Mundwulst niedrig, erreicht nur die halbe Länge der eingezogenen Stirnlinie. **G** Um 70 µm. **L** In klaren Gewässern planktisch dicht unter der Wasseroberfläche; ziemlich häufig.

5 Homalozoon vermiculare, Kielwurm. Schlank, langgestreckt, wurmförmig, seitlich abgeflacht. Nur die rechte Seite, die „Kriechsohle", bewimpert. Linke Seite nackt, bildet breiten, bandartigen Wulst, dessen Kante Trichocysten enthält. Nahe der Bauchlinie eine Kette unverbundener Kernteile, rückenseitig eine Reihe von etwa 20 kontraktilen Vakuolen. Tiere kriechen auf der rechten Körperseite. Ciliaten-Räuber. **G** Bis 650 µm. **L** Eutrophe und oligotrophe Gewässer; nicht häufig, aber sehr verbreitet. [3068]

6 Penardiella interrupta, Faultierchen. Mundwulst in breiten, durchscheinenden Ektoplasmasaum ausgezogen, der zunächst entlang der Bauchkante verläuft, auf die rechte Körperseite zieht, auf die Bauchfläche zurückkommt, das Hinterende umzieht und bis zur Rückenmitte verläuft. Entoplasma mit Zoochlorellen. Träger Algen- und Ciliatenfresser. **G** 100–120 µm. **L** Auf Faulschlamm und am Grund eutropher Gewässer, verbreitet.

7 Teuthophrys trisulca, Dreizack. 3 Arme mit Trichocysten um den polaren Mund drücken gelähmte Rädertiere zum Mund hin. Im Entoplasma Zoochlorellen. **G** 170–300 µm. **L** Seen und Teiche, zuweilen Massenentfaltung. [3198]

8 Amphileptus claparedeii, Glockentier-Fresser. Plump, nach vorne halsartig verjüngt, seitlich komprimiert. Langsam gleitend, zwischen Kolonien von *Carchesium, Vorticella, Opercularia*. Ist ein Glockentier verschlungen, kugeln sich die Tiere ab, encystieren sich und halten eine Verdauungsruhe. **G** 120–150 µm. **L** Stehende und fließende Gewässer; häufig. [3912]

9 Amphileptus pleurosigma, Doppelsichelciliat. Abgeflacht, linke Körperseite etwas gewölbt, unbewimpert. Rechte Körperseite bewimpert. Hinterende schwanzartig ausgezogen. Vorderstes Ende des Halses aufgebogen, mit Trichocystengruppen bestückt. Räuberisch. **G** 200–300 µm. **L** Eutrophe Gewässer, zwischen Wasserpflanzen und auf Bodenschlamm; verbreitet. [3065] ▸ *A. carchesii* S. 340/9

10 Litonotus lamella, Zuckrüsseltierchen. Linke Körperseite nackt, scharfrandig gegen die flache, rechte Seite abgesetzt. Mundspalt lang, dehnungsfähig, von starken Wimpern umstanden. Rotatorien- und Ciliaten-Räuber. **G** Bis 200 µm. **L** Eutrophe Gewässer und sauerstoffreiche Belebtschlammanlagen; verbreitet. [3039]

11 Litonotus fasciola, Zuckrüsseltierchen. Sehr schlank, Mundspalte reicht bis zur Körpermitte. Um den Mund dichte Wimpermähne. Elegante Schwimmer, tasten unablässig mit dem rückenwärts aufgebogenen Halsteil. Räuber. **G** Um 100 µm. **L** Eutrophe Gewässer und Flüsse, zahlreich nur in der α-mesosaproben Zone; häufig und verbreitet. [3023]

12 Litonotus cygnus, Zuckgänschen. Rumpf und Hals lang dehnbar. Mundspalte von Mähne aus langen Wimpern umrahmt, zieht sich den ganzen Halsteil entlang, mit Trichocysten bewehrt. **G** Kontrahiert bis 200, gestreckt bis 500 µm. **L** Einzelgänger; weit verbreitet, nie häufig. [3072]

13 Loxophyllum meleagris, Wallendes Blatt. Außerordentlich biegsam und metabolisch, schmiegt sich fest der Unterlage an (daher in Kahmhäuten suchen!). Um den Körper ein breiter Saum, der bauchseits gewellt und breit, rückenseits schmal und mit warzenartigen Trichocystengruppen bewehrt ist. Links mit Myonemstreifen, rechts mit kurzen Wimpern. Frisst Ciliaten und Rädertiere. Gelähmte Beute wird vom Bauchsaum umhüllt und gegen den Mundschlitz gedrückt. **G** 300–400 µm. **L** Mesosaprobe und oligosaprobe Teiche und Waldtümpel; verbreitet. [3078]

14 Dileptus margaritifer, Gänsehalstierchen. Langgestreckt, Rüssel wenig komprimiert, fast so lang wie der Rumpf. Mund an der Basis des Rüssels. Entlang der bauchseitigen Rüsselkante ein Wulst mit mehreren Trichocystenreihen; links und rechts davon 2 Rinnen mit langen, kräftigen Spezialwimpern. Körper auf beiden Seiten fein bewimpert. Schlundmündung weit dehnbar (Infusorien-Räuber!). Schwimmt schlängelnd, steht oft still, tastet mit dem Rüssel die Umgebung ab. **G** 300–400 µm, sogar bis 600 µm lang. **L** Oligotrophe Gewässer; regelmäßig. [3232]

15 Trachelius ovum, Flaschentierchen. Plumper und kurzer Rüssel; an dessen Basis die runde Mundöffnung, etwas zur gewölbten linken Körperseite verschoben. Entoplasma mit riesigen Vakuolen. Encystiert sich häufig, dreht sich in der Cystenhülle auffällig schnell. **G** 200–400 µm. **L** Eutrophe Gewässer. [3028] ▸ *Pelagodileptus* und *Paradileptus* S. 340/10, 11

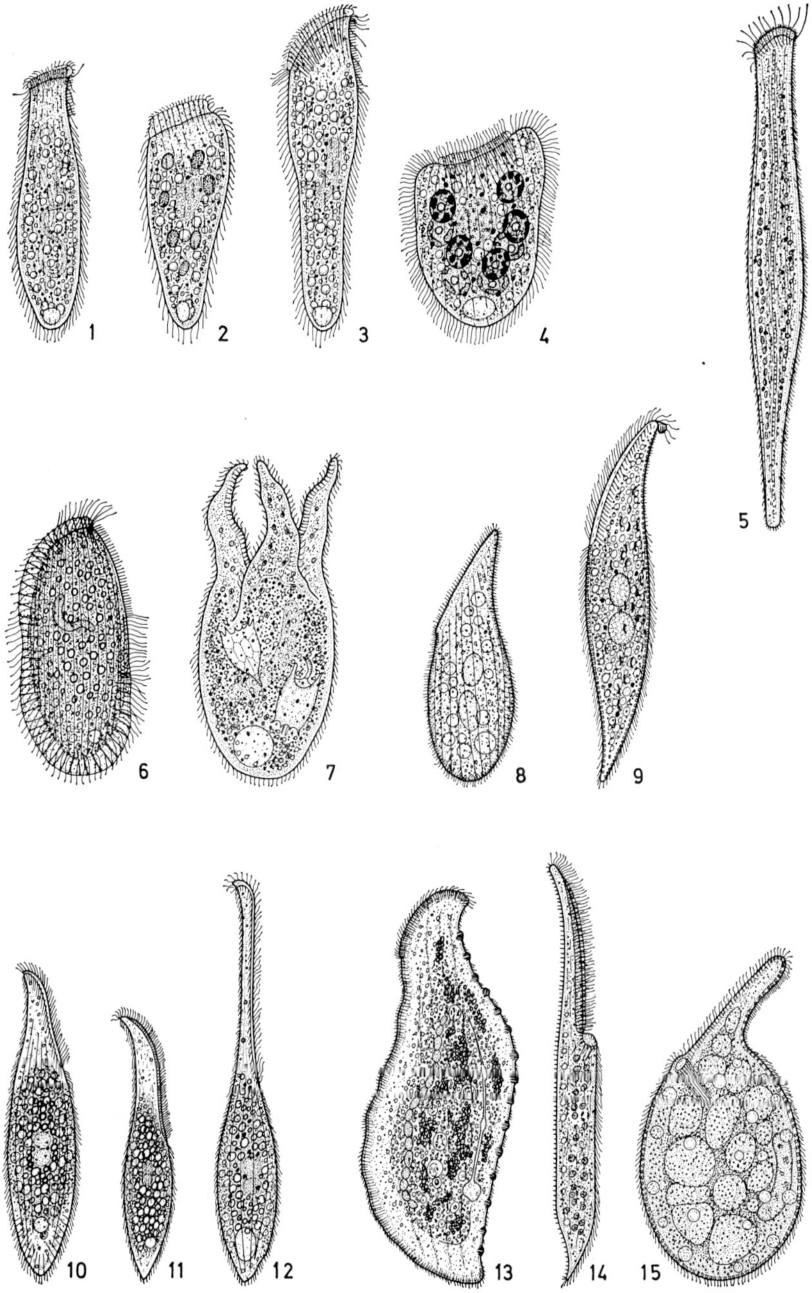
1
2
3
4
5
6
7
8
9
10
11
12
13
14
15

Wimpertiere 4

1 Loxodes rostrum, Schnabeltierchen. Stark abgeflacht, Vorderende schnabelförmig gegen Bauchseite gebogen. Mundspalt sichelförmig, am linken Rand der bewimperten rechten Breitseite. Linke Körperseite flach, ohne Cilien. Bauchkante mit langen, starren, stumpfen Borsten. 5–7 Vakuolen mit je einem gelblichen Kügelchen, wahrscheinlich statische Organelle. Frisst Algen und Schwefelbakterien. **G** 150–250 µm. **L** Auf Faulschlamm; zeitweise häufig. [3132]
2 Nassula ornata, Juwelentierchen. Mund auf der Bauchseite, Schlund mit Reuse aus derben Stäben. Körper total bewimpert. Frisst Algen, hauptsächlich Blaualgen, auch fädige Formen, die eingewürgt werden. Inhalt der Nahrungsvakuolen je nach Grad der Verdauung blaugrün, grün, violett, braun, gelb, orange. **G** Um 250 µm. **L** Einzelgänger in eutrophen und schwach polytrophen Gewässern; verbreitet. [3147]
3 Nassula gracilis, Reusentierchen. Ähnlich *N. ornata*, aber schlanker, Bauchfläche und linker Seitenrand etwas eingezogen. Schlundreuse sehr schlank. Entoplasma dicht mit blaugrünen Vakuolen erfüllt. **G** 200–240 µm. **L** Quelltümpel, zwischen Algen und Wasserpflanzen. **A** Schlankoval, große gelbbraune, kleine violette Vakuolen, um 250 µm: *Obertrumia aurea*. Dunkelrot, frisst ausschließlich Burgunderblut-Algen (*Planktothrix rubescens*). [3453] ▸ *Nassulopsis* S. 342/1
4 Chilodonella uncinata, Lippenzähnchen. Eiförmig, mit schwach vorspringendem, nach links gekrümmtem „Schnabel". Bauchseits abgeflacht (Gleitsohle), nur hier bewimpert. Höcker der Rückenseite wimperlos, gegen den Körperrand stark abgeflacht, daher umzieht ein durchscheinender Saum das Tierchen. Frisst Diatomeen und Grünalgen (Farbfotos I, 6). **G** 50–90 µm. **L** Stehende Gewässer. [3022]
5 Trithigmostoma cucullulus. Ähnlich *Ch. uncinata*, aber extrem biegsam. Schlund von Stäbchen gestützt. Frisst Bakterien und Kieselalgen. **G** Um 140 µm. **L** α- und β-mesosaprobe Gewässer; häufig. [3234]
6 Phascolodon vorticella, Ranzentierchen. Schmale Bauchseite der Länge nach eingewölbt. Vorderpol mit durchscheinendem Kragen. Schlundreuse flachgedrückt. Frisst volvocale Grünalgen (*Eudorina*, *Pandorina*, *Gonium*). **G** Um 100 µm. **L** Seen, Teiche, Flüsse, Pfützen: planktisch; verbreitet. [3189]
7 Trimyema compressum, Trichterspindel. Pellikula panzerartig. Wimpern ziehen in 4 Schraubenwindungen um den Körper. Weitere Wimpern stehen auf Ektoplasmaleiste, die um den Schlund herumzieht. Frisst Bakterien. **G** 25–50 µm. **L** Verjauchtes Wasser, Stauseen, Abwasserkanäle, frischer Schlamm. [3150]
8 Trichospira inversa, Wühltierchen. Körper vorn abgestutzt, hier mündet Mundgrube, die von zweireihigem Wimpernband umzogen wird. Das Band läuft schwach spiralig nach hinten, biegt plötzlich in quere Schraubenreihe um. Frisst Bakterien. **G** 70–100 µm. **L** Polysaprobes Faulwasser; sehr verbreitet.
9 Plagiopyla nasuta, Schnauzeninfusor. Zum bauchseitig gelegenen Mund führt als Hohlkehle eine Peristomrinne, die den rechten Körperrand deutlich einkerbt. Dicht vor dem Einschnitt wölbt sich das Plasma zu einem „Schnäuzchen". Frisst Bakterien und Algen. **G** 80–180 µm. **L** Obere, lockere Schichten des Faulschlammes; verbreitet. [3191]
10 Colpoda cucullus, Heutierchen. Bohnen- oder nierenförmig, linke Körperseite vor der Mitte eingekerbt. Kerbe setzt sich auf der Bauchseite in Form eines langgezogenen Trichters ins Innere fort. Boden des Trichters (Vestibulums) dicht bewimpert, strudelt Bakterien gegen den Zellmund. **G** 50–120 µm. **L** Gewässer, in denen Pflanzenteile faulen, Heuaufgüsse; sehr verbreitet und zahlreich. [3141]
11 Colpoda steinii. Ähnlich *C. cucullus*. Linker Rand nur schwach eingedellt. Bodenfeld des kleinen Vestibulums mit langen Zilien. Hinterende mit 2 verlängerten Schwanzzilien. **G** 25–48 µm. **L** Aufgüsse, Moosrasen, nasse Flechten. Eiweißschäume der Schaumzikaden; häufig. [3276]
12 Leptopharynx costatus, Mooswimpertier. Stark abgeflacht. Pellikula panzerartig, gefurcht, auf beiden Seiten locker bewimpert. **G** 25–40 µm. **L** Häufigstes Wimpertier der Moosrasen; flache Gräben, Zikadenschäume, faulende Pflanzenteile; verbreitet. [3306]
13 Microthorax pusillus, Zwerginfusor. Sehr klein, flach, rechte Körperwand als Kiel ausgebildet. Zarter Panzer, bauchseits von 3 teilweise unterbrochenen Furchen durchzogen. Mundgrube am Hinterende. Frisst Bakterien und Flagellaten. **G** 25–35 µm. **L** Faulende Pflanzenteile, Faulschlamm, sehr verbreitet. [3312]
14 Spirochona gemmipara, Spiralkragentierchen. Aufsitzer auf Kiemenplatten der Bachflohkrebse (*Gammarus*). Körper vasenförmig. „Kopfteil" weitet sich und bildet die konischen Spiralen des Mundtrichters. Vermehrung durch seitliche Knospen unterhalb des Mundtrichters. **B** Meist zusammen mit dem Suktor *Dendrocometes paradoxus*. **G** 80 bis 120 µm.

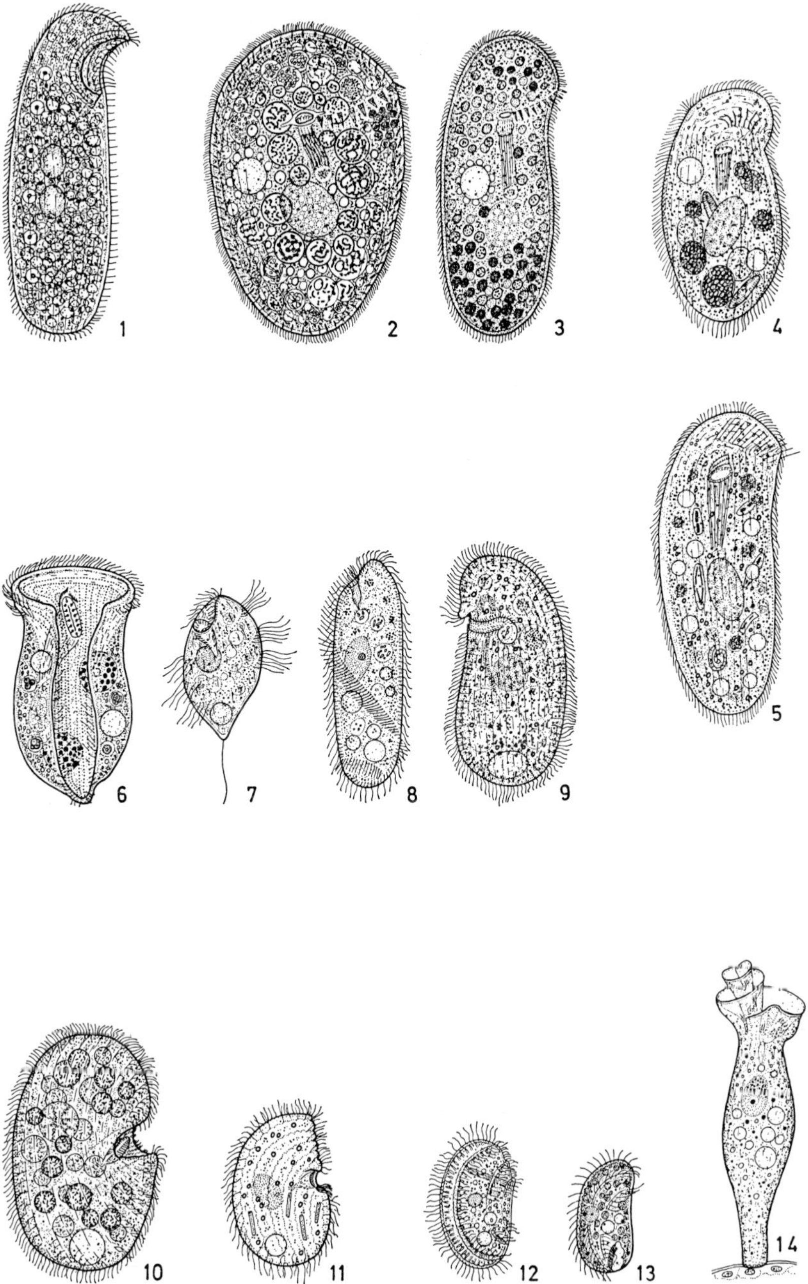
1
2
3
4
5
6
7
8
9
10
11
12
13
14

Wimpertiere 5

1 Tetrahymena pyriformis, Birneninfusor. Umriss variiert: birn-, ei-, kürbisförmig. Kontraktile Vakuole am Hinterende. Zilien in Längsreihen, am Vorderende besonders dicht. Am linken Rand des Mundtrichters 3 kurze Membranellenstreifen. Am rechten Mundrand undulierende Membran. Frisst Bakterien, Entoplasma voller Nahrungsvakuolen. Großkern kugelig. **G** 25–90 µm, meist um 40 µm. **L** Weit verbreitet, bevorzugt Faulwasser. [3013]

2 Glaucoma scintillans, Schiefmundtierchen. Plump, Bauchseite abgeflacht, Rückenseite stark gewölbt. Am Hinterende Tastborsten. Mundtrichter länglich, etwas nach rechts verschoben, schräg zur Körperachse. Großkern kugelig. **G** 40–75 µm. **L** Polysaprobe Zonen stehender Gewässer (Massenentwicklung). Über dem, nicht im Faulschlamm. [3012]

3 Dexiostoma campylum, Nierentierchen. Rückenseitige Zilienreihen biegen vorne scharf nach rechts. Wimperreihen viel weiter voneinander entfernt als bei *C. colpoda*. Je nach Fundort und Ernährung lang fingerförmig bis fast kugelig. Mundtrichter klein, dreieckig, an den rechten Körperrand verlagert. Frisst Bakterien. Kontraktile Vakuole im hinteren Körperdrittel, dem rechten Rand genähert. **G** 50–70 µm lang. **L** Polysaprobe Gewässer; sehr häufig. [3431]

4 Colpidium colpoda, Nierentierchen. Kontraktile Vakuole im Gegensatz zu *Dexiostoma campylum* in der Mittellinie der Rückenseite. Größe und Gestalt wechselhaft, plump bis schlank-eiförmig, auch zylindrisch. Etwas abgeflacht, dicht bewimpert, rasch in weiten Schraubenlinien schwimmend. Frisst Algen und Bakterien. Mund zur rechten Schmalseite verschoben. **G** 90–150 µm. **L** Massenentwicklung in polysaproben Gewässerzonen, vor allem in zellulosehaltigen Abwässern. [3010]

5 Lembadion bullinum, Schaufeltierchen. Umriss oval. Mundgrube übermäßig vergrößert, fast so lang wie der Körper. Am linken Rand der Mundhöhlung eine große Membran aus vielen Zilienreihen. Schwanzwimpern verlängert. Großkern nieren- bis wurstförmig. Frisst Diatomeen, Flagellaten, Ciliaten, Grünalgen. **G** 120–200 µm. **L** Flache Tümpel mit Schwefelbakterien. [3145]

6 Urozona buetschlii, Hanteltierchen. Sehr klein. Vorne und hinten breit abgerundet, in der Körpermitte deutlich eingeschnürt. Nur eingezogener Teil bewimpert. Mund liegt im Bereich der Wimpern. Schwanzwimper fast körperlang. Frisst Bakterien. **G** Um 25 µm. **L** Typischer Abwasserciliat, sehr zahlreich in Gewässern mit starker organischer Belastung. [3152]

7 Uronema nigricans, Schwanzfadentierchen. Lang-oval, Rücken etwas gebogen, Bauchseite gestreckt. Mund auf die rechte Breitseite verschoben, liegt hinter einer vorspringenden, unbewimperten Kopfplatte. Körperseiten erscheinen gewellt. Bakterienfresser. Bewegung: Hastiges Hin- und Herspringen. **G** 30–50 µm lang. **L** Süßwasserformen zahlreich in verjauchten Gewässern, auf Tropfkörpern im biologischen Rasen. [3465]

8 Dexiotrichides centralis, Querborstentierchen. Nierenförmig, seitlich abgeflacht, Mund vor der Körpermitte. Auffällige Wimperreihe verläuft quer über der Körpermitte zur rechten Kante der Mundgrube; übrige Wimpern stehen locker, werden während kurzer Bewegungspausen abgespreizt. Bakterienfresser. **G** 30–45 µm. **L** Verjauchte, faulende Gewässer, Kläranlagen. [3171] ▸ *Cyrtolophosis* S. 342/2

9 Platynematum sociale, Kerbentierchen. Körper abgeplattet, endet hinten in querliegender Grube. Mundgrube klein, gegen den rechten Rand der eingewölbten Bauchseite verschoben. Zarte, kurze Wimpern stehen in Furchenreihen, daher erscheint der Körperumriss gekerbt. 1 lange Schwanzwimper. **G** 30–50 µm. **L** Oft zahlreich in Uferzonen verschlammter Gewässer und auf Tropfkörpern. [3136]

10 Sathrophilus putrinus, Stinktierchen. Körper eiförmig, stark abgeflacht. Mundöffnung dem rechten Körperrand genähert, von undulierender Membran umsäumt. Bakterienfresser. Verlängerte Schwanzwimper; Körperwimpern mäßig lang, locker stehend. **G** 35–45 µm lang. **L** Gewässer mit viel faulendem Pflanzenmaterial, Aufgüsse; häufig und verbreitet. [3928]

11 Loxocephalus luridus, Schrägkopftierchen. Tiere gerundet, vorne schief abgestutzt, undurchsichtig schwarz, da Entoplasma dicht mit winzigen Körnchen beladen ist. Bewimperung sehr dicht, Zilien in Längs- und Schrägreihen. Mehrere Schwanzwimpern. Mund weit vorne auf der kaum abgeflachten Bauchseite, sehr klein. Gewandte Schwimmer. Bakterienfresser. **G** 150 bis 200 µm. **L** Faulschlamm. [3996]

12 Balanonema biceps, Eicheltierchen. Vorder- und Hinterteil zapfenartig verlängert, wimperfrei, auf dem hinteren Zapfen 1 Schwanzborste. Schwimmt sprunghaft, rotierend. Körpermitte frei von Zilien. Lange Wimpern der Körperpole werden während der Ruhepausen abgespreizt. **G** 40–50 µm. **L** Eutrophe und oligotrophe Gewässer; verbreitet, manchmal häufig.

13 Ophryoglena atra, Ostereiciliat. Zylindrisch bis eiförmig, je nach der Menge der einverleibten Nahrung. (Aasfresser, verschlingt Massen Rädertiere und Kleinkrebschen.) Im Ektoplasma Trichocysten. Großkern lang, gewunden. Mundorganell sehr erweiterungsfähig, beginnt mit engem Spalt von der Form einer 6. **G** 300–500 µm. **L** Bodensatz von Kleingewässern. [3088]

14 Pseudocohnilembus pusillus, Kahntierchen. Vorderende zugespitzt, meist nach rückwärts aufgebogen. Mundfeld gestreckt, reicht etwa bis zur Körpermitte. Im Entoplasma Exkretstäbchen. Bakterienfresser. Wimpern (9 Längsreihen) in Gruben, Pellikula erscheint daher gekerbt. 1 Schwanzwimper. **G** 30–50 µm. **L** Polysaprobe Gewässer, bevorzugt durch Mistjauche verunreinigte Gewässerstellen. [3259]

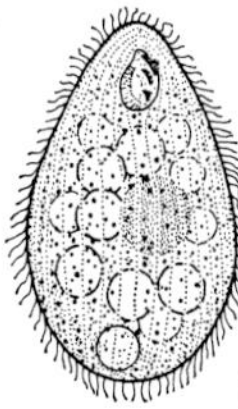
1

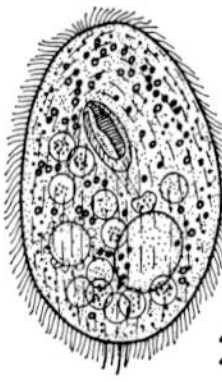
2

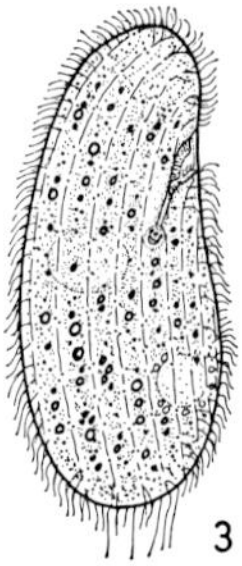
3

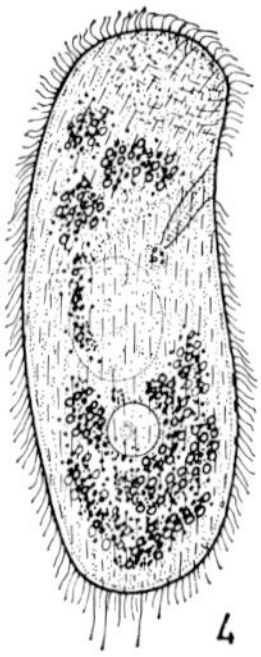
4

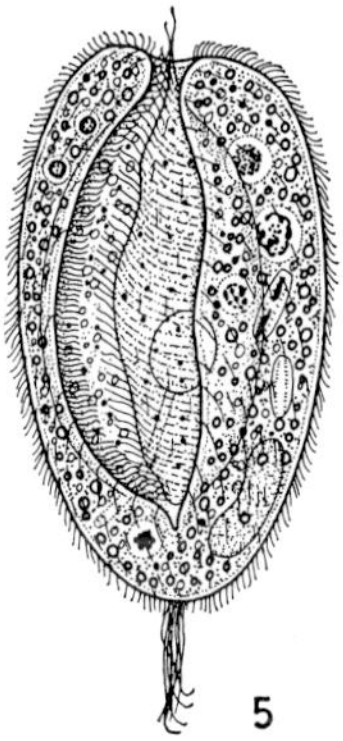
5

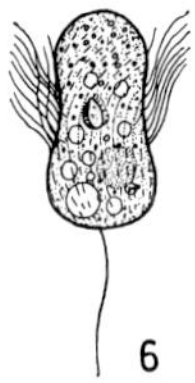
6

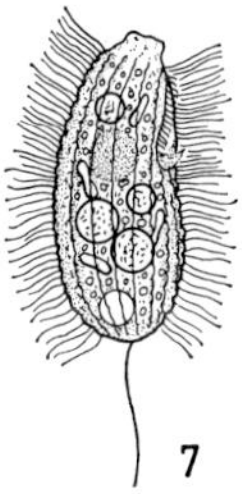
7

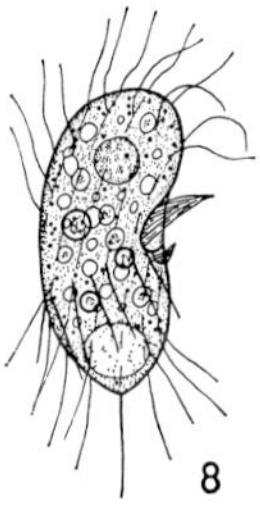
8

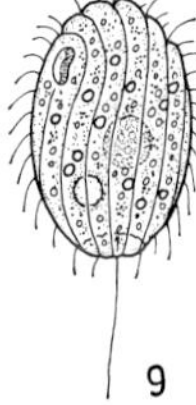
9

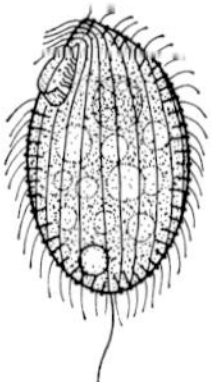
10

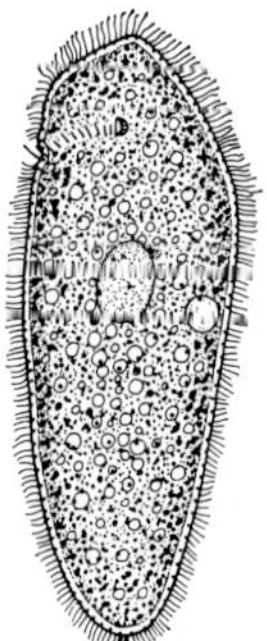
11

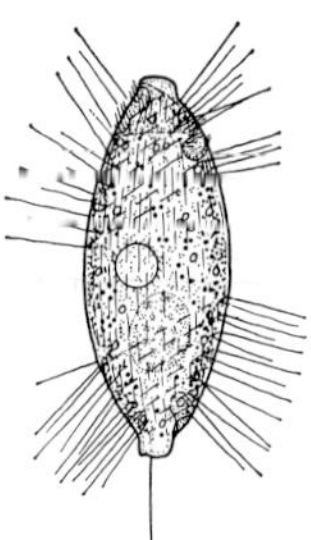
12

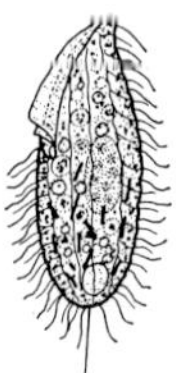
14

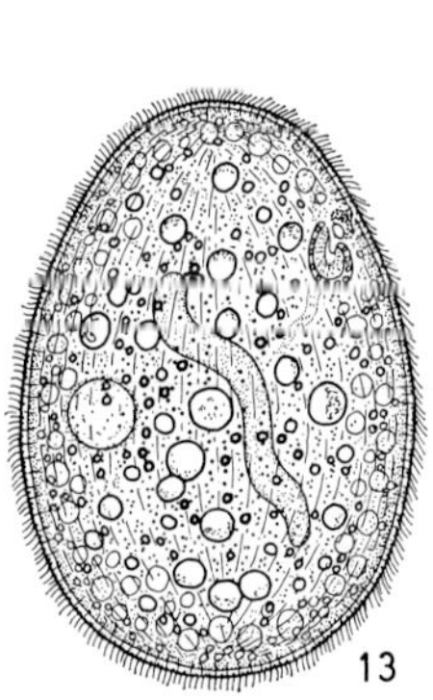
13

Wimpertiere 6

1, 2 Paramecium putrinum, Schmutz-Pantoffeltier. Abgeflacht, ungefähr oval bis eiförmig. Pellikula mit kleinen, von Längs- und Querleisten begrenzten Feldern. Schlundtrichter bewimpert. 2 kontraktile Vakuolen ohne Radialkanäle. Im Ektoplasma spindelförmige Trichocysten. Entoplasma oft weitgehend undurchsichtig. Frisst Bakterien, Schwefelbakterien, Flagellaten, kleine Algen. **G** 50–140 µm. **L** Stark verschmutzte Gewässer. [3327]
3 Paramecium bursaria, Grünes Pantoffeltier (Farbfotos II, 16). Lebt mit einzelligen Grünalgen (Zoochlorellen) in Symbiose; diese liegen zum Teil im Rindenplasma fest, zum Teil schwimmen sie im Entoplasma. Schlundtrichter bewimpert. Großkern birnenförmig. 2 pulsierende Vakuolen mit Radialkanälen. **G** 90–150 µm. **L** Stehende, nährstoffreiche Gewässer. [3093]
4 Paramecium aurelia, Ohren-Pantoffeltier. Schlank, Hinterende ähnelt einem gotischen Spitzbogen. Vom Vorderende bis zum Mundvorraum eine breite, muldenförmige Eindellung. Am Großkern 2 sehr kleine Kleinkerne. 2 kontraktile Vakuolen mit Radialkanälen. **G** 120–180 µm. **L** Gewässer mit faulenden Pflanzenresten, Aufgüsse; verbreitet. [3092]
5 Paramecium caudatum, Geschwänztes Pantoffeltier (Farbfotos II, 15). Schlank, Hinterende läuft stumpf-konisch aus. Mund etwa in der Mitte der Bauchseite. Rechter Rand der Eindellungsrinne scharf ausgeprägt, verläuft parallel zu den Körperseiten nach vorne; linker Rinnenrand geht in zylindrischen Vorderkörper über. Pellikula klein gefeldert. Ektoplasma mit Trichocysten. Bakterienfresser. 2 pulsierende Vakuolen mit Radialkanälen. Hinterende mit verlängerten Steuerzilien. Großkern eiförmig, 1 Kleinkern. Schwimmt torkelnd in Schraubenlinien. **G** (45)-180–300 µm. **L** Nährstoffreiche Gewässer. Massenentwicklungen nur in α-mesosaproben Zonen. [3002]
6 Urocentrum turbo, Kreiseldose. Vorne kugelig, im Äquator eingeschnürt, hinten quer abgestutzt, bauchseits abgeflacht. Lange Körperwimpern in engen Längs- und Querreihen, vorderer Pol wimpernfrei. Frisst Bakterien. Im Ektoplasma viele Trichocysten. Schwimmt rotierend, pfeilschnell. Verlängerte Schwanzzilien können einen Schleimfaden absondern. Großkern hufeisenförmig. Pulsierende Vakuole endständig mit 8 Zuführungskanälen. **G** 50–80 µm. **L** Nährstoffreiche, verschmutzte Gewässer. Zwischen Wasserpflanzen und Algen. [3151]
7 Frontonia leucas, Schlitzmundtierchen. Langgezogen, eiförmig, kaum abgeflacht. 2–3 µm breites Band zieht vom Mund über den Vorderpol auf den Rücken. Viele spindelförmige Trichocysten. Vom Mund zieht eine Naht zum Hinterende, an der das Ektoplasma unterbrochen ist und weit aufklaffen kann (Aufnahme großer Nahrungsbrocken!). Pulsierende Vakuole fast zentral, lange Radialkanäle. Frisst Algen, Diatomeen, Rädertiere. **G** 150–600 µm. **L** Im Faulschlamm Stämme mit Zoochlorellen; Normalformen zwischen Detritus. [3021] ▸ *F. atra,* S. 346/8
8 Frontonia acuminata. Breit-eiförmig, etwas abgeplattet. Mund oval, in der vorderen Hälfte der flachen Bauchseite. Trichocysten lang. Am Vorderrand oft braune und schwarze Körnchen. Großkern lang-ellipsoid. Frisst Algen, Diatomeen, Ciliaten. **G** 60–150 µm. **L** Oligotrophe, stehende Gewässer. Zwischen Algen und Wasserpflanzen; sehr verbreitet. [3059] ▸ *Espejoia* und *Stokesia* S. 342/3, 4
9 Cyclidium lanuginosum, Bogentierchen. Tiere nehmen keine Ruhestellung ein, Wimpern nicht spreizbar. Dicht bewimpert. Mundfeld sehr lang, reicht über das letzte Körperviertel hinaus. Am rechten Mundfeldrand eine breite, auffallende Membran. Mundgrube klein. Rückenseite etwas aufgebogen. Kugeliger Großkern mit 1 Kleinkern. Kontraktile Vakuole endständig. **G** 35–40 µm. **L** Stark verunreinigte Gewässer, Tropfkörper, Belebtschlammbecken.
10, 11 Cyclidium glaucoma. Vorderende mit unbewimperter Frontalplatte. Körperwimpern in 10–15 Längsreihen. Hinten breit gerundet oder eingekerbt. Mundfeld und undulierende Membran des rechten Körperrandes reichen zur Körpermitte. Hastige, ruckende Bewegungsweise; während der kurzen Bewegungspausen werden die Zilien abgespreizt und Bakterien eingestrudelt. Schwanzwimper sehr lang. **G** 15–32 µm. **L** Feuchte Moosrasen bis verunreinigte Gewässer. [3127]
12 Cristigera phoenix, Rinnentierchen. Abgeflacht. Typisch: Mediane, rinnenartige Eindellung vom Hinterrand der Mundhöhlung zum Körperende. Undulierende Membran als breites Segel an beiden Rändern des Mundfeldes. Körperumriss erscheint feingewellt, da Wimpern in kleinen Grübchen stehen. **G** 35–65 µm. **L** Faulschlamm; verbreitet, oft häufig. [3979]
13 Pleuronema crassum, Schleiertierchen. im Umriss unregelmäßig eiförmig, rechter Rand fast gerade. Pole breit gerundet. Seitlich abgeflacht. Ektoplasma starr. Am rechten Rand der Mundfeldrinne eine aus langen Wimpern verklebte Membran. Wimpern stehen sehr dicht, werden während der Bewegungspausen abgespreizt. **G** 70–120 µm. **L** Tümpel. [3974]
14 Pleuronema coronatum. Größe und Gestalt sehr wechselnd. Wimpern des letzten Körperabschnittes auffallend verlängert. Mundfeldmembran ähnlich *P. crassum*. **G** 45–140 µm. **L** Zwischen Wasserpflanzen; im Süß- und Meerwasser verbreitet. [3024] ▸ *Calyptotricha* S. 342/5

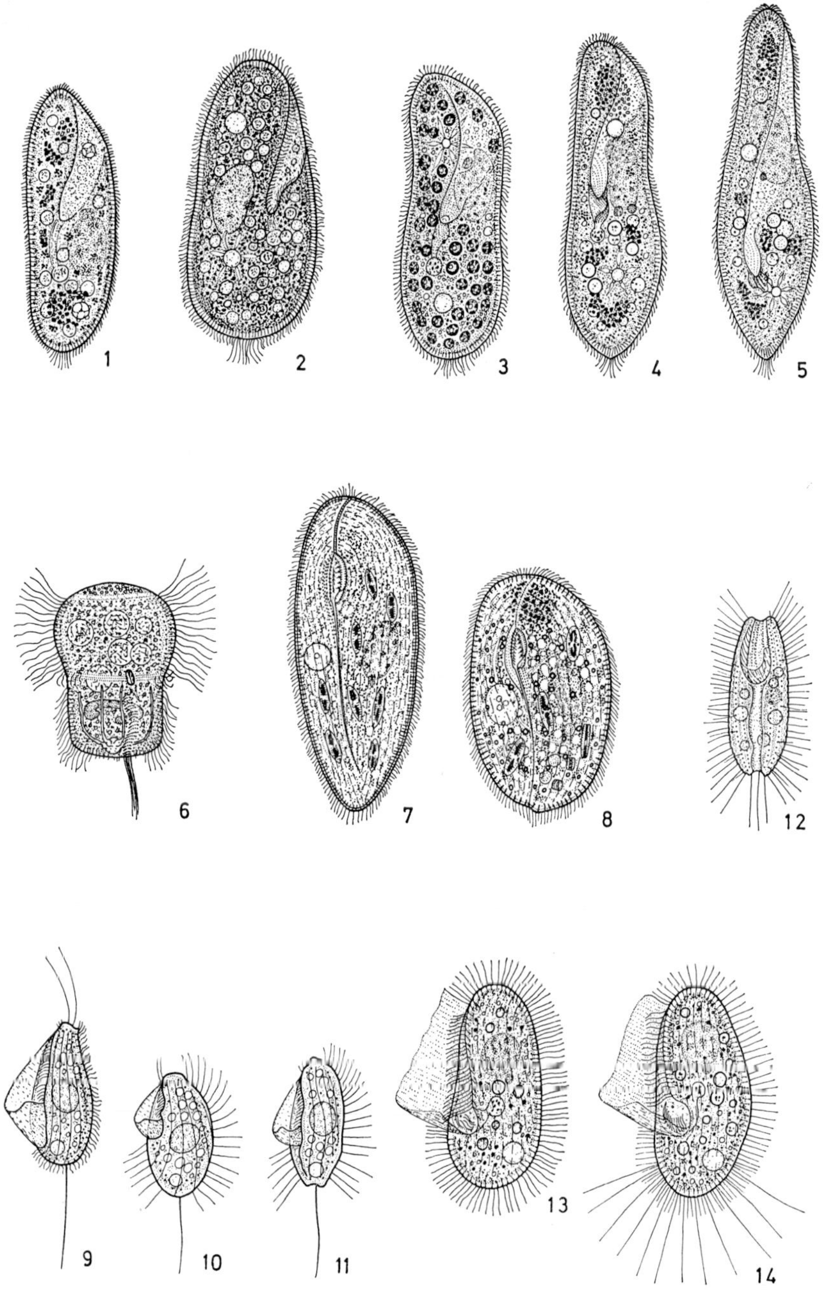
1
2
3
4
5
6
7
8
12
9
10
11
13
14

Wimpertiere 7

1 Astylozoon fallax, Borstenschwanz-Glockentier. Ein peritriches Wimpertier, das die sesshafte Lebensweise wieder aufgegeben hat. Die Stielbildungszone bildet keinen Stiel, sondern erzeugt 2 (1 bis mehrere) Borsten, die zum Fortschnellen dienen. Mundfeld beim Schwimmen nach vorne gerichtet. Tiere sind kontraktil. **G** 36–70 µm. **L** Planktisch in Gräben und Teichen, oft in verschmutzten Wegpfützen. [3159]

2 Hastatella radians, Stachelkranz-Glockentier. Mit der Mundfeldbewimperung schwimmendes Glockentier. 2 Kränze plasmatischer Dornen, die beim ausgestreckten Tier schräg nach hinten gerichtet sind. Bei der Kontraktion wird die Bestachelung passiv abgespreizt und dient dann wohl als Schwebehilfe. Tiere quergeringelt. Am Hinterende oft ein gekörnter Schleimfaden. **G** 30–70 µm. **L** Wegpfützen, verschmutzte Flüsse, Tümpel, Brackwasser; planktisch. [3178]

3 Epistylis plicatilis, Säulen-Glockentier. Stiel starr, nicht kontraktil. Tiere sehr schlank, 3- bis 4-mal länger als breit. Fein quergestreift. Bei der Kontraktion sinkt das Peristomfeld samt Diskus ein, der hintere Teil des Körpers bildet Querfalten und stülpt sich über den Stielansatz. Individuenreiche Kolonien aus kurzen Haupt- und langen Endstielen, bis 3 mm hoch. **G** Vom Stielansatz zum oberen Diskusrand um 100 µm. **L** Im Süßwasser auf verschiedensten Unterlagen; verbreitet und häufig. [3027]

4 Epistylis digitalis. Stiele starr, nicht kontraktil. Kolonien aus zahlreichen Individuen, Scheiden der dicken Stiele auffallend und regelmäßig geringelt, der Länge nach gestreift. Tiere schlank, trichterförmig oder fast zylindrisch, sitzen auf unregelmäßig baumartig verzweigten Stielen. Pellikula quergestreift. Zellkern lang bandförmig, liegt in der Längsachse. **G** Ohne Stiel 60–100 µm. **L** Epizoisch auf Ruderfußkrebsen; während der kühlen Jahreszeit oft dichte „Pelze" auf Hüpferlingen bildend. [3372]

5 Epistylis procumbens, Schwimmendes Säulen-Glockentier. Freischwimmend. Stiele starr, nicht kontraktil. Tiere schlank, trichter- bis glockenförmig; im ausgestreckten Zustand so weit abgekrümmt, dass die Mundfelder nach der Seite und oft leicht nach hinten gerichtet sind. Kolonien schwimmen durch Wimperschlag aller Mundfelder (Peristome). **G** Einzeltiere 70–100 µm. **L** Plankton von Seen und Teichen; häufig. [3413] ▸ *Rhabdostyla conipes* S. 342/6

5 a Campanella umbellaria, Doldenglockentier. Text S. 260 unten.

6 Opercularia articulata, Schirm-Glockentier. Stiel starr, nicht kontraktil. Peristom zeigt bei ausgestrecktem Diskus keinen Randwulst. Diskus überragt deutlich den Peristomrand. Tiere nach oben verengt, nicht trichterförmig. Kolonien können sehr groß werden. Großkern kurz wurstförmig, zentral, fast querliegend. **G** 60–260 µm, Kolonien bis 500 µm hoch. **L** Auf Wasserkäfern und Wasserwanzen. [3376]

7 Opercularia rugosa. Stiel starr, nicht kontraktil. Stielteile kurz, breit, stellenweise fächerartig, mit Längsstreifen und Längsfurchen. Tiere bauchig, nach oben enger. Kein Peristomwulst. Diskus mit höckerartiger Erhebung. Kleine Kolonien aus 10 bis zu 40 Individuen. **G** Tiere 150–200 µm. **L** Gewässer verschiedener Art, auf Steinen und Pflanzen. **A** Um 35 µm, regelmäßig an den Beinen von Wassermilben: *O. minima*.

8 Opercularia coarctata. Stiele starr, nicht kontraktil, dünn, glatt. Kolonien individuenarm. Pellikula glatt. Diskus kurz bewimpert, auf halsartigem Plasmateil über den Peristomsaum hinausgehoben, schief gestellt. Kein Peristomwulst. **G** 45–50 µm. **L** Belebtschlammbecken, Tropfkörper, langsam fließende, verschmutzte Gewässer, an Detritusteilchen festgeheftet. [3041]

9 Pyxidiella collare, Wassermilben-Glockentier. Stiel starr, nicht kontraktil, bis körperlang. Bildet keine Kolonien. Körper unsymmetrisch-vasenförmig, hinter dem Peristom halsartig eingezogen. Peristomsaum gekerbt. Diskus kuppenartig aufgewölbt, ragt wenig über den Peristomsaum hinaus. Pellikula sehr fein quergeringelt. **G** Um 90 µm. **L** Regelmäßig und zahlreich an der Bauchseite von Wassermilben.

10 Opercularia asellicola, Wasserassel-Glockentier. Stiele starr, kurz, plump. Tiere einzeln oder in kleinen Grüppchen, dann auf gemeinsamem Stiel. Körper bauchig; Endteil zylindrisch, mit deutlicher Längsstreifung. Bei kontrahierten Tieren Ektoplasma des Hinterkörpers gefaltet. **G** Um 100 µm. **L** Zahlreich auf den Beinen von Wasserasseln.

11 Epicarchesium pectinatum, Glockenbäumchen. Individuenreiche, sehr zierliche, planktisch lebende Kolonien. Stiele kontrahieren sich zu Spiralen. Alle Individuen der Kolonie ziehen sich stets synchron zusammen. Kolonien schwimmen mit dem unteren Ende des Stieles voran. Nebenstiele werden am Ende des Hauptstiels nach einer Seite hin gebildet. Tiere trichterförmig, Pellikula mit kleinen, ringförmig angeordneten Bläschen. **G** 40–70 µm. **L** Seen und Teiche; sehr verbreitet. [3535]

12 Carchesium polypinum. Stiele kontrahieren sich in Spiralen. Individuen schlank glockenförmig, meist etwas überhängend. Pellikula fein quergestreift. Peristomsaum kräftig. Bakterienfresser. Hauptstiele schwach gekerbt, über 1 mm lang. Einzelne Individuen können sich unabhängig von anderen zusammenziehen. **G** 45–140 µm. **L** Stark verunreinigte Gewässer. Bildet schimmelartige Überzüge an Schlammflocken und festen Gegenständen (Farbfotos II, 17). [3000]

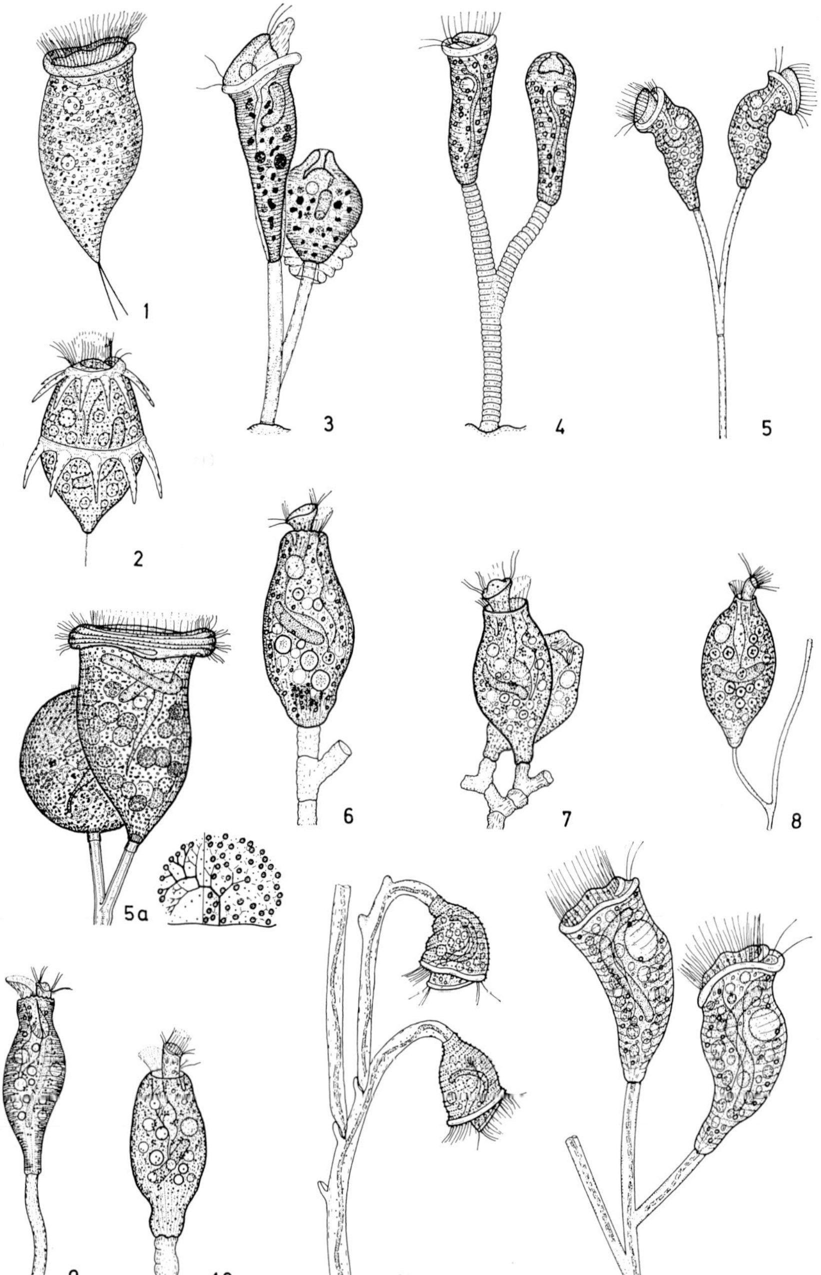
1
2
3
4
5
5a
6
7
8
9
10
11
12

Wimpertiere 8

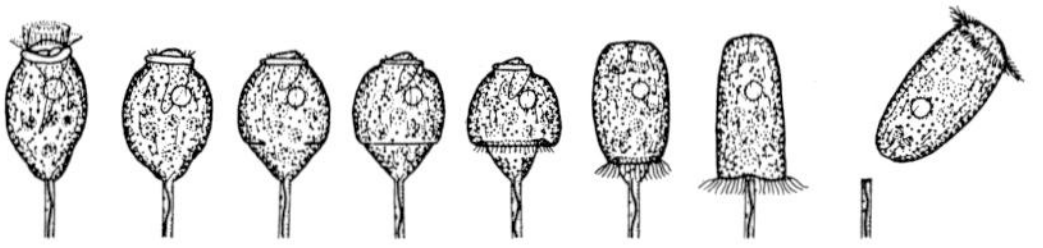

Skizze: Kopulationsbereite, abgerissene oder mit ihrer Umgebung „unzufriedene“ Glockentierchen bilden verblüffend rasch Schwärmerstadien aus. Die Schwärmer schwimmen, mit den Hinterenden voran, schnell rotierend umher.

1 Vorticella campanula, Glockentierchen. Tiere glockenförmig; Querdurchmesser der Peristomscheibe entspricht 3/4 bis 1 1/4 der Körperhöhe. Nicht koloniebildend. Stiel auffallend dick (8 bis 12 µm), kontrahiert sich in Spiralen. Bakterienfresser. **G** Tiere 50–150 µm, Stiele bis 700 µm lang. **L** Wenig verschmutzte Gewässer, an Wasserpflanzen und Tieren festgeheftet. [3009]
2 Vorticella convallaria, „Maiglöckchen“. Tiere schlank-glockenförmig, hinter dem Peristomsaum etwas eingezogen. Stiel dünn, oft mit kleinen Sekretkörnchen. Nicht koloniebildend, aber meist in kolonieartigen Gruppen zusammenlebend. Bakterienfresser. **G** (50)-80–(95) µm lang. **L** Als grauweiße Überzüge auf Steinen und anderen Gegenständen in stärker verschmutzten Gewässern. [3004]
3 Vorticella similis, Reinwasser-Glockentier. Zahlreiche, stark lichtbrechende Körnchen im Stiel. Im Entoplasma ausgeprägt spindelförmige Nahrungsvakuolen. Peristomsaum derb, weit über den Körperrand hinausragend. Stiel 6- bis 7-mal länger als der Körper. Meist einzeln lebend. **G** 40–90 µm. **L** In sehr sauberen Seen und Flüssen an Wasserpflanzen festgeheftet. [3018]
4 Vorticella microstoma, Kleinmäuliges Glockentier. Vasenförmig. Stiel dünn, etwa 6-mal so lang wie der Körper. Entoplasma gelblich mit kugeligen Nahrungsvakuolen. **G** 35–90, meist um 55 µm. **L** Verjauchte Gewässer, Gewässer mit faulenden Pflanzenteilen, Abwasserkanäle, verschlammte Flüsse, Kläranlagen; verbreitet und häufig. [3030]
5 Pseudovorticella monilata, Perlen-Glockentier. Pellikula mit rundlichen Körnchen. Stiel 2- bis 3-mal so lang wie der Körper. Peristomsaum breit. **G** 50–80 µm. **L** Auf Wasserpflanzen in sauberen Bächen und Seen. [3261] ▸ *Pseudohaplocaulus* S. 342/7
6 Zoothamnium arbuscula, Strauchtierchen. Kolonien werden mehrere Millimeter hoch. Bei Störungen zuckt die ganze Kolonie zu einer Kugel zusammen. Stiele kontrahieren sich zickzackförmig, nicht korkenzieherartig. 2 Formen von Individuen: Kleine „Mikrozooide“ (Hauptteil der Kolonie); bis 5-mal größere „Makrozooide“ mit reduziertem Peristom, die sich ablösen und neue Kolonien gründen können. **G** Normale Individuen 40–60 µm, Makrozooide 250 µm. **L** In sehr sauberen Gewässern an Wasserpflanzen. [3863]
7 Zoothamnium ramosissimum, Verästeltes Strauchtierchen. Stiele kontrahieren sich in weiten Schraubenlinien oder zickzackförmig, unterster Teil der Kolonie zieht sich nicht zusammen. Randwulst kräftig, durch scharfe Furche in oberen und unteren Ring geteilt. **G** 50–75 µm. **L** In nährstoffreichen Gewässern auf Algen, Wasserpflanzen, Wasserasseln, Insektenlarven. [3910]
8 Ophrydium versatile, Grünes Gallertkugeltierchen. Meist grüngefärbt durch viele symbiontische Zoochlorellen. Hunderte von Individuen leben im Randgebiet eines sich ständig vergrößernden, bis faustgroßen Gallertklumpens. Gallertgehäuse der Einzeltiere verschmelzen im Inneren, an der Peripherie bleiben die Gehäuse getrennt. Stiele sehr lang, gabelig verzweigt, bis zum Zentrum des Klumpens reichend. Algen- und Bakterienfresser. **G** Individuen 400 bis 500 µm. **L** Sehr saubere, stehende Gewässer, oft an Wasserpflanzen angeheftet; verbreitet. [3187]
9 Platycola coelochila, Wärmflaschentierchen. Gehäuse breit, beutelförmig, mit der unteren Breitseite an der Unterlage festgeheftet. Dünnwandiger Halsteil des Gehäuses stets farblos, hinterer Gehäuseteil und Kittmasse meist sehr dunkel gefärbt. Meist 2 Individuen in einem Gehäuse. **G** Tiere 100–150 µm. **L** An Wasserpflanzen in Seen und Teichen, bevorzugt an Wasserlinsenwurzeln. [3401]
10 Cothurniopsis vaga, Pokaltierchen. Gehäuse auf kurzem Stielchen, nach oben zylindrisch oder schwach verjüngt. Peristom der Tiere gut entwickelt. **G** Um 85 µm. **L** Epizoisch auf *Cyclops*-Arten (Hüpferlingen).
11 Cothurnia annulata, Beringtes Pokaltierchen. Gehäusestiel durchdringt Boden des Gehäuses als röhrenförmiges Gebilde; so entsteht ein inneres Stielchen, auf dem das Tier sitzt. Gehäuse amphorenförmig. Tiere ragen nur wenig über Gehäusemündung hinaus. Deutliche Querstreifung der Pellikula in der Mitte durch ringförmigen Wulst unterbrochen. **G** 75–85 µm. **L** An Wasserpflanzen in nährstoffreichen Gewässern; häufig und verbreitet. [3894]
Zu S. 258, **5 a, Campanella umbellaria**. Stiele straff, hohl, nicht kontraktil. Kontrahierte Tiere kugelig, undurchsichtig. Wimperdoppelreihen machen vier bis sechs Umgänge (erkennbar bei geöffnetem Peristom). Pellikula fein gestreift. Hufeisenkern liegt vorne quer. **G** 200–250 µm. **L** Halbkugelige, weißliche Kolonien in Kleinteichen, Altwässern, belasteten Flüssen. **B** Stiele dichotom verzweigt; Hauptstiele lang, Endstiele nur mehr um 100 µm. [3006]

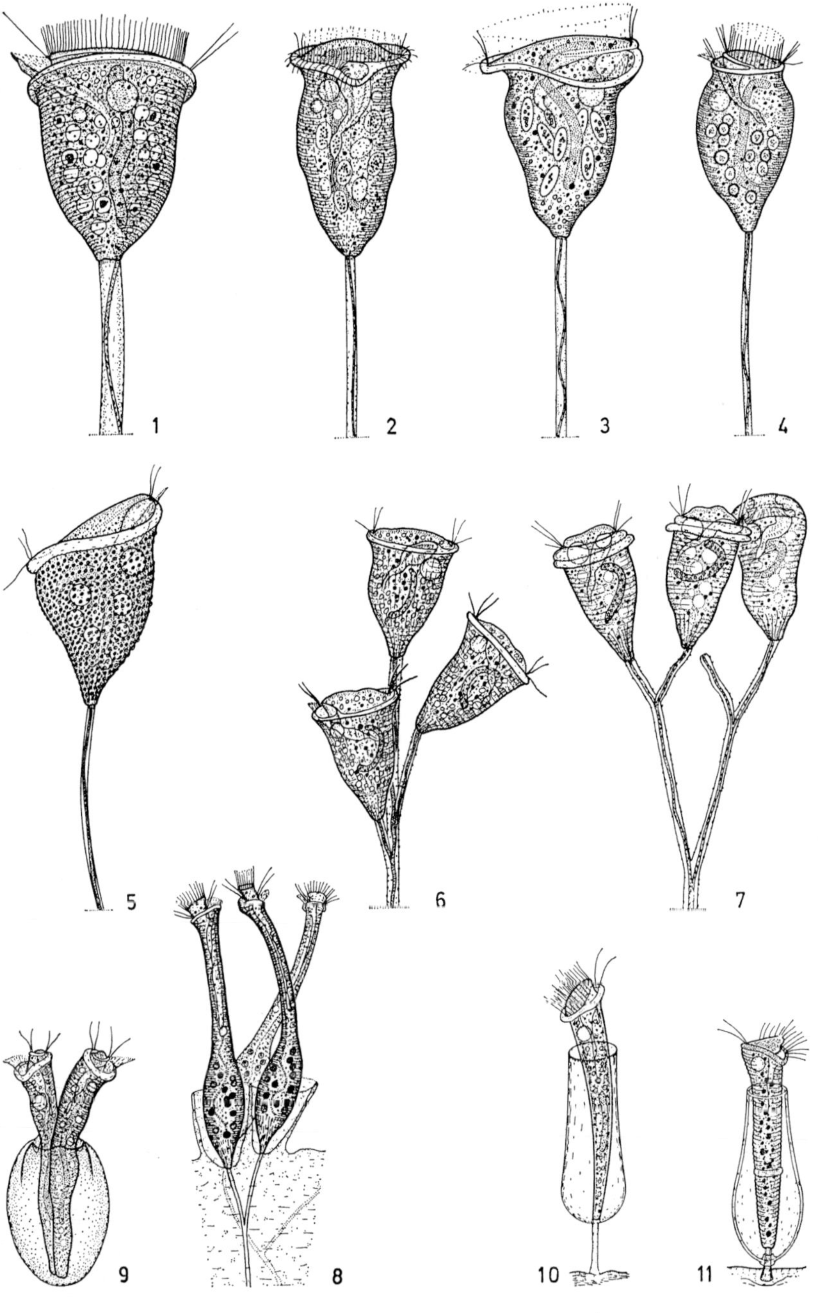
1
2
3
4
5
6
7
9
8
10
11

Wimpertiere 9

1 Vaginicola subcrystallina, Vasentierchen. Tier haftet mit dem Hinterende am Grund des Gehäuses ohne Bildung eines inneren Stieles. Gehäuse farblos, ungestielt, an der Unterlage festsitzend; beherbergt meist 2 Individuen, die gestreckt weit über die Mündung hinausragen. Kräftiger, überragender Peristomsaum. Diskus schräg herausgehoben. **G** 280–335 µm lang. **L** An Wasserpflanzen, in Tümpeln und Teichen. [3916]
2 Vaginicola terricola, Landbewohnendes Vasentierchen. Mündung des leicht schiefen Gehäuses seitlich eingekerbt und umgeschlagen. Tier plump, ragt zu einem Drittel aus dem Gehäuse hervor. **G** Gehäuse um 55, Tier um 70 µm. **L** Feuchte Moospolster, sehr verbreitet. [3114]
3 Thuricola folliculata, Falltürinfusor. Gehäuse mit einzigartigem, kompliziertem Verschlussmechanismus: Im vorderen Drittel befindet sich im Inneren des Gehäuses eine Klappe, die sich über dem Tier schließt, wenn sich dieses kontrahiert. Leere Gehäuse immer geöffnet. Tiere ragen zur Hälfte aus dem Gehäuse heraus. Im Entoplasma fast stets Zoochlorellen. Frisst Algen und Bakterien. **G** Gehäuse 160–200 µm. **L** Zwischen Wasserpflanzen sehr sauberer Gewässer, auch in Mooren. Typische Reinwasserform. [3870]
4 Pyxicola operculigera, Gestieltes Büchsentierchen. Gehäuse auf langen, dünnen Stielen, geringelt oder glatt. Am Vorderende des Tieres seitlich ein pseudochitiniger Deckel, der das Gehäuse bei Kontraktion des Tieres verschließt. Jungen und schlecht ernährten Tieren fehlt dieses Organell. **G** Tiere 60 µm, Gehäuse 40 µm, Stiele bis 80 µm lang. **L** Im Brackwasser zahlreich auf Wasserpflanzen und Kolonien von *Cordylophora*. [Gattung: 3240]
5 Lagenophrys vaginicola, Krugtierchen. Gehäuse mit einer Breitseite festgeheftet, in Aufsicht kreisrund, von der Seite dreieckig. Öffnung eng, mit einem Verschlussapparat versehen. Bei Streckung des Tieres tritt nur der Diskus hervor. Tiere füllen Gehäuse nicht ganz aus, sind seitlich am Gehäuse festgewachsen. **G** Gehäuse 80–90 µm. **L** Epizoisch auf Copepoden. [3375]
6 Urceolaria mitra, Kreiseltierchen. Körperform wird ständig verändert. Vorne breites Peristomfeld, hinten („Unterseite") ein kunstvoller Apparat aus Zilien, Membranellen und zahnartigen Elementen, der als Haftscheibe und Bewegungsorganell zugleich dient. Bakterienfresser. Frei schwimmende Tiere bewegen sich kreiselnd. **G** 80–140 µm lang. **L** Als Kommensalen auf Planarien, meist auf *Polycelis*-Arten. Können für höchstens 6 Stunden ohne Wirt leben. [3407]
7 Trichodina pediculus, Polypenlaus. Körper kurz-zylindrisch, oft im Äquator eingeschnürt. Wimperspirale lang. Großkern wurstförmig, quer inmitten des Körpers. Hintere (untere) Haft- und Laufscheibe ähnlich wie bei voriger Art, Einzelelemente des beweglichen Haftringes jedoch komplizierter. **G** 25–55 µm hoch, 35–60 µm Durchmesser. **L** Auf Süßwasserpolypen. Tiere kreiseln und schweben wie Luftkissenboote, ohne genesselt zu werden, auf den Wirten. Tiere, die neuen Wirt suchen, frei im Plankton. [3110] **A** Als Parasit auf Fischen: *T. domerguei* [3227].
8 Steinella uncinata, Strudelwurmparasit. Gewebe- und Darmparasit von Planarien. Werden Planarien durch Deckglasdruck zerquetscht, schwimmen die Parasiten lebhaft, mit stürmischen Bewegungen. Kein Mund. Am Vorderende in saugnapfähnlicher Vertiefung 2 chitinige Haken. **G** Um 200 µm lang. **A** Ohne Haken, wurmartig, bis 700 µm: *Sieboldiellina planariarum*. **L** Beide Arten in tricladen Planarien.
9 Metopus laminarius, Bandtierchen. Gleichmäßig bewimpert. Sehr gewandt und formveränderlich. Vorderster Körperabschnitt zu einer durchscheinenden, verdrehten Platte komprimiert, die an der Spitze umschlägt und sich bauchwärts einkrümmt. Adorale Membranellenzone zieht schräg von vorne links nach hinten rechts zum kurzen, engen Mundtrichter. Ektoplasma dick, Entoplasma mit violetten Nahrungsvakuolen (frisst Rhodobakterien). **G** 200–260 µm. **L** Tümpel mit Faulschlamm, sehr verbreitet, stellenweise häufig.
10 Metopus es, Helmtierchen. Größe und Gestalt sehr veränderlich. Körper schwach S-förmig gekrümmt, Vorderende liegt dachartig verschoben über dem Mundfeld. Kurz und dicht bewimpert, längere Zilien am vorderen Rand des Mundfeldes und am Hinterende. Vorne eine Ansammlung schwarzer Körnchen. Schwimmt langsam und träge in Spiralen. **G** 120–160 µm. **L** Bodenschlamm organisch stark belasteter Gewässer; häufig. [3080]
11 Brachonella spiralis (*Metopus contortus*). Vorne breit gerundet, hinten abgestutzt, Gestalt stark wechselnd. Vorderteil stark verdreht, adorale Membranellenzone beschreibt volle Spiralwindung und endet hinten, quer verlaufend, in einer hohlkehlartigen Rinne des Hinterkörpers. Rotiert träge schaukelnd. **G** 80–150 µm. **L** Wie *Metopus es*. [3424] ▸ *M. striatus* S. 342/8
12 Bryometopus pseudochilodon, Moosrasentierchen. Form abgeflacht. Adorale Membranellenzone beginnt mit Einkerbung des linken Seitenrandes, zieht schräg über Vorderhälfte der Bauchseite, endet in kleinem Mundtrichter. Bewegung langsam gleitend. Bakterienfresser. **G** 40–60 µm. **L** Überall in Moospolstern; sehr verbreitet. [3497]
13 Tropidoatractus acuminatus, Gedrehter Schlangenciliat. Schlank, Ektoplasma starr, panzerartig, durch 7 Spiralleisten gekielt, tief gefurcht. Hinten durchscheinende, steife Schwanzspitze, vorne plattenförmig, verbogen. Nahrungsvakuolen mit Purpurbakterien. Schwimmt sehr gemächlich, langsam rotierend. **G** 120–180 µm. **L** Kleine Hochmoorgewässer, Tümpel mit Faulschlamm; verbreitet, nie häufig. [3387]

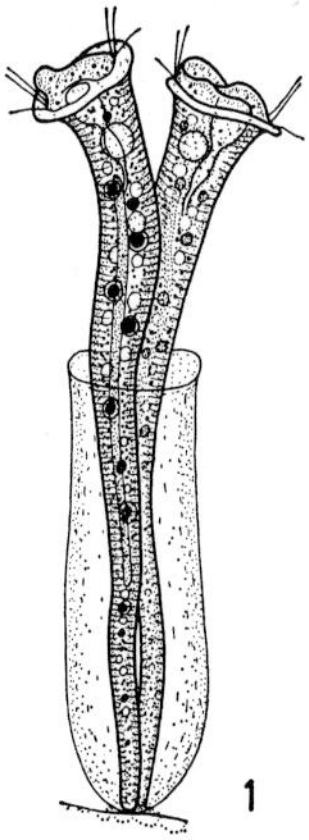

1

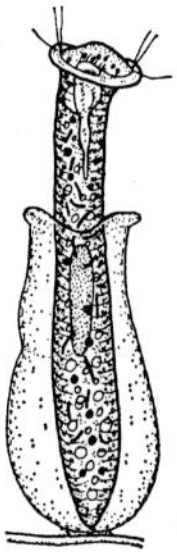

2

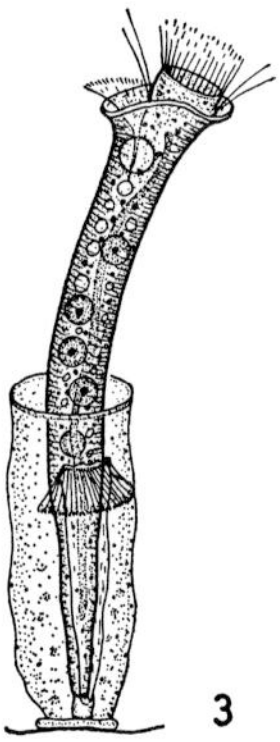

3

4

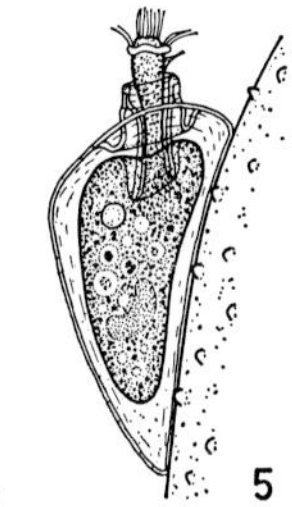

5

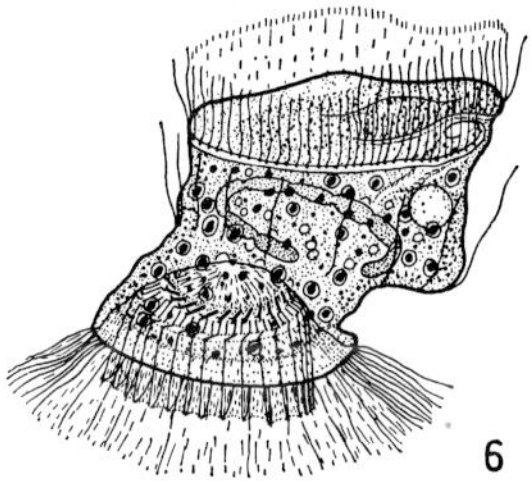

6

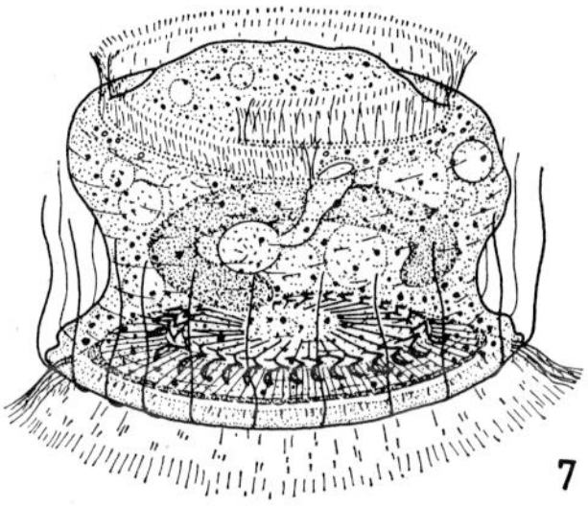

7

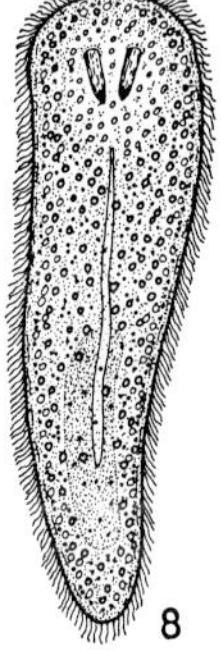

8

9

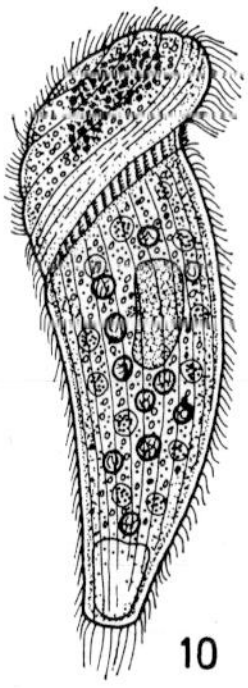

10

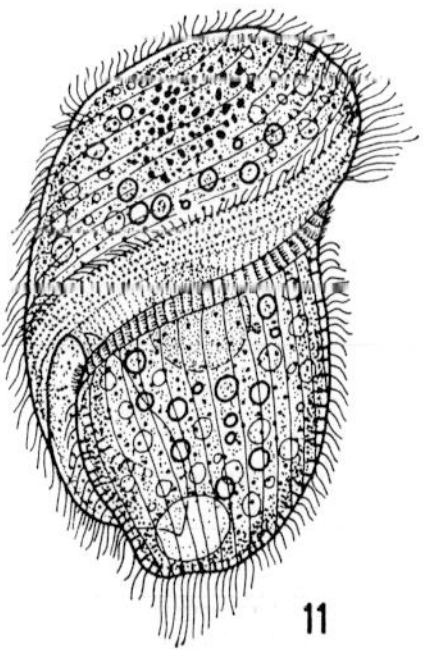

11

12

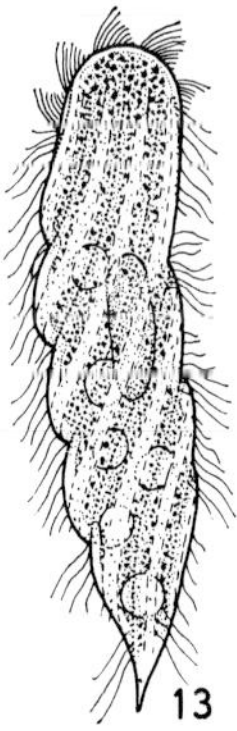

13

Wimpertiere 10

1 Caenomorpha medusula, Schlammschraube. Vorderkörper glocken- oder pilzförmig, Hinterkörper zylindrisch, in einen langen Stachel ausgezogen. Körperbewimperung auf 4 Felder reduziert. Eine breite, 8-reihige Zilienzone umzieht außen den Glockenrand, 2 Reihen langer Zirren schlagen im vorderen Bereich der Glockenkuppel; das 3. Feld umfasst dichtstehende, nach hinten schlagende Wimpern, die spiralig um die Basis des Schwanzstachels stehen; Glockenrand überwölbt adorale Membranellenzone. Tiere schrauben sich rasch durch Schlamm und freies Wasser. Fressen Schwefelbakterien. **G** 100–150 µm. **L** Bodensatz kleiner Tümpel, Faulschlamm von Stauseen; polysaprob; häufig. [3133]

2 Caenomorpha lauterborni, Zweistacheliges Schraubentierchen. Form und Bewimperung ähnlich *C. medusula*. Außer dem geraden, körperlangen Schwanzstachel am Hinterkörper ein schief zur Längsachse gestellter Nebenstachel. **G** 60–70 µm. **L** Faulschlamm von Flüssen, Tümpeln, Teichen; sehr verbreitet. [3426] ▸ *C. uniserialis* S. 342/9

3 Spirostomum teres, Sumpfwurm. Siehe auch *S. ambiguum*. Peristomrinne reicht höchstens bis zur Mitte des Körpers. Körper 10–12-mal so lang wie breit, wurmförmig. Frisst Bakterien. **G** 150–400 µm lang. **L** Faulschlamm kleinerer Gewässer; sehr verbreitet. [3014]

4 Spirostomum minus, Sumpfwurm. Großkern perlschnurartig. Peristomrinne zieht nicht ganz bis zur Körpermitte. Körper schlank, fadenartig, mehr als 20-mal länger als breit. **G** 500–800 µm lang. **L** Bodensatz eutropher und stark verschmutzter Gewässer; sehr verbreitet. [3015]

5 Spirostomum ambiguum, Riesensumpfwurm. Großkern perlschnurartig. Peristomrinne zieht meist bis zum letzten Körperdrittel. Tiere plump, seitlich etwas abgeflacht. Zwischen Wimperreihen starke Myoneme („Muskelfädchen“), daher Körper sehr biegsam und verdrehbar. Pulsierende Vakuole am Hinterende, auffallend groß. Frisst Bakterien und Algen. Tiere schleichen gemächlich, aber gewandt unter langsamer Drehung um die Längsachse. Verwechslungsgefahr mit äußerlich ähnlichen Strudelwürmern! Im Gegensatz zu diesen kann *Spirostomum* vor- und rückwärts schwimmen! **G** 1–4,5 mm lang. **L** Am Grund α-mesosaprober Gewässer oft massenhaft. An faulenden Blättern teilweise in dichten Rasen. [3131] **A** Grün durch Zoochlorellen, bis 2 mm lang: *S. semivirescens.* [3415]

6 Pseudoblepharisma tenue, Zweifarbiges Lidtierchen. Tiere drehrund, länglich, manchmal in der Mitte etwas erweitert, nicht kontrahierbar. Schwimmen träge. Entoplasma durchsichtig, charakteristisch gefärbt: Vordere Körperhälfte enthält in großer Zahl Nahrungsvakuolen, die mit Rhodobakterien erfüllt sind, erscheint daher rosafarben. Hinterkörper farblos. Im Entoplasma stets einige Zoochlorellen. **G** 100–200 µm. **L** Tümpel mit Faulschlamm; Einzelgänger, weit verbreitet. [3989]

7 Bothrostoma undulans, Großes Lidtierchen. Seitlich abgeflacht, Peristom zieht in einer Rinne vom Vorderpol nach hinten und endet vor der Körpermitte. Vor dem Mundtrichter am rechten Rand der Peristomrinne eine lange, hohe, sehr auffällige, zweilamellige undulierende Membran. Frisst Bakterien und Flagellaten. Bei sehr günstigem Nahrungsangebot wachsen Riesentiere heran, die Pantoffeltiere, Artgenossen und Rädertiere verschlingen. Pigmentkörnchen unter der Pellikula verleihen dem Tier eine prächtig rote Farbe. Kontraktile Vakuole und Zellafter endständig. **G** 150–300 µm. **L** Sehr saubere, sauerstoffreiche Gewässer; verbreitet. (Nicht selten in Aquarienfiltern.) [3423]

8 Blepharisma lateritium, Rotes Lidtierchen. Eiförmig, hinten breit abgerundet, vorne schlank zugespitzt. Vorderer Körperteil seitlich stark abgeflacht. Peristomrinne reicht bis fast ans Hinterende. Undulierende Membran vor dem Mund niedrig, 1/4 bis 1/3 so lang wie adorale Zone. Tiere zinnoberrot bis gelblichrot. **G** 130–200 µm. **L** Seen und Teiche, zwischen Wasserpflanzen und Detritus. Häufig in Aufgüssen und Aquarienfiltern. [3160] **A** 80–120 µm lang; Großkern 3- bis 7-teilig: rosarot: *B. persicinum*.

9 Blepharisma steini, Lidtierchen. Kräftig rotgefärbt. Adorale Zone reicht bis zur Körpermitte. Vorderende scharf geschnäbelt. Mundtrichter quergerichtet, Rand der Peristomrinne biegt vor dem Mund weit nach rechts ab. Undulierende Membran kurz, niedrig, schwer erkennbar. Bakterienfresser. Lebhaft, stark formveränderlich. **G** 150–200 µm. **L** Tümpel, nasse Torfmoosrasen; verbreitet. [3968] ▸ *B. musculus* S. 346/9

10 Linostomella vorticella, Beulentierchen. Breit-eiförmig, vorne quer abgestutzt. Adorale Membranellenzone umzieht Vorderpol, läuft dann auf der Bauchseite nicht ganz bis zur Körpermitte. Zwischen adoraler Zone und der großen undulierenden Membran ein breites, unbewimpertes Peristomfeld. Großkern 6- bis 10gliedrig. Allesfresser. **G** 100–200 µm. **L** Plankton klarer und sauberer Tümpel. [3414]

11 Bursaria truncatella, Beuteltierchen. Sehr groß. Tiefes, sackartiges Peristom vom Vorderende bis fast zum Hinterende. Peristomtrichter geschlitzt, außer den adoralen Membranellen unbewimpert, mit breiten Stützlamellen. Frisst Algen, Ciliaten, Rädertiere. Sehr viele kleine pulsierende Vakuolen (400–600). **G** 500–1000 µm. **L** Alle Gewässertypen. [3161]

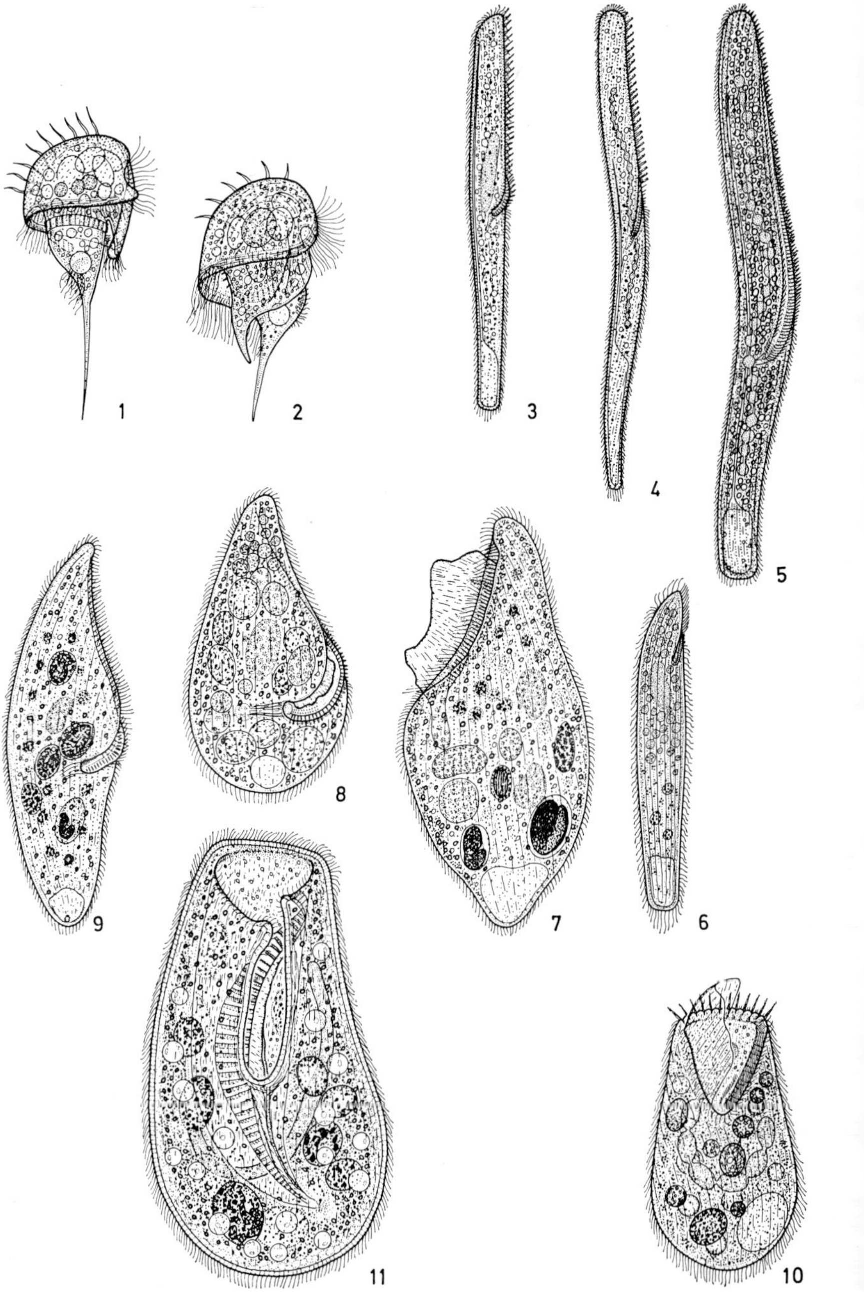
1
2
3
4
5
6
7
8
9
10
11

Wimpertiere 11

1 Climacostomum virens, Flaches Trompetentier. Oval, abgeflacht, nicht kontraktil. Rechter Rand des Peristomfeldes ohne Membran. Schwimmt lebhaft, gleitet und rotiert. **G** 100–300 µm. **L** Zwischen Wasserpflanzen nährstoffreicher Gewässer; verbreitet, oft häufig. [3895]
2 Stentor coeruleus, Blaues Trompetentier. Blaugrün gefärbt. Zellkern perlschnurartig. Charakteristisch für alle *Stentor*-Arten: Adorale Membranellenzone umzieht das frontal gelagerte Peristomfeld in fast geschlossenem Kreis. Äußerst kontraktil. Kontrahierte, fast kugelige Tiere nehmen während der Streckphase Wasser durch die Mundhöhle auf: Die mit Wasser gefüllten Vakuolen verteilen sich im Körper, ganz ausgestreckte, trompetenförmige Tiere sind viermal voluminöser als zusammengezogene. Pigment (Stentorin) an Pigmentkörnchen gebunden. Festsitzende Tiere scheiden oft lockere Gallerthülle aus. *St. coeruleus*: **G** Ausgestreckt 1–2 mm lang. **L** Organisch verschmutzte, stehende und langsam fließende Gewässer; oft massenhaft. [3033]
3 Stentor polymorphus, Grünes Trompetentier. Im Entoplasma grüne Zoochlorellen. Kann sich wie alle *St.*-Arten mit dem Hinterende an der Unterlage festheften. Kein Gehäuse. **G** Gestreckt 1–2 mm lang. **L** Nährstoffreiche Gewässer, oft zahlreich an Wasserpflanzen. [3102]
4 Stentor roeselii, Graues Trompetentier. Kern langgestreckt, ungegliedert, bandförmig. Gallertiges Wohngehäuse. **G** 0,5–1 mm. **L** Nährstoffreiche Gewässer im Detritus und an untergetauchten Gegenständen; oft sehr zahlreich. [3007] **A** Zellkern perlschnurartig, 2–3 mm lang: *S. muelleri*. [3032]
5 Stentor igneus, Rotes Trompetentier. Zart bis deutlich rosa. Kern kugelig oder eiförmig. **G** Zwischen 200 und 400 µm. **L** Sehr saubere bis mäßig verschmutzte Gewässer, planktisch oder an Wasserpflanzen; verbreitet. [3101] ▸ *St. amethystinus* S. 342/10
6 Folliculina boltoni, Ohrentierchen. Lebt ständig in blaugrünem, dünnem, pseudochitinigem, flaschenförmigem, kurzhalsigem Gehäuse. Gehäuse mit flacher Breitseite festgekittet. Am Grunde des Halses zweiklappiger Membranverschluss (schwer sichtbar). Peristomfeld in 2 Flügel ausgezogen, linker Flügel größer als das rechte „Ohr". Frisst Bakterien, Flagellaten, kleine Algen. **G** Gehäuse um 200 µm. **L** Kalte, beschattete Gewässer auf Pflanzen, vor allem Quellmoos (*Fontinalis*). [3058]
7 Limnostrombidium viride, Rütteltierchen. Eiförmig, durch Zoochlorellen grün, in 3 Abschnitte gegliedert. Hinterer Teil von panzerartiger Pellikula umhüllt; mittlerer Körperwulst mit Bündeln langer Trichocysten; Vorderabschnitt weich, etwas kontraktil, mit adoraler Membranellenzone. Frisst Grün- und Kieselalgen. Zittert zeitweise lange auf einem Fleck, schießt plötzlich rasch weg. **G** 40–80 µm. **L** Gräben und Tümpel, zwischen Wasserpflanzen. [3545]
8 Halteria grandinella, Springtierchen. Kugelig bis plump-spindelförmig. Peristomfeld unbewimpert; adorale Zone mit großen, sichelartigen Bewegungsmembranellen. Am Körperäquator 7 schräggestellte Grübchen, aus denen je 3 lange, abspreizbare Borsten entspringen. Rotiert langsam, vollführt kurze Sprünge nach rückwärts und seitwärts. **G** 20–40 µm. **L** Stehende Gewässer zwischen Wasserpflanzen, Moosrasen. [3063]
9 Pelagohalteria cirrifera, Springtierchen. Ähnlich voriger Art. Aus Äquatorgrübchen entspringen je 2 sehr dünne vordere Borsten und 1 auffallend breite, nach hinten gerichtete Membranelle. Frisst Algen. Ruht meist bewegungslos, schießt plötzlich in weiten Sprüngen nach vorne. **G** 25–50 µm. **L** Stehende, reine Gewässer; planktisch. [3330]
10 Strombilidium caudatum, Schleimfadentierchen. Körper fast nackt, rübenförmig, hinten quer abgestutzt. Adorale Zone umschließt vorderen Pol kranzartig. 5–7 Spiralrippen mit kurzen Borsten. Pendelt an einem vom Hinterende abgeschiedenen Schleimfaden hin und her. **G** 40–70 µm. **L** Sehr saubere, sauerstoffreiche, stehende, flachere Gewässer; sehr verbreitet. [3233]
11 Strombidinopsis gyrans, Taumeltierchen. Zylindrisch, eiförmig oder fast kugelig. Körperzilien in Längsreihen als kurze, sehr zarte Borsten. Frontales Mundfeld mit geschlossenem Membranellenkranz. Frisst Grün- und Kieselalgen. Äußerst zarte Gehäuse, die bei geringster Erschütterung verlassen werden; Bewegung dann taumelnd. **G** 50–80 µm. **L** Gräben, Tümpel, Teiche. [3197] ▸ *Rimostrombidium lacustris* S. 346/10
12 Tintinnidium fluviatile, Klöppelglöckchen. Festes, zylindrisches Gehäuse aus pseudochitiniger Masse, außen dicht mit Fremdkörpern überkrustet. Tier haftet im Gehäuse mit sehr kontraktiler, stielartiger Verlängerung des Hinterkörpers an der Seitenwand. Frisst kleine Algen und Diatomeen. **G** Gehäuse 100–300 µm lang. **L** In jedem größeren Gewässer, planktisch; verbreitet. [3418]
13 Codonella cratera, Urnentierchen. Gehäuse hinten zugespitzt oder abgerundet, am Halsteil oft aufgelagerte Ringwülste. Dem Gehäuse aufgelagerte Schollen sind Exkretkörper. Körperbewimperung auf ein dichtes Wimperfeld hinter dem Peristomsaum reduziert. Am Mündungsring ein lockerer Kranz langer Tastzilien; zurückgezogene Tiere strecken Tastorganelle über den Gehäuserand hinaus. **G** Gehäuse 40–140 µm. **L** Plankton stehender Gewässer; sehr häufig. [3167]

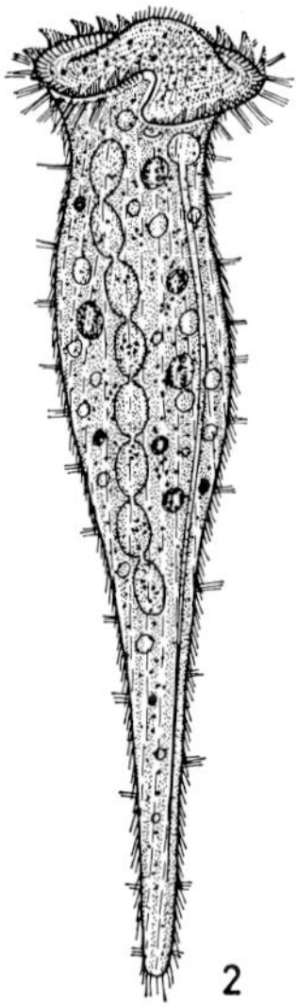
2

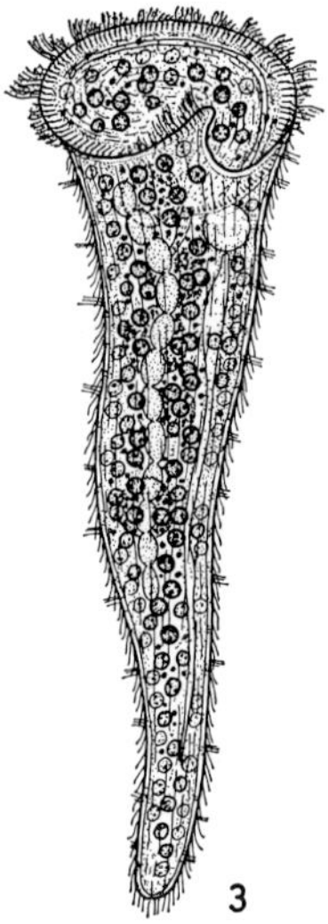
3

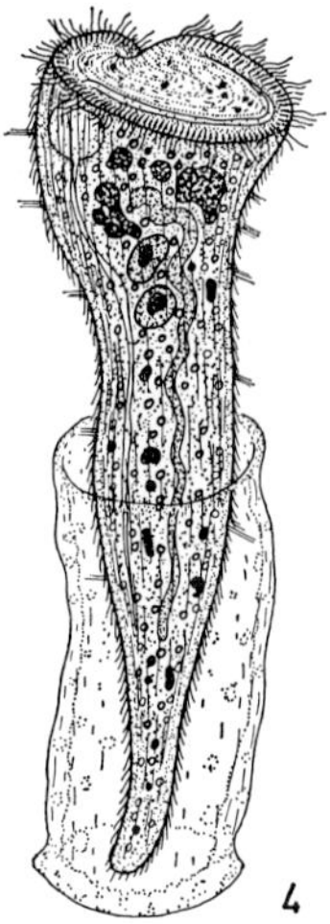
4

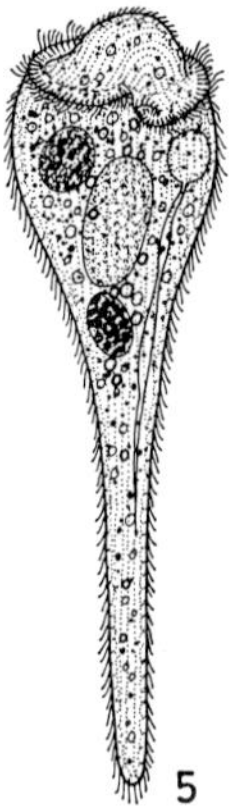
5

1

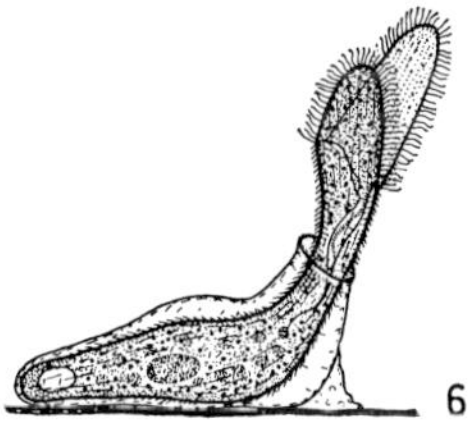
6

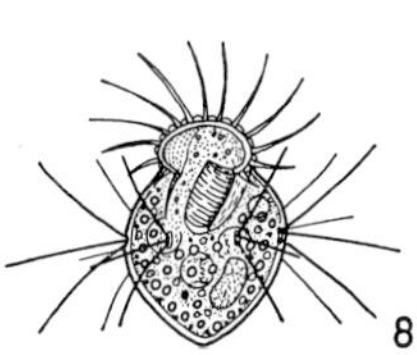
8

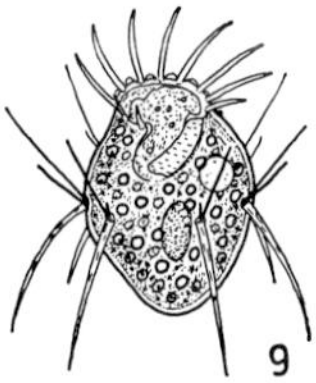
9

7

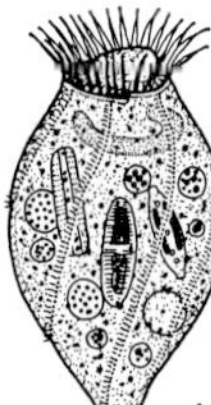
10

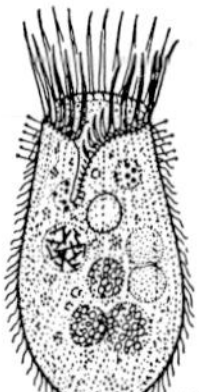
11

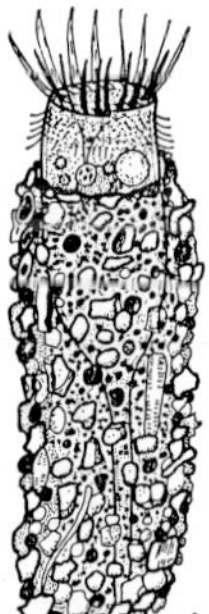
12

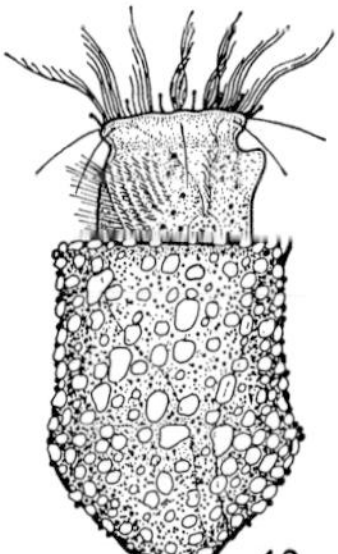
13

1 Strongylidium crassum, Grünes Röhrentierchen. Biegsam, etwas kontraktil. Rand- und Bauchzirren in spiraligen Reihen. 6 griffelartige Zirren auf dem Stirnfeld. Hinterende mit 3 langen, starren Schwanzzirren. Mit Zoochlorellen. Schwimmt schwach schlängelnd. Lebt in langem Gallertröhrchen, das bei jeder Störung verlassen wird. **G** 120–180 µm. **L** Saubere Seen und Teiche, zwischen Wasserpflanzen. Regelmäßig. [3972] ▸ *Chaetospira* und *Stichotricha* S. 344/1, 2
2 Paraurostyla weissei, Schlankes Vielfußtierchen. Körper am linken Rand deutlich eingebogen. Peristom reicht nicht über Körpermitte hinaus. Bauchseite mit 3 bis 5 Frontalzirren, 8 Transversalzirren, 5 Längsreihen von Bauchzirren, 2 Reihen Randzirren. **G** Um 300 µm. **L** Stehende, verschmutzte Gewässer; oft massenhaft. [3263]
3 Urostyla grandis, Großes Vielfußtierchen. Breit-oval, sehr formveränderlich. Bauchseite mit 11–12 Zirrenlängsreihen. 10–20 Transversalzirren stehen, vom Hinterrand entfernt, in einer schrägen Reihe. Allesfresser. **G** 300–400 µm. **L** Saubere, sauerstoffreiche Gewässer, zwischen Wasserpflanzen. [3999]
4 Paraurostyla viridis, Grünes Vielfußtierchen. Schlank, wenig biegsam, nicht kontraktil. Stets mit Zoochlorellen. Frisst Rhodobakterien. Bauchzirren in 6, Randzirren in 2 Längsreihen. 6 Frontal-, 5 Transversalzirren. **G** 100–200 µm. **L** Faulschlamm von Tümpeln; sehr verbreitet. [3262]
5 Kerona pediculus, Nierenförmige Polypenlaus. Nierenförmig. Tiere huschen rastlos auf Rumpf und Tentakeln von Süßwasserpolypen umher. Fressen Nahrungsüberbleibsel und entladene Nesselkapseln der Hydren. Auffällig die vielen (etwa 25) Frontalzirren und die sehr dicht aufeinanderfolgenden Strudelmembranellen der adoralen Zone. **G** 130–200 µm. **L** Kommensalen auf Süßwasserpolypen; nie jedoch auf der Grünen Hydra. [3302]
6 Keronopsis spectabilis, Gefräßiges Beintierchen. Kontraktil, sehr gefräßig. Peristom erreicht 1/3 der Körperlänge. Adorale Zone von ektoplasmatischer, geschnäbelter Lippe überdeckt. 2 Reihen Bauchzirren ziehen bis zum Vorderende. Etwa 20 Transversalzirren ziehen in steilem Bogen nach vorne. **G** 250–350 µm. **L** Über Faulschlamm in Gewässern mit Wasserlinsen und Wasserschlauch. [3856] **A** Schlanker, karmin- bis zinnoberrot, sehr metabol, Detritus-Wühler: *Pseudokeronopsis rubra*. In Meerwasseraquarien und deren Filtern oft massenhaft.
7 Holosticha navicularum, Griffel-Schiffchen. Langgestreckt, sehr flach, glasartig durchsichtig. Frisst Diatomeen: deren Schalen schwimmen in den Nahrungsvakuolen. 2 Reihen lange. dünne, sehr locker stehende Bauchzirren. Frontal nur 4 oder 5 griffelartige Zirren. Transversalzirren weit vom Hinterrand entfernt. **G** Um 200 µm. **L** Auf abgefallenen Blättern in Tümpeln. [3976]
8 Balladyna fusiformis, Spindelförmiges Stelzentierchen. Nach hinten fast spitzig zulaufend. Linke Randzirrenreihe verläuft auf der Bauchseite, rechte Reihe auf der Rückenseite. Bauchzirren in einer Linie. Transversalzirren in längsgerichteter Furche der Bauchfläche. Hohe Borsten der Rückenseite ragen meist seitlich hervor. **G** 60–75 µm. **L** Sehr saubere, sauerstoffreiche Gewässer; verbreitet. [3995]
9 Oxytricha fallax, Borstentierchen. Eiförmig, flach, kontraktil, sehr formveränderlich. Bauchseite flach, Rückenseite gewölbt. Peristom reicht bis zur Körpermitte. 8 Frontal-, 5 Bauch- und 5 Transversalzirren. **G** 140–160 µm. **L** Verunreinigte fließende und stehende Gewässer; regelmäßig, oft zahlreich. [3985]
10 Oxytricha saprobia, Borstentierchen. Lang-oval, auf der Höhe des Schlundes am breitesten, sehr geschmeidig. Frontalmembranellen der adoralen Zone als Schwimmorgan mächtig entwickelt. Transversalzirren lang, stark, überragen Hinterrand des Körpers. übrige Körperzirren zart und lang. Frisst Flagellaten und Bakterien. **G** Um 100 µm. **L** Tümpel und Gräben, häufig in faulenden Grashalmen; verbreitet. [3320]
11 Tachysoma pellionellum, Borstentierchen. Gestalt und Größe sehr wechselnd; sehr lebhaft. 8 Frontal- und 5 Bauchzirren. Transversalzirren kräftig, überragen Hinterrand des Körpers. Hohe Dorsalborsten in 3 Längsreihen auf dem gewölbten Rücken. **G** 65–85 µm. **L** Gewässer aller Art, weit verbreitet, oft Einzelgänger. [3134]
12 Tachysoma furcata, Schnelles Spießtierchen. Schlank, dem Vorderpol zu stark abgeflacht. Letzte Randzirren stehen als Gabeln nach hinten. Peristommembranellen stark entwickelt. Tiere hängen sich zeitweilig mit hinteren Randzirren fest; strudeln Rhodobakterien und kleine Algen ein. **G** 60–90 µm. **L** Typische Faulschlammform; nie massenhaft. [Gattung: 3879]
13 Urosoma cienkowskii, Langschwanz. Hinteres Drittel etwas eingezogen, in einen Schwanz auslaufend. Schwanz variiert stark, im Extremfall fast fadenförmig. Tiere schlängeln rasch über Detritusteilchen. Vielfach mit symbiontischen, spindelförmigen Algen. 8 Bauchzirren. **G** 150–300 µm. **L** Teiche, Seen, sumpfige Lachen, stets auf der Oberfläche des Bodensatzes; verbreitet. [3112]
14 Histriculus erethisticus, Gaukeltierchen. Körper fast starr. Die beiden Randzirrenreihen stoßen am Hinterende aneinander. Keine Schwanzzirren. Lange Transversalzirren meist starr nach hinten gestreckt. Schwimmt ruhig vorwärts, „schreckt“ zwischendurch zurück. **G** Um 150 µm. **L** Nährstoffreiche Seen und Teiche zwischen Wasserlinsen und Algen; verbreitet, häufig. [3295]

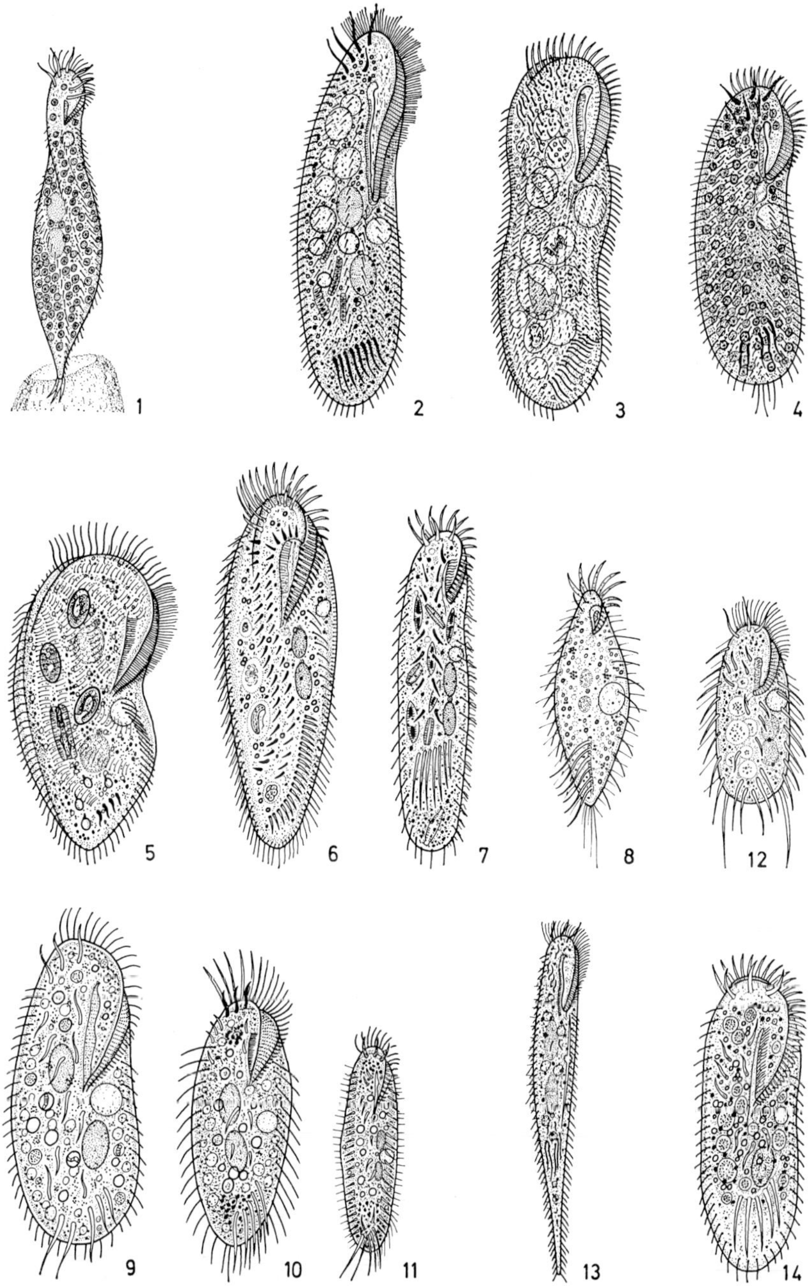
1
2
3
4
5
6
7
8
12
9
10
11
13
14

1 Stylonychia pustulata, Waffentierchen. Körper breit-kahnförmig, weitgehend starr. Beide Randzirrenreihen schließen nicht zusammen; in der Lücke 3 verlängerte Schwanzborsten. 5 Transversalzirren überragen Hinterrand kaum. Borsten der Rückenreihen kurz. Peristom mächtig entwickelt (Farbfotos I, 8). **G** Um 150 µm. **L** Saubere bis mäßig verschmutzte Gewässer; verbreitet. [3973]
2 Stylonychia mytilus, Waffentierchen. Peristomteil springt weit nach links vor. Größe und Gestalt stark wechselnd. Sehr gefräßig: Verschlingt Algen, Diatomeen, kleinere Ciliaten. 3 lange Schwanzzirren fasern am Ende in Einzelzilien auf. 2 rechte Transversalzirren überragen das Hinterende etwas, nicht die 3 Zirren der linken Gruppe. **G** 100–300 µm. **L** Alle Gewässertypen, in Sumpfwasser häufig. [3031]
3 Euplotes patella, Lauftierchen (Farbfotos II, 18). Tiere laufen meist hastig und stoßweise, ab und zu schwimmen sie rotierend. Peristomfeld am linken Rand von einer panzerartigen Platte überdeckt. Bauchseite flach, Rückenseite wenig gewölbt. 5–7 rückenseitige Rippen, oft auffallend, manchmal kaum erkennbar. 9 Frontalzirren, 5 Transversalzirren. 2 rechte Schwanzzirren an den Enden aufgespalten, 2 linke Schwanzzirren nicht aufgespalten. Zellmund öffnet sich in geräumigen entoplasmatischen Sack, in dem die Verdauung beginnt; Nahrungsvakuolen treten nicht auf. **G** 80–150 µm. **L** In Teichen zwischen Wasserpflanzen, im Faulschlamm verbreitet und häufig (hier meist mit Zoochlorellen). [3038]
4 Euplotes affinis, Lauftierchen. Breit-oval, durchsichtig. Ausbildung der rückenseitigen Rippen schwankt stark. Peristomfeld und Membranellenzone erstrecken sich bis zur Basis der Transversalzirren. **G** 40–70 µm. **L** Mesosaprobe stehende und langsam fließende Gewässer, oft zahlreich; Belebtschlamm. [3037]
5 Euplotes muscicola, Lauftierchen. Rückenseite hoch aufgewölbt, mit 6 scharf konturierten Rippen. Tiere sehr beweglich; fast rundlich. 9 Frontalzirren, 5 Transversalzirren, 4 Schwanzzirren. **G** 40–70 µm. **L** Moosrasen; sehr verbreitet und sehr zahlreich. [3253]
6 Aspidisca lynceus, Schildkrötentierchen. Ektoplasma zart, panzerartig starr. Rückenfläche glatt, rippen- und dornenlos, wenig gewölbt. Linker Körperrand läuft in stumpfe Ecke aus. 7 Frontal-, 5 Transversalzirren. Schwimmt in Kreisen oder läuft und klettert mit den Zirren. **G** 30–50 µm. **L** Im Schlamm α-mesosaprober Gewässer; verbreitet, stellenweise häufig. [3026]
7 Aspidisca cicada, Rippentierchen. Eiförmig bis rundlich, trüb-gelblich. Rücken stark gewölbt, mit 6 Rippen. Flink und wendig. **G** 25–40 µm. **L** Zwischen Wasserpflanzen und auf weitgehend mineralisiertem Grundschlamm; sehr verbreitet, oft häufig. [3231]
8 Pelodinium reniforme, Zackeninfusor. Seitlich abgeflacht, Umriss schlank bis nahezu kreisförmig. Rücken gekielt. Panzerplatten der zarten, glänzenden Pellikula laufen auf beiden Breitseiten hinten in einem Zahn aus. Rückenkiel und Bauchseite enden je in einem weiteren Zahn. Rechte Panzerseite hinten mit 4 Zilien-Längsreihen, linke Seite außerdem mit vorderer Zilienreihe. Auffälliges, 5-reihiges Wimperband beginnt auf rechter Breitseite, führt über Bauchseite ein kurzes Stück nach links hinüber. Frisst Schwefelbakterien. **G** 40–50 µm. **L** Obere Schichten des Faulschlammes; Einzelgänger. [3975]
9 Epalxella striata, Panzertierchen. Rückenseite gekielt. Panzerplatten der Breitseiten enden hinten ohne Zahn. Bewimperung ähnlich wie bei voriger Art, Zilien der rechten Seite noch stärker reduziert. Vor der Mundgrube links 2 Dornen. Frisst Schwefelbakterien. **G** 25–35 µm. **L** Typischer Faulschlammbewohner, ist an das Auftreten von Schwefelwasserstoff gebunden. [3175]
10 Epalxella mirabilis, Panzertierchen. Rückenkiel endet vorne in kleinem, spitzigem Schnabel. Panzerplatten der linken Seite laufen in kräftige Zacken aus. Winzige Endzacken der rechten Seite kaum erkennbar. Frisst Schwefelbakterien. **G** 38–45 µm. **L** Schwach verjauchte Gewässer und Gruben, im Faulschlamm selten. [3437]
11 Epalxella exigua, Panzertierchen. Rückenkiel geht vorne gerundet in die Bauchlinie über. Große, nach links und unten offene Peristomgrube weit nach hinten verlagert. Eine Gruppe verklebter Wimpern steht auf dem bauchseitigen Mittelzacken der linken Seite. Zilien dieses Steuerorgans viel länger als der Körper. **G** 20–30 µm. **L** Obere Faulschlammschichten; verbreitet. [Gattung: 3892]
12 Saprodinium dentatum, Kronentierchen. Sehr flach, durchscheinend, vorne mit langem, dünnem Zahn. Frontales, 5-reihiges Wimperband von 2 Randleisten eingefasst. Zacken der beiden Körperbreitseiten mit aufgesetzten Dornen. Bakterienfresser. **G** 50–80 µm. **L** Obere Schichten des Faulschlamms, an Schwefelwasserstoff gebunden; stets einzeln, verbreitet. [3876]
13 Discomorphella pectinata, Stachelscheibchen. Seltsamste Ciliaten-Art. Rückenkiel läuft in einen nach links abgekrümmten Zahn aus. Panzer bildet auf der rechten Körperseite 2 lange Dornen aus. Langes Wimperband auf hohem Wulst zieht über beide Breitseiten. Frisst Schwefelbakterien, ist an Schwefelwasserstoff gebunden. **G** 70–90 µm. **L** Faulschlamm; verbreitet, zeitweise häufig. [3369]

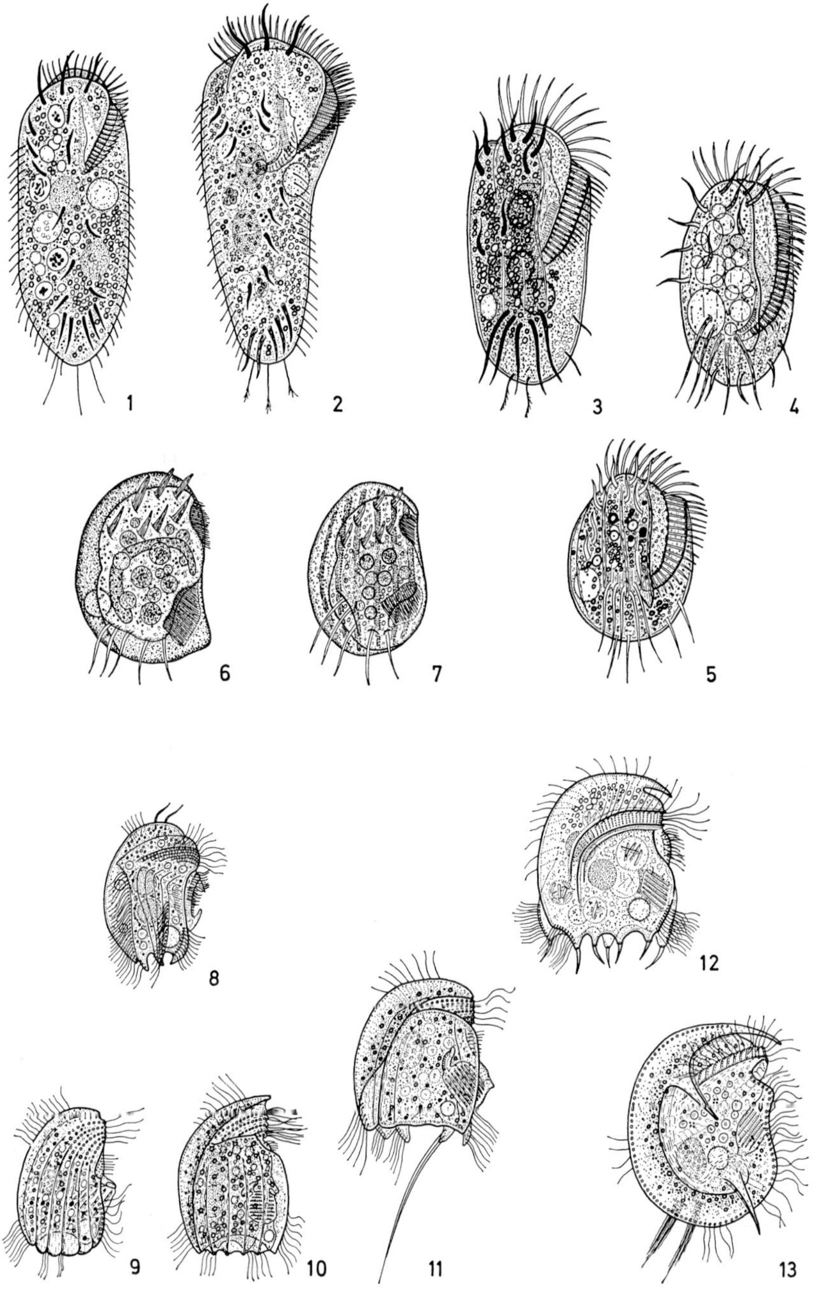
1
2
3
4
6
7
5
8
12
9
10
11
13

Sauginfusorien

1 Acineta tuberosa, Großes Sauginfusor. Gehäuse eine flache Tasche, weich, mit solidem Stiel; Mündungsspalt erweitert sich an beiden Enden. Durch die Erweiterungen werden die kontraktilen, geknöpften Tentakel ausgestreckt (zwei Tentakelbüschel auf Kuppeln des Zellkörpers). **G** Bis 300 µm. **L** α-mesosaprobe Seen und Teiche. Auch marin. [3917]

2 Discophrya buckei, Zungen-Sauginfusor. Zellkörper von einem abgeflachten Gehäuse mit schlitzförmiger Mündung umschlossen. Gehäuse dünn- oder dickwandig, variabel in der Form, verjüngt sich am Grunde in einen kurzen Stielabschnitt. Zwei Bündel geknöpfter Tentakel ragen aus dem Gehäusespalt hervor. Je nach Form zwischen 1 und 8 kontraktile Vakuolen. **G** 65–450 µm. **L** Auf Wasserpflanzen, Unterlagen, Wasserwanzen, Schnecken, Wasserspinnen, Kolbenwasserkäfern. Häufig.

3 Tokophrya infusionum, Aufguß-Sauginfusor. Tiere umgekehrt pyramidenförmig, auf kurzen, quer- und längsgestreiften Stielchen sitzend. Tentakel entspringen der Frontseite, sind zu 1–4 Tentakelbündeln zusammengefasst. 1 kontraktile Vakuole, durch bleibende Kanäle mit der Zelloberfläche verbunden. **G** Um 60 µm lang. **L** Häufig in Aufgüssen, in Kahmhäuten, vor Stauwehren, in verschmutzten Flüssen. [3228]

4 Tokophrya cyclopum, Hüpferling-Sauginfusor. Kugelig oder eiförmig. An der Vorderseite geknöpfte Tentakel, zu 2–5 in Bündeln zusammengefasst. Stielchen gestreift, kurz. **G** Um 50 µm lang. **L** Auf Ruderfußkrebsen (*Cyclops*- und *Diaptomus*-Arten). [Gattung: 3108]

5 Tokophrya lemnarum, Wasserlinsen-Sauginfusor. Körper kugelig bis birnenförmig, langgestielt. Tentakel von je einem feinen Kanal durchzogen, bleiben auf vordere Hälfte des Körpers beschränkt. 2 Tentakelgruppen. **G** 20–125 µm lang. **L** Auf Wasserpflanzen und Wasserasseln weltweit verbreitet. [3202]

6 Tokophrya carchesii, Glockentier-Sauginfusor. Körper birnenförmig, bildet kurzen Stiel mit kleiner Haftscheibe aus. Vorderende mit nur wenigen (höchstens 12) biegsamen Tentakeln. Tentakel erreichen die vierfache Körperlänge; führen suchende Bewegungen aus. **G** 25–50 µm lang. **L** Fast ausschließlich an den Stielen von *Carchesium polypinum* (s. S. 258/12) festgeheftet. [3954]

7 Dendrosoma radians, Bäumchen-Sauginfusor. Zellkörper stark verzweigt, bräunlich gefärbt, auf den knopfartig angeschwollenen Endabschnitten dichte Tentakelbüschel. Im äußeren Plasma sehr viele pulsierende Vakuolen. Großkern bandförmig, stark verästelt. **G** Tiere 1–2,5 mm hoch. **L** An Wasserpflanzen. [3140] ▸ *Heliophrya rotunda* S. 344/3

8 Staurophrya elegans, Schwebe-Sauginfusor. Körper farblos, etwas beweglich, mit 6 halbkugeligen Ausbuchtungen. Jeder der 6 Fortsätze trägt ein Büschel gerader, nicht geknöpfter Saugtentakeln, die weitgehend starr erscheinen. Großkern kugelig. 1 oder 2 kontraktile Vakuolen. **G** 50–100 µm. **L** Mesosaprobe und oligosaprobe Seen; ausschließlich planktisch. [3869] ▸ *Trichophrya* S. 344/4

9 Dendrocometes paradoxus, Kiemenblatt-Sauginfusor. Körper halbkugelig, läuft in 3 oder 4 reichverzweigte Tentakelarme aus. An den Endzinken der Tentakelarme je 1 winziges Endstück, das im Gegensatz zu den ziemlich starren Armen beweglich ist und eingezogen werden kann. Arme von zahlreichen Tentakelkanälen (entsprechend der Zahl der Endzinken) durchzogen. Eine dünne Platte befestigt die ebene Grundfläche der Tiere auf der Unterlage. **G** Um 100 µm. **L** Auf den Kiemenblättchen von Bachflohkrebsen (*Gammarus*), zusammen mit *Spirochona* (s. S. 252/14); sehr häufig. [3170]

10 Stylocometes digitatus, Finger-Sauginfusor. Stiel sehr kurz. Auf oberer Kalotte des Körpers in mehreren unregelmäßigen Kränzen die etwas zugespitzten, unverzweigten Tentakelfinger. Großkern gelappt. **G** Um 100 µm. **L** Auf Kiemenplatten der Wasserassel (*Asellus aquaticus*) und auf Gallertkugeln von *Ophrydium versatile* (s. S. 260/8).

11 Parapodophrya soliformis, Kugel-Sauginfusor. Kugelig, mit hauchzartem Stiel, einzelne Fangtentakel sehr lang. Zahlreiche Tentakel stehen nach allen Richtungen ab und enden in kleinen, kugeligen Auftreibungen (kein Sonnentier!). Tentakel einziehbar, 1/3–1/4 so lang wie der Körperdurchmesser. **G** Um 100 µm. **L** Freilebend auf Faulschlamm. Nahe verwandte Arten endoparasitisch in hypotrichen Ciliaten, in Paramecien, Stentoren, *Nassula*-Arten. [3488]

12 Podophrya fixa, Stiel-Sauginfusor. Tentakel des Körpers strahlen nach allen Richtungen; die längsten erreichen den Durchmesser des kugeligen Körpers. Länge des Stiels sehr variabel. **G** 10–30, selten bis 50 µm. **L** α-mesosaprobe Gewässer an Algen und Detritusflocken. [3096]

13 Discophrya collini, Birnen-Sauginfusor. Körper im Umriss oval, eiförmig oder birnenförmig. Stiele unterschiedlich lang. 30–60 geknöpfte Tentakel. Fängt Wimpertiere aller Art und saugt sie aus, mit Ausnahme von *Euplotes* und *Vorticella*. **G** 40–50 µm. **L** Sumpfige und moorige Gewässer. [Gattung mit fast 40 Arten: 3042]

14 Metacineta mystacina, Spalten-Sauginfusor. Gehäuse keulenförmig, basaler Teil zu einem langen und hohlen Stiel ausgezogen. Gehäuse nicht (wie bei *Acineta*-Arten) komprimiert. 6 Schlitze im vorderen Teil der Hülle lassen die Tentakel durchtreten, die in 6 Reihen vom Körper ausgehen. **G** Gehäuse 60–700 µm hoch. **L** Alle Gewässertypen, auf Algen; verbreitet; lebt auch Im Meer. [3155]

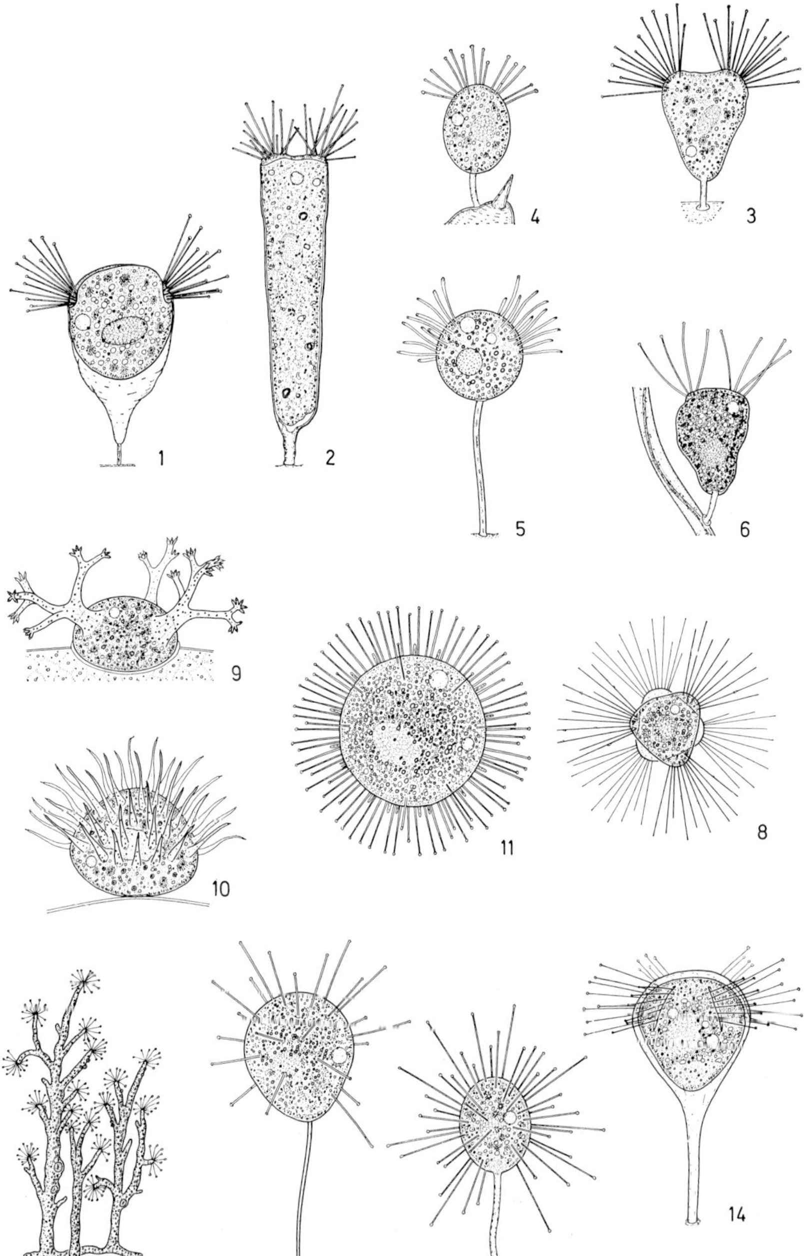
1
2
4
3
5
6
9
11
8
10
7
12
13
14

Schwämme

1 und 2 Süßwasserschwämme der Unterfamilie Spongillinae
3–6 Süßwasserschwämme der Unterfamilie Meyeninae
Im Süßwasser 6 Schwamm-Arten, die keine typischen Formen aufweisen: Je nach Unterlage, Strömung, Wasserhärte, Nahrung entstehen Krusten, Beläge, Klumpen, geweihartig verzweigte Körper. Zur Artbestimmung ist die mikroskopische Untersuchung der Kieselnadeln des Weichkörpers und der Kiesel-Hüllelemente der Vermehrungskörper und Überwinterungsorgane erforderlich. Frische oder konservierte Gemmulae (Überwinterungsorgane) und Schwammstückchen werden auf einem Objektträger zerzupft und untersucht. Zur Isolierung der Kieselelemente wird in Eau de Javelle, 10 % Kalilauge oder verdünnter Salzsäure mazeriert. Anschließend mit destilliertem Wasser auswaschen, trocknen lassen, in Euparal eindecken. Als Parasiten in Süßwasserschwämmen häufig die Larven des Insekts *Sisyra*. Bei den Abbildungen der Kieselnadeln jeweils von links nach rechts: Hüllelemente der Gemmulae, Mikroskleren, Makroskleren.
1 Spongilla lacustris, Geweihschwamm. Grasgrün, gelblich, weiß-grau oder braun; schleimig, meist sehr weich. In ruhigem Wasser krustenförmige Basis mit geweihartigen oder buschförmigen Auswüchsen; in Fließgewässern Fortsätze niedrig oder fehlend. Skelettnadeln gerade oder leicht gebogen, glatt, enthalten in zentralem Achsenkanal einen Achsenfaden aus Spongin (Kollagen); aus Kieselsäure (Opalen) von Skleroblasten gebaut. Diese „Makroskleren" stets büschel- und strangweise durch Spongin zusammengehalten. Frei im Weichkörper liegen die „Fleischnadeln" (Mikroskleren), die mit feinen Dörnchen besetzt sind. Gemmulae im ganzen Schwamm verstreut, nackt oder mit Luftkammerschicht, einem Hauptporus und bis zu 6 Nebenporen. Nadeln auf den Gemmulae meist bedornt. **G** Makroskleren 200–350 µm, Mikroskleren 70–130 µm, Belagsnadeln der Gemmulae 80–130 µm lang. **L** Stehende und fließende Gewässer; häufigster Süßwasserschwamm. [1089]
2 Eunapius fragilis, Bruchschwamm. Weißlich, grau-braun, fleischrot, selten grünlich. Weich. Sehr verschieden dicke Krusten mit ebener Oberfläche, selten mit Fortsätzen. Makroskleren glatt, gerade oder leicht gebogen. Mikroskleren fehlen. Gemmulae mit je einem langen Porusrohr; entstehen an der Basis des Schwammes. Jeweils mehrere Gemmulae in gemeinsamer, dicker Luftkammerschicht; in dieser stark bedornte Gemmulae-Nadeln. **G** Krusten 2–4 cm dick, Makroskleren 180–250 µm, Gemmulaenadeln 70–140 µm lang. **L** Auf Schilf, Steinen, Armleuchteralgen; nicht häufig. [1133]
3 Trochospongilla horrida, Krustenschwamm. Weißlich, gelb, bräunlich. Sehr feste Konsistenz, da reichlich Sponginsubstanz. Wächst in Form von Krusten und Klumpen. Makroskleren scharf zugespitzt, dicht bedornt (je länger die Nadeln, umso größer die Dornen). Mikroskleren fehlen. Gemmulae weißlich, in der Schwammbasis angehäuft, einzeln oder gruppenweise von großzelligen Luftkammerschichten umgeben. An der Basis der Luftkammerschichten die charakteristischen Amphidisken („Kieselsäure-Garnrollen"); deren Scheiben wellig, Ränder glatt. **G** Krusten 1 cm dick, Makroskleren 75–240 µm lang, Amphidisken um 12 µm. **L** Stehende und fließende Gewässer, nicht häufig. [1221]
4 Ephydatia muelleri, Blasenzellenschwamm. Hellgrün, gelblich, bräunlich oder (im Bodensee) fleischrot. Konsistenz fest. Krusten und Klumpen, nur selten verästelt. Makroskleren mit kleinen Dörnchen und Höckern, nur die Spitzen glatt (glatte Makroskleren selten). Mikroskleren fehlen. Gemmulae im ganzen Schwammkörper zerstreut; in den Luftkammerschichten der „Brutknospen" 1–3 Lagen von Amphidisken; deren Endscheiben mit 6–12 Zähnen. **B** Typisch sind Gewebszellen mit je 1 großen Vakuole (Blasenzellen); bei Zusatz von Jod färbt sich Vakuoleninhalt blau. **G** Nadeln 160–325 µm lang, Amphidisken 20–36 µm. **L** Stehende und fließende Gewässer; nicht häufig. [1999]
5 Ephydatia fluviatilis, Klumpenschwamm. Grün, weißlich, gelblich, lachsfarben, braun. Weich. Krusten oder klumpige Massen; Oberfläche durch Täler, Rippen, Buckel, kurze Fortsätze, Lamellen gegliedert (Farbfotos II, 19). Makroskleren glatt. Mikroskleren fehlen. Gemmulae gelblich. Dicke Hülle der Brutknospen aus innerer Kutikula, einer Schicht aus Amphidisken mit eingeschalteten Luftkammern und aus äußerer Kutikula. Amphidisken: Schaft glatt oder leicht bedornt, Scheiben durch Einschnitte in gezähnelte Lappen gegliedert. **G** Nadeln 180–550 µm lang, Scheiben der Amphidisken 10–20 µm Durchmesser. **L** Stehende und fließende Gewässer, auch Brackwasser; häufig. [1088]
6 Heteromeyenia baleyi, Smaragdschwamm. Grünlich oder gelblich. Weich. Auf Wurzeln und Stängeln in Form zarter, verästelter Stöckchen oder dünner Krusten mit Buckeln. Makroskleren schwach bedornt, seltener glatt. Mikroskleren dicht mit einfachen Dornen, geknöpften Fortsätzen oder gezähnelten Dornen besetzt. Gemmulae mit langen Amphidisken (Endscheiben gelappt) und kurzen Amphidisken (Endscheiben gezähnelt). Große Amphidisken ragen über die äußere Kutikula der Gemmulae hinaus. Am Ende der Porusrohre je 1 zerzipfelte Scheibe. **G** Makroskleren 200–300 µm, Mikroskleren 55–95 µm, Amphidisken 54–80 µm bzw. 20–50 µm lang. **L** Stehende Gewässer; selten. [1195]

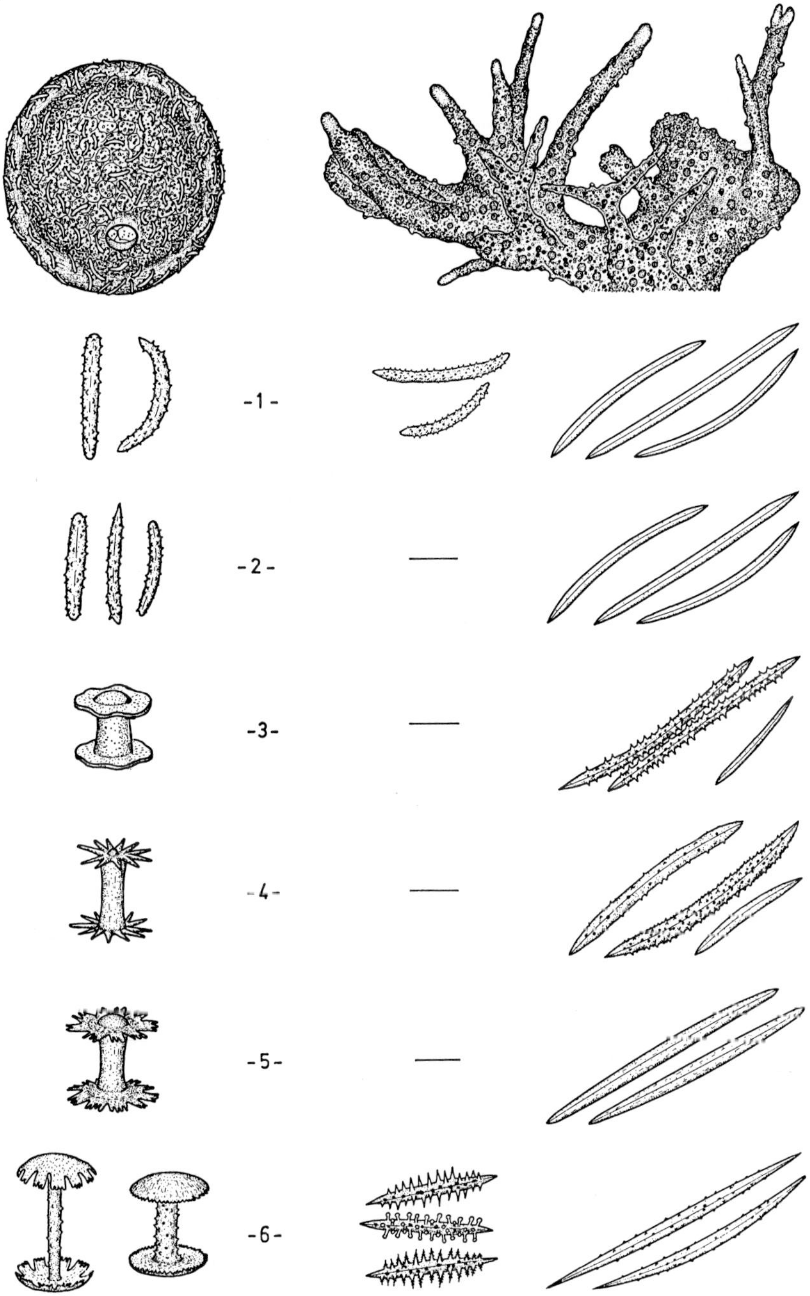
-1-
-2-
-3-
-4-
-5-
-6-

Nesseltiere

1 Nemopsis bachei, Amerikanische Brackwassermeduse. Glocke halbkugelig. Kurzer Magenstiel in Glockenhöhle. Um die Mundöffnung zerfranste Magententakel. Vom Zentralmagen aus ziehen 4 Radiärkanäle zum Schirmrand, die von geschlängelten Magentaschen begleitet werden. An den Magentaschen gelblich-grüne, milchig-trübe Keimdrüsen (getrenntgeschlechtlich!). Fangtentakel sehr dehnbar, zahlreich, stehen in Gruppen, entspringen Anschwellungen des Schirmrandes. Frisst Kleinkrebse, Wurmlarven, Jungfische. **G** Höhe der Schirmgallerte bis 10 mm. **L** Elbmündung. 1949 erstmals in der Elbe.
2 Craspedacusta sowerbyi, Süßwassermeduse. Junge Tiere glockenförmig, etwa 1 mm hoch, mit 8 Tentakeln. Später flacht sich die Glocke ab, erreicht einen Durchmesser bis 20 mm, bildet um 600 Tentakel aus. Magenstiel vierkantig, Mundöffnung zwischen 4 Lippen. Zentralmagen in unmittelbarer Verbindung mit den Radiärkanälen. Unter den Radiärkanälen sitzen die kugeligen Keimdrüsen, die in die Glockenhöhle hineinhängen. Schirmsegel zunächst waagrecht, später senkrecht nach unten hängend. Frisst Kleinkrebse, Rädertiere, Protozoen. **B** Ruht häufig umgekehrt, Schirm nach unten, am Grunde der Gewässer. **L** Warmwasser-Aquarien, Baggerseen, Flüsse (Rhein, Main, Neckar, Elbe, Saale, Weser, Ems). [5673]
3 Microhydra ryderi (*Craspedacusta sowerbyi*), Zwergpolyp. Polypenform zu voriger Art. Nesselkapseln (nur Glutinanten) als winzige, glashelle Vorwölbungen am Vorderende. Mundöffnung vierstrahlig. Unterer Körperteil in hornartiger Hülle (Periderm). Tiere in der Regel durch Überkrustung mit Steinchen und Algen getarnt oder im Schlamm steckend. Ungeschlechtliche Vermehrung durch Knospung, Querteilung oder Abschnürung wurstartiger „Frusteln“ (Dauerstadien). Zur geschlechtlichen Fortpflanzung knospt an der Seitenwand des Polypen eine Meduse: *C. sowerbyi*. Frisst Kleinkrebse, kleine Würmchen, Rädertiere. **G** 0,5–2 mm lang. **L** Wie *Craspedacusta*. **B** Zur alternativen Polypenform *Calposoma dactyloptera* s. S. 346/11.
4 und 5 Hydra circumcincta, Grauer Süßwasserpolyp [5246]. **Hydra vulgaris**, Gemeiner Süßwasserpolyp [5678]. **Hydra oxycnida**, Plumper Süßwasserpolyp [5677]. Diese 3 Arten können nur durch die Form ihrer Nesselkapseln unterschieden werden. In der äußeren Schicht (Ektoderm) 4 Typen von Nesselkapseln (Bild 5, von links nach rechts): Penetranten (Durchschlagskapseln) mit Stilett und hohlem Faden; giftig. Streptoline Glutinanten, stereoline Glutinanten (Klebkapseln) und Volventen (Wickelkapseln). Stereoline Glutinanten und Volventen bei allen Arten gleich, Penetranten und streptoline Glutinanten verschieden. Zur Untersuchung der Kapseln wird ein Tier vorsichtig unter dem Deckglas gequetscht. Teilweise explodierte Nesselkapseln in der Tentakelregion am besten zu sehen (Vergr. 300–500). Bei allen 3 Arten: Körper ohne scharf abgesetzten Stiel, 4 bis 12 Tentakel.
H. circumcincta (5a, 5c). Penetranten breit birnförmig, Streptoline mit 4 queren, auffälligen Fadenwindungen (stark lichtbrechend). Hoden und kugelige, kurz bestachelte Eier entstehen auf verschiedenen Tieren. Ab und zu zwittrig. Ungeschlechtliche Vermehrung wie bei allen *H.*-Arten durch Knospung. Frisst Wasserflöhe, Hüpferlinge, Mückenlarven usw. **G** Bis 2 cm. **L** Alle Gewässer, nicht in starker Strömung; sehr häufig. [5246]
H. vulgaris (5b). Penetranten breit birnförmig; streptoline Glutinanten zylindrisch, mit durchschnittlich 3 lockeren, schrägen Windungen des queren Anfangsteils des Nesselfadens. Zwitter. Geschlechtsreife Tiere im Freien nur im Frühjahr. Zunächst bilden sich im oberen Körperteil mehrere Hoden, später in der Körpermitte jeweils 1 Ei von 1,5 mm Durchmesser. Knospen bei ungeschlechtlicher Vermehrung lösen sich gleichzeitig vom Muttertier, es entstehen keine Stöckchen. Weißlich bis schwärzlich oder rötlich gefärbt. **G** Bis 2 cm lang. **L** Alle Gewässer; nirgends zahlreich. [5678]
H. oxycnida (5d). Penetranten groß, doppelt so lang wie breit; streptoline Glutinanten zylindrisch, mit 4 queren Fadenschlingen. Getrenntgeschlechtlich. **G** Bis 2,5 cm lang. **L** Nur in Norddeutschland; selten. [5677]
6 Hydra oligactis, Brauner Süßwasserpolyp. Körper läuft in abgesetzten, meist hellen und durchsichtigen Stiel aus. Durchschnittlich 6 fadenartige, sehr lange (bis 25 cm) Tentakel. Getrenntgeschlechtlich. **G** Bis 3 cm lang. **L** Sucht gut beleuchtete Stellen auf. Seen und Teiche; häufig. [5937]
7 Hydra viridissima, Grüne Hydra (Farbfotos II, 20). Satt hellgrün durch symbiontische, einzellige Algen. Ein Teil der Symbionten wird von der Hydra verdaut. 6–12 Tentakel um den Mund kürzer als der Körper. Zwitter. **G** 10–15 mm lang. **L** Klare, stehende, kühle Gewässer (Waldteiche) zwischen Wasserpflanzen; verbreitet. [5155]
8 Cordylophora caspia, Brackwasserpolyp. Koloniebildende Meeresform, die über das Brackwasser in das Süßwasser eindringt. **G** Kolonien bis 7 cm hoch. **L** Nord- und Ostseeküste; Binnenhäfen. [5289]

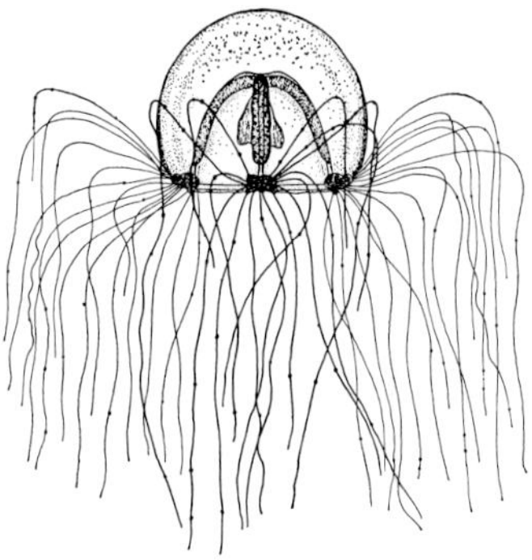

1

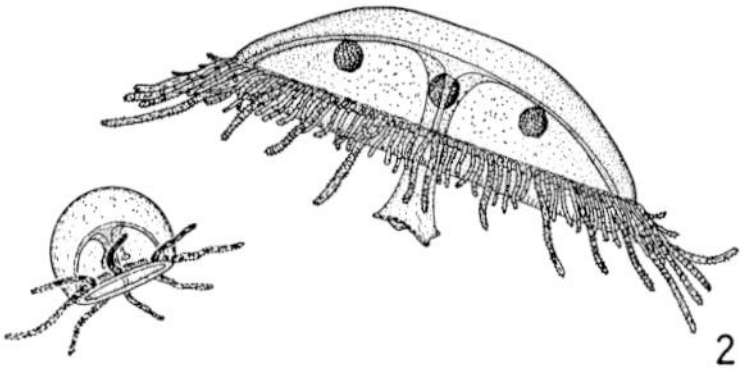

2

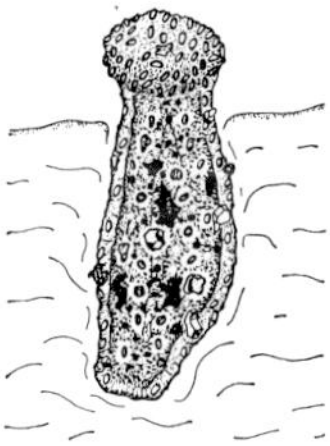

3

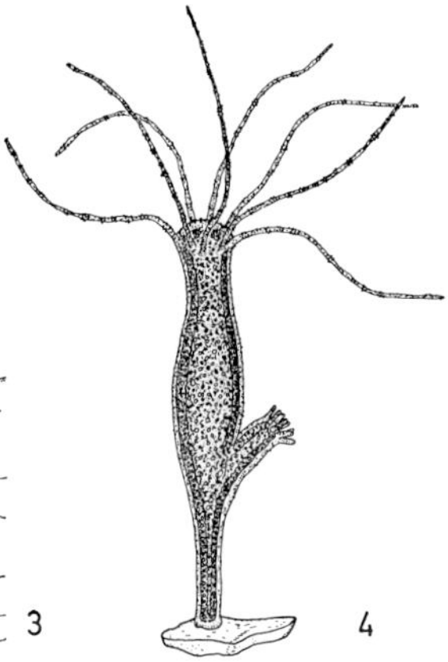

4

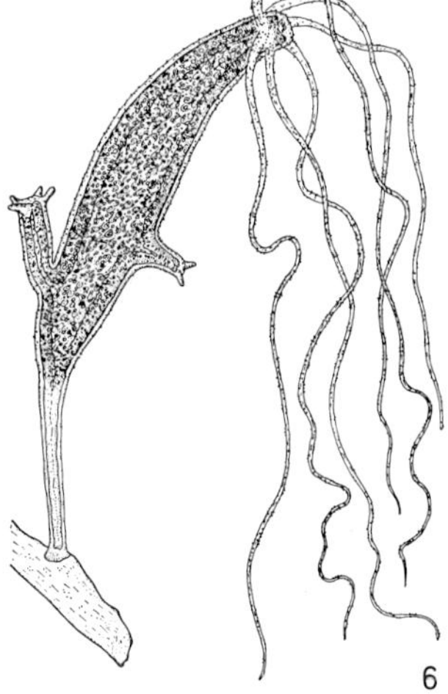

6

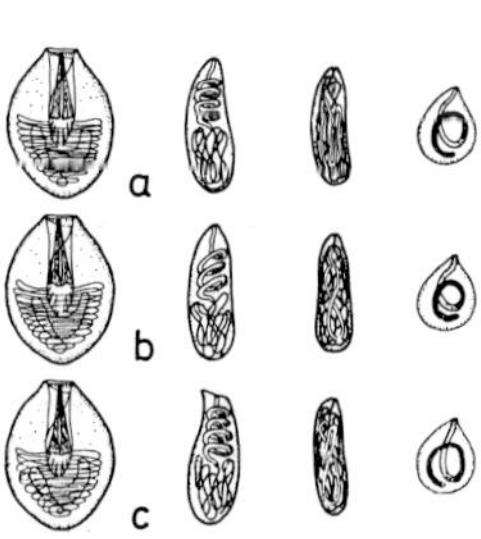

5

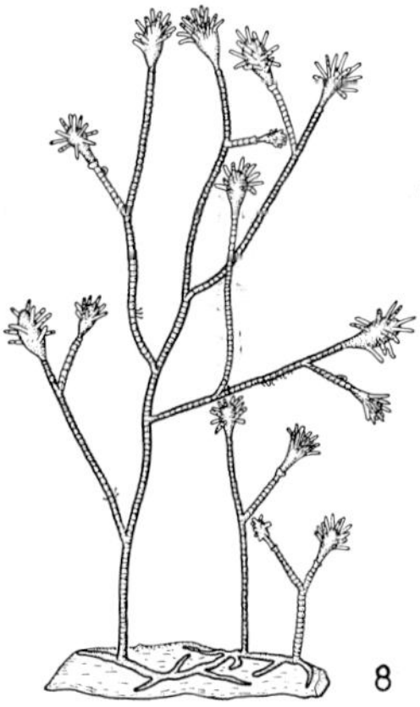

8

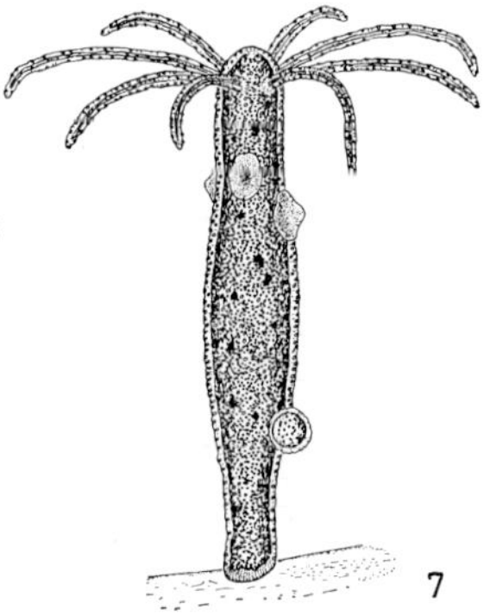

7

Strudelwürmer 1

1 Catenula lemnae, Fadenstrudelwurm. Drehrund, weißlich, fadenartig. Kopflappen und Rumpf durch mit langen Zilien besetzte Ringfurche abgegrenzt. Keine Augen. Im Gehirn stark lichtbrechende Statocyste mit Kalkkörper als Statolith. Mund auf der Bauchseite des Vorderkörpers, Darm kurz, mit langen Zilien. Ungeschlechtliche Vermehrung durch Querteilung; Tochtertiere (Zooide) regenerieren alle fehlenden Teile. Zwittrig. **G** Einzeltier um 1 mm, Ketten aus 2 bis (selten) 8 Zooiden bis 5 mm lang. **L** Seen, Teiche, Moorgewässer, Regentümpel; plötzlich in großen Mengen, rasch wieder verschwindend. [1235]
2 Stenostomum leucops, Wimpergruben-Strudelwurm. Vorderende mit 2 Wimpergrübchen. Vor ihnen verjüngt sich der Körper kegelförmig, hinter ihnen läuft er allmählich in ein stumpfes Schwänzchen aus. Lange Tastgeißeln am Schwanzende. Weißlich, unpigmentiert. Darm lang, mit braunen Drüsenpaketen belegt. Ungeschlechtliche Vermehrung durch Querteilungen. Schlinger, die riesige Brocken bewältigen. **G** Um 1 mm, Ketten 3–5 mm lang. **L** Stehende und fließende Gewässer, Aquarien; häufig. Oft vegetative Massenvermehrung. **B** Häufigstes Klein-Turbellar in allen Gewässertypen. Fast immer ein oder drei Querteilungszonen. [1239]
3 Stenostomum unicolor, Einfarbiger Wimpergruben-Strudelwurm. Durchsichtig, schlank, bläulich oder grünlich. Vor den Wimpergrübchen ein rüsselartiger Kopflappen. Auffällige Linsenorgane (Augen?) in der Nervenmasse des Gehirns. In den Zellen der Haut sehr feine Stäbchen (Rhabditen). Ungeschlechtliche Vermehrung durch Querteilung. **G** Ketten bis 4 mm lang. **L** Seen, Pfützen, feuchter Bodensatz ausgetrockneter Tümpel. **B** Im Gewebe der *St.*-Arten oft ein parasitischer Ciliat: *Holophrya virginia*. Ubiquist. Vermehrt sich nur vegetativ durch Querteilungen. **A** Weitere *Stenostomum*-Arten in Quellen, Bächen, Moosen, Feinsanden. [1950]
3a Rhynchoscolex simplex, Grund-Strudelwurm. Langsame Tiere, die sich auf einem Objektträger zu engen Spiralen winden. Rüssel lang, farblos und durchscheinend. Körper undurchsichtig; im Darmepithel Zellen, die Exkrete dauernd speichern und auffällig regelmäßig angeordnet sind. Stenostomide mit Generationswechsel; Larven transparent. Lebt räuberisch, saugt Blut von Tubificiden. Bei eingerollten Tieren liegt der Schwanz immer im Zentrum, die Bauchseite nach außen; die Tiere liegen auf einer Körperseite. **G** 5–7 mm lang. **L** In Bächen, Flüssen, auch Seen häufige Form des „Hyporheals", des Lückensystems zwischen Sandpartikeln und Geröllen im Grenzbereich von Fließ- und Grundwasser.
4 Macrostomum rostratum, Schlitzmaul-Strudelwurm. Vorderende quer abgestutzt, Hinterende spatelförmig. Mundöffnung hinter den beiden Augen als bewimperter Längsschlitz. Darm mit Ausbuchtungen. Aus dem Wimperfeld der Epidermis ragen einzelne Tastgeißeln weit heraus. Ungeschlechtliche Vermehrung nie beobachtet. **G** Bis 2 mm lang. **L** Fließgewässer, Seen, Teiche. [1935]
5 Microstomum lineare, Ketten-Strudelwurm. Einzeltiere oval, gelblich, bräunlich oder rosa. Augen liegen in der Hautschicht. Schlund fast halb so lang wie das ganze Tier, von Drüsenpaketen umgeben. Darm von Wimpern ausgekleidet. Kann riesige Nahrungsbrocken bewältigen. Ungeschlechtliche Vermehrung durch Querteilung, es entstehen lange Tierketten (bis 18 Zooide). **G** Einzeltiere bis 1,8, Ketten bis 8 mm lang. **L** Ubiquist. In Fließgewässern nur im Schlamm. Sehr häufige Art. **B** Die Augen sind durch rote Pigmentgruppen auffällig. Im Herbst treten Geschlechtstiere auf. Massenvermehrung in eutrophierten, krautreichen Zonen. [1236]
6 Dalyellia viridis, Grüner Strudelwurm. Vorne abgerundet, hinten zugespitzt. Saftig grün durch symbiontische Zoochlorellen. Vor dem tonnenförmigen Schlund 2 nierenförmige Augen. **G** Bis 5 mm lang. **L** Auf Wasserpflanzen in stehenden Gewässern und Wiesentümpeln. **B** Tiere manchmal ohne Symbionten (*Chlorella vulgaris*). Bis zu 50 Eier werden gespeichert, ehe die Tiere zugrundegehen. Durch „Aufräumen der Landschaft" selten gewordene Frühjahrsform.
7 Gieysztoria cuspidata, Brauner Strudelwurm. Ähnlich voriger Art, aber wesentlich kleiner und ohne Zoochlorellen. Durch Pigmente gelblich-grau bis braun-schwarz gefärbt. **G** Um 1 mm lang. **L** Tümpel, Teiche, Seen. Sommerform; verbreitet. **B** Im Gegensatz zu *Dalyellia* wird jedes Ei einzeln abgelegt. Darm oft grün. **A** Sehr ähnliche weitere Arten (20) können nur anhand des Penis-Kutikularapparates bestimmt werden.
8 Microdalyellia armigera, Rötlicher Strudelwurm. Schwimmt rasch an der Oberfläche; alte Tiere mit Eiern halten sich am Grund auf. Gelblich oder rötlich gefärbt. **G** Um 1 mm lang. **L** Stehende und langsam fließende Gewässer. **B** Eier werden einzeln abgelegt. Ubiquist, toleriert sogar Abwasser. Massenvermehrung in nährstoffreichen Tümpeln möglich. **A** 20 weitere Arten!
9 Castrella truncata, Doppelaugen-Strudelwurm. Körper platt, vorne quer abgestutzt, durch Pigmenteinlagerungen schmutzig-bräunlich gefärbt. 2 Augen aus je 2 kugeligen Teilen und einer bogenförmigen Verbindung. Breites Quermaul, tonnenförmiger Schlund. **G** Um 1 mm lang. **L** Stehende und fließende, kalte und warme Gewässer, hauptsächlich an der Oberfläche; sehr verbreitet. **B** Neigt einerseits zu Massenvermehrung, kommt an vielen Stellen dagegen oft lange Zeit überhaupt nicht vor. Charakteristika gegenüber *Dalyellia*, *Gieysztoria* und *Microdalyellia*: Pigmentierung (bis schwärzlich), Augen, Kopfform u. a.

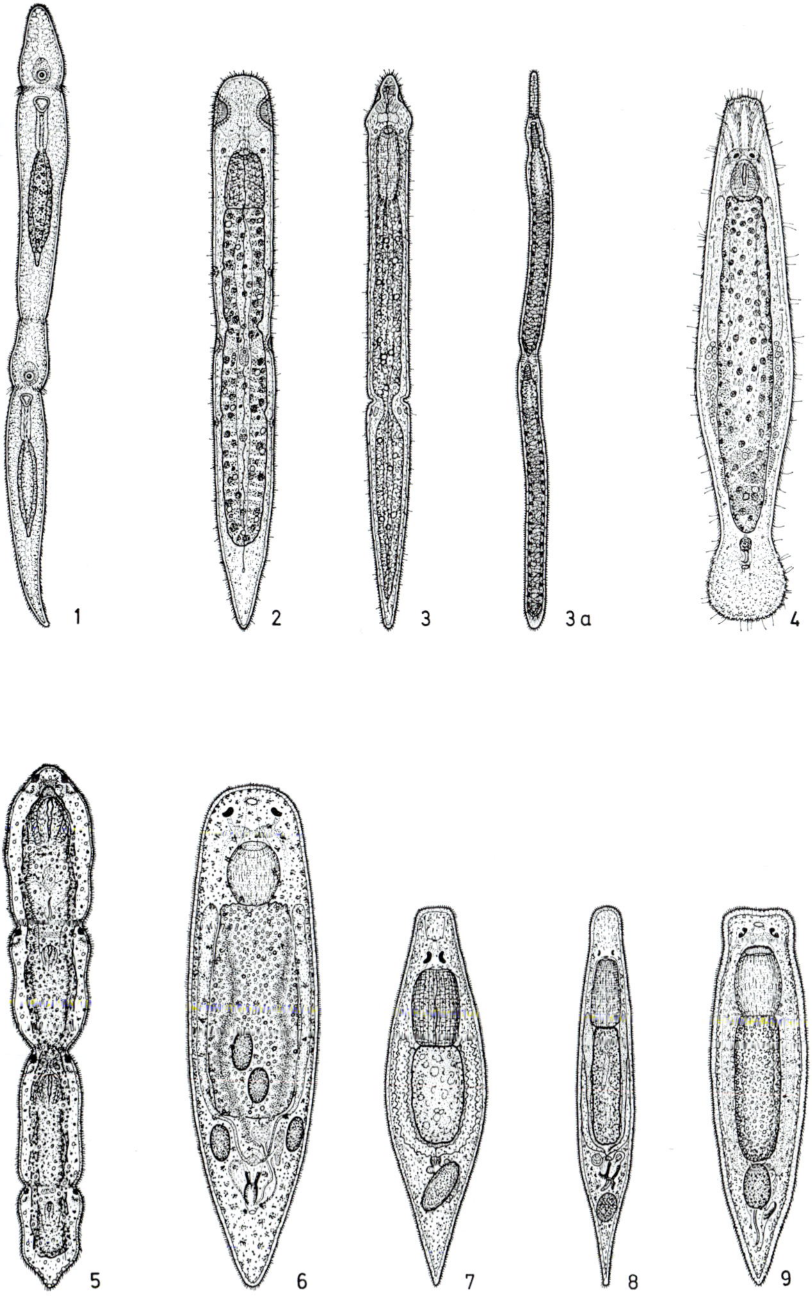
1
2
3
3 a
4
5
6
7
8
9

Strudelwürmer 2

1 Strongylostoma radiatum, Köpfchen-Strudelwurm. Schlank; Vorderende abgeplattet, durch seichte Einbuchtungen vom Körper abgesetzt. Augen schwarz oder karminrot. Kopf farblos, mit gut erkennbaren, ausstrahlenden Nerven und „Stäbchenstraßen". Schlund senkrecht zur Bauchfläche gestellt. Darm weit, mit gespeicherten Öltröpfchen, die den Tieren eine zarte Rotfärbung verleihen. **G** 0,9–1,5 mm lang. **L** Seen und Teiche, Sommerform. Kriecht lebhaft im Bodenschlamm, kann auch ausgezeichnet schwimmen, zeitweilig im Plankton.
2 Tetracelis marmorosa, Vieraugen-Strudelwurm. Drehrund, plump; Vorderende kann als Zapfen vorgestreckt werden. Braun, rot, gelb, weißlich oder blaugrau. Hinteres Augenpaar im Gehirn, vorderes sitzt den oberen vorderen Hirnnerven auf. Darm weit, erfüllt fast den ganzen nicht von den Geschlechtsorganen beanspruchten Raum. Schlund senkrecht gestellt, nach vorne verlagert. **G** Um 2 mm lang. **L** Stehende Gewässer; Einzelgänger. Nur in kalten Gewässern. Gebirgsform.
3 Typhloplana viridata, Blinder Strudelwurm. Augen und Giftstäbchen der Haut fehlen. Im Bindegewebe symbiontische Zoochlorellen, Tiere daher satt grün. (Symbiontenfreie, weiße Exemplare kommen vor.) Schlund senkrecht gestellt. **G** Um 1 mm lang. **L** Seen und Moore, zwischen Pflanzen; Sommerform. Tiere aus tiefen Schichten ungefärbt. **B** Jungtiere entwickeln sich und schlüpfen im Mutterleib.
4 Rhynchomesostoma rostratum, Rüssel-Strudelwurm. Vorderende zu fernrohrartig einstülpbarem Tastapparat umgebildet. Rotbrauner oder dunkel orangebrauner Farbstoff in der Gewebeflüssigkeit gelöst, Körper glasartig durchsichtig. Augen mit großen Linsen. Schlund auffallend klein; Darm speichert gelbrote Öltröpfchen. **G** Um 3 mm lang. **L** Kalte, moorige Seen und Sümpfe des Hochgebirges; massenhaft; in wärmeren Tieflandgewässern nur im zeitigen Frühjahr.
5 Phaenocora unipunctata, Stäbchen-Strudelwurm. Bauchfläche flach, Rücken gewölbt. In der Schlundgegend Trauben von Rhabdoiddrüsen, aus denen laufend Stäbchen nach vorne abgeschoben werden; die Giftstäbchen wandern auf auffälligen „Stäbchenstraßen" zum Vorderende. Schlund schräg nach hinten geneigt, Mund ein Längsschlitz mit saumartigen Lippen. Farblos, selten durch Zoochlorellen grün; im Kopf braune oder rötliche Pigmente. Über dem dunklen Darm liegen die auffallend weißen Dotterstöcke. **G** Bis 5 mm lang. **L** Das ganze Jahr in ausdauernden und zeitweise austrocknenden Gewässern; auch in Bächen und Flüssen. Toleriert Abwasser. **B** Meist zwei große rote Augen. Lichtscheue Tiere, die im Schlamm wühlen und an Tubificiden saugen. **A** Ähnlich acht weitere Arten.
6 Olisthanella truncula, Schlamm-Strudelwurm. Vorne quer abgestutzt, hinten in ein mit Tastgeißeln besetztes Schwänzchen auslaufend. Augen groß. Darm weit, erfüllt fast den ganzen rosa bis gelblich gefärbten Körper. Mund und Schlund hinter der Körpermitte. **G** Um 3(-5) mm lang. **L** Im Schlamm von Pfützen, Tümpeln, Wassergräben, Seen. **B** In Quellen und Bächen als Zwergform.
6 a Castrada armata, Haken-Strudelwurm. Ohne Augen. Ohne Zoochlorellen. Schlund in der Körpermitte. Haut gelblich; gelbe Öltropfen und oft dunkle Pigmente in Darm und Bindegewebe. Geschlechtsöffnung hinter dem Mund; Hoden neben und vor dem Schlund; Dotterstöcke lang. Je ein Haken und eine Gruppe kleiner Stacheln in den beiden Blindsäcken des Kopulationsorgans. **G** 0,8–1,2 mm lang. **L** In der Krautzone stehender Gewässer als Sommerform weit verbreitet und häufig. Nie im Schlamm. **A** 30–40 gleich aussehende Arten nur an den Kopulationsorganen auseinander zu halten.
7 Mesostoma tetragonum, Flossen-Strudelwurm. Äußerst durchsichtig, rötlich-gelb. Körper vierkantig, vorn und hinten zugespitzt, seitlich zu lamellenartigen Flossensäumen ausgezogen. In den Kanten der Lamellen besonders reichlich Stäbchen angehäuft. Darm schmal; Schlund senkrecht gestellt, ungefähr in Körpermitte. Hoden aus 3 Paar Büscheln fingerartiger Läppchen. In den beiden Uteri sammeln sich Dauereier an. **G** Um 10 mm lang. **L** Klare Teiche und Altwässer mit reicher Vegetation. Schwer zu finden (auf Wasserpflanzen suchen!). [1345]
8 Mesostoma ehrenbergii, Glas-Strudelwurm. Körper durchsichtig, Darminhalt gelbbraun, Dauereier (perlschnurartig in den Schenkeln der dehnbaren Uteri) rot. Rhabditen als weiße Linie des Randsaumes. Körper platt. Schlund liegt in einer Tasche, in die 2 mächtige Speicheldrüsen sowie die Endstämme des Exkretionssystems münden. Darm schmal, stabförmig. Fängt mit Schleimfäden Wasserflöhe, Rädertiere und kleine Würmchen. **G** Bis 15 mm lang, 4 mm breit. **L** Klare Seen und Teiche, meist an Wasserpflanzen angeschmiegt (Schilf absuchen!). [1138]
9 Mesostoma lingua, Zungen-Strudelwurm. Lanzettlich, vorne stark verschmälert, hinten in stumpfe Spitze auslaufend. Körperpole abgeplattet, Mittelteil drehrund bis vierkantig. Schmutziggelb. Schlund senkrecht gestellt. Weiter Darmsack erstreckt sich vom Gehirn bis in die Basis der Schwanzspitze. **G** Bis 9 mm lang. **L** Seen, Tümpel mit Lehmgrund, Pfützen; im Bodensatz und Schlamm überall verbreitet; nicht an Wasserpflanzen!

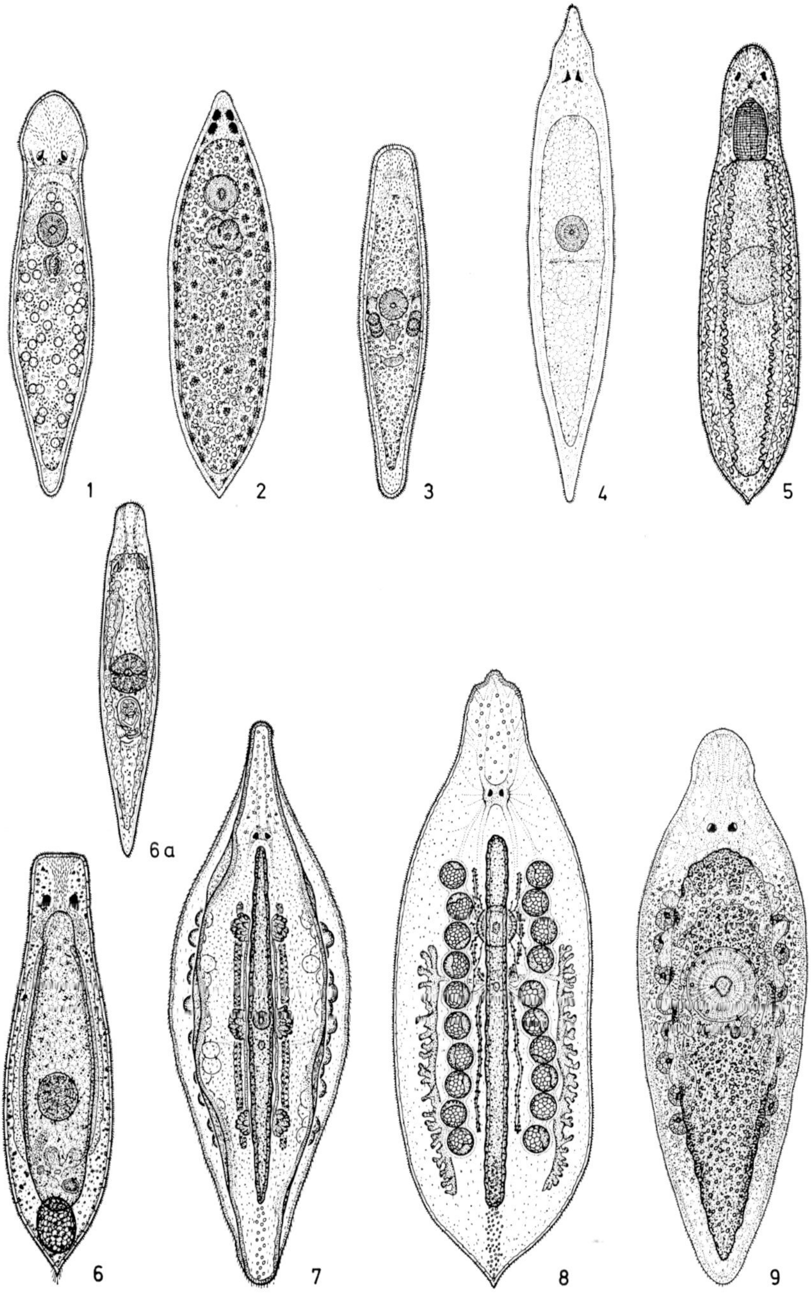
1
2
3
4
5
6a
6
7
8
9

Strudelwürmer 3, Schnurwürmer

1 Bothromesostoma personatum, Schwarzer Strudelwurm. Vorderende spitzbogenförmig; größte Breite – fast 1/4 der Körperlänge – wird vor der Mitte erreicht; Hinterende in feine Spitze auslaufend. Bauch flach, Rücken etwas gewölbt. Seitenränder lamellenartig (nur bei kontrahierten Tieren sichtbar). Meist völlig undurchsichtig. **G** Bis 7 mm lang. **L** Zwischen Pflanzen in Gräben, Tümpeln, Seen; tagsüber oft an der Unterseite von Seerosenblättern, nachts bauchoben unter der Wasseroberfläche gleitend. [1292]

2 Opistomum pallidum, Kaltwasser-Strudelwurm. Langgestreckt, drehrund, vorne abgerundet, hinten stumpf zugespitzt. Keine Augen, keine Giftstäbchen. Mund im letzten Drittel des Körpers. Merkwürdiger Saugrüssel: Schlund liegt als langer, muskulöser Zylinder nach hinten gerichtet, seine Spitze ist deutlich angeschwollen. Im Uterus haben bis 3 Eier Platz. Werden im Winter oder Frühjahr mehr Eier gebildet, zerreißt der Uterus, die Eier entwickeln sich dann im Körpergewebe. Farblos durchscheinend. Sehr lichtscheu; Begattungen finden nur nachts statt. **G** Bis 4 mm lang, 0,8 mm breit. **L** Schlamm kühler Pfützen und flacher Tümpel (Wälder, Gebirge). Dauereier des Sommers müssen vor der Weiterentwicklung einige Zeit trocken liegen.

3 Gyratrix hermaphroditus, Stilett-Strudelwurm. Überaus lebhaft und schnell. Kann sich fadenartig strecken und zu kugeligem Klumpen zusammenziehen. Beim Schwimmen keulenförmig. Farblos, durchscheinend. Am Vorderende ein Rüssel, der nicht mit dem Darm in Verbindung steht. Hinter dem Rüssel 2 Augen. Schlund etwas vor der Körpermitte. Begattungsapparat kompliziert und eigenartig gebaut, da die chitinösen Stücke des männlichen Kopulationsapparates als Giftspritze zur Bewältigung der Beute verwendet werden: Ein hohles, scharf zugespitztes Stilett erhält Giftsekret aus speziellen einzelligen Drüsenbüscheln; ein kurzes Rohr mit Stiel führt und dirigiert das Stilett. Das Stilett dringt durch die männliche Geschlechtsöffnung am Hinterende nach außen. **G** Um 1–1,5 mm lang. **L** Gewässer aller Art, auch in Flüssen. Tiere aus Brunnen und aus großen Tiefen von Seen ohne Augen.

4 Prorhynchus stagnalis, Schlangen-Strudelwurm. Sehr beweglich, schnell. Körper schmal, langgestreckt, weiß. Am Schwanzende Klebzellen zum Festheften. Augenlos. Ohne Rhabditen, statt ihrer auffallend viele Schleimdrüsen. Mund am Vorderende, mit männlicher Geschlechtsöffnung kombiniert. Langgezogener, sehr muskulöser Kopulationskanal endet mit umscheidetem Stilett. Langer Pharynx kann durch den Mund vorgestreckt werden. Ausgesprochenes Raubtier, das Strudelwürmer, Kleinkrebse und kleine Ringelwürmer erbeutet. **G** Bis 6 mm lang. **L** Grundschlamm stehender und fließender Gewässer, auch im Winter nicht selten. [1238]

4 a Geocentrophora sphyrocephala, Fächer-Strudelwurm. Kopfplatte breit, mit zwei Wimpergrübchen. Augen auf dem Gehirn. Faltiger Schlundsaum kann vor dem Mund trichterartig ausgebreitet werden. Darm gekerbt. Bewegungen zuckend. **G** Erwachsen 1,5–4 mm lang. **L** Moore, Quellen, Bäche, Moose, am Fuß nasser Bäume. Bevorzugt kühle Bereiche.

5 Plagiostomum lemani, Gemusterter Strudelwurm. Überaus träger Schlammbewohner. Bauch abgeflacht, Rücken stark gewölbt. Unter der Haut des Rückens ein grobmaschiges, braunes bis schwarzes Pigmentnetz. Mund auf der Bauchseite dicht hinter dem Vorderpol. Kurze Tasche führt zum riesigen Schlund; kleine Speiseröhre; eiförmiger, gelb bis rötlich gefärbter Darm. Setzt gestielte Eikokons ab, aus denen je 9 bis 11 weißliche Jungtiere schlüpfen. **G** Um 10, maximal 15 mm lang. **L** Seen, große Teiche, Fließgewässer.

6 Bothrioplana semperi, Gruben-Strudelwurm. Keine Augen, Hautdrüsen und Pigmente. Am leicht abgesetzten Kopf Sinnesorgane unbekannter Bedeutung: 4 Wimpergruben. Stäbchen der Haut am Vorderende sehr dichtliegend, weiter hinten in kleinen Paketen emporragend; Haut erscheint dadurch stachelig. Darm durch Muskelzüge regelmäßig eingeschnürt; bildet einen Ring um den Schlund. Schlund lang, kann weit ausgestülpt werden. Fortpflanzung nur parthenogenetisch. **G** Um 3 mm lang. **L** Brunnen, Quellen, im Schlamm unter Steinen.

6 a Otomesostoma auditivum, „Seemäuschen". Rücken gewölbt, Seiten und Hinterende als Flossensäume abgeplattet. Tiere gleiten rasch. Hell graubraun bis gelbbraun. Zwischen den Augen kugelige Statocyste. Mund an Hinterseite der Schlundtasche. **G** 3–4 mm lang. **L** Bei niederen Temperaturen im Schlamm sauberer, tiefer Seen; Tubificiden-Räuber.

7 Prostoma graecense, Süßwasser-Schnurwurm. Kein Strudelwurm! Der bei uns einzige Süßwasservertreter der Schnurwürmer (Nemertini). Bewimperte und sehr drüsenreiche Haut sondert eine Schleimhülle ab, die beim Kriechen mitgeschleppt wird. Rötlich-gelb, auch gefleckt. 6 Augen (milchweiße Jungtiere nur 4 Augenflecken). Darm gebuchtet, endet mit einem After. Jungtieren fehlen die kurzen Darmblindsäcke. An den Körperseiten je eine Reihe von Geschlechtsdrüsen, die Eier und Spermien ausbilden. Über dem Darmkanal ein sehr langer, in Ruhe gewundener Rüssel in einer Rüsselscheide. Wird der Rüssel ausgestoßen, erscheint an seinem Vorderende ein ballonartiger Abschnitt mit Stilett. Hintere Rüsselpartie sondert ein Gift ab, das über das Stilett in die Beute gepresst wird. **G** Bis 15 mm lang. **L** Verborgen in sauberen bis mäßig verschmutzten Fließgewässern, zwischen überrieselten Moosen. Massenentfaltung zuweilen in Aquarien. [1158]

1

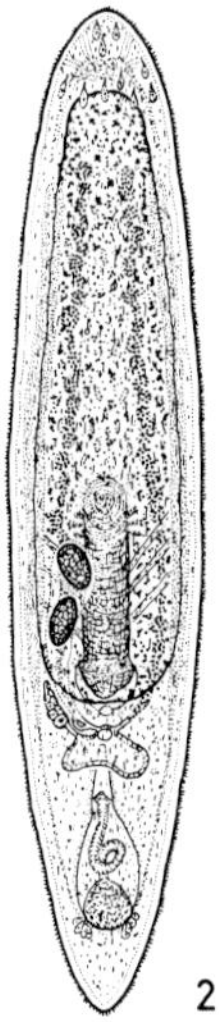
2

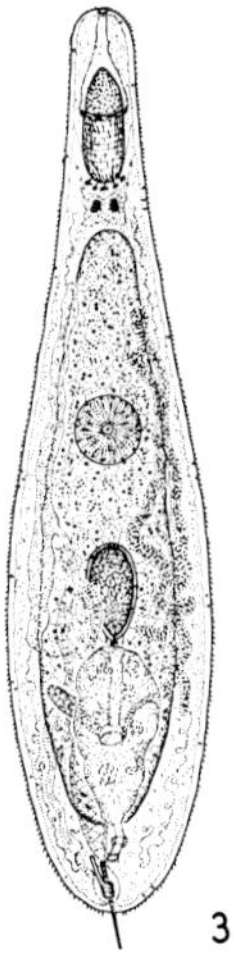
3

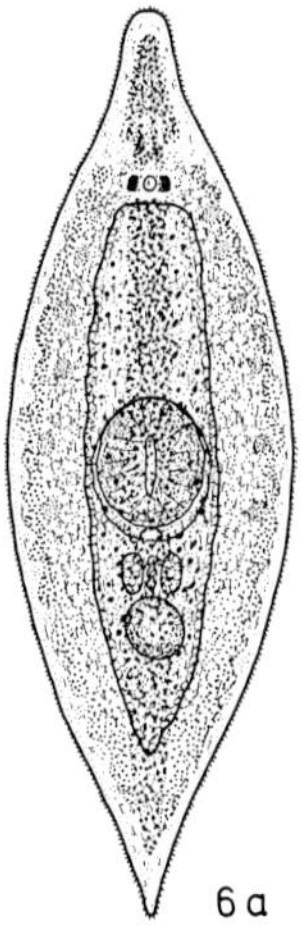
6 a

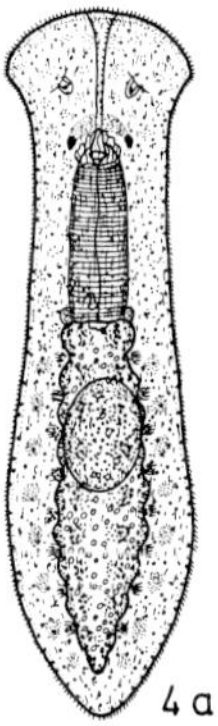
4 a

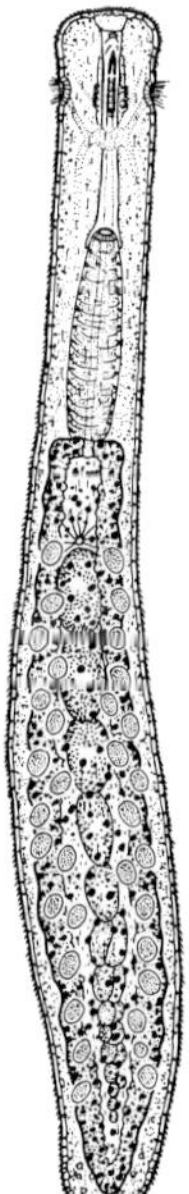
4

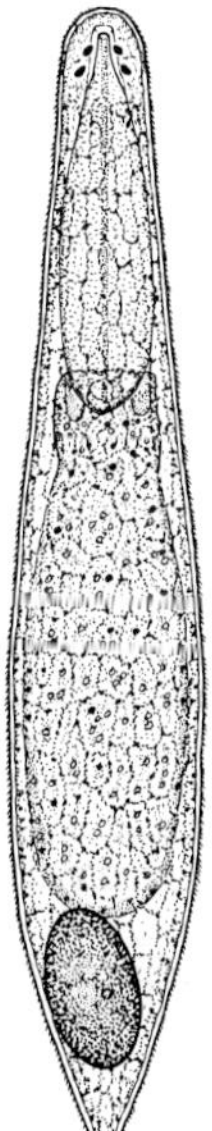
5

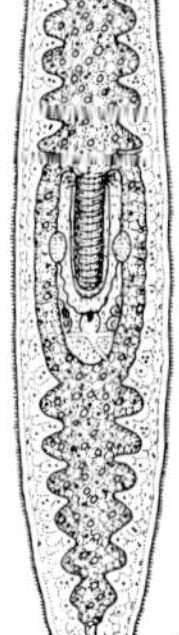
6

7

Rädertiere 1

Familie Habrotrochidae, Pillen-Rädertiere. Kauapparat arbeitet mahlend und kauend (ramat). Hinter dem Kauapparat ein kurzes Rohr mit Wimpern, in dem Nahrungspartikel in eine Vakuole geleitet werden. Gefüllte Vakuolen reißen sich los und wandern als dunkle „Pillen" (Nahrungsvakuolen) durch die lumenlose Plasmamasse des Magens. Augen fehlen. [Gattung *Habrotrocha*: 5151]
1 a Habrotrocha constricta. Baut kein Gehäuse. Kutikula mit winzigen Höckern und Poren. Beide Wimperscheiben liegen eng zusammen, Räderorgan schmäler als der Hals. Schlundrohr sehr lang. **G** 160–320 µm. **L** Moose, im Erdreich, in Blatt- und Nadelstreu, zwischen Wasserpflanzen. Weltweit.
1 b Habrotrocha lata. Kurz, breit, stark abgeflacht. Baut kein Gehäuse. Kutikula glatt. **G** 90–300 µm. **L** Zwischen Moosen und Blattstreu, zwischen Wasserpflanzen; verbreitet.
1 c Habrotrocha angusticollis. Fuß sehr klein. Hals mit 4 Wülsten. Schlundrohr sehr lang. Baut zunächst farbloses, dann grau-grün oder braun werdendes Gehäuse aus Sekret. **G** 250 bis 280 µm. **L** In Mooren zwischen Moosen, auf Quellmoos (*Fontinalis*).
Familie Adinetidae, Spanner-Rädertiere. Kauapparat arbeitet mahlend und kauend (ramat). Räderorgan eine bauchwärts gestellte Wimperscheibe; wird beim Kriechen nicht eingezogen. Rüssel zweitappig. Schnelle, unruhig zuckende Gleitbewegungen.
2 a Adineta barbata. Rüssel beidseits mit langen Sinnesborsten. Glashell, farblos oder rötlich. Sehr lebhaft. **G** Bis 400 µm. **L** Zwischen Torfmoos, in Moosen auf Dächern und Bäumen. Kosmopolit. [Gattung: 5021]
2 b Adineta vaga var. minor. Rüssel schwach beborstet. Scheinsegmentierung des Rumpfes allmählich zum Fuß hin verschmälert. **G** 250–500 µm. **L** Torfmoose, zwischen Wasserpflanzen; verbreitet. [5022]
2 c Adineta gracilis. Rüssel unbeborstet. Kutikula glatt. Schlank. Farblos. **G** 200–400 µm. **L** In Ufersanden und feuchten Moospolstern [5992]. **A** Bis 500 µm, Kutikula mit kleinen Höckern; *A. tuberculosa*.
Familie Philodinidae. Der Kauapparat arbeitet mahlend und kauend (ramat).
3 Mniobia magna, Moos-Rädertier. Fuß sehr kurz, 3–4gliedrig; Fußende als kleine Haftscheibe ohne Zehen ausgebildet. Keine Augen. Rötlich. Kutikula durch Höckerchen punktiert. **G** 400–750 µm. **L** Kriecht sehr langsam zwischen Wasserpflanzen, in Moospolstern und Flechtenlagern. [5267]
4 Gattung Rotaria, Teleskop-Rädertiere. 2 Augenflecke im Rüssel vor dem Dorsaltaster; Rüssel vorstreckbar; Fuß 5–6-gliedrig, 3 Zehen. Schlank. Lebendgebärend. [Gattung: 5212]
4a Rotaria rotatoria. Kutikula glatt, Dorsaltaster kurz, Rumpf allmählich in den Fuß übergehend. Undurchsichtig weißlich. **G** 230–1100 µm. **L** Wasseransammlungen aller Art, Belebtschlamm von Kläranlagen; häufig. [5000]
4 b Rotaria citrina. Kutikula punktiert. Durch grünliche Körnchen gefärbt. Dorsaltaster kurz. **G** 600–1100 µm. **L** Uferform in Teichen und Tümpeln; verbreitet. Auch im Meer.
4 c Rotaria tardigrada. Kopf und Fuß farblos, Rumpfkutikula dunkelbraun, stark gefaltet, klebrig, mit Detritus überkrustet. Rüssel breit. **G** 360–700 µm. **L** Moore, Tümpel; verbreiteter Einzelgänger. [5053]
4 d Rotaria macroceros. Kutikula glatt, durchsichtig. Rüssel kurz. Dorsaltaster sehr lang und beweglich, beim Schwimmen nach vorne gerichtet. G 250–300 µm. L Moorgräben, Teiche; ganze Gesellschaften in gemeinsamen, lockeren Detritusnestern. [5271]
4 e Rotaria neptunia. Kriechfuß sehr dünn und lang; Fußglieder ähnlich ausziehbarer Radioantenne. Weißlich durchscheinend. **G** Bis 1,6 mm lang. **L** Schlammige Seen, Tümpel, Flüsse; weit verbreitet. [5017]
5 Gattung Philodina, Rüsselrädchen. 2 Augenflecke hinter dem Dorsaltaster auf dem Gehirn. Rumpfkutikula dünn, glatt; 4 Zehen; eierlegend. [Gattung: 5047]
5 a Philodina roseola. Rötlich. Auf beiden Wimperscheiben je 1 Sinnesborste. Fuß aus 5 Scheinsegmenten. Magen eine gleichmäßige Plasmamasse mit zentralem, bewimpertem Rohr. **G** 320–540 µm. **L** Teiche und Moose, verbreitet [5048]. **A** 250–500 µm, farblos: *P. acuticornis*.
5b Philodina citrina. Rumpf mit Längsfalten, Kutikula punktiert, gelbgrün; Kopf und Fuß weiß. **G** 300–500 µm. **L** Zwischen Wasserpflanzen, in Blaualgen-Watten. [5007]
5 c Philodina megalotrocha. Farblos, sackförmig. Dorsaltaster lang. Wimperscheiben sehr groß. **G** 120–270 µm. **L** Tümpel, Seen; Uferform. Aquarienfilter. [5018]
6 Gattung Dissotrocha, Leder-Rüsselrädchen. 2 Augenflecke hinter dem Dorsaltaster. Rumpfkutikula derb, lederartig; 4 Zehen; lebendgebärend. [Gattung 5981]
6a Dissotrocha aculeata. Weißgrau oder braun. Räderorgan relativ klein. Kutikula dick, längsgefaltet, bildet auf dem Rumpfrücken 2 bis über 20 Stacheln. **G** 350–500 µm. **L** Seen, Teiche, Moore; Einzelgänger, weit verbreitet. [5920]
6 b Dissotrocha macrostyla. Rückenseite stachellos. Körper weißlich, klebrig, oft mit anhängenden Detritusteilchen. Kutikula glatt, mit braunen Stäbchen besetzt oder mit Sekretwülsten. **G** 360–480 µm. **L** Moorgewässer, in Ufersanden. [5036]

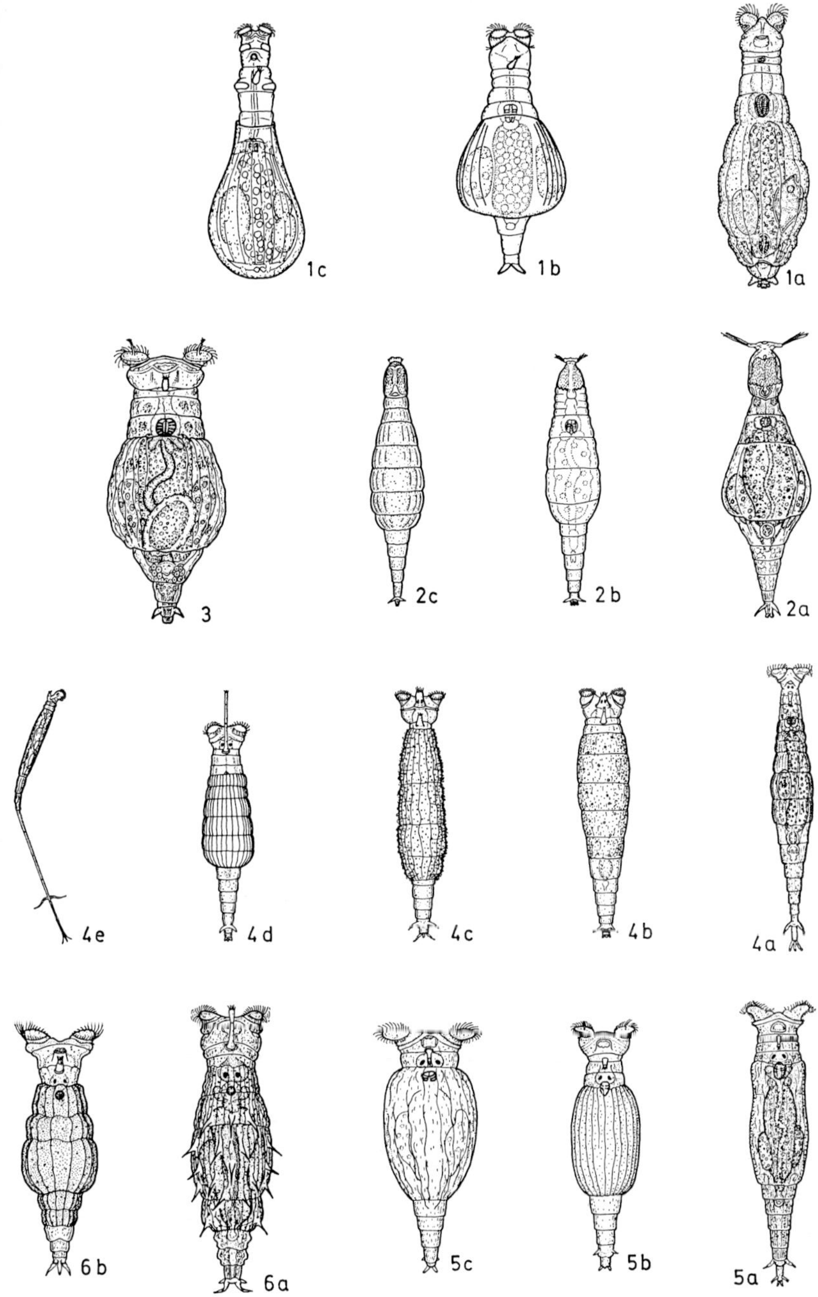
1c
1b
1a
3
2c
2b
2a
4e
4d
4c
4b
4a
6b
6a
5c
5b
5a

Rädertiere 2

Familie Brachionidae. Kauapparat arbeitet greifend, mahlend, hämmernd, herabziehend und verschluckend: malleat. Tiere mit Mundtrichter.
1 Gattung Epiphanes, Glas-Rädertiere. Kutikula weich, Rumpf ungepanzert, ohne Absatz in Fuß übergehend. Zehen gleich groß. 2 Augen. Räderorgan mit Membranellenreihen. Eierlegend. [Gattung: 5980]
1 a Epiphanes senta. Frisst Flagellaten. **G** 400–500 µm. **L** Tümpel; zuweilen massenhaft in Pfützen um Misthaufen. [5037] **A** Größer (600–700 µm), Fuß mit 3 Ringeln, Hals breiter, keine Augenflecken, Hauer mit großen Zähnen: *Harringia eupoda*. In Teichen, Tümpeln, Gräben.
1 b Epiphanes brachionus. **G** 450–600 µm. **L** Moore, Tümpel; Einzelgänger.
2 Rhinoglena frontalis, Nasen-Rädertier. Kutikula nicht gepanzert. Am Vorderende bewimperter und beweglicher Rüssel mit 2 roten Augen. Eierlegend. **G** 270–400 µm. **L** Kalte Gewässer aller Art, im Frühjahrsplankton zuweilen häufig. [5211]
3 Cyrtonia tuba, Trompeten-Rädertier. S-förmig gekrümmt (Seitenansicht), Rückenpartie aufgewölbt. Zehen so lang wie der Fuß. 1 rotes Auge. **G** 250–360 µm. **L** Kleingewässer; Einzelgänger.
4 Microcodides chlaena, Runzel-Rädertier. Rumpf kegelförmig, mit schräg verlaufenden Kutikularfalten. Vor dem Dorsaltaster 1 Zahn. Zehe mit Dorn. **G** 170–250 µm. **L** Moorgewässer, Tümpel, Einzelgänger.
5 Gattung Brachionus, Wappen-Rädertiere**.** Kutikula bildet einen Rumpfpanzer. Fuß geringelt, nicht gegliedert. Panzervorderrand mit Dornen. Im Fuß Klebdrüsen. Am Hinterrand des Gehirns 1 rotes Auge. [Gattung: 5023]
5 a Brachionus angularis. **G** Panzer 90–200 µm. **L** Planktisch in Gräben, Flüssen, Seen, Tümpeln; oft massenhaft, mit Frühjahrs- und Herbstmaximum; Detritusfresser. [5102]
5 b Brachionus angularis bidens. **G** Panzer 100–225 µm. **L** wie 5 a. [5259]
5 c Brachionus calyciflorus. **G** Panzer 250–400 µm. **L** Gräben, Teiche; seltener in Seen und Flüssen, weit verbreitet. oft häufig. [5024]
5 d, 5 e Brachionus calyciflorus amphicerus. **G** Panzer 250–400 µm. **L** Kleinere Gewässer; oft häufig. [5935]
5 f Brachionus diversicornis. Hinterdornen ungleich lang. **G** Panzer 200–565 µm. **L** Seen, Teiche, vereinzelt bis massenhaft. [15276]
5 g Brachionus diversicornis f. homoceros. Ähnlich 5 f, beide Hinterdornen jedoch gleich.
5 h Brachionus urceolaris. **G** Panzer 185–280 µm. **L** Gewässer aller Art, oft an Pflanzen angeheftet, Maximum April bis Mai. [5026]
5 i Brachionus rubens. **G** Panzer 155–280 µm. **L** Teiche und Tümpel, an Wasserflöhen angeheftet, Transportwirte oft dicht besiedelt.
5 k Brachionus quadridentatus f. rhenanus. **G** Panzer um 200 µm. **L** Tümpel, Teiche, Fließgewässer: verbreitete Sommerform.
5 l Brachionus quadridentatus var. ancylognathus. **G** Panzer um 270 µm. **L** Teiche und Tümpel; Sommerform.
5 m Brachionus quadridentatus. **G** Panzer 160–415 µm. **L** Gewässer aller Art, Uferregion und freies Wasser, Maximum Mai und September. [5025]
5 n Brachionus leydigii quadratus. **G** Panzer 210–300 µm. **L** Tümpel, Teiche, Seen.
5 o Brachionus leydigii tridentatus. **G** Panzer 200–270 µm. **L** Fluss- und Teichplankton.
5 p Brachionus leydigii rotundatus. **G** Panzer 165–290 µm. **L** Waldtümpel, Teiche.
5 q Brachionus leydigii. **G** Panzer 220–340 µm. **L** Quellen, kleinere Gewässer: nicht häufig. [5103]
6 Gattung Platyias, Schild-Rädertiere. Panzer–ohne Dornen–ungefähr quadratisch, Fuß 3-gliedrig.
6 a Platyias quadricornis. **G** Panzer 175–360 µm. **L** Kleinere Gewässer, zwischen Pflanzen und faulenden Algen in Bodennähe; Einzelgänger, verbreitet. [5196]
6 b Brachionus (Platyias) patulus. **G** Panzer 165–265 µm. **L** Wie 6 a. [5918]
6 c Brachionus polyacanthus. **G** Panzer 220–300 µm. **L** Kleingewässer und Moore, extremer Einzelgänger; verbreitet.

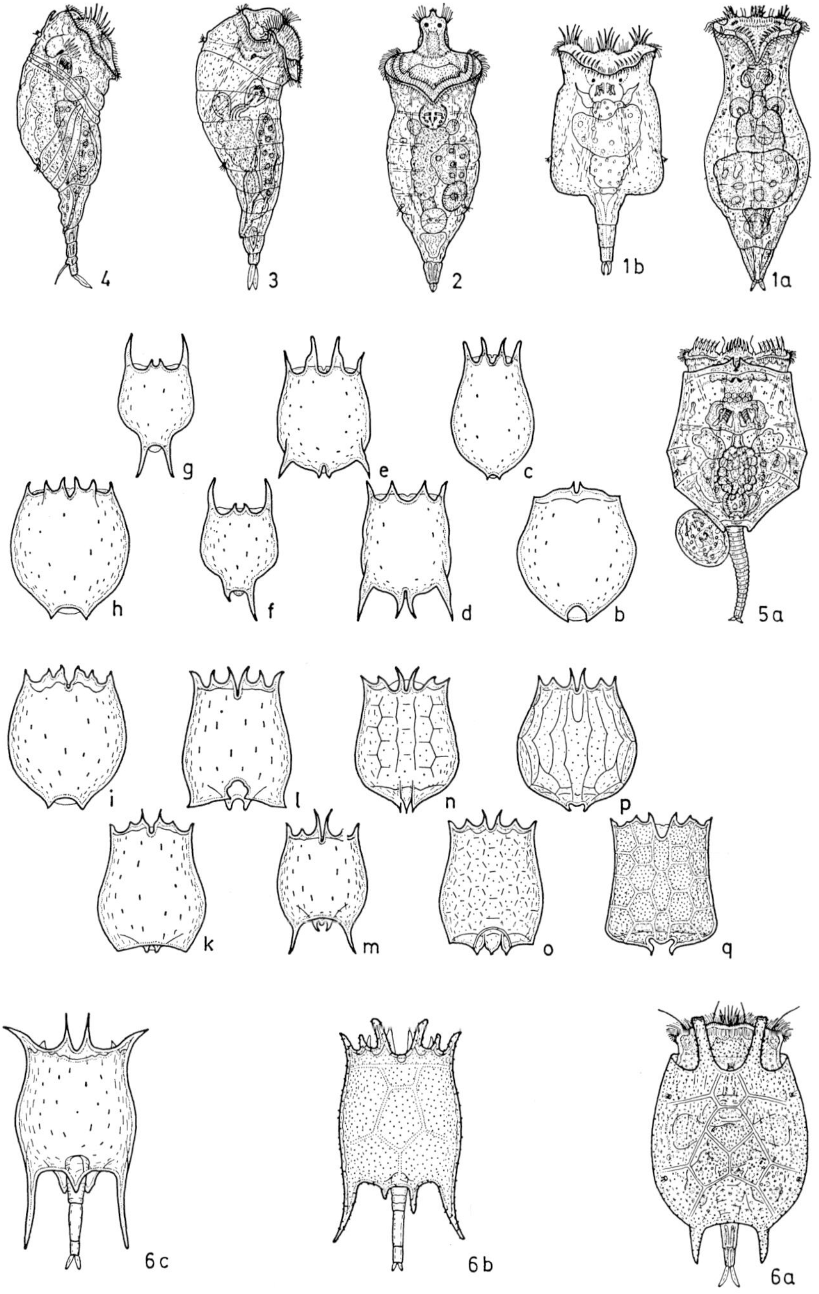
4
3
2
1b
1a
g
e
c
5a
h
f
d
b
i
l
n
p
k
m
o
q
6c
6b
6a

Rädertiere 3

1 Gattung Keratella, Facetten-Rädertiere. Fußlos mit gefeldertem, rückenseitig gewölbtem, bauchseitig abgeflachtem oder leicht nach innen eingezogenem Panzer. 1 roter Augenfleck. [Gattung: 5883]
1 a Keratella cochlearis. Frühjahrsformen mit langen Hinterdornen, im Sommer kurzdornige, selbst dornenlose Formen. Im Herbst wieder Langdorn-Formen. **G** 80–320 µm. **L** Seen, Tümpel, Teiche; verbreitet, oft häufig. [5331]
1 b Keratella quadrata. Hinterdornen je nach Formengruppe im Winter oder im Sommer am längsten. Frisst Detritus und Phytoplankton. **G** Panzer 200–250 µm. **L** Stehende Gewässer aller Art; verbreitet. [5166]
1 c Keratella serrulata. **G** Panzer 190–300 µm. **L** Talsperren, Moorgewässer. [15317]
1 d Keratella ticinensis. **G** Panzer um 150–200 µm. **L** Plankton kleinerer Gewässer. [5955]
2 Gattung Notholca, Furchenpanzer-Rädertiere. Fußlos. Panzer glatt, abgeflacht, vorne bedornt, mit Längsstreifen oder Längsfalten. [Gattung: 5209]
2 a Notholca acuminata. **G** 135–300 µm. **L** Stehende Gewässer; verbreitet, im Winter stellenweise häufig. [5044]
2 b Notholca labis. **G** Panzer 120–160 µm. **L** Während des Winters als Uferform in Gewässern aller Art. [5650]
2 c Notholca squamula. **G** Panzer 120–180 µm. **L** Seen- und Teichplankton. [5045]
2 d Notholca striata. **G** Panzer 160–250 µm. **L** Salzhaltige Gewässer, Strandtümpel, Meer. [5268]
3 Notholca foliacea, Stachelblatt-Rädertier. Fußlos, mit blattartigem Schildpanzer. Panzer auf dem Rücken mit einem Mittelgrat. Hinterende in spitzen Fortsatz ausgezogen. **G** Panzer 140–180 µm lang. **L** Seen und Teiche; verbreitet; am häufigsten im Winter. [5882]
4 Gattung Kellicottia, Einhorn-Rädertiere. Fußlos. Panzer glatt, Vorderrand in 6 sehr unterschiedliche Dornen ausgezogen, Hinterende zu langem Dorn umgestaltet.
4 a Kellicottia longispina. **G** Gesamtlänge 450–860 µm. **L** Plankton von Seen; oft massenhaft. [5163]
4 b Kellicottia bostoniensis. **G** Um 360 µm lang. **L** Aus nordamerikanischen und schwedischen Gewässern (Gletscherrandseen). Bürgert sich zur Zeit im Gebiet der Unterelbe ein.
5 Anuraeopsis fissa, Spalt-Rädertier. Fußlos. Panzer ohne Vorderranddornen. Rücken- und Bauchpanzerplatte durch dehnbare Kutikularmembran miteinander verbunden. Roter Augenfleck auffällig groß. Rückenpanzer hoch gewölbt, Bauchpanzer eben. Muttertier trägt Eier am Kloakenspalt befestigt. **G** 80–120 µm lang. **L** Sommerplankton von Tümpeln und Teichen. [5975]
6 Gattung Euchlanis, Fußborsten-Rädertiere. Groß, durchsichtig, lebhaft. Rückenpanzer breiter als die abgeflachte Platte des Bauchpanzers. Vorletztes Fußglied mit langen, steifen Tastborsten. Auge mit Kristallkegel als Linse. [Gattung: 5082]
6 a Euchlanis dilatata. **G** Panzer 200–270 um, Zehen 50–75 µm lang. **L** Im Plankton und in den Uferregionen oft zahlreich. [5010]
6 b Euchlanis triquetra. Rückenpanzer scharf in der Mittellinie gekielt. **G** Gesamtlänge 425 bis 800 µm, Zehen 90–150 µm lang. **L** Stehende Gewässer aller Art; verbreitete Uferform.
7 Beauchampiella eudactylota, Finger-Rädertier. Birnförmig, glasartig durchsichtig, Springfuß mit sehr langen, spreizbaren Zehen. Auf dem Gehirn ein roter, großer Augenfleck. **G** Mit Zehen 550–760 µm lang. **L** Moorgewässer, Tümpel; meist Einzelgänger.
8 Gattung Lophocharis, Mähnen-Rädertiere. Panzer einheitlich, dickwandig; Rückenkiel glatt oder durch kleine Buckelchen gemustert; Fußzehen laufen allmählich in dünne Spitzen aus; augenlos. [Gattung: 5266]
8 a Lophocharis oxysternon. **G** Panzer um 120 µm lang. **L** Pflanzengewirr der Uferregionen; verbreitet.
8 b Lophocharis salpina. **G** Panzer um 130 µm lang. **L** Auf dem Grund oder zwischen Pflanzen in Gewässern aller Art; Einzelgänger.

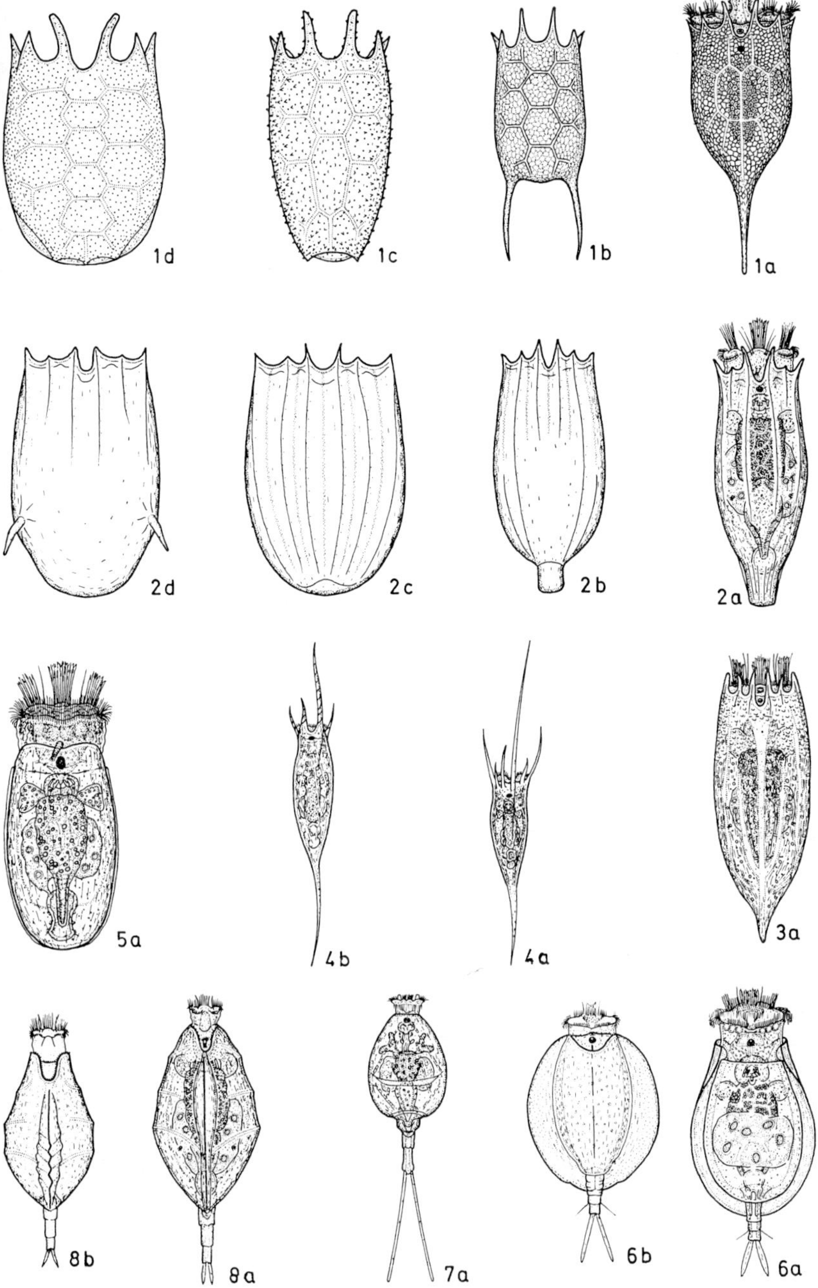
1d
1c
1b
1a
2d
2c
2b
2a
5a
4b
4a
3a
8b
8a
7a
6b
6a

Rädertiere 4

1 Gattung Mytilina, Muschel-Rädertiere. Panzer mit 2 Rückenfirsten und 1 Furche zwischen den beiden Kielen. Fuß kurz, bis auf die Zehen einziehbar. [Gattung: 5180]
1 a Mytilina mucronata. **G** Panzer 200–250 µm lang. **L** Krautregionen stehender Gewässer, geht bis in Faulschlammzonen. [5182]
1 b Mytilina ventralis. **G** Panzer 175–215 µm lang. **L** Wasserbecken, Gräben, Moorgewässer; verbreitet. [5649]
1 c Mytilina videns. **G** Panzer 130–150 µm lang. **L** Bodenschlamm von Moorgewässern.
1 d Mytilina bicarinata. **G** Panzer 125–175 µm. Unter dem Gehirn ein großer roter Augenfleck. **L** Kleinere Gewässer; Einzelgänger.
2 Macrochaetus collinsi, Stachelschwein-Rädertier. Kopf, Rumpf, Fuß gepanzert. Panzerränder fein gezähnelt. Rücken mit langen Kutikularstacheln. 1 rotes Auge. 10 lange Rückendornen. Bewegungen langsam. **G** Gesamtlänge 230 µm. **L** Eine Form tropischer und subtropischer Gewässer; bei uns extremer Einzelgänger. **A** Panzerrücken mit 14 Dornen: *M. subquadratus*. In *Chara*-Wiesen.
3 Gattung Trichotria, Knickfuß-Rädertiere. Kopf, Rumpf, Fuß dick und scharfkantig gepanzert. Kopf einziehbar, durch Platten geschützt. Fuß abgebogen, mit 2 langen Zehen. Auge rot. [Gattung: 5235]
3 a Trichotria pocillum. **G** Zehenlänge 80–150 µm, Panzer 110–140 µm lang. Letztes Fußglied mit Fortsatz zwischen den Zehen. **L** Gewässer aller Art zwischen Wasserpflanzen. [5057]
3 b Trichotria tetractis. Fuß ohne Zwischenzehenfortsatz. **G** Panzer um 120, Zehen bis 160 µm lang. **L** Am häufigsten in Mooren; in Tümpeln und Teichen Bewohner der Uferregion. [5058]
4 Lepadella patella, Mützen-Rädertier. Kleine, einziehbare Kopfhaube. Räderorgan breiter als die Haube, ebenfalls in den Rumpfpanzer zurückziehbar. Panzer dorso-ventral abgeflacht. Rückenpanzer stärker gewölbt, Bauchpanzer flach. Fußöffnung im Panzer groß. **G** Panzer 90 bis 110 µm lang. **L** Gewässer aller Art; verbreitet. [5016]
5 Gattung Colurella, Narrenkappen-Rädertiere. Mit hakenartigem, zurückziehbarem Kopfschild. Panzer seitlich zusammengedrückt, muschelschalenartig. 2 Augen mit Linsen. [Gattung: 5031]
5 a Colurella uncinata. **G** Panzer 80–100 µm lang. **L** Gewässer aller Art, verbreitet. [5984]
5 b Colurella uncinata bicuspidata. Ränder des Panzers klaffen am Bauch weit auseinander. **G** Panzer 60–100 µm lang. **L** Überall verbreitet; auch im Brackwasser und Meer.
5 c Colurella obtusa. **G** Panzer um 100 µm lang. **L** Uferregionen stehender Gewässer; verbreitet. Kosmopolit.
6 Gattung Squatinella, Hauben-Rädertiere. Räderorgan von breiter Haube überdacht. Kopfschild und Räderorgan nicht einziehbar. 2 seitliche Augenflecke.
6 a Squatinella (Stephanops) rostrum. **G** Panzer 150–220 µm lang. **L** Uferregionen nährstoffreicher Gewässer; verbreitet.
6 b, 6 c Squatinella mutica. **G** Panzer 100–225 µm lang. **L** Moorgräben, Teiche.
6 d Squatinella longispinata. Sehr langer, leicht gekrümmter Rückenstachel (96–180 µm). **G** Panzer 120–160 µm lang. **L** Teiche, Moore, Moospolster.
Familie Lecanidae. Kauapparat arbeitet greifend, mahlend und verschluckend (malleat). Mund nicht eingesenkt.
7 Gattung Lecane, Zipfelpanzer-Rädertiere. Beide Panzerplatten ausgezipfelt; Fuß kurz, breit, nur 1 freies Fußglied, entspringt an der Bauchseite des Panzers: 1 oder 2 Zehen. Heften sich häufig mit den Zehen fest und schwingen um den Anheftungspunkt. [Gattung: 5225]
7 a Lecane luna. **G** Panzer 180–220 µm lang. **L** Seen, Teiche, Tümpel, Gräben; verbreitet, oft häufig. [5168]
7 b Lecane flexilis. **G** 85–140 µm Gesamtlänge. **L** Wie 7 a, aber seltener.
7 c Lecane cornuta. **G** Panzer 120–200 µm lang. **L** Zwischen Algenwatten, Wasserpflanzen und Detritus; verbreitet, lokal häufig.
7 d Lecane lunaris. Panzerumriss oval, Zehen verwachsen. **G** Panzer 160–180 µm, Zehen 66–72 µm lang. **L** Wie 7 c. [5169]
7 e Lecane acus. Zehen verwachsen. **G** Panzer um 180 µm, Zehen 64–80 µm lang. **L** Moorgewässer, zwischen Torfmoos: häufig.
7 f Lecane quadridentata. Zehen verwachsen. **G** Panzer 130–170 µm lang. **L** Wärmere Gewässer; verbreitet.

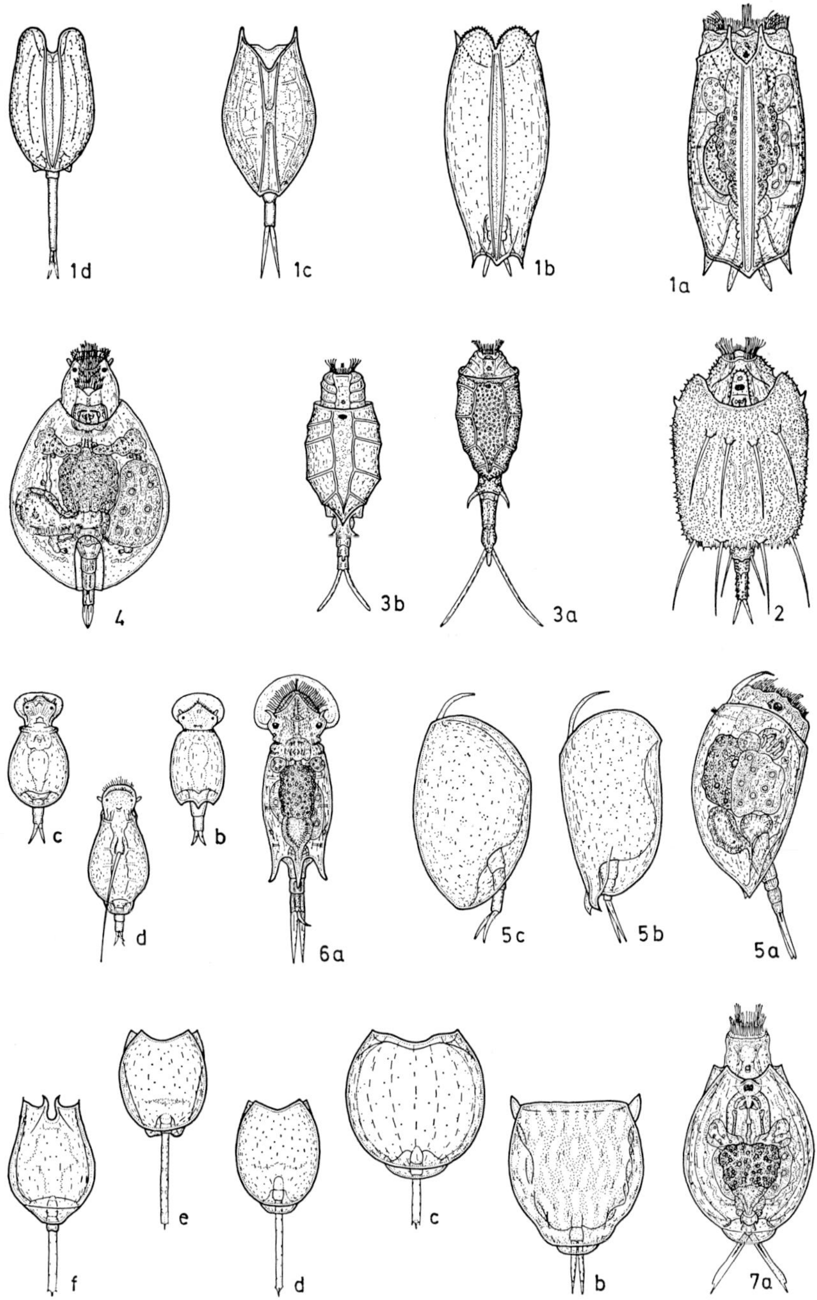
1d
1c
1b
1a
4
3b
3a
2
c
b
d
6a
5c
5b
5a
f
e
d
c
b
7a

Rädertiere 5

1 Gattung Proales, Schmarotzer-Rädertiere. Weichhäutig, wurmähnlich. Sammelgattung wenig einheitlicher Arten. Fuß nur schwach ausgebildet. Räderorgan eine bauchwärts verlagerte, schräge, bewimperte Fläche. [Gattung: 5049]

1 a Proales wernecki. Spindelförmig, roter Augenfleck mit Linse auf dem Gehirn. Jungtiere leben frei, dringen dann in Fäden der Grünalge *Vaucheria* (s. S. 152) ein. Fressen Zellinhalt der Alge. *Vaucheria* bildet als Reaktion ausgezipfelte Gallen, in denen die Muttertiere absterben und aus denen die Jungtiere herausdrängen. **G** 140 µm. **L** Gewässer mit *Vaucheria*-Fäden. [5207]

1 b Proales daphnicola. „Putzer-Rädertier" auf Wasserflöhen (Symbiose!). Frisst Glockentiere, Pilze, Grünalgen, Flagellaten. **G** 275–400 µm. **L** Gewässer mit Wasserflöhen. [5854]

1 c Proales parasita. Magen grün. Am Gehirn halbkugeliges, rot pigmentiertes Bläschen. **G** 140–160 µm. **L** Parasitisch in den Kugelkolonien von *Ophrydium*, *Uroglena*, *Volvox*.

1 d Proales decipiens. Glasig, träge. Rotes Linsenauge nach rechts verschoben. **G** 120–270 µm. **L** Verkrautete Gewässer. [5885]

2 Tetrasiphon hydrocora, Antennen-Rädertier. Rücken- und Seitentaster auf langen Tentakeln. Schwanzanhang klein. Auge rot. Auf den Seitentastern je eine stachelartige Sinnesmembranelle. Bewegungen bedächtig. Glasig. Frisst Zieralgen. Ältere Tiere in Gallerthülle. **G** 590–1000 µm. **L** In den blassgrünen Polstern des Kleinen Wasserschlauches (*Utricularia minor*); in *Sphagnum*-Schlenken.

Familie Lindidae. Kauapparat arbeitet saugend, ohne Kolbeneinrichtungen (cardat).

3 Gattung Lindia, Blaualgenfresser. Tiere wurmförmig, Kutikula weich; Fuß zweigliedrig, kurz; Zehen sehr klein; Gehirn mit Augenfleck. [Gattung: 5876]

3 a Lindia torulosa. Stirn mit breitem Kopflappen. Ältere Tiere orangerot oder gelblich. An beiden Seiten des Kopfes dünne, gestielte Wimperohren. Auge rot. Bewegungen bedächtig. Kauapparat zum Verschlingen und Abkneifen langer Blaualgenfäden hochspezialisiert. **G** 250–600 µm. **L** Treibende Filze der Blaualge *Oscillatoria*.

3 b Lindia pallida. Wimperohren langgestielt. **G** 250–360 µm. **L** Im Spätsommer in Torfmoos; frisst *Oscillatoria*- und *Chroococcus*-Arten.

3 c Lindia truncata. Orangerot bis braun. **G** 280–500 µm. **L** Polster von *Gloeotrichia*- und *Rivularia*-Arten.

3 d Lindia tecusa. Keine Wimperohren. **G** 1000–1500 µm. **L** Algenwatten des Brackwassers.

Familie Notommatidae. Kauapparat arbeitet als Saugpumpe und beißend (virgat).

4 Gattung Notommata, Wimperohren-Rädertiere. Körper weichhäutig, segmentiert; am Kopf zwei selten ausgestreckte Wimperohren; Fuß zweigliedrig; Hirndrüsen groß und auffällig. [Gattung: 5042]

4 a Notommata aurita. Wimperohren werden beim Schwimmen vorgestreckt. Hirndrüsen schwarz durch bakterienähnliche Stäbchen. Frisst Faden- und Zieralgen. **G** 250–350 µm lang. **L** Tümpel, Teiche, Seen; Kriech-Schwimmer im Pflanzendickicht. [5046]

4 b Notommata tripus. Auf dem Schwanz ein 16–22 µm langer Sporn. Schwimmt rotierend. **G** 170–220 µm. **L** Zwischen Wasserpflanzen (weidet die auf den Blättern wachsenden Algen ab); Einzelgänger.

4 c Notommata cyrtopus. Hirndrüsen mit undurchsichtigen Körperchen. **G** 150–230 µm lang. **L** Zwischen Wasserpflanzen in Fließgewässern.

4 d Notommata groenlandica. Körperflüssigkeit älterer Tiere rötlich. Am Stirnrand nierenförmiger Kristall. **G** 180–240 µm. **L** Torfgewässer; manchmal häufig.

4 e Notommata copeus. Wimperohren sehr lang. Am Gehirn rubinrotes Auge. Hirndrüse zum Teil mit schwarz-grünen Einschlüssen. Oft gelbliche Gallertausscheidungen. **G** 600–1000 µm. **L** Wie 4a.

4 f Notommata allantois. Ober dem Fuß ein glasiges Schwanzplättchen. Kauapparat asymmetrisch. Auge hellrot. **G** 400–550 µm. Zehen 42–54 µm lang. **L** Moorgewässer, Torfmoose.

4 g Notommata contorta. Wimperorgan reicht weit nach hinten. Tiere winden und verwinden sich fortwährend. **G** 220–250 µm, Zehen 8 µm lang. **L** Teiche.

4 h Notommata pseudocerberus. **G** 500–600 µm, Zehen 30–35 µm lang. **L** Fließgewässer; als Vegetarier zwischen Wasserpflanzen.

4i Notommata cerberus. Über dem 1. Fußglied ein gekerbter, zweiteiliger Schwanzanhang. **G** 300–600 µm, Zehen 15–33 µm lang. **L** Kleingewässer, Teiche, Seen, Moore.

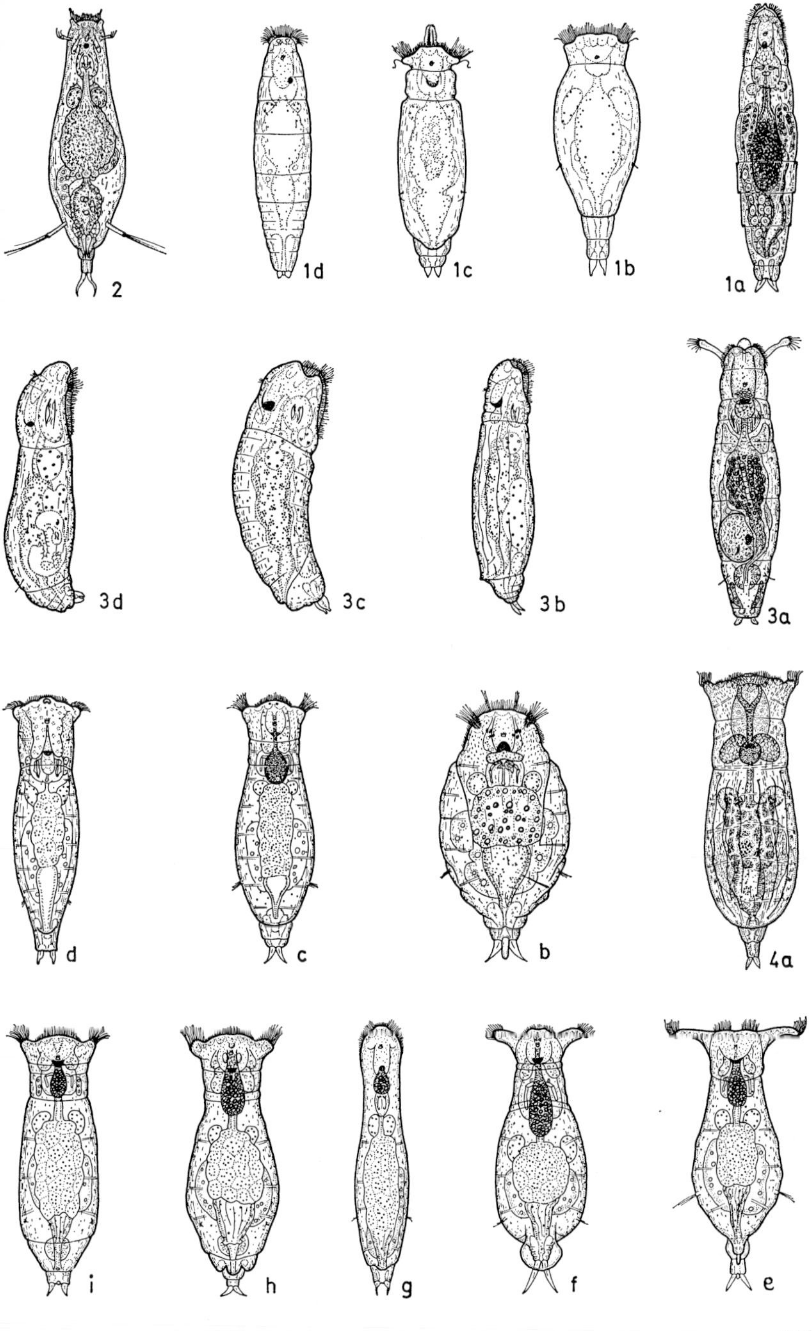
2
1d
1c
1b
1a
3d
3c
3b
3a
d
c
b
4a
i
h
g
f
e

1 Gattung Cephalodella, Zangen-Rädertiere. Panzer aus 4–5 Platten, die durch Längsspalten (als Scharniere) getrennt sind. Zehen länger als der weiche Fuß. Räderorgan schräggestellt. Um den Mund Büschel starrer Wimpern. Räuber. [Gattung: 5109]
1 a Cephalodella gibba. **G** 250–450 µm, Zehen 70–150 µm lang. **L** Gewässer aller Art; zwischen Wasserpflanzen und über dem Schlamm. [5030]
1 b Cephalodella forficula. Zehen mit Dornen bestückt. 2 rote Stirnaugen mit gemeinsamer Linse. Baut mit den Zehen lange, lockere, braune Röhren aus Schlammteilchen. **G** 300–375 µm, Zehen 66–90 µm lang. **L** Auf dem Grund stehender und fließender Gewässer. [5029]
1 c Cephalodella catellina. Fuß und Zehen auf die Bauchseite verlagert, stehen rechtwinkelig vom Körper ab. 2 rote Stirnaugen. **G** 80–140 µm, Zehen um 10 µm lang. **L** Wie 1 a. [5884]
1 d Cephalodella sterea. 2 rote Augen in gemeinsamer Kapsel. **G** 180–250 µm, Zehen um 40 µm lang. **L** Wie 1 a.
1 e Cephalodella forficata. Wimperfeld des Räderorgans stark vorgewölbt. Keine Augen. **G** 150 bis 220 µm, Zehen 36–53 µm lang. **L** Wie 1 a.
1 f Cephalodella hoodi. Auge am Hinterrand des Gehirns, Körper breit. **G** 140–200 µm, Zehen 32–47 µm lang. **L** Wie 1 a, mit Ausnahme von Moorgewässern; lokal häufig. [5927]
1 g Cephalodella auriculata. Kopf von oben gesehen breit, dreieckig mit halbrunden „Ohren" des Räderorgans. Oft schwingen die Tiere an langen Sekretfäden der Fußkittdrüsen. **G** 80–160 µm, Zehen um 25 µm lang. **L** Wie 1 a. [5951]
2 Taphrocampa selenura, Raupen-Rädertier. Rumpf durch Eindellungen und Wülste quergeringelt. Fuß und Zehen kurz. Kauer asymmetrisch. Auge rot. Träge. Kutikula klebrig, meist mit Schlammteilchen überkrustet. **G** 220–290 µm, Zehen 25–33 µm lang. **L** Stehende Gewässer, auch Moore; Einzelgänger. [Gattung: 5961]
3 Pleurotrocha petromyzon, Aas-Rädertier. Körper weich, Fuß 1/4 der Gesamtlänge, Gehirn mit Auge, ohne Hirndrüsen. Frisst tote Wasserflöhe bis auf die Schalen aus. **G** Normaltiere 220–280 µm, gut genährte Riesenformen 450–480 µm lang. **L** Auf Wasserflöhen, Wasserasseln, an Glockentier-Kolonien; im Schlamm verschmutzter Flüsse oft Riesenexemplare. [5019]
4 Itura aurita, Zoochlorellen-Rädertier. Magenwand grün gefärbt, nach vorne 2 grüne Magenblindsäcke, mit Wimperohren, Zehen kurz. In den beiden Magenblindsäcken Zoochlorellen. **G** 180–210 µm lang. **L** Teiche, Tümpel, Gräben. [5161]
5 Enteroplea lacustris, Blinddarm-Rädertier. Glasig; Kutikula dünn; Körper breit; am Magen mehrere Blindsäcke. **G** 500–600 µm lang. **L** Austrocknende Tümpel; Einzelgänger.
6 Scaridium longicaudum, Springfuß-Rädertier. Letztes Fußglied so lang wie die Zehen; quergestreifte Muskeln durchziehen den Springfuß; Tiere schlagen mit dem Fuß Haken. Blind (rote Platte auf dem Kaumagen täuscht Auge vor). **G** 360–425 µm lang. **L** Flache, sommerwarme Gewässer. Kosmopolit.
7 Gattung Monommata, Einaugen-Rädertiere. Beide Zehen ungleich lang; Körper kürzer als die Zehen; ungepanzert; mit Springfuß. [Gattung: 5969]
7 a Monommata longiseta. Linke Zehe kleiner als die rechte. Kutikula weich, am Rumpf mit zarten Längsfalten. Gehirnauge groß, rot. **G** Gesamtlänge 200–250 µm. **L** Moore, verkrautete Kleingewässer [5943]. **A** Gleichlange Zehen: *M. aequalis*.
7 b Monommata grandis. Beiderseits des Darmes je eine rotgefärbte Blase unbekannter Funktion. **G** Gesamtlänge 350–530 µm. **L** Wie 7 a. [5877]
Familie Trichocercidae. Kauapparat arbeitet als Saugpumpe und beißend (virgat); Kauer asymmetrisch.
8 Gattung Trichocerca, Rattenschwanz-Rädertiere. Tiere asymmetrisch verdreht (schwimmen in Schraubenlinien). Schräg über dem Rücken ein von Kielen begrenztes Streifenfeld. Zehen gleich lang oder linke Zehe lang und rechte Zehe rückgebildet. [Gattung: 5189]
8 a Trichocerca longiseta. **G** 300–550 µm. **L** Flache Gewässer zwischen Pflanzen, Frühjahr und Herbst. [5658]
8 b Trichocerca inermis. **G** 260–300 µm. **L** Zwischen Wasserpflanzen; Einzelgänger.
8 c Trichocerca tigris. **G** 225–300 µm. **L** Seen, Flüsse, Teiche.
8 d Trichocerca cylindrica. **G** 430–640 µm. **L** Plankton flacherer Gewässer; Sommer und Herbst. [5897]
8 e Trichocerca capucina. **G** Um 425 µm. **L** Flache Gewässer. [5213]
8 f Trichocerca bicristata. **G** Um 550 µm. **L** Tümpel und Teiche; Frühjahr und Herbst.
8 g Trichocerca rattus. **G** 280–420 µm. **L** Teiche, Moore, Bäche; Einzelgänger.
8 h Trichocerca pusilla. **G** 110–180 µm. **L** Plankton von Teichen, Seen, Moorgewässern. [5919]
8 i Trichocerca brachyura. **G** Um 190 µm lang. **L** Stehende Gewässer, Frühjahr und Spätherbst.
8 k Trichocerca porcellus. **G** 160–245 µm lang. **L** Teiche, Seen, Flüsse; oft häufig in den Uferregionen. [5653]

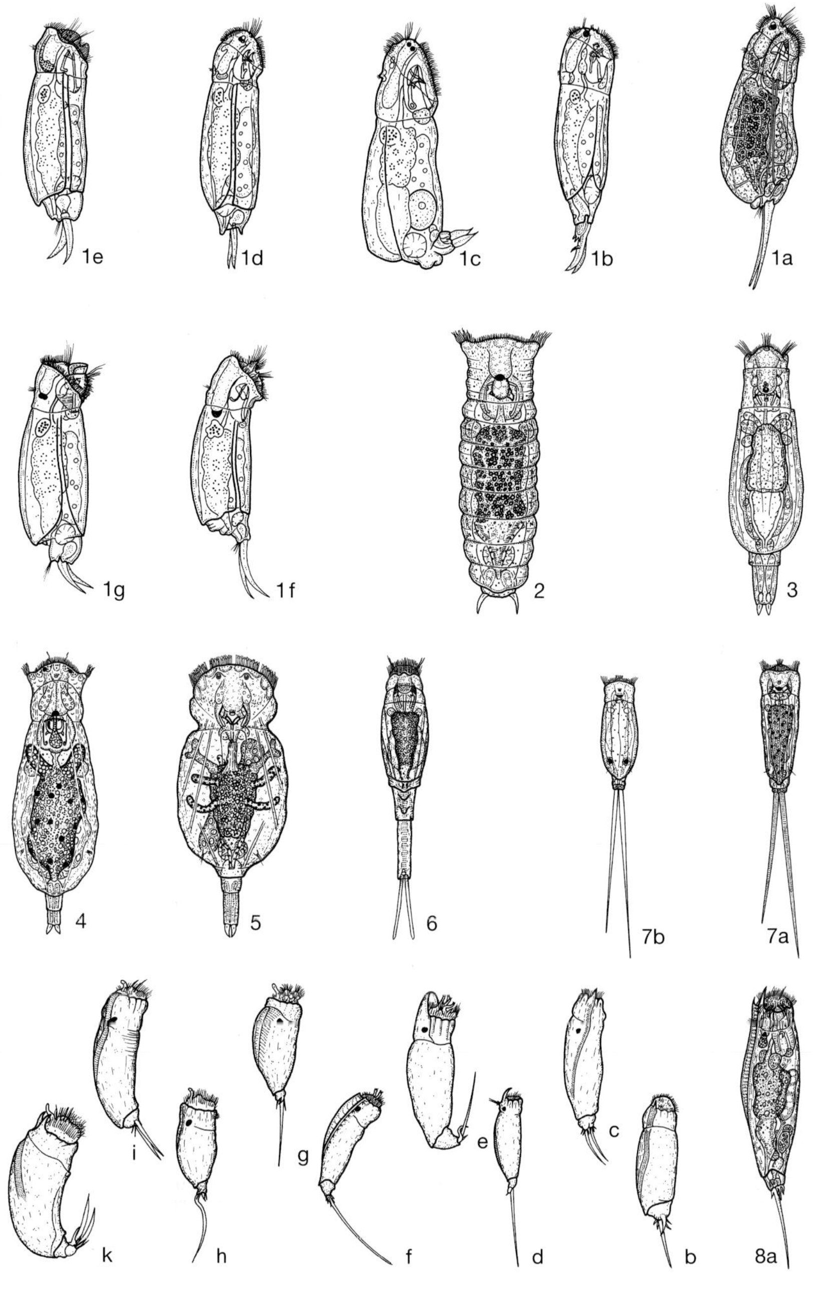
1e
1d
1c
1b
1a
1g
1f
2
3
4
5
6
7b
7a
i
g
e
c
k
h
f
d
b
8a

Rädertiere 7

1 Elosa worallii, Schiefaugen-Rädertier. Fußlos; einfacher Wimperkranz; ein Augenfleck links am Gehirn, zweites Auge rechts auf dem Stirnzapfen. Rückenseite mit 2 Längsfalten. **G** Um 85 µm. **L** Saure Torfmoosgewässer, Torfmoose; häufig.
Familie Gastropodidae. Kauapparat als Saugpumpe (virgat).
2 Gastropus stylifer, Saugrädertier. Seitlich abgeflacht; Bauchfuß geringelt; Kauapparat mit langem, steifem Kutikularrohr. Bunte Öltropfen in der Magenwand. Panzer durchsichtig, mit gewellter Öffnung. Fuß mit 1 Zehe. Eier blau. **G** 100 bis 240 µm. **L** Seen, Teiche; planktisch. Häufig. [5932]
▸ *G. hyptopus* S. 344/5
3 Gattung Ascomorpha, Blindsack-Rädertiere. Fußlos; ohne After; Magen grün. [Gattung: 5095]
3 a Ascomorpha saltans. 1 Tentakel auf der Krone. Magenblindsäcke mit Zoochlorellen. 1 zentraler Defäkationsspeicher. **G** Bis 140 µm. **L** Seen, Teiche, planktisch. [5926]
3 b Ascomorpha ecaudis. 4 periphere Defäkationsspeicher. Krone mit Wimpermembranellen. **G** 130–200 µm. **L** Wie 3 a. [5096]
4 Ascomorpha ovalis, Winker-Rädertier. Fußlos; ohne Darm und After; Magen braun. Umklammert gepanzerte Dinoflagellaten mit hakenförmigem Taster, bohrt sie mit den spitzen Kiefern an und saugt sie durch Pumpbewegungen des Kauapparates aus. **G** 100–200 µm. **L** Saubere Seen und Teiche; planktisch. [5953]
Familie Dicranophoridae. Kauapparat als zangenartiges Greifwerkzeug (forcipat).
5 Gattung Dicranophorus, Wolf-Rädertiere. Räuber. Kauer vorstoßbare Greifzangen. Am Stirnrand 2 Augenflecke. [Gattung: 5137]
5 a Dicranophorus grandis. Schlank-zylindrisch, Fuß kurz, Zehen abgeplattet. **G** 200 bis. 450 µm. **L** Uferregionen; Einzelgänger.
5 b Dicranophorus forcipatus. Zehen gegliedert. Wimperorgan zieht tief auf die Bauchseite herab. **G** 200–420 µm. **L** Wie 5 a. [5033]
5 c Dicranophorus caudatus. Magenblindsäcke mit Zoochlorellen. **G** 180–310 µm. **L** Stehende und fließende Gewässer; oft zahlreich.
6 Gattung Encentrum, Marder-Rädertiere. Räuber. Kauer vorstoßbare Greifzangen. Zehen kurz. [Gattung: 5139]
6 a Encentrum felis. Stirnrand als Haube vorgezogen. Magenwand mit blaugrünen Symbionten. **G** Um 135 µm. **L** Am Boden flacher, verkrauteter Gewässer. [5994]
6 b Encentrum mustela. Keine Zoochlorellen. Gefräßiger Protozoenjäger. **G** 175–320 µm. **L** Stehende und fließende Gewässer, feuchter Boden, Laub- und Nadelstreu; im Winter häufig.
6 c Encentrum saundersiae. Kutikula mit tiefen Querfalten und anhaftenden Detritusteilchen. Magenwand mit Zoochlorellen. **G** 165–350 µm. **L** Schlamm von Gewässern aller Art. [5893]
Familie Asplanchnidae. Kauapparat als Greifwerkzeug, Schlundausstülpung als Saugpumpe.
7 Gattung Asplanchna, Sack-Rädertiere. Sehr große, blasig aufgetriebene Allesfresser, meist vollkommen durchsichtig. Mächtige Kauerzangen werden zum Ergreifen der Beute nach außen geschwenkt. Fuß, Darm, After fehlen; unverdaute Nahrung wird erbrochen. 2 kleine rote Augen. (Männchen: s. Farbfotos I, 11) [Gattung: 5987]
7 a Asplanchna priodonta. Kugeliger Eierstock. **G** 420–1500 µm. **L** Planktisch in Seen, Teichen, Kleingewässern; oft massenhaft (Farbfotos II, 24). [5098]
7 b Asplanchna brightwelli. Eierstock bandförmig, Innenseiten der Kauerzangen mit je 1 Zahn. Magendrüsen kugelig. **G** 500–1500 µm. **L** Planktisch in Teichen, im Sommer verbreitet. [5097]
7 c, 7 d Asplanchna sieboldi. Eierstock bandförmig. Zangen mit Innenzahn. Magendrüsen gelappt. Beiderseits mehr als 40 Wimperflammen. **G** 500–2500 µm. **L** Planktisch in sauberen Gewässern; verbreitete Sommerform, zuweilen häufig. [5258]
7 e Asplanchna girodi. Zangen ohne Innenzahn. Varietät von 7 b. [*A. girodi-brigthwelli*-Gruppe: 5248]
8 Asplanchnopus multiceps, Löwen-Rädertier. Ähnlich den Sack-Rädertieren, jedoch bauchseitig als Fuß ein kleiner Kegel mit 2 Zehen. Kutikula hinter dem rötlich-gelben Kopfrand leicht geringelt. **G** 660–1000 µm. **L** Wasserbecken; selten. [5931]
Familie Synchaetidae. Kauapparat zugleich beißend und saugend, mit Saugkolben.
9 Gattung Polyarthra, Schwertborsten-Rädertiere. Planktisch. Fußlos. 4 Bündel von je 3 Rumpfflossen. 1 dunkelrotes Gehirnauge. [Gattung: 5201]
9 a Polyarthra vulgaris. Flossen 18–28 µm breit. 2 schmale Bauchstacheln. **G** 100–145 µm. **L** Plankton größerer Gewässer; im Sommer am häufigsten. [5204]
9 b Polyarthra major. Flossen um 25 µm breit. **G** 135–180 µm. **L** Gewässer aller Art; häufig.
9 c Polyarthra euryptera. Flossen bis 60 µm breit. **G** 120–160 µm. **L** Seen und Teiche; Sommer. [5203]
9 d Polyarthra remata. Flossen 8 µm breit. **G** Körper 80–120 µm. **L** Seen und Teiche; verbreitet. [5326]
9 e Polyarthra dolichoptera. Flossen nicht breiter als 14 µm. 2 Bauchstacheln. **G** Körper 110–145 µm. **L** Seen; während der kälteren Jahreszeit. [5202]

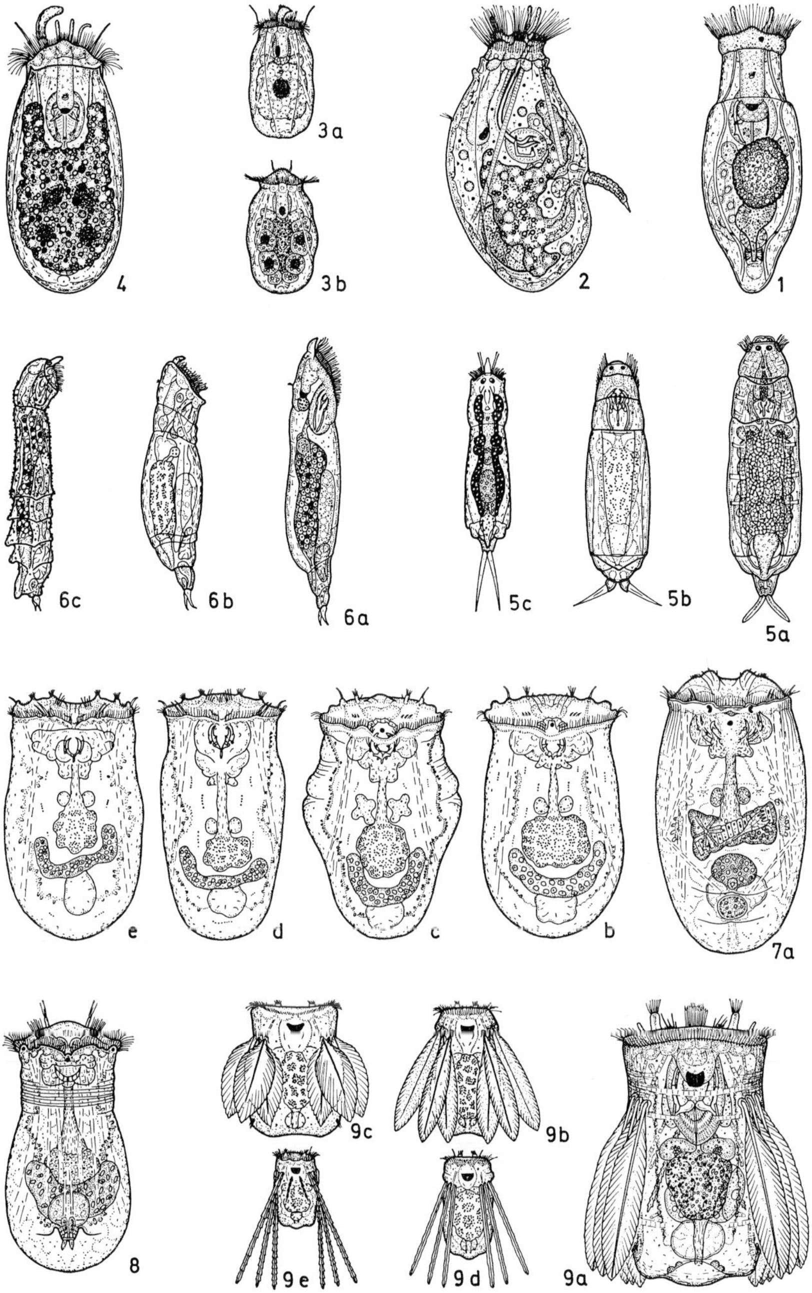
4
3a
3b
2
1
6c
6b
6a
5c
5b
5a
e
d
c
b
7a
8
9c
9b
9e
9d
9a

Rädertiere 8

1 Gattung Synchaeta, Drachen-Rädertiere. Tiere kegel- bis glockenförmig. Kopfteil vorgewölbt. Räderorgan mit seitlichen Wimperohren und 4 langen, steifen Sinnesmembranellen. Kauapparat sehr groß. 1 Gehirnauge (Farbfotos II, 22). [Gattung: 5054]

1 a Synchaeta pectinata. Am Kopf 2 bewimperte Taster. **G** 340–510 µm. **L** Gewässer aller Art, planktisch; von Herbst bis Frühjahr oft häufig. [5881]

1 b Synchaeta oblonga. 2 rote Augenflecke, von isolierten Pigmentkörnchen umgeben. **G** 225–250 µm. **L** Wie 1 a. [5327]

1 c Synchaeta tremula var. kitina. Seitentaster am Ende des taillierten Körpers. **G** Um 135 µm. **L** Seen und Teiche; Einzelgänger. Sommerform.

1 d Synchaeta tremula. Seitentaster am Ende des taillierten Körpers. **G** 180–290 µm. **L** Planktisch in Ufernähe von Seen und Teichen; Winter und Frühjahr am häufigsten. [5880]

1 e Synchaeta lakowitziana. Körper unterhalb der Wimperohren tief eingeschnürt. **G** Bis 300 µm. **L** Plankton von Seen; ausgeprägte Kaltwasserform. [5651]

1 f Synchaeta stylata. Körper in der Mitte am breitesten. **G** 200–313 µm. **L** Seen- und Teichplankton; Sommerform. **B** Schlupf aus dem Ei: Farbfotos I, 10. [5233]

1 g Synchaeta longipes. Fuß zylindrisch, lang und dünn. Bläulich-glasig, Kauapparat orangegelb. **G** 165–205 µm. **L** Seen und Teiche; flinke, räuberische Sommerform.

1 h Synchaeta grandis. Langgestreckter Körper in der Mitte eingezogen. **G** 410–600 µm. **L** Plankton von Seen und Moorteichen.

2 Ploesoma hudsoni, Schaum-Rädertier. Panzer erscheint schaumig; 2 fingerartige Taster als Sinnesorgane der Krone. Magenwand mit glänzenden Öltröpfchen. **G** 285–612 µm. **L** Seenplankton; teilweise zahlreich. [5200]

3 Microcodon clavus, Nagel-Rädertier. Wimperscheibe groß, herzförmig, um Mundöffnung 2 Bögen von Membranellen. Gehirn purpurfarbig. Tier glasig, schwach-violett. Kauapparat rot, stark reduziert. Schwingt oft an Klebfaden im Kreise. Einzige Art der Familie *Microcodonidae*. **G** 170–205 µm. **L** Verkrautete Gewässer, an Wasserlinsen. [5176]

Familie Testudinellidae. Kauapparat arbeitet mahlend und kauend (ramat).

4 Gattung Testudinella, Schildkröten-Rädertiere. Panzer abgeflacht. Beweglicher Steuerfuß mit eingesenktem Wimperbüschel am Ende. 2 Augen. Längsmuskulatur quergestreift. [Gattung: 5085]

4 a Testudinella patina. Panzer im Umriss fast kreisförmig, glasig, gekörnelt. **G** Panzer 120–200 µm. **L** Kleinere Gewässer auf Bodenschlamm. [5055]

4 b Testudinella reflexa. Panzer oval, auf dem Rücken gekörnelt, Bauchpanzer vorne tief eingekerbt. **G** Panzer 115–156 µm. **L** Am Rand von Gewässern; kälteliebender Einzelgänger.

4 c Testudinella parva. Panzer birnenförmig. **G** Panzer 100–120 µm. **L** Zwischen Wasserpflanzen und Algen; Einzelgänger.

4 d Testudinella mucronata. Vorderrand des Rückenpanzers läuft in breite Spitze aus. **G** Panzer um 140 µm. **L** Wie 4 c. [5923]

5 Gattung Pompholyx, Schielaugen-Rädertiere. Panzer vorne quer abgestutzt. Kittdrüsen des reduzierten Fußes scheiden Sekretstiel aus, an dem Sommereier haften. 2 dunkle Linsenaugen. [Gattung: 5964]

5 a Pompholyx sulcata. Panzer nicht abgeplattet, durch Längsfurchen 4-teilig. **G** 110–126 µm. **L** Seen und Teiche, planktisch; meist Einzelgänger. [5234]

5 b Pompholyx complanata. Panzer abgeplattet. **G** 70–90 µm. **L** In Teichen Sommerform, in Seen ausdauernd; nicht häufig.

6 Gattung Hexarthra, Borstenfächer-Rädertiere. Rumpf mit 6 unterschiedlich langen Ruderanhängen mit fächerförmig gestellten Fiederborsten. 2 Linsenaugen. [Gattung: 5243]

6 a Hexarthra mira. Hinterende mit 2 bewimperten Fortsätzen (Kaudalanhänge) (Farbfotos I, 12). **G** 160–210 µm, Riesenexemplare bis 400 µm. **L** Seen und Teiche, planktisch; Sommer, Herbst. [5154]

6 b Hexarthra fennica. Keine Kaudalanhänge. **G** 100–300 µm. **L** Brackwasserform, in Aquarien.

7 Gattung Filinia, Springborsten-Rädertiere. Ungepanzert; fußlos; mit 3 abspreizbaren Sprungborsten. Bewegungen gleitend und schnellend. 2 rote Linsenaugen. Räderorgan ein randständiger Wimpernkranz. [Gattung: 5979]

7 a Filinia longiseta var. longiseta. Alle Borsten bedornt, Seitenborsten 2–4-mal länger als der Körper. **G** Körper 130–250 µm. **L** Planktisch in Seen, Teichen, Moorgewässern; verbreitet, oft zahlreich (Farbfotos I, 13; Farbfotos II, 23). [5262]

7 b Filinia longiseta var. passa. Borsten dornenlos. Die Hinterborste erreicht nie die doppelte Körperlänge. **G** Körper 180–200 µm. **L** Teich- und Tümpelplankton.

7 c Filinia longiseta var. limnetica. Borsten bedornt und extrem lang (500 µm!). **G** Körper 150–200 µm. **L** Größere Gewässer. [5263]

7 d Filinia brachiata. Borsten nicht so lang wie der Körper. **G** 94–190 µm. **L** Tümpel und Teiche. [5261]

7 e Filinia cornuta. Hinterborste endständig. **G** Körper 80–120 µm. **L** Seen und Teiche; Einzelgänger. [5656]

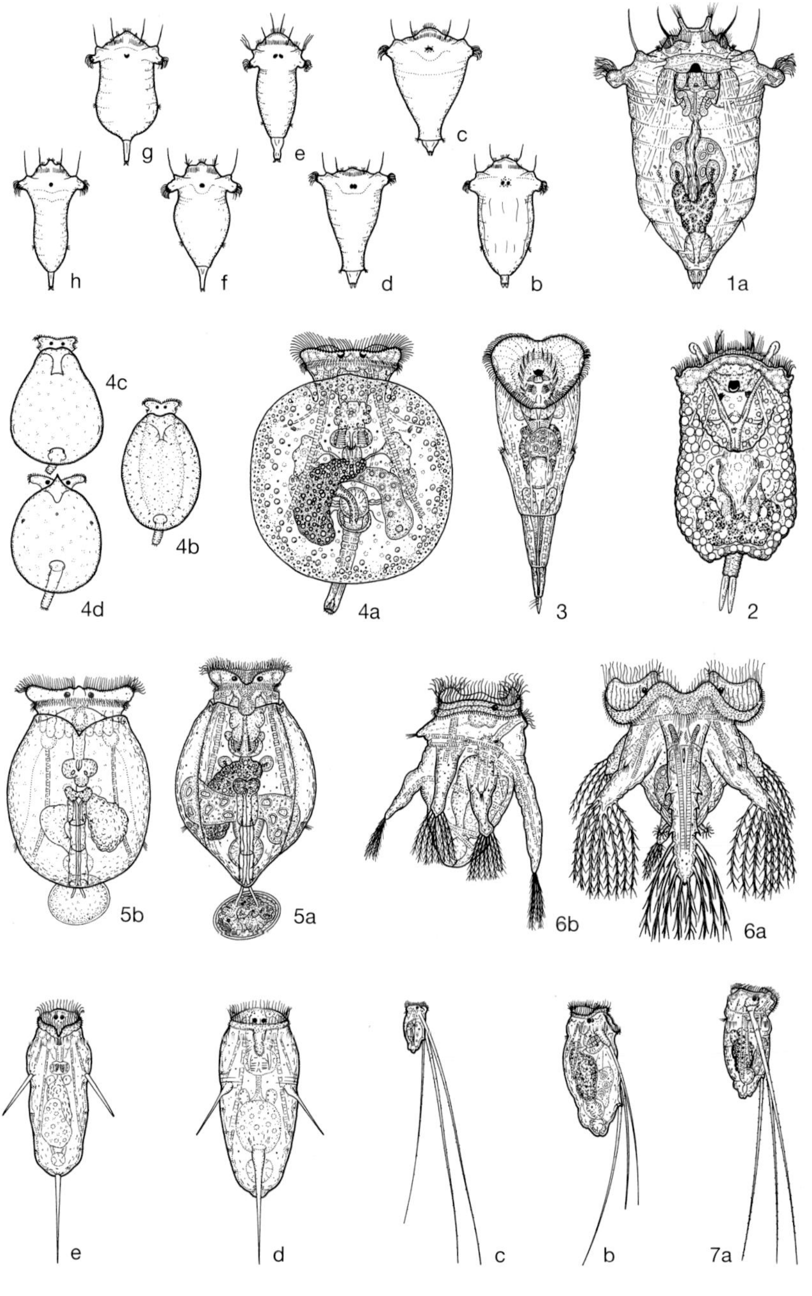
g
e
c
h
f
d
b
1a
4c
4b
4d
4a
3
2
5b
5a
6b
6a
e
d
c
b
7a

Familien Flosculariidae und Conochilidae. Kauapparat arbeitet mahlend, kauend, hämmernd und greifend (malleoramat).
1 Gattung Ptygura, Segel-Rädertiere. Umriss der Wimperkrone ungefähr kreisförmig, breiter als der Rumpf. Tiere meist einzeln in Gallertgehäusen. [Gattung: 5051]
1 a Ptygura crystallina. Gallerttonnen unregelmäßig, bräunlich, mit Detritus besetzt. Kittmassen werden von zwei Fußdrüsen wie Ringe aufeinandergelegt und verquellen zu einer Einheit. Lange äußere Wimpern der Krone strudeln Nahrung herbei, kürzere innere transportieren sie zum Mund. Bauchtaster kurz. **G** 200–500 µm. **L** Tümpel und Teiche, an Wasserpflanzen.
1 b Ptygura brachiata. Gehäuse glasig, regelmäßig. Bauchtaster lang. **G** 450–1020 µm. **L** An untergetaucht lebenden Torfmoosen.
1 c Ptygura pilula f. longipes. Gehäuse dunkelgelb, Bauchtaster lang. **G** Um 1400 µm. **L** Kleinere Gewässer, Moore.
1 d Ptygura stygis. Gehäuse braun. Bauchtaster niedrige Warzen. **G** Um 650 µm. **L** Seen und Teiche.
1 e Ptygura velata. Gehäuse als niedriger Wall. **G** 250–460 µm. **L** Hochmoore; im Spätherbst.
1 f Ptygura melicerta. Gehäuse als niedriger Wall. Fuß sehr lang und dehnbar. **G** 150–370 µm. **L** An Wasserpflanzen. [5269]
1 g Ptygura longicornis. Gehäuse aus Detritus, ältere Tonnen undurchsichtig. Bauchtaster lang. **G** Um 400 µm. **L** Tümpel, Hochmoore.
1 h Ptygura pilula. Gehäuse durch eirunde Kotballen verstärkt. **G** Um 1300 µm. **L** Seen und Moore; oft häufig. [5270]
2 Lacinularia flosculosa, Herz-Rädertier. Umriss der Wimperkrone herzförmig. Gallerthülle umgibt ganzen Fuß. Meist in kugeligen Kolonien. Gallerte gelblich. Kolonien festsitzend oder freischwimmend. **G** 1500–2000 µm. **L** Stehende und fließende Gewässer; Sommer und Herbst. [5239]
3 Sinantherina socialis, Höcker-Rädertier. Umriss der Wimperkrone herzförmig. Nur Fußenden stecken in der kleinen Gallerthülle. Eier auf einer Papille hinter dem After befestigt. Am Hals 4 dunkel gefärbte Warzen. Koloniebildend; frei oder angeheftet. **G** 1000–2000 µm. **L** Altwässer, an Hornkraut und Tausendblatt. [Gattung: 5962]
4 Beauchampia crucigera, Schlauchkopf-Rädertier. Umriss der Wimperkrone kreis- bis nierenförmig. Dorsaltaster auffällig lang. Gehäuse undurchsichtig braungrau, meist gebogen. **G** 436–700 µm. **L** An Wassermoos, Wasserschlauch, Hornkraut, unter Seerosenblättern; stellenweise.
5 Gattung Limnias, Kronenlappen-Rädertiere. Krone zweilappig. Fuß sehr lang. Meist einzeln lebend. [Gattung: 5245]
5 a Limnias ceratophylli. Gehäuse undurchsichtig, hellbraun, mit Detritus verstärkt. **G** 800 bis 1000 µm. **L** Auf Wasserpflanzen. [5265]
5 b Limnias melicerta. Fuß sehr lang. Gehäuse aus aufeinandergeklebten Ringen. **G** Um 1000 µm. **L** Unterseite von Seerosenblättern.
6 Gattung Floscularia, Blumen-Rädertiere. Wimperkrone in 4 Lappen gegliedert. [Gattung: 5978]
6 a Floscularia ringens. Gehäuse aus „Pillen", die das Tier aus herangestrudelten Detritusteilchen formt. „Pillen" walzenartig. **G** 1300–1600 µm. **L** Unterseite von Seerosenblättern; manchmal häufig. [5996]
6 b Floscularia ringens var. conifera. „Pillen" länglich, an den Enden zugespitzt, goldgelb. **G** 2000 µm. **L** Auf Wasserpflanzen; Einzelgänger. [5304]
6 c Floscularia pedunculata. „Pillen" kugelrund, dunkelbraun, 14 µm Durchmesser. **G** Um 750 µm. **L** An Wasserschlauch (*Utricularia*); selten.
6 d Floscularia janus. Gallertgehäuse mit großen Kotballen locker belegt. **G** Um 1600 µm. **L** An Wasserpflanzen; verbreiteter Einzelgänger.
6 e Floscularia melicerta. Gehäuse gallertig, nie mit Pillen belegt, mit Fremdteilchen inkrustiert. **G** 700–1600 µm. **L** Wie 6 d.
7 Conochilus natans, Walzenschwimmer. Bauchtaster unter der Wimperkrone. Kauapparat orange. Gallerthülle glasig, reicht bis zu den Tastern. Einzeln. Tiere schwimmen mit dem Fuß voran, ohne sich dabei zu drehen (Ausnahme unter den Rädertieren). **G** 285–510 µm. **L** Teich- und Seenplankton. [5878]
8 a Conochilus hippocrepis, Kugel-Rädertier. Ventraltaster auf der Krone innerhalb des hufeisenförmigen Räderorgans, vor der Munderhebung, getrennt. Tiere in freischwimmenden Kolonien. 60–100 Individuen bilden eine Kolonie. **G** Einzeltier 500–800 µm. **L** Saubere Seen und Teiche im Gürtel zwischen freiem Wasser und Uferzone. [5250]
8 b Conochilus unicornis, Kugel-Rädertier. Ventraltaster zusammengewachsen, mit 2 Borstenbüscheln. 2–25 Individuen bilden eine Kolonie. **G** Einzeltier bis 380 µm. **L** Seen- und Teichplankton; im Sommer zuweilen massenhaft. [5118]

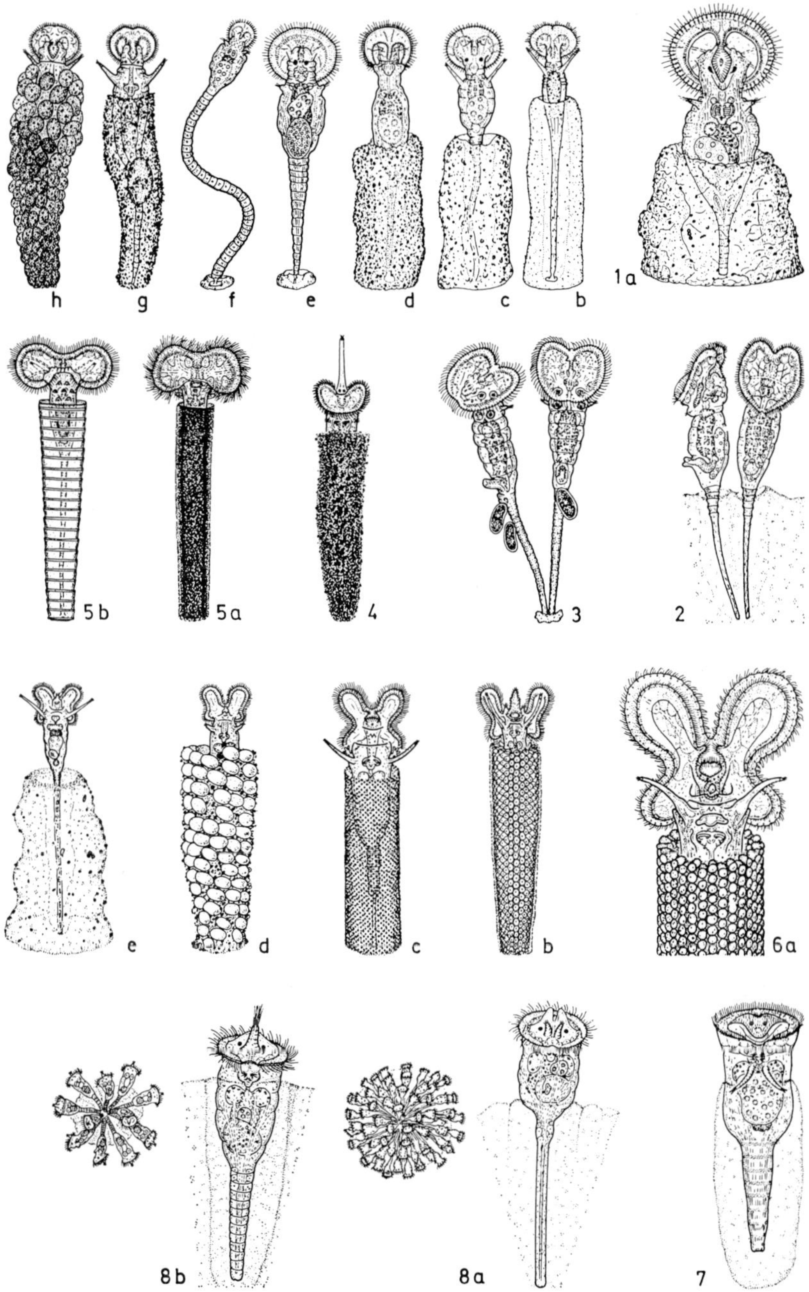
h
g
f
e
d
c
b
1a
5b
5a
4
3
2
e
d
c
b
6a
8b
8a
7

Familie Collothecidae. Kauapparat klein, seine Teile stampfen die Nahrung vom Kropf (Mastaxhöhle) in den Magen (uncinat).

1 Gattung Collotheca, Reusen-Rädertiere. Krone mit 1–7 Lappen. Auf den Lappen Fächer langer Wimperborsten, die die Beutetiere blitzschnell in den Fangtrichter hineinschleudern. Mundrohr zu weitem Trichter umgewandelt, an dessen Grund durch einen Querwulst ein Vestibulum („Vorhalle") abgegliedert ist. Meist sesshaft in Gallerttönnchen. [Gattung: 5974]

1 a Collotheca ornata var. cornuta. Kronenrand mit 5 Zipfeln, auf dem Rückenzipfel ein langer Fortsatz. **G** 240–650 µm. **L** Seen und Tümpel; weit verbreitet, Frühjahr bis Herbst, oft häufig.

1 b Collotheca ornata. Kronenrand mit 5 Zipfeln, Rückenzipfel am größten. Zwischen den Zipfeln keine Wimpern. **G** 400–850 µm. **L** An Wasserpflanzen. [5995]

1 c Collotheca coronetta. Kronenrand mit 5 langen, geknöpften Zipfeln. Zwischen den Zipfeln kurze Wimpern. **G** 675–1020 µm. **L** Wie 1 b.

1 d Collotheca heptabrachiata. Kronenrand mit 7 Zipfeln; 6 davon nach außen, Rückenzipfel nach innen gebogen. **G** 500–850 µm. **L** Seen, Teiche, Altwässer.

1 e Collotheca campanulata. Krone 5-lappig; der größte Lappen (Rückenlappen) am Ende abgerundet. Ganzer Kronenrand bewimpert. **G** 560–1400 µm. **L** An Wasserpflanzen, in Seen, Teichen, Altwässern; häufig. [5260]

1 f Collotheca campanulata var. longicaudata. Krone 5-lappig, großer Rückenlappen am Ende zugespitzt. **G** 725–1020 µm. **L** Altwässer, Moortümpel.

1 g, 1 h Collotheca ambigua. Krone 5-lappig, die beiden Seitenlappen weniger ausgeprägt. Oft erscheinen die Seitenlappen lediglich als Randverdickungen. Gehäusebau unterbleibt manchmal. **G** 200–850 µm. **L** In Tümpeln, Altwässern und Mooren auf Pflanzen, Schlamm und Blaualgen.

1 i Collotheca trilobata. Krone 3-lappig; „Rückenzunge" überragt die beiden „Bauchzungen". Krone vollständig in 2 Kränzen bewimpert. **G** 1400–1700 µm. **L** Sümpfe, Moorgewässer; ziemlich selten.

1 k Collotheca calva. Krone schmal, 2-lappig. **G** 390–520 µm. **L** Nährstoffreiche Gewässer, Bäche, Torflachen; an Wasserpflanzen.

1 l Collotheca mutabilis. Freischwimmend im Plankton. Krone zweilappig. **G** 190–580 µm. **L** Seen und Teiche; Sommerform. [15279] ▸ *C. libera* S. 344/6

1 m Collotheca pelagica. Freischwimmend im Plankton, schwimmt mit dem Fuß voran. Kronenrand glatt, ohne Lappen, mit Reusenwimpern und Schwimmwimpern besetzt. **G** 300–500 µm. **L** Seen, Teiche, Moorgewässer. [5644]

2 Stephanoceros fimbriatus, Fransenkrone. Kronenrand in 5 bewimperte, lange Arme ausgezogen. Fangtrichter und Kauapparat wie bei den Reusen-Rädertieren. An jedem Fangarm 19 Paare langer Wimperbüschel, die alle nach außen weisen; kürzere Borsten nach innen gerichtet. Lange Außenwimpern schleudern Beute in die Reuse, kreuzen sich dann und bilden zusammen mit den Innenwimpern einen unentrinnbaren Käfig. Gefangen werden Flagellaten, Algen, Wimpertiere, Rädertiere. Lebensdauer 10–14 Tage. Gallertgehäuse sehr zart, wird erst durch Detritusauflagerungen sichtbar (Farbfotos II, 25). **G** 1000–1500 µm. **L** Nährstoffreiche Gewässer; an Tausendblatt, Wasserlinsen, Seerosen, Laichkräutern. [5898]

3 Cupelopagis vorax, Drehfuß-Rädertier. Krone ohne Wimpern, sodass ein großer, glattrandiger, einschlagbarer Fangtrichter entsteht. Kauapparat wie bei *Collotheca*. Fuß kurz. Rumpf der Weibchen blasig aufgetrieben. Fuß bauchwärts verlagert und zu einer Haftscheibe umgewandelt. Muskulatur mächtig entwickelt. Mit dem Trichter fangen die Tiere massenhaft Algen, Fadenwürmer und Protozoen. Bevor der Trichter zusammenklappt, wird der Mundsaum umgeschlagen. **G** 600–1000 µm. **L** Sitzt waagerecht an Seerosenblättern und *Elodea* (Wasserpest).

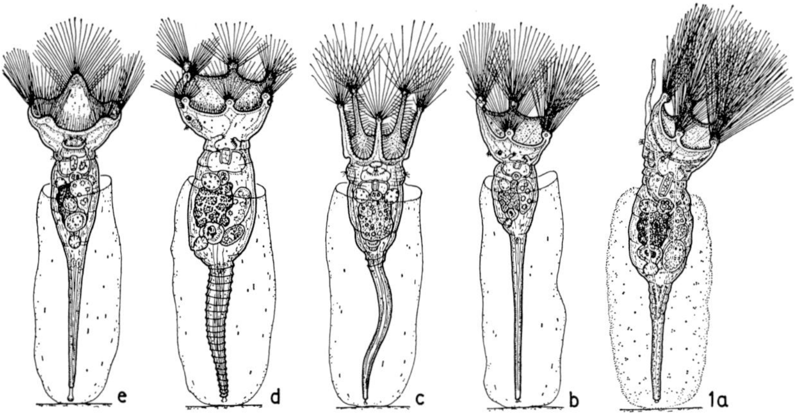

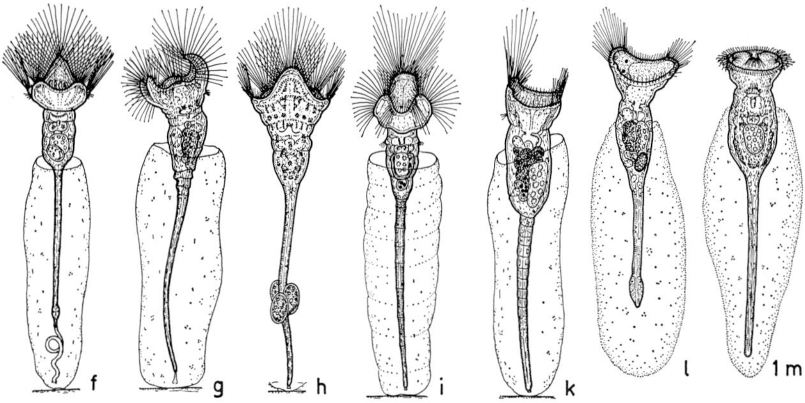

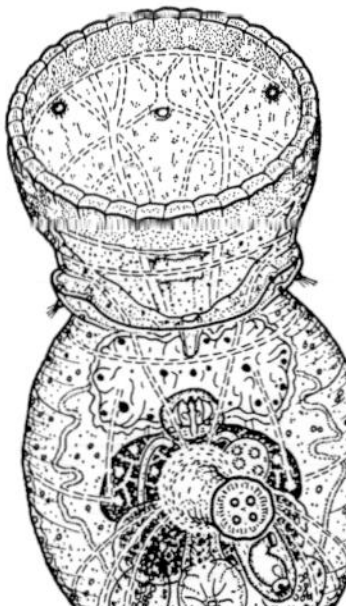

3

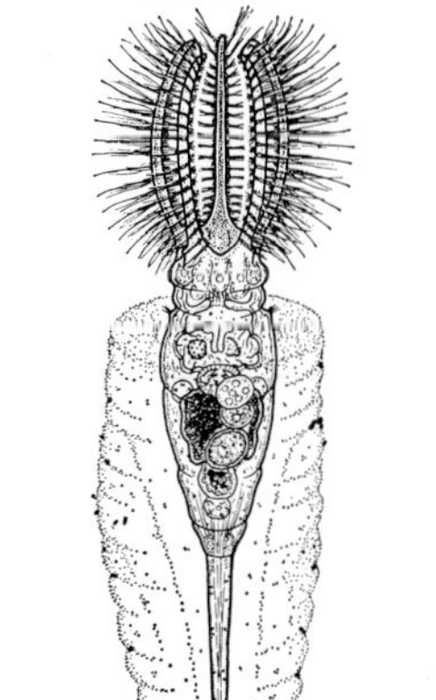

2

Bauchhärlinge 1

1 Chaetonotus schultzei, Borstentierchen. Kopf und Hals gleichmäßig breit; Hals geht nach hinten allmählich in den dicken Rumpf über. Am Kopf 4 Tasthaarbüschel und 2 grünliche, stark lichtbrechende Körperchen (Augen?). Stacheln des Rückens und der Seiten mit je 2 kräftigen Nebenspitzen. Stacheln des Hinterkörpers doppelt so lang wie die vorderen. Zwischen den Wimperbändern der Bauchseite sehr kleine Stacheln. **G** 320–400 µm lang. **L** Flache Wasserlachen, Teiche, Seen, Moortümpel. [Gattung: 5066]
2 Chaetonotus chuni, Sohlentierchen. Körper breit. Auf dem Rücken kräftige, große Stacheln mit Nebenstacheln; dem Schwanzende zu werden die Stacheln kürzer, ebenso nehmen sie nach den Seiten hin an Länge ab. Alle Stacheln auf ovalen, sich dachziegelartig überdeckenden Schuppen. Enden der Schwanzgabelzinken sehr deutlich verbreitert. Zwischen den beiden Wimperbändern der Bauchseite kurze Stacheln. Vor dem Hinterende 2 Tastborsten. **G** 205–240 µm lang. **L** Teiche, zwischen Wasserpflanzen; Torfmoostümpel; Warmwasserform; nur von Mai bis Oktober zu finden.
3 Chaetonotus laroides, Geistertierchen. Alle Stacheln ohne Nebenspitzen. Auf dem mittleren und hinteren Körperdrittel große Stacheln in 7 Längsreihen. Stacheln des Kopfes und des Halses 4 mal kürzer; scharfe Grenze zwischen ihnen und den langen Stacheln. Rückenseitiger Stachelbesatz reicht nur bis zur Basis der Zehen. Räuber. **G** 180–220 µm lang. **L** Seen, Teiche, Tümpel; zwischen Wasserpflanzen sehr weit verbreitet und häufig. [5067]
4 Chaetonotus maximus, Flaschentierchen. Kopf deutlich 5lappig, plötzlich in den Hals verschmälert. Rücken und Seiten bis zur Bauchseite hin mit runden, einfachen, am Hinterrand hufeisenförmiger Schuppen entspringenden Stacheln bedeckt. Hintere Stacheln doppelt so lang wie die vorderen. **G** 115–225 µm lang. **L** Am Grund von Gewässern (in Seen auch in größeren Tiefen), im Ufersand, in Mooren; zwischen Pflanzen. Weitverbreitet. [5068] **A$_1$** Doppelt so groß (390–425 µm), Hals vom Kopf wenig abgesetzt, Bestachelung sehr ähnlich: *Ch. simrothi*. **A$_2$** Kopf sehr schmal, nicht vom Hals abgesetzt, Bestachelung wie oben (330–370 µm): *Ch. linguaeformis*. **A$_3$** Schlank, Kopf, Hals und Rumpf fast gleich breit, 490–540 µm: *Polymerurus serraticaudus*. Größte Art des Süßwassers. [Gattung: 5221]
5 Chaetonotus hystrix, Stachelschweinchen. Gedrungen. Kopf länglich-oval, schmäler als der Rumpf. Rücken mit 9 Längsreihen dreikantiger, mit Nebenspitzen versehener Stacheln. 3-lappige Stachelschuppen decken sich nicht. Seitenstacheln kleiner als Rückenstacheln, Bauchseite außerhalb der Wimperbänder fein bestachelt. Detritusfresser und Jäger. **G** 90–130 µm lang. **L** Auf Wasserpflanzen in Tümpeln, Teichen, Sümpfen; in Moospolstern an Gewässerrändern. **A** Schuppenstacheln länger, senkrecht vom Körper abstehend: *Ch. murrayi*. 160 µm lang, in feuchtem Moos am Ufer stehender Gewässer.
6 Chaetonotus macrochaetus, Langstacheltierchen. Ähnelt *Ch. laroides*, doch beginnen die langen Stacheln erst hinter der Körpermitte (Farbfotos II, 21). Von 26 großen Stacheln stehen 4 in der Mittellinie, in den Reihen links und rechts davon 4; 3. und 4. Rückenstacheln mit je 1 Nebenspitze. Stacheln auf pflugscharförmigen Schuppen. **G** 77–135 µm lang. **L** In kleineren Gewässern zwischen Wasserpflanzen weit verbreitet; Moorgräben zwischen Torfmoosen und anderen Moosen.
7 Heterolepidoderma ocellatum, Augenhärling. Am Kopf zwei lichtbrechende Körperchen (Augen?). Schwanzgabel mit Endgliedern. Rücken von sehr kleinen, spitzigen Schüppchen bedeckt (erscheinen als feine, kurze Linien). **G** 85–160 µm lang, Kopf 23 µm breit. **L** Teiche, Seen, Moortümpel. Auf Faulschlamm, in Algenpolstern, sogar in faulenden Kulturen. Alle Lebensräume, in denen Gastrotrichen überhaupt existieren können. Weit verbreitet. **B** Einzige Gastrotrichen-Art, die sowohl im Süßwasser als auch im Meer vorkommt (Kieler Bucht). [5993]
8 Lepidoderma squamatum, Schuppentierchen. Kopf schwach 5-lappig, geht allmählich in den Hals über, so breit wie der Rumpf. Der ganze Körper von glatten Schuppen ohne Borsten oder Kiele bedeckt. Hinterränder der Schuppen etwas aufgekrümmt. Am Kopf jederseits 3 Tasthaarbüschel. **G** 120–220 µm lang. **L** Zwischen Wasserpflanzen und am Grund; in Tümpeln, Teichen, Seen, weit verbreitet. [5257]

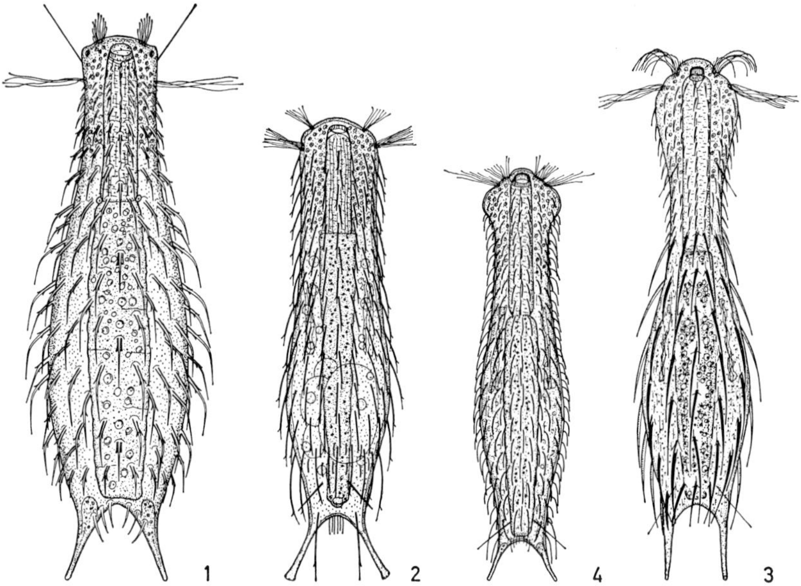

1 2 4 3

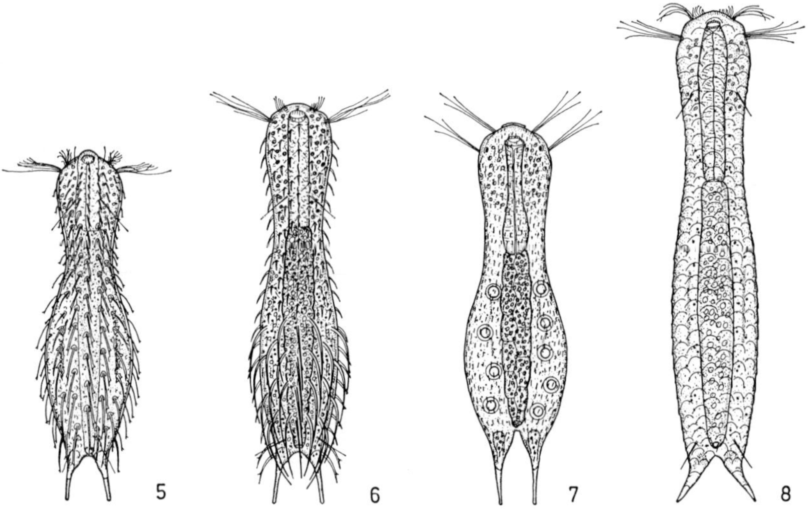

5 6 7 8

Bauchhärlinge 2

1 Ichthydium podura, Zehenfischchen. Gedrungen, ohne Schuppen und Stacheln. Epidermis von dünner, schmiegsamer Kutikula bedeckt, die in Falten gelegt werden kann. Am Mund 2 nach vorne gerichtete Tasthaare, daneben kleinere Haare, weiter hinten 2 seitliche, ausgedehnte Tastgeißel-Büschel. Auf dem Rücken 4 Tasthaare in 2 Paaren. **G** 75 µm lang. **L** Zwischen Wasserpflanzen in Teichen, auf Faulschlamm, in Torfgewässern; weit verbreitet.
2 Ichthydium forcipatum, Zangenfischchen. Schlanker als vorige Art. Kopf und Hals gleich breit, Rumpf hinten abgestutzt. Haut nackt. Auf der Rückenseite auf 2 Höckerpaaren die am Ende keulig verdickten Tastborsten. Schwanzgabel gekrümmt, mit zangenartigen Zinken, die an der Basis je einen nach innen gerichteten Zahn tragen. Wimperbänder des Bauches mit auffallend langen Wimpern. **G** 106–130 µm lang, Schwanzgabel 30 µm lang. **L** Moortümpel und Torfmoospolster.
3 Polymerurus rhomboides, Kreiseltierchen. Lang und schmal. Extrem lange Haftröhrchen der *Polymerurus*-Arten sind durch ringförmige Einschnürungen und Verdickungen in etwa 20 Glieder aufgeteilt; Zehen daher frei beweglich und biegsam. Schuppen decken sich etwas, hintere Spitze jeder Schuppe borstenartig nach oben geknickt. Seiten- und Hinterränder der Stirnplatte ragen frei vor und bilden eine Art Kopfhaube. Sehr lebhaft. Gelblich gefärbt. **G** Gesamtlänge um 300 µm, Körper 200–230 µm lang. **L** Faulschlamm und Wasserlinsentümpel; nicht selten. [5221]
4 Neogossea antennigera, Fühlertierchen. Am Kopf 2 Tentakel und 3 Paare Tastgeißelbüschel. Körper mit sehr kurzen Stacheln und feinen Härchen bedeckt. Über dem Gehirn 2 grünliche Massen unbekannter Bedeutung. Am Hinterende längere Tastborsten. **G** 150–225 µm lang. **L** In Teichen auf Faulschlamm, in Moorgewässern; Warmwasser- (Sommer-)Form.
5 Dasydytes ornatus, Borstentaucher. Kopf vom Hals deutlich abgesetzt, trägt an den Seiten je 3 Wimperbüschel, die um die Kopfunterseite herumziehen. Vorne auf dem Kopf 1 unpaares Tasthaar. Seitenstacheln leicht geknickt, am Ende gabelspitzig, an der Knickstelle 1 Nebenzahn; können abgespreizt werden. Kopf mit kleiner Stirnplatte. Haftröhrchen („Zehen") fehlen. Detritusfresser. **G** Körper ohne Endstacheln 175–205 µm lang. **L** Am Grunde von Teichen und Wiesengräben auf Faulschlamm. **A** Beiderseits nur 3 Gruppen nicht geknickter Seitenstacheln, ohne Schwanzborsten um 135 µm lang: *D. dubius*; lebt im selben Biotop wie *D. ornatus*.
6 Haltidytes saltitans, Springtierchen. Kopf von 2 Ringen schwingender Wimpern umstellt. Die längeren, nach hinten gerichteten Wimpern reichen bis zum Ende des Halses. 4 oder 6 mächtige Borsten entspringen jederseits ohne Schuppen am Anfang des Rumpfes, laufen schräg über den Rücken und überkreuzen sich. Auf der Bauchseite entspringen 2 gebogene und 2 gerade Borsten, die das Körperende weit überragen. Schwimmt und springt schnell. Frisst vor allem Diatomeen. **G** Um 85 µm lang. **L** Am Grunde seichter Wald- und Wasserlinsentümpel unter Falllaub.
7 Haltidytes festinans, Tanztierchen. Die Abbildung zeigt ein Tier von der Bauchseite. Auf der Unterseite des Kopfes 2 Reihen beweglicher Tastgeißeln. Am Übergang von Hals und Rumpf jederseits 3 lange Borsten, dahinter je eine Vierergruppe abstehender Borsten. 2 sehr kräftige, etwas S-förmige Stacheln entspringen mit breiter Basis auf der Bauchseite und überkreuzen sich. Tiere bewegen sich außerordentlich rasch und können durch ruckweises Spreizen der Stacheln springen. **G** Ohne Stacheln 120 µm lang. **L** Flache Gewässerstellen auf Faulschlamm und im Detritus; unter Falllaub und Steinen.
8 Stylochaeta fusiformis, Zapfentierchen. Kopf breit, dreilappig; Hals deutlich abgesetzt. An den unteren Seitenkanten des Rumpfes entspringen lange Stacheln, die abgespreizt werden können. Vorderste Stachelgruppe umfasst jederseits 3, die nächste 4 und die dritte 2 Stacheln (mit jeweils 2 Nebenzähnchen). Haftröhrchen (die das abrupte Festkleben der Tiere auf dem Substrat gestatten) stehen jeweils zu dreien auf der Spitze von 2 beweglichen Zäpfchen am Hinterende. **G** Gesamtlänge 150–165 µm. **L** Zwischen Algen und Detritus, im Faulschlamm von Tümpeln, Wasserlinsenteichen, Torfmooren. **A** Ohne Seitenstacheln; 2 bauchseitige Stacheln überragen das Körperende; in Moortümpeln zwischen Torfmoos: *S. stylifera*.

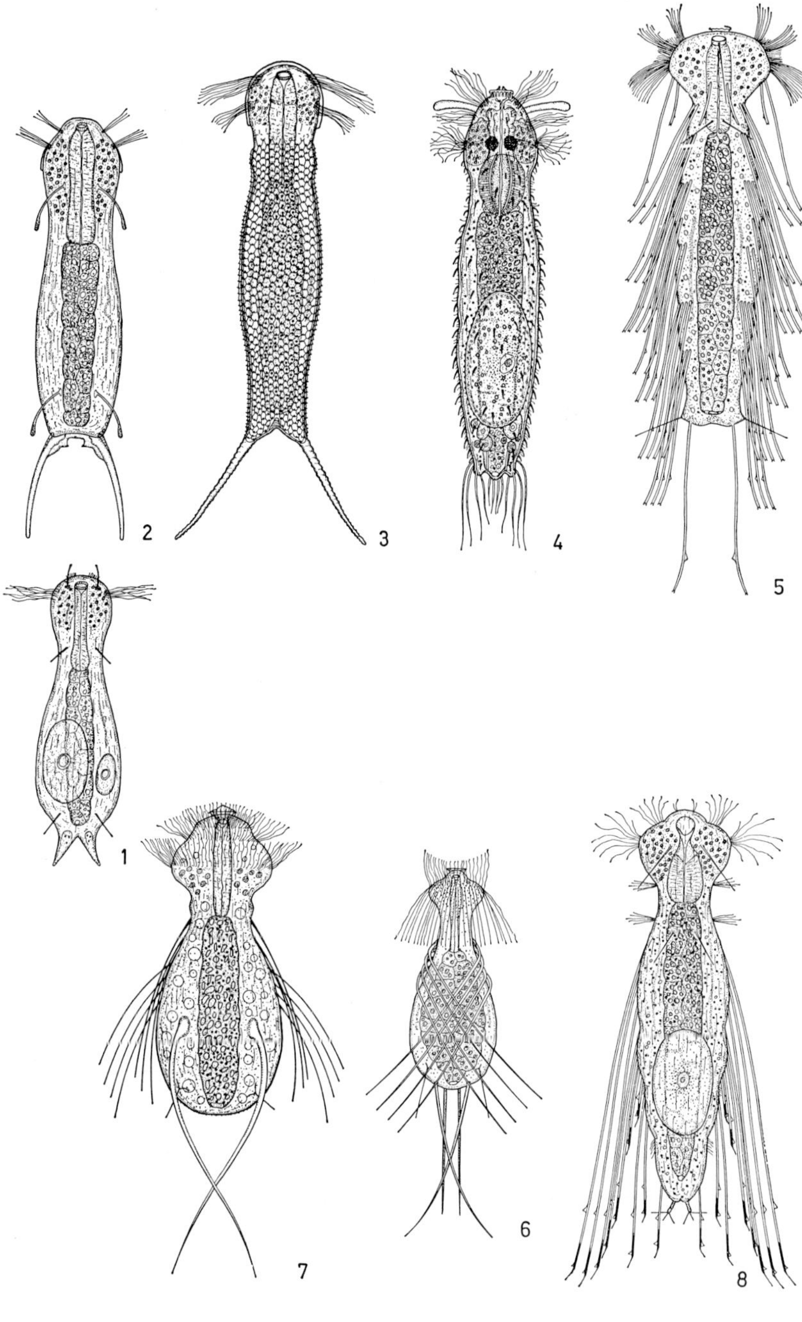
2
3
4
5
1
7
6
8

Fadenwürmer

1 Pelodera chitwoodi, Stabälchen. Mundhöhle ein Rohr, an dessen Basis 3 Zähnchen stehen. Plump. Schwanz der Weibchen verlängert-konisch, der der Männchen mit 20 Papillen bestückt. **G** 1–2 mm. **L** Verschmutzte Flüsse. [15186]

2 Bunonema reticulatum, Kronenälchen. Unsymmetrisch. Kutikula bildet links 5 Kriechleisten, rechts 24–42 Warzengruppen; rechts netzartig gemustert. **G** 220–360 µm. **L** Moosrasen, Humus, Torfmoose; sehr häufig [15036]. **A** 18–22 Warzenpaare: *B. richtersi.* [15037]

3 Diplogaster rivalis, Flussälchen. Speiseröhre mit muskulösem Endbulbus und weiterer Anschwellung zwischen Kopf und Darmanfang. Schwanz haarfein zugespitzt. **G** Weibchen 1,4–2 mm. **L** Faulschlamm; sehr häufig. [15070]

4 Diplogasteritus nudicapitatus, Doppelbauchälchen. Speiseröhre mit 2 muskulösen Anschwellungen. Kutikula längs- und quergestreift. Schwanz sehr lang, fadenförmig. **G** Weibchen 0,6 bis 1,2 mm, Männchen kleiner. **L** Schlamm der Gewässer; sehr häufig. [15071]

5 Diplogaster striatus, Streifenälchen. Kutikula längsgestreift und quergeringelt. In die Mundhöhle springen 1 große Zahnkralle, 1 pyramidenförmiges Zähnchen und 1 gezackte Kutikularplatte vor. Schwanzpartie extrem lang ausgezogen. **G** Weibchen 1–1,5 mm. **L** Detritus der Gewässer; sehr häufig. [15069]

6 Panagrolaimus rigidus, Wasserälchen. Kutikula sehr zart, quergestreift. Schwanz der Weibchen relativ kurz und konisch, Schwanzspitze der Männchen kurz abgesetzt. **G** 0,7–1,3 mm. **L** Faulschlamm von Gewässern aller Art; häufig. [15167]

7 Aphelenchoides parietinus, Spießwurm. Kopf kappenartig abgesetzt, mit 6 Lippen. Mundstachel vorstoßbar. **G** Weibchen 430–900 µm. **L** In Erde, am Grund von Gewässern; sehr häufig. [15028]

8 Plectus parvus, Ringel-Fadenwurm. Plump. Kutikula sehr fein geringelt, Kopf abgerundet, mit 4 kurzen Borsten. G 300–700 µm. **L** In Erde und Gewässern aller Art; sehr häufig. [15198]

9 Plectus cirratus. Kutikula deutlich geringelt. 4 kräftige Kopfborsten. **G** 0,9–1,5 mm. **L** In Erde und Gewässern aller Art; sehr häufig. [15192]

10 Anaplectus granulosus. Kutikula deutlich geringelt. Längs der Seitenlinien etwa 300 einzellige Drüsen. 4 Kopfborsten. Mundhöhle zunächst kugelig erweitert, dann langgestreckt, röhrenförmig, nach hinten wenig verengt. Bestachelte Eier. **G** 0,8–2 mm. **L** In Gewässern aller Art und in Erde sehr häufig. [15018]

11 Monhystera stagnalis, Borsten-Fadenwurm. Plump. Kutikula glatt mit einigen schwachen Körperborsten. Mundhöhle schüsselartig, nicht kutikularisiert. Am Kopf 10 Borsten. Über der zylindrischen Speiseröhre 2 karminrote Augenflecke mit Linsen. **G** 0,7–1,4 mm. **L** Gewässer aller Art; häufig. [15149]

12 Monhystera filiformis. Kopf quer abgestutzt, nicht abgesetzt. Kopfborsten kurz. Mundhöhle winzig. Schwanz fadenartig ausgezogen. **G** 0,3–0,8 mm. **L** In Gewässern und im Erdboden; sehr häufig. [Gattung: 5938]

13 Monhystera similis. Kutikula glatt, mit locker verstreuten Körperborsten. Kopfborsten zart, sehr klein. Darm tief dunkel, fast schwarz. Schwanz mit Spinndrüsen. **G** 0,3–0,9 mm. **L** Am Grunde verschiedenster Gewässer; häufig.

14 Chromadorina bioculata, Augen-Fadenwurm. Kutikula sehr schwach geringelt, Ringel mit zarten Punkten. Körperborsten in 4 Reihen. Pigmentkörnchen der Augenflecken rot. Sauerstoffbedürftige Art. **G** 0,5–0,8 mm. **L** Seen und Teiche; häufig. [15047]

15 Punctodora ratzeburgensis. Kutikula geringelt, gekörnt. Mundhöhle becherförmig. Bräunliche Augenflecken über der Speiseröhre. Diatomeenfresser. **G** 0,6–0,9 mm. **L** Seen und Teiche. [15216]

16 Chromadorita leuckarti. Kutikula punktiert, geringelt. Längste Körperborsten dicht hinter dem Kopf. 4 Kopfborsten. **G** 0,8–1,2 mm. **L** Flüsse und Seen; häufig. [15050]

17 Ethmolaimus pratensis, Siebwurm. Kutikula geringelt, punktiert. Körperborsten kurz. Spitze des konischen Schwanzes zwiebelartig abgesetzt. **G** 0,4–1,1 mm. **L** In Gewässern und in Erde. [15086]

18 Tobrilus gracilis, Kristallwurm. Kutikula zart längsgestreift. Zwischen den Gewebezellen des Körpers sehr viele Kriställchen. Becherförmige Mundhöhle kann vorgestreckt werden. **G** Weibchen 1,8–3,3 mm. **L** Nur in Gewässern; sehr häufig. Leitform der sauerstoffarmen norddeutschen Seen. [15238]

19 Dorylaimus stagnalis, Lanzenwurm. Kutikula sehr zart punktiert. Auf Rücken und Bauch in Längsreihen winzige Papillen. Mundhöhle mit hohlem, vorne schräg abgestutztem, offenem, vorschiebbarem Stachel. Saugt Algenzellen aus. **G** 2,5–5,5 mm. **L** Gewässer aller Art; oft massenhaft in Aquarienfiltern. [15080]

20 Paradorylaimus filiformis. Lippen miteinander verschmolzen, vom Körper deutlich abgesetzt. Hohlstachel wird von einfachem Kutikularring geführt (bei *Dorylaimus stagnalis* von 2 Ringen; s. 19). Schwanz haarfein ausgezogen. **G** 1,9–3,5 mm. **L** Gewässer und feuchtes Erdreich; sehr häufig.

21 Paractinolaimus (Actinolaimus) macrolaimus, Hohlzahnwurm. Wände der Mundhöhle kräftig kutikularisiert, mit 4 breiten Zähnen. Hohler Stachel läuft in rückenseitigem Führungsring. Schwanzende zylindrisch ausgezogen. Bohrt Algen, Zellen höherer Wasserpflanzen und Kleintiere an und saugt sie aus. **G** 2–4,5 mm. **L** Gewässer aller Art; sehr häufig. [15170]

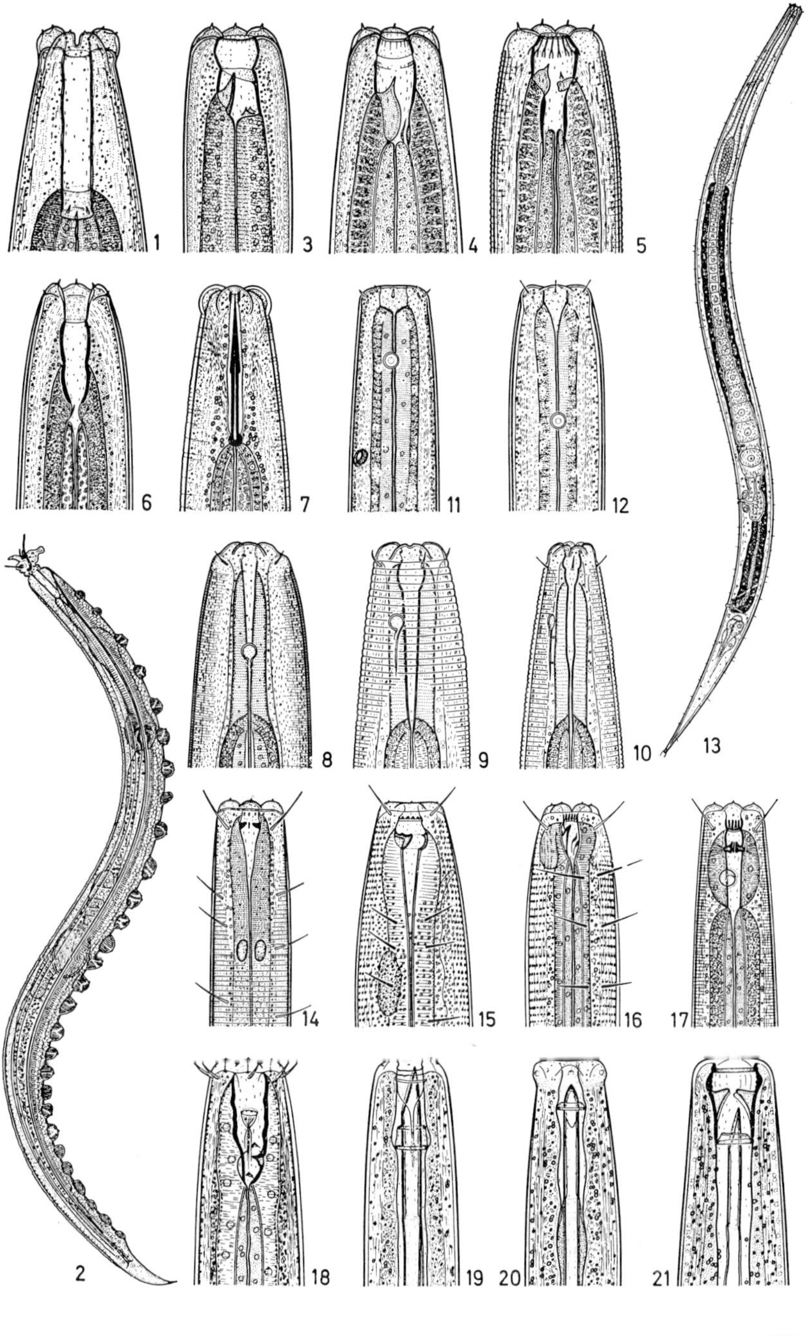
1
3
4
5
6
7
11
12
13
2
8
9
10
14
15
16
17
18
19
20
21

Gliederwürmer, Oligochaeta, Wenigborster 1

1 Aeolosoma variegatum, Öltropfenwürmchen. Durchsichtig. Kopflappen bauchseitig dicht bewimpert. Dissepimente (Scheidewände zwischen den Ringeln) unvollständig. Vermehrung vorwiegend ungeschlechtlich (Tierketten mit Sprossungszonen). In vielen Hautzellen gelbe, gelbgrüne oder blaugrüne Vakuolen; dicht neben jeder Vakuole 1 öliges Sekrettröpfchen. Rückenseitige Borstenfächer mit je 3–4 unterschiedlich langen Haarborsten. **G** 1,5–4 mm. **L** Teiche, Tümpel, Aquarien; Einzelgänger. [5060] **A_1** Öltropfen orange- bis karminrot, 3–5 lange und 3–5 kürzere Haarborsten in jedem Borstenfächer: *Ae. hemprichi*. Überall häufige Ubiquisten; in eutrophierten Gewässern oft massenhaft. In feuchtem Sand. [5001] **A_2** Öltropfen farblos; Teilungszone hinter den 9. oder 10. Borstenbündeln; fließende Gewässer: *Ae. hyalinum* [5818]. **A_3** Sekrete farblos; Teilungszone hinter den 5. oder 6. Borstenbündeln: *Ae. niveum*. [5059]
2 Chaetogaster diastrophus, Bauchborstenwürmchen. Rückenseitige Borstenbündel fehlen. Bauchseitige Gabelborsten–4–7 je Bündel–fehlen am 3., 4. und 5. der 10–16 Segmente. **G** Einzeltiere 1–2 mm, Tierketten bis 5 mm. **L** Auf Wasserpflanzen, im Bodensatz, selbst im Plankton von Gewässern aller Art (in kalten Bächen) [5005]. **A_1** Sehr durchsichtig, räuberisch, im Darm meist Rädertiere und Wasserflöhe, bis 25 mm: *Ch. diaphanus* [5064]. **A_2** Bis 7 mm: *Ch. cristallinus* [5063]. **A_3** Auf den Tentakeln der Schlammschnecke *Lymnaea stagnalis*: *Ch. lymnaei*. [5114]
3 Pristina longiseta, Schnauzenwürmchen. Rückenseitige Borstenbündel beginnen bei allen 8 *P.*-Arten im 2. Segment (bei den übrigen Naididen erst im 4. bis 6. Segment). Haarborsten am 3. Segment stark verlängert. Kopflappen in beweglichen, mit Tastbörstchen ausgerüsteten Tentakel ausgezogen. Darm erweitert sich im 7. oder 8. Segment zu magenartigem Sack. **G** Einzeltiere 2–6 mm. **L** Gewässer aller Art, an Pflanzen; am häufigsten in Moorgebieten. [5670]
4 Aulophorus furcatus, Hülsenwürmchen. Rötlich-gelb. Baut sich aus Schleim ein durchsichtiges Röhrchen, in dem es träge auf Beute lauert. Atmungsorgan (6-zipfeliger Kiemennapf mit 2 langen Tastfadenanhängen) ragt über offenes Hinterende der Röhre hinaus. Rückenseitige Borstenbündel beginnen im 5. Segment. **G** Tierketten 6–12 mm. **L** An Wasserpflanzen, im Schlamm; besonders in Torfmooren. [1358]
5 Dero obtusa, Kiemenwürmchen. Schleimröhrenbauer wie vorige Art, Röhren jedoch mit Detritus inkrustiert. Tiere „laufen" in ihren Röhren auf den gegabelten Borsten der Bauchborstenbündel. Kiemenapparat am Hinterende mit 3 Paaren Blutkiemen (a). **G** Einzeltiere 6 bis 12, Ketten bis 17 mm. **L** Teiche, Fließgewässer, Torfmoore; Einzelgänger; nicht selten [1364]. **A_1** Blutkiemen kurz (b): *D. nivea*. **A_2** 4 Paare Blutkiemen (c): *D. digitata*. [1361]
6 Vejdovskyella comata, Langhaarwürmchen. Schwimmt nie, kriecht schwerfällig. Farblos, durchsichtig. Rücken-Borstenbündel beginnen im 5. Segment, jedes umfasst 4–8 um 350 µm lange, einseitig gezähnelte Sägeborsten und 1–6 um 50 µm lange Nadelborsten. Vermehrung meist durch Kettenbildung und Abschnürung von Tochtersprossen. **G** Einzeltiere um 4 mm, Ketten bis 8 mm. **L** Moorige Gewässer; im Schlamm stehender Gewässer. [5830]
7 Ripistes parasita, Leimrutenwürmchen. Lebt in durchscheinenden, detritusüberkrusteten Röhrchen, meist in Gruppen. Kopflappen rüsselförmig. Segmente VI-VIII mit je 1 Paar rückenseitiger Borstenfächer. Deren Borsten werden lebhaft bewegt, sind durch Schleimhüllen klebrig und dienen dem Fang von Algen und Detritusteilchen. **G** Einzeltiere 2–4,5 mm. **L** Auf Pflanzen in der Uferzone größerer, sauberer Gewässer; nicht häufig. [5944]
8 Stylaria lacustris, Teichschlange. Durchsichtig. Schwimmt elegant. Langer, äußerst beweglicher Tastrüssel. Am Darm hinter den Dissepimenten jeweils schwarze Pigmentringe. **G** Einzeltiere 3–10 mm, Ketten 5–18 mm. **L** Stehende Gewässer und Krautzonen von Flüssen; an Wasserpflanzen, im Schlamm, an Pfählen; am häufigsten in Teichen mit Wasserlinsen. [5011]
9 Slavina appendiculata, Schmutzwürmchen. Sehr träge. Haut bildet in jedem Segment 2 Ringe (Hauptring und Nebenring) von rückziehbaren Sinnespapillen aus, zwischen denen ein detritusüberkrusteter Schleimfilm das ganze Tier mit Ausnahme von Kopf und Hinterende überzieht. Daher fast undurchsichtig. **G** Tierketten 4–20 mm, Sprossungszone zwischen 19. und 25. Segment. **L** Moorige Gewässer; weit verbreitet [5671]. **A** Hautpapillen nicht zurückziehbar: *Ophidonais serpentina*. [5186]
10 Nais elinguis, Wassernymphe. Hellbraun. Ausgezeichneter Schwimmer. 2 Augen. Fast gerade Nadelborsten der Rückenbündel enden mit 2 parallel zueinander verlaufenden Gabelspitzen. Frisst Algen. **G** Einzeltiere 2–8 mm, Ketten bis 10 mm. Zwischen 12. und 21. Segment liegt die Sprossungszone. **L** Eutrophierte Gewässer, vor allem Flüsse; weltweit verbreitet und häufig [5003]. **A** Zehn weitere, sehr ähnliche Arten oft mit *N. elinguis* zusammen. Unterscheidungsmerkmale: Borsten.
11 Lumbricillus lineatus, Wasserenchyträe. 22–38 Segmente, gelblich bis braunrot. Ohne Augen. Blut gelblich, in jedem Segment 4 Borstenbündel mit 3–8, meist 4, schwach S-förmig geschwungenen Borsten. Vermehrung nie ungeschlechtlich. **G** 10–20 mm. **L** Uferzone von Gewässern aller Art, auch Brackwassertümpel [1959]. **A** Weißliche, im Boden lebende Verwandte dieser Art werden von Aquarianern als Futtertiere benützt: *Enchytraeus albidus* [1506] und *E. buchholzi*.

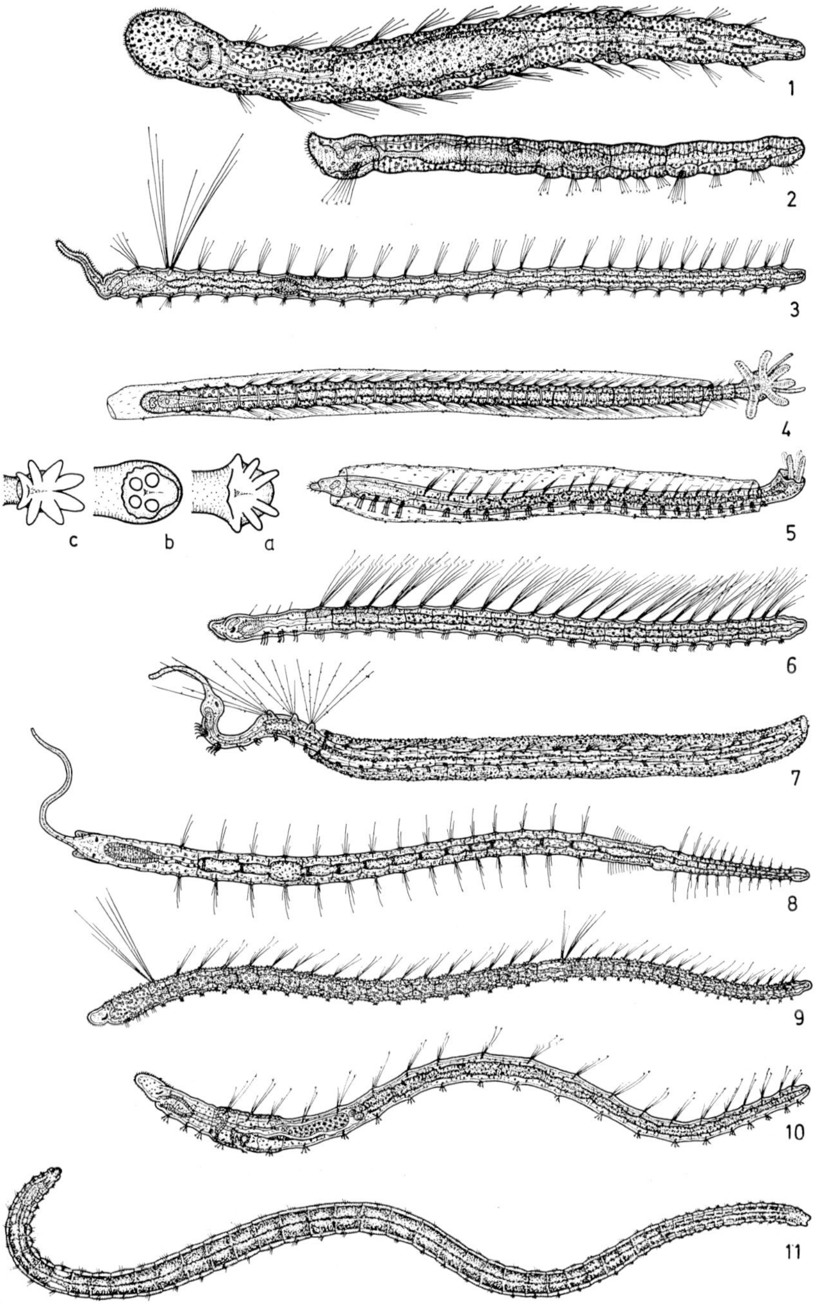
1
2
3
4
c
b
a
5
6
7
8
9
10
11

Gliederwürmer, Oligochaeta, Wenigborster 2

Familie Tubificidae, Röhrenwürmer. Gattungen und Arten nur nach dem Bau der männlichen Ausführapparate und der Struktur der rückenseitigen Hakenborsten zu bestimmen (Bild 1–8). Samentrichter, Samenleiter, Prostata (grob punktiert), Atrium und Penis sind leicht zu beobachten, wenn geschlechtsreife Tiere mit der Bauchseite nach oben etwas gepresst werden.

1 Tubifex tubifex, Schlammröhrenwurm. Durch hämoglobinhaltiges Blut rötlich gefärbt. Rückenblutgefäß dick und geschlängelt. Rücken-Borstenbündel am Vorderkörper mit 1–4 feingefiederten Haarborsten und 3–5 gekämmten, gleichzinkigen Gabelborsten. Geschlechtsorgane in Segmenten 10 bis 12: Eierstöcke, lange Schläuche der Samenleiter, Prostatadrüsen, 2 muskulöse Atrien, 2 Penisse mit topfförmigen, chitinösen, braunen Penisröhren. Eiersack rückenseitig, weißlich. Tiere bauen Schlammröhren, aus denen sie den hinteren Körperabschnitt hervorstrecken; wellenförmige Bewegungen fächeln frisches Wasser heran. **G** 25–85 mm. **L** Schlamm und Sandboden stehender und fließender, verschmutzter Gewässer; Abwasserkanäle. [1087]

2 Psammoryctides barbatus, Sandröhrenwurm. Rosarot, etwa 90 Segmente. Rückenborstenbündel mit Haarborsten und (2. bis 10. Segment) mit breiten Fächerborsten. **G** 30–50 mm. **L** Nährstoffreiche Flüsse und Teiche; häufig. [1077]

3 Rhyacodrilus coccineus. Hellrot. 60–110 Segmente. Rückenborstenbündel mit Haarborsten und gleichzinkig gegabelten, gekämmten Hakenborsten. Atrien birnförmig, dicht von Drüsenzellen umhüllt. **G** 16–35 mm. **L** Sandige Bereiche von Flüssen; häufig. [1193]

4 Potamothrix hammoniensis. Orangerot oder fleischfarben. Vorderteil etwas verdickt. Rückenborstenbündel des Vorderkörpers mit Haarborsten und 3–5 Kammborsten. Samenleiter und Prostata fast rudimentär, Atrium sehr lang. Penis ohne starre Penisröhre oder Penialborsten. **G** 15–40 mm. **L** Flüsse, Teiche, Seen; häufig. [1191]

5 Aulodrilus pluriseta. Blass-rosarot. 65–85 Segmente. Rückenborstenbündel mit 6 oder 7 leicht abbrechenden Haarborsten und 8–10 Hakenborsten (Zähne ungleich). **G** 10–17 mm. **L** Teiche, Seen, Flüsse; verbreitet, stellenweise häufig. Leitform im sandigen Schlamm von Bachunterläufen. [1356]

6 Spirosperma ferox, Papillenwurm. Grau. Haut bis auf den Gürtel mit Papillen dicht besetzt. Ungefähr 50 Segmente. Rückenborstenbündel des Vorderkörpers mit durchschnittlich 7 Haarborsten und 5 gekämmten Hakenborsten. **G** 15–40 mm. **L** In Seen weit häufiger als in Flüssen. [1357]

7 Limnodrilus hoffmeisteri, Roter Schlammwurm. Lebhaft rot bis braunrot, letztes Körperdrittel gelblich. 55–95 Segmente. Dorsale Rückenborstenbündel ohne Haarborsten, mit 4–8 Hakenborsten. Atrium langgezogen birnförmig; Penisröhre 600 µm lang, schwach geschweift, 10-mal so lang wie dick. **G** 20–50 mm. **L** Wie *Tubifex*, oft mit diesem zusammen; ausgedehnte Kolonien in Schlamm und Sand. **B** Penisröhre s. Skizze. [1093] **A** *L. claparedeanus*: Penisröhre 1,2 mm lang–s. Skizze 7 a. [1052]

8 Limnodrilus udekemianus, Gelber Schlammwurm. Vorne rosa gefärbt, hinten mit gelbbraunen Querbinden aus Pigmentflecken. Ungefähr 160 Segmente. Rückenborstenbündel ohne Haarborsten, mit 5–8 Hakenborsten, deren oberer Zahn viel länger und meist auch kräftiger als der untere, stumpfe Zinken entwickelt ist. Penisröhre kurz. **G** 30–40 mm. **L** In Flüssen verbreitet und häufig; sehr häufig in Klärschlamm. **B** Penisröhre um 250 µm lang–s. Skizze 8. [1053]

9 Lumbriculus variegatus, Glanzwurm. Rot bis braun, grünlich irisierend. Gräbt, ohne Röhren zu bauen, den Vorderkörper oft im Schlamm ein. Hinterende bleibt dabei (im Gegensatz zu *Tubifex*) unbeweglich. 140–200 Segmente. In jedem Segment 8 Gabelborsten in 2 bauchseitigen und 2 rückenseitigen Paaren. Schnellt sich bei Störungen peitschend durch das Wasser. Vermehrung vorwiegend ungeschlechtlich durch Selbstzerstückelung (Autotomie). **G** 40 bis 80 mm lang, 1–1,5 mm dick. **L** Schattige Waldtümpel zwischen faulendem Laub. Oft zusammen mit *Tubifex* [1094]. **A** *Stylodrilus heringianus*: am 10. Segment zwei schlanke, nicht einziehbare Penisse; in Bächen, Flüssen, Teichen, Seen. [1106]

10 Eiseniella tetraedra, Wasser-Regenwurm. Braun, selten gelb oder schwärzlich. 90 Segmente. In jedem Segment 8 Borsten in zwei bauchseitigen und zwei rückenseitigen Paaren. Mittel- und Hinterkörper ausgeprägt vierkantig. **G** 30–50 mm lang, 2–4 mm dick. **L** Amphibisch: einerseits am Ufer von Gewässern, andererseits in Moosen und feuchter Erde [1092]. **A** Fleischrot oder blutrot: *Allolobophora*-Arten. [1482]

11 Branchiobdella parasita, Kiemenegel. Kein Egel (*Hirudinea*), sondern Oligochaet, der an den Kiemen des Flusskrebses schmarotzt. Bei Massenbefall verbreiten sich die Würmer über den gesamten Krebspanzer. Beißen mit den beiden Kieferzähnen Löcher in die Kiemen oder die dünne Kutikula der Zwischensegmenthäute, leben vom Blut, das aus den Löchern sickert. Braun; Hinterende mit Saugnapf, der aus 3 Segmenten entsteht, 4 Segmente sind mit dem Kopflappen verwachsen, 8 Körpersegmente. Eikokons gestielt. **G** 3–12 mm. **L** Kokons und Würmer fast auf jedem Flusskrebs zu finden. [1431]

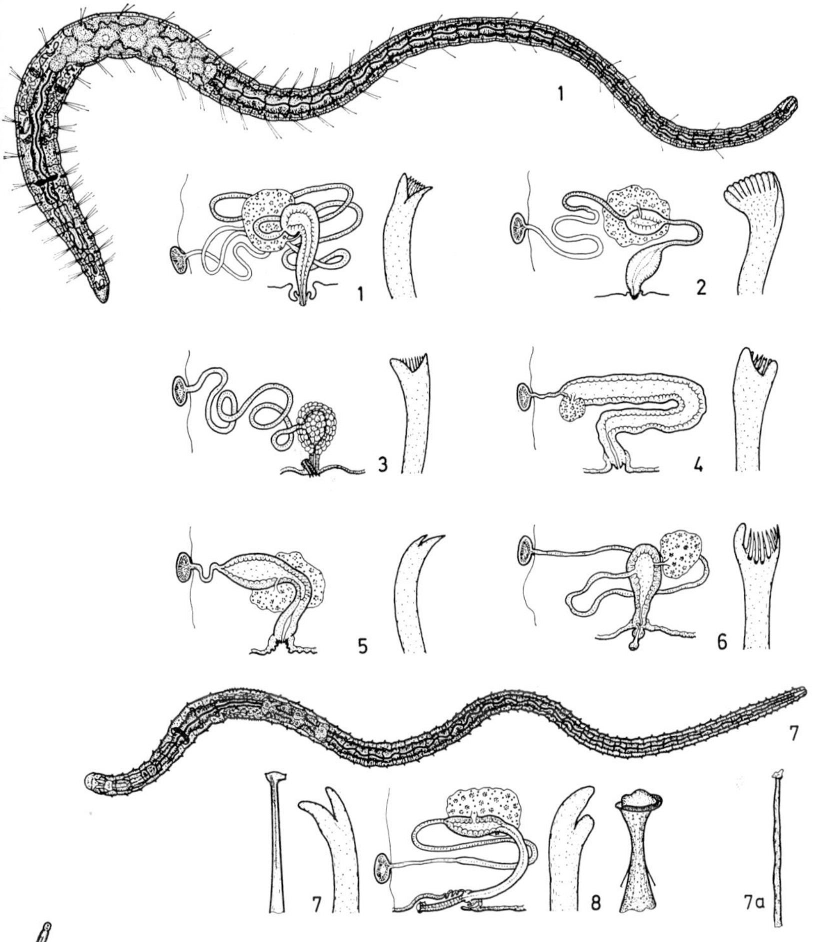
1
1
2
3
4
5
6
7
7
8
7a
9
10
11

Blattfußkrebse (Wasserflöhe) 1

1 Lynceus brachyurus, Dickbauchkrebs. Fast kugelig. Schalen hellbraun, durch Kalkeinlagerungen versteift. Kopf gekielt, mit langem, spitzem Rostrum; beweglich, kann etwas aus den Schalen vorgestreckt werden. 1. Antenne stabförmig, Äste der 2. vielgliedrig mit Schwimmborsten. 2 Komplexaugen, nicht in der Mitte miteinander verschmolzen; unter ihnen ein Naupliusauge. Herz lang gestreckt. Weibchen mit 12 Blattfußpaaren mit langen, stark beborsteten „Gliedern“ und Kiemenanhängen. Schwimmt torkelnd, meist mit dem Rücken nach unten. **G** Weibchen 4–6 mm. **L** Kleine, seichte Gewässer, Überschwemmungsstreifen; Februar bis Mai; selten. [5253]
2 Sida crystallina, Kristall-Wasserfloh. Kopf groß, vom Körper deutlich abgesetzt, Komplexauge mit vielen großen Kristallkegeln. Am Hinterrand des Kopfes ein hufeisenförmiges Haftorgan. 1. Antenne stäbchenförmig; sehr kräftiges Basisglied der 2. Antenne mit dreigliedrigem Außenast (mit 10 Ruderborsten) und zweigliedrigem Innenast (mit 5 Schwimmborsten). 6 Blattfußpaare. Glasartig durchsichtig. Setzt sich mit großem Haftorgan an Pflanzen fest. **G** Gehört zu den größten Wasserflöhen; Weibchen 3–4 mm lang. **L** Uferform in Seen und Teichen mit klarem Wasser. Schlüpft bereits bei 6–7° C; bis November. [5215]
3 Diaphanosoma brachyurum, Spring-Wasserfloh. Kopf schmal, von der Rumpfschale scharf abgesetzt, ohne Schnabel und Haftorgan. Komplexauge mit vielen Kristalllinsen, kein Naupliusauge. 1. Antenne abstehend, beim Weibchen klein. 2. Antenne enorm groß und muskulös (Ausleger, die ein Absinken verhindern). 6 Beinpaare. Männchen (Herbst) tragen hinter dem 6. Beinpaar lange, stiefelförmige Kopulationsorgane. **G** Weibchen um 1 mm. **L** Im Plankton und am Ufer größerer, nährstoffreicher Teiche und Seen; in Moor- und Heideseen. Häufig. [5136]
4 Holopedium gibberum, Gallerthüllen-Wasserfloh. Schale hoch gewölbt, äußerst zart, bedeckt Beine nur unvollkommen. Weite Gallertglocke um das Tier aus alten, bei den Häutungen abgehobenen Häuten (Exuvien), die gallertig verquellen. Kopf, Auge, 1. Antennen klein. Innenast der 2. Antenne bei den Weibchen unterdrückt; zweigliedriger Außenast mit nur 3 Ruderborsten. 6 Paar Blattbeine. **G** Weibchen 1,5–2,5 mm. **L** Nordeuropäische Art. Saure Moorgewässer, Gewässer auf Urgestein oder Sandboden; weit verbreitet, nicht häufig.
5 Daphnia magna, Großer Wasserfloh. Rückenleiste der Schale durch Dörnchenreihen markiert. Seitliche Kopfkiele setzen sich als bestachelte Leisten über die halbe Länge der Rumpfschale fort. Länge des Schwanzstachels sehr verschieden. Schalen deutlich gefeldert. Dorsaler Rand des Hinterleibs direkt vor dem After auffallend eingebuchtet. 1. Antennen ragen unter dem kurzen Rostrum weit hervor; 2. Antennen mit je 9 Fieder-Ruderborsten. Darm mit 2 „Leberhörnchen“. **G** Weibchen bis 6 mm, Männchen um 2 mm. **L** Wärmeliebende Tümpelform; in sehr nährstoffreichen Gewässern massenhaft. **B** Daphnien fressen u. a. Bakterien. Lebensdauer von Daphnien 14–182 Tage. [5084]
6 Daphnia pulex, Gemeiner Wasserfloh. Kopfpanzer nach hinten in einen Zipfel ausgezogen, der sich zwischen die Schalenteile schiebt. Naupliusauge vorhanden. Breite und kräftige Form. Schalen meist in einen vierkantigen Schalenstachel ausgezogen. „Riechstäbchen“ der 1. Antenne erreichen die Rostrumspitze nicht. 2. Antennen mit je 9 gefiederten Schwimmborsten. Auge groß, aus 22 Einzelaugen. Vorderdarm mit 2 grünlichen, gebogenen Leberhörnchen. Meist wenig durchsichtig, grünlich, gelblich oder rötlich. Männchen mit langen 1. Antennen und einem auffälligen Haken am 1. Beinpaar. **G** Weibchen 3–4 mm, Männchen 1–1,5 mm. **L** Kleine, seichte Tümpel und Teiche; in größeren Gewässern nur Uferzone. Sehr häufig, oft massenhaft. Endkrallen des Postabdomens (Afterkrallen) mit zwei Kämmen aus Borsten. [5130]
7 Daphnia longispina, Langdorn-Wasserfloh. Kopfpanzer nach hinten in einen Zipfel ausgezogen. Naupliusauge vorhanden. Spitze des Rostrums überragt Fühlbörstchen der 1. Antenne. Gelblich bis glasartig durchsichtig, Fettkörper oft lebhaft blau oder zinnoberrot gefärbt. **G** Bis 2,5 mm lang. **L** Kleinteiche (derbe, gelbliche Formen); Weiher und große Seen (zarte und durchscheinende Rassen). **B** Bildet eine unübersehbare Zahl von Rassen (jedes Gewässer hat seine ihm eigentümliche Rasse). Hinzu kommen jahreszeitlich bedingte Gestaltsveränderungen, die Länge und Richtung des Schwanzstachels, Helmbildungen und Schalenform betreffen. Endkrallen des Postabdomens (Afterkrallen) mit einer Reihe sehr zarter Börstchen [5129]. Zu *D. galeata* und *D. hyalina* s. S. 346/12, 13. ▸ *D. parvula* und *D. ambigua,* S. 344/8, 7
8 Daphnia cucullata, Helm-Wasserfloh. Zipfel des Kopfpanzers nach hinten ausgezogen. Kopf helmförmig. Naupliusauge fehlt. Rostrum kurz, abgerundet, Fühlbörstchen der 1. Antennen erreichen Rostrumspitze. Sehr durchsichtig, seitlich stark zusammengedrückt. Freiwasserbewohner; in großen Seen wesentlicher Bestandteil des tierischen Planktons. **G** 1–2 mm. **L** Seen; als Zwergform in Weihern. [5126]
9 Daphnia cristata, Spitzkopf-Wasserfloh. Kopfpanzer nach hinten in einen Zipfel ausgezogen. Naupliusauge fehlt. Rostrum lang, spitz, Fühlbörstchen der 1. Antennen weit hinter der Rostrumspitze. Glasartig durchsichtig. Kopf sehr veränderlich. Schwanzstachel stets lang und dünn. Seitlich stark abgeflacht. Facettenauge klein. **G** Weibchen bis 1,5 mm lang. **L** Östlich der Weichsel; in Südschweden.

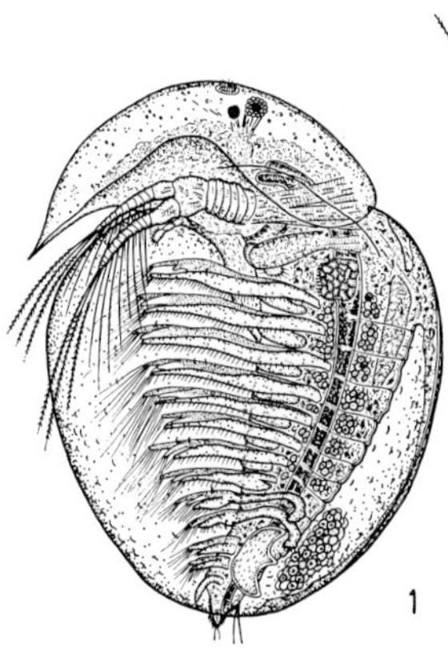
1

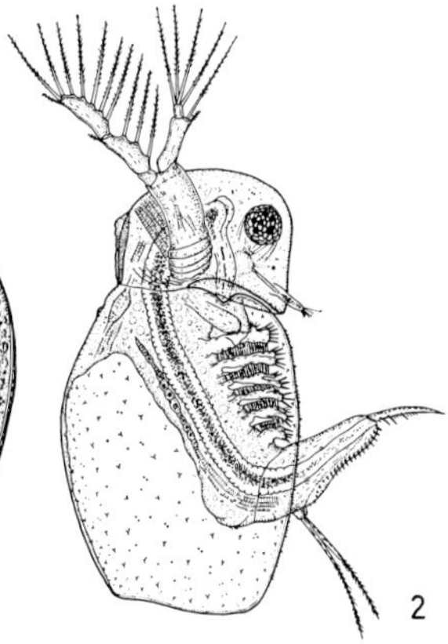
2

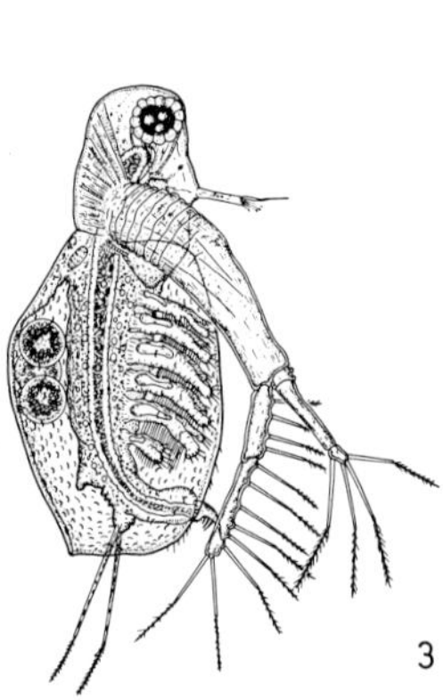
3

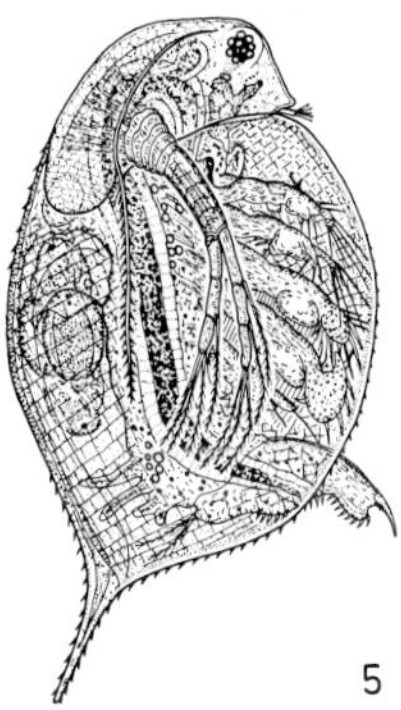
5

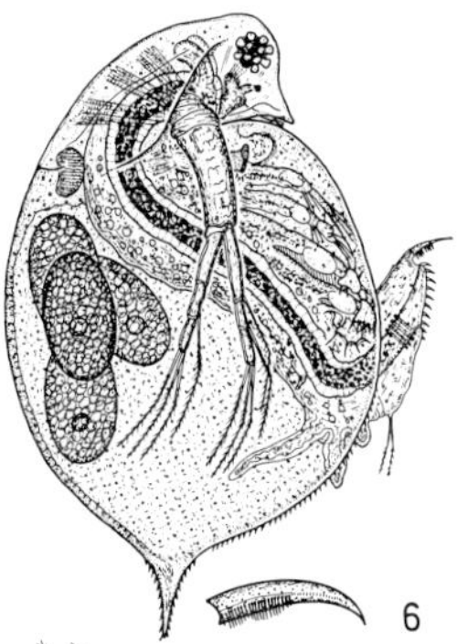
6

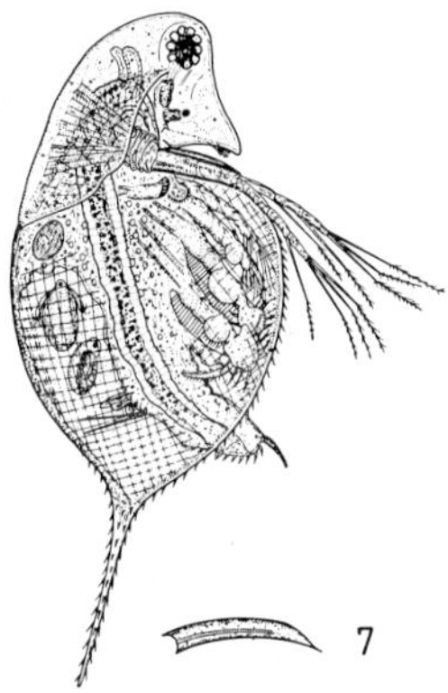
7

4

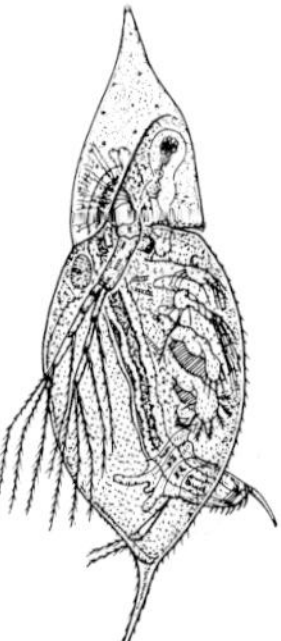
8

9

Blattfußkrebse (Wasserflöhe) 2

1 Scapholeberis mucronata, Kahnfahrer. Unterrand der Schale gerade, nach hinten in einen Zipfel ausgezogen, vorne mit kleinem Höcker. Hell- bis dunkelbraun. Großes Komplexauge, punktförmiges Naupliusauge. Auffälliges Stirnhorn kann fehlen. 1. Antennen klein, unbeweglich. 2. Antennen mit 9 schwach befiederten Ruderborsten. (Tiere hüpfen damit nicht, sie „schwirren".) **G** Weibchen um 1 mm lang. **L** Kleingewässer, Uferzone von Seen; häufig. **B** Tiere hängen oft mit dem Rücken nach unten am Oberflächenhäutchen des Wassers und schwimmen in Kreisen daran entlang. [5214] **A** Naupliusauge langgestreckt, Stirnhorn fehlt, seltener: *Megafenestrata aurita*.

2 Simocephalus vetulus, Plattkopf-Wasserfloh. Kopf winzig, oben mit einer kleinen Einbuchtung von der Schale abgesetzt. Weibchen dunkelgrün bis braun. Schalen mit sehr langen Feldern quergestreift, fein punktiert. 1. Antennen beim lebenden Tier von den Schalenklappen bedeckt. 2. Antennen mit 9 Borsten, äußerste Ruderborste kaum befiedert, am Ende in ein Häkchen umgebogen. Furca-Krallen ohne Nebenkämme an der Basis. Naupliusauge langgezogen. **G** Weibchen bis 3 mm lang. **L** Uferzonen aller Gewässer; häufig. [5188] **A** Furca-Krallen mit basalen Dornenkämmen, Augenfleck (Naupliusauge) punktförmig: *S. exspinosus*. Süßwasserform. [5187]

3 Ceriodaphnia reticulata, Netz-Wasserfloh. 1. Antenne beim Weibchen klein, kaum beweglich. Schalenoberrand gewölbt, vor dem kurzen Endstachel etwas eingebuchtet. Unterränder fein bedornt. Vieleckige Felderung der Schalen auffallend. Zwischen Kopf und Rumpf am Rücken ein tiefer Einschnitt. Kopf abwärts gebogen, gerundet, ohne Schnabel und Kielbildungen. Großes Komplexauge, kleines Naupliusauge. 2. Antenne mit 9 Schwimmborsten. **G** Weibchen bis 1,5 mm. **L** Nahrungsreiche Teiche und Kleingewässer; Uferform; verbreitet und häufig. [5112]

4 Ceriodaphnia quadrangula, Waben-Wasserfloh. 1. Antennen der Weibchen klein und kaum beweglich. Furca-Krallen über ihre ganze Länge zwar mit Strichelzeichnung, an der Basis aber ohne Nebenkamm. Sonst ganz ähnlich wie *C. reticulata*. Schalen unterschiedlich gefeldert, nicht bestachelt. Fast glasartig durchsichtig oder bräunlich. **G** Weibchen 0,5–1,4 mm lang. **L** Charakteristischer Plankter größerer Gewässer. [5111] **A** Zwischen Auge und 1. Antenne eine meist bestachelte Vorwölbung: *C. pulchella*. 700–900 µm. Durchsichtig. [5110]

5 Moina brachiata, Tümpel-Wasserfloh. 1. Antennen lang und sehr beweglich. Kopf ohne Rostrum, mit kleiner Eindellung im oberen Teil. Naupliusauge fehlt, Komplexauge groß, äußerst beweglich. Dorsaler Rand der sehr feingefelderten Schalen je nach Zahl der Embryonen im Brutraum mehr oder weniger aufgewölbt. Furca-Krallen mit einem basalen Nebenkamm. Schalenunterränder in ganzer Länge mit Borsten besetzt. Meist farblos und durchsichtig. **G** Weibchen bis 1,6 mm lang. **L** Gutgedüngte Kleingewässer. [5179]

6 Bosmina longirostris, Weiher-Rüsselkrebs. Furca-Krallen auf einem kurzen Fortsatz des Hinterkörpers (Krallenträger). Dieser Fortsatz sowie Basis der Endkrallen mit einer Reihe schlanker Stacheln. Körper mit rundem Buckel, seitlich zusammengedrückt, Kopf rundlich, Rostrum abgerundet. Hintere, untere Schalenecke endet in unterschiedlich langem Zipfel, davor eine lange Borste. Fühlbörstchen der 1. Antenne weit von der Spitze entfernt unter einem dreieckigen Schildchen. Viele Querringe aus feinen Stacheln auf dem „Rüssel" (der 1. Antenne) täuschen Gliederung vor (Farbfotos I, 14; Farbfotos II, 26). Naupliusauge fehlt. 5 Paar Blattfüße. **G** Weibchen 250–700 µm. **L** In Teichen häufig, in Seen in Ufernähe, im Pelagial, in der Tiefe. [5100]

7 Bosmina coregoni, See-Rüsselkrebs. Krallenträger und Basis der Endklauen mit einer Reihe kräftiger Dornen, daran anschließend eine Reihe feinster Härchen (Strichelung der Furca-Krallen). Typische Formen ohne hinteren Schalenzipfel. 1. Antenne oft riesig. **G** Weibchen 0,4–1,2 mm. **L** Planktisch in großen Teichen und Seen Norddeutschlands und des Voralpengebiets; häufig. [5099] **A** Mit Schalenstachel, Schalenform rundlich: *B. longicornis kessleri*. [5293]

8 Ilyocryptus sordidus, Schlammkrebschen. Kopf im Verhältnis zur Schale sehr klein, am Hinterkopf eine deutliche Einsenkung. Schalenoberrand kurz und schwach gekielt. Sehr hoher Schalenhinterrand und Unterrand über die ganze Länge mit langen, grobgefiederten Borsten besetzt. Dunkelrot. Schalen meist mit Schmutzpartikeln bedeckt. Alte Schalen werden bei Häutungen nicht abgeworfen. Beide Augen klein. Rostrum kurz, stumpf. 1. Antennen lang, mehrfach gekerbt. **G** Weibchen bis 1 mm. **L** Schlammbewohner; verbreitet. [5072]

9 Macrothrix laticornis, Sägekrebschen. Kopf groß, in kurzes Rostrum ausgezogen, trägt am Hinterrand kleines Scheitelorgan (Haftorgan). Schalenoberrand gekielt, sägeartig gezähnt. Schalenunterränder mit Paaren ungefiederter Borsten. Schalenklappen grünlich, unregelmäßig grob gefeldert. 1. Antennen lang, beweglich, dem Ende zu verbreitert; unter ihrer Ansatzstelle das kleine Naupliusauge. Außenast der 2. Antenne kürzer als Innenast. **G** Weibchen bis 650 µm. **L** Am Grunde ausdauernder Gewässer, bevorzugt Schlammböden; verbreitet. [5320] **A** Nicht gezähnt; 1. Antenne als langes Stäbchen: *M. rosea*.

10 Acantholeberis curvirostris, Moorkrebschen. Schalenoberrand nur leicht gewölbt, ohne Kiel und Zähnchen. Deutlich ein oberer, hinterer Schalenwinkel. Borsten am Hinterrand teilweise sehr lang. Zwischen Kopf- und Rumpfschale ein ausgeprägter Einschnitt. Grünlich bis gelblich. 1. Antennen dem Ende zu schwach verbreitert und leicht gebogen. 2. Antennen mit je 8 Ruderborsten. Furca-Krallen kräftig, am Grunde mit 2 Basaldornen. **G** Weibchen bis 2 mm lang. **L** In Hochmoortümpeln in großer Zahl. Charakterkrebs stark saurer Gewässer.

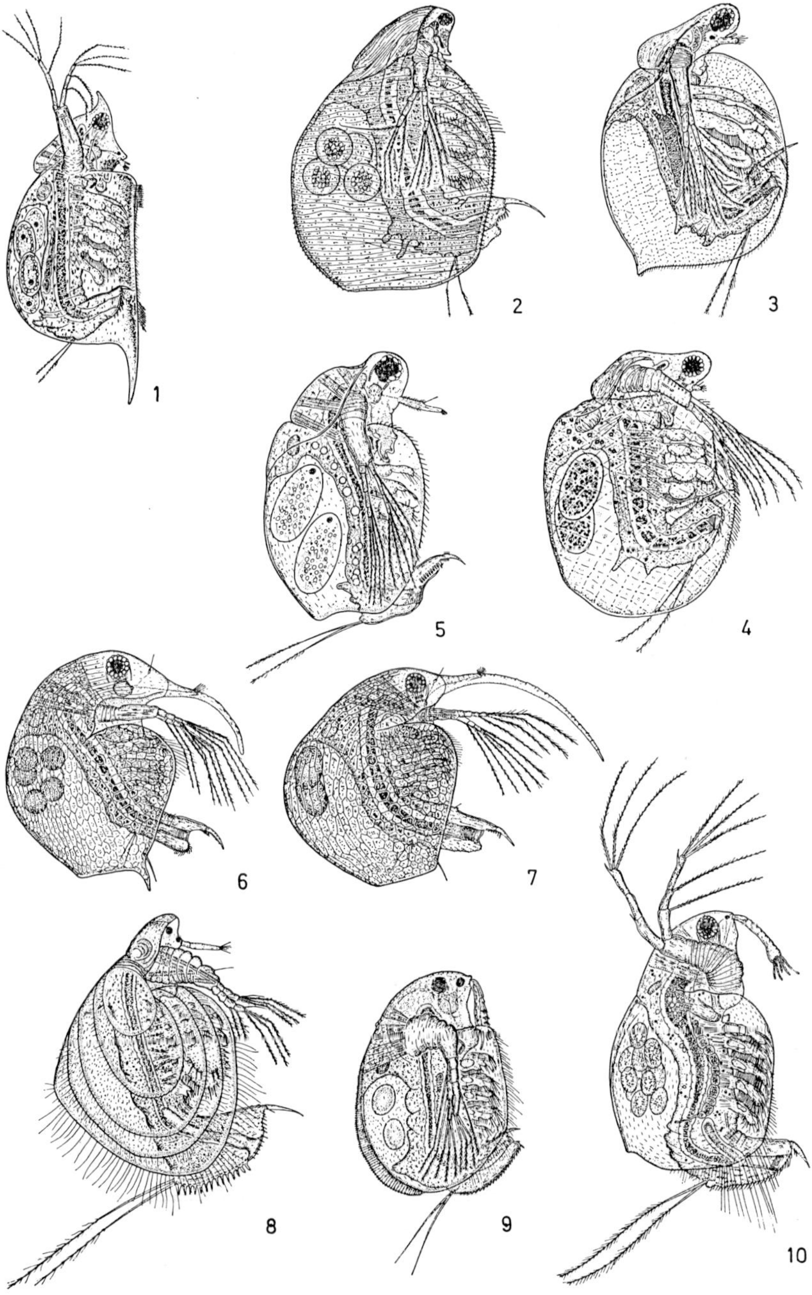
1
2
3
5
4
6
7
8
9
10

Blattfußkrebse (Wasserflöhe) 3

1 Eurycercus lamellatus, Breitschwanzkrebschen. Kopf groß und hoch, Rostrum gebogen und abgestumpft. Rückenrand der Schale gekielt, hochgewölbt; Unterränder mit Borsten besetzt, leicht eingebuchtet. Kaum durchsichtig, gelb mit grünem Schimmer. 1. Antennen groß, überragen Rostrumspitze. Auf dem dorsalen Rand des Hinterleibes über 100 Zähnchen. Schwimmt sehr schnell. **G** Weibchen um 4 mm. **L** Zwischen Wasserpflanzen in ausdauernden Gewässern aller Art; sehr häufig, ab und zu massenhaft. [5080]
2 Camptocercus rectirostris, Stemmschwanzkrebschen. Kopf mit hohem Kiel, Augen dadurch weit vom oberen Kopfrand entfernt. Komplexauge klein, mit deutlichen Kristalllinsen, wenig größer als Naupliusauge. Rostrum überragt 1. Antenne. Darm bildet eine Schlinge, trägt im Hinterrumpf langen Blinddarm. Hinterleib lang, schmal, mit je 15–17 kräftigen, gefiederten Stacheln auf dem dorsalen Rand links und rechts der Afterfurche. **G** Weibchen bis 1,4 mm lang. **L** Häufig am Ufer von Teichen und Seen, auch Kleingewässer. **B** Schwerfällige Schwimmer, kriechen meist im Schlamm. Auffällig langer Hinterleib wird dabei als Sprungstab verwendet. [5107]
3 Acroperus harpae, Sichelkrebschen. Kopf ähnlich der vorigen Art, Hinterleib dagegen wesentlich kürzer. Schalen farblos bis dunkelgelb, Körper seitlich stark abgeflacht. Schalen mit gebogenen Längsstreifen. 1. Antennen kurz. Augen klein. Darm mit Schlinge und ausgedehntem Blinddarm. **G** Weibchen um 1 mm. **L** Uferzonen aller ausdauernden Gewässer; häufig. [5089]
4 Alona quadrangularis, Gelbes Rippenkrebschen. Hinterkörper am Ende abgerundet. Körper seitlich stark abgeflacht, Schalenhinterrand nur wenig niedriger als größte Höhe der Schalen (vgl. dagegen *Alonella*). Schalen intensiv gelb gefärbt, längsgestreift. Größte Höhe der Schalen am Beginn der Schalenhinterränder. Darm mit Blindsack und Schlinge. Dorsaler Rand des Hinterkörpers mit 15–18 dreieckigen Dornen. 5 Blattfußpaare. **G** Weibchen bis 700 µm. **L** Ausdauernde Gewässer: häufig. [5090] **A** Größte Schalenhöhe in der Mitte der Tiere. 6 Blattfußpaare (letztes rudimentär), bräunlich oder rötlich: *A. affinis*. Sehr häufig in Weihern und Seen. [5936]
5 Alona rectangula, Braunes Rippenkrebschen. Innenast der 2. Antenne mit 4 Schwimmborsten (5 bei *A. quadrangularis*!). Schalen längsgestreift, bräunlich bis gelblich. Oberer Rand des Hinterkörpers mit 7–9 Gruppen breiter Stacheln; hinterster Stachel jeder Gruppe jeweils der längste. **G** Weibchen um 450 µm lang. **L** Uferform in allen Gewässern; häufig, fehlt in stark sauren Moorseen. [5091]
6 Alona costata, Rippenkrebschen. Hinterkörper am Ende dorsal über die Basis der Furca-Krallen hinaus vorgezogen. Dorsaler Rand des Hinterkörpers mit 10–13 Stacheln, darunter (an den Seiten des Hinterkörpers) Büschel zarter Borsten. Schalen seitlich abgeflacht. gelblich, gestreift. 2. Antenne mit Schwimmborsten. **G** Weibchen bis 600 um lang. **L** Ufer größerer Gewässer Tümpel. Gräben: häufig. [5990]
7 Disparalona rostrata, Krummschnabelkrebschen. Seitlich abgeflacht, Schalen parallel zum oberen Schalenrand gestreift. Hinterer unterer Schalenwinkel meist mit kleinem Zahn. Schalen gehen ohne Absatz in den Kopf über. Kopfschild läuft in langes, rüsselförmiges, nach hinten umgebogenes Rostrum aus. Komplexauge etwa so groß oder etwas kleiner als Naupliusauge. **G** Weibchen um 500 µm. **L** Größere Gewässer; häufig, über Sand. [5283]
8 Leydigia acanthocercoides, Klumpfußkrebschen. Rostrum schräg nach vorne gerichtet, kurz, stumpf. Naupliusauge größer als Komplexauge. Hinterrand der Schalen nur wenig niedriger als ihre größte Höhe. Bauchränder der Schalen eng mit gefiederten Borsten besetzt. Durchsichtig, gelblich oder rot. 5 Paar Blattfüße, davon–einmalig unter den Wasserflöhen–das letzte Paar am größten. Hinterkörper sehr hoch, dorsal mit mehreren Borstenbüscheln. Furca-Krallen ohne Basaldorn **G** Weibchen bis 1,1 mm lang. **L** Bodenschlamm größerer Gewässer, auch in der Tiefe. **A** Furcakrallen mit kleinem Basaldorn: *L. leydigii.* [5074] Häufiger als *L. acanthocercoides*.
9 Graptoleberis testudinaria, Schildkrötenkrebschen. Kopfschild breit schaufelförmig, in Seitenansicht flach. Bauchränder der halbkugeligen Schalen mit Borsten besetzt. Untere hintere Schalenecke mit 1–3 Zähnchen. Schalen grau bis gelblich, grob gefeldert. Darm ohne Blinddarm. Kriecht am Boden, schwimmt sehr schlecht. **G** Weibchen bis 700 µm. **L** Alle ausdauernden Gewässer: verbreitet und häufig. Nie massenhaft. [5220]
10 Alonella exigua. Graues Zwergkrebschen. Hinterrand der Schale niedrig, gegen den Rückenrand durch eine Ecke abgesetzt. Hinterer unterer Schalenwinkel mit einigen Zacken. Bauchränder der Schalen mit Fiederborsten besetzt. Schalen gefeldert, braun, grau, grünlich. Kein Blinddarm. **G** Weibchen um 400 µm. **L** Stehende Gewässer aller Art zwischen Pflanzen; Uferform. [5272] **A** Schale außer der Felderung mit sehr feinen Längsrillen: *A. excisa*, verbreitet. [5308]
11 Alonella nana, Gestreiftes Zwergkrebschen. Weißlich bis grau, charakteristisch gestreift: Streifenreihen laufen von oben hinten nach vorne unten in Bögen über die Schale und den Kopf hinweg. **G** Weibchen um 250 µm. **L** Ufer kleinerer Gewässer; häufig. Fehlt in vielen Seen, ist in anderen aber häufig. [5092]

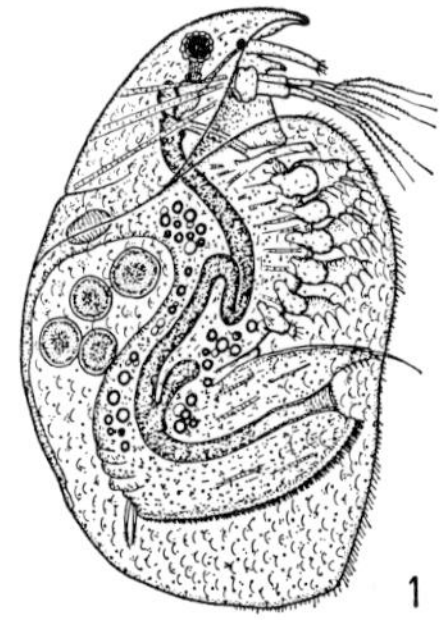
1

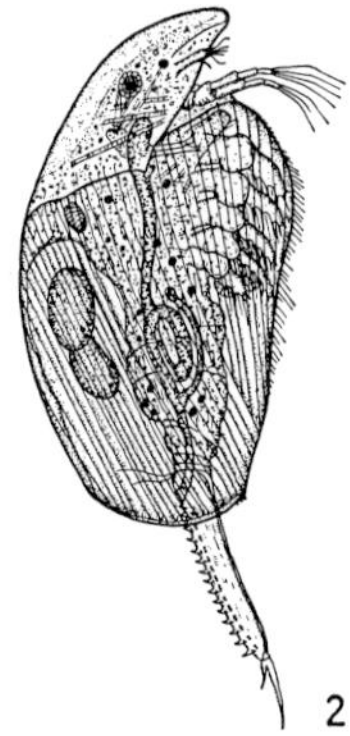
2

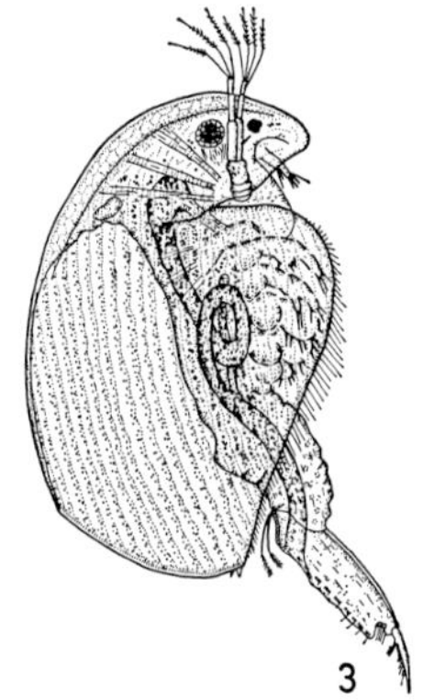
3

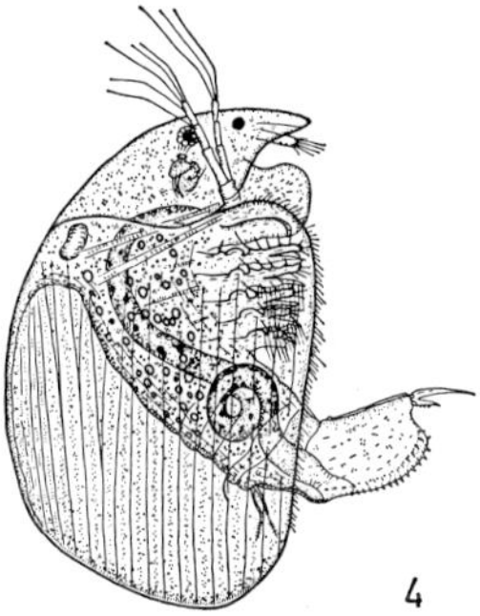
4

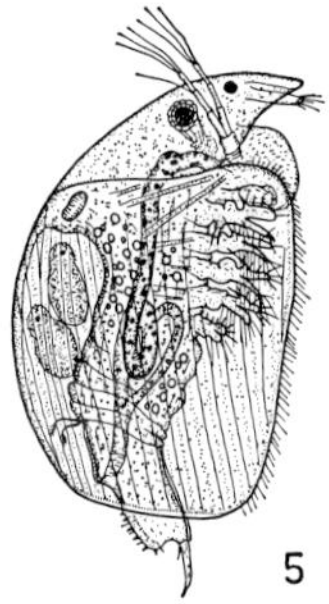
5

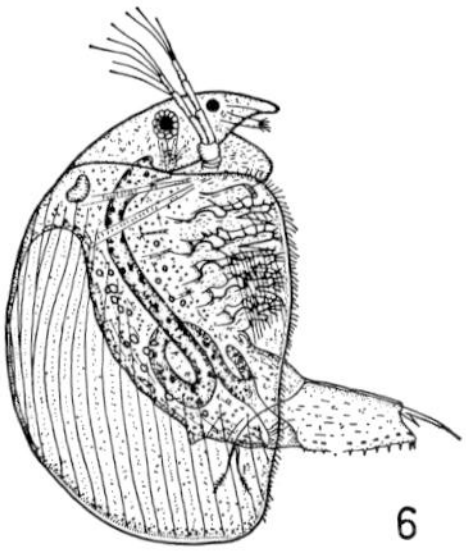
6

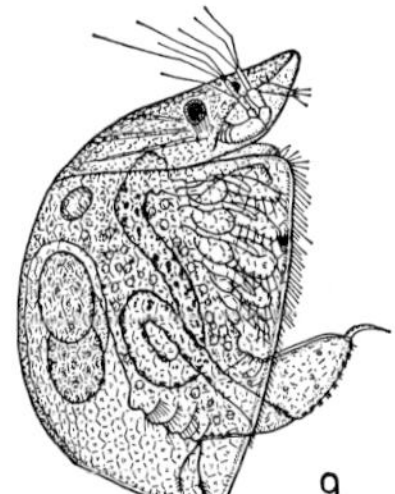
9

7

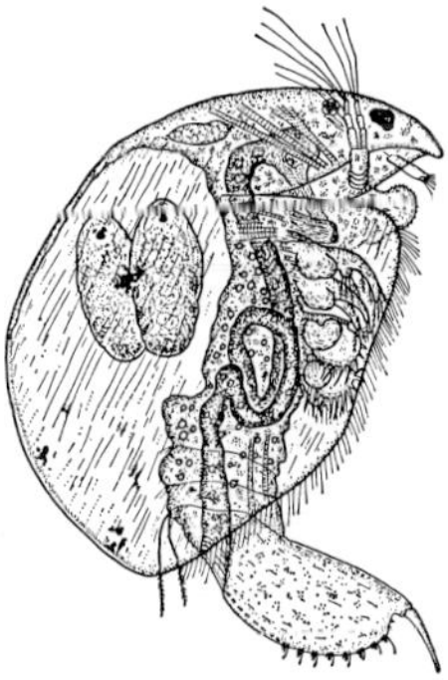
8

10

11

Blattfußkrebse (Wasserflöhe) 4

1 Pleuroxus truncatus, Stachelkrebschen. Rostrum lang und spitz, Kopf niedrig. Hinterränder der seitlich kaum abgeflachten Schalen über die ganze Länge grob gesägt. Unterränder der Schalen vorne mit gebogenen Zacken, dahinter mit gefiederten Borsten. Schalen sehr deutlich längsgestreift, gelblich bis gelbbraun. 1. Antennen kurz und dick, erreichen Rostrumspitze nicht. 2. Antennen mit 8 Schwimmborsten (3 am Außenast, 5 am Innenast). Naupliusauge viel kleiner als Komplexauge. Darm ohne Blinddarm. Endkrallen des relativ schmächtigen Hinterkörpers mit 2 basalen Dornen. **G** Weibchen um 650 µm lang. **L** Zwischen Uferpflanzen in Seen und Tümpeln, in Gräben und Sümpfen, meidet saure Gewässer; häufig. [5198]

2 Pleuroxus uncinatus, Uferkrebschen. Kopf niedrig, Rostrum lang und spitz, bei den Weibchen Vorderende häufig etwas aufgebogen. Unterer hinterer Schalenwinkel mit 2–4 Zacken. Schalen graugrün bis gelblich, deutlich gefeldert, meist mit Schlammpartikeln überkrustet. 1. Antennen erreichen Rostrumspitze nicht. Darm mit hinterem Blindsack. Hinterkörper kurz; sein Dorsalrand gerade oder konvex mit 2 Reihen grober Dornen. **G** Weibchen um 600 µm lang. **L** Uferbereich ausdauernder Gewässer; sehr häufig. [5199] **A_1** Dorsalrand des Hinterkörpers konkav: *P. laevis*. **A_2** Schalen meist gestreift, Dorsalrand des Hinterkörpers konvex, mit Gruppen feiner und schlanker Borsten, Rostrum zeigt nach hinten: *P. aduncus*. [5197] **A_3** Hinterkörper wie bei *P. uncinatus*, Rostrum gerade, nicht aufgebogen: *P. trigonellus*.

3 Pseudochydorus globosus, Kugelkrebschen. Körper seitlich wenig zusammengedrückt, im Umriss fast kreisrund. Kopf groß, durch deutliche Linie von der konzentrisch gestreiften Schale abgesetzt. Rostrum spitz und lang. Schalen dunkelgelb mit braunem Fleck. Bauchränder der Schalen hinten nach innen eingebogen und mit kammartigen Borstenreihen besetzt. **G** Weibchen bis 900 µm lang. **L** Zwischen Pflanzen in Weihern und nährstoffreichen Seen; häufig. **A** Sehr ähnlich, Unterränder der Schalen mit breitem Zackenzipfel: *Anchistropus emarginatus*. Bis 0,45 mm. Parasitiert auf Süßwasserpolypen.

4 Chydorus sphaericus, Linsenkrebschen. Schalen im Umriss variabel, oval oder fast kreisrund; abgerundete Hinterecken treten immer hervor. Grau, grünlich oder bräunlich. Schalen meist gefeldert (glatte, punktierte oder mit Grübchen besetzte kommen vor). **G** Weibchen 300–500 µm. **L** Uferform in allen Gewässern; sehr häufig. **B** Kletterspezialist: hält sich mit Schalenklappen und Stacheln der Vorderbeine an Algenfäden und Blättchen fest oder läuft darauf entlang. 2. Beinpaar (mit Stachelrechen) harkt dabei den Bewuchs ab. [5116]

5 Monospilus dispar, Gänsekrebschen. Schalen in Seitenansicht fast kreisrund, konzentrisch gefeldert, am Rücken mit flachen Vertiefungen. Nach den Häutungen bleiben die alten Schalen auf den neuen liegen. Kleiner Kopf von der Schale abgesetzt, lebhaft beweglich. Nur 1 großes Naupliusauge, Komplexauge fehlt. **G** Weibchen um 500 µm. **L** Größere Gewässer auf sandigem und schlammigem Boden. Ausgeprägte Bodenform. Zerstreut. [5321]

6 Polyphemus pediculus, Raubwasserfloh. Körper gestreckt; Schale überdeckt den Körper nicht, hängt ihm nur als „Rucksack“ an und dient als Brutraum. Durchsichtig, bläulich oder rötlich schimmernd. Kopf groß, mit halbkugeligem Komplexauge mit ungefähr 150 Linsen. Augenfleck fehlt. Räuberisch. Beine ohne Kiemenanhänge; dem Gasaustausch dient das „Kopfschild“, eine sattelartige Platte sehr dünnen Chitins. **G** Weibchen 1–2 mm lang. **L** Uferzonen kleinerer und größerer Gewässer, auch Moorseen; häufig. **B** Erfasst Beute mit den bestachelten Raubbeinen und zerreißt sie mit den hakenartigen Mandibeln. Zahl der Eier im Brutraum bis zu 50. Eier schwimmen in einer Nährflüssigkeit, einem „Fruchtwasser“, das von Zellen der Rückenhaut des Körpers ausgeschieden wird. [5206]

7 Bythotrephes longimanus, Langschwanzkrebschen. Vollkommen durchsichtig und farblos. Sehr auffällig der lange, gegliederte Hinterleib und der Schwanzstiel. Bei Häutungen bleibt die alte Kutikula des Schwanzstachels mit den Furca-Krallen über der neuen Kutikula erhalten. Bei älteren Tieren erscheinen daher Furca-Krallen in dreifacher Zahl. 2 winzige Börstchen am Ende der Tiere entsprechen den „Fiederborsten“ (Setae natatores) der übrigen Wasserflöhe. Der ganze Schwanzstachel ist daher als Träger dieser Setae anzusehen. Augen groß, braun. Frisst Ruderfußkrebse und Wasserflöhe. **G** Weibchen ohne Stachel 2–3, mit Stachel bis 10 mm lang. **L** Nur im Seenplankton. Norddeutschland (auch flache Seen) und tiefe Seen des Alpengebiets und Alpenvorlandes. **B** Hauptnahrung der Felchen, Maränen, Renken. [5105]

8 Leptodora kindtii, Glaskrebs. Glasartig durchsichtig. Schwimmt ruckartig durch langsame Bewegungen der 2. Antennen. 1. Antennen kurz, in Form kleiner Keulchen; bei den Männchen sehr lang. 6 Beinpaare, erstes am kräftigsten entwickelt. Atmung mittels dünnwandigem Kopfschild, außerdem Darmatmung. Komplexauge mit 200–300 Linsenkeilen. Hinter dem Auge das optische Ganglion und das Gehirn deutlich erkennbar (Farbfotos I, 15). Darmkanal mit auffallend langer Speiseröhre und ganz kurzem Magen. Endsegment des Körpers mit 2 Furca-Krallen. Brutraum sackförmig, hinten offen. **G** Weibchen 10 mm lang. Männchen kleiner. **L** Planktisch im freien Wasser von Seen und größeren Teichen, unabhängig von der Gewässertiefe. **B** Fadenalgen im Wasser bringen die Tiere rasch zum Absterben: Beine und Antennen verhängen sich im Fadengewirr. [5160]

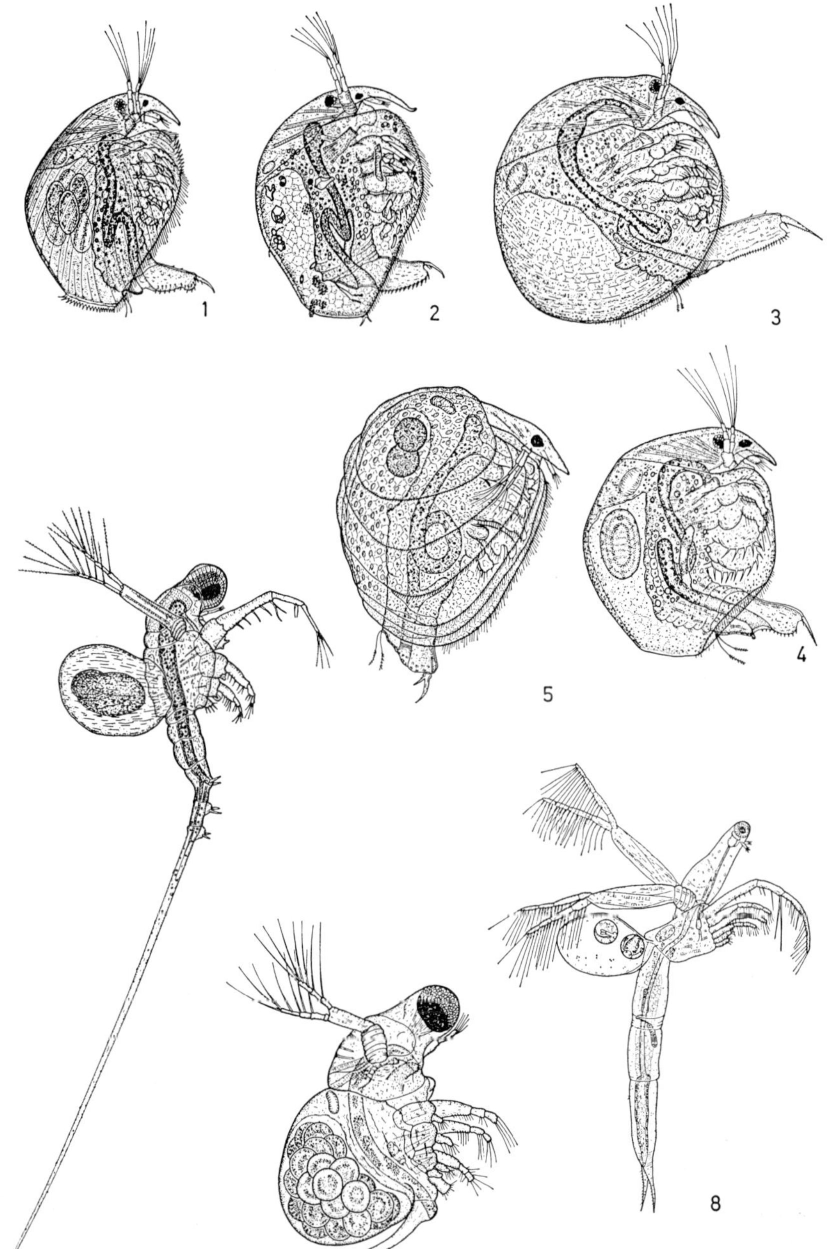
1
2
3
5
4
7
6
8

Ruderfußkrebse

1 Diaptomus castor, Roter Schwebekrebs. 1. Antenne 25-gliedrig. Ölkugeln im Fettkörper auffallend rot, blau, orange oder braun. Letztes Thorakalsegment beiderseits mit 2 auffälligen Zipfeln. **G** Bis 3,5 mm. **L** Tümpel, Gräben, Wasserlöcher, austrocknende Kleingewässer; häufig. [Gattung: 5954]

2 Eudiaptomus gracilis, Farbloser Schwebekrebs. 1. Antenne 25-gliedrig. Meist farblos. Letztes Thorakalsegment mit seitlichen Flügeln. **G** Bis 1,5 mm. **L** Planktisch in Seen, Weihern, Teichen; häufig. Rechte Antenne der Diaptomiden-Männchen ist in ein Greiforgan umgewandelt. Zahlreiche Sinnesborsten und 1 auffälliges Kniegelenk. Weibchen werden damit gepackt. [5144]

3 Eudiaptomus graciloides, Kleiner Schwebekrebs. 1. Antenne 25-gliedrig. Farblos, selten zartblau oder gelb. Hintere Ecken des letzten Thorakalsegmentes abgerundet, je mit 2 Spitzen bewehrt. **G** Um 1,3 mm. **L** Planktisch in nährstoffreichen Gewässern; häufig. [5145]

4 Eudiaptomus vulgaris, Gemeiner Schwebekrebs. 1. Antenne 25-gliedrig. Farblos, rötlich oder bräunlich. Äußere Spitzen des letzten Thorakalsegmentes zeigen nach hinten und außen. **G** Bis 2,5 mm. **L** Planktisch in Weihern, Teichen, Kleingewässern; auch austrocknende Gewässer. [5146]

5 Eurytemora velox, Flügelkrebs. 1. Antenne 24-gliedrig. Farblos, Beine und Mundwerkzeuge an der Basis zuweilen tief blau. **G** Bis 2,2 mm. **L** Planktisch in norddeutschen Seen. [5695]

6 Heterocope borealis, Bodensee-Schwebekrebs. 1. Antenne 25-gliedrig. Farblos, rötlich, bläulich oder olivgrün. Furca-Äste mit 3 großen Borsten und 1 kleinen, ungefiederten Borste. **G** Bis 5 mm. **L** Planktisch in den großen Seen des Alpenvorlandes. Stirbt aus! [5153]

7 Heterocope appendiculata, Plankton-Schwebekrebs. 1. Antenne 25-gliedrig. Farblos oder grünlich-blau. Furca-Äste mit nur 3 Borsten. **G** Um 2 mm. **L** Nährstoffreiche Seen Norddeutschlands.

8 Macrocyclops fuscus, Dunkler Riesenhüpferling. 1. Antenne 17-gliedrig. Dunkelgrün oder braunrot. Furca-Äste an den Innenrändern stark behaart. **G** Bis 4 mm. **L** Gewässer aller Art. [5661]

9 Macrocyclops albidus, Weißer Riesenhüpferling. 1. Antenne 17-gliedrig. Farblos, höchstens Furca dunkel gefärbt. Die beiden Eiballen werden stark abgespreizt getragen. Innenränder der Furca-Äste kahl. Räuber. **G** Um 2,5 mm. **L** Seeufer, Weiher, Teiche, häufig. [5941]

10 Eucyclops macrurus, Langschwanzhüpferling. 1. Antenne 12-gliedrig. Kaum gefärbt. Furca-Äste etwa 10-mal so lang wie breit, ihre Außenränder mit kurzer Dörnchenreihe. Frisst Pflanzen, zum Beispiel planktische Grünalgen. **G** Bis 1,4 mm. **L** Gewässer aller Art im Sommer. [Gattung: 5807]

11 Eucyclops serrulatus, Sägeschwanzhüpferling. 1. Antenne 12-gliedrig. Strohgelb, gelbbraun oder rostrot. Eiballen blau-schwarz, abstehend. Furca-Äste leicht gekrümmt, ihre Außenränder mit je 1 langen Reihe kleiner Zähnchen. **G** Weibchen bis 1,4 mm. **L** Alle Gewässertypen, selbst Grundwasser, nicht im Seenplankton; wohl der häufigste Ruderfußkrebs. [5142]

12 Paracyclops fimbriatus, Weißer Schlammhüpferling. 1. Antenne 8-gliedrig. Schneeweiß. Bodenform, schlechter Schwimmer. **G** Um 1 mm. **L** Alle Gewässertypen; häufig. [5218]

13 Ectocyclops phaleratus, Farbiger Schlammhüpferling. 1. Antenne 10-gliedrig. Rotbraun bis braun, Antennen und Furca blau. Eierballen liegen dem Hinterleib eng an. Furca-Äste auf der Rückenseite mit mehreren Reihen feiner Börstchen. **G** Bis 1,2 mm. **L** Boden aller Gewässer.

14 Cyclops strenuus, Gemeiner Hüpferling. 1. Antenne 17–, selten 16- oder 18-gliedrig. Farblos oder gelblich bis grünlich. Große Eisäckchen dem Hinterleib ziemlich dicht anliegend. Innenränder der gekielten Furca-Äste behaart; Endborsten kurz. **G** Weibchen bis 3,5 mm. **L** In großen Gewässern Freiwasserform, in kleineren Uferform. [5122] ▸ *C. vicinus* und *C. abyssorum* S. 344/9, 10

15 Megacyclops viridis, Grüner Hüpferling. 1. Antenne 17-gliedrig. Auf den Tieren oft massenhaft Grünalgen. Eisäckchen groß, abstehend. Furca-Äste ohne Kiel, Innenränder behaart. Räuber. **G** 1,5–2,5 mm. **L** Gewässer aller Art, in Seen Uferform; verbreitet. [5232]

16 Diacyclops bicuspidatus, Gelber Hüpferling. 1. Antenne 17-gliedrig. Gelblich bis gelbbraun. Längliche Eiballen stehen stark ab. Furca-Äste schlank, in Basisnähe mit einigen feinen Dörnchen. **G** Um 1,4 mm. **L** Gewässer aller Art. [5134]

17 Cryptocyclops bicolor, Zwerghüpferling. 1. Antenne 11-gliedrig. Farblos. Eisäckchen anliegend. Furca-Äste gleichmäßig breit, an der Innenkante unbehaart. **G** Bis 800 µm. **L** Ausdauernde Gewässer aller Art, in Seen Uferform; häufig. Sommerform.

18 Mesocyclops leuckarti, Teichhüpferling. 1. Antenne 17-gliedrig. Meist farblos. Große, abstehende Eisäckchen. „Außenrandborsten" etwa in der Mitte der Furca-Äste. **G** Um 1,3 mm. **L** Schwebeform in Teichen, Baggerseen, Weihern; in Seen zuweilen wichtige Planktonart. [5175]

19 Thermocyclops oithonoides, Seehüpferling. 1. Antenne 17-gliedrig. Fast durchscheinend, ungefärbt. **G** Bis 900 µm. **L** Typische Form des Seenplanktons. [Gattung: 5800]

20 Canthocamptus staphylinus, Blauer Raupenhüpferling. 1. Antenne 8-gliedrig. Meist stahlblau. Analplatte mit vielen kräftigen Dornen. Borstenreihe am Hinterrand des vorletzten Hinterleibssegmentes in der Mitte unterbrochen. **G** Bis 900 µm. **L** Seichte Tümpel; sehr häufig. [5015]

21 Attheyella crassa, Raupenhüpferling. 1. Antenne 8-gliedrig. Gelblich, rötlich oder farblos. Außenränder der Furca-Äste stark geschwungen, mit je einem halbkugeligen Chitinzapfen. **G** Um 650 µm. **L** Gewässer aller Art; häufig. [5724]

22 Bryocamptus minutus, Mooswurm. 1. Antenne 8-gliedrig. Ungefärbt, Ölkugeln gelblich oder rötlich. Analdeckel mit 7–10 zweispitzigen Dornen. **G** Bis 800 µm. **L** Gewässer, Moose. [5731]

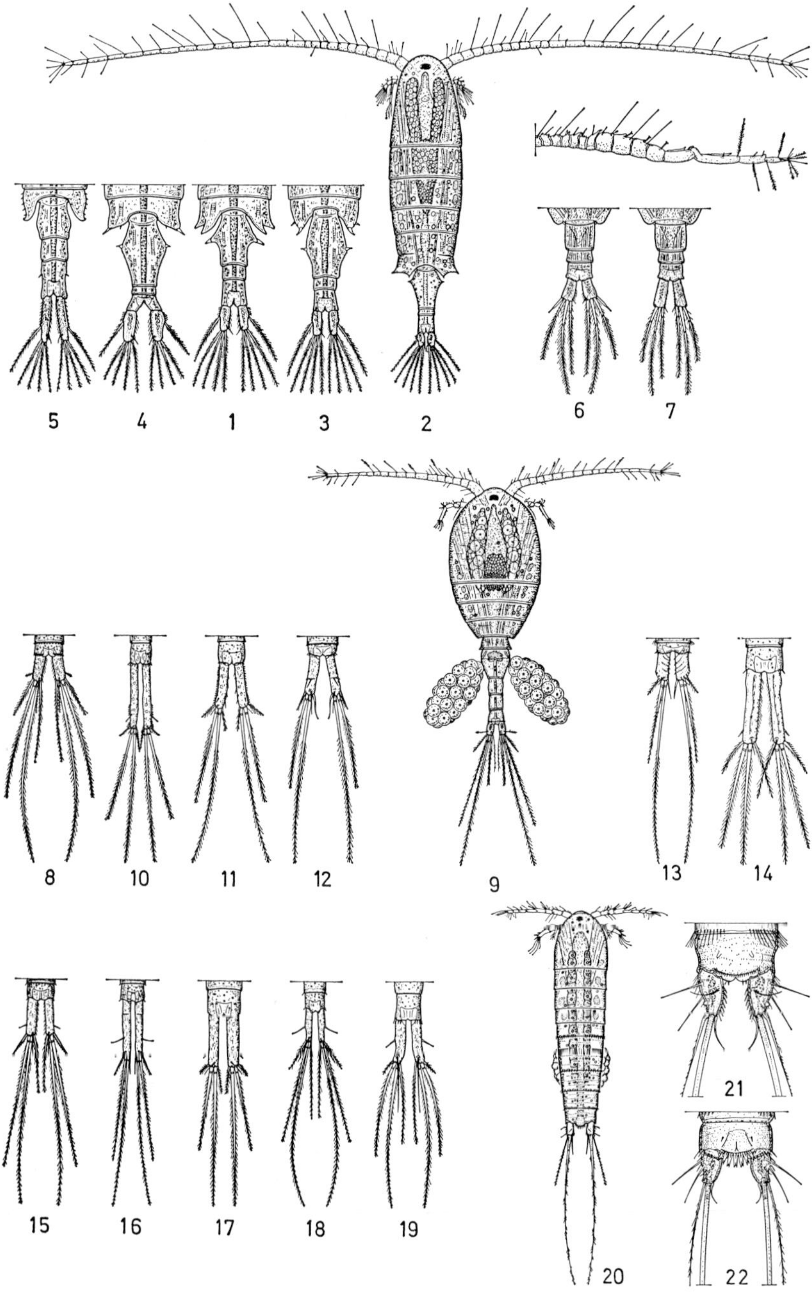
5
4
1
3
2
6
7
8
10
11
12
9
13
14
15
16
17
18
19
20
21
22

Muschelkrebse

1 Ilyocypris gibba, Höcker-Muschelkrebs. Schale stark verkalkt, hart, mit seitlichen Grübchen, Rinnen und rundlichen Höckern. Weißlich-grau. Schwimmborsten der 2. Antennen lang und befiedert, Borsten der 1. Antenne sehr lang, dünn. 3. und 4. Glied des 1. Beinpaares verschmolzen. Furca-Äste schwach gebogen, 1 Borste steht jeweils von den 3 übrigen Endklauen ab. **G** Bis 1 mm lang. **L** Kleingewässer aller Art; nicht in fließendem Wasser; sehr verbreitet.
2 Candona candida, Perlmutt-Muschelkrebs. Schalen reinweiß, porzellanartig, an der Luft perlmuttartig schimmernd. 2. Antenne 5-gliedrig, ohne Schwimmborsten. Furca gebogen, mit 2 Endklauen, von diesen entfernt eine 3. Borste. Endglied des Putzfußes mit 3 gekrümmten Borsten. **G** Bis 1,2 mm lang. **L** Sumpfige Gewässer, flache Wassergräben; überall häufig. **B** Skelettieren mit ihren kräftigen Beißmandibeln ins Wasser gefallene Blätter. [5108]
3 Cyclocypris laevis, Runder Muschelkrebs. Schalen dunkelbraun, bei Jungtieren mit abstehenden kurzen Borsten besetzt. In Aufsicht sehr breit eiförmig. Linke Schalenhälfte umgreift die rechte. Augen gut entwickelt. 1. und 2. Antennen kräftig, beide mit langen Schwimmborsten. Letztes Glied des Putzfußes ungewöhnlich lang, mit 3 sehr verschieden langen und geformten Borsten. **G** 0,5 mm lang. **L** Alle Gewässertypen; sehr häufig. [5119]
4 Cypria ophthalmica, Augen-Muschelkrebs. Schalen dunkelbraun bis hellbraun, glatt. Vorder- und Hinterränder der Schalenhälften mit breitem, durchsichtigem Saum. Bauchrand der Schalen fast gerade. Beide Antennenpaare mit langen Schwimmborsten. Putzfuß mit 2 gleichlangen und 1 erheblich größeren Endklaue. **G** Bis 0,7 mm lang. **L** Alle Gewässertypen. Gedeiht am besten in schlammigen, vegetationslosen Kleinteichen. Häufig. [5124]
5 Notodromas monacha, Rückenschwimmer-Muschelkrebs. Schalen ungefähr 5eckig, schiefergrau mit weißen bis gelben Flecken und Streifen. Am unteren hinteren Schalenwinkel eine scharfe Spitze (fehlt den Männchen). Augenbecher getrennt (Aufsicht!). Beide Äste der Furca miteinander verklebt. **G** Bis 1,2 mm lang. **L** Gewässer aller Art; sehr häufig. (Sommerform.) **B** Kann sich mit Haaren der ventralen Schalenseite an der Unterseite einer ruhigen Wasseroberfläche aufhängen; filtriert die Kahmhaut. [5185]
6 Cypris pubera, Grüner Muschelkrebs. Meist dunkelgrün, zuweilen ins Bräunliche spielend, immer dicht beborstet. Längs des Vorderrandes der etwa dreieckigen Schalen 9 Zähnchen. Hintere, untere Schalenecke grob gezähnelt. Beide Antennenpaare mit Schwimmborsten, kräftiger Putzfuß mit kleiner Hakenborste und kurzer, gerader Borste auf dem gedrungenen Endglied. **G** bis 2,6 mm lang. **L** Seen, Tümpel, Wiesengräben; häufig.
7 Heterocypris incongruens, Schmutzig-gelber Muschelkrebs. Schalen schmutzig-gelb, hellgelb oder rostbraun. Sehr locker beborstet. In Seitenansicht etwa nierenförmig. Linke Hälfte des glatten Panzers überragt etwas die rechte. Vorderrand der rechten Schalen dicht mit Zähnchen und Höckerchen besetzt. Äste der Schwanzgabel schlank, gerade. Frisst Algenfäden und Zieralgen. **G** Bis 1,6 mm lang. **L** Kleine Gräben und Tümpel; überall häufig. [5787]
8 Eucypris virens, Gelbfleck-Muschelkrebs. Schalen schmutzig graugrün, heller oder dunkler mit kurzen Borsten. Vorderende stärker zugespitzt als Hinterende. Charakteristisch: Gelblicher Farbfleck hinter dem Auge. Endklauen der Furca sehr unterschiedlich lang, kaum gebogen, Vorsprünge am 3. und 4. Glied des Putzfußes bilden zusammen eine winzige Schere. **G** Bis 2 mm lang. **L** Überall häufig. **B** 2 Formen: Kriechende Bachform (*acuminata*-Form) mit kurzen Schwimmborsten der 2. Antenne und typische Teichform, bei der die Schwimmborsten weit über die Antennenspitzen hinausreichen. Ausgesprochene Frühjahrsform. [5143]
9 Bradleystrandesia reticulata, Frühlings-Muschelkrebs. Schalen glatt, mit zahlreichen feinen Härchen. Hell- bis grünlich-gelb, unter dem Auge ein großer, grauschwarzer Fleck mit verwaschenen Rändern. Schalen der Jungtiere deutlich netzartig gefeldert. Beide Antennenpaare mit langen Schwimmborsten. Putzfuß am Ende mit kleiner Schere. **G** Bis 1,2 mm lang. **L** Alle Gewässertypen; nur im April und Mai, dann oft massenhaft. **A** Schalen rauh, mit zahlreichen kleinen Wärzchen und braunvioletter Binde vom Rücken bis zu den Schließmuskel-Ansätzen, bis 1,5 mm: *B. fuscatus*; im Frühjahr in flachen Gräben und Pfützen häufig.
10 Herpetocypris reptans, Schlangen-Muschelkrebs. Schalen undurchsichtig, glänzend, gelb bis olivgrün, mit dunkelgrünen Flecken und blasseren Streifen. Hälften des langgestreckten Panzers sehr ungleich; linker Schalenteil überragt den rechten vorne und hinten beträchtlich. Schwimmborsten der 2. Antenne meist rückgebildet. Endklauen der Furca grob gesägt. **G** Bis 2,6 mm lang. **L** Alle Gewässertypen; verbreitet. [5152]
11 Cypridopsis vidua, Zebra-Muschelkrebs. Schalen hellgelb bis hellgrün. Auffällig: 3 oder 4 dunkle Striemen, die als Binden senkrecht vom Rücken zur Schalenmitte ziehen; 1 dunkler Fleck am Hinterrand. Schwimmborsten beider Antennenpaare gut entwickelt. Furca verkümmert, besteht nur aus einem Stamm und einer längeren Geißel. **G** Bis 0,7 mm lang. **L** Gewässer aller Art; verbreitet (am häufigsten als Sommerform in nicht austrocknenden Teichen). **B** Gesundheitspolizei: Frisst Tierleichen, Diatomeen, organische Zerfallsstoffe. [5125]

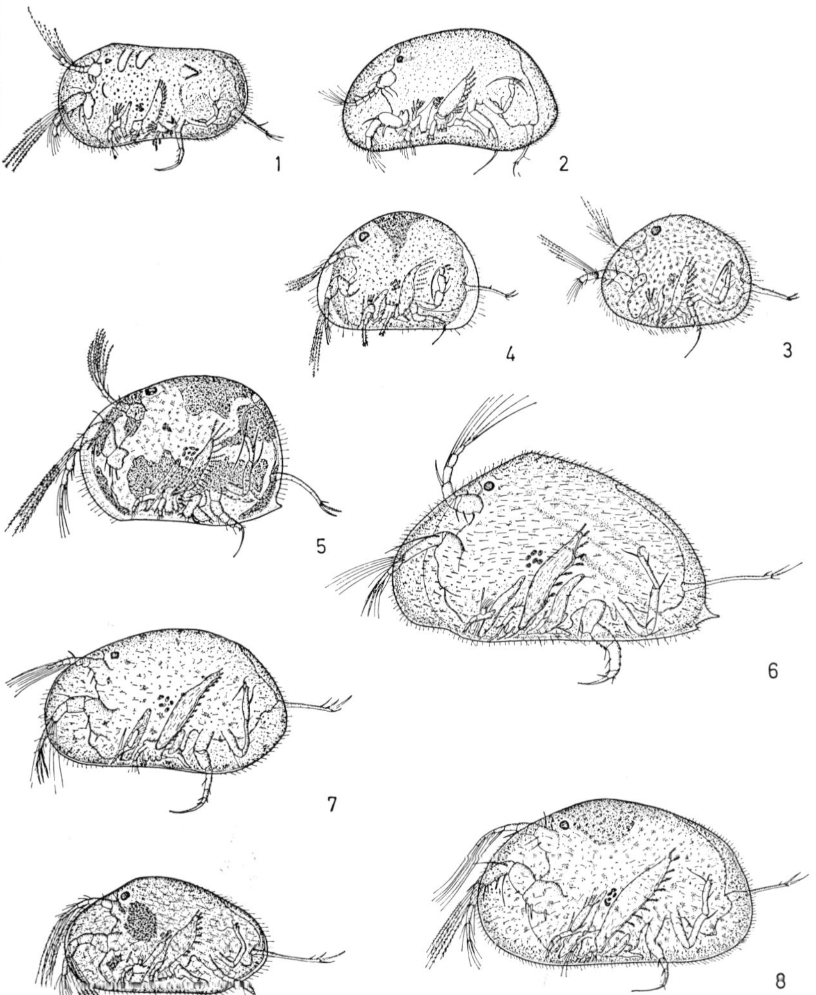
1
2
4
3
5
6
7
8
9
11
10

1 Limnochares aquatica, Sackmilbe. Blutrot, beide Augenpaare auf einer langgestreckten Chitinleiste in der Körpermittellinie. Gestalt wechselt, da dicht gekörnelte Haut sehr weich; Tiere sinken außerhalb des Wassers zusammen und sterben rasch. Palpen kurz, dünn, wenig über die Mundscheibe des kräftigen Rüssels hinausreichend. Nichtschwimmer; Beine ohne Schwimmhaare, mit gefiederten und einfachen Borsten. **G** Erwachsene Weibchen bis 4 mm. **L** Am Grund von Weihern und auf Wurzeln von Wasserpflanzen. **B** 6beinige Larven (schwimmfähig) setzen sich auf Wasserinsekten (Teichläufer und Wasserreiter) fest. Parasitische 1. Entwicklungsstadien hängen als rote Birnchen zu 10 bis 20 an ihren Wirten. [5174]
2 Eylais extendens, Brillenmilbe. Rot. Chitinkapseln der Doppelaugen durch kurze, hinten weit eingebuchtete Chitinbrücke miteinander verbunden. Palpen dicht beborstet. Mundscheibe kreisrund. Körper eiförmig, niedergedrückt. Gewandte Schwimmer. Hinteres Beinpaar wird gespreizt nachgeschleppt; dient als Steuer, nicht zum Schwimmen. Larven schmarotzen auf Wasserkäfern. **G** Männchen 3, Weibchen 4 mm. **L** Pflanzenbedeckte Kleinteiche; hier häufigste der 4 heimischen *E.*-Arten. [5343]
3 Hydrachna globosa, Kugelmilbe. Blutrot. Haut weich, erscheint dicht gekörnelt, rundum mit 15–20 µm hohen Chitinspitzen besetzt. Dicht hinter den Augenkapseln 2 Rückenplatten von „Afrika"- bzw. „Südamerika"-Form. Maxillarorgan mit langem Rüssel, an dessen Spitze die Mundöffnung. Palpen klein. Beine kurz, am vorderen Beinpaar keine Schwimmhaare. Larven schmarotzen an Wasserinsekten (rote Säcke an den Gelenkhäuten) und überwintern auf ihren Wirten. **G** Weibchen um 2,5 mm. **L** Stehende Gewässer; häufigste der 7 heimischen *H.*-Arten. [5336]
4 Panisus michaeli, Fleckenmilbe. Leuchtend rot, Körper weichhäutig. Augen weit voneinander entfernt. Vorletztes Palpenglied bildet Fortsatz, der mit dem 5. Glied eine kleine Schere ergibt. Rückenseite mit Längsreihen ausgefranster Chitinschilder. Beinglieder mit kräftigen Dornen. **G** 1,4–1,6 mm. **L** Quellen, in Schlamm und Moosen; Herbst und Winter zahlreich. [5354] **A** Chitinplatten viel kleiner, vorderste ringförmig, Palpenglieder mit auffälligen Poren, 1–1,3 mm: *Thyas palustris*. [5353]
5 Hydrodroma despiciens, Gelbfußmilbe. Körper rot, Beine gelb. Im Umriss fast kreisrund. Haut mit nach hinten gerichteten Zapfen dicht besetzt. Jeweils das vordere Auge der beiden Augenpaare auf der Bauchseite. Palpen kurz; Ende des 4. Gliedes in gebogenen Fortsatz ausgezogen, der mit dem Endglied eine schmale Schere bildet. Lebhafter Schwimmer. Larven parasitieren auf Büschelmücken. **G** 2 mm. **L** Uferform in stehenden Gewässern, auch großen Seen; sehr häufig. [5223]
6 Hydryphantes ruber, Sattelmilbe. Rot. Zwischen den umkapselten Doppelaugen Rückendecke zu trapezförmigem, hinten ausgezipfeltem Plättchen verdickt. Auf dem Rücken 4 Paar „Haarknöpfe". Palpen kurz und dünn. Schwimmt mit weit abgestreckten Beinen. **G** 2 mm. **L** Stehende, zeitweilig austrocknende Gewässer; im Sommer im erstarrenden Schlammboden unter Laub und Steinen; häufigste von 6 *H.*-Arten. [5356]
7 Sperchon glandulosus, Quellenmilbe. Braunrot bis ockergelb, innere Organe schimmern grünlich durch. Haut weich, papillös. Beine ohne Schwimmhaare. Um die Hautdrüsenmündungen auf dem Rücken stark verhärtete und erhabene Chitinschilder. Larven parasitieren auf Zuckmücken. **G** 0,8–1,2 mm. **L** Quellen, an Moosen, Steinen, im Detritus. Häufig. [5369] **A** Braunrot, stark chitinisierte Teile purpurrot: *Sperchon brevirostris*; in Quellen häufig. [5364]
8 Frontipoda musculus, Muschelkrebs-Milbe. Dunkelgrün, rot oder braun. Körper hoch aufgewölbt, seitlich so stark zusammengedrückt, dass die Tiere bei der Betrachtung stets auf die Seite kippen. Beine am Stirnende nicht hintereinander, sondern übereinander eingelenkt. Hinterbeine mit je einer Schwertborste anstatt Krallen. Palpen kurz, viel dünner als die Beine. Untereinander verschmolzene Epimerenplatten hüllen als Panzer den Körper bis auf eine Rückenfurche ein. **G** 1 mm. **L** Stehende Gewässer; weit verbreiteter Einzelgänger. [5419]
9 Lebertia insignis, Hüpfmilbe. Gelblichrot oder rot. Haut glatt, ungepanzert. Hinterbeine länger als der Körper (beim Männchen nur körperlang), mit wirkungsvollen Schwimmhaarreihen ausgestattet. Auf der Beugeseite des 2. Palpengliedes eine dicke, rechtwinklig abstehende Borste. **G** 1,1–1,5 mm. **L** Stehende Gewässer; überall verbreitet, in Seen stellenweise häufig. [5395]

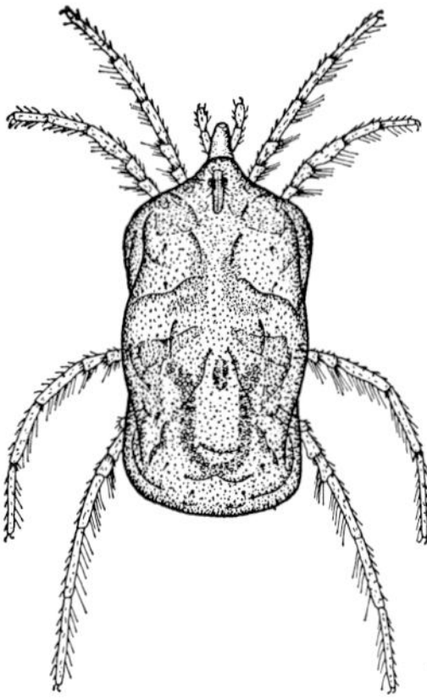

1

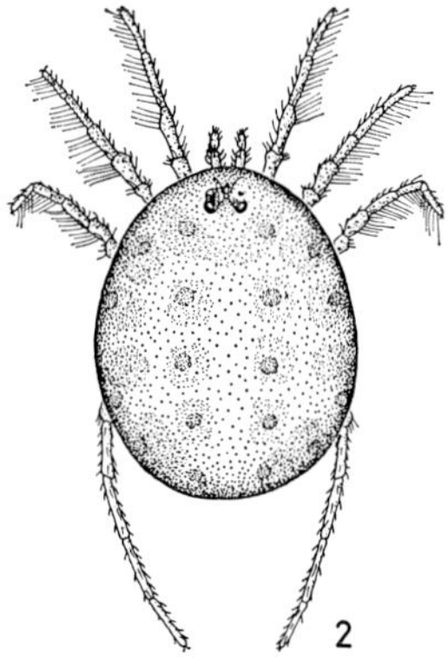

2

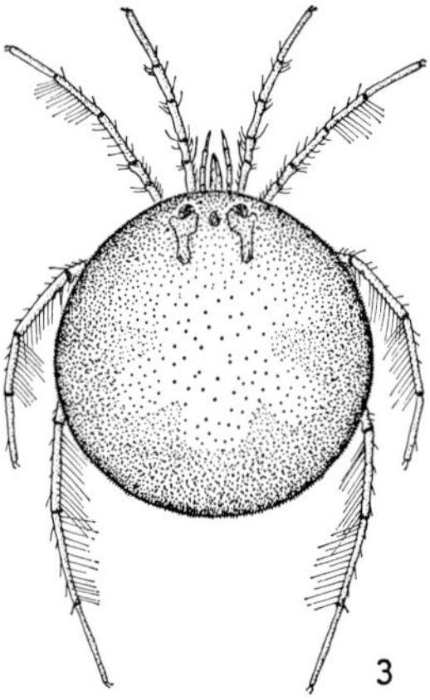

3

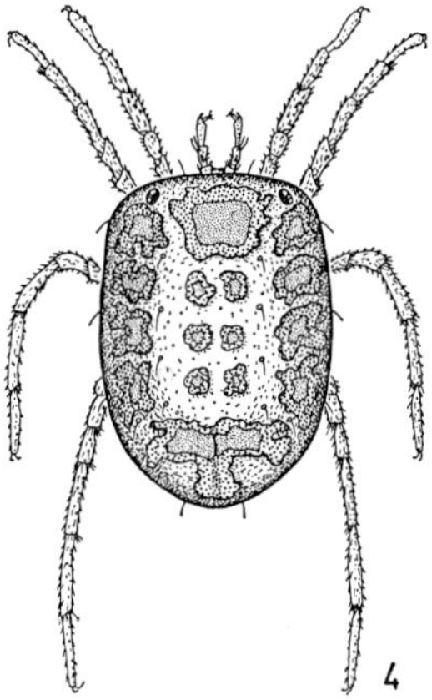

4

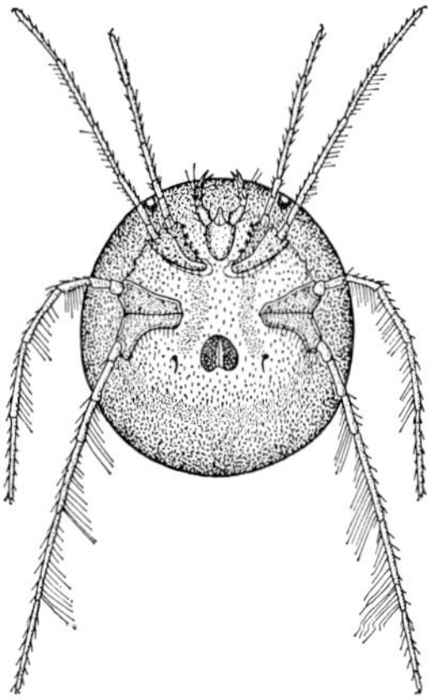

5

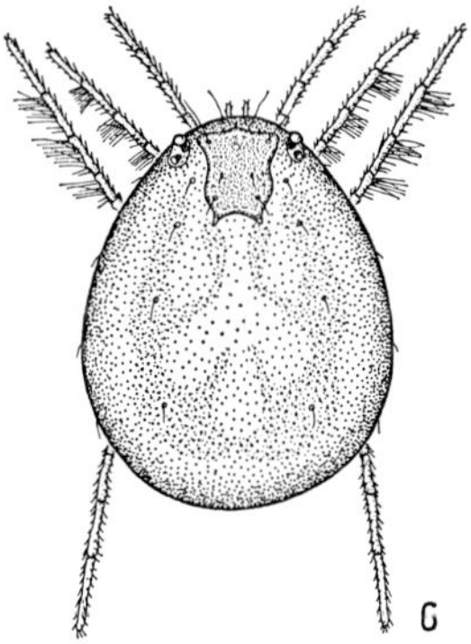

6

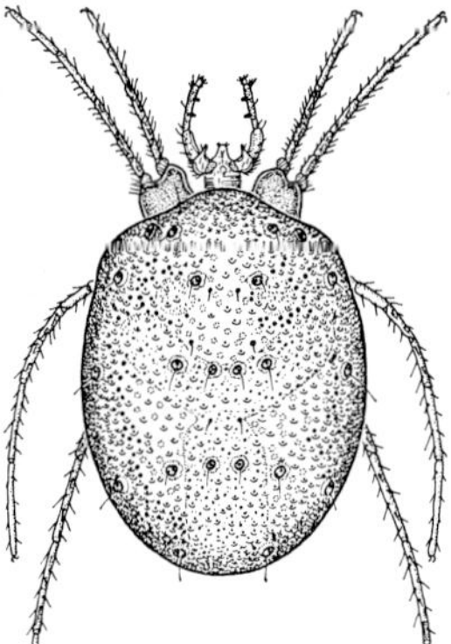

7

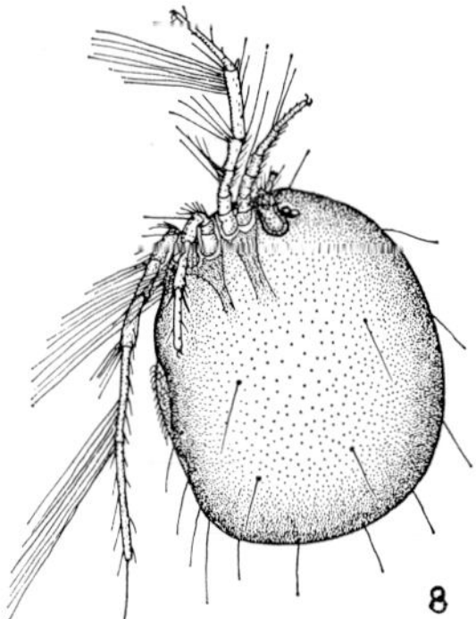

8

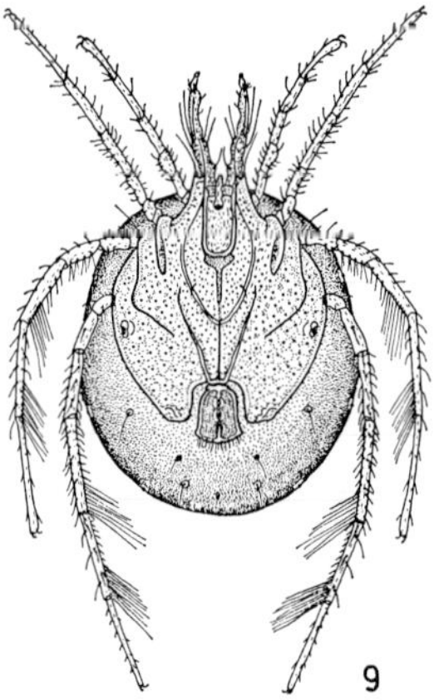

9

Süßwassermilben 2

1 Lebertia lineata, Runenmilbe. Gelb oder braun. Umriss oval, Stirnende eingebuchtet. 2/3 der Bauchfläche gepanzert. Lederige Rückenhaut charakteristisch skulpturiert: Zwischen den Augen netzartig verbundene Riefen, sonst Längsrunzeln und kleine Längsleisten. Nichtschwimmer. **G** Männchen 0,8 mm, Weibchen 1 mm. **L** Quellen, Oberläufe von Bächen; häufig. [5396]
2 a Limnesia undulata, Grüne Teichmilbe. Gelblich-weiß, grünlich oder grau. Weichhäutig. Palpen dreimal dicker als Extremitäten und von mehr als halber Körperlänge. Auf der Beugeseite des 2. Palpengliedes ein spitzenwärts gerichteter, hohler Chitinkegel, an dessen Ende ein Chitinstift eingesenkt ist. Auf der Außenkante des 2. Palpengliedes etwa 10 Borsten. *L.*-Arten sind Milbenräuber, die die Beutemilben mit den weit vorgestreckten Palpen ergreifen. **G** Weibchen um 2 mm. **L** Stehende Gewässer, überall verbreitet. [5434]
2 b Limnesia fulgida, Rote Teichmilbe. Dunkelrot, Beine und Palpen dunkelgrau-blau. Weichhäutig. Palpen mächtig verdickt. Innenseite des 2. Palpengliedes mit nach vorne gerichtetem Chitinkegel und eingesenktem Taststift. Dem Kegel gegenüber, an der Außenseite des 2. Palpengliedes, 4 Borsten. **G** 1,5–2 mm. **L** Stehende Gewässer; verbreitet; oft häufig. [5922]
2 c Limnesia maculata, Hellrote Teichmilbe. Ziegelrot. Weichhäutig. Palpen viel dicker als die Beine. Chitinkegel auf der Beugeseite des 2. Palpengliedes mit kleinem Taststift, nach hinten, dem Körper zu, gerichtet. Außenkante des 2. Palpengliedes mit mehreren, unterschiedlich langen Borsten. Palpen relativ kurz, 1/4 körperlang. **G** Männchen um 1,5 mm, Weibchen um 2 mm. **L** Stehende Gewässer; häufig. [5222]
3 Hygrobates longipalpis, Igelmilbe. Gelb mit braun-schwarzer Fleckung. Augen rot. Am Ende des 2. Palpengliedes ein stumpfer, mit Chitinzähnchen besetzter Zapfen. 2. und 3. Palpenglied viel dicker als die Vorderbeine. 3. Palpenglied auf der Beugeseite mit Chitinspitzen. Beine stark beborstet, keine Schwimmhaare (Tiere kriechen und klettern). **G** Bis 2,5 mm. **L** Stehende und fließende Gewässer; verbreitet, zeitweilig häufig. [5438]
4 Hygrobates fluviatilis, Gelblich. Haut netzartig gefeldert. Palpen wie bei voriger Art, jedoch kaum kräftiger als Vorderbeine. Hüpfplattengebiet überdeckt nur vorderes Drittel der Bauchfläche. 4. Epimerenpaar (in den Umrissen verschoben viereckig) ist so gestellt, dass die beiden spitzwinkligen Ecken einander gegenüberstehen. Genitalorgan 6näpfig. **G** Um 1,5 mm. **L** Fließende Gewässer; verbreitet, stellenweise häufig. [5436]
5 Atractides ovalis, Sichelfußmilbe. Gelblich-weiß, Körperrand durchscheinend. Weichhäutig. 4. Palpenglied der Weibchen normal, der Männchen auffällig angeschwollen. Charakteristisch: Endglieder der beiden langen und dicken Vorderbeine gebogen, verbreiterte vorletzte Glieder am Ende mit je 2 steifen Schwertborsten. **G** Männchen 0,5 mm, Weibchen bis 0,8 mm. **L** Stehende und fließende Gewässer; verbreitet, jedoch selten häufig. [5449]
6 Unionicola crassipes, Muschelmilbe. Wasserhell bis gelblich oder grünlich; im schwarzbraunen Rückenfleck scheinen die Exkretionsorgane als hellgelbe, T-förmige Figur durch. Weichhäutig. Auf der Beugeseite des 4. Palpengliedes 3 Chitinzapfen. Bei den meisten Arten der Gattung (7) leben alle Entwicklungsstadien, Larven, Nymphen und Erwachsene, zwischen den Kiemen von Flussmuscheln und auf den Mänteln von Schlammmuscheln. *U. crassipes* dagegen durchläuft die Entwicklung bis zum Erwachsenenstadium im Gewebe von Süßwasserschwämmen. Erwachsene sind echte Planktonorganismen. **G** Um 1 mm. **L** Saubere Teiche und Seen. [5455]
7 Neumania vernalis, Glasmilbe. Durchscheinend gelblich, selten bläulich. Palpen klein, viel dünner als Vorderbeine. Auf dem 4. Palpenglied 3 kurze Haarhöcker. 1. und 2. Epimeren ziehen mit langen Chitinausläufern bis zu den 4. Epimeren. Hinterrand der 4. Epimeren mit hakenförmigem Fortsatz. 2 vordere Beinpaare mit paarweise auf kleinen Höckern stehenden Schwertborsten; hintere Beinpaare mit Schwimmhaaren. **G** Um 1,2 mm. **L** Stehende Gewässer; verbreitetste und häufigste von 5 heimischen *N.*-Arten. [5465]
8 Pionopsis lutescens, Hüftzahnmilbe. Blassgelb bis grünlich-grau. Weichhäutig. Epimerengebiet bei den Weibchen klein, nimmt bei den Männchen fast die gesamte Bauchseite ein. Charakteristisch für die Gattung: die beiden 4. Epimerenplatten sind an ihren Hinterrändern in spitze Ecken ausgezogen. Palpen klein. **G** Männchen 0,6, Weibchen bis 2 mm. **L** Stehende Gewässer; sehr verbreitet, Männchen selten. [5481] **A** Dunkel-rotbraun, auf dem Rücken ein dreieckiger, leuchtend roter Fleck: *Tiphys ornatus*; Frühjahrsform. [5477]

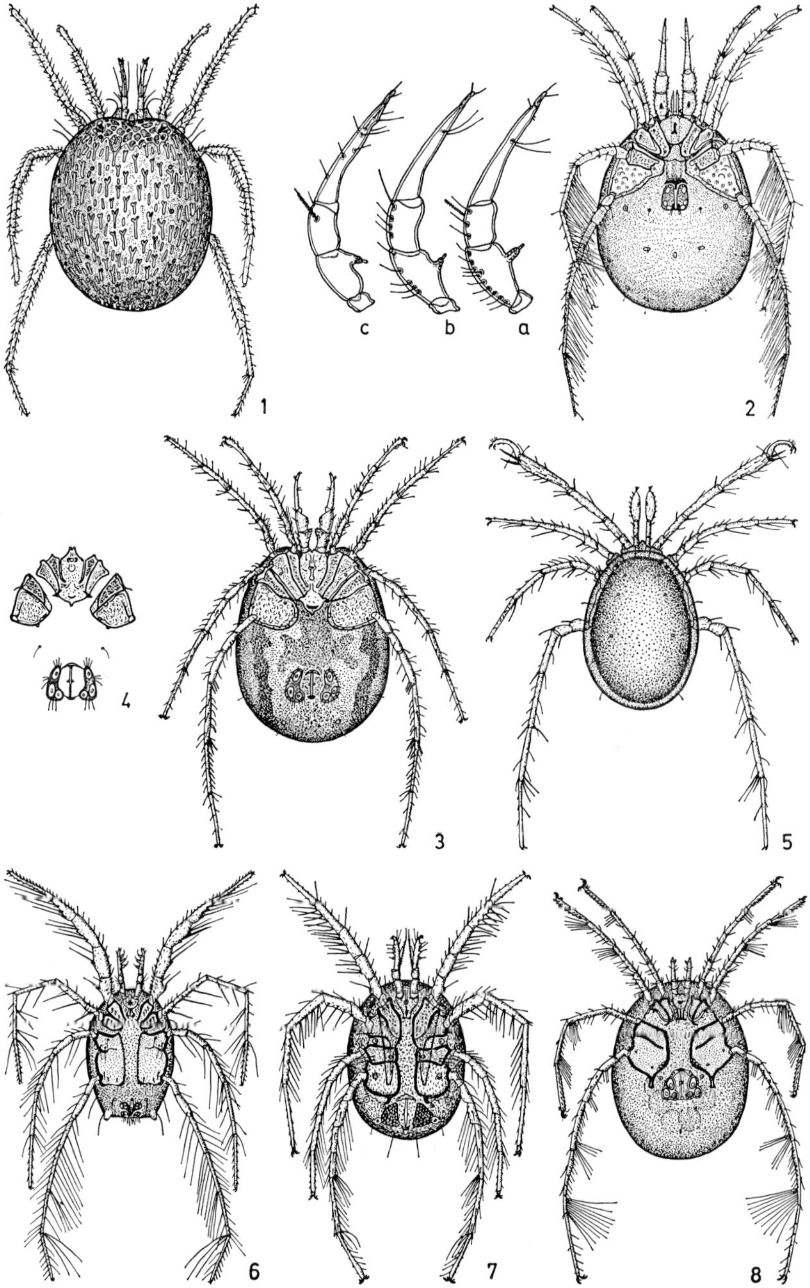

c
b
a
1
2
4
3
5
6
7
8

1 Gattung Piona, Schwimm-Milben. Weichhäutig. 4. Glied der relativ kurzen Palpen bildet auf der Beugeseite einige kräftige Haarhöcker aus. Hüftplatten bei den Männchen nahe zusammengerückt, bilden bei den Weibchen 4 Gruppen. 4. Epimeren bei beiden Geschlechtern mit je einem eckigen Vorsprung am Hinterrand. Alle Beine mit Schwimmhaarreihen (gute Schwimmer). Männchen: Endglied des 3. Beines fungiert als Samenüberträger und ist verkürzt; 4. Glied des Hinterbeins zu einem sichelförmigen Greiforgan umgestaltet. Larven: Freischwimmend, 6beinig, gehen direkt in das Nymphenstadium über, ohne parasitäres Stadium. [Gattung: 5194]
1 a Piona nodata. Rot. Im Umriss eiförmig. Genitalnäpfe der Weibchen auf einer abgeknickten Chitinleiste links und rechts des Geschlechtsspaltes. Auf jeder Leiste 8–13 Näpfe. Bei den Männchen beiderseits der eckig-ovalen Samentasche (= Geschlechtsöffnung) je 8–12 Genitalnäpfe. **G** Männchen 0,8 mm, Weibchen 1,3–2 mm. **L** Stehende Gewässer; vor allem im Frühjahr oft sehr häufig. [5494]
1 b Piona variabilis. Grünlich, in der Augengegend ein lichter Hof. Stirnende abgestutzt. Von den 4 Genitalnapfgruppen der Weibchen tragen die beiden vorderen Gruppen je einen, die beiden hinteren je 8–12 Näpfe. Männchen: Genitalplatten nicht in Verbindung mit den 4. Epimeren; links und rechts des Mittelfelds und der kleinen Geschlechtsöffnung je 8–12 Näpfe. **G** Männchen 0,6, Weibchen 1,2 mm. **L** Stehende Gewässer, stellenweise sehr zahlreich. [5499]
1 c Piona pusilla. Gelblich-weiß; innere Organe schimmern braun durch. Grundglieder der Palpen dicker als Vorderbeine. Hüftplatten der Männchen überdecken 2/3 der Bauchfläche. Hakenförmige Chitinplatten des weiblichen Genitalorgans mit 12–20 Näpfen und 6 oder 7 vorderen Borsten. Genitalorgan der Männchen verbindet sich teilweise mit den Hüftplatten und trägt 24–40 Näpfe. **G** Männchen 0,8, Weibchen 1,1 mm. **L** Seen, stehende Gewässer. [5496]
1 d Piona coccinea. Lebhaft rot oder gelblich-grau. Palpen länger als die Hälfte der Körperlänge. Genitalplatten der Weibchen ungefähr dreieckig, mit je 2 größeren und zahlreichen kleinen Näpfen. Genitalorgan der Männchen mit tiefer Samentasche; Näpfe wie bei den Weibchen angeordnet. **G** Männchen 2, Weibchen 2–3 mm. **L** Stehende Gewässer. [5487]
1 e Piona conglobata. Gelblich, bräunlich oder grünblau; Fußenden braun. Hinter den Augen der Männchen ein aneinandergerücktes Chitinplattenpaar. Weibchen ohne Genitalplatten, Näpfe liegen zerstreut in der Bauchhaut. Männchen: Genitalöffnung klein, mit dem Genitalorgan ist der Exkretionsporus verwachsen. Beiderseits etwa 15 unterschiedlich große Genitalnäpfe. **G** Männchen 0,5, Weibchen 1 mm. **L** Stehende Gewässer; meist häufigste *P.*-Art. [5490]
2 Arrenurus globator, Panzermilbe. Gelblich-grün bis blaugrün. Unter der weichen Oberhaut ein poriger, spröder Bauch- und Rückenpanzer. Beide Panzerteile durch glatte Chitinfurche auf dem Rücken getrennt. Palpen kurz, zangenförmig. Beine mit Schwimmhaaren. Frisst Muschelkrebse. Geschlechter sehr verschieden. Weibchen eiförmig, die gebogenen, vielnäpfigen Genitalplatten fassen ein kreisrundes Mittelfeld ein. Männchen mit Sporn am 4. Glied des Hinterbeines; hinterer Körperfortsatz lang und grifflörmig. **G** Um 0,8 mm. **L** Stehende, warme, verkrautete Gewässer; häufigste der etwa 40 *A.*-Arten. [5547]
3 Arrenurus cuspidator, Breitschwanz-Panzermilbe. Grün. Geschlechter sehr verschieden. Weibchen am Körperhinterrand mit schwach vortretenden Seitenecken; das nahe an das Epimerengebiet herangerückte Genitalorgan aus eifömigem Mittelfeld und abgewinkelten Napfplatten. Körperanhang der Männchen mit Platteneckfortsätzen und einer Rückengrube. **G** Um 1 mm. **L** Stehende Gewässer; im Hochsommer stellenweise häufig. [5543]
4 Brachypoda versicolor, Kurzfußmilbe. Grünlich-blau, mit weißlichen Flecken am Rückenrand und bräunlichen Streifen auf der Mitte des Rückens. Körper niedergedrückt, bis auf eine rund umlaufende Seitenfurche gepanzert. Stirnrand fast geradlinig. 4. Palpenglied aufgetrieben. Beine kurz, schmächtig, beide hintere Beinpaare mit wenigen Schwimmborsten. Hüftplattengebiet bei den Weibchen fast über die ganze Bauchfläche, bei den Männchen nur über die vordere Bauchhälfte. Genitalnäpfe oval, jederseits im Dreieck angeordnet, bei den Weibchen am Hinterrand des Körpers, bei den Männchen dicht hinter dem Epimerengebiet. **G** Um 0,5 mm. **L** Stehende Gewässer, häufig. [5507]
5 Porolohmannella violacea, Zangenmilbe. Rotviolett bis lila. Eine Süßwasserform der Meeresmilben (*Halacaridae*). Nichtschwimmer. Langes, nach oben aufgebogenes Rostrum, das zusammen mit den beiden dünnen Palpen einen zangenartigen Wühlapparat bildet. Beine weit seitlich eingelenkt. **G** Um 0,7 mm. **L** Moortümpel, zwischen Torf- und Quellmoosen.
6 Hydrozetes lacustris, Wasser-Hornmilbe. Dunkelrotbraun. Augen rot, in hellem, ovalem Feld. Keine Süßwassermilbe, sondern im Süßwasser lebende Hornmilbe (*Oribatei*). Beine enden jeweils mit großer Kralle (Tier klettert), Palpen winzig klein, meist unter dem Vorderkörper versteckt. Am dorsalen Übergang des Vorderkörpers in den Hinterkörper 2 kolbenförmige „Stigmalborsten". Rückenfläche von zarter Sekrethaut bedeckt. **G** Um 0,5 mm. L Stehende Gewässer auf Algen und Moosen; verbreitet. Häufig in Aquarienfiltern und triefend nassen Moosen. [5910]

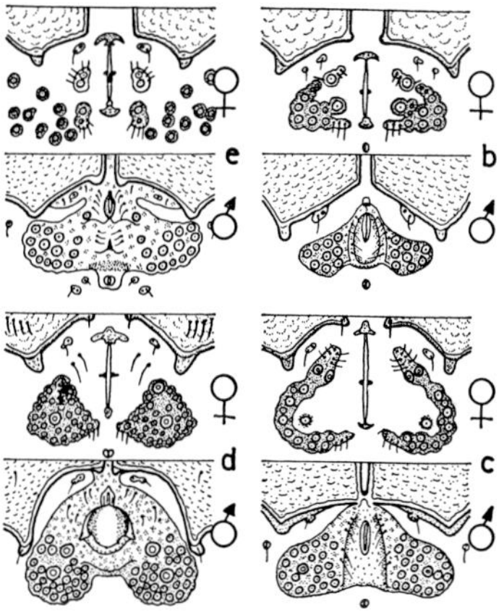

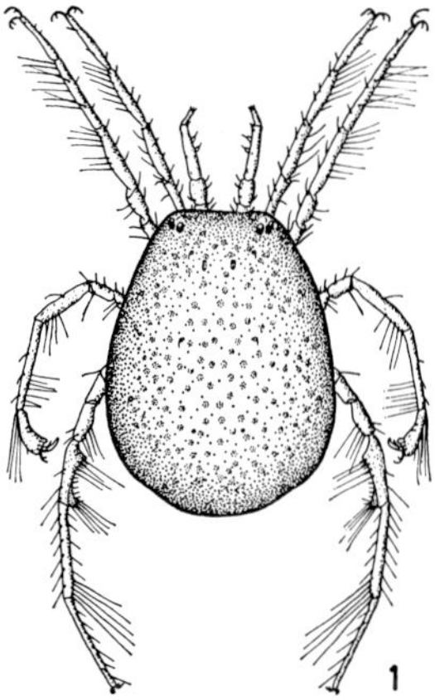

1

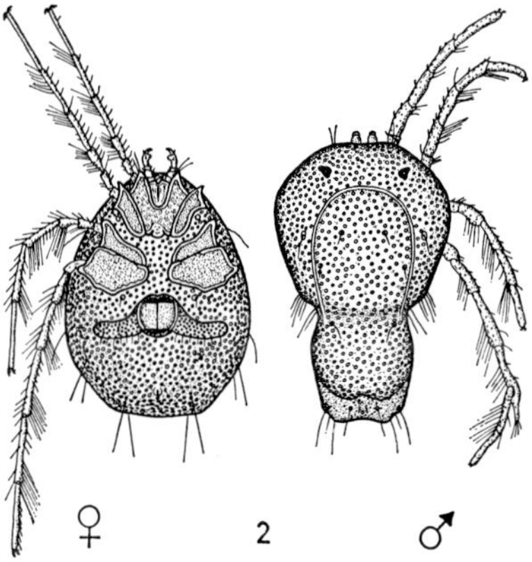

2

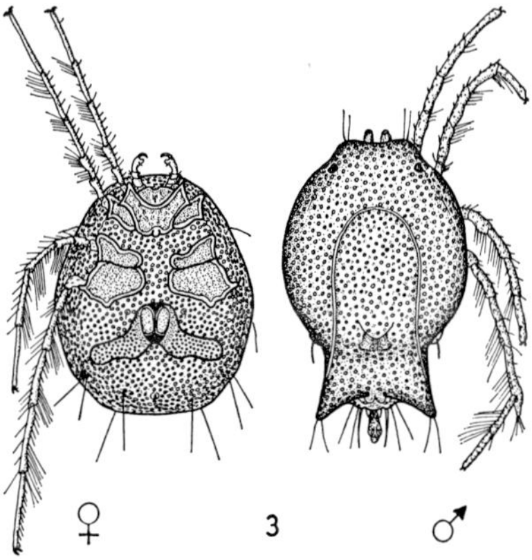

3

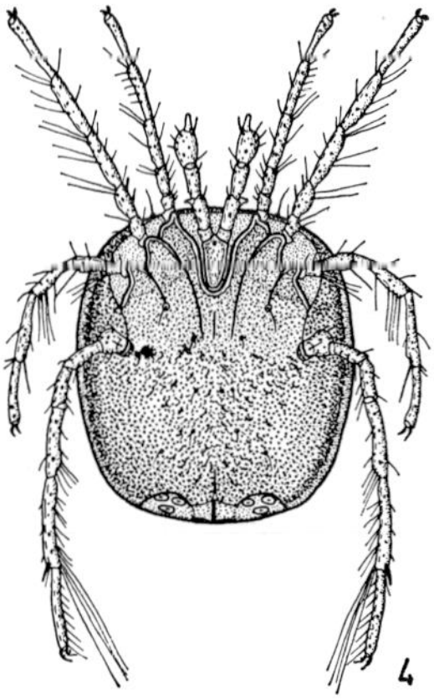

4

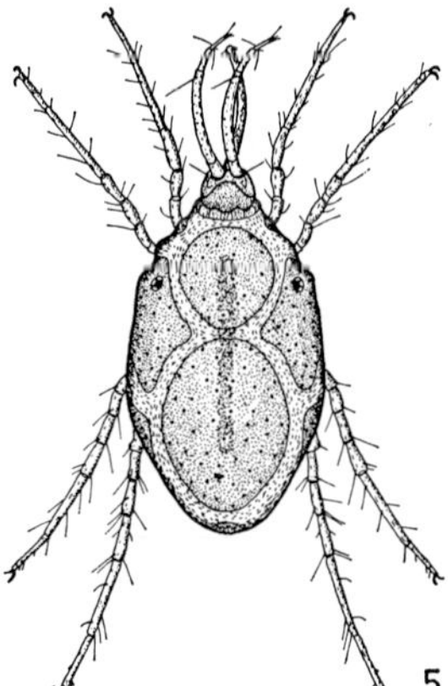

5

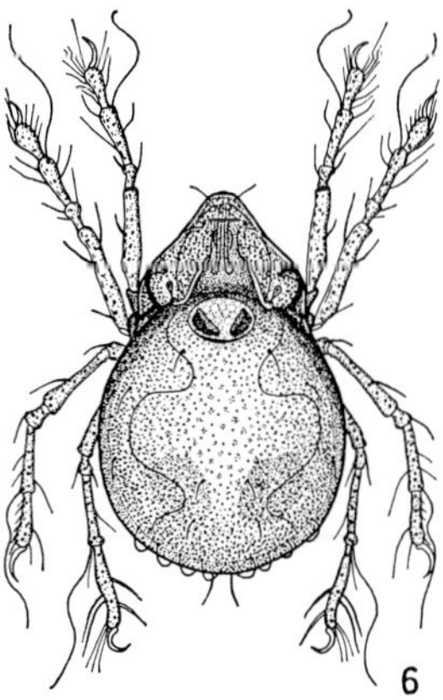

6

Moostierchen

1 Paludicella articulata, Haar-Moostierchen. Kolonien haarfein, bräunlich, stark verzweigt; wachsen teils auf der Unterlage angepresst, teils ragen abgespreizte Äste frei ins Wasser. Cystide spindelförmig, Mündung der Zooide auf kleiner, viereckiger Erhebung. Cystide stets durch Septen voneinander getrennt. Cystidwände teils mit Kalkpartikeln. Tentakelkränze rund, mit 16–18 Tentakeln. **G** Einzeltiere 250–450 µm lang. **L** Saubere Gewässer bis 20 m Tiefe. [1995]
2 Fredericella sultana, Röhren-Moostierchen. Kolonie-Ästchen geweihartig verzweigt, dem Substrat aufliegend, freistehend oder herabhängend. Benachbarte Äste nie miteinander verklebt, daher kein rasenartiger Wuchs. Cystidröhren durch Fremdkörper versteift (Exkrementpartikel, Diatomeenschalen, Zieralgen werden bei der Bildung in die noch weiche, chitinartige Umhüllung eingelagert). Ältere Cystide mit ausgeprägten Kielbildungen. Tentakelkronen fast rund mit 16–27 Tentakeln; schwache Einbuchtung deutet Hufeisenform an. **G** Einzeltiere um 1 mm. **L** Gedeiht am besten in flachen, langsam fließenden Gewässern. In Seen bis 100 m Tiefe. [1018]
3 Plumatella fruticosa, Buschiges Moostierchen. Kolonien auf flächigen Unterlagen weit ausgebreitet, bilden dann frei hängende Äste. Bei Platzmangel buschige Wuchsform. Cystidketten und -äste niemals verklebt. Graubraun bis gelbbraun. Mutterzooide bilden oft mehrere, übereinander liegende Tochterzooide. Häufig Septen zwischen den Zooiden. Kielbildungen entlang den Cystiden sehr variabel. Hufeisenform des Tentakelkranzes (mit 30–50 Tentakeln) weniger ausgeprägt als bei anderen *P.*-Arten. **G** Einzeltiere um 2 mm. **L** Bevorzugt stilles, beschattetes Wasser; auch Fließgewässer; meist in der Nähe der Wasseroberfläche. Nie häufig. [1139]
4 Plumatella emarginata, Gekieltes Moostierchen. Kolonien offen verzweigt oder rasenartig oder kompakt, knollig. Cystide meist gekielt, sehr dicht mit winzigen Sandkörnchen inkrustiert, teilweise miteinander verklebt, an den Mündungen ausgekerbt. Alle diese Merkmale können fehlen, zur sicheren Diagnose daher Statoblasten nötig. Flottoblasten: Bis doppelt so lang wie breit, Seitenränder verlaufen mehr oder minder parallel, Schwimmring greift dorsal weit auf die Kapsel über. Sessoblasten: An der Unterlage festgekittet, breit-oval, rudimentärer Schwimmring ohne erkennbare Kammerung. Polypide gedrungen, mit 30–50 Tentakeln. Tentakelkranz ausgeprägt hufeisenförmig. **G** Einzeltiere um 2 mm. **L** Nicht verschmutzte Gewässer. [1039]
5 Plumatella repens, Kriechendes Moostierchen. Wuchsform der Kolonien verschieden; je nach Platzverhältnissen auf der Unterlage kriechend, offen verzweigt, gedrängt rasenartig, schwammartig. Schwammartige Kolonien sehr unregelmäßig, einzelne Lappen und Äste aus der Kolonie hervorragend (Gegensatz zur nächsten Art!). Cystide durchscheinend bis dunkel, hartgallertig bis chitinisiert. Tentakelkränze mit 40–70 Tentakeln. Flottoblasten werden massenhaft erzeugt: Kurzoval bis rundlich, gleichmäßig breit, nicht weit auf die Kapsel übergreifende Schwimmringe (ca. 330×250 µm). **G** Einzeltiere 1–5 mm. **L** Planktonreiche schattige Gewässer; häufig. [1022]
6 Plumatella fungosa, Klumpen-Moostierchen. Zooide wachsen dicht gedrängt als Krusten, Spindeln, Mäntel oder Knollen um die Unterlage herum. Cystide stehen oft senkrecht zum Substrat, sind lückenlos aneinandergefügt, ergeben im Schnitt parallel zur Kolonie-Oberfläche ein wabenartiges Muster. Mündungskegel der Cystide liegen dicht nebeneinander. Cystide rotbraun bis tiefbraun, in einzelnen Teilen der Kolonien durchscheinend und hell. Polypide wie bei *P. repens*, Flottoblasten etwas größer (420×320 µm). **G** Einzeltiere 1–4 mm; Kolonien bis 20 cm lang, und bis 1 kg schwer. **L** Ruhige, nahrungsreiche Gewässer; häufig. [1028]
7 Hyalinella punctata, Glas-Moostierchen. Kolonien nur wenig verzweigt, aus dicken, zylindrischen Röhren, überall dem Substrat fest anliegend. Cystide hartgallertig, nirgends chitinisiert. Keine Scheidewände zwischen den Zooiden, alle Polypide hängen zusammen. Auf den Gallertröhren in regelmäßigen Abständen (1 mm) warzenartige, oft auffällig geringelte Cystidmündungen. Parallel wachsende Röhren verkleben miteinander. 40–60 Tentakel. **G** Polypide um 1 mm. **L** Uferzone von Teichen, bevorzugt Steinplatten als Unterlage; nie häufig. [1203]
8 Lophopus crystallinus, Lappen-Moostierchen. Kolonien 5–40 mm, groß, sackförmig, gelappt. Gallerte steif, völlig durchscheinend, höchstens in den basalen Partien inkrustiert; Farbe der Kolonien hängt allein vom Darminhalt der Polypide ab. 10–20 Individuen bilden eine Kolonie. Cystide bis auf den Mündungskegel reduziert; die großen Polypide ragen meist aus der Gallerte hervor. Polypide mit etwa 60 Tentakeln. **G** Polypide um 2 mm. **L** Kalte Gewässer; nie häufig. [1204]
9 Cristatella mucedo, Gallert-Moostierchen. Kolonien schneckenlaich- bis bandartig, besitzen eine gewisse Beweglichkeit und können sich teilen. Keine eigentliche Kutikula vorhanden, dünnflüssiges Sekret besonderer Zellen im Ektoderm gleitet laufend zur Basis. Scheidewände zwischen Polypiden zu senkrechten Bändern reduziert. Polypide groß, ragen weit aus den Mündungen hervor, ziehen sich auf Reize hin nur für wenige Sekunden zurück. Tentakelkrone mit 80–90 Tentakeln. Flottoblasten rund, mit 12–20 Ankerdornfortsätzen auf der oberen Kapselhälfte, mit 20–40 auf der unteren. **G** Polypide um 2 mm, Kolonien um 6 mm breit und bis 15 cm lang. **L** Teiche, Altwässer, Moore; geht bis 2 m Tiefe; nicht selten. [1125]
2 a–9 a: Flottoblasten (obere Reihe) und Sessoblasten (untere Reihe) der unter 2–9 beschriebenen Moostierchen.

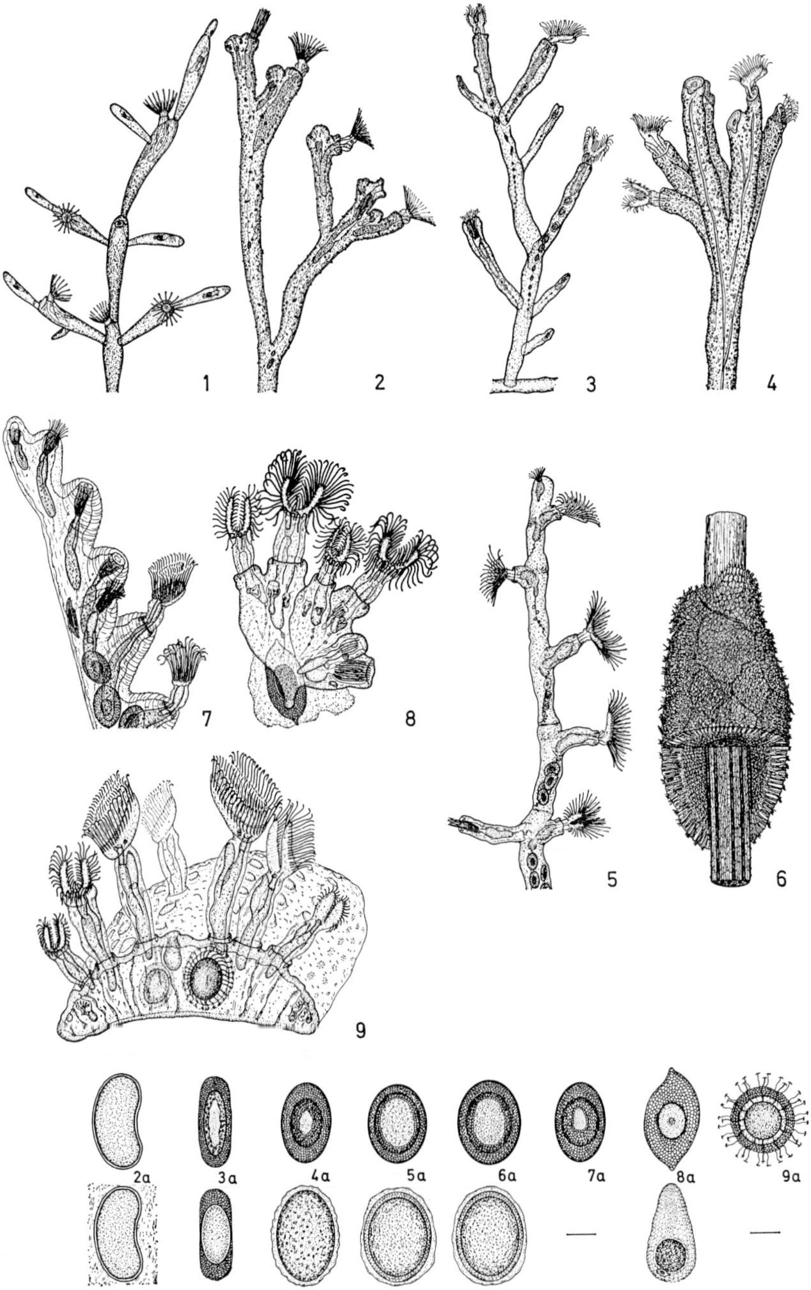
1
2
3
4
7
8
5
6
9
2a
3a
4a
5a
6a
7a
8a
9a

Neu aufgenommene Arten 1

Die neu aufgenommenen Arten lassen sich im Bestimmungsteil, im System des Buches zu ihren Verwandten denken; der Platz jeweils ist bei den Artbeschreibungen in Klammern angegeben: Seitenzahl und laufende Nummer.

Bakterien

1 „Cladothrix dichotoma“, Härchenbakterien. Bakterienketten, die auf Algen und Detritus feine Härchenbesätze bilden–vergleiche Farbfotos II, 10. Viele Bakterienarten wachsen von Unterlagen aus in die Umgebung. Die Bezeichnung „Härchenbakterien“ bezieht sich auf das Aussehen, einen systematischen Wert hat sie nicht. **G** Ketten 0,5–1,5 µm dick. **L** In allen Gewässerzonen.

2 Haliscomenobacter hydrossis, *„Microthrix“*-Bakterium. Unverzweigte Ketten von Bakterien mit dünnen Scheiden in wirren Knäueln bilden Flocken. Im Inneren der Fadenfilze entstehen bei Massenentwicklungen Stickstoffgasbläschen. Die dicht verfilzten Fadengerüste steigen dann hoch. **G** Bakterien 1,9 µm lang, 0,4 µm breit. **L** Immer im Schlamm und in Schlammflocken. [8959]

Blaualgen

3 Aphanocapsa elachista, Zwerg-Netzblaualge. Die Zellen der Kolonien sind grünlich gefärbt und durch gasgefüllte (N_2) Organellen, Gasvakuolen, dunkel–im Unterschied zu den farblosen Bakterien in den größenähnlichen Zoogloeen des „Seeschnees“. **G** Zellen winzig, 1,5–1,8 µm klein; Kolonien zwischen 25 und 40 µm groß. **L** Im Plankton schwach eutropher Gewässer häufig. [8098]

Choanoflagellaten (4) und Lassoalgen, Haptophyta (5)

4 Salpingoeca fusiformis, Trichter-Gehäuseflagellat. Gehäuse chitinös, der Flagellat füllt das Gehäuse völlig aus. Kurz und weit ist der Gehäusekragen. Filtriertrichter aus Mikrovilli auffällig hoch. Länger als der Körper ist die Geißel. Weitere *Salpingoeca*-Arten sind bei den Zooflagellaten auf S. 222 abgebildet und beschrieben. **G** 15–16 µm lang. **L** In mesotrophen Gewässern an Organismen festgeheftet. (S. 222/12,13)

5 Chrysochromulina parva (seither *Erkenia subaequiciliata*), Nano-Lassoalge. Periplast der abgeflachten und wenig formveränderlichen Zellen zart. Die beiden gelbbraunen Chromatophoren liegen der Wand an; Stigma winzig. Ihrer geringen Größe wegen sind Erkenien kaum im Netzplankton. Schöpfproben erst und Zugabe von Lugolscher Lösung machen die Häufigkeit der Nano-Lassoalgen evident. **G** Zellen 5–9 µm groß und 3–5 µm dick. **L** Im Seenplankton; im Frühjahr häufig, oft massenhaft. [7211]

Goldalgen

6 Mallomonas akrokomos, Börstchen-Goldalge. Zellen spindelförmig. Schüppchen in leichten Schrägzeilen: klein und schwer sichtbar (Probe unter dem Deckglas austrocknen lassen !). 6–8 Nadeln am Vorderpol sind leicht gebogen und nach vorne gerichtet. Zwei Chromatophoren. Pulsierende Vakuolen im Vorder- und Hinterkörper. **G** 25–60 µm lang, 8–12 µm breit. **L** In stehenden Gewässern aller Art als Winterform verbreitet. (132/7) [7308]

7 Dendromonas virgaria, Bäumchen-Goldalge. Zellen oft fast dreieckig. Pulsierende Vakuole am Vorderpol; Stigma gelblich; Hauptgeißel weit länger als die Nebengeißel. Zellen ohne Gehäuse, sie sitzen auf starren, gabelig verzweigten Stielen. Sauberwasserform. **G** Zellen um 8 µm groß; Kolonien bis 200 µm hoch. **L** In Teichen zwischen Algen und Wasserpflanzen ziemlich häufig. (134/11) [7639] **A** Pulsierende Vakuole am Hinterende: *Cladonema laxum*.

Kieselalgen

8 Aulacoseira granulata var. angustissima, Stachel-Fadenkieselalge. An den Endzellen der Fäden ein auffällig langer Dorn. Die hochzylindrischen Zellen bilden lange Ketten. **G** Zellen 3–5 µm im Durchmesser. **L** In schwach eutrophen Seen und Fließgewässern; am häufigsten im Sommer und Herbst. (136/1) [6800]

9 Stephanodiscus parvus, Mini-Zackenscheibchen. Wenigstens 18 Randstachelchen; im Zentralfeld exzentrisch ein Stützenfortsatz. **G** Um 4–11 µm klein und nur 2 µm dick. **L** Im Plankton mesotropher bis stark eutropher Gewässer; am häufigsten im Sommer und Spätherbst. (136/6) [6940]

10 Fragilaria delicatissima, Strahlen-Kieselalge. Die extrem schlanken Zellen gruppieren sich zu Strahlenkugeln, wohl um die Sinkverluste zu reduzieren. Im Verband produzieren die beteiligten Zellen über ihre Pseudoraphen etwas Schleim, durch den die Fragilarien im Mittelfeld zusammengehalten werden. **G** Zellen 100–300 µm lang bei Schalenbreiten von nur 2–4 µm. **L** Häufige Form im Uferbereich von Seen, in Teichen und Gräben. Im Frühling oft massenhaft. (140/4) [6399]

11 Eunotia paludosa, Zarte Bogenkieselalge. Bauchrand und Rückenlinie der Schalen parallel; Pole kaum verschmälert und nicht hochgezogen. Zellen in der Gürtelbandansicht schmal rechteckig. **G** 6–27 µm lang, 3 µm breit. **L** In überrieselten Moosen und an nassen Steinen sehr häufig. Für Torfmoore eine typische Form. (140/6) [6373]

12 Eunotia triodon, Wellen-Kieselalge. Bauchrand der Schalen eingezogen, Rückenrand hochgewölbt und mit drei Wellenbuckeln. Schalenpole rundlich. Streifung eng: Auf 10 µm kommen 15–20 Lochstreifen. **G** Um 45 µm lang und 15–22 µm breit. **L** Detritus alpiner und nordischer Seen lokal. (140/6) [6771] **A** Schalen mit zwei Buckeln, Wellen; 10–65 µm lang und 5–12 µm breit: *Eunotia diodon* [6357] und weitere Arten. In Gebirgsseen häufig.

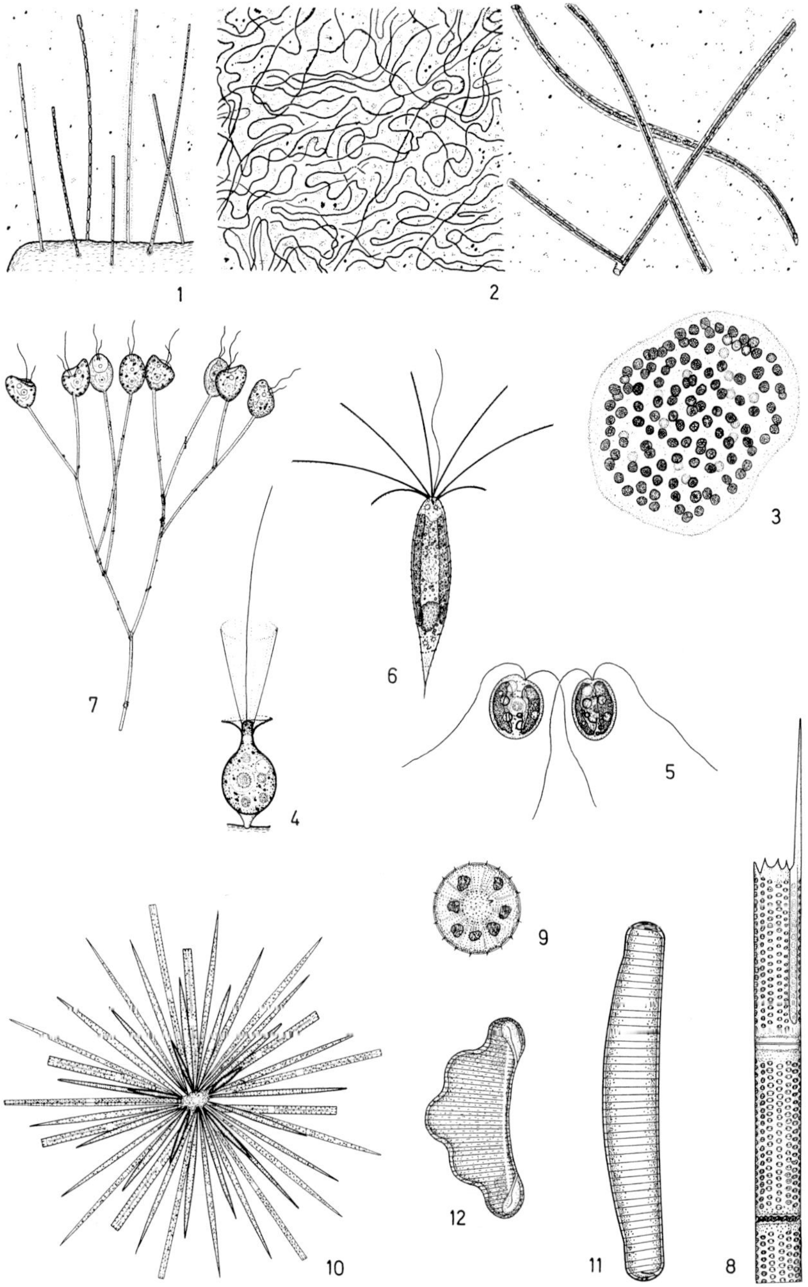
1
2
3
4
5
6
7
8
9
10
11
12

Neu aufgenommene Arten 2

Augenflagellaten

1 Euglena texta, Grüne Streifenkugel. Zellen nicht wie bei *Phacus* abgeplattet, sondern fast kugelrund. Pellikula der stattlichen Augenflagellaten mit Streifen und völlig starr. Chloroplasten sechskantig; Paramylumstärkekörper etwas kleiner als die Chloroplasten. Augenfleck rot. Im Plankton stark eutropher Stehgewässer; die Art ist ein Indikatororganismus für Stufe 2–3. **G** 50–60 µm groß. **L** In flachen Gewässern sporadisch massenhaft. (S. 154) [7503]

2 Trachelomonas hystrix, Stachelschwein-Kragenflagellat. Von den vielen *Trachelomonas*-Arten (S. 156) ist *T. hystrix* die bizarrste. An den Überlappungsstellen der Pellikulastreifen des Körpers sitzen nach innen schleimproduzierende Organellen; sie bilden die Substanzen des Gehäuses und der Dornen. **G** Hülle 35–50 µm groß. **L** Im Detritus und über dem Bodensatz flacher und mooriger Gewässer in schwach eutrophen Habitaten. (156/12)

3 Petalomonas mira, Blumenblatt-Flagellat. Häufigste Art von mehreren *Petalomonas*-Formen. Alle Blumenblatt-Flagellaten sind steife, farblose Euglenen ohne Chloroplasten. Mit einer Geißel – im Unterschied zu *Notosolenus* z. B. (S. 158/12). Während die Zellen gleiten, liegt die Geißel mit aktiver Spitze auf dem Substrat. Nahrungsvakuolen als Organellen sind nicht erkennbar. **G** 30–45 µm lang. **L** in stark eutrophen und hocheutrophen Habitaten stehender Gewässer zwischen abgestorbenem Algen- und Pflanzendetritus. (158/5) [7754]

4 Rhabdomonas incurva, Stäbchen-Flagellat. Zellen starr, bananenförmig; im Querschnitt rund und nicht abgeflacht. Längsstreifen der Pellikula deutlich sichtbar. Da die Zellen keinerlei Chloroplasten besitzen, sind sie völlig auf organische Stoffe von außen angewiesen: entsprechend leben sie ausschließlich in hocheutrophen Wasserzonen. **G** 15–25 µm groß. **L** In stehenden Gewässern häufig. (158/5) [7889]

Dinoflagellaten

5 Gymnodinium helveticum, Spindel-Panzerflagellat. Zellform artcharakteristisch; mit drei Zähnen am Vorderpol. Gürtelfurche weit und tief. Periplast ziemlich fest, seine Furchen und feinen Längsreihen mit kleinen Papillen. Im leicht rosaroten Zytoplasma fehlen Chloroplasten und Stigmen. Lebt von Beute: Kieselalgen, Dinoflagellaten, Grünalgen. **G** Um 50 µm lang und 30 µm breit. **L** In sehr sauberen Seen; auffällig. (160/8) [7227]

6 Gymnodinium lantzschii, Mini-Panzerflagellat. Zellform etwas variabel, je nachdem, ob der Vorderpol kegelförmig oder abgerundet ist. Gürtelfurche der nackten Algen oft kaum sichtbar, ebensowenig die Längsfurche. Im farblosen oder rötlichen Zytoplasma winzige Einschlüsse, jedoch keine Chloroplasten. Lebt als farblose Form räuberisch. **G** 10–25 µm groß. **L** Im Winter hauptsächlich in Seen, Weihern, Teichen, Tümpeln, Lachen und Schmelzwässern. (160/8) [7153]

7 Peridinium aciculiferum, Stelzen-Panzerflagellat. Zellen eiförmig und kaum abgeflacht. Vorderpol hoch, 3 oder 4 Dornen markieren den Hinterpol. Im Zytoplasma zahlreiche scheibenförmige Chloroplasten; Stärkekörner liegen außerhalb der Chloroplasten. Die feine Netzzeichnung der Zelluloseplatten in den Theka-Zisternen unter der Zytoplasmamembran wird in eingetrockneten Präparaten sichtbar. Teilungen in unbeweglichen Stadien mit Schleimhüllen. **G** 35–50 µm hoch. **L** In Seen, Weihern und Teichen auffällig; lebt auch im Meer. (160/12) [7804]

Grünmonaden, Chloromonadida, Raphidophyceae

8 Vacuolaria virescens, Grünmonade. Zellen walzenförmig, im Querschnitt fast rund; Zellen ändern ständig ihre Form. Unter der Hautschicht kugelige Alveolen. Vor dem Zellkern ein Bezirk, von dem aus die pulsierende Vakuole gefüllt wird (Exkretionsplasma). Xanthophylle in den kleinen Chloroplasten machen die fast blaugrüne Farbe aus. Pyrenoide fehlen, Öle sind die Assimilationsprodukte. **G** 50–85 µm lang. **L** In verwachsenen Teichen, Torfstichen und Mooren über Grund und im Plankton: sporadisch massenhaft. (-/-: neuer Stamm) [17055]

9 Gonyostomum semen, Grünkleidmonade. Gestreckte Zellen oberseits gewölbt, Unterseite mit einer seichten Furche. Im peripheren Plasma überall Trichozysten. Chloroplasten polygonal. Bei Berührung werden Gallertfäden aus den Trichozysten geschleudert: Sie haften an den Haaren von Badenden, die grünlich aus dem Wasser kommen. Kosmopolitisch. Massenentwicklungen bei niedrigen pH-Werten von 6–4. **G** 60–90 µm groß. **L** In *Sphagnum*-Tümpeln und ungepufferten Seen der nördlichen Regionen verbreitet und häufig. [17056]

Kryptomonaden

10 Cyathomonas truncata, Schiefmaul-Flagellat. Seitlich stark abgeflacht, vorne breit abgeschnitten. Meist ist die langsam schwimmende Form von der Breitseite zu sehen. Ohne Chloroplasten. Ernährung und Defäkation über einen Schlundring aus stark lichtbrechenden Mikrotubulistrukturen. **G** 15–30 µm groß. **L** Zwischen Pflanzendetritus überall [7100]

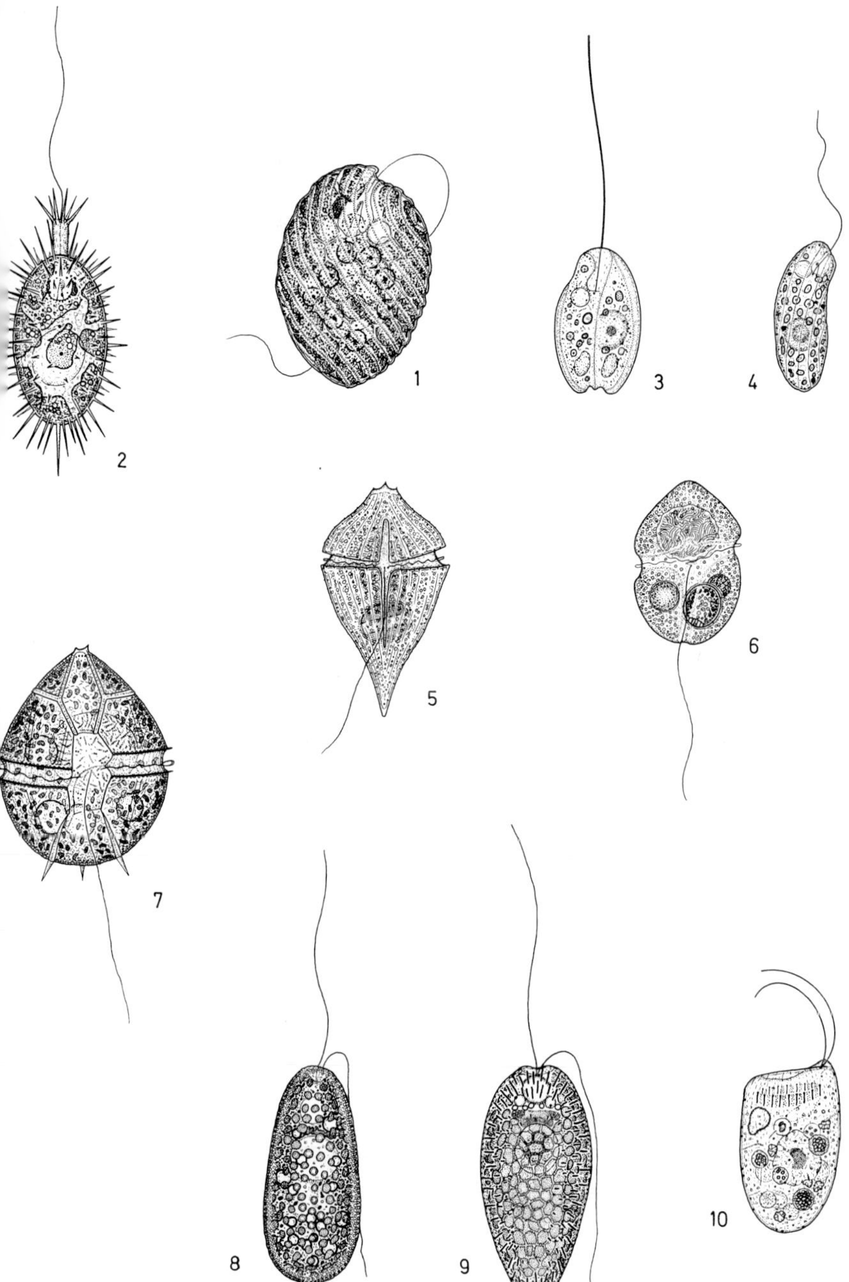
1
2
3
4
5
6
7
8
9
10

Neu aufgenommene Arten 3

Grünalgen

1 Stephanosphaera pluvialis, Kronenring-Grünalge. Meist 8 Zellen bilden einen Ring in einer dicken, kugeligen Gallerthülle. Pro Zelle 2 Geißeln wirbeln die Kugeln rastlos umher. Rund um die Zellen Fortsätze; die längsten, vergabelten und vernetzten Pseudopodien gehen von den hinteren Zellpolen aus. Der Chloroplast bildet ein birnförmiges Röhrchengeflecht mit Stigma und zwei Pyrenoiden. Beim Eintrocknen bilden die Zellen dunkelrosa Palmellen. **G** Kolonien 30–60 µm groß; Einzelzellen 7–13 µm lang–weit kleiner als die Zellen der Blutregenalge *Haematococcus*. **L** In periodisch trockenfallenden Flachdachpfützen, Regenwasserpfützen und Gesteinsmulden in reinen Beständen oder mit *Haematococcus* zusammen. (162/12)

2 Phacotus lendneri, Zier-Linsenflagellat. Schalen in Aufsicht kreisrund. Ein feines Liniensystem der verkalkten Schalen ergibt eine zarte, artcharakteristische Felderung: in eingetrockneten Präparaten am besten zu sehen. Zellen klein, mit 2 langen Geißeln. Der vordere Zellteil bleibt chloroplastenfrei; in der Körpermitte ein Stigma. **G** Schalendurchmesser um 16 µm. **L** Im Plankton der Seen des Alpenvorlandes u. a. sporadisch häufig. (164/1) [7869]

3 Tetrachlorella alternans, Viererpack-Grünalge. Zoenobien vierzellig, meist hängen zwei Zoenobien zusammen. Zerfließende Membranenreste bilden die Verbindungsbrücke zwischen den Einheiten. Die Wände der Zellen sind glatt. Chloroplast rinnen- bis muldenförmig, mit einem oder zwei Pyrenoiden. **G** Einzelzellen 7–13 µm lang; Zoenobien bis 65 µm groß. **L** Im Plankton und Detritus schwach eutropher Seen, Teiche, Flüsse weit verbreitet. (188/7) [7260]

4 Kentrosphaera gibberosa, Seestern-Grünalge. Nicht 1 Auswuchs wie bei *K. facciolae* (S. 184) sondern einige kappenartige Wandverdickungen sind für die Art charakteristisch. Zelle mit einem zentralen Pyrenoid; Chloroplast segmentiert, mit Randlappen. Ältere Zellen haben mehrere Zellkerne. Sehr auffällig ist die Alge in den Kotfäden von Schlamm- und Posthornschnecken: Ihre dicken, geschichteten Zellwände werden kaum angedaut. **G** Zellen sehr unterschiedlich, zwischen 15 und 150 µm groß. **L** Als Aufwuchsalge unter Wasser an Steinen, Wänden, Hölzern. (184/2)

5 Microthamnion kuetzingianum, Zwergbusch-Grünalge. Steif aufrechte, mit einer Basalzelle festgeheftete, verzweigte Fäden. Höchstens 1 mm hoch. Zweigbildende Zellen wachsen seitlich aus, Scheidewände werden in einigem Abstand von der Basis des Auswuchses angelegt. Zellen lang-zylindrisch, Chloroplasten bandförmig, blass olivgrün. **G** Zellen 3-4 µm breit. **L** Dichte Rasen auf toten Ästen und Stängeln in Gewässern aller Art. [7082] ▸ Eine weitere Abbildung der Art S. 194/10.

Jochalgen (Zieralgen)

6 Closterium rostratum, Schnabel-Spindelalge. Eine schlanke Spindelalge, deren Pyrenoide in einer Reihe in den Chloroplasten liegen und deren Endvakuolen kaum auszumachen sind. Auf Seite 200 ist die Alge als **A** bei Nummer 8, ihrer noch „spindeldürreren" Verwandten *C. kuetzingii*, erwähnt. **G** Zellen um 350 µm lang und 24 µm breit. **L** In höherliegenden Wiesen und Hochmooren häufig. (200/8) [7841]

7 Cosmarium depressum planctonicum, See-Zieralge. Zellform der Art charakteristisch: Zwei niedrige Querovale sind durch eine enge Brücke (Isthmus) verbunden. Membranornamente fehlen weitgehend. Zwei große Pyrenoide. Planktonformen haben eine weite Gallerte, die als Schwebehilfe dient. Die beiden Zellhälften sind nicht akkurat gleich groß, da eine von beiden immer die jüngere ist (Farbfotos I, 4 und Farbfotos II, 9). In und auf der Schwebegallerte Tonpartikel und Bakterien. **G** 20–27 µm hoch und breit. **L** In Gewässern aller Art; in Seen als Planktonform häufig. (208/2) [7943]

8 Cosmarium subcostatum, Plankton-Zieralge. Membranen der Zellhälften oben flach, seitlich gewellt und gerundet. Membranornamente wenig auffällig, ausgenommen die prominenten Buckel der Mittelfelder. Isthmus sehr eng; zwei Pyrenoide. **G** Spezifisch: die geringe Größe von 19–25 µm. **L** In moorigen Gewässern und im Plankton von Seen häufig. (206/9) [7775]

9 Gattung **Spondylosium**, Kettchen-Zieralgen. Kleine Arten, die Kettchen aus wenigstens 8 Zellen bilden. Hüllgallerten bei allen Arten mit Bakterienzonen und bis fast 100 µm weit. Zellen im Querschnitt elliptisch, vom Profil her gesehen artspezifisch unterschiedlich:

a *Spondylosium planum*, Zellen aus Ellipsenpaaren. [7526]
b *Spondylosium pulchellum*, Zellen *Cosmarium*-ähnlich.
c *Spondylosium secedens*, Zellen diabolo-ähnlich.
d *Teilingia granulata*, Zellen jo-jo-ähnlich mit spitzen Höckerchen.

G Zellen der Kettchen 15–20 µm breit–die Fäden der auf Seite 210 vorgestellten kettenbildenden Zieralgen sind meist viel breiter. **L** In Mooren, Torfstichen, Detritus von Moosen; lokal sehr häufig.

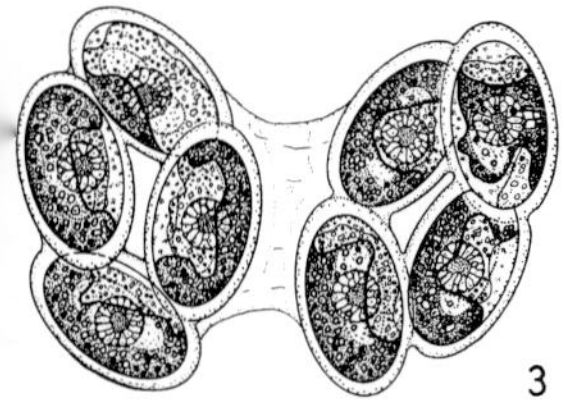

3

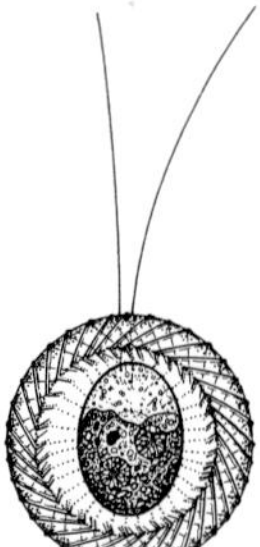

2

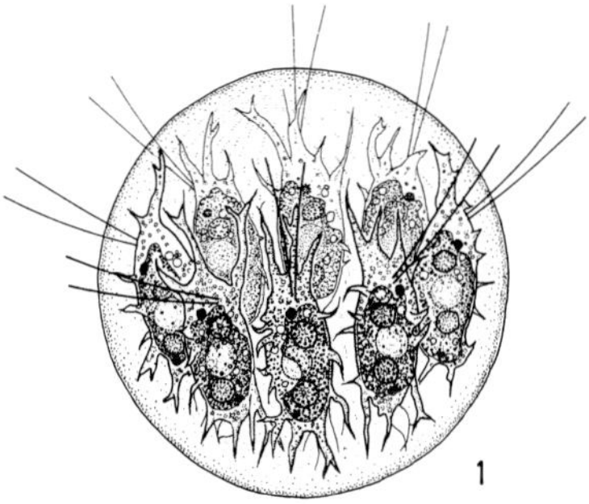

1

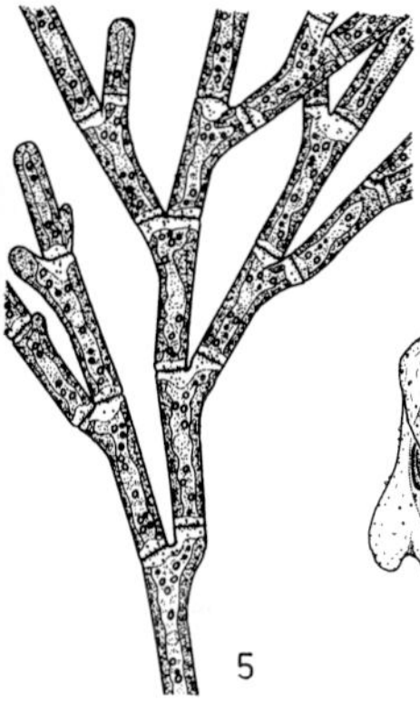

5

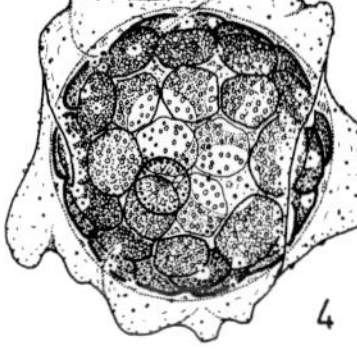

4

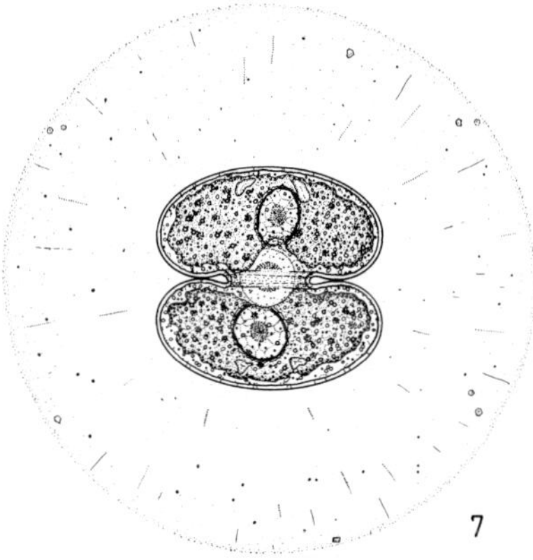

7

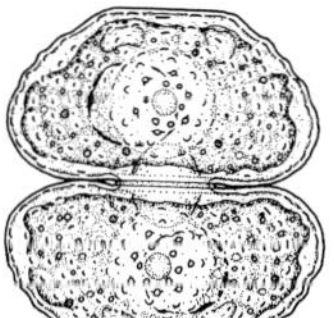

8

6

9

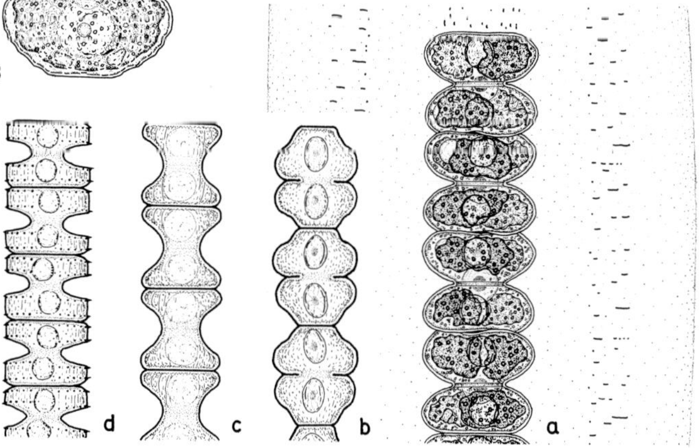

d c b a

Neu aufgenommene Arten 4

Zooflagellaten
1 Pseudodendromonas vlkii, Däumchen-Scheingoldalge. Zellen im Profil ungefähr dreieckig. Zwei fast gleich lange Geißeln gehen von einer „Ecke" aus. Jede Zelle steht in einer zarten Hülle. Stiele verzweigt, oft mit anhängendem Schleim, Detritus, Bakterien und Tonpartikeln. Kolonien doldenartig. Verwechselbar mit der Goldalge *Dendromonas* (S. 334); deren Zellen jedoch haben sehr ungleich lange Geißeln und keine Hülle. **G** Kolonien um 200 µm hoch. **L** In stehenden Gewässern.

Wurzelfüßer
2 Cryptodifflugia oviformis, Eierschalenamöbe. Gehäuse transparent, gelbbraun, spröde, verkalkt, ohne Ein- oder Auflagerungen. Mit breiten Pseudopodien sitzt die Amöbe dem Gehäuse innen an. Im Zytoplasma kleine grüne Nahrungsvakuolen. Pseudopodien nicht fadenartig und verzweigt, eher lappig. **G** 16–20 µm hoch, 12–15 µm breit. **L** Im Süßwasser am Grund, in sumpfigen Böden und nasser Erde überall häufig. (232/4) [4009]
3 Biomyxa vagans, Netz-Amöbe. Körperform veränderlich, Hauptteil des Leibes langgestreckt (bei *Gymnophrys cometa* rundlich: S. 240/2). Zytoplasma farblos und mit vielen Einschlüssen; mit einem oder mehreren Zellkernen; Zytoplasmabewegungen in allen Partien sehr lebhaft. Im Hauptzytoplasma und in den Pseudopodien zahlreiche kleine kontraktile Vakuolen. Filopodien frei verästelt und mit Anastomosen. Viele Ausläufer werden so rasch eingeschmolzen wie gebildet, andere wirken steif und starr. **G** 200–450 µm groß, selbst bis 600 µm lang. **L** In moorigen Gewässern. (240/2) [4997]

Sonnentiere
4 Actinophrys vesiculata, Bläschen-Sonnentier. Ektoplasma mit sackartigen Sekundärvesikeln, die zwischen den Axopodien weit über die Körperoberfläche hinausragen. Die mikrotubulären Achsenfäden der Axopodien beginnen an der Kernmembran des zentralen Zellkerns–in Proben mit wenig Wasser gut sichtbar. Auf den Hüllen enzystierter Tiere unregelmäßige Kieselplättchen. **G** Um 25–30 µm groß. **L** In Sümpfen und moorigen Wasserstellen im Detritus eine sehr auffällige Art. (240/3)
5 Astrodisculus laciniatus, Zipfel-Sonnentier. Schleimhülle der Tiere gallertartig und ohne Einschlüsse; außen ist die Hülle in charakteristische Zacken und Fransen ausgezogen. Im Zytoplasma grüne, gelbe und braune Granula. **G** Um 40 µm groß. **L** In Seen, Teichen, Tümpeln, Lachen, Straßengräben, Rieden und Mooren. (240/5)

Wimpertiere
6 Urotricha furcata, Gabelschwanz-Schnelltierchen. Körper ellipsoid; um den Schlundapparat zarte Mundläppchen; Hinterende frei von Cilien. Zwei Schwanzcilien. Der kugelige Großkern liegt in der Körpermitte. Nahrung: Bakterien und kleine Kryptomonaden. **G** 20–30 µm groß. **L** Verbreitet und ab und zu häufig als Plankter in stehenden, schwach eutrophen Gewässern. (246/5). [3884]
7 Enchelyodon elegans, Anmutiges Schwerttierchen. Langgestreckte Form mit wulstiger Schlundmündung. Schlundreuse mit 50 µm langen Trichozysten. Vorderste Cilien als Tastborsten; die kurzen Körperwimpern stehen dicht in 25 Reihen; hoch sind die Wimpern der 70 µm langen Rückenbürste. Großkern der Schlinger und Räuber langgestreckt; kontraktile Vakuole am Hinterende. **G** 180–200 µm lang. **L** Verbreitet in seichten, schwach eutrophen bis hocheutrophen Gewässern. (248/6) [3482]
8 Metacystis lagenula, Haustierchen. Die Tiere leben in festen Gehäusen, in die sie sich schnell zurückziehen können. Wimpergruppen in zwei Kränzen um den Rand eines Vorhofs strudeln Bakterien zum Schlund. Im Zytoplasma zwei kontraktile Vakuolen und einige Zoochlorellen; Entoplasma dunkel. **G** Um 30 µm groß, Gehäuse 50–60 µm hoch. **L** In Moosen, Sphagnen, Gräben. (248/13) [3874]
9 Amphileptus carchesii, Großer Glockentier-Fresser. Zwei Charakteristika der *Amphileptus*-Art: Großkern vierteilig und Hinterende in ein gebogenes Schwänzchen zum Umklammern von Glockentierstielen ausgezogen. Zellen flexibel und etwas kontraktil. Extrusome (Toxizysten) über den Körper verstreut. Beiderseits des langen Mundes Basalkörper ohne Cilien. Dorsalbürste hoch. Frisst Glockentiere aller Art. Kontraktile Vakuolen in einer Kette. Nach Mahlzeiten werden Ruhezysten gebildet. **G** Um 250 µm lang. **L** Zwischen Wasserpflanzen, Aufwuchs und Detritus das ganze Jahr hindurch. (250/9) [3477]
10 Pelagodileptus trachelioides, Schaum-Rüsseltier. Große, durch zahllose Zoochlorellen grüne Art mit stark vakuolisiertem, zähflüssigem Zytoplasma. Mundapparat bis zur Rüsselspitze ausgezogen. Schwimmt langsam. Frisst *Oscillatoria*-Arten und Rädertiere, verdaut außerdem überschüssige Symbionten. **G** 300–700 µm **L** In sauberen Gewässern, Talsperren. (250/15) [3556]
11 Paradileptus elephantinus, Rüssel-Wimpertier. Form sehr veränderbar; Rüssel meist körperlang; Mundfeld groß. Im bräunlichen Zytoplasma viele kontraktile Vakuolen, keine grünen Symbionten. Großkern mit 10–20 Knoten. Zeit zwischen Teilungen um 9 Tage. Nahrung: Algen, Rädertiere. **G** 150–350 µm **L** Im Plankton von Seen und Strömen verbreitet. (250/15) [3188]

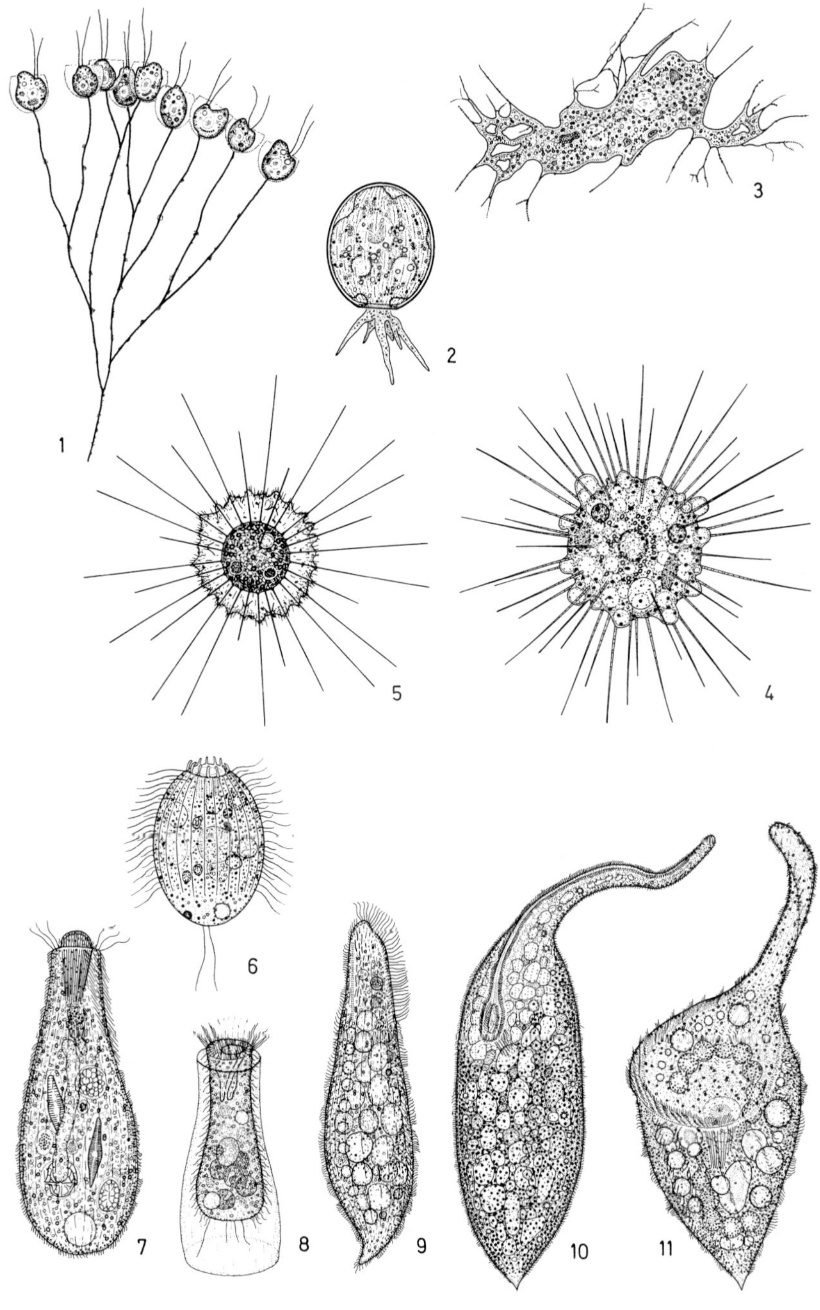
1
2
3
4
5
6
7
8
9
10
11

Neu aufgenommene Arten 5

Wimpertiere

1 Nassulopsis elegans, Blaufleck-Wimpertierchen. Das Charakteristikum der langgestreckten Art ist ein dunkelblauer Pigmentfleck am Vorderpol. Schlundreuse aus komplexen Mikrotubulistrukturen groß. Im Randplasma massenhaft Mukozysten, die u.a. die Facettenstrukturen von Ruhezysten liefern. Die Photosynthesepigmente verschlungener Blaualgen in den Nahrungsvakuolen erscheinen je nach Verdauungsgrad blau, orange oder rosa. **G** 200–300 µm. **L** In Kleingewässern zwischen Wasserlinsen und Bodensatz. (252/3) [3452]

2 Cyrtolophosis mucicola, Gallerthaus-Wimpertierchen. Die Tiere wandern rastlos in kurzen Schleimröhrchen auf und ab. Die farblosen Röhrchen werden erst durch angeklebte Bakterien und Detrituspartikel erkennbar. Gestörte Tiere schwimmen rasch umher; nach einer halben Stunde beginnen sie mit dem Bau eines neuen Gehäuses. Oft in Kolonien. Unter der undulierenden Membran am Vorderpol vier adorale Membranellen. Gefressen werden Bakterien und Detrituspartikel. **G** 20–40 µm lang. **L** In stehenden und fließenden Gewässern am Grund und im Plankton sowie überall in nassen Bodenstellen. (254/8) [3169]

3 Espejoia mucicola, Laich-Wimpertierchen. Langgestreckt; die tiefe Mundbucht mit Spalt schräg. In der Bucht zwei, am linken Lippenrand ein Streifen dichter adoraler Wimpern. Die drei Wimpernstreifen strudeln Bakterien, Flagellaten und Kieselagen zum Zytostomgrund. Kontraktile Vakuole und Zellafter (Zytopyge) am Hinterpol. **G** 70–100 µm. **L** In den Gallerten von Borsten-Grünalgen und Froschlaichalgen, in Laichgallerten von Zuckmücken, Büschelmücken und Schnecken, in Froschlaich und Gallertklumpen von *Ophrydium*. Häufige Laichspezialisten. (256/8)

4 Stokesia vernalis, Grünkegel-Wimpertierchen, Grünmütze. Körper schief napfschneckenartig: Umrisse von oben leicht herzförmig bis oval, von seitlich dreieckig. Der langgestreckte Mundapparat liegt auf der Bauchseite. Cilien am Bauch und seitlich. Trichozysten auffällig. Zoochlorellen 4–6 µm groß; ihre Anzahl bleibt oft spärlich. Großkern kugelig. Lebt von Bakterien, Kieselalgen, Dinoflagellaten, *Pandorina*, Kryptomonaden und von seinen Symbionten. **G** Um 150 µm groß. **L** Im Plankton stehender und fließender Gewässer das ganze Jahr hindurch; am häufigsten im Frühjahr. (256/8) [3219] **A** Großkern nierenförmig: *Disematostoma tetraedricum*, das Tetra Pak-Wimpertier. [3434]

5 Calyptotricha pleuronemoides, Röhrchen-Wimpertier. Die Tiere schwimmen in ihrem beiderseits offenen Gehäuse auf und ab. Das Gehäuse wird längsseits an Unterlagen befestigt. Die Tierchen fischen Nahrungspartikel aus dem Strom, den sie mit einer undulierenden Membran und drei Membranellen um den Zellmund erzeugen. Zoochlorellen grün. **G** Körper um 50 µm. Gehäuse um 85 µm lang. **L** An Detritus, Algenfäden, Wasserpflanzen. (256/14) [3392]

6 Rhabdostyla conipes, Daphnien-Glockentierchen. Ein vasenförmiges Glockentierchen mit sehr kurzem Fuß, der Lebensweise entsprechend. Großkern leicht gebogen. Im Plasma viele Nahrungsvakuolen mit angedauten Bakterien und Algen. **G** 40–46 µm groß, Stiel nur 6 µm lang. **L** Als Aufsitzer, Epizoen, Ektoparasiten, Trittbrettfahrer auf Wasserflöhen, Ruderfußkrebsen, Insektenlarven; häufig. (258/5) [3929]

7 Pseudohaplocaulus infravacuolatus, Ringelalgen-Glockentier. Der Stiel des Glockentierchens ist nur körperlang; das Vestibulum reicht weit in den Körper hinein. Geißeln des Strudelapparats auffällig lang. Gefressen werden Zellen seiner Unterlagen: Ringelalgen. **G** Um 60 µm. **L** Sitzt auf *Anabaena*-Kolonien oft in Mengen. (260/5) **A** Ebenfalls auf Blaualgenkolonien des Planktons; durch symbiontische Zoochlorellen grün: *Vorticella chlorellata*. [3590]

8 Metopus striatus, Flaches Helmtierchen. Tiere abgeflacht; vorderer Körperabschnitt breit; das Hinterende läuft in ein Schwänzchen aus. Körpercilien in Reihen; Wimpernband am Kappenrand auffällig; adorale Membranellenzone mit 25–40 Membranellen; undulierende Membran rechts am Schlund. Im Plasma Methanbakterien und, anstelle von Mitochondrien, Hydrogenosomen. Lebensdauer 15–22 Stunden. **G** 80–120 µm groß. **L** In schwefelwasserstoffhaltigen Zonen von Gewässern und Abwässern verbreitet. (262/11) [3450]

9 Caenomorpha uniserialis, Dornen-Schlammschraube. Glockenrand quer und dicht bewimpert. Eine verdrehte Platte mit Dorn bildet die Schwanzwurzel. Großkern über der Mundbucht. Die adorale Membranellenzone endet hier; sie umrundet von der Glocke her die Zelle einmal. Im Endoplasma als Symbionten methanbildende Bakterien, zum Teil in Ketten. Nahrung: Schwefelbakterien. Kosmopolit. Zwergformen sind häufig. **G** 50–100 µm **L** Im und über Faulschlamm hypertropher Gewässerzonen im Süß- und Brackwasser überall verbreitet. (264/2) [3428]

10 Stentor amethystinus, Amethyst-Trompetentier. Großes, dunkles bis schwarzes Trompetentier mit bis zu 2000 Zoochlorellen im Sommer, 4000 im Winter. Großkern kugelig, um ihn über 20 Kleinkerne. Kontraktile Vakuole vorne. Nahrung: Algen. Violette Pigmente in Verbindung mit der Zellmembran und in Schraubenbändern. Die Pigmente sind für die Lichtreaktionen der Tiere wichtig; chemisch handelt es sich um „stentorinähnliche“ Hypericin-Verbindungen. **G** Schwimmend bis 400 µm groß. **L** In mesotrophen bis schwach eutrophen Gewässern aller Größen oft sehr häufig im Plankton. (266/5) [3193] **A** Ohne Zoochlorellen, Großkern kugelig, Pigmente azurblau bis meergrün, 250 µm, auch marin: *Stentor multiformis*. [3343]

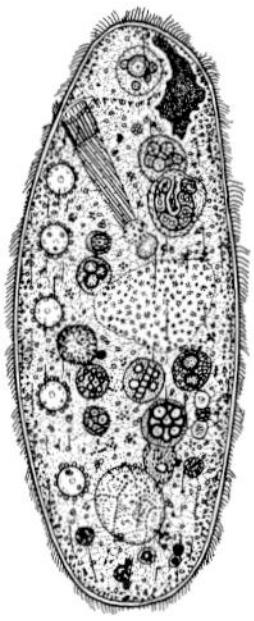
1

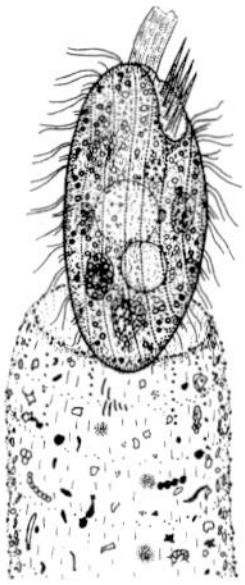
2

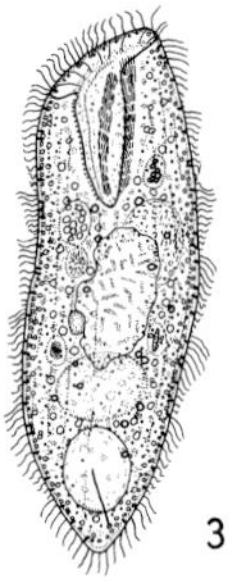
3

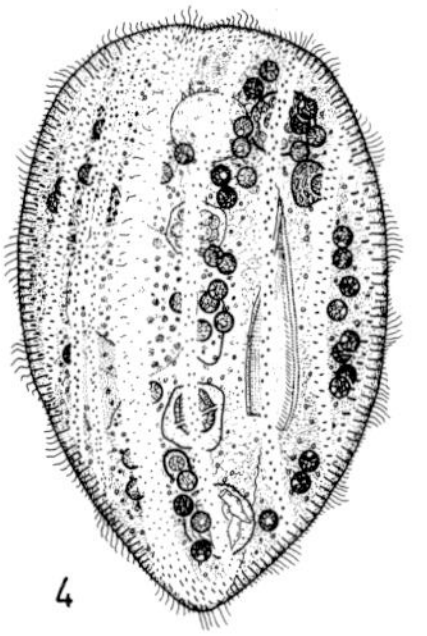
4

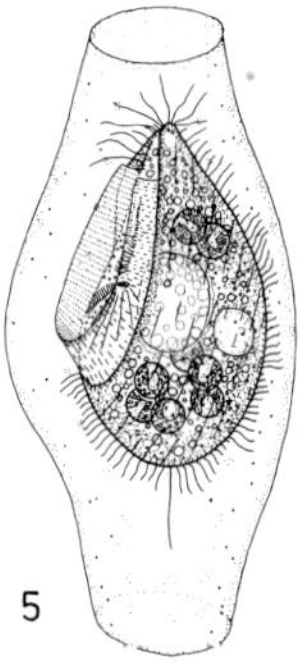
5

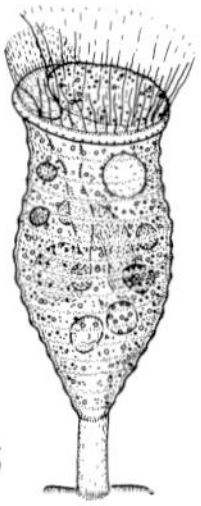
6

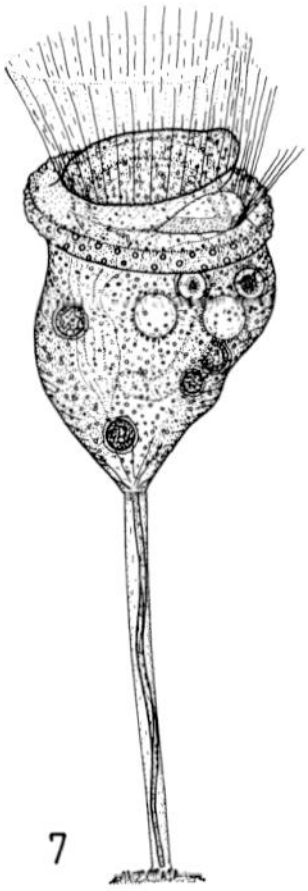
7

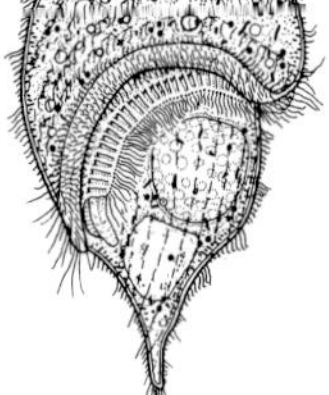
8

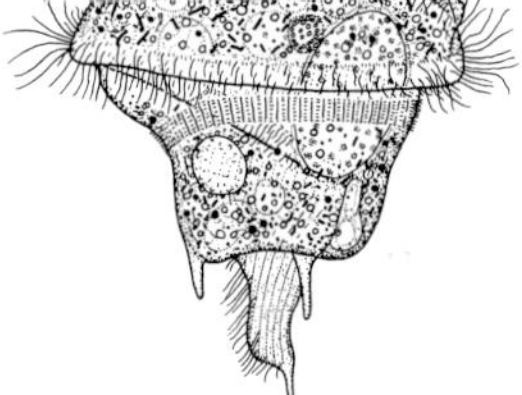
9

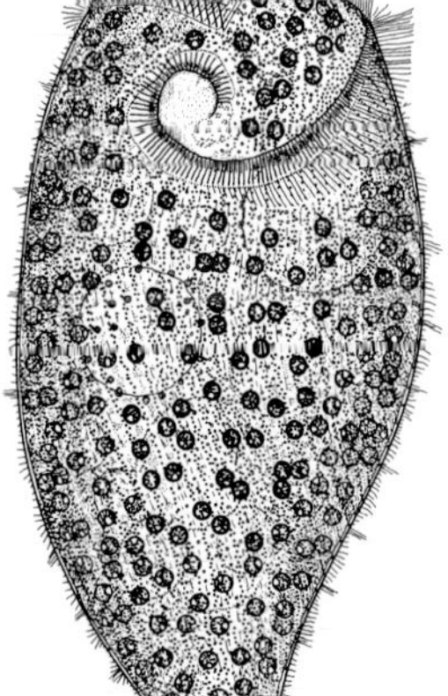
10

Neu aufgenommene Arten 6

Wimpertiere
1 Chaetospira muelleri, Korkenzieher-Wimpertierchen. Vorderkörper der sonderbaren Tiere enorm dehnbar; das Membranellenband kann weit vorgestreckt und dabei verdrillt werden. Mehrere Großkerne. Nahrung: Flagellaten und Kieselalgen. Gehäuse transparent. **G** 100–250 µm groß. **L** In Detritushöhlen und abgestorbenen Teilen von Wasserpflanzen – z. B. Wasser- und Teichlinsen. (268/1) [3163]
2 Stichotricha secunda, Flaschenputzer-Wimpertierchen. Langgestreckte, ziemlich steife Art. Die adorale Membranellenzone zieht von der Zellspitze bis zur Körpermitte. Vier Zirrenreihen umziehen in Spiralen den Leib. Die oberste Membranelle dient als Taster. Viele Tiere beherbergen grüne Zoochlorellen. Schleimröhrchen werden nicht zwingend gebaut. **G** 130–200 µm lang. **L** In Gewässern aller Art mit dem Hinterende an Detrituspartikeln festgeheftet. (268/1) [3346]

Sauginfusorien
3 Heliophrya rotunda, Sonnen-Sauginfusor. Die sehr flachen, scheibenförmigen Tiere sitzen mit ihrer gesamten Basalfläche auf dem Substrat. Die feinen Tentakel stehen schräg aufwärts; sie formieren 8–15 Bündel; in den Bündeln sind sie in zwei Reihen angeordnet. Kontraktile Vakuolen peripher. Am ehesten sind die Tiere auf ins Wasser gehängten Objektträgern zu beobachten (S. 14). **G** 30–85 µm im Durchmesser; Saugtentakel bis 150 µm lang. **L** In sauberen Gewässern auf Detritus und Wasserpflanzen. (272) [3945]
4 Trichophrya epistylidis, Wasserpest-Sauginfusor. Körper mit kurzen, breiten Vorsprüngen auf denen die Tentakeln in Bündeln sitzen. Gestalt unregelmäßig, sehr flach. 4–11 kontraktile Vakuolen am Zellrand. Großkern unregelmäßig bandförmig. **G** Körper 40–350 µm groß. **L** An Stielen von Säulen-Glockentierchen (*Epistylis*) und auf Blättern der Wasserpest häufig. (272)

Rädertiere
5 Gastropus hyptopus, Zweizehen-Saugrädertier. Körper wie eine Feldflasche, seitlich abgeplattet. Kopf breit und Vorderrand wellig. Kutikularrohr des Saugapparates kurz und Fuß mit zwei Zehen: auffällige Unterschiede zu *Gastropus stylifer* (296/2). Mageninhalt gelblich. Keim- und Dotterstock groß. Schnelle Schwimmer. **G** 150–350 µm groß. **L** In Seen, Teichen und Moorgewässern: im Plankton und zwischen Wasserpflanzen. (296/2). **A** Kopf sehr schmal, nur 80–130 µm groß, schwimmt langsam: *Gastropus minor*, das Kleine Saugrädertier. [Gattung 5150]
6 Collotheca libera, ein Reusen-Rädertier. Kronenrand mit einem Lappen, auf dem lange Wimperborsten stehen; Kronenrand sonst kurz bewimpert. Zwei Augenflecken mit Linsen im Rückenlappen. Fußende verdickt. Gallerte des Gehäuses glasig. Schwimmt mit dem Kopf voran. **G** 120–170 µm lang. **L** In Seen und Teichen verbreitet von Juli bis Oktober als Einzelgänger im Plankton. (302/1l, 1m) [5643]

Blattfußkrebse
7 Daphnia ambigua, Amerikanischer Wasserfloh. Kopf schmal, rund oder mit einer kleinen Spitze; Schalenstachel am Ende sehr kurz (!). Schalen sehr transparent. Auf dem Rücken des Postabdomens 6–10 Dornen. Die Endkrallen, Afterkrallen mit zwei Gruppen feiner Stacheln (Zusatzskizze). **G** Um 0,8 mm groß. **L** Wie *Daphnia parvula* im Pelagial von Seen, Teichen, Baggerseen. (314/7) [5310]
8 Daphnia parvula, Rundkopf-Wasserfloh. Kopf breit und rund; Schalenstachel am Ende sehr kurz (!). Schalen glasartig durchsichtig. Vor dem After auf dem Rücken des Hinterleibs 9–12 Dornen. Die Endkrallen mit zwei Gruppen feiner Börstchen und dazwischen einer Gruppe aus 5–10 Stacheln (Zusatzskizze). Seit ca. 30 Jahren breitet sich die aus Amerika stammende Art aus – ebenso wie *Daphnia ambigua* **G** Um 1,2 mm groß **L** Freiwasserplankton. (314/7). [5311]

Ruderfußkrebse
9 Cyclops vicinus, Winterhüpferling. Robuste Art. Furkaäste mit behaarten Innenrändern und oberseits Chitinkielen; achtmal länger als breit; die langen Endborsten fast gleichlang; Innenborsten auffällig lang. Im Sommer fehlt die Art im Plankton, da ihr 4. Copepodidstadium im Sediment eingegraben lebt. **G** Um 1,7 mm groß. **L** In Gewässern aller Art, unabhängig vom Grad der Eutrophie. (322/14) [5123]
10 Cyclops abyssorum, Tiefenhüpferling. Innenkanten der nicht gekielten, langen Furkaäste behaart. Endborsten sehr unterschiedlich lang. Form mit vielen jahreszeitlichen und lokalen Variationen; sehr große und robuste Populationen leben im Benthos. **G** Zwischen 1,2 und 2,8 mm groß. **L** Häufig in Hochgebirgsseen und den Seen des Alpenvorlandes; in Mittel- und Norddeutschland selbst in eutrophen Seen. (322) [5121]

Fischläuse (Krebstiere)
11 Argulus foliaceus, Karpfenlaus. In der Zeichnung von oben nach unten: Kopf, Antennen als Klammer- und Widerhaken, Facettenaugen, Stechrüssel, Oberlippendrüsen, Saugnäpfe mit Muskeln (1. Maxille), Naupliusauge, 2. Maxille, Carapax, Atemfelder, Ovar, Fettkörper, vier Thorakalbeinpaare, Brustsegmente, winziger Hinterleib, Rezeptakula seminis, After. **G** Bis 8,5 mm. **L** Auf Forellen, Karpfen, Hechten, Barschen als Ektoparasit; oft im Plankton und Benthos. [1143]

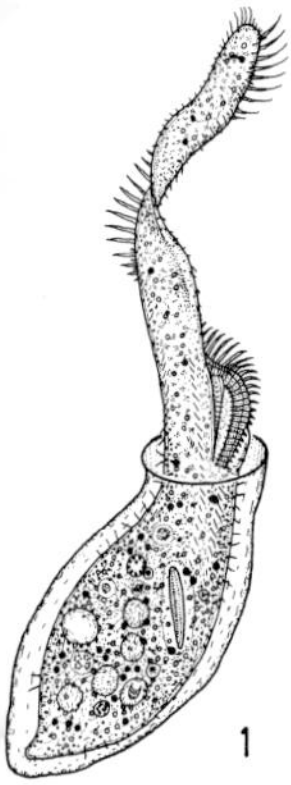

1

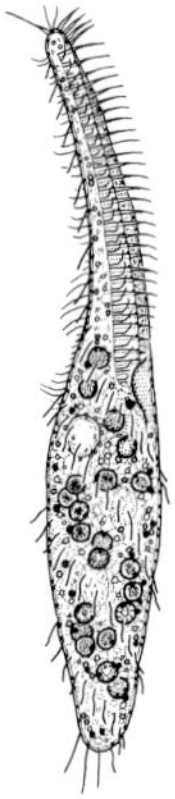

2

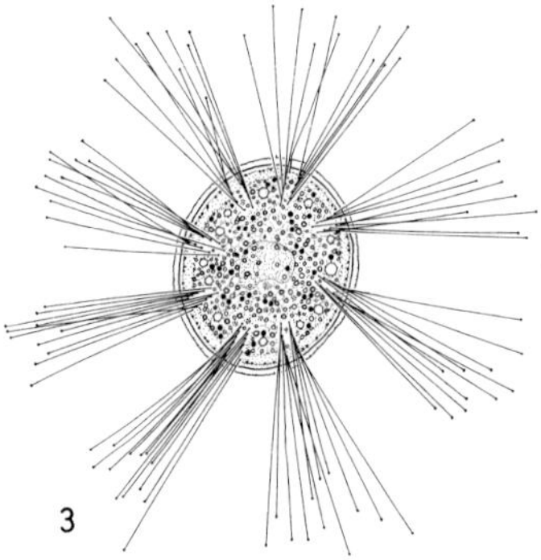

3

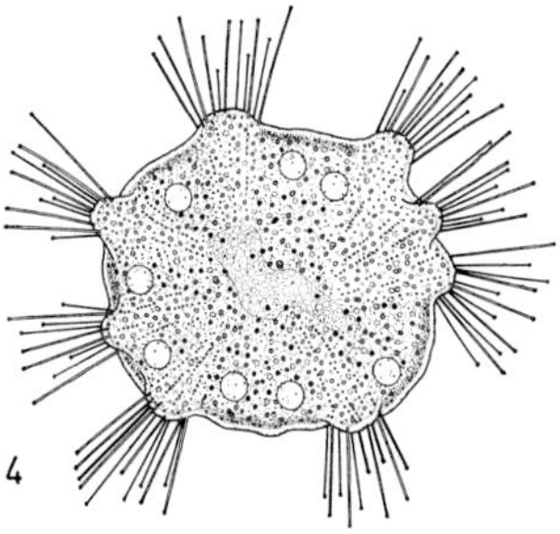

4

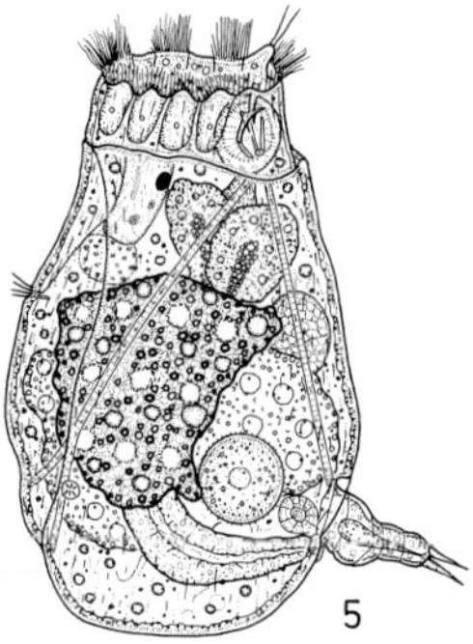

5

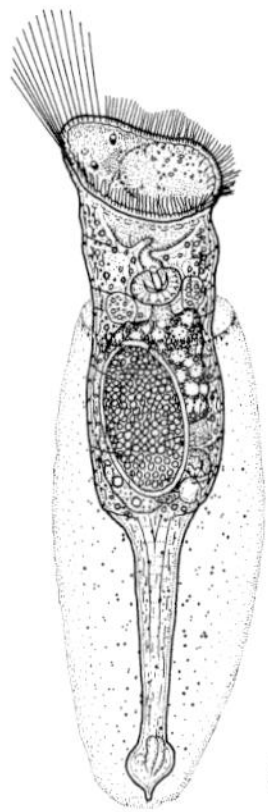

6

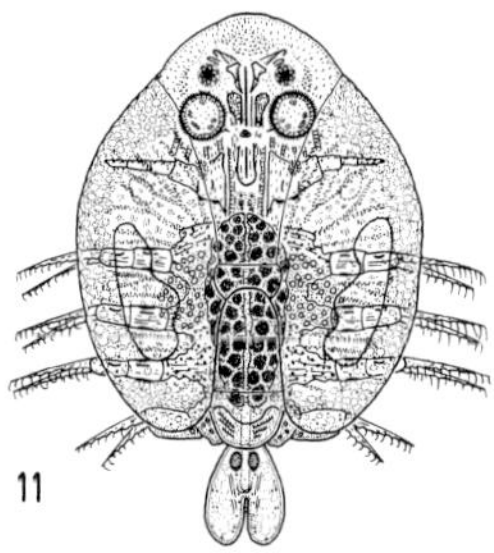

11

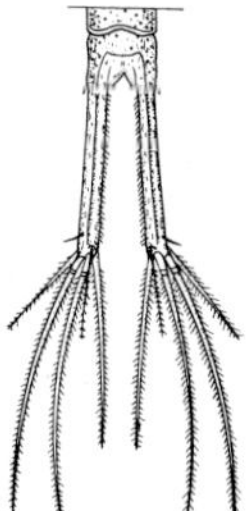

9

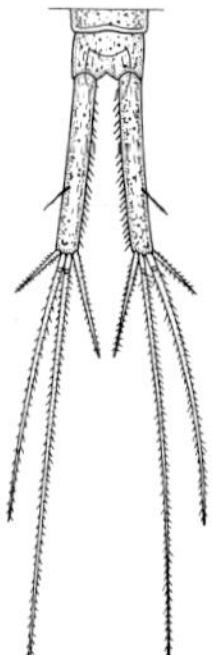

10

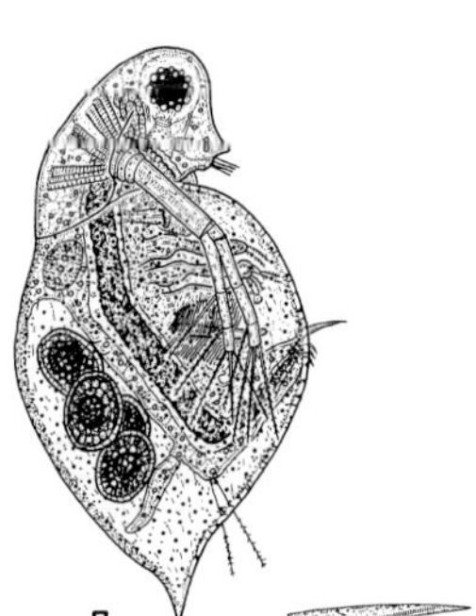

7

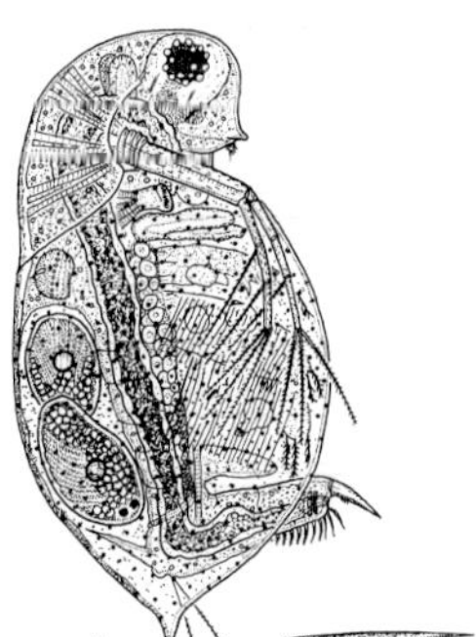

8

Neu aufgenommene Arten 7

1 Chrysapsis agilis, Zwerg-Goldalge. Die kleinen Zellen sind sehr formveränderlich, metabolisch; ihre Gestalt wechselt ständig zwischen eiförmig, oval mit Schnäuzchen und birnenartig. Geißel doppelt körperlang; kein Stigma. Der netzförmige Chromatophor liegt etwas nach hinten verlagert. Wie die Nano-Lassoalge (S. 334/5) erst nach Fixierung mit Lugolscher Lösung auffälliger. **G** Nur 3–5 µm lang. **L** In Seen und Teichen oft massenhaft als Nanoplankter.

2 Dinobryon bavaricum, Bayern-Becherbäumchen. Kolonien schmal und aus recht wenigen Gehäusen. Oberer Teil des einzelnen Gehäuses zylindrisch und auffällig gewellt. Der untere Teil ist schmal, lang, zugespitzt. Zysten kugelig, um 11 µm groß. **G** Gehäuse 50–120 µm lang, 6–10 µm breit. **L** In kühleren Seen, die nicht stark eutrophiert sind. [7925] – Goldalgen

3 Isthmochloron lobulatum, Taillen-Alge. Zellen mit eingezogenen Seiten; gegenüberliegende Seiten sind jeweils gleich stark gebogen. Zellwand glatt und dünn. Um 20 gelbgrüne Chloroplasten gehen bis in die Ecken. **G** 30–45 µm groß, 15–20 µm dick. **L** In stehenden Gewässern; oft als Einzelwesen in Planktonproben. [7833] – Gelbgrünalgen

4 Phacus suecicus (*Ph. hispidula*), Höcker-Herzflagellat. Zellen etwas platt und mit kleinem Endstachel. Vorderseite leicht eingesenkt und mit einem Geißelkegel. Kurz nach der Teilung mit wenigen, später mit 14 Reihen aus je 30–32 Periplast-Wärzchen. Stigma groß, zwei Paramylumplatten, viele leuchtend grüne Chloroplastenscheibchen. **G** Um 35 µm lang und 6–11 µm dick. **L** Vermoorte Stellen; Kosmopolit. [7426] – Augenflagellaten

5 Distigma proteus, Pendel-Flagellat. Zellen beim Schwimmen lang spindelförmig, stark metabolisch. Periplast spiralig gestreift. Die kleinen Paramylumkörnchen füllen öfters die ganze Zelle aus. Nebengeißel kurz; die Hauptgeißel wird häufig eingeschmolzen, intakt macht sie Wirbelbewegungen. **G** 50–110 µm lang. **L** Kosmopolit; Wasserkuhlen in moorigen Arealen; Sauberwasserform; dann und wann. [7241] – Augenflagellaten

6 Tropidoscyphus octocostatus, Achtrippen-Flagellat. Die Zellen variieren in ihren Umrissen. Acht Längskiele laufen leicht spiralig von vorne nach hinten. Zellkern groß. Die gerade ausgestreckte Schwimmgeißel schlägt im vorderen Teil. **G** 35–60 µm lang. **L** In sauberem Wasser von Sümpfen und pflanzenreichen Teichen verbreitet. – Augenflagellaten

7 Elakatothrix gelatinosa, Lager-Alge. Zellen eiförmig, mit muldenförmigen Chloroplasten, und paarweise im Lager. Die Art kann nackte Fortpflanzungszellen bilden; diese Stadien haben pulsierende Vakuolen und werden nach Zerfall der Mutterzellwand frei. Scheidet die Spore eine feste Zellwand aus, wird, weil nunmehr überflüssig, die pulsierende Vakuole reduziert. **G** 15–20 µm groß. **L** In stehenden Gewässern. [7198] **A** Zellen langgestreckt; s. Abb. S. 350/2: *E. viridis* [7302] – Salatalgen

8 Frontonia atra, Schwarzer Schlitzmund. Abgeflachte Tiere, die durch ihr dunkel pigmentiertes Ektoplasma auffallen; Vorderrand und Schwanz meist farblos. Kontraktile Vakuole mit langen Sammelkanälen. Extrusome 8 µm lang. Über die geöffnete Mundnaht können große Brocken–Grünalgen, Diatomeen, Ciliaten–verschlungen werden. **G** 100–220 µm lang. **L** Oft in sauberen bis stark eutrophen Gewässern. Zwischen Fadenalgen. [3287] – Wimpertiere

9 Blepharisma musculus, Lidtier-Mäuschen. Farblos bis rötlich. In der Mitte breit und nach hinten mit Schwanz. Undulierende Membran groß, aus zwei Lamellen. Das Peristom zieht in einer Rinne an der komprimierten Bauchseite entlang. Kernteile in zwei schrägen Reihen. **G** 120–150 µm. **L** In Bodennähe von Weihern verbreitet. [Gattung: 3969] – Wimpertiere

10 Rimostrombidium lacustris, Sonnenrad. Den Mundapparat bilden 33–35 adorale Membranellen und eine undulierende Membran. Unter Drehungen an einem Fleck werden Kryptomonaden und Cyclotellen eingestrudelt, sowie 2–3 mal in der Minute Sprünge vollführt. Von der Seite her sind 10 Cilienbürstchen auf niedrigen Rippen zu sehen (Bild 10 links). Die „Sonnenräder" sind erst in fixierten Proben gut auszumachen. **G** 70–120 µm hoch, 50–70 µm breit. **L** Im Plankton von Seen. [3573] – Wimpertiere

11 Calposoma dactyloptera, Zwergpolyp II. In Benthosproben ab und an auffällige „Steuerrädchen mit glänzenden Speichen" sind die Vorderenden von *Microhydra ryderi*, dem Zwergpolypen I (S. 276/3). Eine weitere Polypenform der Süßwassermeduse, der Zwergpolyp II, hat 8–10 Arme, die mit Nesselkapseln–hier Klebkapseln, Glutinanten–bestückt sind. **G** 200–300 µm lang. **L** Selten; z. B. im Detritus aus Aquarienfiltern. – Nesseltiere

12 Daphnia hyalina, Glas-Wasserfloh. Afterkrallen mit einer Reihe sehr zarter Börstchen; Schwanzstachel lang und dünn (im Gegensatz zu *D. parvula*: S. 344/8). Kopf vom Bauch her gesehen (Stereomikroskop!) mit Scheitelkiel (im Gegensatz zu *D. longispina*: S. 314/7 und 12 a hier). Größte Kopfhöhe hinter den Augen. Hauptnahrung: Nanoplankton, weniger Bakterien. Hochgradige lokale, altersbedingte und saisonale Variationen sind typisch. **G** 1–3, meist 2 mm. **L** In Seen der ehemals vergletscherten Gebiete Europas häufig. [5128] – Wasserflöhe

13 Daphnia galeata, Gelber Wasserfloh. Afterkrallen mit einer Reihe sehr zarter Börstchen. Kopf wie bei 12 mit Scheitelkiel. Rostrumspitze um die I. Antennen etwas heruntergezogen–siehe Seitenansicht. Stirnrand durch die Augenkapsel vorgewölbt. Ein befriedigendes Ansprechen der *Daphnia*-Arten *galeata*, *hyalina* und *longispina* ist in diesem Rahmen oft nicht möglich, da zu den Variationen noch *D. rosea* und Kreuzungsbastarde kommen können. **G** Meist 1,6–2 mm groß. **L** Im Plankton von Seen, Weihern, Teichen und Altwässern häufig. [5127] – Wasserflöhe

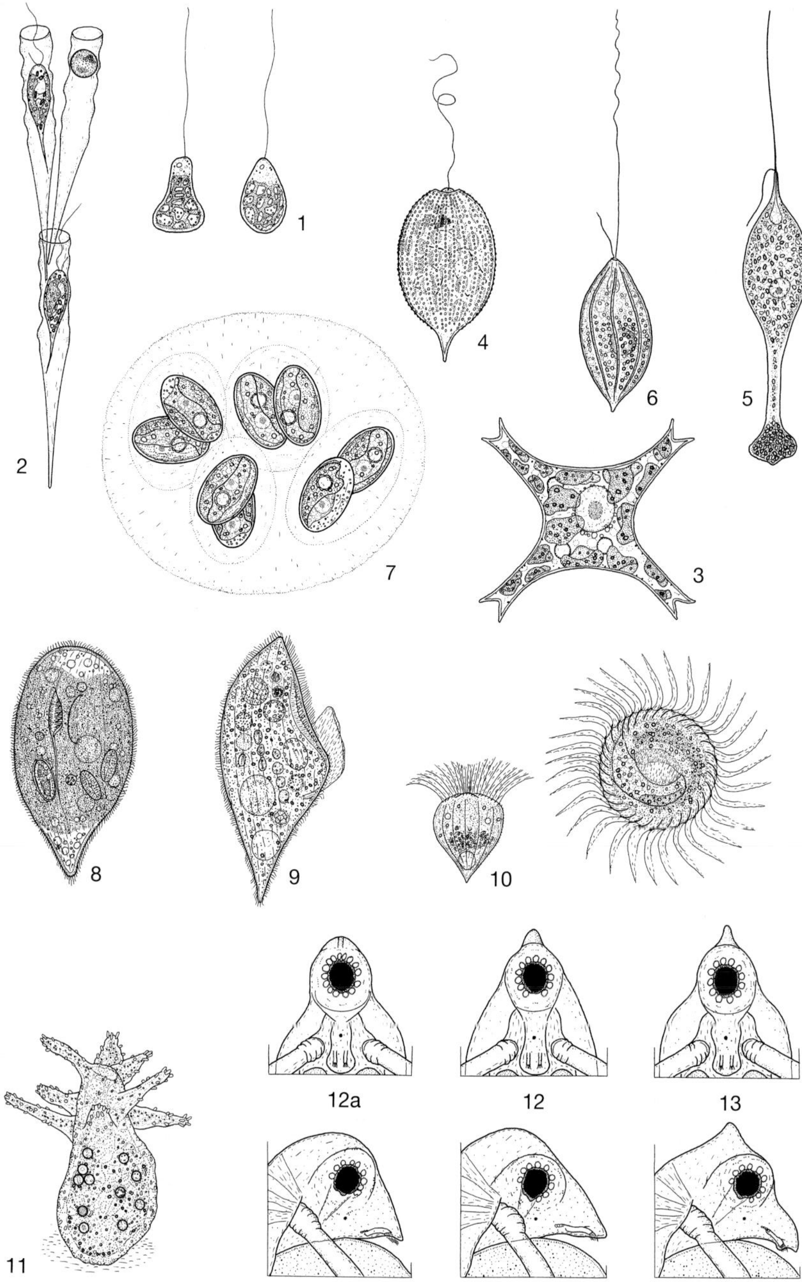
1
2
3
4
5
6
7
8
9
10
11
12a
12
13

In Wasserproben vorkommende, sonst nicht erwähnte kleine Objekte 1

1 Aphanothece clathrata, Zwergstäbchenalge; Blaualge. Kolonien mikroskopisch klein und abgeflacht. Die länglichen Zellen „wandern“ beim Hin- und Herdrehen an der Mikrometerschraube – im Gegensatz zu den „stationären“ kugeligen Zellen ähnlichgroßer *Microcystis*-Arten (S. 118). Zellen blass grünlich, ohne Gasorganell. **G** 1,5–3,5 µm lang, 0,5–1 µm breit. **L** Im Sommerplankton in nicht verschmutzten Gewässern; bei guter Entwicklung Grünfärbung des Wassers [8424]. **A** Längliche Bakterien bilden den völlig farblosen „Seeschnee“ um organische Restpartikel; je tiefer im See desto häufiger und dichter.

2 Kleistothecium – ein kugeliger Fruchtkörper mit Asci, Hüllhyphen und Rankenfäden – von **Uncinula necator**, dem Mehltau des Weinstocks. G 1,6 mm; Zentrum 300 µm groß. **L** Vom Winde verweht in Planktonproben. **3** Kleistothecium von **Microsphaera alphitoides**, dem Eichenblatt-Mehltau. Randhyphen mit auffälligen Läppchen sollen die Ausbreitung fördern. **G** 1,6 mm; Zentrum 600 µm groß. **4** Cyste von **Ceratium hirundinella**, Hornalge. Die Cysten bleiben bis 6 Jahre lebensfähig. Die Cysten von **Cystodinium cornifax** (S. 160) haben im Unterschied zu *Ceratium*-Cysten nur 2 Hörner. **5** Sporen von **Lycopodium clavatum**, Keulen-, Kolbenbärlapp. In Moorproben ist der Dinoflagellat **Tetradinium** (S. 150) verwechselbar mit zum Teil ähnlich großen, aber kugeligen Bärlappsporen. Die wasserabweisenden Sporen sind auffällig. **G** 33 µm. **6** Sternhaar aus dem Aerenchym von **Nymphaea alba**, der Weißen Seerose. Sobald im Stängelinneren Teile des Durchlüftungsgewebes mit seinem hohen Anteil an Interzellularsystemen verrotten, werden die mehrteiligen Haare frei. **G** 0,45 mm. **7** Kotpellets von Ruderfußkrebsen. Copepoden umhüllen ihre Exkremente mit einer peritrophischen Membran aus Chitinfibrillen in einer Proteingrundmasse. Im Süßwasser sind die dauerhaften Pellets Energiespeicher, im Meer leben Tiefsee-Detritusfresser von absinkendem „Meerschnee“. Oft massenhaft im Benthos. **G** 0,2–0,4 mm groß. **8** Glasig durchsichtige Röllchen aus sprödem, nicht spreitbarem Material sind verwundene Kutikularhüllen von Schwamm-Gemmulae oder – weit häufiger – gesprengte und von Jungwasserflöhen verlassene Eihüllen. **G** 250 µm. **9** Haar von **Myotis daubentoni**, der Wasserfledermaus. Scheinbar verdrehte Haare mit sich wiederholenden Bäuchen sind Fledermaushaare. Farbige Haare und Fasern im Frühjahrsplankton stammen von Schlittschuhläufern. **10** Hornstrahl einer Vogelfeder. Strahlen mit Knoten aus verhornten Zellen sind die wesentlichen Funktionselemente im unteren Teil von Vogelfedern, im Wärme-, Flausch-, Dunenteil. Gezeichneter Abschnitt um 0,6 mm lang.

11 Chaoborus-Larve, Glasstäbchen, Büschelmücken-Larve: vordere Körperhälfte. Gezeichnet sind die Abschnitte Kopf, Hals, Brust, 1. und 2. Hinterleibssegment. Die Muskulatur ist unvollständig skizziert. 1 Mitteldarm. 2 Ostium mit Muskelzellen. 3 Ringmuskel. 4 Herzschlauch. 5 Ösophagus. 6 Abdominalganglion.7 Bauchbörstchen. 8 Pharynxkorb. 9 Ringdrüse. 10 Imaginalanlage des Hinterbeins. 11 Imaginalanlage des Mittelbeins. 12 Thorakalganglion. 13 Imaginalanlage des Vorderbeins. 14 Pharynx, Schlund. 15 Unterschlundganglion. 16 Schlundkonnektiv. 17 Speichelgang. 18 Imaginalanlage der Maxillen. 19 II. Maxille. 20 I. Maxille. 21 Mandibel. 22 Fächerbesen. 23 Mundpartie. 24 Mandibellängsgelenk. 25 Mandibelfangkorb. 26 Labrum, Oberlippe. 27 Schläfenleiste. 28 Hämolymphe. 29 Schwertborsten. 30 Fangborsten. 31 Antennenborsten. 32 Borstensehne. 33 Beide Antennen. 34 Antennengelenk. 35 Antennenmuskel I. 36 Labrummuskel I. 37 Antennenmuskel II. 38 Labrummuskel II. 39 Imaginalanlage der Mandibel. 40 Facettenauge. 41 Dorsale Ocellen. 42 Imaginalanlage der Antenne. 43 Gehirn. 44 Rückenmuskulatur. 45 Speicheldrüsen. 46 Tracheenblasen. 47 Fettkörperöl. 48 Rückenbörstchen.

Beobachtung unter Deckglas mit Vaseline-Füßchen an den Ecken. Zur Bestimmung der fünf hiesigen Arten sind die Schwertborsten (29) und die Mandibeln wichtig – siehe die beiden Skizzenfolgen. Die Larven von vier Arten werden bis 15 mm lang; 22 mm groß wird **Ch. nyblaei**. [Gattung 481] **12 Chaoborus obscuripes**, Westliche Glasstäbchenlarve. Meist sporadisch in Gewässern aller Art, auch in moorigen; nicht in sehr eutrophen Zonen. [20410] **13 Chaoborus crystallinus**, Glässtäbchen. Weit verbreitet in wenig tiefen und fischarmen Gewässern. [929] **14 Chaoborus flavicans**, See-Glasstäbchen. In Seen, Teichen und Weihern häufige Art mit unterschiedlich weiten Vertikalwanderungen. [744] **15 Chaoborus nyblaei**, Große Nordland-Büschelmückenlarve. Mandibeln tiefschwarz; lebt in stehenden Gewässern im Ostseegebiet. **16 Chaoborus pallidus**, Schatten-Glasstäbchen. Am häufigsten in beschatteten Teilen von Teichen und Tümpeln. [20895]

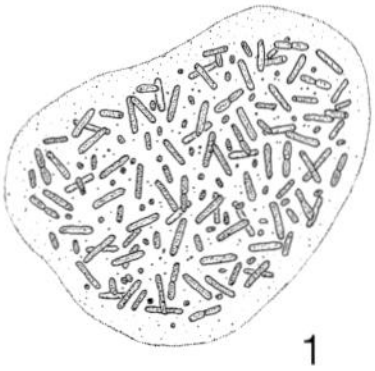

1

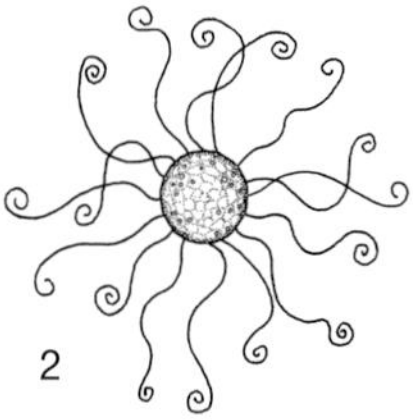

2

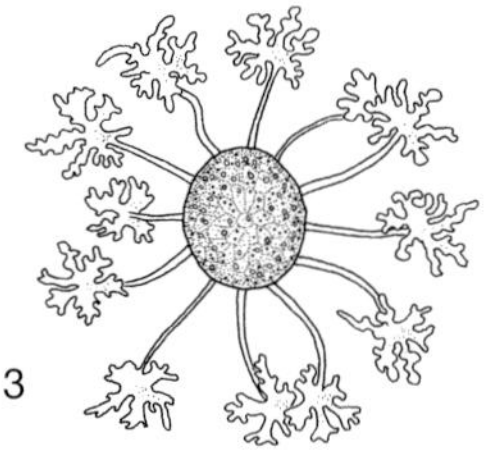

3

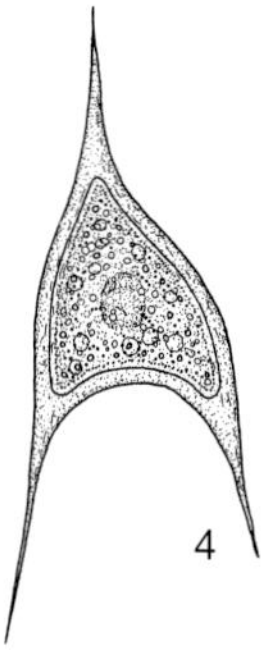

4

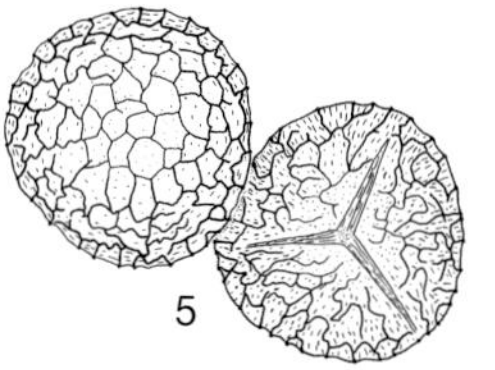

5

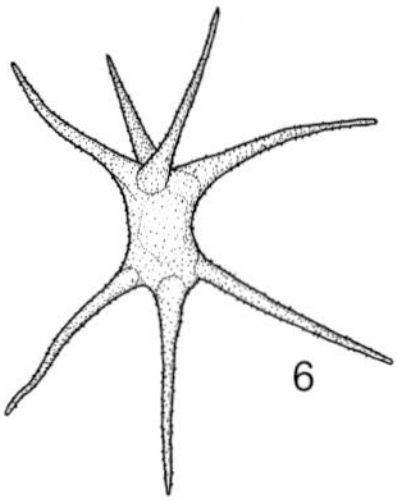

6

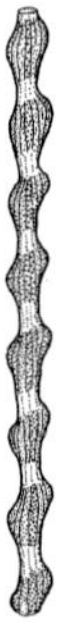

9

10

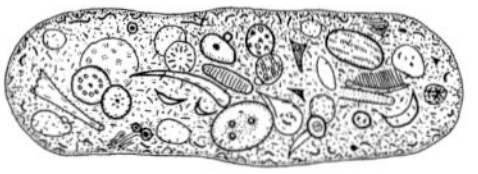

7

8

11

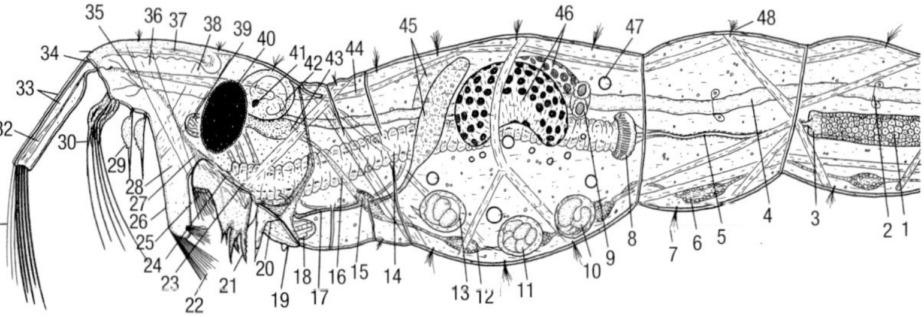

12

13

14

15

16

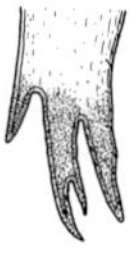

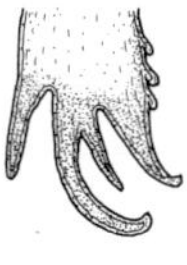

In Wasserproben vorkommende, sonst nicht erwähnte kleine Objekte 2

1 *Planctomyces bekefii*, Kolonien von Bakterien mit vererzten Sternarmen, bis 30 µm [8138]. **2** *Elakatothrix viridis*; planktische Alge, siehe Seite 346/7 [7302]. **3** *Raphidonema*; festsitzende Alge, Klasse Ulvophycaea. **4** *Compsopogon coeruleus*, Bartalge; blaugrüne Rotalge in Warmwasseraquarien [7534]. **5** *Micromyces zygogonii*; Pilz in den Zellen von *Mougeotia* und *Spirogyra*. **6** *Ancylistis closterii*; Pilz, der *Closterium* befällt. **7** *Helicosporium*; „Moorschnecke", aufgerolltes Konidium eines Pilzes. **8** Kiefernpollen. **9** Torfmoosblättchen (*Sphagnum*), Ausschnitt. **10** *Rhipidodendron splendidum*; Abteilung Haptophyta, Röhrenbauer, in Mooren [7700]. **11** *Hartmanella castellanii*; bakterienfressende Amöbe. Kann Kindern beim Baden in Stauseen und Schwimmbädern gefährlich werden: Kriecht über Nase und Siebbein in das Großhirn, vermehrt sich; erzeugt tödliche Entzündungen des Gehirns und der Hirnhäute. [4066]
Eier: **12** vom Süßwasserpolypen *Hydra*. **13** vom Großen Leberegel. **14** vom Kleinen Leberegel. **15** vom Rinderbandwurm. **16** vom Madenwurm. **17** vom Peitschenwurm. **18** vom Magenwurm. **19** vom Kälberspulwurm *Neoascaris vitulorum*. **20** vom Spulwurm *Ascaris lumbricoides*. **21** Dauerei des Rädertiers *Keratella*. **22** Planktisches Ei des Rädertiers *Synchaeta*. Siehe Farbfotos I, 10 a–10 e. **23** Ei der Schmetterlingsmücke *Psychoda*.
Laichschnüre und Laichballen: **24** und **25** von Chironomiden (Zuckmücken). **26** von *Chaoborus* (Büschelmücke). **27** von *Hydropsyche* (Köcherfliege), in Bächen. **28** von *Lymnaea* (Schlammschnecke). **29** Teichnapfschnecke *Acroloxus lacustris*; bis 6 mm [1095]; **30** Wimperlarve (Miracidium) eines Wasservogel-Saugwurms. **31** *Trichobilharzia franki*, Gabelschwanzlarve eines Verwandten des Pärchenegels; Larven entwickeln sich in der Wasserschnecke *Radix ovata*; bohren sich beim Baden in die Haut und verursachen stark juckende Pusteln (Bade-Dermatitis); Mensch ist Fehlwirt, eigentliche Wirte des Parasiten sind Enten [5707]. **32** Nauplius-Larve eines Ruderfußkrebses mit 3 Gliedmaßenpaaren (Farbfotos II, 27). **33** Freischwimmende Segellarve (Veliger) der Wandermuschel *Dreissena polymorpha* [1097]
Urinsekten (auf der Wasseroberfläche): **34** *Podura aquatica*, Schwarzer Wasserspringer; blauschwarz, 1,5 mm [500]. **35** *Isotoma viridis*, Gleichringler; grün bis violett mit dunklen Zeichnungen, 3 mm [495]. **36** *Folsomia fimetaria*; weiß und blind, 1,4 mm. **37** *Sminthurides aquaticus*, Kugelspringer; gelbbraun, 1 mm [501]
Im Wasser lebende Insektenlarven: **38** Eintagsfliege *Cloeon dipterum* [394]. **39** *Psychoda*, Schmetterlingsmücke; gefräßige Larven in Tropfkörpern und Siphons; äußerst wichtig zur Erhaltung des biologischen Gleichgewichtes in Tropfkörpern [461]. **40** *Liponeura*, Lidmücke; in schnell fließenden Bächen; mit Bauchsaugnäpfen [376]. **41** *Culex*, Stechmücke; 8. Segment des Hinterleibes mit Atemrohr [10091]. **42** *Anopheles*, Fiebermücke [10149]. **43** *Mochlonyx*, eine Büschelmücke; Larven räuberisch, relativ undurchsichtig, Luftsäcke langgestreckt, nur im April und Mai. [20412] **44** *Dixa*, Tastermücke; Larven U-förmig gebogen, am Ufersaum und auf überrieselten Felsen. [70] **45** *Chaoborus crystallinus*, Büschelmücke; die „Glasstäbchen"-Larven, Phantom-Larven, sind bis auf die 4 Tracheenblasen und die beiden schwarzen Augen völlig durchsichtig; räuberische Schweber; Antennen zu Fangwerkzeugen umgebildet. [929] Zu den fünf heimischen Arten s. S. 348. **46–49** Chironomiden-(Zuckmücken-)Larven [Familie Zuckmücken: 911]; 1000 Arten in Mitteleuropa; wichtige Fischnahrung; am 1. Brustsegment 2 Fußstummel, am Körperende 2 Nachschieber; die meisten Arten leben in Gespinströhren aus dem Sekret der beiden mächtigen Speicheldrüsen; Kerne der Speicheldrüsen mit Riesenchromosomen! **46** *Tanypus*; Antennen zurückziehbar, jederseits nur 1 Augenfleck; räuberisch, fressen Larven anderer Chironomiden. [10048] **47** *Sergentia coracina*; Antennen auf einem Sockel, typische Form oligotropher Seen. [10871] **48** *Chironomus plumosus*; lange Blutkiemenfäden. [10391] **49** *Chironomus anthracinus*; Blutkiemen kurz. [10778] Beide letztere *Ch.*-Arten Charakterformen hoch eutropher Seen. **50** *Simulium*, Kriebelmücken; sitzen in fließenden Gewässern mit dem Hinterende auf Steinen und Pflanzen, Filtrierer. [762] **51** Ceratopogoniden-Larve, Gnitzenlarve. [493] Gut schwimmende Raubtiere, meist der Gattung *Bezzia*. [608] Verschiedenes: **52** Schraubentrachee eines Leitbündels. **53** Trachee eines Insektes. **54** Wattefaser. **55** Hornzähnchen einer Kaulquappe. **56** Federast mit Hakenstrahlen und Bogenstrahlen einer Vogelfeder. **57** Mäusehaar. **58** Menschenhaar. **59** Fetttröpfchen. **60** Luftblase.
Zu S. 220: Pilzflora zerfallender Blätter. Ins Wasser gefallene Blätter von Landpflanzen werden von einer charakteristischen Pilzflora besiedelt. Die Konidienträger stehen von den Blattoberflächen senkrecht in das Wasser ab. In schwarzverfärbten Blättern am Grund der Gewässer leben andere Pilze, sie bilden Sporen nur, wenn ihr Substrat austrocknet. **a** *Piricularia aquatica*; **b** *P. submersa*; **c** *Flagellospora curvula*; **d** *F. penicillioides*; **e** *Anguillospora longissima*; **f** *Lunulospora curvula* **g** *Heliscus aquaticus*; **h** *H. longibrachiatus*; **i** *Margaritispora aquatica*; **k** *Alatospora acuminata* [8022]; **l** *Tetracladium marchalianum* [8963]; **m** *T. setigerum* [8872]; **n** *Triscelophorus monosporus* [8905]; **o** *Clavariopsis aquatica* [8887]; **p** *Lemonniera aquatica* [Gattung 8149]; **q** *Articulospora tetracladia*; **r** *Tetrachaetum elegans* [8880]; **s** *Tricladium angulatum*; **t** *T. splendens*; **u** *T. gracile* [Gattung: 8979]; **v** *Varicosporium elodeae*; **w** *Articulospora inflata*; **x** *Dendrospora erecta*.

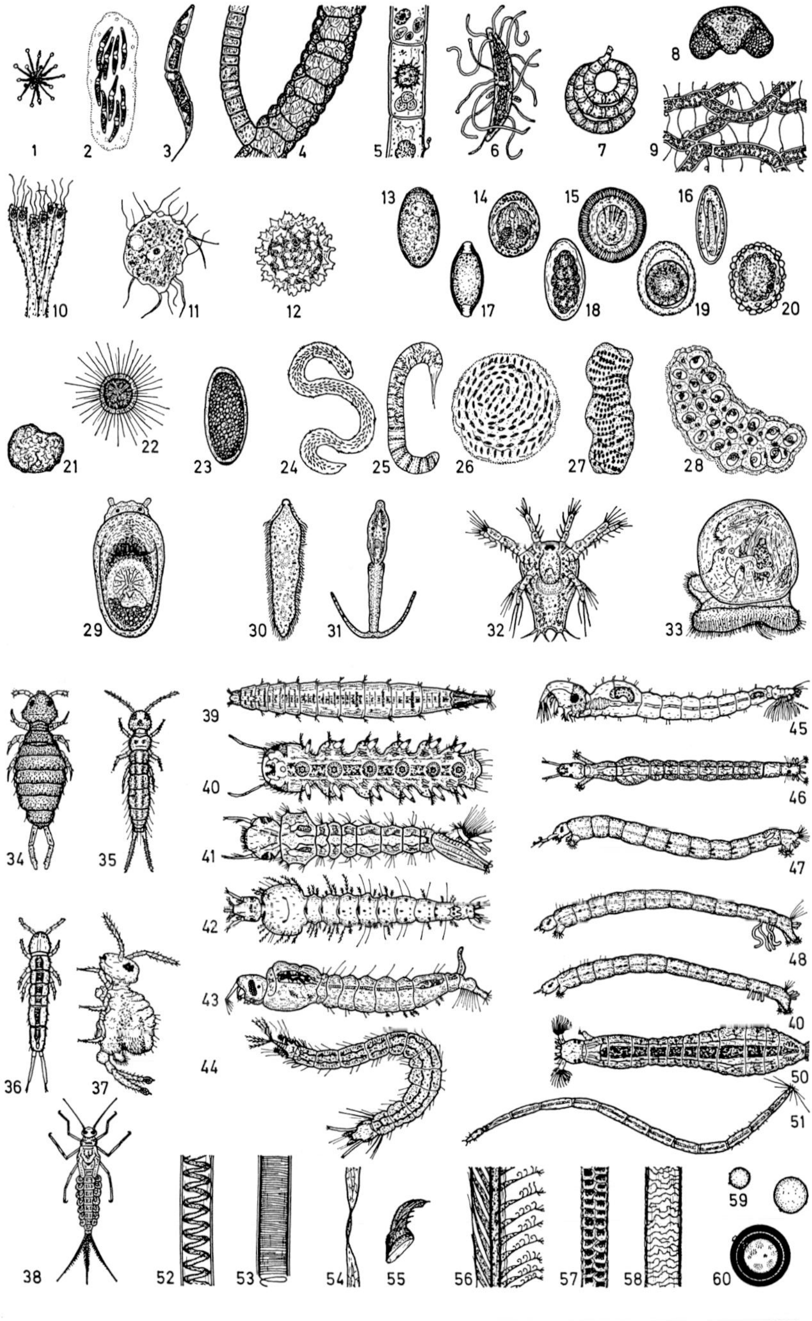
1
2
3
4
5
6
7
8
9
10
11
12
13
14
15
16
17
18
19
20
21
22
23
24
25
26
27
28
29
30
31
32
33
34
35
36
37
38
39
40
41
42
43
44
45
46
47
48
40
50
51
52
53
54
55
56
57
58
59
60

Farbfotos I

1 Blaualge *Microcystis aeruginosa.* Siehe Seite 118/2. Maßstab (M.) 80/1. Im Licht erscheinen wachsende Kolonien blaugrün, alternde gelb, absterbende zunächst rot, dann weiß. Im Durchlicht (Bild) geben achteckige, zylindrische Organellen (Gasvakuolen) im Cytoplasma der Zellen den Kolonien ein schwarzgraues Aussehen. Aufn. K. Hausmann
2 Grünalge *Haematococcus pluvialis;* Palmellenbildung. Siehe Seite 162/12. M. 600/1. **a** Die Geißeln der Zellen sind eingeschmolzen; in der Gallerte zwischen Membran und Zelle noch Geißelkanäle; rote Pigmente (Astaxanthin) werden gebildet. **b** Die Zellen runden sich ab und produzieren immer dicker werdende Zysten-, Palmellenwände. Aufn. Ph. Mayer
3 Grünalge *Gonium* pectorale; Teilungsstadien. Siehe Seite 164/6. M. 340/1 (a-c) und 250/1 (d). **a** Die Verdoppelung der Zellorganellen beginnt. **b** Nicht synchron: 2- und 4-Zellstadien sowie Zwischenstufen. **c** 4-bis 16-Zellstadien in den Mutterzellmembranen. **d** 16-zellige Tochterkolonien, nun mit Geißeln, kurz vor dem Freiwerden. Aufn. Ph. Mayer
4 Jochalge (Zieralge) *Euastrum oblongum.* Siehe Seite 202/4. M. 900/1. Differential-Interferenz-Kontrast (DIK). Aufn. G. Beyer-Meklenburg
5 Wurzelfüßer (Amöben) *Vampyrella lateritia;* Nahrungsaufnahme. Siehe Seite 226/1. M. 700/1. **a** Als Vegetarier sucht die Amöbe einen Algenfaden. **b** Sie dockt an und beginnt, ein Loch in eine Zelle zu fermentieren, mit Zellulasen. **c** Transport des Zellinhalts der Alge in die Amöbe. **d** Die Amöbe schwillt an; ein Pseudopodium sucht Reste. **e** Flüssigkeit wird ausgeschieden und die Zystenbildung beginnt. **f** Beim Fraßloch die Verdauungszyste. Aufn. Ph. Mayer
6 Wimpertierchen *Chilodonella uncinata.* Siehe Seite 252/4. M 2200/1. Zur Schlundreuse–im Bild hell zwischen den oberen verschluckten Kieselalgen–siehe das nächste Bild. Aufnahme K. Hausmann
7 Wimpertierchen *Nassula* (S. 252), Querschnitt durch die Schlundreuse: elektronenmikroskopische Aufnahme. M. 25000/1. Lysosomen als dunkle Partikel innerhalb und außerhalb der Reuse; Die Reuse selbst ist ein Mikrokosmos aus Mikrotubuli und hochmolekularen assoziierten Proteinen (MAPs) in Form eines wandelbaren dichten Ringes mit Speichen, lichten Zonen und Lamellen nach innen. Neue Mikrotubuli werden dem Ring von außen her angelagert. Aufnahme C. F. Bardele
8 Wimpertierchen *Stylonychia* (S. 270), Querschnitt durch sechs adorale Membranellen: elektronenmikroskopische Aufnahme. M. 14500/1. Zwischen den Membranellen Bakterien; Cilien der Dreireihen-Einheiten verklebt, nicht durch Strukturen verbunden; Beim Eintritt der Cilien in das Zytoplasma sind im Bild Alveolarsäckchen, Kinetosomen, Basalkörner, Fibrillen und Filamente zwischen endoplasmatischem Retikulum und Mitochondrien zu sehen. Aufnahme C. F. Bardele
9 Sauginfusor *Trichophrya astaci* mit sechs Schwärmern. *Trichophrya* siehe Seite 344. M. 450/1. In den Schwärmern sind die Großkerne sichtbar. Aufnahme H. Schneider
10 Rädertier *Synchaeta stylata;* Schlupf aus dem Ei (Dauer unter 30 Sek.). Siehe Seite 298/1f. M. 240/1.
a In der stacheligen Eihülle entsteht, durch Fermente des Kopfepithels, ein Loch. **b** Turgor und Muskelbewegungen lassen den Kopf erscheinen. **c** Der Kopf taucht auf; das einzelne Auge der schlanken Art wird sichtbar. **d** Kopf und Hals außerhalb der Eihülle. **e** Leib und Fuß strecken sich. **f** Das Leben im Plankton beginnt; Lebensdauer im Sommer 1,5–5 Tage. Aufn. Ph. Mayer
11 Rädertier *Asplanchna priodonta;* ein Männchen. Siehe Seiten 90 und 298/7 a. M. 420/1. Aufn. Ph. Mayer
12 Rädertier *Hexarthra mira.* Siehe Seite 298/6 a. M. 500/1. Aufn. K.-H. Eggert
13 Rädertier *Filinia longiseta.* Siehe Seite 298/7. M. 370/1. Aufn. Ph. Mayer
14 Blattfußkrebs, Wasserfloh *Bosmina longirostris.* Siehe Seite 316/6. M. 200/1. Aufn. K.-H. Eggert
15 Blattfußkrebs, Wasserfloh *Leptodora kindtii;* Kopf. Siehe Seite 320/8. M. 175/1. In einer Kapsel unter der Kopfhaube das Facettenauge mit 300 Kristallkegeln, Ommatidien und Pigmenten; drei Augenmuskeln; zwischen Auge und Gehirn liegen zwei flache optische Ganglien; Nerven ziehen vom Gehirn zu den 1. Antennen; nach unten laufen die beiden Zirkumösophageal-Konnektive. DIK. Aufn. G. Beyer-Meklenburg

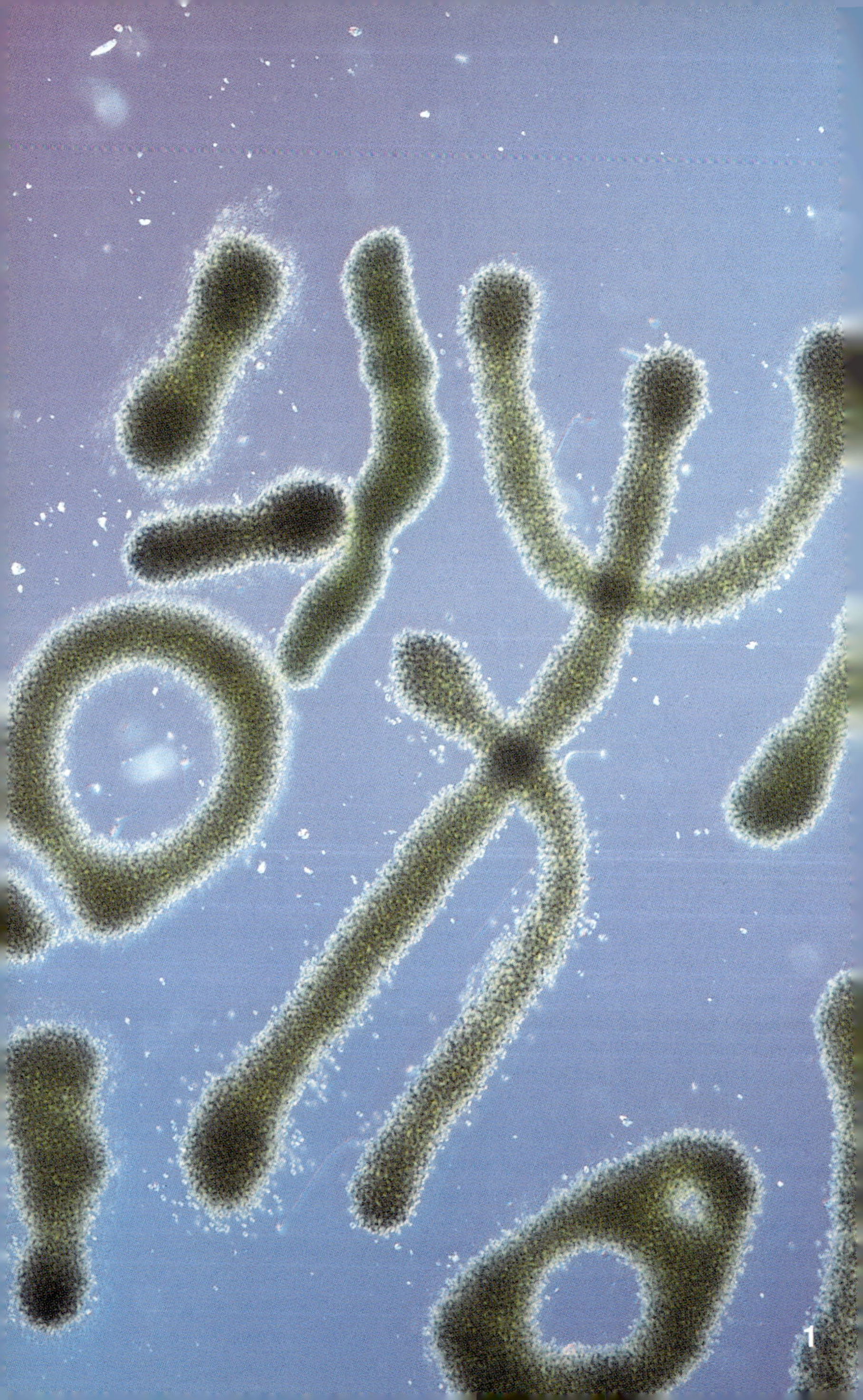

1

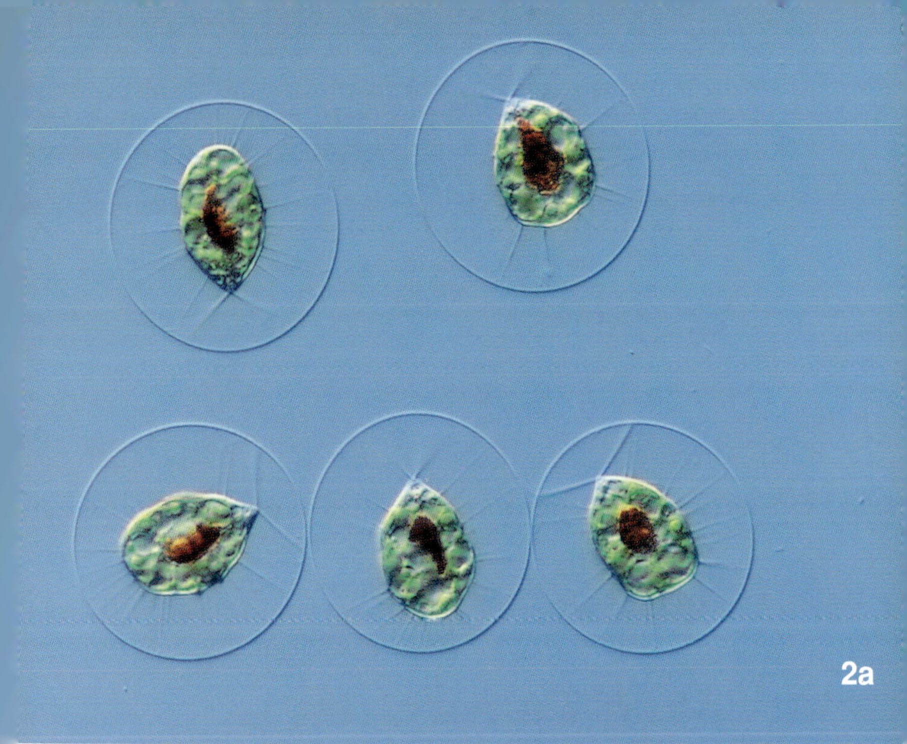
2a

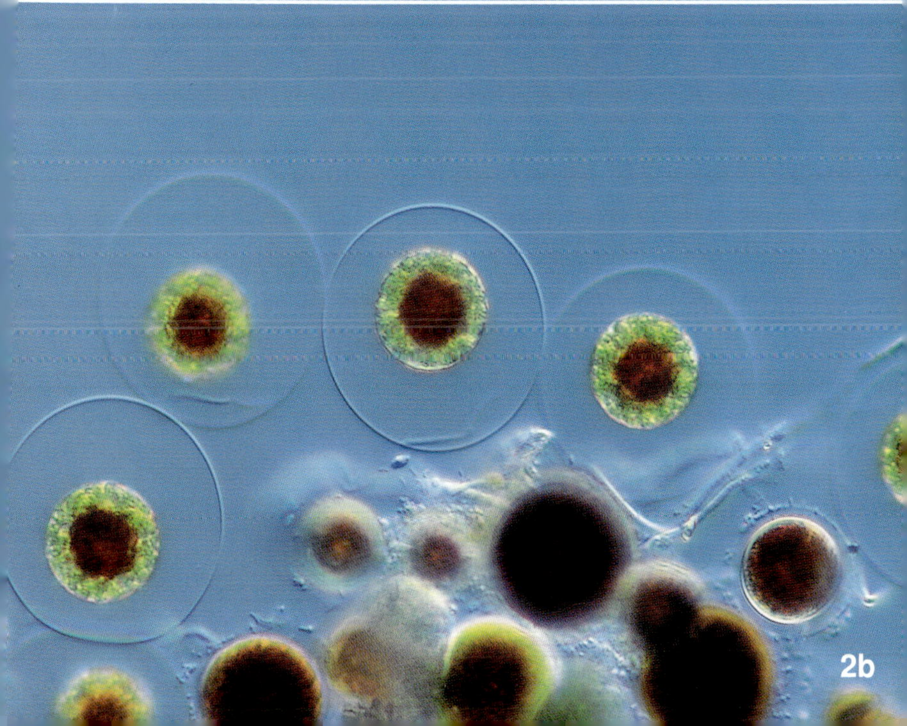
2b

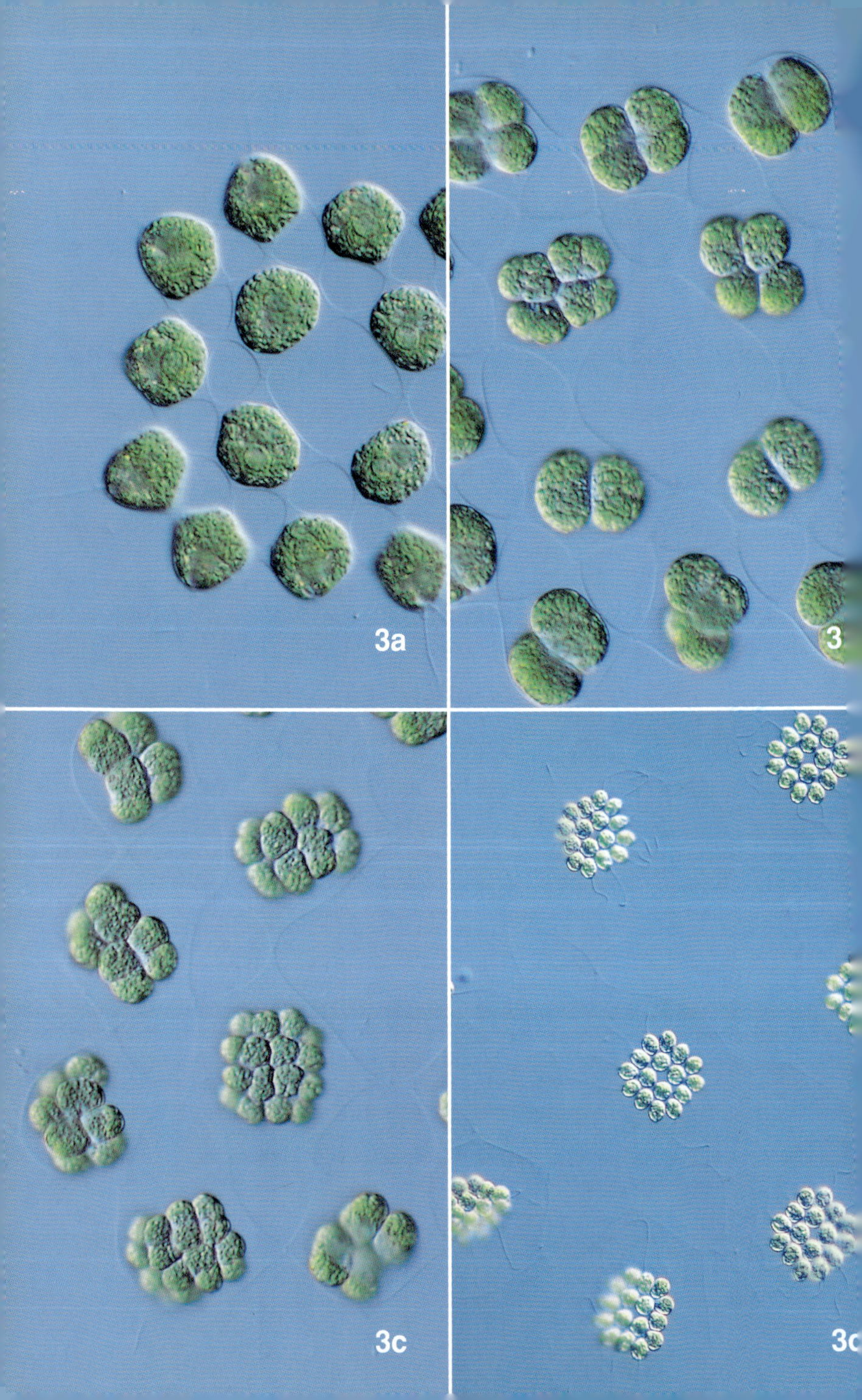
3a
3
3c

4

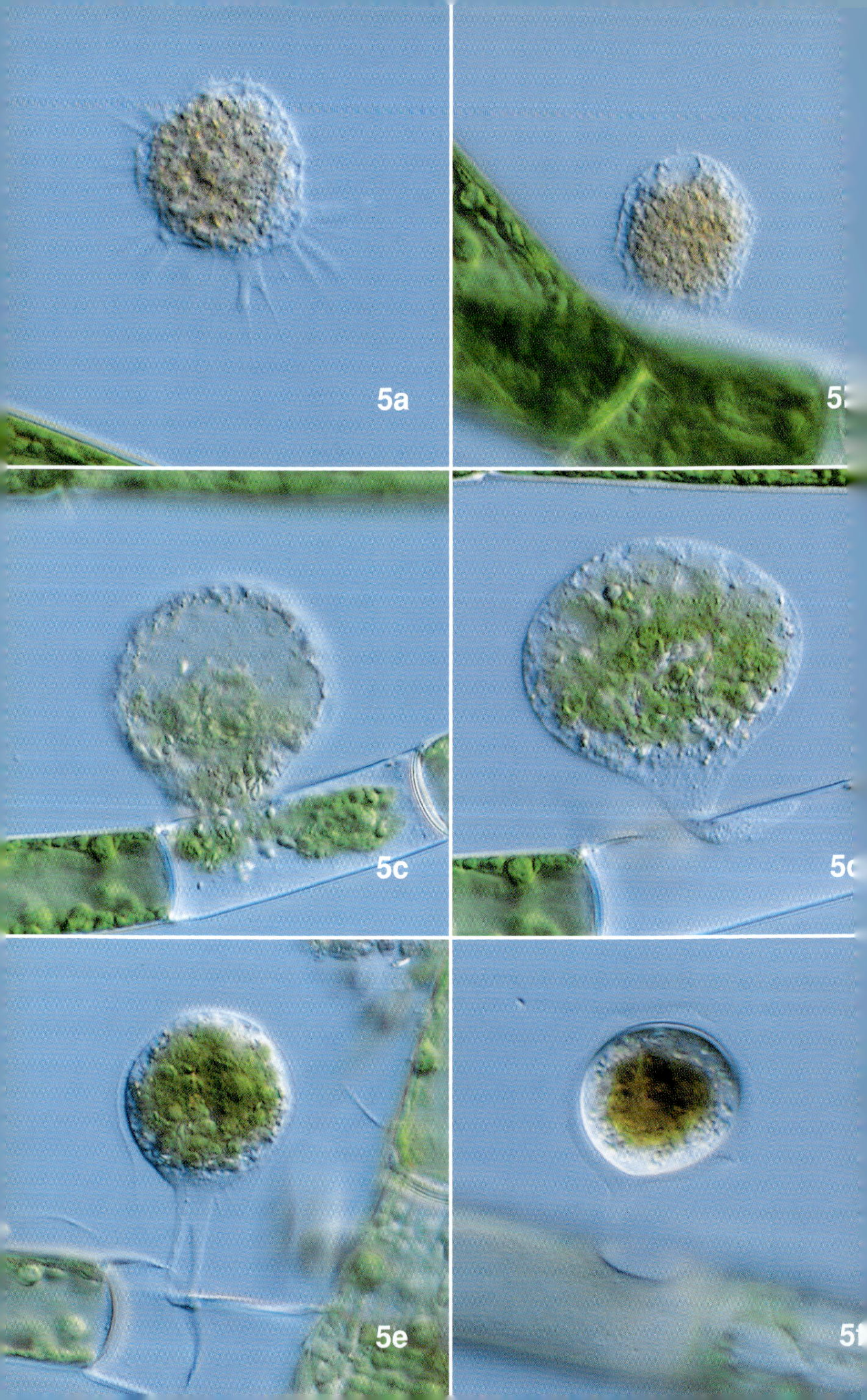
5a
5b
5c
5d
5e
5f

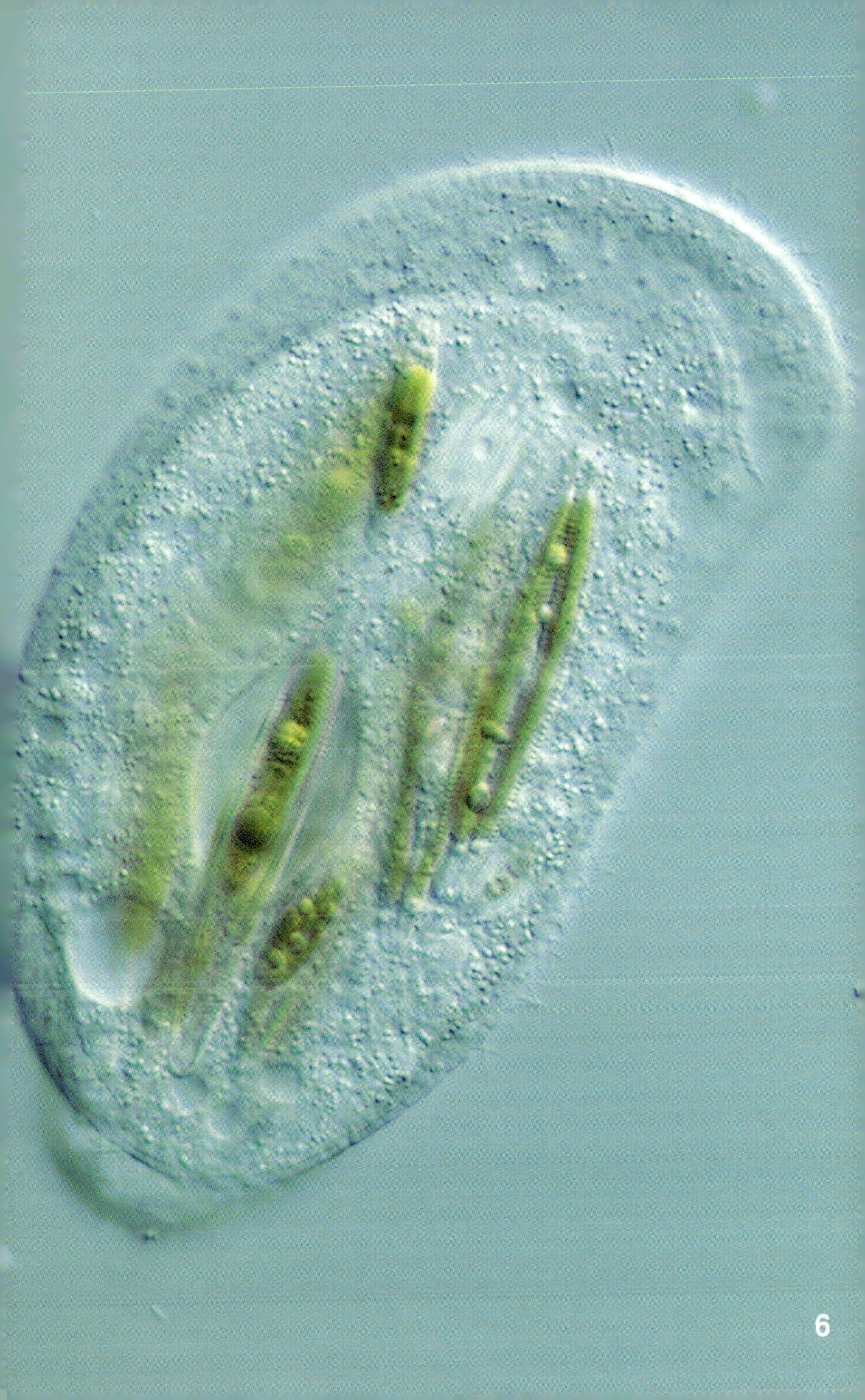
6

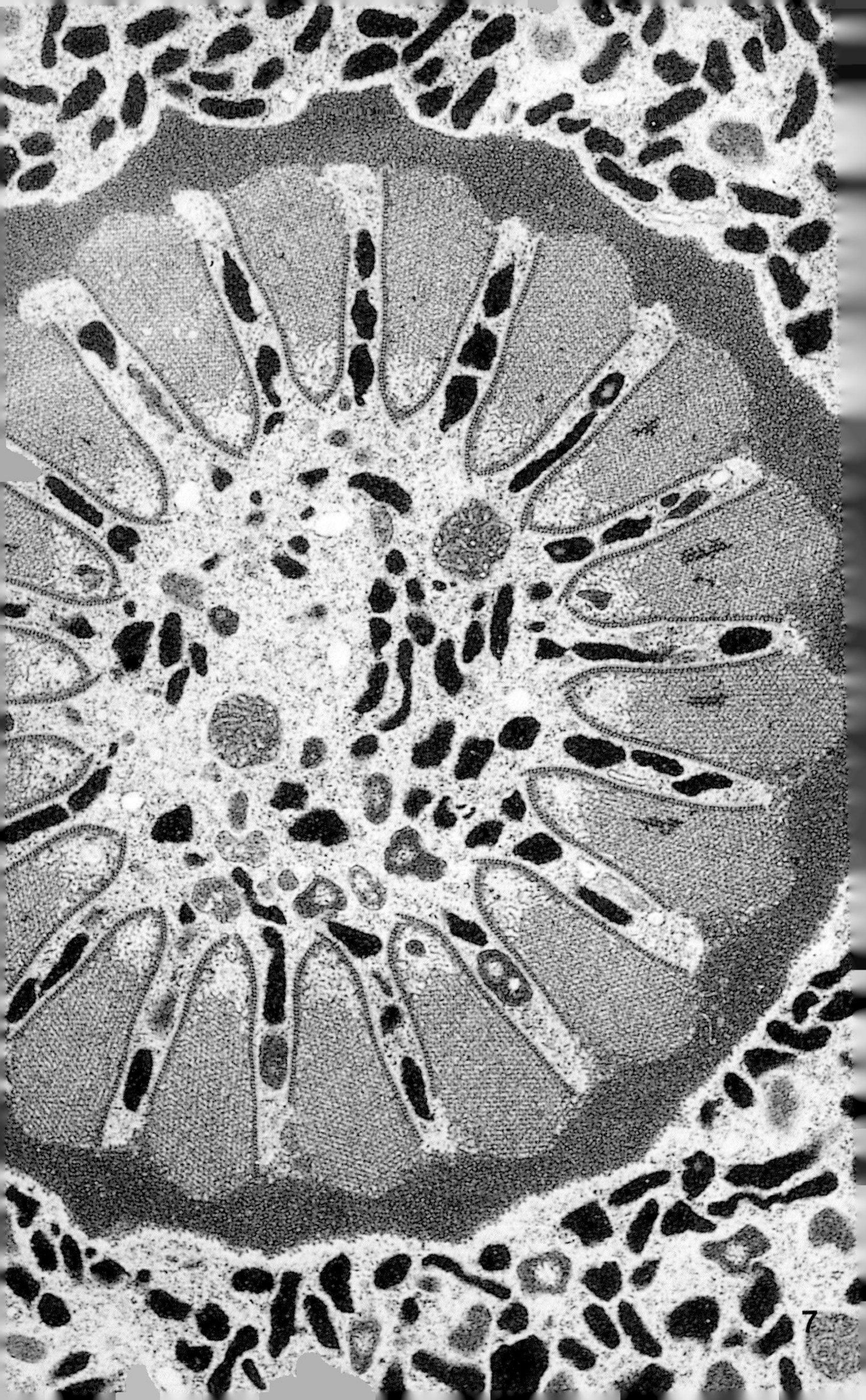

7

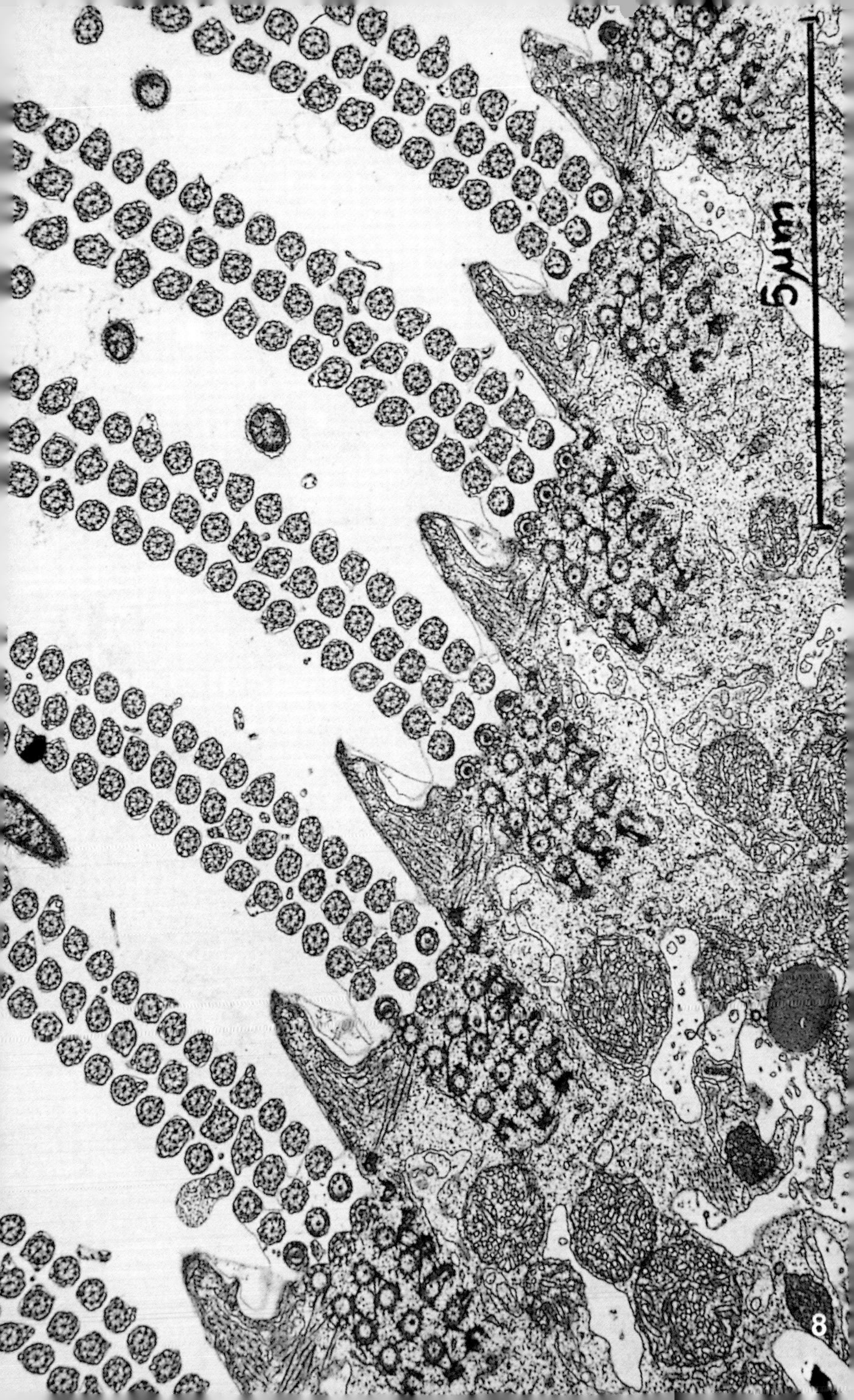
5 µm
8

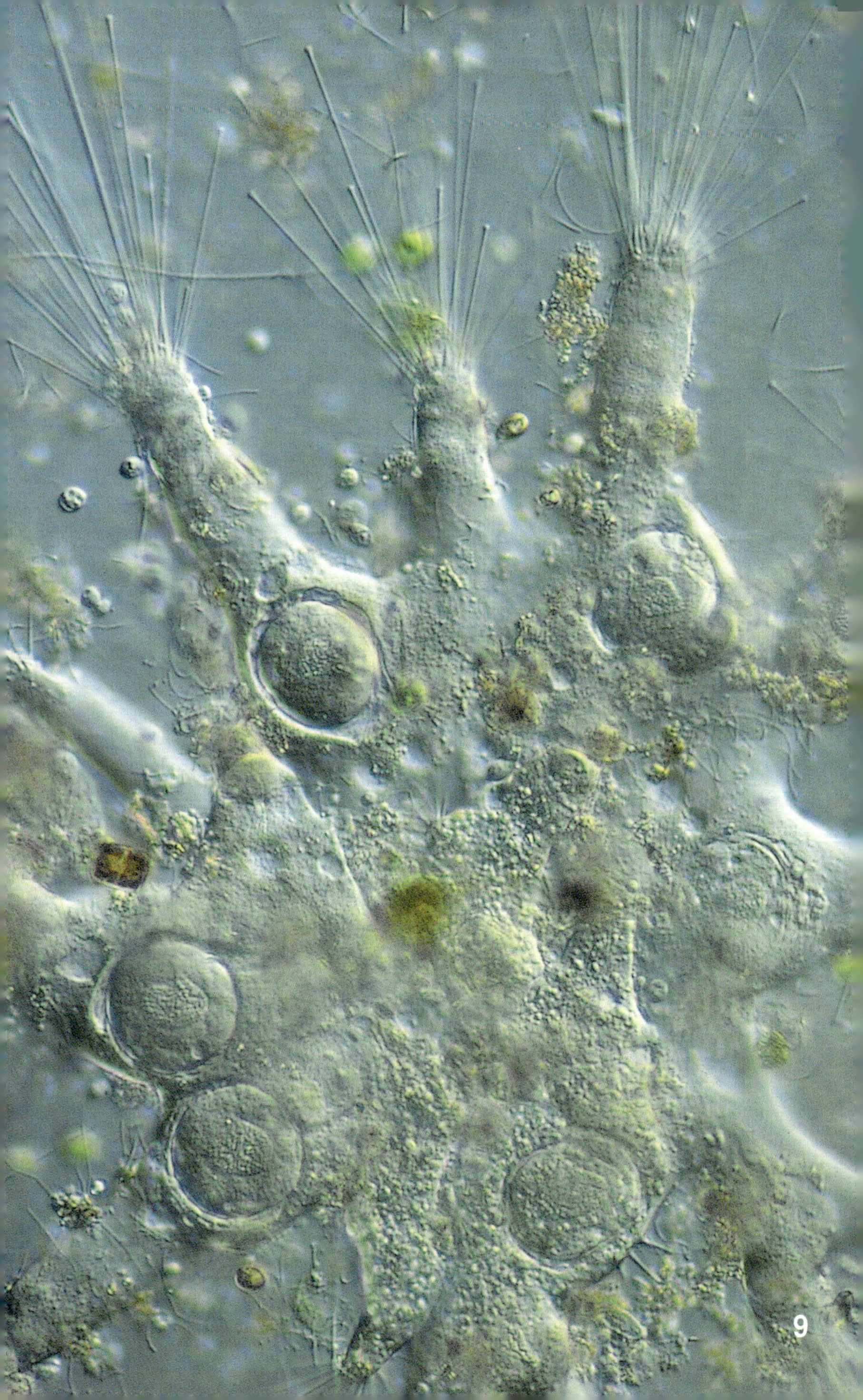
9

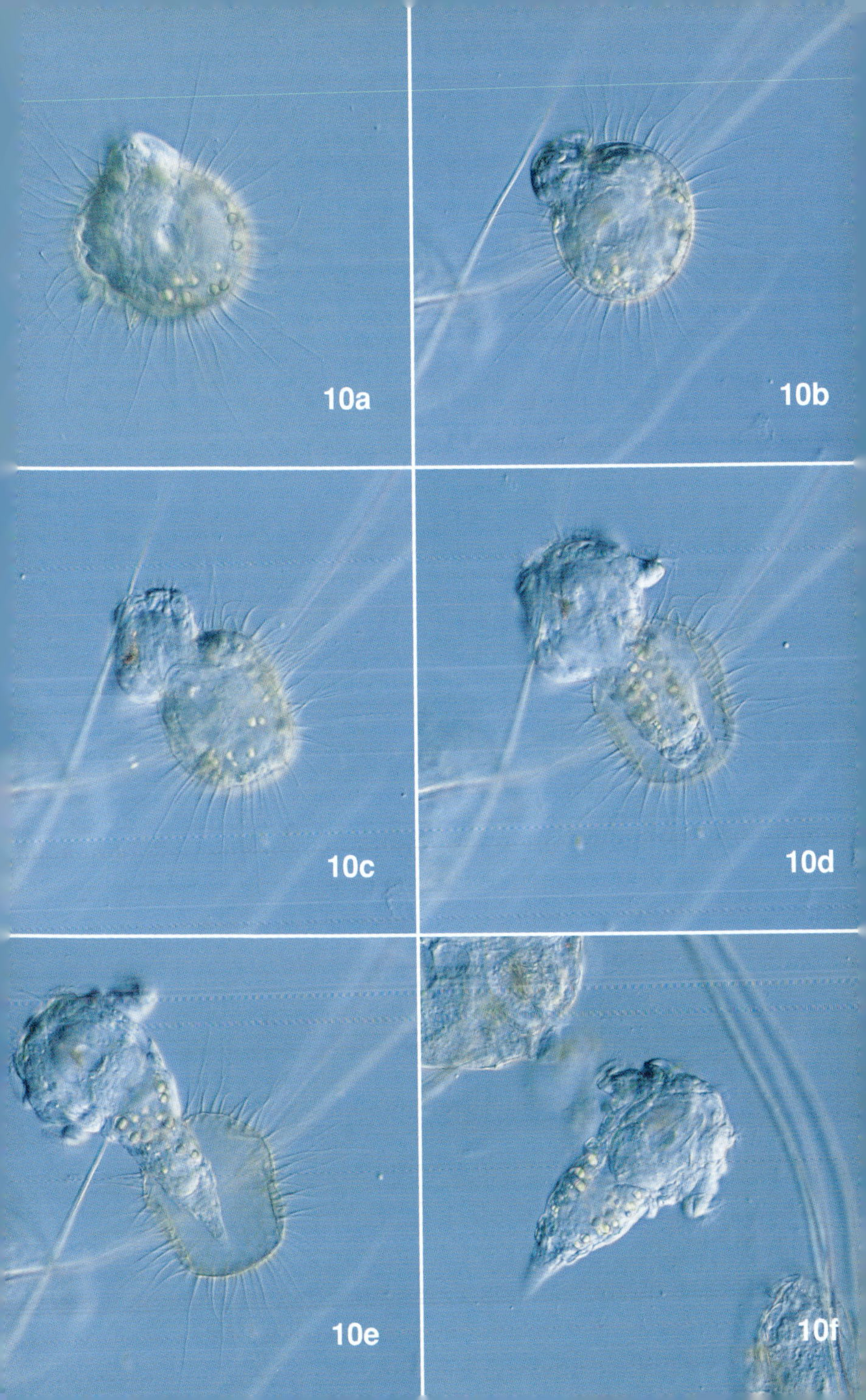
10a
10b
10c
10d
10e
10f

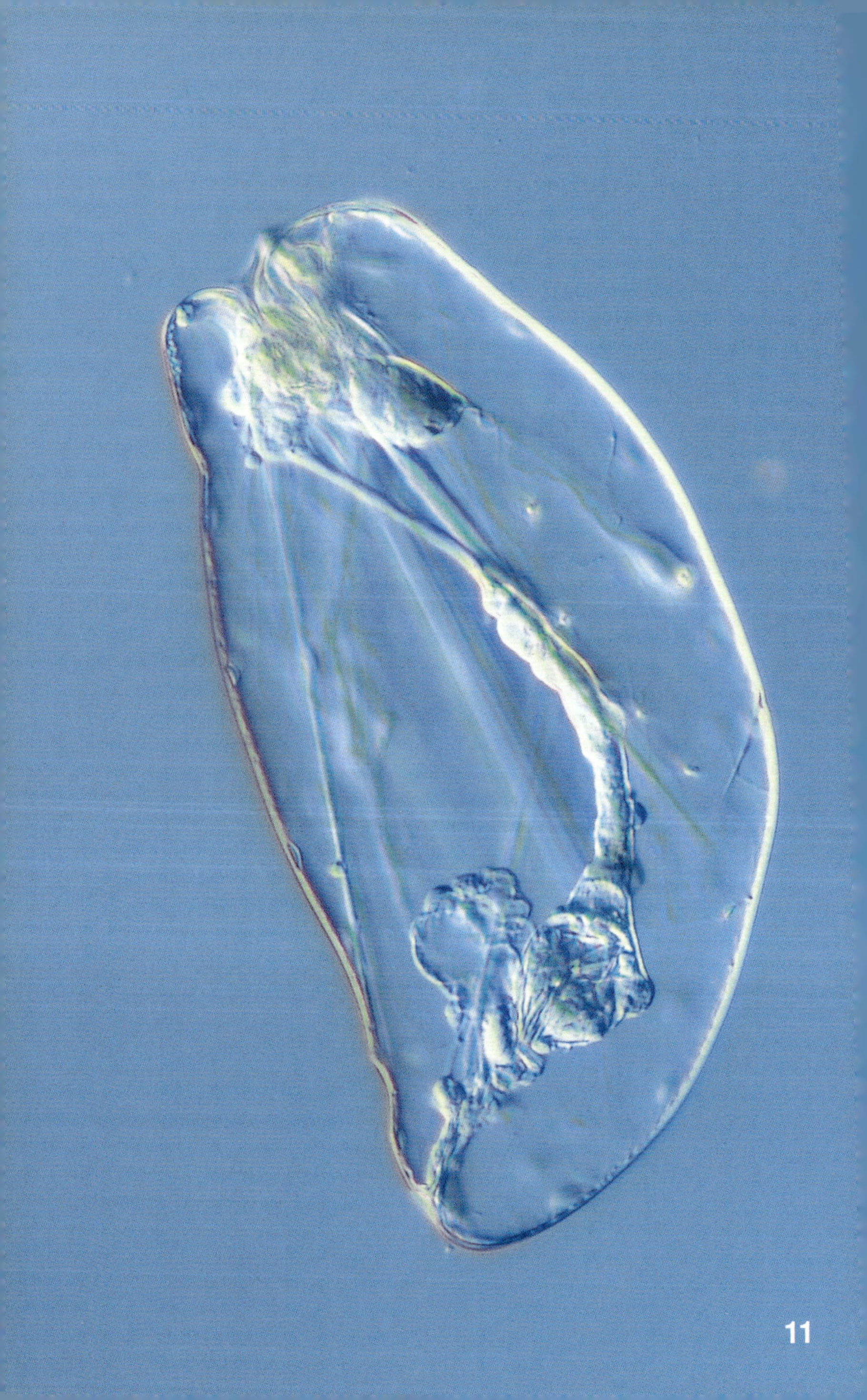

11

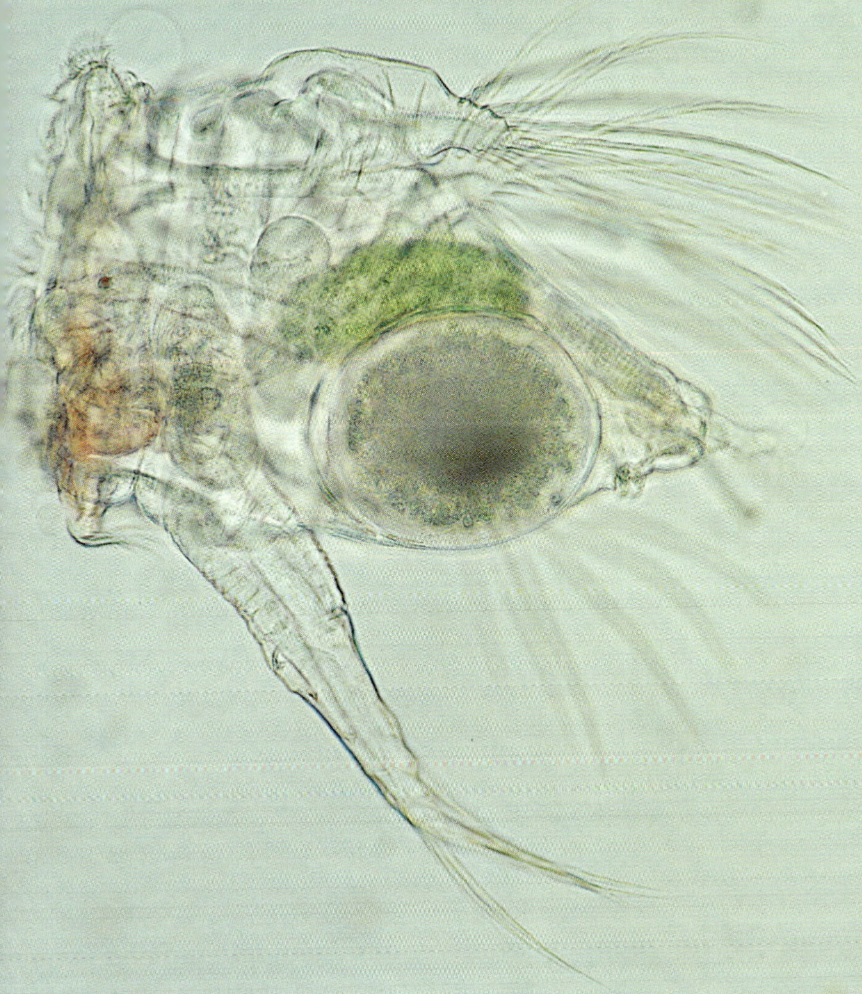

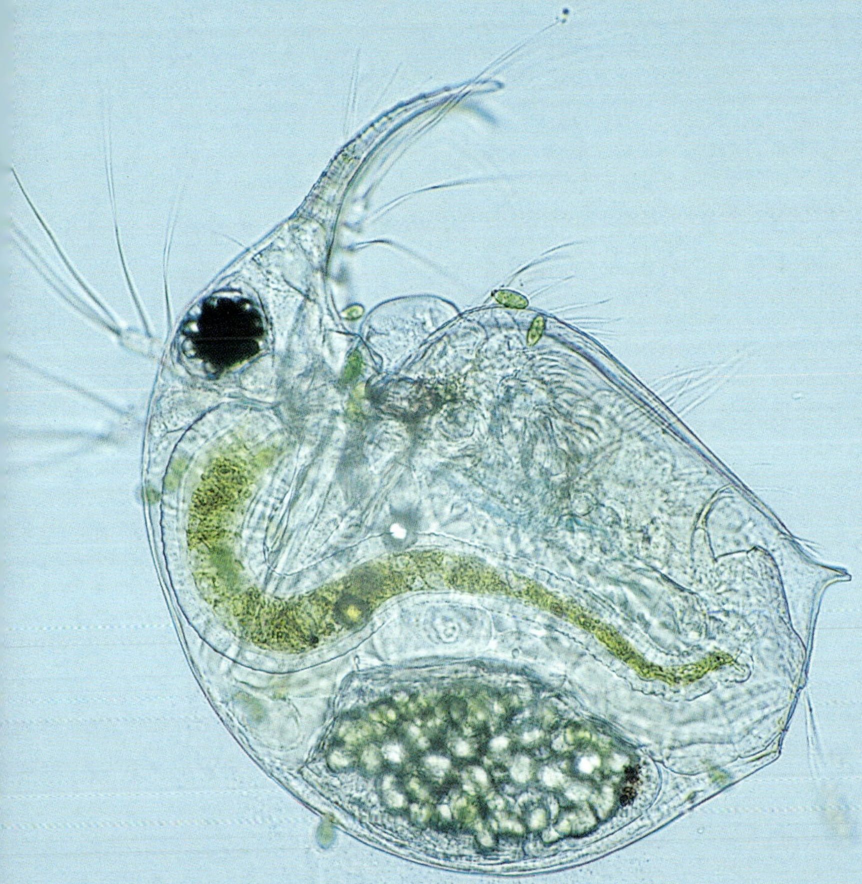

14

15

Farbfotos II

1 Augenflagellat *Phacus pleuronectes.* Siehe Seite 156/2. Aufn. H. Schneider
2 Kieselalge *Fragilaria crotonensis.* Siehe Seite 138/5, Aufn. H. Schneider
3 Kieselalge *Gomphonema* spec. Siehe Seite 144, Aufn. H. Schneider
4 Grünalge *Eudorina elegans.* Bildung von Tochterkolonien. Siehe Seite 164/8. Aufn. H. Schneider
5 Grünalge *Volvox aureus.* Siehe Seite 164/4. Aufn. H. Schneider
6 Grünalge *Golenkinia radiata.* Siehe Seite 174/2. Aufn. M. Kaufmann
7 Grünalge *Pediastrum boryanum.* Siehe Seite 170/9. Aufn. H. Schneider
8 Grünalge *Hydrodictyon reticulatum.* Siehe Seite 172/9. Aufn. H. Schneider
9 Jochalge *Closterium moniliferum.* Siehe Seite 200/4. Aufn. H. Schneider
10 Jochalge *Zygnema* spec. Siehe Seite 216. Aufn. H. Schneider
11 Amöbe *Chaos diffluens.* Siehe Seite 228/4. Aufn. H. Schneider
12 Schalenamöbe *Arcella gibbosa.* Siehe Seite 232/5. Aufn. H. Schneider
13 Sonnentier *Actinosphaerium eichhorni viride.* Siehe Seite 240/4. Aufn. H. Schneider
14 Sonnentier *Raphidiophrys pallida.* Siehe S. 242/6. Aufn. H. Schneider
15 Wimpertier *Paramecium caudatum.* Siehe Seite 256/5. Aufn. H. Schneider
16 Wimpertier *Paramecium bursaria.* Siehe Seite 256/3. Aufn. M. Kaufmann
17 Wimpertier *Carchesium polypinum.* Siehe S. 258/12. Aufn. H. Schneider
18 Wimpertier *Euplotes patella.* Siehe Seite 270/3. Aufn. H. Schneider
19 Süßwasserschwamm *Ephydatia fluviatilis.* Siehe Seite 274/5. Aufn. H. Schneider
20 Süßwasserpolyp *Hydra viridissima.* Siehe Seite 276/7. Aufn. D. Krauter
21 Bauchhärling *Chaetonotus* spec. Siehe Seite 304. Aufn. H. Schneider
22 Rädertier *Synchaeta* spec. Siehe Seite 298. Aufn. H. Schneider
23 Rädertier *Filinia longiseta*. Siehe Seite 298/7. Aufn. H. Schneider
24 Rädertier *Asplanchna priodonta.* Siehe Seite 296/7a. Aufn. M. Kaufmann
25 Rädertier *Stephanoceros fimbriatus.* Siehe Seite 302/2. Aufn. H. Schneider
26 Blattfußkrebs *Bosmina longirostris.* Siehe Seite 316/6. Aufn. M. Kaufmann
27 Naupliuslarve eines Ruderfußkrebses. Siehe Seite 102 und Seite 350, Nr. 32. Aufn. M. Kaufmann

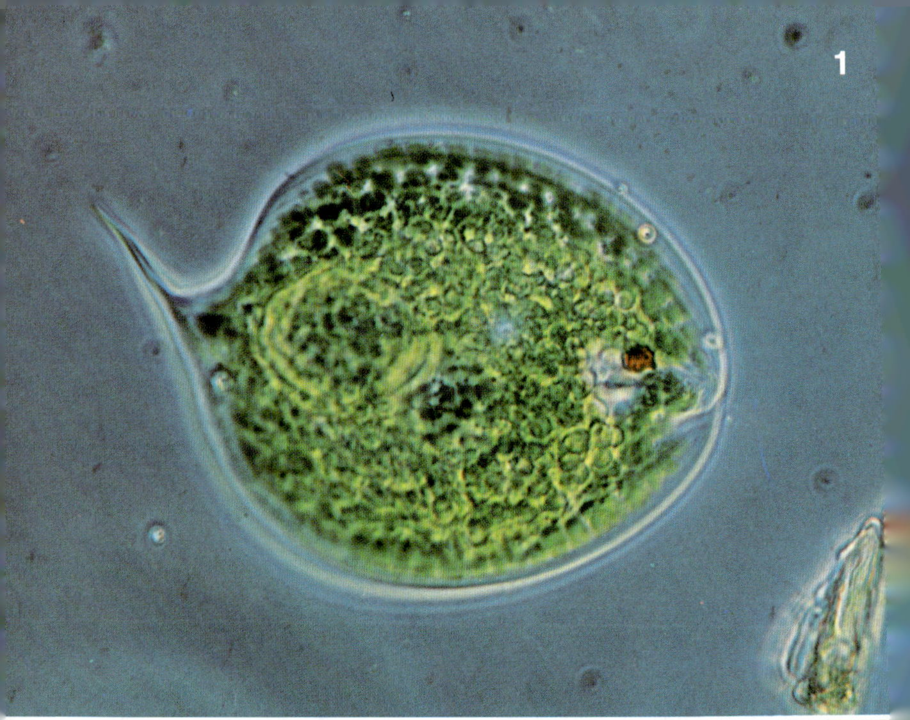

1

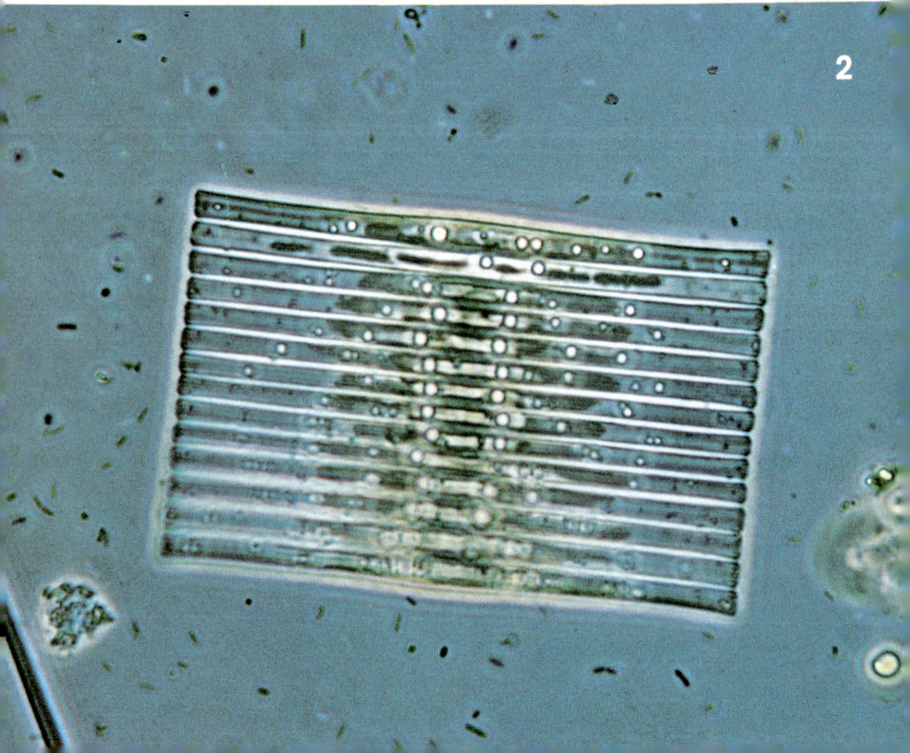

2

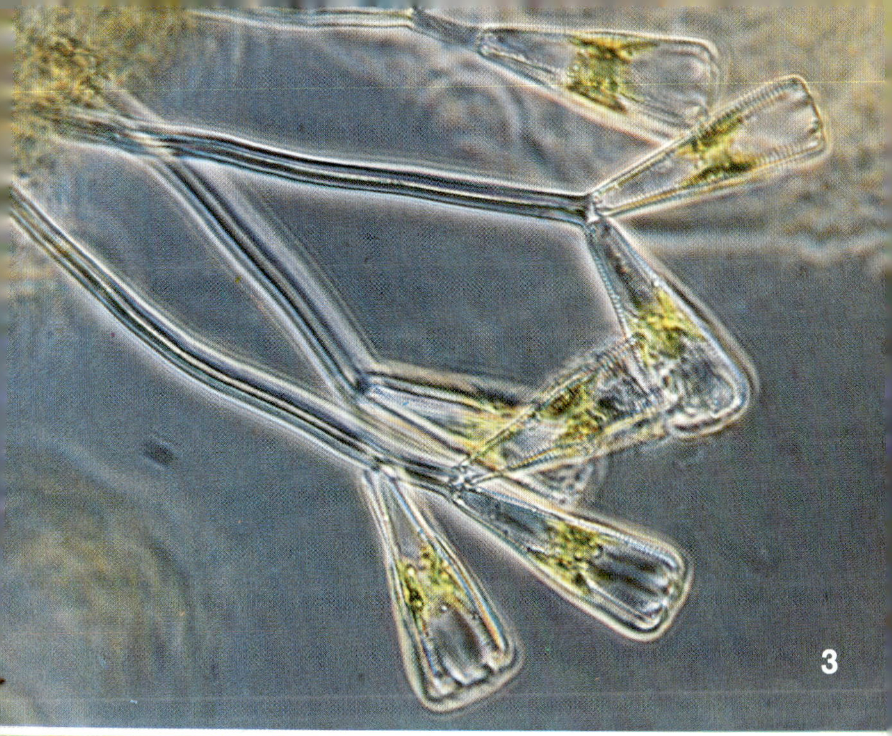
3

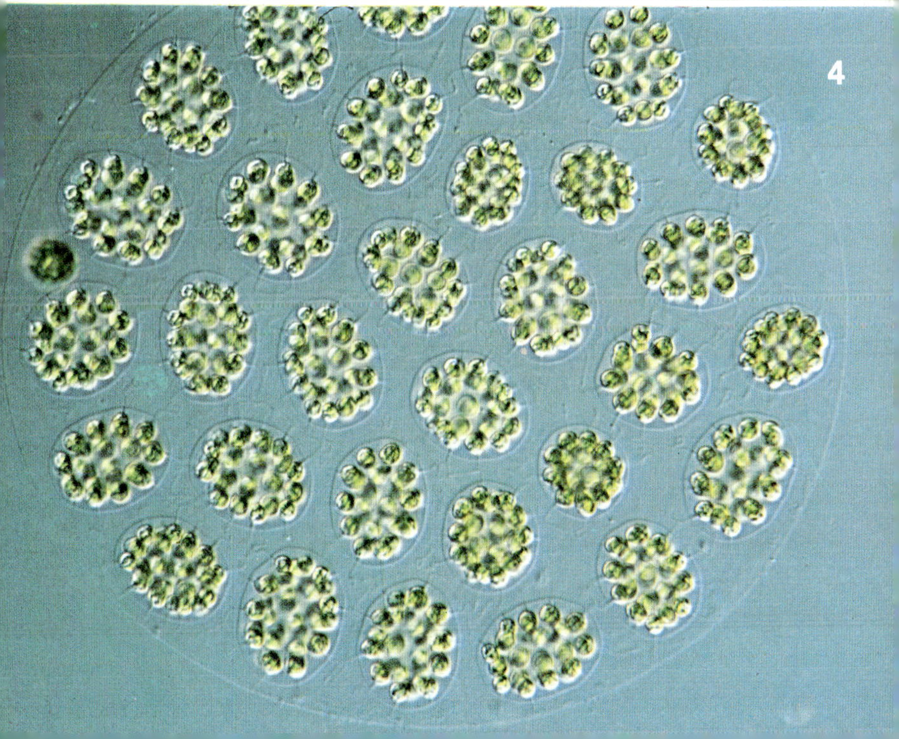
4

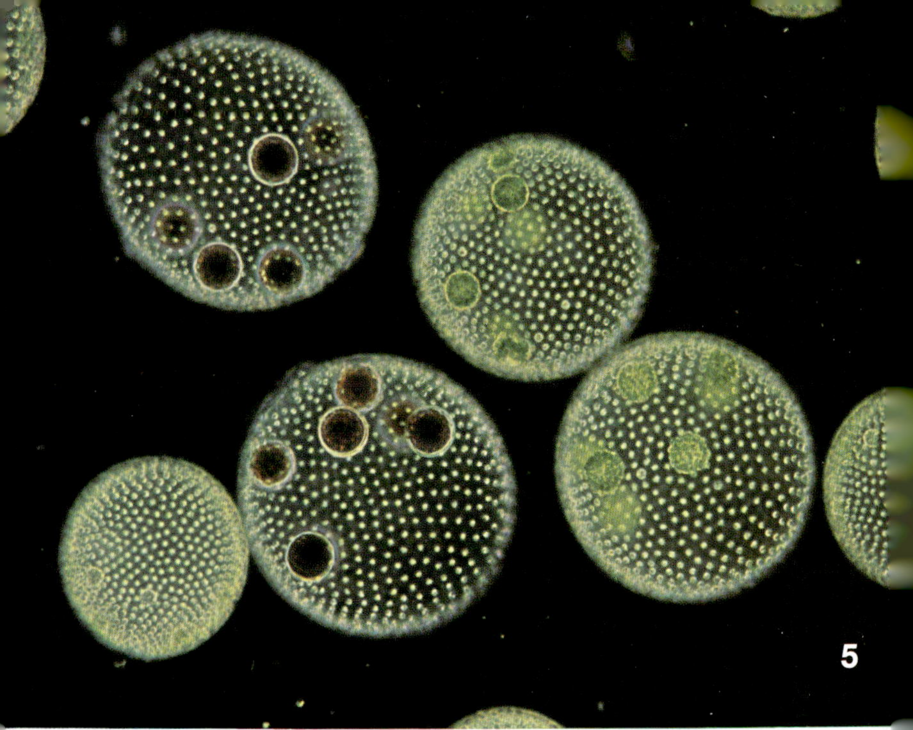

5

6

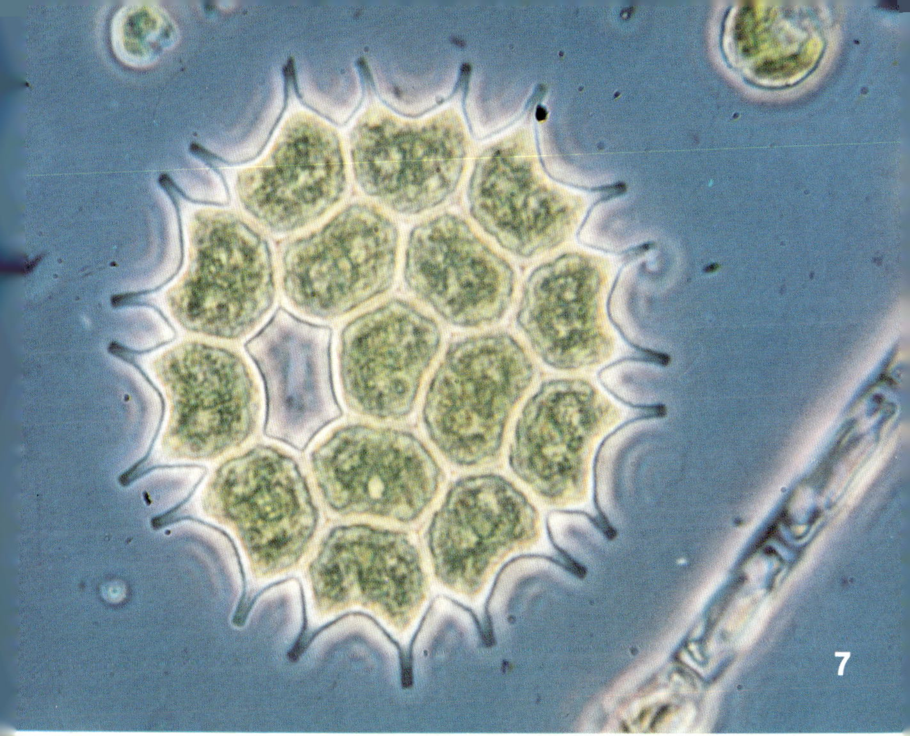
7

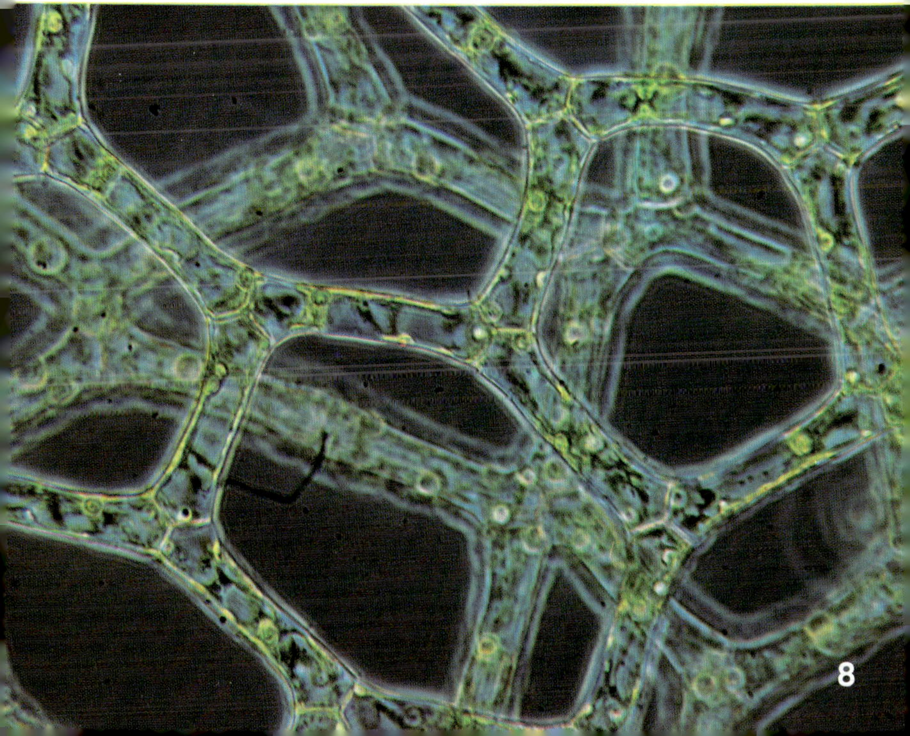
8

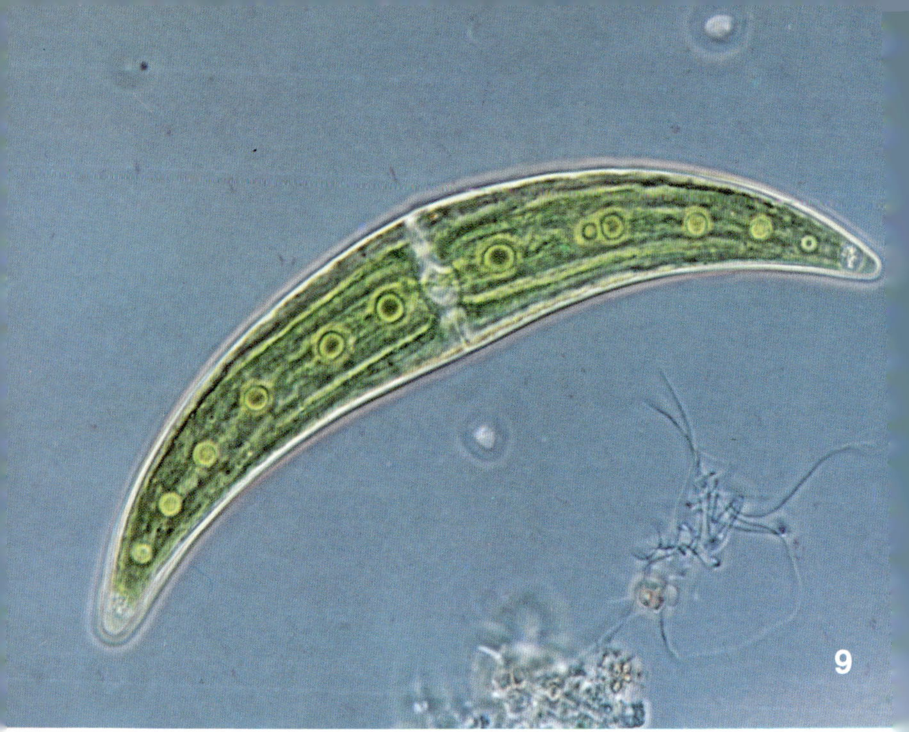

9

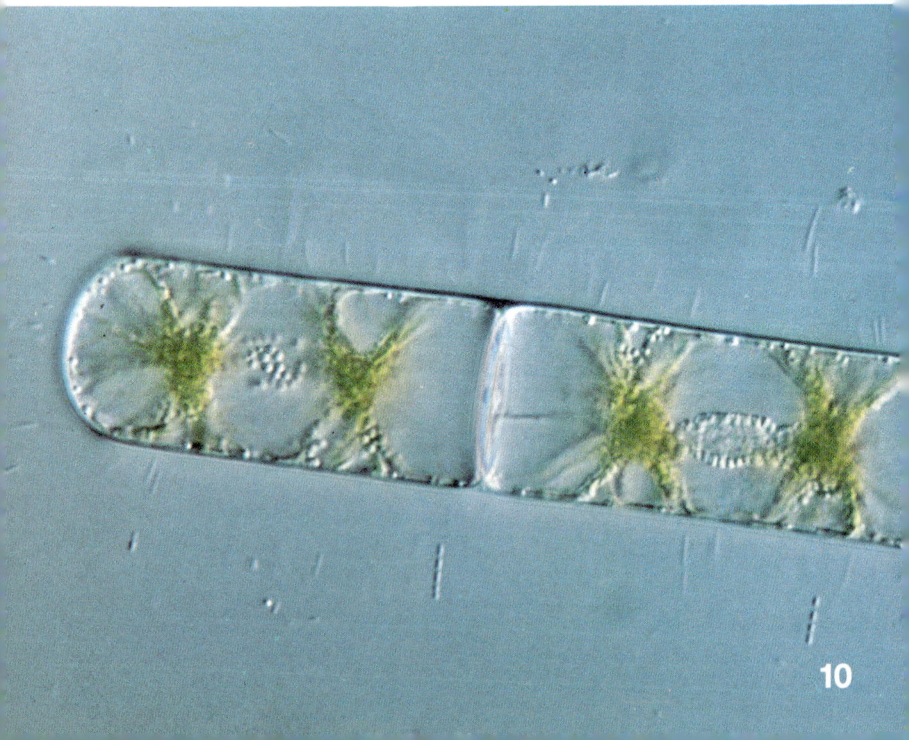

10

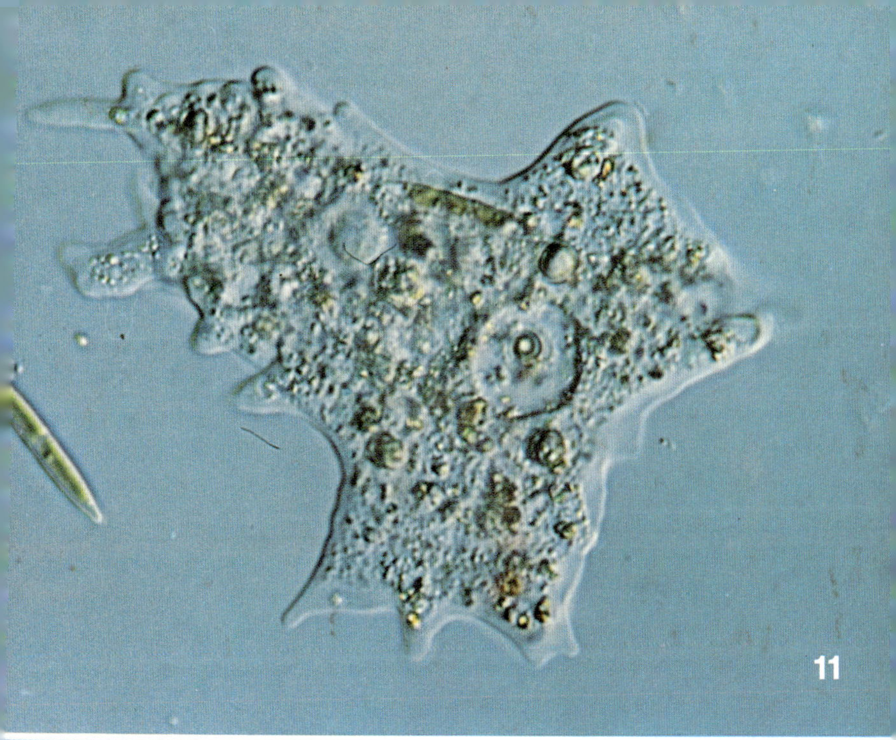
11

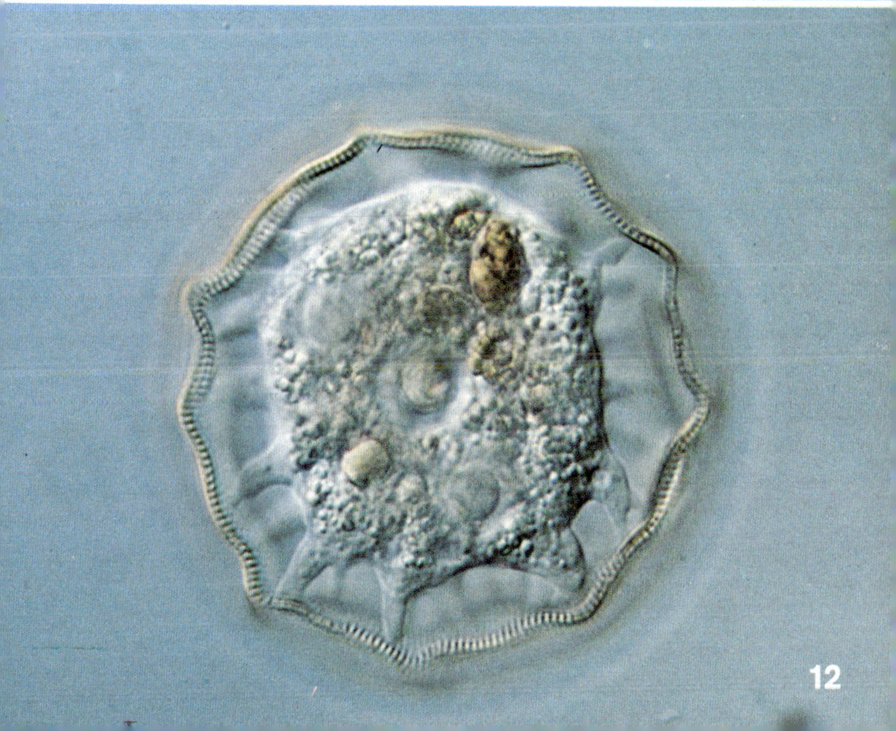
12

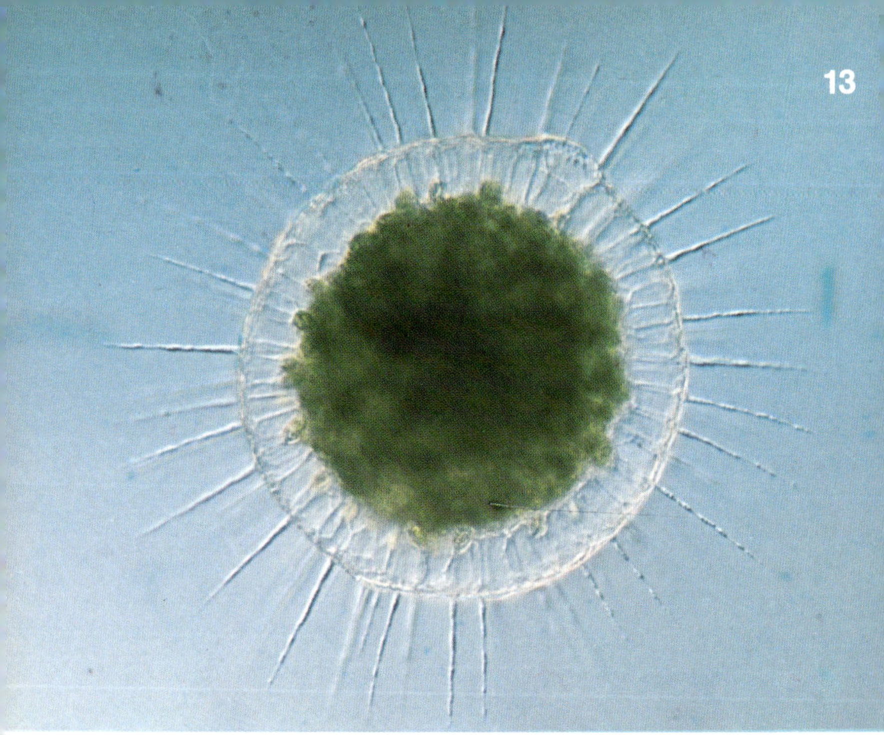
13

14

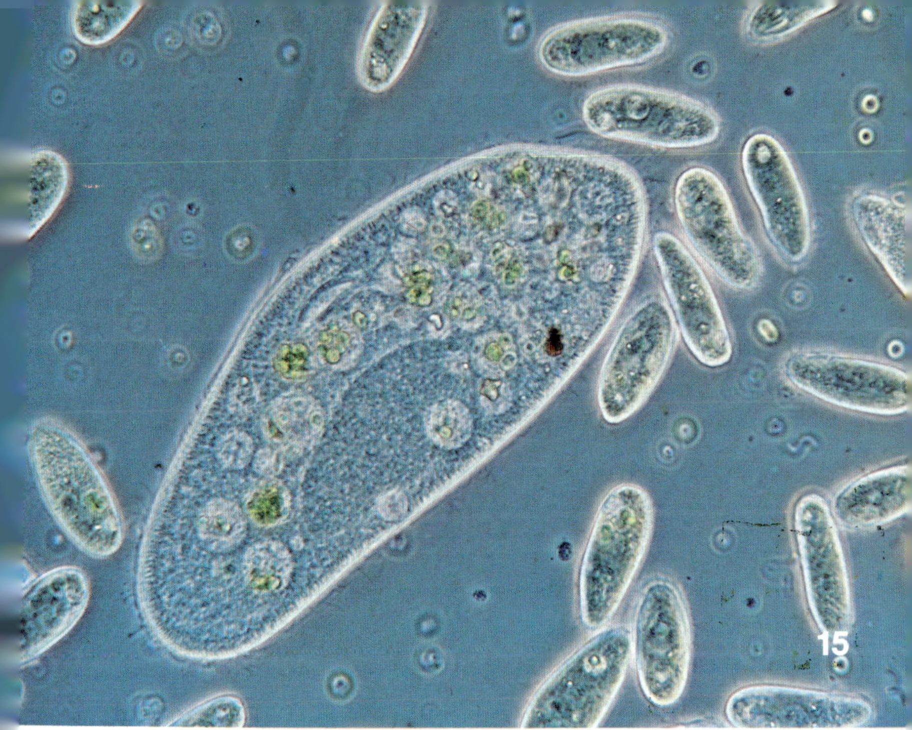

15

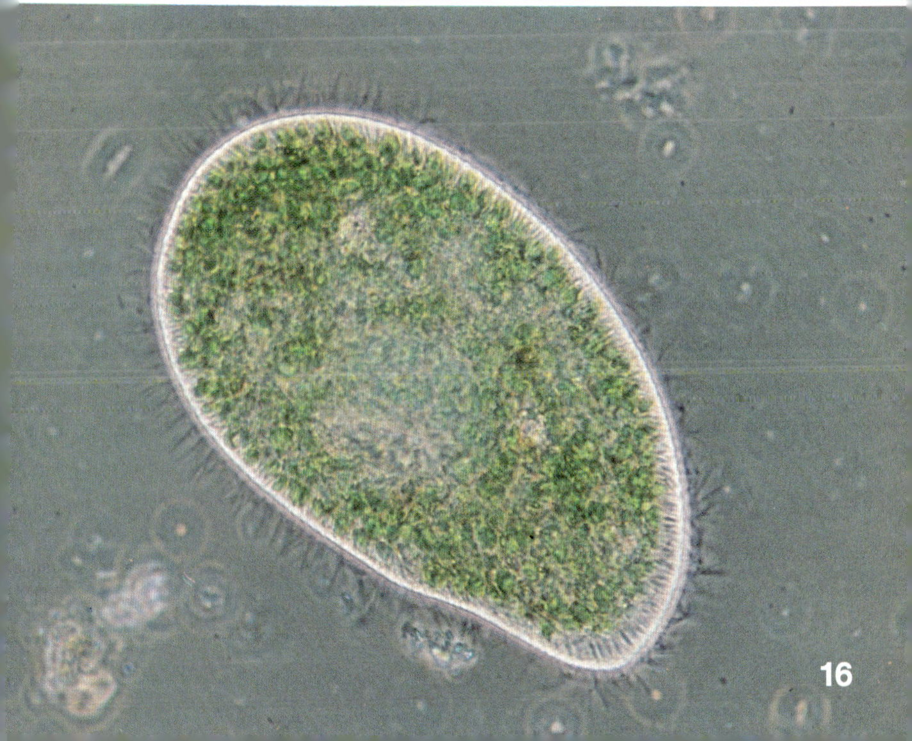

16

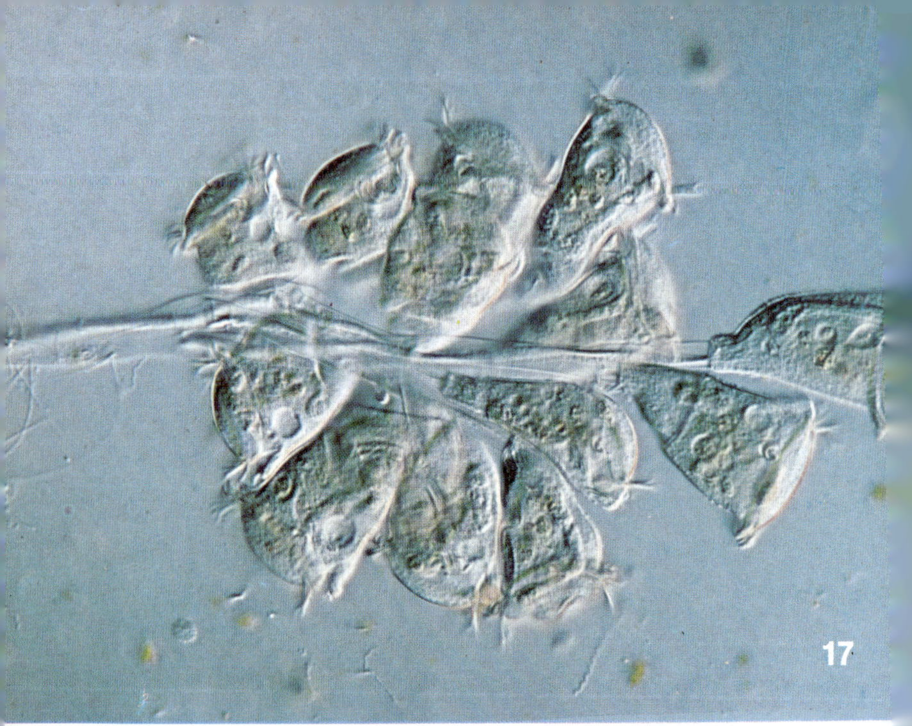
17

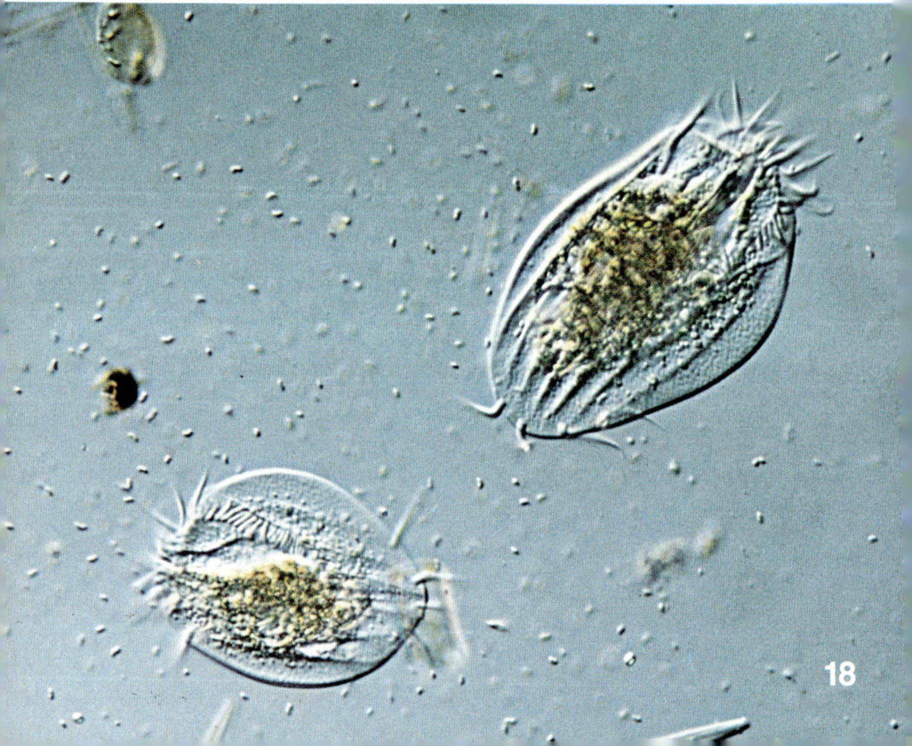
18

19

20

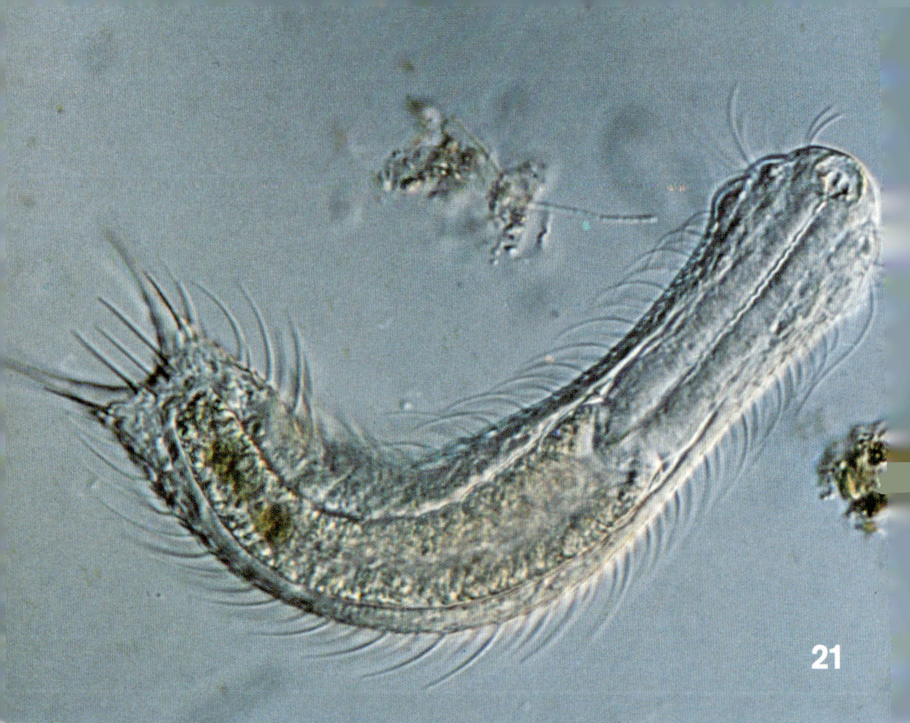

21

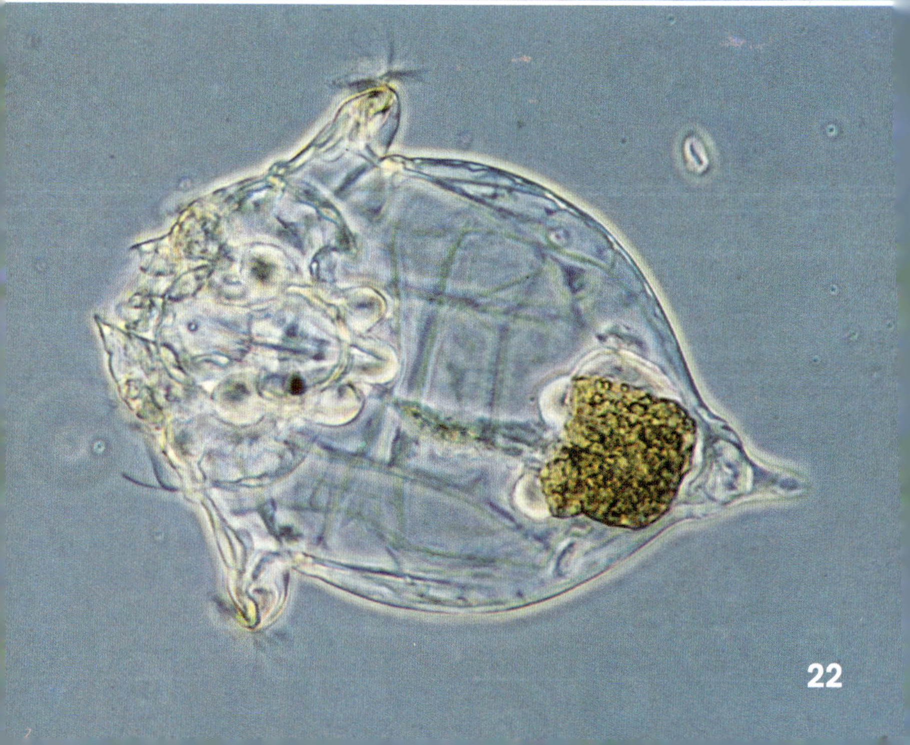

22

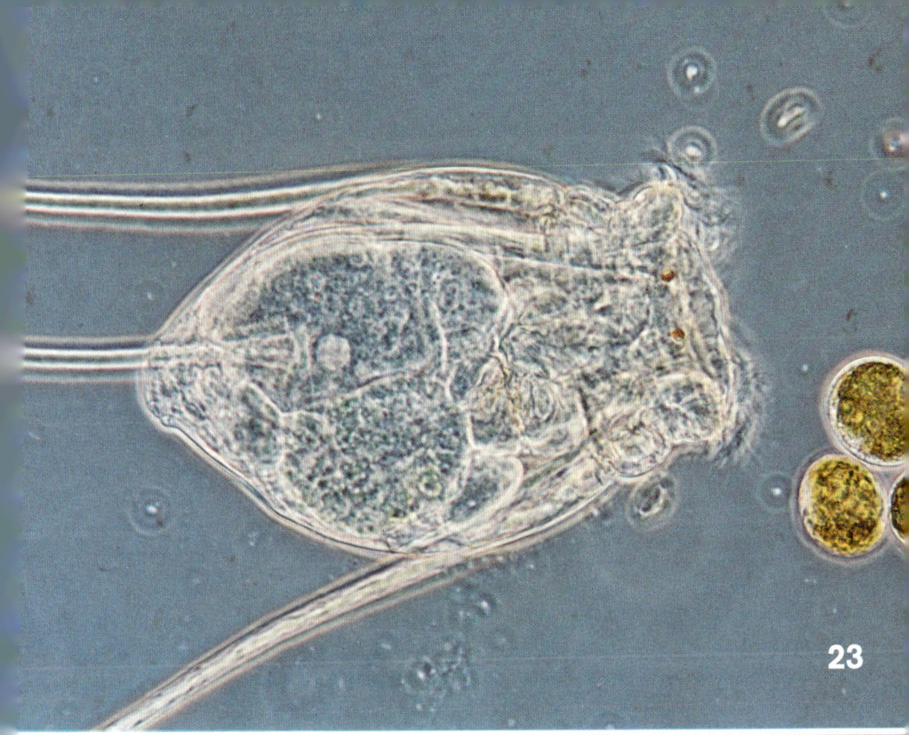

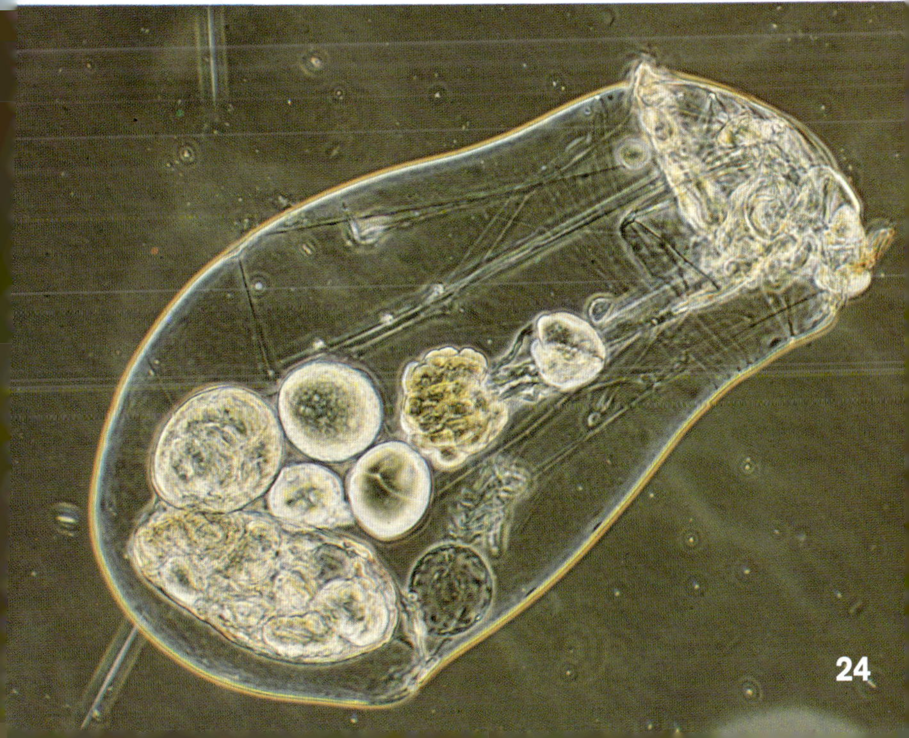

25

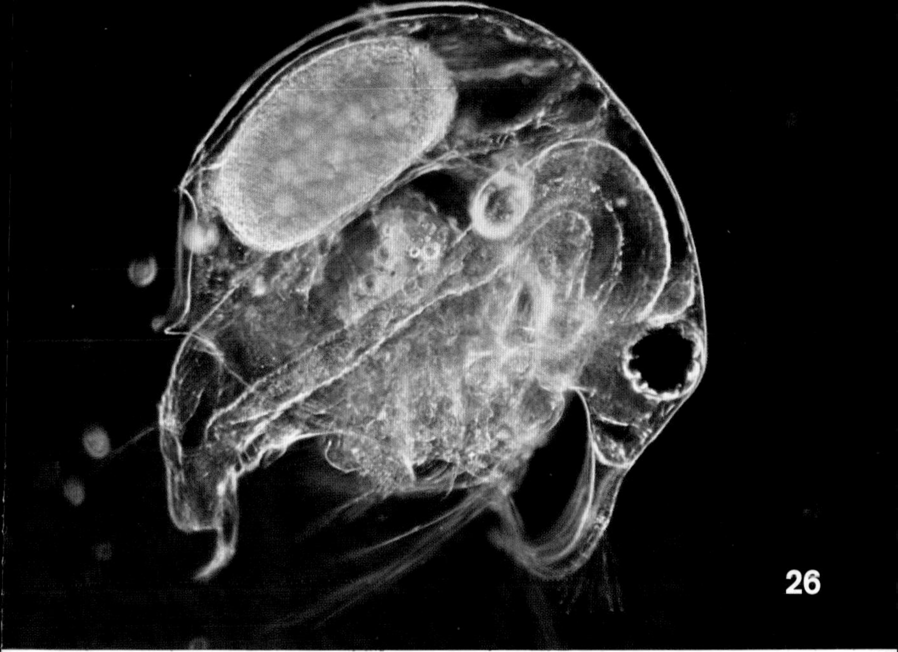

26

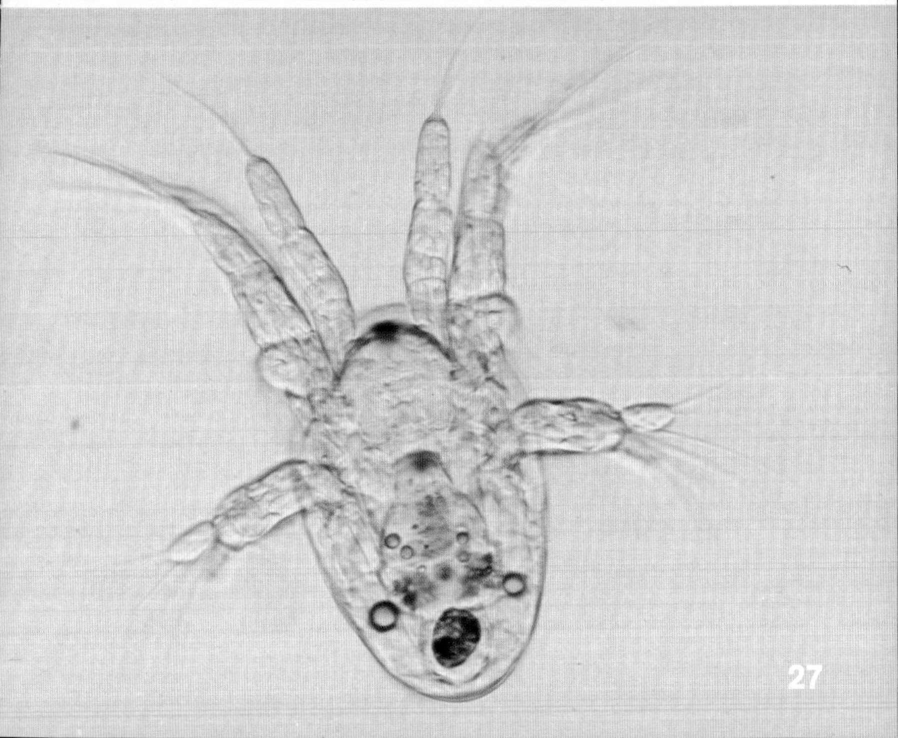

27

Trophie-Stufen	Wassergüte-Klassen I–IV		Siebenstufiges System der Güteklassifizierung								Fünfstufiges Saprobiensystem Fünf Belastungsstufen					
Oligotroph	I oligosaprob		Unbelastet bis sehr gering belastet	I	os	1	1,0–1,5	1,0 1,1 1,2 1,3 1,4		mind. 8	gering	sehr gut	1	1	1,0–1,8	
Mesotroph			Gering belastet	I/II	os/bms	1–2	1,5–1,8	1,5 1,6 1,7		mind. 8						
Eutroph	II β-mesosaprob		Mäßig belastet	II	bms	2	1,8–2,3	1,8 1,9 2,0 2,1 2,2		mind. 6	mäßig	gut	2	2	1,8–2,3	
	III α-mesosaprob		Kritisch belastet	II/III	bms/ams	2–3	2,3–2,7	2,3 2,4 2,5 2,6		mind 4.	kritisch	kritisch	2–3	3	2,3–2,7	
			Stark verschmutzt	III	ams	3	2,7–3,2	2,7 2,8 2,9 3,0 3,1		mind. 2	stark	schlecht	3	4	2,7–3,2	
Polytroph	IV polysaprob		Sehr stark verschmutzt	III/IV	ams/ps	3–4	3,2-3,5	3,2 3,3 3,4		unter 2	sehr stark	sehr schlecht	4	5	3,2–4,0	
			Übermäßig verschmutzt	IV	ps	4	3,5–4,0	3,5 3,6 3,7 3,8 3,9 4,0		unter 2						
A	B	C	D	E	F	G	H	I	K	L	M	N	O	P	Q	R

Systeme der Gewässergliederung (Tabelle S. 384)

Die durchgezogene obere Linie stellt Reinwasser dar, die untere extrem verschmutztes Wasser. Nebeneinandergestellt sind Trophie-Stufen, Wassergüte-Klassen I–IV, das siebenstufige System der Güteklassifizierung und das System der fünf Belastungsstufen. Erläuterungen zu den einzelnen Spalten und Großbuchstaben A–R.

Trophie-Stufen
A Vier Trophiestufen „Stehender Gewässer" und von Staubereichen in Flüssen; Nährstoffbelastung; s. S. 34, 36.
Wassergüte-Klassen I–IV
B Vier Wassergüte-Klassen von Strecken, Schichten, Zonen.
C Farben früherer Darstellungen und Gütekartierungen: I blau, II grün, II gelb, IV rot.
Siebenstufiges System der Güteklassifizierung
D Organische Belastung
E Stufen der Gewässergüte
F Abgekürzte Schreibweise der sieben Stufen, vergleiche Spalte B: β wird b, α wird a.
G Umschrift der römischen Zahlen von Spalte E in arabische Ziffern.
H Saprobienindex-Werte S der sieben Stufen.
I Zahlenskala 1,0–4,0.
K Farben der Stufen für Darstellungen und Kartierungen: von oben nach unten dunkelblau, hellblau, grün, hellgrün, gelb, orange, rot.
L Sauerstoffgehalt in Milligramm pro Liter Wasser.
Fünf Belastungsstufen
M Organische Belastung
N Beurteilung der Wasserqualität und gleichzeitig des Sauerstoffgehaltes.
O Belastungsstufen in Schreibweise I.
P Belastungsstufen in Schreibweise II.
Q Saprobienindex-Werte S der fünf Stufen.
R Farben der fünf Stufen für Darstellungen und Kartierungen: von oben nach unten blau, grün, gelb, orangerot, rot.
Organische Belastung: Gemeint ist die Belastung mit biologisch abbaubaren organischen Stoffen und deren Abbauprodukten.
Den fünf Belastungsstufen dieses Systems parallel sind fünf Sauerstoffversorgungsstufen (SVS) formuliert:
Stufe 1 entspricht SVS I, der Mindestsauerstoffgehalt beträgt 8 mg O_2/l.
Stufe 2 entspricht SVS II, der Mindestsauerstoffgehalt beträgt 6 mg O_2/l.
Stufe 3 entspricht SVS III, der Mindestsauerstoffgehalt beträgt 4 mg O_2/l.
Stufe 4 entspricht SVS IV, der Mindestsauerstoffgehalt beträgt 2 mg O_2/l.
Stufe 5 entspricht SVS V, der Mindestsauerstoffgehalt beträgt unter 2 mg O_2/l,
anaerobe Verhältnisse über längere Zeiten sind möglich.

Die Zusammenstellung „Systeme der Gewässergliederung" auf der vorigen Seite ist im Sinne zunehmender Belastung des Wassers mit organischem Material geschrieben. Im Sinne der Selbstreinigungs- und Mineralisierungsvorgänge könnte das System auch umgekehrt geschrieben werden, und oben mit der Stufe 4 beginnen. Da die Selbstreinigung in Fließgewässem aber nicht über die Stufe II, mäßig belastet, hinaus weitergeht, ist die Darstellung als Belastung in sich schlüssiger.

Biologische Gewässeruntersuchungen und Gewässerbeurteilungen; Biologische Gewässeranalyse

Biologische Gewässeruntersuchungen beschreiben und beurteilen Gewässer aus ökologischer Sicht.
Die dafür seit 2000 geltenden Grundsätze der EU-Wasserrahmenrichtlinien, EU-WRRL (1) legen Gewicht auf eine „Ökologische Gesamtbewertung", die im Bereich der Gewässer die Lebensgemeinschaften (Biozönosen) der Fische, der benthischen Wirbellosen, der Wasserpflanzen und Aufwuchsalgen sowie des Planktons umfasst. Über die Nähe der Biozönosen zum natürlichen Zustand wird die ökologische Qualität definiert. Chemische, physikalische, geologische Parameter sowie Ufer- und Streckenverbauten werden flankierend erwähnt. Und: Die Überwachung der Qualität von Gewässern wird zur Pflicht; bei weniger als der guten ökologischen Qualität der Klasse 2 – von fünf Klassen, s. S. 384 – sind Sanierungsmaßnahmen fällig.
Die Richtlinien sehen im Vordergrund Fließgewässer und Makrozoobenthos. In Staustufen, stehenden Gewässern und Seen sind Befunde zur biologischen Qualität durch Planktonarten und bodenlebende Kleinformen naheliegend. Da für diesen Bereich erst Zwischenergebnisse vorliegen (15), wird hier Seitheriges noch beibehalten.
Die EU-WRRL umfassen inzwischen 650 Taxa (1), (5), (23) mit Index 1,0 bis 4,0. Der dortige DIN 38410-1-Normcode hat Makrozoobenthos als Qualitätskomponente. Normen für Phytoplankton, Diatomeen, Makrophyten sind in Bearbeitung; die stiefmütterliche Nichtbeachtung des Zooplanktons ist verwunderlich. Bei Indizes der EU-WRRL gehen Einschätzungen der Saprobien, Gewichtungen und Abundanzen zwingend ein (im Gegensatz dazu nicht bei MAUCH, E.: Leitformen der Saprobität (14). „Leitformen der Stufen für Biologische Gewässeranalysen" ab Seite 396 sind hier der Datensatz für Indizes ohne Abundanzziffern und Indikationsgewichte auf der Basis Leitformen +, nicht mehr einstufbare aber zu berücksichtigende Arten ( ) und Formen ohne Anzeigerwert –. Vergleichsrechnungen ergeben sehr ähnliche Werte unabhängig davon, ob von den zu beurteilenden Proben SI-Werte nach DIN oder S-Werte nach PANTLE und BUCK (16) wie in „Das Leben im Wassertropfen" errechnet werden.
Die in der Tabelle Seite 384 unter Q geltenden Saprobienindex-Werte S von fünf Stufen werden zukünftig im Rahmen der EU-WRRL so nicht mehr gelten; die Spannen werden je nach Gewässertyp oder stromabschnittstypischen Strecken für Klasse 1 von 1,0–2,1, für Klasse 2 von 1,7–2,5, für Klasse 3 von 2,1–2,8, für Klasse 4 von 2,8–3,3 und für Klasse 5 von 3,2–4,0 gehen können.
Statistische Auswertungen biologischer und chemischer Gewässerbefunde (3), (6) sind interessant; sie ermöglichen aber keine einsichtigen Schlüsse vom Wasserchemismus auf Lebewesen und umgekehrt. Das hat natürliche Gründe. Leben hat mehr Bedürfnisse, als durch präzise Licht-, Ionen-, Substanzen-Messungen erkennbar sind. Ernährungsgrundlagen, besiedelbare Substrate, Verstecke und Schlupfwinkel, ausgewogener Fischbesatz, die Vegetation von Ufer und Umgebung spielen eine große Rolle, sind aber durch chemische Messungen kaum zu erfassen (20).

Meßbare Größen im und am Wasser (Literatur z. B. 2 und 7)

Physikalische Parameter: Eindringtiefe des Lichts; Färbung; Geruch; Geschmack; Härte (Erdalkalilonen); Karbonathärte; Leitfähigkeit; Lichtabsorption; Luftdruck; Niederschläge; pH; Sichttiefe, Temperatur; Trübung; Wasserdurchfluss; Wasserführung.
Chemische Parameter: Aluminium, Ammonium; biochemischer Sauerstoffbedarf (BSB): Cäsium; chemischer Sauerstoffbedarf (CSB); Chlor und Chloride, Chlorophyllbestimmungen; Eisen; Fluoride; Harnstoff, Huminsäuren; Kalium; Kalzium; Kieselsäure; Kohlensäurepuffersystem; Kupfer; Magnesium; Mangan; Natrium; Nitrat; Nitrit; Orthophosphate; Phosphorverbindungen; Sauerstoff; Schwefelwasserstoff; Schwermetallkationen; Strontium; Sulfat-, Sulfid-, Sulfit-Ionen; Zink.
Organische Verbindungen: Atrazin, Cyanide, Dioxine; Farbstoffe; Fungizide; Holzschutzmittel; Insektizide; Kohlenwasserstoffe; Metazachlor; Metolachlor; Öle; organische Lösungsmittel, PCB-Verbindungen; Phenole; polycyclische aromatische Kohlenwasserstoffe; Simazin; Terbuthylazin u. a.
Bakteriologische Verfahren: Koloniezahlen und Titer von coliformen Bakterien, *Escherichia coli*, Fäkalstreptokokken, *Pseudomonas aeruginosa,* Salmonellen, sulfitreduzierende sporenbildende Anaerobier *(Clostridium:* Tetanus-, Gasbrand-, Botulismus-Erreger).

Untersuchung von Fließgewässern

Die Basis für Aufstellungen, Vergleiche, Diagramme, Einsichten und Schlussfolgerungen sind Aufzeichnungen der gefundenen, bestimmten und vergleichbar gezählten Arten. Auszählen der Arten scheint oft lästig und überflüssig; zur Vorstellung des Lebens in „Tümpel, Bach und Weiher“ ist es aber notwendig. Schätzungen (z. B. vereinzelt, mäßig häufig, häufig, sehr häufig, massenhaft) vereinfachen die Arbeit nur für Könner. In vielen Proben auffallende und bekanntere Arten sind zum Teil keine Leitorganismen, weil sie unter verschiedenen Umständen leben können. Als Glieder von Lebensgemeinschaften wird man nicht eingestufte Arten beachten, zählen, protokollieren; für Gütebestimmungen sind sie lediglich Ballast.
Gehören alle gefundenen Leitformen derselben Stufe an, ist die Feststellung der Saprobiestufe, der „Wassergüte“, einfach. Leben unterschiedlich eingestufte Arten gemeinsam, sind Gewichtungen und etwas Rechenarbeit nicht zu umgehen. Für diese Fälle – die meisten – gibt es viele Verfahren, die alle kritisiert werden können, insgesamt aber zu recht ähnlichen Ergebnissen führen.
Das Untersuchungsbeispiel 1 (Bach, s. unten) schließt sich der in Mitteleuropa bislang gängigen Methode von R. Pantle und H. Buck an (16). In den rechten Spalten der Untersuchungsbeispiele ist das rechnerisch einfache und einleuchtende Verfahren praktiziert:

$$\mathbf{S} = \frac{1 \times \Sigma\,(\mathrm{os}) + 2 \times \Sigma\,(\mathrm{bms}) + 3 \times \Sigma\,(\mathrm{ams}) + 4 \times \Sigma\,(\mathrm{ps})}{\Sigma\,[(\mathrm{os}) + (\mathrm{bms}) + (\mathrm{ams}) + (\mathrm{ps})]}$$

Die Summe aller gezählten +os-Individuen wird mit 1, die aller +bms-Individuen mit 2, die aller +ams-Individuen mit 3 und die aller +ps-Individuen mit 4 multipliziert. Die vier Werte werden addiert und durch die Gesamtsumme der gezählten +-Individuen dividiert. +-Formen der Stufen os/bms (I/II), bms/ams (II/III) und ams/ps (III/IV) werden jeweils genau zur Hälfte den Stufen davor und danach zugerechnet. Die Daten zur Einstufung der Arten sind der Liste ab Seite 396 zu entnehmen. Das Ergebnis ist ein Wert zwischen 1,0 und 4,0, der Index S (in der Zusammenstellung „Systeme der Gewässergliederung“ Seite 384, Spalten I und H bzw. I und Q).
Ein numerisch berechneter Index hat viele Stellen hinter dem Komma. Das verführt zu Aussagen, die nur scheinbar genau sind. Im System der Gewässergliederung werden Beobachtungen und Einschätzungen formuliert, nicht etwa fortschreibbare Meßdaten.
Ein Vorteil des Indexes S: Quantitative Zahlen, z. B. Bewohner pro Liter oder m^2 sind nicht notwendig; Verhältniszahlen reichen aus. Dabei sind aber befriedigende Indexwerte erst zu erwarten, wenn bei größeren Formen wenigstens 12 Indikatorarten und 30 Individuen, im Plankton oder Detritus 12 Indikatorarten und 100 Individuen, Kolonien oder Fäden gefunden werden. Darunter bleibt die Aussage bei mittleren Gewässergüten oft ungenau.

Beispiel 1: Bach

Gewässer: Fließgewässer: Bach Bära (Schwäbische Südwest-Alb).

Untersuchungsstelle P 11 kurz vor der Ortskläranlage Nusplingen, 500 m hinter dem Ort Nusplingen.

Stelle P 11: Bachtiefe 25–50 cm; Breite 2–3 m; Untergrund kiesig-steinig mit vielen größeren Steinen; Böschung natürlich; Uferkante 40–50 cm hoch; Böschungswinkel 75–90°; Beschattung unter 20 %; Wasser schnell strömend. Ufervegetation: Mädesüß-Bachflur, Glanzgras-Röhricht, Schmalblättrige Weiden, Hochstämmige Gehölze. Wasserpflanzen, Höhere Pflanzen im Bach: keine.
Bearbeitung: Arnold Kleiner (10); Protokoll-Nr. ...; Datum 9. Juni 1983.

1. **Kieselalgen-Aufwuchs,** von Steinen abgekratzt:
Unter dem Mikroskop wurden in 30 Gesichtsfeldern bei 900facher Vergrößerung gefunden und gezählt

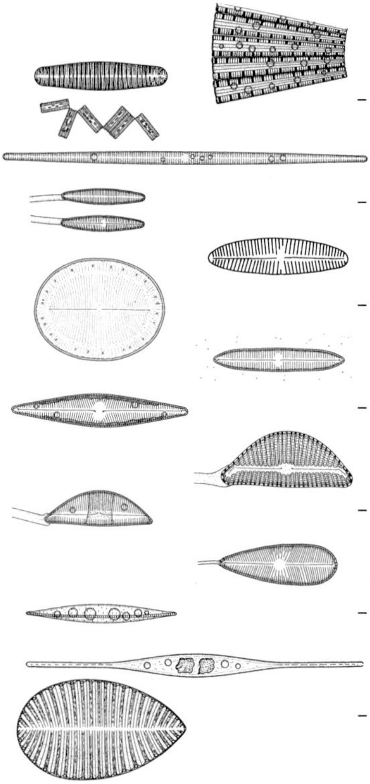

	Arten		Anzahl	Leitorganismen der Stufe			
				os	bms	ams	ps
–	Meridion circulare	+	5	5			
– –	Diatoma vulgare	+	530		530		
–	Fragilaria ulna	+	10		5	5	
– –	Achnanthes minutissima	+	22	11	11		
–	Achnanthes linearis	+	8	4	4		
– –	Cocconeis placentula	+	10		10		
–	Navicula tripunctata	+	10	5	5		
– –	Navicula radiosa	+	42		42		
–	Cymbella prostata und						
– –	Cymbella ventricosa	+	72		72		
–	Gomphonema olivaceum	( )	58				
– –	Nitzschia dissipata	+	52		52		
–	Nitzschia acicularis	+	8		4	4	
– –	Surirella ovata	+	8		4	4	
			777	25	739	13	–

Individuen eingestufter Formen zusammen 777

Der Index **S** ist $\frac{1 \times 25 + 2 \times 739 + 3 \times 13 + 4 \times 0}{777} = \frac{25 + 1478 + 39}{777} = \mathbf{1{,}98}$

2. **Größere Tiere, Mikrofauna:** Tiere innerhalb eines abgesteckten Areals – 1 m^2 – gesammelt; bei kleineren Arealen wird auf einen Quadratmeter hochgerechnet: Nicht eingestufte Arten ohne Anzeigerwert der Untersuchungsstelle P 11 sind vorweg und ohne Begleitbild aufgeführt. Zahlen hinter den Arten geben die Individuendichte pro Quadratmeter an.
Nicht eingestufte Arten von P 11:
Gammarus fossarum, Bachflohkrebs 575; Eintagsfliegen-Larven *Baëtis* sp. 195 und *Ephemerella ignita* 53; *Scarodytes halensis* (*Hydroporus*), Längsbinden-Schwimmkäfer 11; Köcherfliegen-Larven *Halesus tesselatus* 7, *Potamophylax cingulatus* 8 und *Potamophylax nigricornis* 42; *Ancylus fluviatilis*, Mützenschnecke 302.
Eingestufte Arten von P 11:

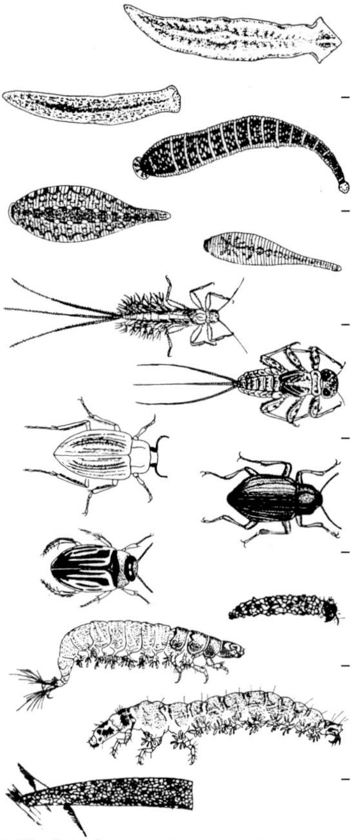

Arten	Anzahl	Leitorganismen der Stufe os	bms	ams
– Dugesia gonocephala	+ 35	17,5	17,5	
– – Polycelis nigra	+ 29		29	
– Erpobdella octuculata	+ 15			15
– – Glossiphonia complanata	+ 9		9	
– Helobdella stagnalis	+ 9		4,5	4,5
– – Habrophlebia lauta-Larv.	+ 6	3	3	
– Rhithrogena semicolorata	+ 8	4	4	
– – Brychius elevatus	+ 17	8,5	8,5	
– Elmis aenea	+ 3	3		
– – Platambus maculatus	+ 2		2	
– Drusus biguttatus-Larven	+ 4	2	2	
– – Hydropsyche sp.-Larven	+ 93		93	
– Rhyacophila sp.-Larven	+ 32	16	16	
– – Sericostoma flavicorne-L.	+ 5	2,5	2,5	
	267	56,5	191,0	19,5

Individuen eingestufter Formen zusammen 267

Der Index **S** ist $\frac{1 \times 56{,}5 + 2 \times 191 + 3 \times 19{,}5 + 4 \times 0}{267} = \frac{56{,}5 + 382 + 58{,}5}{267} = \mathbf{1{,}86}$

Die beiden für Stelle P 11 der Bära errechneten Werte **S**, der „Mikro-Index“ aus Kleinformen (hier aus Kieselalgen: 1,98) und der „Makro-Index“ (aus Formen der Makrofauna: 1,86) gleichen sich nahezu. Nach Spalte I der Übersicht „Systeme der Gewässergliederung“ Seite 381 ist die Bachstrecke um P 11 mäßig belastet (D), ß-mesosaprob (F), führt Wasser guter Qualität (N), und kann in einer Karte mit grüner Farbe übermalt werden (K, R).
Zeichnungen z. T. nach ENGELHARDT, Was lebt in Tümpel, Bach und Weiher (Lit. 8).

Erläuterungen zur Untersuchung eines Fließgewässers

Die jahreszeitlichen Unterschiede im Saprobiegrad von Fließgewässern sind meist gering. Ist nur eine einmalige Untersuchung geplant, wird man sie in die Sommermonate Juni-August legen, da der Artenreichtum dann am größten ist. Legt man Wert auf Erfassung aller Arten und der jeweiligen Lebensgemeinschaften, sind Bestandsaufnahmen zu allen Jahreszeiten nötig, denn manche Insektenlarven und viele Kieselalgen trifft man nur zu bestimmten Jahreszeiten an.

In Nordholland ergab monatliches Aufsammeln von größeren Tieren während eines Jahres (17): In den einzelnen Monatsproben findet man nur 25–40% der im Jahreslauf auftretenden Arten. Es wird empfohlen, mindestens zweimal im Jahr zu sammeln. Die besten Kombinationen sind April-Juni (Hochwasser) und September-Oktober (Niedrigwasser); man findet dann bis zu 60% der im Jahreslauf auftretenden Arten.
Bestandsbildende Wasserpflanzen sind zum Teil sehr gute Bioindikatoren und ermöglichen eine Abschätzung innerhalb der Stufen I-II/III.
Die Bestimmung des Indexes eines Gewässers erfordert viel Zeit und Arbeit, aber der mögliche Nutzen, die Freude am Kennenlernen und Beobachten von Formen wiegen die Mühe auf.
Größere Formen mit längerer Lebensdauer zeigen die durchschnittlichen Verhältnisse selbstverständlich besser an.
Die Arten im Flussplankton, die Mikroflora und Mikrofauna des Aufwuchses, die Kleinlebewesen im und über dem Bodenschlamm, die Fadenalgen sind nur mikroskopisch bestimmbar–und ihre Formenvielfalt ist größer als die der Makrofauna. Wenn das System stimmt, sollten Gütebestimmungen zum selben Ergebnis kommen–unabhängig davon, ob Kleinformen oder größere Tiere aus dem gleichen Lebensraum bestimmt und gezählt werden. Die beiden Beispiele vom Bach Bära zeigen, dass dies weitgehend der Fall ist. Bei allen Vergleichsuntersuchungen in fließendem Wasser ist der „Makro-Index" etwas besser als der „Mikro-Index"–maximal differieren die Werte um eine halbe Gewässerstufe. Eine einleuchtende Erklärung dafür steht noch aus. Bei Fließgewässern können „Makro-Index" oder „Mikro-Index" eine Frage der Kenntnisse des Untersuchers sein, denn die Bestimmung von Insektenlarven ist bei Köcherfliegen und Mücken zum Beispiel recht schwierig (21). Paralleluntersuchungen von Makro- und Mikroformen zur gegenseitigen Absicherung erscheinen für Gütebestimmungen in jedem Fall am besten.

Untersuchung stehender Gewässer

Jedes stehende Gewässer altert: In kürzerer oder längerer Frist eutrophiert es und verlandet. Stehende Gewässer sind Individuen, die sich in Tiefe, Größe, Lage, Entstehung und Geschichte, Wasservolumen, Einzugsgebiet, Zuflüssen und Abflüssen, Nährstoffeintrag und vielen anderen Einflüssen unterscheiden. Als Beispiel für die Beschreibung eines stehenden Gewässers führen wir hier den Stockweiher an, einen Teich (s. S. 392). Weitergehende Erhebungen über stehende Gewässer s. Literatur (12), (13), (19) und (22).
Je nach Stoff- und Energieumsatz in einem See unterscheidet man die Trophiestufen
Oligotroph: Nährstoffarm und gering produktiv
Mesotroph: Mäßig produktiv
Eutroph: Nährstoffreich und hoch produktiv
Polytroph: Übermäßig nährstoffreich und sehr hoch produktiv
Diese Trophiestufen beschreiben den Zustand eines stehenden Gewässers wertungsfrei, im Gegensatz also zum System der Güteklassen von Fließgewässern (12).
Wir erweitern in diesem Buch die vier Trophiestufen um die Stufe „hypertroph" (anaerobe Stufe) und gliedern den weiten Bereich „eutroph" in drei Stufen („schwach eutroph", „stark eutroph", „hoch eutroph").
Die Saprobie eines Gewässers ist gekennzeichnet durch Biomasse und Umsatz der heterotrophen Destruenten (abbauenden Mikroorganismen). Die Trophie eines Gewässers dagegen ist gekennzeichnet durch Biomasse und Umsatz der autotrophen Organismen (Intensität der Primärproduktion). Die Begriffe „Saprobie" und „Trophie" ergänzen sich. Bei der Selbstreinigung stellt sich ein Gleichgewicht von Saprobie und Trophie im Gewässer ein (Schwoerbel, J. Einführung in die Limnologie. Stuttgart 1993).

Kriterien zur Bestimmung der Trophiestufen:

1. Direkte Messung der Produktionsleistung.
2. Rückschlüsse aus Meßgrößen, die die Ursachen oder die Wirkungen bestimmter Stoffwechselintensitäten erfassen. Zu den Ursachen gehört z. B. das Angebot an Pflanzennährstoffen (Schlüsselrolle spielen oft Phosphor und Nitrat). Auswirkungen sind beispielsweise die Planktondichte, die Chlorophyllkonzentration, Änderungen des pH-Wertes, der Sauerstoffhaushalt.

Auch für die Trophiestufen gibt es Indikatorarten oder Indikatorgesellschaften. Ihr Vorkommen oder Fehlen zeigt bestimmte Qualitätsmerkmale an, von denen man auf die Trophiestufe eines stehenden Gewässers schließen kann. Beispiele dafür, wie man von Tier- oder Pflanzenarten auf Trophiestufen schließen kann, finden sich bei den Beschreibungen von Seen in Bayern (12) in den Abschnitten „Flora und Fauna".
Nur mehrmalige Bestimmungen der Indikatorarten bzw. der Indizes S im Verlauf eines Jahres können ein stehendes Gewässer charakterisieren. Änderungen in der trophogenen Zone zeigen die planktischen Lebensgesellschaften an, wogegen die benthischen Lebensgesellschaften Aussa-

gen über die tropholytische Zone zulassen. „Trophische Verhältnisse, Sauerstoffversorgung oder Besonderheiten an Probestellen spiegeln sich in den entsprechenden Saprobienwerten (Indizes) wider" (10).
Im Wasserpflanzenbereich sind es die dort lebenden Wasserpflanzen, im seichten Wasser und zwischen den Wasserpflanzen die größeren Tiere, im Freiwasser und am Bodengrund die Plankton- und Benthosformen, die biologische Gewässeranalysen und Bestimmungen von Indizes ermöglichen. (Vergleiche dazu die Protokolle auf den Seiten 393, 394)
Aufgrund aller Erfahrungen schließen wir aus Lebensgesellschaften bzw. aus von ihnen abgeleiteten Indizes auf Trophiestufen:

Indizes 1,0–1,5–oligotrophe Stufe
Indizes 1,5–1,8–mesotrophe Stufe
Indizes 1,8–2,3–schwach, natürlich eutrophe Stufe
Indizes 2,3–2,7–stark eutrophe Stufe
Indizes 2,7–3,2–hoch eutrophe Stufe
Indizes 3,2–3,5–polytrophe Stufe
Indizes 3,5–4,0–hypertrophe Stufe

Für jedes stehende Gewässer typische Protokolle erhält man aus Werten, die wöchentlich, vierzehntägig oder monatlich ermittelt werden (Indizes von Proben aus Oberflächenwasser und Benthos). Die Stagnationsphasen eines stehenden Gewässers können sich–bedingt durch Witterungseinflüsse und größere Seentiefen–in aufeinanderfolgenden Jahren um Wochen und Monate verschieben. Daher besteht bei weniger als 6 Untersuchungen pro Jahr zu den im Beispiel folgenden Zeiten 1–6 die Gefahr zu großer Vereinfachungen.

Beispiel

Termine	Jahreszeiten	Indizes im Freiwasser	Indizes im Benthos
1 Anfang Februar	Spätwinter	z. B. 2,0	z. B. 2,5
2 Ende März	Vorfrühling	1,9	2,8
3 Ende Mai	Frühsommer	1,9	2,6
4 Mitte Juli	Hochsommer	2,1	3,4
5 Ende September	Herbst	2,0	3,6
6 Anfang Dezember	Frühwinter	2,4	3,1

In anderer Darstellung (Trophiestufen) das Beispiel der biologischen Gewässeranalyse eines stehenden Gewässers:

Jahreszeiten:
Spätwinter Vorfrühling Frühsommer Hochsommer Herbst Frühwinter

Obere Schichten des Freiwassers:
schw. eutroph, schw. eutroph, schw. eutroph, schw. eutroph, schw. eutroph, stark eutroph

Benthos des Freiwassers:
stark eutroph, hoch eutroph, stark eutroph, polytroph, hypertroph, hoch eutroph

In Ufer- und Flachwasserbereichen können, ähnlich einem Fleckenmuster, unterschiedliche Trophiestufen auftreten. Alle Örtlichkeiten untersuchen zu wollen, würde ins Uferlose führen.

Der Sauerstoffgehalt eines stehenden Gewässers ist im Oberflächenwasser wesentlich konstanter als im tieferen Wasser. Das Oberflächenwasser erhält Sauerstoff durch Diffusion aus der Luft, die durch Wellenbewegungen verstärkt wird, sowie durch Photosynthese. Im tiefen Wasser dagegen begrenzt der saisonal bedingt vorhandene Sauerstoff die aerobe Selbstreinigung bzw. die Selbstreinigung zehrt periodisch am vorhandenen Sauerstoff. Dies bedingt gravierende Umstellungen des Lebens am Gewässergrund. Das nebenstehende Diagramm zeigt als Beispiel Sauerstoffgehalte eines stehenden Gewässers (Or-

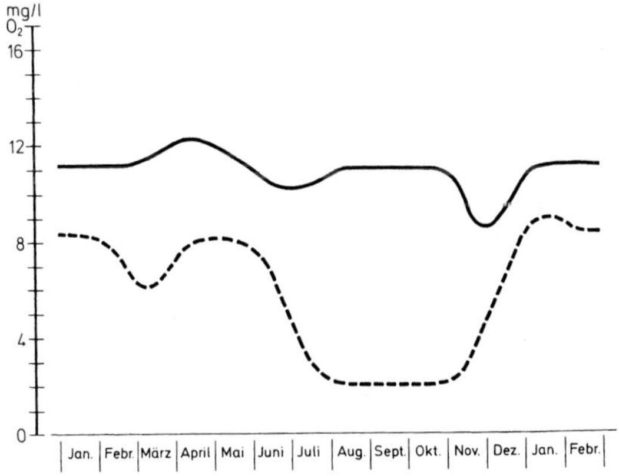

dinate) im Jahresgang (Abszisse). Durchgezogene Linie: Sauerstoffgehalt (summarisch) im Oberflächenwasser (trophogene Zone), gestrichelte Linie: Sauerstoffgehalt des tiefen Wassers und des Grundes (tropholytische Zone). Die beiden Kurven spiegeln einiges vom Geschehen im See im Ablauf eines Jahres: Der durchgezogenen Kurve gehen zunächst Kieselalgenblüten unter Klareis einher, im April und Mai eine *Ceratium*-Blüte, darauf sommerliche Blaualgenblüten, im Herbst das Absterben der Algen, dann Kälteeinbrüche, Stürme, Eis. Die gestrichelte Kurve zeigt, dass zunächst nach Turbulenz Sauerstoff vorhanden ist, es folgt die Winterzehrung unter Eis, Frühjahrsstürme erhöhen den Sauerstoffgehalt, eine Sprungschicht entsteht und hat eventuell Faulschlammbildung zur Folge, Zirkulationen im Herbst bis Frühwinter erhöhen den Sauerstoffgehalt des Tiefenwassers, Eis.

Beispiel 2: Stehendes Gewässer

Stehendes Gewässer, Stockweiher (Oberschwaben, Landkreis Ravensburg). Der Stockweiher liegt 2 km östlich der Ortschaft Wolfegg im Gebiet der Jungmoräne (Würmeiszeit); 687 m ü. NN. Seit 1969 Landschaftsschutzgebiet. Größe 10,1 ha; durch einen Damm mit Mönch an der Südkante aufgestaut; größte Tiefe in der Weihermitte 2,40 m, Tiefe am Mönch und Damm 1,20 m, Tiefen an den Ufern 45–70 cm. Im Osten Zufluss aus einem Moorgebiet; weitere Zuflüsse durch Gräben aus Wald im Norden und aus Gründlandflächen im Westen. Beliebter Badesee; Trittbelastung der Ufer im Westen und Osten hoch. Sportfischer angeln jährlich um 150 Zentner Karauschen, Karpfen, Schleien, Aale, Hechte, Flussbarsche und Rotaugen. In den letzten Jahren wurde der Stockweiher nicht mehr abgelassen, abgefischt, gewintert und gedüngt. Vegetation siehe Skizze; ungestörte Verlandungszonen nur im nördlichen Teil des Weihers. S-Werte der Weihermitte (III) Anfang Juli 1985 in der eutrophen oberen Wasserschicht 2,2, am polytrophen Grund zwischen 3,2 („Mikro-Index“) und um 3,4 („Makro-Index“) – s. S. 393, 394.

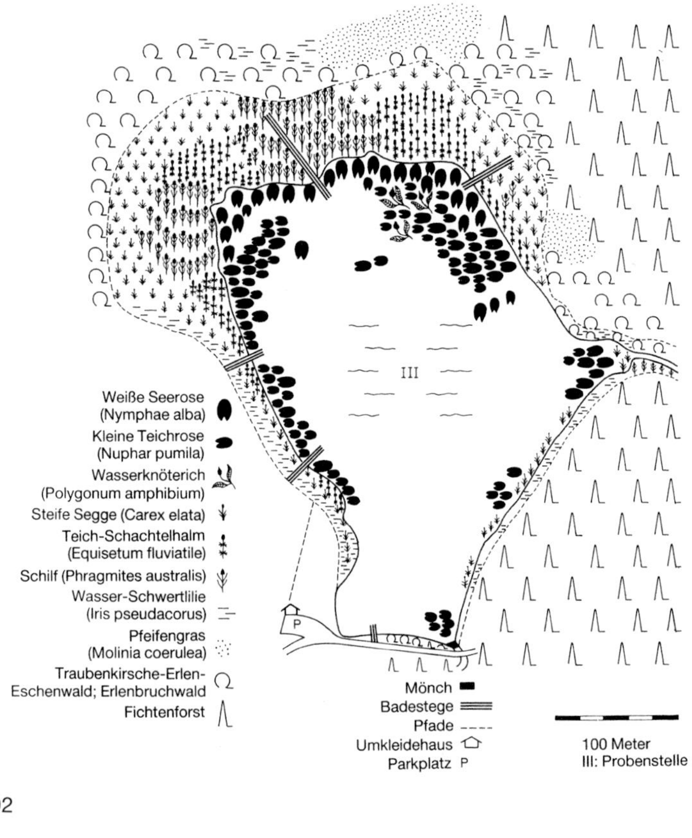

Stelle III: Weihermitte über einer Tiefe von 2,30 m; Wassertemperatur 20,5 °C, Lufttemperatur 17,5 °C.

Bearbeitung: Krumscheid P. (10), Walter B. (22); Protokoll Nr. ...; Datum: 1. Juli 1985.

1. **Höhere Wasserpflanzen.** *Nymphaea alba*, Weiße Seerosen und *Nuphar pumila*, Kleine Teichmummeln zeigen mesotrophe Zonen im Flachwasserbereich an (7).
2. **Plankton** der Stelle III.

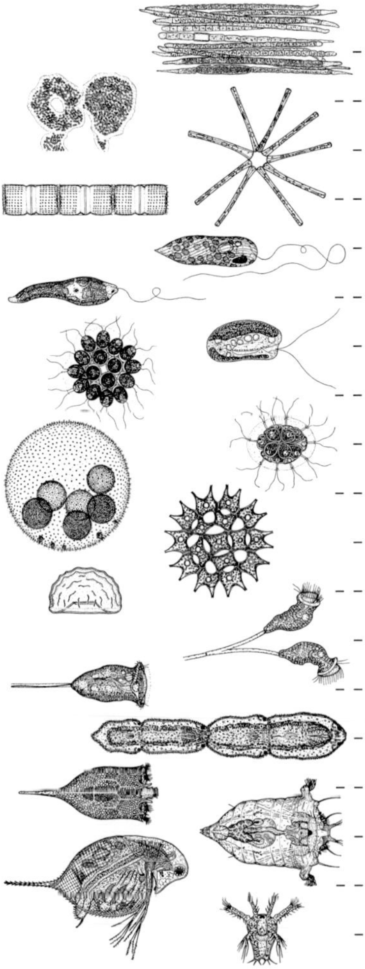

Arten		Anzahl	Leitorganismen der Stufe os	bms	ams	ps
Aphanizomenon flos-aquae	+	79		79		
Microcystis flos-aquae	+	388		388		
Asterionella formosa	+	46		46		
Melosira granulata	+	82		82		
Euglena variabilis	( )	4				
Euglena gracilis	( )	500				
Cryptomonas ovata	( )	4				
Gonium pectorale	+	2			2	
Pandorina morum	+	82		82		
Volvox aureus	+	2		2		
Pediastrum duplex	+	2		2		
Arcella gibbosa, leb.	+	2		1	1	
Epistylis rotans	( )	28				
Vorticella convallaria	+	200			200	
Microstomum lineare	( )	7				
Keratella cochlearis	+	1		1		
Synchaeta pectinata	+	42	21	21		
Daphina longispina	( )	8				
Nauplius-Larven	( )	30				
		928	21	704	203	–

Individuen eingestufter Formen, +, zusammen 928

Der Index **S** ist $\frac{1 \times 21 + 2 \times 704 + 3 \times 203 + 4 \times 0}{928} = \frac{21 + 1408 + 609}{928} = \mathbf{2{,}196}$

Die Lebensgemeinschaft im Plankton zeigt eutrophes Freiwasser (Weihermitte) an (s. S. 394).

2. **Plankton** der Stelle III. Mit einem 1-Liter-Meßbecher wurden 20 l Weiherwasser geschöpft, durch ein Planktonnetz gegossen, der Fang in einem Gazeröhrchen auf 1 ml konzentriert, abpipettiert und unter dem Mikroskop ausgezählt. Die Individuen, Fäden, Kolonien von 19 gefundenen Arten sind auf S. 393 protokolliert: insgesamt 1509, davon 928 eingestuft und 581 nicht. Auf ein vorstellbares Maß gebracht: In einem Liter leben 75 Kleinformen.
3. **Benthos,** Organismen der Bodenzone der Stelle III. Mit einem Ekman-Bodengreifer emporgeholtes Bodenmaterial wurde in Eimerchen abgefüllt. Zur Feststellung von Kleinformen wurde ein Teil des oberflächlichen Materials abgezweigt, das Gros der Proben in weißen Schalen durchmustert und nach der ersten Auslese gesiebt. An Makroformen wurden gefunden: *Dero obtusa,*

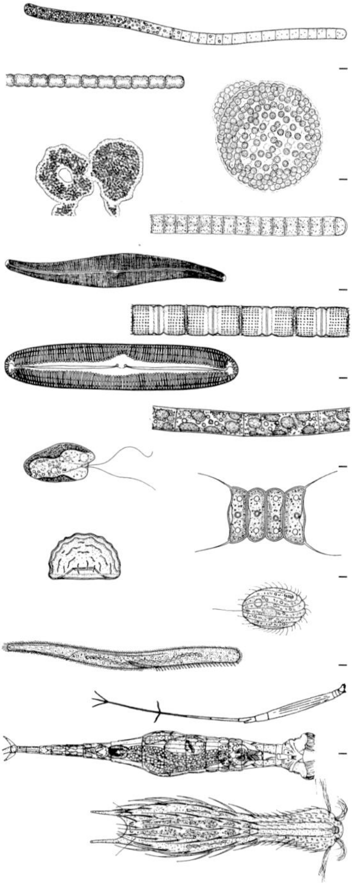

Arten	Anzahl		Leitorganismen der Stufe os	bms	ams	ps
Beggiatoa alba	+	50				50
Anabaena constricta	+	4			2	2
Coelosphaerium kuetzingianum	( )	5				
Microcystis flos-aquae	+	10		10		
Oscillatoria tenuis	+	5			5	
Gyrosigma acuminatum	+	1		1		
Melosira granulata	+	20		20		
Pinnularia major	+	1		1		
Tribonema vulgare	( )	17				
Cryptomonas erosa	( )	5				
Scenedesmus quadricauda	+	1		1		
Arcella gibbosa, leb.	+	6		3	3	
Platynema sociale	+	2			2	
Spirostomum minus	+	5			5	
Rotaria neptunia	+	1				1
Rotaria rotatoria	+	1			1	
Chaetonotus laroides	( )	1				
		107	–	36	18	53

Individuen eingestufter Formen, +, zusammen 107

Der Index **S** ist $\frac{1 \times 0 + 2 \times 36 + 3 \times 18 + 4 \times 53}{928} = \frac{72 + 54 + 212}{928} = \mathbf{3{,}16}$

Die Lebensgemeinschaft im Benthos weist auf hoch eutrophe bis polytrophe Verhältnisse am Boden der Weihermitte hin.

Kiemenwürmchen (+ 2–3); *Limnodrilus hoffmeisteri,* Roter Schlammwurm *(+ 3–4); Lumbriculus variegatus,* Glanzwurm (+ 2–3); *Piona coccinea,* Schwimm-Milbe; Ceratopogoniden-(Gnitzen)-Larven; *Chaoborus*-(Büschelmücken)-Larven; Chironomiden-(Zuckmücken)-Larven von vielen Arten (23); *Pisidium* (Erbsenmuscheln) und Tellerschnecken der Art *Gyraulus albus.* Mit 1050 Individuen *Limnodrilus hoffmeisteri,* 425 *Chaoborus*-Larven und 150 Chironomiden-Larven pro Quadratmeter machten diese 89 % aller Individuen/m^2 aus. Solche Verhältnisse – im Vegetationsgürtel und in den Flachwasserbereichen ist das natürlich anders – machen die Ausrechnung eines Index überflüssig. Rote Schlammwürmer überwiegen, ein Index läge zwischen 3,2 und 3,5 im polytrophen Bereich. Quantitatives Auszählen von Mikroformen in Benthosproben unter Deckglas und Mikroskop erweist sich als unmöglich. Nach einer Strichliste zusammengestellt sind die Formen, die in 50 Gesichtsfeldern auftauchten (s. S. 394).

Utensilien für biologische Gewässeranalysen

(Die Auswahl ergibt sich aus den Untersuchungszielen)

- Literatur zum Gewässer
- Bestimmungsliteratur
- Kartenmaterial
- Leitzordner
- Papier
- Klemm-Schreibunterlage
- Mikroskop mit Spiegel
- Meßokular
- Objektträger
- Deckgläser
- Pipetten, Pipettenhütchen
- Putzläppchen
- Glasröhrchen, viele
- Kinderkostgläser
- Petrischalen
- Salznäpfchen
- Hohlschliff-Objektträger
- Kleinaquarien
- Schüsseln
- Watanzug
- Planktonnetze
- Schnur
- Ausziehstock
- Fischnetzchen
- Pinsel
- Skalpell
- Messer
- Plastiktrichter
- Schlammheber, s. Seite 14
- Schöpfflasche
- Zählkammern evtl.
- Meterstab, Maßband
- Thermometer
- Kühlbox
- Handtücher
- Formol
- Plastikbeutel
- Tesaband
- Regensichere Kisten
- Stereomikroskop, Lupen
- Schere, Spaten
- Kescher, Handnetz
- Sampler
- Ekman- oder Scheren-Greifer
- Kratzlöffel
- Kleine Bürsten
- Pinzetten, Federpinzetten
- Weiße Schalen; Ersatz: Teller
- Siebe, Siebsätze
- Photoküvetten
- Kl. Eimer mit Deckel
- Chloroform; Spezielle Fixiergemische
- 70–90 % iger Alkohol
- Tricainmethansulfonat (MS 222)

Stabiles Boot mit Zubehör und Anker! Membran-Flügelpumpe („Allweiler", Modell 39/1 H) mit Schlauch (Innendurchmesser 18 mm); die Pumpe ersetzt oft Bodengreifer; oberflächliches Benthos und Plankton aus unterschiedlichen Tiefen können mit ihr geholt werden. – Große Eimer für überschüssiges Pumpenwasser.
Beschreibung und Einsatz der aufgeführten sowie weiterer Geräte (auch Lieferfirmen werden genannt) z. B. bei Schwoerbel, J.: „Methoden der Hydrobiologie" (18).

Mikroflora, Flora, Mikrofauna und Fauna des Süßwassers

Stellung der Arten im siebenstufigen System der Gewässerklassifizierung Leitformen der Stufen für Biologische Gewässeranalysen

Zu den folgenden Seiten:
- Aufgeführt sind alle in Engelhardt, W. „Was lebt in Tümpel, Bach und Weiher?" (8) und in diesem Buch erwähnten Arten; dazu kommen weitere ab und zu häufigere Arten sowie Fische und einige Amphibien. Weitere Ein-/Nicht-Einstufungen und Literaturangaben bei Mauch, E. (14).
- Innerhalb der Gruppen stehen die wissenschaftlichen Namen der Arten in alphabetischer Reihenfolge.
- Römische Ziffern I, II, III oder IV direkt hinter den Artnamen geben die Einstufungen nach den früheren vier Wassergüteklassen (Tabelle S. 384, B und C) an.
- Die erste Kolumne rechts der Artnamen beschreibt Einstufungen und Lebensbereiche im siebenstufigen System.

Als Abkürzungen verwendet werden für:	oligosaprob	os
	oligosaprob/β-mesosaprob	os/bms
	β-mesosaprob	bms
	β-mesosaprob/α-mesosaprob	bms/ams
	α-mesosaprob	ams
	α-mesosaprob/polysaprob	ams/ps
	polysaprob	ps

Schrägstriche (/) bezeichnen immer eine Stufe.
Querstriche (-) in dieser ersten Kolumne bedeuten „von Stufe x bis Stufe y".

- Die zweite Kolumne rechts der Namen ist die Wiederholung der Stufen mit arabischen Ziffern entsprechend Spalte G der Zusammenstellung Seite 384, zum Rechnen. Querstriche (-) zwischen den Ziffern bedeuten „von Stufe x bis Stufe y".
- In den Kolumnen bedeuten unterschiedliche Schreibweisen:

+	Leitformen der Stufen und ihre Einstufung; Stenöke und relativ stenöke Formen; Empfindliche Formen	z. B. + os/bms + ams	1–2 3
( )	Nicht mehr als Leitorganismen einstufbare Formen; Lebensbereiche gehen über mehrere Stufen; Verbreitungsschwerpunkte bei den angegebenen Stufen; Tolerante Formen	(os/bms (ams	1–2) 3)
(–)	Verbreitung ohne Schwerpunkte zwischen den angegebenen Stufen; Formen ohne Anzeigerwert; sehr tolerante Formen	(os-ams (bms/ams-ps)	1–3)
(,)	Schwerpunkte der Verteilung in zwei oder mehr benachbarten Stufen, Hauptstufen zum Teil unterstrichen	(os/bms, bms) (bms, bms/ams)	
(U)	Ubiquisten, überall anzutreffen.	(Ubiquisten)	
–	Keine Angaben sind angebracht bei vielen Formen aus Mooren und Moorgewässern; Brackwasserformen; Formen in Warmwasser-Aquarien; Land-Wasser-Übergangsformen; Parasiten; weniger häufigen und bekannten Formen	–	–

Überblick:

Leitorganismen der Gelbgrünalgen, Dinoflagellaten, Rotalgen, Braunalgen, Moose, Farne, Wasserpflanzen z. T., Rädertiere z. T., Wasserflöhe z. T., Eintagsfliegenlarven, Steinfliegenlarven, Käfer z. T., Köcherfliegenlarven z. T. sind Anzeiger für „bessere" Gewässerstufen: 1, 1–2. Leitorganismen der Blaualgen, Kieselalgen, Augenflagellaten, Grünmonaden, Kokkalen Grünalgen, Wasserpflanzen z. T., Wimpertiere z. T., Rädertiere z. T., Oligochaeten z. T., Egel, Wasserflöhe z. T., Libellenlarven, Käfer z. T., Köcherfliegenlarven z. T., Muscheln, Schnecken, Moostierchen sind Anzeiger für „mittlere" Gewässerstufen: 2, 2–3, 3.
Leitorganismen der Bakterien, Pilze, Zooflagellaten, Wimpertiere z. T., Oligochäten z. T. sind Anzeiger für „schlechtere" Gewässerstufen: 3–4, 4.

Für ihre Hilfen und Auskünfte herzlichen Dank Frau A. Müller-Haeckel und den Herren A. Alf, H. Buck, K. Dettner, K. Henle, A. Kohler, P. Malzacher, R. Meisterfeld, H. Roweck, B. Scharf, J. Schwoerbel und besonders P. Schwank.

Bakterien

Achromatium oxaliferum IV	+ ps	4
Bacillus subtilis	+ ps	4
Bacteroides vulgatus	–	–
Beggiatoa alba IV	+ ps	4
Beggiatoa arachnoidea	+ ps	4
Beggiatoa leptomitiformis	+ ps	4
Beggiatoa-Arten	+ ps	4
Chlorobacterium aggr. IV	+ ps	4
Chlorobium limicola	+ ps	4
Chlorochromatium aggr. IV	+ ps	4
Chromatium okenii IV	+ ps	4
Cladothrix dichotoma = Sphaerotilus natans		
Crenothrix polyspora	+ os/bms	1–2
Enterobacter aerogenes	(ps	4)
Escherichia coli	(ps	4)
Flavobacterium aquatile	–	–
Gallionella ferruginea	+ os/bms	1–2
Gallionella spec.	+ os/bms	1–2
Haliscomenobacter	–	–
Lamprocystis ros.-per. IV	+ ps	4
Leptothrix ochracea	(os-ams	1–3)
Methanobacterium-Arten	–	–
Nitrobacter winogradskyi	+ ps	4
Nitrosomonas europaea	(ams/ps	3–4)
Nocordia opaca	–	–
Pelodictyon luteolum	+ ps	4
Peloploca taeniata IV	(ps	4)
Peloploca undulata IV	(ps	4)
Planctomyces bekefii	–	–
Proteus vulgaris	–	–
Pseudomonas fluorescens	–	–
Pseudomonas sp.	–	–
Sarcina paludosa IV	(ps	4)
Sarcina spec.	+ ps	4
Schmidlea luteola = Pelodictyon luteolum		
Sphaerotilus natans IV	+ ams/ps	3–4
Spirillum undula IV	–	–
Spirillum spec.	+ ps	4
Spirillum volutans	+ ps	4
Streptococcus sp. IV	(ps	4)
Thiocystis violacea IV	(ps	4)

Thiopedia rosea IV	+ ps	4
Thioploca schmidlei IV	+ ps	4
Thiospira winogradskyi = Nitrobacter w.		
Thiospirillum jenense	–	–
Thiothrix nivea IV	+ ps	4
Thiovolum majus IV	+ ps	4
Zoogloea ramigera IV	+ ps	4

Blaualgen

Anabaena augustumalis	–	–
Anabaena circinalis	(bms	2)
Anabaena cylindrica	–	–
Anabaena flos-aquae II	+ bms	2
Anabaena spiroides II	+ bms	2
Anabaena sphaerica	–	–
Aphanizomenon gracile	–	–
Aphanizomenon flos-aquae II	+ bms	2
Aphanothece nidulans	(os/bms	1–2)
Aphanothece saxicola	(os	1)
Aphanothece stagnina	(os/bms)	1–2)
Arthrospira jenneri IV	+ ams/ps	3–4
Calothrix braunii	(os/bms	1–2)
Calothrix parietina I	+ os/bms	1–2
Chamaesiphon fuscus	+ os/bms	1–2
Chamaesiphon incrustans	+ os/bms	1–2
Chamaesiphon polonicus	(os/bms	1–2)
Chamaesiphon spec.	(os/bms)	1–2)
Chroococcopsis gigantea	–	–
Chroococcus limneticus	(os/bms	1–2)
Chroococcus turgidus	(os/bms	1–2)
Coelosphaerium kuetzing.	(bms	2)
Coelosphaericum naegelianum II	+ bms	2
Cyanothece aerugin.	(os/bms	1–2)
Dactylococcopsis acic. = Monoraphidium griffithii	+ bms	2
Dactylococcopsis fascicularis = Ankistrodesmus spiralis	(os/bms	1–2)
Gloeocapsa sanguinea	–	–
Gloeothece linearis	(bms	2)
Gloeotrichia echinulata II	(os/bms	1–2)
Gloeotrichia natans II	(bms	2)
Gloeotrichia pisum	(os/bms	1–2)
Gomphosphaeria aponina	(bms	2)
Haplosiphon fontinalis I	(os/bms	1–2)
Haplosiphon hibernicus	–	–
Komvophoron constrictum IV	+ ams/ps	3–4
Leptolyngbya foveolarum III	+ ams	3
Limnothrix redeckei II	+ bms	2
Lyngbya contorta	–	–
Lyngbya limnetica	(bms	2)
Merismopedia convoluta	(os	1)
Merismopedia elegans	(bms	2)
Merismopedia glauca	+ bms	2
Merismopedia punctata	(bms	2)
Merismopedia tenuissima	(os-ams	1–3)
Merismopedia-Arten	+ bms	2
Microcoleus subtorul. I	+ os	1
Microcystis aeruginosa II	+ bms	2
Microcystis flos-aquae II	+ bms	2
Microcystis viridis	(os/bms	1–2)
Microcystis wesenbergii	(os/bms	1–2)
Nostoc carneum II	+ bms	2
Nostoc commune	–	–
Nostoc linckia II	(bms	2)
Nostoc pruniforme	–	–
Nostoc sphaericum	(os/bms	1–2)
Nostoc sphaeroides	–	–
Nostoc verrucosum	–	–
Nostoc zetterstedtii	(os	1)
Oscillatoria brevis III	+ ams	3
Oscillatoria chalybea III	+ ams	3
Oscillatoria chlorina IV	+ ams/ps	3–4
Oscillatoria geminata	(bms	2)
Oscillatoria lacustris	–	–
Oscillatoria lauterbornii IV	+ ams/ps	3–4
Oscillatoria limnetica	(os/bms	1–2)
Oscillatoria limosa	+ bms/ams	2–3
Oscillatoria princeps III	+ ams	3
Oscillatoria putrida IV	+ ams/ps	3–4
Oscillatoria redeckei II	+ bms	2
Oscillatoria tenuis III	+ ams	3
Petalonema alatum	–	–
Phormidium autumnale III	(os-ams	1–3)
Phormidium corium I	(os	1)
Phormidium formosum III	+ ams	3
Phormidium papyraceum I	(os/bms	1–2)
Phormidium retzii	(bms	2)
Phormidium splendidum III	+ ams	3
Phormidium uncinatum III	(ams	3)
Planktothrix agardhii II	+ bms	2
Planktothrix rubescens II	+ bms/ams	2–3
Plectonema tomasinianum	(os/bms	1–2)
Pleurocapsa cuprea	(os	1)
Pleurocapsa minor	(bms	2)
Porphyrosiphon martensianus	(bms	2)
Rhabdogloea smithii	(bms	2)
Rivularia biasolettiana	(os	1)
Rivularia dura	(os/bms	1–2)
Rivularia haematites	–	–
Schizothrix vaginata	(os	1)
Scytonema myochrous	(bms	2)
Snowella lacustris	(os/bms	1–2)
Spirulina abbreviata	–	–
Spirulina platensis II	(bms	2)
Stigonema-Arten	(os/bms	1–2)
Synechococcus maior	–	–
Synechococcus-Arten	–	–
Tetrapedia crux-melit.		–
Tetrapedia gothica	–	–
Tolypothrix penicillata	(os/bms	1–2)
Tolypothrix lanata	(os/bms	1–2)
Tolypothrix tenuis	(os	1)
Trichormus catenulus var. affinis	(–	–)
Trichormus catenulus var. solitaris	(–	–)
Woronichinia naegeliana	+ bms	2

Goldalgen

Anthophysa vegetans III	+ bms/ams	2–3
Chromulina flavicans	(os	1)
Chromulina rosanoffii I	(os	1)
Chrysarachnion insid.	–	–
Chrysocapsa planktonica	–	–
Chrysococcus rufescens	(os/bms	1–2)
Chrysosphaerella long.	(os/bms	1–2)
Dinobryon bavaricum	+ os/bms	1–2
Dinobryon cylindricum	(os	1)
Dinobryon divergens	+ bms	2

Dinobryon sertularia	+ bms	2
Dinobryon sociale	–	–
Dinobryon sociale var. stipitatum	(os/bms	1–2)
Dinobryon suecicum	(os/bms	1–2)
Dinobryon utriculus	(os/bms	1–2)
Epipyxix marchica	–	–
Epipyxix ramosum	–	–
Epipyxix utriculus	–	–
Heterochromulina ocellata IV	+ ps	4
Hydrurus foetidus	+ os/bms	1–2
Mallomonas acaroides	+ bms	2
Mallomonas akrokomos	(os/bms	1–2)
Mallomonas caudata I	(os/bms	1–2)
Monas elongata	(ams/ps	3–4)
Monas guttula	–	–
Monas socialis	(ps	4)
Monas-Arten	(bms-ps	2–4)
Ochromonas mutabilis	(bms	2)
Phaeodermatium rivulare	+ os/bms	1–2
Rhipidodendron splend.	(os-ams	1–3)
Syncrypta volvox	(os/bms	1–2)
Synura uvella II	+ bms	2
Uroglena volvox II	+ bms	2
Uroglena americana	(os/bms)	1–2)

Diatomeen

Achnanthes caledonica	–	–
Achnanthes clevei	–	–
Achnanthes frequentissima	–	–
Achnanthes hungarica	+ ams	3
Achnanthes lanceolata	+ os/bms	1–2
Achnanthes minutissima	+ os/bms	1–2
Amphipleura pellucida	(bms	2)
Amphora ovalis	+ bms	2
Amphora pediculus	–	–
Anomoeoneis neoexilis	+ os	1
Anomoeoneis sphaerophora	(bms/ams	2–3)
Asterionella formosa II	+ bms	2
Attheya zachariasi	(os/bms	1–2)
Aulacoseira ambigua	(os/bms	1–2)
Aulacoseira granulata II	+ bms	2
Bacillaria paxillifer II	+ bms	2
Caloneis amphisbaena	+ bms/ams	2–3
Caloneis silicula	+ bms	2
Campylodiscus noricus	+ os	1
Ceratoneis arcus	+ os/bms	1–2
Cocconeis neodiminuta	(os	1)
Cocconeis pediculus	+ bms	2
Cocconeis placentula	+ bms	2
Coscinodiscus lacustris	(bms	2)
Cyclotella bodanica I	+ os/bms	1–2
Cyclotella comensis I	+ os/bms	1–2
Cyclotella comta	+ bms	2
Cyclotella melosiroides	+ os/bms	1–2
Cyclotella meneghiniana III	+ bms/ams	2–3
Cymatopleura elliptica II	+ bms	2
Cymatopleura solea II	+ bms	2
Cymbella aspera	(os-ams	1–3)
Cymbella auerswaldii	(os-bms	1–2)
Cymbella cistula	(os-bms	1–2)
Cymbella ehrenbergii	(os/bms	1–2)
Cymbella helvetica	(os	1)
Cymbella lanceolata	+ bms	2
Cymbella prostrata	+ bms	2
Cymbella ventricosa II	+ bms	2
Denticula tenuis	+ os/bms	1–2
Diatoma elongata II	+ bms	2
Diatoma hiemalis	+ os	1
Diatoma mesodon	+ os	1
Diatoma vulgaris II	+ bms	2
Diploneis elliptica	–	–
Diploneis parma	(bms	2)
Ellerbeckia arenaria	+ os/bms	1–2
Encyonema s. Cymbella		
Epithemia adnata	(os	1)
Epithemia argus	(os	1)
Epithemia sorex	+ bms	2
Epithemia turgida II	+ bms	2
Eunotia arcus	+ os/bms	1–2
Eunotia exigua	(os	1)
Eunotia lunaris	+ os/bms	1–2
Eunotia subarcuatoides	–	–
Eunotia tenella	(os	1)
Fragilaria s. a. Synedra		
Fragilaria arcus	+ os/bms	1–2
Fragilaria capucina	+ bms	2
Fragilaria construens II	+ bms	2
Fragilaria crotonensis II	+ bms	2
Fragilaria virescens	+ os	1
Frustulia rhomboides var. saxonica	(os	1)
Gomphonema acuminatum	+ bms	2
Gomphonema dichotomum	(os/bms	1–2)
Gomphonema micropus	(bms	2)
Gomphonema olivaceum II	(bms	2)
Gomphonema parvulum	(bms	2)
Gomphonema truncatum	+ bms	2
Gyrosigma acuminatum	+ bms	2
Gyrosigma attenuatum	+ os/bms	1–2
Hantzschia abundans III	+ ams	3
Melosira granulata angustissima	+ os/bms	1–2
Melosira varians II	+ bms	2
Meridion circulare I	+ os	1
Navicula accomoda	+ ams/ps	3–4
Navicula capitata	–	–
Navicula cincta	(bms/ams	2–3)
Navicula cryptocephala III	+ ams	3
Navicula cuspidata	(bms/ams	2–3)
Navicula gregaria	(bms-ams	2–3)
Navicula lanceolata	(os-ams	1–3)
Navicula pupula	+ bms	2
Navicula radiosa	+ bms	2
Navicula rhynchocephala II	+ bms/ams	2–3
Navicula tripunctata	+ os/bms	1–2
Navicula trivialis	(os/bms-ams)	
Navicula tuscula	–	–
Navicula veneta	(ams-ps)	
Navicula viridula III	(os-ps	1–4)
Neidium dubium	–	–
Neidium iridis	+ bms	2
Nitzschia acicularis II	+ bms/ams	2–3
Nitzschia amphibia	(ams	3)
Nitzschia angustata	+ ams	3
Nitzschia dissipata	+ bms	2
Nitzschia filiformis	(ams	3)
Nitzschia foncticola	+ os/bms	1–2
Nitzschia linearis I	(os/bms	1–2)
Nitzschia palea III	+ ams	3

Nitzschia sigmoidea	+ bms	2
Nitzschia stagnorum II	(bms	2)
Pinnularia gibba	+ os	1
Pinnularia interrupta	(os/bms	1–2)
Pinnularia borealis	+ os/bms	1–2
Pinnularia major II	+ bms	2
Pinnularia mesolepta	+ os/bms	1–2
Pinnularia nobilis I	(os/bms	1–2)
Pinnularia subcapitata I	(os/bms	1–2)
Pinnularia viridiformis II	+ bms	2
Rhizosolenia longiseta	(os/bms	1–2)
Rhoicosphenia abbreviata II	+ bms	2
Rhopalodia gibba	+ os/bms	1–2
Stauroneis anceps	+ bms	2
Stauroneis phoenicenteron II	+ bms	2
Stenopterobia delicatissima	–	–
Stephanodiscus astraea	(os/bms	1–2)
Stephanodiscus binderanus	(bms	2)
Stephanodiscus hantzschii III	+ ams	3
Stephanodiscus parvus	(os/bms-ams)	
Surirella angusta	+ bms	2
Surirella biseriata II	+ bms	2
Surirella capronii	+ bms	2
Surirella linearis	+ bms	2
Surirella ovalis II	+ bms/ams	2–3
Surirella robusta	+ bms	2
Surirella splendida	(bms	2)
Surirella spiralis I	+ os/bms	1–2
Surirella tenera II	+ bms	2
Synedra = Fragilaria		
Synedra acus II	+bms	2
Synedra acus angustissima I	(os/bms	1–2)
Synedra capitata	+ bms	2
Synedra ulna II	+ bms/ams	2–3
Synedra ulna danica	(os/bms	1–2)
Synedra vaucheriae	+ bms/ams	2–3
Tabellaria fenestrata II	+ bms	2
Tabellaria flocculosa I	+ os/bms	1–2

Gelbgrünalgen

Botrydiopsis arhiza	(os/bms	1–2)
Botrydium granulatum	(bms	2)
Botrydium wallrothi	–	–
Botryochloris minima	–	–
Bumilleria sicula	–	–
Characiopsis acuta	(os/bms	1–2)
Characiopsis ellipsoidea	–	–
Characiopsis longipes	–	–
Characiopsis minuta		
Characiopsis subulata	–	–
Chlorobotrys polychloris	–	–
Chlorobotrys regularis	(os/bms	1–2)
Chlorosaccus fluidus	–	–
Chlorothecium crassiapex	–	–
Goniochloris-Arten	(os/bms	1–2)
Mischococcus conferv.	(os/bms	1–2)
Ophiocytium arbuscula	+ os/bms	1–2
Ophiocytium capitatum	+ os/bms	1–2
Ophiocytium cochleare	(os/bms	1–2)
Ophiocytium lagerheimi	–	–
Ophiocytium maius	(os/bms	1–2)
Ophiocytium parvulum	(os	1)
Tetradinium intermedium	–	–
Tetraedriella acuta	(os-bms	1–2)
Tetraedriella regularis	(os-bms	1–2)
Tetraplektron tribulus	–	–
Tribonema elegans	+ os	1
Tribonema minus	(os/bms	1–2)
Tribonema monochloron	–	–
Tribonema viride	(os/bms	1–2)
Tribonema vulgare	(os-ams	1–3)
Vaucheria geminata	+ bms	2
Vaucheria sessilis II	+ bms	2
Xanthonema quadrata	(os-ams	1–3)

Augenflagellaten

Anisonema acinus	+ ams	3
Anisonema ovale	(bms/ams	2–3)
Anisonema-Arten	+ ams	3
Astasia curvata	(ams/ps	3–4)
Astasia inflata	(ams/ps	3–4)
Astasia klebsii III	+ ams	3
Astasia-Arten	+ ams	3
Colacium arbuscula	(os-bms	1–2)
Colacium calvum	(os-bms	1–2)
Colacium simplex	+ bms	2
Entosiphon sulcatum	(bms/ams	2–3)
Euglena acus	(os-ams	1–3)
Euglena deses	+ ams	3
Euglena ehrenbergii	(bms	2)
Euglena gracilis	(bms/ams	2–3)
Euglena haematodes	(os	1)
Euglena intermedia	(bms/ams	2–3)
Euglena oxyuris	+ bms/ams	2–3
Euglena pisciformis	+ bms/ams	2–3
Euglena sanguinea	(os-ams	1–3)
Euglena spirogyra	+ bms/ams	2–3
Euglena terricola	–	–
Euglena tripteris	+ bms/ams	2–3
Euglena variabilis	(os-ams	1–3)
Euglena viridis IV	+ ams/ps	3–4
Heteronoma acus	+ ams	3
Lepocinclis ovum	+ bms/ams	2–3
Lepocinclis texta (Euglena)	+ bms/ams	2–3
Notosolenus apocamptus	+ bms/ams	2–3
Peranema trichophorum	+ ams	3
Petalomonas mira	(bms-ams	2–3)
Peranema-Arten	+ ams	3
Phacus longicauda	+ bms/ams	2–3
Phacus oscillans	(os	1)
Phacus pleuronectes	+ bms/ams	2–3
Phacus pyrum	+ bms/ams	2–3
Phacus tortus	(bms	2)
Phacus triqueter	(os-bms	1–2)
Rhabdomonas costata	(ams-ps	3–4)
Trachelomonas armata	+ bms	2
Trachelomonas caudata	+ bms	2
Trachelomonas euchlora	(bms	2)
Trachelomonas hispida	+ bms/ams	2–3
Trachelomonas hystrix	–	–
Trachelomonas oblonga	+ bms	2
Trachelomonas volvocina	(os-ams	1–3)
Tropidoscyphus octoc.	+ os	1
Urceolus costatus	(bms	2)
Urceolus cyclostomus	+ ams	3
Urceolus-Arten	+ ams	3

Dinoflagellaten

Ceratium cornutum	(os-bms	1–2)
Ceratium hirundinella	+ os/bms	1–2

Cystodinium cornifax	(os-bms	1–2)
Glenodinium pulvisculus	(os/bms	1–2)
Gymnodinium aeruginosum	+ bms	2
Gymnodinium fuscum	(os/bms	1–2)
Gymnodinium palustre	(os/bms	1–2)
Gymnodinium paradoxum	(os-bms	1–2)
Gyrodinium hyalinium	(bms/ams	2–3)
Hemidinium nasutum	(os-bms	1–2)
Peridiniopsis edax	(os/bms	1–2)
Peridiniopsis penardii	+ os/bms	1–2
Peridiniopsis uliginosum	(os/bms	1–2)
Peridinium-Arten	(os-bms	1–2)
Sphaerodinium cinctum	(bms	2)
Tetradinium intermedium	(os-bms	1–2)
Woloszynskia neglecta	(os/bms	1–2)

Kryptomonaden

Chilomonas oblonga	(ams	3)
Chilomonas paramecium III	+ ams	3
Chroomonas nordstedti	+ bms	2
Chroomonas-Arten	(os-ams	1–3)
Cryptomonas erosa III	(ams	3)
Cryptomonas ovata	(bms	2)
Cyathomonas truncata	+ ams	3
Rhodomonas lacustris	(os/bms	1–2)

Grünmonaden

Carteria klebsii	(bms	2)
Carteria multifilis IV	+ ps	4
Chlamydomonas angulosa	(os/bms	1–2)
Chlamydomonas ehrenbergii III	+ ams	3
Chlamydomonas pisiformis	(os-ams	1–3)
Chlamydomonas reinhardii	+ ams	3
Chlamydomonas variabilis	(os-ps	1–4)
Chlorogonium elongatum	(ams/ps	3–4)
Chlorogonium euchlorum	(ams	3)
Eudorina elegans	+ bms	2
Gonium pectorale III	+ ams	3
Haematococcus pluvialis	+ os/bms	1–2
Hyalogonium klebsii	(os-bms	1–2)
Pandorina morum	+ bms	2
Phacotus lenticularis	(bms	2)
Phacotus lendneri	+ os/bms	1–2
Polytoma uvella IV	+ ps	4
Pteromonas angulosa	(bms-ams	2–3)
Pyramidomonas tetrarhyn.	+ bms	2
Sphaerellopsis gloeocyst.	–	–
Spondylomorum quart. III	+ ams	3
Stephanosphaera pluv.	+ os	1
Volvox aureus	+ bms	2
Volvox globator	+ bms	2
Volvox tertius	(bms	2)

Viersporgrünalgen

Apiocystis brauniana	(os/bms	1–2)
Asterococcus superbus	(os/bms	1–2)
Chlamydomonadopsis moinae	(os/bms	1–2)
Chlorangiella pygmaea	(os-ams	1–3)
Chlorangiopsis epizootica	(os-ams	1–3)
Malleochloris sessilis	(os-ams	1–3)
Nautococcus pyriformis	(os/bms	1–2)
Pseudosphaerocystis negl.	(os-bms	1–2)
Schizochlamys gelatinosa	–	–
Tetraspora-Arten	+ os/bms	1–2

Kokkale Grünalgen

Acanthosphaera zachar.	–	–
Actidesmium hookeri	–	–
Actinastrum hantzschii	+ bms	2
Ankistrodesmus acicularis II	+ bms	2
Ankistrodesmus angustus	(bms-ams	2–3)
Ankistrodesmus bibraianus I	+ bms	2
Ankistrodesmus falcatus	(bms-ams	2–3)
Ankistrodesmus gracilis	+ bms	2
Ankistrodesmus lacustris	(os/bms	1–2)
Ankistrodesmus pfitzerii	(bms-ams	2–3)
Ankistrodesmus spiralis	(os/bms-ams)	
Ankistrodesmus stipitatus	(bms-ams	2–3)
Ankyra ancora	(bms-ams	2–3)
Botryococcus braunii	+ os/bms	1–2
Bracteococcus-Arten	–	–
Characium-Arten	–	–
Chlorella vulgaris	+ ams	3
Chlorococcum humicola	(bms	2)
Chlorococcum infusionum	(ams	3)
Chodatella citriformis	(os/bms-ams)	
Closteriopsis longissima	–	–
Coelastrum astroideum	(bms	2)
Coelastrum cambricum	(os/bms-ams)	
Coelastrum microporum	+ bms	2
Coelastrum reticulatum	(os-bms	1–2)
Coelastrum sphaericum	(os/bms-ams)	
Coenocystis planctonica	(bms	2)
Coronastrum ellipsoideum	(bms	2)
Crucigenia fenestrata	(bms	2)
Crucigenia lauterbornii	(os-bms	1–2)
Crucigenia quadrata	+ bms	2
Crucigenia tetrapedia	+ bms	2
Crucigeniella apiculata	(bms	2)
Cystococcus humicola	–	–
Desmatractum bipyramid.	–	–
Desmatractum inundatum	–	–
Dictyococcus varians	–	–
Dictyosphaerium ehrenb.	+ bms	2
Dictyosphaerium pulchellum II	+ bms	2
Dimorphococcus lunatus	(os/bms	1–2)
Elakatothrix gelatinosa	(os/bms	1–2)
Elakatothrix viridis	–	–
Eremosphaera viridis	–	–
Euastropsis richteri	–	–
Excentrosphaera viridis	–	–
Franceia armata	(bms-ams	2–3)
Franceia ovalis	(os-bms	1–2)
Glaucocystis nostoch.	–	–
Gloeocystis-Arten	(os/bms	1–2)
Golenkinia paucispina	+ bms	2
Golenkinia radiata	+ bms	2
Golenkiniopsis solitaria	+ bms	2
Hyaloraphidium contortum	(bms-ams	2–3)
Hydrianum crassiapex	–	–
Hydrianum viride	–	–
Hydrodictyon reticulatum	+ os/bms	1–2
Kentrosphaera facciolae	(os-ams	1–3)
Kentrosphaera gibberosa	–	–
Kirchneriella contorta	–	–
Kirchneriella gracillima	(os-ams	1–3)
Kirchneriella lunaris	+ bms	2
Kirchneriella obesa	+ bms	2
Lagerheimia chodati	(bms	2)
Lagerheimia ciliata	+ bms	2

Lagerheimia citriformis	(os/bms-ams)	
Lagerheimia genevensis	+ bms	2
Lagerheimia quadriseta	+ bms	2
Lagerheimia subsalsa	(bms	2)
Lagerheimia wratislaviensis	+ bms	2
Micractinium pusillum	+ bms	2
Monoraphidium s. Ankistrodesmus		
Neospongiococcum multinucl.	(bms	2)
Nephrochlamys subsolitaria	(os/bms-ams)	
Nephrocytium agardhianum	(os/bms-ams)	
Nephrocytium lunatum	(os/bms-ams)	
Oocystis borgei	(bms	2)
Oocystis crassa	(bms	2)
Oocystis elliptica	(bms	2)
Oocystis lacustris	(os-bms	1–2)
Oocystis marssonii	(bms	2)
Oocystis naegelii	(bms	2)
Oocystis parva	(os/bms-ams)	
Oocystis pusilla	–	–
Oocystis rupestris	(os/bms	1–2)
Oocystis solitaria	(os/bms	1–2)
Palmella miniata	(os	1)
Palmodictyon viride	(os/bms	1–2)
Pediastrum angulosum	(bms	2)
Pediastrum biradiatum	(os/bms	1–2)
Pediastrum boryanum II	+ bms	2
Pediastrum duplex	+ bms	2
Pediastrum duplex var. duplex	(os/bms	1–2)
Pediastrum gracillimum	(bms	2)
Pediastrum integrum	+ bms	2
Pediastrum kawraiskyi	+ bms	2
Pediastrum simplex	+ bms	2
Pediastrum simplex var. simplex	(os/bms	1–2)
Pediastrum sturmii	(os/bms-ams)	
Pediastrum tetras	+ bms	2
Planktosphaeria gelat.	(os-bms	1–2)
Quadricoccus verrucosus	(os-bms	1–2)
Quadrigula s. Anistrodesmus		
Radiococcus nimbatus	(os-bms	1–2)
Scenedesmus abundans	+ bms	2
Scenedesmus acuminatus II	+ bms	2
Scenedesmus acutus	(os/bms-ams)	
Scenedesmus arcuatus	+ bms	2
Scenedesmus armatus	(bms	2)
Scenedesmus bijugatus	+ bms	2
Scenedesmus brasiliensis	+ bms	2
Scenedesmus carinatus	(bms	2)
Scenedesmus denticulatus	+ bms	2
Scenedesmus ecornis	(bms	2)
Scenedesmus longispina	(os/bms-ams)	
Scenedesmus naegelii	(bms-ams	2–3)
Scenedesmus obliquus	(bms-ams	2–3)
Scenedesmus opoliensis	(bms/ams	2–3)
Scenedesmus opoliensis	(bms/ams	2–3)
Scenedesmus obtusus	(bms-ams	2–3)
Scenedesmus quadricauda II	+ bms	2
Scenedesmus securiformis	(os/bms	1–2)
Scenedesmus tenuispina	(bms-ams	2–3)
Schizochlamydella delic.	(os	1)
Schroederia setigera	+ bms	2
Schroederia spiralis	+ bms	2
Selenastrum bifidum	(bms	2)
Selenastrum minutum	–	–
Siderocelis elegans	+ bms	2
Siderocelis ornata	+ bms	2
Sorastrum bidentatum	(os/bms	1–2)
Sorastrum spinulosum	(os/bms	1–2)
Sphaerocystis schroeteri I	+ os/bms	1–2
Tetrachlorella alternans	–	–
Tetraedron arthrodesmiforme	(os/bms-ams)	
Tetraedron caudatum	+ bms	2
Tetraedron incus	(os/bms-ams)	
Tetraedron minimum	+ bms	2
Tetraedron muticum	(bms-ams	2–3)
Tetraedron regulare	(bms	2)
Tetraedron trigonum	(bms-ams	2–3)
Tetraedron trilobatum	(bms-ams	2–3)
Tetrallantos lagerheimii	+ bms	2
Tetrastrum-Arten	(bms	2)
Thorakochloris plankt.	(bms	2)
Trebouxia humicola	–	–
Treubaria quadrispina	(os-bms	1–2)
Treubaria schmidlei	(os-bms/ams)	
Treubaria triappendic.	(bms	2)
Westella botryoides	–	–
Willea irregularis	(bms	2)

Faden-Grünalgen

Aphanochaete repens	(bms	2)
Binuclearia tectorum	(os	1)
Bulbochaete elatior	(os/bms-ams)	
Bulbochaete intermedia	(bms	2)
Bulbochaete mirabilis I	(os/bms	1–2)
Bulbochaete nana	(os/bms	1–2)
Bulbochaete pygmaea	(os/bms-ams)	
Bulbochaete setigera	(os	1)
Chaetopeltis orbicularis	(os/bms-ams)	
Chaetophora elegans II	+ bms	2
Chaetophora incrassata	+ os/bms	1–2
Chaetophora pisiformis	(os/bms	1–2)
Chaetophora tuberculosa	–	–
Chaetophora-Arten	+ bms	2
Chaetosphaeridium glob.	–	–
Chaetosphaeridium pringsheimii	(os/bms-ams)	
Chlorotylium cataract.	(os	1)
Cladophora fracta	+ bms	2
Cladophora glomerata I	(os/bms-ams)	
Cladophora rivularis II	+ bms	2
Cladophora-Arten	(bms	2)
Coleochaete divergens	(os/bms	1–2)
Coleochaete orbicularis	(os/bms	1–2)
Coleochaete pulvinata	(os/bms	1–2)
Coleochaete scutata	(os/bms	1–2)
Coleochaete soluta	(bms	2)
Cylindrocapsa involuta	(os/bms	1–2)
Desmococcus vulgaris	–	–
Draparnaldia glomerata I	+ os/bms	1–2
Draparnaldia-Arten	+ os/bms	1–2
Ectochaete endophytum	(bms	2)
Enteromorpha intest. II	+ bms/ams	2–3
Geminella interrupta	(os/bms	1–2)
Geminella minor	(bms	2)
Geminella mutabilis	(bms	2)
Gloeotila protogenita	(os-ams	1–3)
Gongrosira debaryana	(os/bms-ams)	
Klebsormidium flaccidum	(os-bms/ams)	

Klebsormidium pseudo-stichococcus	–	–
Klebsormidium rivulare	(bms/ams	2–3)
Klebsormidium subtile	+ bms	2
Klebsormidium subtilissimum	+ bms	2
Microspora amoena I	+ os/bms	1–2
Microspora floccosa	(os/bms-ams)	
Microspora quadrata	+ os/bms	1–2
Microspora stagnorum	(bms-ams	2–3)
Microthamnion kuetzing. II	(bms	2)
Oedogonium borisianum	(os-ams	1–3)
Oedogonium boscii	(os-ams	1–3)
Oedogonium capillare II	+ bms	2
Oedogonium crispum	(bms	2)
Oedogonium echinospermum	–	–
Oedogonium itzigsohnii	–	–
Oedogonium undulatum	(os-ams	1–3)
Oedogonium vaucherii	(os-ams	1–3)
Oedogonium-Arten	+ bms	2
Pithophora oedogonia	–	–
Prasiola crispa	(os	1)
Raphidonema-Arten	–	–
Rhizoclonium hierogl. I	(os/bms	1–2)
Sphaeroplea annulina	–	–
Stichococcus bacillaris	(bms/ams	2–3)
Stigeoclonium longipilum	(os/bms	1–2)
Stigeoclonium tenue	+ ams	3
Stigeoclonium-Arten	(bms/ams	2–3)
Trentepohlia aurea	–	–
Trentepohlia umbrina	–	–
Ulothrix moniliformis	–	–
Ulothrix tenussima	+ bms	2
Ulothrix variabilis	(os	1)
Ulothrix zonata I	+ os/bms	1–2
Ulothrix-Arten	+ bms	2

Zieralgen; Jochalgen

Actinotaenium cucurbita	–	–
Actinotaenium palangula	–	–
Bambusina moniliformis	–	–
Closterium acerosum III	+ ams	3
Closterium aciculare	(os/bms	1–2)
Closterium acutum	+ bms/ams	2–3
Closterium dianae I	+ os/bms	1–2
Closterium ehrenbergii II	+ bms	2
Closterium intermedium	–	–
Closterium kuetzingii	(os/bms	1–2)
Closterium leibleinii III	+ bms/ams	2–3
Closterium limneticum	+ bms	2
Closterium lunula I	+ os/bms	1–2
Closterium moniliferum II	+ bms	2
Closterium parvulum II	+ bms	2
Closterium pronum	(os-bms	1–2)
Closterium rostratum	+ os/bms	1–2
Closterium striolatum	(os/bms	1–2)
Cosmarium bioculatum	–	–
Cosmarium botrytis III	(bms-ams	2–3)
Cosmarium brebissonii	–	–
Cosmarium depressum planktonicum	+ bms	2
Cosmarium formosulum	(os/bms	1–2)
Cosmarium granatum	(os-ams	1–3)
Cosmarium humile	(os-bms	1–2)
Cosmarium laeve	(os-bms	1–2)
Cosmarium margaritiferum	–	–
Cosmarium meneghinii	(os-ams/ps)	
Cosmarium ornatum	–	–
Cosmarium praemorsum	(os-bms	1–2)
Cosmarium pyramidatum	–	–
Cosmarium regnelli	–	–
Cosmarium reniforme	(os	1)
Cosmarium subcoscatum	+ bms	2
Cosmarium tetraophthalmum	–	–
Cosmarium turpinii	(os/bms	1–2)
Cosmarium venustum	–	–
Cosmarium-Arten, weitere	–	–
Cylindrocystis brebiss.	–	–
Cylindrocystis crassa	–	–
Desmidium coarctatum	–	–
Desmidium grevillii	–	–
Desmidium swartzii	(os/bms	1–2)
Euastrum ansatum	–	–
Euastrum bidentatum	–	–
Euastrum binale	–	–
Euastrum denticulatum	(os/bms	1–2)
Euastrum didelta	–	–
Euastrum elegans	(os/bms	1–2)
Euastrum germanicum	+ bms	2
Euastrum oblongum I	(os/bms	1–2)
Euastrum verrucosum	(os/bms	1–2)
Euastrum-Arten, weitere	–	–
Gonatozygon brebissonii	–	–
Gonatozygon monotaenium	–	–
Gymnozyga moniliformis	–	–
Hyalotheka dissilens	(os/bms	1–2)
Hyalotheka mucosa	–	–
Mesotaenium chlamydosp.	(os-os/bms)	
Mesotaenium macrococcum	–	–
Micrasterias americana	–	–
Micrasterias apiculata	–	–
Micrasterias crux-melitensis	(os/bms	1–2)
Micrasterias denticulata	–	–
Micrasterias fimbriata	–	–
Micrasterias furcata	(os-bms	1–2)
Micrasterias jenneri	–	–
Micrasterias papillifera	–	–
Micrasterias pinnatifida	–	–
Micrasterias rotata	–	–
Micrasterias thomasiana	–	–
Micrasterias truncata I	(os/bms	1–2)
Mougeotia calospora	–	–
Mougeotia laetevirens	–	–
Mougeotia scalaris	(os-bms	1–2)
Mougeotia varians	(os/bms	1–2)
Mougeotia-Arten	(os-bms	1–2)
Netrium-Arten	(os/bms	1–2)
Penium-Arten	–	–
Pleurotaenium ehrenb.	–	–
Pleurotaenium trabecula	(bms	2)
Pleurotaenium truncatum	–	–
Spirogyra calospora	(bms	2)
Spirogyra crassa II	+ bms	2
Spirogyra fluviatilis I	(os/bms	1–2)
Spirogyra juergensii	(os-bms	1–2)
Spirogyra majuscula	+ bms	2
Spirogyra mirabilis	(bms	2)
Spirogyra setiformis	–	–
Spirogyra varians	(bms-ams	2–3)
Spirogyra weberi	(bms	2)
Spirogyra-Arten	(os/bms-bms)	

Spirotaenia condensata	–	–
Spirotaenia obscura	–	–
Spondylosium-Arten	–	–
Staurastrum aculeatum	–	–
Staurastrum cingulum	(os-bms	1–2)
Staurastrum gracile	+ os/bms	1–2
Staurastrum inflexum	(os/bms	1–2)
Staurastrum pingue (paradoxum)	(os/bms	1–2)
Staurastrum polymorphum	(os/bms	1–2)
Staurastrum punctulatum I	+ os/bms	1–2
Staurastrum sebaldi	+ os	1
Staurastrum teliferum	–	–
Staurastrum tetracerum	+ os/bms	1–2
Staurastrum vestitum	–	–
Staurastrum-Arten, weitere	–	–
Staurodesmus convergens	–	–
Staurodesmus cuspidatus	(os-bms	1–2)
Staurodesmus dejectus	os-bms	1–2
Staurodesmus dickiei	–	–
Staurodesmus extensus	–	–
Staurodesmus glaber	–	–
Teilingia granulata	–	–
Tetmemorus granulatus	–	–
Xanthidium antilopaeum	–	–
Xanthidium armatum	–	–
Xanthidium cristatum	–	–
Zygnema commune	(os-bms-ams)	
Zygnema ericetorum	–	–
Zygnema leiospermum	(bms-ams	2–3)
Zygnema pectinatum	(os/bms-ams)	
Zygnema stellinum	(os-bms	1–2)
Zygnema sterile	(os-bms	1–2)
Zygnema-Arten	(os-bms	1–2)

Armleuchteralgen

Chara aspera	(os	1)
Chara-Arten	+ os/bms	1–2

Rotalgen

Asterocystis smaragdina	–	–
Audouinella hermannii	–	–
Bangia atropurpurea	+ os/bms	1–2
Batrachospermum gelatinosum	+ os/bms	1–2
Batrochospermum turfosum	(os-os/bms)	
Batrachospermum-Arten	+ os/bms	1–2
Chantransia = Audouinella		
Compsopogon aeruginosus	–	–
Compsopogon coeruleus	–	–
Hildenbrandia rivularis	+ os/bms	1–2
Lemanea fluviatilis	+ os/bms	1–2
Lemanea-Arten	+ os/bms	1–2
Porphyridium cruentum	–	–

Braunalgen

Bodanella-Arten	(os-os/bms)	
Heribaudiella fluviatilis	+ os/bms	1–2
Pleurocladia lacustris	(os-bms/ams)	

Moose

Cinclidotus fontinaloides I	+ os/bms	1–2
Fontinalis antipyr. I	(bms	2)
Pellia fabbroniana I	+ os	1
Riccia fluitans	+ bms	2
Sphagnum-Arten	(os	1)

Pilze

Achlya racemosa	(ams-ps	3–4)
Alatospora acuminata	–	–
Ancylistis closterii	–	–
Anguillospora long.	(ams	3)
Apodya lactea III	+ ams/ps	3–4
Articulospora inflata	–	–
Articulospora tetracladia	–	–
Blastocladia prings.	(ams/ps	3–4)
Clavariopsis aquatica	(ams	3)
Dendrospora erecta	–	–
Flagellospora curvula	–	–
Flagellospora penicillioides	–	–
Fusarium aquaeductum III	+ ams	3
Helicosporium-Arten	–	–
Heliscus aquaticus	–	–
Heliscus longibrachiatus	–	–
Lemonniera aquatica	(bms-ams	2–3)
Leptomitus lacteus III	+ ams/ps	3–4
Lunulospora curvula	–	–
Margaritispora aquatica	–	–
Micromyces zygogonii	–	–
Monoblepharis sphaerica	–	–
Mucor racemosus III	+ ams	3
Nectria moschata III	+ ams	3
Olpidium luxurians	–	–
Piricularia aquatica	–	–
Piricularia submersa	–	–
Rhizophidium halophilum	–	–
Saprolegnia thureti	(bms-ps	2–4)
Tetrachaetum elegans	–	–
Tetracladium marchal.	(bms	2)
Tetracladium setigerum	–	–
Tricladium angulatum	–	–
Tricladium gracile	–	–
Tricladium splendens	–	–
Triscelophorus monosp.	–	–
Varicosporium elodeae	–	–

Farne

Equisetum fluviatile	(os/bms-bms)	
Isoëtes-Arten	+ os	1
Pilularia globulifera	+ os/bms	1–2
Salvinia natans	(bms/ams	2–3)

Höhere Pflanzen, Einkeimblättrige Pflanzen

Agrostis alba	(bms	2)	Weißes Straußgras
Alisma plantago-aquatica	(os/bms-ams)		Froschlöffel
Alopecurus aequalis	(bms-ams	2–3)	Gelbrotes Fuchsschwanzgras
Alopecurus geniculatus	(bms/ams	2–3)	Knick-Fuchsschwanzgras
Baldellia ranunculoides	(os-os/bms)		Igelschlauch
Butomus umbellatus	(bms-ams	2–3)	Schwanenblume
Carex elata	(os/bms-ams)		Steife Segge
Carex rostrata	(os-os/bms)		Schnabel-Segge

Cladium mariscus	(os-os/bms)		Schneidried
Egeria densa	+ bms/ams	2–3	Dichtblättrige Wasserpest
Eleocharis acicularis	(os-os/bms)		Nadel-Sumpfbinse
Eleocharis palustris	(os-bms/ams)		Gemeine Sumpfbinse
Elodea canadensis	+ bms/ams	2–3	Wasserpest
Glyceria fluitans	+ os/bms	1–2	Manna-Schwaden
Glyceria maxima	(bms	?)	Wasser-Schwaden
Groenlandia densa	+ os/bms	1–2	Dichtes Laichkraut
Hydrocharis morsus-ranae	(os-bms/ams)		Froschbiss
Iris pseudacorus	(bms-ams	2–3)	Wasser-Schwertlilie
Juncus bulbosus u. a.	+ os	1	Rasen-Binse
Lemna gibba	(ams-ps	3–4)	Büschel-Wasserlinse
Lemna minor	+ bms/ams	2–3	Kleine Wasserlinse
Lemna trisulca	+ bms	2	Dreifurchige Wasserlinse
Najas flexilis	+ os/bms	1–2	Nixenkraut
Phragmites australis	(bms-ps	2–4)	Schilf
Potamogeton crispus	+ ams	3	Krauses Laichkraut
Potamogeton gramineus	+ os/bms	1–2	Gras-Laichkraut
Potamogeton lucens	+ bms	2	Glänzendes Laichkraut
Potamogeton natans	+ os/bms	1–2	Schwimmendes Laichkraut
Potamogeton pectinatus	+ bms/ams	2–3	Kamm-Laichkraut
Potamogeton perfoliatus	+ bms/ams	2–3	Durchwachsenes Laichkraut
Potamogeton polygonifolius	+ os	1	Knöterich-Laichkraut
Potamogeton pusillus	(bms-ams	2–3)	Kleines Laichkraut
Sagittaria sagittifolia	(bms	2)	Pfeilkraut
Schoenoplectus lacustris	(bms-ps	2–4)	Teich-Simse
Sparganium emersum	(bms	2)	Einfacher Igelkolben
Sparganium erectum	(bms-ams	2–3)	Ästiger Igelkolben
Spirodela polyrrhiza	+ bms/ams	2–3	Teichlinse
Stratiotes aloides	(bms/ams	2–3)	Krebsschere
Typha-Arten	(bms/ams	2–3)	Rohrkolben
Zannichellia palustris	+ bms/ams	2–3	Teichfaden
Zweikeimblättrige Pflanzen			
Berula erecta	(os-bms/ams)		Berle
Callitriche hamulata	(os-ams	1–3)	Haken-Wasserstern
Callitriche obtusangula	+ bms/ams	2–3	Nussfrucht-Wasserstern
Callitriche palustris	+ bms	2	Frühlings-Wasserstern
Callitriche stagnalis	(os-ams	1–3)	Großblütiger Wasserstern
Cardamine amara	+ os	1	Bitteres Schaumkraut
Cardamine pratensis	(os/bms-ams)		Wiesen-Schaumkraut
Ceratophyllum demersum	+ bms/ams	2–3	Rauhes Hornblatt
Ceratophyllum submersum	+ bms	2	Zartes Hornblatt
Drosera-Arten	–	–	Sonnentau
Elatine alsinastrum	(os/bms-bms)		Quirl-Tännel
Elatine hexandra	(bms	2)	SechsmännigerTännel
Hippuris vulgaris	+ os/bms	1–2	Tannenwedel
Hottonia palustris	(os/bms-bms)		Wasserfeder
Impatiens-Arten	–	–	Springkraut
Lobelia dortmanna	+ os	1	Wasser-Lobelie
Lysimachia nummularia	–	–	Pfennigkraut
Lysimachia thyrsiflora	(os/bms	1–2)	Strauß-Gilbweiderich
Lysimachia vulgaris	–	–	Gemeiner Gilbweiderich
Lythrum salicaria	–	–	Blutweiderich
Mentha aquatica	+ os/bms, +	bms	Wasserminze
Menyanthes trifoliata	(os/bms	1–2)	Fieberklee
Montia fontana	–	–	Quellkraut
Myosotis palustris	(os-ams	1–3)	Sumpf-Vergißmeinnicht
Myriophyllum alterniflorum	+ os/bms	1–2	WechselblütigesTausenblatt
Myriophyllum spicatum	+ bms/ams	2–3	Ähriges Tausendblatt
Myriophyllum verticillatum	+ os/bms	1–2	Quirlblättriges Tausenblatt
Nasturtium microphyllum	(os-os/bms)		Sumpfkresse
Nasturtium officinale	(os-bms	1–2)	Brunnenkresse
Nuphar lutea	+ bms/ams	2–3	GelbeTeichrose
Nuphar pumila	+ os/bms	1–2	KleineTeichrose

Nymphaea alba	+ os/bms	1–2	Weiße Seerose
Nymphoides peltata	(os/bms	1–2)	Seekanne
Oenanthe aquatica	(bms-ams	2–3)	Wasserfenchel
Oenanthe fluviatilis	+ bms/ams	2–3	Flutender Wasserfenchel
Parnassia palustris	–	–	Sumpf-Herzblatt
Petasites-Arten	–	–	Pestwurz
Polygonum amphibium	(os/bms-bms)		Wasserknöterich
Polygonum hydropiper	(os/bms-ams)		Wasserpfeffer
Potentilla palustris	–	–	Blutauge
Ranunculus aquatilis	+ os/bms	1–2	Wasser-Hahnenfuß
Ranunculus circinatus	+ bms	2	Spreizender Hahnenfuß
Ranunculus flammula	–	–	Brennender Hahnenfuß
Ranunculus fluitans	+ bms/ams	2–3	Flutender Hahnenfuß
Ranunculus peltatus	+ os/bms	1–2	Schild-Hahnenfuß
Ranunculus penicillatus	+ bms/ams	2–3	Pinsel-Hahnenfuß
Ranunculus sceleratus	–	–	Gift-Hahnenfuß
Ranunculus trichophyllus	(os-bms/ams)		Haarblättriger Hahnenfuß
Sium latifolium	(bms-bms/ams)		Merk
Trapa natans	(bms-ams	2–3)	Wassernuss
Utricularia australis, intermedia, minor und vulgaris	(os/bms-ams)		Wasserschlauch
Veronica anagallis-aquatica	+ os/bms	1–2	Wasser-Ehrenpreis
Veronica beccabunga	+ os/bms	1–2	Bachbunge
Veronica scutellata	–	–	Schild-Ehrenpreis

Zooflagellaten

Bicosoeca socialis	(os-ams	1–3)
Bodo caudatus	(ams/ps	3–4)
Bodo putrinus IV	+ ps	4
Bodo saltans III	+ ams/ps	3–4
Cercobodo = Cercomonas		
Cercomonas crassicauda	+ ps	4
Cercomonas longicauda IV	+ ps	4
Codosiga botrytis	+ ams	3
Diplosiga socialis I	+ os/bms	1–2
Hexamita crassa	+ ps	4
Hexamita fissa	+ ps	4
Hexamita inflata IV	+ ps	4
Hexamita spec.	+ ps	4
Mastigamoeba aspera	(bms	2)
Mastigamoeba invertens	(bms	2)
Mastigamoeba trichophora IV	+ ps	4
Monosiga-Arten	(os/bms	1–2)
Multicilia lacustris	(bms-ps	2–4)
Phalansterium consoc.	(os	1)
Phalansterium digitatum	(os	1)
Phyllomitus undulans	(ams	3)
Protospongia haeckeli	(os/bms	1–2)
Pseudodendromonas vikii	–	–
Rhipidodendron splend.	(os/bms	1–2)
Salpingoeca frequent.	(os-bms	1–2)
Salpingoeca vaginicola	(ps	4)
Sphaeroeca pedicellata	(os-bms	1–2)
Sphaeroeca volvox	(bms/ams	2–3)
Spongomonas intestinum	(os-ams	1–3)
Spongomonas uvella	(os/bms	1–2)
Tetramitus descissus	+ ps	4
Tetramitus pyriformis IV	+ ps	4
Trepomonas agilis IV	+ ps	4
Trepomonas rotans IV	+ ps	4
Trigonomonas compressa IV	+ ps	4
Trigonomonas-Arten	+ ps	4

Amöben

Acanthamoeba castellanii	–	–
Ameoba = Chaos, Thecamoeba		
Amoeba gorgonia	(bms	2)
Amoeba hylobates	(bms	2)
Astramoeba radiosa I I	+ bms/ams	2–3
Chaos diffluens II	+ bms	2
Chaos proteus	+ bms	2
Dactylosphaerium vitr.	(os/bms-ams)	
Dinamoeba mirabilis	(os/bms, bms)	
Hartmanella = Acanthamoeba		
Hyalodiscus rubicundus	+ bms	2
Hyalodiscus simplex	(bms	2)
Mayorella-Arten	(bms	2)
Metachaos gratum	(bms	2)
Metachaos laureata	(bms	2)
Naegleria aquatilis	(ams-ps	3–4)
Naegleria gruberi	(ams-ps	3–4)
Pelomyxa belevskii	(ams-ps	3–4)
Pelomyxa palustris IV	+ ams/ps	3–4
Pelomyxa schiedti	(ams-ps	3–4)
Pelomyxa tertia	(ams-ps	3–4)
Polychaos-Arten	–	–
Thecamoeba humilis	+ bms	2
Thecamoeba sphaeronucleolus	–	–
Thecamoeba striata	–	–
Thecamoeba verrucosa II	+ bms	2
Trichamoeba caerulea	–	–
Trichamoeba clava	–	–
Trichamoeba pilosa	(bms	2)
Trichamoeba prima	–	–
Trichamoeba villosa	(bms	2)
Vahlkampfia debilis	(bms	2)
Vahlkampfia fluida	(ams	3)
Vahlkampfia guttula	+ ams/ps	3–4
Vahlkampfia limax IV	(bms-ps	2–4)
Vahlkampfia lucens	–	–
Vahlkampfia mira	(bms-ams	2–3)
Vahlkampfia tachypodia	(bms-ams	2–3)
Vahikampfia vahlkampfi	+ ams/ps	3–4
Vampyrella lateritia	–	–

Schalen-Amöben (lebend)

Allelogromia brunneri	(os	1)
Amphitrema-Arten	–	–
Arcella arenaria	–	–
Arcella artocrea	–	–
Arcella catinus	–	–
Arcella conica	(os-ams	1–3)
Arcella costata	–	–
Arcella dentata	(os/bms	1–2)
Arcella discoides	(os/bms	1–2)
Arcella gibbosa	+ bms/ams	2–3
Arcella hemisphaerica	(bms/ams	2–3)
Arcella megastoma	(os-ams	1–3)
Arcella mitrata	–	–
Arcella vulgaris	(bms-ams	2–3)
Assulina muscorum	(os	1)
Assulina seminulum	(os/bms	1–2)
Awerintzewia cyclostoma	(os-bms	1–2)
Bullinularia indica	–	–
Centropyxis aculeata	(os-ams	1–3)
Centropyxis cassis	(os-ams	1–3)
Centropyxis discoides	(os/bms-ams)	
Centropyxis hirsuta	(os	1)
Centropyxis kahli	(os-ams	1–3)
Centropyxis marsupiformis	(bms	2)
Centropyxis-Arten	(bms	2)
Cochliopodium bilimbosum	(bms-ps	2–4)
Cochliopodium granulatum	(bms	2)
Corythion dubium	+ bms	2
Cryptodifflugia oviformis	(ams	3)
Cyphoderia margaritacea	(os-ams	1–3)
Difflugia acuminata	(os/bms	1–2)
Difflugia bacillifera	(os/bms	1–2)
Difflugia corona	(bms	2)
Difflugia elegans	(os/bms	1–2)
Difflugia fragosa	(os/bms-ams)	
Difflugia lobostoma	(bms-ams	2–3)
Difflugia oblonga	(os/bms	1–2)
Difflugia urceolata	+ bms	2
Difflugia varians	(os/bms-ams)	
Diplophrys archeri	+ bms/ams	2–3
Euglypha acanthophora	+ bms	2
Euglypha ciliata	(os-ams	1–3)
Euglypha laevis	(os-ps	1–4)
Gocevia-Arten	(bms	2)
Gromia fluvialis	–	–
Gymnophrys cometa	–	–
Gymnophrys vagans	–	–
Heleopera-Arten	–	–
Hyalosphenia cuneata	(os/bms	1–2)
Hyalosphenia elegans	–	–
Hyalosphenia papilio	–	–
Lesquereusia modesta	(os/bms	1–2)
Lesquereusia spiralis	(os/bms	1–2)
Lieberkuehnia wagneri	(bms	2)
Microchlamys patella	(os/bms-ams)	
Nadinella tenella	–	–
Nebela collaris	(os/bms	1–2)
Nebela griseola	–	–
Nebela lageniformis	–	–
Nebela-Arten	–	–
Paraquadrula irregularis	–	–
Paulinella chromatophora	(os/bms	1–2)
Penardia mutabilis	–	–
Phryganella acropodia	(os-bms/ams)	
Pseudochlamy arcelloides	–	–
Pyxidicula operculata	+ bms	2
Quadrulella symmetrica	+ os/bms	1–2
Sphenoderia lenta	–	–
Trinema enchelys	(os-ams	1–3)
Trinema lineare	(os-ams	1–3)

Sonnentiere

Acanthocystis aculeata	(bms	2)
Acanthocystis mimetica	(bms	2)
Acanthocystis radiosa	(os/bms-ams)	
Acanthocystis spinifera	(os-bms/ams)	
Acanthocystis turfacea 1	(os/bms	1–2)
Acanthocystis-A. (Nuclearia)	+ bms	2
Actinophrys sol	+ bms	2
Actinophrys vesiculata	(os/bms	1–2)
Actinosphaerium eichh. II	+ bms	2
Astrodisculus-Arten	(bms	2)
Clathrulina cienkowskii	(bms-ams	2–3)
Clathrulina elegans	(bms-ams	2–3)
Elaeorhanis cincta	(bms	2)
Hedriocystis pellucida	–	–
Hedriocystis reticulata	–	–
Heterophrys myriapoda	(bms	2)
Lithocolla globosa	(os/bms	1–2)
Myriophrys paradoxa	(bms-ams	2–3)
Pinaciophora fluviatilis	(os/bms, bms)	
Pompholyxophrys-Arten	(bms	2)
Raphidiophrys ambigua	(bms	2)
Raphidiophrys elegans	(bms	2)
Raphidiophrys pallida	+ bms	2
Raphidiophrys symmetrica	(bms	2)
Raphidiophrys viridis	(bms	2)
Raphidocystis infestans	(os/bms	1–2)
Raphidocystis tubifera	(os/bms	1–2)

Wimpertiere

Actinobolina radians	(bms-ams	2–3)
Amphileptus carchesii	+ ams	3
Amphileptus claparadei II	+ ams	3
Amphileptus pleurosigma	+ ams	3
Askenasia volvox	(os/bms-ams)	
Aspidisca cicada II	+ ams	3
Aspidisca lynceus III	+ bms/ams	2–3
Astylozoon fallax	(bms-ams	2–3)
Balanonema biceps	(os/bms-ams)	
Balladyna fusiformis	(os	1)
Blepharisma lateritium	(bms-ams/ps)	
Blepharisma steini	–	–
Bothrostoma undulans	(os	1)
Brachonella = Metopus		
Bryometopus pseudochil.	–	–
Bursaria truncatella	+ bms	2
Bursellopsis nigricans	+ bms	2
Caenomorpha lauterborni	+ ps	4
Caenomorpha medusula IV	+ ps	4
Caenomorpha uniserialis	+ ps	4
Campanella umbellaria	+ bms/ams	2–3
Carchesium polypinum III	+ ams	3
Chilodonella uncinata III	+ ams	3
Climacostomum virens	+ bms	2
Codonella cratera	+ bms	2
Coleps hirtus II	+ bms	2
Coleps nolandi	(os/bms-ams)	
Colpidium colpoda IV	+ ps	4

Colpoda cucullus III	+ ams/ps	3–4
Colpoda steinii	(ams/ps	3–4)
Cothurnia annulata	+ os/bms	1–2
Cothurnia vaga	(bms	2)
Cristigera phoenix	(ps	4)
Cyclidium glaucoma	+ ams	3
Cyclidium lanuginosum III	+ ams	3
Dexiostoma campylum	+ ps	4
Dexiotrichides centralis IV	+ ps	4
Didinium nasutum II	+ bms	2
Dileptus margaritifer I	+ bms	2
Discomorphella pectinata IV	+ ps	4
Enchelyomorpha vermicularis IV	+ ps	4
Epalxella exigua	+ ps	4
Epalxella mirabilis	+ ps	4
Epalxella striata IV	+ ps	4
Epicarchesium pectinatum	+ bms	2
Epistylis digitalis	(bms-ams	2–3)
Epistylis plicatilis	+ bms/ams	2–3
Epistylis procumbens	(os/bms	1–2)
Euplotes affinis II	(bms/ams	2–3)
Euplotes muscicola	–	–
Euplotes patella	+ bms	2
Folliculina boltoni	(os/bms	1–2)
Frontonia acuminata I	+ os/bms	1–2
Frontonia leucas	+ bms	2
Glaucoma pyriformis IV	+ ps	4
Glaucoma scintillans IV	+ ps	4
Halteria grandinella II	+ bms/ams	2–3
Hastatella radians	(bms-ams	2–3)
Hemiophrys-Arten	(ams	3)
Hexotricha caudata IV	+ ps	4
Histriculus erethisticus	(bms-ams	2–3)
Histrio = Histriculus		
Holophrya ovum	(ams/ps	3–4)
Holophrya teres III	(ams	3)
Holosticha navicularum	(os/bms-ams)	
Homalozoon vermiculare	+ os/bms	1–2
Kerona pediculus	(os/bms	1–2)
Keronopsis spectabilis	(bms-ps	2–3)
Lacrymaria elegans IV	+ ps	4
Lacrymaria olor	+ bms	2
Lagenophrys vaginicola	–	–
Lagynophrya rostrata	(ams-ps	3–4)
Lagynus = Lacrymaria		
Lembadion bullinum	+ bms	2
Lembus = Cohnilembus		
Leptopharynx costatus	–	–
Limnostrombidium viride	+ bms	2
Linostomella vorticella	(bms	2)
Litonotus cygnus	+ bms	2
Litonotus fasciola III	+ ams	3
Litonotus lamella	+ bms/ams	2–3
Longiphragma obliqua	(ams-ps	3–4)
Loxocephalus luridus	+ ams	3
Loxodes rostrum	(bms-ps	2–4)
Loxophyllum meleagris	+ bms	2
Metopus contortus IV	+ ps	4
Metopus es IV	+ ps	4
Metopus laminarius	+ ps	4
Metopus-Arten	+ ps	4
Microthorax pusillus	+ ps	4
Monodinium balbianii	+ bms	2
Nassula gracilis I	+ os/bms	1–2

Nassula ornata	+ bms/ams	2–3
Obertrumia aurea	+ bms/ams	2–3
Opercularia articulata	(bms	2)
Opercularia asellicola	(bms/ams	2–3)
Opercularia coarctata III	+ ams	3
Opercularia minima	+ ams	3
Opercularia rugosa	(bms	2)
Ophrydium versatile I	+ os/bms	1–2
Ophryoglena atra	(bms	2)
Oxytricha fallax III	+ ams	3
Oxytricha saprobia	(ams-ps	3–4)
Paradileptus elephantinus	+ bms	2
Paramecium aurelia	+ bms/ams	2–3
Paramecium bursaria II	+ bms/ams	2–3
Paramecium caudatum III	+ ams/ps	3–4
Paramecium putrinum IV	+ ps	4
Paraurostyla viridis	(ams-ps	3–4)
Paraurostyla weissei III	+ ams	3
Pelagodileptus tracheloides	(bms	2)
Pelagohalteria cirrifera	(os/bms	1–2)
Pelagovasicola cinctum	(os/bms	1–2)
Pelodinium reniforme IV	+ ps	4
Penardiella interrupta	(bms-ps	2–4)
Phascolodon vorticella	+ bms	2
Phitothorax processus	(ams-ps	3–4)
Placus luciae	(os/bms	1–2)
Plagiocampa rouxi	–	–
Plagiopyla nasuta IV	+ ps	4
Plagiopyla-Arten	+ ps	4
Platycola coelochila	(bms	2)
Platynema sociale III	+ ams	3
Pleuronema coronatum	(bms-ps	2–4)
Pleuronema crassum	(bms	2)
Prorodon niveus I	+ os/bms	1–2
Pseudoblepharisma tenue	(ams/ps	3–4)
Pseudocohnilembus pusillus IV	+ ams/ps	3–4
Pseudokeronopsis rubra	(bms	2)
Pseudoprorodon sulcatus	(os/bms	1–2)
Pseudovorticella monilata	(ams	3)
Pyxicola operculigera	–	–
Pyxidiella collare	–	–
Rimostrombidium lacustris	(os-bms	1–2)
Saprodinium dentatum IV	+ ps	4
Sathrophilus putrinus	(ams	3)
Sieboldiellina planar.	–	–
Spathidium faurei	(os/bms-ams)	
Spathidium pectinatum	(ps	4)
Spathidium spathula	(ps	4)
Spathidium stammeri	(bms	2)
Spirochona gemmipara	(os-bms	1–2)
Spirostomum ambiguum III	+ ams	3
Spirostomum minus	+ ams	3
Spirostomum teres	+ ams	3
Steinella uncinata	–	
Stentor coeruleus III	+ bms/ams	2–3
Stentor igneus	+ bms	2
Stentor muelleri	+ os/bms	1–2
Stentor polymorphus II	+ bms/ams	2–3
Stentor roeselii	+ bms/ams	2–3
Stokesia vernalis	+ bms	2
Strombidinopsis gyrans I	(os/bms	1–2)
Strombilidium caudatum I	+ os/bms	1–2
Strongylidium crassum	(os/bms	1–2)
Stylonychia mytilus	(os/bms-ams)	

Stylonychia pustulata	+ bms	2
Tachysoma furcata	(ams-ps	3–4)
Tachysoma pellionellum	+ ams	3
Tetrahymena pyriformis IV	+ ps	4
Teuthophrys trisulcata	–	–
Thuricola folliculata I	(os/bms	1–2)
Tintinnidium fluviatile	+ bms	2
Trachelius ovum	(bms-ams	2–3)
Trachelophyllum sigmoides	(bms-ams	2–3)
Trichodina domerguei	–	–
Trichodina pediculus	–	–
Trichopelma = Leptopharynx		
Trichospira inversa	(ps	4)
Trimyema compressum IV	+ ps	4
Trithigmostoma cucullulus III	+ ams	3
Tropidoatractus acumin.	–	–
Urceolaria mitra	–	–
Urocentrum turbo III	+ ams	3
Uronema nigricans III	+ ams	3
Uronema sociale III	+ ams	3
Urosoma cienkowskii	(bms	2)
Urostyla grandis	(os/bms-ams)	
Urostyla viridis	(ams-ps	3–4)
Urotricha farcta III	+ ams	3
Urotricha saprophila	(ams-ps	3–4)
Urozona bütschlii IV	+ ams/ps	3–4
Vaginicola subcrystallina	(bms-ams	2–3)
Vaginicola terricola	–	–
Vasicola ciliata	(ams/ps	3–4)
Vasicola lutea	–	–
Vorticella campanula II	+ bms/ams	2–3
Vorticella convallaria III	+ ams	3
Vorticella microstoma IV	+ ps	4
Vorticella similis I	+ os/bms	1–2
Zoothamnium arbuscula	+ bms	2
Zoothamnium ramosissimum	(bms-ams	2–3)

Sauginfusorien

Acineta tuberosa	(bms	2)
Dendrocometes paradoxus	(os/bms	1–2)
Dendrosoma radians	+ bms/ams	2–3
Discophrya buckei	(bms	2)
Discophrya collini		–
Metacineta mystacina	+ bms/ams	2–3
Parapodophrya soliformis	(ps	4)
Podophrya fixa III	+ ams	3
Staurophrya elegans	(os/bms-ams)	
Stylocometes digitatus		–
Tokophrya carchesii	(bms/ams	2–3)
Tokophrya cyclopum	(os/bms	1–2)
Tokophrya infusionum	(ams	3)
Tokophrya lemnarum	(bms	2)

Schwämme

Ephydatia fluviatilis	+ bms	2
Ephydatia muelleri	+ bms	2
Eunapius fragilis	+ bms	2
Heteromeyenia baleyi	(bms	2)
Spongilla lacustris	+ bms	2
Trochospongilla horrida	–	

Nesseltiere

Calposoma dactyloptera	–	–
Chlorohydra = Hydra		
Cordylophora caspia	+ bms	2
Craspedacusta sowerbyi	+ bms	2
Hydra circumcincta	–	–
Hydra oligactis	+ bms	2
Hydra oxycnida	–	–
Hydra viridissima	+ os/bms	1–2
Hydra vulgaris	+ bms	2
Microhydra ryderi	+ bms	2
Nemopsis bachei	–	–

Strudelwürmer

Bothrioplana semperi	(os/bms	1–2)
Bothromesostoma pers.	(bms	2)
Castrada armata	(bms	2)
Castrella truncata	(bms	2)
Catenula lemnae	(bms/ams	2–3)
Crenobia alpina I	+ os	1
Dalyeliia viridis	(os/bms	1–2)
Dendrocoelum lacteum II	+ bms	2
Dugesia gonocephala I	+ os/bms	1–2
Dugesia polychroa	+ bms	2
Dugesia tigrina	+ bms	2
Geocentrophora sphyroc.	(os/bms	1–2)
Gieysztoria cuspidata	(bms	2)
Gyratrix hermaphroditus	(Ubiquist)	
Macrostomum rostratum	(bms	2)
Mesostoma ehrenbergi	(os/bms	1–2)
Mesostoma lingua	(bms	2)
Mesostoma tetragonum	(os/bms	1–2)
Microdalyellia armigera	(bms	2)
Microstomum lineare	(bms	2)
Olisthanella truncula	(bms/ams	2–3)
Opistomum pallidum	(os/bms	1–2)
Otomesostoma auditivum	(os	1)
Phaenocora unipunctata	(bms/ams	2–3)
Plagiostomum lemani	(os/bms	1–2)
Planaria torva	+ bms	2
Polycelis felina (cornuta)	+ os	1
Polycelis nigra	+ bms	2
Polycelis tenuis	+ bms	2
Prorhynchus stagnalis	(os-bms/ams)	
Rhynchomesostoma rostr.	(os/bms	1–2)
Rhynchoscolex simplex	(os/bms-ams)	
Stenostomum leucops	(Ubiquist)	
Stenostomum unicolor	(Ubiquist)	
Strongylostoma radiatum	(os/bms	1–2)
Tetracelis marmorosa	(os/bms	1–2)
Typhloplana viridata	(bms	2)

Schnurwürmer

Prostoma graecense	+ bms	2
Stichostemma = Prostoma		

Rädertiere

Adineta barbata	–	
Adineta gracilis	(bms	2)
Adineta tuberculosa	–	
Adineta vaga	(os-bms	1–2)
Anuraeopsis fissa	+ os/bms	1–2
Apsilus = Cupelopagis		
Argonotholca foliacea	(os/bms	1–2)
Ascomorpha-Arten	(os/bms	1–2)
Asplanchna brightwelli	(bms/ams	2–3)
Asplanchna girodi	(os/bms	1–2)
Asplanchna priodonta	+ bms	2
Asplanchna sieboldi	(os/bms	1–2)

Asplanchnopus multiceps	(os/bms	1–2)
Beauchampia crucigera	+ bms	2
Brachionus angularis	+ bms/ams	2–3
Brachionus angularis bidens	(bms/ams	2–3)
Brachionus calyciflorus amphiceros	+ bms/ams	2–3
Brachionus calyciflorus	+ bms/ams	2–3
Brachionus diversicornis	+ bms	2
Brachionus diversicornis homoceras	+ bms	2
Brachionus leydigi	(bms	2)
Brachionus leydigi quadratus	(bms	2)
Brachionus leydigi rotundatus	(bms	2)
Brachionus leydigi tridentatus	(bms	2)
Brachionus patulus	+ bms	2
Brachionus polyacanthus	(bms	2)
Brachionus quadridentatus	+ bms	2
Brachionus quadridentatus ancylognathus	(bms	2)
Brachionus quadridentatus rhenanus	(bms	2)
Brachionus urceolaris II	+ bms/ams	2–3
Brachionus rubens	+ bms/ams	2–3
Cephalodella auriculata	(bms	2)
Cephalodella catellina	(bms	2)
Cephalodella forficata	(os/bms	1–2)
Cephalodella forficula	+ bms	2
Cephalodella gibba	+ bms/ams	2–3
Cephalodella hoodi	(os/bms	1–2)
Cephalodella sterea	(os/bms	1–2)
Chromogaster = Ascomorpha		
Collotheca ambigua	(os/bms	1–2)
Collotheca calva	(os	1)
Collotheca campanulata	(os/bms	1–2)
Collotheca campanulata longicaudata	(os/bms	1–2)
Collotheca coronetta	(os/bms	1–2)
Collotheca heptabrachiata	(os/bms	1–2)
Collotheca libera	+ os/bms	1–2
Collotheca mutabilis	(os/bms	1–2)
Collotheca ornata	+ bms/ams	2–3
Collotheca ornata cornuta	(bms/ams	2–3)
Collotheca pelagica	(os/bms	1–2)
Collotheca trilobata	(os/bms	1–2)
Colurella obtusa	(bms	2)
Colurella uncinata	(bms	2)
Colurella uncinata bicuspidata	(os/bms	1–2)
Conochiloides = Conochilus		
Conochilus hippocrepis	(os/bms	1–2)
Conochilus natans	(os/bms	1–2)
Conochilus unicornis	(os/bms	1–2)
Cupelopagis vorax	(bms/ams	2–3)
Cyrtonia tuba	(os/bms	1–2)
Dicranophorus caudatus	(bms/ams	2–3)
Dicranophorus forcipatus	+ bms/ams	2–3
Dicranophorus grandis	(os/bms	1–2)
Dissotrocha aculeata	+ os/bms	1–2
Dissotrocha macrostyla	+ os/bms	1–2
Elosa woralli	(os	1)
Encentrum felis	(bms	2)
Encentrum mustela	(bms	2)
Encentrum saundersiae	(os-ams	1–3)
Enteroplea lacustris	(os/bms	1–2)
Epiphanes brachionus	(bms	2)
Epiphanes senta	+ ams	3

Euchlanis dilatata	+ bms	2
Euchlanis triquetra	(os/bms	1–2)
Eudactylota eudactylota	(os/bms	1–2)
Filinia cornuta	(os/bms	1–2)
Filinia brachiata	(os/bms	1–2
Filinia longiseta limnetica	(bms	2)
Filinia longiseta longiseta	+ bms/ams	2–3
Filinia longiseta passa	+ bms/ams	2–3
Floscularia janus	(os/bms	1–2)
Floscularia melicerta	(os/bms	1–2)
Floscularia pedunculata	(os/bms	1–2)
Floscularia ringens	+ bms	2
Floscularia ringens conifera	(os/bms	1–2)
Gastropus hyptopus	–	–
Gastropus stylifer	+ os/bms	1–2
Habrotrocha-Arten	(os/bms	1–2)
Hexarthra fennica	(Brackwasser)	
Hexarthra mira	+ bms	2
Itura aurita	(bms	2)
Kellicottia bostoniensis	(os/bms	1–2)
Kellicottia longispina I	+ os/bms	1–2
Keratella cochlearis	+ bms	2
Keratella quadrata	+ bms	2
Keratella serrulata	(os/bms	1–2)
Keratella ticinensis	(bms	2)
Lacinularia flosculosa	(bms	2)
Lecane acus	(os/bms	1–2)
Lecane cornuta	+ bms	2
Lecane flexilis	+ os/bms	1–2
Lecane luna	+ bms	2
Lecane lunaris II	+ bms	2
Lecane quadridentata	(bms	2)
Lepadella patella	(os/bms-ams)	
Limnias ceratophylli	(bms	2)
Limnias melicerta	(bms	2)
Lindia pallida	(os/bms	1–2)
Lindia tecusa	(Brackwasser)	
Lindia torulosa	(bms/ams	2–3)
Lindia truncata	(os/bms	1–2)
Lophocharis oxysternon	(bms	2)
Lophocharis salpina	+ bms	2
Macrochaetus collinsi	(bms	2)
Macrochaetus subquadratus	(os/bms	1–2)
Melicerta = Floscularia		
Microcodides chlaena	+ bms	2
Microcodon clavus	bms	2
Mniobia magna	–	–
Monommata aequalis	(bms	2)
Monommata grandis	(bms	2)
Monommata longiseta	+ bms	2
Mytilina bicarinata	(os/bms	1–2)
Mytilina mucronata	(bms-ams	2–3)
Mytilina ventralis	(bms	2)
Mytilina videns	(os/bms	1–2)
Notholca acuminata	(os/bms	1–2)
Notholca labis	(os/bms	1–2)
Notholca squamula	+ bms	2
Notholca striata	+ bms	2
Notommata allantois	(os/bms	1–2)
Notommata aurita	(os/bms	1–2)
Notommata cerberus	(os/bms	1–2)
Notommata contorta	(os/bms	1–2)
Notommata copeus	(bms	2)
Notommata cyrtopus	(os/bms	1–2)
Notommata groenlandica	(os	1)

Notommata pseudocerberus	(bms	2)
Notommata tripus	(bms	2)
Pedalia = Hexarthra		
Philodina acuticornis	(os/bms-bms)	
Philodina citrina	+ bms	2
Philodina megalotrocha	+ bms	2
Philodina roseola	+ bms	2
Platyias quadricornis	+ bms	2
Pleurotrocha petromyzon	(os/bms	1–2)
Ploesoma hudsoni	(os/bms	1–2)
Polyarthra dolichoptera	(os/bms	1–2)
Polyarthra euryptera	(os/bms	1–2)
Polyarthra major	(os/bms	1–2)
Polyarthra remata	(os/bms	1–2)
Polyarthra vulgaris	+ os/bms	1–2
Pompholyx complanata	(os/bms	1–2)
Pompholyx sulcata	+ bms	2
Proales daphnicola	(bms	2)
Proales decipiens	(os-ams	1–3)
Proales parasita	(bms	2)
Proales wernecki	(os/bms-bms)	
Ptygura brachiata	(os/bms	1–2)
Ptygura crystallina	(bms	2)
Ptygura longicornis	(bms	2)
Ptygura melicerta	(bms	2)
Ptygura pilula	(os/bms	1–2)
Ptygura pilula longipes	(os	1)
Ptygura stygis	(os/bms	1–2)
Ptygura velata	(bms	2)
Rhinoglena frontalis	+ bms	2
Rotaria citrina	(bms/ams	2–3)
Rotaria macroceros	(bms	2)
Rotaria neptunia IV	+ ps	4
Rotaria rotatoria	+ bms/ams	2–3
Rotaria tardigrada	(os/bms-ams)	
Scaridium longicaudum	(bms	2)
Sinantherina socialis	(bms	2)
Squatinella longispinata	(os/bms	1–2)
Squatinella mutica	(os/bms	1–2)
Squatinella rostrum	(os/bms	1–2)
Stephanoceros fimbriatus	+ bms	2
Synchaeta grandis	(os	1)
Synchaeta lakowitziana	(os	1)
Synchaeta longipes	(os	1)
Synchaeta oblonga	(bms	2)
Synchaeta pectinata	+ os/bms	1–2
Synchaeta stylata	(os	1)
Synchaeta tremula	(os/bms	1–2)
Synchaeta tremula kitina	(os/bms	1–2)
Taphrocampa selenura	(os/bms	1–2)
Testudinella mucronata	(bms	2)
Testudinella parva	(bms	2)
Testudinella patina	+ bms/ams	2–3
Testudinella reflexa	(bms	2)
Tetrasiphon hydrocora	(os/bms	1–2)
Trichocerca bicristata	(os	1)
Trichocerca brachyura	(bms	2)
Trichocerca capucina	(os/bms	1–2)
Trichocerca cylindrica	(os/bms	1–2)
Trichocerca inermis	(os/bms	1–2)
Trichocerca longiseta	(os/bms	1–2)
Trichocerca porcellus	(os	1)
Trichocerca pusilla	(bms	2)
Trichocerca rattus	(os/bms	1–2)
Trichocerca tigris	(os/bms	1–2)
Trichotria pocillum	(os/bms-bms)	
Trichotria tetractis	(os/bms-ams)	

Bauchhärlinge

Chaetonotus chuni	(os-bms	1–2)
Chaetonotus hystrix	(os-ams	1–3)
Chaetonotus laroides	(os-bms	1–2)
Chaetonotus linguaeformis	(bms	2)
Chaetonotus macrochaetus	(os/bms-ams)	
Chaetonotus maximus	(os/bms-ams)	
Chaetonotus murrayi	(os/bms-bms)	
Chaetonotus schultzei	(bms-ams	2–3)
Chaetonotus simrothi	(bms	2)
Dasydytes ornatus	(bms-ams	2–3)
Haltidytes festinans	(bms-ams	2–3)
Haltidytes saltitans	(bms-ams	2–3)
Heterolepidoderma ocell.	(os-ams	1–3)
Ichthydium forcipatum	(os/bms-bms)	
Ichthydium podura	(os-ams	1–3)
Lepidoderma squamatum	(os-ams	1–3)
Neogossea antennigera	(bms	2)
Polymerurus rhomboides	(bms-ams	2–3)
Polymerurus serraticaudus	(bms-ams	2–3)
Stylochaeta fusiformis	(os/bms-ams)	
Stylochaeta stylifera	(os/bms-bms)	

Fadenwürmer

Anaplectus granulosus	(os-ams	1–3)
Aphelenchoides pariet.	(Ubiquist)	
Bunonema reticulatum	–	–
Bunonema richtersi	–	–
Chromadorina bioculata	(Ubiquist)	
Chromadorita leuckarti	(os/bms-ams)	
Diplogaster rivalis	(bms-ams	2–3)
Diplogaster striatus	(bms/ams	2–3)
Diplogasteritus nudicap.	+ bms/ams	2–3
Dorylaimus stagnalis	+ bms/ams	2–3
Ethmolaimus pratensis	(os-ams	1–3)
Monhystera-Arten	(os-ams	1–3)
Panagrolaimus rigidus	(ams	3)
Paractinolaimus macrolai.	(Ubiquist)	
Paradorylaimus filiformis	(os/bms-ams)	
Pelodera chitwoodi	(ams	3)
Plectus cirratus	(os-ams	1–3)
Plectus parvus	(os-ams	1–3)
Punctodora ratzeburgensis	(os-ams	1–3)
Tobrilus gracilis	(os-ams	1–3)

Saitenwürmer

Gordius aquaticus	–	–

Wenigborsten-Würmer, „Wasser-Würmer"

Aeolosoma hemprichi	(Ubiquist)	
Aeolosoma hyalinum	(os/bms	1–2)
Aeolosoma niveum	(os/bms	1–2)
Aeolosoma variegatum	(os-ams	1–3)
Allolobophora-Arten	(os-ams	1–3)
Aulodrilus pluriseta	(bms	2)
Aulophorus furcatus	(bms	2)
Branchiobdella astaci	(os/bms	1–2)
Branchiura sowerbyi	(ams	3)
Chaetogaster cristallinus	+ bms	2
Chaetogaster diaphanus	+ bms	2
Chaetogaster diastrophus	+ bms/ams	2–3
Chaetogaster lymnaei	(bms	2)

Dero digitata		(bms/ams	2–3)
Dero nivea		(bms/ams	2–3)
Dero obtusa		(bms/ams	2–3)
Eiseniella tetraedra		(os/bms	1–2)
Enchytraeus albidus		(am	3)
Enchytraeus buchholzi		(os-ams	1–3)
Euilyodrilus = Potamothrix			
Limnodrilus claparedeanus		(ams/ps	3–4)
Limnodrilus hoffmeisteri	+	ams/ps	3–4
Limnodrilus udekemianus		(ams/ps	3–4)
Lumbricillus lineatus		(ams/ps	3–4)
Lumbriculus variegatus	+	ams	3
Nais elinguis		(bms-ams	2–3)
Nais variabilis		(bms/ams	2–3)
Ophidonais serpentina		(bms/ams	2–3)
Peloscolex ferox		(bms	2)
Potamothrix hammoniensis		(bms/ams	2–3)
Pristina longiseta		(bms	2)
Pristinella rosea		(bms	2)
Psammoryctides barbatus		(ams	3)
Rhyacodrilus coccineus		(bms	2)
Ripistes parasita		(bms	2)
Slavina appendiculata		(bms	2)
Spirosperma = Peloscolex			
Stylaria lacustris II	+	bms/ams	2–3
Stylodrilus heringianus		(os/bms	1–2)
Tubifex tubifex IV	+	ps	4
Vejdovskyella comata		(bms	2)

Egel

Erpobdella octoculata III	+	ams	3
Erpobdella octoculata III in Seen		(os/bms-ams)	
Erpobdella testacea		(bms	2)
Glossiphonia complanata	+	bms	2
Glossiphonia heteroclita	+	bms	2
Haementeria costata		–	–
Haemopis sanguisuga	+	bms/ams	2–3
Helobdella stagnalis	+	bms/ams	2–3
Hemiclepsis marginata	+	bms	2
Herpobdella = Erpobdella			
Hirudo medicinalis		(bms/ams	2–3)
Piscicola geometra	+	bms	2

Wasserflöhe u. a.

Acantholeberis curvirost.		(os/bms	1–2)
Acroperus harpae		(bms	2)
Alona affinis		(bms	2)
Alona costata	+	bms	2
Alona quadrangularis	+	bms	2
Alona rectangula	+	bms	2
Alonella-Arten		(os/bms	1–2)
Anchistropus emarginatus		(bms	2)
Artemia salina		–	–
Bosmina coregoni coregoni	+	os/bms	1–2
Bosmina longicornis kessleri	+	os/bms	1–2
Bosmina longirostris	+	bms	2
Branchipus schaefferi		(os	1)
Bythotrephes longimanus	+	os/bms	1–2
Camptocercus rectirost.		(bms	2)
Ceriodaphnia pulchella		(bms	2)
Ceriodaphnia quadrangula	+	os/bms	1–2
Ceriodaphnia reticulata	+	bms	2
Chydorus sphaericus		(bms	2)
Daphnia cristata, D. ambigua, D. parvula		(os/bms	1–2)
Daphnia cucullata		(os/bms	1–2)
Daphnia galeata		(os/bms	1–2)
Daphnia hyalina		(os/bms	1–2)
Daphnia longispina		(os-bms-ams)	
Daphnia magna		(ams	3)
Daphnia pulex	+	bms/ams	2–3
Diaphanosoma brachyurum	+	bms	2
Disparalona rostrata		(bms	2)
Eurycercus lamellatus		(os/bms	1–2)
Graptoleberis testud.		(os/bms	1–2)
Holopedium gibberum I	+	os/bms	1–2
Ilyocryptus sordidus	+	bms	2
Lepidurus apus	+	os	1
Leptodora kindtii	+	bms	2
Leydigia acanthocercoides		(bms	2)
Leydigia leydigii	+	bms	2
Lynceus brachyurus		(os	1)
Macrothrix laticornis		(bms	2)
Megafenestrata aurita		(os/bms	1–2)
Moina brachiata		(bms/ams	2–3)
Monospilus dispar		(os/bms	1–2)
Pleuroxus aduncus		(os/bms	1–2)
Pleuroxus laevis		(bms	2)
Pleuroxus trigonellus		(bms	2)
Pleuroxus truncatus		(os/bms	1–2)
Pleuroxus uncinatus		(bms	2)
Polyphemus pediculus	+	os/bms	1–2
Pseudochydorus globosus		(os/bms-ams)	
Scapholeberis mucronata	+	bms	2
Sida crystallina		(os/bms	1–2)
Simocephalus exspinosus		(bms	2)
Simocephalus vetulus	+	bms	2
Triops cancriformis	+	os/bms	1–2

Ruderfußkrebse

Attheyella crassa		(bms	2)
Bryocamptus minutus	+	os/bms	1–2
Canthocamptus staphylinus	+	os/bms	1–2
Cryptocyclops bicolor		(os/bms	1–2)
Cyclops abyssorum		(os/bms	1–2)
Cyclops strenuus		(os/bms-ams)	
Cyclops vicinus	+	bms	2
Diacyclops bicuspidatus	+	os/bms	1–2
Diaptomus castor	+	bms	2
Ectocyclops phaleratus		(bms	2)
Eucyclops macrurus		(os/bms	1–2)
Eucyclops serrulatus		(os/bms-ams)	
Eudiaptomus gracilis	+	os/bms	1–2
Eudiaptomus graciloides		(os-bms	1–2)
Eudiaptomus vulgaris		(os-ams	1–3)
Eurytemora velox		(os	1)
Heterocope appendiculata		(os	1)
Heterocope borealis		(os	1)
Macrocyclops albidus		(os/bms-ams)	
Macrocyclops fuscus		(os/bms, bms)	
Megacyclops viridis		(os/bms, bms)	
Mesocyclops leuckarti	+	bms	2
Paracyclops fimbriatus		(os-bms	1–2)
Thermocyclops oithonoides		(os-ams	1–3)

Muschelkrebse

Bradleystrandesia reticulata		(os/bms-ams)	
Bradleystrandesia fuscata		(os/bms, bms)	
Candona candida		(bms	2)
Cyclocypris laevis		(os/bms-ams)	

Cypria ophthalmica		(os/bms-ams)	
Cypridopsis vidua		(bms	2)
Cypris pubera		(os/bms-ams)	
Eucypris virens		(os/bms	1–2)
Herpetocypris reptans		(bms	2)
Heterocypris incongruens		(bms	2)
Ilyocypris gibba		(os/bms-ams)	
Notodromas monacha		(os/bms-ams)	

Karpfenläuse

Argulus-Arten		(os/bms, bms)	

Höhere Krebse

Asellus aquaticus	+	ams	3;
Asellus aquaticus in Seen		(os/bms-ams)	
Astacus astacus	+	os/bms	1–2
Astacus leptodactylus		(bms	2)
Austropotamobius pallipes		(bms	2)
Austropotamobius torrentium		(bms	2)
Eriocheir sinensis		(bms	2)
Gammarus fossarum	+	os/bms	1–2
Gammarus pulex	+	bms	2
Gammarus roeselii	+	bms	2
Niphargus puteanus	+	os	1
Niphargus-Arten	+	os	1
Orconectes limosus (Cambarus affinis)		(os-bms	1–2)
Proasellus cavaticus		(os	1)
Rivulogammarus = Gammarus			

Wassermilben

Acercopsis = Pionopsis			
Argyroneta aquatica		(os-bms/ams)	
Arrenurus cuspidator		(os/bms-ams)	
Arrenurus globator		(os/bms-ams)	
Atractides ovalis		(os-bms	1–2)
Brachypoda versicolor		(bms-ams	2–3)
Eylais extendens		(bms-ams	2–3)
Frontipoda musculus		–	–
Hydrachna globosa		(bms	2)
Hydrodroma despiciens		(os-bms/ams)	
Hydrozetes lacustris		(os-bms	1–2)
Hydryphantes ruber		–	–
Hygrobates fluviatilis		(os-bms/ams)	
Hygrobates longipalpis		(os-bms	1–2)
Lebertia insignis	+	os	1
Lebertia lineata	+	os	1
Limnesia fulgida		(bms	2)
Limnesia maculata		(bms	2)
Limnesia undulata		(bms	2)
Limnochares aquatica		(os-bms/ams)	
Megapus = Atractides			
Mideopsis-Arten		–	–
Neumania vernalis		(os-bms	1–2)
Oxus = Frontipoda			
Panisus michaeli	+	os/bms	1–2
Piona-Arten		(os-bms	1–2)
Pionopsis lutescens		(os-bms/ams)	
Porolohmannella violacea		–	–
Sperchon brevirostris	+	os	1
Sperchon glandulosus	+	os	1
Thyas rivalis		(os/bms-ams)	
Tiphys ornatus		(os/bms	1–2)
Unionicola crassipes		(os-bms	1–2)

Bärtierchen

Echiniscus blumi		(os-bms	1–2)
Hypsibius dujardini		(os-bms	1–2)
Hypsibius oberhaeuseri		(os-bms	1–2)
Macrobiotus-Arten		(os-bms	1–2)
Milnesium tardigradum		(os-bms	1–2)

Urinsekten

Folsomia fimetaria		–	–
Isotoma viridis		–	–
Podura aquatica		(bms	2)
Sminthurides aquaticus		(bms	2)

Eintagsfliegen-Larven

Baëtis-Larven		(os-ams	1–3)
Brachycercus harrisellus		(os/bms	1–2)
Caënis-Larven		(bms-ams	2–3)
Cloëon dipterum-L. II	+	bms	2
Cloëon-Larven		(bms	2)
Ecdyonurus dispar-L. I	+	os/bms	1–2
Ecdyonurus-Larven	+	os/bms	1–2
Ecdyonurus venosus-L.		(bms	2)
Epeorus-Larven	+	os/bms	1–2
Ephemera dancia-Larven	+	bms	2
Ephemera vulgata-Larven		(bms-bms/ams)	
Ephemerella ignita-L.		(os/bms-ams)	
Ephemerella major-Larven	+	os/bms	1–2
Ephemerella mucronata-L.	+	os/bms	1–2
Ephemerella-Larven		(bms	2)
Habroleptoides confusa	+	os/bms	1–2
Habrophlebia lauta-L. II	+	os/bms	1–2
Habrophlebia-Larven	+	os/bms	1–2
Heptagenia-Larven	+	bms	2
Leptophlebia-Larven		(bms	2)
Oligoneuriella rhenana I	+	os/bms	1–2
Potamanthus luteus-L. II	+	bms	2
Rhithrogena semicolor. I	+	os/bms	1–2
Rhithrogena-Larven		(os	1
Siphlonurus-Larven	+	bms	2

Steinfliegen-Larven

Amphinernura-Larven	+	os/bms	1–2
Brachyptera seticornis I	+	os	1
Brachyptera-Larven	+	os	1
Chloroperla-Larven	+	os	1
Dinocras cephalotes-L.	+	os	1
Isoperla-Larven	+	os/bms	1–2
Leuctra-Larven		(os-os/bms)	
Nemoura cinerea-Larven	+	bms	2
Nemoura-Larven		(os	1)
Nemurella pictetii-Larven	+	os	1
Perla bipunctata-Larv. 1		(os	1)
Perla-Larven	+	os/bms	1–2
Perlodes-Larven	+	os	1
Protonemura-Larven	+	os	1
Taeniopteryx-Larven	+	os/bms	1–2

Libellen-Larven

Aeshna-Larven	+	bms	2
Agrion = Coenagrion			
Anax-Larven		(os/bms-ams)	
Calopteryx splendens-L.	+	bms	2
Calopteryx virgo-Larven	+	bms	2
Coenagrion-Larven	+	bms	2
Cordulegaster-Larven	+	os/bms	1–2

Cordulia aenea-Larven	(os/bms-ams)	
Lestes-Larven	+ bms	2
Onychogomphus forcip.-L.	+ os/bms	1–2
Platycnemis pennipes-L.	+ bms	2

Wanzen

Aphelocheirus aestivalis	(os/bms	1–2)
Corixa-Arten	(bms	2)
Gerris-Arten	(bms	2)
Hebrus pusillus	–	–
Hydrometra gracilenta	(bms	2)
Hydrometra stagnorum	(bms	2)
Ilyocoris cimicoides	(bms	2)
Mesovelia furcata	(bms	2)
Micronecta-Arten	(os-bms	1–2)
Microvelia-Arten	–	–
Naeogeus = Hebrus		
Naucoris = Ilyocoris		
Nepa cinerea	+ bms	2
Notonecta glauca	+ bms	2
Notonecta-Arten	(bms	2)
Plea leachi	–	–
Ranatra linearis	(bms-ams	2–3)
Velia caprai	(os/bms	1–2)
Velia saulii	(os/bms	1–2)

Hautflügler

Agriotypus armatus-L.	(os/bms	1–2)

Käfer

Acilius sulcatus	(bms	2)
Agabus bipustulatus.	(os-ps	1–4)
Agabus paludosus	+ bms/ams	2–3
Agabus-Arten	(os-ams/ps)	
Bidessus unistriatus	–	–
Brychius elevatus	+ os/bms	1–2
Cybister lateralimarginalis	(bms	2)
Donacia-Arten	(bms	2)
Dryops-Arten	(bms	2)
Dytiscus marginalis	(bms-bms/ams)	
Dytiscus marginalls-L.	(bms-bms/ams)	
Elmis maugetii I	+ os	1
Elmis maugetii-Larven I	+ os	1
Enochrus affinis	(bms	2)
Esolus Arten	+ os	1
Graphoderus cinereus	(bms	2)
Graptodytes pictus	(bms	2)
Gyrinus substriatus	(bms	2)
Haliplus fluviatilis	+ bms	2
Haliplus lineatocollis	+ bms/ams	2–3
Hydraena-Arten	+ os/bms	1–2
Hydrobius fuscipes	(os-ams	1–3)
Hydrophilus caraboides	(bms	2)
Hydroporus palustris	(os-ams	1–3)
Hydrous piceus	(bms	2)
Hydrous piceus-Larven	(bms	2)
Hygrotus impressopunct.	(bms	2)
Hygrotus inaequalis	(bms	2)
Hyphydrus ovatus	(bms-ams	2–3)
Ilybius fuliginosus	+ ams	3
Laccobius bipunctatus	(bms	2)
Laccophilus minutus	(bms/ams	2–3)
Limnius-Arten	+ os/bms	1–2
Noterus crassicornis	(bms	2)
Orectochilus villosus	+ os/bms	1–2
Oreodytes rivalis	+ os/bms	1–2
Platambus maculatus	+ bms	2
Potamonectes depressus	+ bms	2
Riolus-Arten	+ os	1
Stenelmis canaliculata	+ os	1
Stictotarsus duodecimp.	+ bms	2

Schlammfliegenlarven und Netzflüglerlarven (Schwammfliegen)

Sialis-Larven	+ bms	2
Sisyra-Larven	+ bms	2

Köcherfliegen-Larven

Agapetus-Larven	+ os	1
Anabolia-Larven	+ bms	2
Athripsodes-Larven	(os/bms	1–2)
Brachycentrus subnub.-L.	+ os/bms	1–2
Cheumatopsyche lepida	+ bms	2
Drusus-Larven	+ os/bms	1–2
Goera pilosa-Larven	+ os/bms	1–2
Hydropsyche-Larven II	+ bms	2
Hydroptila-Larven	(bms	2)
Lepidostoma hirtum-L.	+ bms	2
Limnephilus flavicornis	+ bms	2
Limnephilus-Larven	+ bms	2
Lithax-Larven	+ os/bms	1–2
Molanna-Larven	+ os/bms	1–2
Oligotricha-Larven	+ os/bms	1–2
Phryganea grandis-L.	+ os/bms	1–2
Plectrocnemia-Larven	(os-os/bms)	
Ptilocolepus granulatus	(os-os/bms)	
Rhyacophila-Larven	+ os/bms	1–2
Sericostoma-Larven	+ os/bms	1–2
Silo-Larven	+ os/bms	1–2
Stenophylax-Larven	+ os/bms	1–2
Tinodes-Larven	+ os/bms	1–2
Triaenodes-Larven	(os/bms	1–2)

Schmetterlinge

Nymphula-Raupen	(bms	2)

Mücken- und Fliegenlarven

Anopheles-Larven	(bms	2)
Anopheles-Puppen	(bms	2)
Atherix ibis-Larven	+ os/bms	1–2
Bezzia-Larven	–	–
Ceratopogoniden-Larven	–	–
Chaoborus crystall.-L.	(os-ps	1–4)
Chaoborus crystallinus-Puppen	(bms	2)
Chaoborus-Arten	(bms	2)
Chironomiden-Larven	–	–
Chironomiden-Puppen	–	–
Chironomus anthracinus	(bms	2)
Chironomus plumosus-L.	+ ams/ps	3–4
Chironomus riparius-L. IV	+ ams/ps	3–4
Corethra = Chaoborus		
Culex-Larven	(bms	2)
Culex-Puppen	(bms	2)
Diamesa-Arten	+ os	1
Dicranota-Larven	(os/bms	1–2)
Dixa-Larven	(os/bms	1–2)
Ephydra-Larven	–	–
Ephydra-Puppen	–	–
Eristalis-Larven IV	+ ps	4

Lauterbornia coracina-L.	(os	1)
Liponeura-Larven	+ os	1
Liponeura-Puppen	+ os	1
Mochlonyx-Larven	(bms	2)
Phalacrocera replicata	(bms	2)
Psychoda-Larven	+ ams	3
Ptychoptera contaminata	(bms/ams	2–3)
Ptychoptera-Larven	(bms/ams	2–3)
Rheotanytarsus-Larven	+ os/bms	1–2
Simulium-Larven	(os-bms/ams)	
Simulium-Puppen	(os-bms/ams)	
Stratiomys-Larven III	+ ams	3
Tabanus-Larven	(os/bms	1–2)
Tanypus-Larven	(bms-ams	2–3)
Tipula-Larven	(os-ams	1–3)

Muscheln

Anodonta cygnea	(os-bms-ams)	
Dreissena polymorpha	+ bms	2
Margaritifera marg. I	+ os	1
Musculium lacustre	+ bms	2
Pisidium casertanum II	+ bms	2
Pisidium-Arten	(os-ams	1–3)
Sphaerium corneum III	+ bms/ams	2–3
Sphaerium-Arten	(bms-ams	2–3)
Unio crassus	(bms	2)
Unio pictorum	(bms	2)
Unio tumidus	(bms	2)

Schnecken

Acroloxus lacustris	+ bms	2
Ancylus fluviatilis II	(os-ams	1–3)
Anisus-Arten	+ bms	2
Anisus spirorbis	(bms	2)
Anisus vortex	+ bms	2
Aplexa hypnorum	(os-bms	1–2)
Bithynia tentaculata	+ bms	2
Bythinella dunkeri	+ os	1
Galba palustris	+ bms	2
Galba truncatula	(bms	2)
Gyraulus crista	+ bms	2
Gyraulus laevis	+ bms	2
Hydrobia ulvae	–	–
Lymnaea stagnalis	+ bms	2
Myxas glutinosa	(os/bms	1–2)
Omphiscola glabra	(bms	2)
Physa fontinalis	+ bms/ams	2–3
Physella acuta	+ bms/ams	2–3
Planorbarius corneus	+ bms	2
Planorbis carinatus	+ bms	2
Planorbis planorbis	+ bms	2
Potamopyrgus antipodarum	+ bms	2
Radix auricularia	(bms	2)
Radix labiata	(bms	2)
Theodoxus danubialis	+ bms	2
Theodoxus fluviatilis	+ os/bms	1–2
Theodoxus transversalis	(bms	2)
Valvata piscinalis	+ bms	2
Viviparus viviparus	+ bms	2

Moostierchen

Cristatella mucedo	+ bms	2
Fredericella sultana	+ bms	2
Hyalinella punctata	(bms	2)
Lophopus crystallinus	(bms	2)
Paludicella articulata	(bms	2)
Plumatella emarginata	+ bms	2
Plumatella fruticosa	(bms	2)
Plumatella fungosa	+ bms	2
Plumatella repens	+ bms	2

Fische

Aal, Flussaal	(os/bms, bms, ams)
Äsche	(os, os/bms, bms)
Aitel, Döbel	(os/bms, bms, ams)
Aland, Nerfling, Orfe	(os/bms, bms)
Bachforelle	(os, os/bms)
Bachneunauge	+ os/bms
Barbe	(os/bms, bms, ams)
Bitterling	(bms, bms/ams)
Blaufelchen, Renke	(os, os/bms)
Blei, Brachsen	(os/bms, bms, ams)
Blicke, Güster	(bms, ams)
Elritze	(os/bms)
Flussbarsch, Egli	(os/bms, bms)
Goldgrundel	(os/bms, bms)
Groppe, Koppe	+ os/bms
Gründling	(os/bms, bms)
Hasel	(os/bms, bms, ams)
Hecht	(os/bms, bms/ams)
Huchen	(os/bms, bms)
Karausche, Moorkarpfen	(bms/ams)
Karpfen	(os/bms, bms, ams)
Kaulbarsch	(os/bms, bms, ams)
Laube, Ukelei	(bms)
Moderlieschen	(bms, bms/ams)
Nase	(os/bms, bms)
Quappe, Trüsche	(os/bms-ams)
Rapfen, Schied	(bms)
Regenbogenforelle	(os/bms, bms)
Rotauge, Plötze	(os/bms, bms, ams)
Rotfeder	(bms)
Schlammpeitzger	(bms)
Schleie	(bms/ams)
Schmerle	(os/bms, bms, ams)
Schneider	(os/bms)
Sibirische Groppe	+ os
Steinbeißer	(os/bms, bms)
Sterlett	(os/bms, bms)
Stichling	(bms)
Wels, Waller	(os-bms/ams)
Zährte	(bms, bms/ams)
Zander, Schill	(os/bms, bms)
Zobel	(os/bms, bms)
Zope	(bms)
Zwergstichling	(os/bms-bms/ams)
Zwergwels	(bms-ams/ps)

Amphibien

Feuersalamanderlarven	+ os
Bergmolch	(os, os/bms, bms)
Fadenmolch	+ bms
Kammmolch	(bms)
Teichmolch	+ bms
Gelbbauch-Unke	(os/bms)
Grasfrosch	(os, bms, ams)
Seefrosch	(bms)
Wasserfrosch	(bms)

Und ganz außer der Reihe:

Im Plankton sehr häufig findet man von Chironomiden (Zuckmücken) die aus den Eiern geschlüpften Erstlingslarven (Eier S. 350, 24/25), Larven S. 350, 46–49). Die weiteren Stadien leben im Pflanzengürtel und in ihren Gespinstsäckchen an Steinen und im Benthos.

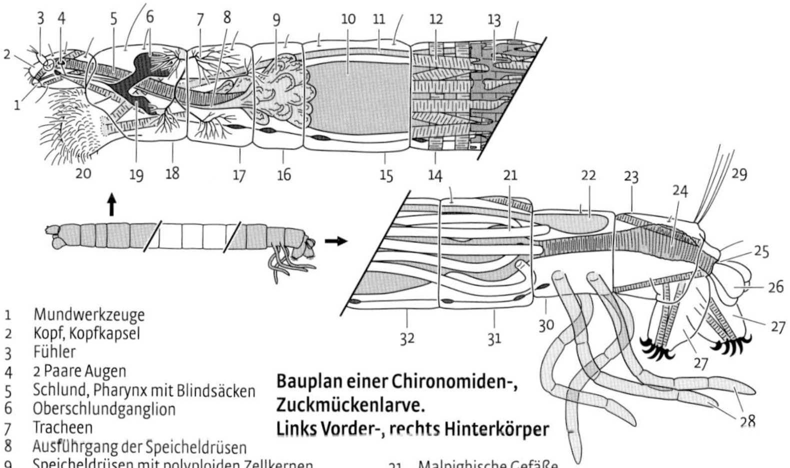

Bauplan einer Chironomiden-, Zuckmückenlarve. Links Vorder-, rechts Hinterkörper

1 Mundwerkzeuge
2 Kopf, Kopfkapsel
3 Fühler
4 2 Paare Augen
5 Schlund, Pharynx mit Blindsäcken
6 Oberschlundganglion
7 Tracheen
8 Ausführgang der Speicheldrüsen
9 Speicheldrüsen mit polyploiden Zellkernen
10 Mitteldarm
11 Herzschlauch
12 Hautmuskelschlauch
13 Gewebe des Fettkörpers
14 2. Abdominalsegment mit Pigmentflecken
15 1. Abdominalsegment mit Bauchganglion
16 3. Thorakalsegment
17 2. Thorakalsegment mit Brustganglien
18 1. Thorakalsegment
19 Schlundkonnektive und Unterschlundganglion
20 Einziehbare Vorderfüße, Fußstummel, mit Borsten
21 Malpighische Gefäße
22 Beginn derAorta, des Herzens
23 9. Abdominalsegment
24 Enddarm, Rektum
25 After
26 Analpapillen
27 Hintere Stummelfüßchen mit Haken und Retraktormuskeln
28 Blutkiemen
29 Borsten
30 8. Abdominalsegment
31 7. Abdominalsegment mit Stigmen
32 6. Abdominalsegment

Literaturhinweise zu „Biologische Gewässeranalyse“

1. Amtsblatt der Europäischen Gemeinschaften, L 327. Das Europäische Parlament und der Rat der Europäischen Union (2000): Richtlinie 2000/60/EG des Europäischen Parlaments und des Rates zur Schaffung eines Ordnungsrahmens für Maßnahmen der Gemeinschaft im Bereich der Wasserpolitik (EU-WRRL).
2. Ausgewählte Methoden der Wasseruntersuchung. Band II: Biologische, mikrobiologische und toxikologische Methoden. VEB Gustav Fischer Jena
3. Bach, E. (1980): Ein chemischer Index zur Überwachung der Wasserqualität von Fließgewässern. Dt. Gewässerkundl. Mitteilungen 24, H 4/5; 102–106.
4. Böhmer, J. & H. Rahmann (1992): Literaturstudie zur Erarbeitung von Bioindikationsverfahren zur Gewässerversauerung. Veröff. PAÖ, Band 3, LfU Baden-Württemberg, Karlsruhe.
5. Böhmer, J., C. Rawer-Jost, A. Zenker, C. Meier, C. K. Feld, R. Biss & D. Hering (2004): Assessing streams in Germany with benthic invertebrates: Development of a multimetric invertebrate based assessment system. Limnologica 34(4): 416–432.
6. Boes, M. und I. Brändle (1981): Statistische Auswertung biologischer und chemischer Gewässerbefunde. Landesanstalt für Umweltschutz BW; Karlsruhe.
7. Deutsche Einheitsverfahren zur Wasser-, Abwasser- und Schlamm-Untersuchung. Physikalische, chemische, biologische und bakteriologische Verfahren. Verlag Chemie, Weinheim. Seit 1960.
8. Engelhardt, W. (1996): Was lebt in Tümpel, Bach und Weiher? Kosmos-Verlag, Stuttgart.
9. Ettl, H., J. Gerloff, H. Heynig, D. Mollenhauer (Hrsg.) (1981): Süßwasserflora von Mitteleuropa. Begründet von A. Pascher. Bände 23 und 24, Pteridophyta und Anthophyta 1. und 2. Teil. Stuttgart.
10. Kleiner, A. (1985): Biologische Beurteilung der Gewässergüte der Bära. HRSG Landkreise Tuttlingen und Zollernalbkreis.
11. Krumscheid, P. (1986): Vergl. qualitative und quantitative Untersuchungen der Mikrofauna und Mikroflora von elf stehenden Gewässern in Oberschwaben. Univ. Hohenheim, Inst. für Zoologie; Stuttgart (Diplomarbeit).
12. Länderarbeitsgemeinschaft Wasser, LAWA: Seen in der Bundesrepublik Deutschland. München.
13. LfU Karlsruhe (Einsle, U.; G. Schmid) (1983): Der Mindelsee bei Radolfzell, Monographie. Die Natur- und Landschaftsschutzgebiete Bad.-Württ. Band 11, Karlsruhe.
14. Mauch, E. (1976): Leitformen der Saprobität für die biologische Gewässeranalyse. Teile 1–5; 797 Seiten. Courier Forschungsinstitut Senckenberg, 21. Frankfurt a. M.
15. Nixdorf, B., U. Mischke, E. Hoehn & U. Riedmüller (2005): Bewertung von Seen anhand des Phytoplanktons. In: Feld, C. K., S. Rödiger, M. Sommerhäuser & G. Friedrich: Typologie, Bewertung und Management von Oberflächengewässern. Stand der Forschung zur Umsetzung der EG-Wasserrahmenrichtlinie. Limnologie aktuell 11. Schweizerbart'sche Verlagsbuchhandlung . Stuttgart. 105–120.
16. Pantle, R. und H. Buck (1955): Die biologische Überwachung der Gewässer und die Darstellung der Ergebnisse. In GWF, Das Gas- und Wasserfach 96; Oldenbourg, München.
17. Pinkster, S. und M. Goris (1983): Sampling Frequency and Seasonal Influence in Macrofauna Research. Vortrag; Zusammenfassung: XXII. Kongreß der Internationalen Vereinigung für Limnologie SIL, Lyon.
18. Schwoerbel, J.: Methoden der Hydrobiologie; Süßwasserbiologie. UTB G. Fischer, Stuttgart.
19. Siebeck, 0. (1982): Der Königssee; Eine Limnologische Projektstudie. Nationalpark Berchtesgaden; Forschungsberichte 5.
20. Tümpling, W. & G. Friedrich (1999): Methoden der biologischen Wasseruntersuchung. Bd. 2. Biologische Gewässeruntersuchung. G. Fischer, Jena, Stuttgart, Lübeck.
21. Wiederholm, T. (1983): Chironomidae of the Holarctic region; Part 1. Larvae. Entomologica Scandinavica Suppl. No. 19. Borgströms Tryckeri AB, Motala.
22. Zintz, K. (1986): Fischereiliche Nutzung von Stillgewässern in Naturschutzgebieten. Ökologie aktuell 4, Triops Verlag, Langen.
23. Aktuelle Informationen zu Makrozoobenthos in Fließgewässern im Internet unter www.fliessgewaesserbewertung.de

Literaturhinweise

Hier sind auch Werke aufgeführt, die im Handel nicht mehr erhältlich sind, aber aus größeren wissenschaftlichen Bibliotheken entliehen werden können. Zur allgemeinen Einführung in die Biologie empfehlen wir die modernen, gut ausgestatteten und preiswerten Schulbücher für den Gebrauch an Gymnasien (Mittel- und Oberstufe).

Standardwerke und Handbücher

CANTER-LUND, H. und J. W. G. LUND: Freshwater Algae: Their Microscopic World Explored. Biopress 1995

FOTT, B.: Algenkunde. Jena 1971

GRASSÉ, P. P. (Hrsg): Traité de Zoologie. Tome I-Tome VI. Paris 1949–1968

GRELL, K. G.: Protozoology. Berlin und Heidelberg 1973

GRZIMEK, B.: Grzimeks Tierleben, Band I Niedere Tiere, Band II Insekten. München 1979

HADORN, E. & R. WEHNER: Allgemeine Zoologie. Stuttgart

HAUSMANN, K.& Ph. C. BRADBURY: Ciliates, Cells as Organisms. Stuttgart 1996

HAUSMANN, K., N. HÜLSMANN & R. RADEK: Protistology. Stuttgart 2003

HAYWARD, P. J. & J. S. RYLAND: Handbook of the Marine Fauna of North-West Europe. New York 1998

HOEK, VAN DEN C., D. G. MANN & H. M. JAHNS: Algae: An introduction to phycology. Cambridge 1995

KAESTNER, A. & H.-E. Gruner: Lehrbuch der Speziellen Zoologie. Jena und Stuttgart 1982

KRAMMER, K.: Kieselalgen. Biologie, Baupläne, Untersuchungsmethoden. Stuttgart 1986

KUDO, R. R.: Protozoology. Springfield 1966

KÜMMERLIN, R. und H.-R. BÜRGI: Die langjährige Entwicklung des Phytoplanktons im Bodensee (1961–1986). Internationale Gewässerschutzkommission für den Bodensee Nr. 39 1989

LINNE VON BERG, K. H., K. HOEF-EMDEN, B. MARTIN & M. MELKONIAN: Der Kosmos-Algenführer. Stuttgart 2005

MERRIT, R. W. and K. W. CUMMINS: An Introduction to the Aquatic Insects of North America. Dubuque, Iowa 1984

MUDRACK, K. & S. KUNST: Biologie der Abwasserreinigung. Stuttgart 1995

NAUWERCK, A.: Die Beziehungen zwischen Zooplankton und Phytoplankton im See Erken. Uppsala 1963

SCHWOERBEL, J.: Einführung in die Limnologie. Stuttgart 1993

SOMMER, U.: Planktonologie. Berlin, Heidelberg 1994

STRASBURGER, E.: Lehrbuch der Botanik. Stuttgart 2002

Taxaliste der Gewässerorganismen Deutschlands: MAUCH, E., U. SCHMEDTJE, A. MAETZE & F. FISCHER: 01/03 München 2003. Die Taxaliste ist nicht mehr gedruckt lieferbar. Sie wird aber ständig erweitert und ist aus dem Internet herunterzuladen unter www.bayern.de/lfw (–Service–Download-Center). – Die Bestimmungsliteratur für alle Gruppen ist in der Taxaliste aufgeführt.

WESTHEIDE, W. & R. RIEGER (Hrsg.): Spezielle Zoologie Teil 1: Einzeller und Wirbellose Tiere. München 2004

WARTENBERG, A.: Systematik der niederen Pflanzen. Stuttgart 1979

WESENBERG-LUND, C.: Biologie der Süßwassertiere. Wirbellose Tiere. Wien 1939. Reprint 1982

WESENBERG-LUND, C.: Biologie der Süßwasserinsekten. Berlin 1943

Bestimmungswerke

BELLMANN, H.: Libellen, beobachten und bestimmen. Augsburg 1993

BERGER, H., W. FOISSNER, F. KOHMANN: Bestimmung und Ökologie der Mikrosaprobien nach DIN 38410. Stuttgart

BRAUER, A.: Süßwasserfauna Deutschlands. Stuttgart 1961

BREED, R. S., E. G. D. MURRAY and N. R. SMITH: Bergey's manual of systematic Bacteriology. Baltimore (Bakterien und Cyanobakterien)

BRINKHURST, R.O.: A guide for the identification of British aquatic Oligochaeta. Feshw. Biol. Ass. Sci. Publ. 1971

BROHMER, P.; M. SCHAEFER: Fauna von Deutschland. Heidelberg, Wiesbaden 1994

DASTYCH, H.: The Tardigrada of Poland. Warszawa 1988

EINSLE, U.: Crustacea Copepoda: Calanoida und Cyclopoida. Stuttgart 1993

ELSTER, H.-J. und W. OHLE, W.(Hrsg): Das Zooplankton der Binnengewässer. Die Binnengewässer 1972

ENGELHARDT, W. Was lebt in Tümpel, Bach und Weiher? Stuttgart 1996

ETTL, H., J. GERLOFF, H. HEYNIG., D. MOLLENHAUER,: Süßwasserflora von Mitteleuropa. Begründet von A. PASCHER. Stuttgart, seit 1978. Von 24 Bänden des Gesamtwerkes sind bis jetzt die meisten Bände erschienen: Teil Blaualgen (KOMAREK, ANAGNOSTIDIS 1999), Teil Goldalgen (STARMACH 1985), Teil Gelbgrünalgen (ETTL 1978), Teile Kieselalgen (LANGE-BERTALOT 1996–2002), Teil Dinoflagellaten (POPOFSKY, PFIESTER 1990), Teile Grünalgen (ETTL u.a. 1983, 1988), Teil Armleuchteralgen (KRAUSE 1997); (Euglenophyceen s. HUBER-PESTALOZZI).
FLÖSSNER, D.: Die Haplopoda und Cladocera Mitteleuropas. Leiden 2000
FOISSNER, W., H. BERGER, H. BLATTERER, F. KOHMANN: Taxonomische und ökologische Revision des Saprobiensystems IV: Gymnostomata, Loxodes, Suctoria. Bayerisches Landesamt für Wasserwirtschaft München 1995
FOISSNER, W. H. BERGER, F. KOHMANN: Taxonomische und ökologische Revision der Ciliaten des Saprobiensystems II: Peritricha, Heterotrichida, Odontostomatida. Bayerisches Landesamt für Wasserwirtschaft, München 1992
FOISSNER, W., H. BERGER, F. KOHMANN: Taxonomische und ökologische Revision des Saprobiensystems III: Hymenostomata, Prostomatida, Nassulida. Bayerisches Landesamt für Wasserwirtschaft, München 1994
FOISSNER, W., H. BLATTERER, F. KOHMANN: Taxonomische und ökologische Revision des Saprobiensystems I: Cyrtophorida, Oligotrichida, Hypotricha, Colpodea. Bayerisches Landesamt für Wasserwirtschaft, München 1991
FOISSNER, W., H. BERGER, J. SCHAUMBURG: Identification and Ecology of Limnetic Plankton Ciliates. Wasserwirtschaftsamt, PF 2060, D-94460 Deggendorf, Germany
FRANKE, U.: Bildbestimmungsschlüssel mitteleuropäischer Libellen-Larven (Insecta: Odonata). Stuttgarter Beitr. Naturkunde, Serie A, Nr. 333 1979
FREUDE, H., HARDE, K.W. und LOHSE, G.A.: Die Käfer Mitteleuropas. Krefeld ab 1971
GAMS, H.: Kleine Kryptogamenflora; Süßwasser- und Luftalgen. Stuttgart 1971
GERSTMEIER, R. und TH. ROMIG: Die Süßwasserfische Europas. Stuttgart 1998
HARNISCH, O.: Rhizopoda. Die Tierwelt Mitteleuropas. Leipzig 1959
HUBER-PESTALOZZI, G.: Die Binnengewässer. Stuttgart–Chrysophyceen, farblose Flagellaten, Heterokonten 1941.–Diatomeen 1941.–Cryptophyceen, Chloromonadinen, Peridineen 1950.–Euglenophyceen 1955.–Chlorophyceen: Volvocales 1961.–Blaualgen, Bakterien, Pilze 1962.–Chlorophyceae (Grünalgen): Chlorococcales 1983.–Conjugatophyceae (Desmidiales und Zygnematales) 1982
HUSTEDT, F.: Kieselalgen (Diatomeen). Stuttgart 1969
INGOLD: Guide to Aquatic Hyphomycetes. Freshwater Biol. Association, Scientific Publ. No 30
KAHL, A.: Wimpertiere oder Ciliata (Infusoria). Tierwelt Deutschlands. Jena 1930–1935
KALBE, L.: Kieselalgen in Binnengewässern. Wittenberg-Lutherstadt 1973
KLEE, R., C. STEINBERG: Kieselalgen Bayerischer Gewässer (Centrales). Bayerisches Landesamt für Wasserwirtschaft, München 1987
KOMAREK, J, & B. FOTT: Chlorophyceae (Grünalgen); Chlorococcales. Die Binnengewässer. Stuttgart 1983
KOSTE, W.: Die Rädertiere Mitteleuropas (3.Überordnung: Monogononta): Text- und Tafelband. Stuttgart 1977
KRAMMER, K., H. LANGE-BERTALOT: Bacillariophyceae. Süßwasserflora von Mitteleuropa 2/1–4. Stuttgart 1986–1991
LENZENWEGER, R.: Desmidiaceenflora von Österreich. Teile 1–3; Bibliotheca Phycologica 101, 102, 104. Berlin 1996–1999
LINNE VON BERG, K. H., K. HOEF-EMDEN, B. MARTIN & M. MELKONIAN: Der Kosmos-Algenführer. Stuttgart 2005
MARCUS, E.: Tardigrada. Tierwelt Deutschlands. Jena 1928
MATTHES, D., W. GUHL, G. HAIDER: Suctoria und Urceolariidae. Stuttgart 1988
MAUCH, E.: Leitformen der Saprobität für die biologische Gewässeranalyse. 21/1 – 21/5. Courier Forsch.-Institut Senckenberg, Frankfurt 1976
MEISCH, C.: Crustacea, Ostracoda. Süßwasserfauna von Mitteleuropa, Brauer. Heidelberg 2000
MUUS, B.J. und DAHLSTRÖM, P.: Süßwasserfische Europas. München 1976
Ogden, C. G. & R. H. Hedley: An Atlas of Freshwater Testate Amoeba. Oxford 1980
PAGE, F.C., F. J. SIEMENSMA: Nackte Amöben und Heliozoa. Stuttgart 1991
PASCHER, A.: Die Süßwasserflora Deutschlands, Österreichs und der Schweiz. Jena 1913–1933
PATTERSON, D. J., S. HEDLEY: Free-Living Freshwater Protozoa (Colour Guide). 1992
PENNAK, R.W.: Fresh-Water Invertebrates of the United States. New York 1953
SCHWAB, H.: Süßwassertiere; Ein ökologisches Bestimmungsbuch. Stuttgart 1995
SCHWANK, P., I. BARTSCH: Gastrotricha und Nemertini. Stuttgart 1990
STEINECKE, F.: Das Plankton des Süßwassers. Heidelberg 1977
STRESEMANN, E.: Exkursionsfauna von Deutschland. Wirbellose I. Berlin 1970
STUDEMANN, D., P. LANDOLT, M. SARTORI, D. HEFTI und I. TOMKA: Ephemeroptera. Insecta Helvetica 9, Schweizerische Entomologische Gesellschaft Fribourg 1992

Süßwasserfauna von Mitteleuropa. Begründet von A. BRAUER. Stuttgart, seit 1990.
VIETS, K.: Wassermilben oder Hydracarina. Tierwelt Deutschlands. Jena 1936
WIEBACH, F.: Bryozoa. Die Tierwelt Mitteleuropas. Leipzig 1958

Einführende Werke einschließlich Einführungen in die Mikrotechnik

KREMER, B. P.: 1x1 der Mikroskopie. Stuttgart 2005
KREMER, B. P.: Das große Kosmos-Buch der Mikroskopie. Stuttgart 2002
MÖLLRING, F. K.: Mikroskopieren von Anfang an. Zeiss Carl; Mikroskopie-Service; Telefon 01 80 3 33 63 34.
STREBLE, H.: Frisch- und Dauerpräparate zum Mikroskopieren; Präparationstechniken. Praxis der Naturwissenschaften Biologie in der Schule 8/53, Köln 2004

Biologische und mikroskopische Technik

Ausgewählte Methoden der Wasseruntersuchung. Band I: Chemische, physikalisch-chemische, physikalische und elektrochemische Methoden. Jena 1971. Band II: Biologische, mikrobiologische und toxikologische Methoden. Jena 1970. Herausgegeben vom Institut für Wasserwirtschaft Berlin
Deutsche Einheitsverfahren zur Wasser-, Abwasser- und Schlamm-Untersuchung. Physikalische, chemische, biologische und bakteriologische Verfahren. Bände I-V; erste Lieferung des Lose-Blatt-Systems 1960, 37. Lieferung 1997. Berlin, Wien, Zürich
GERLACH, D.: Botanische Mikrotechnik. Stuttgart 1977
LINNE VON BERG, K. H., K. HOEF-EMDEN, B. MARTIN & M. MELKONIAN: Der Kosmos-Algenführer. Stuttgart 2005 (mit Kulturanleitungen)
RÖTTGER, R.: Praktikum der Protozoologie. Stuttgart 1995
SCHWOERBEL, J.: Methoden der Hydrobiologie, Süßwasserbiologie. Stuttgart 1980
STORCH, V.; WELSCH, U.: Kükenthals Leitfaden für das Zoologische Praktikum. Stuttgart 2002

Zeitschriften

Archiv für Hydrobiologie mit Supplementen und Beiheften „Ergebnisse der Limnologie" (seit1964). Herausgegeben von H.-J. ELSTER und W. OHLE, Stuttgart, seit 1906
Archiv für Protistenkunde. Herausgegeben von B. FOTT, K.-G. GRELL und A. RIETH. Jena, seit 1902
Journal of Protozoology. Utica, New York
Limnologica: ecology and management of inland waters. In cooperation with the Deutsche Gesellschaft für Limnologie; hrsg. von Th. SCHÄDER, Jena: Urban & Fischer. ISSN 0075-9511.
Mikrokosmos, Zeitschrift für die Mikroskopie. 6 Hefte jährlich. Herausgegeben von K. HAUSMANN (Berlin). Elsevier. ISSN 0026-3680. Seit 1907.

Referierende Zeitschriften

Berichte über die wissenschaftliche Biologie. Literaturangaben mit Kurzreferaten. Zoologie und Botanik. Springer, Heidelberg. Bis 1980
Biological Abstracts. Weitgefasstes Sammelwerk. Literaturangaben mit Kurzzusammenfassungen der Ergebnisse. Zoologie und Botanik
Fortschritte der Botanik. Erscheinen jährlich. Einige Sachgebiete werden jeweils zusammenhängend dargestellt unter Angabe der neuesten Literatur. Springer, Berlin
Fortschritte der Zoologie. Erscheinen jährlich. Einige Sachgebiete werden jeweils zusammenhängend dargestellt unter Angabe der neuesten Literatur. Fischer, Stuttgart
Zoological Record. Erscheint jährlich, ist in 20 Sektionen gegliedert. The Zoological Society of London.

Erläuterung von Fachausdrücken

adoral: zum Munde hinführend.
aerob: sauerstoffbedürftig.
Akineten: Unregelmäßig große, dickwandige Gebilde, die bei manchen fädigen Algen entstehen und der Überwinterung dienen.
anaerob: Bei Abwesenheit von Sauerstoff lebens- und vermehrungsfähig.
Anisogameten: Gameten, bei denen sich die Geschlechter durch die Größe unterscheiden, bei sonst gleicher Form. Die weiblichen Gameten sind größer als die männlichen.
Antheridium: Organ, in dem männliche Geschlechtszellen gebildet werden.
Aplanosporen: Unbewegliche Sporen, die im Inneren einer Mutterzelle (Sporangium) entstehen und anders aussehen als die Mutterzellen.
Autosporen: Unbewegliche Sporen, die im Inneren einer Mutterzelle (Sporangium) entstehen, sich in der Gestalt von der Mutterzelle nicht unterscheiden, aber kleiner sind.
autotroph: autotroph nennt man Organismen, die aus anorganischen Stoffen (CO_2, Nährsalzen, Wasser) organische Substanzen aufbauen können. Photoautotrophe Organismen – die meisten Pflanzen – benützen hierzu das Licht als Energiequelle; chemoautotrophe nützen die Energie, die sie aus chemischen Umsetzungen gewinnen.
Axopodien: lange, feine Pseudopodien, die durch einen „Achsenfaden" verfestigt sind.
Benthos: in der Bodenregion eines Gewässers lebende Tier- und Pflanzenwelt.
Cilien: Wimpern.
Cyanellen: Endosymbiontische Blaualgen.
Cystid: s. Zystid.
Cytostom: s. Zytostom.
Detritus: zerfallende Reste von Tieren und Pflanzen.
Dictyosomen: Flache Zellorganellen (2 µm Ausdehnung); ribosomenfreie Reifungsareale aus 3 bis 30 Lamellen; Vesikelknospen gehen von den Lamellen aus und werden dann zu Versand-Vakuolen. Teil der Golgi-Apparate.
dorsal: rückenseitig.
Ektoplasma: äußere, meist dünne, durchscheinende Plasmaschicht bei Einzellern.
Endoplasma: innere, oft körnchenreiche Plasmaschicht bei Einzellern.
Enzym: Enzyme sind Biokatalysatoren, die von lebenden Zellen gebildet werden, aber auch außerhalb der Zellen wirken. Ein bestimmtes Enzym spaltet oder synthetisiert eine bestimmte Verbindung.
epiphytisch: auf Pflanzen festgewachsen lebend.
epizoisch: auf Tieren festgewachsen lebend.
eutroph: „nährstoffreich", s. S. 37 und 391
Filopodien: fadenförmige Pseudopodien.
Furca, Furka: Schwanzgabel.
Gamet: Sexuelle Keimzelle. die mit einer anderen Zelle kopulieren kann.
Heterocysten: Auffallende, farblose oder gelbliche Zellen, meist mit verdickter Zellwand, die bei fadenförmigen Blaualgen zwischen den vegetativen Zellen auftreten.
Heterotroph: heterotroph nennt man Organismen, die auf organische Nahrung angewiesen sind, sei es, dass sie organische Substanzen fressen (phagotroph) oder sie in gelöster Form aufnehmen.
Hyphe: Pilzfaden.
Isogameten: Gameten, die äußerlich nicht zu unterscheiden sind, also z. B. auch gleich groß sind. Sexuell meist dennoch in plus- und minus-Gameten differenziert.
Kommensale: Organismus, der in anderen Lebewesen lebt, ohne den Wirt zu schädigen.
Konidien: ungeschlechtlich entstehende Pilzsporen, die an besonderen Trägern entstehen und von außen her einzeln abgeschnürt werden.
Kosmopoliten: Weltbürger; über die ganze Erdkugel verbreitet.
Kutikula: von der Oberhaut (Epidermis, Hypodermis) ausgeschiedenes Häutchen.
Litoral: Uferregion der Gewässer.
Lobopodien: lappenförmige Pseudopodien.
Mandibeln: Zu Mundwerkzeugen umgewandeltes Gliedmaßenpaar bei Gliederfüßern. Irreführend als „Oberkiefer" bezeichnet.
Maxillen: Zu Mundwerkzeugen umgewandelte Gliedmaßenpaare bei Gliederfüßern. Irreführend als „Unterkiefer" bezeichnet. Stehen hinter den Mandibeln.
Membranellen: zwei oder drei Wimperreihen, die zusammenarbeiten und wie ein Paddel schlagen. (Farbfotos I/8).
mesosaprob: s. S 35/36 und 37

metabol: hier: formveränderlich.
Mikrotubuli: Unverzweigte Mikroröhrchen mit Wänden aus 13 Tubulin-Protofilamenten; 0,024 µm „dick“ und mehrere µm lang. Im Zytoplasma einzeln, als Bündel, als Bänder, als Zytoskelett, als Transportsysteme für Rezeptoren, Wasser, Hormone, Sekretgranula, Neurotransmitter; in Cilien, Centriolen, Spindelfasern (Farbfotos I, 7).
Mikrovilli: Größe dieser zylindrischen Plasmafortsätze freier Zelloberflächen: 0,1 µm dick, 1–6 µm lang. Umhüllung ist die Plasmamembran, Verbindung untereinander durch Glykokalyx-Filamente. Im Inneren 10–50 Actinfilamente, die von einer basalen Terminalnetz-Myosinschicht kommen.
Mineralisation: Zerlegung organischer Verbindungen duch Bakterien in Wasser, Kohlendioxid und Ionen.
Mycel, Myzel: Verband aus Pilzfäden.
Nahrungsvakuole: Flüssigkeitserfülltes Bläschen, das im Cytoplasma schwimmt und in dem Nahrungsteilchen eingeschlossen sind. Bei Einzellern, die geformte Nahrung aufnehmen.
Neozoen: aus anderen Erdteilen gegenwärtig nach Europa eingewanderte Tiere.
Neuston: Gesellschaft von Bakterien und Algen, die im Süßwasser in der Grenzlamelle Wasser/Luft leben.
oligosaprob: s. S. 36 und 37 und 384.
oligotroph: „nährstoffarm“: s. S. 37 und 391.
Oogamie: Eibefruchtung. Der weibliche Gamet ist groß und unbeweglich, der männliche klein und aktiv beweglich.
Oogonium: Organ, in dem eine oder mehrere Eizellen entstehen.
Palmella-Stadium: bewegungsloses Stadium bei vielen Flagellaten.
Parthenogenese: „Jungfernzeugung“. Entwicklung unbefruchteter Eier.
Pellikula: Körperhülle bei vielen Einzellern; ein verhärteter Teil des Protoplasten, keine Zellwand.
Photosynthese: Aufbau von organischer Substanz (Glukose) unter Verwendung von Licht als Energiequelle.
Phragmoplast: Neue Zellwände bei der Querwandbildung werden bei „Höheren Fadenalgen“, Moosen, Farnen und allen Gefäßpflanzen in diesem Strukturkomplex gebildet: Mikrotubuli stehen senkrecht zu der sich bildenden Querwand. Plasmodesmen enstehen um die Mikrotubuli.
Phycoplast: Bei der Bildung von Fadenalgen-Querwänden sammeln sich während der Telophase die Mikrotubuli parallel zur Äquatorebene. Tüpfel in den Zellplatten ermöglichen eventuelle Plasmodesmen.
Plankton: Die im Wasser frei schwebenden Lebewesen, deren Eigenbewegung (sofern vorhanden) hauptsächlich zur Erhaltung des Schwebezustandes dient.
Plastiden: Charakterorganellen aller pflanzlichen Organismen. Als Chloroplasten grün, als Chromoplasten farbig, als Leukoplasten and Amyloplasten farblos.
Polypid: Weichkörper eines Einzeltieres bei Moostierchen.
polysaprob: s. S. 34/37 und 384
Pseudopodien: „Scheinfüßchen“. Vorübergehend gebildete Plasmafortsätze, die der Fortbewegung dienen.
Pseudoraphe: raphenähnlicher Spalt auf der Schale mancher Diatomeen, der die Schale jedoch nicht bis zum Protoplasten durchbricht.
Pulsierende Vakuole: Organell bei Einzellern, das in die Zelle eingedrungenes Wasser und flüssige Ausscheidungsprodukte aus der Zelle hinauspumpt. Erscheint meist als Bläschen, das sich in mehr oder minder langen Zeitabständen zusammenzieht.
Pyrenoid: In den Chloroplasten von Algen als Bläschen oder Körnchen erscheinendes Gebilde, um das herum sich bei der Photosynthese Stärkekörnchen ansammeln (Stärkeherd).
Raphe: bei Diatomeen ein schmaler Spalt entlang der Längsachse der Schale.
Rhizoid: *zu* einem Haftorgan umgewandelte Zelle oder Teil einer Zelle.
Rhizopodien: verzweigte und über Querbrücken vernetzte Pseudopodien.
Rhodobakterien: Schwefelfreie Purpurbakterien.
Rostrum: „Rüssel“: „Schnabel“ der Wasserflöhe.
Saprophyt: Fäulnisbewohner; Pflanzen, die von organischen Substanzen leben, ohne Parasiten zu sein, z. B. die meisten Pilze und Bakterien.
Schwärmsporen, Schwärmer: bewegliche, der Vermehrung dienende Zellen bei Algen. Meist synonym zu Zoosporen gebraucht.
Spermatozoid: bewegliche männliche Samenzelle bei Pflanzen.
Sporangium: Behälter, in dem Sporen gebildet werden. Im einfachsten Fall eine einzige Zelle.
Spore: Eine Zelle, die zum Zweck der Vermehrung gebildet wird, sich von vegetativen Zellen in der Gestalt unterscheidet, aber nicht der sexuellen Fortpflanzung dient.
Thallus: „Lager“. Zellverband ohne Gliederung in Organe.
Trichom: Zellfaden (bei Algen).
Tubulin: Basisprotein der Mikrotubuli; α- und β-Monomere bilden Dimere, diese in Ketten die Protofilamente der Mikrotubuli.

Ubiquisten: In allen Zonen der Gewässerbelastungen gleichermaßen lebensfähig – wenigstens zeitweise.
Undulierende Membran: Häutchen aus einer Reihe sehr eng stehender, mehr oder minder dauerhaft verklebter Wimpern.
ventral: bauchseitig.
Vestibulum: (bei Wimpertieren) Mundgrube.
Wasserblüte: Massenentfaltung eines mikroskopisch kleinen Lebewesens im Wasser; oft mit Wasserverfärbung verbunden.
Zilien: s. Cilien.
Zirren: Komplexe aus zahlreichen Wimpern, die miteinander verbunden sind und als einheitliches Organell wirken.
Zönobien: Zellgruppen; ohne Plasmakontakte zwischen den Geschwisterzellen.
Zoochlorellen: einzellige Grünalgen, die symbiontisch im Plasma von Tieren leben.
Zooid: Einzeltier bei Moostierchen.
Zoospore: Durch Geißeln aktiv bewegliche Spore.
Zygote: befruchtete Keimzelle, Produkt der Gametenverschmelzung.
Zyste, Cyste: Ungeschlechtliche oder geschlechtliche Stadien mit einer extrazellulären Sekrethülle während des Lebenslaufs. Zysten dienen der Ruhe, Verdauung, Teilung; sie überdauern Hungerperioden und Austrocknung; sie ermöglichen die globale Verbreitung vieler Arten.
Zystid: „Wohnröhre" der Einzeltiere bei Moostierchen.
Zytostom: „Zellmund".

Register

Mit 1850 Zeichnungen von Heinz Streble im Bestimmungsteil und 40 Zeichnungen von Wolfgang Lang (w.lang-graf@t-online.de) zu den Gruppen der Kleinlebewesen.
29 Farbfotos I von C. F. Bardele (2), G. Beyer-Meklenburg (2), K.-H. Eggert (2), K. Hausmann (2), Ph. Mayer (20), H. Schneider (1); 27 Farbfotos II von M. Kaufmann (5), D. Krauter (1) und H. Schneider (21).

Umschlaggestaltung von eStudio Calamar, unter Verwendung einer Aufnahme von Manfred P. Kage. Das Umschlagbild zeigt Kolonien der Kugelalge *Volvox aureus*.
Die Bilder auf der Rückseite zeigen von links: *Pediastrum duplex, Micrasterias fimbriata* und *Micrasterias crux melitensis*.
Für die Seiten „Mikrofotografie mit Digitalkameras" danken wir Herrn Wolfgang Bettighofer, Kiel.

Der Zoologe Dr. Heinz Streble, Stuttgart, arbeitete am Zoologischen Institut der Universität Hohenheim.
Der Zoologe Dr. Dieter Krauter, Stuttgart, war u.a. Herausgeber der Zeitschrift „Mikrokosmos".

Gedruckt auf chlorfrei gebleichtem Papier

Elfte Auflage

ISBN 978-3-440-11966-2
Redaktion: Rainer Gerstle
Gesamtherstellung: Buch & Konzept, Annegret Wehland, München
Produktion: Ralf Paucke
Printed in Czech Republic / Imprimé en République tchèque

Typenschlüssel: Einzeller

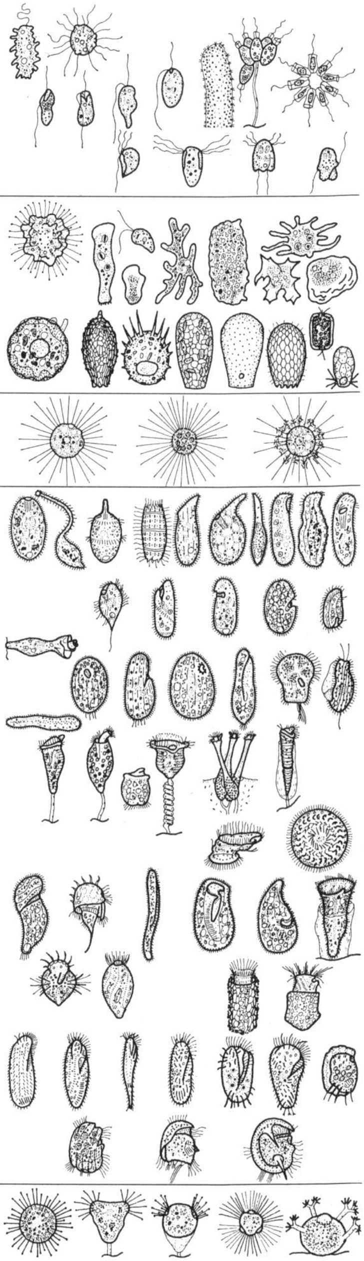